黄河志

卷三

黄河水文志

黄河水利委员会水文局　编

U0336075

河南人民出版社

图书在版编目（ＣＩＰ）数据

黄河水文志 / 黄河水利委员会水文局编 . —2 版 . —
郑州 ：河南人民出版社，2017. 1
　（黄河志；卷三）
　ISBN 978 - 7 - 215 - 10559 - 1

Ⅰ . ①黄… Ⅱ . ①黄… Ⅲ . ①黄河 - 水文 - 工作概况
Ⅳ . ①P344. 2

中国版本图书馆 CIP 数据核字（2016）第 259997 号

河南人民出版社出版发行

（地址 ：郑州市经五路 66 号　邮政编码 ：450002　电话 ：65788056）
新华书店经销　　　　　河南新华印刷集团有限公司印刷
开本 787 毫米 × 1092 毫米　　1 / 16　　印张 49. 25
字数 820 千字
2017 年月第 2 版　　　　2017 年 1 月第 1 次印刷

定价 ：296. 00 元

黄 河 流 域 水 文 站 、 水 位 站 分 布 图

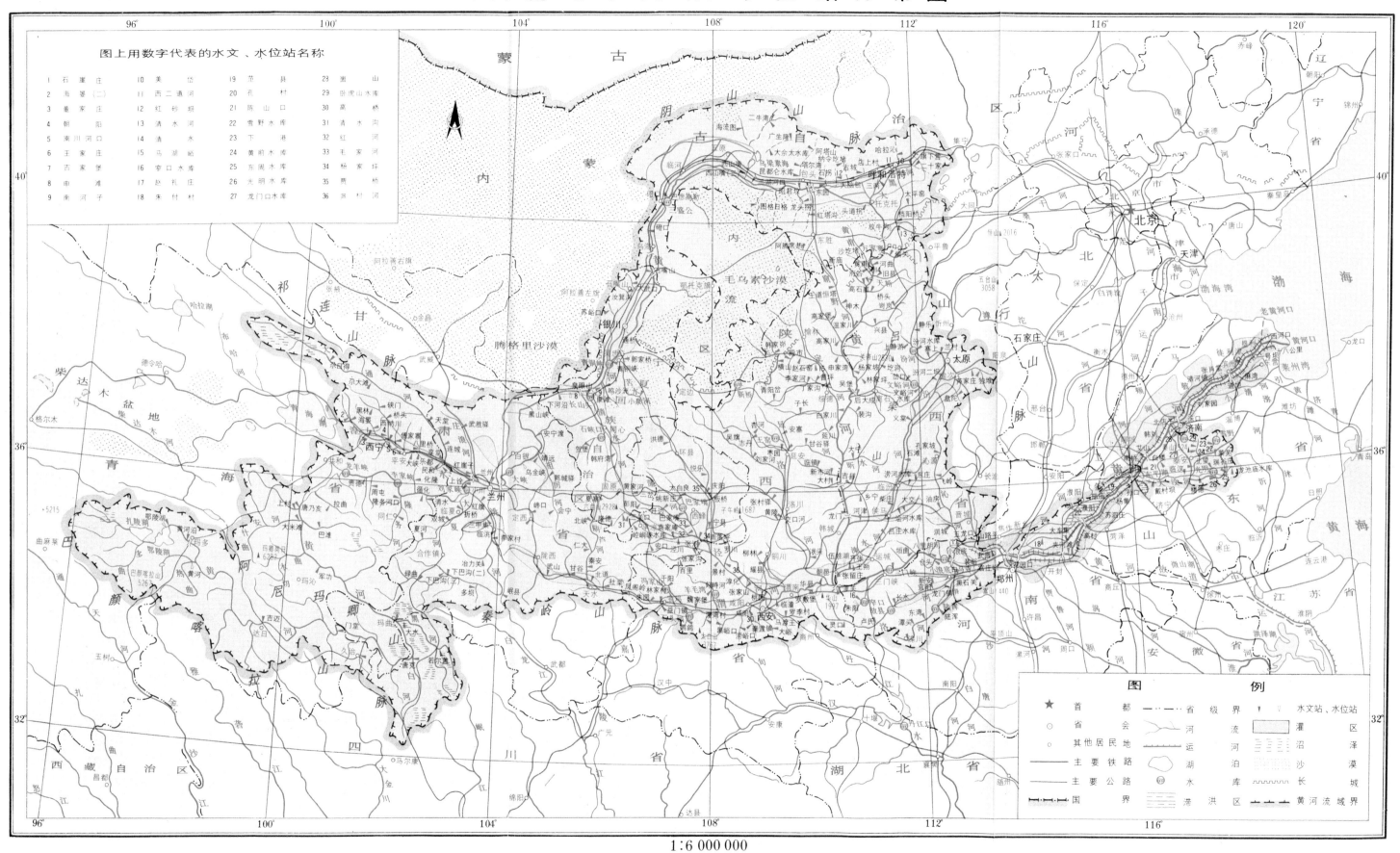

图上用数字代表的水文、水位站名称

1 石嘴庄	10 美稔	19 范县	28 圈山
2 海 鉴(二)	11 西二道河	20 孔村	29 卧虎山水库
3 暴家庄	12 红砂坝	21 陈山口	30 灞桥
4 朝阳	13 清水河	22 雪野水库	31 青水河
5 南川河口	14 清水	23 下港	32 红河
6 王家庄	15 马湖岭	24 黄前水库	33 王家河
7 吉家堡	16 窄口大库	25 东周水库	34 杨家坪
8 申通	17 赵礼庄	26 大明水库	35 贾桥
9 南河子	18 朱村村	27 龙门口水库	36 兰村河

图 例

★ 首都 | ------- 省级界 | ▼ 水文站、水位站
○ 省会 | ～～ 河流 | ▭ 灌区
○ 其他居民地 | ⊨ 运河 | ▭ 沼泽
—— 主要铁路 | ◯ 湖泊 | ▭ 沙漠
—— 主要公路 | ◉ 水库 | ～～～ 长城
⊢⊣ 国界 | ▤ 滞洪区 | ┈ 黄河流域界

1:6 000 000

序

李 鹏

黄河,源远流长,历史悠久,是中华民族的衍源地。黄河与华夏几千年的文明史密切相关,共同闻名于世界。

黄河自古以来,洪水灾害频繁。历代治河专家和广大人民,在同黄河水患的长期斗争中,付出了巨大的代价,积累了丰富的经验。但是,由于受社会制度和科学技术条件的限制,一直未能改变黄河严重为害的历史,丰富的水资源也得不到应有的开发利用。

中华人民共和国成立后,党中央、国务院对治理黄河十分重视。1955 年 7 月,一届全国人大二次会议通过了《关于根治黄河水害和开发黄河水利的综合规划的决议》。毛泽东、周恩来等老一代领导人心系人民的安危祸福,对治黄事业非常关怀,亲自处理了治理黄河中的许多重大问题。经过黄河流域亿万人民及水利专家、技术人员几十年坚持不懈的努力,防治黄河水害、开发黄河水利取得了伟大的成就。黄河流域的面貌发生了深刻变化。

治理和开发黄河,兴其利而除其害,是一项光荣伟大的事业,也是一个实践、认识、再实践、再认识的过程。治黄事业虽已取得令人鼓舞的成就,但今后的任务仍然十分艰巨。黄河的治理开发,直接关系到国民经济和社会的发展,我们需要继续作出艰苦的努力。黄河水利委员会主编的《黄河志》,较详尽地反映了黄河的基本状况,记载了治理黄河的斗争史,汇集了治黄的成果与经验,不仅对认识黄河、治理开发黄河将发挥重要作用,而且对我国其他大江大河的治理也有借鉴意义。

1991 年 8 月 20 日

序

李伯宁

　　《黄河志》的重要组成部分——《黄河水文志》现已出版,这是黄河水文工作和治黄事业的一件大喜事。

　　黄河源远流长,是我国第二大河,自古以来,中华民族在黄河流域繁衍生息,是我国文明的重要发祥地。黄河有丰富的水利资源,黄河流域有广阔的农业发展基地,沿黄又有煤炭、石油等矿藏。黄河的治理开发对国民经济的发展具有十分重要的意义。

　　黄河以多沙难治闻名于世,有记载的决口 1590 次,较大的改道 26 次,给人民生命财产带来极为严重的灾难。历史上治理黄河的记述不绝于书。但由于社会制度和科学条件的限制,黄河的险恶局面一直没有得到改变。自中华人民共和国成立以来,党和政府对治黄工作十分重视,毛泽东、周恩来等许多党和国家领导人,多次亲临黄河视察。经过几十年的努力已初步建成了"上拦下排,两岸分滞"的黄河下游防洪体系,建立了洪水预报系统,保障了黄河安全。以丰富的水文资料和全面的水文分析计算为依据,编制了黄河治理规划,设计和修建了大量防洪、发电、灌溉、水土保持等水利工程,发挥了巨大的经济效益、环境效益和社会效益,除害兴利都取得了伟大成就。

　　治水必知水,治黄必知黄。黄河水文是测取黄河水文资料,探索黄河水沙规律的工作,是治黄的基础。在各项治黄工作中,凡是有完善的前期水文工作,都能取得良好的效果,反之,则往往出现这样那样的问题。由于对泥沙规律认识不足,三门峡水库建成后,泥沙严重淤积,不能发挥预期的效益。经过改建,改变了原定运用原则,才取得了成功,使三门峡仍能发挥巨大作用。这一成就,也是和水沙认识的进一步深化分不开的。

黄河水文观测已有4000多年的历史,由于治河防洪的需要,从传说的大禹治水时起,就进行水位和水深观测。此后历代都有许多雨情、洪水和旱情的记述,逐渐由定性发展为定量,并建立了报汛制度,传递水情也由快马改进为电话。到了民国时期,随着西方文化的大量传入,已由原始简单的水文观测记载,转入现代技术方法的水文工作。1912年和1915年分别开始设立了第一个雨量站和第一个水文站,以后逐步增设了各种水文测站。1933年黄河大水造成严重灾害,促进了黄河水文工作的发展,除加快了建站步伐以外,一些有志治河的专家学者,对黄河水文观测资料进行计算整理,研究黄河水沙的变化规律,但由于当时社会与战争影响和条件所限,进展仍然十分缓慢。

中华人民共和国成立后,在治黄工作的推动下,黄河水文工作得到了迅速的发展。站网建设、水文测验、洪水调查、资料整编、情报预报、分析计算、水质监测、实验研究等各项工作相继展开。由于黄河含沙量大,水流变化规律异常,河床冲淤游荡多变,加之流域内各地区自然地理差异,一年中有桃、伏、秋、凌四个汛期。各种水文因素的地区和季节变化很大,水文情况极为复杂,测验条件十分困难。广大水文工作者不畏艰苦,经过40多年的努力,已建成了全河水文站网,创造了适应黄河特点的水文测验设施、工具仪器和方法,提高了测验质量,整编刊印了各种水文测验资料368册,建立了水文情报预报系统,深入地分析研究了径流、洪水、泥沙、冰情以及水质等形成与演变规律,取得了很大的成绩,为治黄工作发挥了重大作用,并为充实、发展多沙河流的水文、泥沙科学作出了贡献。黄河水文,尤其泥沙的观测研究,不仅在黄河在中国而且在国际水文科学领域里也占有重要地位。

《黄河水文志》以志书体裁全面系统地记述了黄河水文工作的发展过程和取得的成就以及经验教训,对于了解和研究黄河水文,探求水沙变化规律,提高黄河水文工作水平,进一步适应"根治黄河水害,开发黄河水利"和国民经济发展的需要,无疑会起到很大的作用。

　　鉴于黄河水文的复杂性,尤其产沙、输沙、冲淤变化和产流汇流的异常规律,使黄河水文工作与一般河流相比,更为艰巨,已测得的资料无论质量和数量都还不能满足需要,各种水文因素的规律尚没有完全探明,水文测报中的一些重要问题还没有很好解决,为治黄服务的水平尚待提高。今后要在现有基础上付出更大的努力,把黄河的水文事业,不断地推向前进,为根治和开发黄河,提供水文保证,当好我国社会主义"四化"建设的尖兵。

1992 年 11 月 28 日

前　言

　　黄河是我国第二条万里巨川,源远流长,历史悠久。黄河流域在 100 多万年以前,就有人类在这里生息活动,是我国文明的重要发祥地。黄河流域自然资源丰富,黄河上游草原辽阔,中下游有广阔的黄土高原和冲积大平原,是我国农业发展的基地。沿河又有丰富的煤炭、石油、铝、铁等矿藏。长期以来,黄河中下游一直是我国政治、经济和文化中心。黄河哺育了中华民族的成长,为我国的发展作出了巨大的贡献。在当今社会主义现代化建设中,黄河的治理开发仍占有重要的战略地位。

　　黄河是世界上闻名的多沙河流,善淤善徙,它既是我国华北大平原的塑造者,同时也给该地区人民造成巨大灾害。计自西汉以来的两千多年中,黄河下游有记载的决溢达一千余次,并有多次大改道。以孟津为顶点北到津沽,南至江淮约 25 万平方公里的广大地区,均有黄河洪水泛滥的痕迹,被称为"中国之忧患"。

　　自古以来,黄河的治理与国家的政治安定和经济盛衰紧密相关。为了驯服黄河,除害兴利,远在四千多年前,就有大禹治洪水、疏九河、平息水患的传说。随着社会生产力的发展,春秋战国时期,就开始修筑堤防、引水灌溉。历代治河名人、治河专家和广大人民在长期治河实践中积累了丰富的经验,并留下了许多治河典籍,为推动黄河的治理和治河技术的发展作出了重要贡献。1840 年鸦片战争以后,我国由封建社会沦为半封建半殖民地的社会,随着内忧外患的加剧,黄河失治,决溢频繁,西方科学技术虽然逐步引进我国,许多著名水利专家也曾提出不少有创见的治河建议和主张,但由于受社会制度和科学技术的限制,一直未能改变黄河为害的历史。

　　中国共产党领导的人民治黄事业,是从 1946 年开始的,在解放战争年代渡过了艰难的岁月。中华人民共和国成立后,我国进入社会主义革命和社会主义建设的伟大时代,人民治黄工作也进入了新纪元。中国共产党和人民政府十分关怀治黄工作,1952 年 10 月,毛泽东主席亲临黄河视察,发出"要把黄河的事情办好"的号召。周恩来总理亲自处理治黄工作的重大问题。为了根治黄河水害和开发黄河水利,从50年代初就有组织、有计划地对黄河进行了多次大规模的考察,积累了大量第一手资料,做了许多基础工作。1954年编制出《黄河综合利用规划技术经济报告》,1955年第一届全国人民代表大会第二次会议审议通过了《关于根治黄河水害和开发黄河水利的综合规划的决议》,人民治黄事业从此进入了一个全面治理、综合开发的历史新阶段。在国务院和黄河流域各级党委、政府的领导下,经过亿万群众和广大治黄职工的艰苦奋斗,黄河的治理开发取得了前所未有的巨大成就。在黄河下游基本建成防洪工程体系,并组建了强大的人防体系,已连续夺取40多年伏秋大汛不决口的伟大胜利,使社会主义建设事业得以顺利进行;在中上游建成了许多大中型水利水电工程,流域内灌溉面积和向城市、工矿企业供水有了很大发展,取得了巨大的经济效益和社会效益;在黄土高原地区开展了大规模的群众性的水土保持工作,取得了为当地兴利、为黄河减沙的明显成效;河口的治理为三角洲的开发创造了条件。如今,古老黄河发生了历史性的重大变化。这些成就被公认为社会主义制度优越性的重要体现。

治理和开发黄河,是一项光荣而伟大的事业,也是一个实践、认识、再实践、再认识的过程。治黄事业已经取得了重大胜利,但今后的任务还很艰巨,黄河本身未被认识的领域还很多,有待于人们的继续实践和认识。

编纂这部《黄河志》,主要是根据水利部关于编纂江河水利志的安排部署,翔实而系统地反映黄河流域自然和社会经济概况,古今治河事业的兴衰起伏、重大成就、技术水平和经济效益以及经验教训,从而探索规律,策励将来。由于黄河历史悠久,治河的典籍较多,这部志书本着"详今略古"的原则,既概要地介绍了古代的治河活动,又着重记述中华人民共和国成立以来黄河治理开发的历程。编志的指导思想,是以马列主义、毛泽东思想为理论基础,遵循中共十一届三中全会以来的路线、方针和政策,实事求是地记述黄河的历史和现状。

《黄河志》共分十一卷,各卷自成一册。卷一大事记;卷二流域综述;卷三水文志;卷四勘测志;卷五科学研究志;卷六规划志;卷七防洪志;卷八水土保持志;卷九水利水电工程志;卷十河政志;卷十一人文志。各卷分别由黄河水利委员会所属单位及组织的专志编纂委员会承编。全志以文为主,图、表、照片分别穿插各志之中。力求图文并茂,资料翔实,使它成为较详尽地反映黄河的河情,具体记载中国人民治理黄河的艰苦斗争史,能体现时代特点的新型志书。它将为今后治黄工作提供可以借鉴的历史经验,并使关心黄河的人士了解治黄事业的历史和现状,在伟大的治黄事业中发挥经世致用的功能。

　　新编《黄河志》工程浩大,规模空前,是治黄史上的一项盛举。在水利部的亲切关怀下,黄河水利委员会和黄河流域各省(区)水利(水保)厅(局)投入许多人力,进行了大量的工作,并得到流域内外编志部门、科研单位、大专院校和国内外专家、学者及广大热心治黄人士的大力支持和帮助。由于对大规模的、系统全面的编志工作缺乏经验,加之采取分卷逐步出版,增加了总纂的难度,难免还会有许多缺漏和不足之处,恳切希望各界人士多加指正。

黄河志编纂委员会

1991 年 1 月 20 日

凡 例

一、《黄河志》是中国江河志的重要组成部分。本志编写以马列主义、毛泽东思想为指导,运用辩证唯物主义和历史唯物主义观点,准确地反映史实,力求达到思想性、科学性和资料性相统一。

二、本志按照中国地方志指导小组《新编地方志工作暂行规定》和中国江河水利志研究会《江河水利志编写工作试行规定》的要求编写,坚持"统合古今,详今略古"和"存真求实"的原则,突出黄河治理的特点,如实地记述事物的客观实际,充分反映当代治河的巨大成就。

三、本志以志为主体,辅以述、记、传、考、图、表、录、照片等。

篇目采取横排门类、纵述始末,兼有纵横结合的编排。一般设篇、章、节三级,以下层次用一、(一)、1、(1)序号表示。

四、本志除引文外,一律使用语体文、记述体,文风力求简洁、明快、严谨、朴实,做到言简意赅,文约事丰,述而不论,寓褒贬于事物的记叙之中。

五、本志的断限,上限不求一致,追溯事物起源,以阐明历史演变过程。下限一般至1987年,但根据各卷编志进程,有的下延至1989年或以后,个别重大事件下延至脱稿之日。

六、本志在编写过程中广采博取资料,并详加考订核实,力求做到去粗取精,去伪存真,准确完整,翔实可靠。重要的事实和数据均注明出处,以备核对。

七、本志文字采用简化字,以1964年国务院公布的简化字总表为准,古籍引文及古人名、地名简化后容易引起误解的仍用繁体字。标点符号以1990年3月国家语言文字工作委员会、国家新闻出版署修订发布的《标点符号用法》为准。

八、本志中机构名称在分卷志书中首次出现时用全称,并加括号注明简称,再次出现时可用简称。

人名一般不冠褒贬。古今地名不同的,首次出现时加注今名。译名首次出现时,一般加注外文,历史朝代称号除汪伪政权和伪满洲国外,均不加"伪"字。

外国的国名、人名、机构、政治团体、报刊等译名采用国内通用译名,或以现今新华通讯社译名为准,不常见或容易混淆的加注外文。

九、本志计量单位,以1984年2月27日国务院颁发的《中华人民共和国法定计量单位的规定》为准,其中千克、千米、平方千米仍采用现行报刊通用的公斤、公里、平方公里。历史上使用的旧计量单位,则照实记载。

十、本志纪年时间,民国元年(1912年)以前,一律用历代年号,用括号注明公元纪年(在同篇中出现较多、时间接近,便于推算的,则不必屡注)。1912年以后,一般用公元纪年。

公元前及公元1000年以内的纪年冠以"公元前"或"公元"字样,公元1000年以后者不加。

十一、为便于阅读,本志编写中一般不用引文,在确需引用时则直接引用原著,并用"注释"注明出处,以便查考。引文注释一般采用脚注(即页末注)或文末注方式。

黄河志编纂委员会

名 誉 主 任 钮茂生

主 任 委 员 綦连安

副主任委员 庄景林　杨庆安

委　　　员 （按姓氏笔划排列）

马秉礼	王长路	王继尧	王福林	孔祥春	方润生
白永年	叶宗笠	仝琳琅	包锡成	庄景林	刘于礼
刘万铨	成　健	沈也民	陈耳东	陈先德	陈俊林
陈效国	陈赞廷	陈彰岑	李武伦	李俊哲	吴柏煊
吴致尧	宋建洲	杨庆安	孟庆枚	张　实	张　荷
张学信	林观海	姚传江	徐复新	徐福龄	袁仲翔
席家治	夏邦杰	谢方五	綦连安	谭宗基	

学 术 顾 问

张含英	邵文杰	姚汉源	谢鉴衡	麦乔威	陈桥驿
邹逸麟	周魁一	黎沛虹	王文楷		

总 编 辑 袁仲翔

黄河志总编辑室

主　　　任 林观海

副 主 任 卢旭

主 任 编 辑 张汝翼

黄河水利委员会水文局
黄河水文志编纂委员会

主　任　陈先德

副主任　刘拴明　　张民琪　　陈赞廷

委　员　（按姓氏笔划排列）

　　　　　　王克勤　　王智进　　邓忠孝　　刘拴明　　刘木林　　孙振庭

　　　　　　任建华　　吕光圻　　陈先德　　陈赞廷　　陈敬智　　呼怀芳

　　　　　　李良年　　张民琪　　张登安　　胡汝南

黄河水文志编辑室

主　任　邓忠孝

主　编　陈赞廷

副主编　王克勤　　邓忠孝（常务）

编 辑 说 明

　　《黄河水文志》是《黄河志》的第三卷,包括管理机构、水文站网、水文测验、水文实验研究、水文资料整编、水文气象情报预报、黄河水沙特性研究及水文分析计算共八篇。财务和人事已分别编入第十卷河政志和第十一卷人文志中。本志的各篇均包括了中华人民共和国建立前(简称建国前)的历史情况和中华人民共和国建立后(简称建国后)的工作。本着详今略古的原则,建国前的情况记述较简,建国后的工作记述较详。由于资料不足,对省(区)的工作记述较简,对流域系统的工作记述较详。在编写中,对一般技术规定、测报手段和方法,记述较简,针对黄河特点的补充规定和改进创新的测报手段和方法记述较详。

　　第一篇,管理机构:分流域管理机构和省(区)管理机构两章。由于清朝以前没有专设水文管理机构,只作了概述。对中华民国时期(简称民国时期)和建国后分节进行了记述。在流域管理机构中除文字记述外,又绘制了机构系统图,并列出第一级水文管理机构的领导人员。

　　第二篇,水文站网:分站网规划与研究和站网建设与管理两章。清朝虽然在沿黄的一些地点设立水尺观测水位,尚形不成站网。民国时期曾作过粗略的站网规划,初步建设站网。建国后才作系统的站网规划,逐步建成完善的站网。本篇简述了民国时期的站网规划,较详细地记述了建国后的站网规划和各次调整站网规划。在进行站网规划时,作了大量的分析研究工作,对作好站网规划起到了很大的作用,所以专列了一节。在站网建设与管理一章中,分别记述了清朝、民国时期和建国后的建站情况和管理工作。为了适应站网的发展,作了一系列的站网改革,专列了一节。

　　第三篇,水文测验:水文测验是水文工作的基础,历史悠久,内容丰富,共列为八章。各项测验分为六章,测验设施和水文调查各列为一章。对各种测验的记述均包括测验手段、工具、仪器和方法,有的简述了测验成果。在水文调查中,洪水调查只记述了各次调查情况。洪水调查成果的分析计算列在水文分析计算篇中。随着测验工作的发展,测验质量不断提高,均以实际资料作了注明。

第四篇,水文实验研究:黄河的水文实验研究工作自1951年开始,本篇有水库水文实验、黄河下游河道水文实验和河口水文实验三章,径流、水面蒸发、冰凌实验合为一章,水资源与水质监测研究列为一章,共计五章。在水库水文实验中,对三门峡和巴家嘴两个水库各列为一节,其他水库作了综合记述。黄河下游河道水文实验和河口水文实验均分项记述。各章内容均包括任务由来、实验研究情况和成果。

第五篇,水文资料整编:分基本资料整编,实验资料整编,水文、流域特征值和基本资料存贮四章。由于历史上的水文记载很不系统,没有作过整理,民国时期的水文资料只作过简单的整编,建国后才进行了系统、完善的水文资料整编,所以概述了历史水文资料情况,简述了民国时期的水文资料整编,详述了1953年前的基本水文资料的集中整编,1953年后的基本水文资料逐年整编,实验资料整编,水文、流域特征值的统计、量算,资料刊印、存贮、供应以及改革后的电算整编,水文数据库的建立等,记述更为详细。

第六篇,水文气象情报预报:分水文情报、水文预报和气象情报预报三章。因为气象情报主要是由气象部门提供的,未专列一章。情报工作包括建国前历史上的概况和建国后的工作。预报工作是从建国后开始的,包括黄河流域系统和省(区)的工作。气象预报记述了黄河流域系统的工作。为了作好气象预报,进行了不少气象分析和预报方法确定,在气象情报预报章中专列了一节。

第七篇,黄河水沙特性研究:本篇主要记述了对黄河水沙特性的宏观分析与研究。分降水、年径流、洪水和泥沙四章。历史上对黄河水沙的研究很少,主要是一些灾情的记载,民国时期才开始有水沙分析,大量的分析研究是建国后进行的。对民国时期的研究只作了一些简单的记述,对建国后则分为三个阶段作了较详细的记述。对各次研究工作都记述了起因、过程和成果。在编写中是按研究项目叙述的,没有按各研究人员的各次研究工作集中记述。

第八篇,水文分析计算:这是进行治黄规划、工程设计等的基础。本篇记述了建国后的工作,分洪水分析计算、径流分析计算、泥沙分析计算和水文图集手册四章。详述了各次分析计算任务的由来、工作过程、成果和在治黄中的作用。其中有的篇目与水文测验、黄河水沙特性研究中的篇目重复,但编写的重点不同,内容互不重复。

本志的编写工作经历了两个阶段:先是由黄河水利委员会水文局(简称

黄委会水文局)于1983年开始,成立黄河水文志编辑室进行筹备,成员有韩学进、武伦偕、姚心域、蒋治、程占功、冯云澄,草拟编纂大纲,搜集资料,并部署黄委会所属各水文总站提供基本素材;1988年,重新组织人员,正式进行编写,主编陈赞廷,副主编王克勤、邓忠孝(常务)。各篇编写人为:概述,陈赞廷;管理机构、水文站网和水文测验,邓忠孝;水文实验研究,罗荣华;水文资料整编,方季生;水文气象情报预报,吴学勤、王云璋;黄河水沙特性研究,胡汝南(戴申生作过初期资料搜集和编写);水文分析计算,王国安、涂启华、易维中;王克勤对第一、二、三、四、五篇志稿进行审修;胡汝南对第六、八篇志稿进行审修;最后由陈赞廷复审和总纂,邓忠孝协助复审和总纂。

在本志的编写准备阶段,冯云澄在借阅档案、搜集资料及进行有关资料的摘录、考证、校对等方面作了不少工作。刘木林对本志的制图、印刷、校对等方面作了一定工作。韩金根对志稿文字修饰、校对作了一定工作。

前七篇初稿完成后,1993年进行过一次广泛征求意见,经修改后,连同第八篇全部志稿于1995年10月由黄委会水文局主持召开了评审会议进行评审。然后又作了补充修改,1995年12月完成了修改稿,经黄委会黄河志总编辑室审核定稿。在本志出版过程中,栗志参加了编辑工作。

本志在编纂过程中,承蒙有关专家、学者、黄河志编委、学术顾问及有关部门领导、黄河水文工作者和沿黄各有关部门的同志们提出了许多修改、补充意见,谨此致谢。

由于本志的编者水平有限,难免有不妥之处,敬希批评指正。

编　者

1995年12月

目 录

第一篇 管理机构

第二篇 水文站网

第三篇　水文测验

第六篇　水文气象情报预报

第七篇　黄河水沙特性研究

第八篇　水文分析计算

概　述

　　黄河流域界于北纬 32°至 42°,东经 96°至 119°之间,南北相差 10 个纬度,东西跨越 23 个经度,集水面积 75.2 万多平方公里,黄河全长 5464 公里,河源至河口落差 4830 米。流域内石山区占 29%,黄土和丘陵区占 46%,风沙区占 11%,平原区占 14%。各地自然景观差异很大,尤其有世界上最大的黄土高原,土壤侵蚀十分严重。

　　黄河流域属大陆性气候。兰州以上大部分为半湿润区,兰州以下,西北部为干旱区,南部和东南部为湿润区,其余为半干旱半湿润区。冬季受蒙古高压控制,盛行偏北风,气温低,降水少;春季蒙古高压衰退,西太平洋副热带高压开始北上西伸,气温回升,降水增多;夏季大部分地区受西太平洋副热带高压的影响,盛行偏南风,水汽丰沛,是一年中降水最多的时段;秋季西太平洋副热带高压逐渐衰退,蒙古高压向南扩展,降水开始减少,但常发生连阴雨天气。气温的地区分布特点是由南向北、由东向西逐渐降低。多年平均气温最高的地区大于 14℃,最低的地区小于 -4℃。年极端最高气温为洛阳盆地 44.2℃,年极端最低气温为河源地区 -53.0℃。降水自东南向西北逐渐减少,多年平均年降水量最多的地区为秦岭,局部达 900 毫米以上。年降水最多的站为泰山顶达 1108.3 毫米;年降水量少的地区为内蒙古杭锦后旗、临河一带,在 150 毫米以下,年降水最少的站为内蒙古杭锦后旗的陕坝,只有 138.4 毫米。上游降雨强度较小,历时较长,暴雨极少,日降水量很少超过 50 毫米;中下游降雨强度较大,历时较短,暴雨较多。陕西、内蒙古交界处的乌审旗,1977 年 8 月 1 日发生过一次特大暴雨,暴雨中心木多才当,10 小时降雨 1400 毫米(调查值),超过世界最高记录;三门峡至花园口间,1982 年 7 月底至 8 月初的一次大暴雨,暴雨中心宜阳县石硐镇 24 小时降雨 734.3 毫米,也是黄河流域罕见的大暴雨。

　　由于气候和地形、地貌等自然地理景观的影响,黄河的水文情况非常复杂,主要有以下三个方面的特点:

　　第一,径流的时空变化大。丰水年与枯水年的比值,干流为 2.5～3.5 倍,支流为 2.5～40.8 倍。各地区的年径流变差系数为 0.11～0.53。多水区和少水区径流深相差 140 多倍。年径流系数最大为 0.7,最小只有 0.01。

第二,汛期长、洪水次数多。一年中有伏、秋、凌、桃四个汛期,总历时长达 10 个月。伏、秋汛合称为大汛,由降雨形成。其洪水来源有兰州以上、晋陕区间、龙门至三门峡区间、三门峡至花园口区间和大汶河流域。上游洪水涨落比较缓慢,历时较长,兰州水文站一次洪水历时平均 40 天,最长可达 66 天,最短 22 天;中游洪水涨落较快,尤其晋陕区间的洪水陡涨陡落,历时较短,干流龙门站洪水历时平均 46 小时,最长 80 小时,最短 20 小时,连续洪水一般为 3～6 天,涨水平均 8 小时,最长 30 小时,最短 2 小时;支流洪水更是来猛去速;下游干流洪水主要来自中游,其特点与来源有关,但又受高含沙量变动河床和滩区建筑物的影响,往往使洪水演进规律发生异常变化。凌汛主要发生在宁夏、内蒙古和黄河下游两个河段,均由冰塞、冰坝壅水形成。黄河下游的冰情变化极不稳定,约有十分之一的年份不封河,有的年份则三封三开。60 年代以来由于三门峡、刘家峡水库防凌运用,冰情有较大变化,凌灾有所减轻,但盐锅峡水库至刘家峡河段于 1961～1962 年度,青铜峡水库上游于 1967～1968 年度,天桥水库上游河曲河段于 1981～1982 年度都曾发生过严重冰塞,造成不同程度的损失。桃汛是宁夏、内蒙古河段开河时融冰水和河槽蓄水下泄形成的冰凌洪水,流至下游正值桃花开放季节,洪峰不高,涨落较缓。1972 年后为了下游灌溉,三门峡水库调蓄桃汛水量,下游不再有桃汛洪峰。

第三,含沙量高并且水沙异源。黄河上游兰州以上和中游三门峡以下水多沙少;黄河中游三门峡以上水少沙多,由于黄河流经黄土高原,水土流失,携带大量泥沙进入黄河,支流窟野河温家川水文站最大含沙量达 1700 公斤每立方米。干流陕县水文站多年平均输沙量达 16 亿吨,形成了居世界首位的多沙河流,由于河流含沙量高带来了特殊的产流、汇流、产沙和输沙规律,并造成河槽冲淤游荡,河床剧烈变化,水位变化无常。

黄河水文工作是治黄的基础,是各项治黄工作的重要依据。黄河水文观测已有四千多年的历史,早在大禹治水时期(公元前 21 世纪前),就以树木标志水位;殷代(公元前 13～前 11 世纪)又开始有描述雨情和占卜预测洪水的记载;战国时的慎到(公元前 395～前 315 年)曾在黄河龙门流浮竹观察水流速度;秦代(公元前 221～前 206 年)建立了报雨制度;西汉后期(公元前 77～前 37 年)创造了雨量筒,开始降雨的定量观测;西汉元始四年(公元 4 年)对黄河泥沙进行过观测论述;隋朝(公元 581～618 年)设立"水则"观测水位;明万历元年(1573 年)开展了"塘马报汛";到了清朝(1644～1911

年)自兰州以下多处设立水志桩测报水情,并在洑口观测过含沙量。黄河下游传递水情的手段也由快马改进为电话。

清朝末年到民国时期的黄河水文工作已发展到采用近代科学技术方法。1912年设立了泰安雨量站。1915年设立了支流大汶河南城子水文站。1919年至1933年又先后增设了黄河干流陕县、洑口、柳园口及支流泾河张家山等水文站和支流渭河咸阳、交口镇、阳平关、泾河船头等水位站。1933年陕县发生了一次大洪水,洪峰流量22000立方米每秒,造成了黄河下游的严重水灾,引起了国民政府对测报洪水的重视,促进了黄河水文工作的发展。1937年黄河水文观测站点有增加,曾达到水文站(包括渠道站,下同)43处,水位站29处,雨量站185处。后因战争影响,一大批测站停测,1939年只有水文站26处,水位站4处,雨量站80处。抗日战争胜利后,1947年又恢复到水文站60处,水位站33处,雨量站73处。建国前夕1949年尚有水文站44处,水位站48处,雨量站45处。民国时期还进行过部分水文资料整编,开展过水文分析研究,随着通信技术的改进,报汛手段除电话外又设立了专用电台,但总的情况发展仍然比较缓慢,站网稀疏,设备简陋,技术粗放,资料不系统。

建国后,党和政府对黄河治理十分重视,在治黄工作的推动下,黄河水文工作得到了很快的发展。大体可分三个阶段:

50年代。建国初期,黄委会统一了全河治理,确定了治理黄河的目的是"变害河为利河,上、中、下三游统筹,干支流兼顾"的方针。黄河水文工作根据治黄要求,以为防洪服务为主进行恢复发展。1955年第一届全国人民代表大会第二次会议通过了《关于根治黄河水害和开发黄河水利的综合规划的决议》,治黄工作进入了由防洪过渡到治本的阶段。黄河水文工作除继续为防洪作好水文测报外,并为黄河治理规划、工程建设、河道治理、引黄灌溉、水土保持等全面服务。50年代末期,在国民经济"大跃进"的形势下,黄河水文工作也加快了建设步伐,在1958年和1959年大搞技术革新和技术革命之后,1960年又提出"开展全面服务,保证治黄重点,大力支援农业,洪水枯水泥沙并重,大中小河兼顾,基本站、实验站并举,定位观测与调查研究结合"的方针,全面高速度地发展,但是也出现了建设过快、战线过长、工作不切实际的现象。总的来说,50年代是一个大发展阶段,水文站网已初步形成,水文测验已全面展开,测验规范已大力贯彻,实验观测分析研究已取得了不少成果,历年资料整编已全部刊印出版,逐年资料整编体系也已建成,水文情报预报,已在防洪防凌中发挥了重大作用,为黄河水文工作的进一步发展奠定了良好的基础。

60～70年代虽曾受国民经济暂时困难及"文化大革命"的影响,但后期又得到了恢复发展,稳步提高。在这一阶段里,由于黄河干支流相继建成了15个大型水库,支流上也修建了大量中小型水库,引黄灌溉和水土保持面积不断扩大,使黄河水文自然变化规律受到了很大影响。在这种形势下,治黄对水文工作提出了完善站网,提高测验质量,算清水账、沙账,加强水文情报、预报,深入探讨水文变化规律的要求。据此进行了调整发展站网,整顿加强设施,以土洋结合和开展协作的方法研究创造了适应黄河特点的测验工具仪器,改进了技术,提高了水文测报质量,开展了气象预报和水质监测,增加了服务项目,全面展开了实验研究和水文分析计算并开始引进先进设备和技术,各项水文工作都获得了新的进展。

进入80年代,遵照国家"调整改革,整顿提高"的方针和治黄工作确保防洪安全,合理利用和保护水资源的精神,以改革为动力,以洪水测报为中心,研制、引进了各种先进设备和技术,开始建立自动测报系统,逐步向现代化迈进。

一、站网建设

水文站网是水文工作的战略部署,建国后即以全面控制洪水、径流、泥沙为原则,恢复旧站,建设新站。1950年全河水文站即已恢复到民国时期的最高水平,1955年全河水文站、水位站、雨量站已为1949年的4.7倍、2.7倍、13.8倍。1956年编制了黄河流域水文站网规划,为科学合理地建设站网提供了依据。1960年站网密度已超过了全国平均水平,尤其泥沙站网大大超过了一般河流。1960年以后,为了适应黄河流域自然情况和治黄工作的新变化,又修订了四次站网规划,其中60～70年代三次,80年代一次。60年代受国民经济暂时困难和"文化大革命"的影响,曾不适当地撤销了一大批测站。到了70年代逐渐恢复和发展并设立了一批小河站。1990年全河水文站网已有水文站451处(其中渠道站129处),水位站60处,雨量站2357处。其中属黄委会系统的分别为139、35、763处。全河水文站每万平方公里4.28站,为1949年每万平方公里0.52站的8.23倍。全河雨量站每万平方公里31.32站。水文站体制也由全部水文站常年驻站观测,改为大部分支流站实行站队结合。随着水文站网的逐步完善,黄河流域的径流、泥沙、洪水等各项水文因素的形成变化,已得到全面控制。

二、水文测验

(一)基本测验

测验工作是水文工作的基础。建国后,各项基本观测迅速全面展开。在测验设施方面,除了进行高程和平面控制建设外,主要创建了适合各站特性的各种测验设施,用测船测验的水文站一般架设吊船缆道,山溪性河流架设缆车(吊箱)缆道,断面较窄河床比较稳定,漂浮物较少的水文站架设流速仪缆道。在洪水时用浮标测流的水文站都架设了浮标投放器。1987年全河已架设吊船缆道64处(其中黄委会系统37处),缆车和流速仪缆道252处(其中黄委会系统94处)。黄委会系统除黄河下游河面特别宽,游荡多变的夹河滩水文站外全部架设了缆道。兰州水文站还建成了半自动流速仪缆道,宁夏固原水文站架设了双刹型电动独轮缆道。电动升降缆车已作为中国水文业务技术经验之一,列入世界气象组织推行的《水文业务综合子计划》向各国推荐。少数使用机动船的站,则加大了马力,建立了机船组,提高了测洪能力。河口水文实验站建造了黄河上最大的600匹马力40.15米长的浅海测量船。

在测验工具仪器方面,首先配齐了各站必需的测验和测量工具仪器,然后根据各站特点逐步改进提高。雨量观测,由雨量筒改进为自记雨量计和遥测雨量计,1990年雨量自记程度全河已达46%,其中黄委会系统达到60%。水位观测由直立固定水尺发展到活动水尺和各种适合测站特性的自记水位计、遥测水位计,1987年水位自记程度全河已达20%,其中黄委会系统达到24%。测速仪器由一般流速仪改进为防沙防草流速仪。测沙工具由直立式悬移质采样器改进为横式采样器,进而研制了同位素测沙仪。泥沙颗粒分析仪器初期为筛分析、比重计、底漏管,于1960年改为粒径计,1980年发展为光电颗分仪。

测验规范是测验工作的法规,为了统一测验标准,提高测验质量,1951年黄委会首先制订了一个简单的测验规定。1956年后认真贯彻了水利部颁发的《水文测站暂行规范》,并制订了补充要求,改进了测验方法。在测流方面,对测流的各个环节都进行过试验研究,不断改进提高。泥沙测验方面,建国一开始就十分重视,除了各站一般泥沙测验外,还有部分站开展了精密泥沙测验。1956年按测验规范规定改为输沙率测验。为了研究泥沙的形成、输移规律,1950年就开始在黄委会系统14个水文站上取样进行颗粒分析,到了80年代全河已发展到124站,其中黄委会系统68站。黄委会系统颗粒分析室也由1950年的1处增加到1980年的12处,后又调整为7处。

冰情是黄河上又一种复杂的水文现象,观测冰情的站1960年全河已达400处,其中黄委会系统181处。为认真贯彻水文测验规范的规定,除一般冰情观测外,还开展了特殊冰情观测。

开发利用黄河水资源,不仅需要掌握水量还必须了解水质。1958年开展了天然水为主的水化学成分测验。1972年开展了水质污染监测后,天然水化学成分测验与水质监测相结合。1975年建立了黄河水源保护和水质监测系统,增加了水化学成分测验站,布设了大量的水质监测站点。分析方法除天然水化学成分贯彻《水文测验试行规范》外,水质监测污染物分析均按特定的规范执行。80年代逐步引进了各种先进的分析仪器,改进了分析技术,分析质量已达到国际标准。黄河水质状况经过调查和对监测资料分析研究,基本搞清了黄河水质的主要水化学成分和矿化度分布情况。大量的数据和分析资料说明建国后黄河水质污染日趋严重,1990年低于三类水质的河长,干流为34%,支流达59%。

水文调查是弥补水文定位观测不足的一项重要水文工作。自50年代初开始,黄委会就组织了多次黄河干支流洪水调查,获得了大量的宝贵资料。如黄河干流三门峡1843年的洪水,洪峰流量36000立方米每秒;黑岗口1761年的洪水,洪峰流量30000立方米每秒;支流伊河龙门镇公元223年的洪水,洪峰流量20000立方米每秒;沁河九女台1482年的洪水,洪峰流量14000立方米每秒等,都是大大超过实测资料的罕见特大洪水。80年代黄委会勘测规划设计院将全河172个河段的调查洪水成果汇编成册,刊印出版。沿黄甘肃、宁夏、山东等省(区)也将调查洪水资料汇编刊印。

由于测验工作不断充实,测洪能力不断加强,测流历时不断缩短,测验方法不断改进,测验精度不断提高,水沙不平衡现象逐渐减少,散乱的水位流量关系逐渐变为较规律的曲线,为治黄提供了完善、可靠的水沙、水质等资料。

(二)实验观测

为了掌握黄河的水沙特性,除了大量的基本水文测站外,还开展各项实验观测,探求水沙的形成变化规律。

1953年首先在河口建立了前左水文实验站,进行黄河三角洲淤积延伸和尾闾摆动规律的观测研究。1956年开始在上诠、三门峡和三盛公相继建立了大型水面蒸发站,研究了水库水面蒸发和一般蒸发器与天然水面蒸发的关系,并为计算大范围陆面蒸发提供了资料。1957年在花园口游荡性河段建立了河床演变测验队,进行了河床冲淤摆动变化规律的观测研究。在高村以下的自然弯曲河段和由人工控制、半人工控制的弯曲河段建立了弯曲河道观测队,进行了弯曲河道变化规律的观测。1958年在陕北黄土高原地区岔巴沟设立了子洲径流实验站,观测研究了黄土地区径流形成变化规律和水土保持的影响。同年又设立了三门峡库区水文实验站,随着位山、盐锅峡、八盘峡、青铜峡、天桥、巴家嘴等大中型水利枢纽工程的修建,都相继成立了实验站(队),开展了以库区泥沙运行规律为主的观测研究。累计建立实验站(队)14个,测取了各种水文实验资料,撰写了大量的分析报告和专著,这些成果已在治黄规划、河道整治、水库建设管理运用、河口治理等治黄工作中发挥了重要作用。

(三)资料整编

建国初期,根据治黄规划的急需,1952～1956年对1953年前的全部黄河基本水文测验资料进行系统的整编,于1956年刊印出版。在此基础上,确定自1954年的资料开始转向逐年整编,并建立了在站整编、集中审查、复审汇编、刊印出版四个步骤和保证质量提高工效的制度。每年的测验资料一般隔年刊印出版。整编方法除贯彻全国统一规定外,又结合黄河特点进行了补充。1976年开始试行电子计算机整编,1984年从国外引进了电子计算机,此后正式展开并开始筹备和建设水文资料数据库,以推动资料整编工作的改革。

水文实验资料整编,自1960年整编三门峡库区实验资料开始,相继展开对各实验资料的整编,同时还进行了小河站资料整编,并在整编资料基础上作了五次黄河流域水文特征值统计。在70年代初还进行了黄河流域特征值的量算,将原用的黄河流域面积745000平方公里修改为752443平方公里,原用的河长4845公里修改为5464公里。

截至1990年共整编刊印了各种水文资料368册,除提供水利部和黄委会有关单位使用外,还供应了其他165个单位部门应用。

三、水文气象情报预报

情报工作。向黄河防汛总指挥部报汛的水情站网,在50年代,由1949年的11处增加到1959年的404处。水情传递手段,一开始就采用了公用电报、电话和专用电台、电话相结合的通信网。水情拍报办法,由简单的定时拍报,改进为分段次标准拍报。基本上形成了一个比较完整的水文情报系统。

60年代,水情站网曾一度大幅度下降。1970年开始回升,70年代末稳定在500处左右。鉴于淮河1975年8月大洪水时水情信息不灵的教训,黄委会在三门峡以下建立专用无线通信网。自80年代初开始,在三门峡至花园口间建立自动遥测系统。现在黄委会水情部门建立了雨、水情信息自动接收、处理、传输系统,大大提高了水情传递时效。

水文预报。1951年开展了黄河下游的洪峰预报;1955年发展到黄河中下游干支流的降雨径流和洪水过程预报;1959年又发展到上游,并全面开展了洪水、枯水、冰情,长期、中期、短期各种预报。60年代末到70年代,采取协作的办法,加强预报技术的研究,并组织了一次由科研单位、大专院校和黄委会的大协作,研究改进了黄河长期暴雨洪水预报。70年代末又组织了一次有关省(区)和流域水文、水利部门的协作,研究建立了黄河下游洪水预报系统。1975年黄委会成立了气象组织,由全部依靠沿河气象部门提供天气预报,改为自行开展天气预报,并与有关省气象台建立了汛前长期降水预报会商和汛期暴雨联防,把天气预报与水文预报结合起来,增长了洪水预报的预见期。1982年后,逐步推广运用电子计算机,并在三门峡至花园口间建立自动遥测联机实时洪水预报系统,改进了以三花间预报为重点的全部预报方法,提高了预报精度。天气预报也建立了卫星云图,测雨雷达及各种气象信息自动接收处理系统,并开始研究建立专家系统,改进预报方法,提高了预报准确率。黄河的水文、天气预报已开始接近国际先进水平。

建国以来,黄河水文气象情报预报,已对历年黄河防洪、防凌工作提供了约300万站次情报,4000多站次预报,尤其在1958、1981、1982年的黄河大洪水中,准确及时地提供了洪水情报和预报,使防洪工作采取了有力的防御措施,以最小的损失取得了战胜各次洪水的伟大胜利。

四、水文计算和分析研究

这是治黄规划和水利工程建设的基础,是治黄的重要科学依据,建国以来进行了大量的工作。1954年编制《黄河综合利用规划技术经济报告》(简称黄河技经报告)时,对黄河干支流进行了一次全面系统的水文分析计算,同期还分析研究了黄河流域的降水和径流形成变化规律,此后在修订补充治黄规划时对有关内容又进行了深入分析计算。60年代首先统一了全河主要水文站的主要水文数据,确定了陕县多年平均年径流量为423.5亿立方米,平均年输沙量为16亿吨,并围绕探求根治黄河水害的途径和三门峡水库改建,进行了有关水沙分析研究。鉴于钱宁 1959 年提出黄河下游淤积的主要成分是粒径大于 0.05 毫米的粗沙,1965 年后对此进行了粗沙来源的调查研究。同期,1962~1965 年对上游刘家峡至盐锅峡河段的冰塞开展了观测研究,提出了计算方法。进入 70 年代后,根据水利电力部(简称水电部)指示,黄委会编制了黄河治理规划,并以黄河下游河道治理和防洪为主进行了水沙变化规律的分析研究,除搞清了黄河下游的粗沙来源外,还研究了黄河泥沙的输移规律,分析计算确定了黄河下游花园口的可能特大洪水流量为 55000 立方米每秒。同时,对三门峡、花园口的主要历史洪水进行了分析,系统研究了黄河下游的凌汛,取得了不少有重大价值的成果。到了 80 年代在修订黄河治理开发规划时,再次进行了水沙分析计算,并对多年来分析研究的泥沙运行规律、历史洪水、黄河冰情、黄河水资源,以及黄河流域的气候等进行了综合分析,撰写成专著。还开展了高含沙浑水流变特性试验和水内冰、河曲段冰塞的观测研究,取得了许多宝贵成果。

　　黄河的水文研究,自 1981 年撰写冰情论文参加国际冰情学术讨论会后,开创了黄委会参与国际学术交流的新局面,已有不少水文研究成果进行了十余次国际交流,不断引进国外先进的水文科研成果,推进了黄河水文研究工作的发展。

　　建国以来,作为防灾减灾和水资源开发利用基础的黄河水文事业,得到了党和政府的重视,投入了大量的资金,到 1990 年仅黄委会系统事业费就有人民币 2.2 亿元。建立了一支业务熟练、思想过硬的水文队伍。全河水文职工到 1990 年为 4680 多人,其中黄委会系统 2500 多人,已建成了一个比较完善的黄河水文系统。广大的黄河水文职工辛勤劳动,艰苦奋斗,尤其工作在水文测报第一线的水文职工,在十分困难的条件下,与暴雨、洪水、泥沙、冰凌作斗争,仅黄委会系统就有 31 人献出了宝贵的生命。40 多年中黄河水文工作已为治黄提供了大量的水文资料和水文气象情报、预报,水文分析研究成果,走出了一条具有黄河特色的水文事业发展道路,无论在黄河治理开发和流域经济发展中,都发挥了不可替代的作用。但是,黄河是世界上水文变化最复杂、测验条件最困难的河流,尤其随着黄河的治理和流域经济发展,黄河水文情况已发生了很大的变化,水文测报质量远不能适应需要,水沙量尚未完全算清,水文规律尤其是在新的变化中的许多问题没有得到解决。黄河水文工作者必须不遗余力地、孜孜不倦地在已取得的成绩基础上,进一步完善站网,加强测报,深入研究,更加努力克服困难,使黄河水文事业不断发展提高。

第 一 篇
管 理 机 构

　　水文工作是水利建设的尖兵,防汛的耳目,水文资料又是水利、水电、工农业生产建设和流域治理决策的依据。因此,历代有关部门都重视水文工作,并直接管理水文工作。清代及以前,黄河水文观测工作均由河防部门或地方政府直接领导。到了民国时期,转为水利部门直接领导,流域和省都设有水文总站。

　　建国后,随着水文事业的发展水文测站不断增加。为适应水文测站分布面广、分散、远离领导的特点,水文管理机构在水利部门的领导下,不断充实、健全和发展。流域管理机构在黄委会的领导下,设黄委会水文局,下设黄委会上游、中游、三门峡库区、河南、山东水文水资源局,按河流或地区分片设水文水资源勘测队。省(区)在水利厅(局)内设水文(水资源)总站(局),地区分片设水文分站(水文勘测队)。

第一章　流域管理机构

1933年12月,黄河上第一个流域水文管理机构——国民政府黄委会水文测量队成立。1942年更名为国民政府黄委会水文总站。1948年7月,更名为黄河水利工程总局水文总站。1949年12月改为黄委会水文总站,1950年夏,水文总站改为水文科,1956年4月水文科升格为黄委会水文处。1980年4月水文处又升为黄委会水文局,同时,与黄河水源保护办公室合署办公。

为了加强对水文站的领导,1952年,将泺口、柳园口、潼关、吴堡、镫口、兰州6个水文站扩建为一等水文站。1953年3月将6个一等水文站升格为水文分站。1956年4月水文分站又升格为水文总站。1992年各水文总站改为水文水资源局。

第一节　民国时期

民国时期,黄河流域水文测站一般由水利部门直接领导。如黄河流域设站最早的支流大汶河南城子水文站于1915年设立,由整治南北运河的督办运河工程局领导。黄河干流1919年设立的陕县和泺口两个水文站,由1918年4月创建的顺直水利委员会设立和领导。该委员会内设流量测验处,处长杨豹灵,聘请英国人罗斯担任技术部长,负责水文观测技术工作。1928年,顺直水利委员会改组为华北水利委员会,徐世大为水文业务技术长。1929年9月,华北水利委员会因指挥不便,将陕县水文站移交给河南河务局领导。1930年1月将泺口水文站移交山东省建设厅管辖,同年5月经山东省政府第八十一次政务会议议决,又将泺口水文站转交山东河务局领导。

1933年12月,国民政府黄河水利委员会(简称国民政府黄委会)从华北水利委员会调来一批技术人员,于河南开封组建黄河上第一个流域水文管理机构——黄河水利委员会水文测量队,队长许宝农。该队隶属于国民政府黄委会工务处测绘组。安立森(S·Eliassen　挪威人)被聘为测绘组主任、工程师。1938 年春,日本侵略军进犯豫东,开封军事吃紧,水文测量队随国民政府黄委会于 5 月由开封迁至洛阳,后又迁往西安。1940 年水文测量队队部只有三人,队长仍为许宝农。

1942 年,国民政府行政院水利委员会工字第 0171 号令:"查各中央水利机关所属水文测站等编制未能划一,名称亦不一致,值此年度开始亟应加以调整,……各站之名称视工作之繁简,一律改称为水文总站、水文站、水位站、雨量站。"据此,国民政府黄委会将水文测量队改为黄河水利委员会水文总站(简称黄委会水文总站),委派许宝农为主任。总站机关内不设科、室,只编列工程师、副工程师、助理工程师、工程员等,明确分工,各管一门,各负其责。总站机关职工一般有 10 多人。水文站职工一般为 3～5 人,最多的站为 6～7 人。水文站由水文总站直接领导,水位站、雨量站的行政与业务归水文站领导。

1946 年,水文总站主任许宝农调国民政府黄委会工务处任职,沈晋接任水文总站主任。同年春,国民政府黄委会宁绥工程总队增设宁绥水文总站,陈锡铭为主任,领导宁夏、绥远(今内蒙古部分)地区在灌溉渠道上所设的水文站。1947 年 6 月,宁绥水文总站和国民政府黄委会水文总站在西安合并,更名为黄河水利工程局水文总站。1948 年 7 月 27 日又更名为黄河水利工程总局水文总站。

自 1946 年起水文总站内设测验和编审两个业务组,分别负责测验技术和资料审查等工作。总站还专设两名巡回检查员,在总站主任的直接领导下,经常深入测站,代表总站贯彻有关技术规定和检查指导水文站的各项工作。为了熟悉测站情况总站人员轮流到测站工作,时间一般在半年左右,测站人员有时抽调到总站参加内业整理等工作。当时总站搞业务的工作人员(包括借调人员)最多曾达 30 多人。

第二节 建国后

一、流域领导机构

1949 年 5 月 20 日西安解放。国民政府黄河水利工程总局水文总站由西安军事管制委员会农林处接管,同年交陕甘宁边区政府农林厅领导。1949 年 10 月 21 日,陕甘宁边区政府主席林伯渠、代主席刘景范函告黄委会:"查黄河流经宁、绥、晋、豫、鲁等省,其治理工作,应由贵会统筹领导,以期事权划一,收效迅速。关于现住西安市之前黄河水利工程总局上游工程处及水文总站,两机构之整编,工作之分配,请即派人负责接收处理。"1949 年 12 月 17 日,黄委会奉水利部电话指示,派王子平等赴西安接收水文总站等单位。先后由黄委会接管水文总站领导的水文站,黄河干流有:兰州、靖远、新墩、石嘴山、潼关、陕县、花园口、柳园口、夹河滩、高村、泺口,支流有靖远(祖厉河)、太寅、咸阳、南河川、高桥共 16 个水文站;接管的水位站有窑街(大通河)、太寅峡、华县、渭南 4 站。当时水文总站(包括水文站、水位站)共有水文职工 81 人,其中总站机关有职工 17 人。

1949 年 12 月,黄委会接管后的黄河水利工程总局水文总站改名为黄河水利委员会水文总站,沈晋为总站站长。

1950 年春,水文总站由西安迁回开封,总站站长为项立志,副总站长陈本善、姚心域。同年夏,水文总站改为水文科,隶属于黄委会测验处。水文科先后由陈本善、姚心域、贤来轩、熊敦朋等任副科长。水文科内曾设计划、测验和资料整编 3 个组,共有职工 30 余人。汛期,水文科派专人到黄河防汛办公室搞水情工作。水文测站的行政、人事分别划归西北黄河工程局和河南、平原、山东黄河河务局领导,业务技术由水文科领导。1953 年 3 月后,测站的人事、行政收归黄委会,政治和党团组织由当地领导。1953 年末黄委会共有水文职工 675 人。

随着治黄事业发展,黄委会管辖的水文站由 1953 年的 66 处(包括渠道站 5 处)到 1956 年增加为 125 处(包括渠道站 6 处),相应水文职工由 675 人增到 1116 人。为了适应黄河水文工作发展的需要,1956 年 4 月水文科升格为水文处。处内设秘书、计财、技术、水情 4 个科,水文处机关共有职工 50 余人。1956 年黄委会水文系统组织机构如图 1—1。1956~1966 年,先后由项立志、张崇德和孟洪九任处长;张林枫、董文斋、张绥任副处长。在 1957 年机构调整中,撤销技术科,建立测验科,将秘书科改为秘书室,保留水情科和计财科。1958 年增设研究室。到 1958 年末,黄委会水文职工达 1376 人。1959 年黄委会水文系统组织机构如图 1—2。

1960 年黄委会水文职工为 1493 人。60 年代初,国家处于国民经济暂时困难时期,经精简机构,下放人员,1962 年末黄委会水文职工为 1236 人,比 1960 年减少 257 人。

为加强黄委会水文职工政治思想工作,1964 年 10 月,黄委会水文处增设政治处,董坚峰为副主任。

1966 年开始"文化大革命",1967 年秋, 黄委会一派群众组织夺了黄委

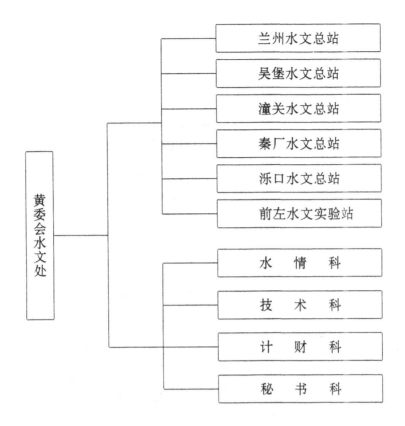

图1—1　1956年黄委会水文系统组织机构图

会的领导权。与此同时,水文处的一派群众组织也夺了水文处的领导权。

　　1968年3月30日,成立"黄河水利委员会水文系统革命委员会",行使黄委会水文处的一切权力。同时,宣布撤销"黄河水利委员会水文处和水文处政治处"。

　　1969年底,因备战需要,同时精简机构,黄河水利委员会革命委员会(简称黄委会革委会)宣布撤销"黄河水利委员会水文系统革命委员会"。机关工作人员大部分下放到黄河修防段、规划队和中牟县农村劳动。当时黄委会水文业务仅在黄委会革委会生产组领导下的河务组(有6人)负责日常水文工作。

　　1971年秋,在黄委会革委会生产组内筹建水文组,同年末,黄委会水文职工减少为1054人。1972年春,水文组正式成立,张绥为组长,董坚峰为副组长。到1973年初黄委会革委会生产组中水文组有职工18人。

　　1973年8月,黄委会革委会恢复水文处,张绥为处长,纪明权、罗永聚、董坚峰为副处长。水文处内设办事、技术、水情3个组。1973年后黄委会水

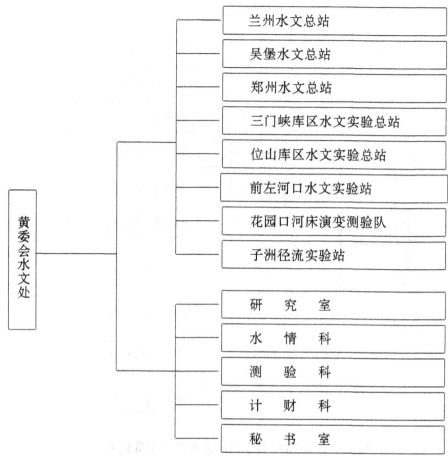

图1—2 1959年黄委会水文系统组织机构图

文职工人数逐年有所增加,到1976年末,水文职工人数增加到1495人。

　　1978年2月,水电部〔1978〕水电计字第43号文批复:"为适应治黄工作需要,进一步加强你会的水文工作,便于集中统一领导,经研究同意水文处为黄委会二级机构"。1978年黄委会水文系统组织机构如图1—3.任命张绥为处长,董坚峰、陈赞廷、王克勤为副处长,龙毓骞为主任工程师。同年底,董坚峰调黄河水利学校。1979年底龙毓骞调黄委会水利科学研究所(简称黄科所)。

　　1980年4月,经水利部批准,黄委会水文处升格为黄河水利委员会水文局(地师级全能机构),并与黄河水源保护办公室合署办公(一套领导班子,对外是两个机构名称)。任命:田绍松、赵作为、张绥、陈赞廷为副局长。同年末黄委会管辖的水文站159处(包括渠道站24处),职工1961人(包括黄河水源保护职工)。1981年3月任命张兆钧为副局长。

　　1983年元月,调整局领导班子,任命董坚峰为局长,张兆钧、辛志杰

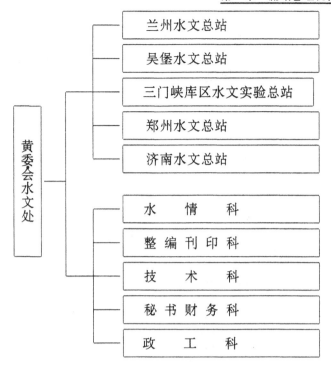

图 1—3　1978 年黄委会水文系统组织机构图

为副局长，陈赞廷为总工程师，张绥为顾问。1984 年 3 月，根据水电部、城乡建设环境保护部《关于流域机构水资源保护局（办）更名称的通知》黄河水源保护办公室改为水利电力部、城乡建设环境保护部黄河水资源保护办公室。1984 年 10 月，水文局领导班子又作调整，董坚峰为局长，张兆钧、张民琪、孔祥春、吕光圻为副局长；陈赞廷、温存德（兼）为总工程师，马秀峰为副总工程师，张绥为督导员。水文局机构设置有办公室、政治处、测验处、水情处、水源保护处（又称综合处）同年又增设行政处、计划财务处和调查研究室。1985 年末黄委会水文职工人数达到历年最高数为 2532人。1986 年又增设审计处撤销调查研究室。同年，任命熊贵枢为水文局副总工程师。1987 年，成立电子计算机室（简称电算室）。黄委会水文、黄河水资源保护系统组织机构如图 1—4。

　　1988 年黄委会水文局撤销政治处和行政处，成立劳动人事处、后勤服务部、多种经营办公室和劳动服务公司。同年黄委会任命刘德绪为水文局副局长，鲁智为副总工程师。1989 年，成立监察室（与中共水文局纪律检察委员会合署办公）和工程处。同年黄委会任命曹寿林为水文局副局长，马秀峰为水文局总工程师，吕光圻为副总工程师。1990 年成立政治思想工作处（与水文局党委办公室合署办公），同年撤销工程处。为加强和贯彻执行

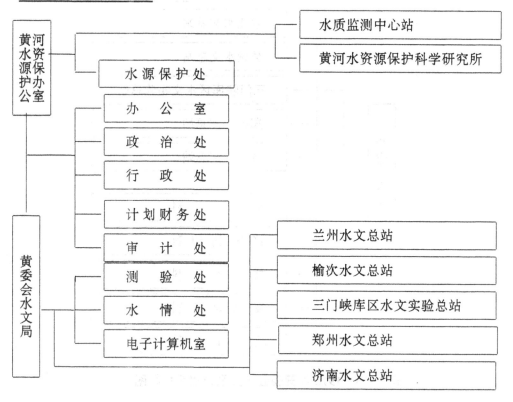

图1—4　1987年黄委会水文、黄河水资源保护系统组织机构图

《水法》，保护水文测验设施，1990年11月成立黄委会水文局上游、中游、三门峡、郑州、下游5个水政监察处。1990年黄委会水文、黄河水资源保护系统组织机构如图1—5。1991年撤销后勤服务部，同时恢复行政处。同年3月测验处更名为技术处，7月设立离退休职工管理处，黄委会任命熊贵枢、张成淼为水文局副局长。1992年3月，黄河水资源保护办公室更名为水利部、国家环境保护局黄河流域水资源保护局。1993年3月黄委会任命康成梧为水文局局长。1994年3月28日水利部办秘〔1994〕33号文《关于印发黄河水利委员会职能配制机构设置和人员编制方案的通知》中已明确黄委会水文局和黄河流域水资源保护局拟分别设立，1994年12月16日黄委会庄景林副主任在水文局处长以上干部会议上正式宣布黄委会水文局和黄河流域水资源保护局分成两个独立单位，两局经费从1995年元月起分立。1994年12月，黄委会任命张德谦、张国泰、张红月为水文局副局长。同时，任命孔祥春为黄河流域水资源保护局局长，司毅铭、孙学义为副局长，邱宝冲为总工程师。1995年4月黄委会任命刘拴明为水文局副局长，8月水利部任命黄委会副主任陈先德兼任水文局局长。

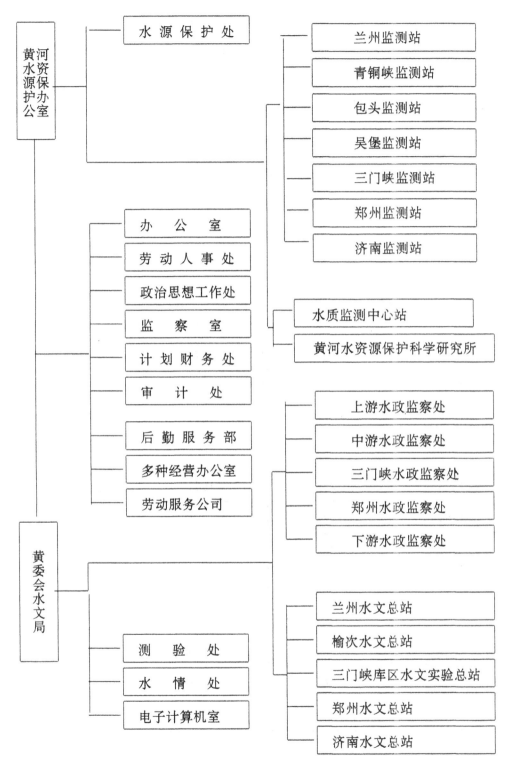

图 1—5 1990 年黄委会水文、黄河水资源保护系统组织机构图

表1—1 黄委会历年水文职工人数统计表

年　份	年末人数（人）	年　份	年末人数（人）
1951	（200）	1971	1054
1952	（320）	1972	1310
1953	675	1973	1299
1954	745	1974	1304
1955	875	1975	1430
1956	1116	1976	1495
1957	1228	1977	1611
1958	1376	1978	1640
1959	1387	1979	1802
1960	1493	1980	1961
1961	1365	1981	2350
1962	1236	1982	2351
1963	1262	1983	2409
1964	1371	1984	2502
1965	1361	1985	2532
1966	1219	1986	2529
1967	1316	1987	2511
1968	1254	1988	2424
1969	1273	1989	2346
1970	1263	1990	2328

注 括号内数字为估计数

二、测站管理机构

建国初期,黄委会恢复和新设的水文测站较多,遍布全河。其水文业务管理全由水文科承担。因测站分散,困难大,问题多,根据 1951 水利部《各级水文测站名称业务的规定》,1952 年 8 月黄委会以[1952]黄测字 3182 号通令:将泺口、柳园口、潼关、吴堡、镫口、兰州 6 个水文站改建为一等水文站,并授权分段领导各水文、水位、雨量等站,直接处理测站的有关问题。1953 年 3 月,黄委会又将上述 6 个一等水文站扩建为水文分站。分站内设秘书、财务、技术三个组。各分站管理的区段是:泺口分站管辖山东省境内黄河干流各水文和水位站,1956 年又增加由淮河水利委员会移交的大汶河流域戴村坝等 6 个水文站,1958 年大汶河各测站又交山东省领导。柳园口分站管辖河南省境内孟津站以下至柳园口黄河干流和沁河流域各测站,1954 年,增加由河南省移交黄委会的洛阳、长水、龙门镇、嵩县、山路平、五龙口等水文站和卢氏、潭头水位站。潼关分站管辖黄河干流龙门至小浪底区间和渭河干流太寅以下及泾河亭口以上各测站,1957 年增加由兰州水文总站和甘肃省水文总站移交的渭河上游干、支流各站。吴堡分站管辖黄河干流义门以下至龙门以上范围内黄河干、支流各测站。镫口分站管辖义门以上,石嘴山以下河段及区间支流各测站(1954 年 12 月镫口分站改为包头分站)。兰州分站管辖黄河干流石嘴山以上和渭河太寅以上干、支流测站及湟水、大通河的享堂站(两个断面)。

1953 年 3 月,因开展黄河河口的观测研究,设立前左水文实验站,和泺口分站同级。

1954 年 4 月柳园口分站迁到秦厂,改名为秦厂分站。

1956 年 6 月,黄委会水文科升格为水文处后,相应地将兰州、吴堡、潼关、秦厂、泺口水文分站升格为水文总站。总站下设秘书、财务、技术 3 个股。包头分站合并到兰州总站,同时将包头分站所属的义门、河曲两站及头道拐至义门区间支流各站划归吴堡总站领导。1956 年 8 月,兰州总站为加强宁、蒙河段各测站的领导,将包头水文站改建为包头水文中心站。这是黄委会水文系统最早的一个水文中心站,同年 12 月因测站改级而撤销。

1956 年 7 月,根据国家建设委员会和中国科学院(简称中科院)颁发的《1956 年建设科学研究计划任务书》规定的黄河下游河段测验研究的要求,筹建黄河花园口河床演变测验队(简称花园口河床队)。该队于 1957 年春基本建成,有职工 133 人。当年汛期河床演变测验工作正式开始。

1957 年 6 月,山东黄河河务局设吴楼河道队,有职工 40 人。1958 年划归黄委会直接领导。

1958 年前左实水文验站更名前左河口水文实验站。

1958 年 4 月,黄委会决定开展三门峡水库水文实验研究,为水库管理运用提供科学依据,指示西北黄河工程局筹建三门峡库区实验总站。业务技术由黄委会水文处负责领导。

1958 年夏,为摸清大搞水利、水土保持后的水文效应,解决水利化及水土保持后的水文计算及水文情报预报问题,并研究开展水利、水土保持后的水文规律,由黄委会水文处领导在陕北大理河流域筹建子洲径流实验站。1958 年 7 月完成实验站的查勘,10 月底各实验站点基本建成,并陆续开展了部分项目的观测。1959 年观测实验工作全面展开。1960 年该站移交吴堡水文总站领导。

1958 年 10 月,黄委会决定泺口、秦厂两水文总站合并,在郑州成立郑州水文总站。黄河山东河段的泺口、艾山、孙口、团山等水文站和苏泗庄等 5 个水位站划归郑州水文总站领导。利津水文站和刘家园以下 10 个水位站划归前左河口水文实验站领导。

1959 年 4 月,为了探索位山平原水库泥沙运动规律,黄委会在吴楼河道队的基础上,设立位山库区水文实验总站。并将郑州水文总站所属的孙口、艾山、泺口、团山水文站,以及苏泗庄至刘家园之间的水位站,划归位山库区水文实验总站领导。与此同时,山东省水利厅将所属位山实验站并入位山库区水文实验总站。

1959 年 3 月,撤销潼关水文总站。将原潼关总站管辖的渭河太寅以上和泾河亭口以上水文站划归兰州水文总站;八里胡同、小浪底、仓头 3 站划归郑州水文总站。三门峡库区范围以内测站由三门峡库区实验总站领导。

1960 年 11 月,黄委会根据中共水电部党组指示,建立三门峡水库管理局,同时撤销三门峡库区实验总站,总站各科室由三门峡水库管理局直接领导。

1962 年 6 月,三门峡水库管理局撤销。与此同时,黄委会恢复三门峡库区实验总站,并更名为黄委会三门峡库区水文实验总站,于 1963 年 1 月在三门峡市正式办公。

为了加强水文测站职工政治思想教育和测站管理,1963 年 4 月,黄委会水文处以 [1963] 水秘字第 54 号文批准,在兰州水文总站管辖的宁蒙河段建立三盛公水文中心站和泾河流域的庆阳水文中心站,为总站的派出机构,设指导员和中心站长 2～3 人。

1963 年底,位山拦河大坝破除,恢复原河道,位山库区水文实验任务结束。将位山库区水文实验总站改为位山水文总站。管辖孙口至泺口间 4 个水文站及刘庄至刘家园间的 5 个水位站。

1964 年相继成立水文中心站的有渭河上游片的甘谷;陕北地区的延安、横山;晋西北的义门;洛河的白马寺 5 处。1965 年又在大通河的享堂、伊河的陆浑、沁河的五龙口 3 处成立水文中心站。到 1966 年黄委会共有水文中心站 10 处。1968 年 4 月黄委会水文系统革命委员会通知撤销各水文中心站。

为加强水文总站的政治思想工作,1964 年末至 1965 年各水文总站增设教导员室,设教导员 1 人和政工人员 3～4 人。

1968 年 4～6 月,除兰州水文总站外,吴堡、郑州、位山水文总站、三门峡库区水文实验总站、花园口河床队、前左河口水文实验站等单位先后成立"革命委员会"。

根据黄委会水文系统革命委员会的通知精神,子洲径流实验站的试验站点和观测场以及试验项目从 1968 年起陆续停止观测。到 1969 年底除三川口、蛇家沟、团山沟、曹坪 4 个小河水文站和 4 个径流场继续观测外,其他 6 个小河水文站,13 个径流场,及气象等试验全部停止观测。黄委会革命委员会根据子洲径流实验站已停测的情况和流域内人类活动的影响,于 1970 年 6 月决定撤销子洲径流实验站,保留曹坪水文站及岔巴沟流域内 12 个雨量站继续观测。

1969 年 12 月,在精简机构时撤销花园口河床演变测验队。全队职工共 139 人,只留 20 多人和下游河道统一性测验任务一起交河南黄河河务局勘探测量队,其余人员调其他岗位。

1969 年 12 月,黄委会将郑州水文总站划归河南黄河河务局领导,位山水文总站和前左河口水文实验站划归山东黄河河务局领导。

1972 年 1 月,山东黄河河务局将位山水文总站、前左河口水文实验站、河道观测队、测量队 4 个单位合并,成立山东黄河河务局水文总站。负责山东黄河水文、陆地测量、河道测验及河口测验等任务。与此同时,郑州水文总站将高村水文站移交山东黄河河务局水文总站领导。

1972 年 6 月,兰州水文总站恢复庆阳、天水(原甘谷)2 个水文中心站。同年 8 月吴堡水文总站恢复延安、横山和府谷(原义门)水文中心站。

1973年5月,兰州水文总站又恢复民和(原享堂)和青铜峡(原三盛公)2个中心站。

1975年12月经黄委会党的核心小组决定:将河南黄河河务局的郑州水文总站和山东黄河河务局水文总站,收归黄委会直接领导,分别定名为黄河水利委员会郑州水文总站和黄河水利委员会济南水文总站。

1979年,兰州、吴堡、郑州、济南等水文总站和三门峡库区水文实验总站由黄委会明确为处(县)级单位。同年9月18日,黄委会以黄政字[1979]120号文将济南水文总站的组织人事工作划归山东黄河河务局领导,业务、财务仍归黄委会水文处管理。

1984年1月,黄河水利委员会榆次水文勘测队成立。同年6月,黄河水利委员会西峰水文勘测队成立,同时,撤销黄委会兰州水文总站庆阳水文中心站。同年,黄河水利委员会延安水文勘测队批准筹建。1984年3月,黄河水源保护科学研究所、水质监测中心站改名为黄河水资源保护科学研究所和黄河水资源保护水质监测中心站。

1984年10月,黄委会水文局以黄水政字第282号文,将兰州水文总站管辖的渭河上游的武山、南河川、甘谷、秦安、天水、社棠、凤山、董家河(凤山和董家河为委托小河站)等8个水文站;泾河流域的泾川、杨间、杨家坪、袁家庵、姚新庄、太白良、巴家嘴、毛家河、洪德、庆阳、悦乐、贾桥、板桥、雨落坪、张家沟、刘家河、田沟门、脱家沟(田沟门和脱家沟为委托小河站)等18个水文站和三岔水位站及巴家嘴水库实验站移交三门峡库区水文实验总站管辖。

1985年11月,经黄委会批准,吴堡水文总站由陕西省吴堡县迁往山西省榆次市郊郭村,更名为黄委会榆次水文总站,1986年1月在新址正式办公。1989年1月又迁榆次市桥东街20号。

1987年2月23日,黄委会以黄劳字[1987]第24号文通知山东黄河河务局,将济南水文总站组织和人事工作移交黄委会水文局领导。

1988年1月延安水文水资源勘测队(1988年后水文勘测队改为水文水资源勘测队)正式成立。1989年3月和11月,西宁和天水两个水文水资源勘测队成立。1990年4月和11月府谷和榆林水文水资源勘测队成立。1991年6月洛阳水文水资源勘测队成立。到此,1986年黄委会规划的8个水文勘测队全部建成。1990年黄委会各水文总站管辖测站如表1—2。1991年7月水质监测中心站更名为黄河流域水环境监测中心站。1992年8月黄委会水文局所属兰州、榆次、三门峡库区、郑州、济南5个水文总站,分别更名为黄委会上游水文水资源局、黄委会中游水文水资源局、黄委会三门峡库区水文水资源局、黄委会河南水文水资源局、黄委会山东水文水资源局。

表 1—2　　　　　1990 年黄委会各水文总站管辖测站一览表

总站名称	河段河名	水　文　站　名	水位站名
兰州水文总站	黄河干流头道拐以上,巴沟入黄口以上支流及湟水、大通河的把口站	鄂陵湖、黄河沿、吉迈、门堂、玛曲、军功、唐乃亥、贵德、循化、小川、上诠、兰州、安宁渡、下河沿、青铜峡、石嘴山、巴彦高勒、三湖河口、昭君坟、头道拐、黄河乡、久治、唐克、大水、民和、享堂。共 26 处	乌金峡、黑山峡
榆次水文总站	黄河干流头道拐至龙门和区间支流	河曲、府谷、吴堡、黄甫、清水、旧县、高石崖、桥头、兴县、王道恒塔、温家川、新庙、贾家沟、高家堡、高家川、申家湾、杨家坡、林家坪、后大成、裴沟、丁家沟、白家川、韩家峁、横山、靖边、殿市、马湖峪、青阳岔、李家河、曹坪、子长、延川、大宁、延安、甘谷驿、临镇、新市河、大村、吉县。共 39 处	义门
三门峡库区水文实验总站	黄河干流龙门至三门峡,汾河河津泾河亭口以上,渭河南河川以上干支流及渭河干流咸阳至华阴	龙门、潼关、三门峡、河津、武山、南河川、咸阳、华县、华阴、甘谷、秦安、天水、社棠、泾川、杨家坪、袁家庵、红河、姚新庄、太白良、巴家嘴、毛家河、洪德、庆阳、雨落坪、悦乐、贾桥、板桥、芦村河。共 28 处	大石咀、庙前、太里、尊村、老永济、上源头、潼关、垙垙、大禹渡、北村、史家滩、三岔
郑州水文总站	黄河干流三门峡至夹河滩,支流洛河、沁河	小浪底、花园口、夹河滩、垣曲、八里胡同、仓头、卢氏、长水、宜阳、白马寺、黑石关、石门峪、韩城、新安、栾川、潭头、东湾、下河村、陆浑、龙门镇、润城、五龙口、武陟、山路平。共 24 处	八里胡同、裴峪、官庄峪、洛阳
济南水文总站	黄河干流夹河滩至河口和东平湖	高村、孙口、艾山、泺口、利津、陈山口。共 6 处	苏泗庄、邢庙、杨集、国那里、黄庄、南桥、韩刘、北店子、刘家园、清河镇、张肖堂、道旭、麻湾、一号坝、西河口、十八公里
共计		123 处	33 处

第二章 省(区)管理机构

40年代,河南、山东、甘肃、陕西等省先后成立省水文总站,管理全省水文业务。建国后1953~1958年,青海、甘肃、宁夏、内蒙古、山西、陕西、河南、山东等省(区)先后成立全省(区)水文管理机构——省(区)水文总站(水文处)。

1958~1962年,省(区)因改变水文测站的管理体制,将水文测站下放专(盟)或县(旗)管理,随之省(区)水文管理机构,有的保留机构,改变职能,只管水文业务技术;有的机构被撤销,水文业务交其他水利部门代管。水文事业的发展处于低谷,在一定程度上影响了防洪和有关的国民经济建设。

1963年,中国共产党中央委员会(简称中共中央)和国务院,批转水电部党组《关于当前水文工作存在问题和解决意见的报告》,要求各省(区)将水文测站一律收归省(区)水利(电力)厅(局)直接管理。随后,各省(区)水文总站得到恢复或重建,水文测站的人、财、物等由水文总站统一管理。

"文化大革命"期间,部分省(区)水文测站再次下放专(盟)或县(旗)管理,省(区)水文管理机构有的再次被撤销;有的和其他水利部门合并,水文事业再次出现低谷。1976年后,省(区)水文总站在省水利厅(局)内又陆续恢复,地(盟)相应地也恢复水文分站。

第一节 民国时期

民国时期,黄河流域陕西、甘肃、河南、山东等省设立的水文测站,一般都归省水利部门管理。如陕西省的咸阳(后由国民政府黄委会接办)、太寅、魏家堡、千阳、张堡村、绥德等站是1931~1937年间陆续设立,由陕西省水利局领导。1937~1942年间在渭河流域所设的滑角堡、斜峪关、神泉嘴等站,由泾洛工程局领导。1941年8月在无定河上设立的赵石窑站,由陕西省陕北水利工程处领导。黄河干流的上诠、北湾和洮河的李家村等站由甘肃省水利林牧公司设立并领导。在河南境内洛河的洛宁站和伊河的嵩县站等,于

1936年由河南省水利处设立和领导。山东省黄河流域水文测站的领导机构,开始是山东省建设厅小清河工程局。1931年6月后归第一水文气象测量站北店子分站领导。

1941～1944年间,山西省汾河上的小南关、榆次、静乐、兰村、灵石、稷山、新绛水文站;山东省大汶河上的大汶口等水文站,由日伪华北政务委员会建设总署设立并领导。

1941年8月,河南省经国民政府中央水工试验所(1942年改为中央水利实验处)批准,成立河南省水文总站。1947年,山东、甘肃、陕西等省,经中央水利实验处批准,先后1月在济南、3月在兰州、8月在西安等地成立省水文总站,并受中央水利实验处领导。

第二节　建国后

1949年10月前后至1952年间,黄河流域各省水文测站多数仍由省水利部门直接管理,如青海由农林厅水利局、甘肃由省水利局设计科、宁夏由省水利局技术室、陕西由省水利局工务科、绥远由省水利局研究室等领导。

建国后,山西省是建立水文管理机构最早的省,开始在水利局技术室内设水文组,1950年3月水文组扩建为水文室,1951年9月水文室改为水文科,1952年水利局又将资料科和水文科合并,定名为水文资料科。1950年5月华东军政委员会水利部,在山东省黄台桥水文站的基础上设立华东军政委员会水利部黄台桥一等水文站(1951年改称济南一等水文站),领导二、三等水文测站。1953年济南一等水文站改名山东水文分站,由山东省人民政府农林厅水利局代管。1953～1957年间,随着国家经济建设的发展,水文测站的增多,以及各大行政区水利部撤销,省(区)水文测站的管理机构,由水利部门代管逐步转向建立专门的水文管理机构。甘肃、陕西、山西等省,于1953年前后在省水利部门内先后成立水文分站,负责管理全省水文业务。绥远和内蒙古合并后于1954年成立内蒙古自治区水利局水文总站。1955年11月,山西省水利局将水文分站升格为水文总站。1956年,根据中央水利部的意见,甘肃、山东等省水利厅(局)将水文分站升格为省水文总站。同年,河南、青海省水利厅(局)成立水文总站。1957年,陕西省将水文分站升格为省水利厅水文处,1962年5月1日将水文处改为陕西省水文总站。1958年,宁夏回族自治区成立,同年,成立宁夏回族自治区水利电力局水文总站。

根据 1958 年 4 月水电部《关于将水文测站管理体制下放到专、县领导的通知》的精神,青海、甘肃、山西、河南、山东等省于 1958 年将水文测站下放专署、州领导。在专署水利局内设水文科或分站。

水文测站层层下放后,政治思想、人员编制、财务经费以及党团组织等由地方管理,业务技术仍由省统一管理。由于管理体制的改变,省水文管理机构也作了相应的改变。青海、甘肃两省、内蒙古自治区将水文总站改为水文处;河南将省水文总站撤销后,在省水利勘测设计院内设水文测验室,负责全省水文业务技术指导;山东省将水文总站交给山东省水利设计院代管。宁夏虽保留水文总站机构,但领导关系改由宁夏水利电力局设计院代管。

1962 年水电部水文局,对下放后的水文测站存在问题进行调查认为:水文测站下放后,人员经费得不到保证,水文测报质量明显下降。为了改变这种状况,1962 年 6 月 15 日,中共水电部党组向中共中央、国务院提出《关于当前水文工作存在问题和解决意见的报告》。同年 10 月,中共中央、国务院以中发[1962]503 号文件,批转水电部党组的报告,同意:一、将国家基本站网规划、设置、调整和裁撤的审批权收归水电部掌握。凡近期裁撤的国家基本站,均应补报水电部审批,决定是否裁撤或恢复;二、将基本站一律收归省、市、自治区水利(电力)厅(局)直接领导;县、社党委应与水利电力厅(局)共同加强对测站职工的政治思想领导,并协助解决具体问题,保证水文站的正常工作。体制上收时,原有技术干部和仪器设备不准调动;三、同意将水文测站职工列为勘测工种,其粮食定量及劳保福利,应即按勘测工种人员的待遇予以调整。

根据上述精神,内蒙古于 1962 年 7 月,黄河流域其他省(区)于 1963 年分别将水文测站上收归省(区)水利(电力)厅领导,省(区)的水文管理机构——省(区)水文总站得到恢复或重建。水文测站的人、财、物等由水文总站统一管理。1963 年 7 月,水电部召开部分省、市水文领导干部座谈会,会议认为站网发展,测报质量等得不到保证,主要是管理体制不适应。会后水电部于 1963 年 9 月 23 日向国务院农林办公室呈送《关于改变各省(区、市)水文工作管理体制的报告》。同年 12 月,国务院批转水电部《关于改变各省(区、市)水文工作管理体制的报告》。同意将各省、自治区、直辖市水利(电力)厅(局)所属水文总站(水文局)及其基层水文测站,从 1964 年 1 月 1 日起,收归水电部直接领导,委托各省、自治区、直辖市水利(电力)厅(局)代管。1964 年各省(区)水文测站和总站上收归水电部领导后,更名为水利电力部青海、甘肃、宁夏、内蒙古、陕西、山西、河南、山东省（区）水文总站。

1966 年开始"文化大革命"，1967 年各省（区）水文总站机构陷入瘫痪状态。1968 年各省（区）水文总站先后被群众组织夺权并建立总站革命委员会。1969 年 4 月 30 日，水电部军事管制委员会以［1969］水电军生字第 125号文通知，将水电部所属各省（区、市）水文总站及其所属水文测站下放给省一级管理。1969 年 12 月 12 日，山东省改组和调整了省水文总站领导班子，建立了山东省水文总站革命委员会领导小组。同年内蒙古、河南等省（区）又将水文测站分别下放到专（盟）和县（旗）。1970 年青海省将水文测站下放州县。1972 年 3 月山西省也将水文测站下放专区管理。省（区）级水文管理机构有的撤销，有的和其他部门合并。如甘肃省水文总站于 1969 年合并到甘肃省农田水利基本建设管理局，下设水文工作队管理全省水文业务。1970年青海省水文业务由青海省水利水电工程大队水文组负责。1972 年 10 月 5日水电部发出《对当前水文工作的几点意见》中指出："关于水文体制管理问题，要求各地根据水文工作的特点和各地体制改革的经验，水文体制一般应由省（区、市）管起来。"1973 年内蒙古自治区将下放到旗（县）管理的水文测站，上收到盟（市）水利局领导。自治区水文工作站改为自治区革委会水利局水文工作总站。

1972 年，部分省（区）水文管理机构逐渐恢复。至 1980 年，省级水文总站和地区水文分站已基本恢复。

进入 80 年代，随着水文测验方式的改革，青海、甘肃、宁夏、内蒙古、陕西、河南等省（区），分流域（地区）成立水文勘测队。河南省水文总站改名为河南省水文水资源总站。到 1987 年全流域共有水文职工 4681 人，其中青海省 231 人（包括总站 101 人），甘肃省 360 人（包括总站 119 人），宁夏回族自治区 245 人，内蒙古自治区 462 人，山西省 335 人，陕西省 419 人（包括总站129 人）河南省 31 人，山东省（泰安分站）87 人。

第 二 篇

水 文 站 网

黄河的水文观测虽然起源甚早,但有确切的水文观测记载,最早是宋大观四年(1110 年),在引泾河水而开凿的丰利渠渠首石崖上刻的水则所观测的水位。到清康熙四十八年(1709 年)在宁夏青铜峡硖口处的石崖上刻设水志并观测至宣统三年(1911 年),从而使黄河的水文观测由临时、不固定和定性观测,逐步向长期、固定站(点)和定量观测发展。从 1915 年黄河流域第一个以近代科学方法进行水文观测的黄河支流大汶河南城子水文站设立时起,到 1960 年全河基本建成完整的水文站网体系。水文站网建设经历了一个漫长的过程。

建国前,由于受社会制度和科学技术水平的限制以及战争的影响,水文站网建设速度缓慢。全河水文站建设在 20 年代仅为 2 处;30 年代一般为 20 多处,最多的 1937 年为 43 处,最少的 1930 年为 2 处;40 年代一般为 40 多处,最多的 1947 年为 60 处,最少的 1940 年为 26 处。

建国后,随着治黄事业发展的需要和水文科技的发展,黄河水文站网建设获得了巨大的发展并发生了质的变化。如水文站网数量:1949 年,全河有水文站 44 处(包括渠道站 5 处),水位站 48 处,雨量站 45 处,蒸发站 25 处。到 1960 年全河第一次水文站网规划基本完成时,全河有水文站 434 处(包括渠道站 72 处),水位站 117 处,雨量站 826 处,蒸发站 168 处。1960 年各类测站数分别是 1949 年相应测站数的 9.9、2.4、18.4、6.7 倍。设站目的,由过去专为防洪或灌溉等服务进行观测,转为全面掌握流域水文规律,满足防洪、水利水电规划设计、流域治理和工农业建设的综合要求。在站网分布上,由过去偏重于干流中、下游和部分支流把口,转变为从黄河上游到下游、干流到支流,分布于流域的各个水文分区。在测站类别上,有基本站、实验站、专用站等各类测站。在建站程序上采取先规划、查勘、后实施,使站网建设走上科学道路。

60 年代,因受国民经济暂时困难和"文化大革命"的影响,站网建设出现两次低谷。70 年代初站网建设开始恢复,并通过多次站网调整规划的实施,使站网布局更加合理。80 年代在水电部水文局的统一部署下,进行了水文站网的全面整顿和有计划地发展黄河上游地区的站网,使黄河流域的站网建设走向稳步发展的轨道。

　　站网分析和水文分区方法的研究,改进和完善了站网规划的原则和方法,同时也加深了对流域水文规律的认识。

　　加强水文站网的业务管理和开展水文站网改革,促进了站网发展和水文服务质量的提高,更好地发挥了站网效益。

第三章　站网规划与研究

　　水文测站,按设站的目的和作用,分基本站(满足综合需要的公用目的,站址保持相对稳定,在规定的时期内连续进行观测,收集的资料刊入水文年鉴或存入数据库)、实验站(是研究某些专门问题而设立的一个或一组水文测站)、专用站(为特定目的而设立的水文测站)、辅助站(是基本站的补充,弥补基本站观测资料的不足)。水文站网是在一定地区(流域)按一定原则,有一定数量组成的各类水文测站的资料收集系统。水文站网有流量、水位、泥沙、雨量、水面蒸发、水质、地下水观测井(站)等站组成。

　　1956年全流域第一次统一进行水文站网规划,1961年、1963～1965年、1977～1979年、1983年又进行了四次较大的站网规划的调整和补充。经历次的站网调整和分析认为:1956年所进行的全流域水文站网规划,基本上满足了治黄和流域内工农业生产建设的需要。在黄河防洪(凌),水利水电规划设计,流域国民经济建设中发挥了作用。为站网调整而进行的站网分析和研究工作,完善了站网规划的方法,提高了站网规划成果的准确性。

第一节　站网规划

一、民国时期(1930～1948年)

　　1928～1930年,陕西省连续三年大旱。1930年11月,杨虎城将军任陕西省政府主席,以"兴修水利"作为救灾的主要措施之一。同年冬,邀请李仪祉任陕西省政府委员兼建设厅厅长。李到职后,从发展水利振兴农业出发,要求陕西省各水系布设水文测站,广泛搜集水文资料,并向陕西省政府呈报《陕西省测水站组织大纲》。该《大纲》规划陕西省在黄河流域布设的水文站有:渭河的三河口、交口、咸阳、阳平镇;无定河的川口镇、绥德;延水的延长;灞河的阎河口;泾河的泾阳;清河的相桥镇;北洛河的永丰镇;浐、灞河的光台庙;石川河的耀县;千阳河的黄里镇;沣河的秦渡镇等15处。水标站(水位站)有渭河的宝鸡、永安镇、船张、杨村渡;泾河的邠县(今彬县);北洛河的鄜县(今富县);灞河的新街镇等7处。该《大纲》于1933年6月6日,由陕西省政府165次政务会议通过决议实施。在建国前,陕西境内黄河流域设立的水文站,多数是按《大纲》的规划而设立。

1931年,在国民政府内政部召开的"黄河河务会议"上要求自黄河上游支流洮河口至黄河入海口间,计划设立10个以上水文站和30个水标站,但未能实施。

1933年,李仪祉出任黄委会委员长兼总工程师。1934年1月,在他的《治理黄河工作纲要·水文测量》中,明确提出:"水文测量包括流速、流量、水位、含沙量、雨量、蒸发量、风向及其他关于气候之记载事项。其应设水文站之地点如下:皋兰、宁夏、五原、河曲、龙门、潼关、孟津、巩县、开封、鄄城、寿张、泺口、齐东、利津、河口及湟水之西宁、洮水之狄道、汾水之河津、渭水之华阴、洛水之巩县、沁水之武陟。""其应设水标站地点如下:贵德、托克托、葭县(今佳县)、陕县、郑县、东明、蒲台、汾水之汾阳、渭水之咸阳、洛水之洛宁、沁水之阳城。并令各河务局于沿途各段设水文站。""于河源、皋兰、宁夏、河曲、潼关、开封、泺口各设气候站,测量气温、气压、湿度、风向、雨量、蒸发量等。并令本支各河流域之各县建设局设立雨量站。"同年十二月,李在他的《黄河水文之研究》中通过对黄河流域的降水、径流、泥沙等水文因素的分析,考虑掌握流域水、沙来源及其变化规律,拟订了"黄河水文观测估计表"(后人称该表为黄河流域第一次水文站网规划),表中计划布设水文站黄河干流12处(上游3处、中游4处、下游5处),支流站11处,还有水位、雨量、巡察雨量等站。民国时期黄河流域的站网建设基本上按此表设站。

1947年,黄河水利工程局工务处研究室,在《黄河流域水文测验计划》和《黄河流域水文站之设置计划》中,分别提出过规划报告。在全流域设水文站125处,黄河干流26处(一级站10处、二级站7处、三级站9处),支流99处(三级站30处、四级站69处),其中属一级支流站62处,二级支流站29处,三级支流站8处。另外还提出设置巡回测点,在已设水文站中抽调人员和仪器赴指定测点施测有关水文资料,以弥补固定测站的不足。并规划在全流域布设气象站270处,雨量站332处。这一设站计划未能实施。

二、建国后

建国初期,随着人民治黄事业和国民经济建设的迅速发展,黄委会、各省(区)和燃料工业部兰州水力发电工程筹备处等单位,根据各自的需要,从1950年起陆续恢复和新建了一批水文测站。到1955年底,全河已建水文站208处(包括渠道站35处),水位站130处,雨量站523处,蒸发站178处。使全河水文站网初具规模。

这种各自根据需要而设的站,存在一定问题。第一,设站只从局部需要出发,对全流域的需要性缺乏全面的科学论证,同时造成设站不久又撤销的现象。第二,从已建站的分布来看,存在着干流多、支流少,下游多、上游少,测站控制面积大的站多、控制面积小的站少等不协调的现象。如黄河干流河口镇以上流域面积和水量都超过全流域的50%,但河口镇以上已设的水文测站数,仅占全河总测站数的20%,尤其是唐乃亥以上,流域面积为122000平方公里,占全流域的16.2%,仅有黄河沿和唐乃亥两处水文站,占流域总测站数的1%。特别是干流的部分河段上测站分布不合理现象比较突出,如在上游小川～安宁渡区间,先后曾设立小川、上诠、兰州、什川、金沟口、乌金峡、安宁渡等站;在中游的河曲与义门站之间的距离仅有10～30公里,两站之间又无较大的支流汇入,水文因素相差甚小,由于重复建站造成人力物力的浪费。支流测站的分布也存在稀密悬殊较大的不合理现象。如无定河流域面积是洛河的1.6倍,无定河只有水文站4处,而洛河有水文站8处。全流域集水面积小于200平方公里的小河水文站,却只有12处,占总测站数的6.9%。另外在测站观测项目的设置上也不够合理,如在1955年以前没有考虑气象和蒸发的地区规律,要求水文站普遍开展气象和蒸发观测没有必要。第三,根据需要而设站,存在水文资料的搜集落后于工程的规划设计工作,使工程建设产生被动。

(一)1956年全河站网规划

1956年1月23日中共中央政治局提出《全国农业发展纲要(草案)》,其中提出要求"从1956年开始,按照各地情况,在7年或12年内基本建成水文的和气象的站台网。"为贯彻中共中央要求,1956年2月水利部在北京召开全国水文工作会议。结合中国国情,制订出《水文基本站网布设原则》并布置各流域、省、市、区全面开展基本站网规划工作。傅作义部长要求1958年(边疆地区1960年)前,建成水文基本站网,以改变目前布站的被动现象。随后黄委会和流域各省(区),根据水利部关于水文基本站网规划的原则和要求,分别开展站网规划工作。

1. 规划原则

1956年的黄河水文站网规划,分基本站、实验站和专用站。在基本和专用站规划中,又分基本(专用)流量、水位、泥沙、雨量、水面蒸发等站;在实验站规划时,考虑建立三门峡等干支流大型水库实验站,进行水库淤积规律和水沙平衡等研究;在下游根据河道河口冲淤演变特性的研究建立河道、河口实验站队;为对小面积暴雨径流规律和水利水土保持措施对径流泥沙形成规律影响等研究而建立径流和水土保持试验站等;为包头钢铁稀土公司(简称包钢)供水服务而设的专用水文站,如昭君坟水文站等。

(1)基本流量站

根据测站为黄河防汛提供实时水情资料;解决水利、水电等工程规划、设计和管理运用需要与插补延长站网内短系列资料;以及解决无资料地区水文资料的内插和移用综合需要等要求进行基本流量站的规划。在学习苏联经验,结合黄河的情况布站时采用直线原则、面的原则和站群原则。

黄河干流和支流流域控制面积在5000平方公里以上所设的站称控制站,用直线原则布站。布设站数,以满足对径流特征值进行内插和沿河水文情报与预报的要求。由于水文站流量测验的误差一般在10%~15%,因此两相邻站的区间正常月、年径流及多年平均值,洪峰流量和总量的递变率要大于10%~15%。在确定具体站址时,还考虑到满足重要城镇和重要经济区的防洪与开发,水利工程规划、设计、施工的需要以及测验、通信、交通和生活等条件。

流域控制面积在200(70年代改为500)~5000平方公里之间的流量站,称区域代表站,用面的原则布站。区域代表站主要是控制流量特征值的空间分布。水文分区是规划区域代表站的依据,将流域内水文因素变化一致的区域,划为一个水文分区。在水文分区内将中等河流面积分为若干级,从每个面积级的河流中,在有代表性的支流上设立区域代表站。在站址具体选择时,还考虑有较好的测验条件;能控制径流等值线的明显转折和走向;测站控制面积内的水利工程措施要少,能代表流域的自然情况;并要综合考虑防汛、水利工程规划、设计、管理运用等需要;以及尽量照顾交通和生活条件。

流域控制面积在200平方公里以下的河流上设立的流量站称小河站,用站群原则布站。小河站的主要任务,是收集小面积暴雨洪水资料,探索径流的产、汇流参数在地区上和随下垫面变化的规律。因小流域的下垫面特征比较单一,可采用分区、分类、分级布站。

黄河上游西部边远地区,由于地广人稀,生活和交通条件都比较困难,在本次规划中,只考虑较大河流。

(2)基本水位站

基本水位站布设,主要根据黄河干支流的防汛、抗旱、分洪、滞洪、蓄水、引水、排水、潮位观测以及水电工程和航运工程的管理运用等方面的需要,确定布站的数量及位置。在具体规划时,又分河道基本水位站、水库(湖泊)基本水位站、黄河口潮水位站等。

河道基本水位站的布设主要是为黄河干、支流防洪和水文情报预报以及研究洪水组成、洪水比降变化和进行洪水演进计算等需要提供水位资料。

水库(湖泊)基本水位站,是为计算水库(湖泊)滞洪、蓄水量和水库(湖泊)的管理运用与研究洪水在水库(湖泊)中的演进变化,以及水库的回水变化等提供水位资料。

潮水位站,为计算黄河口潮水量,掌握潮水位的变化规律和为潮汛水文预报提供水位资料。

(3)基本悬移质泥沙站

基本悬移质泥沙站,是掌握不同侵蚀地区,不同河流含沙量与输沙量的变化,以满足绘制流域侵蚀模数(现称输沙模数)和内插流域任何地点的含沙量和输沙量。泥沙站分类和流量站的分类相一致,分大河控制站、区域代表站、小河站。规划原则,控制站也用直线原则,区域代表站用面的原则。在具体布站时,除了考虑不同侵蚀区有一定数量的基本站和在面上分布均匀外,河流含沙量大的地区布站应密;含沙量小的地区布站可稀。根据黄河多泥沙的特点,确定基本流量站一般都兼作为基本悬移质泥沙站。

(4)基本雨量站

基本雨量站的布设,应能满足绘制各种降水量(暴雨)等值线图和内插任何地点的降水量,满足水文情报和预报的要求。雨量站分布在面上除要均匀外,在山区要考虑高度和地形对雨量的影响,以满足研究雨量沿垂直高度变化的规律。

(5)基本水面蒸发站

基本水面蒸发站布设,应能满足绘制流域年蒸发量等值线图和计算面上蒸发量,以及研究水面蒸发的地区规律。在山区和地面高度变化较大的地区,布站应密,平坦地区可稀。基本水面蒸发站应尽量避免受山口、峡谷等局部地形的影响,并尽可能和基本流量站、径流实验站等结合。

2.规划方法

本次全流域水文站网规划,按1956年2月在全国水文工作会议上,黄委会和省(区)共同协商的黄河流域水文站网规划和实施的分工意见分别进行如表 2—1。

表 2—1　　　　　　　黄河流域水文站网规划与实施分工表

单位	负　责　地　区
黄委会	1. 黄河干流及贵德以上各支流 2. 陕北、晋西各支流 3. 泾河干支流、渭河干流及宝鸡以上各支流 4. 洛河、沁河、大汶河及潼关至花园口区间的小支流
青海	青海省境内各支流(除贵德以上)。
甘肃	泾渭河以外甘肃省境内各支流,包括渠道的进退水
内蒙古	内蒙古自治区境内各支流,包括渠道进退水
山西	汾河干支流及涑水河
陕西	1. 陕西省境内渭河宝鸡以下各支流 2. 北洛河干支流

　　黄委会的站网规划,首先,成立水文站网规划小组,由九人组成,孙九韶任组长;第二,搜集流域内有关资料,如全河历年各项水文气象资料以及流域地形、地质、植被、森林、土壤等自然地理资料,流域地形图、自然地理分区图、流域土壤侵蚀分布图、流域各种查勘报告和综合利用规划的有关资料、图、表及流域自然资源等资料;第三,对水文资料进行分析计算,并绘制降水量、蒸发量、径流深、径流系数、悬移质含沙量和侵蚀模数(现称输沙模数)等分布图;第四,根据水文气象资料和分析计算成果,以及流域自然地理分布特征,划分水文分区。这次水文分区的划分以水量平衡为原则,考虑降水、蒸发、径流等因素,将全流域划分为河源湖泊区、甘青高原丰水区、河套灌溉区、鄂尔多斯沙漠区、干旱区、半干旱区、湿润区、大青山南坡水区、晋陕暴雨侵蚀区、渭汾河丰雨少流区、大汶河东平湖区等 11 个水文分区。其中半干旱区、湿润区、晋陕暴雨侵蚀区、大汶河东平湖区又分若干水文副区。详见表 2—2。规划的具体方法,根据划分的 11 个水文分区和站网规划的原则,采用审查老站与规划新站相结合的方法进行。考虑水文资料系列的连续性,对资料系列较长的老站,尽量采取保留或当作可以起代替作用的基本站。

　　省(区)管辖的支流站网规划,基本上也按上述方法提出本省(区)站网规划初步意见。然后在流域站网规划协调会议上进行统一平衡和审查,协商同意后分别上报水利部审批。

表 2—2　　　　　黄河流域 1956 年水文分区一览表

区号	水文分区名称	区域范围	水文副区名称	年平均降水量（毫米）	年平均径流深（毫米）	年平均径流系数	水面蒸发量（毫米）	年平均土壤侵蚀量（吨每平方公里）
I	河源湖泊区	黄河沿以上						
II	青甘高原丰水区	循化至沿黄包括湟水、大通河上游		350～550平均450	100～200一般180	0.3～0.5一般为0.4		原地的风蚀和水蚀均微小，估计约460
III	河套灌溉区	包括整个内蒙古灌区		250以下	在10以下	0.05以下	1200～1600，个别最高达1800	
IV	鄂尔多斯沙漠区	鄂尔多斯沙漠区，包括都思兔河等小支流并入黄河川，多沙漠		200				
V	干旱区	兰州以下至包头包括祖厉河、清水河、马莲河及环县以上		由东南向西北减少到400减到300	西、东、中三面间递减，在15以下	在0.05以下	一般1200～1600，个别达到1800	在部分地区严重为1000左右到5000
VI	半干旱区	包括湟水、大通河、洮河、渭河下游部、泾河与北洛河全部	①泾河黄土丘陵区②黄土塬区③盘六区山区④黄河丘陵区	由西北向东南增350东至550，湟水流域为450	由西北向东南渐增15至100，一般50，湟水流域在70～100	在0.05～0.2	由东南向西北增加1000到1400	丘陵和耕地侵蚀剧烈，平均为5000

续表2—2

区号	水文分区名称	区域范围	水文副区名称	年平均降水量（毫米）	年平均径流深（毫米）	年平均径流系数	水面蒸发量（毫米）	年平均土壤侵蚀量（吨每平方公里）
Ⅶ	湿润区	包括洛、沁河,渭南各支流	①洛河林土石区②黄河黄陵丘区③沁河山石区④渭河上游山区	由北向南增500~900,平均700	由北向南增100至600以上,沁河与黄河之间400以上	0.2~0.8,平均0.4	由南向北增至1000~1200	侵蚀较小,以洛、沁河统计为1400
Ⅷ	青南大山坡水区	内蒙古大青山以南黄河干流以北地区,以大青山山脚为界		由东南向西北减少400到300	由东南向西北减少,一般在20	0.1以下	1200~1600之间	平均1500
Ⅸ	陕晋暴雨侵蚀区	鄂尔多斯以东,河口镇到龙门间陕晋地区,陕西包括无定河、延水、三川河、昕水河等多沙河流	①风沙草原区②陕北黄土丘陵区③黄陵晋谷土石丘区④黄陵吕梁山区⑤晋西土石丘梁山区⑥晋南高塬区	由西北向东南增300至500,平均450	河以黄河为对称,由东方向西50增到100以上,黄河峡谷80,一般为70	0.1~0.25,平均0.2	1200~1400之间	除山地部分和沙区侵蚀较小外,其余约在9000,为黄河侵蚀最剧烈区
Ⅹ	汾渭河雨流少区	太原以下汾河,渭河游全区,及和山西暨边地的转折处地		渭河600,汾河500	西端150大,大部分50,向中心减至25	0.2以下	除太原为1600外,其余皆为1200	冲积平原和山地侵蚀较微,平均为950

续表 2—2

区号	水文分区名称	区域范围	水文副区名称	年平均降水量(毫米)	年平均径流深(毫米)	年平均径流系数	水面蒸发量(毫米)	年平均土壤侵蚀量(吨每平方公里)
XI	大汶河东平湖区	整个大汶河流域及东平湖区	①山区及丘陵区，②湖泊区	由东北700向西南减到650	由东向西减至平均150以上300 100			土壤侵蚀小，约455

3. 规划成果

(1)基本流量站

在黄河干流基本流量站规划中,经审查老站,发现径流量的沿河变化,自贵德站向下逐渐递增,至安宁渡站附近由递增转为递减,至河口镇附近平缓地递减为最低值,河口镇至义门间有一个小转折,再向下又以均匀递增至龙门为另一个转折点。因此,从控制径流量的变化考虑,安宁渡、河口镇、龙门三站应作为基本站保留。

河口镇至孟津区间,是黄河流域的暴雨洪水区。经分析计算,河口镇至义门、义门至吴堡、吴堡至龙门、三门峡至小浪底等区间的洪峰流量和洪水总量的增值均在 10%~15% 以上。因此,为满足研究黄河洪水和水文情报与预报的要求,义门、吴堡、三门峡、小浪底等站亦作为基本流量站保留。

黄河在贵德以上河段年输沙量甚微,贵德向下渐增,过青铜峡后输沙量呈渐减;从河口镇以下到龙门间输沙量又大量增加;到三门峡和小浪底间输沙量达到最大值。因此,从控制黄河干流沙量出发除保留安宁渡、河口镇、义门、吴堡、龙门、三门峡、小浪底等站外,还应将贵德、青铜峡两站作为基本站保留。

在黄河下游,河道行于两大堤之间,集水面积很小,水量变化也不大,基本站的布设主要根据下游防洪的需要和满足水文情报与预报,以及进行洪水演进计算与研究河床冲淤变化等要求。从下游洪峰变化来看基本上分为三段:高村或苏泗庄以上,高村或苏泗庄到孙口或艾山,艾山以下至河口。艾山以下河床比较稳定,洪峰变化不大,艾山以上洪峰变化相当复杂。为满足下游防洪实际需要,原有秦厂、夹河滩、高村、孙口、艾山、泺口、利津等站均保留作为基本站。河口的观测由前左实验站进行。

　　黄河上游,由于资料较少,站网按区间集水面积增长百分比均匀布设,并结合居民点和交通等情况进行规划。除原有的黄河沿、唐乃亥保留作为基本站外,为了控制扎陵、鄂陵两湖的出水量应在两湖的出口处分别设扎陵湖和鄂陵湖两站,在黄河沿和唐乃亥间再设果洛和欧拉两站。

　　在宁蒙河段,由于灌区渠道引退水情况复杂,为满足该河段水量平衡计算需要,弥补渠道引退水量测验的不足,除保留青铜峡站外,还保留了渡口堂和三湖河口(从内蒙古河段防凌需要,三湖河口必须保留)两站。石嘴山站因测验条件比渡口堂好,同时,该站资料系列较长,又是宁夏和内蒙古控制用水量(即分水)的依据点,因此,暂予保留。下河沿站冬季经常不封冻,在其他站冰期测验困难和资料质量不高的情况下,暂时将该站保留为冰期站。

　　兰州站资料系列较长,但因受河段测量条件的限制和在冬季封冻期受铁桥的影响,有时产生近一倍的测验误差,为此,将该站的流量等测验上迁到20公里的西柳沟处作为基本站,并将兰州水文站改为基本水位站,以保持系列的连续。

　　1955年前,黄委会在黄河干流已建水文站36处,按站网规划原则要求,计划布设基本流量站25处。经审查,老站符合站网规划原则,确定为基本流量站的有21处,即黄河沿、唐乃亥、贵德、西柳沟、安宁渡、青铜峡、渡口堂、三湖河口、河口镇、义门、吴堡、龙门、三门峡、小浪底、秦厂、夹河滩、高村、孙口、艾山、泺口、利津等站。规划新设的有鄂陵湖、扎陵湖、果洛、欧拉4站。石嘴山、陕县两站暂时保留流量测验。兰州、沙窝铺、延水关、潼关、八里胡同、花园口、杨房等7站由水文站改为基本水位站。撤销下河沿、孟津、河曲3站。

　　在支流上,基本流量站的布设,除了较大入黄支流的汇口处必须设站,流域面积大于5000平方公里河流的干流上,按"直线原则",面积在5000～200平方公里间按"面的原则"分别布设。

　　由黄委会负责规划的支流,计划布设基本流量站149处。已建站保留作基本流量站有81处,拟新建基本流量站68处。

　　黄河上游支流墨曲、噶曲(现名为黑河、白河)流经四川省境内部分,由四川省规划设站4处,经黄河流域水文站网规划会议确定列为基本流量站。黄河其他支流由各省(区)负责规划的基本流量站:青海15处、甘肃(含宁夏)31处、内蒙古23处、山西20处、陕西33处、河南3处、山东7处。

　　(2)基本水位站

　　根据黄河防汛、水文情报预报和研究黄河下游河道冲淤与水面比降变化规律等需要,由黄委会负责规划的基本水位站 100 处。其中黄河干流(河道部分)有 46 处,如兰州、刘二圪坦、红柳圪坦、沙窝铺、延水关、后刘、八里胡同、花园口、牛刘庄、西杜屋、辛庄、黑岗口、柳园口、曹岗、东坝头、石头庄、杨小寨、东沙窝、霍寨、刘庄、苏泗庄、安乐庄、旧城、朱庄、梁山、苏阁、孙口南岸、陶城铺、伟那里、杨集、陶邵、南桥、豆腐窝、北店子、阴河、傅家庄、王家梨行、梯子坝、马扎子、官庄、刘家园、杨房、刘春家、张肖堂、道旭、麻湾;为研究东平湖蓄水量的湖泊基本水位站有范岗、北仓站、鹅山庄、安山等 4 处;支流有清水河的清水堡、县川河的旧县镇、孤山川的孤山堡、秃尾河的高家堡、岚漪河的石家会、延河的延安、小理河的张家沟、槐理河的田庄、濉水的薛峰镇、洛河的卢氏、涧河的新安、柿庄河的苏庄、沁河的木栾店、小汶河的城乡等 14 处;三门峡等干支水库水位站 36 处。

在河口地区钓口设潮水位站。

流域省(区)规划的基本水位站青海 3 处、陕西 15 处、内蒙古 2 处。

(3)基本泥沙站

黄河流域年平均含沙量变化很大、贵德至河口镇间为 0.4～6.0 公斤每立方米;河口镇至陕县间为 6～140 公斤每立方米;陕县以下干支流含沙量一般在 0.3～50 公斤每立方米。由于黄河流域暴雨分布不均匀,地区土壤、植被种类以及耕作方法不同,使各河流之间的含沙量缺乏相关性。同一地区,相邻两站的相应月平均含沙量可以相差数倍至数十倍之多。因此,规划时确定,所有的基本流量站均须兼测含沙量并为基本泥沙站。这次规划由黄委会管辖的基本泥沙站干流 25 处,支流 149 处,共 174 处。

省(区)规划的基本泥沙站,青海 10 处、甘肃 31 处、内蒙古 19 处、陕西 23 处、山西 20 处、河南 1 处、山东 7 处。

(4)基本雨量站

根据已有雨量资料分析,六盘山以东,秦岭以北,太行山以西,阴山以南是黄河流域的主要暴雨区,因此在这个区域内雨量站布设的密度要适当地密些,以满足控制暴雨分布为原则。在黄河上游区因资料缺乏,人烟稀少,布站密度暂按每 4000～5000 平方公里平均设一个基本雨量站。其他地区,以满足控制年雨量等值线 50 毫米或最大月雨量 10 毫米(非汛期最低月份)到 50 毫米(汛期 7、8 月)为准。据此,在半干旱区约 1000 平方公里左右设一个基本雨量站,干旱地区约 1500～2500 平方公里设一个雨量站。在具体规划站点时,除了考虑雨量站在面上分布均匀外,在山区还考虑不同高度对雨量的影响,以及山区迎风面和背风面的差异等问题。在暴雨区还应考虑暴雨频度。水文站、水位站应尽量兼测雨量。这次规划全流域共需设雨量站 619 处，其中已设雨量站共 349 处，由黄委会规划新设的水文站、水位站应承担雨量观测的有 39 处，余下 231 处由流域各省(区)负责设站。

（5）基本水面蒸发站

通过对已建水面蒸发站的审查，发现原有的站点分布很不均匀，这次规划时作了全面的调整，以满足绘制流域蒸发量等值线图为原则。布站密度除上游地区外，其他地区按平均每 6000 平方公里设一个蒸发站。全流域规划基本水面蒸发站 147 处，其中已建站 98 处，需新建站 49 处。

（6）实验站规划

考虑三门峡水库建成后，研究水库泥沙淤积、水量平衡和库区塌岸等变化规律，建立三门峡水库水文实验站，在支流上拟建支流水库实验站两处。研究黄河暴雨径流形成规律，结合水土保持试验等工作，规划在无定河绥德和泾河庆阳建立两处径流实验站。研究三门峡水库建成后对下游河道冲淤变化规律和为河道整治提供科学依据，规划在京汉铁路桥至高村段、高村至陶城铺段、泺口至济阳段、以及其他河南、山东等河段，设立河道观测队。为研究河口地区泥沙运行，拦门沙的形成和海岸的延伸，以及河口尾闾的摆动等演变规律，保留前左河口水文实验站。为探求水库对水面蒸发的影响拟在三门峡、刘家峡水库附近；以及研究干旱地区的水面蒸发拟在泾河区和晋陕区间分别规划建立大型水面蒸发实验场(池)4 处。

（7）专用站

根据生产部门需要，确定黄河干流的循化(为刘家峡水库搜集资料)、金沟口(为白银有色金属公司搜集资料)、包头(为包钢搜集资料)为专用水文站 3 处；支流有宛川河的高崖，清水河的寺口子，唐徕渠的银川，洛河的宜阳、故县，涧河的兴隆寨，伊河的庙张 7 处。共 10 处为专用水文站。专用水位站，黄河干流有积石关、东岗镇、黑山峡、龙口、安昌、王家滩、老永济、夹马口、页阳、阌乡、灵宝、狂口、裴峪、沈庄、习城集、南小堤、邢庙、毕庄等 18 处；支流有无定河的薛家峁，渭河的船北、皂张王、布袋张、塘党家、三河口，北洛河的赵渡镇，伊河的陆浑，洛河的洛阳，潗河的后进村，洮河的岷县等 11 处。

4. 成果的初步审查

为了使站网规划符合实际，并为以后设站做好准备，1956 年汛期，黄委会水文处抽调有关人员共 64 人，组成两个水文勘测队，分赴洛、沁河和干流三门峡至秦厂及晋陕区间，对规划的站点是否有设站条件进行了现场查勘。查勘结束后，根据查勘结果对规划又作了部分修改。

1956年11月24日,在郑州召开由黄委会主持,青海、甘肃、陕西、山西、河南、山东等省参加的黄河流域水文站网规划会议(内蒙古在会前曾到郑州和黄委会协商过,故未参加会议),进行站网规划协调和审查。水利部水文局派朱押生、黄纬伦参加。会议对黄河流域水文分区的划分取得一致的意见,并对站网规划成果进行初步审查。站网规划成果,由黄委会和省(区)于同年12月分别上报水利部水文局。

根据站网规划分工,由黄委会负责实施的水文站网控制的流域面积为23.6万平方公里,占流域总面积的31.4%,计划布设黄河干、支流水文站174处。

1957年2月水利部组织全国有关部门,对全国水文站网规划进行全面审查。黄委会派孙九韶参加这次站网审查。1957年12月,水利部以[1957]水文计冯字第1137号文批准黄委会的水文基本站网规划,如表2—3。

表2—3　　　　　黄委会水文基本站网规划审批表

站　别	批准站数(处)	已设站数(处)	增设站数(处)
基本流量站	160	94	66
基本水位站	37	16	21
基本泥沙站	160	94	66
基本蒸发站	76	49	27
基本雨量站	275	161	114

注　已设站数,系1955年底实有站数(包括渠道站)

(二)站网调整规划

1.1961年站网调整

50年代后期,在黄河干支流上陆续兴建三门峡和巴家嘴等大中型水库,并在支流上兴修许多小型水库和引水渠道;在丘陵山区和水土流失区兴修了大量梯田、水平沟、谷坊等治坡和治沟的水土保持工程。这些水库和水保工程,有效地增加了地表的蓄水和保土能力,从而使地表径流和河流来水来沙条件发生一定的改变。因此,1956年的水文站网规划实施后所取得的水文资料,已不能准确地反映水利、水保工程修建地区的水文规律。同时,已建大、中型水利工程的管理运用也需要有水文资料提供依据,原有的水文站网已不能适应需要。另外,在进行中小型水利工程的水文计算中,发现现有雨量站密度稀、小河水文站少,造成局部暴雨控制不住和缺少小汇水面积的洪水资料。上述新的情况和存在的问题,需要对1960年的水文站网进行调整和补充。

1961 年 1 月黄委会水文处根据水电部水文局 1959 年印发的《关于水文基本站调整的几项原则》的精神和黄河情况,制订了《关于水文基本站网调整原则的意见》。1961 年 2 月,水电部水文局又印发了《关于充实调整水利化地区水文站网的意见》。同年 4 月,黄委会水文处根据国家"调整、巩固、充实、提高"的总方针和水电部水文局有关充实和调整站网的精神,为适应黄河防洪、抗旱、水利工程管理和算清水沙账的需要,编制了站网的充实和调整规划。并以[1961]黄水字第 39 号文向水电部水文局报送了《1961 年水文站网调整意见》:增设基本流量站 4 处,即葫芦河(北洛河水系)的太白镇,马湖峪沟的马湖峪,亳清河的垣曲,蒲河的巴家嘴(恢复);迁移断面 5 处,即黄河干流渡口堂,榜沙河的红崖,葫芦河的静宁,屈产河的石楼,沁河的王必;改变测站类别的 8 处,即黄河干流的循化专用流量站改为水位站,清水河莲花水土保持实验站改为基本流量站,岚漪河的裴家川列为基本流量站,伊河的陆浑和黄河干流的万家寨站由专用站改为基本流量站,濩河的牛心站由基本流量站改为水位站,圣人涧河的圣人涧由常年站改为汛期站;撤销基本流量站 9 处,即当河(西科曲)的甘德,马莲河的耿湾,乌兰木伦河的朱概塔,白降河的庙张,马壁河的刘村,卭河的果子坪,五福涧河的高崖,苍龙涧河的下芦村,杜村河的垣曲;撤销水位站 6 处,即安昌、东湾、潭头、薛家峁、曹岗、杨小寨。

2. 1963～1965 年站网分析与调整

1956 年全河所规划的水文测站,到 50 年代末绝大部分已建立,使黄河流域水文站形成比较完整的站网。到 1963 年,这些新增站也已积累 5～7 年的实测水文资料,在客观上已具备进行流域水文特征分析和计算的基础。另外,三门峡和巴家嘴等干支流水库建成后,由于水库严重淤积,以及由淤积而产生的水库管理和运用上新问题,更显得黄河泥沙问题的严重,要求黄河水文测验要准确及时的提供正确的水沙资料。为此,需要对 60 年代初的水文站网布局的合理性和水文资料的代表性进行全面的分析。

这次水文站网的分析和调整工作,由水文处刘发科主持,从 1963 年下半年开始,计划分三个阶段进行。第一阶段为 1963 年下半年至 1965 年上半年,任务是探求站网分析方法。第二和第三阶段计划分析各水文参数在地区分布上的规律性,论证 1956 年全河水文站网规划的合理性。

1963 年下半年,黄委会以晋、陕区间为试点,进行暴雨、洪水、流域产流、汇流和悬移质泥沙分布以及暴雨径流关系等分析,摸索站网分析的方

法。1964 年 4 月 6 日～5 月 15 日,参加水电部水文局在北京举办的"水文基
本站网分析研习班"学习与交流站网分析方法。同年水电部颁发《关于调整
充实水文站网的意见》,正式部署开展对站网的分析验证和修订站网调整充
实规划。

1964 年 7 月,黄委会全面开展水文站网的分析和调整工作,其内容:第
一,以雨量站和水文站为重点,通过对现有站实测资料(包括撤销站)的分
析,审查现有站网的分布是否合理,并根据"在上中游拦泥蓄水,下游防洪排
沙"的治黄总方针,提出站网调整意见;第二,通过资料分析探求站网分析的
方法;第三,通过分析发现测验中存在的问题并提出改进措施,提高测验质
量。

站网分析和调整的范围:黄委会的范围为黄河干流,晋、陕区间各支流,
泾河张家山以上,渭河太寅以上,洛、沁河流域以及青海境内的部分支流和
三门峡库区等区域。其他区域由流域各省(区)分别进行,最后由黄委会会同
各省(区)进行综合汇总,提出全流域的站网调整意见。

站网分析和调整的步骤:首先审查 1956 年全河水文分区和 1956 年以
后黄委会辖区撤销的流量站是否合理;其次是审查 1963 年站网的分布情况
及存在问题。

经全河水文分区审查,分析认为:黄委会水文处研究室 1962 年在《黄河
流域降水、径流、泥沙情况的分析报告》中对黄河流域的各水文分区的命名
和区界的划分,概念明确。这和 1956 年的水文分区相比,分区的原则基本一
致,考虑分区数目不宜太多,因此确定采用 1962 年黄委会水文处研究室提
出的分区成果,将 1956 年所分的 11 个区,合并为 6 个大区。如表 2—4:

表 2—4　　　　　　　　黄河流域 1962 年水文分区表

分区号	分区名称	分区范围	1956 年分区名称
I	青藏高原丰水区	循化以上地区和大夏河、洮河、大通河、湟水(享堂以上)等支流	河源湖泊区、甘青高原丰水区
II	宁蒙干旱灌溉区	兰州以下至河口镇之间,黄河干支流和兰州至循化的黄河干流沿岸地区	河套灌溉区、鄂尔多斯沙漠区、干旱区、大青山南坡水区
III	陕甘黄土暴雨侵蚀区	包括河口镇至龙门黄河干支流及北洛河、泾河流域和渭河太寅以上地区	半干旱区、晋陕暴雨侵蚀区

续表 2—4

分区号	分区名称	分区范围	1956年分区名称
Ⅳ	汾渭地堑少流区	包括汾河流域、涑水河流域和渭河中下游地区(秦岭山地除外)	汾渭丰雨少流区
Ⅴ	晋、豫、陕山地丰水区	包括秦岭山区和黄河潼关以下至花园口之间的干支流地区	湿润区
Ⅵ	黄河下游区	花园口以下至黄河河口干支流地区(包括大汶河区)	大汶河、东平湖区

撤销站的审查:据水文年鉴1961~1963年统计,全流域共撤销流量站114处,经审查认为:黄委会管辖区撤销不合理需恢复的流量站,晋、陕区间有新窑台、城峁、乡宁、呼家窑子、折家沙、董家坪等6处;泾渭河流域有亭口(黑河)、雷家河、耿湾、静宁等4处;三门峡以下区域有五福涧河的高堰、沁河的白洋泉、刘村等3处;共计13处。

1963年站网分布现状审查说明:因1961、1962年水文经费严重短缺而大量裁撤水文站,使水文站分布密度变小。例如晋、陕区间和渭河上游的区域代表站(集水面积在5000~200平方公里之间),平均布站密度为2600~2900平方公里每站;洛河和沁河流域平均布站密度为6600~13500平方公里每站。另外,从河流数目的设站分布密度来看,晋、陕暴雨侵蚀区其流域面积9281平方公里,河长在20~50公里的河流有131条,已设有流量站的有14处,按河流数目的布站密度为11%(站数/河流数)。泾、渭河上游和陕北情况相似。洛河流域面积19000平方公里内,河长在20~50公里的河流有73条,只有3个区域代表站,布站密度为4%(站数/河流数)。显然,黄委会管辖区内区域代表站的数量需要增加。

在审查站网分布的同时,黄委会水文处还进行了黄河流域1951~1960年的年平均降水量等值线图、黄河流域长历时暴雨参数和雨量站网分布密度的分析;在径流方面进行了年径流深和径流量年内分配、暴雨、洪水、汇流和地下水等分析;在泥沙方面,对黄河干支流各主要站1919~1960年的沙量进行计算,确定了陕县多年平均输沙量为16.0亿吨,多年平均含沙量37.7公斤每立方米。并对泥沙分布作了较详细分析,河口镇以上年输沙量

为 1.42 亿吨(占陕县的 8.9%);河口镇至龙门区间为 9.08 亿吨(占陕县的
57.0%);泾渭河为 4.2 亿吨(占陕县的 26.2%);北洛河为 0.83 亿吨(占陕
县的 5.2%);汾河为 0.52 亿吨(占陕县站的 3.0%)。并用 1951~1960 年的
资料,绘制了黄河中游地区的侵蚀模数和含沙量分布图。黄河流域产沙量最
高地区是窟野河中下游的神木至温家川之间,年侵蚀模数为 35000 吨每平
方公里(最高年达 128000 吨每平方公里);其次,是无定河的中、下游,丁家
沟至绥德、川口之间,侵蚀模数达 20000 吨每平方公里;再次是渭河上游散
渡河和葫芦河的左岸部分,侵蚀模数达 10000 吨每平方公里。从侵蚀模数的
分布看,晋、陕区间侵蚀模数全部在 10000 吨每平方公里以上,泾、渭河流域
大部分地区在 6000 吨每平方公里。

通过以上分析认为:1956 年规划的基本水文站网,集水面积大于 5000
平方公里的控制站,基本上控制了全河水量和沙量的变化,基本满足了黄河
防洪与水文情报预报的需要。集水面积在 5000~200 平方公里的区域代表
站虽然搜集了一定的资料,但还存在站网密度不够,有的区域还缺乏区域代
表站,在跨越两个以上自然地理类型区的河流上,在分区的交界处也缺乏区
域代表站。在雨量站分布方面,除暴雨多发地区的雨量站密度不够外,有些
地区还存在雨量站与流量站不配套,雨量观测段次较少等问题。在泥沙站网
方面,多泥沙地区中小河流上的测站不够。针对上述存在问题,黄委会对所
管辖区的站网提出调整计划。黄河上游青海地区,因设站条件困难,本次不
作调整。

(1)雨量站调整计划

晋、陕区间,即河口镇至龙门间包括直接入黄的各支流,区间面积 11 万
多平方公里。根据本区雨量资料分析认为,在暴雨集中地区布站密度宜为
400 平方公里设一站,其他地区可放宽到 500 平方公里设一站,鄂尔多斯沙
漠边缘因人口稀少,设站困难,可放宽到 1500 平方公里设一站。本区需设雨
量站 226 处,现已有 137 处,需新设 89 处。

泾、渭河流域,本区华县站以上流域面积 10 万多平方公里,由资料分析
认为,渭南地区(西安附近)需 300 平方公里设一站,其他地区可在 400~
450 平方公里设一站。本区需设雨量站 319 处,现已有 236 处,需新设 83
处。

三门峡至花园口区间:包括洛、沁河流域面积 4 万多平方公里,经资料
分析,在暴雨中心区需 250 平方公里设一站,其他地区可 300 平方公里设一
站。本区需雨量站 184 处,现已有 160 处,需新设 24 处。

上述三个区合计需新设雨量站 196 处。

（2）流量、泥沙站调整计划

黄河贵德以上干支流：黄河干流吉迈至玛曲间，拟在干流阿万仓和支流黑河各设流量站 1 处，共 2 处。

晋陕区间：从控制风沙区与黄土区的来水、来沙情况，经分析暴雨~径流~泥沙等关系认为，除了恢复新窑台等 6 个流量站外，还需新设特牛川、杨家川、高家堡、魏家峁、黄土、燎原沟、辛庄上等 7 处流量站。

泾、渭河流域：在分析 1956 年所编制的站网规划时，发现泾、渭河缺少不同类型区的区域代表站和小支流站。为此，需新设合道川、小河口、镇原、大龙河、马兰、太峪沟、周家峡口、碧玉镇、下各老等 9 处流量站，同时亭口（黑河）等 4 站应恢复观测。

三门峡至花园口应恢复高堰和沁河上应恢复白洋泉、刘村等 3 处。

综上所述，黄委会管辖区共需新设流量站 18 处，同时恢复已撤销的流量站 13 处，两项合计 31 处（详见表 2—5）。以上各站要求在第三个五年计划期间完成。

为了交流经验，统一方法，并为站网分析的第二、第三阶段做好技术准备，于 1964 年 11 月开始，由黄委会和甘肃、陕西两省水文总站共同主持，在兰州进行西北地区站网分析试点协作。参加单位除黄委会、甘肃、陕西外，还有青海、宁夏、内蒙古等省、区水文总站共 11 人。以泾河流域为试点，通过试点不仅交流了经验，统一了站网分析的方法，同时还取得了以下成果：泾河流域特征值的量算，暴雨径流关系和瞬时单位线分析成果，以及对雨量、流量、泥沙站网分布合理性的审查等，并对泾河流域站网提出了调整意见。这次试点工作历时 67 天，于 1965 年元月结束。

因受"文化大革命"的影响，站网分析的第二和第三阶段的任务，即分析各水文参数在地区上分布规律以及验证 1956 年全河水文基本站网规划的合理性，和本次流域站网调整规划的汇总等工作都未能如愿进行。

3. 1977~1979 年站网调整

由于受"文化大革命"的影响，黄委会 1965 年的站网调整规划不仅没有实施，而且黄河沿等一批重要控制站以及部分站的输沙率等测验项目被迫停测，使站网上存在的问题进一步加剧。1975 年 8 月淮河发生特大洪水，造成巨大的损失，为了吸取淮河的教训，结合黄河流域水文站网普遍存在的雨量站、小河站和西部水文站少，受水利工程影响地区水量和沙量算不清等问题，需要进行站网的调整和充实。

表 2—5　　　　1965 年黄委会规划增设和恢复流量站一览表

站名	河名	汇入河名	自然类型区	流域或集水区面积(平方公里)	河长(公里)	增设或恢复
牸牛川(新庙)	牸牛川	窟野河	黄土	2281(1527)	108.6	增设
杨家川(新民村)	牛拦沟	窟野河	黄土	209(94.2)	41.9	增设
高家堡	秃尾河	黄河	风沙及黄土	2310(2095)	139.6	增设
魏家峁(郭家坪)	义合河	无定河	黄土	426(420)	41.9	增设
新窑台	马义河	大理河	黄土	209(195)	31.6	恢复
城峁	延河	黄河	黄土	500(707)	284.3	恢复
呼家窑子	汾川河	黄河	黄土	1500(1720)	119.8	恢复
辛庄上	芝河	黄河	黄土	805	60.1	增设
黄土	坪家川	昕水	石山林区	400		增设
乡宁	鄂水	黄河	黄土	322(318)	71.1	恢复
折家河	石马川	黄河	黄土	200	35.6	恢复
董家河	乌龙沟	黄河	黄土	199	22.4	恢复
燎原沟	燎原沟	黄河	黄土	138	33.6	增设
亭口	黑河	泾河	黄土	4341(4253)	168	恢复
耿湾	洪德东川	马莲河	黄土	1425(1844)	374.8	恢复
合道川(高家湾)	合道川	环江	黄土	740(884)	92.9	增设
大龙河	大龙河	泾河	黄土	221	78.1	增设
镇原	茹河	蒲河	黄土			增设
小河口	赵家川	马莲河	黄土	452	44	增设
雷家河	达溪河	黑河	黄土	2440(2402)	126.8	恢复
马兰	三水河	泾河	黄土	596		增设
太峪沟	太峪沟	泾河	黄土	224	35.5	增设
静宁	葫芦河	渭河	黄土	3110(2811)	300.6	恢复
周家峡口	洛水	葫芦河	黄土	1781		增设
碧玉镇	散渡河	渭河	黄土	776		增设
下各老	通关河	渭河	石山林区	854		增设
高堰	五福涧	黄河	石山林区	205(180)	42.4	恢复
白洋泉	白洋泉河	丹河	石山林区	684(625)	74.1	恢复
刘村	马壁河	沁河	土石丘陵	220(142)	38.2	恢复
黑河	黑河	黄河	青海高原			增设
阿万仓	黄河	黄河	青海高原			增设

注　括号内的站名、面积数,为规划实施后的实际站名和面积数

　　为了做好这次水文站网调整和充实工作,1976年水电部部署流域和各省(区)统一进行站网现状及存在问题的调查,并征求有关部门对站网调整充实的意见和要求。1977年9月,水电部举办全国水文站网研习班,研讨水文站网调整充实的原则、站网建设的指导思想与发展方向、站网分类、站网布设的标准密度以及探索站网研究的新技术途径等。同年12月,水电部水管司发送[1977]水文字第43号文《关于调整充实水文站网的意见》,明确提出在1978年内首先完成近期的水文站网调整充实规划,1980年以前编制出"六五"期间站网的发展规划。同时要把研究最优水文站网、小河站网和受水利工程影响地区水文站的调整充实问题列入科研项目,组织攻关,并进行"站队结合"试点,探索新的站网形式和测验途径。

　　为了搞好站网调整技术准备,由黄委会水文处牵头,马秀峰主持,成立干旱区水文站网研究协作组。1978年3月在郑州召开协作组第一次碰头会,会议着重讨论研究小河站网的分析和《小河站测验整编技术规定》的编写要点与计划。同年7月,在郑州召开协作组第二次碰头会,会议交流了雨量站网与小河站网的分析成果,小河站的增设情况等。青海已设小河站11处,配套雨量站40多处;内蒙古已设小河站2处,配套雨量站10处,山西设小河站4处,配套雨量站10多处;黄委会已设小河站11处,配套雨量站54处。同年12月,黄委会受水电部水管司的委托,在郑州召开干旱区水文站网规划技术经验交流会。会议总结交流和研讨了以下问题:

　　讨论雨量站网密度分析的各种方法,及其优缺点和改进的办法。介绍了运用瞬时单位线法和改进后的推理公式的经验,采用按地类和河网粗糙度布站的方案;黄委会根据黄河流域降雨不均匀和局部产流的特点,引进点源汇流曲线的理论,优选汇流参数,进行地区综合,提高了站网分析成果的精度;交流了水库洪水还原计算的经验;研讨了受水利工程影响下的站网布设问题和探讨受水利工程影响下水文工作的途径等。

　　黄委会这次站网调整规划的指导思想是:"搞清黄河水沙资源,适应下游防洪和中游治理以及上游地区能源开发的需要,经济合理的调整和发展站网。"具体要求是:雨量站网,除了满足控制年降水量和暴雨分布外,属小河站和区域代表站布设的配套雨量站还要满足进行暴雨洪水分析的需要;水文站网方面,小河站的布设重点是黄河中游水土流失严重地区和三门峡至花园口区间暴雨地区;受水利工程影响地区的站网调整的原则,当水库控制面积超过测站集水面积的80%以上时,该站应撤销或迁移,当水库控制面积为测站集水面积的15%～80%时,可设立补充观测点;黄河上游河源地区,为适应近期上游地区能源建设的需要,开发水电和已建大型水利工程管理运用的要求,在交通和生活允许的条件下尽快增加水文站。

1979年5月,黄委会编制了《一九八五年前黄委会所属水文站网调整发展规划》。其主要任务是增设雨量站600处,小河站51处。新增区域代表站,河源区有热曲的黄河乡、优尔曲的六道班、吉迈河的吉迈、西科曲的甘德、东科曲的青珍和东倾沟、沙柯曲的久治、白河的唐克、黑河的大水和野马滩、泽曲的宁木特、格曲的江让等12处。新增黄河干流有控制站门堂、军功、万镇、壶口等4处。专用水文站王村、太安、裴峪、柳园口、十里铺等5处。鄂陵湖、李家梁、罗峪口等干流水位站3处。黄河干流下游堤防险工处设专用水位观测点50处,径流、稠密雨量、水库、河床等实验站5处。

靖边、将台、虢镇等3个水文站因水库控制面积超过测站集水面积的80%而撤销。

1979年10月,国家计划委员会和国家农业委员会联合以计农〔1979〕579号文"转发水利部《关于调整充实水文站网规划的报告》的通知"批准黄委会近期增设各类水文站52处(其中包括小河站40处),雨量站600处。并指出:"有关专用站的设置,应根据水利工程规划、设计、管理、运用的需要而定,设站费用应列入有关工程预算中解决";"黄委会拟成立河床演变实验站和下游分洪实验站等,这些均应列入科研项目,有关工作部署和规划应在科研单位指导下作专门研究确定。"

这次省(区)的站网调整、充实规划,规划的水文站,甘肃7处,宁夏4处,内蒙古22处,陕西省58处(其中小河站40处),山东省1处;增设雨量站内蒙古144处,山西105处,山东4处。

4.1983年站网整顿和发展规划

1983年,水电部水文局〔1983〕水文站字第111号文部署进行站网整顿,具体的任务是:对现有测站逐站审查其设站目的是否达到,站址是否合适,观测项目是否配套,水沙帐能否算清等。通过整顿使现有站网做到结构合理,设站目的明确,受水利工程影响的得到处理,水沙账要算清,流量、雨量、蒸发等观测项目基本配套,使测站的代表性和资料的使用价值获得提高。

黄委会这次整顿工作于1984年5月开始,由黄委会水文局水资源保护科学研究所龚庆胜主持进行,根据整顿要求对所辖的水位、流量、泥沙、雨量、蒸发及水化学等项进行了全面调查,逐站分析和验证。通过整顿认为:岚漪河裴家川站因站址测验条件恶劣,汛期洪水无法施测,同意撤销;蔚汾河碧村站因基本断面受下游挡水坝抬高水位的影响,使断面水流失去代表性,确定将基本断面上迁至兴县,设立兴县站;涧河渑池水位站因生产上不需要应撤销;龙门镇等16个水文站,按照设站目的和观测项目配套原则,分别增设了雨量站和有关的测验项目。全部整顿工作历时半年,于1984年底全部结束。

这次站网发展规划的指导思想是:树立全局观点,全面考虑流域的开发利用,水资源评价、水利水电建设,以适应黄河下游防洪、中游治理和上游地区能源基地建设的需要。在站网整顿的基础上,编制了近期(1990年前)和远期(1991~2000年)站网发展规划。

近期规划:一是设立水文站31处,其分布:上游地区设控制站1处,区域代表站7处,下游地区设控制站1处,区域代表站3处,小河站19处;二是为下游防洪和滩区水情服务设水位站120处;三是搜集黄河下游引黄用水量,估算黄河水资源,设涵闸观测站26处;四是设雨量站182处,其中上游河源地区20处,中下游区域代表站和小河站的配套雨量站162处;五是设蒸发站14处,为三门峡至花园口区间作洪水预报服务;六是探索陕北地区高含沙河流的产流、汇流和产沙、输沙以及泥沙颗粒级配等规律,需在窟野河永兴沟建径流实验站1处。远期规划:一是拟设水文站11处,其分布:上游地区设控制站2处,下游地区设控制站1处、区域代表站2处、小河站6处;二是为探索窟野河洪水泥沙入黄后产生倒比降的规律,需设水位站2处;三是设雨量站59处,其中上游河源区14处,中游区域代表站的配套雨量站45处;四是为研究和率定三门峡至花园口区间洪水预报模型参数,在亳清河的垣曲建径流实验站1处;为研究北方亚湿润、亚干旱地区的雨量站分布密度,需在洛河的宜阳建雨量密度实验站1处;为研究适应下游游荡河道的测验方法和仪器设备,将花园口水文站改建为测验方法实验站;为研究下游防洪和河道整治服务,拟建黄河下游河床演变观测队1处。

根据国家在黄河上游建设能源基地的需要,按照水电部部署,编制了《黄河上游地区近期水文站网建设规划》。1983年经水电部[1983]水电计字第472号文批复,原则同意在黄河上游地区干支流上设水文站14处、雨量站43处,同意在西宁市建立"西宁水文水资源勘测队"基地1处。

省(区)水文总站,也在站网整顿的基础上编制了近期和远期的站网规划。如甘肃省近期(1990年前)规划设水文站8处;远期(1991~2000年)规划设水文站11处。内蒙古自治区,1990年以前规划设水文站15处、雨量站180处、蒸发站16处,实验站2处;1991~2000年规划设水文站16处(控制站 1 处,区域代表站 8 处、小河站 7 处)。宁夏回族自治区编制《宁夏水文站网调整及规划》,近期(1990 年前)和远期(1991～2000 年)共规划水文站 11 处、雨量站 42 处、水化学断面 12 处、水质监测断面 9 处。陕西省规划水文站 28 处、雨量站 137 处。山西省规划 1990 年前增设水文站 34 处、雨量站 153 处;1991～2000 年增设水文站 62 处、雨量站 394 处。

第二节　站网研究

1933 年李仪祉在《黄河水文之研究》中认为:站网布设要上、中、下游统一考虑,以查明黄河水沙来源及变化规律,这是最早站网研究的成果。但从此以后到建国初期站网研究工作因多种原因未能开展。

1955 年,学习苏联水文站网规划的理论和经验,结合中国的实际情况,按流域面积大小,制定了水文站网布设的"直线"、"面"和"站群"的原则,编制了全流域第一个科学的水文站网规划。通过各测站搜集和积累的水文资料,该规划基本满足了黄河治理和流域国民经济建设的需要。

随着国民经济建设的发展和治黄工作的深化,对水文资料提出了更高的要求。为提高水文资料的代表性和可靠性,开展了水文站网的研究。1963～1965 年,一方面为了论证 1956 年水文站网规划的合理性和水文资料的代表性;另一方面针对流域内已兴建的水利水电工程和水土保持措施对径流泥沙形成规律的影响,探讨水文站网的调整原则。黄委会首先以黄河中游暴雨较多的晋、陕区间为试点,以后和青海、甘肃、宁夏、内蒙古、陕西等省(区)协作,又以泾河流域为试点共同进行站网分析研究。1977～1979 年,根据当时站网中存在的小河站少,雨量站不足,受水利工程影响后水沙帐计算不清等问题,又开展了站网分析研究。为使水文站网的研究工作有计划有步骤地进行,发挥群体的作用和相互交流,于 1978 年 3 月,由青海、甘肃、宁夏、内蒙古、陕西、山西等省(区)水文总站和黄委会以及流域外的辽宁、新疆两省(区)的水文总站等单位成立干旱地区中小河流水文站网布设原则协作组,黄委会水文处为组长(1982 年增选新疆水文总站为副组长)。同年 12 月,河南、山东、黑龙江、吉林、河北、北京和天津等省市水文总站和南京水文研究所也参加协作组。协作组的任务:根据本地区的水文特点和技术经济发展的实际情况,研究布设水文站网(主要是雨量站和水文站)的技术标准,指导站网规划、建设和管理,并围绕着水文分区、布站密度、站址选择、观测年限和受水利工程影响等问题拟定了研究协作计划。

80年代,为加强站网建设,逐步完善站网布局,以满足国民经济及各行各业对水文工作的需求。结合编制近期(1985～1990年)和远期(1991～2000年)水文站网调整发展规划,进行了完善站网规划原则和改进水文分区方法的研究。1982年12月、1984年10月、1986年10月干旱区水文站网研究协作组先后召开了三次水文站网技术经验交流会,共提交论文119篇。1987年7月精选26篇,汇编成《干旱地区水文站网规划论文选集》,于1988年3月出版。

水文站网研究取得的主要成果有:

流量站网规划原则的研究。1956年站网规划时,流域面积大于5000平方公里,采用"直线原则",经数十年的实践检验认为该原则是正确的。但也存在一些不足,第一,只能用图解或试算的办法确定布站数目的上限;第二,不能直接估计布站的总数目;第三,缺乏保证率的概念;第四,允许递变率的确定含有主观任意性。针对上述存在的问题,黄委会水文局马秀峰在1987年"布设流量站网的直线原则与区域原则"的研究中按照直线原则的基本概念和沿河长方向内插水文特征值精度要求,推导出大河干流布设控制站数的上、下限计算公式,并给出递变率和内插允许误差标准。

流域面积在5000～200平方公里间布站时,采用"面的原则"。1956年在具体做规划时,先按水文特性分区,在同水文分区内再把河流的面积分级,在相同的面积级中,选择有代表性的支流进行布站。但是,把中等河流的面积分成多少级比较恰当,则是长期未解决的难题。马秀峰把直线原则加以引伸,用二维线性内插数理统计途径,推求确定布设区域代表站数目的上限和下限的计算公式。

流域面积小于200平方公里小河上的布站,1956年水文站网规划时用"站群原则",即在同一个地区内不是布设一个站,而是布设一群站。1959年黄委会在制订子洲径流实验站的站网规划时,把"站群原则"具体化为:按自然地理景观分大区,按下垫面综合特性分小区,按单项影响因子选择代表性小流域,在代表不同单项因子的小流域上布站,组成站群,以解决观测资料的推广移用问题。上述布站方法后来概括为一句话:"大区套小区,综合套单项。"子洲径流实验站按这一布站方法所取得的实验资料,广泛被国内各生产单位和科学研究部门采用。

在站网分析研究中,青海省提出按地类布站方案。山东省水文总站杜屿等应用推理公式、瞬时单位线和峰量关系公式等三种方法,对已建30多处小河站资料,进行洪水参数分析和综合,探讨小河站布站方案。并认为瞬时单位线法和峰量关系公式两种方法分析的布站成果一致、可靠,而推理公式法所得的布站数比前两种方法要多2倍,同时推理公式存在较多缺陷。

80年代,经分析认为:小流域的产流与汇流特性往往取决于下垫面的某一单项因子的作用。因此小河站的布站原则可按气候分区、下垫面分类、面积分级,并考虑流域形状、坡度等因素,决定布站数量,选定布站位置。

小河站水文资料移用方法的研究,是站网规划工作的组成部分。在移用小河站资料的分析中认为:在黄河流域干旱、半干旱地区,在相同的下垫面条件下,雨强是产流大小的决定因素,产流计算用入渗曲线。在汇流方面,采用瞬时单位线或推理公式,作为分析的工具。在推理参数的地理综合方面,山西省水文总站提出流域糙度是影响汇流速度的主要因素,以此考虑选择汇流参数的取值问题。黄委会水文局考虑雨量的不均匀和局部产流等情况,引进点源汇流曲线理论,优选汇流参数,进行地区综合,取得一定成果。

山西省通过长期观测、调查和分析,梁述杰在《地质条件对站网布设的影响》中,认为:在地质条件复杂地区进行站网规划时,应注意考虑地质条件,如汾河的支流仁义河、洪安涧河等,由于流域内存在石灰岩,容易发生漏水,使地表水转入地下,造成地表水不平衡。因此,提出在站网规划时要考虑地表水和地下水的转化问题,把地表水和地下水的观测结合起来。另外,从水资源的开发利用出发,还应把观测水量的站网和水质监测站网结合起来。

雨量站布设密度的研究。50年代初期,因雨量站太少,曾粗略地规定,在山区和经常出现暴雨中心的地区,约300~500平方公里布设一站;平原区和不经常出现暴雨中心的地区,约600~1000平方公里布设一站。到60年代初期,随着雨量站资料的逐渐增多,已有条件采用多种方法进行雨量站布设密度的研究。内蒙古水文总站郝长继认为:采用积差法、锥体法、暴雨中心控制法等探讨雨量站布设时,这些办法的共同点,都是选择典型暴雨为基础。选择典型暴雨存在着较大的随机性和任意性,只有当典型暴雨选择恰当时才能得出较好的结果。为此要求选择典型暴雨时应加入频率的概念,这样可以减少选择典型的任意性。采用数理统计的抽站法、目标函数法、变差系数法、相关系数法时,应对数理统计的推理作探讨。抽站法比较直观,可以验证其他方法,但在用抽站法统计误差时,应将基数的误差考虑在内。在某流域上,要布设多少处雨量站,才能使算得的面平均雨量值在允许的误差范围以内,马秀峰进行了《平均雨量抽样误差与布站数目的确定》的研究,并取得一定的成果。河南省水文总站李芳青,在进行雨量站网布设密度试验分析中,根据流域面积 A 和面平均雨量的相对误差 E(以小数计),建立雨量站的布站数 n 的公式 $n=1.82A^{0.54}E^{-0.82}$,根据误差要求和面积大小,可直接计算出雨量站的布站数,该公式的适应范围流域面积为 200~3000 平方公里。

泥沙站网的研究。1956 年泥沙站网规划时,规定除了根据悬移质泥沙站规划原则外,考虑黄河多泥沙的特点,确定基本流量站都兼作为基本悬移质泥沙站。按此规划的泥沙站,能否满足以内插法求出任何地点,和符合实用精度要求的各种泥沙特征值,以及为河道整治、变动河床洪水预报和水库、渠道等水工建筑物的管理运用提供可靠资料。1986 年,马秀峰和黄河水资源保护科学研究所支俊峰对上述问题进行了研究,并在《泥沙站网布设原则和资料移用方法》一文中,对黄河的悬移质泥沙站网的设站数量,仿照流量站布设原则中的"直线"和"分区"原则,分别求出悬移质泥沙站网的布站数的公式。并用公式验算了黄河干流河口镇至龙门区间的泥沙站网,认为该河段 1956 年规划的河口镇、府谷(原为义门)、吴堡、龙门 4 站满足不了泥沙站网观测的要求,至少应布设 6 个泥沙站,但不必超过 7 个站。通过泥沙资料的地理内插方法的分析研究,认为内插泥沙资料的精度和泥沙站网数呈正比,即泥沙站网的布设密度由使用资料的精度来确定。

水文站观测年限的探讨。对已满足生产需要的水文测站或观测项目,及时地撤销或停止测验,就可以腾出一批人力、物力,转移到其他需要设站的地点,这样有利于发展水文站网,扩大资料收集范围。80 年代中期,马秀峰在《水文站观测年限的确定办法》一文中认为:确定水文测站的观测年限,需要综合考虑设站目的,单站对站网整体功能的影响,样本单站的代表性和对样本统计量的精度要求,以及观测资料的经济效益和受水利工程影响的程度等因素。提出了水文站观测年限的计算公式。

水文分区的研究。1956 年水文站网规划时,因缺乏水文资料,只能假定水文分区和自然地理分区是等同的,即在自然地理景观相似的地区,同一面积级别的河流,具有相似的水文规律。用气温作为太阳辐射的能量条件,划分气候带,用水分条件,划分大区;并参照影响水文现象变化的下垫面因素,划分子区。高大的山脊,山地到平原的转折,湖泊、荒漠的边缘以及地质、土壤、植被、地貌形态的明显变化处,作为水文分区的界线。分区的大小,直接影响布站的数量。分区的可靠性,决定着进行资料内插和移用的精度。这种分区方法,思路直观,在建设站网的初期阶段曾发挥很大的作用。但在确定分区指标范围时,凭个人判断,分区成果往往因人而异,带有一定的任意性。

随着水文资料的不断积累和对水文分区问题的多次研究和探索,发现反映水文规律的水文分区和按自然地理景观划分的分区并不完全一致。随后提出以水量平衡条件大致相同为原则,划分水文一致区,再参照下垫面因素的相似性划分子区。这种分区方法,虽较1956年的水文分区方法有明显的进步,但在定量指标的确定方面却存在很大的任意性,而且只能作出单因子的分区。

1963~1965年,对1956年规划站网进行合理性分析和验证时,曾采用年降水和径流的关系,以及暴雨径流的产汇流参数,多年平均径流模数与流域平均河网密度等单项因素进行分区。这种用众多的单项因素来分区,存在着较难进行综合考虑的缺点。

在70年代后期,内蒙古自治区水文总站的杨振业认为:"水文自然地理区划具有综合性及空间上的不重复性,故不能依据某一个要素或一种现象去拟定水文分区,必须根据全部水文现象所表现的'集体效应'作为划区的标准。同时,水文分区或区域划分不同于类型划分,它要求具有空间上的不重复性,故在处理上也必须体现空间不重复性这一特点。因此,在承认'集体效应'的同时,还要遵循'从主、从众、从源'的原则。"为此,采用以能够集中反映能量、水分的分配与组合并相互转化和干旱指数(由年雨量除年蒸发量求得)为主要指标,划分大区;按地形、地貌、土壤、植被等下垫面的因素相似与相异的程度,划分子区。采用干旱指数作为划分水文分区的主要指标后,不仅使分区的方法由定性向定量发展,避免了分区的主观任意性,而且所得的成果,较之用单项因素进行分区,有了明显的进步。

到80年代,龚庆胜和马秀峰应用主成份聚类分区法进行黄河流域水文分区,在因子选择上经过多次分析、筛选,最后认为:降水量、水面蒸发量、径流深、输沙模数、平均气温等五个水文因子的综合效应明显,被选入采用。因该法考虑了众多的水文因子的综合信息,因此所绘制的聚类映象图比较客观地作出体现诸多水文因子的"集体效应"的水文分区,并取得较好的成果。陕西、甘肃等省也用主成份聚类分区法所取得的水文分区成果和以前的分区方法相比,其成果与实际比较吻合,并具有较好的稳定性和客观性。用主成份聚类分区法将黄河流域的水文分区划为3个主区,12个子区,其分区指标、分区名称如表2—6:

表 2—6　　　　　　　　　1985 年黄河流域水文分区及指标表

分区号	分区名称		分区面积(平方公里)	降水量(毫米)	水面蒸发量(毫米)	径流深(毫米)	输沙模数(吨·年·每平方公里)	气温(摄氏度)	干燥度
	主区	子区							
I	湿润区			>700	<800	>250			≤1.0
I₁		沼泽丘陵草地区	39356	700~750	700~800	250~300	<100	1~3	1.0~1.07
I₂		石山林区	4972	900~1000	800	600~700	300~400	12	0.8~0.9
II	过渡区			300~900	700~1300	<300			1.0~3.4
II₁		河源区	126694	300~650	700~900	100~300	<150	−4~7	1.2~2.7
II₂		林区	28933	600~900	700~960	170~300	150~1500	6.5~14	0.9~1.3
II₃		土石山林区	68349	380~700	840~1200	25~155	150~2000	5.5~13	1.4~2.9
II₄		低丘阶地平原区	63956	540~700	850~1300	25~150	<1500	12~14	1.4~2.4
II₅		异常强烈侵蚀区	8806	450	1100~1200	50~100	20000~30000	8~9	2.4~2.7
II₆		甚强侵蚀区	60562	400~540	1000~1300	30~120	10000~20000	7~10	1.9~3.3
II₇		强侵蚀区	83984	350~600	800~1250	25~100	5000~10000	4~10	1.3~3.4
II₈		中度侵蚀区	38717	400~590	1000~1200	25~100	2000~5000	4.2~9.5	1.8~3.0
III	干旱区			150~480	1200~2000	<35			>3.1
III₁		风沙区	171802	150~480	1200~2000	5~35	100~1500	5~9	3.1~13.3
III₂		片沙区	33905	250~400	1300~1550	5~35	3500	5~8	3.3~6.2

　　注　本分区范围是花园口水文站断面以上,各水文特征值均为多年平均值

　　Ⅰ.湿润区

　　本区降水量充沛,年降水量大于 700 毫米,年蒸发量较小为 800 毫米,年径流深大于 250 毫米(局部除外),干燥指数小于 1.0,地表侵蚀微弱。按自然地理概况又分为两个子区。

　　Ⅰ₁ 沼泽丘陵草地区:分布在黄河上游支流的黑河、白河和洮河的中、上游一带,大部分地区地表终年有积水,苔草、蒿草丛生,植被好。

　　Ⅰ₂ 石山林区:位于东经 107°~109° 之间的秦岭主峰一带,海拔高度

为 2000～3000 米的石质山地,属暖温带湿润气候。

Ⅱ　过渡区

其水分条件介于湿润区和干旱区之间,年降水量 300～900 毫米,年蒸发量在 700～1300 毫米,年径流深小于 300 毫米,干燥指数 1.0～3.4。本区分 8 个子区。

Ⅱ₁　河源区:位于青海高原东部,平均海拔高度在 4000 米以上,山脉呈西北～东南走向,高山区终年积雪,冰峰起伏,是黄河流域最寒冷地带,也是黄河主要来水区之一。大部分地表为植被覆盖,多为温带森林草原及高寒草甸。输沙模数在 150 吨·年·每平方公里以下,土壤侵蚀轻微。

Ⅱ₂　林区:位于秦岭山麓、六盘山、大夏河、洮河中游和渭河支流漳河一带。水量较充沛,植被良好,多为针叶林,水土流失不严重,输沙模数小于 1500 吨·年·每平方公里。

Ⅱ₃　土石山林区:分布在吕梁山、太行山的石山林区,及子午岭、黄龙山、黄土丘陵区。森林植被较好,水土流失不严重,输沙模数在 2000 吨·年·每平方公里以下。

Ⅱ₄　低丘阶地平原区:分布在宝鸡至潼关的渭河谷地,北洛河下游,洛河中下游及汾河盆地。本区地面坡度较小,不利于形成地表径流,因此,缺乏搬运泥沙的动力,雨水虽较丰富和黄土土质疏松,但水土流失轻微,输沙模数小于 1500 吨·年·每平方公里。

Ⅱ₅　异常强烈侵蚀区:位于黄甫川、窟野河下游。本区地表为黄土丘陵及特殊的塬、梁、峁、川等地形特征,千沟万壑、支离破碎、植被稀少,地面裸露。年降水量 450 毫米,年径流深 50～100 毫米,干燥度为 2.4～2.7,输沙模数为 20000～30000 吨·年·每平方公里,是黄河流域水土流失的"冠军"。

Ⅱ₆　甚强侵蚀区:分布在泾河支流蒲河和洪河流域,黄河干流河口镇以下至昕水河河口区间,直接入黄支流的中下游和泾河下游,延河、北洛河上游。本区暴雨集中、强度大、历时短、植被差,水土流失严重,输沙模数为 10000～20000 吨·年·每平方公里,是黄河流域产沙量较大的水文分区。

Ⅱ₇　强侵蚀区:分布在渭河上游、泾河中上游、清水河上游、祖厉河、延河中下游以及红河、偏关河、朱家川的中上游一带,输沙模数在 5000～10000 吨·年·每平方公里,是黄河流域产沙较多的一个区域。

Ⅱ₈　中度侵蚀区:分布在湟水中下游、洮河下游、汾河中上游及呼和浩特市以东地区,输沙模数为 2000～5000 吨·年·每平方公里。

Ⅲ 干旱区

本区分布在兰州、靖远、海原、靖边、榆林、东胜、托克托一线以北广大沙漠地区（包括闭流区）及共和、同德、兴海一带，这里恰好是干风和黄沙入侵黄河流域的通道。年径流深均小于 35 毫米，年蒸发量却高达 2000 毫米，干燥度最高达 13.3，是黄河流域最干旱的地区。由于有丰富的地下水补给，年径流深最大可达 170 毫米。本区地表虽裸露，但地势平缓和地表径流小，缺乏水蚀的动力条件，因此，输沙模数在中度以下。本区分 2 个子区。

Ⅲ₁ 风沙区：分布在黄河流域的最北部，以毛乌素沙漠和黄河流域的闭流区为核心，向东至靖边、榆林、东胜沿线，向西、向北伸展到整个宁、蒙一段黄河流域的北界。本区地势平缓，地表径流微弱，因此，水蚀轻微。流沙和固定沙丘是构成本区的自然景观。

Ⅲ₂ 片沙区：分布在风沙区与强侵蚀区之间的过渡地带。平均输沙模数为 3500 吨·年·每平方公里。

受水利工程影响地区的水文站网研究。受水利工程影响地区的水文站，存在着水、沙帐算不清，使资料的使用价值降低。及时进行水文站网的调整，开展流域水文调查和水、沙量的还原计算，是解决受水利工程影响地区水、沙量平衡的有效办法。关于宁夏、内蒙古水文总站对黄河河套灌区的水、沙、盐平衡的问题；山东、河南、山西、甘肃等省对水库的水、沙量还原计算与水库站能否当作基本水文站使用的问题；以及山东省对工农业引用水量的调查方法；黄委会水文局对水文站定位观测补充调查方法等进行了实验、分析和研究。这些研究有的已取得如下的成果和共同认识：宁夏水文总站在进行水库水文站资料还原计算时认为，通过调查可进行年沙量和月、年径流量的还原计算；对洪水过程，因库容曲线变化频繁，还原后的成果误差很大。黄委会水文局对巴家嘴水库，用水力学不稳定流演算方法进行洪水过程的还原计算，得出与宁夏相同的结论。黄委会水文局根据水利工程的规模大小，控制面积以及影响水文站水、沙量的程度等因素，提出衡量水利工程影响程度的标准。

属于下列情况之一者，视为重要及有显著影响的水利设施：第一，年引水量达 0.1 亿立方米以上或占测站正常年径流量 3.0% 以上的单个固定引水工程；第二，实有库容在 0.1 亿立方米以上，或控制面积占测站集水面积 10% 以上，且仍有调蓄能力的单个水库；第三，影响测站年最大洪峰流量达 15% 以上的蓄水分洪工程；第四，所有的跨流域引水工程。

属下列情况之一者，视为有中等影响的水利设施：第一，年引水量达

0.05～0.1亿立方米,或占测站正常年径流量1％～3％的单个固定引水工程;第二,实有库容在0.05～0.1亿立方米,或控制面积占测站集水面积5％～10％,且仍有调蓄能力的单个水库;第三,影响测站年最大洪峰流量达10％～15％的蓄水分洪工程。

不属于以上情况者,均视为影响小的水利设施。

受水利工程影响的地区补充观测站布设原则:对重要的或具有显著影响的单个水利设施,要逐个查清工程基本情况,设置简易委托观测站,系统收集调水、调沙资料,为还原月、年径流量和年输沙量提供依据。对具有中等影响的单个水利设施,也要逐个查清工程基本情况,从中选择有代表性的工程设施,设置观测站系统收集调水调沙资料,借以推算其他中等影响水利设施的调水调沙数量。对于测站的年水沙量影响较小的单个水利设施,总影响达中等以上水利设施者,则尽量收集水利设施的总个数、总指标和每年拦水、拦沙量,用水、用沙量的典型实验资料,以推算其总的调水、调沙数量。对视为影响小的水利设施,可不设补充观测站,也不进行调查和还原计算。

第四章　站网建设与管理

水文站网是水文测验的战略部署。建国前黄河流域的水文站网有一定发展,但十分缓慢,甚至有时停顿,徘徊不前。

建国后,在 50 年代,国家处于经济建设发展时期,治黄工作迫切需要水文资料,全河基本水文站 1949 年 39 处,1955 年就增加到 173 处,1960 年又上升到 362 处。全流域站网平均密度 1960 年已达到 2079 平方公里每站。

60 年代初期,因国民经济困难,将一批新建巩固有困难的水文站撤销和停测。1963～1965 年随着国民经济的恢复和发展,黄河水文测站也开始恢复和发展。后又因"文化大革命"的影响,1967 年黄河流域的水文测站再次大量撤销或停测。

70 年代初,随着国家国民经济恢复和增长,水文测站又开始逐步恢复,特别是接受 1975 年 8 月淮河发生特大暴雨洪水,造成巨大损失的教训,水文测站按照水文站网调整和充实规划,又恢复和新建了一批小河水文站。

80 年代,在进一步巩固和提高老站的同时,为解决黄河上游地区进行能源基地建设的需要,水电部拨发专款有计划有步骤地在黄河上游干支流上增设一批水文测站。

建国后,在实践中通过不断总结,制订了有关业务管理制度和办法,促进了站网巩固和提高。80 年代站网改革促使水文站网向深度和广度发展,扩大水文服务范围,提高水文服务质量,更好地发挥水文站网效益。

第一节　站网建设

一、清代及以前

在清代及以前,黄河流域的水文观测站(点)一般是根据当地、当时的引水灌溉或防洪筑堤等需要而设立。如宋大观四年(1110 年)在今陕西省泾阳县王桥镇黑石湾村,为引泾河水而开凿的丰利渠,在渠首石崖上刻有观测洪水位和中水位的水则三组。清康熙二十三年(1684 年)黄河夺淮期间,在徐城(今江苏省徐州市)设立水志,观测水位,并向下游驰报水情(据考证徐城水志设于现徐州市废黄河南岸庆云桥侧牌楼附近。是为黄河下游各堤水闸启闭分洪、济运河提供依据)。

　　清康熙四十八年(1709 年)[①]在宁夏青铜峡碒口处石崖上(今青铜峡水库坝址左岸)[②]设水志,这是黄河干流上游进行固定位置和水位定量观测与记载的开始。据史料统计,自清康熙四十八年(1709 年)至宣统末年(1911 年)的 203 年间,在黄河的防洪要地多处设立水志桩(即水位站)进行汛期洪水位的观测,并传递水情。据黄委会设计院从北京故宫保存清代黄河河督部分奏折档案资料所整理的《黄河万锦滩、碒口,沁河木栾店和洛河巩县清代历史洪水水情》资料,清代黄河水志设立概况如表 2-7。

表 2-7　　　　　　　　清代黄河水志设立情况表

河 名	站 名	地 点	观测起止年份	搜集资料年数
黄 河	碒 口	宁夏青铜峡大山嘴 (今青铜峡大坝左端)	康熙四十八年~宣统三年 (1709~1911 年)	89
沁 河	木栾店	河南武陟小南门及 龙王庙处	乾隆元年~宣统二年 (1736~1910 年)	146
黄 河	老坝口	江苏清江浦 (今清江市)	乾隆二年~乾隆五十三年 (1737~1788 年)	27
黄 河	徐 州	江苏徐州城北石坝	乾隆十年~道光三十年 (1745~1850 年)	54
黄 河	万锦滩	河南陕县水文站基本 断面上游 800 米处	乾隆三十年~宣统三年 (1765~1911 年)	132
洛 河	巩 县	河南巩县	乾隆三十一年~咸丰五年 (1766~1855 年)	37
黄 河	顺黄坝	江 苏	嘉庆八年~道光二十八年 (1803~1848 年)	27

---

①　据清康基田著《河渠纪闻》卷 17 第 47 页
②　据宁夏回族自治区水文总站《青铜峡(碒口)清代洪水史料考证及分析》

另外,自清乾隆元年(1736年)以后,曾先后在黄河上游的兰州,下游的杨桥、黑岗口、开封、祥符十九堡、铜瓦厢、兰阳、曹县、毛城铺、车路口、宿迁、东明等险工或防洪重要地点设临时水位站,为当地防洪服务。河道总督常将上述各处的洪水位和防洪情况奏报朝廷。

二、民国时期

民国时期,随着西方文化的输入,水文测站的设立和观测开始引进近代科学技术。黄河流域用近代科学技术最早设立和观测的雨量站是山东省泰安雨量站,于民国元年(1912年)由督办运河工程局设立并观测。1916年在山西省太原和山东省的济南又设雨量站2处。随后设立雨量站的有:1917年在绥远省的二十四倾地(今内蒙古土默特右旗的乡名),1918年在陕西省高陵县设立的通远坊站,1920年6月在归绥(今呼和浩特市)设立的福音堂站。1920年后,各地又陆续设站观测雨量。

黄河流域最早用近代水文测验科学技术设立的水文站,是1915年由督办运河工程局,在黄河支流大汶河(山东境内)设立的南城子水文站。在黄河干流上设立最早的水文站是1919年3月间,由顺直水利委员会在山东省泺口设立的泺口水文站(1919年3月11日开始观测,站长章锡绶)和在河南省的陕县设陕县水文站(当时称陕州水文站1919年4月观测,创建者戈福海)。黄河干流上设立最早的水位站是1921年在山东省东阿县南桥村设立的南桥(又名姜沟)水位站。到1928年,国民政府华北水利委员会(由顺直水利委员会改组)在黄河干流河南省开封设柳园口水文站,1929年在陕西省的潼关设潼关水位站(1933年改为水文站),同年在河南省武陟县的姚旗营、兰考的东坝头、山东省鄄城的康屯和梁山的十里铺以及支流洛河河南省巩县等5处设立水文站。1931年,国民政府陕西省水利局在渭河咸阳设水文站,同时在渭河的阳平镇、交口镇和泾河的船头设水位站3处。同年,由山东省河务局在黄河干流设官庄、齐河、济阳、王枣家、大马家、王庄等6处设立水位站,定期观测水位。1932年1月陕西水利局在泾河泾阳县设张家山水文站(包括泾惠渠共两个断面)。到1933年9月国民政府黄委会成立时,全河只有巩县和交口镇、阳平镇3处水位站坚持观测,其余水位站全部停测。水文站仅有9处(如表2—8),雨量站87处。

表 2—8 国民政府黄委会成立前(1933 年 9 月)黄河流域水文站一览表

河　名	站　名	地　　址	设立日期	设立机关
黄　河	潼　关	陕西省潼关县	1929 年 2 月	华北水利委员会
黄　河	陕　县	河南省陕县	1919 年 4 月	顺直水利委员会
黄　河	泺　口	山东省济南市	1919 年 3 月	顺直水利委员会
泾　河	张家山	陕西省泾阳县	1932 年 1 月	陕西省水利局
泾惠渠	张家山	陕西省泾阳县	1932 年 6 月	陕西省水利局
渭　河	咸　阳	陕西省咸阳市	1931 年 6 月	陕西省水利局
北洛河	洑　头	陕西省澄城县	1933 年 5 月	陕西省水利局
北洛河	大王庙	陕西省大荔县	1933 年 6 月	泾洛工程局
大汶河	南城子	山东省东平县	1915 年 8 月	督办运河工程局

　　国民政府黄委会成立不久,于 1933 年 11 月在黄河干流武陟县秦厂村设秦厂水文站,同年,在沁河武陟县木栾店设木栾店水文站。1934 年根据李仪祉在《治理黄河工作纲要》和《黄河水文之研究》中水文站的布设计划,在黄河流域内新设了一批水文测站,黄河干流有兰州、包头、龙门、孟津、高村、陶城铺、利津等 7 处;支流上有汾河的河津,渭河的太寅,泾河和黑河的亭口(两个断面),泾惠渠退水闸张家山,洛河黑石关等 6 处;同年新设的水位站,干流上有英峪村、黑岗口、东坝头、南小堤;支流沁河的仲贤村等 5 处。1935年,全河的水文、水位站又有较大发展。新增水文站干流有吴忠堡(上游)、吴堡(中游)、赵口(下游);支流有三川河的柳林镇,无定河和大理河的绥德(两个断面),渭河的华县,泾河和汭河的泾川(两个断面),洛河的洛阳,伊河的龙门镇,大汶河和大清河的戴村坝(两个断面)和大清河的庞口等 14 处;新设水位站干流中游有壶口,下游有敞门口、石头庄、柳园、锺家庄、姜庄、于家寨、北店子、济阳(原为临时站)、清河镇、纪庄等;支流有渭河的渭南,沣河和潏河的秦渡镇、北洛河洑头(坝上和总干渠两个断面)等 16 处。1936 年仅在干流下游山东省鄄城县新设董庄水文站和渭河的斜峪关水文站 2 处,同年干流上游吴忠堡水文站被撤销。该年,陕西省因发展引水灌溉的需要,由陕西省水利局在渭河支流潏河和涝河设香积寺以及灞河的灞桥、浐河的浐桥、石川河的岔口和河南省在洛河的洛宁、杨村、伊河的嵩县等 8 处设水位站。1936 年底全河水文站为 37 处(其中渠道站 3 处)水位站 32 处,雨量站 187处,蒸发站 17 处。

1937 年,抗日战争爆发,使黄河中、下游水文测验受很大的影响。自1937 年下半年至 1938 年,龙门、潼关等水文站流量测验工作无法进行,只能坚持水位观测。包头、吴堡、孟津、秦厂、赵口、高村、董庄、陶城铺、泺口、利津等干流站和支流柳林镇、绥德(无定河和大理河两个断面)、河津、大王庙、泾川(泾河和汭河)、洛阳、嵩县、黑石关、木栾店、戴村坝(大清河和大汶河)、庞口等 24 处水文站因战乱和花园口大堤扒口后水流改道被迫撤销或长期停测,再加上暂时停测流量的龙门等站,合计 26 站,撤销和停测的站数占1936 年底全河 37 处水文站的近 3/4。受战争影响被迫撤销或停测的水位站有英峪村、敞门口、石头庄、柳园、鍾家庄、姜庄、于家寨、北店子、济阳、清河镇、刘春家、道旭、纪庄、仲贤村、洛宁、渭南等 16 站,撤销和停测站数占1936 年全河 32 处水位站的一半。

1938 年 6 月,南京国民政府为了阻止日本侵略军的进攻,派军队扒开花园口大堤,使黄河夺溜改道。7 月在花园口设水文站观测黄河夺溜后的水文情况。同年除在渭河支流黑河的黑峪口新设水文站外,全河水文测站仍在继续减少。如灞桥、浐桥等站相继停测。1939 年和 1940 年全河水文站为 26处(其中有渠道站 3 处)。

1939 年以后一方面大量停测或撤销水文站,另一方面水文站建设逐步由下游转向上游和支流,如 1939 年在干流上游设青铜峡水文站,在支流庄浪河设伏羌堡(永登),大通河、湟水设享堂(两个断面),渭河上游设置鸳鸯镇、车家川等 6 站;1941 年在支流无定河设赵石窑、潇河设榆次、耤河设天水、涝河设户县、石川河的岔口站由水位站改为水文站等;同年新建或由水文站改为水位站的有小南关、张堡村、杨村、大汶口、龙王台、济阳、洛宁、嵩县等 8 处。

1942 年,张含英任国民政府黄委会委员长,水文测站又得到进一步的恢复和发展。如干流上游由甘肃省水利林牧公司设上诠和北湾水文站,国民政府黄委会在宁夏石嘴山设石嘴山水文站;在支流上由陕西省水利局将沣河和滈河上的秦渡镇(两个断面)由水位站改为水文站,同年,由泾洛工程局在渭河支流千阳河设神泉嘴水文站。到 1942 年底全河水文站恢复和发展到39 处(其中渠道站 3 处),接近抗日战争爆发前夕的站数。在测站的分布上,干流上游和中游及支流测站分布较多,而干流下游较少。1943~1945 年间,继续在黄河上、中游地区发展测站。此期间在干流上新建的水文站有循化、靖远、壶口(由水位站改为水文站)等 3 处,在支流上新建或恢复的水文站有稷山、新绛、兰村、崆峒峡、泾川(两个断面)、南河川、涝峪口、岳家堡等 9 处;

新建的水位站有河嘴子、临夏、永靖、上车村、窑街、河口、靖远(祖厉河)、中宁等8处。另外,宁夏灌区在此期间在引水渠道上也增设了一批渠道水文站。到抗日战争取得全面胜利的1945年底,全河共有水文站47处(其中渠道站11处),水位站26处,雨量站71处,水面蒸发站17处。

1946年,蒋介石在国内发动全面内战,使刚刚恢复生机的水文测站再次受到战争的影响,水文观测时断时续,造成水文资料中断、缺测、漏测等严重现象。如包头水文站发生1945和1946两年资料停测后,1947和1948两年均只有9个月的实测资料,1949年再次停测。龙门水文站1947～1949年连续三年观测工作被迫全部停止(流量测验从1946年起连续4年停测)。潼关水文站因战争之故,流量测验从1938年起停测,到1949年7月恢复测验,连续11年无流量实测资料。花园口水文站,1947和1948两年的流量也发生停测。又如1947年新建的达家张、渡口堂、夹河滩等水文站,观测工作也很不正常,如夹河滩站只有水位和部分含沙量资料。达家张和渡口堂的资料也不全。

到1949年底,全河虽有水文站总数44处(其中渠道站5处),水位站48处,雨量站45处,蒸发站25处。但在39处基本水文站资料中水位、流量、含沙量三项资料齐全的站只有6处,占总站数的15.4%。全年缺测流量或含沙量的有13站,占总数的33.3%。资料残缺不全的占84.6%。详见表2—9。

表2—9　　　　　　1949年黄河流域水文站观测项目统计表

序号	河名	站名	观测时间(月)		
			水　位	流　量	含　沙　量
1	黄河	循化	1～3	1～3	1～3
2	黄河	上诠	1～12	1～12	规定不测
3	黄河	兰州	1～12	1～12	1～12
4	黄河	靖远	1～7、10、11	1～7、10、11	1～7、10、11
5	黄河	新墩	1～4、11、12	未整编	未整编
6	黄河	青铜峡	1～12	未测	1～3
7	黄河	石嘴山	1～12	1～4、11～12	未测
8	黄河	渡口堂	1～3	1～3	规定不测
9	黄河	潼关	1～3、7～12	7～12	2～3、7～12
10	黄河	陕县	1～3、6～12	1～3、6～12	6～12

续表 2—9

序号	河 名	站 名	观测时间（月）		
			水 位	流 量	含 沙 量
11	黄 河	花园口	1～12	1～12	1～12
12	黄 河	柳园口	7～11	1～2、未整编	1～2
13	黄 河	夹河滩	1～2、未整编	未测	未测
14	黄 河	高 村	5～11	未测	未测
15	黄 河	泺 口	1～12	1～12	1～12
16	黄 河	小高家	1～12	1～12	1～12
17	洮 河	龙王台	1～10、未整编	未测	1～10
18	洮 河	李家村	1～12	1～12	1～10
19	湟 水	享 堂	1～4、未整编	未测	1～7、未整编
20	大通河	享 堂	1～4	未测	1～8、未整编
21	渭 河	南河川	1～12	1～12	1～5、11～12
22	渭 河	太 寅	1～5、7～12	1～5、7～12	1～5、7～12
23	渭 河	魏家堡	11～12	未测	7～12
24	渭 河	咸 阳	1～12	1～5、7～12	1～2、7～12
25	渭 河	渭 南	1～10、未整编	未测	1、2、9、10、未整编
26	渭 河	华 县	1～4、7～12	未测	未测
27	千阳河	神泉嘴	1～3、5～6、8～12	未整编	9～10
28	石头河	斜峪关	未整编	未整编	未整编
29	黑 河	黑峪口	1～2、8～12	1～2、8～12	未测
30	涝 河	涝峪口	1～4、8～12	1～4、8～12	规定不测
31	沣 河	秦渡镇	1～12	1～12	未测
32	潏 河	秦渡镇	1～12	1～12	未测
33	荆峪河	高 桥	1～12	1～12	6～10
34	石川河	岔 口	未整编	未测	7～12
35	泾 河	泾 川	未整编	5～12	3～6、10
36	泾 河	亭 口	1～3、未整编	未测	未测
37	泾 河	张家山	1～12	1～12	1～12
38	汭 河	泾 川	1～6、8～12	1～6、10～12	3～6、10～12
39	北洛河	洑 头	1～12	1～12	1～12

三、建国后

(一)建国初期

黄委会和沿黄各省(区)以及燃料工业部兰州水力发电工程筹备处等单位,根据治黄和发展当地工农业生产的需要陆续恢复老站,加速发展新站。

1950～1955年,黄委会(包括河南省转交黄委会的水文站)先后在黄河干、支流全部恢复测验的水文站有包头、吴堡、龙门、孟津、秦厂、柳园口、夹河滩、利津、河津、黑石关、龙门镇等11处。在干流上新建的水文站有黄河沿、唐乃亥、贵德、西柳沟、金沟口、安宁渡、下河沿、三湖河口、河口镇、河曲、义门、沙窝铺、延水关、安昌、三门峡、宝山、八里胡同、小浪底、苏泗庄、孙口、艾山、杨房、前左、四号桩等24处;支流上新建和恢复的有周家村、靖远、郭家桥、都思兔河口、河口镇(大黑河)、放牛沟、黄甫、高石崖、温家川、高家川、林家坪、贺水、宋家嵋、义合镇、延川、大宁、甘谷驿、枣园、嵩县、故县、长水、宜阳、洛阳、白马寺、磁涧、谷水、润城、五龙口、小董、山路平、丘家峡、秦安、宋家坡(二个断面)、杨家坪、巴家嘴、毛家河、庆阳(二个断面)、雨落坪、政平、团山等42处。合计77处。

在上述建站中,黄委会的广大水文职工远离城市和家乡,到气候恶劣、交通和生活等条件十分困难的地方设立水文站,为治黄和发展黄河水文事业作出了贡献,有的甚至牺牲了自己宝贵的生命。如在建设黄河源头第一站——黄河沿水文站时,王昌顺等6名职工冒着生命危险克服种种难以想象的困难完成建站和测验任务。黄河沿站位于青藏高原,平均海拔高度为4215米,自然条件和气候都十分恶劣,多年日平均气温为-4.1℃,历年最低气温为-53.0℃,历年最高气温为22.9℃,最大风速为30米每秒(相当于11级大风),历年平均气压为608毫巴。在夏季人们还离不开棉衣和火炉。天气经常发生异常,早晨是大雪封门,上午就晴空万里,中午又出现乌云密布,闪电雷鸣,伴随而来的是冰雹和暴雨,到下午太阳落山时,寒风刺骨,接着便是白皑皑的雪花飘舞而来,春、夏、秋、冬在一日之内出现。当时黄河沿的交通十分困难,只有一条由西宁到玉树的简易公路经过黄河沿,而且只有每年的6～9月每隔15天才能有一趟班车。所谓班车就是在普通卡车上加一个帆布蓬,乘客只能面对面或背靠背的坐在行李上。因车次太少,购车票非常困难,在西宁等候两三个月买不到车票是常事。那时公路路面高低不平,遇到下雨雪、路面翻浆,汽车就不能行驶,乘客下车推车和因路滑而翻车是常有的事。在生活上黄河沿地区,只供应面粉和食盐,其他油、酱、醋等调料和咸菜以及燃料煤、油等统不供应,总站每年一次性地从西宁或兰州雇车运去。因常年无新鲜蔬菜,每天只好吃白水煮面条。由于气压低,水在85℃左右就烧开了,每天面条也煮不熟。黄河沿因地势高,气压低,空气稀薄缺氧,初到黄河沿的人常出现肚子胀、腹泻、气短、胸闷、头晕、头痛、身出红疹等一系列高山反应症。有的严重者脸憋得青紫,连话也说不出来,往往引起肺气肿,威胁着生命。那时黄河沿的治安十分恶劣,军阀马步芳的残兵隐藏在山坳里,经常出来扰乱。另外由于历史原因,藏、汉民间存在隔阂较深,截路抢东西时有发生,就在如此困难的条件下,兰州水文分站王昌顺(共产党员,站长)毫不畏惧,知难而进,带领5名职工于1955年6月6日由西宁出发,12日到达黄河沿,第二天就开始查勘设站,21日设站工作基本就绪并开始观测。除上级配备的各种测具仪器实物外,共支付设站经费1.2万元。

同期省(区)恢复和新建的水文站,青海有隆务河口、海晏(二个断面)、扎马隆(二个断面)、西宁、尕大滩7处;甘肃有双城、连城(恢复)、泉眼山、车家川4处;内蒙古有昭君坟、哈德门沟、阿塔山、五分子、公义明、塔尔湾、前口子、留宝窑子沟、东园、旗下营、美岱、三两、庙湾、大脑包、工部营15处;山西有静乐(二个断面)、下静游、寨上、兰村(恢复)、晋祠、清源、迎泽桥、西杜、左家堡(二个断面)、灵石、赵城、史村、曲立、上静游、芦家庄、盘陀、开栅、北铁沟、裴庄、吕庄22处;陕西有神木、赵石窑(恢复)、绥德、红石峡、雄山寺、子洲、道口(二个断面)、益门镇、漫湾村、龙岩寺、段家湾、太平峪、大峪、石砭峪、罗李村、马渡王、灞桥、耀县、樊家河、罗敷堡、亭口(二个断面)、交口河24处;河南有灵宝、五爷庙2处;山东有王旺庄、大汶口、杨郭3处;淮河水利委员会在大汶河上设有戴村坝(恢复)、北望、临汶、东浊头等5处(后移交山东省);还有水电建设总局兰州勘测设计院和北京勘测设计院等单位设有乌金峡、沟门村、柳青3处。1950～1955年全河恢复和新建水文站162处(包括设立不久后撤销,不包括渠道站)。同期甘肃、内蒙古等省(区)还增设了渠道站31处。

到1955年底,全河共有基本水文站173处;渠道站35处;水位站130处;雨量站623处;蒸发站178处。分别为1949年水文站的4.4倍,渠道站的7.0倍,水位站的2.7倍,雨量站的13.8倍,蒸发站的7.1倍。

从1955年底基本水文站类别来看,控制站103处占59.5%,区域代表站58处占33.5%,小河站12处占7.0%。自黄河沿等一批水文站建立后,改变了民国时期在循化以上河源地区水文站空白的状况,同时沿黄各省

(区)在支流上建立一大批水文站后,使水文站网较好地控制了黄河干支流水沙量变化,为黄河下游防洪和水文情报、预报以及流域治理和开发提供了可靠的资料。内蒙古的昭君坟和黄委会设的金沟口等专用水文站,为包钢和白银有色金属公司等单位提供工业用水服务。

1954年,经河南省和黄委会协商,河南省将嵩县、龙门镇、长水、宜阳、洛阳、五龙口、山路平7处水文站和潭头、卢氏、新安3处水位站移交黄委会领导。

(二)1956年规划实施

1956年,黄委会和各省(区)水文部门的站网规划虽尚未编制完成,因生产和治黄的需要,按规划要求,提前部署新建水文站68处(其中黄委会32处,青海2处,甘肃16处,内蒙古4处,山西5处,陕西5处,河南3处,山东1处),黄委会增设水位站11处,雨量站78处,蒸发站33处。1957年,黄委会按站网规划对老站进行调整,如将兰州、沙窝铺、延水关、潼关、秦厂、杨房、前左等水文站改为水位站;花园口站由水位站恢复为水文站;同时撤销河曲站等。同年省(区)新建水文站:青海有同仁、大峡(由水位站改为水文站)、揽隆口、桥头、西纳川、百户寺;内蒙古有二哈公;山西有宁化堡、王公、崖底、石沙庄、湾里、南山底、常旗营;陕西有招安、头道河、口镇、翟家坡、道佐埠等站。1957年底全河基本水文站已发展到246处,其中黄委会117处、青海15处、甘肃22处、内蒙古19处、山西28处、陕西35处、河南5处、山东2处,部属单位3处,另有渠道站49处,水位站131处,雨量站721处,蒸发站183处。

按1956年黄委会和省(区)共同协商的《黄河流域水文站网规划与实施分工表》意见,1957年6月,黄委会将洮河的龙王台(现岷县)水位站1处,庄浪河的周家村、祖厉河的祖厉河口(现称靖远),苦水河的苦水河口(现称郭家桥),都思兔河口(现称苦水沟)水文站4处和水位站1处移交甘肃省领导;同年,甘肃省将渭河丘家峡水文站移交黄委会领导。1957~1959年,黄委会将乌加河的西山嘴、清水河的杨湾子、红河的放牛沟水文站移交内蒙古自治区领导。1956年淮河水利委员会将大汶河流域的临汶、戴村坝、北望、南城子、杨郭、东浊头6个水文站,蒙阴寨、羊流店、道郎、屯头、大羊集、肥城、范家镇、雪野、下港、夏张、祖阳、王大夏12个雨量站移交黄委会领导。1958年,黄委会又将大汶河流域上述各站移交山东省水利厅领导。

1958年,是全河大搞水利、水电、农田基本建设和水土保持的一年,大干的形势促使水文站网迅速发展,同时又是黄河流域基本水文站网规划获得水利部正式批准后的第一年。1958年全河增加基本水文站68处（黄委会26处，青海12处，甘肃3处，宁夏4处，内蒙古1处，山西6处，陕西6处，山东9处，部属单位1处），到1958年底全河基本水文站数达到314处，另有渠道站48处。水位站113处，雨量站752处，蒸发站154处。1959～1960年，除水位站有减少外，水文站和雨量站又有新的发展。

黄河流域1956年基本水文站网规划，经黄委会和各省（区）水利部门的共同努力，于1960年基本完成。如黄委会，经水利部批准拟建基本流量站（现称基本水文站）66处，实际建站68处，超额完成规划任务。陕西省批准新建流量站48处，水位站7处，到1959年已新建流量站44处，水位站7处。山西省到1958年已建基本流量站32处，水位站4处，雨量站201处，蒸发站32处，汾河流域径流实验站3处。内蒙古自治区到1965年除雨量站完成规划数（146处）的51%外，其他站均如数完成了规划任务。

到1960年，全河共有基本水文站362处，其中测站集水面积大于5000平方公里以上的控制站有104处，面积在5000～200平方公里之间的区域代表站有190处，面积小于200平方公里的小河站68处，另外掌握渠道引水量的渠道站72处。全河基本水文站布设平均密度为2079平方公里每站。根据1959年10月水电部水文局编写的《全国水文基本站网规划报告》提供的材料，世界有关国家的水文站密度以平方公里每站计，苏联为2180、美国为1800、英国为400（包括气象站）、匈牙利为300、芬兰为800、奥地利为400、德国为800、日本为90、越南为600。黄河流域的水文基本站网平均密度比苏联还稍大，比美国稍小些。但和其他上述国家相比，站网密度相差更多。

从黄河上、中、下游各河段和主要支流水系的水文站网密度看，黄河托克托以上河段的站网密度小于全河站网平均密度，特别是在青海巴沟入黄口以上地区，站网密度最小为13375平方公里每站，其次是黑山峡至托克托间为3297平方公里每站，北洛河的站网密度为2515平方公里每站也小于全河平均站网密度。其他各河段均大于全河平均站网密度，其中站网密度较大的有三门峡、黑石关、武陟至花园口区间，洛河和大汶河三处，接近芬兰和德国等国。黄河流域1960年基本水文站分布情况如表2—10。

表 2—10　　　　黄河流域 1960 年基本水文站分布情况表

区段水系名称	控制流域面积（平方公里）	水文站数（个）	每站控制面积（平方公里每站）	各　类　水　文　站			
				控制站数（处）	区域代表站数（处）	小河站数（处）	合计（处）
巴沟入黄口以上	107000	8	13375	4	4	0	8
巴沟入黄口至黑山峡	143779	64	2247	24	29	11	64
黑山峡至托克托	135187	41	3297	12	22	7	41
托克托至龙门	111591	67	1666	11	44	12	67
龙、华、河、湅至三门峡	20484	20	1024	3	13	4	20
三、黑、武至花园口	10158	11	923	4	5	2	11
花园口至河口	14143	8	1768	8	0	0	8
汾　　　河	38728	26	1490	7	13	6	26
渭　　　河	61077	45	1357	9	22	14	45
泾　　　河	45421	23	1975	6	14	3	23
北　洛　河	25154	10	2515	5	4	1	10
洛　　　河	18563	20	928	6	8	6	20
沁　　　河	12894	10	1289	3	5	2	10
大　汶　河	8264	9	918	2	7	0	9
合　　　计	752443	362	2079	104	190	68	362
占测站总数（%）				28.7	52.5	18.8	100

注　1.龙、华、河、湅为龙门、华县、河津、湅头的简称；三、黑、武为三门峡、黑石关、武陟的简称

　　2.巴沟入黄口至黑山峡的站数不包括黑山峡，托克托至龙门不包括托克托；龙、华、河、湅不包括龙门、华县、河津、湅头；花园口至河口包括花园口，不包括大汶河；汾河为河津以上；渭河不包括华县；泾河为泾河口以上；北洛河包括湅头以上；洛河包括黑石关以上；沁河包括武陟以上；大汶河包括戴村坝以上

（三）60 年代两次低谷

　　1961 年，由于正处于三年的严重自然灾害期间，黄委会根据水电部水文局《关于充实调整水利化地区水文站网的意见》而部署的 1961 年站网调整充实计划，因经费紧缺没有得到认真的实施。另外在 1958 年前后因受"左"的思潮影响，在站网建设中，曾不顾人力和财力的不足，采取抽调老站人员和设备去设立新站的办法，结果使本来人员和设备不充足的老站，也造成工作困难，部分新站因人员和设备的不足，也难于巩固，使水文站网建设处于困难境地。为了渡过难关，流域和省（区）水文部门在国家统一部署下，采取精简机构，压缩编制，下放人员等措施，以达到紧缩经费开支。黄委会 1961 年水文经费由 1960 年的 366.25 万元减为 181.94 万元。因水文经费大量减少，难以维持现状，1961～1963 年只好大量裁撤水文基本站。1961 年

全河撤销的水文站(不含迁移站)有:孔家梁、岗子沟、吕庄、董茹、下卢村、峪口、常旗营、北刘村、樊家河、海流图、二哈公、小滩子、巴兔湾、崖底、刘村庄、虢镇、高堰、程故事、耀城、三关口、耿湾21处。1962年是全河裁撤水文站最多的一年,据《水文年鉴》统计,撤销的有喜德、甘德、加让、多坝、下巴沟、上新庄、天堂寺、大海旦、老虎沟、马家河湾、长山头水库、金鸡儿沟、石拐、呼斯太、杨湾子、朱概塔、石楼、子洲、新窑台、贾家坪、城峁、呼家窑子、静乐、郝家庄、米家庄、宫桑园、张郭店、朱付村、东浊头、庙张、王必、果子坪、西交斜、故县、永和、瓦加、招安、圣人涧、刘村、红崖、王家沟、静宁、头道河、香炉河、张村驿、白洋泉、下河村、周家村、卢氏、袁家老庄、雷家河、道佐埠、南城里、志丹54处。1963年又撤销的水文站有曲格寺、大河坝、拉干、上兰角、文都、九塘湖、吴家磨、满寺堡、二百户、杀虎口、沙窑则、乡宁、折家河、孙村、冶里关、贾家巷、黑林、桥头、大各丑门、宁化堡、白荻沟、益门镇、石嘴子、石砭峪、洪水村、南桥、西河村、泾川(泾河)、三岔、潭头、涝泉、姚庄、芒拉、长兴、三关口、贤庄、南关、董家坪、皋落39处。1961～1963年共撤销水文站114处,1963年底全河基本水文站减少到280处,这是建国后出现的第一个站网低谷。在这一批被撤销的水文站中,有些是黄河上游代表性较好的区域代表站,有的是黄河中游地区搜集暴雨洪水资料的小河站。这样大量撤站,有关单位曾提出异议。同样,雨量站和蒸发站在这几年内也大量裁减。到1963年底全河有雨量站852处,蒸发站146处。

1962年7月14日,水电部发出《关于国家水文基本站调整的意见》指出:"绝不能为了减人而盲目撤销国家水文基本站网。"至此,从1964年起,各地盲目撤销水文站的现象才得到基本制止,同年全河撤销水文站11处。

1964～1966年,根据站网分析和调整的部署,撤销的水文站陆续进行恢复,其间新建和恢复的水文站有孙村、汾河二坝、益门镇、下河沿、马家河湾、招安、张村驿、贤庄、常旗营、下河村、碛门、董家庄、折家河、董家坪、张家沟、高家湾、仁大等50处(其中黄委会13处,省区37处)。到1966年底全河共有基本水文站315处,逐步恢复到1960年第一次站网规划实施的站数。此时的水位站有65处,雨量站1247处,蒸发站154处。

1965年,黄委会将山西境内的偏关、岢岚、圪洞、陈家湾及飞岭、油房6站移交山西省领导。同年,甘肃省将蒲河巴家嘴水库泥沙实验站(现称巴家嘴水库实验站)姚新庄、兰西坡2个进库水文站移交黄委会领导;山东省将金堤河的高堤口、樱桃园、古城3站移交河南省领导。同年,因青铜峡水库测验需要,黄委会将下河沿(包括美利渠断面)移交水电部青铜峡水利工程局领导,随将下河沿水位站改为青铜峡水库进库水文站;同时青铜峡水利工程局将坝下唐徕渠断面移交黄委会领导。1966年,黄委会所属的包头水文站断面因受扬水站和运输船只停靠的影响,使断面失去代表性,确定撤销包头站。同时,该站任务由内蒙古所设专为包钢供水服务的昭君坟水文站承担,随即内蒙古将昭君坟站移交黄委会领导。

1967年在"文化大革命"中,部分测站职工在"停测三年,天塌不下来"和"集中总站闹革命"等错误口号影响下,使刚刚恢复生机的水文基本站网建设再次受到挫折。不仅使1963～1965年制定的水文站网调整计划不能得到全部实施,而且使部分新、老测站和刚恢复的水文站再度被撤销或停止观测。据1967～1969年三年统计,全河共撤销或停止观测的水文站有57处(不包括渠道站),其中1967年10处,1968年36处,1969年11处。分别隶属黄委会23处、甘肃1处、宁夏13处、内蒙古2处、山西7处、陕西7处、山东3处,西北勘测设计院1处。同期撤销的水位站有龙羊峡、延水关、沙窝铺、秦厂、牛心等站。黄河干流八里胡同和支流仓头站由水文站改为水位站,夹河滩水文站由常年站改为汛期观测站。在上述被撤销的水文站中,如黄河沿站是黄河河源地区的重要控制站,渭河的魏家堡站已有30多年的资料,也被中断。还有些是为研究和掌握晋、陕区间和三门峡至花园口区间径流、泥沙形成规律和为水文计算与水文情报、预报提供资料的区域代表站和小河站。1970年,全河共有基本水文站275处,水位站64处,雨量站1229处,蒸发站66处,是建国以来站网出现的第二个低谷。和"文化大革命"前夕的1966年相比水文站减少40处,水位站减少1处,雨量站减少18处,蒸发站减少88处。

1969年因青铜峡水利枢纽工程竣工,青铜峡水利工程局将青铜峡库区测验队和下河沿水文站移交黄委会领导。1970年水电部西北勘测设计院撤销,该院将小川、上诠2个水文站和乌金峡水位站以及盐锅峡水库测验组全部移交黄委会领导。

(四)70～80年代站网恢复发展

进入70年代,在黄河干流因天桥水电站水沙量测验的需要,1971年新设府谷水文站,1972年,渡口堂站上迁至三盛公拦河闸下改名为巴彦高勒水文站,1976年新建河曲、旧县、清水3个天桥水库进库水文站。70年代初期,在恢复"文化大革命"中盲目撤销或停测水文站的同时,各省(区)又重点的新建了一批区域代表站和小河站。1971～1975年间新建的基本水文站甘肃有银川、尧甸、平凉、窑蜂头、安口、华亭、百里;宁夏有贺堡、韦州、苏峪口、大武口、夏寨、隆德、彭阳、清水沟;内蒙古有古城、古人湾;山西有张峰、泗交、堡园、店头;陕西有魏家堡(恢复)、灵口、风阁岭、张河、朱园、鹦鸽、好畤河、枣园、柳村镇、苏家店、柴家嘴;河南有聂店、窄口水库;山东有雪野水库、黄前水库共计36处。此期间还进行部分站调减。

  1975年8月5~8日,淮河流域发生特大暴雨洪水,造成人民生命和财产的严重损失。从暴露的问题来看,水文站网不足和测报设备与手段落后是比较突出的问题。为此由水电部召开的全国防汛和水库安全会议上提出对现有水文站网的布局进行充实和调整,对水文测报工作除了加强领导外,还要充实人力和设备,增加经费,改善测报条件,使水文站网建设恢复和发展到建国以来的最好水平。黄委会根据上述精神,将1976年水文经费增加到499.99万元,主要用于站网调整和更新与充实设备。到1975年底全河基本水文站恢复到303处,渠道站131处,水文站网数已接近1966年"文化大革命"前的水平。1976年元月1日,停测达8年之久的黄河源头第一站,黄河沿水文站全面恢复水文观测。

  1976年国家处于国民经济建设全面恢复和发展时期。为了适应黄河开发和治理的需要,解决流域内区域代表站和小河站稀少,雨量站和水文站不配套等问题,按1977~1979年站网调整与充实规划,流域和省(区)又增设一批区域代表站和小河水文站。在此期间,黄委会新增的区域代表站有王家川站1处;小河站有凤山、董家河、田沟门、脱家沟、拐峁、贾家沟、水磨沟、林家塌、郑崖、张家塌、陈刘家山、尹庄、涧西、西关、东河15处。为了弥补黄河河源地区水文测站的不足,为掌握玛曲和唐乃亥区间的水量,为龙羊峡、刘家峡大型水库调度运用提供服务,黄委会于1979年在黄河干流玛曲~唐乃亥区间新设军功水文站,在支流热曲、沙柯曲、白河上分别新建黄河乡、久治、唐克等水文站。同期,青海新建大米滩、上村、周屯、化隆(两个断面)、清水、董家庄(恢复)、西纳川、黑林(恢复)水文站9处;甘肃新建折桥、碌曲、王家湾、药水峡水库、阳坡、榆中、何家坡7处;宁夏新建小泉、大坪沟、郭岔、泾河源、申滩、长滩沟、团结沟、胜利沟8处;内蒙古设石拐(恢复)、三两(恢复)、卓资山、西二道河、红山口、坝口子、纳令圪堵、太平窑(恢复)、档阳桥、长滩10处;山西设开张、冷口、大庙、风伯峪、涝河水库5处;陕西设千阳、贺家岭2处;河南设朱阳1处;山东设崮山1处,综合以上共计新增水文站66处。同时调减10余处。到1979年底,全河共计有基本水文站347处,其中控制站103处,占29.7%;区域代表站153处,占44.1%;小河站91处,占26.2%。使站网上存在的区域代表站和小河站稀少的问题,获得一定程度的解决,站网分布也日趋合理。

1978年以后,由于流域内地方工农业生产飞速发展和各地急需水文资料,1956年确定的流域和省(区)的站网建设分工意见,已不符合客观发展的需要,甘肃、陕西、宁夏等省(区)水利部门,打破1956年站网建设的分工界限,纷纷在泾河流域、陕北地区(属黄委会设站的区域内)设立水文站,形成了站网管理的交叉局面。

到80年代,水文站网稳步发展。1980年四川省在支流黑河上设若尔盖水文站1处,1984年黄委会又在黑河下游设大水水文站1处。1986年黄委会在黄河干流河源地区,恢复鄂陵湖水文站(该站于1960年设立,当时称扎陵湖水文站),同时在鄂陵湖区,又新建鄂陵湖水位站1处。1987年在吉迈、玛曲之间设门堂水文站。80年代各省(区)新建的水文站:青海有朝阳、南川河口、清水(磨沟)和黑村(磨沟)4处;甘肃有乩藏、冶力关、康乐、康禾、马槽、石滑岔、定西、兔里坪、蔡家庙、宁县、王家川、罗川12处;宁夏有鸣沙洲(恢复)、红井子2处;内蒙古有海流图、二牛湾(两个断面)、广生隆、大余太水库、图格日格、红塔沟、瓦窑、二十家、阿腾席热、石圪台11处;山西有圪洞沟、乡宁(恢复)、汾河三坝、大交、孙家涧5处;陕西有安塞、杏河、埝里、吴旗4处;山东有下港、楼德、瑞谷庄3处。到1987年底全河有基本水文站361处(接近1960年底全河第一次站网规划的实施数362处),其中黄委会134处,占37.1%;青海27处,占7.5%;四川1处,占0.3%;甘肃46处,占12.7%;宁夏18处,占5.0%;内蒙古35处,占9.7%;山西42处,占11.6%;陕西43处,占11.9%;河南6处,占1.7%;山东9处,占2.5%。全河另有渠道站134处,引黄涵闸85处。雨量站2482处。蒸发站164处。

按世界气象组织WMO规定温带、内陆和热带山区的水文站最小站网标准范围为300~1000平方公里每站,根据黄河流域的气候和地貌概况属此类型,但黄河流域1987年的水文站平均密度为2084平方公里每站(如表2—11)远低于世界气象组织规定的最小站网标准范围。1987年和1960年前后相差达27年,其两次全河水文站平均密度分别为2079和2084平方公里每站,从数量上看基本一致。但从站网的分布和站网的组成来看,80年代由于在干流上游新增鄂陵湖、门堂、军功和在支流上新增若尔盖、大水、黄河乡、久治、唐克等站后,使河源地区站网稀少得到一定的改善,如巴沟入黄口以上地区平均站网密度由13375增加到10700平方公里每站。在全河站网的组成上,60年代小河站占18.8%,而80年代上升为26.6%。另外雨量站和水文站的配套方面经过70年代调整和雨量站增设也有很大改善,1987

年全河雨量站平均密度为 303 平方公里每站。80 年代末全河水文站网除了黄委会撤销小河站 14 处外,到 90 年代初基本变化不大。

表 2—11　　　黄河流域 1987 年基本水文站分布情况表

区段水系名称	控制流域面积(平方公里)	水文站数(个)	每站控制面积(平方公里每站)	各　类　水　文　站			
				控制站数(处)	区域代表站数(处)	小河站数(处)	合计(处)
巴沟入黄口以上	107000	10	10700	8	2	0	10
巴沟入黄口至黑山峡	143779	66	2178	24	27	15	66
黑山峡至托克托	135187	48	2816	11	23	14	48
托克托至龙门	111591	63	1771	9	36	18	63
龙、华、河、涑至三门峡	20484	10	2048	3	4	3	10
三、黑、武至花园口	10158	11	923	2	8	1	11
花园口至河口	14143	7	2020	7	0	0	7
汾　　　河	38728	24	1614	9	9	6	24
渭　　　河	61077	40	1527	11	14	15	40
泾　　　河	45421	39	1165	8	20	11	39
北　洛　河	25154	8	3144	4	4	0	8
洛　　　河	18563	18	1031	5	5	8	18
沁　　　河	12894	7	1842	3	3	1	7
大　汶　河	8264	10	826	2	4	4	10
合　　　计	752443	361	2084	106	159	96	361
占测站总数(%)				29.4	44.0	26.6	100

第二节　站网管理

　　建国前,全流域水文站网管理没有一个统一的完整的测站管理办法和制度。各测站直属流域和各省水利局或水文总站领导,并各自根据需要进行布设、裁撤测站和制订观测项目、测验方法等。如 1930 年山东河务局自行编制了《山东河务局水文站观测办法》,到 1945 年国民政府黄委会水文总站才颁发了《水文测验施测方法》,供黄委会系统水文测站使用,以统一水文测验方法和技术标准。

　　建国初期,随着水文测站的日益增多和水文测站单位小、人员少、测站分散、交通不便、远离领导等特点,按测站的重要性,将水文站分为一、二、三等站。如 1950 年确定陕县为一等水文站,青铜峡、龙门、潼关、花园口、泺口等为二等水文站,循化、兰州、新墩、石嘴山、三盛公(渡口堂)、乌加河口、镫口(包头)、吴堡、高村、姜沟、利津、享堂、河津、太寅、咸阳、华县、杨村、小董等为三等站。并确定一、二等水文站领导三等水文站和水位站、雨量站的业务工作。1952 年 8 月黄委会又将兰州、镫口、吴堡、潼关、柳园口、泺口等扩建为一等站,并实行分区领导其他水文测站。1953 年,水利部在印发《加强水文管理工作的指示》中指出:"在行政上分层分区管理,在政治思想上交地区领导"的原则。黄委会随即将 6 个一等水文站改建为水文分站,变为专门管理水文测站业务的一级机构,政治思想和党团组织及人事等分别由就近的山东、河南、平原黄河河务局和西北黄河工程局领导。1956 年 2 月,在水利部召开的全国水文工作会议上,对水文站管理进一步明确提出:第一在行政业务上必须集中统一管理,地方监督业务,以解决测站分布的分散性和业务统一性的矛盾;第二在政治思想上必须实行双重领导(上级机关和地方),以解决测站分散与距领导机关远的矛盾。1956 年黄委会将水文分站扩建为水文总站,黄委会成立水文处。同期省(区)在水利厅(局)内成立水文总站,领导本省(区)各水文测站。

业务技术管理方面,在建国初期,流域和省(区)根据各自的情况制订有关的技术规定和办法,如 1950 年黄委会制定了《水文测验报表填制说明》和《1950 年水文测验工作改进初步意见》,统一了测验方法和技术要求。1951 年对 1950 年测验工作初步意见又作了补充和修改,印发了《1951 年黄河水文测验工作改进意见》。1953 年黄委会又印发了《1953 年水文测验工作的要求和规定》和《关于水文报表审核工作的几项说明》。1955 年 1 月黄委会颁发《水文测站工作手册》对黄河水文测验的任务、方法、技术标准等作了较为系统和全面的规定,进一步统一了技术要求。1956 年 8 月水利部颁发了全国第一部《水文测站暂行规范》,从此,黄河流域各水文测站全部统一了测验技术标准。同年,黄委会针对黄河水文特性又补充编写了《水文测验工作说明》。为了贯彻《水文测站暂行规范》,黄委会编写了贯规的《100 个为什么》供测站学习。水电部在对《水文测站暂行规范》进行全面修改后于 1960～1965 年分期分卷颁发《水文测验暂行规范》,1975 年水电部在广泛征集意见的基础上,再次修改、补充颁发《水文测验试行规范》。

从 1956 年开始,黄委会系统在业务管理上实行检查员制度,按总站分片配备检查员 1～2 人,检查员的任务:一是检查测站贯彻执行上级指示、技术规定的情况;二是检查测验任务完成情况和存在问题;三是指导和协助测站改进测验中存在的问题;四是上情下达、下情上报,测站上各方面的情况及时向总站报告。到60年代,各水文总站分片建立水文中心站后,质量检查员的任务由水文中心站代替。

水文管理工作的核心是制定有关制度、条例、办法或措施,用来提高水文测站的测(验)、报(水文情报)、整(资料整编)质量。1964年在学习中国人民解放军"大比武"的经验中,黄委会水文处张林枫提出在水文测站广泛开展以提高水文测、报、整质量为中心的技术练功和操作比武竞赛,选拔有关测深、流量计算、打算盘等项技术能手或优胜者进行全河竞赛,推动广大测站职工勤学苦练业务技术本领,提高职工业务技术素质和测、报、整质量。

1978年,为了进一步肃清"文化大革命"在水文工作中的影响,黄委会水文处明确提出:要求水文测、报、整质量恢复到历史最好水平。为此,在80年代业务管理上采取了一系列措施,制定办法或条例。如在每年冬季举行水文资料集中整编时,进行水文测站测、报、整质量评比,对质量优秀的测站予以荣誉和物质奖励。结合对水文测工的技术考核,制订水文测工应知、应会技术标准。1982年黄委会水文局第一次制定统一的《水文资料质量评定办法》。1983年4月,印发《关于进一步开展学习规范和大练基本功的意见》,对"学规练功"的内容、方式和练功的标准,以及练功竞赛评比的办法等都作了规定,以此推动广大测站职工为提高水文测报整质量,努力学习水文业务知识,刻苦锻炼基本功。同年,黄委会水文局根据测站历年做好汛前准备工作的经验,印发了《关于水文测站汛前准备工作的要求》,明确提出做好汛前准备的四个方面:即抓好"思想准备、物资准备、技术准备、组织准备"。以后又制定了《测站汛前准备工作质量检查标准及检查评分办法》,使汛前准备工作制度化、规范化,有力地促进了水文测报整质量的提高。为了把提高水文测报整工作落到实处,1984年黄委会水文局在所属水文总站恢复了质量检查员制度,并制定了《质量检查员工作条例》和《质量检查员工作条例实施细则》。

第三节　站网改革

黄河河源地区(巴沟入黄口以上)海拔高度一般都在3000米以上,高寒缺氧,气候恶劣,人烟稀少,封山时间长,交通和生活条件都十分困难,致使河源地区水文测站稀少,不能满足该地区水资源开发利用的需要。在黄河中游地区虽有一定数量的水文测站,但该地区暴雨多,强度大,特别是对局部暴雨控制不住,往往发生洪水已出现,暴雨降在何处还不十分清楚。另据中游地区 46 个区域代表站的调查,测站断面以上已建水库其控制面积大于测站集水面积 15%以上的站占 41.3%,其中河曲~龙门区间水库控制面积占测站集水面积 50%~80%的站有 15 处,占该河段区域代表站的 58%。在这些地区存在着严重的水量和沙量计算不清的问题。对上述存在的问题如仍采用固守断面的测验方式上述存在问题很难解决。

1978 年水电部水文局提出对现行水文测站管理体制进行改革,实行"水文勘测站队结合"的方法,以解决水文工作中存在的问题。同年,为解决黄河河源地区水文资料不足的问题,黄委会确定在河源地区试行水文巡测。该年汛期黄委会兰州水文总站由黄彦英等 5 人(包括汽车司机一人)组成水文巡测队,携带仪器和工具赴河源地区进行巡测。这次巡测从兰州出发经西宁~果洛~若尔盖~玛曲后返回兰州,历时 77 天,行程 4600 多公里。巡测河流 12 条,每条河流测流 1~2 次。设委托水位站 4 处。1979 年,继续在河源地区进行巡测。在总结两年巡测经验的基础上,确定以军功和久治两站为基地,实行分片以点带面的巡测,并扩大巡测范围。

1983 年 5 月,黄委会水文局派朱信等 3 人前往湖南省实地考察和学习"水文勘测站队结合"经验。同年,黄委会水文局拟定了实行"水文勘测站队结合"规划设想。

1984 年黄委会批准成立黄河水利委员会西峰水文勘测队和榆次水文勘测队(后改名为水文水资源勘测队)。

1985 年 8 月,水电部颁发《水文勘测站队结合试行办法》,并指出"水文勘测站队结合是对水文基层测站的管理体制和测验方式的改革。它是在现有水文站网的基础上,做适当的分片组合,把原来主要分散到站上搞定位测报的方法,改变为统一调度使用人力,以专业队伍与委托勘测相结合;定位观测与巡测、调查相结合;以及水文勘测与资料分析、科研、培训相结合的原则来完成某个区域或流域的水文勘测及科研服务任务。目的是提高工效、发展站网、促进应用新技术、扩大资料收集范围,以及加强管理与改善基层职工的工作和生活条件,促进水文勘测工作向广度和深度发展。总的目标是:充分发挥人力物力的作用,以较少的人力办更多的事,提高工作效率和经济效益,以适应四个现代化建设对水文工作的更高要求"。"站队结合"是解决黄河水文站网存在问题的一个较好的办法。1986 年黄委会水文局对黄委会水文系统实行"站队结合"的必要性和可行性进行了全面的分析和论证,并编写出了《水文水资源勘测站队结合规划报告》,规划确定建立西宁、府谷、榆林、延安、榆次、天水、西峰、洛阳等8个水文水资源勘测队,包括90个水文站,占黄委会所管基本水文站总数127站的74.4%。同年,确定在西峰水文水资源勘测队按"站队结合"的要求进行试点,通过试点摸索了"站队结合"的经验。1987年11月19～23日,黄委会水文局在甘肃省西峰市召开了首次全河水文水资源勘测站队结合工作会议,肯定了西峰水文水资源勘测队通过试点取得的成果和经验。会议认为:通过简化测验方法和改变测验方式等手段,腾出时间和人力,开展泾河和马莲河流域的水利工程设施的普查,泾河灌区渠道引水工程的勘查,并在45个渠道断面和45处地下水观测井上观测水位和进行流量巡测。并初步查清了泾河区灌溉耗水量占泾川站天然年径流的43.5%,通过调查和巡测扩大资料的搜集范围,充分发挥了人力物力的作用,使水文更好的为社会服务。

1988～1990年,延安、西宁、天水、府谷、榆林等水文水资源勘测队按规划要求相继建立。1991年6月洛阳水文水资源勘测队在洛阳市白马寺镇正式成立,黄委会系统"站队结合"第一期工程规划基本实现。详见表2—12.8个水文水资源勘测队已建房21203平方米,占1986年规划数27900平方米的76.0%。建站队结合总投资902.97万元,其中房建费804.91万元。配汽车10辆,摩托车9辆。

表2—12 黄委会水文水资源勘测队基本情况一览表

水文水资源勘测队名称	成立日期		队部所在地	在职职工(人)			离退休职工(人)	辖区测站(处)					
	年	月		总数	技干	工人		基本水文站	水位站	雨量站	辅助站	巡测断面	水质监测
西 宁	1989	3	青海西宁	84	38	46	15	15		6		2	4
府 谷	1990	4	陕西府谷	56	22	34		9	1	54			1
榆 次	1984	1	山西榆次郭村	37	20	17		7		42			2
榆 林	1990	11	陕西榆林	60	36	24	2	13		109			
延 安	1988	1	陕西延安马家湾	40	23	17	10	8		50			3
天 水	1989	11	甘肃天水	44	18	26	11	6		70			0
西 峰	1984	6	甘肃西峰西郊	85	31	54	33	15	1	133	26		0
洛 阳	1991	6	河南洛阳白马寺	134	44	90	25	17	2	169			7
合 计				540	232	308	102	90	4	633	26	2	17

　　沿河各省(区)已开展站队结合建立水文水资源勘测队的有:青海西宁和上游区 2 个队;甘肃定西、庆阳、临洮 3 个队;宁夏银北、固原 2 个队;陕西宝鸡、延安、西安 3 个队;内蒙古伊盟、包头、呼和浩特、集宁和巴盟 5 个队。

　　实行站队结合已取得初步效益:一是据黄委会所属的西宁、府谷、榆次、榆林、延安、天水、西峰、洛阳 8 个水文水资源勘测队的统计,在实施站队结合前,90 个基本水文站的在站职工人数为 561 人,实施站队结合后,在站职工人数减为 355,减少职工 206 人,平均减少 36.7%,其中减少在站职工最多的是榆林和延安 2 个队,减少均为 47.6%,西峰队次之为 46.5%,天水队为 41.0%;二是加强了水文资料的分析和研究工作,过去测站职工经常忙于日常的测、报、整工作,没有足够的人力和时间进行水文资料分析,实行站队结合后,就有条件集中一定的人力和时间搞资料分析和研究,并已取得一定的成果。如黄委会对所属水文水资源勘测队的水文资料分析,已确定有 64 个水文站(占实行站队结合测站总数的 71.1%)可以改变测验方式,其中可实行全年巡测的有 2 个站,全年间测的有 1 个站,全年校测的有 1 个站,汛期驻站测验、枯季巡测的有 51 个站,汛期间测、枯季巡测的有 4 个站,汛期校测、枯季巡测的有 5 个站,改变测验方式后可以集中精力抓好汛期测洪和提高单次测验质量;三是通过站网改革后的富余职工,一部分搞资料分析和计算加工,开展水文调查或辅助点的观测,扩大水文资料的搜集;另一部分可开展水文科技咨询或多种经营活动,增加经济收入。如榆次队为碛口水库前期工作服务建专用水位站 1 处。又如西宁队为黄河上游李家峡水电枢纽工程——大坝合龙抢测龙口流量,府谷队为天桥水库进行库区淤积测验和水下地形测量等。有的搞第三产业和综合经营,据 1991 年西宁、府谷、延安、榆林、榆次、天水、西峰 7 个勘测队的统计,科技咨询纯收入 4.80 万元,综合经营纯收入为 12.42 万元;四是稳定了职工队伍,部分地解决了职工求医,找对象,子女上学和求业难等生活上问题。

　　水文站队结合正处于摸索经验,完善办法的发展时期,同时,由于站队结合中队部基地建设投资大,因受经费的限制向深度和广度发展还有一定的难度。

第 三 篇

水 文 测 验

　　黄河水文观测历史悠久,殷墟出土的商代后期(公元前 1324～前 1066 年)甲骨文中已有雨、雪的定性观测记载。到公元前一世纪的西汉时就创造了雨量器,开始降雨的定量观测。水利家慎到(约公元前 395～前 315 年)已用浮标法对黄河龙门段水流湍急的程度进行记述,"流浮竹,非驷马为之追也。"汉元始四年(公元 4 年),对黄河泥沙已有"河水重浊,号为一石水而六斗泥"的定量描述。清康熙十六年(1677 年)靳辅在《河防述言》中,已有流速乘面积得流量的计算原理的记载。康熙四十八年(1709 年)在宁夏青铜峡硖口石崖上刻设水志,在黄河干流开始定点观测水位(水位站的雏型)。民国初期引进西方现代科学技术,开始了以现代科学方法观测水位、流量、含沙量、降水和蒸发等。

　　由于黄河水文现象的复杂和多变,国内外先进的仪器、设备和成熟的测验方法,有的在黄河水文测验中仍不能直接应用。建国 40 多年来,黄河水文职工立足黄河,坚持自力更生,奋发图强,走自己的路,在黄河水文测验中创造了一批适合黄河水文特点的测验设施、设备、仪器、工具和测验方法。如在水位观测方面由一般水尺到活动水尺;自记水位计台除了一般的岛式、岸式外,并以黄河大堤为有利条件,创建了虹吸式、斜坡式,还有适合支流水位陡涨陡落和多沙条件的杠杆式、漂浮式等;在自记仪器方面除了工厂生产的机械型日记式仪器外,还有引进和研制的声波液位计、压阻传感器式长期自记水位计、有线三遥式(遥测、遥控、遥信)和滩区无人值守的遥测水位计等。在雨量自记方面,除了虹吸式自记雨量计外还引进和仿制远传自记和长期远传自记雨量计。在水深测量的仪器工具方面,由一般木杆发展为钢管和玻璃钢管,普通测深锤发展到重为 1000 公斤的重铅鱼测深。在流量测验上,由徒手掷浮标、羊皮筏、木船测流,发展为浮标投放器、过河缆吊船、大型机动船、电动升降缆车和半(全)自动流速仪缆道测流。泥沙取样由器皿、水桶舀发展为横式采样器、同位素含沙量计。泥沙颗分由手工操作的比重计、底漏管发展为自动测记的光电颗粒分析仪。以上设施、设备、仪器的改进,以及测验方法的改进完善为提高黄河水文测验质量奠定了物质基础。

　　黄河水文测验工作,能在防洪和水利水电工程建设中起到重要作用,这和黄河流域水文职工兢兢业业,艰苦奋斗,埋头苦干分不开的。特别是战斗在水文测站第一线的职工,顶酷暑,战严寒,晴天一身土,雨天一身泥,日夜坚守岗位和洪水、冰凌搏斗,有的还献出了年轻的生命。建国后至1994年仅黄委会系统就有31名职工在观测水位、测流和取沙等测验中牺牲。

　　建国后,随着国民经济建设和治黄事业的发展,黄河水文测验项目由少到多,由简到精,逐步发展。截至1995年测验项目有水位、比降、地下水、流量、悬移质含沙量、输沙率、河床质、颗粒分析、冰凌、水温、水化学、水质、气象、降水、蒸发、水文调查等,为治黄工作提供了大量宝贵资料。

第五章　测验设施

　　黄河的水文测验设施,包括高程和平面控制设施、吊船过河缆、缆车缆道及流速仪缆道设施、测船、浮标投放设备等,是进行水文测量工作的物质基础。

　　建国前,因财力和科学技术条件的限制,测验设施简陋、落后。致使较大洪水没法测,夜间洪水不能测,能测到的洪水成果质量也不高。

　　建国后,黄河水文职工为了改变面貌,立足黄河,走自己的道路,自力更生,艰苦奋斗,学习和引进先进的科学技术,经40多年的努力,使黄河的水文测验设施发生了根本的变化。如浮标投放由徒手投掷发展到电动投放;测船移动操作由人工拉纤、抛锚发展到能自由移动、准确定位的大跨度高支架钢塔,吊船过河缆道,测船由小木船、羊皮筏发展到钢板船和大型机动船;流速仪法测流由人工徒手提放操作发展到半自动、全自动流速仪缆道。适用于黄河支流洪水暴涨暴落特性的电动升降式缆车,由世界气象组织编入《HOMS咨询手册》,向各国推荐。黄河水文测验设施已进入国内外先进行列。

第一节　控制设施

一、高程控制

　　水准基面:在黄河水文测站中,使用的水准基面有假定基面和绝对基面两种。

　　假定基面:多数在黄河干流上游和支流的水文、水位站上使用。因这些测站站址偏僻,附近没有国家水准网通过,引测高程十分困难,因此,在设立测站时只好先假定一个基本水准面,作为该站的水位和高程的起算基面。如湟水的西宁等水文站,以达家川水电厂的一个固定点高程作为基面,称达家川水电厂假定基面。又如渭河支流曾有9个测站使用过导渭基面,另有4个测站使用浐灞灌区基面等。据 1985 年资料统计,黄河流域使用假定基面的测站共有 173 站,占全流域 429 站的 40.3%。其中黄河干流使用假定基面的有黄河沿、吉迈、群强、玛曲、军功、唐乃亥、循化、黑山峡等 8 站。

绝对基面:黄河流域水文测站中,使用绝对基面的种类有大沽基面(包括新大沽、陇海铁路大沽),青岛标高,废黄河口零点,甘肃祖厉河靖远站使用的浙江坎门基面,内蒙古大黑河的旗下营、美岱等站使用的大连葫芦岛基面,以及 1956 年国家统一规定的黄海基面等。

1. 大沽基面。为清光绪二十三年(1897 年),由海河工程局埋设在天津海河口北炮台院内的一座花岗岩制成的标石高程,编号为 HH/155。光绪二十八年(1902 年)春,英国海军驻华舰队炮船"兰勃勒"号承担天津地方政府测量大沽浅滩时,确定以编号 HH/155 标石的高程为基准面,并定名为大沽零点(即大沽基面)。其后,顺直和华北水利委员会也先后使用这个大沽零点,作为高程测量的起点。黄河流域各测站和有关测量部门所使用的大沽基面,就是由国民政府黄委会于 1933 年,请求华北水利委员会用精密水准从天津大沽零点引测至德州,并设立 YBM$_{290}$ 水准点。1934～1948 年,国民政府黄委会测量队先后由德州 YBM$_{290}$ 引测至泺口,途中联测了临清等水准点,并向东引测至利津和青岛,向西引测到十里堡,再引测至兰州。

黄河陕县水文站,1933 年以前采用陇海铁路大沽基面高程,以后改用由德州引测的大沽基面高程。据 1985 年统计,全流域采用大沽基面的水位、水文站共有 117 站(包括陇海铁路大沽即老大沽和新大沽即由德州引测),占全流域 429 站的 27.5%。黄河干流使用大沽基面的有龙羊峡、贵德、小川、上诠、兰州、乌金峡、安宁渡、下河沿、青铜峡、石嘴山、三湖河口、昭君坟、吴堡、龙门、三门峡、八里胡同、小浪底、裴峪、官庄峪、花园口、夹河滩、石头庄、霍寨、高村、苏泗庄、邢庙、杨集、孙口、国那里、黄庄、南桥、艾山、官庄、北店子、泺口、刘家园、清河镇、张肖堂、道旭、麻湾、利津、一号坝、西河口、十八公里等 44 站。

2. 青岛标高基面。国民政府黄委会于 1936 年 11 月～1937 年 5 月,在引测泺口以东精密水准时,联测至青岛验潮站,在测量成果计算时,采用青岛零点(最低潮位)标高回算至泺口及以东各线,其所得高程称"青岛标高"。黄河山东段及有关测站,曾使用青岛标高作为基面。泺口站 1939～1945 年,1947～1953 年 6 月 30 日的高程均以青岛标高为基面。"青岛标高"基面和大沽基面的关系:泺口站青岛标高减 1.627 米后为大沽基面;所减数值各地不同,利津站减 1.721 米,北店子水位站减 1.678 米等。1953 年 7 月起黄河山东河段全部改用大沽基面。

3.黄海基面。因采用青岛验潮站标高的时间和客观情况的不同,有以下名称。

1954年黄海高程系。是指1954年由中国人民解放军总参谋部测绘局(简称总参测绘局)在青岛观象山建立的国家水准原点,其高程是以青岛1954年黄海平均海水面为零起算。1955年山东省水利厅采用该基面引测黄河河口地区钓口站的高程,该站成为黄河流域使用黄海基面高程最早的测站。

1956年黄海高程系。根据青岛验潮站1950~1956年7月完整的验潮资料,计算的黄海平均海水面为零,1957年国家测绘局在制定全国《大地测量法式》时,将该平均海水面命名为"1956年黄海平均海水面"。由该基面引测总参测绘局在青岛观象山原点的高程为72.289米。

1985年国家高程基准。用青岛验潮站1952~1979年的潮汐观测资料,按19年周期计算10个滑动平均海水面的平均值为零而得的基面,并采用1980年观测的水准原点和沙子口备用水准原点网的成果,经统一平差后的高程基准,确定为72.2604米。1985年全国一等水准网布测协调组扩大会议上,确定该高程为:"1985年国家高程基准"。据1985年资料统计,黄河流域水位、水文站使用黄海基面的有135站,占流域总站数的31.4%。黄河干流使用黄海基面的测站有申滩、康滩、通桥、碛口、巴彦高勒、头道拐、河曲、府谷等8站。

4.坎门高程基面。坎门位于浙江省玉环岛上,以坎门零点为基面。清末和民国初期各省陆军和陆地测量局在测量1∶5万军用地图时,各自用不同的起算高程,很不统一,使用不便。抗战初期国民政府国防部测量局以坎门零点连测14个省军用地图的基点高程。其中黄河流域的山东、河南、陕西、山西、宁夏、甘肃等省(区)都引测了坎门零点高程。黄河流域现在仍使用坎门零点高程的只有甘肃祖厉河的靖远水文站。坎门零点高程与1956年黄海高程比较,验潮站基点252,其坎门零点高程为6.959米,而该点的黄海高程为7.10米,其高程差值各地均不一致。山西省太原北门外晋一号水准点坎门零点高程为791.445米;陕西省西安市老关庙陕西陆军测量局院内为406.637米;河南省开封阮庄为78.071米;山东省泰山山麓为151.847米。

5.大连(葫芦岛)高程基面。来历不详,据内蒙古自治区水文总站记述,引自京包铁路高程系统。1985年黄河流域使用大连葫芦岛高程基面的,只有内蒙古境内大黑河的旗下营、美岱和乾通渠美岱3站。

6.废黄河口零点基面。废黄河口零点是 1912 年 11 月 11 日 17 时以江苏省废黄河口低海水面为零起算,后又采用验潮站平均海水面为新零点,称废黄河口零点基面。废黄河口零点基面高程和 1956 年黄海高程比较:蚌埠导淮明标 B·M·42,废黄河口零点高程为 20.400 米,其黄海高程为20.312米,润河集 75 西暗标点废黄河口零点高程为 26.110 米,其黄海高程为26.129米。两个高程差值各地不一致。黄河流域大汶河的大汶口和天然文岩渠的朱付村等站曾使用过废黄河口零点基面高程。

在水准高程引测过程中,由于引据点本身的精度不同,如有的采取整体平差,有的用局部平差,还有的没有平差,再加上测量中误差的传递以及测量成果要求的精度不同等原因,致使水准点的引测高程各地都有一定的差值。如表 3-1。同时,对同一个水准点,因引测的时间、方法和引据点的不同,也会测得不同的高程。如在三门峡库区和盐锅峡库区,用同一大沽基面引测的水准点,获得不同的高程,为区分不同的测量成果,水文部门常有新大沽和老大沽之分。

表 3—1　　　　　　黄河各地黄海与大沽基面高程比较表

水准点名称	大沽高程（米）	1956 年黄海高程(米)	差值（米）	水准点名称	大沽高程（米）	1956 年黄海高程(米)	差值（米）
天水Ⅱ 190 上	1080.903	1079.728	+1.175	西安西兰 2-1	400.189	399.048	+1.141
河津托潼 3027 暗	403.963	402.781	+1.182	兰州西兰 1-1 下	1517.703	1516.265	+1.438
荆隆宫北陶 1-25 暗上	72.981	71.787	+1.194	延川托潼 3027 暗	403.963	402.780	+1.183
三　义　寨 P·B·M·25 明	77.461	76.243	+1.218	寿张张秋 北陶B·M·11	44.131	43.221	+0.910
郑州保合寨 P·L·B·P·B·M·I·L	97.060	95.874	+1.186	齐河鹊山 P·L·B·M·136	34.522	33.177	+1.345

以上各高程系统的关系为:

1956 年黄海高程≌大连零点高程＋0.025 米;

1956 年黄海高程≌大沽零点高程—1.504 米;

1956 年黄海高程≌坎门零点高程＋0.146 米;

1985 年国家高程基准＝1956 年黄海基面—0.029 米。

水文测站为避免受水准点引测的误差或因更改基面而造成资料系列的

不连续,按水利部水文局 1956 年规定,将测站第一次使用的基面冻结,称为冻结基面。

水准点设置:黄河流域水位、水文站的水准点,由基本水准点和校核水准点(参证点)组成。每站埋设的水准点一般均在三个以上。

建国前和建国初期水准点的类型和设置很不正规,因经费和物质条件的限制,多数测站就地取材,利用测站附近建筑物或地物当作水准基点。如陕县水文站 1919 年设立时,水准点就设在关帝庙门前的石墩上;兰州水文站 1934 年设站时,将水准点 S·B·M 设在黄河铁桥(即中山桥)的桥墩上,校核水准点 B·M·N₁ 设在公路的里程碑上;潼关站 1933 年设站时,将水准点 B·M·3 设在墙基石下;赵石窑站 1942 年将 B·M·O 设在老岸的石坎上;渡口堂站 1948 年将水准点设在大圆木桩上;孟津站 1947 年将水准点设在水泥碉堡的边缘上等等。由于水准点的设置没有统一的标准和技术要求,因此,水准点被毁或高程变动的事,常有发生。

1956 年开始全面执行《水文测站暂行规范》,各测站根据规范的规定和技术标准进行整顿和更新。经整顿后的水准点除断面附近有基岩或有稳定牢固的建筑物可利用外,都改用统一的水泥桩、钢管或钢轨。水准点上部顶端设有铜质的圆盘,圆盘中央是突出的半球形,供高程测定(校测)之用。圆盘的周围刻有水准点的编号,设立单位名称和日期。水准点下部有基座,并埋设在地面冻土层以下。1963、1983 年黄委会两次结合测站基本设施检查整顿,对水准点按规范要求逐站进行全面检查整顿。数量不足的进行补充,埋设不合要求和高程有变动的都进行了处理。每年汛前检查,都要求认真地对水准点进行检查校测。1987 年黄委会系统水文站(不包括水位站和库区)有水准点 393 个,多数站每站 3~5 个,泺口站最多有 14 个。

水准点连测:由于测站水准点采用的水准基面不统一,给资料使用部门带来不便。特别是防洪和灌溉等部门需要有统一基面来衡量河段各处的水位高低。1945 年 9 月 10 日国民政府黄委会宁夏工程总队,明确规定:各分队在测量至各水文站附近时,应用同一水准基面与各水文站之水准标点连测,使各站高程统一起来。建国初期黄河流域下游河段的水准点,由于历史的原因,高程系统很紊乱,平原黄河河务局所辖高村、孙口、艾山等站采用"大沽基面";山东黄河河务局所辖的泺口、杨房、利津及前左等站采用"青岛标高";河口实验站管辖的个别测站采用"假定基面";支流大汶河除戴村坝站采用"青岛标高"外,其他各站均采用"假定基面"。1953 年,经黄委会同意,将黄河下游河段的水准点全部用大沽基面进行连测,并改为"大沽基面"。

1957年,国家确定"1956年黄海平均海水面"为全国统一基面,因此,要求地形测图都用黄海高程。为了使黄河流域各水文测站的高程资料便于和地形图中黄海高程互相比较及方便使用,1963年黄委会水文处向黄委会呈报要求对全流域水文测站(包括省区和已撤销的测站)以"1956年黄海平均海水面"进行水准点的连测。同年,黄委会确定将连测任务交由黄委会测绘处第四测量队承担,并于当年在黄河中下游测站开始连测。至1965年连测洛、沁河和黄河干流三门峡至秦厂区间的测站有龙门镇、新安、韩城、涧北、卢氏、瑶沟口、灵口、石门峪、垣曲、仓头10站;黄河中游陕北地区有延水关、临镇、子长、川口、绥德、丁家沟、曹坪、蛇家沟、三川口、杜家沟岔、西庄、驼耳巷、李家河、新窑台、青阳岔、马湖峪、榆林、赵石窑、殿市、横山、韩家峁、靖边、申家湾、高家川、温家川、神木、王道恒塔27站;渭河流域有罗李村、马渡王、涝峪口、黑峪口、漫湾、魏家堡、益门镇、千阳、段家峡、柴家嘴10站。引据水准点的等级大部分为二等或三等点,个别为四等点,如川口站。连测采用"四等闭合"、"四等符合"、"四等环线"以及"三等闭合"等方法,测量成果均符合四等水准精度。

1966年"文化大革命"开始,水准点的连测工作暂停。1973年恢复连测,到1982年水准点连测工作基本结束,前后历时长达20年(实际连测为13年)。据统计全河水文测站(包括已撤销站)共连测399站,由黄委会测绘处连测309站;省(区)和其他单位引测的90站,按当时任务,还有近60站没有连测。

通过这次水准点连测,证实多数水文测站水准点的原引测高程是准确的。同时,也发现了一些问题,如子洲水文站和岔巴沟流域蛇家沟水文站水准点 B.M.3 原测定高程为 928.828 米(黄海),而连测的高程为 930.435米,两者相差 1.607 米,经多次连测证实水文站原用高程有误。另外,有部分测站因采用不同的引据点和引测成果精度的不同,造成在同一测站的两个水准点之间的大沽高程和黄海高程的差值不同,如石嘴山站两个水准点的差值达 0.113 米。

1973年11月,三门峡水库改为蓄清排浑低水头运用后,造成原设环湖水准路线较高,使库区淤积测验很不方便。1974年黄委会测绘处又承担了三门峡水库环湖水准网的更新连测,1976年连测完成并提供《三门峡库区环湖(低高程)水准成果表》。1982~1984年,重测三门峡库区地形图时,对水准网又采用环湖水准法进行了复测。

二、平面控制

平面控制包括断面设置、基线和测量标志。

断面设置：水文测站的断面有基本水尺断面（简称基本断面）、测流断面（民国时期称标准断面，多数测站基本断面兼测流断面）、上下浮标和上下比降断面四类。

上下浮标断面设置的间距，在民国时期和建国初期，多数测站为100米，（上下距基本断面各50米）。部分测站上下浮标断面的间距有的大于100米或小于100米。如循化、兰州、吴堡、龙门、潼关、陕县、高村、泺口等站的部分年份浮标断面间距为200米；包头站1934年为80米；秦厂站1933～1935年只有40和60米；木栾店站1933年为20米。为了提高浮标测流成果的质量，1943年国民政府黄委会水文总站制订了《水文测验方法草案》，其中规定上下浮标断面间距为100米（距标准断面上下各50米），这个规定一直延用到建国初期。

1956年，贯彻执行《水文测站暂行规范》后，水文站上下浮标断面的间距以断面流速为主要依据，采用最大断面平均流速的50～80倍并取整米数。同时，又考虑记时和信号联系所需的时间误差及操作（测角）时间等因素，各站根据上述因素自行确定。1960年根据规范修改精神，考虑部分站测验河段因受地形条件限制，断面间距允许缩短，但最短一般不短于最大断面平均流速的20倍。在洪水暴涨暴落的水文站，有的因测洪设备的限制，为了抢测洪峰，允许利用测流断面的缆车投放浮标，这种特殊情况称"半距浮标"。

基线：在民国时期，水文站的基线多数在标准断面的零点桩处，并和标准断面垂直，基线长度和上下浮标断面的间距相一致。建国后，随着测验河段和测验设施以及测验质量的要求不同，基线的长度和设置的位置也各不相同。如1956年贯彻《水文测站暂行规范》后，用经纬仪或平板仪交会定位的测站，基线的长度都不小于河宽的6/10（即使断面上最远一点的仪器视线与断面线的夹角不小于30°）；用六分仪（包括辐射线法）交会定位的测站，基线长度都要满足六分仪两视线的夹角不小于30°和不大于120°。部分测站为了要达到上述要求，在河段两岸或同一岸的高、低水部分，分别设置两条以上基线。如孙口站设置三条基线，其长度分别为400、450、500米；高村站在河段两岸共设6条基线，其长度分别为300、660、860、1000、1210、1570米。

测量标志：在测验河段埋设的各类标、牌、桩统称为测量标志。在民国时期,因经费、材料和技术条件的限制,测量标志都很简陋,没有统一的标准,就地取材用木桩或石桩等涂上红、白漆作标记。断面上不设固定的杆(牌),一般测量时临时插上标杆(花杆)作为瞄准的目标,测验结束后收回。河段水面宽在100米左右的测站,垂线的定位由断面标志索直接来确定。

断面标志索的架设,1943年国民政府黄委会水文总站在《水文测验方法草案》中规定,断面索用9～15股的20号铅丝合成,横过河面后,以左岸断面桩为零点,每隔5米(或10米)系挂红白相间的布条,在右岸断面线上埋设木制绞关,用以绞紧和固定断面索。这种断面标志索定位十分方便,建国后断面标志索定位的方法推广到河宽在300～500米的测站使用。

建国后,随着水文经费的增多,材料设备的改善和技术的提高,测量标志面貌逐步改观。50年代的标牌,多数采用木质,高度一般为5～10米。到60年代由木质逐步更新为钢质和钢筋混凝土,1963年黄委会系统在测站基本设施检查整顿中,一次更新钢筋混凝土杆475根。进入70年代,为解决黄河下游宽河道测量中断面定位问题,高村站首先将断面标志及基线杆改为自立式钢塔,高25米。1976年孙口水文站在两岸滩地上,按中、高水位架设高15～18米的深基自立式钢塔断面(基线)标5座,1978年新建钢塔标3座,1983年又建成高28米的钢塔标1座。以黄河干流下游山东河段为例,1987年共有各类标志钢塔24座,钢管标志7根,混凝土标志杆237根。见表3—2。

表3—2　　　　1987年黄河山东河段水文测量标志统计表　　　　单位:座、根

站名	断面标志			基线标志			总计
	钢塔	钢管	水泥管	钢塔	钢管	水泥管	
高　村	2		10	2		3	17
孙　口	12		9	8		6	35
艾　山			2			1	3
泺　口		4		3		1	8
利　津			2			1	3
河道测量			131			65	196
河口测量			4			2	6
共　计	14	4	158	10	3	79	268

1987年,黄委会系统水文站(不包括水位站和库区)断面标志共有混凝土桩642个,钢塔51座(其中花园口站最多,为15座。1974年投资1.6万元建4座,1983年投资3.3万元建11座),钢管标志杆452根,混凝土标志

杆 302 根,木杆 6 根。

黄河支流洪水常发生在风雨交加的夜晚,往往漆黑一片,伸手不见五指,在此恶劣条件下进行抢测洪水十分困难。50 年代利用点篝火、马灯、打手电等办法照明,效果很不理想,在河面较宽的测站夜间测流更加困难。到60 年代测验河段距电源较近的青铜峡、石嘴山、三门峡、淶口等站开始架设照明线路,安装探照灯(聚光灯),有的在断面索的标志牌和辐射线杆上安装彩灯,便于夜间垂线定位找到目标。进入 70 年代中后期,吴堡水文总站先后给 28 个山区无电源的测站,配发了发电机组,每当夜测洪水时,测站自行发电供河段照明和测流缆车等设备操作运行之用。据 1987 年统计,黄委会系统测站共配发发电机组 79 台(柴油机 57 台、汽油机 22 台)。

第二节　缆道设施

一、吊船过河缆道

民国时期,在断面上固定测船的唯一办法是抛锚。常因锚小、缆短,测船下滑偏离断面而影响测验成果质量。

建国初期,水文测站陆续自造较大的测船,并配备重锚长缆加以改进,但下滑的问题仍未能完全解决。尤其是在由卵石或胶泥组成的河床上,很难用抛锚的办法固定测船。1950 年享堂水文站利用断面索安装了一个滑轮,并将测量皮筏的吊索和滑轮连接一起,通过两岸的牵引可使皮筏沿断面索左右移动。测量人员不用抛锚可在皮筏上很方便地进行测深、测速和取沙。这实际上是吊船过河缆道的雏型。

1951 年底无定河绥德水文站在测验河段两岸立人字型的木架,架设了一道跨度近 100 米的简易吊船过河缆,能施测中低水时的流量。1953 年,黄河干流宝山水文站自行在测流断面上游 10 米处,左岸采用旱地直接锚碇,右岸用木桩当支架,架起了黄河干流第一座跨度近 200 米的吊船过河缆。测船吊在过河缆上,操作船舵能使测船沿着断面线从左(右)到右(左)自由移动和停稳,测流、取沙十分方便。用吊船过河缆道测流、取沙,不仅免除了拉船、抛锚等笨重的体力劳动,最主要的是较好地解决了测船的下滑和测速垂线的固定问题,并能准确地选定测深、测速、取沙的垂线位置,较多的缩短了测验历时,提高测验成果质量。同年汾河的河津水文站,就地取材,土法上马,在两岸立木支架,用多股铅丝合成一条主缆,也架成了跨度为100多米的简易吊船过河缆道。

1955年2月,八里胡同水文站在黄河断面上用直径5毫米的钢丝绳,两岸均为直接锚碇,分别用直径为15厘米楸木和10厘米的枣木桩嵌入石崖中,架设起一道跨度为150米的吊船过河缆。不料在四月桃汛的一次测流时,最大流速为3.5米每秒,钢丝绳被拉断。通过这一教训,站上总结经验认为:架设吊船过河缆时,事前必须进行查勘和设计,特别要进行主缆钢丝绳的拉力计算,不能盲目选用。同时认为只要过河缆设计合理,操船的技术(船和流向的夹角)符合要求,用吊船过河缆法施测较大洪水是可能的。接着在恢复原过河缆道的同时,又架设起一道主缆直径为9毫米,跨度为178米,主缆空索垂度为13米的过河缆。在当年7月的两次测洪中,以两道过河缆联合吊船测流,用流速仪实测到最大流速6.0米每秒。若用其他操船法施测最大流速只能测到3~4米每秒,吊船过河缆法不仅缩短了测流历时,同时还在一定条件下扩大了流速仪的施测范围。据该站统计,用吊船过河缆法测一次流量最多只需2小时,测一次单位水样含沙量仅用10分钟。较用高吊缆操船法测流可节约时间在50%~70%。八里胡同站用吊船过河缆扩大流速仪施测洪水范围的经验,引起了黄委会水文处和其他测站的重视。

1956年汛前,在吸取八里胡同站架设吊船过河缆经验的基础上,黄委会水文处在黄河干流上游的西柳沟水文站按正规程序进行查勘、设计和施工,建成黄河上第一座钢塔支架吊船过河缆。钢塔高度右岸为9.0米,左岸为6.0米,主缆钢丝绳直径为19毫米,跨度为308米。同年,龙门站在马王庙断面处架成主缆直径14毫米、跨度300米、两岸为直接锚碇的吊船过河缆道。1957年前后,渭河的南河川、华县、秦安、泾河的杨家坪、汾河的河津,洛河的白马寺、黑石关等站也架成了木支架吊船过河缆道。西北勘测设计院所属的上诠水文站,在50年代中期,以多股铅丝合成一道缆,直径15毫米左右,右岸为直接锚碇,左岸是高3.0米的石礅支架的吊船过河缆。

在黄河宽浅河道上推广吊船过河缆道,是1957年由涑口水文总站所属大汶河的临汾水文站,建成黄河上第一座多跨吊船过河缆,总跨度为1260米,中间为8跨。河中立有7个支承柱,测船每过一个支柱,需要更换一次吊船索,换吊索用人多,费力大,并经常出现延误测流时机而感到不便。次年,该站进行改进,研制成自动开关滑轮,测船的吊船索可直接通过支柱,十分方便,该多跨吊船缆进入90年代,仍在使用。多跨吊船过河缆的改进获得成功,使过河缆道的架设技术得到全面的发展。

在50年代末,需要架设吊船过河缆道的测站很多。因受经费和材料的限制,很多测站在"土法先上马,然后科学化"的口号指导下,自力更生未经正规设计(有的只作部分受力的计算),因陋就简,就地取材自行发展了一批吊船过河缆。如1959年初,全国水文会议总结中指出:"黄委会潼关水文总站范围内1958年各站已普遍安装了过河索(即吊船缆道)……"其中有10处为当年新设的小河站,因经费不足,过河缆采用多股铅丝绞合成缆,以油布包装草代替羊皮筏进行测流和取沙。这种吊船缆道测洪的标准不高,只能施测一般洪水。到1960年底,黄委会系统的测站已架设吊船过河缆的干流站有玛曲、循化、西柳沟、安宁渡、青铜峡、石嘴山、义门、吴堡、龙门、三门峡、八里胡同、小浪底12处,支流有享堂(大通河、湟水)南河川、咸阳、华县、秦安、丘家峡、泾川、庆阳、雨落坪、杨家坪、后大成、河津、龙门镇等30多处,干支流共计40多处。这批吊船过河缆在汛期测洪中都发挥了较大作用,如小浪底站1958年在吊船过河缆上用流速仪实测到8.67米每秒的高流速,创造了当时流速仪测速的全国最高记录,受到水电部通报表扬。

1962年12月,潼关水文站架成黄河干流单跨最长为1260米的吊船过河缆。两岸均为直接锚碇,主缆直径为31.5毫米(因建铁路桥,该缆道于1970年拆除)。黄河干流上游的吉迈、唐乃亥、贵德以及内蒙古河段的渡口堂、包头等站于60年代初也先后架设了木支架简易吊船缆道。

为了吸取1963年8月,海河特大洪水时很多测洪设施被冲毁,水文测报无法正常进行的严重教训,水电部水文局及时提出对水文测站的基本设施进行一次全面的检查和整顿。黄委会水文处组织各总站(队)对所有测站的基本设施分片地进行全面检查。在检查中发现多数测站的吊船或缆车过河缆缆道,存在很多不安全因素,有的未经正式的设计,测洪标准偏低,施工的质量亦差,维修养护不够,安全无保证。有的测站木支架已腐朽,已不能满足测洪的需要,急需加以整顿。据此,同年11月,黄委会在郑州召开基本设施整顿会议,并明确基本设施整顿的原则:"以测洪设备为重点,全面整顿,以加固维修为主,重点充实更新。"设计指导思想:"因地制宜,就地取材,自力更生,经济适用,以钢、石、混凝土支架(杆)代替木支架(杆)。"建设程序做到"查勘、设计、施工、验收"四步手续。1964年,黄委会水文处负责购置了一批勘探队报废的旧钢管,统一进行加工后,在安宁渡等20多个测站上进行过河缆支架(杆)的架设和更换。

1964年,在东平湖的出口处陈山口水文站上,用高10米的混凝土支柱,在东、西两座闸处架成跨度分别为140米和170米的吊船过河缆。白马寺、新安等水文站过河缆的支架也采用混凝土支柱。

为了适应日趋繁重的新建和更新过河缆的任务,1964年黄委会水文处抽调有关水文总站的技术人员,组成过河缆设计小组,对石嘴山、小浪底、艾山、泺口、利津、黑石关等重点站的过河缆道进行规划和设计。总站相应成立过河缆施工领导小组负责施工。在"设计革命化"运动中,过河缆的设计和施工实行领导、专业技术人员和群众三结合的组织形式,从而较好地调动了广大测站职工群众的积极性和主动性,在勤俭办站和勤俭办一切事业的精神指导下,在过河缆道建设中,站站提合理化建议,人人献计献策,使测站的基本设施建设蓬勃发展。自力更生,就地取材,因地制宜,自己动手搞测站基本设施,如吴堡水文总站所属的30多个水文站,因多数站位于陕北的深山峡谷区,钢材和水泥等材料十分缺乏,交通又十分困难,测站职工群策群力想办法,利用当地的石料,采用块石砌成石礅支柱。该支柱受压强度大,施工又十分方便,维护亦简单。据1964年统计,吴堡总站30多个测站中,用石礅作支柱的测站,支柱高在2米以上的有17个站,其中6米以上的有8个站,最高的石礅支柱是丁家沟水文站,高出地面达8米。在砌石礅支柱的施工中,职工自己动手背石块、挖基坑、砌石灌浆,手碰伤、肩磨破也不叫苦。郑州水文总站,在浇灌过河缆锚碇的施工中,克服木材紧缺的困难,创造了不用模型板将混凝土直接倒入基坑的经验,不仅节省了木材,也节约工程经费的开支。在过河缆设计技术改进方面,主索的应力计算,当时全国水文部门都采用简支樑公式,该公式计算中将柔索(钢丝缆)不考虑主索的几何和弹性变形是不合理的。为此,1963年为研究应用柔索计算公式,由黄委会水文处崔家骏主持在白马寺等水文站对过河缆道各个受力部分进行试验,并编写了《过河缆设备设计中几个问题的试验研究》报告。该成果曾在1964年水电部水文局在杭州召开的专门会议上进行介绍,得到大家好评。1965年该成果编入全国水文测验建筑物研习班的讲课教材(刊载于1965年《水文副刊》3期),由于采用柔索计算公式,考虑缆道的几何和弹性变形,以及温度和震动等因素影响,使过河缆道的设计更为合理。1977年该成果编入《水文缆道》规范。

1963~1965年的三年中,黄委会共新建或改建各类过河缆道74处,占缆道总数的73%。到1965年底,黄委会系统管辖的水文站已有102处架设了过河缆(包括吊船和缆车),占总站数的94.4%,其中西柳沟、石嘴山、杨家坪、泺口、黑石关5处为钢塔支架;吉迈、循化、安宁渡、头道拐、艾山、利津、华县、华阴、河津、宜阳、五龙口、东湾等21处为钢管支柱;丁家沟、碧村等 24 处为石礅支柱;白马寺、陈山口等 5 处为混凝土支柱;其他为钢木结合支架和直接锚碇。到 1966 年除花园口、夹河滩、高村、孙口等四站外,全部架设了过河缆道,其中吊船过河缆道 39 处。典型吊船过河缆建造情况如表3—3。

表3—3　　　黄委会石嘴山等典型站吊船过河缆道建造情况表

站名	建造年份	支架类型	支架高度(米)		主缆跨度(米)	主缆直径(毫米)	投资(万元)
			左　岸	右　岸			
石嘴山	1964	钢塔	10.5	19.5	485	21.5	1.10
小浪底	1964	锚碇			680	32.0	0.90
泺　口	1964	钢塔	23.5	22.5	372	26.0	3.34
利　津	1965	钢管	24.1	25.3	648.6	26.5	1.80
丁家沟	1964	石墩	7.9	8.0	202	18.0	0.30
黑石关	1964	钢塔	11.5	11.5	420	20.0	0.8

1964、1965 两年,水文站过河缆道发展很快,是水文站基本设施建设史上的突出年份。但也存在一定的不足,据 1964 年洪水测验中暴露出来的问题,主要为测验设施不配套,架起了过河缆,没有配套大型测船和测洪设备,如水文绞车、重铅鱼等,因此,较大的洪水仍难测好。为此在 1964 年 9 月召开的基本设施整顿会议上再次讨论时一致认为:对 1963 年提出的基本设施整顿原则应修改为“以测洪设备为主,全面整顿,配套、更新维修相结合”。会议虽及时准确地提出了测洪设施和设备的配套问题,随后因受“文化大革命”的影响,而未能很好的全面的组织实施。

在“文化大革命”期间,虽无条件全面整顿、配套和更新缆道设施。但广大水文职工克服经费设备不足和缺乏技术等困难,自力更生地改造和更新了部分缆道设施。如泾河杨家坪水文站吊船缆道测洪标准偏低,不能实测较大洪水,1967 年测站职工自己动手将原 9.0 米高的钢塔,改建为 15.0 米。1974 年兰州水文站职工结合架设流速仪缆道工程,也自己动手焊接成高15.0 米和 9.0 米的两个钢塔,树立于测流断面上;1975 年,兰州水文总站由苏永宾等四人(一名测工,一名女工和一名刚毕业的青年学生)组成钢塔焊接小组,自己动手从设计到焊接,历时三个月,为三湖河口水文站建造了两座高为 31 和 32 米的缆车缆道钢塔;1976 年,又为三湖河口水文站架设吊船过河缆道,仅用一个月的时间,焊接建成两座高 24.0 米的钢塔;同年,宜阳水文站职工也自己动手,采用直径为 40 厘米的混凝土管做成排杆型式,架成左岸支杆 24 米,右岸支杆 30 米,跨度 500 米的过河缆。通过自己动手搞缆道建设,培养锻炼了一支能艰苦奋斗、勤俭建站、一专多能的水文职工队伍。

水电部为了吸取1975年8月淮河发生特大洪水使很多水文站测洪设施和报汛线路被洪水冲毁,水文测报工作被迫中断,使防洪抗灾工作失去了"耳目"的教训。要求各级水文领导部门设法切实提高水文站测洪设施的测洪标准,做到"测得到、报得出、顶得住"。为此,黄委会水文处于1975年底,在郑州召开各水文总站会议检查汇报各水文站测洪设施现状及标准。会议提出关于整顿提高测站设施测洪能力的初步意见,在出现异常洪水时应采取的应急措施,并向黄委会呈报了实施计划。因当时仍处在"文化大革命"时期,多数站计划未能实现。

1978年,在肃清"文化大革命"影响后,黄委会新领导班子批示同意增加水文经费,使1978、1979年两年的水文经费比1977年分别增加64%和104%。为提高测洪设施标准,增强测洪能力创造了物质条件。

1978年6月,潼关水文站建成全河最大跨度1650米的吊船过河缆道,主缆直径为35毫米,左岸为钢管支柱高21米,右岸在山坡上直接锚碇。次年6月,该缆道又改建为间距1.0米的双缆道,主缆直径均为35毫米,左岸在滩边建成高36米的钢塔,成为双跨缆道,主跨为1023米,左滩跨度为445米。

黄河山东河段的高村、孙口等站,河道宽且两岸均为滩地,架钢塔的基础条件很差。1978年济南水文总站以孙口站为试点,投资15.34万元,在两岸滩地浇灌深22.5米的混凝土管柱桩进行基础处理。在此基础上建成自立式钢塔高33米,跨度710米,主缆直径为23.5毫米吊船过河缆道。继孙口站的试点成功,1980年,高村站投资25.15万元,建成钢塔高度为50.5米,塔基混凝土管柱桩为25.3米(这是黄河上最高的钢塔和最深的混凝土管柱桩),跨度950.8米,主缆直径34毫米的自立式钢塔吊船过河缆道。孙口、高村两站深基大跨度吊船过河缆道的建成投产,有效地提高了汛期洪水测验的质量,并在实测1982年大洪水中发挥了测洪的主导作用。1979年和1981年,河曲和府谷水文站分别建成高30米的球绞式柳叶型钢架。

为了使过河缆道建设有一个统一的标准和合理投资,1981年黄委会水文局对所属测站的历次洪水进行了系统的分析和计算。在此基础上并重申1975年底对各测站的测洪标准的原则意见:黄河干流除特殊情况外,测洪标准为千年一遇洪水;支流重要把口站为五百年一遇洪水;一般支流站为百年一遇洪水。以此作为测站基本设施检查、整顿和建设各类过河缆道的测洪标准,根据各站实际情况,允许作适当变更。如黄河花园口以下各站设施的测洪标准以能满足花园口站洪峰流量为 22300 立方米每秒(该流量频率还不到百年一遇)为准。又如黄河上游地区,在龙羊峡等水库蓄水运用后(在水库不发生意外的情况),发生千年一遇洪水的机会极少,因此黄河干流上游各站的测洪和缆道建设的标准,以 1981 年 9 月上游实际发生的洪水为准,如兰州站为 5600 立方米每秒。

1982 年,黄河下游发生建国以来仅次于 1958 年的大洪水,由于测洪设备不配套,在测洪中有一部分测站的测深、测速发生了不少问题。因而对 1964 年提出的测洪设施和设备配套问题,再次引起重视。黄委会水文局于 1983 年 9 月 6～15 日在郑州召开了"水文测验设备选型配套和加快缆道设计工作座谈会",会议认为测验设施和设备存在的问题是:第一,测验设备不配套,技术性能低,不能满足洪水测深、测速、测沙的要求;第二,在缆道建设上,普遍存在设计跟不上建设的要求,有相当一部分工程搞"三边"(边规划、边设计、边施工),建设速度缓慢,影响施工进度和质量;第三,测站平面和高程控制设施(水准点、断面和基线桩、杆、牌)残缺不全,规格形式不统一,不醒目,不符合测验的要求,会议决定立即行动,组织力量进行重铅鱼测深和船用水文绞车等设备配套的研制和改进工作,并进行水准点,断面桩、杆、牌的整顿。1984 年计划建 9 套电动升降重铅鱼的船用绞车,投资 8.1 万元,后因经费不足,计划未能完全实现。

到 1987 年,黄委会系统水文站共有吊船过河缆道 43 处(其中属钢塔支架 11 处),黄河干流站除花园口、夹河滩两站无过河缆道外,其他用船进行测验的站都架设了吊船过河缆道。流域内省(区)水文站共有吊船过河缆道 27 处,其中甘肃 1 处,宁夏 1 处,内蒙古 14 处,陕西 1 处,山西 3 处,河南 2 处,山东 5 处。

由于吊船过河缆道测流的普及,使测验历时大为缩短。在建国初期,黄河干流站用测船抛锚测一次流量,一般需 5～10 小时,由于测流历时长所测流量的代表性较差。50 年代以后改用吊船过河缆道,测流历时大为缩短详见表 3—4。如青铜峡站 1954 年 8 月 21 日用抛锚法实测洪水流量 3460 立方米每秒,测流历时为 5 小时,1981 年 9 月 17 日用吊船过河缆道实测洪峰流量 5710 立方米每秒,测流历时为 1 小时 15 分,缩短历时 3/4;又如高村站 1958 年 7 月 19 日洪水用高吊缆实测洪峰流量 17400 立方米每秒,测流历时为 10 小时 50 分,1982 年 8 月 5 日洪水用吊船过河缆道测流,实测洪峰流量 12300 立方米每秒,测流历时只有 1 小时 40 分,缩短历时近 9/10;另据黄

表 3—4　　　　　黄河干流 7 站流量测验历时统计表

站　名	年　月　日	实测流量 （立方米每秒）	实测历时 （小时）	测验方法	测线数 （条）	测点数 （个）
循　化	1951·9·12	2527	4：55	浮标		
	1958·8·26	2520	1：40	浮标		
	1981·9·19	4860	1：06	浮标		
	1965·7·22	2200	2：22	流速仪	12	36
	1982·10·7	2240	2：00	流速仪	18	36
青铜峡	1954·8·21	3460	5：00	流速仪		
	1958·8·28	4150	2：00	流速仪	15	30
	1968·9·17	4000	1：10	流速仪	13	25
	1981·9·19	5710	1：15	流速仪	12	23
包　头	1951·9·25	3055	9：00	流速仪		
	1958·9·5	3860	5：15	流速仪	31	56
	1961·9·7	3160	2：35	流速仪	29	45
昭君坟	1968·9·23	3710	2：32	流速仪	21	27
	1981·9·25	5280	2：20	流速仪	18	32
花园口	1951·8·17	6872	5：12	流速仪		
	1954·8·5	10900	16：00	流速仪		
	1958·7·17	16200	5：00	流速仪	18	
	1961·10·19	6280	5：07	流速仪	26	49
	1965·7·22	6430	4：39	流速仪	50	74
	1968·10·13	6660	2：07	流速仪		
	1981·9·10	7250	1：30	流速仪		
	1982·8·2	14700	1：48	流速仪	35	59
高　村	1951·9·10	6843	7：30	流速仪		
	1958·7·19	17400	10：50	流速仪	48	92
	1965·7·23	5630	9：50	流速仪	27	53
	1975·10·12	6880	1：15	流速仪	25	50
	1981·9·12	7390	2：10	流速仪		
	1982·8·5	12300	1：40	流速仪	30	50
泺　口	1958·7·23	11800	4：30	流速仪	22	44
	1961·10·30	5320	3：45	流速仪	8	16
	1965·7·25	5290	1：30	流速仪	12	24
	1975·10·9	6030	1：15	流速仪	16	25
	1981·10·8	6710	0：55	流速仪		
	1982·8·8	5960	1：22	流速仪	9	18

河干流龙门至利津 11 个水文站测洪历时资料统计，1958 年 7 月花园口、夹

河滩站在没有吊船过河缆和机动测船的情况下,最大(一次)洪水平均测流历时为 5 小时 24 分;在 1982 年 8 月洪水测量中,多数站为吊船过河缆道、龙门站为缆车、花园口和夹河滩两站为大型机船,实测最大(一次)洪峰的平均测流历时为 1 小时 36 分,比 1958 年缩短 3 小时 48 分。

为了提高花园口水文站的测洪能力和质量,解决该站多年来存在的"三不测"(风沙天不测、雨雾天不测、夜间不测)问题。1976 年黄委会革命委员会以黄革[1976]第 24 号文和 1977 年黄革[1977]第 27 号文向河南省交通厅提出在新建郑州黄河公路大桥的桥上或桥墩上架设水文缆道的要求,得到河南省交通厅的同意和支持,并在大桥设计中安排了敷设水文测验设施。1983 年黄委会以黄水文字[1983]第 95 号向河南省交通厅提供"关于在花园口黄河公路大桥上敷设水文测验设施的技术要求。"同年,河南省郑州黄河公路大桥建设工程领导小组豫桥办[1983]第 21 号文复函黄委会,同意在"大桥下游(侧)预制梁腋处,设置吊船用工字钢轨道的预埋件。"该吊船轨道总长 3500 米,分期实施,第一期为 1000 米,设计测洪能力为 25000 立方米每秒,最大流速为 5.72 米每秒,轨道允许拉力为 6.0 吨,吊船距轨道为 210 米,船长 30 米。该轨道设置在郑州黄河公路大桥下游侧"T"型梁上,位于黄河右岸主流区,右起点距在大桥第二桥墩处。《吊船轨道技术设计》由黄委会郑州水文总站(现黄委会河南水文水资源局)承担,设计包括主轨道 1000 米,副轨道 1000 米,悬臂吊架 400 个,牛腿 400 个,行车 2 部。工程设计于 1991 年 10 月完成,需用钢材 82 吨,投资 80 万元。1992 年 1 月组织黄委会设计院、河海大学建工系、郑州水工机械厂等单位进行审查,并通过该技术设计批准投资 75 万元。1992 年 10 月至 12 月中旬,由郑州水工机械厂进行施工,历时 2 个半月,于当年 12 月竣工。实际经费开支为 81.25 万元。经试运行,行车轨道运行自如,无卡阻现象。因和吊船轨道相配套的 30 米长测船尚未到位,正式投产尚在准备。

在洪水暴涨暴落的测站吊船过河缆道测洪也存在一定的问题,黄河支流洪水,一般在几十分钟内水位变幅可达 5～10 米,浪高 0.5～2.0 米,流速 5.0～10.0 米每秒。在涨洪过程中漂浮物又较多,给测洪的安全威胁很大。如 1959 年泾河雨落坪水文站用双舟船抢测洪水时,船刚行至主流,突然一棵大树随急流而下,船来不及避开,大树已卡在双舟船的中间,使船舵失灵,船再无法移动,船和树在急流的冲击下,将吊船索拉断,造成测船被冲毁,4 人落水;同年汛期黄河干流义门水文站也发生过类似的事故,测船被撞毁,5 人落水。两次事故落水职工都因身穿救生衣,幸免遇难。像这类测站架设水文缆车缆道比吊船过河缆要优越。

二、缆道和缆车

在河道坡降大,洪水暴涨暴落,水面漂浮物多和冰凌严重的河道上,使用水文缆车是较为理想的水文测验设施。水文缆车由行车架、缆车车箱、升降机械借助于跨河索道及设在岸上的动力绞车组成。黄河从 1951 年龙门水文站成功地架设全河第一座水文缆车起,到 80 年代初电动升降式缆车的广泛使用,这是黄河水文职工经过 30 多年的艰苦奋斗,自力更生,走自己的道路创造出的适合黄河测洪(凌)的水文设施。缆车在适用范围方面可从河宽几十米的小河,到宽 700 米左右的大河。从缆车的结构看,由固定高度的手拉式发展到可以根据需要随意调节高度的电动升降式;从种类看,有单一型缆车和流速仪缆道、缆车两用型。由于水文缆车节省人力,操作简便、灵活,是一种比较理想的测洪设施,深受广大测站职工的欢迎。

黄河干流龙门水文站 1951 年 8 月 15 日出现较大的洪峰,那时该站设备条件不能测量这样大的洪水。这一问题引起黄委会领导的重视。经研究确定在该站基本断面以上 7.6 公里(船窝)处,兴建固定式水文缆车缆道以解决汛期洪水测量问题。因这是黄河上第一座缆车缆道,黄委会主任王化云亲自和清华大学联系,由该校水利系负责设计。缆道两岸为直接锚碇,主缆跨度为 104.5 米,主缆直径为 28 毫米。缆车由铁框和木板构成,长 2.5 米,宽 0.7 米,高 0.5 米,用手拉主缆作横向移动,于 1952 年汛前建成投产。该缆车的投产试用,开创了水文测量操作脱离水面的先例。缆车测流和吊船过河缆相比,具有用人少(仅 1～2 人,吊船一般 3～4 人),操作简便,移动灵活,测流历时短等优点。该站在缆车上用流速仪一点法平均测流历时只 15 分钟左右,若用船测需 1 小时。固定式缆车存在的问题是:缆车离水面的距离较大,容易使缆车向上下游方向摆动和悬索偏角较大。缆车测量是悬在空中进行的,测深比在船上操作难度大。同时也有在一定的不安全因素。对缆车设施的安全检查稍有疏忽,也会发生人身伤亡事故。1952 年,龙门(船窝)站因事前对设施没有及时检查,测流时主缆尾卡板松动,造成主缆滑脱,缆车急剧下落 2 人落水,工人杨德庆不幸牺牲。

同年,汾河兰村、灵石站和无定河赵石窑站,也建成固定式缆车缆道并投产。

1952～1953 年,在黄河干流八里胡同站建缆车缆道,由黄委会测验处水文科负责设计,于 1954 年建成。因该缆车距水面距离较大,操作困难未能投产。因此,如何缩短缆车和水面的距离是建设缆车缆道的重要问题。

1954 年,龙门水文站在(船窝)缆道的上游 50 米处,另架一道流速仪拉偏副缆和循环牵引索,这一改进使流速仪悬索偏角大的问题获得一定的解决。并在缆车上用测深锤实测得 15 米水深的最高记录。

缆车测量的优点得到广大水文职工的肯定。1956 年,一个群众性的技术革新,推广缆车测流技术很快在测站展开,特别是在山溪性河流洪水暴涨暴落的测站上进行大胆的尝试。泾河庆阳水文站利用包装天平的木箱,四角缚上铅丝和滑轮连接后挂在吊船过河缆上,用麻绳作循环索移动木箱,人在木箱中操作进行测流。这种利用废旧物资,就地取材,不经复杂的设计和计算,测站职工自行制作的产物,测站称之谓简易缆车。这种简易缆车在 50 年代末和 60 年代初,在水文经费不足的情况下,很多测站仿照制作推广。

由于简易缆车在架设中没有进行正规设计和计算,存在一定的不安全因素。因此,黄委会水文处要求简易缆车在投产前,必须经过超重(400~500公斤重物)试验,并规定出缆道和缆车的检查和维修、操作制度,保证安全生产。

简易缆车的出现,对山溪性河流扩大流速仪法施测流量的范围,以及为提高测洪能力和测验质量提供了物质条件。同时也推动着测站测流设施和设备的改进和发展。如缆车在缆道上的运行方式,开始是人在缆车内直接用手拉过河缆来移动缆车,此法不仅费力,而且还容易使滑轮轧伤手指。1957年 5 月三川河后大成水文站,通过技术革新,首先采用长约 1.0 米的木杆,一端挖成开口的圆洞,套在过河缆主索上,另一端握在手中,用力扳动木杆,缆车即可向前移动,不仅安全可靠,而且省力速度快。此法被称为缆车操纵杆法。同年 7 月在高家川站推广使用,不久,缆车操纵杆在陕北和泾、渭河等测站上广泛使用。

为了解决缆车与水面距离大操作不便的问题,开始在缆车的行车架和缆车的悬索间,加一组复式滑轮组,人在缆车内直接拉动滑轮组的绳,使缆车作垂直升降运动。这个尝试成功后,为水文缆车由固定式向升降式发展提供了经验。

在总结缆车横向移动和复式滑轮组作垂直升降运动的基础上,由黄委会水文处陈鸿钧负责设计和施工,黄河上第一座手动升降式缆车,于 1957年 8 月在佳芦河申家湾水文站建成。该缆车设计总荷重 660 公斤,其中缆车框架重 100 公斤,铅鱼重 100 公斤,仪器重 30 公斤,绞车、行车架、升降索等重 260 公斤,两人体重 130 公斤,设计风荷载和水流冲击荷重 40 公斤。缆车内设有两用绞车,当操作人员绞动升降索时,可使缆车底和水面距离调整到 1.0～1.5 米。绞动起重索时,可使铅鱼(仪器)自由出入水面。升降式缆车的试制成功不仅解决了水文缆车在高空作业的困难,同时也有效地减小了流速仪等悬索的偏角。该缆车由岸上绞车通过循环索作横向移动,行车速度为每分钟 6 米。因该缆车设计荷重太大,人工操作很费力,同时升降速度缓慢,1958 年 7 月 13 日申家湾站发生特大洪水,40 分钟内水位上涨 12.3 米,该缆车停在水边因水位上涨太快无法抢救而被洪水冲走。

在洪水暴涨暴落测站上,缆车测洪虽比船测优越,同时用人少、操作简便。但缆车测洪仍然存在着一些问题,需要加以改进。为了及时指导测站搞好水文缆车建设,1958 年 7 月,黄委会水文处在八里胡同水文站召开由各总站参加的水文缆车现场经验交流会。会议提出,要加快支流测站缆车的建设速度,并抓紧由固定式向升降式发展。会后不久,7 月 17 日,该站技术干部周保全正在固定缆车上测流,突然上游附近支流上发生水库垮坝,瞬间,汹涌的水头冲向缆车,在洪水猛烈的冲击下缆车无法移动,周保全不幸落水牺牲,为黄河水文事业献出了年轻的生命。这一惨痛教训,加快了升降缆车的建设步伐和缆车安全措施的落实。

据黄委会系统 1959～1963 年统计:吴堡水文总站的吴堡、义门两干流站由吊船改为缆车,后大成、川口、温家川、丁家沟、闫家滩、高家川、裴家川、高石崖、大村、延川、杨家湾、圪洞、子长、殿市、林家坪、甘谷驿、后会村、黄甫、偏关、马湖峪、临镇、李家河、青阳岔、碧村、大宁、陈家湾、裴沟、杨家坡、申家湾等支流站也先后建成水文缆车,占总站总测站数的 81.5％,其中有升降式缆车 11 个。到 1963 年底,渭河的丘家峡、首阳、甘谷、秦安、石岭寺、将台;泾河的崆洞峡、泾川、杨闾、巴家嘴、毛家河、洪德、庆阳(两个断面)、悦乐;黄河三小区间支流和洛、沁河的高堰、垣曲、八里胡同(东洋河)、仓头、石门峪、涧北、韩城、新安、栾川、潭头、下河村、庙张、孔家坡、飞岭、永和、油房、山路平等站也建成了水文缆车。这批缆车在兴建时因经费和技术力量不足,均未经正规设计和计算,自己动手,土洋结合,就地取材建起来的。因此,其类型、规格大小不统一,设备也不配套,有的站还存在测洪标准偏低和不安全因素。1963 年在测站基本设施大检查中,发现吴堡水文总站管辖的晋陕间的测站有 58％的站缆车测洪标准低于本站历年最高洪水位,如干流义门、吴堡两站的缆车只能实测 2000～3000 立方米每秒(两站较大洪水一般都在 10000 立方米每秒以上),支流甘谷驿站只能实测 1300～2000 立方米每秒,一般站只能测到 100～800 立方米每秒。都不能满足汛期实测较大洪水的需要。

1963 年 11 月,黄委会水文处在郑州召开的基本设施整顿会议上明确提出:对缆车缆道支架高度不能达到测洪标准要求的站,要逐年进行更换;缆车承载力不够和设备不配套的要进行改进。1964 年 7 月,黄委会水文处召集兰州、吴堡、郑州等水文总站在郑举办升降缆车初步定型设计研讨会,提出对缆车定型设计的要求:第一,缆车运行要轻快,操作要轻便,要求缆车的横向移动和垂直升降的速度要快于洪水的涨落率,以满足抢测暴涨暴落洪水的需要,缆车的总荷重要限制在 80～100 公斤以内;第二,缆车的材料要结实,各部件要有足够的强度,经得起碰撞和摔打,保证测验人员在缆车中的安全;第三,操作设备要简便,缆车升降、仪器提放操作要简单;第四,缆车的安全措施要可靠,如缆车下降的制动闸动作要可靠。会上提出缆车的初步设计:框架长 1.5～1.7 米,宽和高均为 0.8～0.9 米,框架由钢管焊成。缆车的升降可由手扳绞车和蜗轮蜗杆组成,为便于操作应安装在缆车的中上部。提放仪器的绞关可设在缆车下游侧底部。缆车的横向移动,由岸上绞车带动循环索牵引。

研讨会后当年黄委会水文处加工缆车 10 部;1965 年由黄委会水文处在郑州又统一加工缆车 29 部,于汛前配发测站。这批缆车由于手扳绞车速度较慢,再加上蜗轮蜗杆传递效率低,因此缆车升降的速度较慢。另外蜗轮蜗杆由铸铁制成磨擦力很大,因此缆车升降操作较费力。1965 年泾河庆阳水文站利用齿轮传动自行加工一部升降缆车,使用中和蜗轮蜗杆传动相比,操作用力小、速度快。在横向移动方面,因在岸上远距离操作使缆车的停顿位置容易发生差错,不能对准预定的测量位置。1965 年毛家河和甘谷水文站在行车架上安装分线轮和绞车,把循环索的下线在分线轮上绕 2～3 圈后,人在缆车上操作绞车使缆车作横向移动,不仅能使缆车准确定位,同时也十分方便。1966 年,对缆车的设计又作了部分修改,由各总站自行组织加工缆车共 40 部。升降缆车的投产使用,不仅受到黄委会系统水文测站职工的欢迎,1966 年 5 月 21 日在山西太原市召开的西北区水文缆车协作会上也受到了代表们的赞扬。60 年代初,山西等省(区)水文总站积极推广水文升降式缆车,1964 年宁夏首批建成水文缆车的有韩府湾、泉眼山、郭家桥等站。

为了减轻操作人员在测洪中的劳动强度,并进一步提高缆车的横向移动和垂直升降的运行速度,1965 年吴堡水文站以柴油机为动力,将缆车的横向移动由手摇改为机动,获得成功,成为水文缆车机械操作的先河。1970年沁河润城站建成摩擦式电动缆车。1971年,由吴堡水文总站负责研制的垂直升降和横向移动用双筒卷扬机牵引的电动水文缆车在吴堡、延安两站试制成功并投产,使水文站的测洪操作迈出了电动化的步伐。1973年吴堡水文总站的王道恒塔、府谷、温家川、高石崖,兰州水文总站的享堂站也先后建成电动缆车。70年代末到80年代初,郑州水文总站的黑石关、白马寺、东湾、陆浑、龙门镇、下河村、宜阳、新安、长水、五龙口、润城、山路平、垣曲、八里胡同、涧北等站;吴堡水文总站的河曲、黄甫、高家堡、大宁、白家川、甘谷驿、延川、丁家沟、后大成、林家坪、吉县、殿市、申家湾、新市河、子长等站;以及兰州水文总站的泾川、袁家庵、庆阳、甘谷、秦安、社棠、天水、民和、玛曲、三湖河口等站先后建成电动缆车。

1972～1975年,陕西省引进黄委会吴堡水文总站的缆车图纸,先后加工20多部升降式缆车,解决了陕北地区测站的测验问题,扩大了流速仪的施测范围,提高了测验质量。70年代缆车的横向移动循环索已实现电动化。1982年该省在渭河林家村水文站建成"直流电动升降式缆车"。该缆车是在原缆车上增加一组蓄电瓶(3×90安时)和一部直流电机(1.35千瓦),所增重量约120公斤。该缆车缆道主索跨度为325米,升降幅度为9.0米。缆车建成后经测试每充电一次,电机累计运行1.83小时,升速为5.5～6.5米每秒。测一次流电机平均累计运行3分钟,充电一次可测流36次。该升降缆车的投产极大地减轻了劳动强度,节省了人力。

1980年,为解决黄河干流头道拐水文站在冰期封、开河时施测流量的困难,确定建造电动升降缆车。电源开始时由岸上输送交流电,这种供电方式需要较长的电源线跟随缆车移动,同时,用动力高压电在缆车上很不安全。另外缆车在河中和岸上联系也不方便,因此,没有得到推广。随后黑石关站采用锌锰电瓶供电,白马寺站利用0.5千瓦的直流电机,龙门镇、头道拐两站用5马力的小汽油发电机(重5公斤)等动力,均取得一定的效果。但也各有缺点,如锌锰电瓶重量较重,增加缆车的荷重;小汽油发电机虽重量轻,体积小,但噪音大。1986年,吴堡水文站将岸上高压交流电改为低压(36伏)直流电,通过缆索供电(类似无轨电车的空中电缆)这种供电方式虽能使缆车运行安全可靠,因造价高和买不到合适功率的直流电机,难以推广。

为了进一步总结水文缆车的设计和使用经验,改进、提高、完善缆车技术,进一步推动水文缆车的发展,1984年12月,黄委会水文局受水电部水文局的委托,在河南省洛阳市召开了北方水文缆道缆车技术经验交流会。会上推选山西、陕西、青海、宁夏、内蒙古、新疆、黑龙江等省(区)水文总站和黄委会吴堡水文总站组成"北方水文缆车协作组",山西省水文总站为牵头单位,协作组的任务是提出缆车标准设计。会后,经过两年多时间的广泛搜集资料和实地进行调查研究,由山西省水文总站负责汇编的《水文缆车选型标准设计资料》,于1987年6月全部完成。水文缆车标准结构分简易型(适用于河流宽度为100米以内,水位变幅小,不需要升降的小河站)、通用型(适用于河宽在100~300米中等河流,缆车的升降可用手摇或直流电机)、特用型(适用于河宽在300米以上大中河流,水位变幅大,有电源的大跨度)、双用型(适用于河宽在200米左右,水位变幅不大,有电源的缆车、流速仪缆道联合操作的站)等四种类型,并对缆车的配套设备也作了系统介绍。

到1987年黄委会系统共有各种类型的水文缆车84部,其中电动缆车51部(包括电动和手摇两用),手摇缆车33部。省(区)共有缆车92部(电动44部,手摇48部),其中青海23部(电动1部、手摇22部)、甘肃14部(均为手摇)、宁夏10部(电动7部、手摇3部)、内蒙古9部(电动4部、手摇5部)、山西12部(电动9部、手摇3部)、陕西24部(电动23部、手摇1部)。

黄委会系统的水文升降缆车,作为中国水文业务技术经验之一,在世界气象组织推行《水文业务综合子计划》(HYDROLOGICAL,OPERA-TIONAL,MULTIPURPOSE,SUBPROGRAMME,缩写HOMS)中向世界各国推荐,于1981年8月由世界气象组织秘书处编入《HOMS咨询手册》印发世界各国。

黄河水文缆车,在黄河水文测验中虽发挥了积极的作用,但因受客观条件的限制,在较大洪水测验中,仍有流速和水深不能全部施测的问题。

三、流速仪缆道

流速仪缆道是由悬吊铅鱼和流速仪、信号仪表、过河索道和循环索及设在岸上操作室内的动力绞车等组成。黄河自1954年在三川河贺水水文站建成第一座简易流速仪缆道起,到80年代初兰州水文站等建成全(半)自动流速仪缆道,山西、宁夏建成的缆车和流速仪联合操作缆道,中间走了不少弯路,也取得了很多成功的经验。在黄河干流上、中游,水流相对平稳和断面条件较好的测站,架设流速仪缆道是水文测验较理想的测验设施。

黄河支流三川河贺水水文站,在冬季河中不能行船,涉水测量很不安全。1954年冬,该站自己动手用8号铅丝和木滑轮、绞关等建成黄河上第一座简易流速仪缆道(当时称流速仪过河),成功地解决了冬季测流问题。1955年涝河涝峪口站由陕西省负责,架设了流速仪缆道。为了将流速仪缆道测流扩大到汛期测洪中使用,1957年8月,黄委会水文处在三川河的支流小南川的陈家湾水文站上,建成跨度为50米的流速仪缆道,并获得测洪试验的成功。用流速仪缆道测流,操作人员全部在岸上工作,和缆车测流相比操作更为安全(避开水上高空)省力,仪器在缆道上移动和提放轻便、灵活。但也存在悬索偏角大、仪器缠草后处理困难,以及水深测量时铅鱼接触河底不易判别等问题,需进一步加以改进。1958年11月17日为三门峡枢纽工程围堰合龙,测龙口流速时,由三门峡工程局在三门峡大坝处架设了一道临时流速仪缆道,仪器安装在重300公斤的铅鱼上,用卷扬机操作运行,成功地施测到龙口10.7米每秒最大流速,获得了用其他方法无法施测的成果。大坝合龙后该缆道全部设备移至坝下三门峡水文站断面,这是黄河干流上第一个用机械操作的流速仪缆道。为了在大中河流上推广流速仪缆道,潼关水文总站于1958年汛期,分别在黄河龙门站和渭河丘家峡站架设流速仪缆道。龙门站于1959年投产使用。丘家峡站汛期水面漂浮物较多,测流时常因摘除缠绕在仪器上的杂草,而耽误测流时机,同时因躲避漂浮物撞击不及常使仪器损坏,汛期停用,而在中小水无漂浮物时,使用正常。

在1958年大跃进年代,曾不符合实际地提出"打倒浮标测流,发展流速仪缆道"。在此口号影响下,一部分支流测站自己动手,土法上马,架起了流速仪缆道。结果也因小河洪水时水面杂草和漂浮物多,缠绕和撞击流速仪的问题不好解决和经费不足而未搞成功。因此,在整个60年代黄河只有三门峡和龙门两站坚持用流速仪缆道测流,并由机动逐步向电动(半自动)发展。

到70年代初,水电部水文局接受测验翻船造成人身伤亡事故的教训,提出测验操作要做到离开水面和避免空中作业,保证人身安全。同时在全国部署推广流速仪缆道测流,并向操作自动化(半自动化)发展,实现测验设施现代化。黄委会水文处根据水电部水文局的安排,部署兰州等有关水文总站开展流速仪缆道建设。

1972年,兰州水文总站王昌顺率领有关人员赴四川省雅安等地参观学习后,在小川水文站吊船缆道上改建电动流速仪缆道,并配有一套机械取沙设备。该缆道主索直径为18.5毫米,跨度为175米,铅鱼重200公斤,于1973年夏投产运行。并编写《小川水文站测流取沙电动缆道情况介绍》。在小川站流速仪缆道投产的当年,兰州水文总站又投资4.39万元,筹建唐乃亥、兰州、民和、享堂、青铜峡等站的电动流速仪缆道。1974年12月在全国水文会议上提出,水文站要实现雨量、水位自记化,测流取沙缆道化(简称两化)。会后黄委会有关领导部门大力支持测站搞流速仪缆道建设。到1978年兰州水文总站建成和正在兴建的流速仪缆道有小川、民和、享堂、秦安、杨家坪、青铜峡、唐乃亥、兰州等8处。这些工程大部分采取边设计,边施工的办法,再加上技术力量不足,设备简陋和电子仪器质量差等因素,建成后存在不少问题。如杨家坪水文站的继电式流速仪缆道,因设备不配套,故障多,在洪水测验中,无法施测水深、流速(1979年缆道整顿中决定拆除而改为电动缆车);秦安站也因漂浮物多,无法施测水深和流速信号不可靠等也拆除半自动测流装置而改为电动缆车;又如民和站因测验断面条件差,流速仪缆道和电动缆车都不实用,决定全部拆除;享堂站因仪器设备故障多而停用,并改为电动缆车;因电子仪器质量不过关和技术力量不足,青铜峡站缆道停建。同时集中力量对兰州、小川、唐乃亥三站的流速仪缆道进行改建。

兰州水文站改建后的流速仪缆道为双主索自立式钢塔,右岸高14米,左岸高10米,双主索间距为1.0米,直径为18.5毫米,主跨262.5米。循环索系统采用开口游轮平衡锤式,铅鱼重400公斤,行车采用桁架式天车。驱动卷扬机采用双减速器双电机结构,升降速度为每分钟12米,循环行车速度为每分钟30米。缆道控制仪采用江苏淮阴无线电厂生产的SW-9型和SW-10型水文数字测流计改装而成,定名为Z80水文半自动控制仪。该仪器能够控制铅鱼入水和接触河底信号,通过光电转换信号,能显示水深值,并将拟定时段信号数换算显示出流速,同时还可以控制运行间距。从而实现在一条垂线上测起点距、水深、流速操作自动化。兰州站的双主索缆不仅提高缆道的承载能力,同时减小缆道的水平摆动和弹跳,提高了测深精度。在整顿流速仪缆道的同时,上诠水文站因八盘峡水库回水影响,决定投资2.8万元,新建半自动流速仪缆道,于1980年建成投产。1981年9月黄河上游出现1904年以来最大洪水,唐乃亥、小川、上诠、兰州等站用流速仪缆道实测了最大洪峰流量(唐乃亥站只实测断面),取得了用测船无法测得的宝贵资料。

白家川水文站地处陕北清涧县,是多沙河流无定河的把口站。该站的缆道技术革新从1977年开始,当时全站13名职工,多数是年轻的新手,平均年龄26岁,文化程度最高的是黄河水利学校的中专毕业生。搞革新实现"两化"谈何容易。全站职工在站长席锡纯带动下,一靠团结,大家心往一块想,劲往一处使;二靠刻苦学习和钻研精神,努力学习电子知识和缆道技术;三靠苦干实干,他们搞革新的工具仅有一个手电钻,一台电焊机,一个台钳和一把钢锯,工程设计、备料(锯钢材、电焊、打石子、运沙子)、施工浇筑都是自己动手一步一个脚印地干。1977年该站首先将原有的手摇升降缆车改为电动升降缆车;1978年又将电机直接驱动改为可控硅无级调速;1979年将电动升降缆车改建为半自动流速仪缆道。其中又进行了多项重大改革,平衡升降改为滑轮组升降;自行重新设计导向门架减少导向轮,从而减小了摩擦力;改用磁抱闸和能耗制动装置,防止了卷扬机的打滑;改进铅鱼水面、河底信号装置和加重铅鱼托板,有效地减小主索的弹跳,并使水面、河底信号灵敏、准确、可靠。该站洪水暴发时,因流速大用一般工厂生产的120公斤轻铅鱼浮在水面无法入水。后改用270公斤的铅鱼入水仍困难,为此,他们自己设计和自己动手浇铸了一个重470公斤,鱼身细长,垂直尾翼舵高,而水平尾冀窄的铅鱼。经使用说明该铅鱼完全能适应水流急、含沙量大和水草多等复杂情况。如含沙量为900公斤每立方米,流速为4.47米每秒,水深在4.10米时,铅鱼入水平稳,水面、河底信号准确可靠,因此,革新后的缆道大大提高了测验质量和有效地扩大了流速仪法施测流量的范围。

1970年,宁夏水文总站根据望洪堡水文站的断面条件架设手摇独轮式流速仪缆道。1974年该总站又在固原水文站建成双刹型电动独轮式两用缆道。该缆道针对干旱地区小河道水文特点,平时水浅可采用升降缆车测流。涨洪水时将悬杆固定在缆车上,在岸上操纵缆车即起流速仪缆道作用。另外,也可人在缆车中协助岸上操作,摘除水草和排除仪器故障(即流速仪缆道和缆车联合使用)。该缆道具有结构简单,建设投资节省,加工维修简易等优点。因此,在1977年由长江流域规划办公室(简称长办)水文处主编的《水文缆道》一书中,对该缆道进行了介绍。70年代宁夏水文总站在郭家桥等站用自耦变压器控制直流电机,对缆道进行无级调速,解决了流速仪缆道运行及升降中的关键问题,使行车及流速仪能够平稳地停于需要的位置,达到测距、测深、测速的规定要求。在信号传输方面通过不断改进,从有线音响方式逐步向无线数字式发展。到80年代采用调频信号发送接收装置,室内接收信号,显示水深、流速、起点距位置等数据,实现缆道半自动测流。

1977年,黄委会水文处和郑州工学院共同协作研制"QCY-1型全自动测流控制仪",于1982年在兰州水文站安装完成,并通过省级鉴定。该仪器由自动测流、自动打印控制及数据计算控制三部组成。在室内按动电钮即可按预定的程序自动测深、测速、记载计算,测流结束时即可提供流量数据。该仪器设计合理,技术先进,1982年获河南省科技进步三等奖。该仪器和其他测流控制仪一样,因电子原件的质量差而容易发生故障,再加上测站技术力量的限制,维修跟不上而停用。

1982 年,山西省水文总站在推广流速仪缆道中,针对本省河流泥沙大、水草多、以及洪水涨落快的特点,研制成 SJ－300 型水文缆道绞车和 KC－300 型控制操作台。该设备用一台电机带动横向移动和垂直升降两个系统同时运行,互不干扰,并能进行无级调速,工作人员在岸上控制室内操作,即能将水深、流速、起点距直接从控制台上显示,完成流量测验。具有安全、省力、缩短测流历时提高测流效率等优点。1984 年经国内专家通过技术鉴定,1986 年获山西省科学技术进步三等奖。随后又引进集成电路装配成 HDH－IA 型缆道综合信号仪,和采用无线信号传输方式的 LGX－821 型缆道测量信号仪。该两种信号仪的特点是传输效率高,性能稳定,抗干扰,故障少。

到 1987 年黄委会系统流速仪缆道有 10 处(电动);省(区)有 66 处,其中青海 5 处(电动 3 处,手摇 2 处),甘肃 14 处(电动 4 处,手摇 10 处),宁夏 23 处(电动 3 处,手摇 20 处),内蒙古 2 处(手摇),山西 4 处(电动),陕西 13 处(电动 11 处,手摇 2 处),河南 2 处(电动),山东 3 处(电动)。

建国前和建国初期,多数水文站由于测验设施简陋,汛期较大洪水测量以浮标法为主,特大洪水常用比降法估算洪峰流量。这两种方法都无法实测水深,流量计算靠借用断面,因此使洪峰流量的测量准确度受到很大的影响。吊船、缆车、流速仪过河缆道设施因地制宜在测站普及后,为测站改进流量测验方法提供了物质条件。黄河干流部分水文站的流量测验由以浮标法为主逐渐转为以流速仪法为主。如循化站建国前共测流 33 次全为浮标法;1950~1956 年共测流 538 次,也全部为浮标法;1957~1984 年共测流 1906 次,其中流速仪法为 1771 次占 92.9%,浮标法为 135 次占 7.1%。又如兰州站建国前共 11 年测流 494 次,其中流速仪法只有 14 次,占 2.8%,浮标法 480 次占 97.2%;建国后 1950~1956 年共测流 797 次,其中浮标法 456 次占 57.2%,流速仪法 341 次占 42.8%;1957~1984 年,流速仪法的比数增加到 95.3%,浮标法比数下降到 4.7%。再如青铜峡站,流速仪法测次的比数,由 1950~1956 年的 23.4%到 1957~1984 年上升到 99.3%,而相应时段内浮标法测次由 76.6%下降为 0.7%。据年鉴统计,在 50 年代以后,黄河干流站用浮标法测流主要有两种情况,一是在冬季流凌密度较大和抢测封开河流量时使用;二是吴堡、龙门等站在洪水暴涨暴落和河中漂浮物特别严重时,只能用浮标法抢测。如吴堡站,1950~1956 年浮标法测次的比数为 41.1%,随测验设施、设备的不断改进,浮标法测流的测次逐渐减少,到 1957~1984 年,浮标测次比数下降为 25.6%。在支流洪水暴涨暴落的测站,汛期抢测洪峰虽然仍以浮标法为主,但浮标的投放、断面的施测、浮标系数的选用等均比建国前有很大的改进。

建国后流速仪法测流,不仅是黄河干流测站施测中小水的主要方法,同时也是多数测站施测大洪水的主要方法。如1981年9月(简称"81·9")洪水,是1904年以来黄河干流上游最大的洪水,兰州水文总站所辖16个水文站,其中,有12个站用流速仪法施测最大洪峰流量,只有4个站用浮标法,实测幅度均在97%~100%,如表3—5。又如1982年8月(简称82·8)洪水,是建国以来黄河干流下游第二个较大洪水,三门峡以下9个水文站除小浪底站用浮标法外,其他8个站均用流速仪法施测最大洪水(实测的控制幅度为91.5%~99.2%),如表3—6。

表3—5　　　　　黄河干流上游各站"81·9"洪水实测情况

| 站名 | 最高洪水位(米) | 洪峰过程测次(次) | 流量(立方米每秒) | | | | 实测最大 | | | |
			推求最大流量	实测最大流量	相应水位(米)	实测幅度(%)	流速(米每秒)	方法	水深(米)	方法
玛曲	1999.67	34	4330	4330	1999.45	100	2.77	流速仪	10.0	锤测
									9.6	杆测
军功	46.55	25	4620	4620	△46.55	100	3.39	浮标		
唐乃亥	2520.38	52	5450	5470	△2520.37	100	6.33	浮标	7.6	铅鱼
贵德	2205.38	30	4900	4810	2205.33	98	5.33	浮标	11.8	锤测
循化	2188.22	37	4850	4860	△2188.19	100	5.26	浮标	7.5	杆测
小川	1624.43	29	5360	5260	1624.40	98	6.01	流速仪	9.8	杆测
上诠	1581.9	32	5230	5090	1581.88	97	3.83	流速仪	10.1	铅鱼
兰州	1516.85	36	5600	5490	1516.80	98	4.28	流速仪	10.5	锤测
安宁渡	1372.41	33	5630	5580	1372.35	99	3.77	流速仪	10.7	锤测
下河沿	1235.19	24	5780	5740	1235.17	99	4.25	流速仪	9.7	杆测
青铜峡	1138.87	33	5870	5710	1138.81	97	4.39	流速仪	8.7	杆测
石嘴山	1091.89	32	5660	5660	1091.88	100	2.73	流速仪	11.6	杆测
巴彦高勒	1052.07	28	5600	5660	1052.03	100	2.86	流速仪	13.2	锤测
三湖河口	1019.97	40	5500	5400	1019.94	98	2.86	流速仪	17.0	锤测
昭君坟	1009.70	26	5450	5300	1009.66	97	2.89	流速仪	13.5	锤测
头道拐	990.33	34	5150	5130	990.33	100	2.99	流速仪	10.4	锤测

　　注　水位左侧有"△"号者为假定基面

表 3—6 黄河干流中下游各站"82·8"洪水实测情况

站名	最高洪水位（米）	洪峰过程测次（次）	流 量 （立方米每秒）				实 测 最 大			
			推求最大流量	实测最大流量	相应水位（米）	实测幅度(%)	流速（米每秒）	方法	水深（米）	方法
三门峡	279.03	6	4840	4700	278.96	97.1	5.80	流速仪	8.5	铅鱼
小浪底	141.59	13	9340	9400	141.48	100	4.05	浮标	15.0	锤测
花园口	93.99	15	1530	14700	93.98	96.1	3.86	流速仪	5.9	杆测
夹河滩	75.62	13	14500	13600	75.53	93.8	4.02	流速仪	5.2	杆测
高 村	64.13	20	13000	11900	64.05	91.5	3.59	流速仪	9.0	杆测
孙 口	49.60	26	10100	10000	49.50	99.0	2.89	流速仪	8.5	杆测
艾 山	42.70	24	7430	7300	42.65	98,3	3.86	流速仪	13.0	锤测
泺 口	31.69	19	6010	5960	31.63	99.2	3.88	流速仪	9.8	杆测
利 津	13.98	14	5810	5670	13.79	97.6	3.67	流速仪	7.0	杆测

　　由于测验设施、设备的改进和现代化，为完整控制洪水过程与合理布置流量测次创造了条件。如在建国前，由于测验设施简陋等条件的限制，流量测验的次数不仅较少，而且测次的分布也很不合理。据《水文年鉴》统计，兰州、青铜峡、龙门、潼关、陕县等站，汛期每月测流仅 5～9 次，夜间涨水一般不测流（因设备不行）。以循化、兰州、青铜峡、包头、花园口、泺口等 6 站为例，1948 年 6 站平均测流为 24 次；1950～1955 年平均测流为 116 次；1985 年循化、兰州、青铜峡、包头、吴堡、龙门、三门峡、花园口、高村、泺口 10 站年平均测次为 154 次，如表 3—7。自 50 年代后期起，对流量测次的分布要求，以完整控制每个洪水过程为原则。如 1958、1964、1981（或 1982）年较大洪水测量中，黄河干流循化等 10 站有 80% 的一次洪水过程流量测次在 10 次以上，如表 3—8，平均测次为 15 次，兰州、龙门站最多达 30 次，汛期 6～10 月份 10 站平均流量测次为 97 次，占 10 站年均测次 163 的 60%。与建国前相比，不仅流量测次多而且测次分布合理，流量过程控制好。如兰州站 1946 年最大洪峰流量为 5900 立方米每秒，全年流量测次为 41 次，月最多测流为 8 次，洪峰过程测 7 次，而西柳

表 3—7　　　　　黄河干流 10 站各时期流量测次统计表　　　　　单位：次

年份	循化	兰州	青铜峡	包头	吴堡	龙门	陕县	花园口	高村	泺口	平均
1945		32	27								
1946		41	28				(4)	29			26
1947	2	41	24	31			(15)	7			20
1948	26	54	23	19				7		16	24
1949	5	32	2				26	35		125	38
1950		49	45	27		43	167	63	63	93	69
1951	42	90	87	65	16	89	220	100	108	107	92
1952	55	130	111	91	89	27	135	149	133	104	102
1953	100	151	152	135	106	(40)	138	143	147	143	126
1954	133	164	158	138	131	233	136	144	190	154	158
1955	108	155	135	137	111	157	178	173	175	190	152
1958	81	141	161	125	158	259	201	162	163	143	159
1961	33	66	138	116	103	188	60	169	146	90	111
1962	2	75	87	99	104	215	59	142	147	99	103
1963	38	138	141	172	159	230	102	143	172	159	145
1964	57	156	144	177	206	301	111	157	159	169	164
1965	71	98	151	179	169	193	77	127	141	144	135
1966	99	133	186	142	189	205	92	146	136	118	145
1967	(70)	(68)	(130)	(143)	(184)	(153)	(32)	(110)	(115)	(99)	(110)
1968	49	(51)	(73)	(106)	(166)	(160)	34	(127)	(109)	(105)	(98)
1969	27	27	39	95	(140)	193	24	(90)	(65)	(34)	(73)
1971	51	108	89	112	229	210	65	121	145	120	125
1972	64	106	62	122	220	179	52	131	156	133	122
1973	61	69	144	152	329	273	66	177	202	145	162
1974	58	75	102	129	256	228	52	169	182	134	138
1975	77	117	109	116	223	244	67	178	191	164	149
1976	80	105	95	123	232	197	69	183	172	144	130
1977	60	72	90	112	329	221	68	189	174	130	144
1978	192	119	118	144	311	269	88	187	186	158	168
1979	107	86	124	135	218	205	61	173	138	133	138
1980	74	59	115	130	221	186	62	215	198	163	142
1981	97	104	176	169	237	255	50	205	220	192	169
1982	90	70	123	152	238	211	33	193	175	192	148
1983	115	76	154	174	268	279	35	205	226	211	174

续表 2—7

年份	循化	兰州	青铜峡	包头	吴堡	龙门	陕县	花园口	高村	泺口	平均
1984	105	89	158	165	256	236	31	186	206	186	162
1985	115	56	127	176	299	215	26	186	172	169	154
历年最多测次	133	164	186	179	329	301	220	215	226	211	

注　1. 数字有括号者为测次不全

　　2. 兰州站部分年是西柳沟站的测次;陕县站部分年为三门峡站的测次;花园口站部分年为
　　　 秦厂站的测次

沟站(由兰州站上迁 28.4 公里)1964 年洪峰流量为 5660 立方米每秒,全年流量测次 156 次,月最多测流 35 次,洪峰过程测流 30 次。又如龙门站 1937 年,最大洪峰流量为 9100 立方米每秒,全年测次为 62 次,月最多测次为 9 次,洪峰过程测次为 4 次;而该站 1964 年洪峰流量为 7300 立方米每秒,全年流量测次为 301 次,月最多测次为 59 次,洪峰过程测次为 30 次,如表 3—8。再以河面最宽,测流条件十分困难的花园口站为例,1982 年 8 月洪水过程流量测次的控制和水位流量关系线上测点分布合理如图 3—1、图 3—2。其流量测次不仅实测到了洪峰的最大流量而且洪峰过程转折处均有流量实测点据。这是在建国前和建国初期无法实现的。

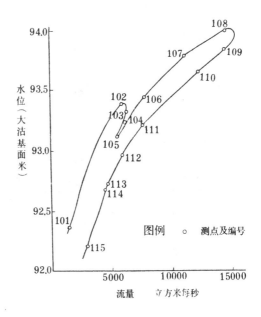

图 3—1　花园口站"82.8"水位～流量关系

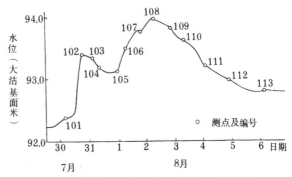

图 3—2　花园口站"82.8"洪水水位过程
及流量测次分布

表 3—8 建国后黄河干流 10 站洪峰测次统计表

站　名	年　份	全年测次（次）	汛期 6～10 月		月最多测次（次）	年最大洪峰流量（立方米每秒）	最大洪峰过程测次（次）
			测次（次）	占年测次（%）			
循　化	1958	81	59	73	21	2560	13
	1964	57	27	47	13	3260	11
	1981	97	64	66	25	4850	25
兰　州（西柳沟）	1958	141	94	67	39	3760	16
	1964	156	97	62	35	5660	30
	1981	104	68	65	29	5600	20
青铜峡	1958	161	110	68	34	4120	16
	1964	144	62	43	14	5460	13
	1981	176	112	64	32	5870	20
包　头（昭君坟）	1958	125	72	58	21	3900	20
	1964	177	91	51	25	5090	15
	1981	169	95	56	17	5450	20
吴　堡	1958	158	99	63	41	12600	6
	1964	206	125	61	44	17500	10
	1981	237	153	65	58	6810	10
龙　门	1958	259	182	70	64	10800	4
	1964	301	211	70	59	7300	30
	1981	255	183	72	79	6400	12
陕　县（三门峡）	1958	201	109	54	37	9540	6
	1964	111	54	49	19	4870	18
	1981	50	37	74	10	6330	7
花园口	1958	162	95	59	34	22300	10
	1964	157	76	48	21	9430	17
	1982	193	110	57	28	15300	15
高　村	1958	163	91	56	25	17900	7
	1964	159	70	44	20	9050	13
	1982	175	94	54	34	13000	18
泺　口	1958	143	74	52	22	11900	9
	1964	169	88	52	24	8400	15
	1982	191	100	52	36	6010	20
10 站平均		163	97	60	32		15

第三节　测　　船

建国前,黄河流域各水文站自备有大型专用测船的很少,测验时大都是临时租用民船或渡口的摆渡船,只有条件较好的水文站自备有小木船或羊皮筏。1946年国民政府黄委会测量队移交给咸阳水文站一只木船,该站曾因雇不起船工而将该船借给私人使用并请代管,站上测量用船时无偿服务。1949年秋泺口水文站购买了一只旧船。

建国初期,国家财力虽十分紧缺,但水文站都能因地制宜的自制(购)的木船或羊皮筏。青海、甘肃、宁夏等地以使用羊(牛)皮筏为主,内蒙古、山西、陕西、河南等地一般使用长6～8米的木船,黄河下游干流站使用长10～18米的木船。到1952年底,黄委会系统的水文站已有90%以上的测站配备了木船或皮筏。

1953年以后,在国民经济的发展中,随着吊船过河缆道的兴建,在黄河中上游测站主要发展非机动的木(钢板)船,而在干流下游宽浅河道测站发展机动船。

一、木、钢质测船

1953年,黄河干流宝山水文站建成黄河上第一座吊船过河缆道,有效地解决了测船的固定问题,较好地满足了测站抢测大洪水需要,从而促进测船的改进更新。为使测船在测洪中平稳、安全,从1954年起逐步将中游干流上的测站的船长由6～8米更新为长10～12米。1956年,黄河干流上游西柳沟水文站兴建钢塔吊船过河缆道后,首次在该站建造木质双舟型测船,长11.6米,双舟总宽6.66米(单舟宽2.63米,两船间距1.4米),该船用木料15.7立方米,造价3714.08元。由于双舟船甲板宽操作场面大,有利于进行各项测验操作、安装大型水文绞车和使用重铅鱼(200公斤以上)测深和测速,并由于双舟船底和水面的接触面较大,测船在急流中行驶平稳,可在现场进行资料的计算和分析,及时发现和纠正测验中存在的问题。西柳沟站双舟船在测洪中使用大型水文绞车和重铅鱼后,使流速仪的悬索偏角减小到水文规范规定的范围,提高了测验质量。1957年,循化、青铜峡、吴堡、义门、三门峡等干流站也相继建造了双舟测船。1959年干流唐乃亥、贵德、安宁渡、龙门、八里胡同、小浪底以及支流享堂(湟水和大通河两个断面)、庆阳、杨家坪、雨落坪、后大成、龙门镇、白马寺、东湾等站先后也配备了双舟测船。

黄河流域大部分地区气候干燥,风沙大,易使船板发生裂缝造成舱面干裂漏水,舱内积水木板腐朽。据青铜峡水文站的经验,一艘有专人管理养护的木船,使用10年左右船体就不能使用了(该站1957年造的双舟船于1967年更换)。多数测站的船因没有专人养护,使用几年船就报废了。1964年冬泺口水文站请小清河造船厂建造了黄河上第一艘密封舱钢板船,船长11.6米,宽3.8米,吃水0.3米,造价2.5万元。1966年,小浪底水文站在济南也造了一艘密封舱钢板船,长18.6米,宽4.5米,吃水深0.6米,投资5.0万元。在此期间,西柳沟水文站委托湖南省益阳造船厂造了一艘长14米,宽4.2米,吃水深0.4米的密封舱钢板船,历时近3年才完成。船由洞庭湖水运至武汉,又装上火车绕道北京、包头等地运到兰州(陇海路因山洞多,车厢装船后不能通过)。该船总造价(包括运费)共28825元。在当时水文经费有限的情况下,普遍推广钢板船还有困难,因此只能有计划、有重点地更新。1969~1970年,潼关和石嘴山两站的测船都确定更新为密封舱钢板船,经与有关造船厂联系,均因造价高、工期长、未能签订合同。在此情况下,黄委会革委会生产组即决定自己动手建造。潼关站的钢板船由三门峡库区水文实验总站兰荣潭负责设计和施工,船长25.0米,宽5.0米,深1.0米,吃水深0.4米。于1970年开工,没有放样场地,用腾出机关食堂,人手不够抽调测站职工支援,经过大家齐心苦干,于1971年建成投产,性能良好。石嘴山站钢板船的建造任务由兰州水文总站承担,当时,没有懂得造船的技术骨干和工人白手起家,困难重重。1971年初,临时抽调贾华芳、赵维峰、苏永宾三人组成造船筹备小组,由赵维峰去山东省济宁造船厂学习船体放样,苏永宾通过自学有关钢结构、船舶修理、电焊与气割等书籍,初步掌握了造船技术,曹修展、陈广洲去兰州电力修造厂学习电焊技术,随后购买了一台电焊机和抽调测站职工组成13人的造船小组,于同年8月在石嘴山站现场开展工作。在船体设计、放样和施工中,土法上马,边学边干,克服重重困难,于1972年6月,将一艘长13.6米,宽3.8米,吃水深0.4米的密封舱钢板船建成下水,投入汛期测洪使用。该船行驶平稳,性能良好。该船总投资13129元(包括工作人员差旅费和补助费等),是造西柳沟钢板船投资28825元的45.55%,达到了投资省、工期短、性能好、完全满足实用的要求。通过潼关和石嘴山两站自力更生建造钢板船的成功,不仅为国家节约了投资,而且锻炼和培养了一批能艰苦奋斗、敢打硬仗、具有一定造船技术的职工造船队伍。

兰州水文总站从临时组成的造船小组,到扩建为总站造船车间,承担了总站测区各测站兴建钢板船的任务。经全体职工 17 年(1971~1986)的艰苦奋斗,兰州水文总站车间共造大小钢板船 31 艘(其中给青海省水文总站等单位造 2 艘),使兰州测区各测站普遍用上了钢板船。三门峡总站自 1970 年开始造船到 1988 年共造大小钢板船 13 艘(其中有 2 艘是为外单位加工),钢板船最大的长 26.6 米,宽 6.0 米,深 1.3 米,吃水深 0.5 米。山西省水文总站用现代新型铝合金、玻璃钢材料为柴庄、二坝、义棠等站造双舟船,此类测船有耐腐蚀、不生锈、强度高等优点。

到 1988 年,黄委会水文系统共有钢板船 43 艘,占非机动船的 84.0%,木船 7 艘。省(区)测站共有钢板船 22 艘,其中甘肃 1 艘,宁夏 1 艘,内蒙古 14 艘,陕西 1 艘,山东 5 艘。

二、机动船

黄河上第一艘机动水文测船——新黄河 1 号,由青岛海军造船厂建造,船长 13.5 米,宽 3.4 米,吃水深 0.7 米,以汽油发动机作动力,于 1950 年 10 月建成运到陕县水文站投产使用。该船因航速小于 3.0 米每秒,在洪水流速大于 3.0 米每秒时,就不能驶入主流,只能在主流边投放浮标和进行岸边部分的测验。该船在建造时因没有经验,设计中未考虑防沙设备,使用不久因尾轴磨损严重,造成漏水停用;后调往三门峡水库,1961 年被烧毁而报废。1955 年秦厂水文站委托东北哈尔滨造船厂建造新黄河 2 号机船,船长 10 米,吃水深 0.6 米,由旧汽油机改装作动力,该船也因航速不大于 3.0 米每秒不能满足洪水测验的要求,于 1959 年调往位山水库后也因不适用而报废。前左河口实验站,仿照河口渔民捕鱼用的机帆船,自行建造了一艘机帆船,命名为新黄河 3 号。该船既能使用风力,又能使用机器,方便灵活,很适合河口滨海区的测验工作。1963 年,因花园口水文站承担水电部下达的沙坡测验任务,由水电部投资 18.5 万元,建造黄测 1 号机动船。该船在设计中吸取新黄河 1、2、3 号机船的教训,考虑了泥沙、水草和施测较大洪水等问题。船体由海军 914 部队设计,船长 20.6 米,宽 4.08 米,深 1.3 米,动力为 310 马力,吃水深 0.7 米。同时,设计喷水船,为黄测 1 号的副艇,供浅水区测量,船长 9.8 米,宽 2.2 米,吃水深 0.4 米,用 90 马力的汽油机为动力。四艘喷水船和黄测 1 号机船于 1964 年同时委托上海中华造船厂建造。三艘喷水船分配给昭君坟站、三门峡库区站、河口实验站作河道断面测量,每艘造价 3.9 万元。

70年代,为了解决黄河下游宽浅河道水文站的测洪问题,重点发展机船,1970~1975年,济南水文总站投资75万元,共造90马力以上的机动船5艘(其中240马力的3艘,140马力及90马力各1艘);三门峡库区水文实验总站投资54万元,造240马力的机动船2艘,120马力的1艘;郑州水文总站投资16.5万元,造320马力的黄测3号机动船1艘。1973年,兰州水文总站为了测验盐锅峡水库的淤积,投资3000元,自力更生建造水泥机动船1艘,长12米,宽3米,吃水深0.4米,航速每小时12公里。该船的优点是投资小,维护简单,缺点是经不起碰撞,因而未推广。1978年巴家嘴水库实验站为了解决水库在高含沙时库区测验,投资3000元,造了一只长7.0米、宽1.5米、吃水深0.25米,以柴油机为动力的机动船;由于采取内循环水,含沙量再大也不会发生停机之事,不致影响测验工作的进行。1978年,郑州水文总站为了解决下游测洪问题,投资61.2万元建造黄测4、5、6三艘机动船,各船长18米,宽3.6米,深1.05米,190马力;为解决花园口和夹河滩两站汛期施测较大洪水,投资162.6万元建造两艘船长38米,宽6米,深1.5米,1060马力的机动测船,1981年投产。分配给花园口站使用的船定名为邙山号,夹河滩站定名嵩山号。1982年8月黄河下游发生建国以来的第二个大洪水,花园口站用邙山号机动船实测洪峰流量14700(整编为15300)立方米每秒,夹河滩站用嵩山号船实测洪峰流量13600立方米每秒,都较好地完成测洪任务。在测验"82.8"洪水中黄河滩区洪水测验十分困难,为了解决这个问题,黄委会水文局投资15.5万元,建造气垫船一艘,长9.4米、宽4.5米、深0.3米,动力为240马力。该船在水上、滩地和沟汊等处通行无阻,航行十分方便,但船起动后不易停稳,因此用来施测流量仍有困难,未能推广。到1987年,黄委会水文系统共有90匹马力以上的机动船19艘,其中三门峡库区水文实验总站3艘,郑州水文总站8艘,济南水文总站8艘。

第四节　浮标投放器和其他设施

一、浮标投放器

1950年7月,享堂水文站在施测较大的洪水中,因水流太急羊皮筏子无法进入主流,浮标未能投放而错过了测流时机,造成洪水缺测,而无法弥补的损失。大水过后,站长包中隆带领职工利用过河断面索,研制浮标投放设备。首先在断面索上,穿套一定数量8字型小铁环,用一根长大于断面索2倍的拉绳,将拉绳穿入小铁环和断面索联系在一起,再将浮标用细线系在拉绳上。测洪时对岸人员先将拉绳拉动使浮标输送到预定投放的位置(起点距),然后两岸同时用力猛拉,细线拉断,浮标落入河中,完成一次浮标投放。创造了黄河上第一个浮标投放设备,较好地解决了大洪水的施测问题。当时此法称细线系浮标,一直使用到1952年。

1952年8月,黄河干流宝山水文站测工张君法,利用过河缆道再配备手摇绞车和循环索组成高架浮标投放器。该设备绞动灵活,操作简便,投放位置正确,又能使浮标在断面上分布均匀,深受各测站欢迎。同年,三门峡、八里胡同、小董、交口河、巴家嘴、庆阳、南河川、宋家坡等站也自己动手,架设了浮标投放器。其中三门峡站的浮标投放器跨度已超过500米。1953年,八里胡同站在技术上又作重大改进,能使浮标连续投放,改进后的浮标投放器定名为抽线式浮标投放器。该设备的优点是能挂上测一次洪峰流量所需要的全部浮标数,绞动绞车后当浮标到达预定投放的位置时,抽动拉线可使浮标逐个投放或连续投放。测完一条垂线后可继续测其他垂线,十分方便。1954年,循化、安宁渡、船窝等站也建成能连续投放的定名为刀割式和抽线式浮标投放器。1955年,吴堡水文站建成黄河上跨度最大为610米抽线式浮标投放器。

因抽线式和刀割式两种浮标投放器,操作自如方便,绞车灵活省力,又能使浮标连续均匀地在断面上投放,1956年,黄委会要求按抽线式或刀割式两种浮标投放器类型由总站统一加工,配发各测站推广使用。从此,黄委会所属的测站结束了徒手和用皮筏投放浮标的历史。龙门、白家川等站根据测洪的需要,分别架设中、高水两套浮标投放设备。

1956年所加工的刀割式浮标投放器,因绞车轮小,使上、下循环索常发生缠绕在一起而造成浮标投放的失误,影响测洪。后来多数河面较窄(150米左右)的测站,直接利用架子车轮作绞车轮,循环索上挂浮标,待所挂浮标输送到预定位置时,手拍打循环索,索弹动而使浮标落入河中。此法称手拍式浮标投放器。

1977年,渭河支流葫芦河秦安水文站,将用人力绞动的浮标投放器改建成电动导向(在中断面挂上浮标通过电动导向运送至上断面)浮标投放器,再配上能自动点燃的浮标,实现了浮标投放现代化。这种设备不仅能减轻职工的劳动强度,而且还可缩短浮标测流的历时,提高测洪效率。80年代初为了解决无条件架设高水浮标投放设备测站的测洪问题,郑州水文总站在黑石关水文站,利用发射炮弹的原理,研制浮标的发射,取得一定的经验。到1987年,黄委会系统的水文站共有浮标投放器118处,其中兰州水文总站11处,榆次水文总站53处,三门峡库区水文实验总站35处,郑州水文总站19处。省(区)测站共有浮标投放器135处,其中青海4处,甘肃26处,宁夏17处,内蒙古30处,山西20处,陕西36处,河南2处。

二、其他设施

黄河流域水文站的测验设施,除了吊船过河缆、缆车、流速仪缆道、浮标投放器等设施外,还利用如水利枢纽的泄流建筑物、闸坝、涵洞、桥梁等测流或推算流量,如三门峡、三盛公、陆浑等水利枢纽泄流建筑物都已通过对比试验观测,获得了流量计算公式。黄河沿、天水、咸阳等站利用公路桥,在桥上进行测流。这种方法的优点是建站的投资小,不需要建设专门的测验设施,配备一些测流绞车等附属设备即可。据省(区)水文(水资源)总站(局)统计,利用桥梁测流有55处,其中青海5处,甘肃4处,内蒙古5处,山西25处,陕西6处,河南3处,山东7处。

黄河支流悦乐、临镇、新市河、大村、涧北等站在枯水季节,因流量甚小,水浅(流速仪旋桨都淹没不住),且水流分散,用流速仪和浮标都无法施测流速。在这类测站采用修建测流槽、堰来束窄河道过水断面,使水流集中一处,经比测试验后可由水位直接推算流量。

第六章　水位、比降、地下水观测

　　水位观测直接关系着人们的生活和生产。因此历代劳动人民都重视水位观测。随着生产的发展和社会的进步,黄河的水位观测由专门为防御洪水侵袭、指导防洪和灌溉,发展为水文情报预报、城市、工矿、铁路、公路、水运以及科学研究等多项生产建设综合服务。建国后,由于黄河水文职工不怕风寒、日晒和雨淋,夜以继日地在水尺旁观测着每一个水位数据,有的甚至牺牲了自己的生命,为黄河的防洪防凌、开发治理、水利水电建设等发挥了重要作用。70年代以来,通过引进先进的科学技术使水位观测设备由水志桩、木板水尺、钢质水尺、发展到自记水位计、远传自记水位以及水位遥测。

　　比降法估算流量,在民国时期是水文站实测(估算)大洪水的主要方法,因此各水文站均有比降观测项目。建国前,各测站的比降间距很不统一。建国后,随着研究河道冲淤变化和泥沙运行规律等需要,比降观测引起水利部门的重视。

　　黄河流域地下水是农田灌溉和城市、工矿企业供水的重要来源之一。在50年代,一般利用民用井以观测研究自然条件下地下水动态规律和水质状况。到60~70年代,随着工农业生产发展,为了解决农业灌溉和城市、工矿企业的供水而大量地(或盲目)开采地下水,破坏了地下水的自然平衡,从而引起地面下沉、土壤盐碱化等一系列严重问题。为此又进行开采条件下地下水动态规律的观测和研究,以达到经济有效地开发和保护地下水资源的目的。进入80年代,为了对流域水资源作出准确的评价,对地下水进行了全面的、综合性的观测和研究。

第一节　水位观测

一、设备

　　水位观测设备,在民国以前有两种,一为在河边石崖上刻观读刻划称水志,如宁夏青铜峡碶口处水志;二为立木桩,在木桩上刻观读刻划,称水志桩。

在民国时期,水位的观测设备主要是水尺。建国后,黄河水位的观测设备有很大的发展,有直接观测设备(如各类水尺)和间接观测设备(如各种类型的自记水位计)。

水尺:多数测站以直立式水尺为主,冬季发生流凌和封冻的河段改用矮桩水尺。在行船频繁的河段和水库大坝的上下游,设有倾斜式或悬锤式水尺。建国初期到50年代末,水尺以木板为主,由测站职工自己动手刻划,河床冲淤变化剧烈的测站,每年要划几十块到上百块。到60年代木质水尺板逐渐被搪瓷水尺板所代替。水尺板的靠桩,50年代都为木桩,到60年代逐步更换为钢管、钢轨、槽钢或水泥柱。钢质水尺靠桩具有坚固耐用、阻水小、稳定等优点。

泾、渭河和陕北地区的河流,在涨洪水时,经常发生漂浮物撞击和水草缠绕水尺的现象,影响观读。马莲河雨落坪水文站,因岩石河床,安设水尺困难,为了解决洪水期间水尺被撞击后能及时恢复水位观测,1962年该站在岩石河床上凿小坑,将两块钢板用混凝土浇灌于小坑内,然后用螺丝将钢板水尺和浇灌的钢板连接,组成活动式水尺。该水尺一旦被漂浮物撞击或水草缠绕而向下游倾倒,当洪水消退后即将钢板水尺板扶直,可供继续观测水位。葫芦河秦安站和无定河的白家川站先后推广活动式水尺,因活动式水尺的基座和河床是浇筑成一体,所以活动式水尺的零点高程不易变动,据秦安水文站连续20多年每年校测的结果,水尺高程均未发生变动。

自记水位计:黄河上使用自记水位计最早的是龙门水文站,于1952年安装投产。1953年八里胡同水文站(黄河断面)也安装了自记水位计。两站自记水位计的类型均以浮子为感应,通过机械传动,为卧式日记式水位计。水位计的自记台利用陡石岸镶砌竖立的长铁筒作静水筒,设备均较简陋。50年代初,因受经费限制,安装自记水位计的测站很少。到50年代末,西柳沟、咸阳等水文站在开展技术革新中自力更生利用废旧物品,购了一只闹钟和铁皮等材料,仿制了以浮子为传感的日记式水位计。这类自记水位计和自记台都是简易的,设备虽然简陋,但能比较准确地记录水位涨落变化的过程,取得用人工观测所不能获得的完整的水位过程。这个成功的经验,促进了测站水位自记化的发展。1959年兰州水文总站一次加工自记水位计8台分发测站使用。青铜峡、石嘴山、渡口堂等站也学习西柳沟站的经验,仿造自记水位计。到60年代,兰州、青铜峡、涁口、利津等有条件安装自记水位计的站都配发了由上海气象仪器厂生产的自记水位计。上诠水文站安装西德制造的一台来复式长期自记水位计,从 50 年代一直使用到 80 年代,仪器运转正常,水位记录完整。从 70 年代起兰州、三门峡、白家川等水文站使用重庆水文仪器厂生产的 Sy－2 型电传(有线远传)水位计,将水位涨落转换成脉冲信号,通过电路及时传入安装在室内的自记仪上,在室内可随时观读到河中水位,十分方便。安装该类仪器的还有内蒙古的三盛公(坝上)站等。

黄河支流站除上游区外,多数测站因河流含沙量较大,河床冲淤变化剧烈和河岸不稳定以及水位暴涨暴落变幅大使自记水位计的推广存在很多问题。1966 年,杨家坪水文站,研制成杠杆式自记水位台,其特点是:该自记台不需设立静水筒(井)等设备,结构简单,造价低廉。因无静水筒,浮子不受含沙量大和冲淤变化以及水位暴涨暴落的影响,只要有比较固定的河岸,浮子处的水深大于 0.2 米即可正常运转。该站后因断面迁移和"文化大革命"的严重干扰,未能继续坚持使用。

无定河白家川水文站利用石质河岸的有利条件,于 1977 年建成两级传动(岛)式自记水位计台,有两个静水井分别用两个传感器,公用一个接收器,成功地解决了暴涨暴落和高含沙量引起的静水井内外水位差(水位最大涨率每分钟 1.0 米,水位最大变幅为 7.7 米,最大含沙量达 1290 公斤每立方米)问题。

沁河润城水文站于 1979 年汛前建成静水筒为漂浮式的自记水位台(简称漂浮自记水位计台),该自记台由浮筒、轨道和栈桥三部分组成。浮筒为两个同心圆筒,外径为 80 厘米,内径为 40 厘米,高 106 厘米,两个圆筒之间焊接成密封状,内筒底部有孔,浮筒两侧分别安有两个带弹簧的滑轮,固定在轨道上,轨道为两根竖立的槽钢,用混凝土浇筑在河床上,轨道由栈桥和岸边连接。自记仪器安装在栈桥上,浮筒随水位的涨落自由地在轨道上升降,浮筒的升降变幅为 10 米。漂浮式自记水位计台也较好地解决了多泥沙淤塞和水位暴涨暴落等问题。

在黄河干流,推广使用自记水位计的关键问题是解决泥沙淤积的影响。在黄河上游区,因河流含沙量相对较小,如兰州站因地制宜地采用岛式,将静水筒直接安装在兰州中山桥上。上诠水文站采用岸式(又称连通管式),在岸上距河岸 20 米左右处建静水井和仪器室,河水由连通管通过沉沙池再进入静水井。还有岛岸结合式如循化站,在岸边建静水井,河水由连通管直接进入静水井。乌金峡站将一个直径为 0.5 米,长 15 米的钢管,安置在倾角为 42°的斜坡上,组成倾斜式静水筒水位计台,投资少,施工简单,到 80 年代末仍在使用,效果良好。

在黄河下游,因河水含沙量大,严重淤积以及运输船只的碰撞常使水位计不能正常运转。1966年,泺口水文站,利用黄河大堤块石护坡河岸稳定的条件,创造了活动岛式(斜坡式)自记水位计台,其活动架可以随时进行调整。该台由斜坡轨道(坡度为20°~30°,两根轨距为1.0~1.2米),活动架(装静水筒和仪器)和绞车(设在岸上,牵引活动架)三部分组成。其优点:可及时避开过往船只的碰撞,便于静水筒清淤(静水筒高2.5米,直径0.6米,筒底为活动的漏斗形,可以取下清洗),设备简单,投资少。投产后不久,先后在孙口、艾山水文站和杨集、北店子和刘家园等水位站推广使用。

利津水文站利用黄河大堤高出地面的地形条件,于1967年创造虹吸式自记水位计台。静水井建在大堤的背水坡,河水通过虹吸管引入静水井。因黄河大堤迎水坡较长,有利于浑水在迎水坡被虹吸上升时使泥沙不断地沉降,并随时排入河道。虹吸管引水口是由胶管组成,可随水位的涨落而移动,因此,也不存在被淤塞的问题。经利津站20多年的连续使用,水位记录准确可靠。高村水文站和黄庄、官庄、清河镇、张肖堂、道旭、麻湾等水位站也先后推广使用。

观测三门峡水库坝前水位的史家滩水位站,因在坝前受闸门启闭的影响大,水位涨落快,变幅大,变化频繁,同时又受水库泥沙淤积、水草缠绕和冬季冰凌碰击与封冻等影响,采用一般接触式自记水位计台很难解决上述问题。三门峡库区水文实验总站学习浙江省新安江水库的经验,引进现代先进技术声波液位计,利用声波在空气中传播,遇到不同介质水面发生反射的特性,测得声波发射器至水面的距离,换算成水位。于1979年7月筹建,历经5年的努力,投资5万元,1984年8月竣工投入使用。该仪器的缺点是当水面封冻后,测到的是冰面,而不是水面,存在一定的误差。

甘肃省水文总站采用国产固体压阻传感器作为感应元件,明装在岸边或浅埋在水下河床中,感测静水压力,传感器输出的微弱信号经精密仪器处理,转换成毫米为单位的水位数值。该仪器定名为压阻传感器式长期自记水位计。该仪器于1982年7月~1983年12月先后在兰州、连城、石嘴山等水文站进行试验,1983年10月由甘肃省科学技术委员会和甘肃省水利厅共同主持并通过技术鉴定。同年获得甘肃省科学技术成果三等奖。该仪器的特点是不需要建造一般自记水位计台和静水设备,因此可节省投资。仪器具有整机结构简单可靠,功耗小,并可长期自记的优点。但也存在因黄河水含沙量大,静水压力因受不同含沙量的影响,需要进行试验,加以改正的缺点。

内蒙古自治区巴彦淖尔盟总干渠管理局，为了及时准确地掌握各渠道的水位、流量、闸门开启高度等运行动态，做到合理的调配水量，安全运行，并为了对私自启动闸门、抢水、偷水行为进行监测和实现灌区管理自动化，于 1979 年开始研制 ZP－1 型有线远传（距离 100 公里）自记水位计。该仪器分发射机、接收机和传感器三部分，并带自记筒记录水位涨落变化，具有遥测（水位）遥控（分别对闸门的升、降、停控制）、遥信（监测水位、流量、闸门开启高度是否超限和保证安全行运）的功能，简称三遥控制仪。该仪器于 1982 年 8 月研制成功投入试验，同年 11 月通过技术鉴定，并获巴彦淖尔盟特等奖、内蒙古科学技术成果二等奖、国家科学技术成果三等奖。

在黄河下游防洪中，需要及时掌握滩区洪水的上涨情况，黄委会水文局于 1984 年 6 月开始筹建黄河下游滩区洪水位遥测站。整个工程从调研、查勘、电路设计、设备（引进美国 SM 遥测设备）选择到站点建设和设备安装、调试、联网等程序，共投资 57.53 万元。历经三年的努力于 1987 年 8 月建成花园口、夹河滩、公西村、高地、铁庄、王称堌、李桥、葛庄、孙口等 9 处水位遥测站，开封、东坝头、高村、鄄城等 4 个中继站和郑州收集站。建成投产后除王称堌站因发射天线受树挡未收到信号外，其余 8 站运转正常。后因遥测设备的维修经费得不到保证，影响设备的正常运转。

花园口水文站测验河段因主流摆动频繁，河势变化不定，断面冲淤剧烈，基本水尺处水位已不能代表该站的基本水位。为了完整控制测验河段纵、横向水位变化过程，提高水位代表性和测验精度。确定在邙山至辛寨 50 公里的河段上建造遥测水位计（站）12 处，其中接触式水位计（站）8 处，分别布设在邙山、C_s34、辛寨三个断面的左右岸各一处，公路桥北左滩 2 处；非接触式水位计（站）4 处，分别布设在大桥上游侧右岸 2000 多米的主流部分，自右至左分别为大桥①、大桥②、大桥③、大桥④。4 站之间的间距分别为 400、750、1000 米，大桥①至右岸边间距为 150 米。在花园口水文站设中心收集站一处，花园口水文站和黄委会综合楼各设中继站一处，黄委会水文局、黄委会防汛自动化测报计算中心、河南水文水资源局各设接收终端一处。该水位遥测系统 1990 年开始筹建，1991 年 6 月 8 处接触式水位计（站）投产，4 处非接触式水位计（站）于 1993 年 7 月和 1994 年 6 月分别投产运行。经比测该遥测系统水位的误差均符合规定要求。

冬季结冰，浮子在静水筒内被冻结，影响自记水位计的正常使用，青铜峡、白家川等站在浮子内安装 100～300 瓦的灯泡或小电炉较好地解决了静水筒防冻问题，使水位计得到正常运转。

到 1987 年,黄河流域共安装各类自记水位计 86 台,其中黄委会 42 台(包括遥测 9 台),青海 2 台,甘肃 1 台,宁夏 7 台,内蒙古 23 台,山西 5 台,陕西 1 台,河南 1 台,山东 4 台。

二、观测

黄河流域最早有记载的水位观测,汉明帝永平十二年(公元 69 年)《后汉书王景传》记载:"景乃商度地势,凿山阜,破砥绩,直截沟涧,防遏冲要,疏决壅积,十里立一水门,令更相回注,无复溃漏之患。"这里说"令更相回注"就必须观测水位变化情况。郦道元所著《水经注》叙述:三国时魏文帝黄初四年(公元 223 年)六月二十四日,黄河支流伊河龙门镇河岸石壁上刻"辛已,大出水,举高四丈五尺,齐此已下"。这是有历史记载以来伊河上最高洪水位。《宋史·河渠志》记载:北宋真宗大中祥符八年(1015 年)"六月诏:自今后,汴水添涨及七尺五寸,即遣禁兵三千沿河防护"。表明当时已有专用水尺进行水位观测,并规定七尺五寸为防汛警戒水位。据清康基田著《河渠纪闻》及《再续行水金鉴》记载,清代康熙四十八年(1709 年)在黄河干流宁夏青铜峡大石嘴处(宁夏调查即今青铜峡大坝左端)在石崖上设立水志(水尺)进行水位观测,水志共刻 10 个字,每字有 10 个刻迹,"字"代表尺(清代一尺等于 0.32 米),"刻迹"代表寸。水志的起始点,在平时水面以上一丈处,当洪水位超过水志起始点时,记载为"水入某字、某刻迹"。再加上一丈即为水位上涨数。在清代水位的观测方法,只记水位的上涨数,洪水的起涨和落平不进行观测。观测时间以子、丑、寅、卯、辰、巳、午、未、申、酉、戌、亥表示。河东河道总督李宏奏准于 1765 年在陕州、巩县各立水尺,每年桃汛至霜降止,水势涨落尺寸,逐日查记,据实具报。1843 年 7 月黄河万锦滩发生特大洪水,据《再续行水金鉴》记载:"七月十三日(农历)巳时报长水七尺五寸,后续据陕州呈报十四日辰时至十五日寅时复长水一丈三尺三寸,前水未消后水踵至,计一日十时之间长水二丈八寸。"另据《再续行水金鉴》记载:光绪四年(1878 年)首用公制海拔高程在黄河干流壶口马王庙测得最高水位为 465公尺,其后于 1887、1893 等年在同一地点亦作过最高水位的测量。

民国以后,按现代技术要求进行水位观测,有统一的时制和测次以及测验方法。

时制:民国时期,水位观测的时制采用地方标准时。黄河流域有中原和陇蜀两个时区。潼关以上测站属陇蜀时区,潼关以下为中原时区。地方标准时制延用到建国后的 1954 年,1955 年 1 月 1 日起全河一律采用北京时(即东经 120°的地方标准时)。

测次:民国时期,水位每日观测的次数历年不同,20 年代一般白天采取固定段次,夜间不观测。如陕县水文站 1919～1922 年,每日 6 时至 18 时固定每 1 小时观测水位一次,夜间不观测,如 1919 年 4 月陕州(陕县)水文站首次观测的第一页水位记录如下页表。

汛期洪水发生在夜间时因不观测而使水位涨落变化过程缺测。到 30 年代,逐渐增加夜间观测,如 1930 年,山东河务局规定:每年 2 月 1 日(即立春前)至 10 月 31 日(即霜降后)为汛期,其余时间为非汛期;汛期每日上午 6 时至下午 6 时,每 2 小时观测水位一次,洪峰期间不分昼夜每 1 小时观测水位一次;非汛期每日 6、12、18 时固定观测水位三次,夜间不观测。1945 年,国民政府黄委会水文总站制定的《水文测验施测方法》中,对水位测次规定:6 月 21 日至 10 月 25 日为汛期,每日上午 5 时至下午 8 时,每 1 小时观测水位一次,当水位上涨至某一水位时(各站标准不同),应昼夜每 1 小时观测水位一次,不得间断;封冻期每日上午 6 时至下午 6 时,每隔 3 小时观测一次;其余为平水期,每日上午 6 时至下午 6 时,每 1 小时观测一次。

建国后,水位测次,除了汛期和非汛期的观测次数有规定外,对水位观测要控制水位变化的过程也有明确规定。如黄委会在《1951 年黄河水文测验工作改进意见》中规定:汛期(7 月 21 日至 10 月 31 日)镫口、龙门、潼关、陕县、孟津、秦厂、花园口、黑岗口、东坝头、高村、十里铺、艾山、泺口、利津、河津、咸阳、华县、黑石关、阳城、小董、夏辉镇等 21 处报汛站,其水位须昼夜逐时观测;其他测站每日 5 时至 20 时的水位逐时观测;当遇降水量超过 20 毫米或预计将发生涨水时,也须昼夜逐时观测,并注意观测洪峰的起止时间和过程。非汛期除 12、1、2 月每日 7 时至 17 时,每 5 小时观测水位一次,其他各月每日 6 时至 18 时,每 2 小时观测水位一次,当遇涨水时应适当增加观测次数或昼夜观测。黄委会《1953 年水文测验工作的要求和规定》对水位测次的要求汛期仍按 1951 年规定执行,非汛期的测次作了适当的放宽,如 1、2、12 月每日 6 时至 18 时水位每 6 小时观测一次,其他各月每 3 小时观测一次。如遇桃汛、凌汛或其他涨水时须增加观测次数。

1955 年 1 月黄委会颁发《水文测站工作手册》对水位测次除按测站的不同等级(重要性)有不同的要求外,对水位平稳期和洪峰涨落过程的测次有一定的灵活性,水位测次的布设逐步趋向于完整而合理控制水位变化过程。如在汛期、二等四级以上的测站,洪峰时,水位除了昼夜逐时观测外,还

黄河陕州水文站首次观测的第一页水位记录

量 水 标 记 载

GAGE READING RECORDS

测 站　Station　Sheng Chow

观 测 者　Koh Foo Hai
Observer　Ast Husanghag

中华民国八年四月　　日
Date April 1919

大 沽 水 准 改 正 数

Correction referred to Taku Datum

月 日 Date		时 Time	量水标读数 Gage Reading	改正读数 Corr. Reading	每日平均 Daily Average	备 注 REMARKS
Apr.	4	6	0.59			Date station established
		7	0.59			weather, fine
		8	0.59			
		9	0.59			
		10	0.59			
		11	0.59			
		12	0.59			
		13	0.59			
		14	0.59			
		15	0.59			
		16	0.59			
		17	0.61			
		18	0.61			
	5	6	0.65			
		7	0.65			
		8	0.65			
		9	0.65			
		10	0.64			
		11	0.64			
		12	0.62			
		13	0.62			
		14	0.60			
		15	0.60			
		16	0.60			
		17	0.60			
		18	0.60			

Gage A set on April 4, 1919 just at the lower cross section of the gaging station.
The elevation of zero point of the Gage A is 278. 373m. over the peking Hong-Kow
Railway Datum as the zero of Gage A is 2. 72m lower than the Gage B which was lev-
elled on oct. 20, 1919.

要精确地观测到洪峰的转折过程,峰后水位平稳时,可2～3小时观测一次。
二等五级和六级的测站,除发生洪峰时须昼夜观测外,一般夜间不观测,白
天5～21时,逐时观测,水位平稳时可每2～3小时观测一次。洪峰过程应按

5、10、15、30 分钟观测一次。非汛期,1、2、12 月每日 7、12、17 时观测 3 次;其他各月每日 6、9、12、15、18 时观测共 5 次。

1956 年,全国统一的《水文测站暂行规范》颁发执行后,除了每日 8、20 时进行定时观测外,其他测次,原则以掌握水位变化过程进行安排,一般依据测站的水文特性和生产部门的需要确定测次,并在《测站任务书》中明确规定。

水位资料质量:建国前,由于观测的设备简陋,又缺乏自记仪器,测次安排为定时观测,有的夜间不观测,因此,使水位变化过程控制不够完整,再加上有的观测人员受生活条件所迫而外出兼职,有的劳动态度不认真等原因,使水位资料时有发生缺测、漏测、伪造等现象。

建国后,随着治黄事业的发展和防洪灌溉对水位资料要求的提高,并不断采取有效措施改进和充实水位观测设备与仪器,如水尺桩由木质更换为钢管后,使水尺牢固耐用,高程稳定。配发测量精度较高、性能好的水准仪,使水尺零点高程的测量准确、可靠。各种类型的自记水位计的推广使用,使水位涨落变化过程得到完整的控制。制订和完善水位观测技术规定,使水位测次,由固定时段观测,改为以控制水位涨落变化过程,使测次布置基本合理。测站一次洪峰水位的测次,多者观测 20~30 次,少者也在 10 次以上,较好地控制了水位变化过程。

黄河流域的水位站所处的站址,多数更为偏僻,自然条件、生活条件更差。广大水文职工都能以站为家,夜以继日,坚守岗位,忘我的工作。如济南水文总站所属罗家屋子水位站,处于黄河入海的河口三角洲,又叫"孤岛",遍地是芦苇、野草、灌木丛生,常说"孤岛有三多,牛虻、蚊子、黄沙坡"。在夏季,白天牛虻叮,晚上蚊子咬,日夜不得安生。观测晚 8 时的水位,必须穿雨衣和长筒胶靴来防虫。冬季寒风刺骨,最低气温常在摄氏零下 20 多度,春天经常刮 6、7 级大风,风卷黄沙遮天蔽日。由于"孤岛"荒芜,气候恶劣,常常几天看不到一个人影。该站担负着直接向中央防汛总指挥部报水情的任务。承担观测水位的杨玉祥,是个刚从学校毕业从城市来的青年,他一人孤军作战,20 年如一日,坚守岗位。1975 年元月发生一次严重的凌洪,道路被淹,电话、通讯全部中断,大地呈一片汪洋冰海,与外界失掉联系。孤伶的两间观测房被凌洪包围岌岌不可终日,他在余粮不多的情况下,只能每日喝点面汤,这样奋战了 10 多个日日夜夜,圆满地完成了对凌洪水位的观测。又如兰州水文总站的黑山峡水位站,地处深山狭谷,吃粮须翻山越岭到 30 公里以外去买,且没有正规的路,全靠自己背。黄河水利学校 75 届毕业生王定学,九

年如一日,坚守测站观测水位。他每看一次水位须爬走 30 米左右的陡坡和
500 米左右的乱石或稀泥滩才能到达水尺旁。汛期水尺经常被水草缠绕而
不能准确观读水位,王定学就弄根绳子一端拴住自己的腰,另一端让妻子在
岸上拉着,在急流中扒除缠草。有时水尺被稀泥淤住,看不清水尺的读数,他
前去清淤时常陷进稀泥中,有一次淤泥快要到胸口的时候,幸亏手中拿着水
尺板,才得以生还。因观读水位而牺牲的水文职工也有数人,如 1956 年 4 月
前左水文实验站王佳伟(工人)夜间划小木划子去看水位,不幸落水牺牲。
1961 年 8 月 2 日,龙门水文站李天辈夜间看水位因峡谷路窄,雨天滑倒,不
幸落水牺牲。张家沟水文站工程师刘明蔚因站址偏僻,久病缺医,他仍坚守
在工作岗位上,1973 年 2 月 14 日看水位时口吐鲜血倒地身亡。类似的事,
不只几例。广大水文职工怀着对治黄事业的高度责任感,冒着生命的危险为
提高水位资料的质量贡献力量。

第二节　比降观测

　　观测比降的水尺采用直立式木板(搪瓷)水尺。在民国时期,比降断面间
距各站很不统一,即是同一测站,历年间距变化也很大。如陕县站,1929 年
比降断面间距为 200 米;1933～1938 年 4 月为 600 米;1938 年 5 月～1939
年 8 月为 300 米;1949 年～1953 年 7 月为 700 米;1953 年 8 月～1956 年为
850 米。又如兰州站 1934 年为 476 米;1941 年 3 月～1944 年为 200 米;
1946～1947 年为 245 米;1948 年为 770 米;1951～1953 年为 400 米。为了
统一比降断面间距,1943 年国民政府黄委会在制订《水文测验方法草案》中
规定:比降间距为 300 米。在民国时期,用比降法估算洪水流量是当时测洪
的主要方法之一,间距长短,直接影响估算流量的精度,同时考虑黄河部分
河段水面比降较小等原因,1945 年国民政府黄委会水文总站在《水文测验
施测方法》中规定比降断面的间距扩大为 500～1000 米。1956 年执行《水文
测站暂行规范》后,比降断面间距的确定改变了过去的硬性规定,即从考虑
比降水位观测的误差、河道落差、水准测量的偶然误差以及比降观测的允许
误差等各有关因素入手,综合出经验公式,以经验公式来确定比降断面的间
距。

　　比降观测的测次,曾有过多次变动。建国前和建国初期(1953 年前),用
比降法作为汛期估算较大洪水的方法时,比降观测的次数根据测洪的需要

随时进行观测。1953 年起,比降不再作为测洪的方法后,比降观测规定每日12 时观测一次。当发生洪水时,二等以上(包括二等)测站,在洪峰过程中 1～6 小时观测比降一次;三等站只在洪水出现最高水位时观测一次。1955年,黄委会在《水文测站工作手册》中明确规定,为研究河床特性(糙率)及泥沙运动规律,比降观测必须以最精密的方法,分别在涨、落水及各级不同水位观测。除了每日 12 时定时观测一次外,在测流量和取含沙量的同时,必须观测比降,当发生洪水时,洪峰过程二等四级以上的测站,应 2 或 3 小时观测比降一次。二等五级、六级的测站只在洪水出现最高水位时观测比降一次。1956 年,执行全国统一的《水文测站暂行规范》,黄委会所辖测站的比降观测规定为每日 8 时和施测流量及输沙率时必须观测外,其他时间可根据需要进行安排。到"文化大革命"时期,各测站的比降观测项目,先后被停测。在 80 年代,比降观测虽陆续恢复,但只限于在汛期,当流量超过某个标准(各测站不一)时,在测流的同时观测比降,其他时间不观测。

第三节　地下水观测

一、观测任务

(一)自然状态下的观测

建国前,在 30 年代,兰州水文站曾委托科学研究部门对兰州地区地下水的水质成分进行过观测和分析。1945 年 9 月 11 日黄委会宁夏工程总队颁发《地下水位观测法》,要求各工程队即日起在住地寻一固定水井进行地下水位高程及其变化的观测。

建国后黄委会水文系统开展地下水观测工作,是从 1956 年开始的。当时观测目的是了解河水和地下水的补给关系,因此,仅限于部分水文站利用民用水井进行地下水位和水温观测。如 1956 年,黄委会首先在黄河干流上游地下水比较丰富的宁蒙地区的青铜峡、石嘴山、渡口堂、包头、河口镇和下游的石头庄、孙口、南桥、艾山、官庄、豆腐窝、泺口、杨房、张肖堂、利津等水文(位)站(当时称流量站)观测。地下水观测井多数是选择在测站站址附近的民用饮水井,个别站布设专用水井,如内蒙古灌区的渡口堂站,沿断面线从滩地向岸上连续布设 5 眼观测井。1958～1959 年黄委会系统的地下水观测井,大部分仍在宁蒙河段和黄河下游干流河段内进行,河源区增加了吉迈站,测井数稳定在 23 眼。1960 年黄委会的观测井发展到 76 眼,观测井的分布除宁蒙和下游河段外,上游地区增加有贵德、循化、安宁渡等站,在中游增加有干流的沙窝铺、吴堡、支流有高石崖、后会村、后大成、丁家沟、靖边、青阳岔、子洲、新窑台、李家河、子长、杨家湾、招安、吉县等处。泾、渭河有南河川、首阳、甘谷、将台、静宁、秦安、天水。泾河有杨家坪、毛家河、雨落坪、庆阳、洪德、耿湾、悦乐、板桥、雷家河。洛河和沁河有黑石关、栾川、东湾、陆浑、庙张、龙门镇、长水、宜阳、白马寺、韩城、新安、孔家坡、飞岭、王必、润城、五龙口、小董、永和、涝泉等。

1962 年开始,测井数有明显的减少,这年黄委会管辖的地下水测井减少到 25 处,1963～1966 年又减少到仅有 3 眼,1967 年以后全部停测。

50 年代初,山西省的地下水观测首先是在兰村等水文站站址附近的民用井进行观测,1961 年地下水位观测井发展到 23 眼。50 年代中期,在汾河灌区进行了以排水改碱为中心的地下水观测。50 年代末,在治理涑水河时,在运城盆地系统地开展了地下水观测,以后又在临汾、太原两个盆地进行潜水观测。

宁夏为了掌握灌区地下水的变化和设计灌区排水系统的需要,1954 和 1955 年,先后在第三、五排水沟区域布设地下水井 250 眼,进行地下水观测,并按季度进行部分井点的水质分析。1956 年,为了掌握青铜峡灌区地下水状况和变化规律,共设观测井 688 眼。观测项目除地下水位外,选择部分井点进行水温观测和按季度进行水质分析。1958 年对上述井网分基本井网、专用井网和农庄井网进行调整,以研究地下水动态规律的基本井网,布设三条基线,设观测井 44 眼;研究渠道输水和排水的渗漏对地下水的影响为专门井网,布设基线 14 条,观测井 144 眼;研究和防止土壤盐渍化,为水、盐平衡计算和动态预测提供资料的农庄井网,均匀分布于乡村和国营农场等处的灌区和地下水位较高地区,每平方公里按 0.5～0.8 眼,共设观测井 400 眼。1985 年后在固海扬水灌区布设地下水观测井 34 眼,以掌握扬水灌区地下水、盐变化动态。

1958 年,青海(3 眼)、甘肃(1 眼)、内蒙古(28 眼)、陕西(15 眼)等省(区)也开展地下水观测。1959 年省(区)地下水观测井发展到 100 多眼,在观测井的布设上,内蒙古主要集中在灌区渠道两侧,陕西省在渭河魏家堡站附近有 6 眼,渭惠渠两侧有 9 眼,共 15 眼。另外为了研究泾惠渠灌溉对地下水位的影响和次生盐碱化的发生、发展规律,进行地下水位和含盐的观测。河南省在金堤河、玉符河、潶河地区也开展地下水观测。1960、1961 年省

(区)观测井稳定在 90 眼左右,1962 年井数减少为 74 眼,1963 年为 43 眼,以后又逐年减少,到 1968 年为 10 眼。1970 年观测井开始有所上升,到 70 年代末稳定在 22 眼左右,80 年代随着区域性地下水观测研究工作的开展,水文站兼测的地下水观测工作停止。

(二)开采条件下的观测

在 60、70 年代,陕西、山西等省由于城市供水和农田灌溉大量开采地下水,破坏了地下水的自然动态平衡,出现了地下水严重恶化的现象,如地面下沉、土壤盐碱等。60 年代陕西省为研究西安、宝鸡等城市供水和工业用水中在大量开采地下水条件下,了解地下水位的变化规律和水质状况,城市建设和地质矿产部门在西安、宝鸡等城区局部地段进行地下水位和水质的观测。70 年代山西省因太原等城市的供水和工业用水以及农业灌溉等需要,地下水的开发由浅层向深层发展,由此而产生地下水的严重恶化。如运城、介休、祁县、太原等地相继出现漏斗状的地下水位下降 10 多米到 50、60 米,严重地影响了工农业生产。1973 年山西省水利科学研究所为了探讨合理开采地下水,在介休、祁县等五个典型地段进行开采条件下的地下水动态观测研究和人工回灌相应试验。1974 年,运城、晋中等水利局,在开展全区性地下水普查的基础上布 设了地下水观测网。1975 年,山东省在大汶河水系进行开采条件下地下水动态变化观测布设测井 357 眼,1976 年增加为 623 眼,1977 年为 631 眼。宁夏 70 年代恢复地下水动态观测研究,其主要任务:一是研究城市开采地下水后监视降深漏斗的形成与发展对供水量、水质和水文、工程地质的影响,为此宁夏地质矿产局第一水文地质队于 1977 年组建了银川地下水长期观测站对地下水进行观测研究;二是灌区地下水动态的研究,为引黄灌区灌溉管理和防止土壤次生盐碱化等提供资料,由水利部门负责。另外宁夏水利厅秦汉渠管理处,为了探讨东干渠运行后,对地下水和土壤盐碱量的变化,在青铜峡河东灌区建设观测井 64 眼,控制面积 1045 平方公里,观测地下水埋深变化,并进行水质和表层土壤含盐碱量的分析。内蒙古大范围地开展地下水观测是 1979 年,1980 年内蒙古在黄河流域的地下水观测井有 299 眼,1985 年增加到 436 眼。

为了进一步搞好地下水观测,交流经验和加强协作,于 1985 年由西北青海、甘肃、宁夏、陕西、新疆和内蒙古等六个省(区)组成地下水协作片,片长单位是陕西省地下水工作队。每年由协作片成员轮流主持召开协作会议,交流和研究地下水动态观测与开发利用经验。1985 年 12 月水电部水文局在南京召开了地下水观测站网规划协作会议,1987 年 6 月在鞍山召开了井网规划研讨会,同年 9 月水电部以[1987]水电水文字第 8 号文下达《地下水观测井规划要点》要求北方省(区)在对现有地下水观测井网进行全面调查的基础上,做好地下水观测井网的规划。地下水井网规划,首先根据地形、地貌特征,水文地质条件,气象水文和人类活动等情况进行分区。根据规划的目的和规模区经济发展水平,确定观测井的布设密度。在地下水有大量或超量开采的地区及大型灌区,以及为防止因地下水位的持续上升而引起的水质恶化、次生盐碱和地面沉降等地区,一般按 50 平方公里布设一眼井。为控制较长时段内地下水平均水位在大范围内的分布状况,布井密度可扩大到500 平方公里内设一眼井。满足一般需要而布设的地下水井,可控制在 100 平方公里内设一眼井。到 1987 年全流域共有地下水观测井 2304 眼,其中青海 69 眼,甘肃 78 眼,宁夏 243 眼,内蒙古 460 眼,山西 668 眼,陕西 541 眼,河南 173 眼,山东 72 眼。从 1988 年起各省(区)按《地下水观测井规划要点》的要求对地下水观测井网进行了全面规划。1989 年 10 月水电部聘请清华大学水利工程系、武汉水利电力学院水利工程系、河海大学水资源水文系、南京水文水资源研究所、淮河水利委员会水利科学研究所、新疆和山东水文总站等单位的专家在山东省烟台市进行规划审查。

(三)为开展水资源评价的观测

随着国民经济的发展,工农业需水量和工业废水排放量、农药与化肥的残存量日益增大,为此要从全面发展的观点,要求对区域内整个水资源作出准确的评价。为满足开展水资源评价的需要,地下水的观测必须按流域系统与地表水、水质监测等进行综合考虑,配套观测。如山西省通过对原有地下水观测井网进行认真的审查,针对原有井网中缺少为城市、工矿企业和重点水源地区需要的观测井,区域水资源评价的边界和地下水的进出口地区的观测井,以及缺少控制不同含水层的分层观测井和与地表水、水质监测相配套的观测井等问题,进行观测井网的规划和调整,并编制了《山西省地下水观测井网规划与调整报告》。1989 年,宁夏回族自治区水文总站,按水电部水文局 1987 年 9 月颁发的《地下水观测井网规划要点》的规定,根据国民经济发展规划,以原有井网为基础,进行地下水观测井网的调整补充和完善。调整后的观测井网能使地下水动态的观测,为宁夏地区国土的整治、水利规划、水资源评价及生态环境保护提供水文地质方面的科学依据。流域内其他省(区)在开展水资源评价的同时,也相应调整观测井网,开展观测。

二、观测项目

地下水观测项目的设置,在自然状态下观测(水文站兼测)时,主要观测地下水位,少数测井增加水温观测。观测次数多数井为 5 日观测一次,少数井每日观测一次。观测时间 1963 年以前(包括 1963 年)为每月的 5、10、15、20、25、月末(1964 年后改为每月的 1、6、11、16、21、26 日)观测 6 次。开采条件下和水资源评价时的地下水观测和研究,观测项目除了水位、水温外,又增加水质(水化学)和开采量两项观测。如内蒙古自治区 1985 年观测地下水位的测井有 406 眼,其中同时测水质的有 285 眼,测水温的 213 眼,测开采量的 30 眼。

三、地下水埋深概况

由各地地下水观测资料分析,地下水的埋深规律一般和流域地形、地貌及水文地质条件有直接关系。青海湟水河谷平原地下水埋深浅者不足 2.0 米,深者近 20 米。宁夏河套灌区地下水埋深一般较浅,多数在 1~3 米。灌区地下水位明显受灌溉的影响,存在着周期的变化,5~9 月因处在灌溉期,地下水位较高埋深一般在 0.5~1.2 米,非灌溉期 12 月至次年 4 月,地下水位较低,埋深一般在 1.5~3.0 米,最深的可达 4.0 米。地下水位最高出现在冬灌的 10 月下旬至 11 月,地下水埋深为 0.5~0.8 米,有些地方地下水位可接近地面。地下水位最低一般出现在 2~3 月,埋深在 3.0 米左右,同期历年的水位差变化很小,一般小于 0.2 米。地下水位的多年变化,银南地区 80 年代比 60 年代下降 0.2 米左右,银北地区基本持平。地下水的水质一般较好,其矿化度卫宁灌区为 1500 毫克每升,银南灌区为 1500~2000 毫克每升,银北灌区为 1500~3000 毫克每升。据黄河流域片 1990 年地下水动态简报,刊载内蒙古和陕西的地下水埋深情况如表 3—9 和表 3—10。

山西省地下水的埋深,太原盆地和运城盆地为 2~20 米,临汾盆地较深为 6~30 米。河南省的沁河下游平原的上部,黄河下游豫北平原,伊、洛河谷地区,地下水的埋深为 2~6 米。山东省大汶河流域泰山凸起地区,枯水期地下水埋深一般在 5~140 米,最浅有 2.1 米,最深达 146.7 米,汛期一般在 2~100 米,最浅 1.3 米,最深达 170 米。徂莱山、蒙山凸起地区,枯水期一般在 3~40 米,最浅为 0.1 米,最深达 90 米;汛期一般在 2~30 米。凹陷地区,地下水埋深枯水期为 2～15 米,汛期为 1～10 米。黄河平原区地下水埋深枯水期一般 2～5 米,汛期一般 1～5 米。

表 3—9 　　　　　　1990 年内蒙古自治区地下水埋深情况表　　单位:平方公里

测区名称	<1.0 (米)	1.0～2.0 (米)	2.0～4.0 (米)	4.0～8.0 (米)	8.0～12.0 (米)	>12.0 (米)	总计
河套灌区	6.4	6602	3826	65.6	0	0	10500
土默特川平原	68	766	2237.4	977.4	497.6	789.8	5336.2
黄河南岸平原	40	448	962	560	60	80	2150
小计	114.4	7818	7025.4	1603	557.6	869.8	17986.2

表 3—9 　　　　　　1990 年陕西省地下水埋深情况表　　单位:平方公里

测区名称	<2.0 (米)	2.0～4.0 (米)	4.0～8.0 (米)	8.0～20.0(米)	20.0～40.0(米)	>40.0 (米)	总计
关中盆地	1425	2313	3159	3952	3796	2995	17640
千陇盆地		30	30	68	20	200	348
黄土塬				250	1134	4428	5812
陕北风沙草原	3700						3700
小计	5125	2343	3189	4270	4950	7623	27500

第七章　流量测验

据《宋史·河渠志》载：北宋元丰元年（1078 年），范子渊知都水丞提出以河流断面面积和水流速度快慢来估算黄河、洛河的流量。这是中国水利史上最早出现流量估算方法。北宋元祐元年（1086 年）在黄河孙村口实测黄河流量，这是黄河上测流最早的一次记载。清康熙十六年（1677 年）靳辅在《河防述言》中指出："省斋（陈璜）有测水法，以水流速则如急行人，日可行二百里，水流徐则为缓行人，日可行七、八十里，即用土方之法，以水纵横一丈，高一丈为一方，计此河能行水几方。"此法即为流速乘面积得流量之原理。到清康熙三十一年（1692 年）据《熙朝新语》卷五中提出计算时段水量的方法，"先量闸口阔狭，计一秒流几何，积至一昼夜则所流多寡，可以计矣。"进入现代水文测验时期流量测量计算方法，仍以面积（断面）乘流速为主。

黄河中下游地区由于水流的含沙量大，漂浮物多，河床冲淤变化快等特点，使流量测验和其他江河相比存在着很大的难度。长江等河流测深、测速比较成功的方法和经验，在黄河上使用不一定合适。因此，黄河水文职工只有走自己的道路，创造适合黄河特点的测验设备和方法。如在水深和断面测量中，研制成重 1000 公斤的重铅鱼；在流速测量上的各类浮标投放器、夜明浮标，电动放浮标及防草、防沙流速仪等；电动升降缆车，半（全）自动流速仪缆道，大型机动测船等测验设施等，都是为适合黄河水文特点而创造出来的测流设施和设备。

第一节　断面测量

由于黄河水流中含沙量大和河床组成特性，使河床冲淤变化无规律，准确地实测断面，是黄河水文测验中的一大难题。黄河水文职工为了测量好断面（水深）和提高断面测验精度，在洪水测验的实践中摸索和创造了一套适合黄河水文特点的水深测量工具、仪器和方法。

一、测深工具和仪器

测深杆：杆测水深，操作方便，测量误差小，是黄河干支流中小水期测深的常用工具。在民国时期，1943 年黄委会颁发的《水文测验方法草案》中规定，测深杆以木质为主，杆长一般为 5 米。杆上直接刻划尺度，杆的下端安有直径为 20 厘米的铁圆盘。建国初期测杆仍以木质为主。到 50 年代中期，随着测量船只的增大，测深杆的长度由 5 米逐渐增长到 8～10 米，上游西柳沟等站测深杆最长可达 12 米。因长木杆直径较粗为 6～7 厘米，浮力大，因此木杆入水费力，在较大洪水测深中操作很不方便。到 60 年代黄河干流不少测站采用国产直径 3 厘米的钢管作测深杆，钢管的优点是杆径细，杆入水阻力小，随后逐渐推广到支流测站。钢管的缺点是长度大于 10 米时，入水后在急流的冲击下易发生变形弯曲，影响测深精度。为此黄委会水文处在 60 年代初专为西柳沟站配发重量较轻的铝合金管（直径 3 厘米，壁厚 3 毫米，每米重 1.1 公斤，而同直径和壁厚的钢管每米重为 3.08 公斤）长测杆进行试验。铝合金管不仅重量轻而且强度大，不易变形弯曲，一人持杆操作十分方便。但因当时货源不足，价格贵无法推广。

1983 年，黄委会水文局委托济南水文总站在济南加工一批玻璃钢杆作测杆。玻璃钢杆比钢管重量轻、弹性好，遇水冲击不易折断、弯曲，刻度醒目，且不易脱落。据 1983 年核算，加工一根长 12 米的玻璃钢杆需 200 元，和钢管相比造价略高些，若成批生产成本可降低，玻璃钢测深杆是一种比较实用的测杆。

测深锤：因测深杆的长度有限，因此，测量较大水深时须用测深锤。常用的测深锤为铅铸圆筒形。测深锤的重量最轻的为 12 磅（合 5.442 公斤），最重的为 15 公斤。建国初期，测深锤仍是洪水测深的主要工具。进入 50 年代，随着测船的加大和吊船过河缆的推广使用，测深锤由手提改为绞车提放。测船上配备绞车，为加大测深锤（铅鱼）的重量，提高测深精度提供了物质条件。1957 年前后为西柳沟、青铜峡、三门峡等水深、流速大的干流站配备了重型绞车，测深（速）的铅鱼重量加大至 200 公斤。从而使多数干流站解决了汛期测深问题。但是还有像吴堡、龙门、三门峡等站在大洪水时，由于浪大、含沙量亦大（浮力相应增大），用 200 公斤重的铅鱼有时仍难以入水。到 70 年代中期，机（电）动流速仪缆道的建成投产，使测深铅鱼的重量由 200 公斤增加到 750～1000 公斤（三门峡站、龙门站为 750 公斤，吴堡站为 1000 公斤）。重铅鱼测深是提高汛期洪水测验质量行之有效的办法。从 80 年代初有计划有步骤地在白马寺等支流测站推广重铅鱼测深，并建设相配套的缆道设施。

浑水测深仪：回声测深仪早在长江等流域普遍使用。但在黄河除了兰州以上测站和水库部分淤积测验中可以使用外，其他河段因含沙量较大而无法使用。1969 年铁道科学院曾选择国内外十多种不同型号的回声测深仪，在郑州黄河铁桥处进行测深试验都未能测到确切的水深。由此，说明黄河水文测验的特殊性和复杂性，解决黄河洪水测深问题得走自己的路。1975 年水电部以水电供字〔1975〕53 号文下达黄委会水文处研制 HS—1 型浑水测深仪（1980 年该项研制转交黄委会水文局水源保护科学研究所）。该仪器于 1982 年 7 月 31 日在黄河干流禹门口（铁桥），流量为 2200 立方米每秒，流速为 4.9 米每秒，含沙量为 261 公斤每立方米时，测得水深 9.0 米。1983 年 8 月 2 日在黄河干流小浪底水文站，流量为 2040 立方米每秒，流速为 4.49 米每秒，含沙量为 39.4 公斤每立方米时，测得水深 13.6 米。1984 年 6 月 7 日在三门峡坝下冲刷坑的测量中，成功地测得水深 18.6 米。与传统方法相比，具有测深历时短，能直观显示河道断面形状，记录稳定可靠，操作简便安全。1985 年 6 月，该仪器在郑州通过部级技术鉴定。同年荣获黄委会科学技术进步一等奖，1986 年获河南省科学技术进步二等奖。因该仪器造价较贵，难以推广而未组织生产。

HSW—1000 型超声波测深仪（分手电筒式和盒式）于 1988 年由黄河水资源保护科学研究所负责研制，1991 年元月通过技术鉴定。仪器主要技术指标，测深范围：0.7～100 米（清水），0.7～10 米（含沙量不大于 30 公斤每立方米），测量精度 1‰±0.05 米，适应流速≤5 米每秒，手电筒式重量为 2840 克，盒式为 2140 克。该仪器的主要优点，携带方便，操作简单，价格便宜，适应于河流、湖泊、水库的水深勘测。1992 年投产后首先在黄河三门峡水库和河南、山东修防部门使用，以后在水利工程设计、施工、管理部门和南方河流水文站推广使用，到 1994 年已投产 200 多台。

二、测深技术

测量水深看起来很简单，在较大洪水测验中施测水深，实际上也是一种难度较大的操作技术。在水深流急和河床高低不平（块石河床）的测站，常因测深的操作技术不得法，而造成测杆被折断、丢失，甚至发生操作人员落水事故。1962年7月15日唐乃亥站杜耀田在船上测水深,因测深杆折断落水牺牲。1952年,秦厂水文站周东岱刻苦钻研,创造了长杆测深法,在干流测站普遍得到推广。该法操作的要点是在船上测深时,测杆入水刚触及河底,操作者须立即持杆顺水流方向行走数步,以保持测杆与河底垂直和微微触及河底。此法由于是动杆测深可以消除因测杆不动而使水面拥高,避免读数误差外,同时在测深过程中,测杆徐徐地向下游移动而减小了水流对测杆的冲力,避免了测杆被折断和丢失以及人员落水的问题。用此操作法一般均能测到8~10米的水深(在此以前只能测4~5米)。1955年8月金沟口站在羊皮筏上用动杆法实测到9.8米水深。石嘴山站1981年9月用长杆法测到11.6米水深,为全河杆测最高记录。1964年黄河干流义门站,张永贤在升降缆车上用木杆实测到水深8.6米。1982年8月黑石关站在升降缆车上用木杆测得流速较小处的最大水深为11.9米。

锤测水深,由于圆形测锤存在一定的阻力,在急流的冲击下,测绳常常产生一定的偏角,而影响测深精度。1951年开始将圆形测锤改为流线型以减小阻力。八里胡同、黑石关、利津等站采用测绳拉偏的办法,以减小测绳偏角,拉偏后测绳不呈直线也影响测深精度。有的站也采用向水流方向移动测绳法消除测绳的偏角也取得较好的效果。黄河干流三湖河口水文站在1981年9月的测洪中,在船上用测深锤测得最大水深为17.0米。

三、垂线的布设与定位

测深垂线的间距:1945年国民政府黄委会水文总站在《水文测验施测方法》中规定:断面测量河面宽在100米以内,每隔5米布设一个测深垂线;在100米以上,200米以内每隔10米布设一条测线;在200米以上者,全断面平均布设20~30条测线。建国初期,测深垂线布设仍沿用上述规定。1955年1月黄委会颁发《水文测站工作手册》,对断面测量水下部分测线的布设规定如下:河宽在50米以下的布设5~10条垂线;50~100米的布设10~15条垂线;100~300米布设15~20条线;300~1000米的布设20~35条线;1000米以上布设35~50条线。同时要求测线均匀分布,两测线间的间距最大不能大于平均间距的50%,河岸为陡坎和水流有变化处应酌情增加测线,以准确地测得河床的转折变化。1956年后,断面测量的测深垂线布设按《水文测站暂行规范》、《水文测验暂行规范》、《水文测验试行规范》等执行。

测线定位:黄河上测深(测速)垂线位置的确定方法,根据河面宽窄的情况采用以下方法。

断面索法:民国时期,断面索一般架设在河宽为100~200米的站,由多股铅丝合成,每隔5米或10米悬挂红、白色布条(或木板条)等作标志。建国后随着物质条件的改善,到60年代断面索改用5~10毫米的钢丝绳后,断面索架设扩大到河面宽在400米以上。最宽渡口堂站达到700米。

视距法:民国时期,视距法是河宽大于200米的站常用的方法。此法因每次测量均需在断面上架设仪器,很不方便,建国后一般不再使用。

测角法:河面宽300~500米的测站用此法,具体方法有经纬仪(或六分仪)测角(包括辐射线法),平板仪测角也是支流测站常用方法。60年代后发展为固定平板台。

到80年代黄委会系统的水文测站所用的垂线定位方法,干流青铜峡以上和各支流测站用断面索法;干流石嘴山站以下多数为辐射线法或六分仪测角法;河口地区滨海测量用无线电定位仪法。

第二节　浮标法测流

一、概况

用浮标测量水流速度,在距今2000多年以前就已开始。郦道元在《水经注》卷四《河水篇》中叙述黄河龙门河段水流湍急时说:"方知慎子下龙门,流浮竹非驷马为之追也。""慎子"名慎到(约公元前395~前315年),先秦早期的水利家。"流浮竹"是指用竹制成的浮标,作为测量流速之用。"驷马为之追也",因在当时还没有计时钟表,用人们所知的比拟驷马追速之类,来衡量水流速度的大小。比较完整的应用浮标进行测速和计算流量,是在何梦瑶所著的《算迪》一书(约成书于1730年)中提出的"其法以木板一块,置于水面,用验时仪坠子候之,看六十秒内木板流远几丈",求得流速后,又"求得河口面积"并"以这个面积和以远(一分钟内的木板流远数)乘之,即得水流之积数"。他还规定"把丈改为尺,把六十秒改为一分",用此法求得每分钟通过河床断面的流量。这一测量流量的方法和原理比法国谢才(Chezy)测流法早40多年。

黄河干流中游和多数支流,汛期较大洪水均为暴涨暴落,水草和漂浮物较多,用流速仪法测流常因仪器缠草或被漂浮物撞坏而延误测流时机。因此浮标仍是黄河支流(包括干流中游部分测站)水文站汛期抢测较大洪峰流量的有效方法。建国后,黄河广大水文职工在测洪中,针对黄河的特性对浮标的类型、投放的方法和设备以及浮标系数的选用等方面进行大量的试验和改进,促进了浮标测流的发展和成果质量的提高。

二、浮标类型

民国时期的浮标类型以高粱杆、芦苇和麦秸等扎成扁球形,内放砖石。浮标法测流以水面浮标为主。

建国后浮标有普通浮标和夜明浮标两种。

普通浮标:浮标所用的材料有麦秸、高粱杆和麻杆等。浮标的形状有十字形和三角形作底盘,上插彩旗以显示目标。为使浮标保持平稳,在浮标的底盘下系砖石等重物。此种浮标经常用于风浪较小,水流平稳的时候。在水流湍急风浪较大时,用长 1.2 米左右的高粱杆扎成三角形的四面体,这种浮标不仅目标大,而且任凭狂风大浪吹打,总有一个明显的三角浮在水面上。

夜明浮标:汛期支流洪水,常发生在夜间。1951 年各水文测站开始研制夜明浮标,当时多数站用棉花做成棉团(捻),捆扎在 8 号铁丝上,测洪时蘸上煤油或植物油点燃后,插入浮标的十字形底盘上投掷。此种夜明浮标燃烧持续时间短,同时油捻经不起风吹雨淋,火光容易熄灭。1954 年,延川水文站用一节电池和小灯泡焊接后,捆在浮标的顶端,组成电光夜明浮标。其优点是不怕风吹雨淋,但经不起巨浪的冲击,往往被巨浪打翻失去作用。1955年,干流义门站将电池和灯泡焊接后装入晒干的猪膀胱内,充气密封,制成猪膀胱夜明浮标,该浮标不但浮力大,经使用成功率高,是夜明浮标的重大技术改进。到 50 年代后期,以气球和塑料袋代替猪膀胱,此类夜明浮标被广泛采用。

在 50 年代中期,潼关、下河沿等站,将硫磺溶解后,拌入樟脑丸粉,涂于纸上卷成纸捻,捆于铁丝上插入浮标底盘上,名为硫磺樟脑丸夜明浮标。硫磺易燃引火方便,樟脑粉耐燃也不怕风雨,造价低经济实用,同时也可大量预制备用。到 70 年代中期,秦安水文站配合电动导向浮标投放器,利用钠见水自燃和黄磷易燃的特性制成的夜明浮标并和导火索捆在一起,引燃导火索后就能使浮标自动点燃。黑石关站在解决高水浮标的投放问题中,1986年曾研制炮弹式浮标(发火焰)。

制作一定数量的浮标,是水文测站汛前准备的重要工作项目,洪水陡涨陡落的支流站,每年均要制作数百个浮标(包括夜明浮标),才能满足汛期测洪的需要。材料和类型都因地制宜。

三、浮标投放

民国时期,浮标的投放主要靠徒手投掷,或利用桥梁、渡船投放和弯道溜放。河道较宽无上述可利用条件时,用羊皮筏或小划子投放。用上述方法投放的浮标其运行路线随主流和风向而定,浮标通过断面很难达到分布均匀和预定位置,因此对测验成果质量有一定的影响,建国后随着浮标投放器的产生和普遍推广使用,浮标以均匀投放为主。支流测站在抢测特殊洪水时,采用中泓投放和利用缆车在中断面进行半距投放。

1954年陕县水文站用小双舟投放浮标和实测断面,测得流量为15460立方米每秒。洑口站在建国初期使用机船投放浮标,投放均匀,历时短,效果较好。另外在建国初期学习苏联经验,将浮标采取分组投放,效果也很好。

四、浮标定位

50年代以前,观测浮标流经中断面(测流断面)的位置,都是用经纬仪测角法,因比较麻烦,往往配合不好而延误时机。50年代改为小平板仪定位。

1964年,黄委会庆阳水文中心站苏永宾创作"固定平板台",即将平板仪的平板按规定要求事前固定在木桩上(平板开始为木板,以后改为耐久的钢板或水泥板),当观测浮标时,将照准仪安放在固定平板台上,就可直接交会出浮标流经中断面的位置。"固定平板台"是常年安设在河段上的,每当测洪时不再进行对点、安平,观测浮标也比较方便。到60年代后期该设备在黄委会管辖的支流测站上普遍推广使用。

五、断面面积的确定

民国时期和建国后的50年代初,均采用上下浮标断面相应部分面积之平均值,作为计算面积。1956年执行《水文测站暂行规范》后,断面面积直接采用浮标中断面为计算面积。有相当数量的站发生较大洪水时无法实测断面(或来不及实测),因此,在流量计算中常常借用邻近流量测次的实测断面。为了使断面借用得准确,可施测部分垂线,以判别断面冲淤变化,确定断面。

六、浮标系数

民国时期,因无法进行浮标系数试验,在流量计算时只能采用经验系数。如当风向和水流方向相同而风力较大时,浮示系数采用 0.80;当风向和水流方向相反而风力较大时,系数采用 0.90;无风(或风力较小)时,系数采用 0.85。

建国后,为了准确地确定各站的水面浮标系数,从 1950 年起就在部分测站开展水面浮标系数的试验。1950 年,陕县水文站试验结果:当风向和水流方向相同,风力在 1~2 级时,系数为 0.75~0.80 之间;风力为 3~4 级时,系数为 0.70。当风向和水流方向相反时,风力在 3~4 级时,系数在 0.80~0.85。用试验所得的浮标系数算得的流量和用流速仪法测得的流量进行比较,相差在 5%~10%;而用经验系数算得的流量和用流速仪法测得的流量比较,相差 15%~20%。1953~1954 年,兰州、享堂、华县、八里胡同等站先后也开展了浮标系数的试验,并和风向、风力因素建立了关系。

浮标系数试验工作,从 50 年代开始虽然年年要求测站进行试验,但取得成果不多,特别是大水、大沙条件下试验成果很少。主要原因是,多数支流站的流速仪测流设施和设备的测洪标准较低,不能满足施测大洪水的要求;同时在较大洪水中漂浮物和水草较多,流速仪无法施测;另外进行浮标系数试验需要流速仪法和浮标法测流同时进行,测站因人力不足,试验工作往往落空。到 60 年代黄委会水文处吸取这个教训,将过去要求站站试验,改为重点站开展试验,并采取领导机关(黄委会水文处和水文总站)派人协助测站共同进行。如 1964 年黄委会水文处和吴堡水文总站共同派人由赵伯良主持在甘谷驿和丁家沟等站进行浮标系数试验,并取得了较好的资料。通过试验分别求得影响水面浮标系数 K_f 的各因素:即水面流速系数 K_1 和断面平均空气阻力(风向风力)参数 K_v,浮标形状阻力系数 A,以及含沙量对浮标系数的影响等。将各站试验所得 K_1、K_v、A 等因素,代入公式 $K_f = K_1(1 + AK_v)$,可获得各站的水面浮标系数。

浮标形状阻力系数 A 的试验:据甘谷驿站用长 0.5 米的谷草扎成的十字形浮标,重 0.3 公斤。另用长 0.7 米的高粱杆扎成的十字形浮标,重 0.5 公斤,下系 0.4 公斤的石块,总重 0.9 公斤,入水深 0.15 米。两种浮标同时在平均水深为 0.59～2.06 米,平均流速为 1.12～2.53 米每秒的条件进行比测,用上述两种浮标测得的断面平均流速的差值小于平均流速的 1%。这一试验证实了浮标的形状对浮标系数影响很小。浮标形状阻力系数一般在 0.01～0.03 之间,对测站使用固定的浮标形状和材料时,浮标形状阻力系数 A 可视为常数,采用 0.02。

据甘谷驿、川口(现白家川)、丁家沟、长水、五龙口等站 93 次试验,浮标系数 K_f 和水面流速系数 K_1 与断面平均空气阻力参数 K_v 的相关系数分别为 0.791 和 0.632。水面流速系数 K_1、空气阻力参数 K_v 对水面浮标系数 K_f 的影响如表 3—11 所示。据分析,K_1 对 K_f 的影响比 K_v 和 K_f 的影响平均大 2.8 倍。因此水面流速系数 K_1 是影响水面浮标系数的主要因素。

表 3—11　　　　K_1、K_v 变化对 K_f 影响的比较表

河名	站名	K_1 的变化影响				K_v 的变化影响	
		K_1(最大)	K_1(最小)	K_1(平均)	对 K_f 影响 (%)	K_v 变化范围	对 K_f 影响 (%)
黄　河	龙　门	1.00	0.72	0.83	20.5	-0.92～2.87	5.7
延　水	甘谷驿	0.92	0.73	0.82	12.2	-1.14～1.96	4.3
无定河	丁家沟	0.87	0.72	0.79	10.1	-0.05～1.00	2.1
无定河	川　口	0.88	0.77	0.82	7.2	-1.78～4.30	6.6
佳芦河	申家湾	0.87	0.61	0.74	17.6		
三川河	后大成	0.85	0.68	0.76	11.1		
洛　河	长　水	0.95	0.77	0.85	11.1	-1.83～3.79	5.7
沁　河	五龙口	0.98	0.70	0.84	16.5	-0.95～1.75	3.9

注　1. K_1 对 K_f 的影响,系把 K_1 作为常数(用均值)可能产生的误差

2. K_v 对 k_f 的影响,系按 K_v＝1.0 作无风处理,并当 A＝0.02 时,可能产生的误差

据分析黄河的水面流速系数 K_1 和河流含沙量的大小有关,含沙量较高的河流 K_1 为 0.813,少沙河流为 0.893。水面流速系数因含沙量的不同最大相差可达 10% 左右。根据龙门、甘谷驿、丁家沟、川口和长水等站的试验资料分析,经含沙量改正后的水面流速系数 K_1 和谢才系数 C(谢才系数 C 由断面平均水深 $\overline{H}$ 和 C 关系图求得)的关系如下:

$$K_{1(龙门)} = \frac{C}{C+16.7}$$

$$K_{1(甘谷驿)} = \frac{C}{C+11} \qquad K_{1(丁家沟)} = \frac{C}{C+20}$$

$$K_{1(川口)} = \frac{C}{C+17} \qquad K_{1(长水)} = \frac{C}{C+8}$$

断面平均空气阻力参数 K_v 和风速大小有关,在浮标系数试验中,由有效风速和垂线浮标流速计算而得。据龙门站的试验资料分析 K_v 变化很大,在 $-0.92 \sim 2.87$ 之间。因此浮标测量中风向风力的观测不可忽视。

1962 年郑州水文总站根据试验资料和统计分析提供各站使用的水面浮标系数如表 3—12。

表 3—12　　　　　　　郑州水文测区各站水面浮标系数表

站名	浮标流速（米每秒）	各级风力时浮标系数								
		顺风风力（级）				无风	逆风风力（级）			
		4	3	2	1	0	1	2	3	4
宜　阳	1.5	0.81	0.84	0.87	0.89	0.90	0.91	0.93	0.96	0.99
润　城	2.0	0.83	0.86	0.88	0.89	0.90	0.91	0.93	0.94	0.97
飞　岭	2.5	0.84	0.87	0.88	0.89	0.90	0.91	0.92	0.93	0.95
黑石关	3.0	0.85	0.87	0.88	0.89	0.90	0.91	0.92	0.93	0.94
龙门镇	3.5	0.88	0.87	0.89	0.89	0.90	0.91	0.91	0.92	0.94
白马寺	4.0	0.87	0.87	0.89	0.89	0.90	0.90	0.91	0.92	0.93
长　水	4.5	0.87	0.87	0.89	0.90	0.90	0.90	0.91	0.92	0.93
	5.0	0.87	0.87	0.89	0.90	0.90	0.90	0.91	0.92	0.93
瑶沟口	1.5	0.78	0.81	0.84	0.86	0.87	0.88	0.90	0.92	0.96
山路平	2.0	0.80	0.83	0.85	0.86	0.87	0.88	0.89	0.91	0.94
东　湾	2.5	0.82	0.84	0.85	0.86	0.87	0.88	0.89	0.90	0.92
石门峪	3.0	0.82	0.84	0.85	0.86	0.87	0.88	0.89	0.90	0.91
东洋河（八里胡同）	3.5	0.83	0.85	0.86	0.86	0.87	0.88	0.88	0.89	0.91
	4.0	0.84	0.85	0.86	0.86	0.87	0.87	0.88	0.89	0.90
	4.5	0.84	0.85	0.86	0.86	0.87	0.87	0.88	0.89	0.90
	5.0	0.84	0.85	0.86	0.86	0.87	0.87	0.88	0.89	0.90
涧　北	1.5	0.76	0.79	0.80	0.82	0.83	0.84	0.86	0.88	0.91
栾　川	2.0	0.77	0.80	0.81	0.82	0.83	0.84	0.85	0.87	0.89
韩　城	2.5	0.78	0.80	0.82	0.83	0.83	0.84	0.85	0.86	0.87
五龙口	3.0	0.79	0.81	0.82	0.83	0.83	0.83	0.85	0.86	0.87
新　安	3.5	0.80	0.81	0.82	0.83	0.83	0.84	0.84	0.85	0.87
	4.0	0.80	0.81	0.82	0.83	0.83	0.84	0.84	0.85	0.88
	4.5	0.81	0.82	0.82	0.83	0.83	0.84	0.84	0.85	0.86
	5.0	0.81	0.82	0.82	0.83	0.83	0.84	0.84	0.85	0.86

1981 年 9 月黄河上游出现了 1904 年以来的最大洪水,兰州、唐乃亥两站在完成洪水测验的同时,开展了水面浮标系数试验。唐乃亥站共试验 25 次,试验时最大流量为 3970 立方米每秒,试验分析所得的浮标系数为 0.83

～0.89,平均为 0.86。站上原采用经验系数 0.82。因经验系数偏小,造成"81.9 洪水"流量系统偏小。改用试验系数后,其流量成果和流速仪法实测流量基本相符。

兰州水文站于 1981 年 9 月、1982 年 7～9 月和 1983 年 7～8 月连续三年进行 30 次浮标系数的试验,水位变幅在 1512.83～1516.58 米,流量变幅为 1160～5170 立方米每秒,最大风速 3 级。经分析求得浮标系数的计算公式 $K_f = 0.80(1+0.19\overline{K_v})$。

龙门水文站在马王庙断面,自 1956 年到 80 年代末,共进行过 85 次浮标试验,试验时最大流量为 12000 立方米每秒,流量大于 5000 立方米每秒的有 29 次,大于 3500 立方米每秒的有 40 次。经三门峡库区水文实验总站整理分析提出了龙门水文站水面浮标系数关系图和计算公式。

1987 年,郑州水文总站,根据水面浮标系数的半理论半经验公式,通过试验求得浮标形状阻力系数为 0.032,并通过有关资料的计算,求得小浪底、栾川、潭头、东湾、新安、白马寺、黑石关、卢氏、长水、宜阳、润城、五龙口、山路平、武陟、垣曲、八里胡同等站的水面浮标系数,经与 1962 年提供的郑州水文测区各站水面浮标系数相比,其绝对值差 0.01～0.1。

第三节　流速仪法测流

一、流速仪及检定

(一)流速仪

黄河干流首先使用流速仪(当时称流速计)测流的是 1919 年 10 月 13 日在泺口水文站。使用的是旋杯式流速仪,由美国引进。当时因经费受限制,泺口等水文站的流速仪都没有备份,1948 年冬该站流速仪尾翼掉入河水中后,曾用无尾流速仪测流。有的流速仪遭严重磨损,已直接影响测速质量,也得不到更换和检修。

1941 年中央水工试验所开始了仿制第一批旋杯式流速仪 100 架,使黄河干流多数水文站都有了流速仪。

建国初期,流速仪为 51 型旋杯式,其生产数量也不多。到 1952 年,黄委会系统的水文站除每站一架外,并对黄河干流站和支流重点站开始配发备份流速仪,供检修时调换使用。1955 年黄委会系统的测站全部配发了具有一定防沙功能的国产水工55型旋杯式流速仪。1957年在黄河干流的上诠、西柳沟、乌金峡、青铜峡、河口镇、龙门、三门峡、陕县等站,首先配发LS25型旋桨式流速仪,以满足汛期测洪中减少水草缠绕和在冬季测流免受冰花堵塞的影响。1960年,给黄河干流的义门和吴堡两站配发试用有防沙防草功能,和测速范围较大的LS25-1型旋桨流速仪。60年代中期,黄委会系统的测站,都配发了LS25-1型旋桨流速仪。为了解决部分测站测量高速和低速的需要,在70年代后期购置了一部分能测高速的LS25-3型旋桨流速仪和能测低速的LS68-2型旋杯流速仪。据1989年底统计,黄委会系统的水文站共有各种型号的流速仪1665架,每站平均为10余架。黄河干流站一般有流速仪15～20架,支流站有8～12架,充分满足了测洪和检修的需要。

在60年代以前出厂的LS25-1型旋桨式流速仪,其尾部为平面尾翼,抗弯强度不足。在支流水文站测较大洪水时,尾翼常被水流折弯而影响测洪工作。60年代初黄委会甘谷水文站曾用薄钢板另行加工成V型尾翼后,解决了尾翼的折弯问题。60年代末黄委会庆阳水文站最初将尾翼用钢筋加固,后在长庆油田的协助下,在平面尾翼上加压两条抗弯长槽,大大地增强了抗弯强度,随后工厂也采用此法增强尾翼抗弯强度。

宁夏水文总站那振洲,根据旋杯水轮在水流的冲击下发生转动和水轮转速与固定的渠道断面流量之间存在一定的关系,于1983年研制成QL-1小型渠道水量计样机。经5年的试验比测,QL-1型渠道水量计于1987年通过省级鉴定,获国家专利和宁夏科技进步三等奖。该仪器流量的测量范围为0.01～2.5立方米每秒,不仅在清水中使用良好,在有杂草和含沙量较大的小型明渠中使用同样有较好的效果。该仪器为灌区计划用水和计量收费及科学管理提供了条件,并已生产出7种不同规格的产品,供国内30多个水利、科研、灌溉试验等单位使用。

(二)流速检定

民国时期因无流速仪检定(修)设备,测站又无备份流速仪,所以流速仪的检修和比测检定工作未能进行。建国后,逐步开展了流速仪比测和检定工作。1954年黄委会规定,黄河干流龙门站以下,每架流速仪使用10～15次后须与备份仪器进行一次比测,龙门站以上及支流各测站,每架仪器使用15～25次后比测一次,河宽小于100米,或含沙量较小的测站,可延长到30～40次后进行比测。经比测,其平均误差超过±5%时,应送有关部门检定。

为了解决测站流速仪的检定问题,1952 年冬,黄委会泥沙研究所,筹建流速仪检定槽。1953 年 4 月,根据苏联专家拉普图列夫建议,决定将长槽改为露天圆形水池,直径 24.0 米,池深 3.4 米(有效水深 3.0 米)。池中设有岛式圆形(直径 4.0 米)操作室,用 10 马力的电动机连接机械变速箱带动悬臂(长 5.73 米)旋转,变速范围 0.01～15 米每秒(实际使用为 0.01～7.5 米每秒)。全部工程于 1955 年完成,共投资 4 万元。1956 年完成水池性能和流速仪检定结果的对比试验,1957 年 8 月正式投产。到 1986 年圆池停止使用时,近 30 年共检定(修)流速仪 9266 架,平均每年检定(修)300 余架。1965 年是检定最多的一年,为 834 架。

在圆形水池中检定流速仪,仪器在池中作圆周运动和河道水流运动不相似,同时因圆形水池不能直接地进行检定,只能采用与比测仪器进行比较的方法,其检定精度,不仅受比测仪器在长水槽检定精度的制约,同时还存在着圆形水池本身的检定误差。因此,要提高圆形水池的检定精度,难度很大。该池投产 20 多年后,产生严重的漏水和噪音,再加上设备的陈旧和不能开展浑水检定,故 1973 年提出了建造流速仪检定长槽的计划。1977 年经水电部[1977]水电计字第 112 号文批准,决定建造流速仪检定槽,1979 年 6 月土建动工,新建的流速仪检定槽长 250 米,净宽 5.0 米,槽壁高 3.4 米,水深 3.0 米。1980 年 12 月,大厅、水槽土建完成,检定槽大厅面积 2700 平方米。1981 年起进行检定设备安装,轨道采用每米重 43 公斤的重型钢轨,焊接成两条长为 250 米的整体。拖车为钢板梁式结构,总重(包括电控设备)为 110 吨。驱动设备为 4×22 千瓦和 2×3 千瓦的直流电机。拖车行速范围为 0.01～10.0 米每秒。拖车在高速时(2.0～10.0 米每秒),可同时检定 5 架流速仪。该流速仪检定槽设备的电气部分,由黄委会水文局和上海电气自动化研究所等单位协作进行,历经近 8 年,于 1986 年 12 月通过部级(水电部)技术鉴定。工程决算实际投资 210 万元,1987 年 5 月投产。该检定槽在国内水利系统为最长的检定水槽,拖车速度也最快,达到一级精度国际水平(1987 年 1 月 1 日水电部颁发定为一级精度的检定许可证)。

陕西省水利科学研究所于 50 年代中期,曾在陕西武功建有一个流速仪检定槽,长 105 米,宽 2.0 米,水深 1.5 米。流速检定范围为 0.1～5.0 米每秒。该槽于 1975 年移交陕西省水文总站后,由武功迁往西安于 1979 年迁建完成,1980 年 4 月投产。检定大厅长 164 米,净高 4.6 米,宽 6.9 米,建筑总面积 1480 平方米,槽长 160 米,宽 3.0 米,水深 2.8 米。检定车为槽钢梁式结构,自动推进式,总重 5.0 吨,高速驱动用 4×10 千瓦,低速为 2.2 千瓦直流电机,可控硅无级调速,变速范围为 0.01～6.0 米每秒,可同时检定 3 架仪器。该检定槽由水电部委托南京质监中心,分别于 1988、1992 年对全部设备进行检定,其中轨道水平误差＜0.2 毫米,两次均被定为一级精度水槽。在 80 年代被认为是全国水文系统精度最高的流速仪检定槽。该槽照原水利部分工,承担陕、甘、宁、青 4 省(区)水文及灌溉部门的流速仪检定。

(三)流速仪清水检定公式的改正

为了搞清流速仪在清水中检定出的流速公式用到高含沙的浑水测验中,将对流速测量成果产生的影响。黄委会水文处赖世熹于 1965 年、1966 年先后两次进行了浑水检定流速仪的试验。1965 年 5 月第一次试验,采用的泥沙粒径为 $d_{50}\approx0.005$ 毫米。该次试验因是初次做,经验不足,设备不完善,以及采用的泥沙粒径太细等原因,未能获得定量成果。但定性的规律十分明显:即在清水中检定的流速仪公式用到浑水中测速,流速存在系统偏小,其偏小的幅度,随浑水浓度(含沙量)的逐渐增加而呈加大的趋势。

1966 年 4～5 月进行第二次试验。泥沙粒径选用温家川、甘谷驿、川口和后大成 4 个水文站 1963、1964 两年的泥沙,含沙量超过 800 公斤每立方米以上,颗粒级配的平均粒径 $d_{50}\approx0.05$ 毫米(粒径计法分析)。在试验时,因黄科所南院的泥沙粒径和上述测站的泥沙粒径很相近,为了减少泥沙运输,就以南院泥沙替代。试验在矩形回水渠道中进行,渠道长 76 米,宽 1.0 米,深 1.2 米,用电动循环索牵引检定车匀速前进。试验方法将 55 型旋杯流速仪和 25 型旋桨流速仪,分别放到含沙量为 19.0、33.3、76.0、110、234、420、659、870、1060 公斤每立方米等九个不同浓度的浑水中进行检定。在浑水试验中流速仪公式和清水公式比较如表 3—13。公式中,V 为流速,K 为系数,n 为转数,c 为常数。由表可以看出,系数 k 和常数 c 在含沙量大于 234 公斤立方米以上时随含沙量增加而增大。

表 3—13　　　　　清水浑水流速仪检定公式比较表

试验含沙量(公斤每立方米)	浑水中检定公式(V＝kn+c)	试验含沙量(公斤每立方米)	浑水中检定公式(V＝kn+c)
19.0	V＝0.680n＋0.0215	420.0	V＝0.695n＋0.0235
33.3	V＝0.692n＋0.002	659.0	V＝0.704n＋0.0298
76.0	V＝0.687n＋0.012	870.0	V＝0.709n＋0.0625
110.0	V＝0.689n＋0.0107	1060.0	V＝0.710n＋0.1182
234.0	V＝0.695n＋0.0077	清水检定后	V＝0.695n＋0.002

注　检定时采用 55 型旋杯流速仪(牌号 10798)

流速仪旋杯的转数 n 在同一行车速度时,n 值随含沙量值增加而减小,这说明仪器的转速随含沙量的增加而转速减慢了。再以清水检定的流速仪公式为标准,在同一秒转数下,用浑水检定的流速仪公式计算的误差随含沙量浓度增加而加大。而在相同含沙量时,流速越小,误差越大。误差的性质是负值(偏小)。即用清水中检定的流速仪公式,用到浑水中测速所得的流速要偏小,必须进行改正。如当含沙量为 870 公斤每立方米时,用清水检定的流速公式(旋杯式 55 型)算得流速为 1.50 米每秒 ,而实际浑水流速为 1.605米每秒,其修正值为 7%。在不同含沙量和不同的流速时其修正值不同,即修正值随着含沙量的增高和流速的减小而增加,如表 3—14。

表 3—14　　　　　　　流速修正值(55 型旋杯式)表

含　沙　量 (公斤每立方米)	流　　速　(米每秒)					
	0.3	0.5	1.0	1.5	2.0	2.5
	浑水应加百分数(%)					
420	6.4	4.6	2.7	2.3	2.0	1.9
659	9.6	7.2	4.8	4.0	3.6	3.4
870	23.0	14.1	9.1	7.0	6.0	5.4
1060	40.0	24.6	14.6	11.0	9.1	8.0

注　用 25 型旋桨流速仪与 55 型旋杯流速仪试验结果是一致的

二、铅鱼和水文绞车

(一)铅鱼

在民国时期,测流铅鱼的提放靠徒手或简易的木绞车,因此铅鱼的重量一般较小,多数为 8 公斤。这种铅鱼沿用到建国初期。1952 年部分水文站随着测船增大,有条件采用流速仪法施测洪水。但仪器安装在 8 公斤重的铅鱼上,因重量太轻,悬索不能保持垂直而产生偏角。有的采用悬吊两个 8 公斤重铅鱼叠在一起,高村站采用加捆油锤,但仍不能解决问题。1953 年,杨房、孟津、高村、利津等水文站对流速仪悬索偏角造成的测流误差进行试验,据杨房站的试验资料,当流速为 2.42 米每秒时,8 公斤重的铅鱼,使悬索的偏角最大可达 50 度。由于悬索偏角造成测点位置偏离,使流量成果平均偏大 4.0%,最大可达 8.0%。为此,黄委会在《1954 年水文测验工作要求和规定》中指出,流速测量中因铅鱼轻,而产生悬索偏角,须按照水深测量偏角校正的规定,予以校正。

1955年，在《水文测站暂行规范》试行中，铅鱼的重量增加为15、25、50、60公斤四种，并限定，流速在2米每秒以上时，用60公斤铅鱼；流速在1～2米每秒时，用25～60公斤铅鱼；流速在1.0米每秒以下用8～25公斤铅鱼。

1956年，随着测船设备的进一步改善和吊船过河缆的投产，有条件将铅鱼的重量又增加为75、100、150、200和250公斤等五种。从而使流速仪悬索偏角控制在规范规定的10°以内。

到70年代后期，为了进一步解决吴堡、龙门、三门峡等站的较大洪水时的测速和实测水道断面问题，上述三站自行加工特重型铅鱼，三门峡和龙门站为750公斤，吴堡站1000公斤是黄河上铅鱼重量最大的站。

各站（包括不同时期）选用铅鱼重的标准，黄委会水文系统采用$G=5VH$的经验关系进行选择（G为铅鱼重量公斤，V为垂线平均流速米每秒，H为垂线水深）。

水文站所用的铅鱼多数是购于工厂生产的成品，工厂生产的铅鱼其悬吊方式不合理。如铅鱼重在50公斤以上者，均采用八字形双点悬吊方式，这种悬吊方式，在铅鱼入水时经常发生打转和铅鱼入水后不能保持水平状态。在水流的冲击下常使流速仪产生俯角，造成测点流速偏小。80年代初，唐乃亥水文站在建设流速仪缆道时将铅鱼悬吊方式改用单点悬吊，并使铅鱼安装流速仪后，在空中悬吊时保持有3°～5°的仰角（唐乃亥水文站为4°44′），这样铅鱼入水后在水流的冲击下使铅鱼保持了水平。工厂生产的铅鱼其鱼形也不合理，铅鱼入水后影响平衡。1984年，兰州水文总站在改建唐乃亥水文站和架设上诠站的流速缆道中，自行设计铅鱼，采用北京市水文总站和北京市水利科学研究所，根据茹可夫斯基机翼理论提供的《水文测流铅鱼造型的研究》成果。该研究成果的鱼形比较合理，铅鱼入水后，能保持与水流平行和稳定状态，对水流的阻力小，鱼体不会使水流产生涡流。唐乃亥水文站铅鱼重为400公斤，设计鱼形中各因素的关系，$G_{铅鱼重}=k\pi \cdot R \cdot D^3$，D为鱼体最大直径0.229米，L为铅鱼的长度1.78米，L/D采用8（一般为6～10），$k=0.12(L/D)^{0.987}$，$R_{铅的重率}=11370$公斤每立方米，铅鱼的体积V为0.0353立方米（$V=K\pi D^3$）。

到1987年黄委会系统使用的各类铅鱼为200公斤以上的47个，100～150公斤的40个，50～75公斤的45个，30公斤以下的83个，共计215个。

（二）水文绞车

船用水文绞车：民国时期提放铅鱼用的绞车，为简易木质手摇绞车（木质圆柱横卧于木支架），该类绞车沿用到建国后的1955年。1956年贯彻《水文测站暂行规范》时，为适应铅鱼重量增加的需要，配发了一批铁质仿苏联涅瓦式手摇水文绞车，起重为50公斤。随后，又陆续配备了由南京水工厂生产的起重为100公斤手摇带记数器的水文绞车。1957年起，循化、西柳沟、青铜峡、义门、吴堡、龙门、三门峡、八里胡同等站先后架设了吊双舟过河缆道，由黄委会统一委托南京水工仪器厂加工了一批起重为200公斤的转盘式手摇铁质水文绞车，配发上述测站使用。与此同时，黄河下游测站也自行加工一部分重型绞车，有立式、卧式两种，起重为200公斤。这批重型船用水文绞车的投产，使黄河干流部分测站水文测验设备和设施的发展进入一个新的阶段。即钢（木）支架吊船过河缆道、重型水文绞车、重铅鱼等设备配套齐全，为黄河汛期测洪扩大实测洪水幅度和流速仪法的测速范围，提供了物质条件。如干流循化、西柳沟、青铜峡、义门、吴堡、龙门、陕县、八里胡同、小浪底9站，在1958年8月的洪水测验中用流速仪测到最大流速分别为4.17、4.23、4.12、4.79、4.93、6.41、5.47、6.40、7.57米每秒，实测的流速均大于4.0米每秒，最大达7.57米每秒以上，这是过去从未测到过的。

起重200公斤的铁质转盘重型水文绞车，在提高流速仪法测洪能力上虽然起了重大作用，但是用手摇的笨重体力劳动，消耗体力太多。1958年，在开展技术革新中，西柳沟水文站引进黄河下游站水力绞车设备，用水力通过机械传动代替人力提放铅鱼获得成功。这一革新，不仅减轻了笨重的体力劳动，又使船上的测验人员由5～6人减少到3人。70年代，小浪底水文站，以柴油机为动力代替水力绞车，使测流的效率（缩短历时）得到进一步的提高。1975～1976年黄河下游的艾山、利津等水文站先后使用直流电机代替柴油机为动力提放铅鱼。到80年代使用船用电动绞车的测站有泺口、高村、孙口、小浪底、夹河滩、潼关、石嘴山、华县等站，其中泺口、高村、孙口三站起重均为500公斤。

到1987年黄委会系统共有电动船用绞车13台（其中高村、孙口站各有2台），有手摇船用绞车42台（其中兰州总站25台，三门峡总站2台，郑州总站8台，济南总站7台）。

流速仪缆道和缆车用绞车：随着缆车缆道在支流上的普遍使用，促使缆车缆道绞车的发展，在开始阶段缆车绞车只是解决测速仪器的提放。随着缆车向升降和横向移动联合操作发展，研制了两用水文绞车（简称双卷筒绞车）。1972年黄委会革命委员会水文组组织所属水文总站和黄河水利学校成立水文缆道卷扬机设计小组。1973年初完成设计图纸后，由水电部下达常州机械厂加工25台起重为400公斤的双卷筒重型水文绞车，供部分站使用。随后三门峡、龙门、吴堡、五龙口、白家川、唐乃亥、小川、上诠、享堂、杨家坪、咸阳、白马寺等站结合搞缆车或流速仪缆道(包括重铅鱼测深)各自加工水文绞车。在这期间,在学习长办水文局研制的丹江 Hj300 型可控硅调速绞车和浙江省研制的起重 160 公斤可控硅调速绞车基础上,经过改进在黄河机械厂加工 9 台适合黄河水文特点的 Hj400 型可控硅调速绞车。1984 年,黄委会水文局仿制摩擦式 4 种类型缆道绞车的试验样机,由浙江省宁波机械厂加工,供唐乃亥、龙门镇、白马寺等站选用,经龙门镇水文站使用,效果较好。

据 1987 年统计,黄委会水文系统有缆车缆道绞车 46 部,其中手摇 10 部,电动 36 部;流速仪缆道绞车 11 部。

三、测速垂线和测点布设

(一)测速垂线

测速垂线布设:在民国时期,测速垂线间距一般都按固定间距布设,如泺口站的测速垂线不考虑水位高低从水边开始每间隔 20 米,布设一条测速垂线。这种不考虑断面的变化和水位的高低布设测速垂线会影响测流成果。又如陕县站,因卵石河床船锚很难固定,特别是在主流区,因水深流急,测速垂线很难做到分布合理,一般控制在 10~30 米之间,最大间距可达 60 米。此种测速垂线的布设状况一直延续到建国初期。1952 年,随着测船操作的改进和水文测验有关技术规定的颁布,测速垂线的布设逐步趋向合理。特别是 1956 年执行《水文测站暂行规范》和一部分测站吊船过河缆道和缆车缆道的使用,使测速垂线布设发生根本的变化,第一,实现了规范规定的测速垂线位置的稳定;第二,能根据主流的变化随时增加或调整测速垂线的位置,使测得的各垂线流速能较好地反映断面流速变化的实际情况。断面测速垂线数根据河道断面的河宽、水深变化和不同的测流方法(精、常、简测法)以及断面流速的横向分布来确定。其历次规定如见表 3—15~表 3—18。

表 3—15   黄委会 1954 年测速垂线数或投放浮标数的规定表

水面宽(米)	<100	100~300	300~500	500~1000	>1000
测速垂线数目(条)或投放浮标数(个)	5~10	10~15	15~20	20~25	25~30

表3—16　　　　　　　　1956 年测速垂线规定情况表

水面宽（米）	<5	5~50	50~100	100~300	300~1000	>1000
垂线数目（条）	5	6~10	10~15	15~20	20~30	30~40

表3—17　　　　　　　　1960 年测速垂线数规定情况表

水面宽（米）		<5	5	50	100	300	1000	>1000
最少测速垂线（条）	窄深河道	5	6	10	12	15	20	20 以上
	宽浅河道	5	6	10	15	20	25	25 以上

表3—18　　　　　　　　1975 年测速垂线数规定情况表

水面宽（米）		<5	5	50	100	300	1000	>1000
精测法最少垂线数（条）	窄深河道	5	6	10	12	15	15	15
	宽浅河道			10	15	20	25	>25
常测法最少垂线数（条）	窄深河道	3~5	5	6	7	8	8	8
	宽浅河道			8	9	11	13	>13

　　1982 年,潼关等站通过 50 条测速垂线的试验和分析,按相对平均误差绝对值小于 1% 和相对标准差小于 2% 的标准,对潼关等站用不同的布线方法所需的最少测速垂线数目如表 3—19。

表3—19　　　　潼关等站所需最少测速垂线数情况表　　　　单位:条

方　法	潼关	小浪底	花园口	夹河滩	高村	孙口	艾山	泺口	利津
等部分流量法	20	13	10	10	15	12	12	12	13
等水面宽法	17	10	14	18	12	12	12	12	13
1975 年"规范"规定	13	8	>13	>13	12	12	8	8	8

　　70 年代后期黄河干流中下游测站执行 1975 年水电部颁发的《水文测验试行规范》规定的最少测速垂线数,和表 3—19 按等水面宽法,所需的最

少测速垂线数相比,多数站垂线数偏少。这个结论和济南水文总站的分析是一致的,据济南水文总站分析计算,执行1975年的《水文测验试行规范》因测速垂线布设偏少,使流量产生系统偏小的误差:高村站为－3.3％、孙口站为－3.5％、艾山站为－1.5％、泺口站为－5.7％、利津站为－2.8％。上述误差均超出规范规定系统误差不得大于±1％。由此说明1975年规范规定的最少测速垂线数对黄河中下游测站是不适合的。

另据1982年的测验精度试验分析,适当地增加测深垂线数能使流量的测验误差有明显的减少。据干流龙门至利津11站统计,施测1958年和1982年最大和次大洪峰流量时的平均测速垂线,分别为23和21条。测线较多为高村站48条,孙口站为42条。测线较少的龙门和泺口为9条。都超过表3—18所规定的测速垂线数量。

(二)测点布设

流速测点布设。在民国初期,据泺口水文站的测速记载,常用两点法(即水深的0.2、0.8处),陕县站常用一点法(水深的0.6处),在较大洪水无法测两点或一点法时,即用水面一点法(水面下0.2米处)乘水面流速系数0.90得垂线平均流速。建国初期,仍常用一点法或二点法。自1955年以后,流速测点的布设均按有关水文测验规范的要求和精、常、简等不同的测验方法安排测点。平水期用常测法即二点或三点法(水深0.2、0.6、0.8处)。当洪水涨落较快时采用简测一点法(水深0.6米处),支流站使用水面一点法。测精测法时采用多点法。

80年代,白家川等支流水文站,结合抢测洪峰的需要,进行垂线代表性分析,寻求某1条或2条垂线(简称单位垂线),其垂线平均流速近似断面平均流速。测洪时就可仅在单位垂线上测速即可,因此可大大缩短测流时间。

1950年,陕县、太寅等站,对一点法(0.6水深)与二点法(0.2和0.8水深)所得垂线平均流速的准确性进行了试验。1951～1954年,八里胡同站又连续进行了垂线流速分布规律的试验(水深在2米以上,流速在2.5米每秒左右),经对159条垂线的试验、分析和计算,其水面一点的流速系数为0.84;相对水深0.2、0.6、0.8及河底的流速系数分别为0.86、1.02、1.21和1.62。水面流速系数和浮标经验系数0.85十分接近。

1982年,在黄河干流中下游从潼关站起至利津站,用不同测验方法计算垂线平均流速的误差,如表3—20。

表 3—20　黄河中下游 10 站垂线平均流速误差统计特征值表

站名		潼关	三门峡	小浪底	花园口	夹河滩	高村	孙口	艾山	泺口	利津	综合
垂线数目(条)		80	100	74	80	65	100	50	100	80	80	809
一点法	U11	−2.0	3.6	4.6	0	−3.3	1.3	0.2	−1.5	0.1	−0.6	0.4
	S11	5.4	2.5	7.1	3.4	4.4	6.1	4.2	6.8	6.0	6.8	5.6
二点法	U11	1.4	1.1	0.5	0.6	1.7	1.3	0.8	0.8	1.6	−0.3	0.9
	S11	3.0	2.8	2.7	2.2	2.5	2.9	2.8	4.2	3.4	3.3	3.1
三点法(1)	U11	0.3	1.9	1.9	0.4	0	1.3	0.6	0	1.1	−0.4	0.6
	S11	2.3	2.5	2.3	1.5	1.5	2.1	1.7	2.5	2.8	2.2	2.6
三点法(2)	U11	−0.3	2.3	2.6	0.3	−0.8	1.3	0.5	−0.4	0.8	−0.4	0.8
	S11	2.7	3.0	3.2	1.7	1.8	2.8	1.8	2.9	3.2	2.9	2.1
四点法	U11	−2.5	−2.5	−0.2	−1.2	−1.9	−0.8	−1.8	−2.3	−2.1	−4.0	−2.0
	S11	1.9	2.0	1.6	1.4	1.2	1.6	1.3	2.3	2.3	2.8	1.9
五点法(1)	U11	−0.3	−1.0	−2.3	−1.0	−0.9	−1.3	1.7	−1.4	−1.3	−0.8	−1.0
	S11	1.4	1.2	1.8	1.0	1.0	1.4	1.3	1.7	1.8	2.1	1.5
五点法(2)	U11	1.0	1.2	−0.9	0.2	0.7	0.1	0.4	0.4	0.8	0.5	0.5
	S11	1.4	1.2	1.8	1.1	1.0	1.4	1.4	1.8	1.9	2.1	1.6
五点法(3)	U11	2.1	1.7	0.3	0.9	1.5	1.1	1.4	0.9	1.8	1.5	1.3
	S11	1.4	1.7	1.6	1.1	1.1	1.6	1.4	1.9	2.2	2.1	1.6

注　①U11 是相对平均误差,S11 是相对标准误差

②五点法(1)五点法(2)五点法(3)和三点法(1)、(2)为垂线平均流速五点法和三点法不同计算方式

③误差以(%)表示

经分析计算认为:一点法的误差最大,一般不宜使用,只能在特殊情况下作为抢测洪峰的一种应急方法。分析结论和测验规定完全一致。

据干流龙门至利津 11 站统计,施测 1958 年和 1982 年最大和次大洪峰流量时的平均测速点数分别为 37 和 40;测点较多高村站为 92 点,孙口站为 67 点;测点较少的花园口站为 13 点,龙门站为 9 点。11 站多数为两点法,个别站有三点法和一点法。

四、测速历时

在民国时期,测速历时一般为 60 秒至 100 秒。1954 年,渭河华县站先

后共 4 次进行 39 条垂线的测点流速脉动试验。经分析认为,测速历时在 30 秒以下,由流速脉动造成的流速误差最大可达 10%以上,测速历时在 90 秒以上时误差较小,当测速历时在 120 秒以上时,流速趋于常值。流速脉动在横向分布上,水边和水流紊乱处脉动影响大,主流处影响小。浅水处影响大,深水处影响小。据此,黄委会在《1954 年水文测验工作的要求和规定》中规定,测速历时一般在 60 秒以上,在相对水深 0.6 以下的测点,测速历时应在 90 秒以上。1955 年 6 月以前,在试行《水文测站暂行规范》时,规定测速历时不得少于 90 秒。1955 年 7 月以后改为不少于 120 秒。为了进一步搞清流速脉动的规律和影响范围,1958 年,高村和华县两站又进行系统的试验。试验成果如表 3—21。这次试验成果的规律和 1954 年试验成果一致,即由流速脉动造成的测速误差随测速历时的增加而减小,测速历时愈短,误差愈大。测速历时在 90 秒以上时,其误差值均在 3%以下(水面除外),流速脉动误差在垂线上的分布,水面和河底误差大,中间小,相对水深 0.8 处的误差一般最小。测速历时超过 200 秒时,其流速脉动误差为 1.1%～1.6%。1960 年,执行《水文测验暂行规范》时,测速历时又改为 100 秒,在特殊情况下应不少于 60 秒。1975 年执行水电部颁发的《水文测验试行规范》,又将特殊情况下的测速历时改为不少于 50 秒,对洪水暴涨暴落或水草、漂浮物、流冰严重时,测速历时可再缩短,但不应短于 20 秒,正常水流的测速历时仍为 100 秒。

表 3—21 华县站不同测速历时流速误差统计表

相对水深	15 (秒)	50 (秒)	90 (秒)	150 (秒)	200 (秒)
水面	7.0	4.5	3.4	2.4	1.3
0.2	4.1	3.3	2.4	1.7	1.4
0.6	6.6	3.5	2.8	2.2	1.5
0.8	5.8	3.3	2.3	2.2	1.1
河底	5.3	3.8	2.5	2.3	1.6

注 误差以(%)表示

五、流向等因素的改正

由于河床受冲淤变化所产生的流向偏角和由于测速铅鱼重量不够与测

速悬杆的强度不够所造成悬杆（索）的偏角，以及船体的阻力对水流的影响等都使流速测验成果有一定的误差。

流向偏角改正：1953年据高村站的试验，用改正流向和不改正流向两种方法算的流量误差在3.6%～12.6%，平均为7.0%。据孙口站的计算，由于流向造成的流量误差最大可达25%。因此，黄委会规定凡流向偏角较大的测站，都应进行流向测量并改正。测量流向的设备，在黄河干流上一般采用以下三种设备：一是系线浮标，即在船尾用细线系上小木板等漂浮物，测量漂浮物与断面线的夹角（减90°）求得流向偏角；二是用自制手持式流向仪（钢管上端安设半圆形度盘，钢管中贯穿一根细轴，轴上端安指针，下端安流向板）；三是南京水工厂生产的流速流向仪。1983年三湖河口水文站曾进行流向偏角试验，据71条试验垂线的统计，流向偏角最大为43.3°，次之为33°。

悬索偏角和悬杆弯曲的影响：在50年代初期，由于铅鱼较轻，使悬索产生偏角，影响测点位置的准确。解决的办法：一是观读悬索偏角进行改正；二是在悬索上游适当位置用绳索进行拉偏，拉到悬索接近垂直；三是加重铅鱼重量。1953年渭河咸阳站首创使用悬杆（把钢管安装在绞车架上）代替悬索进行测速（当时叫流速仪测流架）。用悬杆测速的优点是，在中水时期，可使悬杆保持稳定垂直于水面和流速仪测点位置准确，同时具有劳动强度小，操作简便。因此，很快在黄河下游花园口等站推广使用。但在较大洪水测验中，由于急流冲击，产生两种误差：一是使悬杆发生连续不断的剧烈震动，影响流速仪的正常转速；二是因悬杆的强度不够，在水流的冲击下造成悬杆发生不规则的弯曲，使LS25—1型旋桨流速仪转轴发生倾斜，形成俯角，影响流速系统偏小。

1980、1993年，黄委会水文局黄河水资源保护科学研究所，由连运生主持两次进行LS25—1型旋桨流速仪在非水平（有倾角）位置时流速测量误差的研究。据1993年试验采用五架LS25—1型旋桨流速仪，试验倾角分别为±5°、±10°、±15°，共做试验1079架次。试验结果：倾角不论是仰角还是俯角都使流速偏小，倾角愈大，流速误差亦愈大，俯角的误差大于仰角。如当仰角分别为5°、10°、15°时，其流速的偏小分别为0.71%、2.40%、5.88%；当俯角分别为5°、10°、15°时，流速的偏小分别为0.86%、3.10%、7.38%。在实际测流时，流速仪都在俯角状态应进行改正。

由于悬杆的弯曲很不规则，因此很难用偏角改正的办法去改正，在实际操作时应随时将悬杆弯曲部分调直。悬杆震动所产生的流速误差，据《水文测验误差研究论文集》(二)(水电部长办主编 1987 年出版)中"黄河中下游流量测验总误差的实验研究"的分析成果,悬杆震动可使流量成果发生系统偏小 0.5% 的误差。

船体对水流的影响:在民国时期和 50 年代,流速仪测速时多数是将仪器贴近船体入水。由于船体的阻力作用使船体附近的水流受到一定的扰动,水流受扰动后的流速和自然状态的流速存在着一定的差异。1953 年,柳园口、河曲等站将流速仪贴近船体入水和伸出船体 1.0 米外进行测速对比试验。据柳园口站的试验结果:流速仪伸出船外 1.0 米处所测的流速较准,流速仪贴近船体时,其水面流速的误差为 4.6%,水面以下 1.0 米处的误差为 1.0%。1954 年,黄委会在《1954 年水文测验工作的要求和规定》中规定:"为了避免测船对流速仪测速的影响,测速时要以伸板将流速仪伸出船外 1~1.5 米。"另据 1982 年,黄委会水文局对黄河潼关以下 10 个水文站流量测验分析,船体阻水使流量产生 1% 的系统误差。

六、测船固定法

在民国时期和建国初期,测船在断面上的固定方法有:

一锚一点法:是民国时期和建国初期常用的测船固定法。该法全靠人力拉纤,把测船拉到测流断面以上适当位置,在测船下溜中抛锚,使测船驶至断面上进行测速。测完后起锚将船靠岸,再将船上拉,重复上述步骤施测下一条垂线。从拉船、抛锚、测速、起锚等每测一次流量,在干流站一般要往返 10 多次,劳动强度大,用人多(6~8 人),测验历时一般为 6~10 小时。一锚一点法测流,由于测验历时长,所测得的流量值,已不能代表某瞬时的真实流量。同时很难使测速垂线分布均匀,以及锚在河床上抓不稳而使测船下滑等使测验成果误差较大。据艾山站试验测船下滑速度最大可达 0.7 米每秒,孙口站达 0.5 米每秒,按水流速度 3.0 米每秒计,则滑速所造成的误差可达 15% 以上。为了克服测船下滑,1951 年潼关、花园口等站将普通铁锚加以改造为长 1.6 米和重 24 公斤的犁子锚,并系长缆使测船下滑现象得到基本解决。除犁子锚外,还采用双齿犁锚、双齿活动锚、四齿锚和四齿犁锚等,这类锚在河床上都有较大的抓着力,从而减小了测船下滑。

一锚多点法:在长缆重犁子锚固船法的基础上,1952 年,八里胡同和高村等站利用劈水板和船舵进行联合操作,创造了一锚多点法测流。即将测船拉至断面以上 200~300 米抛下重犁子锚,当测船下滑至断面时开始测深测速,当第一垂线测完后,利用劈板和船舵将测船向左(右)摆动一定间距后,进行第二垂线的测速。同样方法进行第三、第四条垂线的测速。用此法横摆的河宽一般在200~400米,抛一次锚可测5~8条垂线故称"一锚多点法"。同年,高村站根据"一锚多点法"固船的经验,将犁子锚固定在岸边,仍利用劈水板和船舵联合操作使测船在断面上横渡进行测流。此法称牵引劈水板操船法,其优点可以避免起锚,同时还能节约人力和缩短测流历时。随后此操作法在八里胡同、潼关、陕县、孟津、华县、黑石关等站推广应用。

1956年,艾山水文站船工汝永庚在推广"一锚多点法"操作中,根据周志远的设想创造利用水力即水轮的转动来替代人力起锚,水轮起锚当时称之为"水力绞关"。此法在宽浅河道一锚多点法测量中,起了很大作用,减轻了笨重的体力劳动。据试验用人力绞起300~400米的长缆,需用5人绞一个小时,而用水力绞关只需一人操作20分钟即可将锚起上,时间节约2/3,人员减少4/5。这一改进不仅减少了人力和减轻了劳动强度,更主要的是测流历时缩短了近1/2,使测验质量得到明显的提高。

高架吊缆测流法:1951年,首先使用此法的八里胡同水文站,开始时是用竹缆,一端固定在上游半山腰处,另一端通过船桅杆顶部向下固定在船上,利用劈水板和船舵使船在断面上横移测流,后改用8号铅丝代替竹缆,高岸处专人掌握缆的长度,由这岸测至对岸。1953年,孟津、高村等水文站,因右岸水域水深流急,抛锚时锚难于着落到河床上,停船十分困难。他们在测流断面上游较远距离的坝头处,埋上相距数米的高低两个木桩,在低桩上系一根相当长的吊缆,并穿过高桩顶的滑轮,将吊缆的另一端系在测船的桅桩上;再用横缆一根,一端缠绕于船头,另一端固定在断面的木桩上。调整吊缆和横缆的不同长度,配合劈水板和船舵,使船在断面上横向移动。此法的优点也是不需拉船、抛锚,并可连续测5~6条垂线,其最主要的特点是能将测船驶进主流(急流)进行测验,扩大了流速仪的测速范围,缩短了测流历时近40%。如孙口站用抛锚法实测流量8640立方米每秒时,曾用12个人,历时8小时48分。1957年改用高架吊缆测流法,实测流量10100立方米每秒,缩短历时近2小时。孟津站用高架吊缆测流后,汛期增加测次39%,测流历时缩短23%,测流垂线增加8.7%。一锚多点法和高架吊缆法测流时,因船体和水流方向有一定的夹角,因此船体的位置存在难以稳定的缺点。

过河缆道吊船:1953年,宝山水文站架成黄河干流上第一座吊船过河缆,用过河缆吊船法测流、取沙,具有省人、省力、省时间的优点。如1955年八里胡同站经试验,跨度为150米的过河缆道,用吊船法横渡断面,在小水时横渡一次只需 2 分钟,中水时需 4 分钟。取一次单位水样含沙量,仅用 10 分钟。测一次流量一般为 1～2 小时,和高架吊缆测流法相比,可使测流历时再缩短 50%～70%。过河缆吊船法测流可进一步扩大流速仪测速范围,如用抛锚固船法最大只能实测流速 3～4 米每秒,而过河缆吊船法的最大实测流速可达 6 米每秒。同时过河缆吊船法避免了测船的下滑和做到测速垂线布设均匀合理等。

机动船测流:1951 年,陕县水文站首先使用新黄河 1 号机动船进行测流,测流历时由原来 4～5 小时(非机动船)缩短为 1 小时,提高效率 4～5 倍。同时机船具有"多测、快测、测线均匀"的优点。但因机船投资大和该船型设计不够合理以及含沙量影响等原因,没有进一步推广。1965～1985 年为了解决下游干流站的洪水测验问题,花园口、夹河滩、高村、孙口等站先后配发机动船。1981 年,花园口和夹河滩两站分别配发了邙山号和嵩山号大型机动船,在 1982 年 8 月黄河下游发生建国以来第二个较大洪峰测验时,发挥了重大作用。用机船测流也存在一定的问题。测流时如不停机,机船开动将使流量产生 4.1% 的误差。

第四节 比降法和利用建筑物测流

一、比降法

在民国时期,施测大洪水的洪峰流量,只能靠观测比降和借用断面资料用水力学公式来估算流量,称为比降法测流。这种测流法在 1943 年前后曾称之为倾斜度法,1945 年改名为比降法测流。国民政府黄委会在《1945 年水文测验施测方法》中规定,比降法中的流速计算公式采用满宁公式。其中糙率由本站实测洪水资料中求得,当无实测资料时,可移用相似河流资料。

建国初期,比降法仍是施测较大洪水的主要方法之一,但在流量计算上有所简化,如断面面积以基本(测流)断面的面积代替上下比降断面的平均值,水力半径也用基本断面的平均水深代替上下比降断面的水力半径等。因比降法估算的流量误差较大,1951 年黄委会在有关规定中明确,取消该法作为施测洪水的常规方法,而只能当作因故造成洪水漏测的一种补救办法。如 1975 年汾川河的新市河站,1977 年延河的延安和甘谷驿站均发生罕见特大暴雨,洪峰又发生在雷雨交加的夜晚,测验设施全部被洪水一扫而光,只好采用比降法进行流量估算。

二、利用建筑物测流

在水利水电建设中,黄河干流和支流上多处建起了各种类型的水利枢纽工程、闸坝、涵洞以及动力排灌等水工建筑物,通过观测水工建筑物泄流的情况和流量系数,即可以用一定的水力学公式计算流量。如黄委会三门峡库区水文实验总站罗荣华于1978~1980年应用水力学和数理统计相结合的方法,以三门峡水文站历年水位流量关系求得的流量为标准,对三门峡水利枢纽的隧道、深孔、底孔、双层孔排沙钢管和电站等6类孔口的泄流公式进行分析率定,求得不同流态和不同孔口组合下的泄流计算公式。经验证由泄流计算所得流量与实测流量相比,日平均流量误差为±0.86%;月水量最大误差小于±3.0%;年水量差为0.6%。1978年陆浑水文站和1984年巴彦高勒水文站分别对陆浑和三盛公水利枢纽的泄流建筑物进行率定,并取得一定的成果。

在泾河支流柔远川的悦乐站、屈产河裴沟、大理河青阳岔、汾川河的临镇、新市河和仕望川的大村等站,由于枯季流量甚小,水浅,水流又分多股,用流速仪无法施测。因此这些站在测验河段内选择有利的地点,用块石和水泥修建测流堰(槽)。促使水流集中,水深加大,通过实验,率定出流量计算公式,或建立水位流量关系,平时只需观测水位就可推算得相应的流量。

第五节　测洪纪实

“水文”是“水利的尖兵”和“防汛的耳目”。这个光荣称号,凝聚着广大基层水文职工的智慧和血汗,有的甚至献出了自己的生命。

1958年,黄河下游出现建国以来最大的洪水,7月15日洪水开始上涨,为了测好洪水,花园口水文站积极做好测洪准备,船只和人力不足,黄委会水文处及时抽调4名技术人员到站支援测报工作,并调集花园口河床演变测验队大木船(30多米长)2艘,测量人员70多人参加洪水抢测。入夜后测船上照明用的马灯、电石灯、手电以及船上和岸上联络的旗帜等都准备就绪。17日凌晨根据水位上涨的趋势,4时30分开始施测峰前流量,至9时30分结束,连续奋战整5个小时,实测流量11500立方米每秒。16时35分开始抢测峰腰控制点流量,出动 6 艘大木船和 100 多人(船上 70 多人,岸上拉船 30 多人),当时水面宽已达 5350 多米,站在南岸大堤向北眺望一片汪洋。主流浪高 3 米左右,水流湍急,测船驶入主流十分困难,船上测验人员明知有艰险,但毫不退却,为了测好洪水冒着生命危险和洪水搏斗。老艄工刘金才驾着最大的木船,装着重锚、长缆水力绞关,首先驶入主流,其余 5 艘船紧跟分测边流,6 艘船一字形排在断面上,船上职工个个只穿裤头和救生衣,因河中浪高,站在大堤上望测船,只能看到船桅杆随着大浪起伏,而船体在大浪中时隐时现十分危险。经过近 3 个小时的拼搏于 19 时 30 分测流结束,实测流量为 16200 立方米每秒(整编为 17000 立方米每秒)。根据黄委会水文处水情科的预报:洪峰将在 23 时 30 分左右到达该站;峰顶流量可达 22000 立方米每秒。站上职工正在积极作迎测峰顶流量的准备,20 时断面上游 10 公里处京广铁路桥在主流中的桥墩被洪水冲垮,桥上木料等残物和河中各种漂浮物,芦苇、树根、小树等随急流而下,在夜间缺乏大亮度照明设备和可靠防患措施的情况下,黄委会领导为了保证职工的安全,指示该站停止夜间测洪。延到第二天早晨 7 时 30 分又开始测洪。这次洪水从 15 日起涨到 23 日落平,除峰顶流量 22300 立方米每秒(推求值)未测外,整个洪水过程测流 10 次。

天水水文站是渭河支流耤河的控制站,位于甘肃省天水市市郊。1959 年 10 月 10 日已是汛后,该站发生了一场罕见的大洪水,早晨天气正常,9 时天气突然变阴,上游地区天空乌云密布,10 点多钟雷声不断,接着下雨。当时在站只有测工周延年 1 人(其他人因公外出),根据天气突变情况,周延年预计可能要涨洪水,于是就将仪器、测具准备好,随后去公社(测站附近)向领导汇报,请求派人协助测洪,公社指派一名通讯员帮忙。回站已是 11 时多,他们顾不上吃午饭就将仪器、测具拿到测流现场——耤河公路桥上(该站的测流断面设在公路桥上),作测洪前的准备,观测峰前水位、取单沙和测峰前起涨流量(实测峰前流量 1.80 立方米每秒)。准备工作刚做完已是 12 时,洪水开始上涨,上游来水之猛,如排山倒海,数米高的水头直冲而来,12 时 12 分实测流量为 900 立方米每秒,12 时 30 分洪水涨到峰顶,洪峰流量为 3690 立方米每秒(整编值),实测最大流量为 3320 立方米每秒,流速仪测得最大水面流速 13.6 米每秒,此时,耤河公路桥北头被洪水冲断,桥南头公路上水深达 2 米多,四周一片汪洋,桥身在洪水的冲击下,不断地震动,公路桥随时有被冲垮的危险。由于他们思想坚定,为了测好洪水,两人冒着生命的危险,克服种种困难,坚持在桥上观测水位,取单沙和测流,到 16 时洪水全部消退整个洪水过程测流量 6 次,圆满地完成测洪任务。回到站上,见办公室也被洪水淹没,水深达 0.5 米。这时周延年顾不上休息,带着测洪的疲劳整理测洪资料和清理办公室。

1969 年 7 月 9 日,黄河干流龙门水文站突然涨水,老船工卢振甫和另两名船工在大双舟测船上,作测洪前准备时,突然卷来几个巨浪,只听"喀喳"几声,4 个拴船柱断了 3 根,21 米长的双舟凭着 1 根吊船索在大浪里颠簸,使船由岸边冲入河心,他们拼命扶舵把船驶向岸边时,突然船的劈水板撞在山崖上,将船顶了个大窟窿,当跑向船头排除故障时,听到"嘣"的一声,一根手指头粗的钢丝绳被嘣断,大船向前猛窜,使另一根钢丝缆猛一拉紧,卢振甫象驾云似的被弹出一丈多远,两腿全部落水,胳膊挂在缆上,他拼命翻上大船,只听有人喊:"老卢,你的耳朵掉了"! 这时他才感到耳根火辣辣的发烧,用手一摸鲜血直流,一只耳朵掉在船板上。大家一再催促,要他休息治疗,老卢面对波涛翻腾的洪水说:"抢测洪水关系黄河下游亿万人民生命财产的安全,决不能离开战斗岗位","不要管我,抢测洪峰要紧",接着和同志们一起继续战斗,直到胜利完成测洪任务。

1982 年 8 月,黄河发生建国以来的第二个大洪水(简称 82.8 洪水)。伊河东湾水文站李培金(助理工程师)在测洪中船翻落水不幸牺牲。青年测工刘西川,船翻落水后,从水里浮上岸来不顾脚部受伤,和站上两名女青年职工陈振霞(已怀孕八九个月)、祝芳,立即又投入测流战斗,其他落水职工脱险后也纷纷投入测洪战斗。他们连续奋战 3 个昼夜,终于圆满地完成了测洪任务。

花园口水文站在"82.8 洪水"测验中,邙山号测船轮机长田海晨,不顾正在身患肺病大口吐血(半碗之多),在测洪的关键时刻,他一不去医院治疗,二不在家休息,废寝忘食地和其他职工一起,设计制作为提高测验质量的排杆测速架。在测洪中又几次吐血,仍坚守岗位。该站青工姚森林,正在家中养病,当他得知发生大洪水的消息时,不顾肺病缠身,立即从 75 公里外的柳园口赶回站上,未进站门,就上船参加测洪战斗。在大家共同努力下,整个"82.8 洪水"过程测流 13 次,测次分布合理(见图 3—1、3—2)。实测到峰顶最大流量 14700 立方米每秒(整编为 15300 立方米每秒)。

在"82.8 洪水"时沁河也发生了有测验记载以来的最大洪水,武陟水文站退休职工韩兴泰(原是该站站长),因患高血压和心脏病退休在家,当得知沁河发生洪水时,冒着大雨步行 7 公里多路,赶到站上,投入紧张的测流工作。这次洪水从 8 月 1 日 16 时起涨到 5 日 10 时落平,整个洪水过程共测流

9次,实测峰顶流量4130立方米每秒。

1984年5月11日,湫水河林家坪水文站李俊生夜间涉水抢测洪峰前流量,被洪水冲倒,不幸牺牲。1985年8月24日,黄河干流府谷水文站白庆华(站长)在升降缆车上测取输沙率相应单位水样含沙量时,因缆车着水,掉入河里,不幸牺牲。1987年6月7日,三湖河口水文站测工杨润生,在船上测流时,不幸落水牺牲。1994年7月16日,青铜峡水文站杨学珍(技干)、黄龙江(工人)两人在测流缆道上加油时,不幸从缆道上掉下遇难献出了年轻的生命。以上仅是黄委会系统基层水文站在流量测验中发生的部分事实,由此足以说明水文资料来之不易。黄委会系统水文职工在测验工作中牺牲人员共31名,如表3—22。

表3—22　　　　黄委会系统水文职工在测验中牺牲人员表

序号	姓名	性别	所在单位	牺牲年月	牺牲原因
1	田兴	男	洮口水文站	1949.3	船上测流落水
2	任孬	男	潼关水文站	1952.7	船上测流落水
3	杨德庆	男	船窝水文站	1952	测流时,缆车主缆卡滑脱,缆车落水牺牲
4	王佳伟	男	前左水文站	1954	夜间观测水位乘小划子落水牺牲
5	李创姓	男	黄河沿水文站	1957.2.26	冰上测流时被坏人杀害
6	王际元	男	黄河沿水文站	1957.2.26	冰上测流时被坏人杀害
7	周保全	男	八里胡同水文站	1958.7.17	测洪时缆车落水牺牲
8	闫秀彦	男	吴楼河道队	1958.9.18	测量中翻船落水牺牲(临工)
9	陈兴贵	男	唐乃亥水文站	1959.8.22	船上取沙样,拉断采样器绳落水牺牲
10	张铭田	男	王道恒塔水文站	1960.9.26	涉水测流被洪水冲倒牺牲
11	高先余	男	三门峡库区测验队	1961.9	在测量取水样时落水牺牲(解放军战士)
12	李天辈	男	龙门水文站	1961.8.2	夜间看水位滑入河中牺牲
13	王世安	男	龙门水文站	1961.9.1	为测洪准备粮食,在禹门口背运回站途中落水牺牲

续表 3—22

序号	姓名	性别	所在单位	牺牲年月	牺牲原因
14	徐为亭	男	辛寨水文站	1962	测量时落水牺牲(临工)
15	杜耀田	男	唐乃亥水文站	1962.7.15	船上测流落水牺牲
16	张丙和	男	上源头水文站	1963.10.10	船上测沙落水牺牲
17	徐福庆	男	南河川水文站	1967	缆车落水牺牲
18	程天可	女	青铜峡水文站	1968.12.29	接水情电话时,因高压电线漏电传至电话线上,触电而死。
19	韦天祥	男	庆阳水文站	1970.8.28	夜间在观测房被歹徒杀死
20	赵存堂	男	庆阳水文站	1970.8.28	夜间在观测房被歹徒杀死
21	刘明蔚	男	张家沟水文站	1973.2.14	看水位口吐鲜血倒地身亡
22	储永太	男	花园口水文站	1973.12	在架钢标中钢标倒塌被砸死
23	刘　憨	男	河曲水文站	1980.3.9	在30米钢架上摔下身亡(临工)
24	李培金	男	东湾水文站	1982.7.30	测洪船翻落水身亡
25	刘　军	男	循化水文站	1982.10.22	测沙时船翻落水牺牲
26	李俊生	男	林家坪水文站	1984.5.11	夜间涉水测流时被洪水冲倒牺牲
27	白庆华	男	府谷水文站	1985.8.24	测流时升降缆车落水牺牲
28	徐全舟	男	三门峡库区水文总站	1989.11	在龙门水文站搞过河缆施工中死亡
29	杨润生	男	三湖河口水文站	1987.6.7	测流时从船上落水牺牲
30	杨学珍	男	青铜峡水文站	1994.7.16	在缆道上上油摔死
31	黄龙江	男	青铜峡水文站	1994.7.16	在缆道上上油摔死

第八章　泥沙测验

　　黄河,以泥沙多、决溢频繁、灾害严重而著称于世。造成黄河下游严重决溢灾害的主要原因,不仅是洪水,更重要的是泥沙淤积下游河道使河床高出两岸。因此,泥沙是治理黄河的症结,所以历代黄河水利工作者,都十分重视泥沙的观测和研究。

　　早在汉平帝元始四年(公元4年),大司马史张戎对黄河的泥沙已有定量的描述:"河水重浊,号为一石水而六斗泥"(《汉书沟洫志》)。这和用现代方法观测到的黄河在洪水期的含沙量值相近。明代刘天和在《问水集》(成书于1536年)中记载:有"乘沙量水器",这是中国史书上最早记载的泥沙采样器。黄河泥沙测验分悬移质、推移质、床沙质(50年代称河床质)三种。用现代方法进行黄河悬移质泥沙(含沙量)测验最早的是清光绪二十八年(1902年)铁道部门在津浦铁路黄河泺口桥上。近代的悬移质采样器为"直立瓶式泥沙采样器"是1923年由李仪祉设计制造的。1949年又引进国外资料仿制了横式采样器,1968年黄科所采用新技术研制用同位素含沙量计测沙,1974年2月同位素含沙量计投产使用。床沙质测验和泥沙颗粒分析最早于1932年开始,在济南泺口和利津宫家坝两处取样,同年将沙样寄往德国汉诺佛水工试验所进行泥沙颗粒分析,到50年代初在黄河干流和支流重点把口站全面开展取样,创制了各种床沙质采样器。推移质测验主要在黄河干流和支流把口站,于50年代中期开展,60年代初停测。正规的泥沙颗粒分析工作开始于1950年,到80年代,分析方法由手工操作的比重计、底漏管、粒径计等发展到光电颗分仪。通过泥沙测验和资料分析,不仅搜集了大量泥沙资料和揭示了黄河泥沙的运行规律,同时为黄河治理和大中型水利水电枢纽工程的规划和设计提供了可靠的资料。

第一节　悬移质泥沙测验

一、含沙量测验

(一)悬移质采样仪器

立式采样器：在民国时期，悬移质采样器有两种，一种为普通的瓶子(酒瓶)，另一种为立式采样器。1923年李仪祉最早设计制造的"直立瓶式泥沙采样器"(仪器的照片刊登在1989年泾惠渠管理局出版的《泾惠渠影片集》中)，其构造为直径16厘米的铁质圆筒，口径为8厘米，容积为5公升。圆筒四周用铁条和底部用铁板固定，下附重5公斤的铅块。上述两种采样器的共同缺点是瓶和圆筒内存有空气，在采样时瓶(筒)口一面进水，一面排气，使水流受到扰动而影响所取水样的代表性。另外立式采样器和瓶子都有一定的高度，无法采取近河床底处的水样。

横式采样器：1949年，根据方宗岱介绍国外有关横式悬移质泥沙采样器的资料，由黄委会水文科姚心域负责，试制了一具横式采样器(用拉线操作开关)。在花园口水文站进行试验，发现活门有漏水和仪器在水中打转等问题。同年，由花园口站许吟鹤和姚心域进行改进，在活门上加橡皮垫和弹簧，在器底部装尾鳍。于1950年3月完成改制，经试验原存在问题均得到解决，随即加工50个，于同年6月1日发往测站投入使用。1951年，陕县站对该采样器的取样可靠性和漏水等问题又作了进一步的改进。1956年后，各测站普遍采用由南京水工仪器厂生产的横式采样器(仿苏联式)，容积有1公升和2公升的两种。根据黄河上多数测站流速大、水草多、水深较浅的特点，横式采样器是安装在10米左右的木杆上，用拉线操纵开关取样。到90年代，横式采样器仍是黄河上进行悬移质泥沙取样的主要器具。

同位素含沙量计：1968年，由黄科所技术室刘雨人主持，郑州水文总站周延年等参加共同协作，研制以铯^{137}为放射源以盖革计数管等作探测器的FH_{422}型$r-r$同位素含沙量计，该仪器主要由铅鱼、探头、交直流定标器三部分组成。铅鱼腹部安装探测器，头部设有铅室对放射源进行保护。探头由放射源、源进出装置、r计数管、猝灭电路和外套管组成。交直流定标为自动记数装置(适用含沙量大于15或20公斤每立方米)。1974年1月经样机评审定型后，生产10台分给三门峡、小浪底、泺口、利津等4站进行生产性试验,当含沙量大于15(或20)公斤每立方米时使用。1977年又生产30台陆续在龙门、潼关、花园口、夹河滩、高村、孙口、艾山和白家川8个站和山西省水文总站及南京水利科学研究所等单位推广使用。同位素含沙量计的优点是:在现场通过仪器可直接测得河中的含沙量,同时还可以连续监测含沙量的变化过程。

1977年开始,黄委水文处周延年等又将FH_{422}型r-r同位素含沙量计的放射源铯^{137}改换为镅^{241},使含沙量的测量下限由原来的15或20公斤每立方米扩大为7公斤每立方米。通过这一改进含沙量计的使用范围由较大含沙量延长到中等含沙量,一般情况仪器的使用范围可扩大到含沙量在5公斤每立方米。1982年又作进一步改进,将盖革管改为正比计数管;猝灭电路改为电荷灵敏放大器,使含沙量的测量下限由7公斤每立方米扩大到2公斤每立方米。

使用同位素含沙量计测量含沙量虽然具有一定的优点,由于仪器电子原件的质量问题,和测站职工对电子仪器的操作不熟练与维修养护技术不够过关,以及多数测站出现大中含沙量的时段不长等原因,因此,同位素含沙量计的推广的面还不广,只限在黄河下游一部分干流测站。到1987年因维修养护等技术没有解决,全部停用同位素含沙量计测沙。

在改进FH_{422}型r—r同位素含沙量计的同时,黄科所鲁智曾进行FH—1闪烁式核子低含沙量计的研制。1976年开始研制到1979年制出正式样机,1981年3月通过部级设计定型技术鉴定,该仪器未投产使用。

ANX3—1型皮囊式悬移质采样器(简称皮囊式采样器):由黄委会三门峡库区水文实验总站于1977年先后由胡金星、李文蔚、李兆南等研制,1986年通过部级鉴定。该仪器因操作设备不配套和黄河含沙量较大及漂浮物多等原因未能正式投产使用。

(二)含沙量的取样方法

用现代方法测量悬移质泥沙含沙量最早是清光绪二十八年(1902年)在济南泺口铁路桥上。到1919年泺口、陕县水文站设立后才正式测悬移质含沙量。在民国时期取样方法比较简单,在测流断面处用水桶或瓶子、也有用立式取样器取一定数量的水样(浑水),经处理按重量百分数计算含沙量。含沙量的取样方法各测站和同一测站不同年份各不相同。如兰州站,1934年为五条测线一点(半深处)混合法;1935年有河中一线一点法,二线三点法(水面下0.5米、半深、河底以上0.5米,下同),四线三点法(四线即把水面宽分为五等分的四条线);1936年三线三点法;1937年又为二线三点和四线三点法;1941 年又改为三线三点法;1947～1949 年为河中一线二点法(水面、河底)。又如陕县站在民国时期取样方法有 6 种之多,河中一线水面一点法和一线三点法,水边一线三点和二点法,二至四线三点法,四线二点法等。根据黄河干流兰州、石嘴山、潼关、陕县、花园口、泺口 6 站统计,1949(或 1948 年)年 6 站年均测取含沙量 237 次。以花园口站最多,为 385 次,石嘴山站最少,为 134 次。

这时期的含沙量测验,其含沙量值是代表断面平均含沙量(以下简称断沙)。因此,取样垂线和测点布设是否有代表性,将直接影响断面平均含沙量。

建国后,黄委会在《1951 年黄河水文测验工作改进意见》中规定:含沙量的取样垂线在断面内应平均分布,要掌握好主流处的含沙量,并使其有代表性。黄河干流河口镇以上及各支流测站,每次取样至少取 9 个水样。河口镇以下各测站至少取 12 个水样。同年,陕县站进行 110 次含沙量取样垂线代表性试验,经分析认为:水边一线的含沙量值一般偏小,其值为断面平均含沙量的 85%(最小为 54%)。1952 年柳园口站的试验得出同样的结论,水边一线的含沙量为断面平均含沙量的 58%(最小为 31%,最大为 92%)。以上试验结果引起黄委会水文业务部门的重视,1953 年,修改规定为:水文分站、二等站及实验站,含沙量的取样垂线必须布设垂线 5～7 条,每条垂线取三个点的水样。汛期含沙量的取样点,在断面内一般不少于 11～17 个测点。1954 年又修改为:单式河床的测站,含沙量取样垂线按水面宽均匀分布,复式河床的测站按等流量值分布。二等以上的测站取样垂线一般设 5～9 条,每条垂线分别在水面、半深、河底三处取样。三等站可以在主流边或水边取一条垂线。

测次和取样时间:在民国时期,含沙量的测次较少,一般日测一次,部分站有时日测二次。非汛期,多数站隔 2～4 日取样一次。取样时间,日测一次者,一般在 11～14 时取样,日测二次者在 9 时和 18 时左右取样。建国初期,含沙量测次,黄委会规定:汛期每日 9、18 时各取一次,非汛期每日 12 时取一次,当含沙量小于 0.05%时(重量百分比)允许三日取样一次。

(三)单位水样含沙量

治理黄河的关键问题之一,是处理好泥沙问题,为此,需要了解和掌握黄河泥沙的来源和运行的规律。而测站已开展的普通含沙量测验,由于测次和测线及测点的不足等问题,不能满足生产需要。为此,于 1950 年 8 月起除了继续进行普通含沙量测验外,增加洪水前后的含沙量测验,目的是掌握洪水与含沙量的关系及变化过程。开展此项测验的测站有:兰州、青铜峡、镫口(包头)、龙门、咸阳、潼关、陕县、花园口、泺口、利津等 10 个站。取样方法为自洪水起涨开始,在水边固定一处,洪峰前每隔 1 小时或 2 小时取样一次,洪峰顶取样一次,峰后每隔 2 小时至 4 小时取样一次,至洪水落平为止。所取水样全部作颗粒分析。洪峰前后的泥沙测验到 1952 年取样垂线由水边改为主流边(经试验主流边垂线含沙量近似断面平均含沙量),同时取样测站由原来兰州等 10 个站扩大到黄委会管辖的全部测站。1955 年取样的次数规定每 1～3 小时一次,当洪水涨落较快时,每半小时一次。

1956 年,执行《水文测站暂行规范》时,含沙量的取样由单位水样含沙量(简称单沙)代替。同年,含沙量的计算由重量百分数改为公斤每立方米或克每立方米。为了准确地推求断面平均含沙量,单沙的取样垂线是由输沙率测验中挑选垂线含沙量和断面平均含沙量相接近的一条或几条垂线作为单位水样含沙量的取样测线。取样垂线确定后在一般情况下固定不变。在黄河下游因河床冲淤变化较大,使含沙量在断面的横向分布规律经常随主流摆动而变化,因此,单沙的取样垂线应用等流量的多线一点法(0.6 或 0.5 水深)。在陕北和泾、渭河等支流测站,洪水期由于流速大,断面内的泥沙得到充分的混和,经 60 年代初多线多点测速取沙试验,其含沙量的横向分布比较均匀,这类测站的单沙取样垂线从 60 年代中期起采取主流边一线。

单沙的取样方法:取样垂线为一条垂线时,用 2∶1∶1 定比混合法(水深 0.2 处取 2 次,水深 0.6 和 0.8 处各取 1 次);用多线时,取 0.6 或 0.5 水深处一点,多线混合。

1956 年执行《水文测站暂行规范》后,单位水样含沙量的测次要做到准确地控制含沙量的变化过程和推求断面平均含沙量。不同测站和同一测站的不同时期,其含沙量的测次是不同的,如在平水期,干流上游测站,一般每日 8 时定时取样一次,但当含沙量超过 2 公斤每立方米时,每日 8、20 时取样二次;在干流下游则固定每日 8 时取样一次;在支流测站,因平水期含沙量很小可 5～10 日取样一次,或停测(达到规定标准)。在汛期,干流上游站含沙量大于 5 公斤每立方米时,每日至少在 2、8、14、20 时取样 4 次,当发生洪水时,每个沙峰过程一般应取样 5～10 次。兰州站最多取 18 次,民和站最多取 19 次。在支流站,当沙峰涨落较快时,一般每 0.5～1.0 小时取样一次。干流下游站每日取样 2～4 次。自 50 年代后期起,多数测站含沙量测次分布都比较合理,控制了含沙量的转折变化过程,如 1982 年黄河下游洪水期,一次洪水过程的含沙量测次新安站为 120 次,山路平站为 81 次,白马寺站为

78 次,黑石关、龙门镇为 61 次,五龙口为 60 次,宜阳为 55 次。在含沙量较大的陕北地区,当发生洪水时,每日取含沙量的测次一般在 10 次以上,一次沙峰过程的取样一般在 30～40 次。1985 年该地区全年含沙量测次有很多站都超过 1000 次,如黄河干流河曲站为 1080 次,吴堡站为 1703 次,支流黄甫站为 1125 次,温家川站为 1187 次,高家川站为 1528 次,白家川站为 1498 次,甘谷驿站为 1042 次,其他站一般为 800～900 次。由于测次的增加,较好地控制了含沙量的变化过程。

为了测好沙量的变化,广大水文职工不分昼夜,刮风下雨都坚守岗位,尽心尽职,有的在测沙中还牺牲了生命。如 1959 年 8 月 22 日唐乃亥站陈兴贵(船工),在船上测沙操作采样器时,拉绳被拉断不幸落水牺牲;1963 年 10 月 16 日三门峡库区上源头站张丙和(船工),在船上测含沙量落水不幸牺牲;1982 年 10 月 22 日循化站刘军在完成测沙后,船在回岸边时被回流漩涡漩翻,不幸落水牺牲。

据 1985 年以前实测资料的整理,黄河干支流悬移质泥沙实测最大含沙量的分布概况:全河实测最大单位水样含沙量是陕北窟野河的温家川站,为1700 公斤每立方米(1958 年);第二是窟野河王道恒塔站为 1640 公斤每立方米(1959 年)。实测最大含沙量的分布情况,干流上游一般较小,唐乃亥站以上实测最大含沙量一般在 30 公斤每立方米以下,如黄河沿为 27.0 公斤每立方米(1979 年),唐乃亥为 20.1 公斤每立方米(1975 年);从贵德站开始向下逐渐增加,如贵德为 131 公斤每立方米(1981 年),循化为 166 公斤每立方米(1970 年);至兰州(西柳沟)增加到 300 公斤每立方米左右,如 1959年西柳沟为 329 公斤每立方米,安宁渡为 382 公斤每立方米;到宁、蒙河段,实测最大含沙量又逐渐减小,如下河沿为 320 公斤每立方米(1973 年),青铜峡 259 公斤每立方米(1973 年),石嘴山 90.7 公斤每立方米(1973 年),头道拐 37.6 公斤每立方米(1955 年)。到黄河中游含沙量又明显增加。府谷站是黄河干流站实测最大含沙量(唯一超过 1000)为 1110 公斤每立方米(1973 年);其次是小浪底为 941 公斤每立方米(1977 年);第三是龙门站为933 公斤每立方米(1966 年)。花园口站以下实测最大含沙量又开始下降,花园口为 546 公斤每立方米(1977 年),夹河滩为 456 公斤每立方米(1973年),高村为 405 公斤每立方米(1977 年),孙口为 267 公斤每立方米(1973年),艾山为 246 公斤每立方米(1973 年),泺口为 221 公斤每立方米(1973年),利津为 222 公斤每立方米(1973 年)。黄河上游支流实测最大含沙量除了祖厉河、清水河等少数支流超过 1000 公斤每立方米外,多数河流小于

1000公斤每立方米。黄河晋陕区间支流除汾川河临镇、新市河、仕望河大村等站实测最大含沙量小于1000公斤每立方米外,多数河流均大于1000公斤每立方米。泾、北洛、渭河的多数站也大于1000公斤每立方米。洛河和沁河实测最大含沙量除涧北站较大达到593公斤每立方米外,多数站在100～200公斤每立方米,如表3—23。

表3—23 黄河流域部分支流站实测最大含沙量一览表

河名	站名	实测最大含沙量(公斤每立方米)	出现年份	河名	站名	实测最大含沙量(公斤每立方米)	出现年份
大夏河	冯家台	688	1970	葫芦河	秦 安	1210	1970
洮 河	红 旗	536	1971	马莲河	庆 阳	1210	1959
祖厉河*	郭城驿	1030	1966	马莲河	洪 德	1180	1973
祖厉河*	会 宁	1010	1970	泾 河	张家山	1040	1963
关川河*	郭城驿	1250	1964	泾 河*	亭 口	1380	1958
清水河*	马家河湾	1330	1966	北洛河	金佛坪	1430	1964
折死沟	冯川里	1580	1959	北洛河	刘家河	1530	1959
西柳沟	龙头拐	1550	1973	洛 河	黑石关	103	1969
窟野河	温家川	1700	1958	伊 河*	栾 川	107	1966
窟野河	王道恒塔	1640	1959	伊 河*	东 湾	232	1966
牸牛川	新 庙	1410	1976	伊 河	龙门镇	99.1	1977
秃尾河	高家川	1440	1971	洛 河	长 水	359	1977
佳芦河	申家湾	1480	1963	洛 河	宜 阳	195	1962
清涧河	延 川	1150	1964	洛 河	白马寺	125	1969
延 水	延 安	1300	1963	涧北河	涧 北	593	1969
偏关河	偏 关	1460	1969	涧 河	新 安	295	1962
黄甫川	黄 甫	1570	1974	沁 河	孔家坡	151	1980
大理河	绥 德	1420	1964	沁 河	润 城	183	1966
无定河	丁家沟	1470	1966	沁 河	五龙口	112	1973
芦 河*	靖 边	1540	1969	沁 河	武 陟	103	1961
朱家川*	后会村	1260	1964	沁水河*	油 房	139	1968
蔚汾河*	碧 村	1110	1967	丹 河	山路平	239	1955
秦祁河*	首 阳	1170	1959				

注 有"*"者含沙量统计至1970年,其余均统计至1985年

（四）单位水样含沙量的停测和目测

经多年观测和实测资料的分析,枯季黄河流域支流含沙量甚微,多数河流的河水清澈见底。为此1966年全国水文测验规范改革第一批改革意见,对单位含沙量的停测和目测的标准为:枯水期,当连续3个月以上时段的输沙量(多年平均值)小于年输沙量的0.5%～3.0%时,可以停测单位水样含沙量和输沙率。当时因受"文化大革命"的影响,改革工作未能实施。到1973年,黄委会水文处重申按上述标准执行,要求各水文总站对各支流测站的输沙量进行了分析和计算。经计算黄委会管辖的支流测站枯季从当年的11月(或12月)至次年的3月(或4月)连续4～6个月的输沙量和均符合上述标准。经黄委会批准停测含沙量的站:晋、陕区间有申家湾、李家河、临镇、杨家坡、延川、子长、殿市、裴沟、后大成、林家坪、碧村、裴家川、大村、吉县、后会村、延安、大宁、马湖峪、青阳岔、温家川、阎家滩、高石崖、黄甫、靖边、横山、丁家沟、川口、王道恒塔、甘谷驿29站;渭河有天水、将台、甘谷、首阳4站;泾河有杨闻、洪德、庆阳(东川、马莲河)、板桥、悦乐、刘家河、张家沟8站;伊、洛、沁河有栾川、东湾、陆浑、龙门镇、卢氏、长水、宜阳、白马寺、涧北、新安、五龙口11站,共计52站。

（五）水样处理

在民国时期含沙量的处理以烘干法为主,个别的也有用比重计法。烘干法中所用的滤纸,是透水性较好的一般纸。滤得之泥沙连纸在日光中曝晒,或在炉旁烘烤。晒(烘)干后的泥沙,用秤或戥子称重。建国后,水样处理的设备不断得到充实和改进,如滤纸1951年用的是白麻纸和漳连纸,以后改用专用滤纸。在沙样的烘干方面,为了防止沙样在日光曝晒和炉旁烘烤时落入飞沙或尘土,制作了玻璃罩。1955年制造了简易烘箱,一般由白铁皮做成,热源为煤,温度一般能保持在100～110℃之间,维持的时间可长达5小时。简易烘箱因制作比较简单,使用方便,为广大测站所采用。泥沙颗粒分析室一般配备电烘箱。

1954年,洑口和秦厂水文分站,在作泥沙颗粒分析(简称颗分)中,首先开展了用置换法求沙重的试验。1955年1月,黄委会在《水文测站工作手册》中确定置换法作为水样处理的一种方法进行试用,并规定称清水和浑水时,须用同一的公分秤。1956年,执行《水文测站暂行规范》时,置换法正式作为水样处理的方法之一,和烘干法同时并用。因置换法处理水样有很多优点:可以减少水样处理程序如过滤、烘干、称纸重,节约时间,在较短的时间就可求得含沙量。此法并为及时掌握含沙量变化过程提供了条件,同时又可节省滤纸、燃料等开支。到 1956 年随着测站天平逐步配发,置换法就逐步代替了烘干法。

水样处理中的称重设备:民国时期有木杆秤(单位为公分故又称公分秤)和戥子,并沿用到 50 年代初期。为了满足黄河高含沙量水样称重的需要,1956 年黄委会在上海统一加工第一批称重 3 公斤,感量为 1/100 克的专用天平,配发各测站使用。1965 年第二次又专门生产了一批称重 2 公斤的天平。1980 年第三次在上海购置称重为 2 公斤的天平,感量 1/100 克,共120 台,每台价格 1000 元。到 1987 年止,黄委会系统有不同感量和称重的天平共 147 台(其中兰州总站 31 台、榆次总站 37 台、三门峡总站 43 台、郑州总站 23 台、济南总站 13 台)。

二、输沙率测验

1956 年除了进行含沙量的变化过程测验外,还在洪水的涨落过程中进行断面含沙量纵(垂线)横(向)分布的测验(即精密泥沙测验),开展此项测验的测站有潼关、陕县、孟津、秦厂、高村、艾山、泺口、利津等八个站。目的是了解黄河含沙量流经沿河各地的变化情形及其与流速的关系,以及断面含沙量和粒径的分布状况与河床组成等。测验的项目有:每个断面内布设 5 条垂线,每条垂线上取 3 个水样与床沙质(以便绘制断面含沙量等值线);在每个取样点上同时测流速(以便绘制断面流速等值线);并观测水面比降和计算断面流量等。测验方法是首先确定潼关站的施测时间,并按潼关站施测时的水位,估算传至下游各站的相应水位出现的时间,即为下游各站的施测时间。到 1952 年开展精密泥沙测验的站增加到 15 个。由于相应水位估计不准和估算相应水位传至下游站时适遇深夜或雨天,客观条件迫使下游站的测验时间需提前或错后,因此,起不到相应的作用。为此,1953 年,将精密泥沙测验的施测时间改为选择各站水流比较稳定(各项水文泥沙因素变化不大时)的涨水、落水和平水三个时段。汛期每月测 1～3 次,非汛期每月一次,测验的项目和 1950 年相同(此时的精密泥沙测验实为悬移质输沙率测验)。1954 年,对精密泥沙测验的测线和测点又作了新的规定:取样测线在断面内要均匀布设 7～10 条,含沙量在断面横向分布有明显转折处要增加测线;垂线上的测点水深小于 1.0 米时,只在 0.6 水深处取一点;水深在 1～2 米时,应分别在水面、半深和河底三处取样;水深超过 2 米时,需在水面和水深的 0.2、0.6、0.8、0.9 及河底取 6 个水样。1956 年执行《水文测站暂行规范》

后,精密泥沙测验被悬移质输沙率测验所代替。

通过精密泥沙测验,揭示了黄河泥沙的运行规律,如悬移质含沙量在垂线上的分布是由水面向下逐渐加大,水深的 0.5～0.6 米处的含沙量,接近垂线平均含沙量。据泺口站 1951 年的试验,72 条测线中,有 44 条测线 0.6 水深处的含沙量相当于垂线平均含沙量,其比数为 99.4%。含沙量的横向分布是水边一线的含沙量小于断面平均含沙量,偏小程度无一定的关系。主流一线的含沙量接近断面平均含沙量。据 1951 年各测站精密泥沙测验资料分析统计,主流一线的含沙量和断面平均含沙量相比偏小仅 2.0%。含沙量的季节变化一般是汛期的前半期即六七月(上中游)或七八月(中下游)含沙量最大,后半期含沙量相对变小。黄河干流上游地区含沙量的大小和流量一般无关系,但在干流中下游和支流,其含沙量的大小和流量变化相一致,据陕县站 17 年资料统计,含沙量和流量有相应关系的占 95.0%。洪水流量愈大其相应的关系愈好。另据分析含沙量的沙峰出现时间多在洪峰之后,仅少数站沙峰与洪峰同时出现。精密泥沙测验资料不仅为治理黄河提供了可靠的资料依据,同时也为制定黄河水文测验技术规定提供了依据。

测次:悬移质输沙率的测验次数,以能满足建立单沙和断沙的关系,由单沙准确地推求河流全年的输沙量为度。1956 年规定:在畅流期每 15～30 天测一次。汛期洪水过程测 2～5 次,其中涨水段 1～2 次,落水段 1～3 次。稳定封冻期每 1～2 月测一次,据 1956 年,黄河干流高村以下 5 站统计,平均每站测 80 次左右。1958 年,干流上游黄河沿、唐乃亥、贵德、循化、上诠、西柳沟、乌金峡、安宁渡、青铜峡、渡口堂、三湖河口、包头等站输沙率测次均在 40 次以上,乌金峡站最多为 82 次;干流中游义门、吴堡、龙门、陕县、小浪底等站均在 50 次以上,陕县站最多为 69 次;干流下游花园口、高村、孙口、艾山、利津等站测次在 50～70 次。1960 年后对输沙率测次作了调整,当单位水样含沙量与断面平均含沙量的关系不甚良好的站,每年输沙率测次为 30～40 次;关系良好的站,测次可减为 20～30 次;当历年单沙和断沙关系一致的站,其输沙率测次可控制在 12～15 次之间。1975 年,根据《水文测验试行规范》对输沙率的测次又作了调整,如单沙和断沙关系较差,若有 75% 以上的测点偏离平均关系线的幅度在 ±15% 时,每年测量 20～30 次即可。这个规定从总的看输沙率测次可进一步减少。但在实际上有些测站单沙和断沙关系较差,为了准确推求出全年输沙量,其输沙率的测次远远超过规定的次数。如高村站 1976 年 129 次(是历年全河各站测次最多的站),1970 年为 107 次,1973 年为 126 次,1977 年为 117 次,其他年份一般在 50 次以上。

取样垂线和取样方法：输沙率的取样垂线，1956年，按测速垂线进行布设（测沙垂线数和测速垂线数相等），当确立了单沙与断沙关系后，视其关系的好坏，垂线作适当的调整。1960年以后输沙率取样垂线数改为流量测速垂线数的一半。取样方法，干流测站采用2：1：1定比混合法、积点法、全断面混合法3种。一般以定比混合法为主。当沙峰涨落较快时改用全断面混合法。相应单位含沙量的采取，一般在测输沙率的开始和终止时取两次，当沙峰有变化时在测量过程中间适当增加测次。取样的方法同单沙。

输沙率的停测和间测：到60年代中期，多数支流测站都已积累了10多年的资料。经分析发现多数支流测站，在洪水时因流速较大，促使悬移质泥沙在断面内混合比较均匀，测得的单沙和断沙的关系多数站呈45度线。而在非汛期，河道的水量主要为地下水补给，因此，流域坡面上的泥沙很少进入河道，使河水清澈，含沙量近于零。针对这个实际情况，1966年黄委会水文处，根据全国第一批水文规范改革精神，制订了《关于泥沙测验改革意见》。其中对输沙率测验的改革规定：实测输沙率的含沙量变幅占历年（包括丰、枯水）沙量的70％以上，水位变幅占历年水位的80％以上，且历年的单沙和断沙的关系线是单一线，各年的关系与历年综合的关系线最大误差小于±3％～5％时，可实行输沙率的间测或停测。根据这个要求，1967～1968年在黄河干流上游先后有玛曲、贵德、安宁渡等站实行输沙率间测（每5年测一次）。支流除重要把口站外，多数站可停测输沙率。据1968年统计黄委会系统停测输沙率的站，晋、陕区间有黄甫、高石崖、后会村、裴家川、碧村、王道恒塔、新庙、高家堡、杨家坡、林家坪、后大成、圪洞、裴沟、川口、韩家峁、靖边、横山、殿市、马湖峪、青阳岔、李家河、子长、延川、大宁、延安、阎家滩、临镇、新市河、大村、吉县等30个站，占该区测站总数（38站）的78.9％；渭河上（兰州总站管辖区）停测的有丘家峡、南河川、首阳、甘谷、将台、秦安、天水、石岭寺等8站，占该区测站总数（10站）的80％；泾河停测输沙率的有崆峒峡、杨家坪、泾川、杨闾、巴家嘴、兰西坡、雨落坪、洪德、庆阳（马莲河）庆阳（东川）、悦乐、板桥、刘家河等13站，占总数（16站）的81％；洛、沁河的黑石关、东湾、陆浑、龙门镇、长水、白马寺、涧北、新安、润城、五龙口、武涉、山路平等12个站全部停测输沙率。

1971年，黑石关、陆浑、龙门镇、白马寺等站恢复输沙率测验，1973年渭河武山（由丘家峡下迁）、秦安、社棠（由石岭寺下迁）、南河川站和泾河的泾川、杨家坪、雨落坪恢复输沙率测验。1978年以后经分析批准首阳、甘谷、天水、悦乐、板桥、庆阳、杨闾、巴家嘴、洪德、袁家庵、贾桥等站实行输沙率间测。据 1985 年统计全河施测输沙率的测站共有 135 站(不包括用单沙代替断沙的站),其中黄委会系统 52 站,省(区)83 站。

第二节　推移质和床沙质测验

一、推移质测验

(一)仪器的研制

黄河推移质组成,在干流上游石嘴山以上以卵石为主,石嘴山以下及中、下游以粗颗粒泥沙为主。1954 年黄委会泥沙研究所仿制苏联波里亚柯夫式推移质采样器,在陕县水文站开展试验。在试验中,当河底流速超过 2 米每秒时,仪器出现摆动并远离垂线位置,同时仪器的绞链也容易损坏。

1955 年,黄委会测验处水文科选用苏联顿式推移质采样器为基型,根据黄河的特点,对顿式的结构和尺寸作了较大的改动。于 1956 年制成"黄河56 型推移质采样器"。该仪器的集沙槽长度(包括前嘴)为 100 厘米,前嘴跳板的坡度为 0.4/14,集沙屏向后倾斜为 45°,屏与屏之间等距为 2.0 厘米,集沙槽盖为能拆卸的敞口箱形外壳。集沙槽装在底盘上,底盘下有重铅板。仪器进、出口面积均等于 15×15 平方厘米,仪器的后部有两个舵。仪器的总重为 54 公斤。同年在黄委会泥沙研究所的玻璃水槽内对仪器进口水流是否畅顺,以及仪器对水流扰动的影响等问题进行试验。同时在三门峡水文站测验河段内分南北两岸进行不同底速、取样历时和仪器性能及操作方法等野外试验。通过试验认为:"黄河 56 型推移质采样器"的结构设计合理,仪器对水流无扰动影响,取样效率为 85%,优于苏联顿式采样器(顿式的取样效率为 60%)。在取样的代表性方面,经对所取沙样的颗粒组成的分析和床沙质颗粒组成非常接近。唯有对不同流速的取样历时试验,没有得出满意的结果。取样历时一般掌握在 360～660 秒之间。通过上述试验完成仪器定型,随即组织制造一批,于 1957 年发到有关水文站试用。

"黄河 56 型推移质采样器"经过两年的试用后,1959 年,又作了重大的改进,如进口面积由原来的 15 厘米×15 厘米改为 10 厘米×10 厘米,而出口面积不变,因此,仪器匣身由原来的长方形匣变为向后扩散形的长匣。这一改进使水流进入仪器后流速逐渐减小,有利于沙子的沉淀。另外在仪器前口的跳板前加一块橡皮板,以提高仪器和河床的吻合程度,有利于沙子进入器内。在仪器的尾部,将原来的单竖尾改为双竖尾并增加水平翼,使仪器入出水时较为平稳。改进后的仪器定名为"黄河59型推移质采样器"。

黄河"56型"和"59型"推移质采样器不适宜在黄河上游卵石河床上使用,因此要研制卵石河床的推移质采样器。60年代盐锅峡、青铜峡等水库相继建成投入运转,水库末端推移质的堆积,直接影响水库的库容与回水末端的延伸。1964年水电部青铜峡工程局成立青铜峡泥沙观测研究小组,在下河沿水文站用网式推移质采样器进行试验。1966年,黄委会水文处要求青铜峡水文站开展卵石推移质采样器的研制工作。同年,青铜峡站邓忠孝在仿制青铜峡泥沙观测研究小组所用的网式推移质采样器的基础上,进行改制。改进后的仪器由长60厘米,宽20厘米,高15厘米的角钢架构成,四周复盖网孔为3毫米的铁网,在仪器底部的进口段用金属细链制成软底,长15厘米,软底的垂度为3厘米。软底的作用使仪器的进口和河床较好的吻合,使卵石能自然地进入仪器内。因仪器进口和河床吻合较好,使器口附近的床面避免了掏刷。仪器的两侧横梁上分别装置两个重15公斤的铅鱼,使仪器的重心下移,而比较平衡地停留于河床上(青铜峡泥沙观测小组所用的仪器其铅鱼不仅阻水较大,并安在仪器框架的上部,容易倾倒)。改进后的仪器定名为"青铜峡66—1型卵石河床推移质采样器"。同年该仪器在下河沿和青铜峡水文站进行仪器的阻水、入水平衡性,沙、石漏失,取样效率和取样代表性等试验,都取得了较好的成果。因受"文化大革命"的影响,原定1967年继续进行试验的计划未能实现,从此停止了该仪器的研制工作。

(二)推移质输沙率测验

黄河56型推移质采样器研制成功后,于1957年在黄河中下游测站进行试用,1958年开展推移质测验的站在黄河干流有龙门、陕县、花园口、泺口,支流有无定河的川口,渭河的华县、马渡王,洛、沁河有黑石关、长水、五龙口等10站;1959年干流吴堡、潼关、三门峡和支流汾河的河津、渭河的咸阳和伊河的龙门镇等6站也开展推移质测验;1960~1962年间先后又有石嘴山、杨集、王坡、艾山、船北、头道拐等6个站开展测验,1962年底黄委会系统开展推移质测验达到22站。在"文化大革命"中部分测站要求停止推移质输沙率测验,1966年8月黄委会下文暂停推移质测验。至此黄委会系统有关推移质采样器的研究和测验工作,全部停止。据统计从1958~1966年,22个站取得完整的输沙率资料的站不多,花园口站有8年(1959~1966年),头道拐站有6年(1961~1966年),其他站有2~5年的资料,如表3—24。

表 3—24 各站历年推移质和悬移质输沙量比较表 单位:万吨

站名	项目名称	平均	1958	1959	1960	1961	1962	1963	1964	1965	1966
头道拐	推移质					31.7	34.1	37.8	29.1	31.7	32.9
	悬移质					11000	16200	29900	8040	18400	16710
	推/悬(%)					0.29	0.21	0.13	0.36	0.17	0.20
龙门	推移质			359.5			342	331	339		342.9
	悬移质			58100			86400	172000	28000		86125
	推/悬(%)			0.62			0.40	0.19	1.21		0.40
陕县	推移质	460.4									460.4
	悬移质	299000									299000
	推/悬(%)	0.15									0.15
花园口	推移质			48.0	239	112	189	508	232	167	213.8
	悬移质			59400	44300	48700	79700	164000	68100	191000	93600
	推/悬(%)			0.08	0.54	0.23	0.24	0.31	0.34	0.09	0.23
泺口	推移质						109				109
	悬移质						91300				91300
	推/悬(%)						0.12				0.12
咸阳	推移质		27.8								27.8
	悬移质		27800								27800
	推/悬(%)		0.10								0.10
华县	推移质		0.633	1.9		5.32					2.61
	悬移质		18800	23600		27500					23300
	推/悬(%)		0.003	0.01		0.02					0.011
河津	推移质			3.7	4.7		17.4				8.60
	悬移质			976	860		5580				2472
	推/悬(%)			0.38	0.55		0.31				0.35
黑石关	推移质						7.84	22.7	17.9		16.15
	悬移质						2470	5210	1370		3017
	推/悬(%)						0.32	0.44	1.31		0.54

由表 3—24 中可知在黄河中下游,推移质输沙量占悬移质输沙量的比重很小,如推移量比较大的黑石关站,1965 年推移质输沙量为 17.9 万吨,占悬移质输沙量的比重为 1.31%。其次是龙门站,1965 年为 1.21%。最小

的是渭河华县站,1959年为0.003％。多数测站在0.20％左右,如花园口站从1960～1966年连续7年推移质输沙量最大的1961年为239万吨,占悬移质输沙量的比重为0.54％,最小的是1960年为48万吨,占悬移质输沙量的比重为0.08％。7年的平均推移量为213.6万吨,占悬移质平均输沙量的0.23％。从黄河中下游9个站的资料统计,多年平均推移质输沙量所占悬移质输沙量的比重为0.23％,最大的黑石关站为0.54％,最小的是华县站0.011％。

二、床沙质测验

(一)床沙质采样器

1950年8月开展悬移质精密泥沙测验时,要求各取样垂线必须同时采床沙质沙样。在当时,因没有采样器就靠人工潜入河底挖取沙样。这个办法很不安全,同时也只能在水深小于2米和流速小于2米每秒的条件下取样,超过此标准的垂线取样就十分困难。为了解决床沙质采样问题,各站先后创造了各种类型的床沙质采样器,据统计有10余种之多,根据适用的条件大致分二类:一种适用于水深小于4.0米,流速在2米每秒以下,使用测杆操作的采样器;另一种适用于水深、流急的情况下使用悬索的采样器。用测杆操作的采样器又分为适用于沙质河床(如钻杆式和锥式)和卵石河床(如锹式、嵌式)两种采样器。在50年代黄河上的床沙质采样器以采取沙质和满足一般水深与流速条件取样的仪器较多,适用卵石和深水流急的仪器较少。如高村站钻杆式、孟津站的锥式、泺口站的套管式和利津站的锹式采样器都是用测杆操作,取样垂线的水深均在4.0米以内,流速在2.0米每秒以下。1952年,孟津站创制了一种悬吊的鱼锚式采样器,适用范围水深可扩大到7.0米,流速可适用于2.8米每秒。艾山站制成一种马蹄式采样器,取样流速可扩大到3.5米每秒。秦厂、泺口两站利用船锚将入地锚齿上挖成凹字形,安上铁管,铁管的一端做成马蹄形口,内安一个活门,另一端用木塞堵住,将锚抛入河底即可取样,十分方便,同时深水和急流的取样问题也得到了解决。取小颗粒卵石床沙质的采样器除了锹式外,还有嵌式、碗式和弓式。1957年,黄委会水文处对黄河上创制的各类床沙质采样器的使用条件和优缺点进行全面的总结和比较,见表3—25。

表 3—25　　　　　　　各种床沙质采样器优缺点的比较表

采样器名称	优　　点	缺　　点	说　　明
钻杆式床沙质采样器	1. 构造简单,使用方便 2. 水深 4 米以下,可测预定位置沙样 3. 沙样较纯	1. 水深流急难操作 2. 仅适用于沙质河床 3. 沙样易冲失 4. 插入河床较费力	
改良钻杆式床沙质采样器	1. 能防止沙样冲失,其余均同上	同以上 1、2、4 各点	
锥式床沙质采样器	1. 使用较便利 2. 沙样纯 3. 水深 4 米左右,可测预测定位置沙样	1. 插入河床较费力 2. 仅适用于沙质河床 3. 水深 4 米以上流急时难操作	
改良锥式床沙质采样器	1. 使用较便利 2. 能测到河床表层沙样 3. 可测预定位置沙样	1. 插入河床较费力 2. 用铅鱼时操作费时间 3. 仅适用于沙质河床	
嵌式床沙质采样器	1. 使用较便利 2. 一般能测预定位置沙样 3. 能取到较多的河床表层沙样 4. 小颗粒的卵石河床也能适用	1. 沙样不纯(推移质较多)	
套管式床沙质采样器	1. 水深 4 米以下可测预定位置沙样 2. 沙样纯	1. 太重,提取和插入河床费力 2. 测到床面沙样少,代表性较差	一次取沙样 100~200 克

续表 3—25

采样器名称	优　　　　点	缺　　　　点	说　　明
锹式床沙质采样器	1. 构造简单,使用较便利 2. 能取得床面沙样 3. 除石板河床外,其他河床能使用 4. 水深流急一般均可使用(船头应有绳子牵引) 5. 可测预定位置沙样 6. 沙样较纯(有少许推移质和悬移质)	1. 水深 6 米以上流急时难操作 2. 沙板河床和卵石河床取样较困难 3. 沙样易冲失	
弓式床沙质采样	1. 构造简单 2. 使用便利 3. 取得床面沙样 4. 水深流急均可取样	1. 测不到预定位置沙样 2. 采样器受水冲击力后始可插入河床,故费时较长 3. 采样器接触床面情况很难掌握	
碗式床沙质采样器	1. 可测床面沙样 2. 水深流急均可使用 3. 取样较多	1. 使用较繁 2. 难测预定位置沙样 3. 沙样不纯(沙样内混有较多的推移质和悬移质),代表性较差 4. 提取费力 5. 放悬索长短如不当,不能取样	用 30 公斤铅鱼做成的采样器,其口径 6 厘米,一次取沙在 100 克左右,如需更多沙量,只加重铅鱼即可
锚式床沙质采样器	1. 使用简单 2. 可以两用(当锚又当采样器) 3. 水深流急均可使用 4. 沙样较纯(沙样内混入推移质和悬移质很少)	1. 不能测预定位置的沙样 2. 沙样为柱状,床面沙样少,代表性较差 3. 取沙样少,且易冲失 4. 提取费力	一次能取到 40～70 克的沙样

西柳沟水文站于 1959 年试制成蚌式卵石床沙质采样器。该仪器由两块

蚌壳状的器壳、尾翼和铅质重物等组成,全部重量约90多公斤,用钢丝绳悬吊,由重型绞车(水力绞关)起放,于1959年9月26日投入使用,该仪器不仅能取卵石,也能取砂子。60年代三门峡水库蓄水运用后,需要能取水深在10米以上的床沙质采样器。1964~1965年三门峡库区水文实验总站,对锥式、蚌式、击打式等仪器进行试验和筛选,后因"文化大革命"的影响试验停止。1982年三门峡库区水文实验总站陶祖昶等重新研制成蚌式Ⅳ型、钳式和横管式床沙质采样器。蚌式Ⅳ型采样器由挖沙部分、悬吊与悬吊转换和压重部分(铅鱼)组成,采样器总重100公斤。钳式采样器其结构和蚌式Ⅳ型相同,仅将挖沙器的形式改为钳状,仪器总重仍为100公斤。横管式采样器是用长20厘米,直径30~60毫米的横管,一端封闭,另一端切成斜口,中部安装木杆。经试验认为蚌式Ⅳ型和钳式仪器能在深水和流速大的沙质硬底河床上采样,取样动作可靠,沙样无漏失现象,资料代表性高和稳定性好。而横管式仪器构造简单,操作方便采取沙样有一定的代表性,可在水深小于3.0米的条件下使用。

由试验资料分析在离床面下5厘米范围内,床沙质粒径变化较为显著,在此层以下,则变化甚小。因此床沙质的采样深度不宜大于5厘米(规范规定为0.10~0.20米),过深则不仅造成采样困难,还会使床沙质的粒径平均化,不能充分反映与水力泥沙因素最密切相关的那部分床沙的组成。所以蚌式Ⅳ型和钳式采样器的采样深度分别按4厘米和3厘米进行设计。

(二)床沙质测验

1932年,由华北水利委员会、山东河务局和导淮委员会,在济南泺口和利津宫家坝的黄河河道断面内,分左、中、右三点各取床沙质样品,这是黄河上首次进行床沙质取样。全面的床沙质测验是在50年代初期,当时床沙质测验主要是配合精密泥沙测验,开展的测站黄河干流中下游,有潼关、陕县、孟津、秦厂、高村、艾山、泺口、利津等站。到50年代中后期先后在干流上增加包头、吴堡、龙门、三门峡、八里胡同、花园口、前左等7站,在支流上有绥德、川口、甘谷驿、咸阳、华县、河津、黑石关、长水、五龙口、龙门镇等10站,共计25站。从所取床沙质的粒径来看,干流粒径小,支流粒径大;对干流来说上游粒径大,下游粒径小。据资料统计各站床沙质的最大粒径,吴堡站7毫米、龙门站3毫米、陕县站2毫米、花园口站0.74毫米、高村站0.64毫米、泺口站0.50毫米、利津站0.50毫米、前左站0.40毫米;支流渭河咸阳站为2.0毫米、华县为3.0毫米、绥德站为6.0毫米、黑石关站为5毫米、龙门镇为23毫米、长水和五龙口两站均为50毫米。到60年代开展床沙质测验的站减少到 13 站,黄河干流有龙门、花园口、夹河滩、高村、孙口、艾山、洑口、利津,支流有河津、咸阳、船北村、华县、黑石关等站。到 80 年代开展床沙质测验的站又有部分调整,如黄河干流上游增加石嘴山、磴口、头道拐 3 处;支流减少黑石关站。其余站未变。各站所取资料均作颗粒分析,列入水文年鉴。

第三节　泥沙颗粒分析

　　黄河上最早进行泥沙颗分的沙样是床沙质,于 1932 年在德国汉诺佛水工试验所分析。1934 年 8 月进行悬移质泥沙颗分,由国民政府黄委会委托华北水利委员会进行分析。黄委会开展泥沙颗分开始于 1950 年 9 月,由黄委会泥沙研究所帮助进行。当时设备简陋,只有一支比重计和一套 100 号规格的标准分析筛都是向河南大学借的,技术力量薄弱。1952 年举办了颗分培训班,当年就有 13 个站开展了颗分工作。50 年代后期,省(区)水文总站和黄委会系统各水文总站分别成立泥沙颗粒(中心)分析室。

一、颗粒分析站网

　　1950 年 9 月,开展颗粒分析的站有兰州、青铜峡、包头、龙门、咸阳、潼关、陕县、孟津、花园口、秦厂、高村、艾山、洑口、利津等 14 个站。其中有些站是结合精密泥沙测验,分析的项目有悬移质和床沙质。当时的颗分工作带有试验性,资料未刊印。

　　1952 年颗分站网调整为:干流有镫口、吴堡、船窝、潼关、陕县、八里胡同、秦厂、高村、艾山、洑口、利津等 11 处;支流有渭河的咸阳、华县 2 处,共13 处。1954 年在干流上游增加兰州、金沟口、青铜峡、渡口堂等 4 处,在下游增加前左,在支流上增加无定河绥德和洛河黑石关等处,使颗分站发展到20 处。1956～1960 年先后在干流上又增加循化、上诠、西柳沟、乌金峡、安宁渡、头道拐、小浪底、花园口、夹河滩等 9 处,在支流上包括省(区)部门增加有洮河的沟门村、湟水的扎马隆、西宁、大峡、享堂、北川河的桥头,大通河的享堂,黄甫川的黄甫,窟野河的温家川,三川河的后大成,无定河的川口,清涧河的延川,延水的甘谷驿,汾河的河津,渭河的太寅、林家村,葫芦河的秦安,马莲河的庆阳、雨落坪、东川的庆阳、北洛河的刘家河、洑头,伊河的嵩县、龙门镇,洛河的长水、白马寺,沁河的润城、五龙口、小董等 29 处,共增加 38 处。1965 年,黄河支流大夏河、湟水、祖厉河、岚漪河、清涧河、昕水河、乌兰木伦河、大理河、佳芦河、渭河、泾河、北洛河等又增加一部分颗分站。到 1965 年底,全河共有颗分站 70 处,其中干流 32 处,支流 38 处。到 1966 年全河颗分站发展到 96 处,使颗分站网得到进一步的完善。在"文化大革命"期间,颗分站略有减少,全河颗分站保持在 80~90 处之间。1975 年汾河新增颗分站 12 处,使全河颗分站达到 103 处。到 1980 年全河颗分站达到 118 处,1985 年又增加到 123 处。自 1971~1985 年间属黄委会管辖的颗分站一直稳定在 66~69 处之间。与此同时,各省(区)也由 27 处增加到 56 处。1985 ~1987 年全河颗分站稳定在 124 处左右,从颗分站网的分布来看,更为合理。

二、颗粒分析室

1950 年 9 月刚开展颗分工作时,测站的泥沙颗分样品通过邮局寄往黄委会颗粒分析室。1952 年春,黄委会泥沙研究所在郑州帮助举办首次泥沙颗粒级配分析培训班。学员来自黄委会系统的有关测站共 20 多人。培训后当年有 15 个测站配备泥沙颗分设备,其中 13 个站当年开展颗分工作。1957 年,兰州、吴堡、潼关、秦厂、泺口等五个水文总站分别建立了泥沙颗粒中心分析室。1960~1980 年黄委会系统先后建立泥沙颗分室的有兰州、青铜峡、西峰、吴堡、府谷、温家川、子洲径流实验站、龙门、咸阳、三门峡、花园口河床演变测验队、艾山、泺口、利津等 14 处。"文化大革命"期间子洲颗分室,随子洲径流实验站撤销而撤销。花园口颗分室因河床队撤销而迁到郑州成立郑州水文总站颗分室。咸阳、龙门 2 个颗分室分别于 60 年代和 70 年代并入三门峡。1985 年艾山、泺口、利津三个颗分室合并成立济南水文总站颗分室。到 1987 年黄委会系统共有兰州、青铜峡、吴堡、三门峡、西峰、郑州、济南等 7 个颗分室。省(区)水文总站在 50 年代后期,随着泥沙颗分工作的开展也先后组建泥沙颗分室。

三、颗粒分析项目与测次

颗粒分析项目有悬移质、推移质和床沙质三种。悬移质泥沙颗分中,又分单位水样含沙量和输沙率两种。

悬移质泥沙颗分测次选择,单位水样含沙量颗分(简称单颗)枯水期每10~15天选一个沙样作分析,平水期一般5天选一个沙样分析,一般洪水选1~3个沙样,较大洪水过程选3~7个沙样作颗分。

悬移质输沙率颗分的测次选择,以能满足单颗级配与断面平均颗粒级配(简称断颗)关系曲线的定线要求,测次选择应主要分布于汛期较大含沙量时。单颗与断颗关系曲线良好的测站每年分析不少于7~10次,单颗与断颗关系不太好的测站,每年分析应不少于12~15次。推移质和床沙质颗分的测次和悬移质输沙率测次结合进行。

据年鉴资料统计:1965年全流域有70个站送颗分沙样,断面输沙率和单沙分别作一个沙样统计,全年共分析沙样6624个,其中黄委会分析5242(51站)个,省(区)分析1382(19站)个;1984年全流域有117站送颗分沙样,共分析17330个沙样(不包括各实验站沙样),其中黄委会系统分析12039(66站)个,省(区)分析5291(51站)个。

四、分析方法

1950~1959年,泥沙颗粒大于0.1毫米的,用筛析法。小于0.1毫米的用比重计和底漏管法。

1958年,长办在学习苏联阿波洛夫粒径计的基础上,提出用粒径计法来分析泥沙颗粒级配。黄委会水文处为探求粒径计分析法在黄河上使用的可能性,1960年上半年,在三门峡和花园口两个颗分室进行试验。由试验认为粒径计和比重计的分析成果相差不大,粒径计法设备简单,操作简便,易学易懂,成果质量稳定。因粒径计管沉距较长为105厘米,适应分析粒径的范围较大,为0.5~0.01毫米。因此可以节省较多的分析工作量。经比较,粒径计的分析工作量为底漏管法的1/2~1/3,是比重计法的2/3~3/4。因此,自1960年8月起粒径计法在黄委会系统各颗分室陆续被推广使用。用此法分析,当时已发现泥沙颗粒呈异重沉速下沉,但未能深入研究。1965年4月,水电部将粒径计颗分法列入《水文测验暂行规范》第四卷第四册《泥沙颗粒分析规范》。

粒径计法分析成果有关部门在使用中,发现细沙部分粒径有偏粗现象。为了弄清这个问题,1963年3~4月间,黄委会水文处组织各总站部分人员集中在三门峡颗分室,对粒径计、比重计和底漏管三种方法再次进行对比试验。在试验的基础上,开会研究粒径计能否继续使用。水文处派王克勤主持会议,水电部水文局李久昌到会指导,黄科所吴以敩应邀参加。会议认为:第一从成果稳定性看,粒径计法最好,比重计法次之,底漏管最差;第二,不同方法的差别方面,小粒径(粒径小于 0.005 毫米)的沙重百分数,底漏管偏大,粒径计偏小,比重计居中;第三,粒径计法分析适应范围较广,不仅适用于粗沙,对细沙分析也和比重计法接近。同时,粒径计法能较好地和其他法联合使用,使资料衔接比较好。并认为粒径计在沙样重复试验中比较稳定,操作简便,改进操作方法后暂可继续使用。

粒径计法成果细沙粒径偏粗的问题,在试验中再次得到证实。原因是:粒径计管内装的是清水,而分析泥沙水样是浑水,因浑水的比重大于清水,因此,浑水沙样在清水沉降中产生一种附加的异重沉速。这个异重沉速的大小不完全取决于沙样的颗粒大小,而决定于浑水的比重。据观察浑水的异重沉速比细颗粒泥沙的混匀悬液沉速(和底漏管比)要大得多,这就是粒径计人为地加大了细颗粒泥沙的沉速,造成细颗粒泥沙级配偏粗,而失去真实性。当时虽然发现了粒径计存在的问题,但由于认识不够,没有引起重视,并误认为改进操作方法后可以消除,所以粒径计法在黄委会系统仍作为颗分的主要方法,造成近 20 年的泥沙颗分成果发生系统偏差而需要改正。

1970 年前后,在进行长江葛洲坝水利枢纽冲淤变化的模型试验中,用粒径计法分析的泥沙颗粒级配和实际不符,迫使科学研究和生产部门对粒径计法分析成果的准确性,再次提出疑问,从而促使有关部门的重视和又一次进行试验。

1974 年,水电部水管司委托长办,在宜昌召开全国河流泥沙第一次颗粒分析会议,会上对粒径计的存在问题提出如下意见:"各单位在不同条件下的分析试验资料表明,以往不适当的扩大了粒径计法分析粒径下限范围,其所得粒配成果与移液管、比重计等方法比较,(粒径)小于0.05毫米以下各级沙重百分数偏小,并且随着细沙含量的增多而偏离更大,最大可达40%~50%。从各粒径分组的沙重百分数看,粒径小于 0.01 毫米以下各组沙量偏小,而 0.05~0.1 毫米粒径组沙量偏大,改变了沙样的粒配组成情况,从而对成果的使用带来了困难,产生错觉。""关于粒径计法分析细沙时粒配成果偏粗的原因,会议讨论认为系由于异重沉降和分析操作条件与沉速公式所采用的基本假定不符所致。"

在否定粒径计法的同时,用什么方法来取代,会议建议研究用"消光法"(后来称光电颗分仪法)进行泥沙颗分的可能性,并列入试验任务。1975 年水电部水利司专题下达黄委会水文处进行消光法泥沙颗分试验。1976 年,消光法颗分试验取得初步成果。1977年10月黄委会受水电部水利司委托，在河南省三门峡市召开全国河流泥沙颗分工作会议。会议交流了进行消光法颗分的经验，肯定了消光法颗分的成果，并展览了各单位的消光法颗分仪器。会议同意并经水电部批准消光法和移液管法为以后的颗分方法。1980年1月1日起黄委会系统的颗分室全部采用GDY—1型光电颗分仪进行泥沙颗分。

因GDY—1型光电颗分仪采用手工操作和计算，工作效率低。另外GDy—1型光电颗粒分析仪的颗粒测量范围在5～100微米之间，超过100微米的粗沙要用其他方法分析。而两种不同分析方法的颗粒级配线衔接有困难。同时小于5微米的细沙在沉降过程中因受机械扰动而产生"鼓包"现象，影响测量成果。为此，由华东水利学院（河海大学）和黄委会水文局协作，于1981年进行GDY—1型光电颗粒分析仪扩大粒径分析范围和实现分析操作与计算自动化的研制。经三年努力，于1984年改进后的光电颗分仪研制成功，该仪器对GDY—1型光电颗粒分析仪存在的问题全部获得解决，并和计算机PC—1500联结实现了操作计算自动化。改进后的光电颗粒分析仪定名为NSY—1型泥沙粒度分析仪。同年6月在南京通过部级鉴定。该仪器的颗粒测定范围为2.5～250微米。1987年河海大学对NSY—1型泥沙粒度分析仪又进行改进，1988年5月NSY—2型宽域粒度分析仪改进完成。仪器除了具有NSY—1型粒度分析仪的优点外，还具有操作简便，获得成果快速、可靠，不需作二次校对的优点。

到80年代黄委会系统的颗分室，采用的分析方法有两种，一为GDY—1型光电颗分仪；二为移液管法（又称吸管法）。流域省（区）的颗分方法很不统一，青海和山西仍用粒径计法，甘肃和宁夏采用光电颗分仪和筛分析法为主，陕西以移液管、筛分析法为主。移液管法是浑匀沉降的一种颗分方法。因其成果比较准确，常被作为颗分成果的标准，来检验其他方法分析成果的准确性。使用GDY—1型光电颗分仪时，规定每隔一定时间必须用移液管进行校验。

推移质和床沙质的分析，因粒径大于0.1毫米，常用筛析法。小于0.1毫米同悬移质分析法。

粒径计分析法造成细颗粒泥沙偏粗问题，影响生产上的使用。为此，黄委会从70年代开始研究粒径计法分析资料的改正，首先从搞清泥沙颗粒在粒径计管中的沉降机理着手，通过和移液管法对比试验，建立改正关系。改正的方法有粒径相关、级配百分数相关，以试样沙重为参变数的粒径相关和粒径比值与小于某粒径沙重百分数相关,粒径参数百分数相关,阻力系数 CD~雷诺数 Re 相关,分沙型百分数相关等。1985 年,黄科所用刘木林提供的粒径为参数的百分数相关法,对黄河部分测站粒径计法从 1960~1979 年整 20 年的颗分资料,进行了改正,并刊印成册,供生产部门使用。

五、泥沙颗粒级配的分布概况

根据黄河流域干支流 100 多个测站的泥沙颗分资料,共计 1600 多个站年计算各站代表泥沙粒径大小的多年平均泥沙颗粒的中值粒径 d_{50} 和反映泥沙颗粒组成的不均匀程度的分选系数 S_0。($S_0=1$,表示颗粒均匀,S_0 愈大于 1,则颗粒组成愈不均匀)。黄河干流泥沙颗粒中值粒径 d_{50} 的变化规律,由上游循化站向下变小,兰州到头道拐之间 d_{50} 值变化很小;义门至龙门间,由于晋陕区间粗颗粒泥沙的加入,使 d_{50} 值增大再往下由于渭河、汾河等细沙的加入,使潼关站 d_{50} 减小;花园口至利津 d_{50} 值稳定在 0.020~0.018 毫米之间。d_{50} 在黄河各支流的分布特点,总的趋势是上游的支流小,中游的支流大,下游的支流又变小。并由北向南逐渐减小,渭河的泥沙较细 d_{50} 变化一般在 0.0160 毫米左右,北洛河泥沙较粗 d_{50} 平均为 0.0348 毫米。在黄河下游各支流站 d_{50} 平均 0.0114 毫米,详见表 3—26。

表 3—26 黄河干支流站泥沙中值粒径和分选系数统计表

河 名	站 名	系 列	中值粒径 d_{50}(毫米)	分选系数 S_0	河 名	站 名	系 列	中值粒径 d_{50}(毫米)	分选系数 S_0
黄 河	循 化	1957~1979 年	0.0245	2.97	清涧河	子 长	1966~1979 年	0.0375	1.85
黄 河	小 川	1965~1979 年	0.0224	2.07	昕水河	大 宁	1966~1979 年	0.0213	2.47
黄 河	兰 州	1957~1979 年	0.0164	2.70	延 水	甘谷驿	1959~1979 年	0.0340	2.05
黄 河	头道拐	1958~1979 年	0.0174	2.83	汾 河	塞 上	1975~1979 年	0.0330	1.42
黄 河	义 门	1966~1979 年	0.0325	2.59	汾 河	兰 村	1975~1979 年	0.0285	1.73
黄 河	吴 堡	1958~1979 年	0.0325	2.69	汾 河	河 津	1957~1979 年	0.0182	2.68
黄 河	龙 门	1957~1979 年	0.0325	2.30	渭 河	南河川	1963~1979 年	0.0157	2.37
黄 河	潼 关	1961~1979 年	0.0262	2.40	渭 河	咸 阳	1954~1979 年	0.0150	2.77

续表 3—26

河 名	站 名	系 列	中值粒径 d$_{50}$(毫米)	分选系数 So	河 名	站 名	系 列	中值粒径 d$_{50}$(毫米)	分选系数 So
黄 河	花园口	1961~1979年	0.0200	2.68	渭 河	华 县	1957~1979年	0.0175	2.51
黄 河	艾 山	1955~1979年	0.0190	2.83	散渡河	甘 谷	1966~1979年	0.0157	2.55
黄 河	泺 口	1955~1979年	0.0180	2.74	葫芦河	秦 安	1958~1979年	0.0163	2.69
黄 河	利 津	1955~1979年	0.0180	2.64	泾 河	张家山	1964~1979年	0.0250	2.14
大夏河	冯家台	1964~1979年	0.0132	2.43	蒲 河	姚新庄	1964~1979年	0.0270	2.33
洮 河	红 旗	1958~1979年	0.0216	2.40	蒲 河	巴家嘴	1965~1979年	0.0201	2.25
湟 水	西 宁	1958~1979年	0.0193	2.47	马莲河	洪 德	1966~1979年	0.0345	1.82
湟 水	民 和	1962~1979年	0.0188	2.52	马莲河	庆 阳	1958~1979年	0.0280	2.20
大通河	享 堂	1962~1979年	0.0217	2.42	马莲河	雨落坪	1958~1979年	0.0270	2.07
祖厉河	靖 远	1964~1978年	0.0216	2.09	北洛河	刘家河	1969~1979年	0.0345	1.71
黄甫川	黄 甫	1966~1979年	0.0790	3.47	北洛河	交口河	1970~1979年	0.0330	1.84
岚漪河	裴家川	1966~1979年	0.0335	2.47	北洛河	洑 头	1963~1979年	0.0300	1.82
窟野河	王道恒塔	1966~1979年	0.1890	2.69	周 河	志 丹	1969~1979年	0.0340	1.85
窟野河	神 木	1966~1979年	0.0540	2.77	洛 河	卢 氏	1972~1979年	0.0118	2.38
窟野河	温家川	1960~1979年	0.0690	3.23	洛 河	宜 阳	1973~1979年	0.0105	2.54
秃尾河	高家川	1966~1979年	0.0690	2.27	洛 河	白马寺	1962~1979年	0.0112	2.34
湫水河	林家坪	1966~1979年	0.0305	2.37	洛 河	黑石关	1957~1979年	0.0113	2.61
三川河	后大成	1962~1979年	0.0265	2.18	伊 河	东 湾	1963~1979年	0.0125	2.29
无定河	赵石窑	1960~1979年	0.0390	1.88	伊 河	龙门镇	1962~1979年	0.0100	2.46
无定河	丁家沟	1966~1979年	0.0500	1.88	沁 河	润 城	1957~1979年	0.0127	2.66
无定河	白家川	1958~1979年	0.0395	1.90	沁 河	五龙口	1962~1979年	0.0100	2.73
芦 河	靖 边	1966~1972年	0.0350	2.16	丹 河	山路平	1963~1977年	0.0105	2.64

另外,从黄甫、丁家沟、甘谷驿、南河川等站泥沙颗粒级配的百分数来看,也说明黄河中游地区的泥沙颗粒由北向南逐渐变细,如表 3—27。

表 3－27　　　　黄河中游黄甫等站泥沙颗粒级配组成表

河　名	站　名	沙　重　百　分　数		
		砂　粒 ＞0.05毫米	粉　粒 0.05～0.005毫米	粘　粒 ＜0.005毫米
黄甫川	黄　甫	77.0	13.0	10.0
无定河	丁家沟	49.0	35.5	15.5
延　水	甘谷驿	25.0	59.0	16.0
渭　河	南河川	10.0	70.0	20.0

黄河支流渭河南河川站据 16 年资料统计,中值粒径 d_{50} 的变幅在 0.011～0.020 毫米,黄河干流泺口站 27 年的资料统计 d_{50} 值也在 0.010～0.028 毫米,均说明黄河细沙区中值粒径变化比较稳定。但在粗沙区如温家川站,多年平均的中值粒径为 0.0690 毫米,其中 1966 年曾出现 0.185 毫米,1972 年出现 0.200 毫米和 1976 年出现 0.174 毫米,很不稳定。

第九章　冰凌、水温观测

在冬季,全流域的最低气温一般在摄氏零度以下,各地均可发生冰凌现象。黄河干流冰凌比较严重的河段,上游有河源地区和宁、蒙河段,中游有河曲至天桥水库,下游有河南、山东河段。产生凌洪灾害比较严重的有宁、蒙河段和河南、山东河段。

据史料不完全统计,1875～1955 年除去花园口扒口改道 10 年共 71 年,黄河下游发生凌汛决口有 29 年,占 41％,其中 1926～1937 年几乎连年凌汛决口。历史上曾有"凌汛决口,河官无罪",和"伏汛好抢,凌汛难防"之说,说明黄河冰凌严重,情况复杂,危害较大。建国前冰凌观测项目比较少,只有结冰、流凌、封冻和解冻等。建国后因防凌的需要观测项目不断增加。如目测冰情就有 34 项之多,还有冰厚、流凌密度和冰流量的定量观测以及冰塞、冰坝等特殊冰情的观测。冰凌观测站 1950 年全河为 34 处,1955 年增加为 200 处,1960 年为历年最多达到 400 处,1961～1966 年稳定在 340 处左右。"文化大革命"期间下降到 70 处左右,1970 年开始恢复到 178 处,1985 年稳定在 300 处左右。建国后冰凌观测为防凌部门及时、准确地提供冰凌资料。

黄河开展水温观测最早是 1936 年,首先在龙门水文站进行。当时因无专用水温表,常以普通气温表代替,因此,资料不够准确。建国后,1954 年首先在黄河干流部分测站恢复水温观测,1956～1958 年全河水文测站普遍开展水温观测,1961 年全河水温观测达到 371 处。由于受"文化大革命"的影响,1968 年全河水温观测减少到 20 处。70 年代随着工农业建设和防凌的需要又逐步恢复,至 1987 年已恢复到 120 处。

第一节　冰凌观测

一、观测站网

由于黄河冰凌严重,危害较大,因此对冰凌现象的观测,引起人们的重视。据史料记载西汉文帝十二年(公元前 168 年)就有黄河下游凌汛决口的记载:"冬十二月河决东郡。"但系统进行冰凌的观测是 1921 年,首先在黄河下游的泺口和十里铺 2 站开始,1930～1934 年,先后增加姚旗营、潼关、龙门、包头、兰州等处。1935 年在黄河中下游又增加陕县、秦厂、赵口、黑岗口、高村、陶城铺、姜庄、于家寨、济阳、利津等 10 处。1936 年又在黄河下游增加东坝头、董庄、纪庄等处。1939 年在上游增加青铜峡。到 40 年代先后新增冰凌观测的站有循化、河嘴子、靖远(黄河)、新墩、枣园堡、石嘴山、磴口、渡口堂、塔儿湾、乌家河、花园口、柳园口、北店子、张肖堂、小高家等处。在民国时期,先后开展冰凌观测的水文站和水位站合计有 37 处,其中属上游有 13 处,中游 4 处,下游 20 处。

建国后,为了防凌工作的需要,开展冰凌观测的站明显增多,如 1950 年全河进行冰凌观测的站为 34 处,1955 年增加为 200 处,到 1960 年,全河达到最多为 400 处,其中省(区)219 处,黄委会 181 处。1961～1966 年,冰凌观测稳定为 340 处左右。从 1967 年开始,由于受"文化大革命"的影响,全河冰凌观测站急剧减少,1967 年为 87 处,1968 年为 66 处,1969 年为 70 处。从 1970 年起站数又逐渐回升,1970 年恢复到 178 处,1972～1975 年平均为 260 处,1976～1985 年平均在 300 处左右。

二、观测项目

民国时期,开展冰凌观测项目较少,一般有结冰、流凌(当时称行凌)、封冻和解冻等。1953年以后,冰凌观测的项目逐渐增多,其中冰凌记载一项就有冰凌发生之日、冰凌的疏密程度、岸冰宽度、封河、解冻、冰面的消融、开裂、冰块的大小(分最大、最小、平均)和厚度,以及流凌的速度等。1954年为了满足国家建设和为水下建筑物的服务,新增水内冰(包括河底冰)的形成条件和特性的观测。从1955年起冰凌观测的要求不仅要进行定性的(冰情现象)观测,还需进行定量的测量。如河面冰凌分布观测分稀疏流冰(流冰面积占敞露水面宽小于0.3),中等密度流冰(流冰面积占敞露水面宽在0.4~0.6),很密流冰(流冰面积占敞露水面宽0.7以上)。冰厚的测量封冻期要求在断面上固定打5~10个小孔,分别量其厚度后计算其平均值。又如冰块的大小测量,要求在水边和河心处分别选3~4个有代表性冰块,估算其大小等。1956年,执行《水文测站暂行规范》后,观测项目又进一步增多:第一,目测冰情状况的观测,即在测验河段冰情发生之日起,就开展各种冰情现象的观测,如岸冰、冰凇、棉冰、水内冰、流冰(冰花)、封冻、冰上有水、冰层浮起、冰色变黑、岸边融冰、河心融冰、冰滑动、冰缝、冰凌堆积、冰塞、冰坝等现象分别逐一记载。第二,冰情的定量观测,有冰厚测量,在河流稳定封冻后进行,分别在岸边和河心打固定点冰孔,每隔5日测量一次冰厚、冰上雪深及水下冰花厚。第三,河段冰厚平面图的测绘以及河段冰情图的测绘等。水内冰的测验主要在黄河干流有代表性的测站上进行。如上游有西柳沟、青铜峡、石嘴山、包头,下游有泺口、利津等站。1962年执行水电部颁发的《水文测验暂行规范》(冰凌观测),并根据生产部门对堤防、水库防凌、航运等生产的需要,增加冰流量测验。开展冰流量测验的测站,上游有西柳沟、青铜峡、三湖河口3处,1963年干流上游增加贵德、循化、石嘴山、渡口堂、头道拐和中游的吴堡;支流无定河的川口等处。1964年在黄河干流又增加安宁渡、义门、龙门以及支流大夏河的冯家台、洮河的沟门村,全河共计达到15处。1965~1967年,观测冰流量的站稳定在10处左右。1968年全河只有贵德、循化、义门等4处测量冰流量。减少的原因:其一,是青铜峡水库蓄水运用后,处于水库坝下的青铜峡站不再产生流冰现象,石嘴山站流冰量也明显减少而停测;其二,是受"文化大革命"的冲击而停测。1969~1970年冰流量的观测稳定在4~6处。1971年刘家峡水库蓄水运用后因掌握入库冰量的需要,除贵德、循化站继续观测外,恢复了洮河的红旗(原名沟门村)、大夏河的冯家台,并新增加洮河李家村站。1973年为了满足八盘峡水库的需要,在湟水和大通河上又分别增加民和、享堂,使冰流量测验站恢复到9处。1978年因天桥水库的需要增加河曲站冰流量测验。1980年又因龙羊峡水库的要求,唐乃亥水文站也增加了冰流量的测验。到1985年全河干支流进行冰流量测验的站上游有唐乃亥、贵德、循化、折桥(大夏河)李家村、红旗等6处;中游有河曲、府谷、吴堡3处,全河共9处。1988年后,唐乃亥、贵德、循化、民和、享堂等站因流凌稀少,冰流量测验全部停止。另外,黄河下游山东黄河河务局所属修防部门,为指导防凌也进行简易的冰流量测量(资料未刊印)。上游宁、蒙河段和下游山东河段的水文站,每年为防凌服务还开展冰塞和冰坝等特殊冰情的观测。

三、测具

冰穿:黄河上打冰孔常用的工具为冰穿。在50年代,冰穿一般有两部分组成,下部为长40~60厘米,重约3~5公斤的铁锥;上部为1.0~1.5米长的木杆。铁锥为三角形或方形的锥体,锥尖部分要打磨锋利。这种冰穿的缺点是:木杆在操作中容易震裂或震断,铁锥也易脱落,同时铁锥较笨重,也不够锋利,使用起来很费力。50年代末,渡口堂等站改用直径为3厘米的螺纹钢,长1.5米,一端加工成三角或四方形锥尖。此种冰穿的优点:螺纹钢直径比木杆细,手容易握紧也不易滑脱,锥尖锋利,轻便耐用。在内蒙古河段冰上测流,每次须打冰孔要20多个,在滴水成冰的严寒中打冰孔者个个都是汗流浃背,劳动强度大。为了减轻打冰孔的劳动强度,1958年享堂站制作了一台脚踏冰钻,一分钟能钻透冰厚30厘米,孔径只有7厘米,只能放入量冰尺。渡口堂站利用扛杆原理研制出一台机械打冰机,因效率低也未能推广。黄河沿等站曾想利用手扶拖拉机作动力进行打冰,效果也不理想。

其他冰凌观测所用的量冰尺、冰花采样器、冰网等测具均按冰凌观测规范要求制作。

四、黄河冰凌

黄河冰凌除受热力作用(如气温、太阳辐射)、水力作用(如流量大小,流速快慢)外,还和河流走向及河道特征等因素有关。在上述诸因素的综合作用下,河源地区,宁、蒙河段和下游河段从岸冰、流冰到封冻等各种冰凌现象均可发生。黄河上游军功至循化,中游的义门至吴堡,潼关至三门峡,以及下游花园口至高村等河段一般只发生岸冰和流凌并以流凌为主。有的河段在自然条件下经常发生封冻,有的河段在修建水库以后,受水库水温高的影响,在水库坝下一定范围的河段内即使在非常寒冷的严冬也仅发生局部岸冰,从不产生流凌,如盐锅峡水库下游的兰州河段和青铜峡水库下游的青铜峡河段等。

　　黄河干流玛曲以上河段,初冰开始时间一般发生在 10 月中旬至 11 月下旬。河源地区黄河沿因海拔较高,气温较低,初冰开始时间要早些,一般在 9 月下旬,最早曾出现于 8 月 21 日(1960 年)。该河段的终冰时间一般在 4 月上旬至 5 月下旬。最晚发生于 6 月 29 日(1956 年)。该河段封冻期是全河封冻河段中最长,一般可达 5～6 个月。如黄河沿站历年平均封冻历时为 160 天,封冻期最长达 193 天(1956 年冬至 1957 年春)封冻期最短也有 128 天(1964 年冬至 1965 年春)。玛曲站历年平均封冻期为 105 天,最长为 118 天,最短为 95 天。由于封冻期较长,因此河段冰厚也较厚,黄河沿站历年最大平均冰厚(河心)为 0.93 米,历年最大冰厚为 1.28 米(1962 年)。该河段的冰期虽最长,冰凌也最严重,但形成凌灾的现象很少。

　　玛曲以下至循化间,冰凌现象以流凌为主,初冰一般发生在 11 月下旬,终冰一般发生在 2 月下旬至 3 月上旬。因河段不封冻只有岸冰,历年最大岸冰的平均厚度,唐乃亥为 0.50 米,贵德为 0.35 米,循化为 0.38 米。

　　兰州上下河段,初冰一般发生在 11 月下旬,终冰发生在 2 月下旬。小川至兰州,河道穿行于峡谷之间,冬季常因气温骤降使流凌密度迅速增加,在峡谷段受卡而产生封冻。60 年代初,自盐锅峡水库运用后,该河段因水温及其他水力条件的改变只发生岸冰或部分河段的流凌。兰州到下河沿之间,历年以流凌为主,安宁渡和下河沿两站个别年份也曾出现封冻,但时间很短。

　　宁、蒙河段,初冰一般发生在 11 月中下旬,头道拐站最早曾发生在 10 月 7 日(1955 年)。终冰日期一般在 3 月下旬,黑山峡至青铜峡提前为 3 月中旬。青铜峡至内蒙古的头道拐之间,河流的走向由西南转向东北后再向东流,河道由峡谷逐渐进入河套平原,在内蒙古河段由于河面开宽流速明显减缓。冬季在强冷空气的作用下,因气温低,流速小,有时一夜之间使整个内蒙古河段封冻。该河段在石嘴山以下,每年都发生封冻,在石嘴山以上到青铜峡之间,50 年代也经常发生封河,自 60 年代后期,青铜峡水库蓄水运用之后,上游冰凌大部分被水库拦蓄,同时水库泄流的水温较高,河道只能产生少量的岸冰和稀疏流凌现象,青铜峡坝下河段如同枯季呈畅流。

石嘴山以下河段封冻期一般在100天左右,据历年资料统计,石嘴山站封冻期平均为70天,最长为90天(1944~1945年),最短为6天(1967~1968年);渡口堂站封冻期平均为102天,最长为120天(1969~1970年),最短为86天(1958~1959年);三湖河口站平均109天,最长137天(1969~1970年),最短94天(1955~1956年),昭君坟站平均112天,最长132天(1969~1970年),最短98天(1964~1965年),头道拐站,平均93天,最长118天(1969~1970年),最短63天(1956~1957年)。该河段石嘴山站历年最大平均冰厚(河心,下同)为0.50米,最大冰厚0.65米(1966年),最小冰厚0.40米(1961年);渡口堂站,历年最大平均冰厚为0.76米,最大冰厚为1.03米(1968年),最小冰厚0.49米(1965年);三湖河口站,历年最大平均冰厚为0.80米,最大冰厚0.97米(1957年),最小冰厚0.59米(1965年);昭君坟站,历年最大平均冰厚为0.83米,最大冰厚1.17米(1966年),最小冰厚0.62米(1962年);头道拐站历年最大平均冰厚为0.75米,最大冰厚0.99米(1957年),最小冰厚0.53米(1959年)。

宁、蒙河段是黄河上游发生凌灾的主要河段。宁夏河段据1950~1980年资料统计,31年间产生冰坝的有19年,共有40多个河段(次),冰坝发生的时间一般都在3月上旬的河流解冻时,1955年3月,青铜峡至罗家河的冰坝最大,冰坝宽800米,高3米,长为6公里。1967~1968年,宁夏中宁康滩等地发生长达16公里的冰塞,使17155亩耕地和6个村场被淹,受灾人数为9840人,364间房屋进水,其中倒塌22间,损失粮食5000公斤。内蒙古河段的凌灾也是发生在河流解冻时期,据统计每年均有不同程度的凌灾发生,其中发生淹没损失较大的凌灾平均二年一次。据1951~1983年的33年资料不完全统计,内蒙古河段发生冰坝(卡冰)共有230多河段(次)。

黄河自头道拐向下至潼关,整个河段由北向南,冬季冰凌现象以流凌为主,封冻只在局部河段的少数年份发生。如义门、吴堡两站历年只发生流凌现象,从未出现过封冻。龙门站据34年资料统计,出现河段封冻有14年,但封冻期不长,平均为30天,最短的只有1天(1950年12月6日)。部分年份也有发生特殊冰情,如1981年冬至1982年春,河曲河段由于冰凌的大量堆积而发生严重的冰塞。使河曲县城东北约10公里处,素有"岛上人家"之称的娘娘滩岛被淹,两岸十几个村庄,三个厂矿也部分进水。据河曲县志记载该岛距今2180年前已有人家定居,数百年来未曾有过如此严重的凌灾。

该河段由北向南其纬度相差近6°,其南北河段的初冰日期相差不大,一般为11月下旬,但终冰日期有差异,北部较晚为3月下旬,南部提前到2月下旬至3月上旬。

潼关至高村河段,冬季冰凌以流凌为主,封冻现象很少,据三门峡站18年资料的统计,发生封冻的年份只有3次,并且封冻的时间很短,分别为2天、7天,最长为25天。花园口站20年资料中,发生封冻的年份只有5次,平均封冻期为16天。高村站20年资料中,发生封冻的年份有8次,平均封冻期为18天。该河段冰厚均较薄,如花园口站多年平均冰厚(岸冰)为0.10米,最厚为0.20米(1969年)最薄为0.02米(1962年);高村站平均冰厚(岸边)为0.13米,最厚为0.26米(1957年),最薄为0.02米(1962年)。该河段的冰厚和宁、蒙河段与河源地区相比相差7~8倍。

孙口以下河段:黄河下游河段自夹河滩以下,河流走向由东西转向东北向,因此愈向下游纬度愈高,气温相对变冷,同时下游河段河势不顺,弯道多,以及河宽滩多等原因,容易发生卡冰、冰塞和冰坝,封河的机会也就增多。如据20年资料发生封河的次数艾山站为16次、泺口站封河11次、利津站14次。该河段的初冰日期,艾山站一般为11月下旬,泺口站为12月中旬,利津站11月下旬至12月上旬。该河段的多年平均冰厚(岸冰)艾山站为0.17米;泺口站为0.18米。该河段的终冰日期一般为2月上旬至3月上旬。

黄河下游凌灾也是十分严重,据史料记载:从1855年,铜瓦厢改道以后至1955年的100年中,自1875年开始修筑堤防算起,除去1938~1947年花园口扒口改道10年,共计71年,黄河下游凌汛决溢有29次,平均二年半就有一年有凌汛灾害。如1955年利津五庄至麻湾间冰凌叉塞成坝,堵塞河道,水位陡涨,使五庄决口成灾,淹没村庄360个,受灾人口17.7万人,淹耕地88万亩,死80人,倒塌房屋5355间。1960年,三门峡水库蓄水运用后,采取水库防凌调度,配合其他破冰和分水等措施,同时加强了冰凌观测,积极做好凌汛预报,战胜了多次严重凌汛,确保了凌汛安全。

第二节　水温观测

一、观测站网

在民国时期,开展水温观测的站,黄河干流有循化、兰州、石嘴山、包头、龙门、潼关、陕县、花园口、高村、泺口等 10 处；支流有咸阳、华县、绥德、木栾店等 4 处。其中龙门站较早于 1936 年开展水温观测。

建国后，于 1954 年首先在黄河干流上游的贵德、循化、小川、安宁渡、青铜峡、石嘴山、渡口堂、三湖河口、包头、头道拐等站恢复与新增水温观测。黄河干流中、下游及支流站大部分是在 1956～1958 年间开展水温观测的。1956 年全河开展水温观测的站达到 156 处（黄委会 91 处，省（区）65 处），1957 年增加到 228 处（黄委会 118 处，省（区）110 处），1958 年为 272 处（黄委会 129 处，省（区）143 处），1961 年是全河水温观测站达到最多的一年为 371 处（黄委会 160 处，省（区）211 处），1962～1965 年，在 301～323 处之间变动。1966 年开始迅速减少为 222 处（黄委会 54 处，省（区）168 处），1967 年急剧减为 46 处（黄委会 9 处，省（区）37 处），1968 是全河水温观测站减少到建国以来最少的一年为 20 处（黄委会 4 处，省（区）16 处）。水温观测站急剧减少的原因，主要是受"文化大革命"的影响。后因生产的需要，省（区）水文站自 1970 年开始逐渐恢复水温观测，由 1968 年的 16 处恢复到 54 处。黄委会经过分析认为各站水温的年平均值变化很小，历年最高年平均水温和最低年平均水温差值，平均在 1℃左右，由于各站年平均水温值比较稳定，因此水温观测具有一定年限后可以停测。1972 年根据黄河干流防凌要求，在黄河上游干流测站结合冰凌观测全部恢复水温观测，由 1969 年的 2 处（最少）恢复到 1972 年的 19 处，支流站水温因无特殊需要没有恢复。到 70 年代末干流站水温观测恢复到 23 处左右，80 年代保持在 27 处左右。80 年代省（区）水温观测站数稳定在 90～100 处。另外因水化学、水质污染监测和泥沙颗粒分析也需要水温，一般在测取水化水样和悬移质输沙率水样时，同时观测水温。该水温资料随水化学等分析资料一起整理刊印。

二、水温表

建国前多数水温观测站用气温表代替，因此水温观测值的准确性较差。建国后水温观测用刻度不大于 0.2℃的框式水温计。进行深水测量时，有专用的深水温度计或半导体温度计。

三、水温测次

在民国时期，水温观测每日于 6、12、18 时定时观测 3 次。建国初期改为每日 7、12、19 时观测 3 次。1955 年 1 月黄委会在《水文测站工作手册》中规定，每日 7、19 时观测 2 次。1956 年执行《水文测站暂行规范》时，又改为每日 8、20 时观测 2 次。当河流进入稳定封冻期，水温连续 3～5 天出现在 0.2℃ 以下时，可暂停水温观测。到河流解冻时，立即恢复观测。水温观测的地点，一般选择在基本断面附近水边具有一定水深处。

四、水温变化

黄河水温观测到"文化大革命"初期的 1967 年，多数测站已积累了 10 多年水温资料。经计算分析各站历年的年平均水温值的变化很小，其最高年平均水温和最低年平均水温之差，一般在 1.0℃ 左右，如表 3－28 所示。

表 3—28　　黄河流域部分站 1954～1966 年水温特征值表　　单位：℃

站　名	多年年平均水温	最高年平均水温	最低年平均水温	最高最低年平均水温差	站　名	多年年平均水温	最高年平均水温	最低年平均水温	最高最低年平均水温差
循　化	9.3	9.6	9.1	0.5	红　旗	9.1	9.5	8.7	0.8
上　诠	9.9	10.6	9.3	1.3	西山嘴	10.1	10.4	9.6	0.8
乌金峡	10.4	11.0	9.7	1.3	阿塔山	5.8	6.5	4.4	2.1
安宁渡	10.3	10.5	10.0	0.5	兰　村	12.1	13.2	11.2	2.0
黑山峡	10.9	11.2	10.5	0.7	石　滩	13.3	16.6	11.8	4.8
三湖河口	10.0	10.3	9.2	1.1	柴　庄	12.9	13.6	12.5	1.1
义　门	10.2	10.7	9.9	0.8	黑石关	15.4	15.9	15.0	0.9
吴　堡	11.1	11.4	10.7	0.7	栾　川	11.7	12.0	11.4	0.6
龙　门	12.4	12.7	12.2	0.5	东　湾	13.5	13.9	13.2	0.7
八里胡同	14.5	15.2	14.1	1.1	龙门镇	14.8	15.4	14.5	0.9
小浪底	14.6	15.1	14.2	0.9	润　城	13.4	14.0	12.8	1.2
夹河滩	13.6	14.4	12.9	1.5	五龙口	14.8	15.2	14.2	1.0
高　村	14.0	14.5	13.4	1.1	山路平	14.2	14.8	13.9	0.9
陶城铺	14.0	14.7	13.5	1.2	林家村	12.0	12.2	11.7	0.5
艾　山	14.1	14.8	13.4	1.4	咸　阳	14.0	14.4	13.5	0.9
利　津	13.6	14.2	12.8	1.4	华　县	3.2	4.5	2.5	2.0
冯家台	7.3	8.1	6.9	1.2	秦渡镇	3.3	4.2	2.5	1.7

在黄河干流差值较小的站是循化、安宁渡、龙门等站为0.5℃,较大的是夹河滩站为1.5℃。支流除汾河流域的石滩站差值较大为4.8℃外,其余站的差值一般在1.3℃。全河各站年平均水温值,从总的看,干流上游年平均水温比较低,一般在10℃左右,下游年平均水温较高,一般在14℃左右。支流各站之间年平均水温相差较大,渭河华县站多年年平均水温在全河最低,为3.2℃,其次是潏河秦渡镇为3.3℃,洛河黑石关站多年年平均水温在全河最高,为15.4℃。黄河流域的历年最高水温分布的规律,也是干流上游较低,河源地区为20℃左右,中游居中为30℃左右,下游较高为34℃左右。支流站历年最高水温一般在30℃以上,详见表3—29。

表3—29　　　　黄河流域部分站1970年前最高水温统计表　　　　单位:℃

站名	历年最高水温	年份	站名	历年最高水温	年份	站名	历年最高水温	年份	站名	历年最高水温	年份
黄河沿	20.5	1961	吴堡	28.8	1960	太平窑	33.0	1961	润城	31.3	1961
吉迈	19.6	1961	龙门	33.5	1942	放牛沟	30.8	1961	五龙口	30.8	1961
玛曲	21.2	1959	三门峡	31.5	1956	偏关	30.6	1958	武陟	37.0	1961
唐乃亥	20.5	1958	八里胡同	32.0	1956	后会村	33.0	1961	山路平	30.1	1961
龙羊峡	21.8	1961	小浪底	35.0	1959	裴家川	32.6	1958	南河川	32.0	1961
贵德	24.0	1959	秦厂	34.2	1961	碧村	33.8	1961	甘谷	31.2	1962
循化	22.4	1958	花园口	32.4	1964	杨家坡	33.0	1961	将台	28.4	1961
小川	24.4	1959	夹河滩	35.0	1961	林家坪	32.4	1961	秦安	30.0	1957
上诠	24.0	1966	高村	36.2	1959	后大成	31.4	1961	天水	31.9	1962
西柳沟	24.2	1958	陶城铺	35.5	1961	黄甫	33.4	1961	石岭寺	30.6	1962
兰州	25.2	1961	艾山	33.4	1961	沙圪堵	34.5	1961	林家村	37.8	1960
乌金峡	24.6	1965	利津	31.4	1956	高家川	35.6	1962	魏家堡	36.0	1959
安宁渡	26.0	1958	双城	27.2	1966	延川	37.2	1962	咸阳	35.0	1959
黑山峡	25.6	1958	冯家台	28.5	1963	水头	37.0	1961	华县	34.8	1961
下河沿	25.7	1957	红旗	29.5	1958	兰村	28.5	1959	秦渡镇	40.0	1956
青铜峡	28.3	1958	周家村	31.5	1961	石滩	32.0	1961	泾川	36.4	1957
石嘴山	29.6	1958	会宁	32.2	1964	柴庄	37.0	1960	杨家坪	32.0	1957
渡口堂	27.8	1958	西山嘴	30.5	1957	黑石关	34.3	1959			
三湖河口	27.1	1958	龙头拐	34.0	1961	栾川	32.0	1961			
包头	27.0	1958	赵石窑	32.0	1958	东湾	35.4	1962			
头道拐	28.2	1954	川口	31.0	1963	龙门镇	35.4	1962			
义门	29.6	1965	绥德	33.0	1970	新安	36.3	1961			

50年代初期,国家在内蒙古自治区包头市筹建包头钢铁厂,设计以黄

河水作为炼钢的冷却水。苏联专家在审查包头水文站水温资料时,发现水温值有的高达 34.7℃(接近气温)显然偏高。如用这个数值来设计冷却装置,势必加大工程投资。为此,包头水文站于 1954 年 5 月 28 日由朱信主持开始进行全断面水温观测试验,观测工作于 1957 年结束,历时达 3 年之久。

试验在全断面共设 5 条垂线,分别布设在主流、两主流边和两水边。水深在 1.0 米以下,在半深测一点;水深在 1.0 米以上,分别在水深的 0.2、0.5、0.8 水深处测 3 点;水深在 2.0 米以上,则在水深的 0.2、0.4、0.6、0.8 水深和河底测 5 点水温。每日 6、14、19 时观测 3 次。在试验中发现,在一日内水温的垂线变化,早晨(6～7 时)水面水温低于河底;中午(13～14 时)水面水温高于河底;到傍晚(19 时),又转为水面水温低于河底。水温的日变化是早晨水温最低中午最高,午后水温下降。早上和中午的水温之差均为 1.0℃,中午和午后 19 时的水温差一般在 0.2～0.8℃。1954 年 7 月 25 日,该站发生日最高气温为 37.0℃,而日最高水温发生在 7 月 26 日为 25.9℃。最高的气温和水温相差 11.1℃。通过上述试验观测,证实水温 34.7℃观测有误。

1955～1956 年,金沟口水文站为兰州白银有色金属公司生产服务也开展了全断面水温观测试验。

天然河流修建水库后,改变了河流的自然环境,使其水库水体的表层和底层的水温发生了不同的变化。黄委会设计院和陆浑水库管理处于 1988 年 5 月至 1989 年 4 月共同对陆浑水库的水温进行了观测。观测采用 715－2B 型深水测温仪,每月的 14 日对水库水体的表层、水下 1.0 米、3.0 米、5.0 米、7.0 米……库底等各测点的水温进行观测。其水温变化如表 3—30。

表 3—30　　　陆浑水库 1988～1989 年水库水温变化表　　　单位:℃

项　目		1988 年								1989 年				年平均值
		5 月	6 月	7 月	8 月	9 月	10 月	11 月	12 月	1 月	2 月	3 月	4 月	
水温	表　层	20.4	25.5	26.2	26.2	25.0	20.4	14.9	8.5	5.3	4.5	8.0	11.2	16.3
	底　层	9.5	10.7	12.4	18.0	19.2	20.4	14.9	8.5	4.8	4.2	5.0	6.0	11.1
	差　值	10.9	14.8	13.8	8.2	5.8	0	0	0	0.5	0.3	3.0	5.2	5.2
气　温		20.4	25.8	25.6	24.4	20.5	14.7	9.2	2.6		1.6	8.2	15.8	14.1
风速(米每秒)		0.8	0.6	0.7	0.4	0.3	0.6	0.3	0.3	0.3	0.5	0.8	0.9	0.5

除 10、11、12 三个月表层和底层水温相同外,其他各月表层水温都高于底层。表层年平均水温为 16.3℃,最高值出现在 7、8 月,为 26.2℃,最低值出现在 2 月为 4.5℃。库底年平均水温为 11.1℃,最高值出现在 10 月,为

20.4℃。

水温的垂线变化,当年的 10 月到次年的 2 月,表层和底层的水温基本一致相差很小,5～8 月相差较大,最大为 6 月,差 14.8℃,其他月相差 3～5℃。该水库下泄水进入河道的水温和建库前天然河道水温相比,5～8 月水库下泄水的水温比建库前水温低 5.2～10.9℃;而 10 月至次年 1 月高 1.8～4.9℃。水库蓄水后水体水温的变化直接影响着水库的水质、水产养殖、农田灌溉,对水库水温观测和研究已引起环保等有关部门的重视。

第十章　水化学测验和水质监测

　　人们生活和工农业生产用水,不仅要有一定的数量,同时,还必须要有符合标准的水质,因此,水利部明确水文部门不仅要管水量,还要管水质。在50年代末由流域和省(区)水文部门开展了以黄河天然水为主的水化学成分测验。到70年代初,随着黄河流域工农业生产的发展,工业排污、城市生活污水的排放、农田使用化肥、农药的残余物流失,进入河道污染水质。为此,于1972年为保护黄河水源,治理污染为目的,由沿黄省(区)卫生部门开始了黄河水质调查评价和监测工作。1975年组建黄河水源保护办公室,负责全流域的水源保护工作和流域管辖地区的水质监测。同时,黄河流域各省(区)水利部门或水文部门也先后建立了水质的监测机构,对省(区)各支流的水质污染状况进行监测。

　　黄河水体水化学成份中,主要的阳离子有钙、镁、钾和钠;阴离子有氯、硫酸根、碳酸根和重碳酸根等;溶解气体有游离二氧化碳、侵蚀性二氧化碳、硫化氢、溶解氧等;还有少量的生物原生质如亚硝酸根、硝酸根、铵离子、铁离子(Fe^{3+}和Fe^{2+})、五氧化二磷、二氧化硅等。从水体的矿化度来看,多数属中等为300～500毫克每升,其中最高为清水河支流折死沟冯川里站平均矿化度为9600毫克每升,其中1960年6月15日实测最大达44410毫克每升,超过了海水的含盐量,其次是祖厉河靖远站为6800毫克每升,郭城驿站为8550毫克每升。从水质的硬度来看,凡水质矿化度高的地区,水的硬度也大。从水化学类型看,多数为重碳酸类,有重碳酸钙Ⅰ、Ⅱ、Ⅲ型,重碳酸钠Ⅰ、Ⅱ型,氯化钠Ⅰ、Ⅱ型,氯化镁Ⅲ型,氯化钙Ⅲ型以及硫酸钠Ⅱ型等。

　　黄河水质污染比较严重的河段:干流有兰州、银川、包头;支流有汾河的太原,渭河的宝鸡、咸阳、西安,洛河的洛阳,大汶河的莱芜以及大黑河的呼和浩特和湟水的西宁等河段。

第一节 水化学测验

一、水化学测验站网

根据1958年水化学站网规划原则，在黄河干流，为掌握各河段和沿河重要城市、工矿区、大型灌区和大型水库的水化学成分的分布，规划设唐乃亥、兰州、青铜峡、渡口堂、包头、吴堡、龙门、三门峡、小浪底、花园口、孙口、王坡、艾山、泺口、利津、一号坝等16处；在重要支流把口和水质矿化度较高的河流规划布设的站，有洮河的李家村，庄浪河的武胜驿，祖厉河的会宁、郭城驿，清水河的泉眼山，苦水河的郭家桥，汾河的河津，渭河的南河川、林家村、咸阳、华县，葫芦河的秦安，泾河的杨家坪，马莲河的雨落坪，洛河的黑石关，伊河的龙门镇，沁河的润城、五龙口，大汶河的戴村坝，以及宁蒙灌区部分渠道的进出口等124处。

黄河流域水化学成分测验始于1958年。当年开展水化学取样分析的测站，干流有兰州、青铜峡、石嘴山、包头、龙门、花园口、艾山、泺口8处；在主要支流的把口和河水矿化度较高河流，有洮河的李家村，庄浪河的武胜驿，祖厉河的会宁、郭城驿、崄口，关川河的郭城驿、崄口，清水河的沙岗子、高崖子、泉眼山，苦水河的郭家桥，汾河的河津，渭河的南河川、林家村、咸阳、华县，葫芦河的秦安，泾河的杨家坪，马莲河的雨落坪，洛河的黑石关，伊河的龙门镇，沁河的润城、五龙口，大汶河的戴村坝以及宁、蒙灌区的部分渠道进出口站等36处，干、支流共44处。1959年，在干流增加唐乃亥、渡口堂、吴堡、三门峡4处；在支流上增加的有清水河的沈家河、韩府湾、张家湾、马家河湾，延水的甘谷驿，渭河支流滥泥河的王明，好水川的王家沟，灞河的罗李村和马渡王，泾河的香炉河，茹河的店子洼，小河的袁家老庄，畛水的仓头，伊河的嵩县，洛河的瑶沟口和长水，丹河的山路平，大汶河的临汶、北望、谷里、程故事、东浊头以及宁蒙灌区东排水沟等30处，干、支流共34处。1960～1964年在干流的中下游增加了小浪底、孙口、王坡、利津、一号坝、四号桩等6处；支流增加湟水的海晏、石崖庄、西宁、享堂，大夏河的双城，洮河的下巴沟、红旗(沟门村)窟野河的温家川，无定河的川口，湫水河的林家坪，三川河的后大成，清涧河的延川，渭河的丘家峡、魏家堡，泾河的张家山，马莲河的庆阳、东川的庆阳，北洛河洑头，伊河的东湾，洛河的宜阳和白马寺，大汶河的莱芜等 22 处,干、支流共计 28 处。到 1966 年,"文化大革命"开始前夕,全河共有水化学成分分析测站 132 处,其中属黄委会系统的有 51 处。1968 年,因受"文化大革命"的影响,黄委会所属的水化学测站全部停止观测,省(区)也有近一半测站停测。1968 年全河实有水化学成分观测站 43 处。1969 ～1974 年,开展水化学成分观测,全部属省(区)的测站,数量在 30～50 站间变动。1975 年,黄委会首先在干流的兰州,石嘴山、头道拐、吴堡、龙门、三门峡、泺口等 7 处,支流的民和、白家川、后大成、甘谷驿、河津、华县、雨落坪、陈山口等 8 处,共 15 处恢复水化学成分的观测;1975 年全河水化学观测站恢复到 69 处。1980 年,黄委会又在干流下河沿、花园口和支流黑石关、五龙口恢复观测,到 1980 年底全流域水化学观测站为 77 处。1984 年为 84 处。1985 年黄委会系统的水化学成分测验和资料整理由水文部门全部移交黄河水资源保护办公室领导的水质监测中心站负责。水化学成分测验和水质污染监测结合后,使水化学成分的观测站点得到进一步的扩大,1985 年全河为 224 处,1987 年全河 247 处。

二、测验项目和测次

水化学成分测验项目,按照水电部 1960 年制订的《水文测验暂行规范》水化学成分测验的有关规定执行。测验项目有:1. 水的物理性质,包括水温、气味、味道、透明度、色度等;2. pH 值(酸碱度);3. 溶解气体,包括游离二氧化碳、侵蚀性二氧化碳、硫化氢、溶解氧;4. 总碱度、总硬度及主要离子,包括钙离子、镁离子、钾和钠离子、氯离子、硫酸根离子、碳酸根离子、重碳酸根离子等。

取样的测次,一般在枯季河中流量较小时取一次,进入汛期后,每年汛期涨第一次洪水时必须取样一次,洪水期一般取 2～4 次,其他测次一般根据水情涨落变化进行布置,全年取样 8～12 次。河宽大于 100 米时,一般分左中右 3 条垂线取样,河宽小于 100 米时可只在中泓一处取样。水深较大时可在水面以下 0.2～0.5 米处取样,水深较小时应在半深处取样。所用的采样器按水化学成分的分析要求,分别采用抽气式采样器或普通玻璃瓶等。

三、分析室

1957 年下半年,黄委会在渭河咸阳筹建黄河上第一个水化学成分分析室(属潼关水文总站领导)。1958年,黄委会系统干支流水化学测验站的水样全部寄往咸阳分析。该分析室于1959年迁往西安,改名为西安水化学中心分析室。1958和1959两年分别在咸阳和西安举办了两期水化学成分分析培训班,参加西安培训班的学员共50余人,除了黄委会系统外,流域内有关省(区)也派人参加学习。通过1959年集中培训,黄委会系统在各水文总站内先后建立了兰州、吴堡、三门峡、郑州等水化学中心分析室,担负本总站范围内有关测站水化学成分的分析。同时部分水文站也配备水化学分析的简易设备,进行本站的水化学成分的分析。到60年代水化学成分的分析任务,又集中在总站分析室进行。水化学分析方法均按《水文测验暂行规范》水化学成分测验规定进行。

四、黄河水化学成分

经实测资料分析,黄河水的矿化度、总硬度和水化学类型变化如下:

矿化度:从各水化学成分测验站10多年的资料统计表明,黄河水矿化度在兰州以上除大通河连城以上及黑河、白河的矿化度为200～300毫克每升属低矿化度水外,其余属中等矿化度水。秦岭北坡至渭河以南各支流矿化度也小于300毫克每升属低矿化度水。托克托至吴堡黄河两侧各支流及汾河义棠站以上,渭河林家村至潼关,渭河北侧河流矿化度为300～500毫克每升属中等矿化度水。兰州至石嘴山河段,黄河干流右岸各支流,葫芦河静宁以上及泾河环江、山西涑水河矿化度均大于1000毫克每升为高矿化度水。祖厉河靖远站20年实测平均矿化度为6820毫克每升,郭城驿站18年的实测平均矿化度为8550毫克每升,清水河支流金鸡儿沟站5年实测平均矿化度为9600毫克每升,和折死沟冯川里站10年实测平均矿化度为9600毫克每升,该站1960年6月15日实测最大达44410毫克每升,超过了海水的含盐量。因此,这一带的河水苦咸,完全不能饮用。潼关至河口,洛河长水站和伊河陆浑站以上矿化度为200～300毫克每升属低矿化度水,金堤河、天然文岩渠为500～1000毫克每升属较高矿化度,其他河流河段均在300～500毫克每升属中等矿化度水。

总硬度:总硬度与矿化度有密切关系,随着河水矿化度的增高其总硬度也增大。黄河流域总硬度的分布和矿化度分布相似。黄河流域大部分地区为3～6毫克当量每升,属适度硬水。兰州至银川间黄河右岸各支流,葫芦河静宁以上及泾河环江,山西涑水河为大于9毫克当量每升属极硬水区。其中祖厉河靖远站 20 年资料实测平均总硬度为 48.2 毫克当量每升,郭城驿站为 62.5 毫克当量每升,清水河支流折死沟冯川里站 10 年实测平均总硬度为 72.7 毫克当量每升,为流域内最大值,该站 1960 年实测最大总硬度高达 280 毫克当量每升。在总硬度大于 9 毫克当量每升地区的周围及汾河义棠到河津两侧总硬度在 6～9 毫克当量每升之间为硬水区,河口镇以下至陕西省黄甫川和山西的涑水河间总硬度在 2～3 毫克当量每升是流域内总硬度的最低值,为软水区。

水化学类型:据水化学成分资料分析,黄河流域水化学类型有 10 种,如氯化钠Ⅰ、Ⅱ型,氯化钙Ⅲ型,氯化镁Ⅲ型,硫酸钠Ⅱ型,重碳酸钙Ⅰ、Ⅱ、Ⅲ型,重碳酸钠Ⅰ、Ⅱ型等。其分布除部分地区为硫酸盐类和氯化物类水之外,其余均为重碳酸盐类水。宁夏清水河右岸各支流至内蒙古都思兔河的黄河右岸区间,属氯化钠Ⅰ、Ⅱ型水;山西涑水河大部分属氯化钙Ⅲ型水;泾河支流蒲河巴家嘴水库以上,环江、无定河支流红柳河为氯化镁Ⅲ型水;兰州至清水河左岸(沈家湾水库以上)为重碳酸钠Ⅱ型水;渭河支流葫芦河静宁以上至泾河支流菇河区间为硫酸钠Ⅱ型水。流域内重碳酸盐类水以重碳酸钙Ⅱ型居首,分布在兰州以上大部分地区,兰州至内蒙古巴彦高勒黄河左岸区间,吕梁山以东,龙门至花园口黄河干流以北。重碳酸钠Ⅱ型居二,分布在泾、北洛河和花园口至河口区间。重碳酸钙Ⅰ型水分布在青海高原黄河干流以东、吕梁山一带及渭河林家村至咸阳渭河干流左岸地区。重碳酸钠Ⅰ型水分布在吕梁山以西、黄河闭流区以东地带及渭河以南秦岭区。重碳酸钙Ⅲ型水分布在内蒙古河套地区。

第二节 水质监测

一、水质监测站网

1972 年,沿河青海、甘肃、宁夏、内蒙古、山西、陕西、河南、山东 8 省(区)的卫生部门,联合成立黄河工业"三废"(废水、废气、废渣)污染源调查协作组,开展了全河工业污染源调查和水质监测工作。在黄河干支流共设水质监测断面 58 处(干流 42 处,支流 16 处),分别控制干流和重要支流把口处,以及大中厂矿企业与大中城市水质污染状况。如黄河干流的循化站是控制黄河河源地区的水质状况,刘家峡控制刘家峡水库的水质,兰州市的包兰铁路桥控制兰州市的污染状况,石嘴山站控制石嘴山市和石嘴山煤矿的污染,吴堡、龙门、三门峡、花园口、高村、艾山、泺口、利津等站都是黄河干流中下游水质状况的控制站。在支流上如湟水的民和,大通河的享堂,内蒙古大黑河的旗下营,无定河的白家川(川口)等都是入黄重要支流的把口站。其他均为专门掌握工矿企业和城市排污状况而设。监测断面 1973 年为 99 处(干流 46,支流 53);1974 年为 97 处(干流 47,支流 50);1975 年 75 处(干流 37,支流 38);1976 年为 86 处(干流 37,支流 49);1977 年以前水质监测和分析工作以卫生部门为主,省(区)水利、环境保护部门也参与进行水质监测。如1974 年宁夏回族自治区水文总站在清水沟、东排水沟、第一至五排水沟设水质监测站点;1976 年,甘肃省水文总站在大夏河的双城、折桥、大通河的连城,祖厉河的靖远;山东省泰安环境保护监测站在大汶河的平子庄,分别进行水质监测。1975 年 6 月,流域的黄河水源保护办公室正式成立,次年,先后在黄河干流上的循化、小川、兰州、安宁渡、吴堡、三门峡、花园口,支流湟水的民和、大通河的享堂、无定河的白家川、渭河的华县、洛河的白马寺、伊河的龙门镇、沁河的武陟等处设站(点)进行水质监测,并从 1977 年开始,黄河水源保护办公室接替了流域 8 省(区)卫生部门水质监测工作。支流水质监测也由省(区)水利、环境保护部门接替。

1978 年,制订了《黄河水系水质监测站网的监测工作规划》共布设监测站 23 处,其中黄河水源保护办公室系统 8 处,省(区)15 处;设监测断面(点)141 个,分属三种类型。

第一类是为掌握水系水质状况和水质变化规律而设置的水质监测断面(点)。一般布设在河流的源头或基本不受人类活动影响的河段(作为河流的本底值断面或零断面),河湖口门、入海口门、上中下游分界和省(区)的交界处。

第二类主要是为掌握污染源变化情况而设置的控制断面(点)。主要布设在现有或将要兴建的大、中型厂矿企业排污口所在河段。

第三类是为专门用途(如工、农、渔业及城镇生活用水,科学研究或其他特殊需要等)而设置的专用监测断面。

到 1984 年底,全河开展监测断面(点)已达 262 处,超过原规划数(141)的 86%。其中省(区)水利部门 209 处,环境保护部门 20 处,属黄河水资源保护办公室系统 33 处(干流 22 处,支流 11 处),初步形成了监测网络。

1985 年 9 月又制订了《黄河流域水质站网规划方案》,共设监测断面445 处(包括山东半岛沿海诸河 38 个断面)。按规划要求有水质重点断面 21

处,其中黄河干流 9 处即循化、兰州、头道拐、吴堡、潼关、三门峡、花园口、泺口、利津;支流 10 处即洮河的红旗、湟水的民和、银新沟的潘昶、无定河的白家川、汾河的小店桥和河津、渭河的耿镇桥和华县、洛河的石灰务、东平湖的陈山口以及山东半岛小清河的黄台桥和李村河阎家山。到 1987 年全河开展水质监测的断面已达 338 处。其中属黄河水资源保护办公室系统的有 41 处(干流 25 处,支流 16 处),省(区)水利和环境保护部门分别为 218 处和 79处,山东半岛沿海诸河 39 处。1990 年,根据国家环境保护局的要求,将干流的循化、小川、兰州(中山桥)、包兰铁路桥、安宁渡、青铜峡、石嘴山、三湖河口、昭君坟、画匠营、镫口、头道拐、府谷、吴堡、龙门、潼关、三门峡、孟津、花园口、高村、艾山、泺口、利津和支流洮河上的红旗、湟水的民和、无定河的白家川、延河的甘谷驿、汾河的河津、渭河的华县、洛河的白马寺、石灰务和东平湖的陈山口等 32 处列为国家一级网河流监测断面。

二、监测项目和分析方法

1972～1976 年,由黄河流域 8 省(区)的卫生部门主持监测的项目有:水温、pH 值、总固体、溶解性固体、悬浮性固体、总碱度、总硬度、氯化物、化学耗氧量、溶解氧、总氮、丙烯腈、硝基化合物、石油类、氰化物、总铬、酚、汞、砷、细菌总数、大肠菌群数等 21 项。1977～1984 年监测项目调整为 17 项,1985 年水化学成分测验和水质污染监测结合进行统称水质监测,1987 年其监测项目有水位、流量、气温、水温、pH 值、氧化还原电位、电导率、悬浮物、游离二氧化碳、侵蚀性二氧化碳、钙、镁、钾、钠离子、氯离子、硫酸根、碳酸根、重碳酸根、离子总量、矿化度、总硬度、总碱度、溶解氧、氨氮、亚硝酸盐氮、硝酸盐氮、化学耗氧量、5 日生化需氧量、氰化物、砷化物、挥发酚、六价铬、汞、镉、铅、铜、铁、锌、氟化物、石油类、大肠杆菌、细菌总数等 41 项。

分析方法:水化学成分的分析执行《水文测验暂行规范》第四卷第五册《水化学成分测验》(1962 年)和《水文测验试行规范》中《水文测验手册》第二册《泥沙颗粒分析和水化学分析》(1975 年)。水质污染物的分析,1972～1976 年按沿黄河青、甘、宁、蒙、晋、陕、豫、鲁 8 省(区)工业"三废"污染调查协作组制订的《黄河水质检验规程》,以后按黄河水源保护办公室制订的《黄河水系水质污染测定方法》的规定进行。1985 年后统一按水电部《水质监测规范》、《环境监测标准分析方法》进行。

三、取样方法及测次

取样方法：1972～1976年根据监测断面的水面宽，按四分法在左、中、右3条垂线分别取样，取样深度为水面以下0.3米。1977～1985年6月，干流水面宽小于50米时取1条，50～100米取2条，大于100米取3条；支流水面宽小于10米取1条，10～30米，取2条，大于30米，取3条。测点：干、支流水深大于3米时，分别在水面以下0.5米和河底以上0.5米取样；水深小于3米，只在水面以下0.5米处取样。1987年7月起，按《水质监测规范》规定取样，干、支流水面宽大于100米，设左、中、右3条垂线；小于100米，设中泓1条垂线。干支流水深大于5米时，分别在水面以下0.5米和河底以上0.5米取样；水深小于5米，在水面以下0.5米取样。

测次：1972年为5、8月的5、15、25日取样；1973年改为2（或3）、5、10月取样；1974～1976年为5、8月的5、15、25日前后取样；1977～1985年6月，黄河干流主要控制站和部分支流入黄口断面，每月的10、25日前后取样；其他断面每月10日前后取样。1985年7月起干流各断面和主要支流控制断面改为每月15日前后取一次，其他每两个月取一次。

四、水质状况

经水质监测和调查资料的分析表明：黄河水体中污染物质的来源是多方面的。但主要来自工矿、企事业单位排放的废、污水和城镇居民的生活污水（属点污染源）；另有随地表径流进入河流的农药、化肥、工业废渣、垃圾和泥沙等物（属面污染源）；还有船舶排放的油污、垃圾、污水和大气降落的污染物（属流动性污染源）等三个方面。

黄河流域的点污染源主要产生于干流的兰州、银川、包头三个河段及支流湟水、大黑河、汾河、渭河、洛河、大汶河中、下游大、中城市附近的河段。据统计1982年，全流域295个县级以上城镇排放工业废水17.4亿吨、生活污水4.3亿吨，共计21.7亿吨；其中上述河段排放的废、污水为18.3亿吨，占同年全流域废、污水总量的84.3%。1990年全流域排放废、污水上升为32.6亿吨。上述干、支流主要河段的废、污水排放量同步上升为27.38亿吨，占同年全流域废、污水总量的84.0%。详见表3—31。在上述河段内兰州、银川、包头、西宁、呼和浩特、太原、宝鸡、咸阳、西安、洛阳等10个大中城市，1990

年废、污水排放量为 12.8 亿吨,占同年全流域废、污水总量的 39.3%,见表 3—32。

据废、污水分析,废、污水中的主要成分为化学耗氧量、挥发酚、氰化物、石油类、砷化物、汞、六价铬、铅、镉等 10 多种污染物。如表 3—33。

表 3—31　　　　　　　黄河流域废污水排放量表

水系(河段)	年份	生活污水(亿吨)	工业废水(亿吨)	废、污水总量(亿吨)	占全流域(%)	备注
湟水	1982	0.322	0.651	0.97	4.5	
	1990	0.470	0.699	1.17	3.6	
大黑河	1982	0.122	0.460	0.58	2.7	
	1990					
汾河	1982	0.700	2.700	3.40	16.0	
	1990	1.263	4.351	5.61	17.2	
渭河(含泾、北洛河)	1982	1.149	4.377	5.53	25.4	
	1990	3.337	5.722	9.06	27.8	
洛河	1982	0.453	1.253	1.71	7.9	
	1990	0.851	2.135	2.99	9.2	
大汶河	1982	0.144	0.951	1.10	5.0	
	1990	0.315	1.461	1.78	5.5	
黄河干流(兰州、银川、包头河段)	1982	0.781	4.174	4.96	22.8	
	1990	1.666	5.101	6.77	20.7	含大黑河
其他河流(段)	1982	0.609	2.800	3.41	15.7	
	1990	1.390	3.830	5.22	16.0	
全流域	1982	4.3	17.4	21.7	100	
	1990	9.3	23.3	32.6	100	

表 3—32　　黄河流域 10 个大、中城市河段废污水排放量表

河　段	年份	生活污水（亿吨）	工业废水（亿吨）	废、污水总　量（亿吨）	所在河流废、污水总量(亿吨)	城市河段污水量占所在河流污水量（％）	备　注
湟水西宁市	1982	0.192	0.348	0.540	0.97	55.7	
	1990	0.349	0.279	0.629	1.17	53.8	
大黑河呼和浩特市	1982	0.112	0.428	0.540	0.58	93.1	
	1990	0.216	0.224	0.440			
汾河太原市	1982	0.605	1.402	2.007	3.47	57.8	
	1990	0.506	1.122	1.628	5.61	29.0	
渭河宝鸡市	1982	0.150	0.808	0.958	5.53	17.3	
	1990	0.185	0.710	0.895	9.06	9.9	
渭河咸阳市	1982	0.195	0.562	0.757	5.53	13.7	
	1990	0.170	0.677	0.847	9.06	9.3	
渭河西安市	1982	0.506	1.180	1.686	5.53	30.5	
	1990	1.520	1.123	2.643	9.06	29.2	
洛河洛阳市	1982	0.425	0.750	1.175	1.71	68.7	
	1990	0.449	1.333	1.782	2.99	59.6	
黄河兰州市	1982	0.391	2.673	3.028	4.96	61.0	
	1990	0.536	1.043	1.579	6.77	23.3	
黄河银川市	1982	0.117	0.693	0.810	4.96	16.3	
	1990	0.310	0.766	1.076	6.77	15.9	
黄河包头市	1982	0.274	0.845	1.119	4.96	22.6	
	1990	0.441	0.873	1.314	6.77	19.4	含大黑河
合　计	1982	2.97	9.65	12.6	17.2		
	1990	4.68	8.15	12.8	24.3		
10 个河段占全流域（％）	1982	69.1	55.5	58.1	79.3		
	1990	50.2	35.0	39.4	74.5		

表 3—33　黄河流域及 10 个大、中城市河段主要污染物排放量表　　　单位：吨

河　段	年份	化学耗氧量	挥发酚	石油类	氰化物	砷化物	汞	六价铬	铅	镉
西　宁	1982	9480	12.7		4.91	1.72	1.40	13.7		
	1990	12285	20.5	72.0	0.12	0.18	0.31	6.44	1.04	0.01
呼和浩特	1982	29800	12.4		3.44	0.10	0.06	3.55		
	1990	16041	12.4	3.0	1.97	0.01		1.23	0.26	0.01
太　原	1982	88800	754		69.5	0.39	0.36	2.38	6.14	0.28
	1990	77458	174.4	555	11.5	1.04	0.08	0.54	16.73	0.66
宝　鸡	1982	16400	193	164	6.03	0.50	0.12	5.90	0.31	0.03
	1990	24753	8.2	123	3.90	0.09	0.08	2.06	3.00	0.06
咸　阳	1982	20900	12.1	0.06	0.52	0.10	0.01	0.30	0.10	
	1990	19266	6.6	127	2.86	0.09		1.86	2.24	0.10
西　安	1982	18700	95.5	241	40.6	6.66	0.09	44.2	2.05	0.532
	1990	68676	21.0	1050	12.11	0.35	0.08	4.09	1.70	0.07
洛　阳	1982	11400	81.5	760	4.12	1.42		18.2	4.40	0.08
	1990	27354	39.4	559	35.49	2.17	0.05	1.21	5.22	0.12
兰　州	1982	38400	33.5	2810	20.9	11.4	4.05	0.38	6.02	
	1990	29801	22.0	509	8.80	0.90		1.90	0.20	
银　川	1982	9620	4.73	1.03	2.40	1.87		4.60	0.38	
	1990	29897	18.0	142	0.71	1.20	0.04	0.70	0.64	0.02
包　头	1982	18500	204	1390	241	0.54	0.05	4.73	3.94	
	1990	31949	296	186	7.23	1.16	0.17	2.20	16.95	
10 个河段合计	1982	262000	1400	5370	394	24.7	6.14	97.9	23.3	0.71
	1990	337480	618.5	3326	84.8	7.19	0.81	22.23	47.98	1.05
其　他	1982	189000	1010	3860	284	16.70	4.26	71.10	16.90	0.51
	1990	843347	5646.5	5516	352.4	93.79	1.57	45.37	60.81	21.93
全流域	1982	451000	2410	9230	678	41.4	10.4	169	40.20	1.22
	1990	1180827	6265	8842	437.2	100.98	2.38	67.6	108.79	22.98

面污染源主要由黄土地区水土流失、农药和化肥、工业废渣和生活垃圾等组成。黄河流域大面积的水土流失，使大量的泥沙进入黄河，浑浊的水流不仅影响水体的色度，透明度和复氧条件，而且还带入砷化物、汞、铜、铅、锌、镉等重金属及相当数量的农药、化肥和有机、无机胶体物质。据调查和分析，陕北一带黄土层中平均含砷量为 10.38 毫克每公斤，比其他土壤中砷化物的平均含量高一倍。农药和化肥主要是通过径流的坡面漫流和灌溉退水等途径进入河流。据甘肃、宁夏、陕西三省（区）1989 年统计，共施各类农药 13174 吨，亩均用量为 0.11 公斤，远低于全国亩均用量 0.76 公斤的水平。农药使用量各地不等，灌区较大，尤其是黄河下游沿河市、县的郊区，亩均用量一般为 1～2 公斤。化肥以氮肥为主，磷肥次之，还有钾肥和复合肥。据 1989 年对 1.7 亿亩耕地的调查，化肥亩均用量为 39.6 公斤，比全国亩均用量低 40%。面污染和流动性污染的具体数量尚无法测定。

黄河干流水质，按国家 GB3838－83《地面水环境质量标准》，采用 1981～1983 年枯水季节水质监测资料进行评价，从总体上说水质基本是好的。黄河干流全长 5464 公里中，属一级水质（为水质良好、相当于未受人类活动污染影响的源头水）的河长 3043.3 公里，占全河长的 55.7%；属二级水质（水质较好，相当于生活饮用水和渔业用水）的河长 1888.2 公里，占全河长的 34.6%；属三级水质（水质尚可，是防止地区水污染的最低水质要求）的河长 532.1 公里，占 9.7%；无四五级水质的河段。各级水质的分布：刘家峡水库以上河长 2021.9 公里，基本属于未受人类活动污染的河段，为一级水质，刘家峡水库以下至甘、宁交界的五佛寺，河长 358.6 公里，水质为三级水质。五佛寺至昭君坟河长 907 公里，为二级水质；昭君坟至头道拐河长 173.5 公里，为三级水质；头道拐至三门峡河长 977.8 公里，为二级水质。三门峡至孟津大桥河长 154.9 公里，为一级水质；孟津大桥至高村河长 290.8 公里，为二级水质。高村至入海口河长 579.1 公里，为一级水质。

支流水质，黄河的主要支流普遍受到污染，如汾河自太原市以下 500 余公里的河道基本都是五级水（次于农田灌溉用水）。太原市河段，化学耗氧量 COD_{mn}、挥发酚的年均值分别高达 300 毫克每升、2.0 毫克每升，分别超过国家地面水环境质量标准的 49 倍和 199 倍，汾河成了"酚河"。渭河宝鸡市以下 390 公里的河道属四级水（相当于农田灌溉用水）的河长占 91.0%，咸阳市附近属五级水的河长占 38.0%。宝鸡、咸阳、西安段，化学耗氧量 COD_{mn} 年均值分别为 17.6、20.4、12.1 毫克每升，超过国家标准

2.8、3.3和1.0倍；挥发酚的年均值分别为0.062、0.016、0.019毫克每升，分别超标5.2、0.6和0.9倍。大黑河浑津桥断面，挥发酚的年均值0.122毫克每升，超标11.2倍。洛河的洛阳市漫水桥断面，化学耗氧量CODmn、年均值为21.03毫克每升，超标2.5倍；挥发酚的年均值0.022毫克每升，超标1.23倍。老涗河入黄口西阳召断面，化学耗氧量CODmn为274.1毫克每升，超标44.6倍。湟水西宁市以下，大汶河莱芜市以下，水质污染也很严重，四、五级水质的河长都占有相当比重。

1983年以后，黄河水质污染日趋严重。按照国家GB3838－88《地面水环境质量标准》采用1990年水质监测资料评价：黄河干流Ⅰ、Ⅱ类水质的河长2312公里，占总河长的42.3％，其中绝大部分河长在社会经济不很发达的龙羊峡以上。Ⅲ类水质的河长1273.1公里，占总河长的23.3％。Ⅳ类水质的河长1878.5公里，占总河长的34.4％。主要分布在兰州、包头两个城市河段和龙门至三门峡、孟津到花园口两个中、小城镇集中乡镇企业发展迅速的区段。支流参与水质评价的8862.5公里河长中，属Ⅰ、Ⅱ类水质的河长2600.4公里，占29.3％；属Ⅲ类水质的河长1036.1公里，占11.7％；属Ⅳ类水质的河长2022.9公里，占22.9％；属Ⅴ类水质的河长1341.8公里，占15.1％；属劣于Ⅴ类水质的河长1861.3公里，占21.0％。Ⅰ、Ⅱ、Ⅲ类水质的河长为3636.5公里，仅占评价河长的41.0％，而59％的河长其水质为较差和很差。详见表3－34。

表3—34

1990年黄河及主要支流水质评价表（按年平均值划分水质类别）

河段	评价河段		I、II类水河段			III类水河段			IV类水河段			V类水河段			劣于V类水河段		
	个	长度(公里)	个	长度(公里)	占评价河长(%)	个	长度(公里)	占评价河长(%)	个	长度(公里)	占评价河长(%)	个	长度(公里)	占评价河长(%)	个	长度(公里)	占评价河长(%)
黄河	25	5463.6	4	2312.0	42.3	8	1273.1	23.3	13	1878.5	34.4						
大夏河	5	202.6	1	61.3	30.3	2	114.3	56.4	2	27.0	13.3						
洮河	4	673	1	144.0	21.4	2	502.0	74.6	1	27.0	4.0						
湟水	7	374	2	127.0	34.0				2	119.0	31.8	3	128.0	34.2			
大通河	5	560.7	2	460.8	82.2	1	1.9	0.3	2	98.0	17.5						
无定河	5	491.7	2	292	59.4				3	199.7	40.6						
汾河	11	694	1	83.0	12.0				2	57.0	8.2	1	95.0	13.7	7	459	66.1
涑水河	5	200	1	10	5.0										4	190	95.0
渭河	9	818	1	125.1	15.3	1	324.9	39.7	1	73.0	8.9	2	96.0	11.7	4	199.0	24.3
泾河	4	455.3	1	50.1	11.0				1	58.5	2.8	2	346.7	76.1			
北洛河	4	680.5	1	98.0	14.4				2	287.5	42.3	1	295.5	43.3			
洛河	11	748	3	183.0	24.5	1	41.0	5.5	4	429.0	57.4	3	95.0	12.7			
沁河	13	759.1	4	195.1	25.7				1	107	14.1				8	457	60.2
大汶河	10	325	3	79.4	24.4				1	33.0	10.2	1	14.1	4.3	5	198.5	61.1
其他	31	1880.6	10	691.6	36.8	1	52.0	2.8	9	507.2	27.0	3	272.0	14.5	8	357.8	19.0
全流域	149	14326.1	37	4912.4	34.3	16	2309.2	16.1	44	3901.4	27.2	16	1341.8	9.4	36	1861.3	13.0

第十一章　降水、水面蒸发观测

降水、水面蒸发和人们的生活、生产密切相关，所以中国早在商代就已对雨、雪开始观测。在《黄帝内经素问》（约成书公元前5世纪）中对降雨和蒸发的形成叙述为："地气上为云，天气下为雨；雨出地气，云出天气。"这是说从天而降的雨水，是由地面蒸发的水汽形成云，而后再降落为雨。到公元前一世纪的汉代，创造了雨量筒进行雨量的定量观测。黄河流域开始用现代科学方法观测降水量是1912年在山东泰安设立雨量站。1929年黄河干流的陕县、开封（柳园口）和泺口3站则是黄河用现代方法观测水面蒸发最早的测站。

由于黄河流域幅员广阔，降水在地区上分布又很不均匀，因此需要设立数以千计的雨量站，才能准确地掌握流域内的雨情。1936年是建国前雨量站最多的一年，为190处；1949年减少到45处。建国后，雨量站迅速增加，1951年为213处，1960年为826处，1970年为1229处，1980年为2371处，1986年是历年雨量站最多的一年，为2488处。1956年是历年水面蒸发站最多的一年，为211处，80年代水面蒸发站一般在140～164处间。雨量站的观测设备由人工观测的雨量器，发展为自记雨量计（日记型）和远传自记雨量计（电传遥测），并正向长期远传自记方面发展。

第一节　降水量观测

从发掘出的殷墟甲骨文中可知，早在公元前14世纪已有降雨、雪的定性观测记载。如郭沫若著《甲骨文字研究》中之第57片甲骨，记有"从雨"，郭氏解释为"谓有急雨，有骤雨也"；又第67片甲骨，记有"不雨、其雨、翌日戊又大雨。辛又大雨"。这是说丁日无雨，第二日戊日大雨，至第五天辛日又大雨。又如《春秋传》（约成书于公元前5世纪前后）中记有"触石而出，肤寸而合，不崇朝而遍雨天下，惟太山也"。这是说山东泰山及其周围产生地形雨的情况。公元前一世纪汉代的方士京房（公元前77～前37年）首先创用雨量简观测雨量。据《后汉书·礼仪志》(成书于公元 398～445 年)载有:"自立春至立夏,尽立秋,郡国上雨泽。"即东汉时(公元 40～220 年)就建有全国各郡县向中央报送降雨情况的制度。《宋史·仁宗本纪》载:"宝元元年(1038 年)六月,甲申,诏天下诸州月上雨雪状。"宋淳祐七年(1247 年),秦九韶所著《数书九章》一书中,载有雨量筒的形状和尺寸以及雨深的计算方法,称为"天池测雨",并说当时全国各"州郡都有天池盆以测雨水"。该书还用竹制容器观测降雪量的记述,称为"竹器验雪",并列出了计算平地降雪深度的方法。到明代洪武年间(1368～1398 年)"令天下州、县长吏月奏雨泽"(见顾炎武著《日知录·雨泽》)。说明当时已有一套测报降雨的制度。

1912 年在山东省泰安设立雨量站,开创了黄河流域用现代科学方法观测降雨。民国时期和建国初期(1955 年前),降水量的观测归属于气象观测范围,执行气象观测暂行规范(地面部分),从 1956 年全国第一部《水文测站暂行规范》颁发执行时,降雨、蒸发等项划入水文观测范围。

一、仪器设备

在民国时期观测降雨的仪器称"雨量计"。是仿照美国气象局制造的直径为 8 英寸(20.32 厘米)的标准式雨量计,由承雨盖、量雨管、圆筒三部分组成。承雨盖口径为 8 英寸(1946 年 2 月黄委会编印的《气象测验要点》将量雨计口径改为 20 厘米);量雨管(即储水瓶)为直径6.43厘米,高 50.80 厘米的圆筒,量雨管口面积是承雨盖面积的十分之一,圆筒(即雨量筒)担负安放承雨盖和雨量管,其直径亦为 20.32 厘米,高 65 厘米。观读雨量用特制的量雨尺,长 60 厘米,宽 10 毫米,厚 4 毫米的硬木制成。将量雨尺插入量雨管内,其水痕处的读数即为降雨量。1946 年,将量雨尺改为量杯,量杯上的最小读数为 0.1 毫米。

50 年代初,雨量器的类型和民国时期相似,所不同的就是雨量计的口径大小种类很多,有 20.32、20、11.3、11、10 厘米等。1958 年雨量器的口径统一为 20 厘米,并定名为"标准雨量器"。

在建国初期,水文测站使用自记雨量计的很少,1951 年黄委会系统只有龙门一个站使用自记雨量计,50 年代中期逐步推广,到 1960 年,黄委会系统使用自记雨量计的有 31 处,流域省(区)为 29 处,共计 60 处。其主要类型为日记式,由南京水工仪器厂和上海气象仪器厂生产的虹吸式自记雨量计。50 年代末,上诠水文站引进一台美国产的长期自记雨量计,运转正常,成果记录准确可靠。而国产虹吸式自记雨量计,因虹吸部分容易发生故障,使雨量自记成果要进行改正,因此,使自记雨量计的使用受到一定的限制。1963 年黄委会系统自记雨量计减少到 20 处。以后随着水文经费的增加和仪器质量与管理经验的提高,1965 年黄委会系统自记雨量计发展到 53 处,流域省(区)发展到 100 处。1977 年,黄委会系统发展到 100 处,省(区)发展到 323 处,分别占各自雨量站总数的 16％和 25％。到 70 年代后期,因生产上需大力发展自记雨量计,但厂家货源不足而发生购不到仪器的矛盾。在此情况下,为了解决仪器不足,黄委会确定自己动手,自力更生仿制自记雨量计。黄委会三门峡库区水文实验总站赵宝德等以上海气象仪器厂的双翻斗远传自记雨量计为基型进行改进。除了加高接水漏斗外,并将控制线路改进,由单电源改为交直流两用电源,并可自动转换,其开关自动启闭,有线远传距离为 150 米。1978 年第一批试制 20 台,1980 年生产 100 台,共仿制120 台。除配发三门峡总站测区使用外,还供郑州测区以及陕西和山西等省。仪器因工艺不过关,常发生故障而停用。1983 年,黄委会水文局王智进、赵宝德在引进、消化、改进日本同类产品的基础上,并吸收国内同类产品的优点,和天津气象海洋仪器厂协作共同研制成功 DSJ－4 型翻斗式长期(3个月)自记雨量计。该仪器可连续自动观测 3 个月,使用功耗低,具有结构简单、性能可靠、操作方便、易调整维修、走时准确、记录清晰等优点。该仪器承水器口径为 200 毫米,雨量分辩率为 0.5 毫米;雨量指示差:当一次雨量在10 毫米以下时,其绝对误差不大于±0.5 毫米;当二次雨量在 10 毫米以上时,其相对误差不大于±5％,连续 3 个月走时误差小于±15 分钟,工作环境温度为 0°～50℃,相对湿度为 0～90％度。该仪器性能稳定,是人烟稀少和无电源的边远地区发展雨量长期自记的理想仪器。到 1987 年该仪器已有近 70 台在黄委会系统投产使用。

　　因生产、科学研究和水文预报的需要,全河自记雨量站在 70 年代后期获得较快的发展。其自记雨量站和雨量自记化程度:1970 年 184 处为 15.0％;1975 年 287 处为 19.7％;1980 年 941 处为 39.7％;1984 年是历年自记雨量计最多的一年 1271 处(黄委会 584、青海 66、甘肃 87、宁夏 65、内蒙古 87、山西 174、陕西 105、河南 34、山东 69),自记化程度为 51.1％(其中黄委会 70.2％、青海 49.3％、甘肃 49.4％、宁夏 35.9％、内蒙古 41.0％、山西37.3％、陕西 32.7％、河南 54.0％、山东 71.1％)。1990 年自记雨量计站下降为 1085 处。

二、雨量器(计)口高度

雨量器(计)口的安设高度不同对雨量观测值有一定的影响。民国时期规定雨量计口高度离地面为 30 厘米。建国初期雨量计口高度很不统一,多数站执行《气象观测暂行规范》(地面部分)高度为 2.0 米,一部分新设雨量站的器口离地面高度为 70 厘米。1954 年,内蒙古自治区管辖的雨量站其器口离地面的高度为 2.0 米,并在器口上安有防风圈(防风圈由铁片构成,其形似喇叭,口径为雨量器口径的 5 倍)。1958 年 8 月,水电部颁发的《降水量观测暂行规范》,对黄河流域及以北的地区规定:雨量器口的安装高度为 2.0 米,并附带防风圈。后因带防风圈对观测很不方便而未用。考虑雨量器口离地面高度应和小型蒸发皿器口高度一致,后统一采用离地面高度 70 厘米。

自记雨量计的器口安装高度,因仪器本身比较高,同时各厂生产的规格也不一样。因此其器口安装高度也不统一。

进入 70 年代,农村耕地紧张,有些雨量观测场地不同程度地被侵占,观测场地宽广的要求受到影响,有的在场内种植高杆作物,影响雨量观测资料的代表性和准确性。为了探讨雨量器设置新的途径,解决委托雨量站观测场的设置问题。1975 年,根据水电部水利司的安排,在渭河支流牛头河的社棠水文站进行地面(雨量器口高 70 厘米)和房顶降雨量的对比观测试验。因房顶风速大于地面,比测结果房顶降雨量存在系统的偏小。据观测,当房顶风速在 3 米每秒时,降雨量平均偏小约 10%,当风速在 5 米每秒时,偏小约 20%,风速在 7.5 米每秒时,偏小在 30%,房顶处风速越大,雨量值偏小越多。因此,房顶不适宜安设雨量器进行雨量观测,部分委托雨量站观测场存在的问题未能得到彻底解决。

三、时制与段次

在民国时期和建国初期,降水量观测的时制采用地方太阳时。1956 年后改为北京标准时制。

降水量观测的段次与日分界,在民国时期,规定每日 9 时定时观测一次,并以 9 时为降水量的日分界。遇有暴雨时应增加观测次数和记录暴雨的起迄时间。建国后,降水量观测段次和日分界变动较多,其变化如表 3—35。

表 3—35　　　　黄委会 50 年代降水量观测段次和日分界情况表

年　　份	月　份	段　　　　　次	日分界 时间(时)	观测时间(时)	时　　制
1951		2	19:00	7、19	地方太阳时
1952	9	2	9:00	21、9	地方太阳时
1954	3	2	19:00	7、19	地方太阳时
1956	1	4(汛期) 2(非汛期)	8:00	14、20、2、8 20、8	北京标准时

1956 年执行《水文测站暂行规范》后全国水文部门统一以北京标准时 8 时为日分界。气象部门管辖的雨量观测仍按 19 时为日分界。雨量观测段次流域各省(区)也不统一,如甘肃省和电力部门按 14、20、2、8 时四段制或 11、14、17、20、23、2、5、8 时八段制。内蒙古自治区和山西省的雨量站非汛期多数为一段制,汛期酌情按四段或八段制观测。陕西省采用一段或二段观测。

四、委托雨量站

1949 年全河共设雨量站 45 处,1955 年发展到 623 处,1960 年为 826 处,1965 年为 1022 处,到 1980 年达 2371 处(其中黄委会 808 处),1986 年是历年雨量站最多的一年,为 2488 处(其中属黄委会 836 处)。如此众多的雨量站如全靠国家正式职工负责观测,队伍太庞大,同时雨量观测技术比较单纯,具有一般文化(初小)程度即可胜任。为此,从建国以后,雨量站的观测委托当地具有一般文化程度的群众(农民、机关干部、教师等)观测,每月付给一定数量的报酬,称之谓为雨量站津贴。建国初期委托雨量站由就近的水文站分片负责技术指导和业务管理,进行资料校核、整编,每年汛前派专人去各雨量站进行检查和业务辅导,发现问题在现场进行纠正。到 60 年代初成立水文中心站后,委托雨量站的管理,多数由水文中心站派专人负责。历年来,委托雨量站资料存在不少问题,有的有伪造,有的残缺不全,有的仪器设备损坏等等,直接影响观测资料的质量。为此,首先要加强管理,搞好巡回检查指导,合理提高雨量站的津贴;其次在经费允许的条件下发展雨量长期自记是提高雨量观测质量的根本途径。

第二节　水面蒸发观测

黄河流域陆上水面蒸发量观测,最早于1929年在黄河干流的陕县、开封(柳园口)和泺口3处开展。支流上开展较早的是1934年在渭河的太寅、和咸阳等处。1937年全河水面蒸发观测发展到24处,抗日战争期间减少到10多处,1948年又增加到28处。1949年为25处。建国后全河水面蒸发观测发展也较快,1952年为95处,1955年增加到178处,1956年是历年最多为209处(黄委会114、青海9、甘肃16、内蒙古10、山西23、陕西35、河南1、山东1)。1957年经站网调整后为183处。"文化大革命"前全河水面蒸发观测站在151～168处间变动,"文化大革命"期间减少到70处左右。1975年恢复到110处,以后又逐渐恢复和发展,80年代发展到140～164处间。

一、仪器设备

民国时期采用的仪器有两种,一为直径80厘米、高20厘米,由白铁皮制成的圆盆,称大型蒸发皿;另一种为直径20厘米,高10厘米的称小型蒸发皿。小型蒸发皿置于百叶箱内,观测蔽荫处的蒸发量。大型蒸发皿的安设,一为在地上挖深16厘米浅坑,将蒸发皿埋入土中;另一种是将蒸发皿置于地面,四周用砌砖或用土围住,以减小四周对蒸发皿的影响。

建国初期,仪器设备和民国时期基本相似。所不同的是大型蒸发皿外加有直径100厘米高为40厘米的套盆,套盆中也注有水量以减小蒸发皿受外界的影响。而直径为20厘米的小型蒸发皿,由百叶箱内移至空旷处安在木桩上,蒸发皿器口的高度和雨量器口高度一致,为70厘米。为了防止鸟类立在蒸发皿边沿饮水,在蒸发皿(大、小都有)边沿上安装喇叭形铁丝栅。50年代中期学习苏联,在部分试验站引进ГГИ－3000型蒸发器进行对比观测。1960年,由水电部水文局组织以苏联ГГИ－3000型蒸发器为基础,吸取80厘米带套盆蒸发皿的优点,研制成定名为E—601型蒸发器,作为全国水面蒸发观测的统一仪器。黄河从60年代初开始用E－601型蒸发器观测水面蒸发量以后,E—601型蒸发器逐渐代替80厘米带套盆的蒸发皿。

E－601蒸发器的器身大部分埋入地下,器口离地面为7.5厘米,因此器内水体温度接近自然水体。器口的四周还设有水圈,起到了增大蒸发器器口面积的作用。据黄委会三门峡库区水文实验总站,用 20 平方米的大型蒸发池和 E-601 蒸发器及 80 厘米套盆蒸发皿的对比观测资料分析表明,用 E-601 蒸发器测得的蒸发量代表性较好,换算系数比较稳定,如表 3-36。而 80 厘米蒸发皿的换算系数变化很大平均换算系数年变化范围为 0.65~0.83。

表 3-36　　　　黄河三门峡地区蒸发量换算系数统计表

类型	年份	4 月	5 月	6 月	7 月	8 月	9 月	10 月	11 月	4~11 月平均
E-601 蒸发器	1965	0.91	0,82	0.86	0.85	0.94	0.94	0.92	1.01	0.91
	1966	0.80	0.85	0.90	0.88	0.99	1.06	1.01	1.06	0.94
	1967	0.81	0.85	0.87	0.88	0.97	1.06	0.96	1.11	0.94
	平均	0.84	0.84	0.88	0.87	0.97	1.02	0.96	1.06	0.93
80 厘米套盆蒸发器	1958	0.73	0.69	0.69	0.66		0.86	0.92	1.08	0.80
	1959	0.73	0.69	0.72	0.70	0.77	0.86	0.92	1.23	0.83
	1960	0.76	0.67	0.62	0.81	0.72	0.89	0.91		0.77
	1961	0.77	0.59	0.63	0.64	0.71	0.75		1.12	0.74
	1962	0.61	0.54	0.58	0.57	0.71	0.86	0.77		0.66
	1963	0.60	0.59	0.64	0.70	0.72	0.92	0.70	0.88	0.72
	1964	0.63	0.67	0.62	0.68	0.86	0.99	0.94	0.80、	0.77
	1965	0.60	0.51	0.57	0.60	0.68	0.68	0.70	0.83	0.65
	1966	0.55	0.59	0.51	0.56	0.70	0.82	0.80	0.81	0.68
	1967	0.51	0.54	0.58	0.57	0.66	0.84	0.70	0.98	0.67
	平均	0.65	0.61	0.62	0.65	0.72	0.85	0.82	0.97	0.73

E-601 型蒸发器的器口接近地面,因此观测不方便,同时当降水量较大时,雨水常溅入蒸发器内,使蒸发量出现负值。另外在黄河河源和宁、蒙地区,以及晋、陕区间风沙较大,易将泥土及杂物刮进蒸发器内,夏季青蛙和癞哈蟆也经常跳入蒸发器内,这些都对蒸发量的观测值有一定的影响。1975 年对 E-601 蒸发器的埋设进行改进,提高器口离地的高度,由 7.5 厘米增加到 30 厘米,并将蒸发器周围用砖石等砌成墩台,经过以上改进,存在问题基本上获得解决。

冬季(12 月至次年 3 月)气温寒冷,蒸发器(皿)发生结冰现象,因此冬季大型蒸发器(皿)都停止观测,而改用口径为 20 厘米的小型蒸发皿,用称重法进行观测。小型蒸发器的蒸发量受外界因素的影响很大,其观测值经改正后才能代表蒸发量。

二、观测时制

蒸发量观测时制,在民国时期和建国初期,采用地方太阳时,1956年改为北京标准时。蒸发量计算的日分界,在民国时期以9时为日分界,建国后蒸发量的日分界随同降水量有19时和9时两种。

三、蒸发量变化

经实测资料分析黄河流域的蒸发量变化和黄河流域的地形有关。如黄河流域西北部的鄂拉山与南山、祁连山与贺兰山、贺兰山与狼山之间,是干燥气流和沙漠侵入黄河的三条通道。在通道所经的地区由于风速大、空气湿度小,使水面蒸发量增大,蒸发的变化趋势是由西北向东南逐渐减小。贺兰山与狼山之间是沙漠入侵黄河的主要通道,因此,该地区水面蒸发量成为黄河流域的最高区,多年平均年蒸发量为1600～1800毫米,个别地区在1800毫米以上;秦岭和太子山区是流域蒸发量的最低地区,在蒸发量700毫米以下;兰州以上为青海高原,因气温一般较低蒸发量在850毫米左右;兰州至河口镇为沙漠干旱区,气候干燥,降水量少,蒸发量在1470毫米左右;河口镇至龙门区间在1000～1400毫米;龙门至三门峡区间变化较大,为900～1200毫米;三门峡至花园口区间为1060毫米左右;花园口以下至河口地区在1200毫米左右。黄河干支流部分测站蒸发量特征值如表3—37。

表3—37　　　　　黄河流域部分站蒸发量特征值表　　　　单位:毫米

站　名	多年平均年蒸发量	最　大年蒸发量	年　　份	最　小年蒸发量	年　　份
黄河沿	1406.2	1573.2	1960	1153.9	1965
玛　曲	1289.8	1449.2	1963	1010.7	1966
唐乃亥	1576.8	1759.0	1957	1408.5	1967
贵　德	1505.1	1968.2	1956	1323.5	1961
循　化	1801.4	2400.9	1965	1474.7	1952
小　川	1385.1	1724.8	1956	1184.5	1962
上　诠	1551.1	1732.0	1958	1180.9	1967

续表 3—37

站 名	多年平均年蒸发量	最 大年蒸发量	年 份	最 小年蒸发量	年 份
安宁渡	1907.3	2736.8	1966	1519.3	1956
青铜峡	1635.6	2624.4	1955	1030.2	1948
石嘴山	1936.0	2426.4	1947	1535.3	1967
渡口堂	1557.4	2209.1	1962	1364.9	1952
三湖河口	1462.9	1713.2	1955	1240.5	1964
昭君坟	1654.8	1933.9	1960	1250.5	1967
头道拐	1473.4	1711.6	1965	1271.9	1959
龙 门	1564.1	2078.9	1957	973.9	1942
潼 关	1574.5	1946.4	1946	1194.4	1950
陕 县	1300.1	1782.9	1946	978.1	1937
小浪底	1477.4	1706.8	1966	1095.3	1964
高 村	1382.1	1700.8	1961	1004.7	1964
艾 山	1783.0	2239.1	1966	1058.6	1954
泺 口	1612.3	2223.3	1966	1143.1	1933
一号坝	1193.4	1434.0	1953	988.0	1956
隆务河口	2096.1	2529.3	1956	1791.7	1970
西 宁	1224.3	1407.6	1956	1036.8	1953
民 和	1449.6	1866.5	1941	1006.7	1967
泉眼山	2065.1	3024.0	1962	1493.5	1956
苦水沟	2537.4	3101.0	1965	1675.3	1967
旗下营	1627.2	1939.3	1965	114.1	1955
靖 边	1938.1	2432.0	1962	1393.8	1967
绥 德	1271.3	1631.8	1960	1014.4	1964
放牛沟	1646.1	2522.3	1955	1213.1	1967
后大成	1420.5	1675.1	1962	1202.4	1956
兰 村	1067.4	1271.4	1962	889.7	1964
河 津	1317.5	1529.7	1957	923.7	1951
陆 浑	1402.3	1718.4	1966	1036.9	1960
黑石关	1392.1	1804.0	1962	1110.9	1954
五龙口	1399.8	1705.8	1955	989.5	1964

续表 3—37

站　名	多年平均 年蒸发量	最　大 年蒸发量	年　份	最　小 年蒸发量	年　份
车家川	1141.5	1310.0	1962	924.3	1956
南河川	1042.8	1321.5	1957	717.6	1967
咸　阳	1143.9	1735.3	1961	815.6	1938
庆　阳	1202.5	1612.9	1962	931.3	1964
雨落坪	1237.7	1441.5	1966	1065.5	1964
张家山	1568.8	1881.2	1955	1269.1	1964
交口河	1282.3	1675.4	1962	1066.7	1952
湫　头	1477.0	1699.6	1960	1111.7	1954
戴村坝	1508.9	1685.1	1966	1310.2	1970
陈山口	1630.0	1884.6	1966	1335.5	1964

注　特征值为 1919～1970 年统计资料

第十二章　水文调查

据传说早在公元前 21 世纪,大禹治水时在黄河流域利用"准绳"、"规矩"等简单测量工具进行了一次广泛的水文调查。据史料记载,最早带有水文调查性质的查勘是元代元至十七年(1280 年)九月,世祖忽必烈命荣禄公都实考察黄河源。在清代,曾多次派人赴河源探查,并绘有《河源图》。

用现代科学方法,进行水文调查,最早是 1933 年 8 月,国民政府黄委会派安立森(S·Eliassen 挪威人)去泾、渭、北洛、汾河及陕、晋干流进行实地调查 1933 年 8 月 8 日洪水实况,调查到陕县站洪峰水位为 298.23 米(大沽)洪峰流量为 23000 立方米每秒。查明泾惠渠进水闸闸台上的最高洪水位为 459 米,洪峰流量为 12500 立方米每秒。1934 年由泾洛工程局在石头河兴建梅惠渠大坝时,在石头河上进行历史洪水调查,并以调查洪水资料作为大坝的设计依据。而大规模的、全面的水文调查是建国初期开始。当时,为了研究黄河下游防洪和编制防洪规划的需要,开展了黄河干流历史洪水调查,以后为编制流域治理和开发规划,洪水调查工作由干流发展到支流,由部分河段发展到全流域。50 年代末和 60 年代初,由于兴建中、小型水利、水电、灌溉等工程和省(区)编制《水文手册》的需要,水文调查工作得到进一步的发展,调查内容由历史洪水发展到枯水、特大暴雨以及水利工程拦蓄水沙效益等调查。

1956 年以前的水文调查没有统一的方法,1957 年 2 月《洪水调查和计算》一书出版后,有了统一的方法和技术标准。1963 年 9 月水电部水文局编印《水文调查资料审编刊印暂行规定》(讨论稿),1975 年 2 月,水电部颁发的《水文测验试行规范》正式将水文调查作为水文测验的一项任务列入规范。1976 年水电部颁发《洪水调查资料审编刊印试行办法》,并于 1979 年修改补充再版。1982 年,黄委会水文局受水电部水文局的委托,编写《水文站定位观测补充调查方法参考资料》。1986 年 6 月由南京水文水资源研究所牵头,黄委会水文局、山东省和湖北省水文总站参加,在广泛搜集资料和征求意见的基础上,于 1987 年 10 月完成了《中华人民共和国水利部(标准)水文调查》征求意见稿。

第一节 洪水调查

一、干流洪水调查

（一）1952～1953 年

1.1952 年 10 月在水利部水文局谢家泽局长率领下,黄委会陈本善等参加,组织了对潼关、陕县以下河段的洪水调查,并电告沿河各水文站要求进行灵宝、三门峡、宝山村、王家滩、八里胡同、狂口、关阳、铁谢等处的调查工作。通过这次调查取得了两个重大收获:其一,落实和解决了当时陕县站实测资料中 1933 与 1942 年洪水孰大孰小的问题。从沿河大量洪水位资料及群众反映情况分析,均是 1933 年洪水位高于 1942 年,说明原观测的 1942 年洪水位高于 1933 年洪水有误(1942 年,日寇侵占陕县之对岸,并不断向陕县隔河射击,以致陕县水文站不能到达河边观测水位,只能立在城墙上用望远镜观测,经回忆 1942 年洪水位偏高可能是观测错 1.0 米)。通过调查纠正了陕县 1942 年实测洪水位,即由实测最高洪水位 299.44 米,减去 1 米后为 298.44 米(调查洪水位为 298.50 米),洪峰流量由 29000 立方米每秒修改为 17700 立方米每秒;其二,调查发现了清道光二十三年(1843 年)历史最大洪水,调查到该年沿河大量洪水情况和洪痕水位,如陕县北关村断面水位 309.3 米,三门峡史家滩水位 302.46 米,八里胡同水位 182.28 米。原燃料工业部水电总局张昌龄副总工程师,按三门峡史家滩及八里胡同河段调查的 1843 年洪痕水位,采用控制断面法推算三门峡河段洪峰流量为 34200～36200 立方米每秒,和回水曲线法推算八里胡同峰流量为 32700 立方米每秒。

2.1953 年 8 月黄委会测验处周鸿石、王仲凯等组成陕(县)孟(津)段洪水调查组,再次对 1843 年洪痕水位进行复核调查和对 1953 年 8 月 3 日秦厂站 12300 立方米每秒洪峰流量来源的调查。对 1843 年洪痕水位复核后,有部分河段洪水位有所更正,如平陆太阳渡村龙王庙处原调查洪水位为 310.5 米,复核后为 307.4 米;陕县北关村原调查水位为 309.3 米,复核后为 306.6 米,三门峡史家滩原调查水位为 302.46 米,复核后为 302.0 米。对 1953 年 8 月 3 日洪水,陕县相应流量仅 4300 立方米每秒,因此调查了陕县～孟津间 20 多条较大支沟,仅陕县～八里胡同间几条支沟来水即近 3000

立方米每秒,从而提出了以往研究该段黄河洪水来源时所未注意到的一个区间来水的新问题。

(二)1955年3~6月

为了上、中游干流工程开发和弄清1843年洪水地区来源的问题,黄委会组织对上、中游干流主要控制河段进行了一次全面洪水调查,燃料工业部兰州水力发电工程筹备处也派员参加,上游地区各水文站也就地进行了调查。中游地区组成河曲~潼关、潼关~三门峡及三门峡~孟津三个调查组,每组配备人员6~9人。调查成果有:

1.上游地区调查了贵德、循化、上诠、兰州等测站河段。贵德河段由贵德水文站进行调查,取得洪水资料年份有1904、1943、1946年。其最大洪峰流量1904年为7327立方米每秒,其次为1943年洪峰流量4950立方米每秒,1946年洪峰流量为3870立方米每秒;循化河段由循化水文站进行调查,取得的洪水资料年份有1904年、1946年两年,1904年洪水最大洪峰流量9160立方米每秒;上诠河段由上诠水文站调查,洪水发生年份有1904年,未估算洪水流量;兰州河段由兰州水文站调查,洪水年份只有1904年,估算洪峰流量为7210立方米每秒;青铜峡河段由青铜峡水文站调查,洪水年份亦只有1904年,估算洪峰流量为7500立方米每秒。

2.河曲~潼关河段由王仲凯、韩瑞、李演鳞等六人组成调查组。调查了保德、吴堡、延水关及龙门等河段。在保德河段调查到洪水发生的年份有1945、1946及1953年,只进行洪痕水位的测量,但未估算流量;在吴堡河段调查的洪水年份有1842、1896、1933、1942、1946及1951年。1842年洪水最大,估算洪峰流量为26800立方米每秒,1946年为21900立方米每秒,1933年为15500立方米每秒,1896年及1942年未调查到洪痕水位,故未估算流量;在延水关河段调查到1800及1942年洪水,1942年估算洪峰流量为29000立方米每秒,1800年由于洪痕精度不高未估算流量;龙门河段调查洪水发生的年份有道光年间(具体年份当时尚未考证出来)、1896、1933及1942年,道光年间的最大洪水估算洪峰流量为27200立方米每秒,1942年估算洪峰流量25200立方米每秒,1896及1933年未调查到洪痕水位。

3.潼关~三门峡河段,由龙于江、赵礼人、易维中等9人组成调查组,这次调查,进一步复核落实了1952年以来的几次对1843、1942等年洪水调查成果,并发现了1896年洪水。同时调查到了陕县1944、1945、1947及1948年等年缺测洪水资料。经过调查,核实了以前各次调查成果,1843年洪水位出入较大的平陆太阳渡洪水位应为306.5米;陕县北关洪水位应为306.35

米;史家滩洪水位应为 302.5 米;1942 年陕县站洪水位应为 298.44 米。

4.三门峡～孟津河段由陈丙午、王国安、王雪松等 8 人组成调查组,重点是调查三门峡～孟津无控制区间支沟的洪水情况及其与黄河干流洪水的遭遇等,取得了 20 多条较大支沟的历史洪水和河道特性等资料。从调查的情况说明,支沟洪水发生是频繁的,且大洪水各支沟常是同涨,但与黄河干流大洪水的发生时间则多是不相应的。

(三)1956～1968 年

在黄河上游地区为满足梯级开发工程规划设计的需要,北京勘测设计院、西北勘测设计院、铁道部第一设计院、兰州水电勘测处、青铜峡灌溉工程处等单位,先后又对贵德、循化、上诠、兰州、青铜峡等河段的历史洪水调查成果进行多次复核调查。

1.1956 年 4 月,兰州水电勘测处为了做好刘家峡水库工程的设计工作对兰州河段洪水进行复核调查,调查洪水年份有 1904、1850、1857、1868、1898、1946、1935、1885 年。1904 年核算洪峰流量为 8600 立方米每秒。

2.1957 年 5 月北京设计院李克宗等对柳青、万家寨河段洪水进行调查。在柳青河段调查到的洪水年份有 1896、1904 年,以 1896 年洪水为最大;在万家寨河段只调查到 1896 年洪水,洪峰流量为 9850 立方米每秒。

3.1957 年 9 月由于青铜峡枢纽工程设计需要,青铜峡灌溉工程处又对青铜峡河段洪水进行复核调查,取得的洪水发生年份亦为 1904 年,估算洪峰流量为 7450 立方米每秒。

4.1959 年 6～7 月,为满足龙羊峡～寺沟峡梯级开发规划的需要,西北设计院柳志义、沈义成等,分别对循化及大河家河段历史洪水进行复核调查。在循化河段调查的洪水年分有 1904、1911、1935、1943、1946 年,仍以1904 年洪水为最大,估计洪峰流量为 6820 立方米每秒;在大河家河段调查到的洪水年份有 1904、1943、1946 年,以 1904 年洪水为最大。

5.1959 年 8 月,西北设计院对贵德河段历史洪水进行复核调查,取得洪水发生年份仍为 1904、1943、1946 年,亦以 1904 年洪水为最大,估算洪峰流量为 6370 立方米每秒,1943 年为 4870 立方米每秒,1946 年为 4320 立方米每秒。

6.1965 年 8～12 月,北京设计院高杰等及铁道部第一设计院,又对贵德、循化河段进行了一次复核调查,两河段调查到的洪水发生年分均为1904、1911、1943、1946 年。贵德段估算洪峰流量仍以 1904 年为最大,流量为 6700～7400 立方米每秒,1911 年为 6200～6840 立方米每秒,1943 年为

3840～4640 立方米每秒,1946 年为 4300～4640 立方米每秒;循化河段估算 1904 年洪峰流量为 5050 立方米每秒,其他年份由于洪痕水位精度较差,未估算流量。

7. 1967 年 4 月,为进行历史调查洪水资料整编需要,西北勘测设计院又对青铜峡河段原调查的 1904 年洪水进行复核。

以上各河段的历史调查洪水成果均有变化,但在 1979～1982 年《黄河流域洪水调查资料》汇编时,均统一了数据并刊布。

(四)1969～1981 年

1. 1969 和 1972 年,为进行天桥电站设计,李文魁、易元俊等,分两次赴保德、府谷河段对 1945 年的调查成果进行复核。通过反复调查核算,1945 年最大洪峰流量为 13000 立方米每秒,主要来自黄甫川,该次洪水对确定天桥电站设计洪水数据至关重要。

2. 1974 年 6 月,黄委会设计院与内蒙古水利厅设计院共同进行托克托～龙口河段规划,胡尔昌、王兴等在柳青、万家寨等河段进行了调查,除对 1957 年北京勘测设计院调查的 1896、1904 年洪水进行复查外,又调查到 1967、1969 年两次洪水。其中 1967 年洪水系主要来自河口镇以上,1969 年洪水来自河口镇以下的红河与杨家川,系局部暴雨形成。

3. 1975 年 8 月,淮河发生特大暴雨,据气象分析,类似暴雨降到三门峡～花园口区间是完全可能的。为此黄委会规划办公室对黄河下游可能发生的特大洪水进行了估算。胡汝南、高秀山、郑秀雅等先后对以三门峡～花园口区间来水为主的清乾隆二十六年(1761 年)特大洪水的雨、水灾情资料作了广泛的收集整理,并到现场作了调查。从大量地方志资料可以看出,该年暴雨遍及三门峡～花园口区间,洛、沁河及干流区间同涨大水,在中牟杨桥决口夺流,造成河南、安徽、山东三省广大地区受灾。根据当时设在黑岗口的志桩观测的水位资料,推算出洪峰流量为 32000 立方米每秒,5 天洪量 85 亿立方米。这是近几百年来三门峡～花园口区间来水为主的最大洪水,据徐福龄提供的线索,在中牟修防段发现了清乾隆皇帝为记载该场洪水亲笔题诗的碑刻,碑文有"七月十七八,淫霖日夜继;黄水处处涨,葵建难为备;遥堤不能容,子堰徒成弃;初漫黑岗口,复漾时和释……吁嗟此大灾,切切吾忧系"。董玲、易元俊等对三门峡以上发生的 1843 年洪水的 12 天洪量,利用清代万锦滩志桩观测的水位过程资料,估算为 125 亿立方米。以后崔家骏、韩曼华、王瑞仙等又到陕县了解清代万锦滩志桩的设立地点以及报水情况等。

4. 1976 年为进行龙门枢纽规划,易元俊、史辅成等到龙门附近进行历史洪水调查成果复核,主要任务是落实龙门断面处清道光年间洪水具体年份,欲根据调查洪水位推算洪峰流量。龙门断面冲淤变化剧烈,需考证100年来该河段的淤积高度,以便将断面还原到100多年前的水平。龙门峡谷出口左岸现尚残存两孔砖石拱洞,拱顶距水面高3.8米。在河津县(山西侧)与韩城县(陕西侧)分别发现了明代与清代同治年间的龙门石刻全图,又在韩城县照像馆发现了1931年与1935年的龙门全景照片,这些图片中都显示出该拱洞。图片中的拱洞与目前拱洞比较,可知清代同治年间至现在河床约淤高7.8米,考虑淤积后推算出的道光年洪水流量为31000立方米每秒,如不考虑淤积推算的洪峰流量仅为19500立方米每秒,偏小37%。

5. 1976年6月,为落实龙门道光年间洪水年份并复查1942年洪水,史辅成、易元俊、王兴等6人,再次到龙门以上的壶口进行调查,从黄河东岸的南村向南走访了10余个村庄。经访问群众,对道光年间洪水都说不清,而对1942年洪水记忆犹新,都记得是水淹阎锡山印钞窑洞那一年。在壶口瀑布下游圪针滩U型石槽出口处调查到1942年洪水水位,计算洪峰流量25400立方米每秒。

6. 1976~1977年,王涌泉提出康熙元年(1662年)黄河也出现一场大水,先后由朱福林、崔家骏、厉文忠等参加洪水调查工作,从大量的地方志可知,该场洪水暴雨主要发生在泾、渭、北洛、汾河中下游及北干流南部部分支流,时间为9月20~10月9日,历时长达20天,属于大面积长历时降雨,经反复调查均未获得洪水位资料。从潼关~孟津河段沿河的地方志和村镇查找,都没有留下该年大水的记载和遗迹,说明其洪峰流量要小于1761年和1843年。

7. 1978年进行军渡电站可行性研究,史辅成、易元俊等赴吴堡复查1842年洪水。据过去调查,吴堡最大洪水是1842年,龙门也是道光年间,但具体年分不详,陕县三门峡是1843年,几个干流河段的年份不一,本次是想再落实一下吴堡的年份与计算洪峰流量,可是所访群众都已记不清。然而在河滩上却发现了一块石碑,已被凿成几个洞,作为柴油机的底座。碑上刻有"…吴邑城南二十里许,杨家店古渡也,随驿官船建立河神祠由来已久,越雍正至道光数百年,河水涨溢亦非一次,但旧虽涨溢未曾淹没,阅道光壬寅淹没无存,村人目击心伤…道光二十四年立。"壬寅年即道光二十二年,至此对该年涨水年份得到落实。1976年8月2日吴堡站实测洪峰流量24000立方米每秒,以此次水位~流量关系外延,推得1842年洪峰流量为32000立方米每秒。

　　50 年代初期,陕县、三门峡调查计算得 1843 年洪水洪峰流量 36000 立方米每秒,该次洪水是多少年以来才出现的,即其重现期是多少,这也是洪水频率计算中所不可缺少的。据此,韩曼华于 1979 年在《三门峡槽运遗迹》一书中记有 1955～1957 年在三门峡大坝施工前对坝区的考古中,曾发现有人门岛上有唐宋时代遗留的黄土灰烬及砖瓦碎片等,从这些遗物存在可以推断,唐末宋初以来所有发生过的大洪水水位都没有超过人门岛顶部高程 302 米,否则该文化层已被冲失,而 1843 年此处的洪水位是 301 米,证明 1843 年洪水是自唐宋以来流量最大、水位最高的一次洪水。其后,韩曼华、史辅成、雍治国等 3 人,自 1979～1981 年又经过三年时间数次赴三门峡、任家堆、八里胡同、小浪底等地调查,在任家堆以下的东柳窝发现了两块记载道光二十三年涨水情况的碑记,一块在地边,碑文为"道光二十三年河涨至此",立碑处即为道光二十三年洪水位;一块镶在该村泉神庙墙壁上,记为"道光二十三年又七月十四日河涨高数丈,水与庙檐平。"两块碑既指出了涨水年、月、日,又指出了涨水高程。另外 1843 年的淤沙到处可见。从文献中发现在三门峡以下约 8 公里处是唐代槽运码头的集津仓,经与考古部门联合调查发现 1843 年洪水淤积沙埋在集津仓遗迹之上,从遗迹中发现有大量的唐代瓦片,宋代小碗以及一些烧过的炉渣等物。唐代距今 1000 余年,而只有 1843 年洪水埋在这层遗迹之上,这也说明 1843 年洪水系千年以来的最大洪水。为了进一步证明这些瓦片是不是唐代烧制的,经取样送上海博物馆,用"释热光法"鉴定为 1210±69 年。

　　为考证该次洪水来源地区,在沿河取了多组该年洪水淤沙沙样,进行物理化学分析。该年淤沙中值粒径 $D_{50}=0.2～0.3$ 毫米,说明洪水主要来自河口镇～龙门区间两岸较大支流及泾河支流马莲河、北洛河河源粗泥沙来源区。从 1843 年淤沙中的重矿物成份中来看,石榴石含量最高,为 26%～41%,其次为角闪石。它与黄甫川、窟野河等支流的重矿物成份是一致的。最后可以确定该次洪水是来自泾、北洛河上游及北干流粗沙来源区。

二、主要支流洪水调查

(一)1953～1954 年

　　1.洛河。1953 年 9 月份由周聿超、程致道、帖光册等调查了洛河黑石关、洛阳、洛宁及伊河龙门镇、嵩县等河段的历史洪水以及 1953 年 8 月上旬洪水。在黑石关调查出 1935 年洪水,估算洪峰流量 6660～7300 立方米每秒、1937年洪水洪峰流量为7710立方米每秒；洛阳1931年洪水洪峰流量为9440立方米每秒，龙门镇1931年洪水洪峰流量为8200立方米每秒。

2. 沁河。1953年曾进行过局部河段洪水调查。1954年6月受黄河规划委员会（简称黄规会）委托，组织了沁河洪水调查队，罗常五任队长，成员有朱守谦、于世凯、唐太本等。在沁河干支流上调查了山西阳城县下河村、河南济源县五龙口以及丹河口以下至大樊等河段，在支流丹河调查了四渡至前陈庄一段。在阳城下河村调查到明成化十八年（1482年）特大洪水，群众记得公路边有一石碑，刻有"大明成化十八年六月十日河水至此"。估算洪峰流量为14000～18000立方米每秒；其次为清光绪二十一年（1895年）洪峰流量为4160立方米每秒；清乾隆二十六年（1761年）洪峰流量为4060立方米每秒等。

（二）1955年

1. 洛河。1955年为编制《洛河技术经济调查报告》，年初组织了洛河查勘队，下设河道、地质、灌溉、社会经济、水文调查等组。水文调查由王甲斌、白焰西负责，分为三个小组，第一组白焰西，蒋德基、张德馨等调查洛河洛阳及黑石关河段。第二组王甲斌、易元俊等调查洛河宜阳以上长水、故县、卢氏等河段。第三组王盛丰、史辅成、孟宗一等调查伊河龙门镇以上嵩县、潭头等河段。调查工作历时约半年，基本上搞清了洛河历史上的大洪水年份及洪水量级，更为重要的是通过调查了解了洛河的洪水特性以及洪水的主要来源地区。洛河最大洪水发生在1931年，雨洪主要来源于洛河长水以下、伊河嵩县以下的中游地区，伊河龙门镇经最后整编落实洪峰流量为10400立方米每秒，洛阳为11000立方米每秒，为两站百年来最大洪水。至于黑石关，考虑洪水过程中的冲刷因素后，整编的洪峰流量仅为7800立方米每秒，洪水位较1935、1937、1954年均低，排列第四位，针对这一问题，又在伊河入洛河汇口以下的夹滩地区进行了广泛的调查，通过调查了解到此地区在当年两岸基本上未修建防洪堤，系一天然滞洪区，面积约200多平方公里。1931年洪水时，由洛阳、龙门镇下来之陡峻洪峰，在本区内自然漫溢，平均水深约8尺～1丈，致使洪峰流量削减，这一情况在以后实测的1954、1958、1982年大洪水中均有反映，只不过后来修有防洪堤，漫溢情况减轻，削峰比例较1931年有所减少。

在洛河上游故县及卢氏河段，最大洪水发生在清光绪二十四年（1898年），整编后故县洪峰流量为5400立方米每秒，这一成果已应用于故县水库设计中。伊河嵩县河段最大洪水发生在1943年，整编后洪峰流量为5300立方米每秒,已用于陆浑水库设计。

2. 沁河。1955 年与洛河洪水调查的同时,进行了沁河洪水调查。分为两组,一组由高秀山、张瑞和等调查沁河干流,一组由张先超、陈炳荣等调查支流。通过这次全面的调查,进一步证实了 1482 年是沁河上的一次异常洪水,在山西阳城县沁河河道中有一高约 30 米的石质高台,台上建有九女祠,调查中发现在进庙门处的天然石壁上刻有"明成化十八年洪水发至此"的刻字,据当地群众传说,这是大水过后庙内老和尚为纪念被洪水困饿死的两个小和尚刻下的,虽然年代久远,字迹模糊,但能识别,在此处估算洪峰流量为 14000 立方米每秒。在五龙口河段调查有 1895 年,推算洪峰流量为 5940 立方米每秒,1943 年洪峰流量 4100 立方米每秒。

3. 泾、渭、北洛河。1955 年 5~7 月,根据黄规会要求。为了解陕县 1843 年洪水来源,对泾、渭、北洛河进行历史洪水调查。调查工作由陕西省水利厅主持,黄委会及西北设计院派员参加,由张金昌等十人组成了调查组,这次调查取得了各河河口段群众记忆和流传的近百年来的历史洪水情况和水情资料,但未调查到 1843 年水情,各河调查成果如下:

(1)泾河。调查河段在张家山水文站以下至泾河河口之间,发现的历史洪水年份有道光年间(多数人反映为道光二十七年)、1911、1901 年,以道光年间的洪水最大,估算洪峰流量为 19600 立方米每秒,1911 年洪水次之,洪峰流量为 14100 立方米每秒,1901 年洪峰流量为 11880 立方米每秒。

(2)渭河。在渭河调查了两个河段,一是泾河口以上的咸阳河段,调查到的最大洪水年份为光绪二十四年(1898 年),估算洪峰流量 11300 立方米每秒,1911 年未估算流量。二是泾河口以下的渭南~华县河段,调查到的最大洪水是 1898 年,估算洪峰流量为 10800~11000 立方米每秒;其次是 1933 年,洪峰流量为 8120~9180 立方米每秒。

(3)北洛河。在大荔至洑头河段调查到的最大洪水是咸丰五年(1855 年),估算洪峰流量为 11100 立方米每秒;次大洪水为 1932 年,洪峰流量为 5480 立方米每秒;1933 年洪水据群众反映与 1932 年洪水不相上下。

4. 汾河。为了解水旱灾情况,1955 年 5 月由河津水文站进行了测站附近河段的洪水调查,调查到大洪水发生年份有 1895、1933 及 1936 年,以 1895 年洪水最大,1936 年洪水次之。

5. 河曲~龙门区间主要支流洪水调查。为了解 1843 年洪水来源,黄委会组织了河曲至潼关段调查组,王仲凯等于 1955 年 4~6 月在调查干流河段的同时调查了河曲至龙门间主要支流的入黄口河段,取得了各支流的历史大洪水资料,但均未发现 1843 年的洪水情况。

(1)潇水河。在林家坪站调查到的大洪水年份是 1875 及 1951 年,1875 年洪峰流量为 5680 立方米每秒;1951 年洪峰流量为 2460 立方米每秒。

(2)蔚汾河。在河口任家湾调查到大洪水年份是 1917、1951 年,以 1917 年洪水最大,估算洪峰流量 1100 立方米每秒;1951 年次之洪峰流量为 520 立方米每秒。

(3)秃尾河。在高家村调查到的大洪水年份是 1949 年,估算洪峰流量为 4080 立方米每秒。

(4)佳芦河。在申家湾站调查,发现的大洪水年份是 1951 及 1942 年,以 1951 年洪水最大,洪峰流量为 3230 立方米每秒;1942 年洪水次之,洪峰流量为 2600 立方米每秒。

(5)窟野河。在温家川站调查,发现最大洪水年份是 1946 年,估算洪峰流量为 18200～20000 立方米每秒。

(6)无定河。在绥德站调查,取得的大洪水发生年份有 1919、1932 及 1933 年,其中以 1919 年洪水最大,估算洪峰流量 16000 立方米每秒;1932 年洪水次之,洪峰流量 11900 立方米每秒;1933 年洪水洪峰流量 10520 立方米每秒。

(7)清涧河。在延川站调查,历史洪水年份有道光年,1913 及 1933 年,以道光年间的洪水最大,估算洪峰流量为 7350 立方米每秒;1913 年洪水次之,洪峰流量为 6550 立方米每秒;1933 年洪峰流量为 4060 立方米每秒。

(8)三川河。在琵琶村调查,发现的历史大洪水年份有 1875、1942 及 1933 年,以 1875 年洪水最大,估算洪峰流量为 4950 立方米每秒;1942 年洪水次之,洪峰流量 3230 立方米每秒;1933 年洪峰流量为 3010 立方米每秒。

(9)延水。在甘谷驿站调查,发现的历史大洪水年份有 1933、1942 年,以 1933 年洪水最大,洪峰流量为 3180 立方米每秒。

6.湟水。1955 年 9～12 月,因刘家峡水库防洪设计需要,了解干支流洪水的遭遇情况,由西北勘测设计院沈义成等调查了湟水享堂及红古城河段历史洪水。在享堂站调查到的大洪水年份有 1847、1898、1935 年等,其中以 1847 年最大,但未调查到洪水位。在红古城调查的洪水年份有 1847、1898、1919 年,也以 1847 年洪水最大,估算洪峰流量为 4700 立方米每秒;1898 年次之,洪峰流量为 2500 立方米每秒。

(三)1956～1965 年

1.伊河。60 年代初,发现北魏人郦道元(公元 466～527 年)所著《水经注》载有"伊阙(今伊河龙门)左壁有石铭云黄初四年(公元223年)六月二十四日辛巳大出水举高四丈五尺(经换算合10.9米)齐此已下盖记水之涨减也。"经调查本河段为石质河床,多年来冲淤变化不大,经用各种方法推算,洪峰流量为20000立方米每秒。这场洪水是黄河流域有文字记载最早的一场历史洪水,推算数据已用于其上游陆浑水库设计中。

2.大汶河。1957年6~8月,王居政、易维中等对大汶河干支流控制河段的南城子、临汶、南支羊舍、北支北望、王庄等9个河段进行了洪水调查,调查出的大水年份有1918、1921年等,该两年皆系全流域性大水。

由于自大汶口以下的大部系平原性河道,遇大水漫溢滞洪,所以洪峰沿程是减小的。大汶口处上述两年洪峰流量分别为10300和9600立方米每秒,至南城子只有5270和4770立方米每秒,削峰率达50%。

另外在南城子河段还调查有光绪二十七年(1901年)洪水,群众反映水位略高于1918年,推算洪峰流量为5520立方米每秒,但仅此河段有洪痕水位,其上游各河段群众对该场洪水记忆不清。

正值调查期间,7月19日大汶河又发生了一次自1918年以来的最大洪水,在大汶口以下12公里的临汶站,实测洪峰流量达6810立方米每秒,仅次于临汶断面1918年调查推算的7400立方米每秒,尚大于1921年的6300立方米每秒。

3.泾河。在此期间,泾河洪水调查曾进行过4次,第一次是在1956年3~5月,为开展泾河流域规划进行的一次全流域性的调查;第二次是同年8~9月间进行的以2、3级支流为主要对象的一次补充的洪水调查;第三次是1961年2月为研究东庄拦泥库方案而对张家山河段历史洪水所作的复核调查,第四次是1964年5月为研究巴家嘴水库以下至毛家河河段进行的洪水复核调查,其成果分别为:

(1)第一次调查由黄委会王仲凯、王盛丰、周宗高、史辅成、易元俊、王功孚等10人组成4个小组,分赴泾河、蒲河、马莲河、黑河等干支流进行调查。历时两个多月,取得了全流域各支流近百年来发生的几次洪水资料,为流域规划提供了重要的基本资料,同时增加了对泾河流域洪水特性的认识。

泾河干流:调查了4个河段,即泾川水文站、宋家坡水文站(蔡家嘴坝址)、杨家坪水文站和亭口水文站。泾川站洪水年份有1900、1945年,以1900年洪水最大,估算洪峰流量为3250立方米每秒。蔡家嘴河段调查到的洪水年份有1911、1901年,以1911年流量最大,估算洪峰流量5940立方米每秒。杨家坪站的洪水发生年份有道光年间、1911及1901年,道光年间的大洪水具体年份群众都说不清,也无洪痕;1911 年推算洪峰流量为 11600 立方米每秒。亭口河段洪水年份有 1841、1911、1901 及 1933 年,以道光二十一年(1841 年)洪水最大,洪峰流量为 15200 立方米每秒。

蒲河:调查了巴家嘴水文站、毛家寺及蒲河宋家坡水文站 3 个河段。巴家嘴水文站调查到的大洪水年份有道光年间(有的说是道光二十六年)、1901 及 1947 年,以道光年间的洪水最大,估算洪峰流量 16000 立方米每秒。毛家寺河段调查到的洪水年份有道光二十六年(1846 年)、1901、1911 年,以 1846 年洪水最大,洪峰流量为 12800 立方米每秒。蒲河宋家坡水文站调查的大洪水年份有 1901、1911 及 1947 年,以 1911 年洪水最大,洪峰流量为 9050 立方米每秒。

马莲河:调查了庆阳水文站(东川和马莲河)、司嘴子、雨落坪水文站等 4 个河段。在庆阳东川的大洪水年份有同治二年(1863 年)、1933 年,以 1863 年洪水最大,洪峰流量为 6860 立方米每秒。庆阳马莲河的大洪水年份也是 1863 和 1993 年,1863 年洪峰流量为 6860 立方米每秒。司嘴子河段大洪水年份有道光二十三年(1843 年)、1901、1933 年,以 1843 年洪水最大,洪峰流量为 11100 立方米每秒。雨落坪站的大洪水年份有道光二十一年(1841 年)、1933 年,以 1841 年洪水最大,洪峰流量为 15700 立方米每秒。

黑河:调查了黑河亭口、达溪河口两个河段。在达溪河口调查的大洪水年份有 1933 年,洪峰流量为 3690 立方米每秒。在黑河亭口站调查的洪水年份有道光二十九年(1849 年)、1911、1933 年,以 1849 年洪水最大,估算洪峰流量为 5960 立方米每秒。

此外,还对汭河、茹河及洪河等支流也相应进行了调查。

(2)第二次调查是第一次调查的补充,重点是 2 级支流和 3 级支流,调查组由黄委会设计院谢祖灿、吴庆雪、史辅成、周宗高、熊钦昊等 10 多人组成,从 8 月至 9 月历时近两月,重点调查了马莲河与东川的各支沟,取得了各支沟的较大洪水历史资料。

(3)第三次调查是在 1961 年 2 月,为研究修建东庄拦泥库而进行的对张家山河段历史洪水的复核调查,由黄委会设计院白焗西等具体进行的,这次调查未取得道光年间洪水和 1901 年洪水的新资料,对 1911 年洪水调查成果也与原成果相似。

(4)第四次调查由郑宜寿等进行的,这次调查主要是蒲河巴家嘴以下河段,在寺沟金家河段半崖上发现了北魏时代石窟,窟内佛像上遗留有道光年间洪水的水痕,推算洪峰流量在 12400 立方米每秒左右,从而印证和落实了巴家嘴调查的道光年间洪水的可靠性。

4. 渭河。根据渭河流域规划的需要,于1957年5月初,对渭河全流域干支流6个河段进行了全面的洪水调查,调查组成员约10人,并分成三个小组。一组由胡汝南、史辅成、董宗嫒组成,调查渭河下游控制站咸阳以及上游干流何家庄、车家川、武山、支流漳河等河段;另一组由周宗高、王国安、朱兆普组成,调查干流太寅、支流千河、漆水河等;第三组由高秀山、吴永茂等组成,调查干流窦家峡、支流葫芦河、耤水等河段。由吴庆雪进行各组间的联系并沟通情况。通过调查发现,由于本流域呈东西向狭长带状,因此很多年份的洪水多系局部大水,全流域普遍涨水的有1933、1954年。咸阳河段最大洪水发生在光绪二十四年(1898年),推算洪峰流量为10000立方米每秒,当地群众反映这是百年来最大的洪水,由于该次洪水年代较远,所以咸阳以上干支流群众记忆模糊。其次是实测的1954年洪峰流量7220立方米每秒。排在第三位的是1933年洪峰流量为5800立方米每秒,这两次是全河性洪水皆来自北岸葫芦河、散渡河、千河、漆水河等较大支流。1933年洪水雨区面积较大,泾河、北洛河以及北干流无定河、三川河与渭河雨区连成一片,形成陕县站自1919年有实测记录以来的最大洪水。

5. 北洛河。为编制北洛河流域规划,于1957年4月中旬~5月中旬进行的一次全流域性调查。调查组由黄委会设计院叶乃亮、孟宗一、段咏澜等8人组成,并分为4个小组进行工作。在干流调查了吴旗镇、永宁山、道佐埠站、交口河站、南城里、洑头站等坝址和水文站测验河段。各河段调查的主要洪水成果是:吴旗镇调查到的最大洪水是1855年,洪峰流量为8350立方米每秒,次大洪水是1932年,洪峰流量为5600立方米每秒;永宁山河段最大洪水是1932年,洪峰流量为5250立方米每秒,次大洪水是1940年,流量为5150立方米每秒;道佐埠河段调查的最大洪水是1932年,流量为3710立方米每秒;交口河站(葫芦河汇口以上)河段调查的最大洪水是1821年,洪峰流量为8500立方米每秒,次大洪水是1932年,洪峰流量为4910立方米每秒;南城里河段最大洪水1855年,洪峰流量为7540立方米每秒,次大洪水是1932年,洪峰流量为4000立方米每秒;洑头站调查最大洪水是1855年,洪峰流量为10360立方米每秒,次大洪水是1932年,洪峰流量为5540立方米每秒。从以上调查成果说明北洛河大洪水来源主要是上游地区。

此外对头道川、乱石头川、周水、葫芦河、仙姑河及沮水等支流均进行了调查,获得了各支流的大洪水资料。

6. 河口镇~龙门区间主要支流洪水调查。

（1）延水。为编制延水流域规划,于1957年5月下旬至6月中旬进行的一次全流域性的调查,调查人员同北洛河调查组。在干流上调查了安塞、沿河湾、延安、甘谷驿等河段。其主要成果是：在安塞河段最大洪水是1908年,洪峰流量为2180立方米每秒；在沿河湾河段调查的最大洪水是1940年,洪峰流量为7100立方米每秒；延安河段调查的最大洪水是1933年,洪峰流量为5840立方米每秒,次大洪水是1940年和1917年,洪峰流量为5280立方米每秒；甘谷驿河段最大洪水是1933年,洪峰流量为6860立方米每秒,次大洪水是1940年,洪峰流量为5540立方每秒。

此外,对杏子河、南川、及蟠龙川等支流均进行了调查,并获得了可贵洪水资料。

（2）无定河。为编制无定河流域规划,于1956年3～5月进行的一次全流域性的调查。由黄委会设计院王甲斌、王居正、孟宗一等8人组成调查组,分为三个小组进行工作,调查了干流雷龙湾、赵石窑、镇川堡、白家崄等4个河段。调查成果是：雷龙湾最大洪水是1932年,洪峰流量为1400立方米每秒；赵石窑河段最大洪水是1932年,洪峰流量为1900立方米每秒；镇川堡河段最大洪水是1932年,洪峰流量为7270立方米每秒；白家崄河段最大洪水是1919年,洪峰流量为10400立方米每秒,次大洪水是1932年,洪峰流量为9140立方米每秒,1933年洪水为第三,洪峰流量为8340立方米每秒。

此外,对槐理河、大理河、马湖峪沟、黑木头川、芦河、义水河、米脂河、榆溪河等支流均进行了调查,并取得了历史洪水资料。

（3）黄甫川。为进行流域规划,1959～1965年6月,黄委会设计院张颖等人对黄甫川韩家湾河段进行了调查。取得的最大洪水年份是1929年,洪峰流量为7100立方米每秒；次大洪水是1945年,洪峰流量为5100立方米每秒。

（4）红河。1957年5月～1965年先后由北京勘测设计院李克宗和黄委会勘测设计院段咏澜等人,对河口河段进行调查,发现的最大洪水年份是1896年,洪峰流量为6600～9000立方米每秒；次大洪水是1933年,洪峰流量为2480～5080立方米每秒。

三、黄河洪水调查资料整编汇编

水电部对历史洪水调查资料一直十分重视,早在1964年,北京水科院就在东北地区组织进行洪水调查资料整编汇编试点工作,以摸索经验向全国推广,后因"文化大革命"而未开展。1976年10月水电部在北京召开了"洪水调查资料整编汇编工作座谈会",通过讨论,一致认为进行洪水调查资料整编汇编是当务之急,是抢救历史洪水资料的一项紧迫任务。参加会议的有各流域机构、直属设计院及部分省(区)的代表。

1979年水利部以[1979]水规字第20号,电力部以[1979]电水字第14号联合发出的《全国洪水调查资料审编经验交流会纪要》中指出:"建国三十年来各地区各部门进行了大量的洪水调查工作,积累了丰富的资料,为使这些资料提高质量,满足生产急需,妥善保管,方便使用,要求各地组织有关单位对分散的洪水调查资料进行汇集,审编,并按统一的工作原则和技术标准进行汇编,尽快刊印成册"。同年水利部还颁发了《洪水调查资料审编刊印试行办法》。根据文件精神和办法规定,黄委会设计院于1979年下半年组织了史辅成、易元俊、高秀山等对过去分散的历史洪水资料按"试行办法"规定的三图三表(即调查河段平面图、纵断面图、横断面图;洪水调查整编情况说明表、洪水痕迹及洪水情况调查表及洪峰流量计算成果表)的要求进行整编。整编时对有条件的河段考虑了洪水过程中的断面冲淤变化,对上下游河段成果进行平衡分析,有的还到现场进行了复查。整编工作前后历时约三年,共整编干支流183个河段。按部规定:支流把口站以上的各级支流河段调查成果由各所在省(区)汇编;黄河干流及主要支流把口站河段调查成果由黄委会勘测设计院进行汇编,其中黄河上游干流及一级支流把口河段调查成果由西北勘测设计院整编后交黄委会汇编。汇编成果于1982年5月由水电部全国暴雨洪水办公室组织南京水文研究所、甘肃省水利厅、陕西省水电局、河南省水文总站、内蒙古水利厅、山西省水文总站、水电部成都勘测设计院等单位进行了验收。结论意见是:"黄委会设计院对调查洪水资料的整汇编工作严肃认真,成果质量是好的。"1983年7月《黄河流域洪水调查资料》正式刊印出版,提供沿河有关部门使用。

1983年水电部水文局、水利水电规划设计院和南京水文研究所,在北京联合召开了"全国洪水调查资料汇编工作总结及经验交流会"。会上各单位介绍交流了洪水调查整编、汇编方面的经验,同时还举办了洪水调查成果展览会,黄委会设计院展出了历史洪水碑刻拓片、照片、考古实物、淤积沙样等。会议后期又布置了各单位要继续完成场次洪水(即包括一场大洪水的暴雨成因,暴雨量级、面积、洪水大小来源组成、以及造成的灾害等)资料的编制工作。黄委会勘测设计院承担了黄河中游三门峡以上的1843年8月、1933年8月以及三门峡至花园口区间的1761年8月、1958年7月、1982

年7月底8月初等五个场次洪水的编制工作,于1984年陆续完成。黄委会科学所王涌泉等完成了康熙元年(1662年)九十月间洪水的编制。水电部西北勘测设计院、成都勘测规划设计院完成了光绪三十年(1904年)七月黄河上游洪水的编制。黄委会兰州水文总站完成了1981年9月黄河上游洪水的编制。山西省水文总站、黄委会勘测设计院共同完成明成化十八年(1482年)晋东南洪水的编制。这些成果均由中国书店编入1988年出版发行的《中国历史大洪水》上卷中,该书共收集全国91场大暴雨大洪水,是一项具有实用价值的科技成果,将长期为社会主义四化建设服务。

1985年由水电部和美国地质调查局在南京联合召开了"中美双边水文极值学术讨论会"。由史辅成、易元俊、韩曼华合写的《黄河流域特大洪水的考证和计算》的论文在会上作了宣读,该文全面地介绍了黄河上开展历史洪水调查的经验和体会及其在治黄中的重大作用。会后这篇文章的英译文被收录在美国《水文学》杂志1987年11月号上。

四、省(区)洪水调查

1958年,青海省成立水文调查队,对湟水支流西川河、药水、大康城川、甘河沟、石灰沟、白沈家沟、红崖子沟等45个河段(点)进行洪水调查。1967年省水文总站又成立了洪水调查队,在湟水流域各支流进行洪水普查。1968年5月完成西川河海晏至湟源29个河段(点);1969年4～9月完成石灰沟、甘河沟、大康城川、药水、红崖子沟、祁家川、白沈家沟等87个河段(点);1970年4～10月完成黑村河、湟水西宁至民和区间115个河段(点);1971年5月完成沙塘川31个河段(点);1972年8月完成西川河湟源至西宁区间北岸支沟28个河段(点)洪水普查。1968～1972年共计普查河段(点)290处,发现较大的洪水有西川河湟源县大路庄1967年8月2日为100年一遇的洪水,洪峰流量为637立方米每秒;药水湟源县茶曲1931年7月6日洪水,洪峰流量为584立方米每秒;石灰沟湟中县阴山堂1931年洪峰流量为646立方米每秒;湟水乐都大峡1970年8月7日洪峰流量为809立方米每秒;巴州沟民和县城关镇1970年8月15日洪峰为796立方米每秒。上述调查成果于1972年10月经审查分析整理编印了《青海省洪水调查及水文分析资料》。1982年又成立了黄河上游水文调查组,对黄河上游1981年9月洪水(简称81.9洪水)进行普查,调查河沟56条,水文站点和河段共60余处。1983年11月完成《黄河上游水文普查工作汇报提纲》和《黄河上游地区河谷地貌与水文特征》。

甘肃省 1956 年以前,历史洪水的调查主要由黄委会在泾、渭河流域进行,调查河段 65 处。1956～1966 年间,为水利、铁路、公路等工程建设的需要由兰州水电勘测处、北京设计院、铁道部第一设计院、甘肃省水利厅勘测设计院等工程设计部门,进行专门历史洪水调查。1966 年以后由省水文总站组织开展了全省洪水普查。当时正处在"文化大革命"的高潮期间,动乱使多数人心不定,但甘肃省水文总站部分技术骨干,出于对水利、水文事业的忠诚和责任感,劳动锻炼时组织起来进行洪水普查,没有交通工具,就骑自行车,对洮河临洮以下两岸各支沟洪水进行普查,共调查河段 80 处。这次调查不仅获得了很多宝贵的洪水资料,同时为以后开展全省洪水普查摸索了经验。1971～1975 年是一次全省有组织、有计划、历时长(5 年)、范围广的洪水普查,参加人数达 30 余人,调查河段除黄河干流外,还有大夏河、庄浪河、祖厉河等支流共 99 处;洮河 98 处;湟水(大通河)24 处;泾河 127 处;渭河 61 处,共计调查河段 409 处。从 1976 年起,将每年发生洪水的调查工作列入水文站常规任务,到 1990 年设立固定洪水调查河段 353 处。并规定,定点外出现较大洪水时,附近水文站要立即组织进行调查。1978 年进行洪水调查资料的整理和汇编,历时近 5 年,于 1982 年 6 月全部汇编结束,并于 1983 年 6 月出版《甘肃省洪水调查资料》。

宁夏回族自治区的洪水调查始于 1954 年,由黄委会西北黄河工程局结合流域调查进行。铁道部第一设计院在设计包头至兰州铁路时,1954 年在包兰铁路沿线(宁夏段)也进行历史洪水调查。1956～1957 年水利部北京设计院青铜峡灌溉工程勘测处,在设计青铜峡水库和灌区渠系时对青铜峡灌区的支沟等进行洪水调查。1958～1968 年,宁夏水文总站在全区各河进行历史洪水调查,1969～1978 年该总站又在全区各河进行流域普查和当年洪水的调查。1972 年又开展水文站(附近)定点洪水(当年)调查。据统计 1954～1978 年全区共调查河段 613 处,调查洪水 1293 次,其中属较大洪水 675 次,一般洪水 618 次。1977 年 3 月～1979 年底宁夏水文总站对全区调查洪水资料进行整理、审查和汇编、刊印。1980 年 6 月出版《宁夏回族自治区洪水调查资料汇编》。

山东省在黄委会 1957 年对大汶河干、支流 12 个河段的历史洪水进行调查之后,1959 年由济南市和聊城地区水利建设指挥部又对大汶河(南、北支)小汶河、大清河、孝义河、瀛汶河、汇河等 8 个河段的历史洪水进行了调查。1976～1979 年分别由山东省水利设计院、济南、泰安、莱芜、新泰等市县水利局,对玉符河、南大沙河、北大沙河、大汶河(南、北支)、小汶河、辛庄河、盘龙河、石汶河、泮河、渭水河、汶南河、平阳河、光明河、羊流河、康王河等近30个河段历史洪水进行了普查和复查。1982年12月刊印出版了《山东省洪水调查资料》。

　　陕西省是黄河流域开展历史洪水调查及将成果应用于工程设计最早的省份。1933年8月黄河发生特大洪水后,国民政府黄委会派挪威人安立森亲自去泾惠渠张家山管理站调查洪水实况,调查到1933年8月8日泾惠渠进水闸闸台上最高洪水位为459米,其洪峰流量为12500立方米每秒。1934年,泾洛工程局在石头河兴建梅惠渠大坝时,在石头河上进行历史洪水调查,并以调查洪水资料作为大坝的设计依据。而大量全面的洪水调查是在建国后的50年代,首先在黄河支流泾、北洛、渭等河调查。参加调查的单位除黄委会外,还有陕西省水文总站、省水电勘测设计院以及铁路、公路等部门。1963年8月海河和1975年8月淮河发生的两次特大洪水,对水利工程的安全造成很大的威协。陕西省为了对众多的中小型水利工程的防洪标准进行复核,需要洪水资料,特别是无水文测站地区的洪水资料。为此陕西省水文总站组织洪水调查组(常年)奔赴全省各地进行洪水调查。经省水文总站收集、整理、审查、汇编于1984年12月出版《陕西省洪水调查资料》。

　　内蒙古自治区,1954年由水利部派出包头供水调查队,进行昆都仑河的历史洪水调查,而后,由内蒙古水利勘测设计院等单位都开展了历史洪水调查。1973年自治区水文工作总站为编制《水文手册》组织各水文测站对所在河流进行洪水调查,历时1年多。1979年包头市水文站组织人力对包头地区内大青山各沟出山口的洪水进行了普查。1982年,按水电部的要求自治区水文总站对建国以来各部门调查的历史洪水资料进行了全面搜集、整理、审查、并汇编出了自治区西部地区调查成果。但未刊印。

五、暴雨洪水调查

　　特大暴雨不一定出现在基本水文测站所控制的区域内,可以需要及时进行暴雨和洪水的调查以弥补基本水文站定点观测资料的不足。1976年8月2日黄河支流窟野河和黄河中游吴堡水文站相继发生特大洪水(简称76.8洪水)。8月2日14时36分窟野河温家川站洪峰流量为14000立方米每秒(和温家川1946年7月18日调查洪水洪峰流量15100立方米每秒相当);同日,22时黄河干流吴堡站出现洪峰流量为24000立方米每秒,是吴堡站1842年以来的最大洪水。这次洪水给内蒙古和陕西造成一定灾害,引起了各级领导部门的重视。黄委会规划办公室、陕西省和内蒙古自治区水利厅等部门组成联合调查组,对形成这次暴雨的气象成因、暴雨的地区分布以及洪水状况进行了调查。调查组于1976年8月31日由内蒙古自治区呼和浩特市出发,在准格尔旗、东胜市、伊金霍洛旗、鄂托克旗、达拉特旗等地进行调查,于9月23日结束,历时24天。这次暴雨的降落过程,在伊克昭盟境内自8月1日9时左右降水开始,8月2日28时降水为最大,8月3日15~17时降水停止。伊盟普降大雨到暴雨,雨区范围较大,延伸到黄河以东地区,雨区面积近7万平方公里。暴雨中心为鄂托克旗的乌兰镇,一次最大降水量为248毫米,最大24小时降水量为207.9毫米(2日4时~3日4时),最大1小时降水量为51.7毫米(2日7~8时)。次暴雨中心在东胜市的泊江海子和伊金霍洛旗的纳林塔一线,降水量分别为162和147毫米,100毫米等雨量线包围的面积约为6000平方公里,该雨区是形成窟野河温家川和黄河吴堡站洪水的主要来源。

1977年七八月间黄河中游地区先后发生三次特大暴雨。

第一次是1977年7月4日深夜至6日凌晨的暴雨(简称"77.7延安暴雨"),在甘肃庆阳、陕西甘泉和延长连线以北普降暴雨,暴雨分布为西南东北向,笼罩范围西起六盘山,东跨黄河,波及甘肃、宁夏、陕西、山西等省(区)。这次暴雨量之大,持续时间之长,笼罩面积之广,均超过该地区实测记录,形成了延河流域自1800年以来的特大洪水。致使延河流域冲毁库容百万立方米以上水库9座,占百万立方米水库总数42座的21.4%;被泥沙淤满百万立方米以上水库11座占百万立方米水库总数的26.2%。大片农田被淹,桥梁被冲垮,房屋被冲毁,给人民生命财产造成了很大损失。为了及时搜集这次暴雨洪水资料,分析暴雨洪水特征,为防洪、水利和农田建设服务,由黄委会延安水文中心站和陕西省陕北水文分站共同组成调查组(陕西省水电局也组织了联合调查组进行调查),对该次暴雨洪水进行调查。从调查资料看,暴雨从7月5日凌晨~6日凌晨有三个降水时段:第一段为5日2时~14时,暴雨中心带雨量为60~90毫米;第二段为14时~23时雨量较小;第三段为5日23时~6日8时,暴雨中心带的雨量为90~310毫米,整个降水过程历时约30小时。暴雨中心在陕西省安塞县招安公社王庄大队,雨量近400毫米。据资料统计,该次暴雨是延安地区建国以来最大的一次暴雨,据安塞、招安两站实测最大6、12、24小时的暴雨量均大于两站历年实测最大值。如表3—38。

表 3—38   延河"77.7暴雨"和历年实测最大暴雨比较表

站名	历年实测最大雨量（毫米）			百年一遇最大雨量（毫米）			二百年一遇最大雨量（毫米）			77.7实测最大雨量（毫米）		
	6(小时)	12(小时)	24(小时)	6(小时)	12(小时)	24(小时)	6(小时)	12(小时)	24(小时)	6(小时)	12(小时)	24(小时)
安塞	58.5	59.2	65.1	80.6	87.1	90.7	86.2	92.0	95.7	94.0	112	179
招安	76.7	88.9	111.9	112	132	153	124	145	169	105	125.5	215

延河"77.7暴雨"频率在安塞地区大于二百年一遇,在招安地区接近百年一遇的暴雨。

第二次暴雨发生在 1977 年 8 月 1 日 22(或 23)时开始至 2 日 6(或 8)时之间,雨区在内蒙古自治区和陕西省交界地区,是一次中国历史上罕见的特大暴雨(简称"77·8"乌审旗暴雨),调查最大暴雨中心雨量达 1000～1400 毫米。雨后 8 月 11 日陕西省榆林地、县水电局组成暴雨调查组,进行了 20 多天的现场调查。同年 10 月 10 日～1978 年 1 月 22 日,由陕西省水电局、黄委会和内蒙古自治区水电局,先后又进行三次调查。整个雨区位于北纬 38°30′～39°40′ 和东经 107°30′～111°40′ 的范围内,包括内蒙古自治区的乌审旗、鄂托克旗、伊金霍洛旗、杭锦旗、准格尔旗,陕西省的神木、府谷、榆林和山西省的偏关、河曲、保德等 11 个县、旗所属的部分地区。暴雨中心在陕西省榆林县的小壕兔公社、神木县的尔林兔公社、内蒙古自治区乌审旗的呼吉尔特公社、图克公社、伊金霍洛旗的台格庙公社、乌兰什巴尔台公社等,调查暴雨量大于 1000 毫米的有木多才当、要刀兔、葫芦素、什拉淖海四处。暴雨前西北风大作,云层极厚,来势很猛,降暴雨时风突然变小,下雨像盆倒水一样,脸盆伸向院中倾刻之间就满溢。通过对群众院内、猪圈旁沙梁上放的铁锅、水桶、罐子、缸(瓮),防冰雹用的炮筒以及葡萄糖瓶等容器的积水测定,木多才当的雨量为 1400 毫米(从小口罐积水量得);葫芦素雨量为 1250 毫米(从空葡萄糖瓶量得);要刀兔雨量为 1230 毫米;什拉淖海为 1050 毫米(均为从炮筒积水量得)。8 月 2 日,雨停后,原由沙梁隔开的大小盆地,已被洪水连成一片,农用机井水位普遍上升 1～2 米,半月后,多年干旱的沙湾还蓄存大量的积水。从暴雨量、暴雨强度、农田被淹、沙湾积水、海子满溃等方面来看,都是历史上罕见的。因暴雨降落在沙漠地区,无法调查所产生的洪水。该暴雨由内蒙古什拉淖海向东北伸向孤山川河流域,并形成三道川和木瓜川两个暴雨中心,其雨量分别为 210 和 205 毫米。暴雨在孤山川河流域的中上游,雨量强度大,分布均匀,全流域平均雨量为 144 毫米,暴雨造成高石崖站洪峰流量达 10300 立方米每秒。据木瓜、新民、孤山、三道光四个公社不完全统计,共有小型库坝 600 多座,被这次洪水冲垮的就有 500 多座。其中暴雨中心木瓜有 498 座库坝,被冲溃的就有 491 座,5 座库容在百万立方米以上的水库被冲垮,造成严重的洪灾。孤山川河洪水进入黄河后,使黄河水流受到严重顶托,致使府谷站水位抬高 1.9 米,回水范围达 6 公里,这是多年来少见的现象。为了解孤山川流域的暴雨洪水和库坝的冲毁情况,黄委会高石崖水文站及时组织人员进行实地调查。

第三次是 8 月 5~6 日暴雨中心在无定河、屈产河下游,另一个在汾河流域的山西省平遥县附近(简称"77·8"平遥暴雨)。雨量在 100 毫米以上的雨区,在东经 110°00′~112°30′,北纬 37°00′~37°40′ 范围内。屈产河裴沟站,6 日零时至 6 时雨量为 215.9 毫米,其中一小时最大雨量为 84.4 毫米,48 小时雨量为 294 毫米,屈产河因暴雨面积不大,故形成的洪水也不大。汾河平遥站雨量为 356.2 毫米,造成铁路中断。无定河流域的暴雨主要分布在无定河的下游,白家川站雨量为 200.1 毫米,白家川站以下至入黄口的雨量一般在 200 毫米以上。据黄委会白家川水文站于当年 9 月中旬和 1978 年 1 月中旬两次进行调查老舍沟、东拉河、店则沟、解家沟等 4 个公社的雨量,分别为 169、210、205、214 毫米,并调查解家沟、上石峪沟、袁家沟、川口沟等 4 条支流的洪水,其洪峰流量分别为 1270、650、463、3650 立方米每秒。

青海省 1970 年 8 月 7 日和 8 月 15 日两次在湟水流域的西宁~民和区间发生了建国以来的最大暴雨,青海省水文总站及时组织人员前去调查。8 月 7 日的暴雨中心有两个,一个在小峡以上的乐家湾地区,另一个在巴藏沟、叶家沟和大峡附近地区。暴雨强度大,历时短(约一小时左右)大峡、乐都、晁家庄、尚家等雨量分别为 33、30、28.8、28.3 毫米。这次暴雨为建国后最大和历史上罕见的暴雨,所形成的洪水冲毁了部分工程和农田。8 月 15 日暴雨的雨区西起乐都县岗子沟,东至民和县隆治沟,降雨的平均历时约 4 小时,最急暴雨持续约 2 小时。一次降雨量巴州、老观坪、下马家、樊家滩、西沟等分别为 142、133、130、117、114 毫米,使松树沟、米拉沟、巴州等处出现百年一遇的特大洪水,巴州的调查洪水是 800 立方米每秒,为 1869 年(或 1870 年)以来最大的洪水。

建国以来宁夏境内曾发生 5 次暴雨。1964 年 8 月 19 日清水河流域发生大面积暴雨;1975 年 8 月 5 日贺兰山发生特大暴雨(中心日雨量 212.5 毫米);1977 年 7 月 5 日葫芦河隆德县凤岭公社李士发生暴雨(中心雨量 255 毫米,为宁夏最大的日雨量记录,该次暴雨洪水冲毁水库、塘坝 47 座、洪水卷走 14 人、树木 18 万多株损失惨重）；1982 年 5 月 26、28 日，渭河西吉偏城大庄、黑泉口发生暴雨（日雨量分别为 225、214 毫米）；1984 年 8 月 1 日贺兰山小口子发生急暴雨（6 小时雨量 193.8 毫米）。上述五场暴雨发生后宁夏水文总站均及时组织人力进行调查，并编印专题调查报告。

甘肃省水文总站对省境内发生的超记录暴雨如 1977 年 7 月庆阳地区，1979 年 8 月洮河临洮地区，1985 年 8 月渭河武山桦林乡天局村（70 分钟暴雨量为 436 毫米）的大暴雨都及时组织了人员进行调查，并取得了宝贵的资料。

1982 年 7 月 28 日至 8 月 4 日，黄河三门峡至花园口区间（简称三花区间）和洛、沁河普降暴雨（简称"82·8"暴雨）使黄河三花区间和洛、沁河同时发生较大洪水，花园口和洛河中下游都出现了建国以来第二大洪水，沁河武陟站出现了 1943 年以来的最大洪水。为了进一步了解这次暴雨洪水的来源，算清水账，黄委会郑州水文总站在洪水过后，先后分别组织了黄河干流小浪底至花园口区间，洛河长水至宜阳，伊河陆浑至龙门镇，沁河王必至五龙口 4 个暴雨调查组进行暴雨和洪水调查。干流小浪底至花园口调查组于 1982 年 10 月 16 日～11 月 2 日历时 18 天，对沿河的荥阳、上街、巩县、清源、孟县、温县等 6 县进行了暴雨、洪水和水库的蓄水、滞洪情况的调查，该区，暴雨自 1982 年 7 月 29 日开始至 8 月 4 日结束，历时 7 天，主要降水集中于 7 月 29～31 日的 3 天内，从降水量的分布看，暴雨中心有 3 个：一是在黄河南岸的巩县地区，洪河水库站 7 日（7 月 29 日～8 月 4 日）总降水量为 451.0 毫米；二是漭河下游地区，槐树口 7 日总降水量为 483.0 毫米；三是在漭河上游山区，王沟站 7 日降水量为 687.3 毫米。雨量 600 毫米以上笼罩面积为 42.0 平方公里；500～600 毫米为 100 平方公里；400～500 毫米为 220 平方公里；300～400 毫米为 2116 平方公里。小浪底至花园口区间平均雨量为 306.7 毫米，区间面积 4438 平方公里，区间降水总量 13.6 亿立方米。区间有中型水库 3 座，小型水库 43 座，共拦蓄洪水近 0.4 亿立方米。区间水库蓄水对削减下游洪峰所起的作用很小。

洛河长水至宜阳区间的调查表明：本区于 7 月 28 日 20 时开始降水至 8 月 4 日 16 时结束，历时近 7 天。区间 7 日平均降水量 356.9 毫米，较大的暴雨中心有两个，一个在赵堡，另一个在寺河水库地带，其 7 日降水量分别为 680.8 和 539.5 毫米。该区间有中型水库 3 座，小型 66 座，总库容为 1.16 亿立方米，共拦蓄洪水 0.672 亿立方米，其中有 10 座小型水库发生垮坝。

伊河陆浑至龙门镇区间：降雨于 7 月 28 日 22 时开始至 8 月 4 日 16 时

结束,历时近 7 天。暴雨中心在陆浑水库大坝以北 13 公里的石碣镇,7 日降水量为 906 毫米;陆浑站为 775.3 毫米。区间 7 日平均降水量为 435.2 毫米。区间共有中型水库 2 座,小型水库 30 座,总库容 1.16 亿立方米,共拦蓄洪水 0.357 亿立方米。

沁河王必至五龙口区间:7 月 29 日 20 时至 8 月 4 日普降暴雨,暴雨中心在阳城西南董封至西交一带,呈长条形,方向大致与沁河平行,向四周展开。沁河左岸雨量较小,大部分在 200 毫米左右;沁河右岸绝大部分地区雨量在 300 毫米以上,暴雨中心董封和西交 7 日雨量分别为 551.2 和 599.2 毫米。该次沁河暴雨持续时间之长,是少有的,暴雨笼罩面积雨量在 500 毫米以上有 254 平方公里;400～500 毫米为 553.2 平方公里;300～400 毫米为 724 平方公里;200～300 毫米为 1076.8 平方公里。使沁河五龙口站 8 月 2 日 10 时出现洪峰流量为 4240 立方米每秒,超过 1943 年洪水流量 4100 立方米每秒。

洪峰水量不平衡调查:黄河干流小浪底至花园口区间,洪峰水量不平衡的情况时有发生,是多年未解决的老问题。1972 年黄委会水文处陈赞廷、吴学勤二人骑自行车沿黄进行调查,于 9 月 22 日由郑州出发,从黄河南岸邙山头溯源而上至小浪底。然后由小浪底水文站过河,沿黄河北岸而下,历时 9 天,行程 380 多公里,于 9 月 30 日返郑。据调查小浪底至花园口区间未控制的流域面积有 3326 平方公里,直接入黄的沟(河)道有 134 条,长度小于 1 公里的有 62 条,1～5 公里的有 59 条,5～10 公里的有 4 条,10 公里以上的有 9 条。流入洛河的沟(河)道有 40 条,其中沟道长小于 1 公里的有 25 条,1～5 公里的 10 条,5～10 公里的 2 条,10 公里以上的 3 条。这些沟(河)道,无雨时沟干,遇有暴雨即发生山洪。1972 年 9 月区间平均降雨量为 120 毫米左右,经调查和简测推算,这次降雨区间沟道注入黄河水量为 0.62 亿立方米;入洛河沟道所产生水量为 0.022 亿立方米;沟道(河)水面降雨所产生的水量为 0.13 亿立方米。3 项合计总水量为 0.772 亿立方米。该水量和小浪底、黑石关、武陟(小董)3 站合成水量减去花园口水量之差,基本吻合。

"82.8"暴雨使伊河龙门镇 7 月 30 日出现洪峰,流量为 5550 立方米每秒,洛河白马寺 8 月 1 日也出现洪峰,流量 5380 立方米每秒;预报两河相汇后黑石关站洪峰流量第一个峰应为 5000 立方米每秒,第二个峰应为 4500 立方米每秒,而实际出现的最大洪峰流量为 4110 立方米每秒,两者流量相差分别减少 21.7% 和 9.5%。为了搞清原因,黄委会水文局水情处和河南黄河河务局共同组织调查组，据实地调查结果：伊河堤共决溢 56 处，其中南岸 54 处，北岸 2 处。口门总长约 4500 米。东横堤全线被洪水漫溢倒灌，堤顶水深约 0.8 米左右。决堤口门水深一般 3 米，最深 8 米。洪水流入夹滩滞蓄约 5 亿立方米，造成黑石关洪峰削减的原因是夹滩滞水。

自 1972 年以后黄河干流下游，凡遇洪水漫滩年份，各水文站都组织进行滩区淹没面积、滞洪量、泥沙落淤量等调查，其调查成果列入水文年鉴。

第二节　历史枯水调查

50 年代进行三门峡水利枢纽工程规划设计时，从陕县水文站年径流资料中发现，自 1922～1932 年有连续 11 年的枯水期。这个枯水期是否具有周期性和可能出现的频度，从当时已有的实测水文资料难以解答。为此，黄规会于 1955 年组织有关技术人员企图通过树木的年轮生长，来判断历年水份（雨量）的变化。为了进一步证实黄河上中游 1922～1932 年间存在着连续枯水段，由水电部水利水电建设总局领导，水电部北京勘测设计院、西北勘测设计院、黄委会、北京水利水电科学研究院、中国科学院北京地理研究所、冰川冻土沙漠研究所等 6 个单位组成的协作组，于 1968 年 6 月赴黄河上中游实地进行枯水迳流的调查（详见第八篇水文分析与计算）。

第三节　水文站定位观测的补充调查

50 年代末期以后，随着三门峡水利枢纽等大型工程陆续兴建和数以千计的中小型水利工程建成，及大量的水土保持措施发挥作用，改变着河流来水、来沙的条件。据 80 年代初统计，黄河干流 32 个水文站中已有 26 个站受水库调节和灌溉引水的影响。利津水文站近 10 年实测平均年径流量约占同期天然年径流量的一半；在黄河中游地区，近 60％的支流代表站，年水、沙量平均削减已超过 10％。如果不尽快地从基本资料的搜集上采取有效措施，开展水文调查研究，受影响前后的水文系列，就很难连续使用，从而就降低了水文测站长期积累的资料的意义，用大量人力、物力测量得的基本站网的资料就很难发挥其应有的作用。黄委会系统的水文调查工作虽然年年布置安排，但由于水文站人力不足，调查的内容和标准不够完善，因此，多数站调查未能正常开展，调查内容和方法也不统一，取得成果不多，有些成果因没有系统整理，在生产上没有发挥应有的作用。

水利设施调查的主要对象是各类水利工程。按其对水、沙量的影响程度（根据1983年的规定）分为三类：一是重要和有显著影响的水利设施。此类设施标准为年引用水量达1亿立方米以上的单个固定给水工程；库容在1000万立方米以上的单个水库；年引用水、沙量占水文站以上年水、沙量3％以上的单个固定给水工程；影响测站年最大洪峰流量达15％以上的蓄水，分洪工程；控制面积占水文站以上集水面积10％以上的单个水库。二是中等影响的水利设施为。年引水量达0.1亿立方米的单个给水工程；库容在100～1000万立方米的单个水库；年引用水、沙量占水文站以上年水、沙量1％～3％的单个固定给水工程；影响水文站年最大洪峰流量达5％～15％的蓄水、分洪工程；控制面积占水文站以上集水面积5％～10％的单个水库。三是不属于以上情况者，视为影响较小的水利设施。黄河流域的水利设施以水库工程为主，部分河段也有引水工程。建国前，1934年，泾洛工程局为满足灌溉的需要在石头河兴建梅惠渠大坝，其坝很低，库容很小。建国后黄河流域第一座水库是1955年建成的榆林红石峡水库，坝高15米，总库容1900万立方米，灌溉面积6000亩，发电装机1600千瓦。自1957年起在支流上成批地兴建中、小型水库。据统计到1990年黄河流域共有大、中、小各类水库3158座，总库容约540多亿立方米，其中大型水库（库容10000万立方米以上）18座（干流5座、支流13座），中型水库（库容1000～10000万立方米）160座（干流2座、支流158座），小Ⅰ型（库容100～1000万立方米）和小Ⅱ型（库容10～100万立方米）水库2980座。

1959年3月12日，水电部在西安召开了"黄河中上游水利化及水土保持效益观测研究协作会议"。会议根据制定安排黄河流域大、中、小型水利工程规划设计和为南水北调规划提供水文数据的要求，决定在黄河中上游开展关于水利化及水土保持措施对径流、洪水及泥沙变化影响的观测研究。会后各省（区）水文和水土保持部门密切合作，部署开展水利水土保持观测和调查工作。同年5月17～26日水电部水文局、水利水电科学研究院和黄委会共同主持在太原召开黄河流域水利、水土保持观测研究现场会议，广泛交流了水利、水土保持观测、调查、试验分析的经验。会议确定11月间在郑州，由黄委会主持，北京水文研究所和黄河中上游各省（区）协作，对三门峡以上地区的水利水土保持工程对黄河洪水、泥沙、年径流的影响进行分析计算。为了搞好这次分析计算，流域各省（区）水文和水土保持部门联合开展了黄河流域三门峡以上水土保持工程与措施的调查工作。1962年3月黄委会部署进行河口镇至龙门间严重水土流失区的水土保持调查,选择不同的典型,调查研究淤地坝,特别是大中型淤地坝的保收、加高和规划设计的经验与资料。1971年黄委会组织专人选择汾河、无定河上游和韭园沟三个典型进行水土保持拦沙效果的调查。从调查结果认为:水土保持对减少当地河流中的泥沙有明显的效果。如汾河减沙50%左右(其中水库拦泥占40%,水土保持措施拦泥占10%);无定河赵石窑水文站以上河段减少泥沙45%左右(其中水库拦沙40%,水土保持措施减沙5%左右);韭园沟减少泥沙56%(其中沟道治理措施占46%,坡面治理措施占10%)。70年代宁夏水文总站,对清水河和苦水河进行了水利及水土保持效益调查。自1971年起山东省泰安分站,对大汶河流域水利工程每年都进行调查,并将成果刊入水文年鉴。

1977年,黄委会李保如、陈升辉、孟庆枚参加了"77.7延安暴雨"、"77.8乌审旗暴雨"和"77.8平遥暴雨"的调查。据对严重受灾的13个重点县(陕北6县、山西4县、甘肃3县)3万多座小型库坝工程的调查,经过这场暴雨保存完好的小型水库占50.7%;淤地坝占46.7%,即小型库坝工程遭到破坏的座数约占一半左右。在水土保持的其他措施中,造林与种草经受暴雨后大多完好无损;梯田损坏也不严重。据在陕北地区的调查,暴雨后遭损坏的水土保持措施一般在7%左右;箍洞造田在干沟的多被冲毁,在支毛沟中凡上游有大坝拦洪的保存都较完好。

第四节　河源查勘

据史料记载,中国历史上第一次大规模地进行河源考察,是在元代至元十七年(1280年)九月,世祖忽必烈命荣禄公都实考察黄河源。九月出发同年冬回到大都(今北京),历时四个月。到延祐二年(1315年)元人翰林学士潘昂霄根据都实之弟阔阔出(又译库库楚)的转述,写成《河源志》。潘昂霄在《河源志》中记述都实的河源所见:"河源在朵甘思西鄙,有泉百余泓,或泉或潦,水沮洳散涣,方可七八十里,且泥淖溺,不胜人迹,逼观弗克。旁履高山下瞰,灿若列星,以故名火敦脑儿。火敦译言星宿也。群流奔凑,近五七(七恐为十之误)里,汇二巨泽,名阿剌脑儿(即扎陵、鄂陵二湖)自西徂东,连属吞噬,广轮马行一日程,迤逦东骛成川,号赤宾河。"

　　到清康熙四十三年（1704年），康熙帝命侍卫拉锡、舒兰等探查河源。他们"于四月四日自京起程，五月十三日到青海，十四日至呼呼布拉克。……六月七日至星宿海之东，有泽鄂陵，周围二百余里。八日至鄂陵西，又有泽名扎陵，周围三百余里，鄂陵之西，扎陵之东，相隔三十里。九日至星宿海之源，小泉万亿，不可胜数；周围群山，蒙古名为库尔滚，即昆仑也。……三山之泉流出三支河，即古尔班索罗谟也。三河东流入扎陵泽，自扎陵泽一支流入鄂陵泽，自鄂陵流出乃黄河也。"并认为这三条河就是黄河源。拉锡等绘有《河源图》和写有《河源记》。扎陵和鄂陵两湖的名称和位置自此确定。康熙四十七年（1708年）为绘制大清一统图，派遣基督徒瑞基斯（Regis）赴河源进行测量。康熙五十六年（1717年）因绘制青海、西藏舆图，康熙帝派剌嘛楚儿沁藏布、兰木占巴、胜住等三人前往青海，逾河源，涉万里进行测量。其成果于1718年绘入《皇舆全览图》（即大清一统图）。《湟中杂记》记载了乾隆四十七年春（1782年），因河南青龙岗决口，久堵未能成功，乾隆帝命乾清门侍卫阿弥达（阿桂之子）前往青海，"穷河源祭河神"。他于四月三日到星宿海，看到"共有三溪流出"，"从北面及中间流出者水系绿色"，"从西南流出者系黄色"，他便向西南沿溪行约百里，看到西面一山，山根有泉流出，其色黄，"……其水名阿勒坦郭勒（蒙古语阿勒坦意为黄金，郭勒意为河，即黄河），此即河源也"。

　　1882年法国人窦脱勒依，以科学调查为名，潜入西藏、青海，测我山、川、湖泊，在绘制《西藏全图》中将黄河源地区包括扎陵海、鄂陵海都绘入图内。1884年5月，俄国普尔热瓦尔斯基率21人的所谓"探险队"持枪荷弹，由外蒙古经宁夏潜入青海西部，探测扎陵、鄂陵二湖南岸及星宿海东部地形，无知地宣称第一次到达神秘的黄河河源的是一个俄罗斯人，还命名扎陵湖为俄罗斯湖，鄂陵湖为探险湖以作纪念。1900年俄国人喀士纳可夫潜入黄河河源地区，测绘两湖的北岸及鄂陵湖东岸。1906年6月21日俄国探险家科兹洛夫到达鄂陵湖和扎陵湖附近，测得扎陵湖海拔高程为13000呎（为3962米），两湖相距10俄里，扎陵湖周长100俄里，鄂陵湖周长120俄里，两湖相连的川长15俄里，分布呈网状，水呈黄色。1907年德国人台飞探黄河源后指出：源头处地广数公里，谷中有无数出水口、水潭散布，星宿海上游为阿勒坦郭勒，又东约40公里有楚儿莫扎陵水由西南流入。他们虽到达河源地区，但并未找到黄河源。

　　民国26年（1937年）四川省陆地测量局在川、甘、青、康四省交界处进行测量，绘有西北 1/10 万地图，并写有《黄河源勘察报告》。

建国后，为编制黄河治理规划和研究从长江上游引水注入黄河（即西线南水北调）的可能性以及最佳引水路线，黄委会派人多次赴黄河源地区进行查勘和测量。

建国后第一次河源查勘是 1952 年 8～12 月，历时 5 个月。由项立志（队长）、董在华（工程师）、周鸿石、史宗浚等 62 人组成黄河河源查勘队（其中技术员 5 人、测工 2 人、通讯员 2 人、卫生员 1 人、电讯 1 人、行政领导人 1 人、武装保卫 10 人、藏语翻译和饲养员 40 人）。赴实地查勘之前在青海省西宁市雇牦牛 173 头（驮运 4 个月的粮食和生活用品），买马 62 匹，缝制防寒用品（有羊皮大衣、皮背心、皮裤、皮袜、皮帽、皮手套等共有重量每人约 40 多斤）。这次查勘的路线，从青海省的黄河沿上行，经鄂陵湖、扎陵湖到星宿海（星宿海是一个东西长、南北窄的大草滩，滩上有大小不同、形状不一的水池，大的有几百平方米，小的只有一平方米多，有的是两个水池连着，有的是单独的，在水池的周围都生长着牧草）；由星宿海沿黄河而上，到黄河右岸的支流左谟雅郎河，再沿左谟雅郎河向上越巴颜喀喇山到喀喇渠；再越尕曲合郎格拉山到达长江上游通天河的支流色吾渠，下行至通天河边后沿通天河左岸上行到曲麻莱河（通天河支流和黄河上游支流相距最近处仅 10 多公里，调查和测量了由通天河引水的地址）。返回时，由曲麻莱河上行翻越巴颜喀喇山到达黄河源地区，由此开始了黄河源头的查勘。最后由雅合拉达合泽山经约古宗列渠到星宿海至扎陵湖、鄂陵湖回到黄河沿。全部行程 5000 公里，实测地形面积 2625 平方公里，设导线长 763 公里，导线点 690 个。取土石样品 33 袋，编写了《黄河源及通天河引水入黄查勘报告》和《黄河河源查勘报告》等。

在这次查勘中，根据藏语民谣"马塞巴，雅达约古塞，约塞巴，雅合拉达合泽"，当时把这两句话译为"黄河的源头就在约古宗列；约古宗列的来源是在雅合拉达合泽的"（董在华《黄河河源初步研究》登载在《科学通报》1953 年 7 月），由此认为雅合拉达合泽是黄河的源头。

1958 年 5～9 月，黄委会引（长）江济黄（河）查勘队共 18 人赴黄河源头地区进行查勘，行程 16000 公里，提出四条供选择的引水路线。

1959 年 3～9 月，黄委会勘测设计院的第一、四、七等三个勘测队，共 187 人，在黄河河源地区继续进行黄河西线引水的全面查勘。

1960 年 3～9 月，黄委会勘测设计院工作队共 420 余人，继续在黄河河源地区进行查勘和西线引水方案的比较论证。

与此同期，中国科学院自然资源综合考察委员会也先后派出共700余人（1959年220人，1960年480人）赴黄河上游河源地区进行工程地质、矿产地质、地貌、气候、水文、土壤、植被、森林、动物、水生动物，地震、水能、水利等综合考察。

1972年8～9月，新闻工作者贾玉江和摄影记者茹遂初到黄河源头地区采访，并在1973年6月号《人民画报》上发表了《大河上下》长篇连载的第一组报导《黄河源头行》，报导否定1952年查勘时提出的雅合拉达合泽是黄河源头的错误论断，但肯定约古宗列渠是黄河正源的观点。

1978年5月国家测绘总局建议组织有关单位，组成黄河源和两湖（扎陵湖、鄂陵湖）名称考察组，进行实地考察核定。同年6月青海省人民政府和青海省军区联合发出《关于考察核定扎陵湖和鄂陵湖位置的通知》，7月13日，由国家测绘总局、总参测绘局、青海省测绘局、青海省军区司令部、中国科学院地理研究所、中国社会科学院历史研究所、北京师范大学地理系、北京大学地理系、青海民族学院少数民族语言系、人民画报社、新华通讯社青海分社、青海日报社、青海省地名录编辑组等单位人员组成的两湖及黄河源考察组（青海省测绘局局长祁明荣任考察组组长）到达玛多县，分别去扎陵湖、鄂陵湖和曲麻莱县黄河源地区进行实地考察。历时一个月，写有《黄河河源考察报告》和《扎陵、鄂陵两湖名称考察报告》。

黄河上游两大湖，早在1300多年前的唐书上就有记载，从元、清两代勘查黄河源以后，历史文献和图籍中对两湖的记载和标绘都是扎陵湖在西、鄂陵湖在东，即"扎西、鄂东"。

1953年1月21日《人民日报》发表项立志、董在华的《黄河河源勘查记》并附有示意图，文及图提出两湖位置不是"扎西、鄂东"，应是"鄂西、扎东"。上海亚光舆地学社出版的《中华人民共和国分省地图》1953年版上，就根据项、董的文章和附图，把两湖的位置改为"鄂西、扎东"。同年7月，董又认为对两湖位置的更改根据不足，随后《科学通报》在1953年8月号上正式声明将两湖位置更正为"扎西、鄂东"。然而人们并未注意董在华的更正。从1953年以后出版的地图、地理读物，凡是涉及两个湖的都是"鄂西、扎东"。由于地图上两湖的位置与历史文献的位置有矛盾，在工作中常造成很多不便和麻烦。为此，1978年夏，青海省组织省内外有关12个科学研究单位，21人组成考察组，赴实地考察。在实地考察的基础上，同年8月在西宁召开了有国家机关、科学研究单位、高等院校、新闻界和青海省有关部门共28个单位40余人参加的科学研究讨论会。会议认为两湖名称定位问题，从地名含义、实地考察、历史文献图籍、自然地理等方面考虑，应该把颠倒了的名称改正过来。1979 年 2 月 2 日青海省人民政府报请国务院批复，同意恢复黄河上游两湖的历史名称，将原来地图上的鄂陵湖更正为扎陵湖，扎陵湖更正为鄂陵湖。

同年 7 月，黄委会根据水电部〔1978〕水电规字 42 号文的指示，再次组织黄河西线南水北调查勘队，共 25 人（包括青海省水电局、陕西省地质局、中国科学院地质研究所各一人），队长董坚峰，7 月 1 日前往通天河及黄河河源地区进行查勘，历时 4 个月。在查勘中骑马行程 1154 公里，步行 100 公里，汽车行驶 8040 公里。同时到达河源的还有南京地理研究所、南京大学地理系、湖泊查勘队，并首次测量了两湖的水量和水下地形，对两湖的水质、水温、水生物及湖泊底层物质也进行了全面的调查。

1981 年，青年地学工作者杨联康，自费徒步考察黄河。6 月 10 日从北京出发，7 月 19 日到达黄河源头。从黄河源头长途跋涉，穿过 9 个省（区）、108 个县，行程 5500 公里，于 1982 年 5 月 31 日到达黄河入海口，历经 315 天。对黄河河源、黄河分段、黄河形成时间及原因等提出了自己的见解和建议。

第 四 篇

水文实验研究

黄河水文实验研究，在建国以前开展极少。1924～1925年，金陵大学森林系美籍教授罗德民（Lodermilk，1888～1974）与金陵大学助教任承统、李德毅、沈学礼等，在山西省沁源、宁武东寨等处设立径流泥沙试验小区，观测不同森林植被和无植被山坡水土流失量的变化。根据试验资料写出《影响地表径流和面蚀的因素》。这是中国采用径流小区观测方法研究坡地水土流失规律的开始。

1934年，李仪祉（1882～1938）著《黄河水文之研究》指出："关于黄河含沙及行水情形，所应研究之点甚多。……然其重要之性，对于研究黄河已导其源，循此益进探求，当得疏治之道。……勉力探求，数年之后当必盖有所得，可以贡献国人之前也。"又对水文观测指出："不有此观测，则黄河之真象终为世界神秘之一页，求施合理治导工作，盖不可能矣。"但在民国时期因受社会制度和技术水平的限制，黄河水文实验研究工作，不可能得到全面系统的开展。

建国后，随着黄河治理开发工作的发展，黄河水文实验研究工作，从少到多，从粗到细，从点到面，从单项到综合而逐步开展，形成了一个大河上下，水沙并重，以沙为主，资料配套的实验研究。测试技术设备和资料成果质量也不断提高。

1951年开展黄河下游河道断面测验。初期施测范围为：秦厂至利津，河长682公里，仅布设测验断面21个。1960年上延至孟津县铁谢，测验河长增至766.3公里，测验断面增至58个。自1984年起铁谢至利津河道断面共设92个，其中河南（铁谢至河道）段27个，山东（高村至利津）段65个。

1953年开展黄河河口水文实验研究，加强了入海水、沙量测验，并开展海况调查。1958年，随河口流路变迁，开展利津以下河口段河道测验。1959年和1964年先后扩大滨海区测验范围，开展入海泥沙、海流等项目的观测研究。

1957～1969年，为研究黄河下游河床演变和河道整治，从1957年起，开展了花园口、伟那里、八里庄、土城子、王旺庄等游荡型和弯曲型河段的观测研究。

1958年，随着三门峡水利枢纽的兴建，开展了三门峡库区水文泥沙、水文地质、气象等观测。继三门峡水库后，在黄河干、支流陆续对位山、刘家峡、巴家嘴等10余座大、中型水库，不同程度地开展了以水库泥沙问题为核心的观测研究工作。

为研究水面蒸发，1956年、1961年先后在三门峡、上诠、三盛公（巴彦高勒）开展了大型水面蒸发（20平方米）的观测与实验研究。

1959年，为研究黄土高原产流、产沙的形成和输送规律以及水利工程等人类活动措施对水文情势的影响，先后在陕西省绥德县的子洲和河南省垣曲县的小磨村开展了径流实验研究。此外，黄河流域部分省（区）也进行了径流实验，如山西省的太原、甘肃省的尧甸、青海省的吉家堡、河南省的宜阳等径流实验站。

为掌握黄河冰情，防治黄河冰害，1960年起，在黄河干流的上、中、下游的典型河段，陆续开展了冰凌观测与实验研究。

1979年，为研究黄河水资源，进行了黄河流域片的水资源调查评价和水质监测的研究。

40多年来，黄河水文泥沙实验研究，根据治黄的生产、科研和工程建设与管理的特定目的要求，通过系统的外业原型观测与试验，为充实发展水文泥沙科学理论，提供了丰富的资料和科研成果。到1990年已汇编刊印出版的水库、河道、河口、径流实验资料专册47册（1970～1983年纳入水资料年鉴的各水库实验资料未计在内）。这些资料和各项科研成果在中国水利水电工程建设和国民经济建设中发挥了重要作用，在国际水文泥沙研究领域和学术交流中获得高度评价。

各项实验资料，尤其是水库、河道及河口区的实验资料是在十分艰苦的条件下取得的。60年代前，由于机动测船很少，且只宜在较大水深区测验，大部分断面全靠普通木帆船，以抛锚吊船或借风撑帆或提放艄锚来移动船位，沿断面线施测。在无风条件下逆水行船时，无论是数九寒冬或三伏炎夏，全凭测验人员蹚水踏泥，背纤拉船。面对几百米甚至千余米宽的大泥滩，为测取完整的断面资料，测验人员携带仪器测具，冒着生命危险滚爬烂泥滩，坚持测量。水文泥沙实测资料是第一线水文工作者血汗的结晶。

第十三章　水库水文实验

建国前，黄河流域几乎没有水库。建国后至 1990 年，在黄河干支流上已建成大型水库 18 座，中型水库 160 座，小型水库 2980 多座。

黄河是一条居世界之冠的多泥沙河流。大部分水库建成后，由于泥沙淤积严重，库容大量损失，水库效益减小，防洪标准降低，威胁水库安全；过机沙量增加，磨损水轮机叶片，危及电站安全；有的水库泥沙淤积上延，影响上游防洪和工农业生产及人民群众生活、安全等。为此，针对水库管理运用和发挥水库效益的需要，自 1958 年起，以三门峡水库水文实验研究工作为先导，由各有关单位密切协作，开展以泥沙问题为核心的黄河水库水文泥沙观测研究。

1962 年 7 月，水电部在北京召开的水库泥沙测验座谈会上，确定了北方 12 个重点观测研究的水库，其中黄河流域有三门峡、盐锅峡、巴家嘴、青铜峡、张家湾、三盛公、位山、汾河等 8 个水库。1978 年 12 月，水电部在湖北省丹江口召开了全国重点水库水文泥沙观测研究工作会议，并正式成立"全国重点水库水文泥沙观测研究工作协作组"，指定黄委会为协作组组长单位，长办、北京水科院为副组长单位，制定了 1979~1985 年观测研究规划。在全国原有 10 个重点水库中，减去张家湾、位山 2 个，新增 12 个。20 个重点水库内又确定了 5 个实验研究基地。属黄河流域的重点水库有刘家峡、盐锅峡、八盘峡、青铜峡、三盛公、天桥、三门峡、汾河、巴家嘴、冯家山、黑松林等 11 座，其中三门峡、刘家峡、天桥 3 个水库为实验研究基地。

30 多年来，黄河流域水库水文泥沙观测资料和研究成果，在生产与科研中发挥了重大作用。如三门峡枢纽工程的两次改建，巴家嘴水库大坝的加高，三门峡、青铜峡、天桥、三盛公等水库调水调沙运用方式的改善及其运用经验总结，有效库容的恢复和长期保持，以及扩大水电厂装机容量等，都是以水库水文实验资料为科学依据，从而显示了水文泥沙测验资料的良好的经济效益、环境效益和社会效益。

第一节 三门峡水库

一、水库概况

三门峡水库是黄河上第一座以防洪为主,兼防凌、发电、灌溉、供水的综合利用大型水库。枢纽坝址在河南省三门峡市东北约 17 公里处的黄河三门(人门、神门、鬼门)岛处。控制流域面积 688399 平方公里,占全流域面积 752443 平方公里的 91.5%。

三门峡枢纽工程于 1957 年 4 月 13 日开工,1958 年 11 月 17 日至 12 月 13 日截流,1960 年 9 月 14 日基本建成并正式投入蓄水拦沙、防洪防凌运用。大坝总长 857.2 米,其中主坝 713.2 米,最大坝高 106 米。

原设计正常高水位为 360 米(大沽基面),相应总库容为 653 亿立方米(水文年鉴),水库水面积为 3464 平方公里。国务院决定初期按正常高水位 350 米施工,运用水位不超过 340 米,控制在 333 米以下,移民按 335 米高程考虑。当正常高水位 340 米时,相应库容为 168 亿立方米,水库水面积为 1529 平方公里。枢纽工程经过两次(1964~1969 年和 1969~1973 年)改建后,水库最高防洪水位 335 米时,相应原始库容为 98.4 亿立方米,水库水面积为 1076 平方公里。干流潼关以上库面宽阔可达 4~20 公里;潼关以下库面宽为 1~6 公里;渭河库面宽可达 3~10 公里。

1958 年 4 月黄委会决定成立三门峡库区水文实验总站(以下简称库区总站),负责库区水文实验研究工作。当年,库区总站随枢纽工程边兴建、边观测,首先开展了库区进出库水文泥沙、水文地质、大型水面蒸发和气象观测及淤积测验的断面建设前期工作等。同时,黄委会水文处组织规划组以水量、沙量、热量、水化学四大平衡理论为指导,对库区测验进行全面规划和部署。1960 年各项实验工作全面展开,其项目有:进出库水量与沙量、坝前及库区水位、库容和泥沙淤积、异重流、水力泥沙因子、地下水、坍岸、波浪、气象、大型水面蒸发、降雨、水质、水温、床沙质、淤积物容重、泥沙粒径、库区地形和坝前水下地形测验,80 年代还进行了水库拖淤试验等,共计 20 多项。

水库各项实测资料成果,以《三门峡水库区水文实验资料》专册逐年刊印,至 1990 年共出版 27 本。三门峡水库测站及断面布设,如图 4—1。

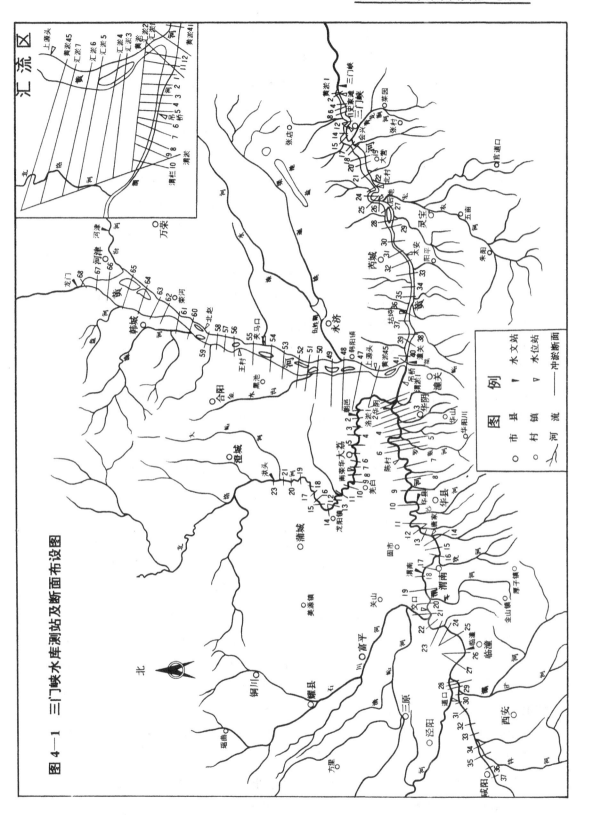

图 4—1　三门峡水库测站及断面布设图

三门峡水库自施工以来，经历了自然滞洪调节期、蓄水拦沙期、滞洪排沙期和蓄清排浑控制四种调度运用方式。

（一）自然滞洪调节期（1958年11月17日～1960年9月14日）

出库水流由高程280米的梳齿下泄，坝前最高水位（史家滩）曾达304.65米（1959年8月22日），较自然河道水位壅高17米左右，回水变动范围60公里（黄淤28断面），排沙形式为明渠输沙。

（二）蓄水拦沙运用期（1960年9月15日～1962年3月19日）

原有8个梳齿导流底孔封堵，由12个底坎高程为300米的深孔泄流。1960～1961年度凌汛期开始防凌运用。整个运用时期库水位有三次大幅度升降。第一次蓄水过程，1961年2月9日坝前水位升至332.58米（历年最高），黄淤45断面和渭淤7断面以下库水位呈水平状态。至1961年7月30日降为316.75米，1961年汛期坝前水位经常保持在317米以上，较大洪水产生异重流并排出库外一定沙量。第二次1961年10月21日坝前水位升至332.53米，此时黄淤45断面水位332.70米，渭淤7断面水位为335.05米。回水末端黄河干流达步昌（黄淤49断面）附近，距坝约150公里；渭河达赤水（渭淤14断面）附近，距坝约147公里。1962年1月11日水位降落至320.82米。第三次1962年2月17日坝前水位升至327.96米（该年最高），以后逐渐下降。

（三）滞洪排沙运用期（1962年3月20日～1973年11月）

此期为低水头运用，由12个深孔闸门敞泄。1962年3月20日～10月底为异重流排沙，10月以后过渡到明渠排沙。

1963年11月1日～1964年5月12日进行人造洪峰冲刷下游河槽，并进行低水头发电试验。蓄水造峰两次，第一次造峰最大下泄流量为3260立方米每秒，第二次造峰下泄流量为2960立方米每秒。

由于三门峡水库泥沙淤积极为严重，为加大泄流能力，排沙减淤，1965～1969年和1969年12月～1973年12月先后两次对泄流建筑物进行增建和改建——增建2条隧洞，降低4条钢管，打开8个底孔，由工程改建前只有12个深孔泄水增至30个泄水孔口。从而扩大了泄流规模，提高了排沙能力。改建后315米水位的最大泄量（不含电站）由3120立方米每秒增加到9800立方米每秒。并于1973年12月装机5台，总容量为25万千瓦，电站出流最大流量为1000立方米每秒。

1967～1969年水库调度频繁。泄流设施除12个深孔闸门和4个钢管外，还增加2条过水隧洞（1967年7月29日2号洞过水，8月12日1号洞过水）。由于泄流能力增大，排沙能力也相应增大，使近坝库段发生冲刷。1970 年 6 月 25～30 日，1 至 3 号底孔投入运用，坝前水位继续下降，引起强烈冲刷，坝前形成罕见的跌水。1971 年 2 月 12 日防凌蓄水，坝下断流至 3 月 5 日。10 月 7～21 日，4～8 号底孔相继投入运用，史家滩水位 12 月 14 日出现全年最低水位 286.48 米。

1972 年桃汛过后曾进行双层孔（上层为深孔，下层为底孔）过水试验。

1973 年，1 月下旬开始防凌春灌蓄水，汛期敞泄，底孔全部投入运用，对洪水排沙及潼关以下库区冲刷发挥了一定作用。8 月 16 日出现该运用期的最低水位 285.56 米。

（四）蓄清排浑运用期（1973 年 12 月起）

枢纽工程改建后，第一台机组于 1973 年 12 月 26 日开始发电，自 1973 年 12 月起实行"蓄清排浑"全年控制运用。按运用年（上年 11 月～次年 10 月）调度，一般情况是：自上年 11 月至本年 2 月为防凌蓄水，3～6 月为春灌蓄水，7～10 月为汛期排沙与防洪运用。汛期水位一般控制在 300～305 米，非汛期防凌、春灌水位一般控制在 324～326 米。

该运用期最高水位为 325.99 米（1977 年 3 月 1 日）。

自实行蓄清排浑控制运用以来，潼关至大坝库段的泥沙冲淤规律，大体上是：非汛期淤积，汛期冲刷，年内可保持基本平衡。1974～1985 年潼关以下共冲刷 7.68 亿吨，其中汛期冲刷 22.31 亿吨，说明有的年份汛期有富余冲刷能力。

二、进出库水沙测验

（一）水量、沙量测验

三门峡水库的水沙入库主要有黄河干流及其支流渭河、汾河和北洛河，分别由龙门、华县、河津、洑头 4 个水文站（简称龙、华、河、洑）控制，进行水量沙量测验。为加强库区的输沙控制和泥沙运行观测，在黄河的潼关、渭河的华阴、北洛河的朝邑，以及在渭河库区以上的沙王、临潼及泾河的桃园设立专用水文站作为基本控制站的补充。

此外，直接流入三门峡水库的小支流共 64 条，流域面积为 100～200 平方公里的有 40 余条，大于 200 平方公里的有 6 条，其中最大的宏农河为 2062 平方公里。建库前在部分小支流上已设有灵宝（1958 年迁虢镇）、张留庄、罗敷堡水文站，1959～1960 年增设圣人涧、下芦村、苏家村（原设北刘村)、牛心、洪水村等水文站。这些站曾作为库区支流进库站和研究区间径流泥沙代表站,因其水沙总量甚小,加之部分支流上游兴建水库,故大部分站先后撤销。

出库站为坝下1.7公里的三门峡水文站(六)。该站测验断面为卵石河床,基本稳定,历年水位流量关系均为单一曲线。

库区进库站~大坝区间集水面积为20467平方公里,库区中部有黄河、渭河交汇。汇口下端潼关形成天然卡口,设有潼关水文站。潼关站(七)以上库区的面积为14209平方公里,潼关站(七)以下为6258平方公里。

建库前,陕县水文站1919~1959年多年平均径流量为426.4亿立方米,多年平均输沙量为16亿吨;最大年径流量为659.5亿立方米(1937年),最小年径流量为200.9亿立方米(1928年);最大年输沙量为39.1亿吨(1933年);最小年输沙量为4.88亿吨(1928年)。多年平均流量为1350立方米每秒,多年平均含沙量为37.7公斤每立方米。最大洪峰流量22000立方米每秒(1933年8月10日),最大含沙量为590公斤每立方米(1954年9月4日)。

建库后,1960~1985年进、出库水沙量统计情况如表4—1。该系列多年平均进库水、沙量分别为410.3亿立方米、11.53亿吨,其汛期进库水、沙量分别占其全年总量的62.3%和91.2%。1977年8月6日潼关站和8月7日三门峡站最大含沙量均达911公斤每立方米。按输沙量统计,1959~1989年累计淤积泥沙:全库区为48.71亿吨,其中潼关以下为13.11亿吨。

(二)库区雨量观测

库区降雨和支沟径流是进库水量的一部分。1959年全库区布设雨量站64处(含水文、水位、气象站),其中属黄委的39处,属省(区)的25处,平均站网密度为320平方公里每站。

1961~1987年经过4次调整,黄委会有雨量站43处(含水文站),省(区)所属71处,共计114处,平均站网密度为100平方公里每站。分布及自记情况如表4—2。

表4-1　　黄河三门峡水库建库后(1960～1985年)进出库水、沙量统计表

站别	站名	径流量 (亿立方米)				流量 (立方米每秒)				输沙量 (亿吨)				含沙量 (公斤每立方米)			
		多年平均	汛期平均	年最大(年)	年最小(年)	多年平均	汛期平均	年最大(年.月.日)	年最小(年.月.日)	多年平均	汛期平均	年最大(年)	年最小(年)	多年平均	汛期平均	年最大(年.月.日)	年最小(年.月.日)
进库	龙 门	309.8	175.6	539.4(1967)	191.8(1969)	982	1650	21000(1967.8.11)	53.2(1978.6.28)	8.71	7.72	24.6(1967)	2.80(1965)	28.1	440	933(1967.7.18)	0.26(1963.1.24)
	华 县	80.88	49.62	187.6(1964)	30.99(1972)	256	467	5380(1981.8.23)	0.50(1981.6.19)	3.82	3.48	10.6(1964)	0.497(1972)	47.2	70.1	905(1977.8.7)	0(1972.6.13)
	河 津	12.47	7.284	33.56(1964)	4.33(1980)	39.5	68.5	1060(1964.9.4)	0(1960.6.27)	0.217	0.189	0.65(1964)	0.015(1980)	17.4	25.9	560(1961.8.13)	0(1966.6.22)
	洑 头	7.39	4.56	19.17(1964)	3.09(1974)	23.4	42.9	3360(1966.7.27)	1.65(1980.12.4)	0.787	0.729	2.20(1966)	0.162(1982)	106	16.0	1090(1967.8.1)	0(1969.6.7)
	4站合计	410.3	237.1	696.8(1964)		1300	2230			13.53	12.12	30.5(1964)	4.82(1965)	33.0	51.1		
	潼 关	407.3	234.1	699.3(1964)	268.7(1969)	1290	2200	15400(1977.8.6)	75(1981.6.2)	12.40	10.44	24.5(1964)	4.54(1965)	30.4	44.6	911(1977.8.6)	0(1960.12.17)
出库	三门峡	404.0	223.0	685.3(1964)	229.8(1960)	1280	2150	8900(1977.8.7)	0(1960.9.15)	11.88	10.21	22.5(1967)	1.12(1961)	29.4	44.8	911(1977.8.7)	0(1960.9.15)

注　表内数字位数按水文规范规定取位

表4—2　　　　　黄河三门峡库区雨量站分布及自记站数情况表

年份	雨量站数/自记站数（处）				雨 量 站		自记站数占总站数（%）
	黄　委	山　西	陕　西	河　南	总站数（处）	自记站数（处）	
1965	37/0	22/4	8/0	1/0	68	4	5.9
1976	33/7	51/13	12/3	5/1	101	24	23.8
1979	47/27	53/18	13/6	9/9	122	60	49.2
1987	43/43	47/21	17/4	7/7	114	75	65.8

雨量站均采取委托观测，由委托单位支付一定劳务报酬，负责技术指导与培训，检查验收和整编审查资料。

三、库区平面和高程控制

（一）平面控制

1954年黄委会在库区测设一等三角点28个，二等三角点14个，二等补充网测点66个，三等网测点185个，其他补充网测点657个，总计950个。由此库区每张万分之一图幅内（约28平方公里）平均有4个三角点，15～23个测角图根点，为库区各项观测研究工作构成了一个完整而严密的测绘网络。

库区南部以总参测绘局1953～1954年测设的西安——陕县国家一等三角锁作为建网基础；库区北部以黄委会测设的潼关——韩城二等基本锁为建网基础。两条锁分别依照苏联1939年《一等三角测量细则》和《二等三角基本锁测量细则》进行测设。二、三、四等补充网附着一、二等锁上，依照苏联1943年《二、三、四等三角测量细则》施测。当时，因北京坐标系尚未传递到三门峡，故以陕县基线网的三角山二等天文点为库区坐标原点，称"三角山坐标系"。后来改算为1954年北京坐标系，其换算关系是：

纵坐标　　$X_{北京}=X_{三角山}-289.144$ 米

横坐标　　$Y_{北京}=Y_{三角山}+357.332$ 米

建库后，在进行库区淤积断面测验中，由于地形条件和运用水位的变幅较大，部分三角控制点通视条件差，不宜直接观测使用。为此，数年来，库区总站按照四等或五等三角测量精度，作了补充展点工作，主要用于增设断面基线标志。自1979年10月后，执行部颁《水库水文泥沙观测试行办法》，断面基线标均按五等三角测量精度测设。

三角测量标志常受自然损毁或人为破坏,据 1984 年 7 月统计,库区尚有三角点:一等 6 个,二等 20 个(含二等基本点 12 个),三等 52 个,四等 66 个(含 1983 年、1984 年新设的 15 个),等外点 3 个。

(二)高程控制

三门峡库区高程,以不低于三等水准的精度作为首级控制,采用大沽高程基面。库区南岸于 1954 年按水利部《精密水准测量细则》的规定每隔 4～6 公里设立标石,测设自郑州～西安的精密水准路线;库区北岸(山西省地区)因地形复杂,沿库岸测设有三等水准路线,该线起点为陕县太阳渡的精密水准点。潼关以北的黄河右岸(陕西省地区)及渭河、北洛河库段内,沿库周均设有三等水准点,按苏联三等水准测量规范施测。

西安～潼关一等水准为总参测绘局布设;华阴～韩城、西安～临潼、潼关～坝址、河津～风陵渡～平陆为二等水准,由黄委会布设。

水库改为低水头运用后,为满足生产需要,1967、1975、1984 年由黄委会测绘总队采用黄海高程基面,沿库周进行了三次低高程的环湖三等水准测量。环湖水准路线潼关以下按 330～335 米高程敷设;潼关以上的下段除满足 330～335 米高程外,上段均敷设在最高洪水位以上。每次测量均与库区各水文站、水位站的基本水准点连测。所测成果系分段平差,全库区大沽高程与黄海高程之差不是一个常数,故环湖系统称"库区大沽高程"。1967 年测设明标 110 个;1975 年测设明、暗标 234 个,因线路、点位及观测条件等原因,精度降为四等水准使用;1984 年测设明、暗标 219 个。

1984 年前,库区大沽高程与 1956 年黄海高程系统的关系是:库区大沽高程减去 1.152～1.183 米为黄海高程。

1984 年起,两个系统差值采用库区加权平均数 1.163 米。

四、库区水位观测

(一)坝区和坝前水位

建库前,1951 年 7 月 1 日曾在现黄淤断面 2 处(距坝 1.88 公里)设立"三门峡上口"水位站,1959～1960 年改为水力泥沙因子测验断面,称"史家滩(一)站"。1959 年 1～6 月和 1960 年 1～6 月在黄淤断面 1(距坝 1.01公里)处观测水位,称"史家滩(二)站",并与黄淤断面 2 水位同时观测。

1958 年 11 月大坝截流期间,在坝区进行了专项水文测验,布设了 28

处水尺（详见本节之十三部分）。

建库后，1961年将坝前水位观测位置上迁60米，距坝1.07公里，仍称"史家滩（二）站"。但在库水位较低（310米以下）且泄流时与靠坝体处的水位观测值相差0.2～0.3米。

水位观测设备在1980年以前均用直立式木桩钉搪瓷水尺或木板水尺观测。水库泄空期间因水位变幅大，陡坎处无法设尺，曾采用悬锤式水尺观测，或因岸边裸露泥滩，边坎坍落，用水准仪直接抄平观测。1979年三门峡库区总站引进上海浦江仪表厂研制的"声波液位计"，并同时使用重庆水文仪器厂生产的有线远传水位计在史家滩（二）水位站进行坝前水位观测。声波液位计经过三年多试验运行，可以将水位无线远传到相距15公里的库区总站水情室。后因波道管及经费等问题未正式投产而搁置。

（二）同时水位及回水末端水位观测

1959年3月3日～8月22日对10次较大洪水过程进行了洪峰沿程同时水位观测44次。自杨家湾至坝址间共设观测站18处。观测了1350～10700立方米每秒的不同流量级的水面线和回水变化情况。

回水末端水位观测自1959年起，根据回水变化范围设站，此项工作断续观测至1964年。

大坝截流后，为掌握施工期回水发展情况，于1959年初在距坝75.4公里的杨家湾以下河段设有杨家湾、大禹渡、老灵宝、黄淤22（北村）、东官庄、黄淤15（陕县）、黄淤13、黄淤8（马家河）、黄淤2（史家滩一）、黄淤1（史家滩二）10站，同年6月在区间支流青龙涧河设有贺家庄水位站进行回水观测。

1960年水库蓄水前及蓄水过程中，为掌握回水末端水位变化与上延情况除原有水位站外，在黄河潼关以下先后设立了"回水末端临时水位站"6处（黄淤18、19、24、28、33、38断面），渭河先后设有2处（渭淤5"仁义"、渭淤9）。1963年潼关以下设4处（古县、郝家崖、盘豆、老陕县水位站）。1964年在黄河上又设西阳（汇淤3断面附近）和香山寨（黄淤38断面下游300米）末端临时水位站2处。

（三）库区水位观测

三门峡库区水位观测早在建库前为满足水库工程规划设计需要，曾由潼关水文分站在黄河干流和渭河设立部分汛期水位站。1954年在黄河上，设有夹马口站，1955年设有老永济、夏阳、闵乡站；1956年在北洛河设立赵渡镇站；在渭河上，1954年设立三河口，1955年设船北、皂张王、布袋张、塘党家等站。1959～1961 年上述站先后停测。

1960 年水库建成，为加强库区水位观测，调整水位站网布设。该年黄河上在距坝 142. 6 公里的寨子村以下共设水位站 20 处：史家滩（坝前）、上村（或称会兴、茅津）、北村、老灵宝（或后地）、杨家湾（又称太安）、彩霞（1962 后迁坩坪）、闵底、潼关、独头（1963 年迁上源头）、辛店（1962 年 4 月迁肃家庄）、寨子村等以及当年短期观测水位的马家河、陕县、黄淤 13、黄淤 18、黄淤 19、东官庄、黄淤 21、黄淤 24、黄淤 33 等站；渭河在赤水（距坝 187 公里）以下设水位站有三河口、华阴、仁义、王家庄、渭淤 9、华县、赤水等 7 处，全库共设 27 处。

1961 年，水位站又进行较大调整，黄河干流库区有史家滩、北村、杨家湾、黄淤 33、彩霞、潼关、独头、肃家庄、寨子村等 9 处；渭河撤销三河口，设临潼（水文站），仍为 7 处（含 3 个水文站），全库区共 16 处。

1962 年黄河干流恢复茅津、老灵宝等共设 14 处；渭河撤销渭淤 9，新设吊桥，共 7 处，全库区共 21 处。

1963 年，水库采用防洪排沙运用，库区水位观测转向河道型调整部署。黄河上设 9 处，渭河上设 4 处。

1964，黄河上撤销寨子村站，北洛河增设朝邑（水文站）1 处。

1965 年黄河干流库区水位向潼关以上河段发展到距坝 197.2 公里的北赵。为研究渭河淤积上延和防汛需要，将渭河库区水位观测上延至道口（该站于 1951 年设）；北洛河增设南荣华水位站。黄、渭、北洛河上水位站分别为 10、8、2 处，共 20 处。

1966～1977 年，除个别水位站因观测条件或断面有问题，进行站址迁移和调整，水位站基本稳定在 20～21 处。1978 年黄河干流库区水位观测上延至距坝 242.1 公里处，设立大石嘴站。1986 年，全库区水位站又增加到 24～25 处。1987～1990 年全库区水位观测（含库区水文站）调整为 22 处，其中黄河干流 10 处、渭河 10 处、北洛河 2 处。黄河干流及渭河的华县、华阴水位站归属黄委会三门峡库区总站领导，渭河、北洛河归属陕西省三门峡库区管理局领导。库区水位观测，因受蓄水位变幅大，或主河槽摆动频繁，使断面出滩达数千米，或隔有大串沟，水尺设立困难，观测工作十分艰苦。尤其在潼关以上的黄河干流，观测人员为了取得准确可靠的资料，蹚水爬泥，汛期时有受洪水包抄之险。但观测人员长期坚守岗位，克服困难，尽职尽责。

1978 年以后，因受人员编制不足和节约经费开支，除重要控制水位站外，其他站水位观测委托地方观测员承担或协助进行，由邻近水文站负责业务辅导和质量检查，提供观测设备，进行技术培训，酌情给予报酬。此法取得了较好的效果。

五、库区淤积测验

测定水库容积和泥沙淤积数量及其分布的方法主要有地形法和断面法，而经常采用的是断面法。

（一）库区地形测绘

1955年3月由黄委会测绘总队在长办、治淮委员会（简称淮委）等10个单位支援下，投入14个测量队，1200多人，于1955年12月23日完成库区360米高程以下万分之一白纸测图245幅，面积3990.69平方公里；1956年5月又补测（航测）360～375米高程间的库区地形4876.4平方公里；至1957年底，两次共完成库区地形测图459幅，总面积8867.09平方公里。

建库后，为确定水库运用前的原始库容及反映水库运用后的淤积情况，验证断面法测验精度，订正库容曲线，由黄委会测绘总队在库区总站配合下，分别于1960、1971年和1984年进行了三次水库地形测量。高程范围均测至335米以上。其中第三次测量由于经费等原因，黄河干流潼关以上未能施测水下部分，渭河和北洛河部分因陆地和水下两部分施测时间相差较长，水下与陆地分别成图吻合失调。

各次地形测量均同时施测水库淤积断面和水下加密断面（间距300～400米左右），以便于用地形法验证检查断面法所测库容和淤积量的精度及合理调整断面布设。

坝前水下地形系根据工程管理部门需要，由三门峡库区测验队承担，曾于1961、1969、1972、1975年施测四次，比尺为1∶2000，测量库段为坝址～黄淤2断面。内业成图均由水电部十一工程局完成。

（二）断面布设与基本设施

1. 断面布设

1959年，由黄委会西北黄河工程局勘测设立了潼关以下41个断面，从当年3月17日开始陆续进行淤积断面测验。1960年设黄河干流潼关以上黄淤42～59号18个断面，渭河22个断面，北洛河17个断面，以及黄、渭河汇流区用三角形法布设汇淤12个断面。在库区较大支流河口布设断面

20个。

为减少外业工作量，1959年11月和1961年6月对潼关以下断面经分析精简了8个。随着水库运用方式的改变和水库淤积发展情势的需要，库区干、支流的断面布设范围和密度随之上延或加密。

1965年，黄河断面59以上增设断面庙前、孙家崖、禹门口、汾河口4个，1968年增设6个，统一编号为黄淤60~68断面（不含汾河口）。

渭河断面从1962年起也陆续作了相应调整，在渭淤1~5断面间加密5个，并在渭河口增设拦门沙断面10个。1963、1964、1965年断面布设先后分别上延到28、33、37断面（咸阳水文站）。

北洛河断面于1963、1965年两次上延布设到洛淤23断面（洑头水文站）。

根据断面布设要求，为确保断面法测验精度，曾用1960年和1971年库区万分之一地形图对精简调整的断面布设进行验证分析，其总库容和各区段库容与地形法（等高线）计算比较，其精度在±5%以内，符合水库测验规范要求，并对个别代表性较差的断面作了适当调整。至1987年，实有断面为：黄河61个，渭河48个，洛河23个，共实测断面132个，平均断面间距为4.42公里。

库区干流和主要支流的初期断面布设及经过多次调整后的1987年实测断面设置情况如表4－3。

表4－3　　　黄河三门峡库区淤积断面布设情况统计表

项　　目		黄　　河			渭　　河			北洛河	汾河	全库区
		大坝~潼关黄淤(41)	潼关黄淤(41)~禹门口(黄淤68)	合计	河道(渭淤1~咸阳站)	拦门沙(拦1~12)	合计	洛1~洑头站		
初期布设	断　面　数（个）	41	39	80	44	12	56	24	1	161
	高水位库段长度(公里)	113.12	131.68	244.80	168.01	9.32	177.33	104.49		526.71
	平均间距(公里)	2.76	3.38	3.06	3.82	0.78	3.17	4.35		3.27
1987年实测	断　面　数（个）	33	28	61	43	5	48	23		132
	河槽库段长度(公里)	125.45	127.29	252.74	204.08	10.33	214.41	116.57		583.72
	平均间距(公里)	3.80	4.55	4.14	4.75	2.07	4.47	5.07		4.42

此外，1965年渭河裁弯取直后，在老河道交口~沙王段设河道断面13个，河段长为14.27公里。1965~1969年共施测22次，1970年停测。汾河口断面仅于1965年10月~1967年5月施测4次。

2. 基本设施

断面端点桩的平面位置以三角山坐标系用四等三角补充点测定，高程为大沽基面用三等水准测定。1967年进行环湖水准测量时，采用黄海高程基面，连测部分端点（高程成果刊印在1967年《三门峡库区实验资料》专册内）。各断面端点间距：潼关以下为1948.7～8827.2米，潼关以上黄河为3736.6～20784.0米；渭河10断面（华县站）以下为9141.2～19938.6米，10断面以上为445.8～10383.0米；北洛河为226.5～5934.7米。

断面控制桩在1960年初设时，左、右岸各埋设2个高为0.7米的混凝土桩。平面位置以经纬仪交会法测定其距左端点（零）的起点距。高程测定为四等水准。

为加强断面地形控制，根据断面地形变化，在两岸淤积滩地上沿断面线设立长为2米的混凝土柱桩，用四等水准测定高程和经纬仪交会测定起点距，以加密断面地形测量和方向控制。

断面标志的设立，建库初期架设木标，因蓄水淹没倾覆，冰层随水位升高而拔倒或风刮及人为因素等破坏严重。1964年进行库区基本设施全面整顿，曾以栽植杨树为标，后又采用6米分节混凝土标，或因地制宜、就地取材采用削坡标、土墙标。坡标和墙标目标清晰，经济实用，节约了大量人力和财物，维修方便，长期耐用。1970年后改用8米长混凝土标，但每年仍不断受到人为破坏，为此，1979年后增建部分砖塔标。到1985年调查统计，库区断面标志保存量约40%。

断面基线标以国家三角标与自设标相结合，其基线长度前者采用坐标反算法，后者采用前、后、侧方交会法。部分断面临时基线，采用三角形法或视距法测定。潼关以下基线长度为1000～8000米，潼关以上黄河断面基线有的达10000米左右，部分宽断面采用两岸基线，有的还利用自然标志如塔尖、工厂烟囱等。渭河、北洛河断面地形平坦，一般不设基线，采用视距法测量。

（三）断面测验

水下断面测量主要用六分仪在船上交会定位，用长杆或测深锤测深，深水区从1960年起使用东德拉兹17型回声测深仪。1981年曾用长办南京实验站Ns-3型回声测深仪，当含沙量大于30公斤每立方米时，使用效果不如拉兹17型。

1960年9月蓄水以前，测量船只主要租赁民用木帆船。1960年9月蓄水后，购置两艘18米长，双机共120马力的钢壳机船（吃水深0.8米）。并配备大小机动木船 4 艘，海军测量艇 2 艘，木帆船作为吃住生活用。1972 年购置秦皇岛船厂造 17 米长，双机共 240 马力的玻璃钢船一艘（吃水深0.4 米）。1974 年为解决测验人员在船上随测随算和吃住问题，库区总站车间自己设计制造 25 米长的钢板生活船一艘。并购置部分橡皮舟以解决多股浅水测量。此后库区总站自行设计制造 6～25 米长的大小机动测船、操舟机 10 余艘。1976 年从上海购置小型（5.6 米长）玻璃钢操舟机船一只，并配备测量专用汽车一部。从此，潼关以上宽浅河道的测验采用"车船配套，旅店吃住"的方式进行。

历年常用经纬仪主要有东德蔡司 030、010 型，瑞士 WildT$_2$，西德 U$_2$ 等；水准仪主要有东德蔡司 030、上海仿蔡司、匈牙利 DS$_3$ 等。1978 年从北京购置红外测距仪一部。

为了缩短外业水下测验历时，避免测验过程中因涨落水及冲淤变幅大而影响资料质量，测验人员采用提前出工，上行船时先测两岸，下行船时集中测水下办法。从 1964 年起由以往一个大船组一天只能测 2～3 个断面加快到一天可完成 10～12 个断面，提高了测验资料的总体质量。

水库泄空时，常遇到杆不着底的泥浆大滩，为取得资料完整，测验人员面对几百米大淤泥烂滩，光身裸体，穿戴救生衣浮爬前行。1961 年冬，施测黄淤 47、48、49 断面时，陆上白雪盖地，河中冰凌漂流，且断面宽，水流分汊多股，杨传进、罗荣华、高同娃、张光江 4 人拉着小木船测到对岸无法返回大船，他们宿居窝棚，拾草取暖，借粮为食，蹚冰涉水，坚持数日完成测验任务。60 年代施测汇流区时，这些事例，屡见不鲜。

（四）淤积泥沙取样和河势测绘

淤积泥沙取样是在每次淤积断面测验同时进行，历年在黄、渭、北洛河布设取样断面共 82 个。

滩地淤积泥沙取样用环刀法，取表层土。1961 年 3 月应用 64 进位定标器同位素技术试测水下淤积物干容重。施测断面有黄淤 45 断面以下的 7 个断面和渭淤 3 断面。测线水深为 1～35 米，入土深度为 0.1～6.0 米。取得 16 条垂线 64 个点次成果（刊印）。垂线平均容重为 0.86～1.55 吨每立方米，断面平均容重为 1.04～1.49 吨每立方米。垂线容重变化和水库沿程容重变化均遵循上大下小的规律。

1964 年 4 月和 10 月由库区总站、黄委会水科所、前左河口水文实验站、红山水库实验站协作，两次利用同位素晶体管辐射量度计（L 型）测定淤积泥沙容重的试验，并于 1964 年 5 月和 11 月分别提出实验报告。第一次试测在黄淤 2～12 间的 6 个断面上进行，测线 11 条，分层测点 29 个，最大入土深 2.65 米，测得不同断面不同土层的湿容重和干容重变化分别为 1.46～2.02 吨每立方米和 0.76～1.56 吨每立方米。第二次试测在黄淤 2～18 断面间的 7 个断面上进行，测线 13 条，分层测点 140 个，最大入土深为 12.8 米，测得垂线平均干容重为 0.85～1.50 吨每立方米，测点最大和最小干容重分别为 1.73 和 0.33 吨每立方米。此外在黄淤 12 断面用环刀法对比试验 17 个测点。

河势图测绘从 1971 年开始，为研究水库降低运用水位后在不同条件下重新塑造河床和河势演变情况，于每年汛前、汛后淤积断面的两个基本测次同时进行，至 1987 年共测绘河势图 34 次。

（五）测验成果

黄河干流断面法淤积测验除 1958 年 11 月截流前后各测 1 次外，1959 年 3 月～1987 年 10 月，共测 132 次，计 5312 个断面次，年最多测 11 次（1960 年），年最多测断面 484 个（1973 年，全库区）。渭河于 1960 年 4 月～1987 年 10 月共测 88 次，计 2378 个断面次。渭拦于 1962 年 10 月～1987 年 10 月共测 125 次，计 697 个断面次。北洛河于 1960 年 4 月～1987 年 10 月共测 61 次，计 1226 个断面次。1959～1987 年全库区总计共测 9613 个断面次。

由于全库性测验工作量大，从 1961 年起，将测次分为基本测次及辅助测次两种。基本测次是根据水库运用过程的转折，按大时段控制全库区的冲淤情况及数量，每年汛前 6 月水库泄空前和汛后 10 月（或 11 月）蓄水前各测一次。辅助测次则根据需要一般控制较大洪水过程在 335 米高程以下或某一段库内的冲淤变化情况和数量而进行，并计算新库容。

各次断面法库容和淤积量的计算，1982 年以前，均采用梯形法计算，1982 年起采用截锥法计算。1960 年 4 月（第 5 次）的库容曾用地形法和断面法同时测验的资料分别计算，断面法库容较地形法大（如 340 米高程约大 1 亿立方米）。为此，以地形法库容为准，而求出各库段（黄淤 1～17、17～31、31～41、41～44、44 以上，渭河、北洛河）各级高程的"断面法库容/地形法库容"之比值，作为以后各次断面法库容的分级改正系数。此法一直沿用到 1972 年。由于改正系数不够合理从 1973 年起，取消改正系数。

1971 年施测了新的万分之一库区地形图。考虑到库床形态变化较大，因此，1971 年前后，曾分别使用两种断面间距计算库容和淤积量。1971 年 10 月以前，断面间距采用 340 米等高线的几何中心间距（简称滩间距）。

1972年起，断面间距有"滩"、"槽"两种，按区段和滩、槽分界高程分别使用，即：黄淤42断面以下，渭淤13断面以下，洛淤7断面以下，河槽部分用1971年库区万分之一地形图的主河槽中心线间距（简称槽间距）；高于老淤滩部分的仍沿用原"滩间距"。

1971年10月（第4次）断面法所测资料，同时采用两种间距（一种为全用滩间距，一种为滩、槽间距合用）分别计算库容。并用地形法求得黄淤31断面以下，平常断面法未测算的6条支沟335米高程下的库容为2.350亿立方米。地形法及断面法的两种间距系列计算的库容见表4—4。

表4—4 黄河三门峡水库部分年份地形法与断面法库容变化表

水位(米)	库 容 （亿立方米）								
	1960.4.30		1971.10.6			1973.9.26	1977.10.2	1980.10	1985.10	1990.10.2
300	1.746	1.891	0.1370	0.1432	0.1733	0.4316	0.0055	0.1120	0.1288	0.0768
302	2.534	2.714	0.2388	0.2378	0.2901	0.6317	0.0198	0.2064	0.2328	0.1177
304	3.500	3.697	0.3797	0.3720	0.4474	0.8738	0.0805	0.3548	0.3809	0.2393
305		4.350		0.4535		1.0285	0.1377	0.4554	0.4762	
306	4.730	4.974	0.5924	0.5519	0.6608	1.214	0.2232	0.5805	0.5946	0.4595
308	6.360	6.631	0.9390	0.8439	0.9943	1.685	0.5226	0.9306	0.9409	0.7920
310	8.540	8.994	1.412	1.236	1.457	2.356	0.9582	1.378	1.415	1.276
312	11.25	11.69	2.025	1.763	2.066	3.125	1.566	1.975	2.053	1.906
314	14.58	15.10	2.815	2.438	2.834	4.142	2.355	2.729	2.865	2.678
316	18.41	19.09	3.832	3.329	3.864	5.336	3.329	3.644	3.866	3.625
318	22.81	23.52	5.146	4.518	5.200	6.793	4.662	4.991	5.205	4.908
320	27.56	28.28	6.982	6.222	7.017	8.731	6.617	6.982	7.259	6.765
322	32.67	33.61	9.690	8.725	9.616	11.40	9.399	9.853	10.29	9.535
324	38.23	39.27	13.45	12.22	13.17	15.10	13.16	13.69	14.14	13.19
326	44.25	45.36	18.38	16.86	17.91	20.03	18.10	18.63	19.11	18.77
328	51.08	52.14	24.24	22.37	23.49	25.82	23.83	24.54	25.41	23.89
330	59.58	60.36	30.87	28.76	29.92	32.57	30.30	31.15	32.19	30.45
332	71.50	71.78	39.07	36.40	37.73	40.62	38.10	39.05	40.31	38.39
334	88.02	87.90	51.41	48.24	49.56	52.56	50.12	51.14	52.54	50.39
335	98.40	97.19	59.71	58.39	57.60	60.55	58.34	59.30	60.68	58.36
336	108.6	108.06	68.28	65.39						
说明	地形法	断面法	地形法	按滩间距计算	按滩槽间距合算					

注 1973年起各次库容均为"滩槽间距"计算。历年各次断面法计算库容均不包括区间支沟部分。据1971年地形法量算黄淤31断面以下6条支沟在335米高程以下的库容为2.350亿立方米

六、水库异重流测验

(一)测验情况

三门峡水库 1960 年 9 月蓄水运用后,自 1961 年 7 月～1964 年 9 月进行了异重流测验。各次测验均根据入库水沙和水库运用情况,用费尔德数判别和实地探测相结合,由水库管理局异重流测验组部署。测验断面按异重流运行区段布设在淤积断面上,采用主流线法和断面法两种,测验方式采取定位连续施测过程和巡回施测相结合。最大有效测验范围为距坝 80.6 公里。测验规模最大的一次是 1961 年 8 月 28 日～9 月 5 日,出动大小机船 7 艘(其中有北海舰队支援测艇 2 艘及海军 15 人,战士高先余在测验中牺牲),木船 2 只和木划子 7 只,外业测验人员 50 多人。主要船只配备小型手摇无线电台与指挥船电台或库区总站电台联络。先后参加测验协作的单位有:黄科所、黄委会水文处、北京水科院河渠泥沙研究所、清华大学和郑州大学水利系、西北水利科学研究所及北海舰队。

(二)测验成果

1961～1964 年共施测异重流 27 次,累计历时 247 天。主流线法 671 线次,断面法 164 断面次(其中有 1961 年汛后高水位探测异重流 5 次,历时 8 天,20 个断面次)。

异重流测验整编成果刊印在 1960～1962、1963～1964 年《三门峡库区水文实验资料》第二册,其中异重流断面水沙因素成果总表 37 个断面次,测定流速、含沙量、颗粒级配成果 1141 垂线次。各年测次和资料成果刊印情况如表 4—5。

表 4—5　黄河三门峡水库异重流各年测次与资料成果刊印情况表

测验日期		测　　验			资料成果刊印的测次				
年	月	历时(天)	测　次		测验情况说明表	进出库站水文因素总表*	典型断面水流泥沙因素变化过程线(断面号)	测点流速含沙量粒径级成果表(次)	断面水流泥沙因素总表(次)
			次数	主流线(次)	断面(次)				
1961	7～11	58	11	274	68	1～6 次	1～6 次	黄淤 1,12,22,26,30,31	1～6 次	选刊第 1,4,6 次
1962	3～11	145	10	278	58	1～10 次	1～10 次	黄淤 1,12 断面	1～10 次	选刊第 4～8 次
1963	5～9	17	4	48	13	1～4 次	1～4 次	——	1～4 次	
1964	8～9	27	2	71	25	1 次	1,2 次	黄淤 1,12 断面	1,2 次	选刊第 1 次

注　带 * 号进出库站分别为潼关、三门峡水文站

（三）实测资料分析

根据实测资料分析,三门峡水库异重流运动有以下主要特点:一是到达坝前排出库外的异重流,具有与进库相应的出库沙峰;二是在一定持续条件下,异重流可以沿程通过断面地形扩大、缩窄、弯道、高坎而抵达坝前;三是上层清水与下层异重流同向流动,平均流速为 0.2 米每秒左右,黄淤 1 断面最大表层流速达 0.489 米每秒(1961 年 7 月 24 日);四是较一般水库异重流具有厚度大、流速大、浓度大、类型多的特点。如最大厚度达 15.7 米,最大流速达 1.65 米每秒,垂线平均含沙量也较大,最大为 90.4 公斤每立方米,测点含沙量高达 400～800 公斤每立方米的情况,在四年实测资料中屡见不鲜,且多数以 0.1～0.4 米每秒的流速向前运动。如黄淤 12 断面 1962 年 7 月 28 日实测异重流含沙量为 1087 公斤每立方米,相应流速为 0.399 米每秒;7 月 30 日实测含沙量为 813 公斤每立方米,相应流速达 0.909 米每秒。历年异重流特征值统计如表 4—6。

表 4—6　　　　黄河三门峡水库历年异重流特征值统计表

年份	流速(米每秒)			垂线平均含沙量(公斤每立方米)	断面平均厚度(米)	最大厚度(米)	粒径(毫米)		
	最大	垂线平均	清水平均				d_{50}	d_{90}	最大
1961	1.47	0.2～1.28	0.2	40～60	2.2～11.9	15.7	0.0066～0.0148	0.023～0.030	0.488
1962	1.08	0.15～0.91	0.15～0.6	15～138	0.8～8.4	11.2	0.0072～0.0167	0.025～0.034	0.485
1963	0.805	0.124～0.635	0.075～0.82	26.3～85.6	0.8～7.5	7.5	0.0063～0.0073	0.029～0.038	0.722
1964	1.65	0.082～1.33	0.07～0.83	14.8～90.4	2.2～8.7	14.7	0.0045～0.0086	0.022～0.026	0.437

1963、1964 年防洪排沙运用初期,汛期不蓄水,因此泄流规模小,滞洪水位高,但仍有异重流或过渡性异重流(交面渗混)产生。

1960 年 9 月～1962 年 3 月的蓄水运用期,异重流排沙比为 5.9%,1962 年 3 月～1964 年 10 月的防洪排沙期,异重流排沙比为 12.2%。凡是洪峰中能到达坝前的异重流,其洪峰沙量的排沙比也只有 26.5%。因此在三门峡水库中利用异重流排沙是相当有限的,这与原设计估算异重流排沙 20% 相差较大。

三门峡水库异重流资料比较系统完整,资料丰富。所测异重流可分为四种类型:(1)洪峰异重流;(2)滞洪异重流;(3)冲刷型异重流;(4)河道型异重流(这是 1975 年在潼关水文站测到的)。三门峡水库管理局曾编写:《三门峡水库 1961 年异重流资料初步分析报告》(1962 年 3 月,打印本)、《潼关断面高含沙量河道型异重流》(1975 年,刊登在《黄河泥沙研究报告选编》)等报告中。

七、水力泥沙因子测验

(一)测验布设

三门峡库区水力泥沙因子测验，从1959年3月开始，随着水库各阶段运用方式的改变和回水范围及断面条件不同，其测验布设有河道型和变动回水区两种类型。1959年3月～1986年，先后设立水沙因子测验站25处，其中黄河干流19处(潼关以下15处)，渭河5处，北洛河1处。

1959年水库为初步拦洪自然调节期，滞洪时间不长，回水范围在黄淤22附近(距坝40公里)。当年布设水力泥沙因子测验站8处：黄淤2(后称史家滩)、黄淤15(原陕县水文站)、北村(原称黄淤22)、潼关四站为常年测验站；大安(黄淤3～4间)、黄淤11、黄淤13、东官庄(黄淤20～21间)四站为掌握桃汛水沙入库的短期(2～4个月)测验站。

1960年先后增设黄淤21、杨家湾(黄淤31，后称太安)、上村(黄淤12)和渭河上的华阴、王家庄5个水力泥沙因子断面，1960年9月15日水库进入蓄水拦沙运用期，其回水迅速上延，潼关以下各因子测验站处于平水区内而停测。

1961年在黄河潼关以上增设独头、辛店二处进行桃汛水沙因子测验。杨家湾上迁设彩霞(黄淤35附近)站，有流速时测，无流速时停测。

1962年4月水库进入滞洪排沙低水头运用期，汛期回水范围在黄淤36(距坝96公里)附近，水沙因子测验的重点转向潼关以下库段，至1963年3月彩霞迁至坫垮，并增设太安、恢复北村、茅津(原黄淤11迁黄淤12，后称会兴)、史家滩、上源头(原为独头)华阴五站。此后潼关、华阴改为长期专用水文站。1964年6月北洛河增设朝邑(兼专用)站。1965年5月渭河增设吊桥、沙王和交口三站。

1966年5月又恢复曾于1965年5月停测的太安站(实际站址在杨家湾)，同时因上源头站河道散乱，无法施测而改为水位站，将水沙因子测验迁移其上游设立王村(水文)站(黄淤56下3100米)。较长期进行同步观测的因子站主要有黄河干流的史家滩、会兴、北村、太安、上源头(王村)及渭河的吊桥、华阴、沙王、交口等站(不含专用水文站)。1966～1968年底黄河各站陆续停测。鉴于1969～1979年期间，水沙因子站全面停测，而该时期正值三门峡枢纽工程第一次改建成功投产运用，并继续进行第二次改建(1973年完成)，而1977年又遭遇建库以来罕见的三次高含沙大洪水，全库区产生长距离高浓度输沙(含沙量 800~900 公斤每立方米),坍滩切槽,强烈冲刷,河型剧变,并产生"揭河底"现象,这些重要变化的资料未能测取。为此于 1979 年 11 月新设大禹渡站(黄淤 30 上 500 米),该站 1986 年 11 月 18 日停测,保留水位观测。

(二)测验设备

水沙因子测验的设施和设备,1959~1960 年主要是采用大木船,依靠长缆重锚或过河缆吊船。1961 年后陆续配备机船或拖带木船相结合。1963 年推广使用水力绞关起锚。

(三)测验成果

水沙因子测验按不同要求有三种:一是定水量、定沙量;二是不定水量(借上游站水量)、定沙量;三是不定水量、不定沙量。测验内容与一般水文站相同,但悬移质积点法输沙率测次和床沙质取样及泥沙颗粒分析数量比一般水文站多。

水沙因子测验资料的整编刊印项目(表名)达 15 种。

历年水沙因子测验站的测验情况如表 4—7。

表 4—7　黄河三门峡水库主要水沙因子测验站(断面)测验情况表

河名	序号	站(断面)名	距坝(公里)	测验时段(年.月)	测验类型
黄	1	史家滩	1.9	1959.6~1960.9、1963.3~1966.12	不定水沙
	2	上村(茅津、会兴)	15.1	1960.6~1962.5、1963.3~1965.2	不定水沙
	3	陕县(黄淤 15)	21.3	1959.1~1960.5	不定水沙
	4	北村(黄淤 22)	42.3	1959.6~1960.10,1962.7~1967.11	借水定沙
	5	杨家湾	72.3	1960.5~9、1966.5~1968.11(后期称太安站)	借水定沙
	6	大安	74*	1962.3~1965.2	借水定沙
河	7	潼关	113.5*	1959.5~1995(继续)	定水定沙
	8	上源头	132.8	1963.6~1966.4	借水定沙
	9	王村	181.1	1966.5~1967.9	借水定沙
	10	大禹渡	68.4	1980.6~1986.11	定水定沙
北洛河		朝邑	144.2	1964.6~1995(继续)	定水定沙

续表 4—7

河名	序号	站(断面)名	距坝 (公里)	测验时段(年.月)	测验类型
渭 河	1	吊 桥	123.6	1965.4～1969	不定水沙
	2	华 阴	131.8	1960.7～1967.12、1974～1992	定水定沙
	3	王家庄	153.3	1960.11～1962.2	借水定沙
	4	沙 王	204.6	1965.5～1970.12	借水定沙
	5	交 口	220.1	1965.5～1969.10	借水定沙

注 带＊号的距坝里程为该站测验断面变迁的平均值

八、地下水观测

1956 年开展地下水动态观测和研究工作。当时是按长期观测部署的，后因水库改为低水头运用，以及井孔故障或遭受破坏，陆续进行了调整，至 1975 年 9 月全部停测。

(一) 观测任务

1. 观测研究大坝地段和水库区的水文地质条件，及含水层与河流之间的关系。

2. 观测研究大坝地段地下水的动态规律，精确计算绕坝渗漏量。

3. 观测研究水库沿岸地下水动态规律，预测水库浸没、坍岸、渗漏、沉陷等对国民经济可能带来的影响，以便采取防护措施。

4. 为地下水水量平衡，地下水进库量计算以及有关科学研究提供资料和论据。

(二)观测网布设

1956 年由三门峡地质勘探队布设钻孔并观测，至 1957 年在库区均匀布置 26 个剖面。据勘探资料分析，测井分为以黄河两岸坍岸为重点和渭河、北洛河两岸以浸没为重点的两类地区。

1958 年 1 月由三门峡库区总站接管地下水观测工作后，黄委会组织技术力量和苏联水文地质专家巴索娃在库区作了全面查勘，布置了 30 个主要剖面，在主要剖面间又布置 20 个小剖面，共计 50 个剖面。至 1958 年 12 月，实际开展地下水观测的有 41 个剖面。

1959 年全面开展地下水观测后，黄河两岸布设剖面 34 个，钻孔 147 个；渭河两岸布设剖面 26 个，钻孔 174 个。全计 60 个剖面，321 个钻孔。

此外,还利用部分水井、泉水点进行观测,部分剖面同时观测河水水位。

观测工作分片划归三门峡、灵宝、潼关、赵村、渭南、大荔、张留庄七个地下水观测站负责。到1962年,黄河三门峡库区干流大部分井孔停测,渭河部分停测。

1967年3月10日,黄委会以[1967]黄水字第5号通知:1.因水库低水位运用两岸地下水动态已完全脱离水库影响,停止潼关以下库区两岸地下水和坍岸观测工作。2.渭河两岸有12个剖面,57个钻孔,地下水观测工作仍由三门峡库区总站继续进行。3.坝址左右两岸观测孔17个,根据观测资料证明,绕坝渗漏量极微,全部停测,钻孔封口保存。同年5月26日黄委会[1967]第28号文批示:同意三门峡库区总站[1967]库测便字第51号函意见,坝址区地下水观测孔中7个孔继续观测(后移交大坝管理部门),每日测三次。地下水化学每年测1~2次,水温停测。

自1971年起渭河区地下水观测由陕西省水文地质二大队五分队接管。由于部分老孔报废,或失去代表性,他们又陆续打了一部分新孔。截至1981年渭河区继续观测的剖面有:建库初期的剖面5个30孔,1971年后新增剖面7个47孔。

三门峡库区总站所管辖的地下水观测仅保留黄河南岸灵宝附近的一个剖面5个孔。1978年停测。

(三)观测方法

观测执行的技术规定主要有:1956年11月7日黄河三门峡地质勘探总队编印的《地下水长期观测工作细则》,1955年电力工业部水力发电建设总局编印出版的《地下水规律观测指南》和《测定地下水流向及流速规范》等。1959年以后按三门峡库区水文总站编印的《三门峡水库地下水长期观测暂行规范》进行观测。1961年按库区总站编的《三门峡水库测验规范(草案)》进行观测。

观测项目有地下水水位、水温、水质和部分剖面河水位。

(四)观测成果

观测资料按1959年9月黄委会编《三门峡水库水文气象资料整编方法》进行整编。库区地下水资料除1956~1959年观测的753个孔次(未计水井)的资料已集中刊印在《三门峡水库区水文实验资料(1956~1959)》专册内,其余年份除个别站刊印在水文资料年鉴外,大部分均未刊印。

三门峡水库区的地下水动态分析研究的单位有三门峡库区总站、陕西省水文地质队。分析研究报告有《三门峡水库地下水动态观测工作报告》(库区总站,1959年9月)、《三门峡水库蓄水前后地下水动态及其影响》(库区总站,1962年)等20余篇。

通过实测资料初步分析,三门峡水库蓄水后的地下水动态主要情况是:

1.黄河两岸潜水位动态变化:库首段的三门峡~灵宝,蓄水后较蓄水前地下水位上升8.47米~30.26米。水库中段潼关~灵宝,蓄水后地下水位一般上升1~5米,近岸水位的上升较大,如B_{10}孔,上升值达15米。水库尾段(潼关以北至韩阳镇45剖面附近)由于受回水影响较晚且时间短暂,潜水位变化较小,一般上升值为1.5米左右,最大为3.1米(B_{311}孔)。

2.渭河两岸因回水涉及范围小,时间短,潜水位动态变化不大。

3.潜水位变化的主要因素是:一是与水库水位高低及其持续时间长短有关;二是与潜水位的原始坡降有关;三是近库岸地段潜水位变化剧烈,尤其是距岸1公里左右的地带,2公里以远的地带则趋于稳定;四是潜水位的变化与地质结构有关,随不同的含水层而异。如闪长玢岩裂隙水上升值达24.42米(51MZ孔,1960年9月15日),第三纪红色砾岩裂隙水上升值曾达35.28米(48TV孔,1961年5月),而对于石炭二叠纪煤系裂隙水和承压水,中奥陶纪喀斯特水等在水库蓄水后和蓄水前相同。

九、库岸坍岸观测

(一)坍岸观测段布设

三门峡水库处于黄土地区,岸高坡陡。1958年11月~1959年3月,黄河西北工程局对可能坍岸的700余公里岸线进行了查勘,选定了8个具有代表性的重点观测区——三门峡市、灵宝、大禹渡、永乐镇、潼关、风陵渡、韩阳镇和朝邑。

1959年10~11月,在335米高程的库区范围内库区总站根据观测区布置的原则,结合勘探剖面和淤积测验断面,勘设321个坍岸观测断面。

两次坍岸查勘后,在各重点观测区施测了1:2000地形图和观测断面图,并经地质勘探,取样试验,填绘地质岩性——地貌图(三门峡市区为1:2000)。在重点段还布设了测验沿岸流的地段,其长度600~800米,宽度100~500米,断面间距50~100米,并进行了1:500的地形和1:200的断面测量。此外,由三门峡地质勘探队,在全库区可能发生坍岸的地段布置335个勘探剖面和22个测绘剖面(不含补充勘探),分别取样试验,填绘库区1:50000地质图、地貌图和水文地质图,并作了不同水位和不同时段的坍岸预测。

经过两次勘测,观测区所设的地质剖面为:三门峡 6 个、灵宝 3 个、大禹渡 1 个、永乐 2 个、潼关东 2 个、潼关西 2 个、风陵渡 3 个、朝阳镇 2 个、朝邑 5 个。共 26 个。

根据水库蓄水运用情况,将坍岸观测重点放在潼关以下库岸陡高的峡谷段,韩阳镇和朝邑两区未开展工作。同时将永乐区改移杜村,另增设杨家湾、茅津渡两观测段。

观测区段的基本情况如下:

1. 三门峡观测区,距坝 17 公里,长度 7 公里,位于黄河进入峡谷前端右岸的湾道凹岸处。该区包括王官、会兴、上村三段、分别布设 7、6、5 个断面。观测时段为 1959～1960 年,1963～1966 年。

2. 茅津渡观测段,距坝 17 公里,长度 2 公里,位于黄河左岸凸岸嘴上,布设 4 个坍岸断面。观测时段为 1961 年 11 月 15 日～12 月底,1963～1966 年。

3. 北南营(灵宝)观测段,距坝 45 公里,长度 2.5 公里。位于黄河右岸二阶台地上的凹岸处,布设坍岸断面 10 个。观测时段为 1959～1960 年底。

4. 大禹渡观测段,距坝 67.9 公里,位于左岸四级台地上,库岸基本平直。布设断面 5 个。观测时段为 1960 年 7 月 28 日～12 月 31 日。

5. 杨家湾观测段,距坝 70 公里,长度 1.6 公里,位于右岸二阶台地上,岸线平直。布设断面 4 个。观测时段为 1961 年 9 月 25 日～12 月 31 日。

6. 杜村观测段,距坝 85.4 公里,位于左岸二级阶地,布设断面 7 个。观测时段为 1960 年 9 月 11 日～12 月 31 日。

7. 风陵渡观测段,距坝 110 公里,长度 7 公里,位于黄河由北向东转折处的左岸,右岸正面有渭河向北汇入黄河,其西面河口宽阔,南部狭窄,处于三面临水的岸嘴。布设断面 9 个。观测时段为 1960 年 12 月 2 日～1961 年 12 月 31 日。

8. 潼关观测段,距坝 110 公里,长度 3.2 公里,位于黄、渭河交汇处之右岸的Ⅰ、Ⅱ、Ⅲ级阶地。分潼关东段长 2 公里,布设 5 个断面;潼关西段长 1.2 公里,布设 3 个断面。观测时段为 1961 年 1 月 1 日～12 月 31 日。

(二)坍岸观测

坍岸观测从 1959 年开始,按照库区总站 1959 年制定的《三门峡水库测验规范(草案)》进行。

主要观测内容有:坍岸宽度、长度、高度、沉陷、坍后倾角、坍塌方式、原因、岸壁裂缝及坍岸速度等。

常规观测方法采用固定断面（必要时加密断面）测量计算和套绘断面图。各区段观测断面分为一般、辅助、典型三种。分别为每隔5天、10天及1～2天观测一次。

建库初期，为开展坍岸观测和准确计算坍方量奠定基础，库区总站和黄委会测绘总队，从1958～1961年先后多次对各重点观测区进行了1：1000或1：2000的地形图测绘，共54.73平方公里，并施测坍岸断面和跨河大断面分别为135个和10个。

根据压缩城市人口的精神及水库运用方式的变化，于1961年将8个坍岸段，4个风浪站全部停测。全库年坍岸量只在年终人力可济的情况下查勘估算一次。为进一步研究坍岸，于1963年恢复三门峡、茅津渡西段的坍岸观测。除1964年因滞洪水位较高且时间较长，个别断面发生坍岸，其最大宽度仅12米，其他年间均未发生坍岸，故于1967年黄委会批复同意停测。

（三）主要成果

主要观测成果只有1959～1961年的三年资料。

1959年因拦洪时间短，回水范围最远达灵宝县城附近，主要观测了坍岸现象，取得资料有限。其主要特点是：崩坍多，滑坍少；岸脚崩坍多，岸顶崩坍少。库区回水范围大坝至灵宝七里铺1959年坍岸数量总计为469.56万立方米，坍岸线总长为6630米。最大坍岸量在王沙涧为390万立方米，段长2600米。一般坍岸段长约100～200米，坍岸量为0.15～45万立方米。较小的坍岸段长60米，坍岸量为0.3万立方米。

1960～1961年因观测记载规格不统一，资料残缺不全，平面、高程控制设施变动、丢失，无法整理刊印，也不能计算坍岸量和判断坍岸程度。1961年以后观测资料，没有入档，无法查证。1961年5～6月，北京大学师生和水库管理局合作进行较全面的坍岸调查，是对上述情况的补救。

1961年6月调查报告主要成果：库水位在332.58米时（1961年2月9日最高蓄水位，坝前较建库前升高40余米），相应库水面积为780平方公里，库岸线长度为486公里。其坍岸线长为201公里，占库岸线总长的41.3％。分布于大坝至潼关的左右岸。右岸坍岸线长为118.9公里，左岸为82.1公里，分别占相应库岸线长度的56.6％和29.7％。坍岸线右岸大都呈连续状态，其坍岸长度最大的有三门峡段的坝头～陕县七里铺为33.02公里，坍岸长度最小的是杜村段的郑家～南张为2.8公里。最大坍宽为280米（杨家湾～闵底和太阳渡～葛赵村）。估算坍岸量右岸为5819.12万立方米，左岸为 2944.09 万立方米,合计为 8763.21 万立方米。

据 1988 年 11 月黄委会设计院委托水文局进行《三门峡水库不同运用时期库岸坍塌的分析》估算,蓄水运用期内,1960 年潼关以下坍岸总量为 0.61 亿立方米,1961 年坍岸总量为 1.16 亿立方米。合计为 1.77 亿立方米。

(四)非观测期(1962～1987 年)的坍岸概况

1962 年 3 月以后,水库为防洪排沙或蓄清排浑控制运用。水库在前期严重淤积条件下,受主流剧烈摆动,重新塑造河床,致使一些老岸受水流顶冲、旁蚀影响,部分地段坍岸仍较严重。如黄淤 37 断面上游的西城子,35 断面上游的盘豆,31 断面上游的杨家湾,29 断面的东古驿以及三门峡市北郊的 14 断面等。

根据淤积断面测量结果,畅流期坍岸比蓄水期更甚。如黄淤 29 断面,1960 年 9 月～1961 年 10 月坍岸宽为 20 米,而 1975 年 10 月～1980 年 10 月坍岸宽 160 米,至 1985 年 10 月坍岸宽又增 280 米,累计达 460 米;黄淤 37 断面 1975 年前未发生坍岸,而 1975 年 10 月～1980 年 10 月坍岸宽 90 米,至 1985 年 10 月又增宽 280 米,累计达 370 米。

据水文局和设计院 1988 年 11 月的分析报告估算,1962～1973 年,1974～1987 年,潼关以下坍岸量分别为 0.743 亿立方米和 2.65 亿立方米,合计为 3.393 亿立方米。(其中右岸为 2.86 亿立方米,左岸为 0.53 亿立方米),占建库以来坍岸总量 5.15 亿立方米的 65.9%。此两期间发生坍岸线长为 159 公里,占同期水库最大影响范围内库线总长的 42.5%。累计坍宽一般为 15～25 米,最大达 650 米以上。

(五)坍岸损失和防护

据初步统计,三门峡库区坍岸毁坏耕地 1.4 万亩(黄委会罗启民统计为 5.1 万亩),损害居民点 30 处,46 个村庄受威胁。如灵宝县的杨家湾、东古驿、北村等被迫于 1970 年迁移。蓄水期会兴坍岸掀起的巨浪,使对岸(茅津渡)一船被击沉,一船被击散,当巨浪返回此岸时又将一艘 26 米长的大木船推出水面搁浅于干滩上。灵宝县七里铺一次坍岸使三艘船只受难,一船员丧生。风陵渡的凤凰嘴,1962 年大滑塌时,河中的大鱼被推上干滩。

从 1975 年起,由黄委会统一规划和投资,沿库两岸陆续采取筑坝、护岸、抛石等工程措施。至 1987 年底,两岸共修建防护工程 28 处,总长 43 公里,投资 4000 余万元。有效地控制了坍岸的发展,保护了村镇、农田的安全。

十、波浪观测

水库波浪观测主要是了解波浪关系,研究波浪形成规律及其对库岸变形的影响。

1959年,库区总站在库区坍岸勘查的基础上,选定上村、北南营、杜村、风陵渡和潼关(五里铺)五处设立了简易波浪观测站。

观测项目和内容有:波高、波长、波速、周期、波向、波级等波浪要素。重点站加测波压、波能、波型、波状、波况、波展、击岸波高(波浪爬高)、波岸距离、波陡、波龄等。同时观测的项目有风向、风速、风况、风历时、水位、水深等。

观测使用的仪器设备有:测波标杆,包括固定式、浮式测波杆和波长观测杆;三点法测波球;岸用测波仪;传送器测波仪。

观测方法和要求按库区总站制定的《水库测验规范(草案)》进行。每日定时观测3~4次,特殊需要时(如观测风浪过程),视波浪大小每天应加测2~8次。

各站观测情况:

上村站因蓄水标杆倒毁,未开展工作。北南营站1959年开始观测,1960年停测。杜村站1961年11月5日开始观测,至当年12月30日停测。风陵渡站自1961年10月开始观测,20天后停测。潼关站自1961年12月1日开始观测至当月31日停测。

波浪观测未收集到较好资料,由于观测时间短,资料零乱,未进行整理,未达到预期目的。存在主要问题是观测设施不能满足要求,固定式测杆因水深大,浮动式测杆因水位变幅大设杆困难,埋设位置离岸近则代表性不高,离岸远观测误差大,在站网调整时决定停测。

十一、水库水温观测

水库水温观测是获取水库蓄热量资料,据以计算水库的热平衡及水面蒸发量,了解水库水温变化规律,研究水库冰凌生成、消化过程及其预报方法,并为生物养殖、工农业用水以及不同泄水水温对下游环境影响等提供资料。

三门峡水库水温观测按其观测目的和要求有4种,各种方式又相互结合,彼此兼顾。

(一)水库周边水温观测

该项观测均由水库周边的水位站及水文站进行。从 1959 年 1 月起先后有 25 个观测站,其中黄河干流 15 站、渭河 7 站、其他支流 3 站。

(二)水库坝前水温观测

于 1960 年 5 月,1961 年 1 月至 4 月在黄淤 2 断面进行。每月观测 6 次,每次在固定垂线上的不同水深处观测,以掌握水温的垂直分布。

(三)断面水温观测

在水文站或水力泥沙因子测验断面上进行,布设 5～7 条垂线,施测不同水深处的水温,以了解水温在全断面内的分布情况。每月观测 1～4 次。观测站点有 7 处:黄淤 2 副断面(1960 年),黄淤 12(上村,1960 年 7、9、10 月),黄淤 22(北村,1960 年 6～9 月),黄淤 31(杨家湾,1960 年 7～12 月),黄淤 41(潼关,1961 年 1～4 月),黄淤 45(独头,1961 年 2～5 月),汇流区断面(1960 年 7～12 月)。其断面水温观测资料均未刊印。

(四)固定(停泊)垂线水温观测

固定垂线的水温观测是为研究综合因素的特征及变化,同时进行水面以上的气温、湿度和风的梯度观测。

观测站有坝前、杨家湾、潼关三角洲处。

1987 年黄河水资源保护科学研究所对三门峡等水库水温结构采用 α、β 法和 F_D(弗尔德)指标进行判别与计算分析,得出三门峡水库水温属暂时混合型,其结论与 1986～1987 年对坝前临坡面的垂线实测水温相符。应用史家滩断面 1960～1965 年的实测表层水温与三门峡市的气温资料,求得其月平均水温(T_w)和月平均气温(T_a)的关系式为:

$$T_{wi}=0.94T_{ai}-0.52 \qquad (i=2\cdots\cdots7 月)$$
$$T_{wi}=0.89T_{ai}+2.77 \qquad (i=8\cdots\cdots12,1 月)$$

十二、库区气象观测

(一)气象站网

三门峡水库建成后,335 米正常高水位形成面积为 1076 平方公里的人工湖泊。为掌握库区蓄水后的气象变化,研究库周与库心气象的差异,为库周环境小气候变化及其影响提供资料。为此,利用水文站和专设气象站,结合部分地方台、站开展库区气象观测工作。

研究库区气象所利用的气象台、站主要有三门峡市、运城、西安市3个气象台，陕县、平陆、灵宝、芮城、潼关、华山、华县、渭南、大荔、韩城、河津11个气象站和由水文站兼测简易气象的有三门峡、灵宝、潼关、龙门、河津、华县、咸阳7站。1959年6月和11月由库区总站先后设立了赵村和十里滩2个气象站。并于1960年在黄渭汇流区筹建新立庄库心综合气象站。除库心站未开展观测外，全库区共有气象观测站点23处。

（二）气象观测

各气象台、站及水文站的气象观测均执行中央气象局1955年编制的《地面气象观测规范》。库区总站所属各水文站的气象观测同时执行《三门峡水库测验规范（草案）》（库区总站1959年9月）。库区总站所属各站观测项目及年限如下：

赵村气象站，1959年6月～1964年观测项目有：气温、湿度、地温、降水、蒸发、风向风力、气压、日照。

十里滩气象站，1959年11月～1961年3月观测项目与赵村站相同。

干流水文站气象观测项目除无气压、日照外，其他与赵村站相同。支流站观测项目有：气温（包括最高、最低）、降水、蒸发、风向风力等。水文站气象于1961年先后停测。此外库内气象因素（停泊垂线）观测2处，于1961年停测。

观测资料除降雨、蒸发外，其他项目均未整编刊印。

十三、其他测验研究

（一）大坝截流期水文测验

三门峡水利枢纽施工截流，从1958年11月17日9时开始，同年12月13日结束，历时27天。截流期水文测验是为确定戗堤进占时抛体大小、速度而提供水位落差、流速、流量资料。截流期布设水文测验断面5处，水位观测点28处。参加水文测验的人数共151人。

测流断面和水尺布设是按照西安交通大学进行截流模型试验的断面和水尺布设，参考苏联列宁格勒水电设计院N778－22－35号图纸及施工现场情况而定。

1. 流量测验

（1）基本断面，即原三门峡水文站基本断面。位于施工口门下游约900米处，施测水位、流量，以控制上游来水量。

（2）神门断面，位于神河戗堤轴线稍偏上游，观测戗堤进占时的水位、流量、最大流速、戗堤前沿流速及其断面变化。

（3）神门泄水道断面，开始设在泄水道施工吊桥上。因神门泄水道戗堤进占时，水流湍急，碰柱激荡，不能满足测验要求，11 月 22 日将断面上移至泄水道口闸墩处。此处为人工开挖的水道，岩石河床、矩形断面，河宽 27 米，断面两岸有混凝土闸墩控制水流。

（4）鬼门泄水道断面，测流断面在鬼河泄水道桥下游狮子头处，距桥约 48 米。河宽为 40 米，人工开挖 2 米深槽。除施测下泄流量外，并在鬼门泄水道戗堤进占时，测量最大流速。

（5）梳齿断面，设在梳齿泄水孔上游 80 米处，系人工开挖的水道，底部高程为 280 米，河宽 90 米。

为满足截流施工进度的需要，各断面每天测流 5 次以上，最多一日测流达 8 次。截流期间水文测验从 11 月 17 日 9 时～12 月 11 日 18 时，历时 25 天，流量变幅为 2000～786 立方米每秒。神门、神门泄水道、鬼门、梳齿断面的最大流速分别为 6.86、6.55、7.33、2.89 米每秒，最大水位落差分别为 2.94、4.37、7.15、2.11 米。

2.水位观测

为观测截流期各水道的水位落差，水尺布设：神门龙口戗堤上游 3 处，神门泄水道龙口上下游 4 处，鬼门泄水道闸门的上下游 4 处，梳齿断面 4 处，在施工场地上游三门峡水文站第 5 断面及第 8 断面左、右岸 5 处，为与苏联设计资料进行比较，参照 N778－22－35 号图布设方案，又设神 3、神 5、梳 1、C_8 及 C_9 水尺 5 处，以及水文站原设的第一断面及基本断面的水位观测 3 处，共计 28 处。

根据截流施工要求和水文测验规范及《截流期水文观测方法》的规定进行观测。水位观测一般是每小时一次，有的每 15 分钟、半小时一次。

截流期水文测验条件十分艰苦，在工程局领导亲自关怀下，调动施工力量和生产单位支援，架设过河缆道，铸造 100、200、450 公斤重的铅鱼和电动、手摇式测流绞关等。全体测验人员克服困难，夜以继日地坚守岗位，圆满完成了任务。

（二）水库拖淤试验

1980 年 5 月 30 日，黄委会黄计字[1980]第 50 号文通知水文局："为探讨降低潼关河床高程的措施，经研究拟于今年汛期在库区潼关至太安段（41～36 号断面）进行拖淤试验。试验由水文局负责主持，三门峡库区总站具体承担,黄委会工务处、黄科所派人协助。"

第一次拖淤范围为黄淤 34～41 断面,区间长度 30.4 公里。1980 年 7 月 18 日开始,11 月 9 日停拖,历时 115 天。参加人员 71 人,投入拖淤和测验机动船只 8 艘,生活船 1 艘,汽车一辆,总共为 1388 马力。其中拖淤船只 6 艘,1043 马力。累计净工作量为 281 工日,354288 马力小时,航次 1700 次,拖程 2600 公里,平均每日拖淤长度 11.3 公里。投资 10.46 万元。

第二次分两期进行。第一期是 1981 年 3 月 25 日到 4 月 7 日为桃汛期拖淤,历时 14 天,其间筹集了两艘机船拖淤,一只机划子和一艘大木船测验,一辆汽车作辅助工作,共动用设备动力 492 马力。参加人员 38 人。拖淤库段为黄淤 30～34 断面,区间长度 19.6 公里。第二期是 1981 年 7 月 25 日至 9 月 15 日为汛期拖淤试验,历时 53 天。机动船 7 艘,动力设备为 1281 马力。参加试验人员总数达 84 人。拖淤河段为黄淤 35～39 断面,区间长度 19.3 公里。1981 年累计净工作量为 56 工日,58274 马力小时,航次 319 次,拖淤里程 866 公里,投资 29.9 万元。

据两次拖淤部分实测资料分析,拖淤效果:第一,过水面积增大。如 1980 年 7 月 18 日～24 日拖淤 6 天,黄淤 36、36—1、35 断面的过水面积分别增加 20%、91%、31%。第二,同流量水位降低。如 1980 年 7 月坽坾站 1000 流量时水位,自 7 月初至 7 月 23 日降低 0.57 米。第三,含沙量增大,垂线分布趋向均匀,加大了输沙能力。当天然含沙量为 10～20 公斤每立方米时,下行拖淤含沙量增加 27%～145%,船只上行时(下放拖具)含沙量增加 2%～101%。

1981 年 4 月 21 日～4 月 28 日在三门峡市召开的全国重点水库泥沙观测研究成果交流会上,曾邀请有关单位的代表对三门峡库区局部库段拖淤问题进行了专题座谈讨论,一致意见是,拖淤本身对水库没有害处,但对拖淤效果有不同看法。自然效果与拖淤效果难分,收集资料不够充分和系统。

十四、水库泥沙研究

(一)研究概况

三门峡水库泥沙问题严重威胁水库寿命,降低综合利用效益,以及可能影响关中平原及西安市的安全。因此三门峡水库泥沙问题引起各界关注,各生产部门、科研单位、大专院校、设计部门纷纷深入到三门峡水库现场收集整理资料,进行了深入的分析研究。

三门峡库区总站自成立以来,采取了测验、科研、生产三结合的方针开展研究工作,设立研究机构。为加强分析研究,1965年水电部调派水文泥沙专家龙毓骞到库区总站主持研究工作。该总站比较长期和系统从事水库泥沙研究的人员还有吴茂森、王国士、李兆南、程龙渊、孙桐先、罗荣华、李文蔚、孙锦惠等。库区总站科研人员,每年提出汛期、年度冲淤简报和初步分析研究报告。60年代起,与库区总站协同分析研究的主要单位和主要人员有北京水科院河渠研究所姜乃森、焦恩泽等,黄科所麦乔威、杜殿勋、程秀文、何国桢等,黄委会设计院涂启华等,清华大学水利系钱宁、张仁等,水电部十一工程局勘测设计研究院张启舜等,陕西三门峡库区管理局、西北水利科学研究所曹如轩等。此外,中国科学院地理研究所、武汉水利水电学院、长办水利科学研究院等单位也收集三门峡水库水文泥沙资料进行分析研究。

各单位通过实测资料的分析研究,撰写了大量的水库泥沙科研成果,据不完全统计有200多篇,如:《三门峡水库泥沙问题经验总结》及8个分报告(泥沙总结组,1970年8月)、《三门峡水库潼关高程变化的分析》(1972年,库区总站研究室)、《三门峡枢纽改建后泥沙问题初步小结》(张启舜、罗荣华、孙绵惠,1977年10日)、《三门峡水库泥沙问题的研究》(龙毓骞、张启舜,1978年8月)、《三门峡水库调水调沙及其冲淤特点》(黄科所、黄委会水文局、库区总站,1981年1月)等。长期的观测研究,使人们不断深化和丰富了对水库泥沙冲淤规律的认识,并运用这些规律修正原设计的运用方案,及时改进调水调沙方式,长期保持一定有效库容,充分发挥水库效益。三门峡枢纽工程两次改建和蓄清排浑运用方式的实现,是三门峡水库泥沙问题得到有效处理,并为其他多沙河流水库的规划设计与管理运用提供了范例。

(二)水库淤积

三门峡水库设计时,由于对泥沙问题估计不足,处理失策,致使水库运用初期造成严重淤积,库容大量损失。水库蓄水运用一年多,只经过一个汛期,据1960年9月至1962年5月断面法实测,库区淤积量达19.70亿立方米,其中潼关以下淤积14.3亿立方米。此后,水库运用方式改为滞洪排沙,1964年又遇丰水、丰沙使淤积量大量增加,至1964年10月,库区累计淤积量达45.07亿立方米,其中潼关以下淤积37.22亿立方米。335米水位(改建后防洪水位)以下的库容由98.40(地形法)亿立方米减少到57.00亿立方米,损失库容42.1%。1965~1966年库容虽略有恢复(4~5亿立方米),但又遇1967年大水大沙后,使相应库容减至历年最小为53.51亿立方米(1968年10月测)。常用蓄水位320米的相应库容则由1960年4月的

27.56亿立方米,到1964年10月为1.698亿立方米(历年最小),损失库容达93.8%。此后由于降低运用水位及枢纽工程改建,有效库容逐渐恢复并达到相对稳定状态。80年代,335米水位库容长期维持在60亿立方米左右;330米水位库容为31亿立方米左右,其中潼关以下恢复槽库容10亿立方米左右;320米水位库容自1974年蓄清排浑控制运用后保持7亿立方米左右。工程改建运用后,河槽库容恢复较多,1973～1990年,滩、槽库容分别维持在20～22亿立方米和8～10亿立方米。但滩面仍维持1964年或1973年的淤积状态。

(三)水库冲淤

1.潼关至大坝库段

潼关以下库段是水库冲淤规律研究的重点。建库前,该段冲淤变化不大;建库后,冲淤变化主要受水库运用水位、来水来沙组合情况、前期淤积量与部位及泄流规模等因素的综合影响。它的冲淤方式纵向上有沿程冲刷、沿程淤积、壅水淤积、溯源冲刷;横向上有平淤、贴边淤、淤滩刷槽、坍滩展宽或滩槽同淤等形式。为适应输沙平衡不断调整河床形态,各种冲淤方式往往相互交替或联合作用。

水库运用初期,由于运用水位较高,1960年和1961年非汛期蓄水位达330米以上,最高达332.58米,回水超过潼关。因此潼关站(1960年9月～1962年3月)的入库沙量12.34亿吨,使89.5%的泥沙淤积在库内。

1962年3月改为降低水位滞洪排沙运用,虽然排沙比有所增加,如改建前期(1962年4月～1966年6月)排沙比为67%,第一期改建(1966年7月～1969年12月)排沙比为121%。但因前期淤积影响和泄流规模不足,其间又遇上1964、1967年丰水丰沙年份,又使库内产生大量淤积。并使潼关和坝前淤积最大厚度分别达6米和34米,为历年最大。1962～1969年底该段进出库输沙量差累计达15.53亿吨。

第一次工程改建,打开两管,增建两洞后,使泄流能力增大,潼关至大坝库段的河床发生剧烈调整,重新塑造河床,逐步形成高滩深槽,出现了"死滩活槽"和"淤积一大片,冲刷一条线"的特征与规律,使库容具有滩库容和槽库容之分的概念。黄淤45断面以下河(库)床平均高程纵剖面变化,如图4—2。

1973年,工程枢纽完成第二次改建,打开底坎高程为280米的8个底孔,扩大了泄流规模,水位315米的泄流能力由原3120立方米每秒,增大到9800立方米每秒。同时采取非汛期"蓄清",控制水位315米,并进行防凌前

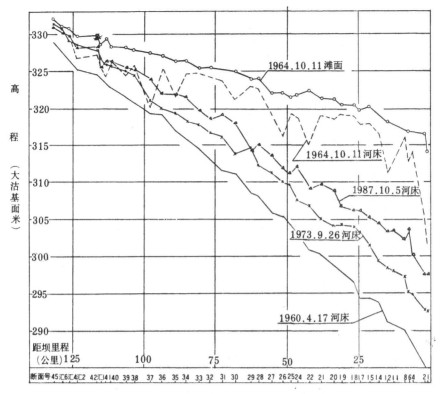

图4—2　三门峡库区淤积最高滩面及平均河床高程纵剖面图

期及春灌蓄水;汛期"排浑",控制运用水位为300～305米。这种"蓄清排浑"运用方式,使库内泥沙在运用年度内基本达到平衡状态,从而使330米高程以下库容基本稳定在31亿立方米左右,供水库有效综合利用,发挥防洪为主兼顾发电、防凌、灌溉等综合效益。

三门峡库区各区段主要时段冲淤量统计如表4—8。

2.库区北干流

库区北干流(龙门～潼关)属堆积、游荡性河道。建库前每年平均淤积泥沙0.6～1.0亿吨。据调查,宝鼎和老永济两地区在近50、60年分别淤高12.46米(1960年)和10.5米(1950年),与龙门资料接近。龙门至潼关河道多年平均淤积厚度0.27～0.067米,自上而下递减。

水库运用后,老永济以上河段仍为自然河道,老永济至潼关河段同时受水库前期淤积和潼关卡口的河床高程升降的影响。1961年最高运用水位332.58米,回水末端在老永济附近(黄淤49断面)。1960年4月～1962年5月(蓄水运用)黄淤50断面～潼关共淤积2.4亿立方米,至1970年5月累计淤积10.49亿立方米。1970年枢纽第一期改建工程投入运用后,黄淤49断面～潼关(黄淤41断面)1970年5月～1985年10月共冲刷0.246亿立

表4—8 黄河三门峡库区各区段主要时段冲淤量统计表

测次号	施测平均日期（年.月.日）	运用方式	淤 积 量（亿立方米）					累计冲淤量（亿立方米）				
			潼关以下坝~41	库区北干流41~68	渭河1~26	北洛河1~23	库区合计	潼关以下坝~41	库区北干流41~68	渭河1~26	北洛河1~23	总累计
59-1	1959.3.16	自然调节	0				0	0				0
59-7	1959.11.10		1.1994				1.1994	1.1994				1.1994
60-9	1960.9.20	蓄水拦沙	0.2709	0.1733	0.060		0.4502	1.4703	0.1733	0.0060		1.6496
62-2	1962.5.20		14.3078	2.7298	0.8322	0.1190	17.9888	15.7781	2.9661	0.8382	0.1190	19.7014
64-8	1964.10.11	改建前期	21.4446	2.4535	1.0225	0.3620	25.2826	37.2227	5.4169	1.8607	0.4810	44.9840
66-1	1966.5.15		-5.3857	-0.4497	0.2058	0.0472	-5.5824	31.8370	4.9699	2.0655	0.5282	39.4016
68-2	1968.10.12(10.22)	第一次改建	0.7502	5.6688	6.3475	0.8673	13.6338	32.5872	10.6387	8.4140	1.3955	53.0354
70-2	1970.6.4(5.12)		-1.5511	2.0773	0.4649	-0.1301	0.861	31.0361	12.7160	8.8789	1.2654	53.8964
73-7	1973.9.26(10.14)	第二次改建	-3.9502	2.4586	0.3544	0.0331	-1.1041	27.0859	15.1746	9.2333	1.2985	52.7923
80-4	1980.10.2(9.23)	蓄清排浑	1.1719	-0.3806	0.7321	0.1908	1.7145	28.2578	14.7943	9.9654	1.4893	54.5068
85-3	1985.10.31(10.28)		-1.0324	0.2234	-0.2326	-0.1095	-1.1511	27.2254	15.0177	9.7328	1.3798	53.3557
88-2	1988.9.21(9.23)		0.2638	2.5351	0.2652	-0.0517	3.0124	27.4892	17.5528	9.9980	1.3281	56.3681

（运用方式：64-8、66-1为"改建前期"，68-2、70-2、73-7为"低水头运用"。）

注 测次号由年份后两位和当年测次序号组成。表内时间为测验时间，与前述运用期时段不完全相应，仅为相近。

括号内月、日系渭、北洛河平均日期。"一"为冲；"+"为淤方米。河槽恢复过洪能力接近建库前(12000立方米每秒)水平。该库段主要时段冲淤量统计如表4—8。

3.渭河下游库区

渭河下游库区的冲淤变化除取决于来水来沙条件及其不同组合外,还受到黄河对渭河河口段倒灌程度及潼关河床局部侵蚀基面高程变化的影响。

水库运用初期,因蓄水位偏高,在潼关以上三河汇流区造成严重淤积,甚至形成渭河口拦门沙,泄流不畅,使渭河下游的淤积加剧,迫使河道进行新的调整,并促使后期的淤积发展。

渭河洪水漫滩造成滩地普遍淤积,这种滩地淤积无法冲刷而只能递增。据实测资料统计,自1960年6月13日～1971年10月26日,临潼(渭淤26号断面)至渭河河口(渭拦12断面)累计淤积达9.25亿立方米,至1983年5月22日为10.34亿立方米(是历年累计最大值),至1988年9月23日,累积淤积量为9.998亿立方米。该库段主要时段冲淤量统计,如表4—8。

4.淤积上延

淤积上延(也称淤积翘尾巴)现象是三门峡水库淤积的重要特征。潼关以上黄渭河库段,在脱离水库回水影响后,河段的淤积继续由下游向上游发展,末端位置随来水来沙条件而上延或下移。黄科所据实测资料分析,黄河淤积末端位置,1970年汛后在黄淤60断面附近,距坝约200公里,是建库以来最远的位置,其末端水位高程(相应于1000立方米每秒的流量,下同)为353.0米,1982年以后,淤积末端下移,1984年5月末端位置处于黄淤53断面附近,距坝165.6公里,其末端水位为342.74米。

黄科所、库区总站、水电部十一工程局、清华大学及陕西三门峡库区管理局等单位,应用实测资料分析了渭河下游淤积上延情况和规律。由于各家分析方法不完全相同,所得淤积末端的位置各有差异。因河槽和滩地淤积影响不同,淤积末端又有滩、槽之分。综合各家成果和不同方法,1976年的全断面的淤积末端位置在渭淤23～25断面附近。1977年高含沙(800～900公斤每立方米)洪水的沿程冲刷,曾使河槽淤积末端大幅度下挫到渭淤11断面,距坝为221.7公里。随着潼关高程的变化及渭河上游来水来沙的情况,渭河淤积末端位置因河槽回淤而又继续上延。

5."揭河底"冲刷

"揭河底"冲刷,是黄河干支流高含沙量洪水的特异现象。据多年资料分析,库区北干流(龙门～潼关)河道冲淤特点是水多沙少年份则河道冲刷,反之则淤积；一年之中 6～8 月份淤积，9 月至次年 5 月为冲刷；当龙门含沙量大于 20 公斤每立方米时为淤积，反之为冲刷；如以来沙系数表示，大于 0.017 时淤积，小于 0.017 时为冲刷。此外，汛期或非汛期的来水量大小，洪水大小及历时也影响着北干流的冲淤变化。

　　1977 年发生 800～900 公斤每立方米高含沙量大洪水，北干流河道产生了长距离的强烈冲刷和"揭河底"现象。据 1977 年洪水后调查，目睹者称："揭河底时巨大泥块冲出水面 3 米多高，如"卷绸子"、"掀门板"一样，向下游翻滚。又据资料记载，1933 年、1951 年 8 月、1954 年 9 月、1964 年 7 月、1966 年 7 月、1969 年 7 月、1970 年 8 月、1977 年 7 月和 8 月在龙门至潼关河段多次发生过。龙门水文站河段短时间内，河床普遍刷深 3～5 米，最大揭河底深度曾达 9 米（1933 年）。龙门以下河段揭河底冲刷为 0.8～1.8 米，如表 4—9。揭河底冲刷的循环周期对该段冲淤规律和河床调整起着主要作用。

　　渭河库区从多年的冲淤变化来看，由于泾河沙多，河道冲淤强度随着泾河和渭河的不同来水来沙组合情况而异，但当出现以泾河来水为主的高含沙量洪水时，渭河下游则产生强烈冲刷以至发生揭河底的特殊现象。如 1966 年 7 月 27 日的洪水，泾河张家山站洪峰流量为 7520 立方米每秒，最大含沙量 629 公斤每立方米，使临潼至吊桥河床下降 0.5～1.4 米。1977 年 7 月的洪水，揭底冲刷更甚，临潼站洪峰流量 5550 立方米每秒，最大含沙量 695 公斤每立方米，按同流量（500 立方米每秒）的相应水位比较，临潼以下河道平均冲深 2 米左右，最大达 4.1 米（华阴）。1964～1977 年揭河底冲刷情况见表 4—10。

表4—9

黄河三门峡库区黄河揭底冲刷特征统计表

年.月.日	龙门水文站				同流量(1000)水位及冲淤(米)				沿程水位站冲(—)淤(+)(米) 距龙门里程(公里)					河床调整冲刷长度(公里)
	洪峰流量(立方米每秒)	最大含沙量(公斤每立方米)	悬沙中径 d_{50}(毫米)	床沙中径 d_{50}(毫米)	揭底前	揭底后	揭底冲刷	汛后回淤	北赵 50.5	王村 64.8	夹马口 73.2	上源头 113.8	潼关 133.9	
1933	8500	536					-9.0	3.3	平均冲 4.5 米				-1.2	潼关以下
1951.8.15	13700	542			378.59	376.39	-2.20	0.37					-0.1	134
1954.8.25~9.5	16400	605			383.02	380.98	-2.04①						-0.3	134
1964.7.6~7.7	10200	695	0.027~0.085	0.234~0.402	382.60	379.00	-3.60	1.48			-1.0	-0.35	+0.7	120
1966.7.18~7.19	7460	933	0.038~0.058	0.167~0.510	381.00	374.36	-6.64②	2.85		-0.4		+0.7	+0.7	73
1969.7.26~7.28	8860	752	0.053~0.187	0.187~0.250	381.00 禹门口	378.30	-2.70	1.98	+0.6	0		+0.5		49
1970.8.2~8.4	13800	826	0.053~0.072	0.200~0.236	380.44	374.03	-6.41③	0.79	-0.6	-0.1	0	-0.2	-1.45	潼关以下
1977.7.6~7.8	14400	694	0.040~0.050	0.181~0.305	381.16	376.82	-4.34		-1.1	-0.8	-0.6	+0.4	+0.4	98
1977.8.6~8.8	11700	810	0.080~0.130	0.232~0.267	377.40	375.54	-1.86		-1.0	-0.8	-1.8	+0.6	+0.6	88

注　①按同流量为2000立方米每秒统计;②若按同流量为700立方米每秒统计,冲刷值为7.5米;③若按河床平均高程计冲刷值为9.0米

表 4—10 黄河三门峡库区渭河揭底冲刷特征表

站名	项　　目	1964 年 7 月 16～21 日	1964 年 8 月 12～17 日	1966 年 7 月 26～31 日	1970 年 8 月 2～10 日	1977 年 7 月 6～10 日
张家山	最大日平均流量	1100	1680	3730	1350	2580
	最大日平均含沙量	674	704	587	589	632
	最大瞬时流量	2180	4970	7520	2700	5150
	最大瞬时含沙量	696	766	629	752	670
临潼	最大日平均流量	1870	1990	3260	2250	4120
	最大日平均含沙量	562	613	598	417	609
	最大瞬时流量	3120	3970	6250	2930	5550
	最大瞬时含沙量	602	670	688	801	695
临潼	同流量（500 立方米每秒）水位变化值（米）	−0.7	−0.5	−0.9	−0.3	−0.66
交口				−0.6	−0.45	−0.9
渭南				−1.2	−0.6	−1.1
华县		−0.5	−0.4	−0.5	−0.32	−2.5
陈村		−0.2	−0.7	−0.6	−0.8	−2.4
华阴		−0.6	−0.6	−1.4		−4.1
吊桥			−0.1	−1.4	−0.7	−2.95

注 流量、含沙量单位分别以立方米每秒、公斤每立方米计

（四）水库排沙特性的研究

三门峡水库排沙按泥沙运动的形式与特点，有壅水期异重流排沙、壅水期明流排沙、敞泄排沙。

据 1960～1964 年的 22 次异重流资料分析，平均排沙量占同期进库（潼关）沙量的 25.7%，排出的泥沙绝大部分粒径小于 0.05 毫米的粉土及粘土。敞泄（或排空）排沙是坝前水位降落率大于河床降低率时，局部河段形成大比降，产生由下而上发展的溯源冲刷。在溯源冲刷尚未发展到的库段则随来水来沙条件变化产生沿程冲刷或淤积。据 1964～1972 年资料统计，溯源冲刷和沿程冲刷的量各占净冲刷量的一半左右。溯源冲刷强度可达每天 0.02～0.05 亿吨，沿程冲刷强度每天为 0.006～0.008 亿吨。前者为后者的 3～6 倍。壅水明流排沙是在坝前有一定壅水作用下，但又有较大的行近流速，将入库的泥沙在沉降过程中挟带前进，排出库外。这种排沙的变化可由库容（V）与泄流量（Q）的比值（V/Q）综合反映前期淤积和泄流能力对排沙的影响。

自 1973 年 12 月水库实行蓄清排浑控制运用后,至 1985 年汛期排沙效率均大于 100%,平均排沙比为 127%,最大为 151%(1983 年汛期)。

(五)潼关河床高程变化的研究

潼关断面位于黄、渭河汇流河口下游附近,是库区开阔段进入峡谷段的入口处。潼关河床高程的升降变化,直接关系到渭河下游的水位变化和冲淤,对关中地区渭河下游两岸工农业生产和人民群众生活与安全等有较大影响。同时也影响潼关以上干流库区段的削洪滞沙能力及冲淤变化。建库前 1935~1959 年的 25 年潼关河床升高 1.16 米。建库后水库运用初期,由于运用水位较高,影响潼关河床高程急剧上升,1959 年流量 1000 立方米每秒水位为 323.10 米,至 1961 年同流量水位上升 2.05 米,至 1964 年 10 月上升 4.90 米,至 1966 年上升 5.28 米,至 1969 年上升 5.60 米,达到最大值。此后由于工程经过二次改建,泄流规模增大,运用水位降低,汛后潼关高程变化在 327 米左右。如 1975 年汛后为 326.00 米(最低),1979 年汛后为 327.61 米(最高),1987 年汛后为 326.94 米,比 1959 年淤高 3.84 米,比 1969 年降低 1.76 米。

据多年资料分析,建库前潼关高程变化主要受来水来沙、潼关以上河段及潼关的前期河床边界条件的影响。建库后,影响潼关河床高程的升降除了前述因素外,更重要的是直接受水库回水影响及潼关下游至坽垴(黄淤 36 断面)段的前期淤积量的影响。因此,防止回水影响潼关或减少"潼关至坽垴"段局部淤积是调整和控制潼关高程的重要条件。

(六)水库冲淤计算的研究

清华大学水利系、水电部十一局科研院、黄委会设计院等单位为建立三门峡水库冲淤计算数学模型,预估水库冲淤发展趋势,曾先后提出了有关计算方法,诸家均以实测资料为依据,分别对壅水淤积或排沙、沿程冲刷或淤积、溯源冲刷等建立了不同形式的经验公式,如清华大学水利系、北京水科院(张启舜、姜乃森)、黄委会设计院(涂启华)、黄委会水科院(焦恩泽)、陕西水科所及黄委会水文局(罗荣华)等公式,基本上都是建立在反映不同来水来沙条件和水库运用条件及水库几何特性等综合作用下的输沙能力。不同之处是各家有所侧重。

第二节　巴家嘴水库

一、水库概况

巴家嘴水库是 1954 年《黄河技经报告》拟定修建的大型拦泥水库,1957年《泾河流域规划》拟定巴家嘴为控制性拦泥库,其任务为拦泥、调节水量,兼顾发电、灌溉。1964 年底,周恩来总理主持召开的治黄会议同意改为拦泥试验库。1968 年后因需在非汛期蓄水发电,拦泥试验停止进行。

巴家嘴水库(以下简称巴库)地处泾河支流蒲河中游。坝址位于甘肃省西峰市赵家川村,大坝以上控制流域面积 3478 平方公里,占蒲河流域面积的 46.5%。1958 年 9 月动工,1962 年 7 月竣工,并蓄水运用。

巴库坝体为黄土均质坝,建成后,经过两次加高。原坝长 539.0 米,最大坝高 58 米,坝顶高程(黄海基面)为 1108.7 米,1108 米的相应设计库容为 2.57 亿立方米,水库水面积为 13.05 平方公里。1961 年 6 月 1070 米高程以下库容 1870 万立方米全淤,实测剩余相应库容为 2.389 亿立方米。为在该库进行拦泥试验,并用坝前淤土进行加高坝体,于 1965 年 5 月~1966 年底、1973 年冬~1977 年 6 月两次加高各 8 米,第二次加高到实际坝顶高程为 1124.34 米,最大坝高为 73.64 米。当坝顶高程为 1124.34 米时,相应原始库容为 5.112 亿立方米,据 1977 年 5 月实测,尚有库容 3.219 亿立方米。

第二次加高大坝时,对其泄水建筑物也进行了改建,将泄洪洞和输水洞两洞进口闸门塔架加高到 1132.7 米。泄洪洞进口底坎高程由原 1085.0 米抬高到 1085.58 米,洞径 4.0 米,由压力流改为明流;进口设平板门和弧形门各一个,最大泄流量为 102.6 立方米每秒。输水洞兼发电引水洞直径为 2.0 米的圆形压力洞,底坎高程由原来的 1083.5 米抬高到 1087.00 米,进口为平板门,1972 年在洞的出口安装阀门,最大泄量为 35 立方米每秒。1966 年,建成一级电站,装机 3 台,总容量为 884 千瓦。1972 年改建了二级电站,装机 3 台,总容量 600 千瓦。两次装机总容量为 1484 千瓦。总发电流量为 4.5 立方米每秒。1980 年建成提灌工程一处,设计提水量为 4.0 立方米每秒,灌溉面积 14.3 万亩。

1963 年 8 月,甘肃省水利厅根据水电部指示正式组建巴家嘴水库泥沙实验站进行库区泥沙淤积测验和进出库水沙量测验。1965 年 1 月水电部同意在巴库进行拦泥试验,研究大型拦泥库的技术经济问题,取得经验后,作为治黄措施之一。根据拦泥试验的需要同年 3 月 26 日,巴库泥沙观测研究工作移交黄委会进行,并将巴家嘴水库泥沙实验站改名为巴家嘴水文实验站(水文中心站级)。

巴家嘴水文实验站主要观测项目有:进出库水沙测验、坝前水位、水库淤积及干容重、高含沙异重流、库区降水量、泥沙颗粒分析及气象等。随着水库淤积的发展和生产科研的需要,还陆续开展小河槽测验、土壤含水量、坝下游河道测验、淤积面沉陷试验、坝前水沙因子测验、浑水流变试验等。

二、进出库水沙测验

1963 年 8 月甘肃省水文总站在坝上游 31.3 公里的蒲河上设立姚新庄水文站,在坝上游 23.3 公里[①]的黑河上设立兰西坡水文站,作为巴库的进库控制站。两站于 1964 年 1 月正式观测。1977 年因巴库淤积上延影响兰西坡站测验,断面上迁至距坝 34.9 公里处,设立太白良水文站。

姚新庄、兰西坡、太白良三站控制流域面积分别 2264、684、334 平方公里。进库站以下库区集水面积 1977 年前为 530 平方公里,1977 年兰西坡站上迁后为 880 平方公里。

1965～1967 年为加强来水来沙控制和水沙平衡及拦排关系分析,曾在库区较大支沟北小河上,设立汛期水沙测验断面一处。因库区降雨分布不均,观测资料代表性差,于 1968 年撤销。资料整理后未刊印。

出库站为巴家嘴水文站,位于坝下游 900 米处,1951 年 9 月由黄委会设立,控制流域面积 3522 平方公里。测站和库区断面布设如图 4—3。

进、出库站测验项目有:流量、含沙量、输沙率、水位、雨量、泥沙颗分等。测验设施为缆车缆道。

1964～1985 年进库(姚新庄＋兰西坡或太白良)多年平均水量为 1.042 亿立方米,沙量为 2500 万吨,其中汛期水量为 0.645 亿立方米,沙量为 2349 万吨,分别占年总量的 61.9% 和 94.0%;多年平均流量和含沙量分别为 3.30 立方米每秒和 240 公斤每立方米;汛期平均流量和含沙量分别为 6.07 立方米每秒和 364 公斤每立方米。姚新庄年水量和沙量分别为 0.8354 亿立方米和 1990 万吨,占进库总量的 80.2% 和 79.6%。

---

① 按水库断面间距计算姚新庄、兰西坡两站分别为 30.77 和 23.18 公里

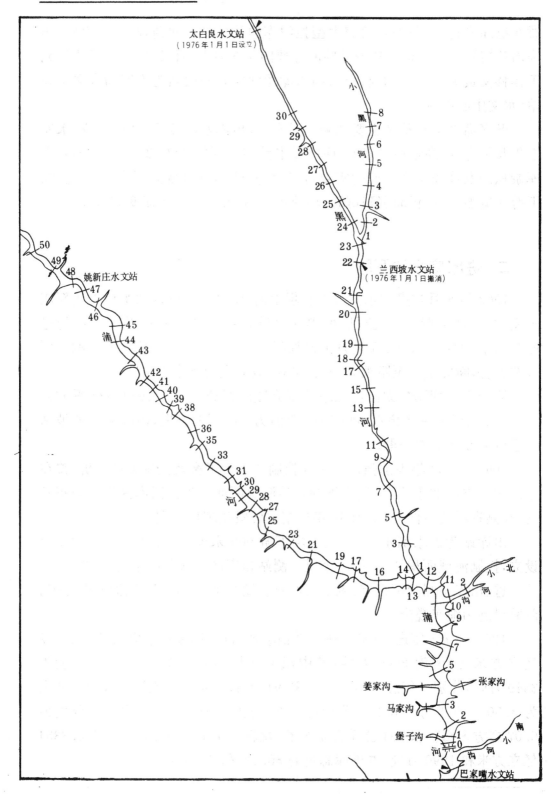

图 4—3　蒲河巴家嘴水库断面布设图

　　姚新庄沙量主要来自汛期几场洪水,多年平均洪水沙量(包括非汛期洪水)为 1911.3 万吨,多年平均洪峰含沙量达 499 公斤每立方米。汛期和洪水期(含非汛期洪水)沙量分别占年沙量的 93.8％和 96.3％;最大月沙量可占年沙量的 40～80％,1964 年最大月沙量达 5450 万吨,占年沙量的 74.5％,1964 年最大日沙量 2376 万吨,占年沙量的 32.5％。最大流量为 2460 立方米每秒(1964 年 8 月 12 日),最大含沙量为 1070 公斤每立方米(1966 年 6 月 14 日),多年平均中值粒径为 0.031 毫米。

　　巴家嘴水文站 1964～1985 年平均水量为 1.132 亿立方米.沙量为 1648 万吨。其中汛期水、沙量分别为 0.656 亿立方米、1528 万吨,分别占年总量的 58.0％和 92.7％。出库最大含沙量为 1130 公斤每立方米(1985 年 7 月 8 日)。

三、库区水位观测

　　坝前水位自 1960 年 2 月施工截流起,由巴库工程指挥部和水库工程管理所断续观测,资料未整理。1964 年起,坝前水位进行连续观测。1973～1979 年水库泄空,无法设尺观测,故此期间槽口以下水位停测。1980 年为满足低水库容演算、河槽冲淤和洪水传播分析研究需要,恢复槽口以下(即小河槽明流)水位观测。

　　1966 年在库区设立赵家堡、铁李河、闫家台、薛平台四个汛期(6～9 月)水位站。除观测水位,还施测单位含沙量和淤积厚度。1967 年取消铁李河、闫家台两处汛期水位站。

四、库区淤积测验

(一)断面布设

　　1961 年由甘肃省水利厅勘测设计院第四测量队在施测库区 1∶5000 地形图时,在蒲河距坝 21.46 公里内布设断面 36 个,在黑河距坝 18.79 公里至黑河口布设断面 17 个。1965 年,原断面设施被破坏殆尽,5～8 月间由黄委会第四测量队,根据残存的断面桩(或桩痕)及磁方位角复设断面或重新测定,采用 1954 年北京坐标系和黄海高程,以五等三角和三四等水准作为巴库首级控制。同时增设蒲河 37～43 号断面(距坝 25.79 公里),增设黑河 18～23 号断面(距坝 24.04 公里)。全库共有断面 66 个。

1968～1975 年经 6 次断面调整后，蒲河保留断面 26 个，常测 20 个；黑河保留 15 个，常测 9 个；小黑河保留 8 个，常测 2 个；北小河等 5 条支沟 6 个。全库区共保留断面 55 个，常测断面 37 个。

（二）断面测验

1961 年 6 月由甘肃省水利厅第四测量队施测库区 1∶5000 地形时，在布设断面同时进行了首次淤积断面测验。此时，水库已淤积了 0.187 亿立方米。

1961 年 6 月～1965 年 1 月，共作 6 次断面测验。因各次测验及资料整理中存在一些问题，仅选用能反映年度淤积情况的有 1961 年 6 月、12 月及 1963 年 5 月、1964 年 5 月共 4 次资料进行了整理，计算库容和淤积量，其中断面实测成果表只有 1961 年 6 月和 1964 年 5 月 2 次符合刊印要求。

1965 年 5 月以后，每年汛前、汛后各测一次外，并在较大洪水后，选择大体能控制全库淤积情况的若干断面，及时进行调查性淤积"简测"。1973 年起，不作"简测"，需要时改用水量平衡法演算库容。1961 年 6 月～1989 年共进行全库性测验 46 次，1702 个断面次，其中 1966 年 4～6 月对全库首次进行了两岸端点间的大断面测量，历次未上水部分的库容计算均沿用此次大断面成果。

所用测验船只，一艘是长 7 米、宽 2 米的钢板船，外挂 195 型 30 马力柴油机驱动，吃水深为 0.5 米；一艘是 16 马力的操舟机船。1982 年测深使用长办南京实验站研制的 NS-3 型回声仪，测验联络使用报话机。

（三）淤积量和库容计算方法

巴库两岸沟壑纵横，支沟繁多，仅以断面法测算库容和淤积量，难以达到满意的精度。巴库实验站，1964 年应用 1961 年所测 1∶5000 地形图分段计算和制定区段库容曲线，以断面法实测的各区段平均淤积高程查相应区段库容曲线，以推算总淤积量和新库容。该站称此为"借用地形法"并用于生产。用此法验证断面面积法梯形公式所求淤积量或库容偏小 20% 左右。1965 年经再次验证"借用地形法"（并加沉陷改正之后），比"断面法"准确，因此该法被长期正式采用。此法库容演算与巴库站殷兆熊、水文局黄永泉进行洪水还原计算分析比较，其误差大都小于 5%。

"借用地形法"的特点是：不计算断面冲淤面积；不固定标准水位而取淤积上限高程级内计算断面平均淤积高程；滩地平均淤积高程则取槽口高程以上全河宽和面积进行计算。

(四)淤积面沉陷观测

建库初期,发现汛后所测断面到次年汛前复测时,淤积面高程系统降低,为沉陷所致。为提高库容计算精度,设想用沉陷量来修正淤积量。

1965年元月,在坝前淤土面上埋设三根进行沉陷桩观测,同年7月扩展为沿程观测,在12个断面上各埋设1~2根木桩。桩长4~7米,直径0.3米,底部为十字框架,以增加稳定性。设立时,即测定木桩零点和泥面高程。据1965年4月中旬~1967年5月中旬的两年观测,蒲1断面淤积面沉降1.34米,沉降变率随时间增加而减小,直至趋于稳定。由于淤积桩被冲毁或淤没,或被冰层破坏,自1971年后,此项工作告停。观测资料未作系统分析和整理刊印。

(五)淤积泥沙组成及容重测验

巴库泥沙组成及干容重测验,于1965年5月开始,结合淤积断面测验,选择约1/2的测验断面测取水下、滩地淤积泥沙及相应悬沙样品,全部进行颗粒分析。

1970年6月以前,干滩地泥沙用环刀取原状土样;1970年6月以后,使用巴库实验站研制的旋杆式深水采样器,该仪器能取得软泥滩基本上不受扰动的原状沙样。

库区各断面的中值粒径 D_{50} 和淤积泥沙容重变化,随水库运用方式不同及泥沙情况而异。如蓄水拦沙期,1970年10月,实测 D_{50} 为0.0285~0.0465毫米,干容重为1.14~1.44吨每立方米;泄空冲刷期,1977年8月,实测 D_{50} 为0.040~0.074毫米,干容重为1.42~1.59吨每立方米;调水调沙期,1983年10月,实测 D_{50} 为0.025~0.052毫米,干容重为1.01~1.70吨每立方米。

五、高含沙水流运动测验

巴库的泥沙90%以上都是在洪水期进入库区并以高含沙水流运动形式出现。因此,该项测验是巴库实验研究的重点。从1965年开始,曾以多种方法和不同测验布置方式进行了水库高含沙水流运动的实验研究。

(一)固定垂线水沙测验

1965年在坝前80米处的主槽和滩地各设一垂线,施测总水深、清水深、浑水层含沙量和泥沙粒径垂直分布。1966年7、8、9月进行坝前泥沙分选测验41条垂线,基本上掌握了洪水期坝前含沙量、粒径、淤厚变化过程。

坝前观测连续进行至 1970 年,由于主槽测船定位困难,只测 2 次后,主槽停测,仅测滩地水层。

1971 年站上配备折叠舟操舟机,测验范围扩展为全库性观测。在回水范围内,每隔 1～2 个断面设一垂线(当时主槽已淤平),从洪水入库起,每间隔 2～6 小时巡测一次。垂线位置用充草塑料袋作浮标,系石块锚定。1973 年全库性观测停止,恢复坝前一条垂线观测,1974 年全部停测。

该项测验有一定作用,但缺测流速,使用时受到影响。

(二)沿程水位、含沙量测验

为了解高含沙洪水入库的比降、含沙量粒径沿程变化和回水长度的变化,以及进行洪水演进,动库容计算等,1965～1968 年,在蒲 7、11(后改在 13)、21、29 和黑河 9 断面设立 5 处汛期水文站,观测水位、淤积厚度、含沙量取样及粒径分析。因观测人员为雇用临时工,资料不够精确,但仍有参考价值。

(三)高含沙量异重流测验

巴家嘴水库汛期进库洪水的多年平均含沙量达 499 公斤每立方米,且年进库沙量 96.3％集中在洪水期。因库短,含沙量大,且颗粒较细,故洪水期极易形成高浓度浑水水流。由于黄土质高含沙水流属宾汉流体,当高含沙量水流的细颗粒($d \leqslant 0.01$ 毫米)占有一定比例(巴库小于 0.01 毫米的泥沙量占 27.5％)时,可形成三维网架结构体。因此洪水进入壅水区后转化为高含沙异重流的形式向前运动。1966 年开始,对高含沙量异重流的流动和淤积过程进行观测,当时只着重观测异重流淤积过程,仅进行库区固定垂线和沿程含沙量测验,没有测流速分布。因测验内容不配套资料不够完善,对深入研究水库高含沙量水流运动尚嫌不足,然而高含沙水流在水库内行进的现象,引起了泥沙研究者的高度重视。北京水科院泥沙专家方宗岱曾提出要利用巴库进行高浓度输沙试验,以借鉴探讨小浪底水库设计用人工造高浓度含沙方法,将泥沙远送下游放淤,解决水库泥沙出路问题。

1980 年黄委会水文局为加强该项实验研究,按资料项目配套、系统观测的要求,重新布设了巴库的高含沙水流运动测验。采用主流(槽)线法和横断面法相结合的巡测方式,以固定断面的主流(主槽)一线法施测流速、含沙量和粒径的梯度分布及其变化过程,同时用黄科所竖管粘度仪测定浑水流变特性。

1981～1986 年共施测了 22 次洪水、25 个测次、93 个断面次,最大施测范围为蒲 13 断面以下。

黄委会水文局 1985 年 6 月整编了《高含沙异重流测点流速、含沙量和粒径级配成果》资料。

六、高含沙水流流变试验

随着泥沙科学研究工作的深入发展,对高含沙水流的研究和应用已引起各方面的重视。

每年汛期,黄河下游经常出现每立方米几百公斤的含沙量,中游支流实测最大含沙量达 1700 公斤每立方米。1977 年汛期,黄河干流出现 500～900 公斤每立方米的高含沙水流,输移里程长达 1000 余公里。实测资料表明,这种高含沙水流在河道或渠道的长距离输送中,不但不产生淤积,甚至产生冲刷,以至出现"揭河底"、"阵流"、"浆河"或"濡流"等种种特异现象。诸如在水利工程的运用、河道治理、防洪、洪水预报、水文测验、水工建筑物泄流能力,以及工矿、化工部门原料和废料(尾料)的水力输送、钻井泥浆等生产中,都曾遇到过并需要对高浓度泥沙水流的特性进行深入细致的研究。

为了深入研究黄河高含沙水流的流变特性,掌握高含沙水流运动的机理,1978 年,黄科所原所长吴以敩研制成功加压式竖管粘度仪,8 月由黄委会水文处和黄科所协作,进行高含沙水流流变试验,首先在龙门水文站经过一个汛期的初步试验后,于 1979 年正式开展。此后由黄委会水文局组织安排,负责项目管理,试验工作至 1984 年结束。

流变试验工作由龙门、黄甫水文站和巴家嘴水库实验站具体承担。取样试验除上述三站外,还有巴家嘴和姚新庄水文站。1981 年扩大了取样试验范围,增加了泾河、渭河、窟野河等 20 条大小支流上的 28 处水文站为取样点,各站所取沙样分别寄送龙门、黄甫、巴家嘴三个试验点(站)进行流变测试工作。

1980～1981 年在巴家嘴水库和姚新庄站又同时使用陕西省水科所研制的加压式横管流变仪进行试验。竖管式和横管式两种毛细管粘度仪的有关参数由黄科所和黄委会水文局进行了对比试验。

高含沙浑水流体的基本特性是属宾汉流体。

流变特性试验就是测定该流体在层流条件下的粘度系数和起始切应力。

试验操作方法是按黄科所 1979 年制定的《黄河高含沙量水流粘度测试方法》和黄委会水文局 1980 年的《高含沙量浑水粘度测定补充材料》等进

行。试验时,先做原样试验,再用该样从 100～1500 公斤每立方米范围内配制成 8～10 个含沙量级,每级取样测定 10～15 个以上测点。

　　经过 6 年的流变测试工作,共采取样品 265 站次,有效试验 738 次。试验含沙量范围为 10.8～1564 公斤每立方米。1989 年 8 月,黄委会水文局将该项试验资料,经过整理计算,汇编审查,以《黄河高含沙水流流变试验资料汇编》编印成册。各站试验资料情况如表 4—11。

表 4—11　　　　　　　　流变试验取样和资料统计表

试验站名	取样年份	资料成果年份	取样次数(次)	配样个数(个)	试验含沙量范围(公斤每立方米)
巴家嘴水库	1979～1984	1979～1984	82	194	33.4～1270
黄甫水文站	1979～1983	1979～1983	49	160	209～1564
龙门水文站	1979～1981、1983	1979、1981	6	32	106～1030
巴家嘴水文站	1979～1981、1983	1979～1981、1983	45	71	104～1130
姚新庄水文站	1979～1981、1983	1979～1981、1983	40	74	10.8～1090
巴家嘴试验点[①]	1981	1981	14	72	88.7～1090
黄甫试验点[②]	1981	1981	18	74	190～1420
龙门试验点[③]	1981	1981	11	61	99.0～1210
合计			265	738	33.4～1564

　　注　①巴家嘴试验点包括:天水、武山、南河川、泾川、秦安、贾桥、庆阳 7 个取样站
　　　　②黄甫试验点包括:后大成、林家坪、横山、下流碛、碧村、申家湾、温家川、高石崖、王道恒塔、新庙 10 个取样站
　　　　③龙门试验点包括:三门峡、延安、延川、大宁、大村、青阳岔、丁家沟、吉县 8 个取样站

七、其他测验研究

(一)坝区泥沙测验

1.坝前水下地形测量

　　为了分析两个不同高程的孔口分布对坝前地形的影响,于 1972～1980 年进行了坝前水下地形测量,每 1～2 年施测一次。当预估地形可能有明显变化时,则在其变化前、后加测。曾于 1972 年 5 月 19 日、1973 年 8 月 13 日、1974 年 5 月、1976 年 3 月、1977 年 11 月、1978 年 12 月、1980 年 4 月和 9 月共测 8 次。其资料未刊印。

2.孔口排沙 测验

该项测验是为了了解分析不同孔口高度的排沙效果。于 1965 年进行了若干次测验,因两洞口高差只 2 米,仅发现洪水峰前、峰后两者排沙有差别,但流量大时差别不大。于 1966 年停测。

(二)小河槽测验

1964 年 8 月 12 日坝前淤积面高出洞底,淤滩面上逐渐形成小河槽。为研究小河槽的形成、演变规律,1965 年 1 月结合淤积测量,开始了小河槽面积、床沙质测验,附属测验项目有流量、输沙率、水面比降及泥沙颗分等。每隔两月测一次,每次均在蒲 02、7、12、21、29 及黑 1 断面进行。

对 1965、1966、1967 三年的资料分析后,认为含沙量及粒径的沿程变化无规律可循 1968 年停测流量、输沙率,1978 年全部停测。资料已整理未刊印。

(三)坝下游河道测验

自坝下至毛家河(距坝 26.4 公里)每隔 2～3 公里布设一个断面。自 1965～1966 年于每年汛前、汛后各测一次。该河段因系岩石河床,无冲淤现象,于 1967 年停测。资料成果未刊印。

(四)地下水位观测和淤滩土壤含水量试验

该项工作是为利用滩地种植作物而进行的观测。

地下水观测于 1965 年夏初,在蒲 5、9、14、21 四个断面分别设 2～3 个观测井,测井为直径 0.15 米、长 2 米的钢管,管壁打许多孔,外包五层细砂网(内层)和棕榈皮(外层),将管埋入滩地中,淤没时再接上一节。

土壤含水量测验也在上述断面取样,用土钻取表层至 1 米深的土样作分析。自汛后至次年第一次漫滩洪水,每隔 1～2 个月观测取样一次。

经三年观测,各孔均未观测到地下水位,说明以黄土为源的细沙淤积土透水性微弱。在新淤滩地上适宜种植小麦,生长良好。

所测成果均未刊印。

八、水库泥沙研究

对巴库泥沙资料进行分析研究的单位有:黄科所和黄委会设计院、巴库实验站、兰州水文总站、北京水科院、西北水科所等。至 1989 年先后公开发表的科研成果有 20 多篇:

(一)水库淤积

1961 年 6 月以前已淤积 1870 万立方米。自 1962 年 7 月蓄水运用后,水库经历了三种运用方式,五个运用阶段。1961年6月至1962年未测,到1986年10月全库淤积量为20029万立方米,加1961年6月前,累计淤积量为21898万立方米,其中蒲河库区15954万立方米,占总淤积量的79.7%。各阶段库区冲淤量和基本特征值如表4—12。

表4—12　　巴家嘴水库不同运用期淤积量表(断面法)　　　　　单位:万立方米

项　目		1961.6.19~1964.5.27	1964.5.28~1969.9.13	1969.9.14~1974.1.11	1974.1.11~1977.8.25	1977.8.26~1986.10.1
水库运用方式		蓄水拦沙	泄空排沙	蓄水拦沙	泄空排沙	调水调沙
全库区	淤积量	3391	6252	7082	694	2160
	累计淤积量	3391	9643	16725	17419	20029
蒲河	淤积量	2885	5320	5396	295	2058
	累计淤积量	2885	8205	13601	13896	15954
汛期最高水位(米)		1093.00	1093.80	1105.30	1105.50	1105.11
淤积末端高程(米)	最深点	1089.6	1094.20	1105.30	1104.30	1104.70
	主槽平均	1090.50	1095.60	1105.80	1105.50	1105.30
输水洞底坎高程(米)		1083.50			1087.00	
泄洪洞底坎高程(米)		1085.00			1085.58	

第一次蓄水拦沙期末(1964年5月),坝址以上共淤损库容5261万立方米(含1961年6月前1870万立方米),坝前淤厚达29米,平均河床高程达1079.5米。1964年8月中旬洪水后,淤积面超过洞口高程,年底坝前淤厚近35米,淤积量达8470万立方米。1986年6月库区调查,蒲河库区淤积末端在蒲41断面附近,距坝约24公里,该断面主槽平均高程1105.8米,与历年坝前最高水位1105.05米仅高出0.3米,基本上无淤积上延现象。

水库纵剖面原始河床平均比降为22.8‰,历年淤积以锥型体发展。在第一、二次排沙期的冲刷比降分别为3.34‰和3.85‰,第二次蓄水拦沙运用期的淤积比降为2.23‰,在调水调沙期的平均比降为2.58‰。

横向淤积形式是先河槽平淤抬高,在一定的冲刷条件下,滩地冲槽,形成小河槽,断面塑造成窄深形态。

(二)库容变化

巴库库容逐年淤积较快,从1961年6月~1989年9月的28年多的运用期内,1108米高程(接近大坝加高前的坝顶高程)下的库容由23890万立方米减到 2294 万立方米;加高以后,1116 米、1124 米高程以下的库容,分别由原始的 35050 万立方米、49250 万立方米减少到 13160 万立方米、27360 万立方米,淤损库容 21890 万立方米,分别为原库容的 62.5% 和 44.4%。

(三)水库高含沙异重流研究

高含沙水流中泥沙颗粒小于 0.01 毫米的泥沙量占 27.5% 以上,洪水进入壅水期后,都转化为高浓度异重流。高含沙水流潜入库底前,表面平静,且有 1~2 毫米的清水层。潜入点以下 200~300 厘米高含沙异重流向库内扩散,形成横向平坦的交界面。界面以下 1~2 厘米的含沙量高达 100 公斤每立方米以上。异重流层的含沙量一般达 300~500 公斤每立方米。

流动类型有:①底层异重流,含沙量小于 400 公斤每立方米;②浑水水库孔口吸流型异重流,这是巴库常见的一种异重流,含沙量一般为 300~500 公斤每立方米;③具有底部停滞层的异重流,这种异重流含沙量较高,一般大于 500 公斤每立方米。巴库异重流的流动特性掺混作用微弱,沿程流速小,到坝前段,受孔口吸水影响,流速较大。

垂线流速、含沙量及粒径分布的特点是:最大流速在清浑水交界的下面;当含沙量大于 400 公斤每立方米时,含沙量及粒径分布均匀,梯度消失;不论是明渠流或异重流经常形成“流核”现象;坝前附近似管道流速分布。

巴库异重流的输送及排沙特性:高含沙洪水入库时,只要水库水位上涨率大于 0.03 米每小时,泥沙就不容易沉积,清、浑水界面也随着上升;由于孔口高程低于坝前淤积面,出库含沙量常大于入库最大含沙量,故称其为“浓缩排沙”;当出库流量与入库流量之比小于 10% 时,浓缩排沙比可达 110%~190%,出、入库流量之比大于 10% 时,浓缩排沙比约为 110%;由于巴库库长较短,坡大,当水源不断流入,使停滞区位能增大,克服流体阻力而重新流动,故在停滞区的下游就出现流一阵、歇一阵的间歇现象,阵流的周期是颇有规律的。

第三节　其他水库

一、龙羊峡水库

(一)水库概况

龙羊峡水库(以下简称龙库)是黄河上游以发电为主,兼顾防洪、灌溉等多年调节的大型水库,位于青海省海南藏族自治州共和县和贵南县的交界处。控制流域面积 131420 平方公里,占黄河流域面积的 17.5%。枢纽工程于 1977 年 12 月动工,1979 年 12 月截流,1986 年 10 月 15 日下闸蓄水,1987 年 9 月 29 日第一台机组投产发电,至 1989 年 6 月 7 日,共装机 4 台,总容量为 128 万千瓦。

枢纽大坝全长 1226 米,其中主坝长 396 米,最大坝高 178 米,坝顶高程 2610 米。水库设计校核水位 2607 米,正常蓄水位 2600 米(大沽基面)时,设计库容为 247 亿立方米,调节库容 193.5 亿立方米,回水长度 107.82 公里,水库面积 383 平方公里。水库地形为盆地和峡谷相间,库面宽一般为 500～2000 米,最宽处达 11 公里,最窄处为 60～100 米。

(二)进出库水沙测验

进库水沙观测,黄河干流的唐乃亥水文站(坝址以上 134.8 公里)和支流芒拉河上的拉曲水文站为进库站。大坝下游 54.8 公里处的贵德水文站为出库站。进库站至坝址区间集水面积为 7771 平方公里。坝下至贵德站间集水面积 2230 平方公里。

据统计拉曲水文站的入库水量仅为唐乃亥水文站的 0.45%。故进库水沙以唐乃亥水文站代替,该站 1956～1985 年统计,多年平均进库水量为 213 亿立方米,沙量为 1300 万吨。入库泥沙除河流来沙外,还有坍岸及风沙入库。

(三)库区淤积测验

龙羊峡水电厂水库试验站于 1980 年筹建。

1980 年青海省测绘局进行 1∶10000 地形图航测调绘,1984 年出版,库区共有图 64 幅,平面系统采用 1954 年北京坐标系,高程系统为 1956 年黄海基面(新大沽-1.5 米)。

1982～1983 年由西北勘测设计院测量队在全库区进行了三、四等水准路线和三角锁网测设,共架设钢标 99 座,形成了全库区的平面(1954 年北京坐标系)、高程(大沽基面)控制网。施测地形同时进行水库蓄水前的原始断面测量。全库区布设断面 52 个。其中干流河道长 111.123 公里布设断面 47 个,支流沙沟(查拉河)31 公里内布设断面 5 个。

由于入库沙量与库容比值很小,水库淤积采取多年施测一次。1988 年 9 月间对坝址～33 断面库段又进行第二次测量。同时于 9 月 7 日在坝前 1000 米范围内(约 0.2 平方公里),采用北京坐标系,大沽高程系,施测 1∶2000 的坝前水下地形图。

每次淤积测验采用断面法，并在部分断面上采取床沙质作颗粒分析。

据 1983 年和 1988 年两次断面法实测资料，23 断面以上的深槽无淤积而有所冲刷（1～3 米），23 断面以下深槽均有淤积，多数断面淤高 5 米左右，其 17 断面深槽淤高最大达 19 米，坝前淤厚达 14 米。但全年库底平均高程有区段性冲淤相间的变化，反映了因受库段地形不同的影响而冲淤相间的特性。2600 米水位（黄海基面）1983 年和 1988 年两次相应库容分别为261.0 和 259.4 亿立方米，库容减少1．6 亿立方米，仅为原库容的 0.6％，在测验误差以内。

（四）水库水位、水温、冰凌、水质观（监）测

水库水位观测：有坝前蓄水位和坝下尾水位。施工期曾设多组水尺，在龙羊峡口（即坝前）为基本水尺，现仍由水电厂继续观测，并作为水库调度依据。

水库水温观测：蓄水前后在基本水尺断面，每日 8 时观测表层（入水深 0．5 米）水温。蓄水后，水电厂水库试验站还在坝前吊桥下库内开洞处 8 断面附近，支流沙沟口等处定点进行垂线水温观测。坝前于每月上、中、下旬各一次，其余每季一次。

据 1987～1988 年观测资料分析，水库在升温期水温有垂直分层现象，而冬季水温上下层基本一致。

水库冰凌观测，1986～1987 年冰期为水库初始蓄水阶段，水电厂于 1987 年元月及 2 月 11 日调查，因水库初始蓄水，水温低，储热调节性能差，坝前及库区为全封冻，冰厚为 0．36～0．47 米。但 1987～1988 年冰期，水库有一定蓄水，自大坝至拉乙亥 40 公里库段没有封冻。拉乙亥以上至巴仓农场有大面积冰花漂浮，巴仓农场以上河面为冰层覆盖，冰厚约 10 厘米。

水库水质监测：1985 年除坝上游 1.5 公里处的老吊桥——龙羊峡断面继续观测外，又在唐乃亥水文站、原施工围堰导流洞出口、支流芒拉河和恰卜恰河入库处等 5 个断面做了 20 项短期监测取样，为库区的本底调查积累资料。水库蓄水后，在龙羊峡断面继续取样监测，分析了酸碱度、总硬度、溶解氧及其饱和度、生化耗氧量、氨氮等 18 项指标。根据 GB3838—83《地面水环境质量标准》评价，水质良好，基本未受污染，符合国家地面水一、二级标准。

（五）气象、地震、库岸变形观测

气象观测：1982 年坝区气象观测场建成后，曾委托青海省气象局进行库区建站及库周气候评定工作。除龙羊峡站外，在靠近主库区的马汗台及

曲沟、二塔拉、塘格木、原8728部队军用机场建立水库气候观测站5处与库周已有气象站，建立相关，加上贵南、共和站作补充，共计8站。以此分析研究库区和库周小气候变化。

水库诱发地震观测：1981年在龙羊峡地区设置了东大山地震台（中心台），同年开展工作。此后陆续布设了瓦里贡（距中心台16公里）、曲沟（距中心台23公里）、过马营（距中心台38公里）、娃彦山（距中心台69公里）等4个子台，形成了地震遥测台网。自1987年10月水库蓄水以来，地震台网已记录到水库地震资料，其震级较低，水库尚属平静。1990年4月26日，共和地震6.9级，水库安全地经受了地震考验。

水库库岸变形观测：专门成立了滑坡监测小组，重点放在坝前6、7号地段，通过大地测量、变位仪和钻孔倾斜仪进行无线电遥测，并采用地面巡视和直升飞机空中巡视等手段进行库岸变形监测。观测结果，目前水库岸坡尚无大方量的整体下滑趋势，仅有数量不大的小规模滑坍。

二、　刘家峡水库

（一）水库概况

刘家峡水库（以下简称刘库）位于甘肃省永靖县境内。控制流域面积181766平方公里，占全流域面积的24.2%。坝下与盐锅峡水库相衔接。枢纽任务以发电为主，兼防洪、灌溉、防凌、供水、养殖等综合利用。

枢纽工程于1958年9月27日与盐锅峡水电站同时开工，1960年1月1日截流。1961年缓建，1964年复建，1969年3月29日第一台机组发电，1974年底五台机组全部安装完毕，总装机容量116万千瓦。1975年5月竣工。最大坝高146.6米，坝顶高程1739米，主坝长204米，副坝长636米。当正常蓄水位1735米时，泄水建筑物（溢洪道、泄水道、排沙洞、泄洪洞）总泄量7533立方米每秒，电站最大泄量1425立方米每秒。

在正常蓄水位1735米（大沽基面）以下，原库容57.01亿立方米，其中黄河占94%，洮河占2%，大夏河占4%。死水位1694米下的死库容为15.5亿立方米，有效库容为41.5亿立方米。

刘库库区主要由黄河干流及支流洮河和大夏河三部分组成。水库最大宽度约6000米，干流库长65公里，洮河库长30公里，大夏河库长15公里。水库面积130平方公里。洮河在距坝1.32公里处汇入黄河，大夏河在距坝28.8公里处，汇入黄河。

刘库库区泥沙测验工作，1969 年开始，主要测验项目有：淤积断面测验、坝上和坝下水位、库区同时水位、床沙质、淤积物容重及颗粒分析、过机泥沙观测、异重流及洮河排沙量观测、坝前和黄河干流淤积三角洲水下地形测量等。

（二）水库运用

1967 年 10 月 28 日水库第一次蓄水，1968 年 2 月 8 日泄空。1968 年 10 月 15 日水库第二次蓄水，1969 年 11 月 5 日蓄至 1733.57 米，从此开始了正常蓄水运用。根据水库实际调度，运用情况大致分为两个阶段：

调节期为 11 月至翌年 6 月底。水库于每年 10 月底（或 11 月初）蓄水至正常蓄水位 1735 米，11 月开始按下游灌溉和盐锅峡、青铜峡水电厂发电用水，以及保证宁夏、内蒙古安全防凌，控制下泄流量，至翌年 6 月底泄至死水位 1694 米左右。

汛期为 7 月至 10 月底。9 月上旬以前的主要任务是保证下游兰州市的防洪安全。7、8 月份坝前水位一般控制在 1720 米上下，9 月 10 日前后蓄水至防洪限制水位 1726 米。如来水不超过 1500 立方米每秒，则水库开始蓄水，10 月底水库蓄满，使坝前达到正常蓄水位 1735 米左右。

1969～1981 年，最高蓄水位为 1735.50 米（1979 年 10 月 30 日），最低水位为 1693.39 米（1978 年 5 月 28 日）。

（三）进出库水沙测验

刘库以黄河干流循化（距坝 112.6 公里）、支流大夏河冯家台（距坝 50 公里）及洮河红旗（原沟门村，距坝 29 公里）三个水文站为进库站。下游小川水文站（距坝 1.7 公里）为出库站。进出库站区间集水面积为 4483 平方公里。

自水库蓄水运用以来，1969～1988 年进库站的多年平均水量和沙量分别为 290 亿立方米和 8994 万吨（包括区间来沙量 1741 万吨）；小川站平均出库水量 289 亿立方米，出库沙量为 1483 万吨。

（四）库区淤积测验

1. 平面和高程控制

1958 年由西北勘测设计院采用 1954 年北京坐标系，施测 1：25000 地形图，以黑沟洼二等永久点起算，红柳台设二等基线网，寺沟峡至回水末端用线形三角锁（四等），大肚子和大夏河为三四等三角网，洮河及茅笼峡为四等三角网。

1955 年由北京勘测设计院，自兰州铁桥一等水准点起算，用二等水准沿黄河，经河口、盐锅峡、八盘峡至刘家峡。原高程为老大沽系，1956年个别段重新校测，改为新大沽系（比老大沽低0.59米）。

2. 断面布设

1966年由北京勘测设计院在黄河干流设38个断面（距坝64.74公里）、大夏河设9个断面（距坝26.30～36.45公里）、洮河设21个断面（距坝1.92～33.74公里）、支沟银川沟设3个断面（距坝32.27～34.16公里），总计71个断面。平面控制用五等线形三角锁测量，高程用四等水准测量。

1971年对1966年所设断面被破坏或位置布设不当者进行了整顿和重新布设，并在洮河口增设洮0断面。1972年在干流增设黄9－2、16－1、16－2断面。1974年增设黄0及黄9－1断面。全库区共有断面77个，干流平均断面间距为1.51公里。

3. 断面测验

刘库自1968年蓄水后，于1969年由北京勘测设计院、水电部第四工程局及刘家峡水电厂共同协作，首次施测断面淤积。1970年初交黄委会管理期间，对库区淤积断面进行了一次粗测。因这两次测验存在问题较多，资料未予整编。1971年由刘家峡水电厂负责测验。一般于每年汛前、汛后各测一次。

水库水下淤积物干容重测验，从1975年起取样分析，干流库区为0.9～1.0吨每立方米，洮河及大夏河库区为1.0吨每立方米，干流库区三角洲滩地淤积物为1.3吨每立方米。

据1985年实测资料，各库段的泥沙中值粒径自水库末端至黄10断面沿程递减。三角洲处泥沙分选明显，各部位的泥沙中值粒径范围是顶坡段0.060～0.020毫米，前坡段和过渡段0.010毫米，坝前段0.020毫米左右。

从1968～1989年共进行断面淤积测验42次。

4. 淤积状况

自1968年10月蓄水运用至1989年10月，全库区共淤积12.0537亿立方米（断面法），其中干流库区淤积11.2212亿立方米，洮河库区淤积0.4763亿立方米，大夏河库区淤积0.3562亿立方米，分别占总淤积量的93.09%、3.95%、2.96%，如表4－13。进库泥沙主要淤积在高程1725米以下库区。在死水位1694米以下库区，死库容15.50亿立方米已淤8.95亿立方米，占原死库容的57.7%；41.5亿立方米有效库容内已淤积5.25亿立方米。

表 4－13　　　　　　　　黄河刘家峡库区淤积量分布表

时　　段	总淤积量（万立方米）	黄河库区各段淤积量（万立方米）				大夏河库区	洮河库区
		刘家峡峡谷坝～黄$_{9-1}$	永靖川地黄$_{9-1}$～黄$_{21}$	寺沟峡谷黄$_{21}$以上	合　计		
1968.10～1973.10	32422	2146	23876	3879	29901	257	2264
1973.11～1978.10	25485	701	21031	731	22463	1567	1455
1978.11～1985.10	41211	1190	37280	970	39440	1240	531
1985.11～1989.10	21419				20408	498	513
合　　计	120537				112212	3562	4763
占库区总淤积量的%	100				93.09	2.96	3.95

5.洮河库区异重流测验

洮河入库沙量较大,多年平均沙量为 2740 万吨,占入库总沙量的 31%。实测资料表明,当洮河入库平均含沙量达到 20 公斤每立方米左右时,即可产生异重流并运行到坝前。异重流潜入点的流速一般为 0.6～1.0 米每秒,最大流速达 1.65 米每秒。至坝前的异重流流速一般为 0.4～0.6 米每秒,个别测点流速大于 1.0 米每秒。

1973 年洮河口沙坎形成后,干流异重流所挟带的泥沙被阻,淤积在永靖川库段。所以刘库排沙实质上是排洮河的泥沙。1974 年后,刘家峡水电厂采用洮河汛期异重流排沙和汛前低水位冲沙措施,以减轻泥沙对电站运行的威胁。历年汛期排沙比为 20%～78%,汛前（5～6 月）排（冲）沙比为 32%～2510%。全年排沙比为 24%～96%。

刘库历年测验成果经整编刊印主要有淤积断面,淤积量分布,库容变化,坝上、坝下水位,库区同时水位,淤积物容重,异重流及泥沙颗粒分析等资料成果。洮河排沙量观测,过机沙量观测及坝前与干流淤积三角洲水下地形资料均未刊印。

三、盐锅峡水库

（一）水库概况

盐锅峡水库（以下简称盐库）是黄河上游干流上的一座以发电为主,结合灌溉的河床式电站。坝址位于甘肃省永靖县境内。控制流域面积 182704 万平方公里,占黄河流域面积的 24.3%。坝址上游 32 公里处有刘家峡水利枢纽,下游 17 公里处有八盘峡水电站,相互形成三个衔接的梯级水库。

水电站工程于 1958 年 9 月 27 日与刘家峡水利枢纽同时动工,1959 年 4 月 26 日截流,1961 年 3 月开始蓄水运用,1970 年 12 月竣工。1962 年 1 月第一台机组发电,至 1975 年 11 月装机 8 台建成投产。1988 年扩建安装 9 号机组,1990 年 6 月建成,此时盐库总装机容量为 40.2 万千瓦,单机最大引水流量为 140 立方米每秒。进水口高程为 1600 米。

左岸拦河主坝为混凝土宽缝重力坝。右岸溢流坝为混凝土重力坝,坝顶全长 321 米,最大坝高 57.2 米,坝顶高程 1624.20 米。溢流坝有 6 孔溢洪道堰顶高程 1609.00 米,最大泄量为 5500 立方米每秒。非常溢洪道堰顶高程 1609.00 米,最大泄量为 1110 立方米每秒。此外,左、右副坝内,各埋置灌溉引水管一条,引水流量分别为 30 和 1.5 立方米每秒。

盐库为河道型水库,库长 30.6 公里。小川站(距坝 29.9 公里)以下库区区间面积为 934 平方公里,天然河床比降为 13‰。

水库设计正常蓄水位为 1619 米,相应库容为 2.2 亿立方米,水库面积为 16.1 平方公里。死水位为 1618.5 米,死库容为 2.13 亿立方米。工作水深 0.5 米,有效库容为 0.07 亿立方米。

盐库自 1961 年 3 月 31 日蓄水运用后,即开展水库水文实验观测研究,每年进行淤积断面、淤积物组成和干容重测验、坝前和坝下水位观测及进出库水沙量测验。此外还有库区同时水面线观测,过机泥沙测验等。自 1985 年后,水库淤积及库容测验改为间测,每 2~3 年测一次。

1970 年前,各项测验任务原由西北勘测设计院所属的小川、上诠水文站和盐锅峡库区组承担,1970 年 1 月将二站一组移交黄委会兰州水文总站领导,盐锅峡库区组改称"盐锅峡库区测验站",并承测八盘峡水库的测验任务。

(二)进出库水沙测验

盐库的进库站为小川水文站,出库站为坝下 2.4 公里处的上诠水文站。

小川站与上诠站按 1965~1985 年同时段实测资料统计累计输沙量分别为 7.2874 和 6.400 亿吨,年平均输沙量分别为 0.3470 和 0.3048 亿吨。盐库累计滞留沙量为 0.8874 亿吨。

(三)库区水位观测

水位观测有坝上、坝下和库区同时水位观测。

坝上和坝下水位自建库以来，由盐锅峡水电厂观测，为液压传动式水位计。每2小时观测一次，每日8时与直读式水尺校对。观测资料由兰州水文总站逐年整编。

为研究回水变化和水库水面线及糙率变化，1963年开始进行同时水位观测。除1969、1972年未测外，至1981年停测，共观测52次。每次观测的断面数为全库区淤积断面的二分之一左右。随着水沙情况和观测要求不同，各次观测的断面数略有不同，但基本固定观测的断面有14个。

（四）库区淤积测验

1. 断面布设

1956年西北勘测设计院在黄河崔刘段（即兰州以西崔家崖至刘家峡坝下）设有43个断面，其中19个断面在库区内。1959年5月自大坝至中庄（距坝约22公里）设立12个断面，1960年3月和1961年10月自大坝至罗家堡（距坝4公里）设断面12个，1962年10月自大坝至刘家峡拱桥下30.59公里内重新布设$B_0 \sim B_{20}$共21个断面，1964年4月又增设B_{10-1}、B_{17-1}、B_{18-1}、B_{19-1}4个断面，合计布设25个断面。平均断面间距为1.27公里。最小断面间距为0.318公里（$B_0 \sim B_1$），最大断面间距为2.415公里（$B_{15} \sim B_{16}$）。断面间距系从1：5000河道地形图上量得，其中$B_0 \sim B_7$断面间距为最低点直线距离，$B_7 \sim B_{20}$断面间距为最低点曲线距离。

2. 平面和高程控制

盐库库区平面控制为北京坐标系，五等三角锁测设。除B_{14}断面两岸端点坐标采用6°带外，其余各断面均用3°带计算坐标。

高程控制，1962年9月以前库区断面有的采用建国前的大沽系统——老大沽，也有的采用郑州保和寨大沽系统——新大沽。1962年9月对新、老大沽进行连测，新大沽比老大沽高0.60米。此后一律改用新大沽高程系统。两岸端点均以四等水准测定。

标桩型式，$B_0 \sim B_{12}$断面主要是石桩或岩石地物标记，B_{13}断面以上两岸均设混凝土桩。

1963年2月对各断面进行埋桩和测定坐标、高程后，由于$B_{13} \sim B_{20}$断面的测设精度不符合要求，于1964年4月又重新埋桩和测定。

3. 断面测验

1956年，西北勘测设计院兰州水电勘测处，沿库区进行一次断面测量，布设临时断面18个，编号为$C_{25} \sim C_{42}$（此次资料未整编刊印），1961年3月31日蓄水至1968年由盐锅峡水电厂负责测验，1969年全部项目停测，1970

年库区测验由兰州水文总站盐锅峡库区测验站负责。1962～1986年共计施测48次,计1050个断面次,其中1962～1968年10月共测22次,各断面资料刊于1978年5月出版的《黄河流域库区水文实验资料》。1970～1986年施测26次,逐年刊于流域水文资料年鉴。

测验使用的测船,1972年8月以前是15匹马力的折叠舟。因船小不便施测床沙质,1972年8月改用兰州水文总站造船组造的水泥船,1987年又改用船外机的玻璃钢船。测船位置采用经纬仪交会定位。小深测量1981年前用测深锤测深,1981年后使用长办南京实验站研制的NS-3型回声测深仪。断面水位按五等水准要求引测。

4. 淤积泥沙取样分析

水库淤积泥沙取样随每次淤积断面测验同时进行。除个别测次(如1981年10月)外,每次均在全库各个断面左、中、右测取床沙质,1974年前并在相应位置的水面取悬移质。所取沙样均作颗粒分析。

淤积物取样方法,曾使用水样桶沉入河底,绳拉刮取;冲击锥取样;横式悬移质采样器取样。

5. 淤积泥沙干容重测验

建库以来,泥沙干容重测验3次。

第一次是1964年10月间,在断面B_3～B_{20}用环刀法取样,测得干容重为1.07～1.55吨每立方米,平均干容重为1.38吨每立方米。

第二次是1965年5～6月,西北勘测设计院用"γ—γ"射线法分别测定距坝1、6、50、57、94、110、113米7处,在7条测线的1～5.8米土层内测定321个不同深度的泥沙干容重。各处垂线平均干容重变化为1.33～1.39吨每立方米,坝前平均干容重为1.3吨每立方米。与此同时,在库区B_2、B_4、B_7、B_{10}、B_{12}、B_{14}、B_{17}7个断面上布设12条垂线、20个测点进行干容重测验。断面测线平均干容重为1.36～1.60吨每立方米,库区平均干容重为1.42吨每立方米。

第三次是1967年10月(刘家峡水库第一次截流期),盐库又用"r—r"射线法和环刀法同时进行了B_{14}、B_{15}、B_{16}、B_{18}、B_{19}5个断面测一垂线的不同深度的干容重,断面测线平均干容重为1.20～1.32吨每立方米,库区平均干容重为1.25吨每立方米。

通过以上测验分析,全库淤积泥沙干容重平均值为1.39吨每立方米。

(五)坝区泥沙测验

1. 坝区水下地形测量

坝上、坝下水下地形测量，自1964年开始，至1983年（1969、1972年未测）每年测1～4次。施测范围坝上为0～2断面，坝下为坝下150米内，测图比例坝前为1：1000，坝下为1：250。水下地形坝上共施测32幅，坝下共施测21幅，各次测图均未刊印，资料成果由兰州水文总站保管。

据坝前地形测量成果反映：（1）左岸原有的大沙滩，滩面自1964年的1615.5米升高到1973年的1618.5米，此后则趋于稳定；（2）右岸山崖处原有一上下串联的深潭，水库运用后，深潭逐渐下切，至1973年已下切4～7米；（3）电站前冲刷漏斗，底部高程在1592～1600米之间变化。

2. 过机泥沙测验

水库淤积达到平衡后，过机泥沙必将对水轮机过水部件造成磨损。为研究和探索泥沙对水轮机的磨损规律及抗磨对策，从1962年开始，选定4号机的蜗壳进水孔处安装取样管，进行过机泥沙取样，测验沙量及粒径、过机泥沙矿物质组成等，并进行分析研究工作。为了解出库含沙量变化情况，先后于1962～1966年、1976～1978年的4～10月间，在溢洪道上采取悬移质水样，每日取样2～4次。1979～1980年的9月间为配合刘库排沙在1、4、8号机组的蜗壳处施测过机泥沙，并同时在溢洪道消力池处取样。资料成果未整编刊印。

1970年以前因取样次数较少，采用1965年5～11月4号机组过机沙量与上诠站同期含沙量资料的相关关系，推算4号机运行以来至1970年的过机沙量。1971年后直接在4号机取样。4号机取样分析及计算结果如表4—14。表4—14定性说明随淤积的发展，过机沙量逐年增多，以1968年最多达422.8万吨。盐库上游的刘库在1968年10月正式蓄水运用后，过机沙量减少，但1976年后又有增加。过机泥沙粒径由细到粗，又由粗逐渐细化的过程。

表4—14　黄河盐锅峡水库4号机过机沙量及中值粒径表

项　目	1962年	1963年	1964年	1965年	1966年	1967年	1968年	1969年	1970年
年过机沙量(万吨)	44.6	172.5	179.3	168.9	275.3	415.0	422.8	133.7	22.0
中数粒径(毫米)	0.0085		0.056	0.0253					
最大粒径(毫米)	0.05		0.25	0.445					

据资料分析，泥沙粒径在0.04～0.6毫米范围，对水轮机磨损量，随着

粒径的增大而急剧加大。然而该电站过机泥沙中正是这一粒径范围的泥沙量较多。

1965 年 9 月对过机沙样进行矿物成份分析,其中粒径小于 0.1 毫米的硬矿物含量占 95％以上,角状的占 90％以上,角状物的磨损能力为圆形物的 2～3 倍。

3. 坝前流态观测

1976～1978 年汛期,为摸清盐库坝前水力泥沙因子分布规律,研究盐库排沙方案,盐库测验站和盐锅峡水电厂共同在坝前架设了两条过河缆,在距坝 130 米布设三个断面,各断面均自左岸起每隔 50 米设一条垂线,共 6 条。施测流速、流向和测取含沙量并进行颗分。

该项试验资料未作整编刊印。

1981 年 3 月盐库测验站张民琪在《盐锅峡水库坝前水下地形与坝前流态观测分析》一文中对坝前水下地形演变、坝前局部水流形态进行了初步分析。

此外,于 1965 年进行库区坍岸观测 3 次,资料未予整编。

(六)水库泥沙研究

1965 年在水电部科委主持下,由西北勘测设计院、北京水科院、西北水科所、黄委会兰州水文总站、盐锅峡水电厂等单位组成"黄河上游泥沙 观测研究组"。此外还有水电部第四工程局、盐锅峡库区测验站、甘肃省水电设计院、甘肃省电力局中心试验所、西北农学院、西安水利实验站、甘肃省水电局电力中心试验站等 10 余个单位的科研人员,针对盐库的泥沙淤积、水库调度、坝前流态、水草泥沙对电站的安全影响、非金属抗磨损试验等进行了分析研究。

1. 水库冲淤变化

水库冲淤变化经历三个时期:

一是施工阶段(1958～1961 年),由于施工围堰壅水,淤积量达 6600 万立方米,占正常蓄水位(1619 米)下库容 2.16 亿立方米的 30.6％。坝前淤积厚度达 23 米。

二是 1961～1968 年 10 月为刘库蓄水以前即盐库运用初期,盐库汛期控制水位在 1615.0 米～1617.5 米之间,非汛期抬高至 1619.0 米。此期间的入库沙量年平均为 9270 万吨(其中包括 1964、1967 两个丰水丰沙年)。淤积变化可分为二个阶段:第一初期运行阶段(1962～1964 年),淤积部位集中在库区下段,总淤积量由 1962 年的 1.130 亿立方米到 1964 年达 1.541

亿立方米,占总库容的71.3%。第二淤积相对平衡阶段(1965～1968年),淤积速度减缓,仅在开阔段有少量淤积,1965～1968年累计淤积量分别为1.630、1.622、1.665、1.686亿立方米,损失库容为75.1%～78.1%。说明库区水流挟沙能力已基本恢复,水库淤积已达到相对平衡状态。

三是1968年以后为刘库进入蓄水期,盐库为正常运行期。1969～1975年,进入盐库的沙量明显减少,年平均为588万吨。1976年以后,刘库的洮河库区死库容接近淤满,洮河入库泥沙大部分下排,使进入盐库的沙量增加到年平均2186万吨。1970年盐库累计淤积量达1.725亿立方米,损失库容79.9%。此后,库区有所冲刷,1971～1975年累计淤积量变化在1.680～1.631亿立方米,剩余库容,由20.1%恢复到24.5%。直至1986年剩余库容基本稳定在5500万立方米左右,调节库容为600万立方米左右。

2.水库淤积形态

盐库纵向淤积形态为锥体。锥体雏形在水库运用三四年内即已形成,1964年后已趋稳定。刘库蓄水后,入库水沙条件虽有变化,但受盐库坝前水位限制,对已形成的锥体影响不大。冲淤相对平衡后,盐库各断面的平均淤积厚度如表4-15。

表4-15　　　黄河盐锅峡水库断面平均淤积厚度

断面号	2	3	4	5	6	7	8	9	10	11
距坝(公里)	0.69	1.73	4.02	5.50	6.47	8.30	10.11	11.66	12.29	14.36
平均淤厚(米)	31	31	30	29	27	24	23	22	20	16

断面号	12	13	14	15	16	17	18	19	20
距坝(公里)	16.91	18.99	20.02	22.05	24.47	25.91	27.07	28.64	30.59
平均淤厚(米)	10	14	12	11	9	8	7	6	5

盐库库形为峡谷、川地相间,泥沙在横向的淤积形态,因断面形态而异。水库初期运用阶段,坝前深水区为平行抬高淤积,如4号断面。上段浅水区则沿湿周均匀淤积,如16号断面。开阔段淤积分布较宽,且主流摆动,如13号断面。刘库下泄清水,经冲刷后,横向淤积形态有所调整,开阔段向窄深发展,其他断面一般具有较稳定的河床形式。

3.河床组成及比降调整

库区天然河床系卵石夹沙组成。淤积初期,河床组成明显细化,如小川河段泥沙中值粒径由原始河床的10.25毫米减小到1964年的0.60毫米,随着冲淤的发展与变化,床沙细化速度减缓,1964 年后库区淤积物组成沿程变化不大。据 1964～1978 年实测资料,各断面泥沙中值粒径多在 0.4～0.1 毫米之间,水库淤积趋于平衡。

库区天然河床比降为 13.4‰,随着淤积的发展,河床比降调整十分迅速,1962 年比降为 7.7‰,1964 年汛后水库淤积趋于相对平衡,比降也趋于稳定,至 1968 年 8 月为 1.72‰,已接近设计平衡比降值 1.7‰。1968 年 10 月为 2.18‰,1971 年 10 月为 1.33‰,1974 年 12 月为 1.66‰,1976 年 10 月为 2.18‰,1978 年 10 月为 1.94‰,1980 年 5 月为 1.86‰。

四、 八盘峡水库

(一)水库概况

八盘峡水库(以下简称八库)位于甘肃省兰州市西固区境内。坝址上距盐锅峡 17 公里,控制流域面积为 215851 平方公里。占黄河流域面积的 28.7%。1969 年 11 月主体工程动工,1975 年 6 月 1 日正式蓄水。

八盘峡水电站是黄河上游以发电为主的河床式电站。1975 年 8 月 1 日有两台机组发电,至 1980 年 2 月 14 日共 5 台发电机组投入运行,单机容量 3.6 万千瓦,总装机容量 18.0 万千瓦。枢纽大坝总长 396.4 米,坝顶高程 1580 米,最大坝高 33 米。正常蓄水位为 1578 米,相应库容为 5189 万立方米(1975 年实测,曾用 1956 年地形图计算为 4900 万立方米作为原始库容),水库面积为 6.2 平方公里,水面宽为 100～696 米,死水位 1576 米。大坝上游 5.1 公里处有支流湟水汇入。库区区间(盐锅峡大坝、湟水民和站、大通河享堂站、巴洲沟吉家堡站——八盘峡坝址)集水面积为 2370 平方公里。

黄委会兰州水文总站盐锅峡库区测验站于 1975 年 6 月开始测验。主要项目有:水库断面测验、坝前水位、库区同时水位、坝上和坝下水下地形、床沙质及有关专项试验观测研究。

(二)进出库水沙测验

上诠水文站为干流入库站,湟水的民和站、大通河的享堂站、巴洲沟的吉家堡站为支流入库站。分别距坝 14.7、79.4、75.9、82.5 公里。坝下游 50.1 公里处有兰州水文站。

据实测资料统计,至 1985 年,进库 4 站多年平均进库水、沙量分别为 341.4 亿立方米、7373 万吨;汛期年平均水沙量分别为195.7 亿立方米、6338 万吨,各占年总量的 57.3%和 86.0%;多年平均流量和含沙量分别为

1080立方米每秒和2.16公斤每立方米。支流入库水、沙量分别占进库量的13.6%和31.1%。干流入库的水沙主要取决于刘家峡水库的下泄量。

（三）库区淤积测验

1. 断面布设

1975年主体工程竣工后5月下旬，盐库站根据八盘峡工程分局提供的1∶5000地形图，查勘寻到水库平面控制点16个，二等水准点4个。6月上旬现场布设断面。

在干流自八盘峡大坝至盐锅峡大坝17.1公里内布设断面15个，支流自湟水河口（距坝5.1公里）至周家村过河缆处（距坝17.43公里）的12.33公里内布设断面13个，全库区共布设淤积测验断面28个。干流平均断面间距为1.14公里，支流平均断面间距为1.03公里。最大间距为2.16公里（黄11～12断面），最小间距0.26公里（黄0～1断面）。

2. 平面和高程控制

平面控制

建库前地形图范围不能满足库区淤积测量要求，平面控制需延伸。在1∶5000库区地形图图根点的基础上，干流以大吕V21和V19为起始边，向上游延伸了6个三角形，闭合于V19。误差$\triangle X=0.04$米，$\triangle Y=0.01$米。V19、V21以下两岸均有三、四、五等三角点，以此为骨干，用交会法测定断面端点位置，个别隐蔽地点，采用量距支导线测定。支流湟水部分断面端点的连测，以V14、V19和V11为起始边，向上游布设4个三角形，最后一点以V11进行方向检查。全库区共测89个点，各断面端点平面精度均符合五等三角。

高程控制

全库区均采用新大沽高程系统。支流湟3～湟13断面的右端点高程用经纬仪三角高程施测，其余各端点高程以盐锅峡坝下BMⅡ₂、八盘峡大坝旁BM岔八02、达川BMⅡ₀₀₉3个水准点，用左右水准线路按三等水准精度测定。连测56个桩点，沿岸另增设三等水准点18个，全库高程（三等）控制点共74个，测程52公里。

全库平面、高程控制测量于1975年7～8月完成。

3. 断面测验

一般每年测验二次，1975年6月18日进行了首次淤积断面测验，水下断面除支流断面分别在吊桥、吊缆上或在羊皮筏子上用杆或锤测深外，其余断面均用小玻璃钢船外机配回声测深仪测深。1975～1980年使用南京航标厂造的 NH—1/2 型晶体管回声测深仪,精度±1％;1981 年以后使用长办南京实验站研制的 NS—3 型回声测深仪,精度±0.5％。起点距除少数断面(如黄 0、湟 7、湟 11)在坝上或用断面索直读外,均用经纬仪交角定位。至1986 年,共测 25 次,合 604 个断面次。

4.床沙质测验

八库河床质测验从 1975 年开始,与断面测验同时进行。取样断面黄河上有 7 个,湟水 6 个,共 13 个断面。每个断面按左、中、右 3 个点用小水样桶刮取。1975～1986 年共取样 24 次,样品 824 个,均作颗粒分析,随断面测验资料逐年刊布。

(四)水位观测

1.坝前水位

1976～1978 年坝上水位由水电部第四工程局 813 分局水调班负责观测。1979 年 1 月 1 日起由盐锅峡水库测验站负责观测,在坝上左岸设置专用水尺,并在坝体观测井中安装远传自记水位计。资料成果纳入水文年鉴刊布。

2.同时水位

观测断面黄河干流有 7 个,湟水有 6 个。

1976、1977、1978 年三年,共观测 109 次。1979、1980 年停测。1981 年 9月黄河上游大水期间,进行了 32 次观测,每次观测断面 6～4 个,共 157 个断面次。观测期间,上诠站入库流量为 5230～4340 立方米每秒。4 年观测同时水位 141 次,共计 266 个断面次。

(五)水库糙率观测

观测库段在黄 9～黄 11 断面间,长度 2.63 公里。上、下两端观测比降水位。黄 10 为基本断面,施测水位、面积,按 3～5 线取床沙质。借用上诠站流量计算该库段糙率。

历年施测次数 1979 年 16 次,1980 年 18 次,1981 年 13 次,1982 年 6次,共计 53 次。其中 1981 年、1982 年在上、下两个断面上也施测断面面积和床沙质。

各次资料于 1986 年整理后未刊布。

(六)坝区工程泥沙测验

1.坝前水下地形测量

测区为黄 0～黄 2 断面,区段长 990 米。自 1975～1982 年每年汛前、汛后各施测一次,测图比例均为 1:1000,至 1984 年共测 17 次,1985 年停测。

2. 坝下水下地形测量

为及时掌握坝下冲刷坑变化,自 1976 年 3 月由 813 分局设计组施测一次地形外,1977～1984 年由盐库测验站在溢流坝消力池下游 150 米内,每年汛后施测一次,共测得 1：200 的地形图 8 幅。

由实测资料发现坝下冲刷较为严重,冲刷坑逐年淘深和扩大,威胁电站安全运行。1983～1984 年经多次向水电部报告,拨款 500 万元,于 1985 年进行整修。

3. 蜂窝斜管沉淀池沉沙效率试验

因八盘峡水库库容小,又有含沙量较大的支流湟水汇入,电站运行初期,机组冷却器常被泥沙堵塞,造成停机事故。为此 813 分局设计组根据水力学家哈真关于"沉淀为水面积的函数"的理论设计了蜂窝斜管沉淀池,于 1976 年建成。每年 5 月下旬～9 月下旬投入运用,使泥沙粒径大于 0.025 毫米的含沙水流经过沉淀处理后自流供用。

1977～1984 年由盐库测验站对沉淀池沉淀效率进行了 200 次原型取样观测。每次分别在沉淀池进、出口处取样测定含沙量和作颗粒分析。观测成果证明,沙量沉淀率达 58％～70％。但随泥沙粒径不同,沉沙效率不同,当中值粒径 d_{50} 为 0.01、0.025、0.04 毫米时,沉沙率分别为 30％、50％、80％。而出口挟带粒径大于 0.025 毫米的泥沙仅占进口的 10％～15％。该项分析研究成果有《八盘峡水电站蜂窝斜管沉淀池沉沙效果观测总结报告》(朱丽元,1981 年 3 月油印)。

4. 过机泥沙和排沙廊道泥沙取样

为研究水轮机磨损和坝前含沙量分布,于 1977～1978 年间在 1、3、5 号机组蜗壳处同时取样并作颗粒分析,共 145 个样品。

为配合八盘峡电站进水口前沿设置的排沙廊道(分左、右两条)放水试验,1979 年在左、右廊道各取样 7 个。1980 年 9 月 5 日进行排沙廊道放水试验,历时 2 小时,观测内容有:气蚀情况,廊道和水轮机沙样颗分及试验前的坝前局部地形测量和淤积物取样分析等。虽然试验资料不多,仍可说明排沙廊道的效果是有积极作用的,是狭窄河道低水头电站的一种值得考虑的排沙措施。

(七)水库泥沙淤积

1. 水库淤积

八盘峡水库因库容小,库长较短,调节能力小,同时水库兼有水库与河道的特点,涨水产生壅水淤积,落水有一定排沙能力,故汛期淤,汛后冲,每年一个冲淤循环。初期淤积速度快,以后冲淤变幅逐年减小,库区比降逐年变缓,趋于平衡。如干流黄1～黄6库段,长4.332公里,其平均淤积厚度和比降的变化,从1975年6月到1976年10月、1977年10月、1980年10月的平均淤积厚度分别是3.0米、3.8米、5.6米;比降由原14.8‰依次减为9.9‰、9.5‰、7.1‰。

淤积量的分布主要集中在黄8断面以下,按1980年资料统计,该段淤积量,占干流总淤量73%;黄8以上淤积量逐年减少,库段末端且有冲刷,支流库区淤积量占库区总淤积量的27%。库区最大淤积量为1968.7万立方米(1980年9月12日),到1986年5月28日止库区累计淤积量为1793.7万立方米。

根据八盘峡水库淤积发展过程和淤积纵剖面图形,该库属锥体淤积。由于库区特定条件影响,锥体外形不够典型。

2. 库容变化

水库自1975年6月运用以来,随着淤积的发展,库容逐年减少,至1986年6月,水位1554米以下库容已淤满,1566米以下已损失原有库容(570万立方米)的93%,淤积趋于平衡状态。正常蓄水位1578米以下的库容,一般保持在3500万立方米左右,死水位1576米以下库容仍保持在2500万立方米左右,分别损失库容34%和33%,仍可满足水库日调节的需要。

五、青铜峡水库

(一)水库概况

青铜峡水库(以下简称青库)是一座以灌溉发电为主,结合防洪、防凌和城市供水与工业用水的大型水库。坝址位于宁夏回族自治区青铜峡峡谷出口处,控制流域面积为275004平方公里,占黄河流域面积的36.5%。

枢纽工程于1958年8月26日动工兴建,1967年4月6日开始蓄水运用。1967年12月31日土建工程完工。1968年2月13日第一台3.6万千瓦机组正式并网发电,1978年8台机组安装完毕。8台机组的位置是:河床闸墩式电站6台,河西渠道电站1台(这7台单机容量为3.6万千瓦),河东电站(2万千瓦)1台,总装机容量为27.2万千瓦。坝体总长666.75米,坝顶高程1160.2米,最大坝高42.7米。过水建筑物包括:电站机组尾水管8个,灌溉孔4个,电站泄水管15个,泄洪闸孔3个,溢流坝表孔7个,共5种37

个泄水孔口。最大泄流量 9810 立方米每秒。

水库正常运用蓄水位为 1156 米(大沽基面),相应总库容 6.058 亿立方米,有效库容为 0.3 亿立方米,水库长度 40 公里,水库水面积 76 平方公里。大坝以上 8.2 公里内为峡谷段,宽度为 300~500 米;峡谷以上,川地开阔,宽度为 3000~4000 米。库面似葫芦形。

1961 年开始水库泥沙等测验工作。1963 年布设淤积断面,观测研究项目有:进、出库水沙量,淤积断面,淤积物泥沙组成,水位,水力泥沙因子(水库糙率),坝前地形测量等。

(二)进、出库水沙测验

青铜峡水库的进、出库水文站由河道水文站和渠道水文站组成。入库站有 5 处:下河沿(黄河)、胜金关(中卫第一排水沟)、泉眼山(清水河)、南河子(天然排水洞)、鸣沙洲(红柳沟);出库站有 3 处 5 个断面:青铜峡(三)(包括黄河和唐徕渠)、青铜峡(四)(汉渠和秦渠)、东干渠。

据建库前 1940~1966 年(27 年)青铜峡水文站资料统计,多年平均径流量 324.5 亿立方米,最大年径流量为 452.6 亿立方米(1946 年),最小年径流量为 216.2 亿立方米(1965 年),多年平均流量为 1030 立方米每秒,实测最大流量为 6230 立方米每秒(1946 年 9 月 16 日),最小流量为 32.5 立方米每秒(1966 年 5 月 9 日)。多年平均输沙量为 2.26 亿吨,最大年输沙量为 5.29 亿吨(1945 年),多年平均含沙量为 6.96 公斤每立方米,最大含沙量为 431 公斤每立方米(1940 年 7 月 1 日)。汛期(7~10 月)的水量、沙量分别占年总量的 63.8% 和 88.2%。

刘家峡水库从 1968 年 10 月起蓄水运用后,使青铜峡水库的来水来沙量起了变化,冬季流量加大,改变了建库前的水沙量的年内分配。

据建库后 1967~1984 年青铜峡出库实测资料统计,年平均径流量为 333.9 亿立方米,平均流量为 1060 立方米每秒,年平均输沙量为 1.21 亿吨,平均含沙量为 3.63 公斤每立方米。最大年径流量为 510.2 亿立方米(1967 年),是有实测资料以来的最大值。从上述建库前后的沙量比较看,建库后青铜峡站输沙量比建库前减少 46%。

(三)库区水位观测

1. 坝上水位:1964 年 1 月~1967 年 12 月由青铜峡水利工程局所属青铜峡水库实验站观测。1967 年 3 月底前除个别时段在上横围堰观测,其余均在明渠坝上观测,自 4 月以后,在拦河坝东侧设永久性水尺观测。1968 年 1 月以后由青铜峡水电厂观测并增加远传水位计。

2. 库区水位：为了解水库回水末端水位变化情况，1969～1970年在距坝25.55公里处的22号断面设立汛期水位站；1971～1972年迁到距坝27.17公里处的23号断面右岸设立新田汛期水位站；1973～1976年迁到距坝34.49公里处的28号断面右岸设立白马汛期水位站；1977年起恢复在23断面观测汛期水位，同时撤销28号断面的水位观测。

3. 同时水位观测：为了解水库不同流量级及不同运用水位时库区水面线变化规律，从1963年7月～1969、1978年及1981年9月，每年汛期在坝址～36号断面间及石空等20个断面，选若干次洪水的不同流量级，进行同时水位观测。先后11年累计观测同时水位71次。

（四）库区淤积测验

1. 断面布设

1961～1963年5月断面位置未固定，依据的座标也不尽相同。1963年自坝址向上21.89公里布设固定断面20个，1964年向上延续布设20个，1965年又增设2个，共42个，距坝45.55公里。1974年为加强坝前淤积测验，在大坝至1号断面（距坝990米）内增加坝—3、坝—14两个断面。全库区先后共设断面44个，平均间距为1.04公里，最小间距为0.44公里（坝前断面），最大间距为2.03公里（20～21断面）。历年施测最远至30断面，距坝37.54公里。

2. 平面和高程控制

1956年水利部北京勘测设计院青铜峡勘测处进行了三等三角和三等水准的基本控制测量，同时进行了比例为1：10000水库地形图测绘。

平面控制为1954年北京坐标系，高程为大沽基面。水库淤积断面的平面、高程控制，于1962年下半年起，在1956年所设置的控制点及黄委会于建国初期沿河布设的二等水准点的基础上展开。

平面控制由于原设三角点大部分已丢失或精度偏低，只有以坝区河西"点将台"和河东"东三"两个永久性基点，作为起始边向上游扩展至彭恩堡（距坝20公里）。至1963年底，共测设三角点45个，没有建立标架。峡谷段为跨河三角锁，至设计回水末端附近（第40断面）相连接，构成三角网。测设精度相当于水电工程测量规范五等三角。三角网最后未作复核基线，仅与原有的新田北P.L△1—14、彭恩堡南P.L△1—19两个三角点闭合，其X、Y坐标相对误差为1/12650和1/16300。前、后方交会的坐标差一般在0.1米内，最大不超过0.5米，均在限差以内。

高程控制测量是以青铜峡勘测处所测三等水准和黄委会二等水准为依

据,1965年对所有三角点、断面控制桩点用四等水准测量。左岸以青铜峡勘测处1956年测设的三等点 BM Ⅲ—68 闭合,右岸以黄委会精密水准点 P.B.M—25W 闭合。两岸施测相符,闭合差在±20$\sqrt{K}$毫米内。

3. 断面测验

1961年9月~1963年5月先后由西北勘测设计院和青铜峡工程局在大坝以上44公里范围内进行过3次局部库段(分别距坝44、8.5、5公里)横断面测量。因当时条件所限,先后所依据的坐标不同,历次断面位置不尽一致,不能作对比,资料未刊印,只能作总趋势比较分析。

1963年设固定断面后,由青铜峡工程局水库实验站正式开展断面测验,1969年12月移交黄委会,由兰州水文总站青铜峡库区测验队施测。1963年4月~1966年4月系水库施工和蓄水前期,施测范围为大坝至20断面,共测10次;1966年10月起,施测范围上延至28或30断面,至1989年施测42次。水下测验,1963年4月~1967年1月用经纬仪视距定位,水深用测深锤和测深杆施测。1967年后采用经纬仪交会定位,以回声测深仪测深水区,测深杆测浅水区。断面水位除坝—3、坝—14断面采用坝上水位,1号断面以上均以五等水准施测一岸或两岸水位。为满足水库运用需要,核定水库库容,1965年对库区1165米高程下,回水末端以上1170米高程以下施测了比例为1:10000地形图。应用此图,修正了1156米正常蓄水位的相应库容应为6.05亿立方米(1966年10月断面法所测库容为6.058亿立方米,原设计据1956年地形图采用库容5.65亿立方米)。

4. 淤积泥沙取样

青库淤积泥沙取样从1964年4月开始,与淤积测验同时进行。1964~1966年基本上在全部断面上取样,每断面取样4~8个。1967年起,在双号断面上取样,沿库平均2公里左右设一个取样断面。所取沙样全部进行颗粒分析。据多次干容重测验结果,其平均值在1.30吨每立方米左右。

(五)坝前地形测量

1972年开始施测坝前水下地形,施测范围为大坝至1断面990米内,其间布设地形断面22个,平均间距45米,近坝段距坝88米。每年按1:1000或1:2000比例施测1~3次,至1987年共测26次。全部成图资料未刊印,由青铜峡水电厂存用。

(六)专项观测

1. 泄水建筑物排沙试验

青库泄水建筑物包括电站泄水口、灌溉孔、泄水管、泄洪闸和溢流坝五种,与排沙关系较大的是后三种。

自建库以来,共进行过三次排沙试验。第一次是1967年9月8~24日;第二次是1973年8月21~29日;第三次是1984年6月24~27日。试验说明,以泄水管的排沙效果最佳,其次是泄洪闸和溢流坝。排沙效果的大小主要与底坎高程、泄流能力、坝前水位、水库运行方式等因素有关。

例如,第一次试验,当坝前水位由1153.4米渐降到1150.1米,出库平均流量为4480立方米每秒时,泄水管、泄洪闸、溢流坝在闸门全部开启的同条件下,其排沙效果,依次分别为54.5%、37.1%、8.4%。如表4—16。

表4—16　　　　黄河青铜峡水库各泄水建筑物排沙效果表

项　　　目	泄水管	泄洪闸	溢流坝	合　计
孔口底坎高程(米)	1124.0	1140.0	1149.4	
出库平均流量(立方米每秒)	2000	1600	880	4480
出库水量(亿立方米)	29.3	23.4	13.0	65.7
平均含沙量(公斤每立方米)	4.48	3.80	1.56	3.66
出库沙量(万吨)	1310	890	202	2402
排水率(%)	44.6	35.6	19.8	100
排沙率(%)	54.5	37.1	8.4	100

2. 水力、泥沙因子测验

为探索水库回水影响下的河床糙率,青铜峡水库自1979~1983年在峡谷上段,距坝6.99公里的7断面设立了水力泥沙因子测验断面,5年共施测47次,每次进行水位、流量、输沙量、床沙质测验,并在该断面上下分别相距0.87公里和0.78公里的断面8和断面6观测比降,所取的悬移质和床沙质均作粒颗分析。

每次测验时,全断面布设5条测速取沙垂线,主流一线用5点法测速取样,其余垂线以3点法测速,悬移质取样按2∶1∶1混合法,各垂线均取床沙质,同时观测上、中、下3个断面的水位及施测水道断面。1981年9个测次中有4次和1983年5个测次中有4次,在6、8号断面同时测取床沙质。1979~1983年水库糙率施测情况如表4—17。

该项测验成果已经汇编整理,但未刊印。

表4—17　　1979～1983年黄河青铜峡水库糙率测验情况统计表

年份	实测次数（次）	流量范围（立方米每秒）	流速范围（立方米每秒）	含沙量范围（公斤每立方米）	糙率	中值粒径 d_{50}（毫米）
1979	5	1260～2550	0.72～1.33	0.70～3.03	0.022～0.030	0.024～0.047
1980	25	663～1830	0.37～1.17	0.38～9.72	0.021～0.045	0.005～0.047
1981	9	909～2510	0.62～1.73	0.53～14.2	0.011～0.031	0.011～0.033
1982	3	1390～1900	0.61～0.92	0.45～4.34	0.026～0.033	0.007～0.014
1983	5	1100～2960	0.59～1.65	0.63～3.58	0.018～0.040	0.008～0.038
共计	47	663～2960	0.37～1.73	0.38～14.2	0.011～0.045	0.005～0.047

（七）水库泥沙研究

青库建成后，库容淤积严重，对水库运行、发电效益等带来一系列问题。10余年来，有水电部西北勘测设计院、水电部第四工程局、北京水科院、武汉水电学院、长办、黄委会水科所、陕西水科所、青铜峡水电厂及黄委会青铜峡库区测验队等单位，应用实测资料对水库淤积变化、淤积形态、排沙效果等进行了分析研究，并对电站运行中出现的泥沙问题提出了处理方法和技术措施。通过青铜峡水电站在泥沙方面的经验教训，提出多沙河流设计时应考虑的泥沙问题及处理原则。1963～1983年先后提出资料分析研究报告20多篇。

1. 水库淤积

根据水库淤积特征和运行方式可分为四个时期。

（1）1958年8月～1966年3月为施工导流期。坝前平均水位为1140.5米，属自然调节，由于导流围堰影响，产生一定壅水淤积。按输沙量法计算，该期淤积量为0.158亿吨。

（2）1967年4月～1972年5月为蓄水运用期。1967年4月开始蓄水，由施工导流期的最低水位1136.83米，迅速抬高到1151.25米。至1970年库水位达1156米，进入正常运用。此期间共抬高水位19.17米。初步设计时，按壅水五年后计算结果认为"坝址附近12公里内，没有泥沙淤积"。实测资料反映，1969年原河槽全部淤平，至1972年5月使1156米以下库容淤积5.270亿立方米，占原始库容（6.058亿立方米）的87%，仅剩0.788亿立方米。

（3）1972～1976 年为蓄清排浑运用期，并结合汛期沙峰或汛末降低水位集中排沙。汛期运用水位不超过 1154 米，非汛期按 1156 米运用。此期间来沙量为 6.342 亿吨，全部出库，并略冲刷 0.0301 亿吨。水库开始处于年内冲淤相对平衡状态。库容在 0.7 亿立方米左右浮动，1976 年 1156 米水位的库容为 0.77 亿立方米。

（4）1977 年以后为蓄水排沙运用期。为保证电力供应和下游灌溉用水需要，库水位恢复到正常蓄水位（1156 米）运用。为减少水库泥沙淤积，遇大水大沙则降低水位运用，并适时采取强行冲沙措施。至 1989 年 9 月，1156 米水位下剩余库容为 0.204 亿立方米，原库容损失已达 93.1％。

2. 淤积形态

青库的纵向淤积为典型的三角洲形，形成速度快，长期较稳定。据 1963 年 5 月～1985 年 5 月资料分析，在 30 号断面以下的 37.5 公里长的淤积库段内按形态特征大致可划分为四段：①坝前淤积段，大坝至 8 断面 7.77 公里长的峡谷，该段淤积形态主要与库底平行，淤积量为 0.4136 亿立方米；②三角洲前坡段，该段范围较小，为 8～11 断面长度 3.52 公里，比降约 24.5‰，淤积量为 0.6153 亿立方米；③三角洲顶坡段，为 11～24 断面长度 17.45 公里，比降约 1.11‰，淤积量为 5.6744 亿立方米；④三角洲尾部段，为 24～30 断面长度 8.8 公里，比降约为 5.3‰，淤积量为 0.2000亿立方米。30 断面以下共淤积 6.9206 亿立方米，各段淤积分别占 6.0％、9.1％、82.0％和 2.9％。

横向淤积形态随库段地形而异。峡谷段河槽逐年淤高，滩地不大，宽度约 10～20 米。因河宽变化不大，宽深比增大。滩槽差 6～13 米。12～24 断面，蓄水后运用 4 年，明显出现大淤滩，类似游荡河道，滩槽差为 2～3 米。滩面已生长成片杨柳树，造成不利通视，给测验造成困难。

3. 淤积泥沙组成

水库原河床主要为卵石粗沙组成，据 1967～1982 年统计，建库后河床泥沙组成变细，沿程筛选作用明显。如 1982 年 6 月，从断面 2～断面 28 的中值粒径 d_{50} 由 0.021 毫米递增到 0.198 毫米。此外随时间过程也有粗化现象。

4. 水库排沙

青库排沙形式主要有明流排沙及沿程冲刷与溯源冲刷。

明流排沙主要在 1972 年后汛期降低运用水位，防淤排沙效果明显。

1969 年水电厂规定:泄水建筑物以开启溢流坝为主,尽可能不开泄水管。因此使该年入库沙量(0.69 亿吨)的 94% 淤在库内,库容淤损 87%。1972 年改为汛期降低运用水位,以开启泄水管为主,排沙效果甚为明显,当年排沙比达 130%。1973~1976 年虽水沙条件不同,其排沙比仍较大,4 年分别为91.4%、90.5%、140%、88.7%。1977 年后汛期运用水位抬高,结合沙峰和汛末降低水位进行冲沙,排沙比有所减小,但仍在 80% 以上。

沿程冲刷和溯源冲刷主要发生在 1977 年以后。这与水库淤积、水沙情况及低水头枢纽水深较小,沿程流速较大等条件有关。如 1981 年 9 月 5 日~10 月 5 日洪水,流量大、历时长,排沙比达 186%。主槽平均冲深 1.4 米,最大冲深 2.7 米,扩大了槽库容 0.14 亿立方米。然而,由于水库拉沙,使坝下游河段水位剧变,曾有部分治河工程受损。

溯源冲刷取决于坝前水位降落大小及历时长短。如 1980 年 9 月 25 日~10 月 3 日,水位由 1155.26 米降到 1149.00 米,净冲沙量 1658 万立方米,耗水 14.8 亿立方米,1156 米下库容扩大 4.9%。

六、三盛公水库

(一)水库概况

三盛公枢纽位于内蒙古自治区磴口县,属黄河后套平原的入口处,是黄河干流上的一座低水头引水灌溉的大型工程。枢纽控制流域面积 314000 平方公里,占全流域面积的 41.7%。

枢纽工程于 1959 年 6 月 5 日正式动工,1961 年 5 月 13 日截流合龙,5 月 15 日正式投入壅水运用,同年,除渠首电站外,主体工程基本建成。该枢纽工程由拦河土坝、拦河闸、北岸进水闸、南岸进水闸、沈乌干渠进水闸、北总干渠电站及库区围堤(长 16 公里)等工程组成。拦河闸土坝长 2100 米,最大坝高 10 米;拦河闸 18 孔,每孔净宽 16 米,闸身总长 325.84 米。远景设计灌溉面积 1513.5 万亩,实际灌溉面积 650 万亩。电站装机 2000 千瓦。

水库设计正常蓄水位为 1055.00 米(黄海基面),原设计库容为 8000 万立方米,1960 年实测相应库容为 9817 万立方米。拦河闸最大水位差 9 米,最大单宽流量 25 立方米每秒,最大下泄流量 10400 立方米每秒。正常引水量:总干渠 565 立方米每秒;沈乌渠 80 立方米每秒;南干渠为 75 立方米每秒。

前 10 年,水库运用主要指标是:闸前最高水位 1054.25 米,最大水位差不超过 7.0 米,最大单宽流量不超过 20 立方米每秒,最大引水流量:总干渠 494 立方米每秒;南干渠 37 立方米每秒;沈乌渠 16.9 立方米每秒。

年内控制运用分为三个时期:一是自由泄水期——每年 10 月中下旬至 12 月中下旬和翌年开河至放水约 80～100 天;二是壅水灌溉期——每年 5 月～10 月初下旬 160～180 天;三是封冻期——每年 12 月封河至翌年 3 月中旬解冻约 100 天。

(二)进、出库水沙测验

进库站为黄河干流磴口(二)站(兼 23 号库区断面),该站始建于 1944 年 4 月,1948 年 12 月停测。1963 年 1 月恢复(断面上移 800 米)作为三盛公水库专用进库水文站,距闸坝 53.80 公里。出库站有:黄委会巴彦高勒水文站及内蒙古自治区黄河灌区工程管理局(简称黄管局)设立的总干渠、南干渠、沈乌干渠三个引水渠道站。

据入库站 1961～1976 年资料统计,年平均入库水量为 316.6 亿立方米,平均流量为 1003 立方米每秒;入库沙量为 1.25 亿吨,平均含沙量为 3.70 公斤每立方米。

(三)库区淤积测验

1. 断面测验

库区淤积测验工作,自 1959 年开始,由内蒙古黄管局库区组承担。1962 年黄管局设水文实验站负责库区全部测验任务。1965 年,实验站合并到内蒙古水文总站,成立内蒙古自治区水文总站三盛公实验站。1970 年,实验站的库区组又回归黄管局。

库区测验河段长 53.8 公里,河道宽窄相间,宽处为 4～5 公里,窄处仅 400 米,均为复式河床,主流摆动幅度在 500～4000 米之间。枢纽左岸修有人工弯道,目的是通过环流作用减少泥沙进入总干渠。1959 年自三盛公黄河铁桥至桃司兔布设了断面 22 个,范围达 26 公里。1962 年精减为 10 个断面(重新编号),并在闸上人工弯道段增设 4 个断面,至 1964 年测至 13 号断面共 14 个。1965 年由于回水上延又增设 5 个断面,并从 8 月起停测原设的 3 个断面,施测范围距坝 33 公里(16 号断面)。1966 年 7 月断面布设延至磴口水文站,增设断面 17～23,施测范围达 53.8 公里,库区共布设断面 27 个。因河势变化,调整少数断面,至 1990 年库区共有断面 23 个,平均断面间距为 2.34 公里。每年进行 2～4 次断面测验和淤积物取样。总干渠放水前和关闸时各测一次,其他测次在汛期前后或泄水冲沙前后进行,自 1959～1989 年共施测 98 次。计 1644 个断面次。

2.平面和高程控制

1962年以前所设断面端点未作平面控制测量,1962年测量时桩点丢失,因而距枢纽26公里内22个断面无端点坐标。1966年7月对库内53.8公里的27个断面和闸下11个河道断面,按托克托坐标用五等三角锁测定。1979年由内蒙古自治区水利厅测量队对库区又进行了一次平面控制测量,补设丢失的断面控制桩,以五等三角锁测量断面两岸端点和基线桩坐标。同时将原托克托坐标系统改算为北京坐标系统。两者换算关系是,x坐标为:北京坐标值=托克托坐标值-210.95;y坐标为:北京坐标值=托克托坐标值+313.62。

高程控制为黄海基面。1979年对水准点全面修整加固,重新统一编号,以四等水准校测高程,当年起用新高程。

(四)库区水位观测

闸上水位开始在断面2-2号观测。1961年5月16日下迁至闸上300米处观测。

为掌握库区水位变化,1965年以后在库区设立3个委托水位站。一处在桃司兔(12-2断面)为常年站,另两处在依克不浪(16断面)和那林套海(先后变迁在19或17-1、或18-1断面),为季节性(畅流期)站,1972年增设断面9号、1974年增设断面4号,水位观测为每日两段制。

为了解库区回水变化及其发展影响范围,在1、6-1、8、9、11、12-2、15、16、18、19、21、23等断面处,进行同时水位观测。水位测次根据不同流量级和闸上壅水情况布设。从1961年起,每年5~11月在选定断面上进行同时水位观测,以了解壅水、不壅水和泄水过程等情况下的水面线变化。1961~1981年共观测272次。1982年后仅采用5个水位观测断面的同时水位。

(五)其他测验

1.闸下游河道

为了解拦河闸下游河道冲淤变化,于1966年7月在距闸28.55公里范围内布设断面11个。1968年后精减为7个,测至"下6-7"号断面,距闸20.15公里。一般每年汛前、汛后各测1次。1966~1989年共测43次,计307个断面次。

2.连续断面测验

连续断面测验于1961年开始,在闸下1断面进行,1962年未测,至1965年共测29个断面次。1964年增加闸上1、4、8号3个断面,共施测11个断面次。1965、1966年仅施测1号断面,共9个断面次。此后于1977、1980

年,先后在 8、12-2 号或 4、8 号断面共施测 35 个断面次。

3. 水力泥沙因子

1963～1964 年的 5～11 月先后在 1、12-2、83 个断面上进行水力泥沙因子测验,以了解水力泥沙因子沿程变化。根据来水来沙情况布置测次,1963～1966 年共施测 68 个断面次,每次均施测流量、输沙率及多点法含沙量。流量范围为 300～3340 立方米每秒,含沙量范围为 0.11～12.2 公斤每立方米。

1967 年停测后,于 1974 年又在 1、4、23 断面进行水沙因子测验,共 25 个断面次。1975～1980 年(其中 1978、1979 年停测)先后在 4、8 断面或 8、12-2 号断面施测,共 47 个断面次。1981 年后又停测。

(六)水库淤积

三盛公水库建库前未作地形测量。据断面法所测成果统计,1960 年 11 月～1966 年 4 月运用初期,因来沙较多,淤积速度也大,全库区共淤积 4736 万立方米。1966 年 5 月～1971 年 4 月来沙量较少,除滩地有淤积,主槽全库冲刷,全库区共冲刷 1179 万立方米。1971 年 5 月～1976 年 10 月全库冲刷 1258 万立方米。1960 年 11 月～1976 年 10 月累计淤积泥沙 2299 万立方米。1976 年 11 月～1980 年 10 月库区共淤积 3068 万立方米,1980 年 11 月～1989 年 10 月库区共淤 1718 万立方米。从 1960 年 11 月～1989 年 10 月全库区累计淤量为 7085 万立方米。

库区淤积的时间,主要发生在灌溉壅水期或汛期,而非灌溉时敞泄期或非汛期,则发生冲刷。个别年份遇水沙条件有利,汛期也可冲刷,如 1976 年的汛期冲刷量达 1721 万立方米,1981 年的汛期冲刷量为 421.6 万立方米。淤积的部位主要在回水区约 26 公里以下库段,以上为变动回水区,则有所冲刷。

七、天桥水库

(一)水库概况

天桥水电站(以下简称天库)是黄河干流中游的一座径流电站。坝址位于山西省保德县和陕西省府谷县上游 8 公里。上距义门(三)水文站断面 1.0 公里。控制流域面积 403878 平方公里,占黄河流域面积的 53.7%。枢纽工程于 1970 年 4 月动工兴建,1977 年 2 月 1 号发电机组开始发电,1978 年 7 月 4 台发电机组全部投产,总装机容量 12.8 万千瓦,设计水头 18 米。

坝体全长 752.1 米（其中右岸为土石坝长 330 米），坝顶高程 838.0 米（黄海基面），最大坝高 42 米。泄流设施有排沙洞 3 个，冲沙底孔 8 个，泄洪闸分上、下两层堰各 7 孔，共有 25 个泄水孔口和 4 个发电出流孔口。

水库设计正常运用水位 834.0 米，回水长度 25 公里左右，水库水面面积 8.52 平方公里，库面宽 300～800 米，834 米水位设计的库容为 0.6618 亿立方米，1973 年 6 月实测为 0.6734 亿立方米，并作为原始起算库容。836 米水位库容（实测）为 0.8479 亿立方米。设计百年一遇洪峰流量为 15600 立方米每秒，相应坝前水位可达 835.1 米，最大泄量为 14800 立方米每秒。

黄委会根据水电部［1975］121 号文指示部署天桥库区实验工作。1975 年 9 月吴堡水文总站根据黄委会指示组建天桥库区水文实验站，开展库区基本设施等前期工作。1976 年正式开始水库观测研究工作。观测研究项目主要有：进、出库水沙测验，库区水位观测，淤积断面测验，水力、泥沙因子测验，库区冰凌观测与调查等。

（二）进出库水沙测验

进库水文站有黄甫站 1953 年 7 月 12 日设立。因黄甫川洪峰大，含沙量大，泥沙粒径粗，易使天库产生淤积，且对防汛和电站运行有较大影响。1976 年 6 月同时设立黄河干流河曲、清水河清水、县川河旧县 3 个进库站，旧县站为汛期水文站。干支流入库站至大坝区间集水面积为 748 平方公里。

义门水文站处在施工区，是黄河重要报汛站之一，为避免在大坝施工期对该站测验精度的影响，于 1971 年在坝下 8 公里处设立府谷水文站为出库站。

水沙概况：据府谷站（建库前用义门站）1954～1985 年（32 年）资料统计，天桥库区多年平均径流量 263.5 亿立方米，汛期为 153.0 亿立方米，占年径流量的 58.1%，最大年径流量 460.8 亿立方米（1967 年），最小为 140.6 亿立方米（1969 年），多年平均流量 836 立方米每秒。实测洪水最大流量 11100 立方米每秒（1977 年 8 月 2 日），调查历史洪水洪峰流量为 13000 立方米每秒（1977 年复查核定）。多年平均输沙量 3.06 亿吨，汛期 2.59 亿吨，占年输沙量的 84.6%，最大输沙量 8.67 亿吨（1967 年），最小 0.964 亿吨（1980 年）。多年平均含沙量 10.9 公斤每立方米，最大含沙量 1190 公斤每立方米（1971 年 7 月 23 日）。

支流黄甫川水少沙多，也是水库泥沙主要来源之一。据 1954～1985 年资料统计，多年平均径流量 1.824 亿立方米，输沙量 0.571 亿吨，占入库水沙的 0.7% 和 18.7%。多年平均流量和含沙量分别为 5.78 立方米每秒和

313 公斤每立方米。最大流量和最大含沙量分别为 8400 立方米每秒和 1570 公斤每立方米。

(三)库区水位观测

水库建成后,于 1976 年 1 月将义门水文站改为坝前水位站。为掌握库区回水和淤积变化,于 1979 年 6 月 1 日在距坝分别为 21.77、28.45、18.78、11.83 公里,设立上徐庄水位站和曲峪、石梯子、禹庙汛期水位站。1981 年 6 月曲峪站下迁 1650 米,其他 3 站于 1985 年 1 月停测。

除各水位站进行常规性水位观测外,自 1979~1986 年(1985 年未测)汛期,曾在部分淤积断面进行库区同时水面线观测,共计观测 65 天,214 次,每次观测 6~16 个断面,流量变幅为 120~8550 立方米每秒。

此外,山西省电业局天桥水电厂于 1977 年 4 月 1 日起,在坝前溢洪闸上游第 7 孔闸门导墙上和坝下冲沙闸出口左岸导墙上进行坝上和坝下水位观测。

(四)库区淤积测验

1. 断面布设与基本控制

1973 年黄委会测量四队在施测水库运用前比例尺 1:10000 地形图时,并按水文要求,在大坝至河曲段 49.83 公里的干流布设断面 28 个,断面平均间距为 1.78 公里(按地形图河槽弯曲长度计)。1975 年天桥库区实验站对干流部分淤积断面位置和方向进行了调整或加密布设。黄河干流历年实测至 22 断面(距坝 30.87 公里)以下共 25 个断面。断面间距改按 818~820 米高程的几何中心线长度和 836 米高程的左、右岸线长度和几何中心线长度的平均长度的平均值求得,断面平均间距由 1.78 公里变为 1.23 公里。

1978 年 6 月在主要入库支流布设 7 个断面,其中黄甫川 3 个,清水川 3 个,县川河 1 个。库区干支流固定实测断面共 32 个。

库区平面控制是 1954 年北京坐标系,高程控制为黄海基面。首级控制:平面为五等三角,高程为四等水准,个别为五等水准。

历年来,测量标志破坏严重,至 1985 年完好率不到 30%。

2. 断面测验

1973 年 5 月 3 日~6 月 22 日黄委会测量四队对库区 28 个断面进行首次测量。1975 年 12 月截流前期,由天桥库区水文实验站于 11 月 3 日~18 日施测了第二次。当年因设施准备不足,只测了黄淤 1~8—1 断面。1976、1977 年随淤积上延,施测至黄淤 15 断面。1978~1979 年测至黄淤断面 20

计 22 个断面及支流清水川和县川河断面 3 个。1980 年支流增测黄甫川 3 个断面。1981 年干流上延测至黄淤 22 断面,支流增测清淤 3 断面,每次施测 32 个断面。1973～1989 年共测 32 次,739 个断面次。

测次安排:1978 年前每年测 1 次,从 1978 年起每年施测 2～4 次。汛前汛后各测 1 次为基本测次,汛期遇较大洪水时,实行简测,选择 7～8 个断面加测 1～2 次为辅助测次。1985 年起,黄委会水文局调整测验任务改为每年汛前必测,汛期如无较大水沙变化,一般不测。若生产单位(水电厂)需要,则根据有偿服务的原则,补偿一定经费而加测。

库容按梯形公式或截锥公式(河底部分)计算,淤积量分布计算为库容差法。1973～1982 年的 20 次断面实测成果及库容、冲淤量、断面面积、淤积物泥沙等资料于 1985 年 5 月集中汇刊在《黄河流域天桥水库区资料》专册。1983 年以后的资料纳入全河水库实验资料专册刊印。

(五)坝下游河道测验

为了解坝下游河道冲淤演变情况,1979 年 5 月由天桥库区测验队自坝下 11.20 公里内布设断面 8 个,平均断面间距为 1.40 公里。

坝下游河道断面的平面、高程控制与库区相同。因断面较宽,两岸均有基本设施,断面标和水准点均为混凝土管(桩)。

1979 年 6 月～1981 年 10 月因断面基本设施不足,仅施测坝下 1、3、5、8 断面共 6 次,1982 年 5 月～1987 年 5 月施测坝下 8 个断面共 8 次。

(六)淤积泥沙组成测验

水库淤积物泥沙组成测验于 1979 年开始与断面测验同时进行,每次在库区黄淤 2、4—1、6—1、8—1、9、12、15、20、22 断面和坝下黄淤 1、2、3、5、8 断面取样。每断面取样点一般不少于 5 个,水下使用蚌式及自制的墩式、锥式采样器取样。并作颗粒分析。

(七)水沙因子测验

为探讨入库水沙沿库运行情况和规律,在 1978 年全国水库观测研究工作会议后,拟定在天库黄淤 2 断面(坝前)和黄淤 9(禹庙)断面(该断面因设施未建而未实施)设水力泥沙因子断面。1979 年在黄淤 2 断面架成过河缆双缆吊船,测船为 7 米长钢板船。

坝前水沙因子测验于 1979 年 9～11 月施测 5 次,1980 年 3～9 月施测 9 次,加测断面 13 次。每次布设 5～7 条垂线,积点法测速取沙同时观测比降和采取床沙质,泥沙样品逐点进行颗粒分析。历次施测水位变幅在 829.21～831.57 米间,最大水深 13.3 米,流量变幅为 0～1730 立方米每秒,断面平均含沙量在 0～11.8 公斤每立方米,断面平均流速在 0～2.07 米每秒间,最大测点流速 3.96 米每秒。

该项资料于 1987 年重新审查整编,除 1980 年 13 次断面资料刊印在《天桥水库区资料》专册内,其余资料未刊印。

(八)水库泥沙研究

天桥水库水沙资料分析工作始于 1979 年,黄委会水文处于 1979 年 7 月编写了《黄河天桥水库测验资料的整理分析》。1980 年以后,黄委会天桥库区测验队,黄委会设计院及天桥水电厂等单位陆续进行有关专题分析,编写有库区泥沙冲淤情况,库区冰情调查分析及水电站排沙运用等研究报告 10 多篇。

1.水库运用

天桥水库库容小,来沙多,水沙来势猛,无调节能力。设计运用原则是:水库回水末端不宜超过黄甫川口(距坝 26 公里),维持天然河道特性,防止淤积上延,保持坝前沉沙库容,维持冲沙漏斗,减少过机泥沙,合理使用泄水建筑物。据此,电站运行初期非汛期正常蓄水位为 834 米,汛期限制水位为 830 米,按流量级大小进行洪水调度,桃汛和伏汛初及大沙峰期实行停机冲沙或排沙,凌汛时,少量浮冰由上层堰排出,流冰集中时应停机开闸排冰和拉沙。

1985 年 11 月在太原召开了"天桥电站设计运行总结会议"。天桥水电厂在原设计运用原则的基础上,总结了从 1977 年电站运行以来的运用经验。由于水库运用方式采取了:汛期按初汛期、主汛期、中汛期、末汛期分段控制水位在 828～834 米间运用;为兼顾上下游合理输沙,将排沙、冲沙水位控制为 824～826 米。从而在保证安全泄洪和控制淤积延伸的前提下,力争多发季节电量,较好地发挥了多沙河流低水头径流电站的效益。

2.水库冲淤

1977 年 2 月～1979 年为电站初期运用阶段,泥沙淤积迅速。据 1976 年 10 月～1979 年 11 月的实测资料,黄河 22 断面以下库区共淤积泥沙 3805 万立方米。正常蓄水位 834 米以下库容 6734 万立方米,损失 3245 万立方米,占原库容的 48.2%。低水位 828 米原库容 3273 万立方米损失85.4%。

1980 年以后,电站进入正常运用。根据初期运用经验,对来水来沙情况分别采取降低水位或停机敞泄等排沙措施,使水库泥沙有冲有淤。据统计 1979 年 11 月～1985 年 6 月间,共淤积 5610 万立方米,冲刷 5241 万立方米,即基本上达到了冲淤平衡。1986 年 9 月,水位 834 米的库容剩余 2540

万立方米,淤积库容 4194 万立方米,占原库容的 62.3%。其中坝~黄淤 9 断面淤积 3606 万立方米,占淤积库容的 86.0%。至 1989 年 10 月,834 米水位的库容剩 2020 万立方米,仅为原库容的 30%。

3.淤积形态

天桥水库纵向淤积形态随水沙条件而变。非汛期多呈三角洲淤积形态,三角洲顶点距坝约 7~8 公里,洲面比降为 2‰ 左右,前坡比降为 18‰~25‰,淤积末端在黄甫川口附近。汛期来沙量大,淤积可一直发展到坝前,呈典型的锥体淤积形态。淤积末端在黄甫川口以下 500~1000 米,即距坝 20 公里。整个库区平均淤积厚度达 4~5 米,其中坝前段淤积厚度为 7~8 米,最大淤厚为 11.3 米(1982 年 10 月),天桥峡谷上下淤厚为 8~9 米,雾迷浪急滩的礁石已埋在库底下 3 米多。

横向淤积形态,坝前黄淤 1~4 断面,基本上属水平淤积。黄淤 5 断面以上滩槽分明,淤滩较多,淤槽较少,河槽变化趋势接近上徐庄至曲峪自然河道河槽形态。

4.坝下河床变化

坝下建库前为天桥峡谷出口处,河道骤然展宽。洪水出峡谷后河分两岔,水分数股,河床有历史性的抬升趋势。据调查,坝下 2 公里处原有一铁匠铺村,已夷为沙洲。

建库以后,电站运用对水沙起了一定的调节作用,中水流量下泄机会增多,因而冲刷大于淤积,床沙粗化,纵向下切,横向变窄。如府谷水文站断面 1979~1984 年间,同流量水位下降 2.35 米。水面宽减少了 102 米,平均水深增加了 1.41 米。

沿河两岸修筑了一些丁坝、护岸等人工控导工程,使河道向窄深稳定型发展。

八、位山水库

(一)水库概况

位山水库是黄河下游平原河道型水库。由位山拦河枢纽和东平湖水库工程两大部分组成。1958 年 5 月 1 日动工。1959 年 12 月 7 日截流合龙。1960 年 5 月运用后,河道大量淤积,影响排洪能力,又由于当时三门峡水库运用方式由蓄水拦沙改为滞洪排沙,位山枢纽对洪水泥沙无法达到设计控制条件。经国务院 1963 年 11 月 8 日批准,于 1963 年 12 月 6 日破除拦河大坝，恢复原河道，同时批准东平湖水库改为滞洪分洪二级运用。

为验证位山枢纽工程的规划设计、运用效果和保证正常运用及掌握河道演变规律，1959年4月成立位山库区水文实验总站（简称位山总站），1960年1月组建位山库区测验队，至1964年9月对枢纽壅水区和湖区进行了5年观测研究。

位山库区水文实验研究工作包括拦河闸枢纽上游壅水段（库区）、枢纽下游河道及东平湖库区三部分。

（二）平面和高程控制

1. 平面控制

在布设断面的同时，对枢纽上下游统一进行了一次三角网测量，与国家测绘总局及总参测绘总局的三角网连接，按高斯—克吕格座标计算，起点多用二到四等三角座标起算。两岸滩地桩点一般用五等三角测定，部分用交会法测定，设在两岸大堤的端点桩多用量距导线测定。1962年夏将木桩更换为石桩，于1963年汛前又对全库区平面控制桩点按三四等三角重测一次。

2. 高程控制

1963年底以前枢纽以上断面及地形资料为黄海基面；水文站、水位站、东平湖各站及枢纽以下各站均为大沽基面。

为统一位山库区的高程系统，1963年在黄委会水准测量队进行黄河两岸二等精密水准测量时，位山总站对枢纽上下游各水准点和断面桩按三等水准复测一次，与黄河水准路线联成一体。自1964年起枢纽上下游所有高程全采用大沽基面。

（三）进出库水沙和断面测验

拦河坝以上至杨集（33号断面），全长60.54公里为枢纽壅水段。从1959年4月起，根据《位山库区水文实验规划》，布设测站和淤积测验断面。

1. 测站布设

进库水文站设在杨集，该站原为水位站，1959年11月将孙口水文站上迁杨集，位山破坝后于1964年1月1日水文站又迁回孙口，恢复孙口水文站，杨集仍改为水位站。

进出湖水文站于1959年12月设耿山口、徐庄（两站相邻）。1960年7月设十里堡，1963年底撤销耿山口、徐庄水文站。

水位站是在杨集、陶城铺水位站基础上，于1959年7月～1960年的汛前又增设席胡同、伟那里、龙湾、南党、刘山东、路那里、孙楼、邵庄、位山（拦河闸，原为水文站改为水位站）等共11个水位站。1961年后相继撤销部分站,1964年保留杨集、伟那里(1962年迁仲潭)、龙湾、刘山东、路那里5个站。1964年2月设吴楼水文站承担大断面和河势测绘,同年12月31日撤销,原有任务交十里堡水文站承担。

2. 断面测验

1959年设固定断面33个,平均间距为1.835公里。1960年7月在8~10号断面间加密增设6个,使拦河坝以上6.17公里内有断面16个,平均间距为386米;1961年精简了坝前段加密的6个断面;1963年又精简了坝前1、2、4、5、7　5个断面。1963年12月6日破坝后,恢复自然河道,原壅水段断面精简为9个,同时在老河道内布设01~05号5个断面。

1960年7月12日进行了枢纽壅水运用后的第一次淤积断面测验,至10月30日共测9次,计222个断面次;1961年施测8次,计254个断面次;1962年施测3次计252个断面次;1963年施测16次,计448个断面次;1964年施测9次,计81个断面次。5年总计施测50次,计1257个断面次。每次测验历时为1~3天。

施测断面同时,进行了床沙质取样分析和河势图测绘。

3. 连续断面测验

为控制断面冲淤变化过程,在陶城铺(8断面)、十里堡(16断面)、孙口(24断面)、杨集(33断面)等断面同日进行连续测验,每隔一天或数天施测一次。1960年7月~1963年12月4个断面共测243个断面次。1963年12月6日破坝后,连续断面测验停止。

4. 水沙因子测验

为反映枢纽运用后,水力泥沙因子的沿程变化和不同壅水条件下的水沙结构,1960~1964年在杨集到拦河闸区的断面8(陶城铺)、16(十里堡)、24(孙口)、33(杨集)4处进行测流取沙。每次同时施测2~4个断面,受回水影响时,垂线上的流速、含沙量测点位置均按绝对水深布置,当水深大于2米时,施测5~7个测点。4站5年共测227次。

(四)枢纽下游河道测验

枢纽下游河道测验范围自位山坝至官庄河段,全长69.16公里。1959年5月开展各项测验工作,项目有:出库水沙量、固定断面、水流泥沙因子、连续断面、河床演变、河道沿程水位等测验。

1. 测站布设

出库为位山水文站,1956年汛前由山东省水利厅设。1959年划归黄委会位山总站,1960年迁至拦河闸,1961年5月下迁至王坡(兼河床站),1964

年1月1日撤销。

河床站4个——王坡（18号断面）、殷庄（26号断面）、黄渡（43号断面），均为1959年4～5月设立，潘庄（46号断面）于1960年4月设立。此外，将1950年4月设立的艾山（34号断面）水文站，作为枢纽下游河道中段水沙量控制站。各站均作水沙因子并兼连续断面测验。1961～1962年部分站相继撤销，测验任务纳入王坡、艾山水文站。

水位站4个——除南桥（1949年8月设）、官庄（1949年7月设）为老站外，阴柳科、大义屯均为1959年5月设立。

2. 断面测验

1959年4月在13～51号断面间仅布设27个（其中兼测流取沙断面4个），高程控制为大沽基面，但均未作平面控制测量；1960年5月剩余的24个断面全部设立，枢纽下游共有断面51个（其中兼测流取沙断面增为6个）。1961年施测36～44个断面。1962年下游任务缩减至艾山河段，断面减少为7个，仅在全河统一性测验时增测艾山（34断面）以上13个断面，1963年12月坝破除后，枢纽下游断面减为4个。

该段测验任务分别由位山、王坡、殷庄、艾山、潘庄等水文（河床）站分段施测，测次要求均由总站统一安排，个别情况局部段加测。测验情况如表4—18。

表4—18　　　黄河位山枢纽下游断面和水沙测验测次统计表

项 目	1959年	1960年	1961年	1962年	1963年	1964年	合 计 断面次	测验时段（年.月）
固定断面（测次/断面次）	24/1122	17/822	7/292	7/91	停	9/36	2363	1959.5～1964.12
连续断面（站/断面次）	4/120	5/124	5/78	停			322	1959.7～1961.7
水沙因子（站/断面次）	5/95	6/95	5/38	2/14			242	1959～1962

（五）东平湖库区测验

东平湖是黄河和大汶河下游冲积平原相接地带的洼地，为黄河下游的自然滞洪区。当黄河大水时，自然倒灌入湖，黄河落水时，湖水回归黄河。位山枢纽修建后，各山口均有隔堤，使河湖分家。

为提高东平湖水库滞蓄能力，配合位山枢纽工程的兴建，在原自然滞洪区的基础上,扩建为综合利用的平原水库,于 1960 年汛前基本建成,水库堤坝全长 100 公里。同年 7 月开始蓄水,1963 年随着位山枢纽工程的破坝,改为二级滞洪水库。原设计水位 46.0 米(大沽基面),水库总面积 627 平方公里,相应库容 39.8 亿立方米。其中老湖区面积 209 平方公里,相应库容为 11.9 亿立方米;新湖区面积 418 平方公里,相应库容为 27.9 亿立方米。

湖区测验是位山库区水文实验的组成部分。测验项目有:水位、水温、水量、沙量、降水、蒸发、简易气象及地下水、波浪、湖堤排渗水位和流量等。

湖区站网布设有:进出湖设水文站 3 处,即陈山口(东平湖出湖闸)、张坝口(东平湖引水口)、戴村坝(大汶河入湖站由山东省设立)。此外,黄河进出湖站有十里堡、耿山口、徐庄、刘常河水文站。

湖周水位站有:王古店、黄花园、司垓、任庄、南大桥、黄河崖、北桥 7 处。

湖区内设有:土山湖心观测站,湖周设有小安山、东平、梁山(后二站为山东省设立)气象站。

湖周地下水观测剖面 36 个,123 个井孔及 7 个排渗场渗流量观测。

1963 年湖区主要观测简易气象、降水、蒸发及波浪,张坝口水文站停测。1964 年因位山枢纽已破坝,撤销耿山口、徐庄水文站,仅适当加强东平湖的水面蒸发实验工作,并将 1959 年设立的土山湖心观测站改为土山蒸发站。

东平湖淤积测验采用地形法施测。因精度问题,与 1960 年 11 月施测的地形比较,发现有明显淤积的地点,反而显示冲刷,为此,该资料未予刊印。

湖区地下水观测,因管理不善代表性差,除 1960 年取得 29 个剖面资料外,1961 年仅取得 5 个剖面资料,1962 年因资料质量差而未刊印。

(六)破坝期测验

1963 年 12 月 6 日破坝后。为了研究破坝后河道冲刷过程,自 11 月 26 日～12 月 20 日组织了破坝过程有关测验。

1. 在左岸老河道内(黄庄至南桥)布置 01(黄庄)、02(牛屯)、第二拦河坝、04(位山)、05(老河口)5 个连续断面,观测冲刷 8 次。

2. 在枢纽上游 8—16 号断面,枢纽下游 11、15、18、22 号断面进行了两次综合测验。

3. 自第一拦河坝至老河口进行了一次地形测量。

4. 水位观测:自陶城铺至阴柳科设有 9 组水尺,按 24 段制观测水位和比降变化过程。

5. 水、沙量控制测验:在 8 断面(陶城铺)进行水流泥沙因子测验,每日取单沙二次；在 04 断面(位山)按水文站定水定沙要求进行水沙量控制。

(七)资料成果

历年进出库水沙量、库区内水力泥沙因子、固定断面和连续断面测验、沿程水位及湖周水位、气象、波浪、降水、蒸发等,以《位山水库水文实验资料》专册刊印,分 1960～1962 年、1963 年和 1964 年 3 册。

实验资料的分析研究除总站在测验结束后及年终提出单项分析和总结分析报告外,由黄委会水科所、北京水科院河渠研究所、位山工程局、位山总站等单位共同组成"山东位山枢纽及东平湖泥沙研究工作组",针对枢纽不同时期的运用,结合库区实验资料,进行综合分析研究。

枢纽修建后的库区(河道)上游冲淤按运用情况可划分为三个时段:

1960 年 5 月 22 日～1961 年 4 月 11 日为拦河闸壅水时期。杨集至拦河闸 60.54 公里共淤积 4225.31 万立方米。

1961 年 4 月 12 日～1963 年 11 月 14 日为拦河闸敞泄时期。杨集至拦河闸冲刷 6546.38 万立方米。

1963 年 11 月 15 日～1964 年 10 月 24 日为破坝泄流时期,杨集至拦河闸冲刷 5068.49 万立方米。

1960 年 5 月 22 日～1964 年 10 月 24 日累计冲刷 7389.56 万立方米。

由于枢纽修建后,回水影响引起严重淤积,上游同流量水位明显抬高。1961～1963 年采取敞泄方式后,冲刷量虽已超过原有淤积量,但沿程各站同流量水位仍比 1959 年高。破坝至 1964 年汛前,杨集至陶城铺继续冲刷,各站同流量水位普遍下降,如陶城铺水位在流量为 5000 立方米每秒时,比破坝前下降 1.6 米,接近 1959 年。

枢纽下游由于枢纽拦河闸的节制和东平湖的蓄水,减少来沙,以小水切槽,大水展宽,自上而下的方式冲刷。以 1959 年起算,下游各站的冲刷深度累计至 1964 年是:阴柳科 1.09 米、王坡 0.89 米、南桥 0.61 米、艾山 0.59 米、黄渡 1.17 米、潘庄 0.77 米、官庄 1.21 米。

东平湖 1960 年蓄水运用后,最高水位达 43.5 米(10 月 30 日),相应蓄水量 24.40 亿立方米,水位高于 43.0 米以上历时 83 天。

1960 年 7 月 26 日～10 月 14 日,先后运用耿山口、徐庄及十里堡进湖闸引黄河水入湖。三个闸共引水(扣除回归黄河水量)16.95 亿立方米,引进沙量 0.74 亿吨。泥沙淤积主要在三个闸后附近,新湖区最远淤积到高老庄、二道坡以西,老湖区淤积到土山附近,总淤积面积约 200 平方公里,其中淤积最严重的约 25 平方公里。淤积厚度一般为 0.5～1.5 米,徐庄闸后淤积达

2.0 米以上。

　　东平湖蓄水运用后,根据观测湖区围坝发生渗水长 48651 米,张坝口排渗沟 1960 年最大排渗流量 5.47 立方米每秒,1961 年最大排渗流量为 8.69 立方米每秒。滨湖 5 公里范围内地下水位上升 1~3 米。1960~1964 年最高湖水位及相应蓄水量如表 4—19。

表 4—19　　　　　　　1960~1964 年东平湖蓄水情况表

年　　份	平均水位(米)	最高水位(米)	最大蓄水量(亿立方米)
1960	41.32	43.50	24.40
1961	41.61	42.55	18.66
1962	40.70	41.95	4.08
1963	40.74	42.91	5.89
1964	40.86	43.54	7.08

第十四章　黄河下游河道水文实验

黄河干流河道地形测量始于清光绪十五年(1889年)，上自河南灵宝县闵乡金斗关(距潼关2.5公里)起，下至山东利津铁门关海口止，共计河道长1206公里，测图157幅，无等高线。上报光绪皇帝批阅，定名为《御览三省河全图》(现存故宫博物馆及黄委会档案馆)。

1919～1946年间，先后有国民政府山东、河南、河北三省河务局(请河北省建设厅代测)、顺直和华北水利委员会、国民政府黄委会、国民政府黄河水灾救济委员会、国民政府建设委员会水利实验处、水利航测队及国防部空军、日本侵华军等共施测黄河及其下游河道地形图13次。

1949年9月大洪水后，为了解洪水对河道的冲淤和演变，河南、山东两河务局对下游河道进行了局部测图。1952年施测了杨集河段图比例尺为1∶10000,272平方公里。1954年大汛后至1958年、1972～1973年、1982～1985年进行了三次黄河下游全段测图，此外小段测图20多次。

为适应黄河治理需要，及时提供黄河下游河道冲淤变化情况，1951年起，先后有：河南黄河河务局(简称河南局)测量队、山东黄河河务局(简称山东局)测量队、各水文站、部分修防段、济南水文总站河道队等单位用断面法分段统一施测下游河道。为深入研究黄河不同河型的河床演变规律，除原有水文站的水沙测验外，1957年7月～1969年底，进行了花园口河段(铁谢～辛寨)的河床演变测验。1957年7月开展伟那里～孙口河段的河湾观测；1959年4月开展八里庄～邢家渡、土城子～北李家河湾观测；1959年6月开展大高家～王旺庄河湾观测。前者代表自然河湾段，后三者为人工控制或半人工控制的弯曲河段。

为研究黄河水流挟沙能力，1957年7月开展土城子河段挟沙能力测验。

除河道断面测验仍在继续外，其他测验项目，均已停止。

第一节　河道观测

一、河道特性

黄河下游河道系在不同历史时期内形成。孟津至沁河口原是禹河故道，距今 4000 余年；沁河口至兰考东坝头已有 500 多年历史；东坝头至陶城铺是 1855 年铜瓦厢决口后在泛区内形成的河道；陶城铺以下至黄河入海口，原系大清河故道，1855 年决口后为黄河所夺。

从河道外形及特性，可划分为 6 个河段：

一是孟津至郑州铁桥，长 91 公里，河槽宽度 1～3 公里，主槽平均宽度 1.40 公里，平均比降 2.65‰。自孟津以下由卵石河床变为沙质河床，系由峡谷进入冲积平原的过渡河段。右岸有洛河、汜水汇入，左岸有沁河、漭河汇入。

二是郑州铁桥至东坝头，长 130 余公里，两岸堤距 5～14 公里，河槽宽 1～3 公里，主槽平均宽度 1.44 公里，平均比降 2.02‰。该段左岸自铁桥至陈桥、右岸自开封至夹河滩均有老滩，宽 2～5 公里。滩面一般不上水，但因坍滩使河槽展宽，流势多变，河势散乱。

三是东坝头至高村，长 73 公里，堤距 5～20 公里，河槽宽 1.6～3.5 公里，主槽平均宽 1.30 公里，平均比降 1.72‰。该段左岸有天然文岩渠由濮阳大芟河入黄。1958 年开始修筑生产堤，因生产堤阻水使大量泥沙淤积在堤外的河槽内，使河槽平均河底高于平均滩面，滩面又高出堤内地面，形成了"悬河中的悬河"，对防洪十分不利。

四是高村至陶城铺，长 165 公里，堤距 1～8.5 公里，河槽宽 0.5～1.6 公里，主槽平均宽 0.73 公里，平均比降 1.48‰。该段左岸有金堤河，由张庄闸入黄。两岸控导工程较多，水流较集中。但局部段河道迂回，河湾发展。自修建生产堤以来，影响了滩区进水落淤。滩槽高差减小。

五是陶城铺至前左，长 341 公里，堤距 0.45～5 公里，河槽宽 0.4～1.2 公里，主槽平均宽度 0.65 公里，平均比降 1.01‰。右岸有大汶河经东平湖由梁山庞口入黄，玉符河由济南入黄。本段中水河槽已完全由两岸护滩与护岸工程控制，历年河势流路无大变化，河身蜿蜒于两堤之间，具有弯曲性河道规律。部分河段堤距仅 400～500 米，为黄河下游有名的窄河段，使行洪行凌受阻。

六是前左至河口,河长 70 余公里,但随入海泥沙淤积,逐年延伸。堤距较宽,呈喇叭形,属河口段特性河道。1855 年铜瓦厢决口夺大清河入海以来,河口改道共有 11 次。建国后,大的改道有 3 次。新河道尚在塑造过程中。

二、断面布设

(一)河南河段

河南黄河测验河段自孟津县的铁谢即原孟津(四)断面至高村(四)水文站,河段长 276.67 公里[①](断面间距累计值),河道断面布设大体可以分为四个发展阶段:

1.1951~1956 年。测验范围仅为秦厂至马寨,包括花园口、夹河滩水文站共 8 个断面,河段长 154.9 公里。

2.1957~1961 年。秦厂以上增设 12 个断面,延伸至铁谢,下至杨小寨,共 21 个断面。河段长 252.47 公里。

3.1962~1969 年。从 1962 年起黄河下游河道实行统一性测验(简称"统测")。辛寨以上有 12 个,辛寨以下黑石至高村河段先后增设至 15 个断面,共计 27 个。

4.1970~1990 年。1969 年底撤销花园口河床队后,对河南黄河段断面进行了调整,施测断面总数仍为 27 个(含水文站 2 个),平均断面间距为 10.24 公里,最大、最小间距分别为 19.75 公里和 4.9 公里。

(二)山东河段

山东黄河测验河段自高村(四)水文站至利津(三)水文站(利津以下为河口段见第十五章)河段长 475.5 公里[②](按断面间距累计值)。1951 年布设断面 13 个(含水文站 5 个)。

1965 年在艾山以下窄直河道段增设断面 16 个。至 1983 年,每年共施测 61 个断面次。

1982 年黄河花园口出现 1946 年有实测资料以来第二大洪水。洪峰流量 15300 立方米每秒。为加强观测东平湖分洪后之河道情况,在孙口至陶城铺间增设 4 个断面。此后山东河段至 1990 年每年施测固定断面 65 个,平均

注　①②　按 1977 年 6 月刊印《黄河流域特征值资料》计算,河南铁谢至高村段河长为 290.8 公里,山东高村至利津段河长为 475.5 公里,铁谢至利津河段长共为 766.3 公里,用断面间距累计铁谢至利津河段长为 735.87 公里

断面间距为 7.18 公里,最大、最小间距分别为20.30公里和 1.75 公里。

三、平面和高程控制

黄河下游河道断面的平面控制为 1954 年北京坐标系、高程控制为大沽基面。

(一)平面控制

河南河段 1962 年以前的大断面布设,其断面位置是依据大堤公里桩相对位置而定,南岸公里桩,1957 年曾经变动,因此,断面位置不够准确。1962年后,各断面埋设固定的混凝土标杆和桩,各断面均系用 1954 年北京座标系。1964～1965 年分别用五等三角网(锁)、量距导线及交会法进行平面控制测量。

山东河段南小堤至张家滩各断面的坐标于 1965 年测定,其中南小堤至杨集河段以五等三角锁为主,辅以经纬仪导线;南桥至张家滩河段以经纬仪导线为主,辅以线形三角锁。

(二)高程控制

河南河段 1955～1962 年,裴峪、洛河口、孤柏嘴、枣树沟、马寨等断面采用以 P.M$_{249}$测的老大沽高程,其余大多数断面采用黄委会 1959 年出版的《黄河中下游地区三、四等水准成果表》第十二册上的 1955～1957 年的大沽高程。1963 年对全河段用三等水准补测了两岸干线水准点,于 1964～1965年又用三等或四等水准补测了各断面桩的高程。

山东河段各断面高程均采用大沽基面。虽同一基面但高程来源不一。

苏泗庄至王坡河段以梁山县杨庄 P.B.M$_{57}$(二等)的黄海基面为引据点,测得的黄海高程,两岸采用同一差值改为大沽基面高程。

南小堤、双合岭及南桥至张家滩的老断面所采用的大沽高程,多数是从黄河两岸大堤公里桩高程(四等)引测。

南桥以下,1965 年新设断面,是从沿岸二等水准线引测的黄海基面高程,然后加 1.345 米(1959 年测定值)改为大沽基面高程。

1976、1977 年汛前进行了大断面两岸端点连测。泺口(三)断面以上采用 1964 年所测的二等水准成果,泺口(三)以下采用 1974 年新编的鲁黄Ⅰ、Ⅱ线的二等水准成果。各断面端点高程或基本水准点及滩地加密的断面控制桩兼水准点均以四等水准测定。每年按黄委会水文局或水文总站的任务书要求于汛前或汛后分期分批进行校测。三等水准一般每隔 3～5 年校测一次。

四、断面测验

(一)测验分工

河南河段断面测验。铁谢至河道断面,1951~1956年由河南河务局测量队施测。每年施测4~8个断面2~4次,共计73个断面次。此期间因水下测验设备较差,且无统一技术规定,断面稀少且位置变动较大,加之记录不够完整,平面、高程考证资料不足,影响资料成果质量。1957~1962年辛寨以上河段139.22公里由花园口河床演变测验队施测,辛寨以下至河道河段128.05公里由河南河务局测量队和修防处、段施测。此期间断面位置相对稳定,但因技术管理不完善,整理成果后,原始资料多已丢失。1962~1969年花园口河床队由辛寨下延6.9公里施测至黑石断面,其测段长为146.12公里。1969年底花园口河床队撤销,全段除花园口、夹河滩两水文站断面由两站施测外,其余25个断面均由河南河务局施测。

山东河段断面测验。1951~1963年除高村至利津的5个水文站断面外,其余由山东河务局测量队、修防处、段及位山水文总站分段施测。1964年后,除位山总站任务不变外,其余断面均由山东河务局河道队施测。1972年河道队并入同年成立的山东河务局水文总站,从此,山东河段各断面由高村等5个水文站分段施测。为便于加强河道观测管理,1986年济南水文总站组建河道观测队,统揽高村至道旭全段河道观测任务。道旭~利津~河口各断面的测验由河口水文实验站承担。进行大断面测验时,同时测河势图及床沙质取样。

(二)测验技术

1956年以前执行黄委会《黄河下游大断面测量修正实施办法》,1957年4月黄委会又颁发《黄河下游河道普遍观测工作暂行办法(初稿)》,1964年10月26日黄委会又颁发《黄河下游河道观测技术试行规定》。此后,济南水文总站、河南河务局测量队在总结经验的基础上,结合河道实际情况,又分别制定补充技术规定,如济南水文总站1978年编印的《黄河下游河道测验补充意见汇编》及1986年3月制定、1988年2月修订的《黄河下游河道测验技术补充规定》,1988年3月黄委会水文局制定的《黄河下游河道观测技术规定补充意见》(讨论稿)。

为缩短测验历时,提高资料质量,从1962年起,全河执行黄委会"统测"

要求,根据水沙情况,按水流传播时间自上而下依次布置测次和时间,限期在 7～10 天内完成。一般每年统测 2～4 次,最多一年(1964)测 6 次,其他测次根据需要施测局部河段。

下游河道宽阔,滩地大,各断面标、桩主要型式有:石桩、混凝土柱桩、钢轨桩、钢管桩以及木杆、混凝土或角钢制成的单标、寻常标、锥形标等。因受复堤或自然沉陷及人为破坏因素的影响等,历年要进行大量补设、校测。60 年代以后,由于两岸滩地林带成长茂密,影响测验通视,致使标高达 10～20 米仍感不便。

50 年代初期测验使用的主要船只为木帆船,采取一锚多点法定位,人力提放船侧艄锚横渡。1957 年技术革新,船尾安装水力绞关,代替了人力推关绞锚。60 年代后应用机动测船,大大提高了测验速度,减轻了劳动强度。

测验仪器主要是经纬仪、水准仪、六分仪、测深杆和锤等常规仪器。70 年代后期应用无线报话机取代旗语、口哨联络。80 年代应用 PC—1500 计算机或可编程序计算器进行内外业资料处理。

(三)测验成果

自 1951 年～1988 年黄河下游河道断面共施测 86 次。1971 年以前的资料因测验单位多,精度标准不一,资料未及时整理,存在问题较多。从 1974 年后实行逐年整编,5 年汇审和编刊。至 1985 年,汇刊 5 册(1986～1990 年资料待刊)。此外,1964 年以前由山东河务局修防处、段或测量队施测的 980 个断面次资料尚未整编刊印。

每次在断面测验后,及时整理计算断面冲淤成果,济南水文总站还同时提出"测验报告"寄发上级主管部门及有关单位。

五、河道冲淤研究

用实测资料分析研究河道冲淤始于 50 年代。研究的单位主要有:黄委会的水科所(院)、设计院、工务处、河南河务局、山东河务局、水文局、济南水文总站,北京水科院河渠(泥沙)研究所,清华大学水利系,武汉水电学院治河工程泥沙系,水电部第十一工程局设计院等单位,多次提出单项实测资料分析和冲淤规律研究报告。

(一)河道冲淤概况

黄河下游河道是强烈性堆积河道,其冲淤状况主要取决于来水来沙条件。在长时间内,总的趋势是淤积,但并非单向淤积,不同年份间随水、沙条件而有冲有淤。

1934年以来,黄河下游经历了淤积(1938年以前)—冲刷(1938年扒开花园口～1947年堵复,花园口以下黄河断流9年)—淤积(1947～1960年)—冲刷(1961～1964年三门峡水库下泄水流含沙量较小)—淤积(1965年以后三门峡水库排浑水)5个人为的和自然的循环周期。

据水文资料统计,1919～1949年的31年黄河下游花园口站年平均来水量468亿立方米,年平均来沙量15.6亿吨,年平均含沙量33.3公斤每立方米。但这31年间有21年发生决溢和改道,使大量泥沙输移黄河两侧广大地区,致使河道淤积减缓,平均每年淤积2亿吨左右。1933年8月大洪水,陕县洪峰流量22000立方米每秒,实测最大含沙量519公斤每立方米,使下游河道普遍漫滩淤积。据调查分析,孟津至高村滩面普遍淤高1～1.5米,滩地总淤积量达22.12亿吨,主槽冲刷量6.59亿吨,净淤积泥沙达15.53亿吨,而高村以下还有大量淤积,这是近期50多年来最严重的一次淤积。

1950～1960年,年平均来水量为480亿立方米,年均来沙量为17.9亿吨,年平均含量37.3公斤每立方米,共淤积泥沙37.542亿吨,平均每年淤积泥沙3.41亿吨。其中1953、1954年分别淤积6.611和6.333亿吨,1958、1959年分别淤积7.387和6.825亿吨。

1960年9月三门峡水库建成投入运用。1961～1964年由于水库拦沙,下泄较清的水,使下游河道全线冲刷20.149亿吨。

1965～1969年,水库排沙,河道回淤18.624亿吨,抵消前期冲刷量,达到冲淤基本平衡。1970～1973年三门峡枢纽第二次改建完成,大量排沙,共淤积19.361亿吨。1974年起三门峡水库采取蓄清排浑控制运用,起到调水调沙作用,改变了下游河道的冲淤规律。1974～1979年共淤13.675亿吨,其中1977年遇高含沙量大洪水,该年就淤积9.037亿吨。1980年以后,水沙条件有利,至1989年共淤8.511亿吨,平均每年淤0.85亿吨。从1950～1989年的40年下游(三门峡～利津)累计淤积泥沙77.564亿吨,平均每年淤积1.94亿吨,其中自三门峡水库1961年投入运用以后29年内共淤积40.022亿吨,占总淤积量的51.6%。平均每年淤积1.38亿吨;只相当于三门峡水库运用前11年,平均淤积量3.41亿吨的40.5%。

(二)冲淤分布

下游河道冲淤一般是汛期淤河南,冲山东;非汛期全下游河道皆淤。

1934～1985年的52年间,根据地形资料分析黄河铁谢至利津累计淤积近64.2亿立方米,扣去花园口人为决口9年,平均年淤1.49亿立方米。

沿程分布呈现两头淤积少,中间淤积多的特点,即上段(铁谢～夹河滩)淤积厚度1～1.5米,下段(艾山～利津)淤积厚度1～0.5米,中间段淤积厚度2.5～3.5米。

黄河下游河道滩面占总河道面积的80%,横向淤积分配与漫滩洪水大小、出现机遇、持续时间、以及滩区生产堤状况等有关。据统计,滩地的淤积量占总淤积量的70%,与滩地面积所占下游河道总面积80%的比例相近。但淤积分布并不均匀,滩唇淤积厚,堤根淤积薄,生产堤内(临河)淤积厚度大,生产堤外淤积厚度小,加大了滩面横比降,在局部河段甚至形成"悬河中的悬河"。如遇大漫滩洪水,可使主槽刷深,滩地淤高,有利于河道稳定,行洪能力加大。因此,人们从长期实践中得到"淤滩刷槽、滩高槽稳、槽稳滩存、滩存堤固"的辩证关系。

三门峡水库蓄水运用(1960年9月)以前,黄河下游河道属天然水沙调节。据水文站输沙量资料统计,1950年7月～1960年6月,下游河道共淤积36.1亿吨,冲淤量的沿程分布是铁谢至夹河滩淤积占总淤积量的34.4%,夹河滩至艾山占56.7%,艾山以下占8.9%。

1960年10月～1964年10月,三门峡水库蓄水拦沙,全下游普遍冲刷。共冲刷23.12亿吨,其中铁谢至高村冲刷占总冲刷量的72.8%,高村至艾山占21.6%,艾山以下占5.6%。

1964年11月～1973年10月,三门峡水库工程二次改建完成后,水库大量排沙,下游河道回淤共39.50亿吨。沿程淤积分布是铁谢至夹河滩占总淤积量的46.2%,夹河滩至艾山占38.3%,艾山以下占15.5%;横向分配是滩地淤积只占33%,主槽淤积占67%,艾山以下几乎全部淤在主槽内。

1974年,三门峡水库改为蓄清排浑运用,因汛期排沙,河道淤积加重,而非汛期则由淤积转为冲刷。但因流量较小,一般冲刷只能波及夹河滩,而淤积主要集中在下游中段夹河滩至艾山河段。据1973年11月～1985年10月水沙资料统计,下游河道共淤积泥沙15.15亿吨,其中汛期淤27.47亿吨(年均淤2.29亿吨),非汛期冲12.32亿吨(年均冲1.03亿吨),平均每年淤1.26亿吨。高村至孙口河段的淤积量占全下游河道淤积量的75%。

表4—20以断面法实测成果反映各时段各河段的冲淤量沿程分配。1960～1989年,铁谢至花园口河段冲刷占全下游淤积的-11.1%;花园口至高村淤积占全下游的45.4%;高村至艾山淤积占全下游的52.4%;艾山以下占全下游的13.2%。单位河长的淤积量以夹河滩至艾山河段较大,艾山以下明显减少。

表4—20　　　　历年黄河下游河道冲淤量分布统计表(断面法)　　　单位：亿立方米

项目	河南河段				山东河段					全下游(铁谢~利津)
	铁谢~花园口	花园口~夹河滩	夹河滩~高村	小计	高村~孙口	孙口~艾山	艾山~泺口	泺口~利津	小计	
距离(公里)	103.17	100.30	73.20	276.67	125.69	63.87	106.84	162.8	459.2	735.87
	(102.2)	(105.4)	(83.2)	(290.8)	(130.5)	(63.1)	(107.8)	(174.1)	(475.5)	(766.3)
1960.4~1964.10	-6.8794	-5.1983	-3.6272	-15.7049	-2.8670	-0.0296	-1.0071	-2.9815	-6.8852	-22.5901
1964.10~1973.9	6.3834	7.8263	6.0219	20.2316	4.1417	1.4597	1.5228	2.7327	9.8629	30.0945
1973.9~1985.10	-3.2030	-0.4674	1.3832	-2.2872	4.5063	1.4345	0.1352	0.5813	6.6573	4.3701
1985.10~1989.10	1.5611	1.9114	0.9103	4.3828	0.9879	0.4663	0.5094	1.0594	3.0230	7.4058
1960.4~1989.10	-2.1379	4.0720	4.6882	6.6223	6.7749	3.3309	1.1603	1.3919	12.680	19.2803
各段占总淤积量的%	-11.1	21.1	24.3	34.3	35.1	17.3	6.0	7.2	65.7	100
每公里河长冲淤量	-0.0207	0.0406	0.0640	0.0239	0.0539	0.0522	0.0109	0.0085	0.0276	0.0262

注　根据三门峡水库运用30年总结基本资料统计。河段间距按大断面间距统计，但与《黄河流域特征值资料》有出入，如括号内数据。符号(—)为冲，(＋)为淤

1960~1989年下游河道总淤积(断面法)量为19.2803亿立方米。淤积最严重的河段是夹河滩至高村，平均每公里河段淤积0.064亿立方米；淤积量最多是高村至孙口河段，占总量的35.1%。而花园口至艾山河段共淤积18.866亿立方米，占总量的97.9%。

表4—21反映黄河下游主要断面的全断面河床平均高程变化情况，1967~1985年花园口至孙口河段河床升高幅度较大，平均每年升高2~6厘米。

表4—21　　　　黄河下游主要断面河床平均高程变化表

断面名称	里程(公里)	各时段平均高程(米)							1967~1985年	
		1951.4	1960.10	1964.10	1967.10	1973.9	1980.10	1985.10	高差(米)	年平均(米)
铁谢	0				118.72	118.84	119.55	119.61	0.89	0.049
裴峪	32.77				109.61	109.77	109.48	108.80	-0.81	-0.045
花园口	103.17				92.94	93.38	93.36	93.27	0.33	0.018
夹河滩	203.47	72.68(1952.6)	72.99	72.56	72.68	73.11	73.83	73.46	0.78	0.043
高村	276.67	59.45(1951.6)	61.21	60.57	60.51	61.14	61.40	61.47	0.96	0.053
杨集	375.37			48.43	48.56	49.19	49.58	49.68	1.12	0.062
孙口	402.36	45.30(1952.8)	46.43		46.61	46.75	46.97	46.99	0.38	0.021

续表 4—21

断面名称	里程（公里）	各时段平均高程（米）							1967～1985 年	
		1951.4	1960.10	1964.10	1967.10	1973.9	1980.10	1985.10	高差（米）	年平均（米）
陶城铺	437.99		42.91 (1961.6)	42.66	42.41	42.85	42.67	42.58	0.17	0.009
艾山	466.23				35.95	37.40	37.32	36.51	0.56	0.03
官庄	511.69			35.48 (1965.4)	35.44	35.60	35.99	35.47	0.03	0
泺口	568.07	28.64	28.89	27.98	28.47	29.18	29.34	29.09	0.62	0.034
董家	639.47			21.22 (1965.4)	21.33	21.70	21.82	21.78	0.45	0.025
利津	735.87	9.59	9.41	8.48	9.77	11.17	11.27	9.46	-0.31	-0.017

注　里程系按断面间距累计，括号内指该断面高程的时间(年.月)

（三）下游河道冲淤特点

黄河下游河道是强烈性堆积河道，总的趋势是淤积，但并非单向淤积，在不同年份间有冲有淤，累计结果是淤多冲少。其主要特点是：

1. 来水来沙多少及其水沙搭配不同，冲淤不同。水多沙少则微淤或冲，水少沙多则严重淤积。据分析，黄河下游每亿立方米水量的年冲淤量与年平均含沙量具有良好的正比关系，冲或淤的临界平均含沙量为 20～27 公斤每立方米，低于此值则冲，高于此值则淤，为此，增水减沙可以有效地减少下游河道的淤积。

2. 水沙异源对下游冲淤影响不同。黄河水沙来源主要有多沙粗沙来源区、多沙细沙来源区和少沙来源区三类及六种洪水来源。粗沙来源区的洪水，对下游河道淤积最严重。

3. 下游河道输沙能力，具有"多来、多淤、多排"，"少来、少淤（或冲）、少排"以及"大水带大沙"，"大水出好河"的输沙特点。4000～3000 立方米每秒是有利全下游河道冲刷的流量级。

4. 高含沙洪水对河南段宽河道产生严重淤积，淤后断面形态窄深，洪水位偏高。河床剧烈调整。据 1953～1977 年间 11 次高含沙量(三门峡 397～911 公斤每立方米)洪水(花园口 4040～12300 立方米每秒)统计，历时 104 天，淤积量 37.7 亿吨，占同期总淤积量 63.575 亿吨的 59.3%；淤积强度为 1880～6100 万吨每天，平均淤积强度为 3625 万吨每天。

5. 滩、槽冲淤的特点是大洪水漫滩落淤，滞洪淤沙作用很大。由于下游河道平面呈藕节状，收缩段与开阔段相间，而下游滩地面积占河道总面积的 80%。洪水传递时，受河道宽窄变化的影响，产生滩槽水、沙的交换。滩槽冲淤可用来沙系数 K(含沙量/流量)作为判别指标。当 K 值大于 0.015 时,滩槽均淤,小于 0.015 时,滩淤槽冲。

6.淤积物组成对下游河道的冲淤影响。主槽淤积物中的床沙质与冲泻质以 0.025 毫米为分界粒径,大于 0.1 毫米的粗沙对下游河道危害最大,在主槽几乎全淤,小于 0.025 毫米的冲泻质在主槽基本不淤。

7.输沙耗水率(指输送 1 亿吨泥沙出利津所需的水量,它与上游来水来沙量有关。在下游多年平均汛期来水量、来沙量情况下,耗水率约 30 亿立方米,非汛期耗水率约 90 亿立方米。

8.艾山以下河道具有"大水冲、小水淤"的特点。该段冲淤变化除取决于来水来沙条件,还与上段河床调整有关。平均而言,当流量超过 4000 立方米每秒时,艾山以下全段冲刷。当流量为 1000～2000 立方米每秒时淤积最大,小于 1000 立方米每秒时,虽有淤积,但绝对量较小。

第二节　花园口河床演变测验

一、任务与机构

根据国家建设委员会和中国科学院《1956 建设科学研究计划任务书》中关于黄河下游河段测验研究的要求,并遵照水利部部署,黄委会于 1956 年 7 月 2～16 日,组织有关技术人员并邀请北京水科院、华东水利学院、武汉水电学院和长办等单位的专家共 18 人组成的查勘组,进行自郑州黄河铁路桥至黄河河口的河道查勘,选定以郑州铁路桥至来童寨 35 公里长的河段及下游其他弯曲典型河段,作为河床演变测验研究段,其中以郑州后刘至东大坝 10 公里为重点段。

黄委会水文处于 1957 年 1 月建立花园口河床演变测验队(以下简称花园口河床队),研究三门峡水库建成运用前后和水库蓄、泄对黄河下游游荡性河道变化及其冲淤影响,为河道整治规划与设计提供科学依据。主要任务有:断面测验、水位观测、地下水位观测、河势测绘、水面流速流向测量、坍岸观测、沙丘测验、流速和含沙量垂线分布精密测验、宽浅和窄深河道水文泥沙要素观测、床沙质和推移质测验及泥沙颗粒分析。

根据上述任务要求,花园口河床队除花园口水文站外,并设官庄峪、铁谢、裴峪、来童寨、辛寨、柳园口(后迁黑岗口)6 处河床站和秦厂、来童寨 2

处水位站。1957年建队初期人员编制为133人,1960年最多达168人,至1969年撤销前,观测队伍仍有139人。

1969年底黄委会革命委员会决定停止河床演变观测,撤销花园口河床队,河道统一测验的27个断面(含水文站2处),由河南河务局测量队继续测验。

二、断面布设

1957年在京广铁路桥至下游来童寨河段内,布设断面63个,及花园口水文站基本断面(以下简称花基断面)1个。1957年10月、1959年4月先后在铁桥以下与1断面间(1.93公里)增设副1、副2两个断面,共66个。1~6号断面、55~62号断面间距为1000米左右;重点段6~55号断面间距为250米;62~63号断面间距为500米。累计河段长为26.68公里。平面控制为北京坐标系。在两岸以量距闭合导线作为布设断面和施测河势之依据。先后建造钢标、木标13座,导线长67公里,导线点93个。高程控制为大沽基面。自黄委会勘测设计院在两岸设置的精密水准点以三等水准引测水准点59个,路线长110公里。

1958年12月测验河段自京广铁路上延15.52公里至官庄峪东,作为花园口枢纽库区段,增设大断面15个,1959年4月在铁桥附近增设2个,共17个断面。平面控制由原测验河段左岸导线向上引测,以量距导线闭合于前平原河务局控制网,共设导线点24个,全长18公里。1964年换算为高斯坐标。高程控制由黄河北陶段水准网按三等水准引测。

1959年测验河段自来童寨向下游延至19.50公里的中牟县辛寨,增设64~79号16个断面,间距为1000米左右。平面控制均利用河南河务局布设的导线网与大断面控制点,并与京广铁桥至来童寨河段控制加以接测导线点53个,与黄委会勘测设计院布设的三角网连测,统一换算为高斯坐标。至此,全测验河段平面控制与全国大地控制联系起来。高程控制仍以黄委会勘测设计院在两岸设立之精密水准点,以三等水准重新引测。

1960年测验河段自官庄峪上延76.20公里至孟津县白鹤镇,布设断面19个,间距为4~5公里。为满足地形测绘需要,在大断面间增设临时加密断面42个。平面控制主要以单三角锁与黄委会设的三角点连测38个。高程控制以黄河两岸精密水准点用三等水准引测,路线长约200公里。

截至1960年,花园口河床演变测验河段断面布设已告完成,白鹤镇至辛寨,全长139.55公里,共设大断面118个(含花基断面),地形加密断面42个,总计160个。

1960年起以花园口枢纽为界,编成自白鹤镇(1断面)至花园口拦河坝(简称花上)和花园口拦河坝至辛寨(简称花下)两个断面系列。花上为1～47,实测44个;花下为13～79,实测38个(含花基断面),共测82个断面。花上1～20号为三门峡枢纽下游的自由河段,21～47号为花园口枢纽壅水段。

1962～1963年调整测验河段范围,并精减部分断面,只在铁谢(3)至辛寨(79—1)河段保留断面42个。1964～1965年又恢复加测22个断面,共计64个。经大量调整断面后,1963～1965年对各断面基本设施和平面、高程控制进行了全面整顿,将受严重破坏的木质标杆、桩全部更换为钢筋混凝土管(桩)。1963年冬,用三等水准引测全测区干线水准。1964、1965年用三等水准支线引测了各断面桩高程,用五等三角锁进行了全测区的平面控制测量。

1966年根据资料分析和使用情况,并征求有关部门意见后,精简调整全测区断面,遵循断面密度要求上下游河段一致,断面间距力求均匀,断面控制性和代表性要好的调整原则,花上段保留断面26个(其中新设3个)花下段断面9个,共35个断面。

三、断面测验

花园口河段河床演变测验以断面法为主。每年汛前和汛后对全部断面进行测验,其他时间根据上游来水来沙情况及三门峡水库运用变化或针对特定目的需要,另行安排测次。

建队初期(1957～1959年)的测验技术、方法及要求主要依据《水文测站暂行规范》和一般地形测量要求的有关规定进行。1959年花园口河床队制定《花园口河床演变测量工作细则(草案)》及《资料整理方法及步骤》,统一了内外业工作要求。1963年黄委会编制了《水文实验站(队)资料刊印办法》和《水文实验站(队)刊印资料图表格式补充说明》。1964年花园口河床队编制了《历年(1960～1963年)资料整编方法和要求》。1964年10月26日黄委会以黄水字第150号文正式颁发《黄河下游河道观测技术试行规定》。

1957年6月～1960年9月的测验主要为收集天然水沙条件下的河床演变资料,测次较多,共计86次。

1960年9月三门峡水库开始蓄水运用,同年6月花园口水利枢纽建成运用,使上游河床演变出现新的情势。官庄峪东(1～20断面)以上76.20公里为三门峡枢纽以下自由河段,测验目的是为研究三门峡水库下泄清水后,河床下切的程度,横向展宽的过程及河床粗化情况;官庄峪东至花园口拦河坝(20～47断面)24.15公里为花园口壅水河段(又称库区),主要是为花园口枢纽工程管理和运用提供所需资料并研究壅水淤积情况;花园口枢纽以下(13～79断面)39.20公里的自由河段,主要是研究游荡性河道纵向和横向的演变规律,为整治下游河道提供科学依据。

每年汛前、汛后结合加密测验(1960～1965)施测全部断面,从1962年起,按黄委会统一布置,配合下游河道进行统一性测验3～6次,其他为辅助测次,仅测部分固定断面。

1957～1969年总计施测为154次,3929个断面次(未刊印的资料未予统计)。

1957～1967年实测资料,以《黄河流域花园口河床演变水文观测资料》汇刊5册,1968、1969年6个测次的210个断面次资料,因"文化大革命"及河床队裁并期间,资料散失未刊印。

四、水位观测

为寻求河段纵横比降变化,在河段两岸或一岸设立水尺进行水位观测。1957年开始在断面1(保合寨)和"花基"的右岸及9(西六堡)、34(东坝头)、55(八堡)、63(来童寨)4个断面两岸共10处水位站进行水位观测。1958年在1、9、63断面的两岸,花基断面右岸7处水位站进行观测。1959年在花基断面、63、79(辛寨)断面两岸6处水位站观测。1960～1962年,调整为铁谢(3)、裴峪(10)、官庄峪(19)、花基断面、来童寨(63)和辛寨(79)6处观测水位。1963年～1967年来童寨站停测。1957～1967年共观测水位66站年。

五、水沙要素测验

为研究水流泥沙要素对河床演变的影响,1957年在1、63断面及花园口站基本断面进行水位及流速、悬移质含沙量的多点多线法测验和推移质测验。1957、1958年在1、3、34、44等断面取床沙质。1959年在花园口基本断面与63断面施测水文要素,另在29、34、44、55、69、75、79等断面取床沙质。

　　1960 年增设官庄峪（19 断面）水文站及铁谢（3 断面）、裴峪（10 断面）、辛寨（79 断面）、柳园口（1961 年迁黑岗口）4 个河床站。

　　1962 年除花园口站担负基本水文站和河床实验站任务外，1961 年将来童寨（63 断面）水位站改为河床站从而使河床站达到 5 处。1964 年裴峪河床站停测水沙，仅保留水位和取床沙质。

　　各站（断面）历年水沙要素共测 803 次，床沙质共 719 次，推移质 177 次。除资料成果刊印外，还编写了《窄深与宽浅河槽水文要素分析》等报告。

六、其他测验

（一）地下水观测

　　1957 年开始在 9、55、63 等断面两岸共设测井 17 孔，1958 年在 9 断面右岸及 63 断面两岸共设测井 9 孔，进行地下水位观测。汛期及雨季每日 8 时观测一次，其他时间每隔 5～10 日 8 时测一次，与河水位观测同时进行，以探求河水位对地下水位的影响及其相互关系。1959 年停止观测。

（二）沙丘测验

　　为了解黄河花园口游荡性河段内沙丘形成、长度、高度及移动速度，分析研究其对河床演变的关系，于 1958、1959 年在不受险工建筑物影响，水流较顺直的花园口站基本断面至 48 断面 6.4 公里河段内进行沙丘测验。在断面的主流和两侧锚定三只船，同时进行等时距连续测深，以测定沙丘运行过程；在测验河段内由起始断面至末尾断面间，自上而下纵向施放划子，各划子以等时距在不同时间不同地点连续测深并交会定位，以测定沙丘沿程变化过程；花园口基本断面在相应施测日内进行测流取沙（含推移质）。1958 年施测 1 次，1959 施测 5 次，并整理绘制沙丘测验平面图（1：10000）19 张次，沙丘纵剖面图 11 张次（均未刊印）。编写报告有：《沙丘测验总结》、《黄河游荡河段沙波测验方法和资料分析报告》及《定点沙波测验分析报告》等。

（三）坍岸观测

　　坍岸观测 1957 年在来童寨进行观测，1958 年在盐店庄、王屋等处进行观测，1959 年在乔连山、王屋及杨桥进行观测。观测方法为布设断面观测桩观测坍岸长、宽，在水流顶冲位置施测流速流向，并钻取土样分析，记载滩地植被情况等。三年测绘坍岸平面图 4 张次及坍岸速率过程图 4 张次（均未刊印）。编写报告有：《坍岸测验方法》、《黄河游荡性河段坍岸现象综合分析报告》等。

（四）流速、含沙量垂线分布精密测验

为寻求流速、含沙量在垂线上的分布规律,1959 年曾 3 次在花园口站下游的 34 断面附近的主流区布设 3 条垂线,自水面向下每 0.2 米测一点流速和流向,每线取 5 个水样,并逐点进行颗粒分析。

（五）水面流速、流向测量

为研究水面流速、流向与河势变化关系,用划子跟踪浮标定时测深,同时在两岸或一岸用经纬仪双角交会定位,连续施测以显示流向计算流速。1957、1958 年测三线,1959 年仅测一线。此项工作与河势测量,固定断面测量、瞬时水位观测同时进行。

（六）瞬时水位观测

历年结合水面流速、流向测量进行,在各断面两岸设立临时水尺 20～40 处观测水位,以研究水面纵横比降和平面变化的关系,计算绘制河谷纵坡线。

（七）河势测绘

为研究河道平面变化规律及险工、滩岸等对河势流向的影响,实测河势变化。利用已晒制的控制图用经纬仪或平板仪进行测量,测出水边线,水面现象及滩地形态等,辅以目测勾绘。1957～1967 年共实测(1:25000)及目测河势图(1:10000)分别为 104 次和 26 次,其中分别刊印 91 次和 16 次。

（八）连续断面测验

1966 年 4～12 月、1967 年 8 月在铁谢(3)、裴峪(10)、官庄峪(19)、张兰庄(C3)4 处进行了以同步为主的断面变化连续测验,以反映不同水沙情况下的河床冲淤演变过程。各断面的测次分别为 32、41、35、31 次,合计为 139 个断面次。

七、分析研究

研究工作是紧密结合三门峡水库建成后对下游河床演变的现状、趋势和整治措施进行的。《黄河下游演变及河道整治研究》列为中苏技术合作项目之一。1960 年 7 月底在黄委会召开了黄河下游治理规划及河床演变科学研究工作会议。1959 年,北京水科院与黄科所组成黄河下游研究组,对所积累的资料进行系统分析,编写了《黄河下游河床演变及河道整治的研究》初步报告。后由北京水科院钱宁和周文浩在初步报告基础上,根据历史资料和花园口河床队实测资料,运用泥沙学科理论,编写出了近 30 万字的《黄河下

游河床演变》一书。

1957~1967 年,花园口河床队先后编写有关河床测验及河道演变规律等方面的研究成果报告共 32 篇。此外,有关科研院、校等单位的专家学者的研究成果据不完全统计有 16 篇。

黄河下游河床演变情况复杂,且有许多不同于其他河流的独特之处,把这些特点归纳起来,主要表现在:变化强度大,包括变化幅度大和影响距离远这两个方面;变化速度快,即意味着河床的调整比较灵敏,并使挟沙能力在短时间内随着上游来沙量的变异而加大或减小。由于上述两个特点的影响,黄河河床变形对水流的反作用力特别大。

游荡性河段,在河床演变中的河道平面变化的一般特点是:

1.河槽横向摆动有两种类型。一是由于在河床堆积抬高至一定程度后,主流移夺另一股汊流,老河道逐渐死亡;二是由于边滩的移动、沙洲的冲刷下移、河湾的裁直及滩岸的生弯刷尖而引起的。这些局部滩岸线的变化时常又和流量的涨落有密切关系。前者每次可以达到相当大的摆幅,后者主槽摆动多为渐变方式,如不断朝一个方向发展,日久也可达到很大的摆幅。

2.河槽平面位置变化以后,由于山嘴、险工挑溜角度的改变或滩岸的坐弯削尖,河势变化会向下游传播。沿河群众有"一湾变,湾湾变","一枝动,百枝摇"的经验。这样的河势变化引起滩岸的大量坍塌,在变化剧烈、发生横河或斜河时,时常全河顶冲一点,造成险情。

3.游荡性河段沿程宽窄相间,各处收缩段有如节点,对河势有理直作用。

4.各年河势虽有很大不同,但由于节点的控制作用,长期以来仍有一定的基本流路。

5.大水走中刷槽,小水坐弯塌滩,涨水漫滩落淤,落水主流归槽等,这些都对黄河下游河道演变产生强烈的造床变形作用。

第三节　弯曲河段观测

一、伟那里弯曲河段观测

伟那里弯曲河段位于伟那里至孙口区间,是不受人工控制的自然河湾段,由两个"S"形河湾和三部分直河段组成,全长 14.7 公里,其中弯道长4.8

公里,过渡段长 1.4 公里。平水河宽 500~1000 米,水深变化一般 3~5 米。

该河段的测验目的主要是为研究黄河下游弯曲河道的特征和水力泥沙变化对河湾的影响,以及探讨河道的水流结构规律及其影响因素,以便为河道整治工程择定稳定弯曲半径及河湾长度提供科学依据。

1957 年 6 月 19 日山东河务局成立吴楼河道观测队,全队职工 40 人,7 月开始测验。1958 年归属黄委会领导,改名为黄委会山东河道观测队。1958 年 11 月停止测验而撤销该队。

测验项目有:断面(包括固定断面、地形断面、大断面)、流量、沙量测验,河势图测绘,河道纵坡降与溪线及水面线测验,河湾查勘,土质钻探等。

1957 年布设地形控制断面 64 个,其中 1、45、64 号 3 个为大断面,1、10、20、33、45、51、64(孙口)7 个为测流取沙断面。断面平均间距为 233 米,弯道段一般为 100~200 米,直段为 300~500 米。每次测验历时约 10 天左右。1958 年调整断面布设,保留 14 个,其中包括 30、39、54、60(孙口)4 个测流取沙断面和 1、8、15、45、50、59、64 等 7 个大断面。平面控制以量距导线测定,以 CR3 为假定起算坐标零点进行推算。高程控制 1957 年以四等水准施测。为提高精度,1958 年进行了精密水准控制测量,从伟那里修防段"黄委会精密水准点"(大沽高程)引测。

二、八里庄弯曲河段观测

八里庄弯曲河段位于山东省济南市泺口镇津浦铁路黄河铁桥下游 4 公里,始于盖家沟险工下首最后一级坝头下游约 200 米,止于济阳县邢家渡护坦工程下游 2 公里处,全长 9.4 公里。

测验河段中有 3 个弯道,弯道长分别为 1760 米、650 米、1050 米。测验河段包括八里庄护坦工程、后张庄险工、付家庄险工及邢家渡护坦工程等 4 段治导工程。此弯曲河段属人工控导的弯曲河段。

该河段测验目的为搜集现有护岸工程和不同弯曲半径的河湾演变资料,寻求有利于航道的弯道形式和弯道尺寸,为进一步验证河道整治规划设计工作提供科学依据。

1959 年 4 月成立位山库区水文实验总站河湾一队,负责此段观测工作,同年 10 月撤销。

测验项目有:断面(包括固定断面、大断面、连续断面)、流量、沙量测验,河底地形测量,河势图测绘,纵坡降与溪线观测,土质钻探及坍岸观测等。

断面布设共 31 个,其中有 11 个固定断面、2 个连续测验断面、4 个大断面、1 个测流取沙断面,其余为地形断面。平均间距 301 米。

平面控制由济南市附近华山及鹊山两三角点引据,采用线形三角锁测算大地坐标。高程以山东河务局沿岸精密水准点(大沽基面)按四等水准引测。

三、土城子弯曲河段观测

土城子弯曲河段位于济阳县城南,上起吴家寨上游约 1000 米,下至北李村下游约 1000 米,包括二个弯道和一个过渡段,全河段长为 9395 米。弯道凹岸有护岸工程。该河段属人工控导河段,测验目的及测验项目与八里庄弯曲河段相同。断面布设共 34 个,其中固定断面 10 个,其余为地形加密断面。另有 2 个连续断面,1 个测流取沙断面,3 个大断面与固定断面结合设立。平均断面间距 285 米,其中弯道段断面间距 200 米左右,直河段为 300 ～500 米。平面控制以 CL1 桩为假定坐标原点,用量距导线测定。高程控制以四等水准测定。

该段测验于 1959 年 4 月开始,同年 10 月停测。

四、王旺庄弯曲河段观测

王旺庄弯曲河段由惠民县大高家至博兴县王旺庄全长 7.8 公里。其中依次包括直河段、过渡段、弯道过渡段和下弯道段。

王旺庄河段经历 1855～1934 年的长期演变后,1957 年形成了以 1934年为基础的稳定弯曲河型。该河段沿北岸(凹)中段有透水柳坝控制,下段有堆石坝控制,基本上属人工或半人工控制的弯曲河道的典型河段。其测验目的就是以此作为固定河槽,选定稳定弯曲半径及河型尺寸收集原型数据。

测验项目有断面测验,流量、沙量测验,河底地形,河势图测绘等。

全河段布设断面 25 个,其中 10 个固定测验断面、4 个大断面、2 个连续断面和一个测流取沙断面,其余为地形加密断面,平均间距为 325 米。

平面控制均以单三角锁及量距导线测定,两岸分别闭合于高级控制点上。高程控制为四等水准,经过河水准闭合于同一高等点上。

测验工作由 1959 年 6 月组建的山东河务局河湾观测队进行,同年 11月撤销该队而停测。

五、资料成果

黄河下游伟那里、八里庄、土城子、王旺庄 4 个弯曲河段的各项测验资料、图表均按照黄委会颁发的《水文实验站(队)资料刊印办法》和《黄河三门峡水库水文实验资料整编方法》结合各队观测资料具体情况进行汇编。于 1961 年 11 月刊印出版《黄河下游弯曲河段水文观测资料(1958～1959 年)》专册。伟那里弯曲河段 1957 年的资料,因不够系统,而未整理刊布。河湾测验情况统计如表 4—22。

表 4—22　　　　　黄河下游河湾观测测次统计表

河段名称	施测时段(年·月)	布设断面数(个)	固定断面	大断面	连续断面	河底地形(次)	水流泥沙	河势图测绘(次)	土质钻探	河相关系
伟那里	1957.7～1958.11	64	14/13	7/1	-	2	4/11	13	5/1	3/18
八里庄	1959.4～1959.10	31	10/20	4/1	2/139	5	1/16	16	8/1	5/18
土城子	1959.4～1959.10	34	10/18	3/1	2/75	4	1/16	17	9/1	2/18
王旺庄	1959.6～1959.11	25	10/11	4/1	2/52	3	1/11	11	/	4/11

注　表中斜线上者为施测断面数(个),下者为测次数(个)。

六、分析研究

位山库区水文实验总站根据 1957～1959 年 4 个弯曲河段的观测资料成果,进行了分析研究,编写了《黄河下游弯曲河道测验成果初步分析报告》。

通过初步分析,提出了几点主要认识:

1. 河湾演变具有"一湾变、湾湾变"的规律,控制弯道变化,必须上下整体考虑。

2. 八里庄、龙王崖在王家湾河湾段河湾形式比较符合整治原则,在流量为 300 立方米每秒情况下,就能通航 500 吨驳船。可以此作为河道整治的典型河段。

3. 河湾过渡段长不宜大于 4 倍河宽,否则流势不稳。

4. 整治工程措施,宜先用柳石工、桩柳工等,待稳定后再建重型工程。

5. 由资料统计分析得河湾弯曲半径经验公式为：

$$R = 160Q^{0.4}/\psi^{0.5}Hm^{0.38\sim0.5}$$

式中：R——弯曲半径(米)； Q——流量(立方米每秒)； ψ——弯曲中心角(弧度)； Hm——弯道内最大水深(米)。

第四节 挟沙能力测验

一、断面布设

为探讨黄河下游河道挟沙能力，研究适合黄河水沙特征的挟沙能力计算公式，黄委会于 1957 年 5 月组建土城子挟沙能力测验队，归属泺口水文总站领导，于 1957 年 7 月～1958 年 8 月开展水流挟沙能力测验。

土城子挟沙能力测验河段位于山东泺口下游 35 公里，测验段长 5 公里。两岸堤距为 1.5～5 公里，中水河宽 500～800 米，深槽居中，水深 3 米左右。

测验段内每 500～800 米设 1 个测验断面，共 11 个，其中第 5、6、7 号 3 个断面为测流、取沙(悬移质、推移质、床沙质)断面，其他断面只测深和取床沙质。每个断面两岸设水尺和断面桩。两岸校核水准点高程根据山东河务局设立的水准基点，按三等水准要求测定。

因各断面间距和水沙变化不大，1958 年仅在 6 号断面测流取沙，并在测验河段上下端的弯道处各布设 1 个断面，在高、低水时与其他断面同时施测。

二、测验要求

第 6 断面为常测断面。每日观测水位、取单沙、施测主流边一线流速、水温，同时观测 4～8 断面水位以计算比降。

1957 年在水流较稳定、河床冲淤变化时，在 5、6、7 断面上用多线、多点法施测流量、含沙量、输沙率、推移质、床沙质各 7～9 个，悬沙、推移质、床沙质均作颗粒分析。同时对 1～4、8～11 断面观测两岸水位，取床沙质作颗粒分析。洪水过程连续施测第 6 断面变化。

1958 年为加强冲淤变化过程测验，对第 6 断面每隔一日施测一次断面和主流线多点法的流速、含沙量,取主流及其两侧的床沙质并作颗粒分析。

各项测验一般均在一天内完成。

三、主要成果

1957 年 12 月和 1958 年 6 月施测河段地形 2 次。

1957 年 7 月~1958 年 8 月全河段挟沙能力测验共进行 19 次,其中1957 年 7 次,1958 年 12 次。连续断面测验共 153 次。按第 6 断面资料成果统计,测验期流量变幅 88.8~3980 立方米每秒,平均流速为 0.45~2.81 米每秒,含沙量为 0.68~50.3 公斤每立方米,水面比降为 0.7‰~1.6‰,悬沙平均沉速为 0.054~0.426 厘米每秒,断面平均水深为 0.59~1.91 米,河面宽为 279~807 米;悬沙中值粒径为 0.0065~0.029 毫米,推移质中值粒径为 0.052~0.082 毫米,床沙质中值粒径为 0.052~0.077 毫米。测验资料成果因机构变更等原因未刊印。

根据实测资料初步分析,1957 年推移质输沙率为悬移质输沙率的0.17‰~1.75‰,1958 年推悬比为 0.6‰~20.4‰,平均为 3.2‰。

用实测资料分别对以下各家挟沙能力公式进行了验证计算和比较,主要有:(1)1957 年黄委会水科所引黄渠系公式;(2)1958 年黄科所河渠公式;(3)费里堪诺夫(M·A·BEJINKAHOB)公式;(4)扎马林(E·A·ЗAMAPNH)公式;(5)沙玉清公式。验算结果,扎马林公式和沙玉清公式的计算与黄河实际较为接近,黄河河渠公式在含沙量大时偏大,引黄渠系公式普遍偏大,含沙量愈大偏大尤多。

第十五章　河口水文实验

黄河口位于渤海湾与莱洲湾之间。河口区包括河口段、三角洲、滨海区三个部分,其范围约介于东经 118°30′～119°15′,北纬 37°40′～38°05′。黄河口属弱潮多沙,摆动频繁的堆积性陆相河口。河口段(含河流河口段、河口近口段)以河流水文为基本特征,无潮流现象,感潮河段很短;滨海区以海洋水文为基本特征,黄河每年的巨量泥沙在滨海区停积,形成"烂泥湾"。河口在历年淤积—延伸—摆动的过程中形成大片土地称三角洲。

建国前曾有中外专家学者对黄河口进行过查勘,但没有开展河口水文观测。建国后,黄委会于 1951 年 7 月在河口段设立前左水位站,1952 年改为前左水文站,1953 年改为前左实验站,除进行入海水沙量测验外,还进行调查与观测海岸淤积、河口延伸、尾闾变迁、潮汐特征、海潮影响等。

中国著名水利专家张含英等及苏联专家对黄河口曾进行查勘。为进一步加强和扩大河口观测研究工作,黄委会水文处 1958 年制订《河口水文测验规划》,提出"以近口河段演变预测研究为中心,河海兼顾,充实观测项目,全面开展,多快好省地为综合开发河口地区的经济资源提供资料"的方针任务。1959 年成立前左河口水文实验站,逐步开展河口河道泥沙及海洋水文泥沙等项观测研究工作。实验工作主要有三部分:第一河流水文观测,包括河口段各水位站和河口入海水沙量的观测;第二河道观测,包括河道断面、河势测绘及床沙质取样分析;第三滨海区观测,包括潮位、海流、泥沙扩散、温盐度及滨海淤积观测等。

1963 年 4 月,黄委会主任王化云视察了河口及前左河口水文实验站,对河口工作提出了三项要求:第一研究河口变化对下游河道的影响;第二计算分析近阶段河口泥沙淤积分布;第三分析使河口稳定的上游来水来沙条件。同年 10 月,由黄委会秘书长陈东明率领有关部门的领导和专家查勘了河口,对于河口水文观测工作指出:"目前的河口观测工作多在河道方面,口门区域及口外浅海区的观测工作尚未全面展开,今后应当加强。"在查勘组的建议下,1964 年在前左河口水文实验站设立浅海观测队,并把黄河下游两艘破冰船调至浅海区进行水文泥沙观测。

1964 年,为适应三门峡水库滞洪排沙运用后的河口新情况及河口区石油生产发展的需要,进一步探讨河口入海流路演变规律、入海泥沙在海洋动力要素作用下的输移与扩散情况及三角洲淤积延伸发展情况等。

1979 年 5 月河口水文测验队由前左迁至一号坝,1982 年 2 月改名为河口水文实验站,1989 年 9 月迁东营市,改建制为黄委会东营水文水资源勘测实验总队,下属有河道勘测队、浅海勘测队。

40 年来的系统观测,积累了大量的河口水文泥沙及滨海特征实验资料成果,并刊印成册,编写了近百篇科研报告。

第一节 入海水沙测验

1952～1955 年,由前左水文(实验)站进行入海水沙量的控制测验,因与其上游 30 公里的利津水文站测验成果差别不大,加之测验条件较差,从 1956 年起由利津水文站作为入海水沙量的控制站。为了更好控制入海水沙量,1960～1962 年利津水文站下迁 50 公里,在罗家屋子设站。后因测验条件差,1963 年又迁回利津。

据利津站历年实测资料统计,流量为 1000 立方米每秒时的相应水位,1951 年 7 月为 10.31 米,1985 年 7 月为 11.38 米;流量为 5000 立方米每秒时的相应水位,1951 年为 12.25 米,1985 年为 13.52 米。1000 和 5000 同流量水位分别升高 1.07 米和 1.27 米,1000 流量的最大升高值达 2.50 米(1955 年 7 月水位 9.80 米至 1984 年 10 月 12.30 米),5000 流量的最大升高值达 2.12 米(1956 年水位 11.90 米至 1975 年 14.02 米)。

据利津水文站的 1950～1989 年系列统计,多年平均径流量和输沙量分别为 394.7 亿立方米和 9.86 亿吨,其中汛期(7～10 月)水沙量分别占年总量的 61.3％和 84.7％。多年平均流量为 1250 立方米每秒,多年平均含沙量为 25.0 公斤每立方米,汛期多年平均流量和含沙量分别为 2280 立方米每秒和 34.5 公斤每立方米。最大流量和含沙量分别为 10400 立方米每秒(1958 年 7 月 25 日)和 222 公斤每立方米(1973 年 9 月 7 日)。入海最大年径流量是 973.1 亿立方米(1964 年),入海最小年径流量,仅有 91.5 亿立方米(1960 年);入海最大年输沙量是 21.0 亿吨(1958 年),年输沙量大于 20 亿吨的年份还有 1964 年为 20.3 亿吨和 1967 年为 20.9 亿吨,年入海最小输沙量是 2.42 亿吨(1960 年)。

70 年代后,黄河水沙偏少,从 1972 年起利津站出现断流,至 1989 年间有 13 年断流共 147 天。1950～1989 年的 40 年中,入海沙量累计达 394.4 亿吨。

第二节　近口段河道测验

一、断面布设

黄河河口入海流路历史上摆动频繁。近期入海流路曾有 1953 年 7 月、1964 年元月、1976 年 5 月 3 次人工改道,为此,断面布设随流路摆动而变。

1957 年对河口区进行三角网布设,在神仙沟南和北沙嘴布设淤积桩。1958 年自前左至神仙沟口布设水道断面 46 个,全段长度为 70.0 公里,其中前左至小沙水位站(14 断面)36.7 公里,断面平均间距为 2.62 公里,小沙以下 33.3 公里,平均断面间距为 1.04 公里。全段平均断面间距为 1.52 公里。

1961 年黄河在四号桩(27 断面)以下改由岔河入海,自当年汛期起停测四号桩以下断面,在岔河布设大断面 6 个。

1964 年元月 1 日因防凌需要在罗家屋子人工破堤,河道向北改走钓口河,河口段河道断面测验上延至利津。1964～1966 年在利津至罗 10 断面布设大断面 20 个,河段长 79.89 公里。1968 年 6 月增设罗 11、罗 12 两个断面,距利津 91.35 公里。

1971 年以后从 7 断面以下,因入海河道多次发生较大摆动改道,断面布设变化较大。1971 年停测罗 8、罗 9 断面,增设罗 13(罗 12 下游 6.0 公里)及右股河道的罗 14 断面。1974 年停测罗 12、罗 13,在右股河道又增设罗 15、罗 16 及左股河道设罗 17 断面。

1976 年 5 月,在西河口进行人工改道,河走清水沟入海,除实测原有的断面外,又在清水沟布设清 1、清 2、清 3 三个断面。8 月以后停测钓口河 7—1～罗 11 及罗 17 共 11 个断面。

1977 年 4 月增设清 4,1979 年 5 月增设清 5(因流路摆动 1980 年停测),1980 年增设清 6,1982 年增设清 7,距利津为 82.95 公里。至 1987 年,利津至清 7,共实测大断面 14 个(不含利津)。平均断面间距 5.93 公里。

二、平面和高程控制

断面的平面控制为 1954 年北京坐标系。

1957、1958 年所设 46 个断面位置用罗盘仪导线测定,未作平面控制测量。1960、1961 年所设小沙至河口及岔河共 39 个断面平面位置于 1961 年 5 月用小三角锁法测定。1963 年 4 月又测定了罗家屋子(10)至小沙村(13)四个断面的平面坐标。

1964 年 4 月~1966 年 6 月采用交会法或导线法与国家大地点及军控点连测了利津至罗 10 等断面的位置。至 1976 年前所设断面均按上述方法测定平面位置。

1976 年黄河入海流路改道,西河口以下新河道断面的平面控制,采用山东河务局测量队 1977 年春施测河口段地形图所作的平面控制成果。

断面高程控制,为大沽基面高程系。

利津(三)水文站以下老断面的大沽基面高程,采用大堤公里桩四等水准引测的高程,朱家屋子以下断面,系采用黄海基面高程加 1.484 米得大沽基面高程。

1963 年以前各断面之校核水准点采用木桩,1964 年以后采用钢管混凝土桩、混凝土桩、钢管桩或木桩等型式。因河口河势多变,滩地沉降,故水准点变动频繁,每年都须作沿河主线水准测量。1956~1963 年进行主线水准测量 9 次,其中黄委会勘测设计院测 1 次(四等水准),山东河务局测 2 次(三等水准),前左河口水文实验站测 6 次(四等水准)。

1964~1970 年测区内各水准点均以山东河务局沿黄所设鲁黄 I、鲁黄 II 两个二等水准干线作为高程控制系统,由前左河口水文实验站用三等水准进行主线水准校测 6 次。

1976 年河口改道后,西河口以下新河高程控制:左岸为 III 北支——A,南岸为 III 防支——B。此二线均为山东河务局 1976 年春测定的三等水准成果,每年的水准校测工作都与该二线附近的引据点进行连测。

三、河道断面测验

(一)断面测验

前左(1)至 46 断面:

1958年6月为黄河口河道断面首次测验,自前左(1)断面测至43断面。1959年下延测至46断面,至1959年6月共测5次,计210个断面次。

小沙至岔河河段:由于小沙水位站(14断面)以上河段不受潮汐影响,自1959年10月起,将断面测验河段缩短为小沙水位站至神仙沟河门(46断面),至1963年第1次(3月)共测19次,计157个断面次。

利津至岔河河段:为满足1964年河口破堤改道需要,测验河段上延至利津水文站,自1963年第2次(5月)~1964年第6次(10月),施测利津~25(四号桩以上)岔河7断面。共12次,计177断面次。

利津至罗17河段:1964年改道后,从1964年第7次(10月)起,至1975年汛后共测35次,计636个断面次。

利津至清水沟河段:1976年进行人工改道,对原设断面施测利津至7断面,自7断面以下,沿清水沟延伸施测各断面。至1985年汛后共测24次,计307个断面次。

测次安排,每年在汛前、汛中、汛后施测3次。此外,根据水沙情况加测。同时在部分断面内取床沙质及滩地淤积土进行颗粒分析,水道断面每次在2~3天内测完,断面测量后立即组织河口入海形势查勘。自1958年6月~1985年10月,河口段共进行断面测验95次。

(二)连续断面测验

1957~1960年在27号(四号桩)断面进行连续断面测验,一般每隔5~10天测1次,4年共测166次。

(三)纵断面测验

河道横断面测验后或测验中期,在各个断面上进行1次瞬时(同时)水面(位)观测,与各断面的豁点高程整理成"纵断面实测成果表"。从1958~1970年共测46次,占同期横断面总测次56次的82%。

(四)河势测绘

每次断面测验同时施测河势图,主要以经纬仪导线施测,个别困难地方,用目测勾绘。1982年,应用304—1型无线电定位仪施测渔洼以下河段,历年河势变化均套绘成图随《下游河道实测资料》专册刊印。

四、水位观测及水沙因子测验

(一)水位观测

近口段河道水位站有:

一号坝水位站,1958年2月由前左实验站上迁至此,上距利津站26.54公里。罗家屋子(10断面)水位站,1953年设立,1965年改设为专用水文站一年,距利津站50.8公里,距河口52.8公里。小沙水位站,1956年设立,距利津站67.52公里。1963年改为水文站,1964年撤迁于同兴设立水文站,同年12月停测。岔一水位站,1961年设立,1963年撤销,距利津站81.78公里。钓口观潮水位站,1954年在钓口渔堡设立,1960年撤销。钓口(罗6—1断面)水位站,1966年7月1日在罗6—1断面设立汛期水位站,距河口34.8公里,距利津站68.84公里。西河口水位站,1976年5月设立,距利津站63公里。十八公里水位站,1976年8月设立,距利津站76公里。

各资料成果均在水文资料年鉴刊布。

(二)沿程水沙测验

为取得入海水沙沿程变化资料,在各断面主流线上进行垂线流速、含沙量积点法(5～6点)测验,并作泥沙颗粒分析。1958年6月13日～17日在1～43断面,1958年12月23日～28日在6～44断面,1959年3月24日～26日在4～44断面上进行了3次测验。

此外,1957年6月26日16:00～27日16:00在河口出口处,逐时进行了一次潮水位、流速、含沙量(3点法)连续测验并作泥沙颗粒分析。

(三)水沙因子测验

为取得入海附近的水沙在断面上的变化资料,1959年5、6、10月进行河道断面测验时,进行了3次水沙因子测验。第一次在7、10、14、21、27、36、42、43等8个断面施测,第二次减少43断面,第三次仅在42断面进行,共施测16个断面次。

为观测感潮河段潮汐对径流的影响,于1959年10月12日16:00～13日16:00在42断面逐时进行水沙因子测验25次。

1961年6～7月在断面26补、岔1(或岔2)施测水沙因子4次计8个断面次。

1963年5～12月在14断面(小沙水位站)进行了61次水沙因子测验。

水沙因子资料成果在1972年黄委会出版的《黄河河口水文实验资料(河道部分)》专册刊印。

此外,1955年在神仙沟,四号桩(27断面)进行水位、断面、单沙连续观测,1961年改为河床站。

五、河口区地形测量

1936年国民政府黄委会委托海道测量局施测海口图,自小清河羊角沟向北至徒骇河口,外缘至入海水深大于10米外,共计测图5180平方公里。

1933～1937年国民政府黄委会在实测下游河道的同时施测河口地区徒骇河河道图约10000平方公里。

1950年山东河务局与山东农学院水利系实习生共92人施测了河口区比例尺为1：10000地形图580平方公里,并施测了主流神仙沟、汊流甜水沟和宋春荣沟的河道流量。

1973～1974年黄委会施测河口区比例尺为1：10000图936平方公里。

1960、1961、1962、1963、1965、1972、1977、1983年进行了航空常规摄影测量8次,比例尺有1：48000、1：75000、1：100000。航测范围大多数测次包括河流段、三角洲、潮间带。

第三节　滨海区测验

一、概况

黄河口滨海区北起渤海湾东部的套尔河口以东,南至莱洲湾西部的小清河口以北,岸线长约180公里。河口三角洲沿海附近主要为淤泥质海岸,沿岸有若干黄河故道遗留的潮水沟和小河流。自套尔河由北向南有:沾化沟、湾湾沟、车子沟、草桥沟、挑河、钓口(1964年黄河口)、神仙沟(四号桩、五号桩)、清水沟、甜水沟、宋春荣沟、溢洪沟、广利河、广蒲河、淄脉河、西老河、小清河等。历年黄河的巨量泥沙在河口两侧的滨海内淤积,形成浮泥区,渔民惯称"烂泥湾"。

1959～1960年曾进行若干次海况勘测,为加强滨海区水沙测验,1964年4月前左河口水文实验站设浅海测验队,负责滨海区测验。主要测验项目有:潮位、海流、海底质、温盐度、水深图(滨海地形)测量等。

滨海区平面控制按五等三角测量与国家控制网点或军控点连测,采用1954年北京坐标系。

高程控制,在比较稳定的湾湾沟口、神仙沟口、清水沟口埋设固定水准点,以四等水准自黄河的鲁黄二等水准干线连测。高程基面为大沽,1965 年以后的地形图采用黄海基面,高程换算时加 1.484 米。

各项测验技术要求主要按部颁《水文测站暂行规范》、黄委会《河道观测技术规定》及国家海洋局《海洋调查规范》、中国人民解放军海军司令部《海道测量规范》等进行。

1959～1970 年滨海资料成果在 1972 年黄委会出版的《河口水文实验资料》以"滨海部分"专册刊印,其余尚未刊布。

二、滨海区地形测量

为了解和研究河口三角洲前坡形态与发育情况,估算入海泥沙堆积量及泥沙组成,1959 年在滨海区以大致垂直海岸方向施测 7 个断面的一次水深图。1960 年施测滨海水深图一次,测深定位,根据海岸三标用六分仪,双角交会,用三杆分度仪点绘,施测面积近 300 平方公里。

1961～1963 年滨海测验暂停。

1964 年为加强滨海基本控制和断面布设,在河口以东建造 3 座木质三角高标,测区东西各设潮位计一座,配合原有控制标志,基本形成测区的平面控制网。以钓口为中心,北至挑河口附近,南至神仙沟口,沿海每隔 2 公里左右大体垂直海岸布设 1 个断面,外缘测至水深 15 米为限的一次水深图。

1966 年扩测一次水深图范围为套尔河至神仙沟。

1964～1968 年各次地形图,用三标两角法定位,远处看不见标时,用航速航向粗略定位,测深采用长江 56 型及 LAZ17—CT 型回声测深仪。

1968 年 5 月～8 月施测滨海区水深图,扩测范围洼拉沟至小清河,每条航线间距为 2 公里左右。测深采用 LAZ17—CT 型及测深—3 型回声仪。在交通部上海航道局提供仪器并派 10 余人无偿支援下,首次试用英制"哈菲克斯"无线电坐标仪定位。此后至 1972 年,仍用"三标两角"法交会施测。

1973 年 8 月使用燃料化工部六四一厂调拨的 CWCH—10D 型无线电定位仪(其定位精度为 ±70 米),完成测线总长为 1600 公里的水下地形测量。从此,定位仪和测深仪作为常规仪器在滨海区应用,提高了水下地形测验资料质量。该次水下地形测验范围为湾湾沟口至小清河口,布设固定测深断面 36 个,断面间距为 4000～6300 米

1980 年,施测湾湾沟到小清河口时,在常测的固定断面 1～8(渤海湾测

区)和 13～36(莱洲湾测区)的各断面间,每间隔 1 公里加密断面共 30 个,断面布设如图 4—4。

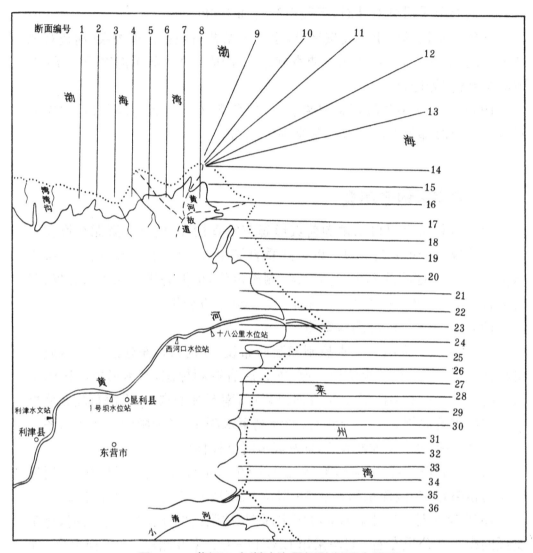

图 4—4　黄河三角洲滨海区测验断面布设图

为提高测验精度,1982 年 6 月购置第六机械工业部天津生产的 304—1 型高精度无线电定位仪。三个固定岸台分别设在羊口、富国、大原。1983 年 7 月正式投产,作用距离 100 海里(180 公里),最大误差±10 米,60 海里内最大误差±5 米。1989 年 10 月引进美国德尔诺特技术公司 UHF—547 型微波定位仪(三应答器),岸台可机动,测程为 120 公里,精度为±1 米。

1987 年启用上海中华造船厂造的浅海专业测船,长 43.15 米,600 马力,吃水深 2.5 米,总吨位 380 吨,投资 160 多万元。

1960 年 4 月、8 月和 1964 年 10 月～1966 年 10 月在口门附近先后施测 1：25000～1：100000 的水深图 8 次。1968～1976 年共施测 1：100000 水深图 7 次（1967、1975 年未测）。1977～1987 年继续施测 1：100000 水深图。

三、潮位观测

滨海区的潮位观测主要在滨海区配合断面测深或河口区航空摄影测量时进行，布设 1～2 个潮位站，以便计算海底高程，并为分析海岸淤积延伸蚀退情况及潮汐预报提供依据。潮位站一般在潮水沟口或海岸用木架安设周记或月记式自记水位计，或设木桩水尺观读。

1960 年 11 月在钓口外和岔河口设潮位站 2 处；1964 年设立嘴西计和钓西 2 处；1965 年设嘴西计（二）和车沟北 2 处；1966 年设湾湾沟堡 1 处，距口门约 8 公里；1968 年设甜水沟口、神仙沟口、黄河口东、黄河口西和湾湾沟口 6 处。各年观测时间一般安排在 5～11 月。

1960～1966 年潮位为大沽高程基面，1968 年以后为黄海高程基面。

1971～1974 年每年设潮位站 4～6 处，1977～1980 年每年设潮位站 1 处。

1982 年利用胜利油田在浅海遗留的勘探平台管柱安置月记水位计，设立 8201 验潮站一处，取得了 15～30 天以上的连续资料，1985 年 4 月、5 月该管柱被渔船碰倒而停测。1983、1984 年潮位分别为 3 处和 8 处。

四、海流观测

滨海区的海流由周期性的潮流和余流组成。1959、1960、1964 年在浅海区内大体均匀布设测站，进行周日连续观测。1965 年在钓口河口外布设由三个断面组成的封闭断面，每个断面设 2～3 处进行周日同步观测。1966 年在套尔河口、湾湾沟口、钓口、神仙沟口及甜水沟口等口外布设垂直海岸的断面，每断面布置 3 处进行周日连续观测。

进行海流测验的项目有：海流流速和流向、水温、气温、风向、风速及含氯度。

1980 年后由河口水文实验站设计的密封式浮艇悬挂印刷式海流计，锚定艇位，进行 10～30 天的连续海流测验，取得了少有的连续同步资料。

海流测站历年布设情况是：1959 年 8 处、1960 年 5 处、1964 年 4 处、

1965年10处、1966年15处,1980年后继续测验。

　　1984年8月、11月两次与国家海洋局北海分局、山东省水产所协作,由济南水文总站完成的有4处8个站次的海流水文要素观测,共测得流速流向数据459个、沙样155个。

五、温、盐度测验

　　为了解滨海区温、盐度的分布与变化情况,1965年7、8月在渤海湾区进行了3次水温及含氯度的平面分布观测,测区范围为东经118°54′06″～118°27′48″,北纬38°13′42″～38°04′54″,分别布设90、67、57个站位(垂线),每个站位沿水深在表层测水温和在水面下(0.1米处)、中(半深处)、底(据水深大小,在底上0.1米或、0.5米处)三层取样测定含氯度及水温。

六、海底质及淤泥容重测验

(一)海底质

　　1965、1966年及1978年在滨海区进行了3次较大范围的海底质取样调查。

　　1965年8月12日～18日在渤海湾海区布设取样断面16个,每个断面取6～12个底质样品共计110个;8月19日～24日在莱洲湾海区布设取样断面5个,每个断面取样5～9个共计37个。

　　1966年8月4日～28日在渤海湾海区布设取样断面17个,每个断面取样11～14个,共计219个;8月3日～28日,在莱洲湾海区布设取样断面9个,每个断面取样11～14个,共计115个。

　　1965、1966年的底质取样定位方法较粗,以海岸或地物标志定向,航速定位,1978年用无线电定位仪定位,使用蚌式或锚管式取样器。同时测水温、含氯度。

(二)淤泥容重测验

　　1965年8月12～20日在东经118°55′24″～118°30′18″,北纬38°13′06″～38°04′12″的浅海测区的1、3、5、7、9、11、13、15、17、19等10个测深断面上用六分仪"三标两角"法定位,每个断面布设2～9条垂线,共测35条。每条垂线分布1～6个测点,使用黄科所研制的r－r晶体管辐射量度计,用两台仪器同时记录,探头入底深度为0.4～8.3米,共施测126个点次,并绘制淤泥容重分布图。泥面下 0.5 米以内的容重变化一般为 0.6~1.3 克每立方厘米,个别位置可达 1.57 克每立方厘米。

七、拦门沙同步水沙测验

根据国家关于山东省海岸带和海涂资源联合调查课题三——利津黄河口拦门沙区的同步水文泥沙因子观测的任务要求,在山东省科委、省海岸办支持下,济南水文总站于 1984 年 5 月 15 日和 7 月 28~29 日,组织了两次测验,历时分别为 72 和 31 小时的河口拦门沙多站全潮同步水文泥沙测验。自清 3 断面(近口段)至口外滨海区共布设 9 个站(垂线)点,其中近口段河道 2 处,拦门沙坎横向分布 3 处,口门附近 2 处,口外海区 2 处。观测项目有:潮水位、水深、流速、流向、含沙量、含盐度、底质及泥沙颗分、风向、风力、水温、气温等。各垂线均以多点法施测,共取得流速、流向数据 3820 个,悬移质水样 2230 个,床沙(海底)质 240 个,含盐度水样 1770 个。为研究黄河河口沉积动力过程和拦门沙坎的形成与演变,首次收集到规模较大且系统而全面的资料。

此两次参加野外测验人员达 240 多人次,调用 24 条测船次,使用无线电定位(2 个船台、3 个岸台)和无线电通话联络设备,为今后同类测验提供了经验。

1986、1987、1989 年又进行了三次河口拦门沙多站全潮同步水文泥沙测验。其中 1989 年 8 月 26~27 日在清 10 断面以下至口外海区水深达 11 米(约 15 公里)范围内,按站距 2 公里,布设 8 个观测站(河口内 6 个,口外 2 个)取得各项测验数据 2890 个,各项分析数据 4275 个。

第四节　河口水沙研究

一、概况

建国前曾有中外专家学者对黄河口进行过查勘调研和著文论述河口情况及治理问题。由于缺乏观测资料,议论概念多,具体资料少,难以进行系统深入的分析研究。

自 1958 年正式开展河口河道及浅海观测以后,有关单位根据实测资料陆续开展分析研究。1964年前主要是一般情况分析,1964年后对河口研究的内容日趋广泛深入,分析研究的单位有黄委会的黄科所、设计院、水文处、济南水文总站、前左河口水文实验站、山东河务局、惠民修防处、河口规划队等,其他有北京水科院河渠研究所、南京大学地理系、清华大学水利系、山东省水利厅等。

"六五"期间国家重点研究项目第22项"根治黄河研究"中的第3项中有:"河口演变规律和对下游河道影响的研究"、"河口海洋水文的观测研究"和"河口综合治理的研究"三项。在全国海洋基础学科规划落实会议上确定的1978～1985年海洋学分支学科规划研究项目中的河口学研究课题有:河口泥沙运动特性、拦门沙形成与演变、水下三角洲形成及资源卫星应用等9项内容。

1979年黄委会科技办等部门组成调研组赴中科院等13个单位了解国内河口海洋研究动态,并提出了《黄河河口观测研究现状及今后工作意见》。1980年9月下旬黄委会主持在济南召开了"黄河河口观测研究规划座谈会",编制了《1981～1990年黄河河口观测研究规划》,因措施未落实,《规划》基本上未能实现。

根据1984年3月在烟台召开的"山东省海岸带和海涂资源综合调查工作及技术指导组会议"精神,济南水文总站承担了黄河口区海岸带和三角洲资源综合调查计划中课题三:现代河口沉积动力过程及拦门沙形成和演变的调查研究;课题五:黄河口区水文要素基本特征的调查研究及课题六:黄河口区风暴潮及其影响与预防对策的调查研究中的部分任务。

黄河河口问题的研究,直接关系到黄河下游治理及河口三角洲地区经济开发。仅以水文泥沙观测资料为依据进行分析研究而编写的成果报告,据不完全统计,至1987年,有关黄河河口流路演变规律,河口淤积延伸与改道对下游河道的影响,滨海区动力特性及河口治理措施等方面的科研论文近100篇。其中由水文部门撰写的主要有:《黄河口基本情况和基本规律》(谢鉴衡、庞家珍等,1965年9月);《黄河河口演变》(庞家珍、司书亨,1980年10月在《海洋与湖沼》杂志上发表,获山东省科协自然科学三等奖);《黄河口清水沟行水年限及流路安排》(庞家珍、余力民、司书亨,1984年获山东省科协第一届优秀成果二等奖);《黄河三角洲海区的水深变化及深水港址选位设想》(司书亨、张广泉,1989年获山东省科协第二届优秀成果三等奖)等。

二、流路变迁

黄河自 1855 年夺大清河道入渤海的 130 多年间,因人为或自然因素的作用,在近代三角洲范围(5400 平方公里)内决口、分叉或改道,据历史文献记载和调查的不完全统计,决口改道达 50 余次,其中较大的改道有 10 次。自开展河口水文泥沙实验研究后,河口流路有三次人工改道变迁发展过程。

一是神仙沟流路。1953 年 7 月在小口子附近开挖新河连通神仙沟和甜水沟,行水 7 年后,河口向外延伸 18 公里。1961 年主流走老神仙沟,行水 4 年,河口延伸 14 公里。

二是钓口河流路。1964 年 1 月 1 日因冰凌壅塞在罗家屋子,人工破堤改道走钓口河向北入海。1965 年形成多股河身,1966 年归并东股,河口平均延伸 8 公里,最长 13 公里。1967 年大水造床形成单一顺直河槽,溯源冲刷,水位下降。因沙嘴继续延伸,河道伸长,向弯曲发展,溯源冲刷转为溯源堆积。至 1972 年汛前,沙嘴已突出两侧平均岸线约 19 公里,两侧滩地淤高 1~2 米。此后河道多次出汊摆动,河势十分散乱,入海口门极不稳定,溯源堆积继续发展,泄洪排沙能力大幅度下降,被迫实施人工改道,结束了钓口河流路一个典型完整的流路演变的小循环过程。

三是清水沟流路。1976 年 5 月 20 日在西河口改道走清水沟自然河道。主流走南股向东入海。改道初期,河道游荡,水流宽浅散乱,沙洲棋布。1977、1978 年较为归股成槽,1979 年清 4 断面以下由北向南摆动 23 公里,1980 年汛后向左摆动 8 公里,1981 年河道顺直滩岸高出水面 1.3 米左右,口门畅通,河道挟沙能力加强,延伸速率加快。

黄河口历年流路变迁情况,如图 4—5。各流路的来水来沙(利津站)情况对比如表 4—23。1976 年以后的水沙明显减少,有利于减缓河口的淤积延伸和流路的相对稳定。

表 4—23　　黄河口流路的来水来沙(利津站)情况对比表

项　　目	神仙沟 1953~1963 年	钓口河 1964~1975 年	清水沟 1976~1982 年
年平均水量(亿立方米)	459.13	431.73	294.0
年平均沙量(亿吨)	11.86	11.16	8.0
平均流量(立方米每秒)	1455.9	1369.0	932.3

续表 4—23

项　　目	神仙沟 1953～1963 年	钓口河 1964～1975 年	清水沟 1976～1982 年
平均含沙量(公斤每立方米)	25.8	25.8	27.21
汛期水量占年(%)	62.4	57.6	69.3
汛期沙量占年(%)	84.9	80.7	93.1
各年最大流量平均(立方米每秒)	6547	5462	5230
各年最大含沙量平均(公斤每立方米)	90.6	102	103

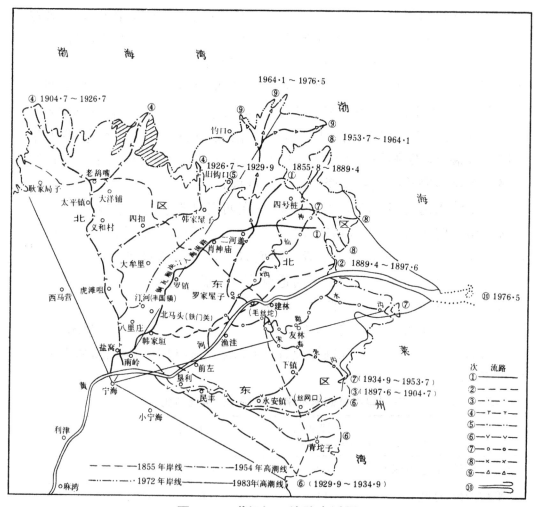

图 4—5　黄河河口流路变迁图

三、海域动力特征

黄河口滨海区海洋动力特征主要表现在潮汐、潮流、余流和风浪及其对泥沙的输移作用。

黄河口滨海区的潮汐受渤海海峡以外的潮波振动的控制,经海峡传至该海区。由于海域是半封闭的,受地球偏转力和海底摩擦的影响,产生旋转驻立波振动,该海区的潮汐性质就是受这个驻立波振动决定的。三角洲大部分岸段为不正规半日潮,仅神仙沟口附近岸段为不正规日潮型。三角洲沿岸每日出现高(低)潮的顺序是:北部岸段先西后东,再至东部岸段由北而南。甜水沟口较湾湾沟口出现高潮的时刻推迟近 6 个小时。潮差以神仙沟口附近岸段最小,平均潮差 0.6 米,由此沿三角洲北部及三角洲东部岸线向西、向南,潮差逐渐增大,徒骇河口、小清河的潮差都在 1.6~2.0 米。

三角洲近海区的潮流分布是不均衡的。渤海湾属正规半日型潮流,莱州湾为不正规半日型潮流。每天两次涨流,两次落流。其在神仙沟口外东北海域存在一个与潮波节点位置相对应的强流区。该区最小潮差为 0.82 米,最大潮差为 1.77 米。流速等值线以舌状伸向渤海湾。最大流速达 1.2 米每秒以上。从渤海的湾口向湾顶递减,到达湾顶处最大流速仅 0.6 米每秒。三角洲北部海区的神仙沟口至钓口河岸段海域,潮流旋转椭圆率很小,具有往复流的性质,旋转方向为反时针,最大涨潮流速指向东稍偏南。钓口以西海域,潮流流速值逐渐减小,涨落潮流流向基本上与海岸平行。神仙沟以南的三角洲东部海域潮流流速值较钓口以西为弱,最大涨潮流向指向南,落潮流向指向北,旋转方向为顺时针。

在实测海流中,除了潮流以外,还有因风、海水密度差、地球偏转力等引起的流动。从实测海流中将周期性的潮流消除掉以后所剩的流动,即为余流或常流,余流是海水搬运泥沙的重要动力。黄河口滨海区的余流主要是风吹流,表层余流方向基本与季风方向一致,在偏南风作用下,由莱洲湾口向西偏北经神仙沟口外再流向渤海湾的湾顶。在偏北风情况下,表层余流由西北流向东南。而底层余流则无论在偏南或偏北风情况下,均由莱洲湾口沿 15 米等深线经神仙沟口外继续沿等深线向西或西北方向的渤海湾湾顶流动。在垂直方向,由于风吹应力随水深增加而减小,余流强度以表层 5 米层较强,底层较弱。底层水流受海底摩擦阻力的影响。三角洲滨海区余流流速为 0.03~0.16 米每秒,在一段时间内流向不变,对黄河入海的水沙能持续地单向输送。

风浪是搬移浅海区泥沙最活跃的因素。一方面可以扰动浅滩泥沙,增大海流的挟沙能力,另一方面它在浅海区产生裂流,对粉砂可直接起到搬移作用。有时一场大风过程,能改变河口的出口方向,还可使一片淤泥归于消亡。

四、河口风暴潮

黄河口三角洲沿海的风暴潮,在持续历时长的偏北大风下,能在三角洲沿岸造成特大增水。风暴潮多发生的春初及秋末,风力达 8～10 级,由此引起的高潮位可比一般高潮位高出 2～3 米,潮水侵蚀范围达 15～30 公里。

五、岸线推进与造陆

黄河河口以"淤积—延伸—摆动—改道"的循环演变为特征。自 1855～1985 年的 131 年间行水 95 年中,海岸线向前推进共 28.5 公里,共延伸造陆 2620 平方公里。年均推进速率为 0.30 公里,年均造陆速率为 27.6 平方公里,其中 1947 年以前 57 年推进 13.3 公里,造陆 400 平方公里,年均推进 0.23 公里,年均造陆 7.0 平方公里;1947 年以后 38 年推进共 15.2 公里,造陆 2220 平方公里,年均推进 0.40 公里,年均造陆 58.4 平方公里。由于海洋动力因素作用,部分海岸产生蚀退现象,1947～1985 年(39 年)共蚀退面积 330 平方公里。

六、泥沙淤积分布

进入河口区的泥沙,一部分在三角洲前坡延伸造陆,一部分在海洋动力作用下输入外海,还有一部分则淤积在近口段河道和三角洲面上。表 4—24 反映了不同流路入海与在各时段的泥沙分布情况,年际间的差异与来水来沙,前期淤积,海洋动力等因素有关。从 1958 年 10 月～1986 年 10 月统计的情况看,总来沙量为 265.56 亿吨,其中 24.11% 淤积在大沽零米线以上的近口段河道和三角洲面上;46.9% 淤积在滨海区,形成河口三角洲前坡延伸造陆;29% 在海洋动力作用下输往外海。根据钓口河流路泥沙分析,70% 的粗沙分布在陆上和沙嘴顶部,输送到前坡角以外仅占 7.5%;72% 的细沙淤在沙嘴前沿以外,愈往外海愈细。

表 4—24　　　　　黄河河口三角洲泥沙输移分布表

流路	时段(年·月)	利津来沙量（亿吨）	陆上		滨海		输往外海	
			淤积（亿吨）	占来量（%）	淤积（亿吨）	占来量（%）	输出（亿吨）	占来量（%）
神仙沟	1958.10～1960.10	19.62	0.70	3.6	8.92	45.5	10.00	50.9
	1960.11～1963.12	26.50	0.42	1.6	26.08	98.4	0	0
	1958.10～1963.12	46.12	1.12	2.4	35.00	75.9	10.00	21.7
钓口河	1964.1～1968.7	64.57	21.30	33.0	23.49	36.4	19.78	30.6
	1968.8～1970.9	24.74	3.68	14.9	11.71	47.3	9.35	37.8
	1970.10～1971.9	6.85	0.82	12.0	2.48	36.2	3.55	51.8
	1971.10～1973.9	17.08	1.72	10.1	7.43	43.5	7.93	46.4
	1973.10～1976.7	22.0	1.70	7.7	14.5	15.9	5.80	26.4
	(1964.1～1976.7)	135.24	29.22	21.6	59.61	44.1	46.41	34.3
清水沟	1976.8～1976.10	8.13	3.17	39	4.72	5.8	0.24	3
	1976.11～1977.9	9.29	2.30	25	3.13	34	3.86	41
	1977.10～1978.10	10.31	4.05	39	5.87	57	0.39	4
	1978.11～1979.10	7.47	2.07	28	2.00	27	3.40	45
	(1976.8～1986.10)	84.20	33.68	40.0	29.81	35.4	20.71	24.6
总计	(1958.10～1986.10)	265.6	4.02	24.11	124.42	46.85	77.12	29.04

七、对下游河道的影响

由于河口淤积延伸和摆动改道改变了河流侵蚀基面的高程,在引起河流纵剖面的调整过程中,对黄河下游河道冲淤产生影响,淤积延伸产生溯源堆积,摆动改道产生溯源冲刷,二者交替进行。这种影响通过实测资料分析表明主要在泺口以下河段。河口冲淤对下游河道的影响,如表 4—25。

表 4—25　　　　　　黄河河口冲淤变化对下游河道的影响表

时　间	冲淤类别	影响上界	影响长度（公里）	3000 立方米每秒流量时水位升降（米）	备注
1953～1955 年	溯源冲刷	泺口	208	—1.7（前左）	前左在改道点上游 12.5 公里
1955～1961 年	溯源堆积	刘家园	200		
1961 年汛前至汛后	溯源冲刷	一号坝	52	—0.65（小沙）	小沙在改道点上游 13 公里
1961 年汛后至 1963 年	溯源堆积	一号坝	74	＋0.95（罗家屋子）	罗家屋子距口门约 48 公里
1963～1964 年	溯源堆积	宫家至道旭之间	100	＋0.35（罗家屋子）	罗家屋子即改道点，距口门约 36 公里
1976 年 7～9 月	溯源冲刷	刘家园	94	—1.1（一号坝）	
1976 年 9 月～1978 年 10 月	溯源堆积	刘家园	215	＋0.98（一号坝）	口门向外延伸 16 公里
1978 年 10 月～11 月	溯源冲刷	张肖堂	95	—0.43（十八公里）	河口摆动两次
1978 年 11 月～1979 年 8 月	溯源堆积	刘家园	222	＋0.48（十八公里）	口门向外延伸 7 公里
1979 年 9 月～10 月	溯源冲刷	清河镇	123	—0.31（十八公里）	河口由北向东南摆动 23 公里，在大稳流海堡正东入海

八、遥感技术在研究河口三角洲中的应用

黄委会济南水文总站 1978 年开展遥感技术实验工作，1980 年 6 月 15 日到 7 月 9 日总站与北京大学遥感影响信息研究小组协作，由济南军区空军配合，用直—5 型直升飞机，在黄河口区进行航空目测地面地物光谱测

试,温度分布测试,放停取样,空中摄影等 5 个项目,共飞行 6 架次,取水样 90 个,进行水质、含沙量及颗粒分析。对东营、孤岛、军马总场的各种地物,包括原油、盐碱地、黄水、草地等 16 种地物进行了测试,取得光谱曲线 25 条。陆地部分测试情况良好,为卫星像片分析积累了光谱资料。

总站利用黄河口地区 1975 年 5 月 21 日,1976 年 6 月 2 日、8 月 31 日及 1978 年 5 月 14 日的 MSS4、MSS5、MSS6、MSS7 四个波段的陆地卫星像片(正片)及 1976 年 8 月 31 日的假彩色合成卫星像片,对黄河口海岸线的近期变化和滨海泥沙扩散进行了分析。

由卫星像片分析可知 1975 年 5 月 21 日黄河北行注入渤海湾;1976 年 6 月 2 日则东行注入莱洲湾,流程缩短 27 公里,这一明显变迁是 1976 年 5 月 27 日人工截流改道所致,改道初期无明显主流。从同年 8 月 31 日卫星像片可以看出洪水漫流在数十公里的大堤之间,仅三个月河道延伸了 7 公里多。到 1978 年 5 月 14 日,入海口门又南移,较改道时延伸了 11 公里。通过岸线对比分析,得到相应时期的河口三角洲淤进蚀退面积情况如表 4—26。

表 4—26　　　　　黄河河口三角洲面积变化统计表

时段(年.月.日)	利津站输沙量(亿吨)	三角洲淤进面积(平方公里)	蚀退面积(平方公里)	净增面积(平方公里)	增长速度(平方公里/年)
1959.1.1～1978.5.14	195.5	934	233	701	35.1
1975.5.21～1976.6.2	12.4	151	48	103	103
1976.6.2～1976.8.31	3.61	130	92	38	
1976.6.2～1978.5.14	17.9	270	82	188	94

1982～1984 年总站又参加了山东省科委委托山东大学牵头,十几个单位参加的海岸带资源调查遥感技术应用协作组。根据实验资料总站提出论文 8 篇,并派赵树廷携带论文分别在第二次亚洲遥感会议和全国遥感学术讨论会上交流,其中两篇获山东省科协优秀论文奖。

第十六章 径流、水面蒸发、冰凌实验

50 年代,黄委会先后在陕西子洲、山西垣曲设立径流实验站和径流站。在河南三门峡、内蒙古三盛公(巴彦高勒),甘肃上诠设立大型水面蒸发实验站。山西、河南、甘肃、青海等省分别在太原、宜阳、尧甸、吉家堡也设立径流实验站。并自黄河干流上游刘家峡至下游利津陆续开展冰凌观测研究工作。

第一节 径流实验

一、子洲径流实验站

(一)概况

1958 年 1 月北京水科院水文研究所拟定了《全国径流实验站网规划草案》。根据"草案"部署,1958 年 5 月黄委会组织水文处、水土保持处、水科所以及北京大学地理系、中科院地理研究所、西北土壤研究所、武功土壤及水保研究所等 20 多个协作单位,对无定河流域的水系结构、地质、地貌、土壤、植被、侵蚀动态、水文地质、水利水保措施现状、历史洪水、社会经济状况等 11 个项目进行查勘研究。1958 年 7 月查勘结束,8 月 4 日水文处以[1958]水计字第 590 号文向水电部水文局呈报《大理河——子洲径流实验站查勘规划报告》,并建立子洲径流实验站,职工 60 余人。10 月底实验站点基本建成,并陆续开展部分项目的观测,1959 年正式开展全面观测。1970 年黄委会革委会以黄生字[1970]第 14 号文批准子洲径流实验站的撤站报告,于同年 6 月正式撤销。

该站主要任务是:研究各工程措施和生物措施条件下的产流、汇流及径流变化;研究降水变化及其影响;研究水面、土壤蒸发及植被散发;研究人类活动改造自然后,地区气候变化情况;研究与改进观测方法和测验仪器。

(二)岔巴沟实验流域

无定河支流大理河为实验大区(流域面积为 3906 平方公里,河长

170.1公里)。大区内以岔巴沟为重点实验流域,岔巴沟内选择集水面积为0.18平方公里的团山沟为重点实验小区。

岔巴沟处于黄土高原,在陕西省子洲县境内,属无定河流域的大理河的支流,流域面积为205平方公里,沟道长26.5公里。流域形状基本对称,流域平均宽度为7.80公里,沟道密度为1.07公里每平方公里。自然地理区划属于黄土丘陵沟壑区第一副区。据1959~1970年资料统计,岔巴沟曹坪(集水面积187平方公里)水文站实测年平均径流量1086(未计渠道,沟渠合计为1115)万立方米,最大年径流量为2195万立方米,多年平均径流深58.1毫米,多年平均流量和最大流量分别为0.34和1520立方米每秒;多年平均输沙量416万吨,最大年输沙量为1330万吨,多年平均含沙量为383公斤每立方米,最大含沙量为1220公斤每立方米,平均年输沙模数为22200吨每平方公里,最大年输沙模数为71100吨每平方公里,最小为2110吨每平方公里。

1959年,岔巴沟流域内耕地面积占流域面积的43%,荒地面积占33%,其他24%为沟谷面积。该年已进行水土保持措施的面积约占流域面积的10%。

(三)站网布设

遵循"大区套小区,小区(即综合)套单项"的原则,选点设站。

径流实验站网包括有:雨量站、水位站、流量站、径流场、气象场、土壤水及地下水观测站、点(井)等。岔巴沟流域测站布设如图4—6。

站网发展变化,大致可划分四个阶段:

1. 初建阶段(1958~1960年)

在边学习、边规划、边观测、边改进设备的情况下,采取"自力更生,土洋结合,勤俭办站,多快好省"的方针,建成了一大批各类站网,使实验站初具规模。1959年建成雨量站45个,平均每站控制面积为4.55平方公里;流量站11处,分为两类,一类是为控制流域水文泥沙基本要素,在干沟上设有西庄、杜家沟岔、曹坪3处,较大支沟上设有三川口等6处,以控制全流域的泥沙和径流形成过程;另一类是研究综合水保效益,针对有治理措施和无治理措施分大(麻地沟~田家沟)、中(店房沟~窑昂沟)、小(水旺沟~黑矾沟)流域三对,进行对比性测验的流量站有6处(其中与第一类结合4处);水位站5处,主要控制较大支沟的径流过程,以补充流量站之不足,设有石门沟等5处;径流场13个,研究不同长度,不同植被地段的径流泥沙形成过程;1959年集中于麻地沟设径流场7个,并在附近观测土壤蒸发及土壤含水量、雨量

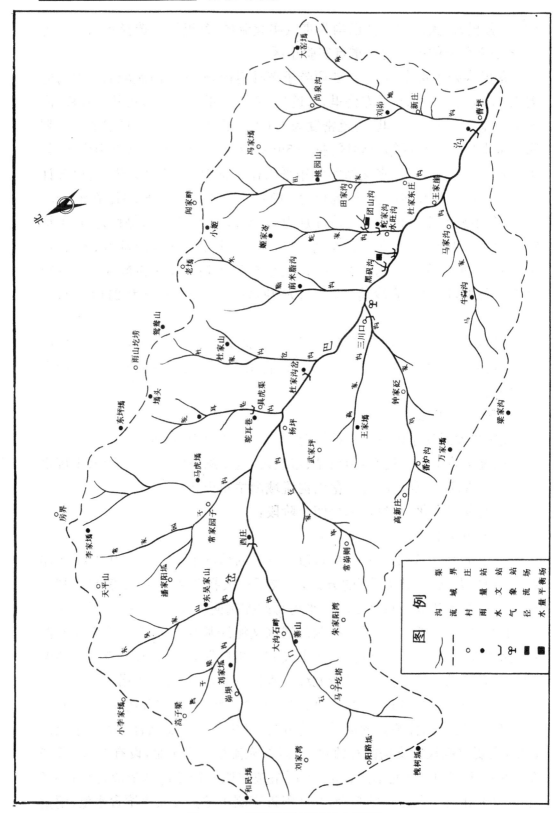

图 4—6　岔巴沟流域测站布设图

等水平衡要素,1960 年又设 6 个径流场;4 个气象场,分布在流域发源处、上游、中游、出口处;土壤含水率观测 17 处,其中由流量站兼测 12 处,径流场兼测 2 处,其余为专设;地下水观测,一般利用井泉观测,有条件站都进行了泉水涌出量及地下水位观测。

2. 调整、巩固、重点研究阶段(1961～1964 年)

1961 年在蛇家沟径流场增设了全坡长径流小区,按照土壤侵蚀形成分类,全面控制坡面上的来沙量,径流场总数达到 14 个,在沟道上则选择典型河段布设断面若干个,结合调查测量沟道冲淤变化;对径流场开展水平衡要素的独立观测,特别加强了土壤蒸发观测研究,并在大理河周家岔灌区开展了地面蒸发和灌溉回归水的观测。为保证重点,撤销和民塄、西庄、曹坪 3 个气象场,流域内 45 个雨量站精简为 29 个。

1962 年,以保证重点和专题研究相结合,在蛇家沟径流场增设了红土泄流面径流小区,并将原有径流场按不同的坡长、坡度和侵蚀分带的概念分级设场,以控制各种类型坡面的产沙数量。调整后径流场撤销 5 个,新设 1 个,共 10 个。该年还撤销田家沟、水旺沟 2 处流量站和 5 处水位站,停测了 6 个土壤含水率观测地段和 5 个土壤蒸发观测场。

1963～1964 年,将实验研究重点转移至团山沟(原称蛇家沟径流场),仅保留团山沟 8 个径流场和新设 1 个。为深入研究泥沙由坡面到沟道的运行规律,在团山沟内增设了西庄水文站等 7 个冲淤河段的观测断面共 57 个,河段总长 1859 米,断面间距 20～50 米。

3. 充实、提高和发展阶段(1965～1967 年)。

该阶段团山沟实验研究的配套观测日臻完善,增设大型水量平衡场,实验研究范围扩大至大理河全流域。1965 年站网比 1964 年增加:22 处雨量站、2 处流量站、2 个土壤含水率观测地段、1 个土壤蒸发观测场和 9 个水量平衡观测场。据 1967 年 11 月 20 日黄委会水文处水研字第 68 号文,确定岔巴沟曹坪仍为常年站外,其余各站改为汛期(5～10 月)站,11 个委托常年雨量站也改为汛期(4～10 月)委托站。

4. 收缩至撤站阶段(1968～1970 年 6 月)

该时段正值"文化大革命"的高潮,受极左路线干扰,径流实验站大部分观测项目陆续停测,仅保留了 24 处雨量站,6 处流量站,4 个径流场和 1 个土壤含水率观测。1970 年 6 月正式撤销子洲径流实验站,保留岔巴沟口曹坪水文站及其流域内雨量站继续观测。历年子洲径流实验站场布设情况如表 4—27。

表 4—27　　　　历年子洲径流实验站场布设情况表

年份	雨量站（处）	水位站（处）	流量站（处）	径流场（处）	气象场（处）	土壤含水率观测地段（处）	冲淤河段（处）	土壤蒸发观测场（处）	水量平衡场（处）	说明
1959	45	5	11	7	4	17				
1960	45	5	10	13	4	9		8		
1961	29	5	10	14	1	11		8		
1962	29		8	10	1	5		3		
1963	31		8	9	1	5	7	3		
1964	29		9	9		4	7	2		
1965	51+19		11	13	1	2	7	3	9	雨量站包括大理河流域上9处
1966	53+21		12	13	1	3	7	2	11	雨量站包括大理河流域上9处
1967	54+10		12	12	1	3	1	1	11	雨量站包括大理河流域上9处
1968	24+1		6	4	停	1	停	停	停	雨量站包括大理河流域上9处
1969	24+1		6	4		1				雨量站包括大理河流域上9处

注　雨量站数量栏中"＋"号后数字为径流场雨量站数

（四）观测情况

各项目的观测方法和要求，主要依照《水文测验暂行规范》及《径流站须知》、《小河观测》、《降水量观测暂行规范》、《土壤蒸发的观测》等技术规定进行。

1959 年 1 月，根据径流实验的实际情况，制定了《黄委会子洲径流实验站测验工作的要求和规定》。

1. 雨量观测

各站均用 20 厘米口径的普通雨量筒,记载降水起迄时间,但在降雪期则不记降水起迄时间,各水文站还设有自记雨量计,5～10 月进行观测。1966 年岔巴沟流域内的寨山等 5 处雨量站亦设有自记雨量计在 5～10 月与雨量筒平行观测。

径流场各场专设平面及斜面雨量筒各一个(坡度、坡向相同的场则共用一个场的雨量),详细观测降雨过程。

历年整编刊印降水观测资料成果 392 站年。

2. 水位观测

用木板桩或矮桩(冰期)水尺观测。测次以满足控制水位变化过程和推求流量的要求,观测精度一般至厘米。蛇家沟、驼耳苍两站除洪水时测流外,其他时段和其他站测流时,平均水深小于 0.5 米,其相应水位观读至毫米。自 1966 年 11 月起,枯水期、冰期执行巡回测流,停测水位。

渠道水位,在放水期间,每日观测一次,并记载放水起迄时间。

高程采用黄海基面(1962 年前误为大沽基面)。

历年资料整刊成果 75 站年。

3. 流量测验

测流设施为吊箱、测桥。测验方法以流速仪多线一点法为主,高水用浮标,枯水时(包括径流场)用三角堰、量水池、测流槽(矩形)及小浮标法(河道水文站)。测次要求满足推求平均流量,部分径流场只观测每次的径流总量。

坡面径流场观测,是该站重点工作内容之一。1963 年发现测流槽水位流量关系偏大 30%～40%,主要原因是从上游集中加水进行率定和坡面漫流加水造成了不同的水位流量关系。对此问题,后来由马秀峰与黄科所共同进行室内水工模型试验,重新率定了水位流量关系,并改变了三角形测流槽的形式。

历年流量资料整编刊印成果 95 站年,径流要素 880 场次,径流特征值 1041 场次。

4. 泥沙测验

单位水样含沙量采用水边(高水时)或主流边(平水期)一线一点法用沙桶或小杯测取。悬移质输沙率用横式采样器按多线一点法取样。巡回测流时,因水清而停测含沙量,以零计。

历年输沙率资料整编刊印成果 72 站年及其泥沙颗分成果 49 站年。此外有径流场泥沙颗分 62 场(站)年。

5. 气象观测

各项目内容均按《气象观测暂行规范》规定,采用三段制定时观测。

6. 河段冲淤测量

按断面法于各次较大洪水过后进行施测,并计算一次洪水或一个时段的河段冲淤量,同时在有代表性的断面上用环刀取河床原状土,以确定床沙质容重和计算冲淤量。测次时间由实验站统一布置。

7. 土壤蒸发观测

观测方法采用四种:(1)器测法,用仿苏500型土壤蒸发器。在作物生长期每半月换土一次,其他时间每月更换一次。较大降雨后及时换土,以保持器内土块接近大地自然状态。(2)热量平衡法,用阿斯曼通风干湿球温度表,观测0.5及2.0米高度处的温、湿度;用地温表观测0~160厘米深度的地温;用倒转式天空辐射仪观测总辐射量和反辐射量;并施测土壤含水率和土壤容重等;逐日蒸发量按别尔良特公式计算。(3)乱流扩散法,温、湿度观测同热量平衡法;风速、风向用轻便风速表,在1.0及2.0米高度处,每日观测4次。蒸发量计算,依据质量不灭定律,采用M.N.布德科公式计算定时观测之蒸发量和日蒸发量。(4)水量平衡法,根据土柱水量平衡原理,用特定的土柱测定其降雨量、地面径流、渗漏量及储水变量。土壤蒸发观测情况,1962年与1963年相同,1964年迁至岔巴沟中游新设的段川水量平衡场地观测,布设11个土柱。1968年全部停测。

8. 人工降雨土壤入渗试验

1960年8月中旬至9月底,子洲径流实验站与绥德水土保持科学试验站、中科院水土保持队陕西分队在岔巴沟流域的梁峁山坡地协作进行了一次人工降雨土壤入渗试验。用苏联的瓦尔达依式人工降雨器,计算场地面积为0.8~1.0平方米,计有10个人工降雨单元入渗场。每次试验一般为3~4小时,共试验26次,在试验中主要测降雨量、洼地积水、地面径流起迄时间,用体积法测定地面径流的过程和测取单位水样。场内的土壤含水率除在试验前进行一次测验外,试验后连续测验数次至土壤含水接近稳定后为止。

9. 同心环法土壤入渗试验。

用直径35.7厘米的内环,外围以土埝。注水方法前半段时间是定时定量加水,后半段时间则固定水头,试验时间一般为出现稳定入渗后再延长10~30分钟。

10. 目测与调查

在进行各项观测实验的同时,每年还对流域内的耕作、种植、沟道的治理,暴雨前后自然现象等因素,及时进行目测与调查、详细记载,为资料应用分析提供参考。

(五)分析研究

进行分析研究的单位，除子洲径流实验站外，还有黄委会的水科所、水土保持处、水文处(局)，中国科学院地理研究所，西北土壤研究所，西北农学院，陕西机械学院水利系，北京水科院，清华大学水利系，陕西省水土保持局等 13 个科研单位和院校协作及有关水文泥沙专家学者等，先后在 60 年代和 80 年代提出洪水、泥沙、年径流、土壤蒸发、入渗、土壤侵蚀、沟道冲淤、水土保持措施、气象因素等影响与变化的分析研究报告约 30 余篇。主要有：《人类经济活动对岔巴沟流域洪水、泥沙、年径流影响的分析》(子洲径流实验站，1960 年 2 月)，《陕北黄土地区土壤下渗和毛管水上升运动的初步分析》(黄委会水科所 1964 年 5 月)，《水保措施拦蓄泥沙的指标分析》(子洲径流实验站，1960 年)，《关于泥沙产源问题的探讨》(子洲径流实验站，1963 年 2 月)，《黄土地区流域产流计算》(范荣生、张炳勋 1980 年 4 月)，《暴雨洪水与水土流失》(陕西省水保局 1981 年)，《对子洲径流实验站实验研究情况的回顾和评述》(黄委会水文局马秀峰，《人民黄河》1981 年 1 期)，《黄土产流与入渗参数的初步综合》(马秀峰，1988 年)等。

马秀峰等通过综合分析对该区降雨特性、黄土水分特征、产流超渗、黄土入渗、坡地产流与侵蚀沟发育、坡面侵蚀分带性等方面，获得一些规律性的认识，主要是：

1. 该区降雨少而集中。据岔巴沟流域 1959～1977 年资料统计，年平均降水量 437 毫米，其中 78% 集中在洪水期；产流降雨频次少，据子洲径流实验站 11 年资料统计，坡面产流 10 毫米以上的降雨不足 10 次，且其中一半发生在 1966 年；特大暴雨机遇少，故无定河特大洪水较窟野河少四分之三，降雨水平尺度小，移动速度快，垂直对流强烈，短历时局部暴雨多，时空变率大。

2. 黄土水分特征。平均比重为 2.68，年均容重为 1.30 克每立方厘米，饱和含水量平均占土壤重量的 39.5%，有效水分平均占土壤体积的 18.9%；水分的存在形态及转化条件是，当土壤含水量小于 3.42%(重量比)时为不移动水类型，3.42%～12.6% 时为难移水类型，12.6%～18.0% 时为可移动水，18.0%～39.5% 时为易移动水；对不同深度处的土壤含水量观测表明，地表以下 50 厘米以内，土壤含水量变化最强烈，3.5 米以下则为湿度稳定层，土壤含水率常年维持在毛管断裂含水量(12.6%)水平上。

3. 黄土产流超渗的特点。气带土层深厚，蓄不满；深层地下水和河网基流的主要补给来源,不是通过雨水向黄土的层层下渗,主要靠雨水沿黄土节理和岩石的裂隙给予补给;降雨产流的决定条件是雨强超过土壤的入渗能力,实测资料表明,降雨量差不多,因雨强相差大,两者洪峰流量之比可达238倍;产流历时短,用子洲站的 9 年 51 次产流资料统计,98％的产流历时不超过 1 个小时;降雨入渗方式的不同和点、面入渗规律同样具有统一性,都是地面上透水性不均匀的反映,从而可用数学公式概括点、面入渗规律的统一。

4. 黄土入渗的计算及判别式,可按变质量力学运动原理推导公式计算,当 $q_{i+1} < I(t)$ 时,则此时为产流开始,$q_{i+1} \geq I(t)$,则超渗雨仍未开始(I 表示降雨强度,q 表示入渗率,i 表示整个时段,t 表示计算入渗的时段长)。

5. 坡地带的集流与侵蚀沟的发育对产流、产沙、汇流、输沙有特殊重要作用。纯粹的片流,不可能将大量泥沙输送入更大的沟道,但一次暴雨过程中,在新生沟的坡面上,以突发的形式,集中转化为更强大的沟流,不但增大了汇流速度和冲刷及搬运泥沙的能力,而且减少入渗损失,使透水性很强的黄土坡面,仍具有很高的径流系数。

6. 坡面侵蚀具有明显的分带性规律。根据团山沟的调查与观测,大体可分为六个带:分水岭片蚀带,细沟侵蚀带,浅沟、切沟侵蚀带,冲刷减缓带,陡壁侵蚀带,沟谷带。六个侵蚀带,互相依存,互为因果,共同组成输送水流、泥沙的极为有效的网络系统。

7. 高含沙水流的形成条件,在峁边线以上无重力侵蚀作用的区带内,雨洪期间,仅靠水流的冲刷,形成的最大含沙量,一般在 800～900 公斤每立方米,在峁顶直至谷底的重力侵蚀区带内,发生重力崩塌,可形成 1000 公斤每立方米的高含沙量。

此外,为在黄河中游水土流失地区,应用电子计算机,给流域的规划和治理提供现代化分析方法,马秀峰、王星宇以子洲径流实验站实测资料,建立了一套较完整的流域入渗和产沙数学模型。

《对子洲径流实验站研究情况的回顾和评述》指出,子洲径流实验站在对比流域的选择和站网布局方面不尽合理,首先是选择流域的代表性和确定可比性方面,缺乏定量的判别标准,很难找到仅仅单项因素差别显著而其他影响因子比较接近的天然流域来进行对比;其次是对雨量站和水文站之间的配套,从整体上看是合理的,如保证重点流域岔巴沟,但在各个沟道都不配套,有的近 80％面积未设雨量站;再次是自记雨量计太少,因此,除岔巴沟之外,其他各支流很难通过大区套小区来达到资料移用和外延的目的。

二、垣曲径流站

1958 年黄河出现大洪水,7 月 17 日花园口洪峰流量 22300 立方米每秒。三门峡至小浪底区间是形成洪峰的主要来源区之一,其增峰量达 11200 立方米每秒。为研究三小区间暴雨径流特性和人类活动对径流变化过程的影响,1959 年 4 月,黄委会在山西省垣曲县王茅镇小磨村设立垣曲径流站,为暴雨径流计算及水情预报等提供资料依据,同年 5 月开始观测,1960 年撤销。

(一)流域概况

径流站位于天南河(亳清河)支流杜村河上,该河为群山环抱,山峻坡陡,其高峰天盘山海拔 2200 米,属原始森林地带。杜村河长 25 公里,流域面积 100.2 平方公里,平均宽度 4~5 公里。耕地面积 1.5 万亩,森林面积 1.95 万亩,分别占流域面积的 10% 和 12%。全区可分为石质山区和丘陵沟壑区及石山森林区,分别为流域面积的 34%、37%、29%。

杜村河暴雨强度大,据 1959 年实测 20 分钟达 110 毫米,洪水凶猛,暴涨暴落,水过河干。

1959 年流域内已建成水土保持和水利工程有:旱井 30 眼,涝池 1 个,淤地坝 34 个,鱼鳞坑 27.36 万个,水库 1 座(库容 12 万立方米)。

(二)观测项目与测站

观测项目主要有:降水量、地下水、产流、蒸发量、径流、渗漏等。

流量断面设有 3 处:

上游为贾家山测流断面,控制流域面积 28.69 平方公里,占流域总面积的 28.6%。观测石山森林区森林对径流的影响。测验设施为吊桥。

中游为涧底村测流断面,控制流域面积 37.67 平方公里,占流域总面积的 37.6%。贾家山至涧底村基本上属无林石质山区,观测其对径流的影响。测验设施为浮标投掷器。

下游为小磨村测流断面,控制丘陵沟壑区的区间面积 32.63 平方公里,占流域总面积的 32.6%。主要观测暴雨径流关系。测验设施为缆车。

雨量站,共设 11 处。采用雨量筒或自记雨量计观测。其分布是:测流断面 3 处,天盘山(海拔 2200 米)1 处,森林区 2 处,丘陵沟壑区 1 处,石山区 2 处,黄土丘陵区 2 处。

(三)观测成果

因观测时间短暂,资料未作正式整理和刊印。

据观测报告,6、7、8三个月各站降雨量为273～480毫米,流域平均降雨量为391毫米。1959年汛期产生暴雨径流6次,其暴雨径流系数变化范围是:贾家山以上(森林石山区)为0.071～0.261;涧底至小磨村区间(丘陵沟壑区)为0.425～0.622。全流域平均为0.164～0.309。

第二节 大型水面蒸发实验

从1956年起,黄委会在黄河干流的中、上游,先后设立三门峡、三盛公、巴彦高勒及西北勘测院设立的上诠站,进行大型水面蒸发观测实验。

一、三门峡大型水面蒸发实验

(一)新、旧观测场

三门峡大型水面蒸发实验属Ⅰ型二级蒸发场。从1956～1967年,先后在两地设场观测。1956年4月～1957年8月23日在三门峡坝址下游台地上观测(称旧观测场);1958年3月10日迁于三门峡市西郊气象台附近设场(称新观测场)。

旧观测场由三门峡水文站观测。蒸发场与气象观测场连在一起。场地在三门峡坝址左岸下游750米,高程(大沽基面)329米的台地上,高出枯水面52米,距枯水边40米。因旧观测场受混凝土拌合厂的干扰影响,于1958年3月迁移新址。

新观测场位于三门峡市西郊,北距黄河约2公里,四周为宽阔平原,周围系耕地,无建筑物影响。后因水库改变为低水头运用,并受邻近新建三门峡会兴纺织厂的影响,遵照黄委会[1968]黄革字第12号文通知,于1968年停止观测。

(二)实验任务

水利部水文局于1956年7月17日水文技字第665号《请试验水面蒸发观测方法的函》和水电部1958年3月15日水电水技冯字第166号《对1958年水面蒸发实验研究工作的要求》中黄委会的任务有:

1. 研究三门峡库区影响蒸发的主要气象因素,推求适合于库区的水面蒸发计算公式。

2．研究不同型式蒸发皿与 20 平方米蒸发池的关系，其中包括：各型器皿的换算系数及其变化规律；寻求与蒸发池关系最稳定的小型器皿，为今后统一皿型，提高换算精度。

3．进行不同观测方法的精度试验，主要有：容积测量法，水位测针法，针尖法和钩型针法四种。

4．冰期蒸发皿型观测试验，探求适用于冰期观测使用的皿型及方法，以提高冰期蒸发观测质量。

（三）观测项目

1．蒸发量

大型蒸发池和各种蒸发器、皿的具体观测方法与技术要求先后均遵照苏联《气象站点规范》（第七分册第二部分）、《三门峡水库测验规范》（草案）、水电部《水面蒸发观测规范》进行。

1956 年各类型蒸发观测有 5 种，1957～1964 年 3 月观测有 6 种，1964 年 4 月增设 E－601 型，1965 年 4 月增设带水圈的仿苏式 ГГИ3000 型。

历年各类型蒸发器、皿观测情况如表 4—28。

表 4—28　三门峡 I 型二级蒸发场历年各类型蒸发器、皿观测情况表

序号	类型	装置情况	观测时期（年.月）	
			旧场	新场
1	20 平方米蒸发池圆型	地面以下水深 2 米	1956.4～1957.9	1958.3～1967.12
2	仿苏式 ГГИ3000 型	不带水圈	1956.4～1957.9	
3	口径 80 厘米	带套盆，高 0.7 米	1956.4～1957.9	1958.3～1967.12
4	口径 80 厘米	带套盆，经常不换水	1956.4～1956.12	
5	口径 80 厘米	不带套盆，用黄河水	1956.4～1956.12	
6	口径 80 厘米	不带套盆	1957.3～1957.9	1958.3～1967.12
7	口径 80 厘米	带套盆地中皿，高 7 厘米	1957.3～1957.9	1958.3～1967.12
8	口径 20 厘米	高 0.7 米	1957.3～1957.9	1958.3～1967.12
9	E－601			1964.4～1967.12
10	仿苏式 ГГИ3000 型	外带水圈		1965.4～1967.12

2. 气象因素

与蒸发有关的气象因素的观测方法与技术要求,均执行中央气象局《气象观测暂行规范》(地面部分)。观测项目主要有:

(1)气温与湿度——百叶箱内的温、湿度,蒸发池上空 0.2 米、2.0 米高处温、湿度。

(2)气压——蒸发池及仿苏式 ГГИ3000 型和 Е—601 型蒸发器上空 0.2 米、2.0 米处的饱和水汽压,以求其水面与 2.0 米高处的水汽压力差。

(3)水温——蒸发池、仿苏式 ГГИ3000 型及 Е—601 型蒸发器水深 0.01 米、0.4 米处的水温。

(4)风速——蒸发池上空 0.2 米、2.0 米处的风速以及高空风向。

(5)日照——用普通聚焦镜式日照仪,对时测记日照时数。

(6)地温——地表至 0.5 米不同土层温度。

(7)降水量。

3. 观测时制的变化

三门峡蒸发实验场曾用北京标准时和地方平均太阳时两种时制(相差 26 分钟)观测。

1956~1958 年 7 月采用北京标准时,蒸发量是以 8 时为日分界,气象要素是每日 2、8、14、20 时观测 4 次。1958 年 8 月~1960 年 8 月改用地方平均太阳时,分别以 19 时为日分界和 1、7、13、19 时观测 4 次,其中 1960 年 3~8 月改为 8 时为日分界。1960 年 9 月起按中央气象局通知规定,改用北京标准时,取消地方平均太阳时制,每日 2、8、14、20 时观测,以 20 时为日分界。1963 年起,除蒸发量及降水量每日 8 时、20 时观测 2 次外,水温及其他因素观测要求不变。

(四)资料成果

1956~1967 年蒸发量及有关因素主要成果分别刊入历年《三门峡水库区水文实验资料》专册。

(五)观测方法试验

1. 观测方法的比较

三门峡蒸发场进行试验的方法有容积测量器、水位测针、针尖和钩型针尖法四种。

(1)容积测量器法:要求每次测量 3 次,差值不超过 2 毫米,试验认为这是精度较高的方法,但观测时间较长。

(2)水位测针法:将它与容积测量器安装在蒸发池内同时观测。比测

407 次,两者蒸发量相等占总次数的 28%,相差±0.1 毫米者各占总次数的 16%,相差±0.2 毫米者各占总次数的 8.8%,相差±0.3 毫米者各占总次数的 6%。最大偶然差值达-0.5～+0.8 毫米。此法观读方便,每分钟可读 2～3 次,比容积测量器观测时间快 6 倍。但针尖易产生视差,分划小且化微构造不精细。

(3)针尖法:以仿苏式 ГГИ3000 型蒸发器与容积测量器比测 43 次,蒸发量相等者占总次数 9%,相差±0.2 毫米者分别为 2% 和 9%,相差±0.4 毫米者分别占 12% 和 7%,最大差值为±0.8 毫米。此法精度次于测针,当遇 2 级风时,水面波动很难观测。

(4)钩型针尖法:钩尖向下,将其安装在直径 80 厘米蒸发器内与针尖法比测,在无风情况下两者均可应用,但遇 2 级风以上钩尖附着水分及水面波动,两者差值在 0.4～0.6 毫米内,3 级风以上无法使用,精度次于针尖法。

2. 冰期蒸发观测试验

三门峡库区冰期占全年的 1/4 时间。历年的冰期采用 20 厘米蒸发皿观测,资料代表性差。1958 年根据水电部指示,用 80 厘米蒸发器口缘距地面 0.7 米高作试验。安装时用直径 3 厘米的橡胶管约长 30 米在水面下器内边缘及底部,共绕 15 圈,同时将管两端封好不进水。为了检验磅秤的灵敏性,封冻期用镑称称重法,融冰期用称重法和针尖法比较,相差均在±0.2 毫米内。试验结果表明冰期观测用此法较好。冰期蒸发与日照、相对湿度、气温关系密切,试验证明 80 厘米蒸发器,它们之间的关系比较稳定,采用 20 厘米蒸发皿不够稳定,关系较乱。

(六)分析研究

1. 1958 年,苏联列宁格勒设计院,在进行三门峡水利枢纽设计中,应用黄规会王华箴和中央气象局气候资料研究所叶庆平提供的三门峡 1956 年～1957 年的观测资料,及《黄河三门峡水库水面蒸发量计算》报告求得的公式为:

$$E=n(e_0-e_{200})(A+BW_{200})$$

式中 E 为蒸发量;n 为月或日数;e 为水汽压;W 为风速;脚标 0、200 为距水面高度(厘米);系数 A=0.14;B=0.29。

此外,求得口径 80 厘米(无套盆)和 20 厘米蒸发器折算为 20 平方米蒸发池蒸发量的折算系数分别为 0.81(4～11 月)和 0.49(12～次年 1 月)。

2. 1959 年 2 月三门峡水文站编写《三门峡流量站水面蒸发实验分析报告》。

（1）应用 1956～1958 年资料，以 20 平方米蒸发池为标准，分析了各型蒸发器的折算系数随季节不同而变化。如表 4—29。

表 4—29　　　黄河三门峡水文站不同类型蒸发器折算系数表

仪器型号		4～6 月		7～9 月		11～12 月		年平均
		范围	平均	范围	平均	范围	平均	
仿苏式 ГГИ3000 型	E_1	0.71～0.80	0.77	0.87～0.95	0.91	0.86～0.94	0.92	0.87
80 厘米带套盆	E_2	0.69～0.73	0.70	0.70～0.86	0.76	0.94～1.07	1.00	0.82
80 厘米无套盆	E_3	0.58～0.63	0.60	0.60～0.78	0.69	0.66～1.00	0.81	0.70
80 厘米带盆地中皿	E_4	0.87～0.93	0.90	0.93～1.13	1.02			(0.96)
20 厘米皿	E_5	0.38～0.42	0.41	0.41～0.52	0.46	0.56～0.52	0.55	0.47

（2）在蒸发池内进行容积测量器和水位测针法观测精度的比较，两者接近。相关系数为 1.019。

（3）通风干湿球温度表与百叶箱内干湿温度表对比，据 172 次资料分析，干球温度相对均方差不大于 1％，湿球温度均方差为 2.0％。

（4）利用百叶箱温度查算的饱和差（d）求得蒸发池蒸发量（E_0）计算公式为　　$E_0 = 0.09d(0.933W_{200} + 1)$

（5）利用饱和水汽压差计算蒸发量公式为 $E = 0.10(0.88W_{200} + 1)(e_0 - e_{200})$

3. 1959 年 9 月三门峡库区总站工程师崔浚濯等分析和编写了《水面蒸发实验报告》。为了推求三门峡蒸发量计算公式，曾用查依科夫和伊万洛夫公式的结构形式，依 1956～1959 年三门峡实测资料修改其经验系数，分别求得三门峡月蒸发量的公式为：

$$E = 0.0027(15 + t)^2(100 - \theta) \text{ 或 } E = 0.26(1 + 0.72W_{200})(e_0 - e_{200})$$

式中 E 为月蒸发量（毫米）；t 为百叶箱内月平均气温（℃）；θ 为百叶箱内月平均相对湿度；W_{200} 为 200 厘米高处的日平均风速（米每秒）；e_0 为水面温度下饱和水汽压力（毫巴）；e_{200} 为 200 厘米高处的空气水汽压力（毫巴）；（$e_0 - e_{200}$）为月平均饱和差（毫巴）。

以上两式的平均误差分别为 11.8％、15.4％。另外又根据各有关气象因素，探讨了三门峡蒸发量计算公式与日平均气温、旬平均气温、月平均气压、月日照总数、月平均水温、月平均饱和差及气温和相对湿度等 7 种相关气象因素的 13 个公式。

根据 1956～1959 年资料建立各类蒸发器(皿)与 20 平方米蒸发池月蒸发量的相关方程为:

$$E_0 = 0.772E_1 + 0.15; E_0 = 0.706E_2 + 0.30; E_0 = 0.612E_3 + 0.35;$$

$$E_0 = 0.86E_4 + 0.50; E_0 = 0.413E_5 + 0.35$$

考虑到蒸发量受气象因素季节变化的影响,分别求得各型蒸发器(皿)对 20 平方米蒸发池的月平均换算系数,如表 4—30。

表 4—30　1956～1959 年三门峡各型蒸发器与蒸发池换算系数表

月份	换算系数				
	E_1	E_2	E_3	E_4	E_5
	(仿苏 ГГИ3000)	(∅80 带套盆)	(∅80 无套盆)	(∅80 套盆地中皿)	(∅20)
4	0.75	0.74	0.63	0.94	0.44
5	0.80	0.72	0.62	0.91	0.43
6	0.82	0.73	0.66	0.99	0.45
7	0.83	0.74	0.63	0.99	0.45
8	0.94	0.76	0.69	1.02	0.47
9	0.93	(0.86)	(0.78)	(1.13)	0.52
10	0.92	(0.94)	(0.83)	(1.12)	0.56
11	0.96	(1.07)	(1.00)	(1.50)	
平均	0.87	0.82	0.73	1.08	0.47

4.《黄河流域片水资源评价》应用三门峡资料将系列延至 1967 年,分析了三门峡不同型号蒸发器对大水体蒸发的换算系数,如表 4—31

表 4—31　黄河三门峡不同型号蒸发器与蒸发池换算系数表

型号	非冰期折算系数	月折算系数范围	观测资料年份
E—601	0.91	0.84～1.06	1964～1967
80 厘米	0.75	0.64～0.91	1957～1967
20 厘米	0.47	0.43～0.56	1957～1959

二、三盛公(巴彦高勒)水面蒸发实验

(一)站址沿革

三盛公蒸发实验站 1960 年 8 月由黄委会兰州水文总站设立,位于内蒙

古自治区磴口县三盛公。1961年6月1日开始观测。由于受"文化大革命"的影响及蒸发池供、排水困难,经上级批准于1968年5月1日停止观测。

1981年,黄委会水文局根据水利部水文局要求和治黄的需要,由兰州水文总站负责筹建。恢复黄河上游干旱地区大型水面蒸发的观测和研究,1981年8月总站组织查勘后,新站址定在磴口县巴彦高勒粮台乡南套子村,距巴彦高勒水文站测验断面1.5公里,占地面积1445平方米。新址定名为巴彦高勒蒸发站,观测场地远离村舍,四周为农田,地势开阔无树林。地面高程(黄海基面)为1051.8米,地下水距地表为1.5～1.7米。从三盛公枢纽的北干渠引水作为蒸发池水源。1984年5月建成,该站建设投资共12.85万元。

(二)观测项目

1. 三盛公站

1961～1968年三盛公蒸发实验站蒸发器类型有:20平方米大型蒸发池,仿苏式ГГИ3000型蒸发器,口径80厘米蒸发器,口径20厘米蒸发皿4种。

观测项目有蒸发量、水温、气温、最高和最低气温、湿球温度、毛发湿度、相对湿度、降水量、气压、地下水位、地下水温、土壤含水量等。

各种蒸发器(皿)观测成果从1963年起分别刊印于相应年份的水文年鉴第二册内(1961和1962年资料补刊在1963年)。

2. 巴彦高勒站

1983年1月1日20厘米蒸发皿开始观测,同年12月1日20平方米蒸发池开始进行结冰期蒸发观测,蒸发池深2米,容积40立方米,边壁为4.5毫米钢板,底为8毫米钢板焊制而成。1984年5月1日E－601型蒸发器和气象项目开始观测,同年8月1日直径80厘米的蒸发器和仿苏式ГГИ3000蒸发器开始观测。1985～1986年将仿苏ГГИ3000型改为E-601型观测。

统计分析三盛公1961～1967年5～10月的蒸发量,各型蒸发器的换算系数是:仿苏ГГИ3000型为0.73～0.82,平均为0.76;80厘米型为0.67～0.86,平均为0.76;20厘米型为0.52～0.60,平均为0.58。

三、上诠水面蒸发实验

上诠大型水面蒸发实验由上诠水文站进行观测。站址在甘肃省永靖县盐锅峡乡上诠村。设备有9.6平方米蒸发池,80厘米蒸发器和20厘米蒸发皿 1956 年 7 月开始观测至 1969 年 10 月停测(其中 1968 年全年停测)。

蒸发实验观测项目有:蒸发量、水温;气象观测项目有:气温、气压、相对湿度、降水量、风向、风速等。

资料成果在水文年鉴中只刊印 80 厘米蒸发器(非结冰期)和 20 厘米蒸发皿(冰期)的月年统计资料。9.6 平方米蒸发池历年资料均未刊印。

据 1956～1967 年 12 年资料统计分析,直径 80 厘米蒸发器和 20 厘米蒸发皿对 9.6 平方米蒸发池的蒸发量换算系数变化范围分别为 0.66～0.85、0.54～0.76 之间,多年平均分别为 0.74 和 0.59。

第三节　冰凌实验

一、概况

黄河流域冬季受西北风影响,气候干燥寒冷。流域内冬季最低气温一般都在 0℃ 以下,极端最低气温,上游可达 -25℃ 到 -53℃,下游可达 -15℃ 到 -20℃。黄河的凌汛主要在上游的宁夏、内蒙古河段和下游的河南、山东河段。这两个河段都是从低纬度到高纬度,由西南流向东北,上段北纬从 37.3°～41°,下段北纬从 34.8°～38°,纬距 3° 多。河段气温上高下低,河段冰盖上薄下厚,封河溯源而上,开河自上而下。

1949 年前,黄河冰患,闻名世界,给人民带来深重的灾难。据历史上不完全统计,自 1875～1955 年除去花园口扒口改道的 10 年共 71 年黄河下游在凌汛期发生决口有 29 年,占 41%。在内蒙古河段,1949 年前无大堤防御,每年均发生不同程度的凌洪灾害,较大范围的淹没损失,平均两年一次。历史冰情,缺乏系统观测。1921 年仅在黄河下游的泺口水文站开始较正规的冰凌观测,记载流凌、封冻情况和日期。尔后又有部分站陆续开展简易冰情观测。但多属目测冰情现象。

1949 年以后,为掌握黄河冰情的生消演变规律,开展了大量的专项观测和实验研究。50 年代初,学习苏联的冰凌观测经验,引进其观测规范,首先在黄河上游的内蒙古河段,下游的山东河段开展较系统的规范化的冰情观测。观测项目有:目测冰情,绘制冰情图,测量冰厚,流冰量,观测水内冰、冰坝、冰塞、冰情结构等。

60 年代后,先后在刘家峡、盐锅峡、青铜峡、内蒙古河套和山西河曲及山东等河段开展以冰塞和水内冰为主的实验研究。

二、冰塞观测研究

(一)刘家峡、盐锅峡河段

盐锅峡水电站自 1961 年 4 月蓄水发电运用后,致使冰期在刘家峡和盐锅峡河段形成冰塞壅水。尤以 1961～1962 年冰期的冰塞壅水为严重。该年小川拱桥水位 3 天上涨近 3 米,冰期最高水位上涨 9 米多,冰花堆积厚达 14 米多,冰塞头部自牛鼻子峡口以下封冻边缘向上游延伸至何家堡(在小川上游 25 公里),河段全长 35 公里,为盐锅峡蓄水前封河长的 7～8 倍。为此,1962～1965 年由北京勘测设计院卢九渊,西北勘测设计院杨乃森、关连桢、张庆恭和水电部第四工程局陈太忠及兰州水文总站宋锡庚、侯西海等人联合组织冰塞研究组,对刘家峡、盐锅峡河段冰塞堆积体的计算方法、冰塞壅水预报、冰塞成因及防冰措施等方面进行了三个冰情年度的观测与分析研究,提出了分析报告。

据 1962～1963 年冰情资料分析,冰塞的形成首先是从形成冰盖开始的,随着上游不断的冰花下潜、输送、推移,冰塞逐渐向上游发展。据 12 月 18 日至次年 1 月 23 日封冻过程的观测,从中庄到何家堡,累计封冻长度 32828 米,封冻速度 14～77 米每小时,平均封冻速度为 38 米每小时,封冻边缘流速由下游向上游增大,变化范围为 0.17～1.42 米每秒。冰盖厚和冰花厚度一般在冰塞体的中部最厚。如 1963 年 2 月 2 日小川拱桥处的冰盖厚为 0.96 米,冰花厚最大为 11 米,平均为 9.6 米;而位于小川上下游的白塔寺、中庄则冰盖厚分别为 0.45 米和 0.46 米,最大冰花厚分别为 2.6 米和 6.0 米,平均冰花厚分别为 1.4 米和 2.8 米。

(二)青铜峡库区上游

青铜峡库区上游河道冰塞,主要在青铜峡至下河沿 124 公里河段中间的开阔段。

青铜峡河段于 1962～1964 年,在枢纽上下游的 500 米河段内进行了冰厚、疏密度、冰情图等观测。1964～1966 年增加水内冰观测,并为满足河道冰塞问题的研究,在枢纽下游 3 公里的河段内,进行了比降、冰流量、冰厚的测验及冰情的调查工作。

水库蓄水后,水库末端易发生冰塞壅水。为及时发现冰坝壅水危及大坝安全及电站正常运转的冰凌问题,以便采取防凌防灾措施,于 1967～1969

年开河期间,在回水末端(26 号断面,距坝 32.23 公里)附近的河段内,最远延伸到距坝 65.6 公里的石空,进行比降、冰厚、冰流量观测。

1967 年 12 月 25 日、1968 年 1 月 3 日和 14~17 日,青铜峡库区上游中宁的石空至枣园河段发生严重冰塞壅水,灾情较大。处在中宁康滩至枣园 16 公里河段的 1556 户,9840 人受灾,淹没耕地 17155 亩,房屋 364 间,林场 6 个,枣树 31 亩,枸杞子 9 亩。肥料 7615 车,粮食 5000 公斤。耕地被淹,小麦无法播种。枣园一带沿岸坍方,丁坝、护岸工程损坏严重。1967 年 11 月~1968 年 3 月的冰期,据中宁气象站累计负气温达 -737℃,是近 30 年来最冷的一年。按 12 月~次年 1 月累计气温及 2 月中旬间气温、水温分别统计,则居历年第二和第三位。据宁夏水文总站分析报告,此次冰塞成因是枣园以上不稳定封冻河段的地理特点是主要因素,水库蓄水是附加因素;在水力、热力方面,因当年封河时上游水库闸门故障,下泄流量大,则居于河势、热力因素的首位。1967 年 12 月下旬末至 1968 年 1 月中旬末,坝前运行水位为 1151 米左右,较天然情况抬高 13 米。因此,冰塞体不能下移,使冰花在封河末端的石空至枣园开阔段堆积堵塞,而坝前 23 公里库段无冰花分布。

(三)河曲段冰塞

黄河河曲段位于黄河中游上部,介于北纬 39°4′~39°26′之间。上自龙口峡谷(距头道拐约 138 公里),下至天桥水电站拦河坝,全长 72.7 公里。龙口以上有约 80 公里的峡谷岩石河段,河宽为 200~400 米,全峡谷比降大,流速亦大,通常冬季流凌不封冻。

据义门水文站 1964~1976 年资料,年平均冰量 0.937 亿立方米,年最大流冰量达 1.842 亿立方米,最大日平均冰流量为 292 立方米每秒,最大冰块 144 平方米,平均冰期长达 130 天。天桥水库坝址至天桥河段,由于河道深切,地下水大量涌出,建库前冬季不封冰;天桥至唐家汇(河曲以下约 3 公里)段,一般年份不封冻。建库后,由于大坝壅水,冰凌拥至坝前,威胁电站安全,库区测验队加强冰情定点观测,典型段冰厚测量和库区冰情勘测。

义门(黄淤 2)和上徐庄两个常年水位站为每年定点冰情观测断面。观测项目有冰情现象,固定点冰厚测量,同时加测气温、水温、水浸冰厚及冰花厚等。每年 1 月下旬至 2 月上旬,在库段内选择有代表性的横断面,测其断面平均冰厚并估算库段储冰量。

库区冰情勘测一般在龙口至大坝河段内进行,不定期查勘、调查访问、实地观测、拍照和绘制冰情草图。流冰初期 5~7 天、稳定封冰期 10~15 天查勘一次。遇有特殊冰情随时查勘观测。

龙口以上河窄流急，水面落差大，冬季不易封冻，天桥电站修建前，龙口至石窑卜段年年封河，石窑卜至天桥电站多不封河，据历史资料，每年凌汛，该河段尚无冰情危害。天桥电站修建后，近坝段每年封冻直至龙口附近。

1977年冬至1978年春，库区全段封冻，冰上处处可行人，清水川口形成冰坝，致使火山煤矿进水，河曲县铁矿告急，沙窑则村部分被淹，天桥水电站为此赔偿损失达10万元。

1979年冬至1980年春，开河时，清水川口形成冰坝，火山煤矿告急，储煤场漫水，坑道口作围埝，水库排冰一度紧张。

1981~1982年冰期，龙口至天桥水电站河段，出现了历史罕见的冰情，通称"82河曲冰塞"，此次冰塞造成严重冰害，是该河段历史上罕见的。1981年11月30日河曲水文站断面初封，冰盖向上游发展，12月英战滩抽水站被淹，1982年元月3日龙口下缘的梁家渍村受灾，元月5日水泥厂停产，右岸内蒙古准格尔旗的榆树湾硫磺矿、民房受损，元月25日（春节）冰水漫过素称"岛上人家"的娘娘滩围堰。2月17日，冰塞段推移到北园一带，实测最大冰盖厚1.1米，冰花厚9.30米，水位超出调查最高洪水位2米以上，局部地区高出4米。灾情先后波及山西河曲县和内蒙古准格尔旗沿岸的27个村庄、5个厂矿、60处机电灌溉站及商店、机关、学校各1个，受灾326户、1341人、房屋损坏1936间，淹没耕地7350亩，天桥水电厂被迫停机45天，少发电6750万千瓦，直接经济损失共700万元，工农业产值的间接损失1亿元以上。

1982年河曲冰塞问题，中央防汛抗旱总指挥部高度重视和关心。先后4次组织现场调查，指令成立晋、陕、内蒙古三省（区）联合防凌指挥部，决定天桥水电厂开闸敞泄，排水排冰，并组织空军、炮兵、工兵破冰抢险，参加单位94个，共3000余人，从而控制了灾情的扩展。此后，连续6年开展了河曲冰塞观测研究。

自1982年冬季开始，对河曲段的水文、气象和冰情等进行了较系统的观测。1983年山西省电业局拨款，在山西省忻州地区、河曲县等防汛部门和天桥水电厂的领导下，成立专门观测研究课题组，1985年合肥工业大学水利科学研究所亦参加此项工作，该项目1987年获得国家自然科学基金资助。

1984年前，龙口至天桥布设断面7个；1985年起先后增加到25个，控制河段77公里；1987~1988年冬季，又在石窑卜断面上游临时增设了6个断面，断面间距300多米，以测量纵横向流速及水内冰分布，研究弯道环流与冰塞形成和演变关系。

断面观测,每年 11 月 1 日至次年 4 月 10 日止,共计 161 天。观测项目有:流凌前水位;流凌期水位、流凌开始日期、流凌疏密度和流冰量;初封期水位、封冻时间、封冻速度、封冻形式和清沟;稳封期水位、每隔 5 天测一次封冻长度、冰盖厚度、水浸冰厚、水深和清沟,断面冰孔间距为 20 米左右;开河期水位、开河时间、凌峰时间、出现冰坝的地点、时间及范围、高度和壅水等;开河后水位。

此外,封河后至开河前,每 5 天沿河段进行一次冰情巡测,其内容包括清沟的位置和范围,以及封冻冰盖前缘位置的变化等,绘出冰情平面分布图。每年稳封后期或临近开河以前,组织人员逆河而上,勘察上游峡谷河段及内蒙古河段约 300 公里河道的冰情,藉以估计河曲段有可能出现的冰情变化。流凌前和解冻后,各进行一次大断面河床高程测量,分析冰期河床演变的趋势。

有关气温和流量资料分别由河曲县气象站和黄委会河曲水文站提供。

经过连续 6 年的观测,积累了大量的宝贵资料。1984 年前的资料已整编刊印两册,1984～1988 年的 4 年资料待整编刊印。

山西省水利厅河务局和水文总站,于 1984 年提出了《黄河天桥电站冰塞分析》,1981～1985 年黄委会天桥库区测验队也先后提出库区冰情和河曲冰塞分析研究报告 5 篇。

1988 年 12 月黄河河曲段冰塞研究课题组提出了《黄河河曲段冰塞研究报告》及其 4 个分报告(以下简称《报告》)。《报告》认为出现 1982 年 1 月的"河曲冰塞",除正常冰情条件外,尚有其特殊的原因,这就是 1981 年 9 月,黄河上游发生了历史上较大洪水且历时较长,洪水过后,内蒙古河段的河床普遍冲深 1～2 米,个别河段达 5 米。因此,当年冰期流速增大,并出现了近百年来包头以下至喇嘛湾长约 135 公里河道未封冻的罕见现象。河曲以上冰期敞流河段长度由常年的 80 公里猛增到 215 公里左右,为一般年份的 2.7 倍。敞流段长,来冰量必多,流冰强度高,再受河道形态等制约因素影响则堆积冰体越多,并发展延伸。所以在 1981～1982 年冰期,进入河曲段的冰流量和冰塞下的输冰率比一般年份要大得多。致使龙口至天桥和龙口至石窑卜河段最大储冰量分别为 8638 和 6868 万立方米(12 月 8 日),较一般年份多 75% 以上,成为河曲段 1982 年初冰害的一个最主要原因。从理论分析计算,稳冰期的最大冰塞厚度和最高水位又取决于与之对应的最大佛汝德数和输冰率。据河曲段实测资料,对 $h/H=f(u/\sqrt{gh/2Qi})$ 的函数关系进行分析(H、h、u、g、Q_i 分别为断面平均总水深、有效水深、冰塞下断面平均流速、重力加速度、水内冰流量),在 $h/H \sim u/\sqrt{gh/2}$ 的关系中,1982 年初出现冰害时间的点据,自成一条直线,并位于图的下方,这与当年河曲段上游敞流段较常年增长 2.7 倍和来冰量 Q_i 特大的实际情况完全相符。上述分析说明,该冰期的物质条件和水力条件是促使 1982 年初河曲段的冰塞特厚,水位特高,并造成灾害的必然结果。

《报告》还认为,天桥水电厂的冬季高水位运用,对改变河曲段初封期的形势有一定影响,主要有二,即封冻日期提前(10 天左右)和石窑卜(距水电站 43.3 公里)河段起封水位抬高。前者意味着冰量增加而导致后者水位的升高。但这些初封期的影响随着稳封期的到来或超出水电厂一定距离后而会逐渐消失,不致影响到北园(距水电站 56.5 公里)以上河段稳封期的冰情变化。北园以上河段的初封水位和稳封期的最高水位是由该河段的河势及上游来水和来冰强度所决定的,石窑卜河段的封河形势并不对它产生影响。然而,天桥水电厂流凌期的排冰运行,可对石窑卜以下河段冰情产生积极效果,而对北园以上河段稳封期冰情不起缓减作用。

三、水内冰观测研究

50 年代在黄河上游的包头水文站和下游的泺口水文站,曾进行过水内冰观测。包头站是在包头钢铁厂筹建期间,为该厂在黄河昭君坟河段兴建引水工程,观测该河段水内冰的形成地点、变化情况及对引水进口的影响。但时间不长,资料不多,并缺乏相应的气象因素观测。

"文化大革命"期间,大部分冰情观测项目停测,冰情研究也相应停止。1978 年,水电部水文局在哈尔滨召开了冰情预报经验交流会,尔后 11 月组成了以水电部水文局为领导和黄委会水文局为主要牵头单位的全国冰情研究协调小组,并使黄河的冰情测报工作得到加强和提高,除一般水文站的常规观测外,增加了冰情实验研究内容。根据 1978 年 11 月第一次冰协会议讨论通过《1978～1985 年河道、水库(湖泊)冰情研究规划(草案)》要求建立三个重点实验段和三个实验站,其中有黄河内蒙古和山东河段及相应河段内的昭君坟和利津水文站。另一处为松花江的依兰河段及其依兰水文站。主要实验研究任务是:

内蒙古河段重点进行封、开河过程和水内冰的形成和输移变化的观测研究;昭君坟水文站重点观测研究水内冰的形成变化。山东河段主要研究在不稳定封河特点下封河、开河以及冰塞、冰坝形成规律;利津水文站除配合山东河段进行冰情形成过程的观测研究外,重点观测水内冰的形成变化。重点实验河段和水文站还要进行必要的气象观测和水力因素的测验,为研究热量交换和水力作用提供资料,并拍摄各种类型的冰情照片,为编制《中国江河冰图》(1990 年出版)提供图象资料。

1979 年冬昭君坟和利津水文站在开展水内冰的观测中,除进行固定点水内冰观测外,昭君坟站还进行了清沟水内冰分布观测,利津站还进行了一日内水内冰形成过程的观测及中泓一线的水内冰观测。

固定点水内冰观测在实验河段内选定 1～3 处,在岸冰边缘外 1 米的流水中,在水面、半深及河底三点(当水深大于 1 米时)进行观测。每日日落前放网,次日日出时取网。观测时期的水温为 0.5℃时起至封冻时止。

水内冰分布观测包括横向和纵向观测。横向分布观测在 1～3 个断面上设 3～5 条垂线,纵向分布是沿河布置数组冰网,在同日进行观测,每年冬季进行数次。

水内冰形成过程的观测,于日落前放置一组(8 个)冰网,以后每隔 3 小时取出 1 个冰网观测,根据观测结果计算 24 小时内各阶段的形成强度。观测时,选不同典型形态的水内冰进行摄影,以备编绘冰情图象资料。

昭君坟、利津两站的水内冰观测研究连续进行了 10 年。虽然测验工具仪器不足,观测项目还不够完全,但所获资料是宝贵的。昭君坟站在 1987 年观测中,研制的鸟笼式冰网列入了中国《冰凌观测规范》。1988 年 8 月由全国冰情研究协作组将 1979～1988 年"黄河昭君坟、利津水文站水内冰观测成果"编印成册(包括相应气象资料)。

除冰塞、水内冰专项实验研究外,有关水文站也进行了长期的冰情观测(详见《水文测验篇》),尤以 1949 年后,积累了很多宝贵资料。这些资料有的已经刊印,有的仅以手抄或油印本留存。1979 年黄委会工务处和清华大学水利工程系合编了《黄河下游凌汛》专著。该书根据黄河下游历年来有关凌汛资料较系统地叙述了凌汛的成因、冰情演变过程,影响凌汛的主要因素以及防治冰害的措施等,并对冰期河流中有关水力因素变化的一般规律进行了分析。1982 年 11 月水电部水文水利调度中心在内蒙古召开黄河冰情预报座谈会,着重研讨了如何整理和编写黄河冰情资料。尔后,收集、整理、分析研究了大量资料,编写了 10 多篇论文及 10 个冰情统计表,于 1984 年 3 月汇编成《黄河冰情》专册,内容包括黄河各段冰情概况,封河、开河、冰塞、冰坝等成因分析和规律研究。黄委会水文局陈赞廷等先后撰写《论水库调节在黄河防凌中的作用》、《黄河下游凌洪成因分析》、《黄河的冰情预报》、《应用黄河下游冰情数学模型优化三门峡水库防凌调度的研究》等论文,并在第六、七、八、九届国际水力学研究协会冰情学术讨论会进行交流,其中第八届(1986年)、九届(1988年)由陈赞廷等作为中国代表赴美国、日本参加会议。

第十七章　水资源与水质监测研究

第一节　水资源调查评价

一、概况

《水资源的综合评价和合理利用的研究》是 1979 年国家农委和国家科委以〔1979〕科字第 363 号文部署的国家重点科研项目《全国农业自然资源调查和农业区划研究》的组成部分。根据水利部的统一部署,全国划分 10 大片,其中黄河流域片(包括鄂尔多斯高原闭流区)由黄委会水文局黄河水资源保护科学研究所负责,除计算工作外,并承担流域内各省、自治区水资源调查评价的协调、审查、拼接、汇总,提供流域片的水资源评价成果,参加全国汇总。参加这次评价的具体单位有九省(区)的水文总站,青海省及甘肃省水利水电勘测设计院,内蒙古自治区水利勘测设计院,陕西省地下水工作队,山东省水利科学研究所和水利勘测设计院及黄委会水文局所属 5 个水文总站等。"地表水资源水质调查评价"由黄委会水文局水质监测中心站与黄河水资源保护科研所共同负责。

为了满足国民经济规划和农业区划等方面的急需,水资源调查评价工作分两个阶段进行,第一阶段于 1980 年 5 月在已有资料的基础上开展初步评价,按照水利部颁发的《水资源初步成果和开发利用现状初步分析提纲》及《全国水资源调查和评价工作要点附件——地表水水质调查和评价提纲》要求进行评价。1982 年 12 月完成了《黄河流域片水资源调查和评价初步成果报告》(以下简称初步成果)。第二阶段是 1982 年开始,遵照水电部颁发的《全国水资源调查和评价工作要点》《水资源调查和统计分析提纲》以及水电部水文局颁发的《地表水资源调查和统计分析技术细则》、《地下水资源调查评价工作技术细则》的具体要求进行水资源评价工作的。一方面搜集水利、气象、地质等部门的试验数据,另一方面针对资料中存在问题开展试验研究工作。1982 年 10 月和 11 月分别在银川市和太原市召开了黄河流域片省级地表水基本资料审查验收会；1983 年 1 月和 8 月分别在郑州市和西安市召开了黄河流域片省级地表水资源成果图、表的拼接、汇审；1983 年 6 月召开了水资源调查评价经验交流会；1984 年 1 月和 3 月分别在开封市和兰州市召开了黄河流域片地下水资源基本资料审查验收会；同年 4 月和 8 月分别在洛阳市和太原市召开了省级地下水资源成果表的拼接、汇审工作；1983 年 11 月及 1984 年 10 月参加了全国汇总；1985 年 5 月和 8 月完成了《黄河流域片地表水资源评价》、《黄河流域片地下水资源评价》报告（讨论稿）的编写，寄送有关单位审查，并于 1985 年 7 月和 9 月完成了上述成果的正式报告。最后由吴燮中、邱宝冲、支俊峰、任建华编写于 1986 年 6 月出版《黄河流域片水资源评价》。1985 年获国家农委区划一等奖。此次评价工作三年多来全流域片共投入 200 余人约 10 万个工作日。1986 年 5 月，主要编制人员 7 人分别获水电部一、二、三等工作奖励证书。

二、调查评价内容

黄河流域片水资源调查评价内容主要有地表水资源量、地下水资源量、地表水水质、泥沙及水资源评价等项内容。调查评价过程中，分析应用了 292 个水文站、1037 个雨量站、335 个水面蒸发站、264 个泥沙站共 4 万站年资料和大量的地下水动态观测资料，调查搜集了工农业生产和生活用水，水文地质，均衡试验和排灌试验等大量基础资料。针对工作需要进行了补充性的普查勘测和专门观测试验研究工作，如重点地区的工农业用水渠系水库等工程渗漏损失及回归系数试验，水面蒸发损失及折算系数对比观测，蓄水变量以及跨流域的引水，黄河下游渗漏补给海河、淮河水量的调查和分析计算，水利工程分布、管理、运用情况，历年引、退水量情况等。

黄河流域地表水资源量的计算采用干支流 292 个水文站资料的两个系列：一是以三门峡（陕县）站为依据用辗转相关插补延长的 1919～1979 年 61 年的长系列年平均值；二是全国统一规定按 1956～1979 年，24 年同期系列计算的平均值（即正式评价成果报告的评价系列）。

水资源水质污染状况，全流域选择了有重要经济意义和污染严重的水系进行评价，包括黄河干流、湟水、汾河、渭河、洛河、大汶河等 63 条河流。根据污染源分布，河道水文特性及水质监测站网等情况划分为 149 个河段进行单项和综合评价，评价河长 8016.5 公里。

三、主要成果

(一)评价报告

1.《黄河流域片水资源调查评价初步成果报告》及附表 17 种 29 张,附图 25 幅(黄委会水文局,1982 年 3 月)。获水电部科技成果二等奖。

2.《黄河流域地表水资源水质调查评价报告》及附表 5 种 54 张,附图 16 幅(黄河水资源保护办公室,1984 年 2 月)。

3.《黄河流域片水资源评价》及彩图 25 幅(黄委会水文局,1986 年 6 月),获全国农业区划一等奖。

(二)专题报告

1. 黄河流域水面蒸发换算系数初步分析。

2. 黄河流域冰期水面蒸发换算系数分析。

3. 兰州～河口镇水量平衡分析。

4. 陆地卫星图像和常规资料相结合初步探索河流产沙分布规律。

5. 黄河流域降水、径流、蒸发、泥沙特性分析。

6. 黄河流域降水系列代表性分析。

7. 黄河流域径流量系列代表性分析。

8. 黄河流域总资源量估算及水量平衡分析。

9. 黄河流域平原区地下水资源评价及开发利用。

10. 黄土高原地下水资源评价及开发利用等。

四、水资源评价

(一)水资源量

黄河流域降水少,绝大部分地区农业的发展取决于水利条件。建国以来,大量兴修水利,发展灌溉,至 1979 年,人类活动影响已使黄河天然径流量减少 48.6%。为保持径流系列的一致性,为此,本次径流统计均作了人类活动影响的还原计算,尽可能地使河川能够反映"天然情况",即:天然年径流量＝实测年径流量＋还原水量。

按全国统一系列(1956～1979 年)黄河流域多年平均水资源总量为 735 亿立方米,其中地表水资源量为 659 亿立方米,地下水资源量为 399 亿立方米(不包括平原矿化度大于 2 克每升的量),地下水与地表水之间重复计算量为 323 亿立方米,地下水与地表水不重复计算量为 76 亿立方米。

黄河闭流区(42269 平方公里)多年平均水资源总量为 9.5 亿立方米,其中地表水资源量为 3.3 亿立方米,地下水资源量为 6.5 亿立方米,重复计算量为 0.3 亿立方米。

(二)水资源利用

流域内引用河川径流的多年平均工农业耗水量为 202 亿立方米,引用地下水的开采净消耗量为 48 亿立方米(其中利用地表水补给的地下水资源量约 22 亿立方米)。如不考虑重复利用量,流域内多年平均工农业耗水量为 228 亿立方米,占流域总资源量的 31.0%。经计算 1956~1979 年同步期年平均入海水量为 410 亿立方米,占全国入海水量的 2.4%。入海水量与天然河川径流量之差 325 亿立方米,可近似反映全河径流量的利用情况,两者比值为 62.2%,利用率为 37.8%,与全国各河流比较,仅低于海河、滦河,可见黄河径流利用率较高。随着工农业生产的发展,用水量逐年增加,利津站入海水量则逐年递减。例如 50、60、70 年代的入海水量占天然径流量分别为 79.9%、73.0%、54.7%。

(三)水资源特性

1. 水资源贫乏

1956~1979 年系列统计,多年平均降水体积为 3581 亿立方米,相当年降水量 475.9 毫米,其中 82% 耗于蒸发,只有 18% 形成河川径流,即 659 亿立方米,仅占全国河川径流量的 2.43%,居全国七大江河第四位;人均年径流量 812 立方米,为全国平均(2630 立方米)的 30.9%;农耕地亩均年径流量 342 立方米,为全国平均(1801 立方米)的 20.0%。水资源总量 735 亿立方米仅占全国总量的 2.62%;人均水资源 905 立方米,为全国平均 2719 立方米的 33.3%;亩均水资源 381 立方米,是全国亩均水资源量的五分之一。如果包括黄河下游引黄灌区,人均、亩均水资源量还要减少。

2. 地区分布不平衡

由于受地形、气候、产流条件的影响,黄河流域水土资源分布极不平衡,加重了某些地区水资源贫乏的严重性。表 4—32 表明黄河上、中、下游的水资源量,与全流域总量之比,分别为 0.523、0.423、0.054;亩均水量和与全流域的相应均值之比,上、中、下游分别为 1.984、0.648、0.640;上、中、下游的人均水量与流域均值之比分别为 2.439、0.648、0.408。

表 4—32 　　　　　　　黄河流域分区水资源情况表

分　区	水资源量 (亿立方米)	占全流域 水资源量	耕地 (万亩)	亩均水量 (立方米)	占全流域 亩均水量	人口 (万人)	人均水量 (立方米)	占全流域 人均水量
兰州以上	347.3	0.4727	1452	2392	6.28	689	5041	5.57
兰州～河口镇	36.9	0.0502	3627	102	0.27	1052	351	0.39
黄河上游	384.2	0.5229	5079	756	1.98	1741	2207	2.44
河口镇～龙门	70.4	0.0958	2536	278	0.73	602	1167	1.29
龙门～三门峡	169.4	0.2306	8566	198	0.52	3659	463	0.51
三门峡～花园口	71.2	0.0969	1494	477	1.25	1042	683	0.75
黄河中游	311	0.4233	12596	247	0.65	5303	586	0.65
黄河下游	39.5	0.0538	1620	244	0.64	1070	369	0.41
黄河流域	734.7		19295	381		8114	905	

注　人口数引自《黄河水资源利用》

3. 时间分配不均匀

黄河流域降水季节性强,每年60%～80%的降水集中在7～10月,且以暴雨形式出现,连续最大4个月(6～9月)多年平均降水量为318毫米,占全年降水量465.7毫米(包括闭流区)的68.3%。7、8月份雨量最丰,这2个月的多年平均降水量达192.2毫米,占年量的41.3%。降水量年际变化悬殊,最大与最小年降水量的比值在1.7～7.5之间,大多数在3倍以上。降水量愈少,年际变化愈大。

由于降水季节分布不均导致黄河流域径流量年内分配不匀。黄河流域多年平均天然径流量659亿立方米中,汛期(7～10月)干流站可占全年的60%左右,丰水年可达70%,枯水年为40%～50%;每年3～6月径流量只占全年径流量的10%～20%。年径流极值变化:流域内最大天然年径流量为1121亿立方米(1964年)为多年平均值的1.70倍;最小天然年径流量为450亿立方米(1972年),为多年平均的0.68倍,最大与最小比值为2.49。

由以上特性,决定了黄河地表水资源具有时间集中、地区集中、连续干旱、丰枯交替的特点。

(四)水质污染及评价(见本章第二节)

第二节 水质监测研究

一、水质监测

黄河水质监测工作始于 1972 年(此前只限于对天然水化学成分的测验),由流域各省(区)卫生部门监测。1975 年 6 月经水电部和国务院环境保护领导小组批准建立黄河水源保护办公室,1976 年后黄河水质监测工作由该办公室继续监测。1978 年 5 月,水电部批准建立水质监测中心站,会同流域各省(区)环保、水利部门统一规划,全面开展水质监测工作,并负责全流域的水质监测业务管理、技术指导、颁发任务书、制订和修订规划及补充技术规定、资料汇编刊印、调查评价、分析研究、发布水质预报、警报和情报等。

黄河水体中所含有害物质种类多达 100 多种。按性质可分为金属污染物、非金属污染物、有机污染物、放射性物质污染及农药污染等类。监测项目,对毒性大,危害严重的主要物质如汞、砷、氰化物、挥发酚、六价铬、镉、铅、大肠杆菌等 36 项进行了监测。

黄河水质监测技术除采用常规取样方法,广泛搜集水质监测断面的实测资料,开展分析研究工作外,实验室还配备有"1090 高压液相色谱仪"、"GC—9A 气相色谱仪"、"DioneX 离子色谱仪"、"180—80 原子吸收分光光度计"、"8451 紫外可见光光度计"等现代化分析测试仪器设备,可以从事无机、有机、生物等多学科的监测和科研工作。

自1978～1987年,经过10年的努力,黄河流域的水质监测网络初步形成,水质状况及变化趋势等已初步弄清。揭示了黄河水质变化的基本规律和水源污染的严重性,提高了人们保护水资源的自觉性,促进了黄河水污染治理。

二、黄河水质污染与评价

黄河是一条多沙河流,水质污染具有其鲜明特征:一是泥沙本底含有砷系污染物质,但泥沙具有较强的吸附作用,一方面随农灌退水产生二次污染,另一方面又可吸附其他污染物质,经沉淀分离达到净化目的。二是水质污染表现出河段集中,主要支流重于干流。流域内大的污染源近70%分布在兰州、包头河段及汾河、渭河、洛河等干支流。三是水质不稳定。由于水质与径流密切相关,流域内河川径流大部分由降水补给或经转化后由地下水补给,雨量年内、年际变化大,因此污径比变化也大,使黄河水质不稳定。四是部分河流的矿化度以及硫酸盐、氯化物含量很高的苦水区,与当地气候、地质因素有关,如祖厉河、清水河、苦水河、泾河支流环江、涑水河等。

兰州以上工矿企业较少,人类活动影响不大,水质较好,有机和五毒综合污染都不超过二级(按全国地表水水质调查与评价汇总小组制订的《全国水系水质分级标准》,将地表水分成五个等级)。虽然有污染严重的湟水汇入和兰州市90%的污水排放入黄,但由于上游来水量大,稀释扩散等自净能力强,对水质调节作用明显。兰州以上支流污染较重的是湟水,COD、酚和汞污染都在三级以上,影响湟水水质的污染主要来自西宁。兰州市石油化学工业发达,使兰州河段的污染突出,年均值为0.34毫克每升,最大含量达2.42毫克每升,大大超过了地表水水质标准。

兰州~河口镇河段水质污染严重,有机和五毒综合在三级以上,主要是COD和汞的污染,污染源来自银川、石嘴山、包头、呼和浩特市。本段年降水量很小,甘、宁地区多荒漠草原、沙地丘陵,河流多接受地下水补给。支流水质较差,总硬度和氯化物过高,年均值都为五级,水质苦涩,不宜使用。内蒙古河套支流COD、酚、氯化物污染均为五级。

河口镇以下~河口干流有机污染较轻,均在二级以下,黄河进入晋、陕峡谷以后,两岸黄土区水土流失严重,大量泥沙进入河道,使水体含沙量剧增,泥沙本底砷的污染成为影响黄河中下游水质的主要因素,因此黄河干流中下游砷的污染都在四级以上。

黄河中下游支流污染较重的主要是汾河、渭河、洛河、沁河、大汶河。汾河严重污染在兰村~义棠段,由沿程工矿废污水大量排放所致,有机、五毒污染均为五级。渭河严重污染在卧龙寺~西安河段,洛河严重污染在洛阳~巩县河段,主要是COD污染,均为三到五级。

随着沿黄工农业生产的发展和人口的增长,污染源的数量和强度不断增加,致使流域水质污染问题日益突出。据1984年对黄河干流、湟水、汾河、渭河、洛河、大汶河等63条河流,149个河段,共计8016.5公里的河长进行单项和综合水质评价,符合生活用水标准的河段有69个,符合渔业用水标准的河段71个,符合地表水标准的河段97个,符合农业灌溉水质标准的河段117个。

黄河流域许多支流的城镇所在河段已失去了部分或全部功能,给当地群众生活、健康及工农业生产带来很大困难。据 1980 年对黄河流域 8 省(区)160 个城镇的不完全统计,每日排放污水约 500 万吨,其中工业污染水 407 万吨,占污水总量的 82%。每天排放污水超过 10 万吨的城镇有兰州、银川、太原、西安、包头、洛阳、西宁、宝鸡等,合计日排污量 276 万吨,占流域城镇排污水总量的 55.7%。黄河流域有 1 万多个工矿企业,其中排水量大于 0.5 万吨的企业有 201 个,分属于石油、化工、制药、钢铁、机械、炼焦、毛纺、造纸、印染等行业。污水中主要含有 COD、BOD、酚、氰、汞、砷、六价铬、石油等污染物。

三、监测方法研究

黄河水质监测研究工作于 1979 年,至 1989 年仅黄河水资源保护科学研究所完成水质监测研究课题 60 多项,有的项目荣获部、省级和黄委会级的科研成果奖,并参加国内国际学术交流。1988 年与美国地调局建立科研合作关系,进行了"沉降物(悬浮物)对河流水质影响"方面的研究。各项成果摘要以《科技成果与论文选编(1979～1987 年)》出版。

监测方法的研究主要有:

(一)水中汞的监测

1980～1982 年科研所吴青进行《冷原子萤光法测定黄河水体中微量汞的条件探讨》,对泥沙吸附作用后残留在水相中的少量汞的测定,探讨了用氯仿——王水预处理塑料容器防吸的方法,降低测汞试剂空白值、防止取样器对微量汞的吸附处理。从而提高分析的灵敏度,得到稳定可靠的结果。

1985～1987 年李鸿业等对黄河水中汞的测定又进行研究。以往国内外普遍采用冷原子吸收法测汞时,在酸性介质中用氯化亚锡把汞离子还原为元素状态汞(蒸汽),需外加载气附加设备(钢瓶),操作不便,且不经济。该项研究提出用冷原子吸收法测汞时,改用还原能力很强的硼氢化钾(片)代替传统的二氯化锡为还原剂,由反应中产生大量的氢气把汞(蒸汽)带入测汞仪中测定。本方法可用于测定水中总汞,还可分别测定水中无机汞和有机汞,做到了一法多用经济方便,节省人力和设备,且简单快速。

(二)水中铜、铅、镉的监测

1984 年 8 月第 6 期《黄河水资源保护》载吴青等撰写的《阳极溶出伏安法测定黄河水体中铜、铅、镉》一文。为适应黄河浑水特点的水质监测工作需要,选用盐酸——氯化钾作为底液进行实验,得到最低测定浓度铜离子为0.3ppb、铅离子为0.3ppb、镉离子为0.9ppb;变异系数3.9%～5.8%;回收率95%～103%的结果,并分别测定了黄河清水、浑水、悬浮物中的铜、铅、镉。

(三)水中钾、钠的监测

1985～1986年冯荣周进行了《火焰原子吸收光谱测定地表水中钾和钠》的试验研究。加入一定量的铯盐作消电离剂,可在一份样品溶液中同时完成钾、钠的测定,且具有良好的精度和准确度。

(四)水中痕量钼的监测

1986年李鸿业采用《催化分光光度法测定痕量钼》(《分析化学》14卷11期),研究了钼(Ⅵ)还原为钼(Ⅲ)的问题。采用了以硼氢化钾为还原剂,用铁(Ⅱ)——邻菲罗啉光度法间接测定痕量钼的新方法,较之在氮气保护下用锌汞剂或锌粉等还原剂,简便快速,灵敏度极高,所用试剂无毒,不用氮气保护。

1988年李鸿业采用《分光光度法直接测定天然水中微量钼》(《分析测试通报》第7卷第6期),研究和改进了罗丹明B与硫氰酸钼生成三元合物测定土壤和植物中微量钼的方法,分析了不同来源的水,直接测定天然水中微量钼,方法灵敏($\varepsilon=1.88\times105$),干扰少,得到了满意的结果。变异系数小于7%,回收率为88%～109%,检出限为2ppb。

(五)硫化镉中微量铟的测定

铟是硫化镉制备过程中伴随的有害元素,需要对其含量进行控制分析,吸光光度法中常用的几种显色剂对镉都有干扰,测定前均需分离。《萃取光度法直接测定硫化镉中微量钼》(李鸿业,1988年11月《理化实验——化学分册》)的研究并提出用5.7-二溴-8-羟基硅啉——氯仿液直接萃取测定硫化镉中微量铟的方法,0.5克硫化镉不影响铟的测定。

四、水质污染评价的研究

(一)黄河干流水质污染对水生生物毒性影响及生物学评价的研究

1979～1982年,赵沛伦利用水质污染生态学方法和水质污染毒理学分析方法对黄河干流上、中、下游11个河段,33个断面,99个采样点,进行了全面调查,总计采集生物样品1000余号,获得数据2000余个,验查了黄河干流水质污染生物学评价,为进行水质规划,保护黄河水资源,提供科学依据。

研究结果判明黄河干流大部分河段为中等污染程度、局部采样点已达到严重污染程度。调查河段的污染程度顺序为兰州＞包头＞银川＞涿口＞花园口＞开封＞三门峡水库＞刘家峡水库＞玛曲。此外还汇编了《内陆水域污染指示生物种群、藻类图案》，包括绿、隐、兰、黄、硅、甲、裸、金藻 8 个门，838 个种，共绘图 1112 个，还编写了《水域污染的生物评价方法》和《黄河干流指示生物名录》。

该项成果获水电部科研成果二等奖和 1984 年黄委会科研成果三等奖。

（二）黄河泥沙对汞吸附作用的研究

为摸清黄河泥沙对微量汞的吸附作用及存在形态，1980～1981 年吴青用黄河花园口断面的泥沙对 ppb 级无机汞和有机汞吸附作用进行了研究，提出《黄河花园口断面的泥沙对汞吸附的研究》报告。结果表明：在相同条件下，泥沙对 CH_3HgCl（氯化甲基汞）的吸附量小于对 $HgCl_2$（氯化汞）的吸附量，泥沙对 $HgCl_2$ 的吸附能力相当强，高达 90％，这种显著的自净作用有利于改善工业和饮用水的条件。对 CH_3HgCl 的吸附率约为 60％，尚有 40％残存于水中，给生态环境和人体健康造成危害。但是淤积的载汞泥沙在一定条件下可能释放出来，带来二次污染，有待研究和解决。

1985 年田宗波提出《黄河泥沙对汞离子吸附初探》，探讨了含沙量、矿化度、泥沙颗粒直径和 pH 值等因素对吸附作用的影响。研究结果表明：①当含汞量不变时，吸附量随含沙量的增加而幂函数减少，两者呈负相关；②当含沙量不变时，吸附量随矿化度的增加而减少；③细颗粒泥沙比粗粒泥沙吸附汞离子的能力更强；④在含沙量与含汞量都保持不变的情况下，吸附量溶液的 pH 值升高而增大。吸附量随达到最大时的临界 pH 值为 8。

（三）黄河泥沙对重金属迁移转化影响的研究

本项目研究是水利部下达的重大科研项目。1984～1988 年廖明等 10 人针对黄河含沙量大的特点，研究了重金属在黄河天然水体中的总量和形态及分布特征，分析了黄河天然水体的水沙特征对重金属分布状况的影响，泥沙的物理特性对重金属分布状况的影响，泥沙的物理特性、水体化学特征对重金属吸附解吸性能的影响；提出了黄河泥沙吸附铜的反应方程式，推导了泥沙吸附铜的模式。该项目研究工作是在黄河头道拐至花园口的中游河段上进行，布设 10 个采样断面，采样 500 多样次，取得近万个数据，绘成图、表共 400 余幅。此外在以上研究的基础上，根据清、浑水对比试验结果，探讨了多沙河流不完全适用统一标准的监测方法的水质评价标准。本项研究成果于 1988 年 12 月由水利部组织进行鉴定并通过。

对于金属元素的污染化学分布及其对水质影响的研究,还有:①《洛河水体中铜、铅、锌的污染化学及其对水质的影响》(崔鸿强等,1984年);②《阳极溶出伏安法测定黄河水体中铜、铅、镉》(吴青等,1984年);③黄河支流《洛河泥沙悬浮物对铜、铅、锌吸附与解吸作用的研究》(崔鸿强等,1985年);④《洛河流域土壤的金属元素背景值》(北京大学黄润华等,1985年);⑤《洛河水体重金属污染评价——兼论对多泥沙河流的评价方法》(暴维英等,1985年);⑥《对重金属元素取样现场加酸固定中存在问题的探讨》(马仁成,1986年);⑦黄河干流《三门峡～花园口水体中金属元素背景值及其分布规律》(蒋廉洁,1986年)。

(四)大型水利工程对环境生态影响评价的研究

赵沛伦等在《三门峡水库对环境生态的影响》(《环境水利论文选编》1982年)的研究中,从泄流对下游的影响,库区淹没、浸没、淤积与防洪能力、库岸坍塌、大坝截断鱼道、库水理化性质和水质污染状况等方面进行了探讨。

1984年9月～1986年3月黄委会勘测规划设计院、黄河水源保护办公室水资源保护科学研究所和黄河医院合作研究提出了《黄河小浪底水利枢纽工程环境影响报告书》(获1986年水电部科技进步三等奖和国家环保局科技进步三等奖)。该报告通过分析三门峡水库运用以来出现的环境问题,采用类比法预测小浪底水库对环境生态的影响。如泥沙淤积、坍岸、滑坡、浸没农田、库水水质、人群健康、水库移民、文物古迹、诱发地震、施工期污染,以及对下游河道、河口海区的防洪、防凌、供水水质、水生物生态、油田开发等问题。总的看来,主导方向是有利的,某些不利影响居从属地位,经采取措施可以减轻或消除。

第 五 篇

水文资料整编

黄河流域水文资料的整编工作,始于 1928 年,至今已有近 70 年的历史。

1912 年以前的定性水文记述,分别载于百余种有关历史文献中,如《史记·夏本纪》、《卜辞通纂》、《汉书·沟洫记》、《水经注》及《行水金鉴》等。众多的地方志也有大量记载。如黄委会勘测规划设计研究院在推算 1761、1843 年黄河历史洪水时,曾查阅过 890 余种地方志。重要的黄河历史水文记述,已汇集《黄河大事记》及本志中。

黄河流域 1723～1911 年的报汛资料,所幸而被保存下来,已汇成 4 册,存于黄委会水文局档案室。

民国时期,由于水文管理机构多次变动,且受战乱影响,致使资料整编工作时断时续,发展缓慢,无统一的技术标准,未进行过系统整编、刊印。

建国后,为治黄急需,在水利部的统一部署下,由黄委会主办,于 1952～1956 年组成专门班子,对黄河干支流 1919～1953 年的各项基本水文资料,进行了系统整编,并刊印公布。此次集中资料整编,为黄河流域水文资料整编工作的发展,打下了良好基础。从 1954 年的资料开始,转入逐年整编刊印的正常轨道。随着水文工作的发展与进步,水文资料整编技术也经历了创新和提高的过程。如水利部或水电部颁发的有关水文资料整编规范和编印的《水文资料整编方法》中,均吸收了黄河水文资料整编工作的经验。

1976 年开始研究电子计算机整编(简称电算整编)技术。其后十多年间,经过不同机型、不同语言的程序编制和试算,于 1992 年实现全部成果采用电算整编。黄委会水文局在水利部水文司的统一部署下,1987 年开始水文数据实验库的研制,于 1990 年基本建成,结束了以水文年鉴单一形式存贮水文资料的历史。

黄河流域水文资料整编刊印工作,是一个大的系统工程。几十年来,有数以百计的水文职工投入,倾注了他们大量的辛勤劳动和智慧。截至 1990 年,共整编刊印《黄河流域水文资料》300 册;《黄河流域小河站水文资料》3

册;《黄河流域水文特征值统计》11 册;《黄河流域特征值资料》1 册;各种实验资料(不包括沿黄各省、区自行刊印的资料)53 册。这些大量的水文资料,在治黄和国民经济建设中发挥了重大的作用。

第十八章　基本资料整编

民国时期,仅局限于原始资料的校核、汇总,间或作过部分流量、输沙量的推算统计。发表了一些水文报告,但未进行系统整编刊印。

建国后,黄委会于1952～1956年,组成整编组,对1919～1953年全流域水位、流量、泥沙、降水、蒸发资料进行了整编刊印。1954年起改为逐年整编。大汶河1912～1955年的水文资料由治淮委员会整编刊印。1956年起由黄委会汇编刊印。

第一节　民国时期资料整编

黄河流域水文资料整编工作,开始于1928年。当时属国民政府华北水利委员会领导。该委员会设有水文课,编制16人,管理包括黄河流域在内的水文工作。在其领导期间,经常性的水文资料整理工作有两项:一是整理旧有资料,主要是补绘北洋政府顺直水利委员会领导时期黄河陕州(陕县)、泺口两水文站的水位曲线(即过程线)比较图,流量比率曲线(即水位流量关系曲线)图;编制逐年水位、流量、含沙量、降水量资料汇总表等。二是整理新资料,主要考证、校核与修正各站原始记录,编制各项资料汇总表;编制上年度实测流量、平均含沙量及雨量年度表;绘制当年各站水位、流量、含沙量曲线(过程线)图及流量比率曲线图等。

1933年11月,国民政府黄委会开始接办黄河水文工作。水文资料整理的工作内容,与华北水利委员会时期大致相同。据黄委会该年11月工作报告记述:"本月绘制陕州水文站民国二十二年流量比率曲线图及面积比率曲线(即水位面积关系曲线)图;复制泺口站民国八、九、十年流量比率曲线图"。

1936年7月,黄委会的施政报告称:"本月完成的资料整理工作有五项:绘制木栾店、秦厂等水文站民国二十四年七至八月水位、流量、含沙量、输沙量曲线(过程线)图;绘制民国二十四至二十五年黄河各站流量过程线比较图;编制本会各水文站流量及输沙量统计表;绘制咸阳、华县两水文站民国二十四年水文曲线;绘制潼关水文站民国二十三、二十四年水文曲线。"1936年还在《黄河水利月刊》第3卷第12期公布了上年度黄河流域各项资料整理成果:一是各站水位记载汇总表,内容是逐月平均、最高、最低水位;二是各站流量汇总表,内容是逐月平均流量、月径流量;三是各站输沙量汇总表,内容是逐月输沙量;四是167个雨量站雨量汇总表,内容是月、年雨量。

1937年4月,全国经济委员会水利处发布的《全国水文报告》中,刊载了黄河流域1933～1935年水文资料整编图表。计有黄河流域水位、水文站分布图;逐月最大、最小流量统计表;逐月最大、最小含沙量统计表;各站水位涨落图(即过程线图);各站最高、最低水位图;各站流量曲线图;陕州站含沙量曲线及输沙量累积曲线图等。

黄委会于1942年组建水文总站,机关不设置业务科室,仅有少数人员分管资料整编工作。其任务与抗日战争爆发前大致相同。1945年,为使社会对黄河水文有所了解,根据1933年以来水文测验所得各项资料,进行整理、分析,编写成《黄河之水文》。其内容是综合分析报告和水文资料图表汇集。共分七章:导言、气象概况、雨量、水位及流量、含沙量、糙率、水温及冰凌;附表37种,图44幅。主要有各站雨量统计表;逐月最高、最低及平均水位表;逐月最大、最小及平均流量表;逐月输沙率统计表;逐月最大、最小及平均含沙量表;陕州站民国22～29年水位流量比率曲线图等。本资料由西安新中国印书馆及西安永安印刷厂印刷,民国35年5月出版发行。

黄委会水文总站,为加强资料整编工作,于1946年设立编审组,负责水文资料初步整理,摘编有关整编成果,及时提供防汛和设计部门使用。

1947年7月,最高经济委员会公共工程委员会编印的黄河研究资料汇编之第四种《黄河水文》(英文版),汇列有1919～1945年50个黄河干流水位和水文站及68个支流水文站资料。内容包括历年水位、流量、含沙量特征值统计,大断面图,过程线图及水位流量比率曲线图等。

民国时期,流量资料整编皆采用水位流量比率曲线法推求。此种方法,正如《黄河概况及治本探讨》一书中所述:"系将一切流量数目,绘于对数格子纸,可使各点位置凑近一直线,思度各点,绘一平均估量曲线,则此线将成一直线;其他任一平行线,则将代表河床变化情形中横断面及流速乘积之流量。"据《黄河之水文》中所列陕州站民国24年及31年最大流量,比建国初期集中整编历年资料时所推求的同水位流量,分别偏大37%和64%。日平

均水位、流量、含沙量,不论日变化大小及测次控制情况,皆采用算术平均法
计算。

第二节　1919～1953年资料集中整编

一、概况

　　黄河流域1919～1953年共积累可供整编的水位、流量、泥沙资料(含考
证、冰凌)3995站年;降水量、蒸发量资料3447站年。民国时期及建国初期,
虽曾对当时可能搜集到的资料,作过阶段性整编或初步整理,但还存在诸多
问题:一是民国、日伪时期因战乱影响,资料散失各地,未搜集齐全;二是原
始资料观测粗放,错、漏、伪造问题,未严格考证处理;三是整编方法简单陈
旧,成果缺乏合理性检查分析。不宜作为正式资料使用。

　　1951年,中央人民政府水利部,在《当前水文建设的方针和任务的通
知》中指出:"我国水文工作,虽已有几十年的历史,但水文资料未曾有系统
的整编和刊布",要求"各水系以往的水文资料,必须根据水利建设需要的缓
急,在1～3年的时间内,按照统一的标准,整编刊布"。

　　黄委会根据水利部指示和治黄工作的迫切需要,于1952～1956年期
间,建立专门组织,对黄河流域1919～1953年各项水文资料,进行了系统整
编。

二、水位、流量、泥沙资料

(一)组织领导

　　历年水位、流量、泥沙资料系统整编工作,于1952年6月在黄委会开始
筹备。水利部水文局、燃料工业部水力发电建设总局和黄委会共同组成"黄
河流域历年水文资料整编组",另由黄委会抽调技术人员(包括刚毕业分配
的大专学生)和招收社会知识青年,总共70余人参加。同年9月正式开始工
作。

　　整编组技术领导核心成员:

　　谢家泽——水利部水文局局长

　　叶永毅——水利部水文局水文研究所副所长

张昌龄——燃料工业部水力发电建设总局副总工程师

陈本善——黄委会水文科副科长

仝允魁——黄委会水文科工程师

整编组负责人,由叶永毅、仝允魁兼任。

(二)历年资料搜集

民国时期,测站隶属关系多次变动,测站停、撤频繁,全流域资料散置于北京、天津、南京、西安、开封等城市及沿黄各省(区)。早在1950年,黄委会水文科即陆续派人(或致函)到有关单位索取。除部分省(区)水文总站建国后的资料自行整编外,其余需系统整编的资料,均搜集齐全。其中,大部分是原始记录,少部分为月报表和日伪时期的初步整理成果。

(三)整编方法

从全国来讲,当时处于历年资料整编试点摸索阶段,尚无统一的技术规定可供使用。核心领导小组,参照国外有关资料,吸收长江、淮河两流域历年资料整编试点经验,结合黄河实际情况,拟定了《黄河历年资料整编要求与步骤》。在工作过程中,遇到疑难特殊问题,集体研究讨论,探索解决途径和方法,及时对技术规定进行补充修改。其中,一些适用于黄河情况的整编方法,如冲淤河床多线推流方法、含沙量缺测插补方法、日平均含沙量流量加权法等,其后被推广长期使用。

各种整编图表,按水利部1953年12月印发的《水文资料整编成果表式和填制说明》办理,并结合黄河流域历年资料情况,作了一些补充。

1. 测站考证资料。主要考证测站沿革、测验项目及年月、河道形势及断面状况、水尺及断面位置、水准基点、测验及整编情况等7个方面的内容,作为综合资料,编制"水文资料说明表及位置图"。

2. 水位资料。整编成果为"逐日平均水位表"和"水位曲线图"。

根据粗略统计,建国前有95%左右的测站资料存在不同问题。诸如因更换水尺或水尺零点高程引测错误,造成水位变化不连续;缺测、漏测致系列不完整或一年资料残缺不全;更有甚者,资料可疑无法整编。对各种问题和矛盾,此次均作了考证、鉴别和处理。无法解决者,在刊印表中作了附注说明,供作参考。

对整编成果,作了上下游站及历年变化趋势的合理性检查,发现一些突出问题。其中兰州站1946年以前水位,因水准点有1.13米差错,长期没有解决,经这次考证,作了改正;陕县站在建国前的31年水位记录中,以1942年299.66米为最高洪水位,但相应洪峰流量却小于1933年,值得怀疑,此次经现场调查及潼关至孟津沿河段查访印证,证明 1942 年洪水位记录有误,偏高 1.0 米,据此作了修正,并肯定 1933 年 8 月 10 日 299.14 米为历年最高洪水位。

3. 流量资料。建国前流量测验设备简陋,测验仪器经常不作校正;浮标系数多未经比测试验;洪水期及冰期缺测多,控制性差;部分资料尚有伪造情形等。加之,黄河干支流站多为河道多沙易变,给资料整编带来诸多困难和问题。此次整编时,对原始资料的可靠性和准确程度,从 5 个方面进行了分析:即从测验资料本身分析;从测站控制条件和自然因素方面分析;从上下游站相互对照结果分析;结合其他水情因素及根据测验人员的素质方面分析。

推求流量所采用的方法,是根据测站河床稳定程度和测点分布情况决定的。黄河上游区多采用单一曲线加辅助曲线法;中下游一般采用多条曲线法或按涨落水连时序线法。冰期有封冻而实测资料较少者,多用亏水曲线法;测次较多者,采用连实测流量过程线法。水位流量关系曲线的高水延长,一般用水力学方程式法、曲线法(流量与面积乘水力半径平方根之积关系曲线)及水位面积、水位流速曲线延长法。

对整编成果,作了 6 种分析对照:即水位流量关系曲线在历年变化中的比较;实测点和流量过程线的对照;水位过程线和流量过程线相似性的对照;历年流量过程线比较;上下游干支流洪水传播及水量平衡分析;降水量和径流深的比较等。

关于整编成果的质量,以水位流量关系曲线为例,凡有实测记录而又有上下游站可供对照,或河床比较稳定,历年水位流量关系曲线比较规律的测站,其定线误差一般为 ±3%～±5%,最大为 ±8%～±15%;河床不稳定、测验质量较差的站和年份,则定线误差更大些。一些主要站历年水量情况及存在问题,在刊印资料中已有详细记述。

整编成果一般为“实测流量成果表”、“逐日平均流量表”及“流量曲线图”。测次很少无法整编者,只编制“实测流量成果表”。

4. 输沙率资料。建国前,泥沙资料与水位、流量相比,问题更多,诸如取水样位置不能代表全断面平均含沙量;取样仪器不一致,操作方法不正确;测次少,控制性差等。由于历年河道变化情况及测验方法均不能详考,此次整编时,凡用简单法(指在断面内用一线、二线或三线法采取水样者)测得的含沙量,一般均视作断面平均含沙量,未予改正。

通过合理性分析,对沙量资料因测算方法不当引起的误差,根据兰州、陕县等站资料进行了估算,在刊印资料中已作记述。从兰州、包头、陕县、泺口等主要控制站沙量平衡比较看,大致合理。

沙量资料整编成果,一般为"逐日平均含沙量表"、"逐日平均输沙率表"、"含沙量曲线(过程线)图"及"输沙率曲线(过程线)图"。资料较差或测次较少无法插补者,仅编制"含沙量实测成果表"。

沿黄各省(区)历年水位、流量、泥沙资料,由黄委会代为整编的部分,均随时与有关单位进行联系,协商处理问题。其中,陕西省资料,黄委会曾派人将整编成果送该省水利局会同审查修改。由各省(区)自行整编的部分,送黄委会统一汇编时,经合理性检查对照,发现的系统错误和大的问题,征得原单位同意后又作了改正。

黄河流域1919～1952年水位、流量、泥沙资料集中整编,历时10个月,于1953年6月完成,又用一年时间,进行了审查修改。在审查工作后期,黄委会抽调部分水文站技术骨干,协同历年资料整编组,完成了1953年资料整编工作。这是首次组织测站人员参加此项工作,目的是以老带新,培养整编技术力量,为逐年进行在站整编打下基础。

全部整编成果,经水利部水文局审查合格,1954年8月以后陆续交付刊印,1956年5月前先后出版。分为9册装订,共5287版面。计刊印测站考证资料292站年,其中1949年底以前为151站年;水位1514站年,其中1949年底以前为883站年;流量865站年,其中1949年底以前为514站年;泥沙724站年,其中1949年底以前为415站年;冰凌600站年,其中1949年底以前为282站年。各项资料共3995站年,其中1949年底以前为2245站年(不包括60年代补刊水位资料)。

三、降水量、蒸发量资料

黄河流域1919～1953年降水量、蒸发量资料,于建国初期先后进行两次系统整编工作。

第一次是1953～1955年期间,当时为满足编制治黄规划急需,受黄规会委托,由中国科学院地球物理研究所叶笃正等三人负责,燃料工业部水力发电建设总局及黄委会等单位,组成整编小组,于北京集中进行。其任务是分析研究黄河流域降水量、蒸发量的时空分布、暴雨特性及统计多年特征值。在此基础上,编印《黄河流域降水图集》、《黄河流域蒸发图集》和《黄河流域的降水》各1册,于1956年8月出版。但整编技术规定及报表格式,与水文系统不一致。

第二次是 1956 年,由黄委会抽调 20 余人组成整编组,集中郑州进行。依据水利部 1953 年 12 月编印的《水文资料整编成果表式和填制说明》及补充规定,进行整编。历时 8 个月,全部完成任务。

降水量整编成果,有"逐日降水量表"、"汛期降水量记录表"及"月、年降水量等值线图"。汛期降水量记录表,一般编制 6～9 月资料,降水起迄时间缺记较多时,未予编制。降水量资料的合理性检查,主要审查原始记录的真实性,利用邻站逐日降水量表及月年降水量等值线图,从时空分布上,审查记录的合理性。

蒸发量资料,只编制"蒸发量月年统计表"。

全部整编成果,经审查汇编后,于 1957 年陆续交付刊印。按年份分 5 册装订,共 3161 版面。计刊印降水量 2837 站年,其中 1949 年底以前为 1747 站年;蒸发量 610 站年,其中 1949 年底以前为 293 站年。因资料过少或可靠性差,而未刊印的降水量资料有 221 站年,蒸发量资料有 101 站年。

第三节　1954 年后逐年资料整编

一、概况

黄河流域 1954 年以后的基本水文资料整编与刊印工作,转入逐年进行的正常轨道。从原始记录到印出水文年鉴的整编全过程,包括在站整编(整理)、审查、复审、验收、汇编、刊印等工作阶段。各个时期工作阶段的划分与分工,随着整编技术的发展及机构设置情况等,则不尽相同。

1954、1955 年在站整编阶段的工作,是由黄委会所属水文分站及省(区)水文总站组织测站人员集中进行,其后年份一般由测站独立完成;审查阶段的工作,由黄委会所属水文总站和省(区)水文总站组织测站人员集中进行,或由所属水文中心站(分站)主持分区进行,总站派人协助和指导工作。

根据水利部指示,黄委会自 1954 年起负责主持黄河流域水文资料复审、汇编、刊印阶段的工作,直至 1991 年暂停刊印水文年鉴为止(根据水电部批示,1958～1960 年泾、北洛、渭河水文资料的复审、汇编、刊印工作,是由陕西省水利厅主办)。复审阶段的工作,由沿黄各整编单位派人参加,共同完成。

黄委会鉴于所属水文总站已积累数年水文资料整编、审查工作方面的经验,机构、人员也有加强,具备了担任复审和汇编阶段任务的条件,本着充分发挥总站一级的职能作用,密切与省(区)整编单位的联系,决定从1960年资料起把复审、汇编工作下放给所属水文总站分区进行。其中,兰州水文总站负责黄河上游区(河口镇以上)部分;吴堡水文总站负责黄河中游区(河口镇至三门峡水库)部分;郑州水文总站负责黄河下游区(三门峡水库以下)部分;三门峡库区水文实验总站负责泾洛渭区(从1961年资料开始)。

黄委会除继续负责全流域的水文年鉴刊印外,每年派人到各汇编区协助和指导工作。

1967～1970年,水文资料整编工作,受到"文化大革命"的严重干扰。资料的复审、汇编工作主要靠所属的水文总站把关,并将整编成果直接送工厂刊印。沿黄一些省(区)的水文管理体制层层下放,使在站整编和集中审查工作无法正常进行。在合理的规章制度被废止的困难条件下,负责主持汇编的多数总站,尚能顾全大局,抽调得力技术人员,保证汇刊工作基本正常进行。

1971年以后,黄委会及沿黄省(区)水文管理机构逐步恢复、健全;原下放的水文站先后收到省(区)管理。在水电部1972年《对当前水文工作几点意见》指示的推动下,水文资料整编工作,又逐步走向正规。

进入80年代,黄委会所属兰州、吴堡(1986年改名为榆次)、三门峡等水文总站,把集中审查阶段的工作,先后交由所属的水文中心站(1986年后改为水文勘测队)负责组织进行,总站派人协助指导。1984年起,山西省所属黄河流域水文年鉴第3、4册范围的资料,自行完成复审阶段工作,吴堡总站派人进行资料验收。

1985年3月,黄委会水文局在印发的《近期水文资料复审汇编工作意见》中,重申黄河流域水文资料复审、汇编工作,仍分别由兰州、吴堡、三门峡、郑州等总站代表黄委会负责组织进行。有关问题的处理和整编质量把关,均由主持总站负责。水文局只根据需要,有计划地重点深入汇编区了解情况、检查质量,不再普遍派人协助指导工作。

1989年起,贯彻水电部1988年发布的《水文年鉴编印规范》,复审阶段的工作改由沿黄各整编单位自行组织进行。新增加的"验收"工作,仍由原主持汇编工作的总站组织各整编单位共同完成。

90年代初,随着各项事业的改革,水利部水文司提出了《水文资料存贮方式改革的初步方案(征求意见稿)》,即由传统的刊印水文年鉴向建立水文数据库转变；水文资料由无偿供应向有偿服务转变。沿黄一些省（区）水文总站也先后作出不再向汇刊单位提供水文资料的决定。黄委会水文局为适应这一改革形势，决定从 1991 年暂停刊印水文年鉴。所属站的水文资料整编工作仍严格按照现行规范进行。

1954～1990 年共整编、刊印《黄河流域水文资料》286 册。

二、程序

（一）在站整编

1955 年以前，在站整编阶段的工作内容与步骤，全国尚无统一规定。黄委会总结以往经验，参照水利部编印的《水文资料整编方法》，制定了《水文资料集中整编细则》，作为工作的依据文件。黄委会所属水文分站，平时对测站原始记录进行审核，次年春季集中测站人员进行整编。分站业务站长和资料审查组长负责组织领导，黄委会派人辅导。按水位、流量、沙量、降水量等项目次序，采取边学边作的方法进行整编，定期将发现的问题及解决办法，进行汇报交流。整编的步骤大体上是：首先是站与站相互交换审核原始资料；考证断面迁移、基面使用及水准点、水尺零点高程校测情况；插补缺测和修正不合理的资料。在此基础上，绘制水位流量关系曲线，推求逐日流量、沙量；然后按规定的项目作单站和上下游站的各项水文要素的合理性检查。最后，按水利部 1953 年 12 月印发的《水文资料整编成果表式和填制说明》编制刊印图表。每一整编步骤和图表填制，均经过初作、一校、二校及审核等手续。

黄委会于 1956 年制定了《水文资料在站整编细则》，正式贯彻执行"在站整编"的规定，并实行"随测验、随计算、随分析、随整编"和"保项目齐全、保方法正确、保数字规格无误、保图表整洁清晰、保按时交出成果"的"四随五保"工作制度。使资料整编与测验密切结合，逐步走向经常化、制度化轨道。各主要项目的在站整编工作内容是：

1. 水位资料：于观测后，随时将水位点绘于逐时过程线上，检查变化是否连续合理；在审核原始资料的基础上，按月或分阶段编制成果表。

2. 流量资料：于每次计算出实测流量后，及时将测点绘于水位流量关系图上，检查是否突出反常。根据测站特性，分阶段定出水位流量关系曲线；根据摘录的水位推求逐时流量和计算日平均流量；年终编制逐日表。

3. 悬移质输沙率资料：及时点绘单位水样含沙量（以下简称单沙）过程

线,检查有无缺测及变化是否合理。有实测悬移质输沙率的站,分阶段定出推求断面平均含沙量(以下简称断沙)的关系曲线;根据插补修正后的单沙,推求逐时断沙,并计算逐日平均输沙率和逐日平均含沙量;年终编制逐日表。

全年资料在站整编结束后,填制各项目资料整编说明书。

为推动资料在站整编的开展,黄委会于1957年7月行文提出两项措施:其一,要求总站专职检查员负责原始资料的审核工作,目的是通过系统审核,鉴定其测次控制、测验方法和数字计算是否符合要求,协助测站打好在站整编工作的基础;其二,根据当前测站技术力量,在站整编工作现状可分为三类:第一类是技术力量较强,能独立完成任务;第二类是技术力量较弱,主要项目不能完成;第三类是无力量开展资料在站整编工作。总站检查员应分类进行整编技术指导,协助后两类测站重点完成水、沙量推算的定线工作,使资料在站整编工作均衡地发展。

1958年,黄委会所属16个泥沙站增加泥沙颗粒级配资料的在站整编任务。其工作内容是,在审查分析资料的基础上,按月编制实测悬移质断面平均颗粒级配(简称断颗)与相应单位水样颗粒级配(简称单颗)成果表和实测单位水样颗粒级配成果表;年终绘制单断颗关系曲线,将单颗换算为断颗后,计算月、年平均颗粒级配;最后编制月年平均悬移质颗粒级配表。此项目整编由各总站泥沙分析室负责完成。同年,还增加了推移质和水化学分析资料的在站整编任务。

1960年以后,由于国民经济暂时困难,在站水文资料整编工作质量降低。为了扭转这种状况,1963年8月黄委会指定此项工作开展较好的川口、龙门、潼关、高村、洑口等水文站写出书面总结材料,印发所属各水文站学习,普遍提高思想认识。同年,黄委会还对1954~1962年黄河流域水文资料整编工作,进行全面总结。在总结经验的基础上,提出了改进在站整编工作的几点意见:即严格校核制度,切实消灭差错;研究测站特性,学习整编方法;开展调查研究,加强合理性检查分析。根据这一指示,各总站相继恢复对测站月报表及原始资料审核制度,水文站也实行原始资料与邻站相互交换审查的制度。因而,1964~1966年的资料在站整编质量是1956年以来最好的时期。黄委会所属90%以上的测站能独立全面完成在站整编任务,并有55%的站质量达到验收水平(即达到审查后的质量标准)。这是水文战线开展学习大庆油田"三老四严"作风,学习解放军苦练基本功活动所取得的丰硕成果。资料在站整编开展得较好的渡口堂、黑石关等水文站,在《黄河建设》1965年第二、七期上,分别发表文章,介绍搞好在站整编的经验体会。

"文化大革命"期间,在站整编工作受到严重影响。正常的"四随"工作制度不能坚持,领导机关对在站整编的技术辅导和检查工作,一度被迫减少或停止,并有删减整编图表种类和内容的现象。如1968年、1969年黄河下游水文站普遍取消"实测悬移质输沙率成果表";"实测流量成果表"也由原来编制全部测次,改为只编制一次较大洪水的测次,使资料的完整性受到一定影响。

1971年初,黄委会革委会生产组,根据王克勤、崔家骏赴基层调查的情况和意见,为扭转1967年以来不严格执行规范的现象,发出通知:重申水文资料整编工作,原则上仍按1964年颁发的规范和补充规定进行。确实需要改革的项目,应报请上级同意后,方可进行。对不应删除、简化的整编项目,应认真纠正。自此以后,整编工作开始出现新的转机。

为推动资料整编工作进一步发展提高,1973年10月黄委会在郑州召开所属水文总站参加的整编工作座谈会。各单位汇报了1972年资料质量情况,交流了在站整编工作经验,普遍反映,情况有所好转但还未恢复到历年最好水平,且发展不够平衡。70年代初,在站整编工作做得好的有贵德、川口、河津、黑石关、利津等水文站。这些站的共同经验是严把三关:即原始资料关、分析定线关、数字计算关。

1976年10月,黄委会在兰州市召开沿黄各整编单位参加的座谈会,总结交流整编工作经验,讨论制定新的《黄河流域水文资料整编刊印补充规定》,推动新颁《水文测验试行规范》及《水文测验手册(第三册资料整编和审查)》的贯彻执行。1978年黄委会为促进在站整编质量进一步提高,作出三年内有50%的站整编质量达到验收水平的规划。通过各总站采取有力措施,到1981年这一目标全面实现。如兰州水文总站达到验收水平的站为63%;郑州水文总站为60%。

1978年,黄委会在资料整编方面,试行质量评定管理办法。兰州、三门峡水文总站是最早实行质量评定的试点单位。这种办法是把资料整编阶段的工作内容,按规范规定的质量标准,分解为若干条具体指标,根据完成情况,分别评定计分(百分制),以得分多少,确定"优、良、差"等级,使管理工作科学化、制度化,把在站整编工作引入竞争机制。

黄委会水文局于1982年4月在郑州召开所属水文总站参加的水文资料整编座谈会,研究进一步提高整编质量问题;修订《水文资料整编质量评定办法》;交流在站整编的经验。吴堡水文总站的做法是,针对所属水文站小、技术力量薄弱、交通不便的特点,采取中心站分片包干,定期下站辅导,帮助确定水位流量关系曲线,解决较大技术问题的办法;郑州水文总站的做法是,按水系划片,委托技术力量较强的水文站,就近辅导在站整编基础差的站搞好定线等工作,并协调水系水沙量初步对照工作。

黄河下游近百处引黄涵闸(虹吸)站水文观测资料的整编工作,分别由河南、山东黄河河务局负责完成。为统一技术标准,保证整编成果质量,黄委会于1982年编写了《黄河下游引黄涵闸(虹吸)水文资料整编试行办法》,印发两局执行。

80年代后期,黄委会所属水文总站,对在站整编工作实行目标管理,按规范规定的工作内容、进度和质量标准,以目标任务书形式下达测站执行。测站实行岗位责任制,把全年整编任务,分解落实到人,把任务与部分外勤津贴和奖励挂钩。对任务完成情况,测站半年自查,年终总站全面考评,奖罚兑现,促进了整编工作持续均衡地完成。各年在站整编质量达到验收水平的站,约占总站数的60%～70%。

(二)集中审查

整编资料集中审查,开始于1957年。其任务分两步进行,第一次于当年汛后分片集中进行,第二次于次年第一季度集中总站进行。所谓分片集中审查,是为缩短总站集中时间和减轻工作量,将一部分审查任务提前于汛后分区完成。分片集中审查,开始由总站派人主持,后来逐步过渡到由水文中心站或水文勘测队主持。两次集中均由总站、中心站或水文勘测队主管整编的技术骨干和测站、泥沙室人员参加,分别用20～30天时间完成。

审查阶段的任务,从1958年资料起,依照水利部1956年11月印发的《水文资料审编刊印须知》进行,其审查内容概括有以下几个方面:

1. 审查原始资料:检查测次是否满足整编要求,测算方法是否正确。

2. 审查整编推算方法:包括选用的整编方法是否符合测站实际,定线是否正确合理,推算数字有否错误,计算方法是否符合精度要求等。

3. 审查单站合理性检查结果:项目是否齐全,对问题处理是否恰当。

4. 作综合合理性检查:对辖区水沙量进行平衡对照检查;对降水量作面上对照等。

5. 审查刊印成果:图表项目是否齐全,数字是否正确,规格是否符合要求等。

1958年资料集中审查情况:吴堡水文总站是次年1月17日开始,2月2日结束,50余人参加,完成各项资料审查共193站年。从时间来说,较

1957年资料提前一个多月。他们针对约30％的测站缺乏整编经验的情况，拟定了集中审查提纲，采取新技术人员老技术人员交换审查的办法。兰州水文总站是次年1月19日开始，月底结束，33人参加，历时10天完成各项资料208站年的审查任务，工作时间比1957年缩短半月。这是在"大跃进"影响下，依靠增加人员，加班加点完成任务，并非正常现象。在片面追求进度的同时，也存在着忽视质量的倾向。黄委会对1958年10个水文站已刊印资料的抽查，平均每站有8个错误，错误率为2/2000，超出规定一倍。

1963年，国民经济暂时困难的形势开始好转，各单位为了提高整编质量，对1962年资料集中审查工作，均加强组织领导。同年，郑州汇编区在复审工作开始前，为了解集中审查阶段的质量，抽查了三门峡、八里胡同、王坡、长水、龙门镇、润城等6个站整编成果，平均每站发现大小错误11个，比1961年平均每站32个错误，减少了66％。

从1964年资料起，集中审查工作依据《水文年鉴审编刊印暂行规范》[①]进行，采用分片或中心站相互交换进行的形式。随着在站整编质量的提高，审查内容视不同测站有所侧重。基础好的站，抽查10％的成果；差的站抽查30％的成果。包括考证、定线、推算、制表、统计等方面。根据抽查结果，作出是否合格的结论。对全部刊印图表，进行了表面统一检查。

60年代后期，集中审查阶段的工作，受"文化大革命"的影响相对较小。其主要原因，是黄委会所属水文总站机构及整编技术人员，无大的变动。在"抓革命，促生产"的口号下，当时的群众组织和革委会，对资料审查工作尚能组织安排。以吴堡水文总站为例，1967年冬季集中测站人员到三门峡搞"运动"，于次年3月，又集体返回吴堡，按时组织了1967年的集中审查工作。但个别省（区）也有资料未集中审查就参加流域复审汇编的情况。

70年代后期，资料集中审查阶段的工作内容，除按《水文测验试行规范》和《水文测验手册（第三册资料整编和审查）》进行外，还依照黄委会补充规定，抽核了10％～20％原始资料数字计算和补作了接头地区水沙量平衡对照检查。审查的进度及质量，基本上恢复到"文化大革命"前的正常情况。以1977年资料为例，兰州水文总站审查50个站的资料，无大错站为35个，占总站数的70％；三门峡库区水文实验总站在审查中，未发现大错；济南水文总站审查的6个水文站及17个水位站资料中，发现大错4个（平均错误率为0.9/20000），比1976年减少67％；质量均达到规范要求。1978年各总

---

① 规范规定：大错平均错误率不超过1/20000；小错（一般错）平均错误率不超过1/2000

站在集中审查阶段,举办了原始资料及整编图表展评,互相观摩学习,取长补短,收到较好效果。

1981年,黄委会水文局在全年工作安排意见中,对集中审查阶段的工作重点提出明确要求:即要着重做好合理性检查,特别是对水位流量及单断沙关系的定线,以及水沙量平衡对照的审查。要对资料进行深入的分析,力求消灭大的错误,切实把好质量关。

进入80年代中期,在集中审查阶段,各总站为调动审查人员的工作积极性,采取奖优罚劣的措施,把一部分外勤费和奖金与审查工作挂起钩来。实行这一措施的结果,基本杜绝了不登记或少登记错误的现象,给资料整编的质量评定工作提供了真实数据。

1990年,黄委系统的资料审查工作,仍坚持汛后及次年春季两次集中进行的制度。兰州、榆次、三门峡等总站汛后分片集中审查,由所属勘测队主持完成;郑州、济南两总站的两次集中审查,仍集中总站进行。汛后一次主要审查1~10月各项原始资料,进行电算数据加工、审定水位流量关系曲线和水沙量初步平衡对照等。

(三)复审与汇编

1955年以前,关于复审、汇编阶段的工作内容和要求,全国尚无统一规定。黄委会是参照自拟的《集中整编细则》和水利部颁发的《水文资料整编成果表式和填制说明》进行,于每年汇编结束后,将发现的问题,汇总函告沿黄有关省(区)水利厅(局)。主要的问题有:水位流量关系曲线趋势不合理、对舍弃测点未作批判说明及低水曲线放大范围不合乎要求;有的成果表数字与原始记录不符;有些实测资料精度虽差,尚有整编价值而未予整编等。

1956年,黄委会根据《水文资料审编刊印须知》,制定了《黄河流域水文资料整编成果复审汇编暂行办法》,作为复审、汇编的具体规定。其内容是:应用流域的合理性检查图表,检查各项整编成果有无突出不合理现象;抽出各整编单位10%的测站成果进行全面检查,了解整编方法及计算方面有无系统性错误存在;审查各整编单位发现问题的处理是否恰当;抽每张图表10%的内容,审查有无错误;全面检查刊印图表的特征数字、规格和文字说明。复审中,如发现错误图表占全部图表总数8%以上时,则将全部整编成果退回原整编单位返工。资料复审,是按整编单位分批进行。最早开始时间是次年3月上旬,最迟为次年5月下旬。在复审的基础上,黄委会按资料卷册范围,分别进行汇编。汇编工作的内容是:编制水文资料编印说明(包括编印情况、水文情况、资料情况等);编制水文要素综合图表(包括各水系月年平均流量对照表,各水系月年输沙率对照表,年径流等值线图,月、年降水量等值线图及暴雨等值图等);编制测站一览表;编排刊印图表顺序及修饰各图表中的文字说明等。

1961年资料的复审汇编工作,上、中、下游三个汇编区于1962年3月下旬先后开始工作,6月底全部结束。共复审各项资料2358站年。送刊前,经黄委会抽查16个站资料,共发现特征值错误18个,平均错误率2.3/20000;一般错误135个,平均错误率3.4/2000。其中,无错误1个站,占6%;有1~3个错误的6个站,占38%;有4~5个错误的4个站,占25%;有5个以上错误的5个站,占32%。虽未达到规定的质量标准,但比1960年资料的质量有所提高。如吴堡水文总站所属站1961年资料,复审阶段共发现错误27个,比1960年的100个减少73%。

黄委会分析60年代初资料质量下降的原因,是因国家经济暂时困难职工生活及思想受到影响造成。为扭转这种局面,弄清整编中存在的问题,于1963年1月组织力量,对1960年10个水文站已刊印资料,进行了详细审核,发现每站平均有7.6个错误,平均错误率超过规定。针对这种情况,于同年2月发出《关于加强水文资料整编工作,严格执行汇编、刊印要求》的通知。要求各水文总站加强整编、汇编工作的领导,严格校核审查制度,把好刊印前的最后一关。

1962年资料复审汇编工作,认真贯彻黄委会上述指示,并执行1962年制定的《黄河流域水文基本资料整编办法》。新《办法》第一次全面系统地提出审查阶段的成果质量标准:即项目齐全;方法正确,符合测站特性,定线恰当;特征数字无误,一般数字无重大错误(如小数点位数错、水准点高程用错、数字及规格系统错误等);各项图表整齐、清洁;各项水文要素过程线经上下游对照合理。

自1964年资料起,复审与汇编工作,按《水文年鉴审编刊印暂行规范》执行。复审阶段的主要任务是:审查各整编单位重点测站整编成果的考证、定线、数字及规格方面的质量情况,进行综合合理性检查(重点是接头地区),对刊印图表进行表面统一检查。新规范对复审阶段的质量标准又作了补充和修改,并第一次对整编单位参加流域复审阶段工作的人数及素质要求,作了规定。自此,复审与汇编工作进入规范化阶段。

1967~1970年,是受"文化大革命"干扰最严重时期,个别主持复审汇编的总站,随意砍掉"抽10%以上重点站进行全面审查"的工作内容,只作了合理性检查和成果表的表面检查。下游区,未按规定编制完整的测站一览表,而只编制了新增设测站的部分;有的刊印成果表或某些内容的填写方法,也删除或简化,使1968年全流域水文资料刊印版面比1965年减少43%。1971年以后,根据全国计划会议抓好生产的精神,并随着合理的规章制度的恢复,复审汇编工作也逐步好转。据11个整编单位1972年的资料统计,复审阶段的平均错误率不超过规范规定的有7个单位,占全流域整编单位的64%。为加强对复审、汇编工作的指导,自1978年的资料起,黄委会水文处,恢复"文化大革命"前派技术骨干到汇编区协助、指导工作的制度。其主要任务是,检查资料复审质量,协助解决业务技术问题,协调与省(区)整编单位的关系。

黄委会水文局于1985年3月,在《近期水文资料复审汇编工作意见》中重申:黄河流域水文资料复审汇编的工作内容、方法步骤、质量标准等,在新的水文年鉴编印规范颁布以前,仍应按照1975年《水文测验试行规范》第十部分和《水文测验手册》第三册资料整编与审查及有关补充规定执行。同年资料的复审、汇编工作,上游区未发现错误的站,占74%;平均大错错误率为0.2/20000;平均小错错误率为0.1/2000。泾洛渭区错误情况与上游区相同。下游区,平均大错错误率为0.9/20000,平均小错错误率为0.3/2000。质量均符合规范要求。

1990年,是黄委会按照新颁《水文年鉴编印规范》主持全流域水文资料验收工作的第二年,也是最后的一年。上游区,对省(区)资料采取分批组织验收的方式进行;中游区,除河南省因站少未派人外,其他省(区)均派人集中进行,资料对等交换验收;泾洛渭区,有5个整编单位,27人参加验收,共发现大错2个,一般错36个,平均错误率小于规范规定,均达到验收的质量标准。各汇编区普遍存在的问题,仍是对资料的合理性检查重视不够。

三、项目

黄河流域基本水文资料,1954~1987年(1988~1990年资料未出版齐全故未统计),累计整编项目12个,共113085站项年。刊印图表42种,这些图表,根据不同时期观测项目的变动、规范的不同规定和治黄实际需要,而有所调整。

1.测站考证。1954~1987年(下同)共整编刊印(简称编印)1883站年。整编成果只有测站说明表及位置图一种。凡新设站、测站(断面)迁移、水位站改为水文站或附近河流有重大改变的站,于事件发生年份进行编印;

1965、1975、1985 年，按规范规定，不论新站、老站，情况有无变动，均进行编印。

2.水位（包括河道、湖泊、渠道、水库站）。共编印 12305 站年（含补刊的 1948～1963 年资料）。1966 年以前，各类测站均编印逐日平均水位表及水位过程线图（小面积代表站及渠道站除外）。1967 年以后，视其独立使用价值的大小，分别编印逐日平均水位表或水位月年统计表；从 1982 年起，集水面积小于 500 平方公里的小河站及区域代表站，不编印水位资料。水位站还编印洪水水位摘录表。

山东黄河河务局所属修防处、段，1948～1963 年所设水位站观测资料，未逐年整编。该局于 1964～1965 年组织人力进行了系统整编、审查，作为黄河流域水文年鉴第 5 册补充资料，于 1970 年 7 月专册刊印出版。共计 36 个水位站、212 站年资料。其中完整者 79 站年，不完整或仅有汛期资料者为 133 站年。

3.流量。共编印 14598 站年。水文站、水库（坝下）站及大型渠道站逐年编印实测流量成果表和逐日平均流量表；小型渠道站、水文站兼测的渠道断面及黄河下游引黄涵闸（虹吸）站，逐年编印流量月年统计表；水文站还逐年编印洪水水文要素摘录表；从 1965 年起，水文站逐年编印实测大断面成果表。1954～1957 年，水文站还曾编印过流量过程线图。

4.悬移质输沙率及含沙量。共编印 9481 站年。1956 年起，测验悬移质输沙率的测站，编印实测悬移质输沙率成果表；凡实测含沙量的各类测站，视站类等级、年输沙量的大小等，分别逐年编印逐日表或月年统计表。水文站还编印过输沙率过程线（1954～1955 年）和含沙量过程线图（1954～1957 年）。

5.推移质输沙率。共编印 81 站年。1958～1966 年间，分别有 6～15 个站开展此项目测验，视测验次数和质量情况，逐年编印实测推移质输沙率成果表、逐日平均推移质输沙率表或月年统计表。

6.泥沙颗粒级配。共编印 2930 站年。编印成果有：实测悬移质断面平均颗粒级配与相应单位水样颗粒级配成果表、实测悬移质单位水样颗粒级配成果表、月年平均悬移质颗粒级配表、实测推移质断面平均颗粒级配成果表及实测床沙质断面平均颗粒级配成果表。

此项目的整编是从 1958 年开展的，凡有测验、分析任务的水文站，逐年分别编印上述各表。黄委会所属水文站 1952～1957 年未整编资料及 1958～1962 年遗漏资料，于 1964～1966 年进行了集中整编，1983 年经审查后，刊印《1952～1962年黄河流域泥沙颗粒级配资料》1册。

7.水温。共编印5210站年,只有水温月年统计表一种成果,从1956年开展此项目观测后,则逐年进行编印。

8.冰凌。共编印9354站年。各年冰情用符号刊注于逐日平均水位表或逐日平均流量表中。从1956年起开展冰厚资料观测,逐年选有代表性的测站编印冰厚及冰情要素摘录表(1961年前为冰雪记录表)。1963年起,少数开展冰流量测验的站,根据测验情况,编印实测冰流量成果表及逐日平均冰流量表。

9.水化学。共编印2192站年。1958～1984年,开展此项目分析的测站,逐年编印水化学(1961年前称水质)分析成果表。从1985年起,此项资料由水质监测部门分析、整编,刊入《黄河流域水质监测资料》。

10.地下水。共编印1175站年,有地下水井说明图表及地下水位表两种成果。1956～1984年,逐年进行整编。从1985年起,地下水资料专册刊印。

11.降水量。共编印49307站年。逐年编印逐日降水量表及降水量摘录表(1954～1958年为汛期降水量记录表、1959～1964年为汛期降水量摘录表);1964年起,逐年增编各时段最大降水量表(一)、(二)、(三)、(四)。并于同年补刊了1953～1963年的各时段最大降水量表(二)及表(三)。

各时段最大降水量表(一),统计年最大1日、3日、7日、15日、30日量,不论人工观测或自记雨量计观测的资料,均编印此表;表(二)统计年最大1、3、6、12、24、48、72小时量,凡按4段制及多于4段制人工观测的站,皆编印此表;表(三)列有0.5～72小时的年最大降水量,自记观测站一般均编印此表;表(四)列有5～120分钟的年最大降水量,选有代表性及资料质量较好的自记观测站,编印此表。

从1981年起,执行水利部水文局同年4月颁发的《降水量资料刊印表式及填制说明(试行稿)》,改为编印各时段最大降水量表(1)、表(2)。表(1)列有10～1440分钟的年最大降水量,挑选有代表性的自记观测站编印;表(2)列有1～24小时的年最大降水量,按4段制及多于4段制人工观测站及不编印表(1)的自记观测站,编印此表。

12.蒸发量。共编印4569站年。逐年编印逐日蒸发量表或蒸发量月年统计表。从1969年起,山西省所属水库漂浮水面蒸发站及甘肃省所属部分蒸发站,另编印蒸发量辅助项目月年统计表。

四、方法

各项资料常用的整编方法,在历次颁发的规范、手册及补充规定中,均有详细介绍。这里仅简要记述黄委会所属测站,常用的推求流量和沙量的方法。

(一)推求流量

1955 年以前,有关推求流量的方法及精度指标,全国尚无统一的规定。根据《黄河流域水文资料》编印说明记述:一般采用水位流量关系曲线法推求流量。曲线是根据测点的时序分布,并参照上下游关系绘制。所依据的测点对于曲线的偏离一般均在横坐标±10%以内。多数站为多曲线型,少数站采用改正水位法及校正因数法。冰期也有少数站采用连实测流量过程线法整编。水位流量关系曲线高水延长,一般采用三种方法:其一,根据水位面积、水位流速关系曲线延长;其二,用水力学公式延长;其三,参考历年水位流量关系曲线变化范围和上下游站关系,顺曲线趋势延长。

1956 年、1960 年、1975 年及 1988 年颁布的规范中,对水位流量关系图的绘制和分析、受不同水力因素影响测站的推求流量方法、不同站类各种定线方法及精度要求等方面,均作了规定。黄委会所属测站是根据本站特性和流量测验情况选定的,选用的方法力求简单合理。下面记述贵德等 8 个干流水文站建国以来,较大洪水年份,水位流量关系曲线的定线情况。详见表5—1。

黄河贵德、兰州站处于上游区上段,洪水涨落较缓慢,含沙量小,河床比较稳定,是黄河干流水位流量关系比较简单、稳定的河段。畅流期多定单一曲线。唯冰期受结冰影响或汛期上游附近发生山洪来水时,可引起水位流量关系的变化,而采用临时曲线法。大洪水过程,有时过水断面也有明显的冲淤变化,可形成绳套形曲线。如该两站 1981 年 9 月大洪水,即属于这种情况。

石嘴山站,位于上游区下段,洪水涨落缓慢,受兰州以下多沙支流来水、干流水库调节及宁夏引黄灌区引退水等因素影响,洪水期断面有一定冲淤变化。畅流平水期水位流量关系相对稳定,用临时曲线法。冰期较长且冰情复杂,水位流量关系散乱多变。因而,就全年来说,定线可多达20～30条。

表 5—1 黄河贵德等 8 站较大洪水年份水位流量关系曲线情况统计表

站　名	年份	年　最　大　洪　峰		全　　年	
		流　量 （立方米每秒）	曲线形式	曲线数 目（条）	同水位流量最 大差（立方米每秒）
贵　德	1954	2200	单　一　线	8	170
	1964	3050	单　一　线	9	150
	1976	3080	单　一　线	11	120
	1981	4900	顺时针绳套	8	510
兰　州	1954	3190	单　一　线	4	
	1976	4020	单　一　线	2	110
	1981	5600	顺时针绳套	2	220
石嘴山	1954	3060	单　一　线	10	230
	1964	5440	逆时针绳套	31	590
	1976	3980	单　一　线	17	240
	1981	5660	逆时针绳套	21	290
吴　堡	1954	14300	单　一　线	17	1000
	1967	20000	顺时针绳套	23	4000
	1976	24000	顺时针绳套	44	2100
龙　门	1958	10800	单　一　线	32	2500
	1964	17300	顺时针绳套	68	6000
	1977	14500	顺时针绳套	51	6800
花园口	1958	22300	顺时针绳套	24	9020
	1964	9430	顺时针绳套	42	4290
	1977	10800	顺时针绳套	65	4700
	1982	15300	顺时针绳套	79	2940
高　村	1958	17900	顺时针绳套	31	4300
	1964	9050	逆时针绳套	49	2900
	1977	6100	顺时针绳套	59	1700
	1982	13000	顺时针绳套	51	3000
泺　口	1958	11900	逆时针绳套	16	1700
	1964	8400	逆时针绳套	11	1200
	1977	5400	顺时针绳套	22	800
	1982	6010	逆时针绳套	43	800

大洪水过程（如 1964、1981 年），形成水位流量关系曲线为逆时针绳套。

吴堡、龙门两站,地处中游区上段,为黄河洪水和泥沙主要来源地区。洪水频繁,涨落急剧,具有山溪性河流特性;并且,河床冲淤多变,龙门站还出现"揭河底"现象,使水位流量关系十分散乱。采用临时曲线及配合洪水绳套曲线法。关系曲线的年内分布宽度较大,同水位流量,最大可相差4000～7000立方米每秒。吴堡站1976年定曲线44条,龙门站1964年定曲线多达68条。大洪水过程,两站水位流量关系曲线多为顺时针绳套。绳套涨落幅度,龙门站大于吴堡站。

花园口、高村两站,地处黄河下游区上段,河道宽浅,游荡多变,冲淤频繁,洪水涨落比较平缓。水位流量关系受河床冲淤及洪水涨落的影响,十分复杂。采用临时曲线配合连时序法。洪水时水位流量关系曲线多为顺时针绳套型。曲线的年内分布宽度亦较大。花园口站1958年同水位流量,最大相差9020立方米每秒;高村站同年最大相差4300立方米每秒。是黄河干流站中水位流量关系变化最大、最复杂的测站。

泺口站,位于黄河下游区下段,河道较窄,主槽相对固定,洪水涨落比较缓慢,多数较大洪水过程中,冲淤变化较大,具有涨冲落淤规律。水位流量关系有时还受洪水涨落因素影响,故其曲线形式,顺、逆时针绳套皆有。平水时,采用临时曲线法。其曲线年内分布宽度较小,同水位流量最大相差1700立方米每秒,曲线数目一般有10～20条,是下游变化较小的河段。

(二)推求断面平均含沙量

建国前和建国初期所测含沙量即作为断面平均含沙量。

1956年以后,凡测输沙率的站,一般均用单断沙关系曲线法。不测输沙率或单断沙关系曲线很散乱的站,则采用近似法整编。黄河干流三门峡、花园口、夹河滩、高村、艾山等站,个别年份非汛期采用流量与输沙率关系曲线法。

五、问题

黄河流域历年水文资料整编中,有两大难题:其一是,黄河干支流站的水位流量关系,多受冲淤因素影响,历年多用临时曲线和连时序法定线,曲线数目多,推算工作量大,且不能实现计算机定线。为此,80年代以来,不少人员研究变动河床水位流量关系单值化处理问题,但至今尚未解决。其二是,黄河干流宁蒙灌区及下游两区段水量不平衡问题。因为均为减水河段,主要原因是各项引用(耗损)水及退水未搞清楚。另外,小浪底至河口沙量不平衡也是老问题。既有水文站沙量测验存在系统误差，也有河道冲淤量及引沙量等未算准确的问题。历年整编进行上下游站合理性检查时，受客观条件限制，难以解决。1992～1996 年黄委会水文局组织历年水文资料审查组进行"黄河（1950～1990 年）水文基本资料审编"工作，把长河段、长时段水沙量平衡对照，作为实测资料审查的重点之一，已取得较满意的结果。

第四节　小河站资料整编

一、概况

黄河流域小河站有两种情况：一是原有的小面积水文站中，有一部分改按小河站的技术规定进行观测；二是 1978 年起陆续设立的新站。其资料的质量，依其观测组织形式的不同，分为三类：一是原有的小面积站，有固定职工驻测，测验质量较高；二是兼测小河站，由辅导水文站派人协助指导测验，质量尚可靠；三是委托小河站，测验质量较差。

二、整编内容

小河站资料整编的工作阶段与任务，与水文年鉴编印基本相同。宁夏所属站 1979～1984 年资料、内蒙古 1978～1979 年资料、陕西省 1979 年资料，是同黄委会所属站资料一起进行汇编刊印的。其他省（区）和上述省（区）其他年份资料，是自行汇编刊印。截至 1989 年，由黄委会负责汇编刊印《黄河流域小河站水文资料》3 册，共 233 站年，其中黄委会所属站 206 站年。详见表 5—2。自 1990 年起，黄委会保留的 5 个小河站资料逐年印入《水文年鉴》。

小河站资料整编，是按水利部水文局 1979 年 7 月印发的《干旱区小河站水文测验补充技术规定（试行稿）》进行的。黄委会对该补充规定中不够明确具体的方面，又制定了《小河站水文资料图表填制说明》。整编项目及图表如下：

1. 考证资料。有集水区平面图和测站说明表及位置图。

表5—2　　　　　　黄委会负责汇刊小河站资料统计表

年份	黄委会		宁夏		内蒙古		陕西		合计	
	小河站（处）	配套雨量站（处）	小河站（处）	配套雨量站（处）	小河站（处）	配套雨量站（处）	小河站（处）	配套雨量站（处）	小河站（处）	配套雨量站（处）
1978	9	39			2	8			11	47
1979	15	66	1	4	3	13	6	18	25	101
1980	18	91	3	7					21	98
1981	20	111	3	9					23	120
1982	20	110	3	9					23	119
1983	20	110	3	9					23	119
1984	20	110	3	10					23	120
1985	20	112							20	112
1986	20	110							20	110
1987	20	108							20	108
1988	19	99							19	99
1989	5	32							5	32
合计	206	1098	16	48	5	21	6	18	233	1185

2. 流量资料。各站均编印实测流量成果表、实测大断面成果表、洪水水文要素摘录表和洪水特征值统计表。个别站还编印逐日平均流量表,大部分站另编印流量、含沙量及悬移质输沙率月年统计表。

3. 输沙率资料。实测输沙率的站编印实测悬移质输沙率表;个别站还编印逐日平均悬移质输沙率表和逐日平均含沙量表。

三、整编方法

1. 流量。一般采用临时曲线法整编。定线的精度要求:每条曲线有75%的点子偏离平均曲线不超过±10%(中、高水部分)或±20%(低水部分)。系统误差限制:偏离曲线的点子少于3~5个,且占本曲线总点子的1/3以内和时间不超过半个月时,高中水允许误差为±5%,低水为±10%。

洪水特征值(包括洪峰流量、洪峰模数、径流量、径流深度、径流系数、输沙量、侵蚀模数等),一般选1~3次较大洪水进行统计、计算。其中清水径流量,是由浑水径流量减去相应的输沙量体积求得。

2. 断面平均含沙量。一般采用近似法整编。

3. 降水量摘录。与洪水水文要素摘录配套进行。摘录点次以控制降水强度变化的转折点为原则。

4. 流域平均降水量。一般采用泰森多边形法计算；个别站因配套雨量站太少，采用算术平均法计算。内蒙古所属的红山口、坝口子两站系用等值线法计算。

第五节　电算整编

一、简况

黄河流域应用电算整编水文资料的工作，是 1976 年开始的。是年 1 月，黄委会水文处派人参加了黄委会举办的 ALGOL 语言、国产 TQ—16 型计算机应用学习班。同年 7 月，学习人员按照现行整编规范的技术要求，初步研制出水位、流量、含沙量资料的电算整编综合程序。后经语言移植、试算和修改，于 1977 年上半年编制出 BCY 语言 TQ—16 机整编水位、流量、含沙量的联合程序，并于同年 9 月在武汉市召开的电算整编经验交流会上作了交流。

1978 年 2～5 月，由黄委会水文处主持，在开封举办了首次电算整编学习班，并在郑州上机操作实习，黄河流域各整编单位 40 余人参加。在培训电算整编人员的基础上，各整编单位相继成立了电算整编小组，为电算工作的正式开展作了准备。

1978 年第三季度，根据水电部水文局指示，黄委会水文处与青海省水文总站协作，分别研制出《BCY 语言、TQ—16 机整编降水量程序》和《AL-GOL 语言、DJS—6 机（国产）整编降水量程序》。同年 12 月，由黄委会水文处主持，在郑州召开了沿黄各整编单位参加的电算工作会议，交流了经验，商讨了开展电算整编的有关技术问题。

1980 年，水利部水文局在全国各流域和省（区、市）水文部门编制电算整编程序的基础上，为解决由于计算机类型和语言的不同，以及程序功能的差异等问题，组织了水文资料电算整编全国通用程序协作组，又按项目分为降水量和水位、流量、含沙量两个小组，分别由黄委会和长办两流域机构牵头。黄委会水文局经过两年多的研究、试算，编制出 TQ—16 机整编降水量及水位、流量、含沙量资料的全国通用程序。

1983 年 9 月,由水电部科技司及水文局主持,在厦门市召开由部分流域、省(区、市)水文部门和其他有关单位参加的通用程序审查会,黄委会编制的 TQ—16 机和长办编制的 DJS—6 机整编程序通过部级鉴定,批准正式使用。

1980 年,黄委会水文局张国泰等编制出《悬移质泥沙颗粒级配资料电算整编程序》,该程序通过黄河龙门等 7 个干支流站 1978~1979 年资料与人工整编成果对比,均符合规范要求。经黄委会批准,于 1981 年开始投产使用。同年,黄委会三门峡库区水文实验总站杨丙戌等编制出《库区淤积资料电算整编程序》,经 500 个以上断面次资料试算,符合整编要求,1982 年正式投产使用。

1978~1984 年,黄河流域各整编单位,部分项目资料先后采用电算整编,作为正式成果印入水文年鉴。电算整编开展比较早,站数及项目较多的单位,有黄委会和甘肃、陕西、河南等省水文总站。但由于国产机存在着性能差、输入手段(纸带穿孔、光电输入)落后,打印不清,无汉字系统等弊端,阻碍着电算整编的发展与提高,未能大面积推广使用。因此,从 1985 年起,电算整编工作几乎处于暂停状态。

为改善电算整编工作,黄委会水文局于 1984 年组织人力,先后完成 TQ—16 机全国通用程序向 PRIME550 和 GF20/11A 微机移植工作。但因前一种微机仍不能解决汉字问题,后一种微机容量小、速度慢,不能满足整编需要,故两种程序移植成果均未投产使用。

1986 年,黄委会水文局在水电部水文局统一部署支持下,开始筹备引进美国 DCE 公司生产的 MICRO—VAX Ⅱ 型计算机,用于电算整编等项工作。同年 3 月,着手进行降水量全国通用程序向 VAX 机的移植工作,5~8 月,派人参加水电部水文局组织的学习团,赴美国 DCE 公司学习 VAX 机的使用和维修技术,12 月受水电部水文局委托,在郑州举办了 VAX 机降水量通用程序学习班,全国各省(区、市)水文总站约 80 人参加。

黄委会水文局新购的 MICRO—VAX Ⅱ 型计算机,于 1987 年 3 月 1 日正式运行。新机器具有汉字系统、键盘输入屏幕显示、打印清晰、容量大、运算性能高等特点,为大面积推广电算整编创造了条件。1987 年有 75 站年水、流、沙和 504 站年降水量资料开始用新机器进行整编。1988 年 4 月下旬,由水电部主持,在北京召开了有国家经委信息中心,水电部所属水文司、科技司、水资源研究所,黄委会科技办、各流域及省(区、市)水文部门参加的专门会议,对黄委会水文局及长委会水文局分别移植的《VAX 机整编降水量全国通用程序》和《VAX 机整编水位、流量、含沙量通用程序》进行了审查，并通过部级鉴定，批准在全国正式使用。到 1992 年黄委会所属水文、水位、雨量站资料，全部改为电算整编。

到 1992 年，黄河流域各省（区）水文部门均已购置 VAX 计算机，并先后用作电算整编水文资料。

二、内容

至 1990 年，电算整编一般仍是在人工考证、定线的基础上，由计算机完成水位、流量、含沙量、泥沙颗粒级配及降水量等主要项目的计算、统计和成果表的输出等项工作内容。资料的合理性检查等项工作，还需由人工完成。

电算整编工作的内容，包括数据整理、录入、数据上机计算及输出成果等。其工作阶段与人工整编相同。数据整理一般由测站完成，数据录入及上机计算工作，由勘测队或总站组织专人完成。

电算整编的质量要求是：数据加工方法应符合程序要求，统计数据无错误；数据录入无误，并符合上机要求；输出成果的要求是特征值和月年统计值无错误，一般数字的错误率不超过 1/10000。

第十九章　实验资料整编

建国以前,仅在水土保持部门开展过一些水文试验观测。资料没有整编。

建国以后,根据治黄工作的需要,黄委会和沿黄各省(区)水文总站、水电厂、工程管理部门,分别开展了水库、河道、河床演变、河口、径流及水面蒸发等项水文实验观测。截至 1990 年,共整编、刊印各项水文实验专册资料53 册(不包括 1970～1983 年印入水文年鉴的部分水库实验资料)。

黄河流域历年各项水文实验资料,除刘家峡和三盛公(不含 1970 年前资料)水库资料,系由测验单位整编后,由黄委会统一汇刊外,其他实验资料均由测验单位自行整编、刊印。各阶段的工作内容与质量要求等,基本上同水文年鉴的有关规定。这里仅记述黄委会负责组织完成的实验资料整编和汇刊工作。

第一节　水库资料

1956 年以来,三门峡、位山(含东平湖)、三盛公、巴家嘴、盐锅峡、青铜峡、刘家峡、天桥、汾河、八盘峡等干支流大型水库,相继开展水库水文实验观测。截至 1990 年,共整编、刊印 203 库年资料(不包括汾河水库)。

一、三门峡水库

三门峡库区水文实验资料整编工作,开始于 1960 年。该年集中完成了1956～1959 年资料整编。其后转入逐年整编,由黄委会三门峡库区水文实验总站和陕西省三门峡库区管理局共同完成。截至 1990 年,已积累 35 库年资料。

(一)项目和内容

历年资料整编,共有 6 大项,49 种图表。

1. 地下水。1956~1977 年三门峡、赵村、潼关、渭南、大荔、张留庄 6 个地下水观测站各剖面测井资料。其中 1956~1959 年整编刊印成果有地下水位 785 井年；地下水温 538 井年；地下水质分析 373 井年；泉水涌水量 6 站年；地下水涌水量 64 井年。1960 年以后观测范围及观测项目陆续有较大调整，整编成果未刊印。

2. 塌岸资料。1959 年有此项观测。计整编塌岸断面实测成果 36 断面次；塌岸断面土质分析 108 个土样成果；塌岸数量估算成果及重点观测段（三门峡及北南营段）塌岸数量成果表。

3. 气象资料。一是三门峡站 1956~1967 年一型 Ⅱ 级蒸发场试验比测成果；二是 1959 年库区水位站及水力泥沙因子断面岸上气温资料，共 8 站（断面）年。

4. 异重流资料。1961~1964 年开展此项观测，计整编异重流断面水流泥沙因素成果 37 断面次；异重流测点、流速、含沙量、颗粒级配成果 1141 垂线次资料。

5. 淤积资料。

(1)断面法：1959~1990 年逐年进行全库性或区段淤积断面测验。主要整编成果有：淤积断面实测成果 11427 断面次；水库淤积量分布计算成果 32 库年；水库淤积物试验成果 6001 断面次；淤积断面各高程间面积成果表 32 库年。

(2)地形法：1960 年各级水位面积容积成果表；1971~1990 年各级水位面积成果表及各级水位容积成果表。

6. 水文泥沙资料。包括进出库水文站、库区专用水位站、水文站及水力泥沙因子断面 1959~1990 年观测资料。整编水位 727 站（断面）年；水温 81 站年；主要洪峰洪水同时水位 48 年次；流量 271 站年；悬移质输沙率 259 站年；推移质输沙率 7 站年。另外，还整编有悬移质、推移质、床沙质颗粒级配成果及水化学分析成果。1967~1990 年，还搜集闸门启闭情况记录，整理刊印。

（二）技术规定

本水库实验资料整编，主要依据 1959 年黄委会制定的《三门峡水库水文气象资料整编方法》、1979 年 10 月水利部颁发的《水库水文泥沙观测试行办法》及编印水文年鉴的有关规范、补充规定等文件进行。

（三）资料刊印

截至 1990 年，共刊印《黄河流域三门峡水库区水文实验资料》27 册。其中,1956～1959 年合刊一册;1960～1962 年及 1963～1964 年分别合刊两册;1965～1971 年每 2～3 年合刊一册;1972 年以后,每年刊印一册。

二、位山和东平湖库区

(一)位山水库

位山水库水文实验观测,始于 1959 年,止于 1964 年。其观测资料的整编,主要依据《水文测验暂行规范》及黄委会制定的《水文实验站(队)资料刊印办法》及有关补充规定进行。

各项实验资料分两个区段:

枢纽壅水段:1960～1964 年,整编成果共有 18 种。主要有:固定断面实测成果 1284 断面次;断面冲淤成果及淤积量分布计算成果 5 库年;淤积物试验成果 200 个土样资料。另外,还整编有同时水位记录表、河道地形图、河势图及主流线演变图等。

枢纽下游河道实验段:1959～1964 年观测期间,主要整编成果有 5 种:即水流泥沙要素实测成果、固定断面及连续断面实测成果(2134 断面次)、测点流速及含沙量实测成果、实测河势图及主流线演变图等。

(二)东平湖库区

1960～1963 观测期间,整编有湖周地下水位(136 井年)、波浪定时观测成果、逐月波向波高成果,以及气温、相对湿度、风向及风速等气象资料。

整编资料,共刊印《黄河流域位山水库区水文实验资料》3 册。

三、其他七水库

黄河刘家峡、盐锅峡、八盘峡、青铜峡、三盛公、天桥及蒲河巴家嘴等 7 个水库的历年实验资料,原为复写资料,既不符合长期保存要求,也不便于各单位使用。1971 年黄委会决定对这 7 个水库资料进行整编刊印。各库的整编项目及刊印图表,大致相同。主要依据编印水文年鉴的有关规范及水利部 1979 年 10 月颁发的《水库水文泥沙观测试行办法》等进行。

整编项目及刊印图表见表 5—3。其中,三盛公水库除表列项目外,还整编有进出库站的流量、泥沙资料及水力泥沙因子断面的实测成果;1960～1970 年,还编绘有壅水段平均河底高程及溪线纵剖面图、库区测验河段河势图等。

表5—3

刘家峡等7水库历年资料整编项目及数量统计表

河名	水库名	统计指标	闸门启闭记录表(库年)	水位资料		淤积资料			输沙资料		异重流资料
				逐日平均水位表(断面年)	同时水位成果表(库年)	淤积断面实测成果表(断面次)	淤积量计算成果表(库年)	淤积物成果表(土样个数)	实测悬移质颗粒级配成果表(库年)	实测床沙质颗粒级配成果表(库年)	异重流测验成果表(库年)
黄河	刘家峡	观测年份	1971~1974	1971~1989	1976~1987	1966,1971~1989	1971~1989	1975~1989			1973~1979,1982~1989
		资料数量	4	34	12	1542	19	2056			15
黄河	盐锅峡	观测年份	1964~1976	1962~1989	1963~1981	1962~1968,1970~1986	1963~1968,1970~1986	1962~1967,1971~1973,1975~1986	1970~1971,1974	1970~1971,1974	
		资料数量	13	56	19	951	23	1579	3	3	
黄河	八盘峡	观测年份		1979~1989	1976~1978,1981	1975~1986	1975~1986	1976~1986			
		资料数量		11	4	584	12	887			
黄河	青铜峡	观测年份	1972~1974,1983~1986	1964~1989	1963~1979,1981	1963~1989	1964~1989	1964~1989		1960~1966,1974~1977,1980	
		资料数量	7	39	18	1304	26	2344		12	
黄河	三盛公	观测年份		1959~1989	1961~1989	1959~1989	1959~1989		1959~1966,1971~1977,1980		
		资料数量		152	29	2071	31		16		
黄河	天桥	观测年份	1977~1986	1977~1989	1979~1984,1988	1973,1975~1989	1973,1975~1989	1979~1988			
		资料数量	10	57	7	894	16	1158			
蒲河	巴家嘴	观测年份		1964~1973,1978~1989		1961,1964~1989	1961,1964~1989	1965~1989	1966~1967,1970~1973,1975		
		资料数量		22		1514	27	2486	7		

注　刘家峡、盐锅峡、青铜峡、三盛公、天桥等水库水位资料为2个或2个以上断面资料

截至 1989 年,刘家峡等 7 水库历年整编资料,共刊印 4 册。第 1 册是《1959～1970 年黄河流域三盛公枢纽库区水文实验资料》,由内蒙古自治区黄河工程管理局于 1973 年 3 月刊印。第 2 册是《黄河流域库区水文实验资料》,由黄委会于 1978 年 5 月刊印,该专册刊印有除八盘峡、天桥水库以外的其他 5 个水库 1961～1974 年的资料(各水库资料系列不同)。第 3 册是《黄河流域天桥水库区资料(1973～1982 年)》,由黄委会 1985 年 5 月刊印。第 4 册是《黄河流域库区水文实验资料》,内容是上述 7 水库 1982～1989 年资料。

另外,刊入黄河流域水文年鉴第 1 册的有刘家峡水库 1974～1983 年资料、盐锅峡水库 1970～1983 年资料、八盘峡水库 1975～1983 年资料。刊入第 2 册的有青铜峡水库 1970～1982 年资料、三盛公水库 1975～1982 年资料。刊入第 8 册的是巴家嘴水库 1971～1983 年资料。

第二节　下游河道资料

一、全河段

为便于黄河下游河道资料能长期保存和有利于各有关单位使用,1971 年秋黄委会布置河南、山东黄河河务局,分别进行所辖河段 1951 年以来河道水文观测资料的整编工作。各项资料的整编,基本上是按照黄委会 1971 年印发的《黄河下游河道观测资料整编试行办法》进行。

(一)概况

河南段(铁谢～河道断面)1951～1980 年观测资料,由河南黄河河务局于 1980～1982 年组成专门小组,分期集中进行整编。山东段(高村～河口断面)1951～1973 年资料,由济南水文总站于 1972～1974 年组织专门人员,分期完成整编;1975～1979 年资料是逐年进行整编。整编成果经黄委会水文处(局)复审汇编后刊印。

1981～1985 年(山东段为 1980～1985 年)及 1986～1990 年资料,在上述两单位逐年完成整编的基础上,黄委会委托济南水文总站,分别于 1987 年和 1993 年负责组织完成复审、汇编工作,河南黄河河务局派人参加。

(二)项目

历年资料整编,共有 4 项 8 种成果表。

考证资料：包括河道断面位置一览表、河道断面位置图、断面主槽及滩地划分情况一览表。

断面资料：截至1990年，整编大断面实测成果表6444断面次（其中河南段1854断面次，山东段4590断面次）；分级水位与水面宽、面积关系表3878断面次（其中河南段1402断面次，山东段2476断面次）；断面冲淤计算成果表。

泥沙颗粒级配资料：仅有实测床沙质颗粒级配成果表，为山东段1965～1990年资料，共1185断面次。

河势图：河南段，1952～1958年及1968～1990年逐年编绘全河段河势图；其他年份只编绘辛寨～河道段河势图。山东段河势图的编绘区段，1963年为苏泗庄～杨集；1965～1968年为南小堤～王坡；1970～1990年为渔洼～河口。

(三)刊印

1951～1985年整编成果，刊印《黄河流域下游河道水文观测资料》5册，1986～1990年资料尚未刊印。

二、弯曲河段

弯曲河道资料整编，包括伟那里河段1958年资料（1957年资料因不系统未予整编）；八里庄、土城子及王旺庄河段1959年资料。各河段资料整编项目及成果表大致相同，详见表5—4。

4个弯曲河段的整编成果，合刊《黄河流域下游弯曲河段水文观测资料》1册，于1961年11月出版。

表5—4　　　　伟那里等弯曲河段资料整编成果统计表

名　　称	资料单位	伟那里	八里庄	土城子	王旺庄
逐日平均水位表	断面年		2	2	2
河相关系表	年　次	18	18	18	11
水流泥沙要素总表	年　次	11	16	16	11
测点流速含沙量成果表	断面次	42	15	16	11
悬移质泥沙颗粒级配表	断面次	40	15	16	11
床沙质泥沙颗粒级配表	断面次	9	7	6	3
固定断面实测成果表	断面次	161	219	180	110

续表 5—4

名　称	资料单位	伟那里	八里庄	土城子	王旺庄
大断面实测成果表	断面次	7	4	4	4
连续断面实测成果表	断面次		139	95	52
河底地形断面实测成果表	断面次	142	153	154	50
连续断面冲淤成果表	断面年		2	2	2
实测河势图	年　次	13	18	17	11
主流线演变图	年　次	11	9	8	5
谿线演变图	年　次	11	12	12	11
河底地形图	年　次	2	5	5	3
土质横剖面图	幅	3	1	1	

第三节　河床演变资料

花园口河床演变观测始于 1957 年,止于 1967 年。其资料整编工作由测验队分期完成。按黄委会制定的《花园口河床演变测验资料整编方法及步骤》和《水文实验站(队)资料刊印办法》等规定整编刊印。

历年资料整编,有 5 个项目,共 15 种图表。

水位资料:包括逐日平均水位表及水位综合过程线图,共 66 断面年。

水流泥沙资料:计水文泥沙要素成果 823 断面次;测点流速含沙量实测成果 459 断面次;实测悬移质、推移质及床沙质颗粒级配成果,分别有 542、123 及 671 断面次。

断面资料:大断面及固定断面实测成果 3860 断面次;断面冲淤成果 620 断面年。

河势资料:实测河势图 91 年次;目测河势图 16 年次;河道地形图及河道主流线变迁图 3 年次。

土质钻探资料:包括官庄峪至来童寨测验河段土质纵剖面图及土质横剖面图。

历年整编资料,共刊印《黄河流域花园口河床演变观测资料》5 册。

第四节　河口资料

一、河道部分

黄河河口段河道资料整编，包括河流水文观测资料及河道演变观测资料两部分。前者系同兴（小沙）及罗家屋子专用水文站1964、1965年资料，整编项目及成果表同基本水文站。后者资料系列为1957～1990年，共有10种图表。见表5—5。

表5—5　　　黄河河口段河道演变观测资料整编图表统计表

名　　　称	观　测　地　点	观　测　年　份	资料数量
水流泥沙因素实测成果表	罗家屋子、小沙、神仙沟	1959、1961、1963	
断面实测成果表	各河道断面（利津至河口）	1958～1990	2002断面次
连续断面实测成果表	四号桩断面	1957～1960	4断面年
纵断面实测成果表		1958～1990	23年次
淤积物试验成果表	神仙沟南、北大嘴	1958～1960	
实测悬移质断面平均颗粒级配成果表	7、27、42神仙沟26（补）岔河岔1断面	1959、1961	
实测悬移质单位水样颗粒级配成果表	7、10、14、21、27、36、43断面	1959	
实测床沙质断面平均颗粒级配成果表	河门出口及利津至河口段部分断面	1957～1961、1963～1990	
测点流速含沙量颗粒级配成果表	河门出口、1～44断面（前左至河口段）	1957、1958～1959	
河势图	小沙至河口、罗家屋子至河口	1959、1961～1962 1963～1990	每年1～3次

二、滨海部分

黄河河口滨海区观测资料，始于1964年，截至1990年，已积累资料25年。其资料整编按《海洋调查规范》及《海道测量规范》进行。共有5个项目，

7 种成果表。

潮位资料:逐时潮水位表及潮水位逐日统计表,13 站年。

海流资料:海流实测成果表,97 站年;余流成果表 54 站年。

底质资料:海底质颗粒级配成果 45 断面次;水下淤泥么重测验成果 10 断面年。

温盐度资料:含氯度、水温实测成果表。

风海啸调查资料:一是记述 1969 年 4 月 23 日风海啸基本情况;二是记述历史上几次较大风海啸概况,主要有 1938 年 8 月及 1964 年 4 月风海啸调查资料。

三、资料刊印

黄河河口实验资料,1957～1970 年整编成果,刊印《黄河河口水文实验资料》3 册。1971 年以后资料尚未刊印。

第五节　径流、水面蒸发资料

一、径流

子洲径流实验观测始于 1959 年,停测于 1970 年。其资料整编由该实验站分期完成。按黄委会制定的《径流实验站资料整编办法》及本站补充规定进行。

历年实验区内的水文站(点)、气象站、径流场的布设及其观测项目,根据实验研究需要,曾进行多次调整,大体有 8 个部分。主要整编有 3 项:

1.降水量资料。逐日降水量及降水量记录(摘录)表,392 站年。

2.河(沟)道水文资料。整编表式及内容同基本站。计整编水位 75 站年、流量 95 站年、输沙率 72 站年、泥沙颗粒级配 49 站年、水温 25 站年、地下水 11 井年、水化学 14 站年。

3.径流资料。径流要素过程表,880 场次;径流特征值统计表,1041 场次;泥沙颗粒级配成果表,62 站(场)年。

另外,水量平衡、土壤入渗、土壤含水率、土壤蒸发及气象资料,也分别进行了整编。

历年资料,刊印《黄河流域子洲径流实验站水文实验资料》5册。

二、水面蒸发

1.三门峡大型水面蒸发实验站,于1956～1967年开展观测,比测资料同三门峡库区其他各项实验资料一起,分期进行整编,刊印于《黄河流域三门峡水库区水文实验资料》。

2.三盛公大型水面蒸发实验站1961～1967年实验比测资料,于1968年集中进行整编后,刊印于1967年《黄河流域水文资料》第2册。

3.上诠大型水面蒸发实验站1956～1967年及1969年观测资料、巴彦高勒大型水面蒸发实验站1983～1990年观测资料,均由实验站进行了初步整理,尚未系统整编、刊印。

第二十章　水文、流域特征值

　　1955～1990 年,黄河流域水文特征值先后进行过 5 次统计。除第 5 次统计资料未刊印外,其余 4 次统计资料均已刊印。

　　黄河流域特征值,曾于 1934、1954、1972 年 3 次分别用二百万分之一、一百万分之一、五万分之一的地图量算。《水文年鉴》自 1971 年起改用第 3 次量算成果。

第一节　水文特征值统计

一、概况

　　1955 年以来,根据各个时期治黄工作和其他国民经济建设的需要,在《水文年鉴》的基础上,曾先后进行了五次全流域性的水文特征值统计工作。其完成时间:第一次是 1955 年,统计系列为 1919～1953 年;第二次是 1959 年,统计系列为 1919～1958 年;第三次是 1960～1961 年,统计系列为 1919～1960 年;第四次是 1965～1972 年(因“文化大革命”,中间停顿),统计系列为 1919～1970 年;第五次是 1987～1990 年,统计系列为 1919～1985 年。其中,第一、二、五次由黄委会单独完成;第三次由黄委会会同水电部水文局、北京勘测设计院、西北勘测设计院、水利水电科学研究院及甘肃、山西省水利厅等单位协作完成;第四次是根据水电部水文局统一布置,黄委会会同黄河流域各省(区)水文总站共同完成。

二、资料审查

　　为提高多年水文特征值统计成果的质量,于第三、四、五次统计时,对历年已刊印资料,均进行了较全面的审查。一方面是为了弄清历年资料的测验、整编情况,分析测站特性,认识水文变化规律;另一方面是发现和处理重大问题。

（一）审查项目

第三次统计时，只审查了流量和输沙率资料；第四次统计时，审查了水文年鉴的全部项目；第五次统计时，只审查了考证、流量和输沙率3项，重点是上次统计以后的年份。审查的内容是资料整编方法、逐年特征数值和插补延长的数值。审查的重点是：建国以前、建国初期、60年代初国民经济暂时困难时期，1967～1970年"文化大革命"时期的资料及大水、大沙年份的资料。对审查中发现问题的处理原则：丰水多沙年份从严，平枯水沙年份从宽；洪水时期从严，中小水时期从宽；大错误大问题从严，小错误小问题从宽。

（二）审查方法

考证资料：检查历年基本水尺断面变动情况，弄清迁移时间和迁移前后的相对位置，提出各项资料统计时的处理方法及考证测站沿革。

水位资料：审查校核水准点及水尺零点高程在整编时已处理或尚未处理的问题；审查逐年最高洪水位观测情况及年初、年末水位的衔接情况；审查不同断面或不同基面的水位换算方法。

流量资料：按区段或水系编制历年的月、年平均流量对照表，作水量平衡对照审查；选择历年较大洪水，编制上下游站洪峰流量和洪水总量对照表，作合理性检查；利用历年水位流量关系曲线图，比较各大水年份曲线的趋势及相对变幅，以发现原定曲线有无大的问题存在。

输沙率资料：审查历年单断沙关系曲线的趋势是否合理，有否明显的系统偏离；沙量平衡对照方法与流量相同。

泥沙颗粒级配资料：利用历年月、年平均颗粒级配曲线进行比较对照，检查曲线形状是否相似，有无特殊情况。

（三）资料修改

各站资料审查中，凡需作修改的资料，皆由整编领导机关自行审定，同水文特征值统计成果，一并刊印公布。

第三次统计时，审查修改了上诠、兰州、包头、吴堡、龙门、陕县、秦厂、黑石关8个干支流站建国前及建国初期一些年份的月平均流量、月输沙量和年最大流量资料。

第四次统计时，共修改了61个站的资料，涉及项目有水位、流量、输沙率、含沙量及泥沙颗粒级配等，包括瞬时值、平均值及极值，总计16161个数组。资料修改的原因，大体有三个方面：一是原测验资料偏大或偏小，整编成果与上下游站对照明显不合理。如黄河义门站1955年7～11月因测流时测船下滑造成流量比上下游站系统偏小,年径流量由原刊 340.7 亿立方米修改为 354.3 亿立方米。二是原定水位流量关系曲线不符合测站特性,与历年比较趋势不合理。如黄河吴堡站 1959 年 7 月 21 日洪水,原定曲线趋势与历年比较显著偏小,峰顶流量由 14600 立方米每秒修改为 16100 立方米每秒。三是原来整编时采用的计算方法不正确,致使成果突出偏大或偏小。如黄河高村站 1954～1956 年,原整编未将滩地流量计算在内,造成年径流量分别偏小 5.0、10.5 及 9.5 亿立方米。

第五次统计时,修改了 5 个站的资料,共 200 个数组。

三、资料勘误

为提高水文年鉴的使用价值,保证水文特征值统计的质量,于第四、五次水文特征值统计时,对已出版的水文年鉴,分别进行了校对勘误。校对勘误的范围:第四次统计时,为 1919～1970 年的全部刊印资料;第五次统计时,为 1971～1984 年黄委会所属站的资料。为保证重点,减少工作量,只对各项目统计表有关的部分进行了校对。

勘误的原则:水文年鉴与底表校对中发现的错误,按当时规范及补充规定的错误标准衡量,凡属于大错者,一般进行勘误公布;属于一般错误者,均不作勘误公布。第四次统计时,1919～1970 年的水文年鉴,需勘误更正的数据共 4926 个。

四、资料插补延长

50 年代,黄规会和原燃料工业部水力发电建设总局等单位,在编制黄河综合利用规划和三门峡、刘家峡等枢纽工程设计时,对黄河流域部分测站资料又重新作了整编。因而,黄河的基本水文数据出现不统一现象。在治黄工作中,各单位之间往往因采用数据不同,发生意见分歧,给工作带来一定困难。为此,水电部于 1960 年 9 月指示黄委会提出一套供各单位统一使用的水文数据。黄委会乃于 1960 年 11 月～1961 年底,会同有关单位组成专门班子,进行了黄河干支流各主要断面 1919～1960 年水量、沙量计算和统计(即第三次统计)工作。这次除统计实测资料系列外,还对全部统计站的缺测年份作了插补,均延长为 1919～1960 年共 42 年同步系列。

（一）插补站数

在需要进行插补延长的 44 个水文站中,黄河干流站有 19 个,支流站有 25 个。插补延长年份最少者为黄河陕县站,共有 8 年(插补全年者 1 年,插补部分月者有 7 年);插补 10～20 年者,有黄河兰州、青铜峡站,渭河咸阳站,泾河张家山站,北洛河洑头站;插补 20～30 年者,有黄河循化、上诠、石嘴山、渡口堂、包头、吴堡、龙门、秦厂站;湟水及大通河享堂站,汾河兰村、河津站,渭河邱家峡、南河川、太寅、华县站,黑河亭口站,洛河黑石关、长水、洛阳站,伊河龙门镇站及沁河小董站。另有 16 个站插补年份超过 30 年。

（二）插补方法

1. 流量资料:月年径流量,除汾河兰村、河津站系用降水量资料插补外,其余大多数是以陕县和兰州两站资料为基本依据,采用上下游站相关法进行插补。其中凡相邻站有实测资料者,尽量利用相邻站实测资料进行插补。

年最大洪峰流量,干流站主要采用上下游站复式相关法,由邻站实测资料推求。若无邻站实测资料,则越站插补;支流站主要采用各勘测设计院的成果。

2. 输沙量资料:一般是采用本站径流量与输沙量相关曲线进行插补。如遇本站径流量与输沙量关系散乱时,则采用上下游站输沙量相关法插补。

第三次统计时,共插补月平均流量 15049 站月,月输沙量 10791 站月,年最大洪峰流量 162 站年。

五、统计内容和方法

在各次水文特征值统计中,第 1、2 次的各项统计表,是直接从水文年鉴中抄填有关资料;其他各次是在对水文年鉴进行勘误、审查的基础上进行,即勘误更正和修改的资料作为正式资料参加统计。

（一）统计内容

第一次统计:仅限于实测系列 3 年以上的水位站、水文站资料。共统计水位 1092 站年、流量 557 站年、含沙量 419 站年、输沙率 370 站年。各项资料均填列月、年平均值,月最高(大)、最低(小)值及其出现日期。统计成果,刊印《黄河流域水文资料历年逐月统计表》1 册,于 1956 年 4 月出版。

第二次统计:凡与第一次统计相同的项目,只续填 1954～1958 年资料;新增加的项目均填列设站以来资料。共统计逐日水位 1023 站年、冰情 1160

站年、逐月流量 746 站年、洪水流量 1178 站年、枯水流量 1143 站年、流量频率 991 站年、逐月含沙量 591 站年、逐月输沙率 580 站年、历年最大洪水调查成果 225 个站(黄河干流站 29 个、支流站 196 个)、径流洪水参数 103 个站、降水量参数 125 个站、逐月降水量 5616 站年、降水日数 5511 站年、各时段最大降水量 4959 站年、蒸发量 1080 站年。其中洪水调查资料系根据黄委会各勘测队、水文站和沿黄各省(区)的调查报告统计；暴雨、径流参数是沿黄各省(区)1958 年编制水文图集时和黄委会勘测设计院过去所计算的一些主要成果。各项统计成果,刊印《黄河流域水文资料历年特征值统计》1 册,于 1959 年 10 月出版。

第三次统计:这次仅作了黄河干支流 44 个站的径流和 31 个站的沙量插补延长和月年特征值统计。共统计逐月平均流量(含插补值,下同)1948 站年、逐月输沙量 1302 站年、最大洪峰流量 578 站年、最大 45 天洪量 686 站年。此次计算、统计成果,由水电部 1961 年 11 月在北京召开专门会议,进行审查定案。黄委会于 1962 年 11 月刊印《黄河干支流各主要断面 1919~1960 年水量、沙量计算成果》1 册。

第四次统计:鉴于前 3 次水文特征值统计的项目较少,且对水文年鉴未作勘误和审查,统计基础较差,不能满足各方面的使用需要。为此,黄委会根据水电部水文局统一部署,又重新进行了黄河流域水文特征值统计工作。

1965 年 11 月,由黄委会主持在郑州召开沿黄各省(区)水文总站参加的座谈会,对这次统计工作作了研究安排。会议还根据水电部水文局1965年印发的《有关多年水文特征值统计中若干问题说明》,讨论制定了《黄河流域历年水文资料进行勘误工作的几点意见》、《黄河流域历年水文资料审查办法》及《黄河流域多年水文特征值编制说明》。会后,报经水电部水文局同意后,于1965年12月20日以[1965]黄水字第93号文布置各单位开始工作。

这次统计的资料系列,原定为1919~1965 年。统计的项目共有 21 个。除包括历年水文年鉴中的全部项目外,还增加了水化学调查成果和水库径流量还原计算成果。统计以水文年鉴中各类测站(包括撤销站)实测资料为主,个别站列入了第三次统计时的插补资料。

到 1967 年,各单位的统计工作尚未全面完成,因受"文化大革命"的影响,被迫暂时停止工作。1971 年 8 月,黄委会向各单位发出《关于抓紧完成黄河流域多年水文特征值统计工作的通知》,才又恢复进行,并明确将统计系列延长至 1970 年。同年 11 月,黄委会派王克勤、方季生两人到青海、甘肃、宁夏、内蒙古、山西等省(区)水文总站,了解前一阶段统计工作进展情况及存在问题等。在调研的基础上,黄委会革委会于 1972 年 1 月中旬召开统计工作会议后,于 1972 年 1 月 25 日以黄革生字[1972]第 14 号文寄发了《多年水文特征值统计工作的补充意见》,对部分统计表式及要求,作了一些变动。

此次全部统计工作,于 1972 年上半年先后完成,并于同年第三、四季度,由黄委会所属汇编水文年鉴的 4 个水文总站,组织有关单位共同完成统计成果的复审、汇编工作。这次统计,是历次统计中项目最多、基础最好、工作量最大的一次。计完成考证资料 412 站年、逐月水位 5093 站年,逐年最高水位 208 站年、逐年水位频率 875 站年、逐月流量 5805 站年、各时段洪水量 4626 站年、逐年枯水流量 4026 站年、逐月输沙率 4460 站年、逐月输沙量 3675 站年、逐月含沙量 4809 站年、泥沙颗粒级配 753 站年、水温 2868 站年、冰厚及冰情 2438 站年、水化学 963 站年、地下水 214 站年、降水量 18649 站年、长时段最大降水量 17797 站年、短时段最大降水量 8381 站年、蒸发量 2879 站年、水化学调查成果 66 站年、水库径流还原计算成果 50 站年。

统计成果按水文年鉴卷册范围,刊印《1919～1970 年黄河流域水文特征值统计》8 册,于 1973 年 12 月～1976 年 8 月先后出版。

第五次统计,为续编《1919～1970 年黄河流域水文特征值统计》工作,黄委会水文局于 1987 年 5 月 6 日以黄水测字[1987]第 23 号文布置所属各水文总站进行。此次统计,本着改革精神,在广泛调研的基础上,对统计范围、项目及内容作了较大调整。统计系列为设站至 1985 年。统计范围为 208 个重要干支流站,其中黄河干流水文站 32 个,水位站 10 个;支流水文站 166 个。统计成果共 4 种:计逐月平均水位 810 站年(不含 1970 年前站年数,下同);逐月平均流量 2970 站年;各时段最大洪水量 1635 站年;逐月输沙量 2610 站年。1990 年 9 月,由黄委会水文局主持,所属各水文总站 10 余人参加,对统计成果进行了全面复审、汇编。此次统计成果未刊印公布。

(二)统计方法

第一、二次统计:凡有 3 年(含 3 年)以上完整资料者,填列有关资料并作多年统计(包括计算多年月平均、年平均及挑选多年极值,下同);少于 3 年资料者,不参加统计。

第三次统计:月平均流量及月输沙量按水文年填列统计;年径流量及年输沙量,按水文年及日历年分别作多年统计(1919～1960 和 1949～1960 年两个时段);还统计出各水文年 7～10 月及 11～6 月两个时段的月平均流量总数及输沙量。

第四次统计:凡有 5 年以上完整资料者,进行多年统计;不满 5 年者,只填列有关资料,不作多年统计。

第五次统计:1970 年以前的老站,其水位、流量及输沙量只填列 1971～1985 年(或至撤销)的资料,但 1970 年以前已统计刊印的资料一并参加多年统计;1970 年以后的新设站,不满 5 年完整资料者,只填列有关资料,不作多年统计。流量及输沙量分别按日历年和水文年进行统计。

六、重要站统计成果

黄河干支流重要站,第三、四、五次统计多年平均径流、输沙量成果详见表 5—6、表 5—7。

表 5—6　　　　　黄河干支流重要站多年径流量统计表

河名	站名	第 三 次		第 四 次		第 五 次	
		资料系列	多年平均年径流量(亿立方米)	资料系列	多年平均年径流量(亿立方米)	资料系列	多年平均年径流量(亿立方米)
黄 河	唐乃亥	1919～1960	184.2	1956～1970	196.9	1956～1985	213
黄 河	兰 州	1919～1960	309.6	1935～1970	340.8	1935～1985	341
黄 河	石嘴山	1919～1960	282.3	1943～1970	316.3	1943～1985	314
黄 河	头道拐	1919～1960	247.8	1952～1970	249.2	1952～1985	250
黄 河	吴 堡	1919～1960	290.1	1935～1970	312.3	1935～1937 1951～1985	291
黄 河	龙 门	1919～1960	322.4	1934～1970	344.1	1934～1985	330.3
黄 河	三门峡	1919～1960	423.5	1959～1970	437.8	1959～1985	405.0
黄 河	小浪底	1919～1960	425.2	1959～1970	448.6	1959～1985	410
黄 河	花园口	1919～1960	472.4	1949～1970	498.1	1949～1985	465
黄 河	高 村			1935、1951～1970	485.2	1951～1985	442
黄 河	泺 口			1920、1949～1970	501.2	1949～1985	437
黄 河	利 津			1950～1970	484.3	1950～1985	419
汾 河	河 津	1919～1960	15.58	1934～1970	16.66	1934～1937 1951～1985	13.79

续表 5—6

河名	站名	第 三 次		第 四 次		第 五 次	
		资料系列	多年平均年径流量（亿立方米）	资料系列	多年平均年径流量（亿立方米）	资料系列	多年平均年径流量（亿立方米）
渭河	华县	1919~1960	78.69	1935~1970	93.37	1935~1943 1950~1985	84.87
北洛河	湺头	1919~1960	6.852	1955~1970	7.773	1933~1985	7.202
洛河	黑石关	1919~1960	34.73	1936、1951~1970	36.21	1936、1951~1985	32.2

注 三门峡站第三次统计为陕县站资料。第一、二次统计资料的系列较短,故未列入表内

表 5—7　　　　　黄河干支流重要站多年输沙量统计表

河名	站名	第 三 次		第 四 次		第 五 次	
		资料系列	多年平均年输沙量（亿吨）	资料系列	多年平均年输沙量（亿吨）	资料系列	多年平均年输沙量（亿吨）
黄河	贵德	1919~1960	0.168	1954~1970	0.218	1954~1985	0.254
黄河	兰州	1919~1960	1.10	1935~1970	1.19	1935~1985	0.983
黄河	石嘴山			1915~1957 1960~1970	1.70	1950~1956 1959~1985	1.44
黄河	头道拐	1919~1960	1.42	1954~1970	1.67	1954~1985	1.45
黄河	吴堡	1919~1960	5.95	1935~1970	6.73	1935~1937 1951~1985	5.59
黄河	龙门	1919~1960	10.5	1934~1970	11.5	1934~1985	10.1
黄河	三门峡	1919~1960	15.9	1959~1970	13.5	1959~1985	12.4
黄河	小浪底	1919~1960	15.7	1959~1970	13.4	1959~1985	12.2
黄河	花园口	1919~1960	14.8	1949~1970	13.4	1949~1985	12.2
黄河	高村			1935、1951~1970	12.7	1951~1985	11.3
黄河	泺口			1920、1949~1970	11.7	1949~1985	10.4
黄河	利津			1950~1970	12.0	1950~1985	10.5

续表 5—7

河名	站名	第　三　次		第　四　次		第　五　次	
		资料系列	多年平均年输沙量（亿吨）	资料系列	多年平均年输沙量（亿吨）	资料系列	多年平均年输沙量（亿吨）
汾　河	河　津	1919～1960	0.523	1934～1970	0.498	1934～1937 1950～1985	0.351
渭　河	华　县	1919～1960	4.20	1935～1970	4.43	1935～1939 1942、 1950～1985	3.82
北洛河	洑　头	1919～1960	0.833	1956～1970	1.02	1955～1985	0.818
洛　河	黑石关	1919～1960	0.249	1951～1970	0.264	1951～1985	0.189

注　三门峡站第三次统计为陕县站资料

　　表列 16 个干支流站中,以第四、五次实测资料系列统计成果比较:径流量,上游除唐乃亥站外,两次多年平均值接近,中下游各站则后一次多年平均值皆小于前一次;输沙量,除贵德站后一次均值大于前次外,则其他站均属后者偏小。

第二节　流域特征值量算

一、概况

　　1972 年以前黄河流域的集水面积及河流长度,无统一的、准确的量算数值。

　　1922 年,美国人费礼门在美国学报发表的《中国洪水问题》中,提出黄河长度为 2350 英里(即 3781 公里),黄河流域面积为 30.5 万平方英里(即 79.0 万平方公里)。

　　1934 年 7 月 27 日,黄委会函复国民政府主计处黄河长度及流域面积的文件(黄字 864 号)称:"(一)长度,黄河从未正式通盘测量,因此尚无真确长度,唯估计自发源处至河口,共长约 4500 公里;(二)流域面积,共约 75 万平方公里。"

　　李仪祉于 1934 年所著《黄河水文之研究》中记述：自丁文江、翁文灏及曾世英三君所编地图，圈量流域面积至平汉线止为 75.4036 万平方公里。三氏地图，系汇集中外各种地质测量绘制之，比例二百万分之一。由技正高钧德博士所著黄河图圈量之，得 75.3120 万平方公里（此图比例四百万分之一），两者出入不大，故定平汉线以上，黄河流域面积为 75.4 万平方公里，盖近之矣。

　　1946 年，黄委会水文总站编印的《黄河之水文》中所列："兰州以上黄河流域面积为 21.618 万平方公里，郑州以上黄河流域面积为 75.6684 万平方公里。山东境内汶、沙等河流域面积为 1.1932 万平方公里。"

　　1947 年 7 月，国民政府最高经济委员会公共工程委员会编印的黄河研究资料汇编第 4 种《黄河水文》（英文版）中，引用的黄河流域面积为 77.1574 万平方公里，河长 4760 公里。

　　1952 年，黄委会在《黄河水利建设基本情况》（油印本）中，采用的黄河流域面积为 77.1579 万平方公里，河流长度为 4800 余公里。

　　1955 年 7 月 18 日，国务院副总理邓子恢在第一届全国人民代表大会第二次会议上所作《关于根治黄河水害和开发黄河水利的综合规划报告》中引述："黄河全长四千八百四十五公里，黄河流域的面积是七十四万五千平方公里。"该数字是黄规会 1954 年根据中国人民解放军东北军区司令部 1947 年出版的百万分之一编绘图量算。

　　1972 年，黄委会根据大部分为五万分之一最新地形图，重新量得黄河流域面积为 75.2443 万平方公里，河长 5463.3（采用 5464）公里。

二、1954 年量算情况

　　1954 年，为整编刊印历年水文资料的需要，黄委会在黄规会量算流域特征值的基础上，曾组织力量对 1919 年以来黄河流域干支流测站的经纬度、集水面积和距河口里程等进行了量算。

　　1. 集水面积、经纬度。水位、水文站的量算用图，大部分与黄规会 1954 年量算用图相同。雨量站的经纬度，一般采用原记录中的数值，原记录无经纬度者，依据水文站用图查得。唯黄河干流京广铁桥以下测站的经纬度和集水面积，系采用民国时期黄委会黄河下游十万分之一地形图查算。

　　2. 距河口里程。其量算所依据的地形图名称较多，在《黄河流域水文资料》（1919～1953 年）的编印说明中，已按水系列表刊印，这里不再述及。

三、1972年重新量算

(一)工作概况

1970年以前(含1970年)的黄河流域水文年鉴中刊布的干支流测站流域特征值,多系用旧图量得,精度较差,并有一些错误。

这次重新量算工作,是1972年1月中旬在郑州召开的"黄河流域历年水文特征值统计工作会议"上确定的。部分省(区)已对所属部分水文站的流域面积重新进行了量算,为了保证质量,要求由黄委会统一组织进行量算校核刊印,并建议此次(即第四次)统计均应采用新量的数值。同年1月29日成立了以当时的水文组为主,测绘连、档案组参加的"量算小组",具体工作由马秀峰、殷雅颂主持进行。其任务有三:一是制定量算黄河流域特征值技术规定;二是向沿黄省(区)测绘管理部门索取(两套)五万分之一或十万分之一黄河流域新图;三是与沿黄省(区)水文部门协作完成尚未重新量算的部分流域特征值及复审省(区)已重新量算的流域面积等。

工作分两个阶段进行,第一阶段,1972年3～5月,量算小组协助吴堡、郑州两水文总站对其所辖范围的流域特征值进行了量算,在取得经验的基础上,起草了《关于量算流域特征值的技术规定》,并征求规划设计部门的意见;与此同时,山西、宁夏、甘肃、陕西等省(区)水文总站,也进行了部分量算工作。第二阶段,量算小组于同年第三季度分别派人到青海、甘肃、宁夏、内蒙古、山西、陕西等6省(区)水文总站征求意见,经过协商,补充修改了量算技术规定,作为本次量算的正式文件。当年10月份起,进入全面量算阶段。除宁夏、山西两省(区)水文总站自行量算并参加最后成果的平衡审查工作外,沿黄其他省(区)及黄委会所属兰州、三门峡库区水文实验总站,均派人集中郑州参加量算工作。

集中阶段的量算工作,历时8个月,于1973年5月基本完成。先后投入人力60余人次,约用6000个工日,量用地形图1800幅,量算了黄河干流及各级支流339条,513个水文站、90个水位站及1933个雨量站的流域特征值。

(二)量算项目

1. 凡设有水文站、水位站(包括已撤销的站)或虽未设站,但集水面积超过1000平方公里的支流,均量算了测站历次基本水尺断面以上或河口的集水面积、河道长度、河道纵断面距离及高程、河道平均纵比降,以及基本水尺断面的经纬度与各级干、支流河口之间的距离等。部分水库坝址的集水面积等也进行了量算。

2. 黄河干流沿程各峡谷段概况，包括峡谷段重要地点至河源的距离、高程、峡谷长度、落差等。

3. 雨量站的经纬度、高程(此项成果只用于水文年鉴，未刊入专册)。

(三)同 1954 年量算成果比较

1. 河长比较：此次新量黄河干流全长较黄规会原量数值长约 618.6 公里。差别最大的地方是黄河沿至唐乃亥一段。此段相差 493.4 公里，占总差数的 80%。其原因之一，1954 年采用的旧图平面控制不准，制图有误。例如，旧图在四川省索宗寺以上一段，黄河干流误为白河、黑河的干流下游，使黄河干流长减少一大段，并将黄河流经九省(区)误为八省(区)；原因之二，是旧地形图比例尺小，若干个河湾未显示出来；原因之三，是此期间利津站至河口的距离延伸了 24.6 公里。

2. 集水面积比较：新量集水面积较黄规会量算数值大 7000 余平方公里。其原因，除前述外，还有原量算成果未进行平差及内流区的分界线划的不一致等。

全部量算工作结束后，黄委会于 1973 年 9 月 20 日，以黄革生字[1973]第 232 号文向水电部报送了《黄河干支流水文站流域特征值量算报告》。同年 11 月 17 日，水电部以[1973]水电水文字第 100 号文批复："同意你会意见，可将新量算成果专册刊印，公布使用，水文年鉴从 1971 年起改用新量成果。"据此，黄委会于 1977 年 6 月出版了《黄河流域特征值资料》，正式公布使用。

黄委会 1974 年 6 月 11 日，以黄生字[1974]第 30 号文，致函国务院各部委、中国人民解放军总参谋部、各省(区、市)人民政府、中国科学院、《人民日报》社、新华通讯社、人民出版社、中央广播事业局等单位，通知正式使用新量算的黄河流域集水面积(75.2443 万平方公里)、干流长度(5464 公里)等项资料。

第二十一章　基本资料存贮

黄河流域历年基本水文资料的存贮方式有两种：一是刊印成水文年鉴，即《黄河流域水文资料》，截至 1990 年，资料已刊印 300 册；二是建立水文数据库。

第一节　水文年鉴

一、概况

《黄河流域水文资料》的命名，是黄委会集中刊印 1919～1953 年历年整编资料时，自行研究确定的。水利部在 1956 年 4 月水文技字第 351 号文《关于汇编刊印 1955 年水文资料有关问题的通知》中，批准同意上述命名。

1958 年 4 月，水电部以［1958］水电文技冯字第 167 号颁发了《全国水文资料刊印封面、书脊和索引图格式样本》及《全国水文资料卷册名称和整编刊印分工表》两个文件。对卷册名称、资料内容、刊印要求及分工等，均作了统一规定，并要求从刊印 1958 年资料起执行。水电部在 1964 年颁发的《水文年鉴审编刊印暂行规范》中，又对《黄河流域水文资料》的卷册范围及内容作了调整。从此，保持稳定，未再作变动。

二、卷册范围

黄河流域 1919～1953 年整编资料，共刊印 14 册。其中，水位、流量、含沙量、输沙率等项资料，按河口镇以上部分、河口镇至孟津、孟津以下部分及泾洛渭部分等 4 个区段刊印。每个区段又按干支流站资料分装 2～3 册，共 9 册；降水量、蒸发量资料，是按资料年份刊印 5 册。第一册为 1919～1935 年；第二册为 1936～1940 年；第三册为 1941～1950 年；第四册为 1951～1952 年；第五册为 1953 年资料。

1954～1955 年,每年按资料的项目及成果表分 3 册刊印。第一册为考证资料及水位、流量、含沙量、输沙率等项资料的逐日平均值及过程线图;第二册为实测流量成果表及洪水水文要素摘录表;第三册为降水量及蒸发量资料的各种成果表。

1956～1957 年资料,每年刊印 6 册。其中,水位、水温、流量、含沙量资料,按河口镇以上、河口镇至三门峡水库、泾洛渭及三门峡水库以下等 4 个区段,顺序刊印为第一至四册;降水量、蒸发量资料,按三门峡水库以上、泾洛渭及三门峡水库以下等两个区段,顺序刊印为第五、六册。

1958～1963 年资料,其卷册范围与内容按水电部 1958 年 4 月水电文技冯字第 167 号文的规定执行。明确《黄河流域水文资料》为中华人民共和国水文年鉴第 4 卷,共印 8 册。各项资料按河口镇以上、河口镇至三门峡水库、三门峡水库以下及泾洛渭区等 4 个区段,每个区段又按资料项目分印两册:单号册为水位、水温、流量、泥沙、水质等,双号册为降水量及蒸发量。

1964～1990 年资料,按《水文年鉴审编刊印暂行规范》及《水文年鉴编印规范》调整后的卷册范围与内容刊印。各项资料按区段刊印 8 册。其顺序是:黄河上游区上段(黑山峡以上)、黄河上游区下段(黑山峡至河口镇)、黄河中游区上段(河口镇至龙门)、黄河中游区下段(龙门至三门峡水库)、黄河下游区(三门峡水库以下,不包括洛河、沁河)、黄河下游区(洛河、沁河水系)、泾洛渭区(渭河水系)、泾洛渭区(泾河、北洛河水系)等。

1956～1990 年水文年鉴,其中有些年份部分卷册资料较少时,刊印合订本;资料较多时,分上、下册刊印。

三、年鉴内容

1988 年以前的《黄河流域水文资料》刊印内容,大体上分为"说明资料"和"正文资料"两部分;从 1989 年起个别卷册增加了附录资料。

说明资料:包括编印说明(含刊印说明、图表说明、资料说明、水文情况概述);水文、水位站一览表;降水量、蒸发量站一览表;测站分布图;水文要素综合图表(含各站月年平均流量对照表、各站月年平均输沙率对照表、暴雨等值线图等)。

正文资料:包括测站考证、水位、流量、输沙率、泥沙颗粒级配、水温、冰凌、水化学、地下水、降水量、蒸发量。其中水化学及地下水资料,从 1985 年起不再印入水文年鉴。

附录资料:主要有水库反推洪水资料;水量调查资料;暴雨及洪水调查资料等。

四、资料数量

黄河流域 1919～1987 年(1988～1990 年水文年鉴尚未出版)共刊印 12 项基本水文资料,120527 站项年。其中,黄委会系统 48213 站项年(含 1919～1955 年省、区降水量及蒸发量资料),占 40.0%。1949 年底前 4288 站项年,占 3.6%。各转折变化年份基本资料刊印项目及站年数,见表 5—8。

五、出版程序

水文资料整编图表,经过复审、汇编及送厂前的检查等工序,鉴定合格后,即派人或邮寄至承印工厂排印。工厂排(制)版后,将清样连同底表寄回黄委会水文(处)局进行校样(或派人到工厂校样)。一般经过 2～3 次校样,达到刊印质量标准时,正式付印、装订出版。

六、承印工厂

《黄河流域水文资料》的承印厂曾多次变更。1919～1968 年的资料,由上海印刷三厂及上海印刷四厂承印;1969～1979 年资料,根据当时"备战"的要求,改由河南省第一新华印刷厂承印;1980～1982 年资料,除个别卷册仍由河南省第一新华印刷厂承印外,主要改由上海印刷三厂及北京中国印刷科学技术研究所照排研究试验中心(简称北京照排中心)分别承印;1983 年以后资料,分别由上海印刷三厂、北京照排中心、北京水电印刷厂和杭州新华印刷厂承印。

七、刊印质量

根据规范规定,水文年鉴的刊印质量标准:一是要求印刷版面统一,字体大小适宜,字迹清晰,胶印要求颜色均匀,黑度适当。二是胶印打字底表、铅印及照排样稿,其最后一遍校对的错误率小于 1/10000。

表 5—8　黄河流域 1919～1987 年部分年份基本水文资料刊印项目及站年统计表

单位：站年

年份	刊印单位	考证	水位	流量	悬移质输沙率	推移质输沙率	泥沙颗粒级配	水温	冰凌	水化学	地下水	降水量	蒸发量	合计 本年	合计 全流域
1919	黄委会	2	2	2								2		8	8
	省（自治区）														
1929	黄委会	6	6	3	3				1			3	3	25	29
	省（自治区）		3						1					4	
1937	黄委会	1	42	22	20				21			185	24	315	378
	省（自治区）	3	25	16	11				8					63	
1940	黄委会		16	12	11				9			74	13	135	165
	省（自治区）		12	10	7				1					30	
1949	黄委会	8	55	13	13				15			45	25	174	211
	省（自治区）		14	13	9				1					37	
1950	黄委会	5	66	26	25				30			66	40	258	326
	省（自治区）	5	29	17	13				4					68	
1952	黄委会	24	107	51	47		13		63			290	95	690	904
	省（自治区）	15	75	47	42				35					214	
1956	黄委会	38	185	123	101		23	91	159		22	315	114	1171	2179
	省（自治区）	21	128	104	75			65	110		22	386	97	1008	
1958	黄委会	32	209	150	126	7	38	129	171	25	23	243	73	1226	2824
	省（自治区）	32	196	178	157	1	10	143	165	57	71	508	80	1598	
1960	黄委会	36	228	201	167	8	44	160	181	54	76	270	66	1491	3414
	省（自治区）	30	254	233	185	1	10	201	219	37	95	556	102	1923	

续表 5—8

年份	刊印单位	考证	水位	流量	悬移质输沙率	推移质输沙率	泥沙颗粒级配	水温	冰凌	水化学	地下水	降水量	蒸发量	合计 本年	合计 全流域
1965	黄委	143	145	128	116	6	51	127	142	49	3	263	55	1228	3534
	省（自治区）	252	252	247	190		27	174	205	82	21	759	97	2306	
1969	黄委	3	134	131	110		54	2	48		11	326	2	810	2399
	省（自治区）	6	161	226	131		26	25	22	37		876	68	1589	
1975	黄委	139	141	233	115		67	21	126	15	23	347	23	1227	3676
	省（自治区）	241	236	278	165		36	80	141	54		1106	89	2449	
1980	黄委	3	143	222	123		67	25	123	19	21	752	26	1503	4326
	省（自治区）	17	236	308	180		51	100	182	61		1559	108	2823	
1984	黄委		132	222	127		68	28	116	19	1	757	39	1508	4370
	省（自治区）		213	307	174		53	100	180	66		1653	115	2862	
1985	黄委	142	131	218	135		69	26	125			763	38	1647	4664
	省（自治区）	255	212	301	174		56	91	180			1627	121	3017	
1987	黄委		128	214	144		67	29	113			760	40	1495	4237
	省（自治区）		214	289	173		54	91	165			1631	125	2742	
1919～1987	黄委	821	6154	6781	4553	74	1892	1798	4788	609	271	18300	2172	48213	
	省（自治区）	1354	7665	8682	5652	7	1038	3412	5166	1583	904	33844	3007	72314	
	合计	2175	13819	15463	10205	81	2930	5210	9954	2192	1175	52144	5179	120527	120527
共69年	合计													120527	120527

注 1. 本表仅统计转折变化年份刊印情况

　　2. 省（自治区）栏刊印站年数包括部属勘测单位资料

　　3. 1919～1955 年黄委会所属站的降水量、蒸发量站年数含省（区）资料

八、年鉴印数

历年《黄河流域水文资料》各册的印数：1919～1953 年为 300 本；1954～1957 年为 400 本；1958～1959 年资料的第 1～6 册印数为 370 本，第 7、8 册为 280 本；1960 年资料的第 1～6 册印数为 290 本，第 7、8 册印数为 250 本；1961～1962 年为 200 本；1963 年为 230 本；1964～1966 年为 236 本；1967～1970 年为 200 本；1971～1978 年资料第 5 册为 250 本，其余各册为 230 本；1979 年以后资料，除个别年份的个别册外，其印数皆稳定在 250 本。

九、年鉴供应

黄河流域 1975 年（含 1975 年）以前的水文年鉴，由黄委会办公室档案资料科负责保管与分发供应；其后各年的水文年鉴，改由黄委会水文（处）局资料室负责保管与分发供应。

水文年鉴的供应，分为免费与收费两种。免费供应的单位，包括水利部水文局（司）；黄委会机关有关局（处、室）；黄委会档案馆、黄委会所属水文总站；黄委会水文局水资源保护科学研究所及机关有关处、室；黄河流域各省（区）有关整编机关等。收费供应的单位，截至 1987 年资料统计，共有 165 个。其中，勘测、设计、工程、地质等系统的有 65 个，水文系统的有 93 个，各级图书馆有 7 个。

第二节　水文数据库

黄委会水文局 MICRO—VAX Ⅱ 计算机于 1987 年 3 月投入运行后，开始制订"以黄河中下游防洪为中心目标，满足洪水预报、水量调度、规划和工程设计等需要为主要目的的"黄河水文数据试验库建库方案。经过软件研制、数据录入、校对等项工作，于 1990 年基本建成水文数据试验库。入库数据有黄河吴堡以下干流及支流洛、沁河区域内 14000 余站年水文资料，共 55 兆字节。1992 年完成 VAX 机数据库与机关各处室和三门峡库区、河南、山东水文水资源局的微机联网。截至 1994 年 5 月采用邮电部门公众分组交换网，实现与上、中游水文水资源局的远程联网。

　　1992 年由黄委会水文局、长委水源保护局、珠委水源保护局共同完成水质数据计算机管理系统。

　　水文数据库提供服务办法,为适应社会主义市场经济机制的需要,报经上级同意,采取免费提供与有偿服务两种。其适用范围,基本上同水文年鉴的供应。

第 六 篇
水文气象情报预报

　　黄河水文气象情报预报,历史悠久,古时候已有不少记述。19 世纪末至 20 世纪初,随着西方科学的传入,逐步在上、中、下游设立测报水位点,并开始用电报、电话传递水情。民国时期已用现代科学方法测报水情,初步建立了比较稀疏的水情站网。历史上水文预报只有预报性质的记述,没有正式预报工作,建国后,黄河水文气象情报预报得到迅速发展,水情站由 11 增加到 1979 年 566 处,80 年代稳定在 500 处左右。水情传输手段由公用电报电话和专用电台电话发展到 80 年代三花间的微波通讯网,并进一步建立了实时雨情遥测系统和雨情自动接收、处理、传输预报系统。水文预报,自 50 年代初短期洪水预报开始,1959～1960 年洪、枯、冰、长、中、短期预报全面展开。经过 20 多年的改进、充实、提高,到了 80 年代,已建成具有先进的预报方法、计算技术和传输手段的水文预报系统。气象方面,50 年代主要依靠地方气象部门提供情报和预报。60 年代黄委会配备了气象人员,70 年代建立了气象组织,开展了大汛期降水和凌汛期气温预报。1976 年后到 90 年代,逐步应用现代计算技术和预报方法,配置了各种气象信息自动接收处理设备,形成了水文气象相结合具有现代先进水平的水文气象情报预报系统。

　　黄河水文气象情报预报在治黄工作中,尤其在防洪、防凌工作中发挥了重大作用,建国后的几次大洪水,如 1958 年黄河下游发生的设站以来的最大洪水,1981 年黄河上游发生的二百年一遇的大洪水,1982 年黄河三花间发生的大暴雨洪水及 1968～1969 年度黄河下游出现的建国以来三封三开的严重凌情,都由于情报预报及时准确,决策正确,使黄河转危为安,赢得了黄河防洪、防凌的伟大胜利。

第二十二章　水文情报

黄河水文情报在历史上,自两千多年前秦朝建立报雨制度后,逐渐发展到明清两朝传报水情。民国时期,开始用现代科学技术进行水文测报。建国后随着国民经济建设的迅速发展,水情站网,由初期的十几处增加到 500 多处,报汛方法、传递手段、服务范围、拍报质量都有明显提高,现已实现水情电报自动翻译、存贮和打印,并建立了三花间自动测报系统。拍报差错率由 50 年代的 6% 降低为 2% 左右。流量报汛精度亦由 50 年代的 85% 提高到 95%。服务对象由 50 年代初的 4 个单位增加到 80 年代 100 多个单位,最多时曾达 200 个。40 多年来为中央和地方防汛以及国民经济各有关部门提供各类情报约 300 万站次,为黄河防洪防凌和水资源开发利用发挥了重大作用。

第一节　建国前的情报

黄河的水文情报早在秦朝(公元前 221 年～前 206 年)就开始建立报雨制度。东汉(公元 25～220 年)时期又要求各地上报降雨。规定"自立春至立夏尽立秋,郡国上雨泽"(《后汉书·礼仪志》)。北宋大中祥符 8 年(1015年),对黄河引水渠汴水提出测报水情的要求。《宋史·河渠志》记载:"六月诏:自今后,汴水添水涨及七尺五寸,即遣禁兵三千沿河防护。"北宋天禧 5年(1021 年),当时人们根据植物生长季节与水情变化的关系,得出"水信有常,率以为准"的规律,进而确定了各种来水的名称:立春之后为"信水",二三月为"桃华水";春末为"菜华水";四月为"麦黄水";五月为"瓜蔓水";六月为"矾山水";七月为"豆华水";八月为"荻苗水";九月为"登高水";十月为"复槽水";十一二月断冰杂流,乘寒复结,谓之蹙凌水。还把每年几次明显的洪水涨发定为"四汛"即桃汛、伏汛、秋汛、凌汛。

明代万历元年(1573 年),仿照"飞报边情,摆设塘马"的办法,创立了"乘快马接力"传递洪水情报的制度,规定"上自潼关下至宿迁,每三十里为一节",洪水涨发时,遣人乘快马以"一日夜驰五百里"的速度向下接力传递汛情。"其行速于水汛。凡患害急缓,堤防善败,声息消长,总督必先知之,而后血脉通贯,可从而理也"。并且还根据长期的水势观察得出:"凡黄水消长必有先几,如水先泡则方盛,泡先水则将衰"的规律,以此进行水势涨落的预测。

到了清朝康熙四十八年(1709 年)六月十三日清帝旨甘肃巡抚:"甘肃为黄河上游,每遇汛期涨水,俱用皮混屯装载文报,顺流而下,会知南河、东河各工,一体加意防范,得以先期筹备。"是年十一月在宁夏青铜峡硖口石崖上设水志刻十字,每字一尺高。平时志底去水面一丈,如水上八字,即上涨一丈八尺。在皋兰城西建铁索船桥横亘黄河,两岸立铁柱,刻痕尺寸以测水。河水高铁痕一寸,则中州水位高一丈,规定用羊报先传警汛(将大羊挖空其腹,密缝浸以麻油,使不透水)。选卒勇壮者缚羊背,腰系水签数十支,到河南境,沿溜掷之。汛紧时,河卒操舟急于大溜俟之,拾签知水尺寸,得以准备抢护。其后于乾隆元年(1736 年)在河南武陟沁河上设立木栾店水志桩、乾隆三十年(1765 年)在河南陕县黄河干流上设立万锦滩水志桩、乾隆三十一年(1766 年)在河南巩县洛河设立巩县水志桩,每年桃汛至霜降止,对水势涨落尺寸逐日查记,伏秋汛期各处水势涨到二三尺以上,即遣人驰报河道总督,再由河道总督上报皇帝。

清代先后在黄河干支流上设立了水志桩报汛,起迄年份和报汛年数见表 6—1。

表 6—1　　　　　　黄河水志桩测报年份表

省	县	河名	水志桩名	报汛年份		实际报汛年数
				起	止	
宁夏	青铜峡	黄河	硖　口	1709	1911	110
江苏	淮　阴	黄河	老坝口	1737	1788	26
江苏	徐　州	黄河	徐　州	1745	1850	50
河南	陕　县	黄河	万锦滩	1765	1911	130
河南	巩　县	洛河	巩　县	1766	1855	37
河南	武　陟	沁河	木栾店	1736	1910	145

19 世纪中叶,西方电讯事业传入中国,光绪十三年(1887 年)十一月,直隶总督李鸿章和河南巡抚倪文蔚奏请清帝批准,架设了山东济宁至开封的

电报电线,次年正月竣工,试通了电报。光绪十四年(1888年),河南开始使用电报传递汛情。接着于光绪十九年(1893年)黄河上游亦开始使用电报报汛。光绪二十五年(1899年),李鸿章在《勘河大治之议》中建议在黄河下游南北两堤设"德律风(即电话:Telephone的译音)传话"。光绪二十八年(1902年),山东河务局与各河防分局都架设了电话线,至光绪三十四年(1908年),黄河两岸已架通了700多公里的电话线,随时传递水情。宣统元年(1909年)在陕州又架设了公用电报线路,设立了电报局,万锦滩的汛情于宣统三年(1911年)开始使用电报传递水情。

到了1912年(民国元年),军阀混战,河务荒废,黄河水情测报仍沿用陈旧方法,汛情传递处于时断时续状态。1919年(民国8年)3、4月间,顺直水利委员会在黄河干流河南陕县和山东泺口两地设立水文站,开始利用现代技术测报黄河水情。

1934年国民政府黄委会正式制定了第一个报汛办法,共七条。规定有:报汛期限为夏至日起至霜降日止;报汛站为潼关、陕县(州)、秦厂、泺口等水文站;拍报时间,每日下午一时向黄委会报告水位流量一次;加报标准为一日内水位续涨或陡涨至半米以上时电报黄委会,陕县站陡涨一米应同时电告豫、冀、鲁三省河务局;沿河堤防发生变化时三省河务局应随时用电话或电报报告黄委会。同时还制定简便办法,其内容为:黄委会电报挂号3109,电文由两组数字代表,第一组为时间水位,第二组为流量。如某站某日12时水位35米,流量为2530立方米每秒,则电报为3109开封,1235、2530。同年,陕西省的太寅、亭口、彬县、泾惠渠、绥德等五站亦用电报密码向黄委会报汛。

1937年布设报汛站26处,其中雨量站8处,即凤翔、兴平、户县、洛宁、渑池、灵宝、宜阳、龙门镇;水文站有17处,即兰州、包头、龙门、潼关、陕县、中牟、陶城铺、泺口、河津、太寅、咸阳、华县、泾阳等站;水位站有黑岗口。后因日军侵扰,大部停测,至1943年仅有报汛站11处,即兰州、龙门、陕县、花园口、咸阳、华县、泾阳、洑头、洛阳、金积、周家口。

抗日战争胜利以前,国民政府黄委会为传递水情,已在黄泛区的扶沟、吕潭、淮阳县水寨、尉氏县前张设立四处无线电台,并在西安设立总台,抗日战争胜利后,于1946年总台随黄委会迁至开封,又增设陕州、孟津、木栾店、花园口四处无线电台。1947年花园口堵复工程合龙后,解放区冀鲁豫黄河水利委员会和渤海区山东河务局为了掌握陕州水情,以利黄河防汛,于1948年6月16日任命张慧僧为站长,率领20余人前往平陆县茅津渡(万锦滩对岸)建立水文站,传报水情。

1946年人民治黄后,在 1949 年 6 月 26 日黄委会第一次委员会上,要求在原有基础上建立电讯(电台由陕州直达山东河务局;电话冀鲁豫齐河和山东接通),加强了联系,及时报告水情,汛期规定每天拍报水情一次,直至建国后黄河水文情报工作从未间断。

第二节 建国后的情报

一、水情站网

黄河流域水情站网是根据防汛需要由黄委会所属和沿黄各省(区)水文站及气象台(站)网中选出部分水文(位)站、雨量站、气象台(站)所组成。此外各省(区)水文部门及黄委会所属的部分水文总站,按照其地区、部门的需要也同时组织水情站网。

(一)站网布设原则

1956 年以前,按经验及测站报汛条件,于每年大汛(伏秋汛)前布设一次。1957 年总结了以往经验,正式提出水情站网布设原则。大汛期报雨站网,在支流或干流区间所报雨量应满足降雨径流关系作洪水预报的要求;流量水情站网,所报流量应满足用流量或水位相关法作预报的要求。1960 年根据不同要求和作用,分为基本站和辅助站,并提出相应的布设原则。基本水情站为主要控制站及河床冲淤变化较大的站,作为经常了解水情和掌握分析洪水的主要站;基本雨量站,为选择一些均匀布设的站,除提供洪水预报的雨量资料外,还要满足了解各区有无降雨以避免漏报的站;辅助水情站,系一般流量较小的支流站,及洪水时需要了解水位变化的干流水位站,在规定标准以上作为预报根据站或预报站;辅助雨量站作为洪水预报的雨量资料或了解雨情绘制雨量等值线图的站。

桃汛主要是由于内蒙古河套地区解冻形成,在干流上布设少量站网,但为了分析桃汛水量,便于上下游对照,还在泾、北洛、渭、汾河及洛、沁河上布设少量测站。凌汛期除凌汛河段原有大汛期水情站网外,还在最易卡冰壅水河段增设一些水位报汛站,控制凌情变化。

为了水库调度,灌溉引水,经常掌握水情需要,在黄河干流及大支流上由大汛期水情站中选出部分站在非汛期继续拍报水情为常年水情站。

(二)站网发展

大体经历了四个时期:50年代为发展期,60年代为下降期,70年代为回升期,80年代为稳定期。黄委会水情站1949年只有11处,随着国民经济的恢复和黄河治理开发的需要,逐年有所增加,尤其是在1957年以后由于工农业的发展,黄河流域出现了水利水土保持建设高潮,各项水利工程相继动工兴建,黄河上第一座大型水利枢纽三门峡水库开工,以及1958年黄河发生了建国以来的大洪水,促进了水情工作的发展。1959年水情站网发展为404处,到1961年全河水情站网发展到513处,为1949年的46.6倍。1962年国家经济暂时困难时期下降为402处。随着国民经济困难的克服,在"调整、巩固、充实、提高"八字方针的指导下,1964年水情站网又恢复到437处,"文化大革命"中又有所下降,到1969年下降为293处,1970年后又开始逐年回升,至1979年为566处,为历史最高水平。80年代后,水情站网根据实际需要,每年都作了适当调整,至1990年,全河共有水情站508处,另有滩区水位站47处、险工水位点107处,见表6-2。历年水情站网变化情况见图6-1。

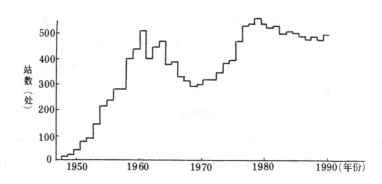

图6-1　黄河流域历年水情站演变过程图

凌汛水情站,1958年为56处、1968年为21处、1973年为28处、1990年为25处。

常年水情站,1958年为34处、1968年为47处、1973年为49处、1990年为52处。

表 6—2 　　　　　　　　　黄委会 1990 年水情站网表

站属	领导机关	雨量站（处）	水位站（处）	水文站（处）	库闸渠站（处）	小计（处）
委属站	兰州水文总站			15	3	18
	榆次水文总站	12		32		44
	三门峡水文总站	19	3	22	2	46
	郑州水文总站	92	3	24	3	122
	济南水文总站		14	5	4	23
	河南黄河河务局		1		3	4
	张庄闸管所				4	4
	位山工程局				12	12
	合　计	123	21	98	31	273
委托站	四川水文总站	1		1		2
	青海水文总站			4		4
	青海气象局	5				5
	甘肃水文总站	1		10		11
	甘肃气象局	3				3
	黄河上中游水调办				4	4
	青铜峡电厂				2	2
	宁夏水文总站			3	1	4
	宁夏气象局	1				1
	内蒙古水文总站	2		5	5	12
	内蒙古气象局	1				1
	陕西水文总站	31		27	1	59
	陕西气象局	11				11
	陕西三门峡管理局		1	3		4
	山西水文总站	32		16	8	56
	山西气象局	11				11
	天桥水电厂				2	2
	河南水文总站	6		6	11	23
	河南气象局	1				1
	故县水库管理局				1	1
	山东水文总站	6		4	3	13
	偃师县水利局		5			5
	合　计	112	6	79	38	235
	总　计	235	27	177	69	508
滩区站	黄委会		9			9
	河南黄河河务局		19			19
	山东黄河河务局		14			14
	小　计		47			47
险工点	河南黄河河务局		40			40
	山东黄河河务局		67			67
	小　计		107			107

沿黄各省（区）为了地方防汛和工农业建设的需要，在黄河流域的水情

站网也迅速得到发展,如宁夏 1959 年水情站只有 15 处,1987 年发展到 66
处,同年各省(区)已有各类水情站 616 处,见表 6—3。

表 6—3　　　　1987 年黄河流域各省(区)水情站网统计表

省(区)	各　站　数(处)					
	水文	水位	雨量	气象	库闸渠	小计
四　川			1	1		2
青　海	17		3	27		47
甘　肃	27		9	9		45
宁　夏	12		17	20	17	66
内蒙古	33	1	60	1		95
陕　西	21	1	18	30	1	71
山　西	36		95	23	27	181
河　南	8	2	10	6	15	41
山　东	11		28	3	26	68
合　计	165	4	241	120	86	616

(三)站网控制

黄委会根据水源分布和布站原则,全流域分为兰州以上、兰州至头道拐
(兰托区间)、头道拐至龙门(山陕区间)、泾渭北洛河、汾河、龙(门)华(县)河
(津)洑(头)至三门峡(三门峡库区)、三门峡至花园口、金堤河、大汶河 9 个
分区,按照防洪防凌要求进行水情站网布设。总的分布是上游少、中游多、下
游密。其中:三花间洪水对下游威胁最大,站网密度已达到 234 平方公里每
站。由于水情站网不断增加,站网密度逐年增大,80 年代与 50 年代相比,已
有明显提高。见表 6—4。历经长期调整、补充、完善,现有水情站网已基本能
控制全流域的雨、水、沙、冰情等,但对于局部暴雨,尚不能完全控制,如
1976 年头道拐至吴堡区间暴雨造成吴堡站出现有水文记载以来的最大流
量 24000 立方米每秒,但所收到的雨情却不大,显然是雨情站点不够和分布
不合理的原因。

二、水情拍报

1955 年以前,每年大汛前布置一次当年报汛站,自 1955 年开始改为每
年大汛前审查补充编制黄委会所属水情站和委托水情站两种报汛任务书,

表6－4　　　　　　　　　　黄河流域水情站控制面积表

黄河	区域	面积(平方公里)	1955年 雨量 站数(处)	1955年 雨量 控制面积(平方公里)	1955年 水文 站数(处)	1955年 水文 控制面积(平方公里)	1965年 雨量 站数(处)	1965年 雨量 控制面积(平方公里)	1965年 水文 站数(处)	1965年 水文 控制面积(平方公里)	1975年 雨量 站数(处)	1975年 雨量 控制面积(平方公里)	1975年 水文 站数(处)	1975年 水文 控制面积(平方公里)	1985年 雨量 站数(处)	1985年 雨量 控制面积(平方公里)	1985年 水文 站数(处)	1985年 水文 控制面积(平方公里)
上游	兰州以上	222551	22	10100	6	37100	29	7670	16	13900	21	10600	15	14800	35	6360	13	17100
上游	兰州~头道拐	145347	3	48400	3	48400	16	9080	10	14500	8	18200	15	9690	10	14500	7	20800
中游	头道拐~龙门	129659	38	3410	11	11800	63	2060	40	3240	71	1830	24	5400	81	1600	27	4800
中游	泾河渭河北洛河	134766	67	2010	20	6740	106	1270	38	3550	60	2250	33	4080	104	1300	40	3370
中游	汾河	39471	16	2470	2	19700	15	2630	6	13200	14	2820	4	9870	14	2820	3	13200
中游	龙、华、河、洑~三门峡	20484	14	1460	6	3410	15	1370	6	2560	12	1710	15	1370	13	1580	14	1460
中游	三门峡~花园口	41615	41	1020	14	2970	75	555	34	1220	90	462	29	1440	178	234	41	1020
下游	金堤河	4869					2	2440	2	2440		609	2	2440	8	609	2	2440
下游	大汶河	8633	7	1230	3	2880	27	320	6	1440	15	576	4	2160	14	617	4	2160

　　注　龙、华、河、洑系指龙门、华县、河津、洑头站

下达黄委会各水文总站及有关省(区)水利气象部门,并要求布置下属测站。

　　黄河全年分为大汛期、凌汛期、非汛期三个时期:大汛期拍报的项目有降水量、水位、流量、含沙量、水库蓄水量等;凌汛期增拍项目有气温、水温、冰情;非汛期由常年水情站拍报,拍报项目除含沙量外,其它项目同大汛期要求。

　　(一)拍报办法与规定

　　黄河汛期1950年前为7月1日至霜降(10月23日或24日),1950年后根据《中央人民政府水利部报汛办法》,结合黄河具体情况制定出第一个《黄河防汛办法》,规定汛期为7月1日至10月31日。报汛站干流为兰州、龙门、潼关、陕州(县)、花园口、高村、艾山、泺口、利津等站;支流为渭河咸阳、华县、泾河泾阳、北洛河洑头、洛河黑石关、沁河阳城、大汶河大汶口等站。报汛时间通常每日8时及10时向黄委会、平原、山东两省河务局各报汛一次,每日8时向中央防汛总指挥部(简称中央防总)报汛一次。如遇水位陡涨陡落时,应另行加报。如有降雨须随水位流量同时拍报,各报汛站之报汛电报,应于观测后立即拍发,不得延误,电码形式按《水利部报汛办法》中的规定办理,并在电报挂号组前加“water”字样以示重视。1951年全河按水利部规定,统一改用北京时间报汛,以24小时计时,此后全河报汛计时得到统

一。

　　1952 年黄委会根据水利部当年颁发的《修正报汛办法》对黄河雨量加报办法,明确采用段制拍报标准,一般为一段制(即 24 小时为一段),少数报汛条件较好的站,采用二段制(即每 12 小时为一段),雨量加报标准为 20 毫米。1953 年因水情预报的需要,又将部分站提高为四段制(即每 6 小时为一段),雨量加报标准为 30 毫米。到 1954 年对四段制又扩大了范围,加报标准改为 20 毫米。

　　1956 年黄委会按水利部重新制定的《报汛办法》,结合黄河具体情况制定了《1956 年水文、水位站报汛办法》、《1956 年雨量报汛办法》、《1956 年报凌办法》。《办法》中对黄河各个区域雨量报汛段制,作了明确规定如表 6－5。《办法》中还规定基本站除每日 8 时报汛外,要求在每次洪峰的起涨、峰顶、落平及洪水涨落过程的转折处加报水情,务使能根据加报水情点绘的过程线反映水情变化。辅助站在水势平稳时期,可不拍报水情,遇水位显著上涨时,亦应将起涨、峰顶、落平及涨落过程转折处的水位、流量及时拍报。

表 6－5　　　　　　　　　　1956 年黄委会拍报雨量段制表

项　　目	黄河上游	晋陕区间	汾河	泾、北洛、渭河上中游	泾、北洛、渭河下游	三门峡库区	洛沁河	大汶河	金堤河	黄河干流下游
拍报雨量时段(段)	2	2	1	2	4	4	4	2	2	1
雨量加报标准(毫米)	30	30		30	20	20	20	30	30	

　　1957 年黄委会在总结贯彻执行对水利部历次颁发的《报汛办法》及黄委会各次补充《报汛办法》情况的基础上,全面系统地重新制定了报汛补充办法,即《雨量站报汛办法》、《水位站报汛办法》、《流量站报汛办法》、《报凌办法》及《非汛期报水暂行办法》等。上述这些办法除对汛期水情拍报作了较详细的规定外,还对非汛期水情及有些水利工程施工期的特殊要求,都作了具体明确的规定。

　　1960 年 3 月,水电部正式颁发《水文情报预报拍报办法》,黄河的水情拍报工作按新办法执行。至 1963 年黄委会结合黄河具体情况又制定了《水情拍报补充规定》,调整了汛期拍报工作的时限,为了做好水文测报工作,明确上游水情站向下游相邻水情站拍报水情的规定。《水情拍报补充规定》还要求干流站吴堡、龙门、潼关、三门峡、小浪底、花园口、夹河滩、高村、孙口、艾山、泺口、利津,支流站咸阳、张家山、洑头拍报含沙量,以及要求干支流主要水情站每月5日前,最迟10日前向黄河防总拍报上月径流总量和输沙总量。同时为了防汛的需要,还特别规定不承担报汛任务的各站,如当地发生特大暴雨洪水、山洪时及时向黄河防汛总指挥部(简称黄河防总)和中央防总报告。

1964年水电部对《水文情报预报拍报办法》又作了修订,并将《降水量、水位拍报办法》作为《水文情报预报暂行规范》的附录二及附录三先行颁发,1965年6月黄河流域报汛按《附录》规定执行。1966年,黄委会对各区雨量段制、加报标准作了一些调整,各分区具体规定如表6-6。

表6-6　　　　　　　　1966年黄河雨情测报段制标准表

项　目	黄河上游	晋陕区间	汾河	泾、渭、北洛河上中游	泾、渭、北洛河下游	三门峡库区	洛沁河	三花干流	大汶河	金堤河	黄河下游干流
雨量段制（段）	1	4	2	4	4	4	12	12	12	4	1
雨量标准（毫米）		10	10	10	10	10	10	10	10	10	

1968年黄委会对水情拍报工作,进一步充实,提出《黄河水情拍报工作的几项要求》,对汛期、非汛期和凌汛期的拍报时限进行了调整,对雨量、水位、流量、含沙量及冰情的拍报进行了一些补充规定,为了随时分析水位流量关系曲线变化,强调要求主要干支流控制站及时拍报实测流量。

1973年黄委会根据水电部提出的雨水情分级拍报标准,确定各分区雨情的拍报级别如表6-7。

表6-7　　　　　　　　1973年黄河雨情测报级别段制表

项目	黄河上游	山陕区间	北洛河泾、渭、	汾河	三门峡库区	三花区间	大汶河	金堤河	黄河下游干流
级别（级）	一	三	三	三	三	五	五	五	五
段制（段）	1	4	4	4	4	12	12	12	12
雨量标准（毫米）		10	10	10	10	10	10	10	10

为了既减少不必要的报量,又能满足掌握水情和预报的需要,规定了干支流水情站流量起报加报标准。起报标准,干流站按不同流量分级起报;支流站分别定为20、50、100、200、300、500立方米每秒六级标准。加报标准,干流站为300、500立方米每秒两种,支流站视流量预报误差不大于10%而定。黄河下游流量拍报标准,各站按不同流量级别拍报,其拍报级别如表6－8。根据防汛要求,还规定花园口流量达到20000立方米每秒,夹河滩流量达到18000立方米每秒,高村流量达到17000立方米每秒,孙口流量达到15000立方米每秒,艾山以下各站流量达到8000立方米每秒时,按半小时加报一次。

表6－8　　　　　黄河下游各站流量拍报级别段制表　　　流量:立方米每秒

级别(级)	段制	花园口	孙口	艾山以下
一	1	小于2000	小于2000	小于2000
四	8	2000～5000	2000～5000	2000～5000
五	12	5000～10000	5000～10000	2000～5000
六	24	10000以上	8000～15000	5000～8000
加报标准		300	300	300

1985年3月水电部颁发了中华人民共和国第一部《水文情报预报规范》,黄河流域水文情报预报工作,除按此规范要求执行外,还按此规范进行检查评定。黄委会于1987年还根据这一规范精神,结合黄河水情拍报工作的多年实践经验总结,系统地编制了《黄河水情拍报工作具体补充规定》共9项23条,其主要内容:重申黄河流域水情拍报工作仍按水电部1964年12月颁发的《水文情报预报拍报办法》、《降水量、水位拍报办法》等规定执行;对黄河流域大汛期、凌汛期水情拍报工作期限作了一些补充。对降水量、蒸发量、水位、流量、含沙量、旬月水沙总量、冰情及黄河下游滩区水位观测等项目的拍报办法都专项作了具体的规定。

(二)拍报时限与质量

1.拍报时限

黄河在伏秋大汛期,依据洪水来得早晚及防汛的需要,拍报期限时有变更,黄委会所属水情站起报时间,大致分为三种,即7月1日(8年,1949～1956年);6月15日(18年,1957～1958年、1961年、1967～1975年、1985～1990年);6月1日(13年,1959～1960年、1965～1966年、1976～1984年),此外,1962～1964年按三门峡站上下分别定为6月15日和6月1日。终止时间四种,即霜降(1年,1949年);9月30日(8年,1967~1974年);10月15日(7年,1957~1960年、1962~1964年);10月31日(25年,1950~1956年、1961年、1965~1966年、1976~1990年);此外,1975年按头道拐水文站上下分别定为9月30日和10月31日。时限的每次变更,都是依情况变化而定,如1950年霜降后又发洪水,陕县10月21日洪峰流量为5580立方米每秒,从此将由霜降终报后延10月底结束。但遇10月份水情平稳流量较小时,亦可提前终止。又如1956年6月21日黄河骤然涨水漫滩,冲走秸垛。查历史资料,亦有7月前涨水的,并非罕见,故1957年提前半个月入汛,改为6月15日开始拍报水情。

凌汛期拍报时限,在50、60年代中期吴堡以上为11月1日至翌年4月10日,吴堡以下为12月20日至翌年2月底。1966年始改为以头道拐上下为界,时限不变。1971年改为青铜峡至头道拐为11月1日至翌年4月10日止,花园口以下为11月20日至翌年2月底止。直到1985年又将青铜峡至头道拐终止时间延长到4月14日,其他不变。

黄河流域各省(区)所处地理位置的不同及汛期早晚的差异,报汛起止时间亦各不相同,见表6—9。

2.报汛质量

报汛质量主要分水(雨)情电报差错率和报汛流量精度两个方面。在50年代,水情拍报差错率较大,1955年汛期水情差错率竟达60%。报汛流量精度平均85%,有的精度更差仅有50%左右。60年代水情拍报差错率减到1.0%至1.5%,70年代初略有回升为2.3%,至80年代初,减到0.5%;1985年水情拍报差错率又有所上升,到1987年上升为2.7%,1990年又下降为1.5%以下。拍报流量精度已由1960年前的85%提高到1990年的95%。

表6—9　　　　　黄河流域各省(区)报汛起迄时间表

项　　目		青海	甘肃	宁夏	内蒙古	山西	陕西	河南	山东
大汛期	起时(月日)	5.1	5.1	6.1	6.1	6.1	6.1	6.1	6.1
	止时(月日)	9.30	10.1	10.21	9.30	9.30	10.31	10.1	10.1
凌汛期	起时(月日)	10.1		11.1	11.1				11.20
	止时(月日)	4.1		4.1	3.31				2.28

三、水情传递

黄河水情传递手段,主要有三种:一是电信部门的有线电报;二是设立无线电台;三是专线电话。

(一)有线电报

黄河流域的水文站大都地处偏僻,且距电信局较远,70%以上的站利用当地电话线路或架设专用电话线路将水情传报至电信局拍发。

(二)无线电报

50年代初期,每年大汛期租用电信局的无线电台和报务员,入汛前设立,汛后撤除,设台最多年份有10余处,如1953年设置报汛电台的有吴堡、华县、龙门、河津、润城、陕州、八里胡同、黑石关、菏泽、石头庄、封丘11处,并为钻探需要另在小浪底、安昌及开封各设1处,1954年又增设团山、延水关、郑州3处,1955年减少至9处。到1970年以后为了保证通信安全,尽量不设专台,改用有线电报,各专台全部撤销。

鉴于淮河"75.8"特大暴雨洪水时有线电讯设施遭到严重破坏,防汛指挥失灵的教训,为适应黄河下游防洪需要,1976年开始筹建无线电通信网,经过几年的工作,于1981年在三花间初步建成以三门峡、洛阳、陆浑、郑州为中心,连接三门峡、花园口等35处水文(水位)站的无线通讯网络。随后为加强三门峡到小浪底(简称三小间)暴雨洪水预报,于1986年经水电部批准增设17个雨量站无线电报汛网,见表6—10。从此三花间逐步实现以无线报汛为主,有线为辅的双保险水情传递方式。

为了增长洪水预报预见期,1981年开始在三花间建立自动遥测联机实时洪水预报系统,自动向郑州测报中心传递信息,1987年已率先在伊河上游陆浑示范小区建成22个自记遥测雨量站。同时为了监测黄河下游洪水情况,还于1984年着手兴建黄河下游漫滩自动测报系统,到1987年已设置9处遥测自动水位站,通过鄄城、高村、东坝头、开封4处中继站向郑州中心收集站传输水位信息,1989年后由于中继站发生故障不能维修而停止。

(三)专线电话

黄河下游干流各水情站的水情,1985年前均由专用电话线路传递,以后改为微波通信和有线电报为主,专用电话为辅的传递水情方式。

(四)水情接收与处理

1958年以前每年汛期由电信局派人来黄委会负责抄收水情电报。1958

年汛期开始租用郑州电信局 55 型有线电传机接收有线电报。1982 年改用 TX－20 电传机,提高了接收效率。1984 年郑州电信局安装了 64 路自动传报机,效率又进一步提高。黄委会兰州、三门峡水文总站于 1979 年亦先后开始使用有线电传机接收电报,并于 1987 年以来分别改用 TX－1000 电传机和电子电传机。

1987 年以前所有水情电报主要由人工译电登记和处理。汛期每日平均报量二三百份,多者上千份,工作量大而繁重,一般情况下,上午两人登记,一人处理差错电报,十分繁忙。若遇大面积暴雨,报量猛增,三路电传机(郑州电信局两路,黄委会通信总站一路)不停息地工作,来报速度加快,为及时收登处理,还需再增加 1～2 人协助工作,一直忙到 11 点多钟,才能拟出水情日报。为改善手工操作方式,黄委会自 1982 年以来,试图解决水情自动译电,由计算机直接提供各种水情信息数据,这项工作正式开始于 1984 年 12 月,黄委会"三花组"与郑州市自动化研究所联合研制水情自动译电系统,经过两年工作,于 1986 年 7 月开始试运行,尚存在一些问题,不够完善,故又于同年 10 月由黄委会水文局与郑州大学计算机技术开发公司在 IBM－PC/XT 计算机上联合研制了"黄河流域水情信息实时接收处理系统"于 1987 年 2 月投入试运行,同年汛期正式运行。本译电系统基本上达到以下四种功能。

表 6－10　　1986 年黄河无线报汛站统计表

站名	站号	无线通讯		站名	站号	无线通讯		站名	站号	无线通讯	
		电台	超短波			电台	超短波			电台	超短波
龙 门	41140	✓		龙门镇	47121	✓		横 河	47036	✓	
河 津	41142	✓		石门峪	47217	✓		花 园	47037	✓	
华 县	41152	✓		潭 头	47103	✓		王 屋	47057	✓	
华 阴	41160	✓		卢 氏	47203	✓		曹 村	47048	✓	
潼 关	41164	✓		长 水	47207	✓		野猪林	47032	✓	
坩坿	41167	✓		宜 阳	47209		✓	朱家庄	47026	✓	
大禹渡	41168	✓		白马寺	47213		✓	高 堰	47609	✓	
史家滩	41174	✓		韩 城	47255			观音堂	47276	✓	
三门峡	41278		✓	新 安	47275	✓		长 直	47613	✓	
咸 阳	46043	✓		润 城	47311	✓		上庙汗	47024	✓	
八里胡同	41280	✓		五龙口	47313	✓		坡 头	47651	✓	
小浪底	41282	✓		武 陟	47320		✓	北段村	47034	✓	
花园口	41330	✓		山路平	47373	✓		陆 浑	47017	✓	

续表 6—10

站名	站号	无线通讯		站名	站号	无线通讯		站名	站号	无线通讯	
		电台	超短波			电台	超短波			电台	超短波
夹河滩	41358	√		沁　阳	47315		√	下　川	47618	√	
垣　曲	47035			黑石关	47123	√		下河村	47106	√	
仓　头	47051	√		冶　墙	47656	√		鸡蛋坪	47041	√	
栾　川	47101	√		黄　庄	47662	√					
东　湾	47005	√	√	小　关	47670	√					

1.在通讯线路正常情况下,保证能同时接收来自郑州电信局和黄委会无线通信系统传递的水情。

2.能自动进行水情电报翻译、资料的存贮。

3.能迅速打印防汛工作所需要的各种报表和雨量图。

4.能迅速简便准确地检索黄河流域雨、水、沙、冰情等资料。

为保证水情电报及时接收与处理工作绝对可靠,万无一失,于1987年还引进了水电部水调中心一套"实时水情信息接收与处理系统",致使三路电报的接收与报文的预处理,均在 MICRO VAX Ⅱ机上实现,于同年7月投入运行。两套水情译电系统并列运行,提高了水情信息接收与处理工作的保证率。

为改善黄河下游洪水情报预报工作,1980年12月"三花间实时遥测洪水预报系统"正式立项,归入国家重点科学技术攻关项目。内容包括三部分:五个遥测子系统(伊河、洛河故县水库以上、洛河故县水库以下、三门峡至小浪底区间(简称三小间)、小浪底至花园口干流区间(简称小花间));五个数据收集处理中心(陆浑、故县、洛阳、小浪底、郑州);一个预报中心(郑州)。工程分二期建成,第一期为伊河陆浑以上示范性的数据遥测系统和陆浑经洛阳到郑州的无线电通信系统及郑州预报中心,1986年建成,当年投产。1987年第二期工程开始,至1990年完成三小间遥测系统,1991年又完成故县至白马寺,白马寺、龙门镇至黑石关区间遥测系统,其余部分尚在进行中。

四、情报服务与管理

(一)服务

建国初期情报工作主要为黄河防汛服务,1957年以后逐渐扩大到为沿河工农业生产、水电工程建设、灌溉、航运、当地驻军等有关部门服务。收报单位最多的 60 年代达 200 多处,有的水情站汛期一张报要同时拍发 30 多处,话传 10 几处。黄委会每年汛期发布水情日报 11000 份,凌情日报 3600 份,还及时向有关单位提供水情简报,典型暴雨洪水分析,汛期水情分析总结及凌汛总结等。

情报提供方式有两种,一是各水情站向中央防总、黄河防总、河南、山东两省黄河防汛指挥部(简称黄河防指),山西、陕西两省防汛抗旱指挥部及沿河大型水库、交通、施工、军事等有关单位直接拍报水情;二是由黄河防总和各黄河防指收到水情后,经翻译整理用电报、电话或报表方式,向各级领导、各级防汛部门和省有关单位逐级提供。1980 年以后,根据中央防总(80)水汛字第 15 号文精神,黄河水情由无偿服务改为有偿服务。1984 年开始对非防汛部门及水电系统的工矿企业部门实行收费制度,按照电报的数量、电讯设施的维修等费用成本进行收费。节约了国家开支,增加了水文事业费的收入,如兰州水文总站 1985 年至 1988 年水情累计收入达 40 多万元。

(二)管理

1955 年后,每年在布置报汛任务前,黄委会对各服务对象发函征集其对报汛方面的要求和意见,综合平衡、统一标准下达任务,对一些重点地区及有特殊要求的单位,还派人前去调查了解征集意见,以便准确地提供水情,依据各方面对报汛的要求,于汛前编制《水情任务书》,下达黄委会属各水情站,同时编制《水情委托书》发送有关省(区)水利、气象部门委托其向所属水情站及雨情站布置报汛任务。当水情站网及拍报任务没有变化时,只布置报汛通知及委托报汛的函,不再印发《水情任务书》及"水情站报汛任务一览表",1973 年以后,采取每隔三年至五年全面系统地修订补充一次《水情报汛任务书》,分别下达或发送各有关水情站。

黄河流域情报工作,1959 年以前由黄委会统一管理,以后采取分区负责,上下结合的办法,委托站的管理分别由各省(区)负责,黄委会属站,黄河上游由兰州水文总站负责,中游的北干流和支流由吴堡(榆次)水文总站负责,泾、北洛、渭河和三门峡库区由三门峡库区水文实验总站负责,三花间及下游分别由郑州、济南水文总站负责。

1977 年由水文部门与修防部门联合组织建立"黄河下游水文情报预报网"对情报要求大的滩区,如长垣濮阳滩、兰考东明滩、范县台前滩、长清平阴滩等都由所在修防段设立代表性的水位站,至少每一个公社(乡)设一个水位站,委托群众管理。各滞洪区的闸门上下和滞洪区内亦设立水尺,随时拍报洪水进滩及退水情况。上下贯通,形成严密的情报系统。

第二十三章　水文预报

黄河水文预报在殷商时期（公元前 13～前 11 世纪）就有占卜预测洪水的记载。此后,由于农业生产等需要,有一些预测旱涝和冰情方面的经验,历史文献中多有记述。建国后才开始进行正式的水文预报。随着治黄的发展和防洪防凌的需要,1955 年以来全面开展了短、中、长期洪水,枯水,冰情,泥沙各类预报,逐步建立了具有黄河特点的预报方法和方案。在建国以来的几次大洪水和严重冰情年份的预报中都取得了较高的精度,为防汛决策提供了可靠的依据。80 年代初开始全面推广运用电子计算机,并建立了三花间和黄河下游联机实时洪水预报系统及冰情预报模型的研究,从而使水文预报迈向国际先进水平。

第一节　洪水预报

一、概况

1951 年汛期由水文科抽 2～3 人到防汛办公室负责水情工作,对黄河下游少数测站进行洪水预报。当时预报方法简单,预报精度仅有 80％左右。随着科学的发展,预报方法不断改进提高。截至 1990 年预报精度均在 90％以上,预报河段长达 10000 公里,累计发布洪水预报 4000 多站次。从 1955 年起全面编制了黄河中下游地区的洪水预报方案,预报范围由下游到上中游,由干流到支流,由河道防洪到水利工程调度运用,逐步建成一个比较完整的洪水预报系统。预报方法由简单洪峰相关发展到流域预报模型;计算手段由手工计算发展到电子计算机作业;预报预见期也较初期增长 20％。在黄河防洪和水资源开发利用工作中较好地发挥了耳目和参谋作用。

二、预报任务与方式

(一)服务对象

黄河的洪水预报,主要为防汛、水利施工、交通、航运及工农业生产等部门服务。50年代除为中央和地方防汛部门服务外,先后还向引黄济卫灌溉渠首,石头庄溢洪堰、黄河干流三门峡、刘家峡、盐锅峡、位山等水利枢纽工程施工及郑州黄河铁桥等单位提供洪水预报。60年代初根据水电部关于"下放水文预报工作训练技术人员"指示精神,黄委会逐渐将上游和中游部分预报任务下放到兰州和三门峡水文总站。同时沿黄省(区)水文总站和河南、山东黄河河务局也相继开展了预报,建立了上下结合、分工合作的水文预报服务体系。

(二)项目与范围

预报项目有洪峰流量、最高水位、峰现时间、流量过程等;范围包括黄河干支流的主要控制站、大型水库、分滞洪区等;预报的重点区域是三花区间,黄河下游河道及三门峡水库。

(三)预报方式

对于上中游的预报,主要以"电报"形式向收报单位发布。黄河下游的预报,1977年以前主要以话传方式向有关单位发布,以后采用三种方式进行发布,一是当花园口流量在漫滩洪水以下,除向黄河防总防汛办公室(简称防办)和有关部门话传外,并在当日水情日报上公布;二是达到漫滩标准以上洪水,以"代电"形式向中央防总和河南、山东黄河河务局发布;三是以预报电码形式电告(电话)使用单位。

三、预报方案

(一)预报方法

1.水位预报

在50年代初期,应用相应水位的理论编制了黄河下游干流简单的上、下游站洪峰水位和水位涨差相关图。该方法只在河床不变情况下有效,在黄河下游应用此种方法往往产生较大误差。1955年后改用实时改正水位流量关系曲线法,由预报流量通过水位流量关系曲线推求水位的方法。并根据实测资料,随时修正水位流量关系曲线,借以提高水位的预报精度。一般可以得到较高的精度,多年来一直作为经常使用的方法。

1964年黄委会水情科开始探索变动河床影响下的水位预报,从分析断面冲淤变化入手,用导向原断面方法,修正水位流量关系曲线,由洪峰流量推求洪峰水位。但尚需解决断面冲淤预报问题。

1975年黄委会水文处、水利科学研究所与清华大学水利系等单位组织协作,对黄河下游变动河床水位预报进行探讨,研究重点是河槽断面冲淤变化对水位的影响,初步提出《河道主槽断面冲淤变化的预报方法》。1978年黄委会水文处与黄科所又组织力量,进一步研究黄河下游变动河床水位预报方法,经过一年多的研究,胡汝南、张优礼等于1979年提出《黄河下游变动河床洪水位预报方法》,1980年获水利部优秀水利科技成果三等奖。1988年4月黄科所与武汉水利电力学院合作研制黄河下游变动河床洪水位预报数学模型,于1990年4月正式提出成果,并经黄委会有关专家验收。

2.流量预报

(1)洪峰相关法。这种方法早在50年代初,已在黄河上广泛应用。此法简单、修正方便、能保持一定精度。近年来结合黄河河道冲淤善变的特点,在应用这一相关法中,分析考虑了洪峰形状和平滩流量大小因素的影响,其相关形式有下列三种:

单一河段:

采用上游断面洪峰流量与下游断面洪峰流量相关;以平滩流量为参数的上下游断面洪峰流量相关图,或以洪峰系数为参数的上下游断面洪峰流量相关图。

有支流加入的河段:

黄河中游地区,两岸有众多的支流注入,单一相关法已不能满足需要。如吴堡至龙门、龙门至潼关、泾河张家山、渭河咸阳至华县及其上游的各个河段均采用两种形式的相关图,即以上站洪峰形状系数为参数的上游干支流站合成流量与下游站洪峰流量相关图;或以支流站合成流量为参数的上游站洪峰流量与下游站洪峰流量相关图。

有区间降雨影响的相关图:

上下游站区间有降雨加入,则建立以区间降雨量和支流站合成流量为参数的洪峰流量相关图。

上述各种洪峰流量相关法,简单灵活,可以实时修正,应用方便,一般具有较高的精度,为洪峰预报中经常采用的方法。

(2)流量演算法:建国初期曾应用过图解法、瞬态法。自1955年起在主

要干支流,凡开展流量过程预报的河段均采用马斯京根法。对于黄河下游河道的洪水演算又分为两种情况:

一为无生产堤影响的河段:对于一个特定的河段,又存在着两种不同条件的洪水,一是不漫滩洪水,二是漫滩洪水。演算结果两者不同,故需分别求得适合各类洪水演算的参数,并随时根据前期实测资料进行校正,一般可得到较高精度的预报成果。

二为有生产堤影响的河段:1958年大水后,黄河下游河道两岸滩地上,群众修建了大量的生产堤,在生产堤不溃决时,仍采用不漫滩的参数进行演算,生产堤溃决时,主要采用三种方法。一是滩区调洪演算法:首先应用河道漫滩洪水马斯京根演算法进行演算,然后对漫滩流量以上洪水过程再进行水库洪水调蓄计算,将计算结果与河槽流量过程相加即得预报结果;二是滩区汇流系数法:将进入滩区的流量过程应用汇流系数进行演算,河槽部分的流量过程仍用河槽洪水演算参数进行演算,滩槽演算结果相加即为河道出流过程;三是滩槽分演滞后叠加法:洪水漫滩后入流断面洪水分成大河水流和滩地水流分别进行马斯京根法演算,然后在出流断面叠加。

山东黄河河务局曾采取先扣后演,应用汇流系数法进行洪水演算,亦取得较好的效果。

1955年开始应用降雨预报洪水,建立了五变数的合轴相关图。相关关系为 $R=f(P,P_a,C,t)$,P、P_a 及 R 分别为次洪雨量、前期影响雨量及地面径流量,C 为季节以月份或周次表示,t 为 P 的历时。此种形式的相关图在晋陕区的干支流,泾、渭河,伊、洛河均有采用。60年代初期,为解决降雨不均匀性的影响,黄委会水情科李若宏应用产流区的概念以 $P+P_a$ 某定值作为划分产流区的标准(门坎),如三小间,以 $P+P_a>85$ 毫米作为产流限值,建立了 $R=f(P_{产},P_a,t)$ 相关图,超过此限值则产流,反之则不产流。按其产流方式,概括起来有以下三种形式:

蓄满产流型:即在一次洪水中主要是蓄满产流,有的地区在产流初期阶段,往往有超渗现象,预报方案仍用蓄满产流方法。关系式为:

$R=f(P,P_a)$ 或 $R=f(P+P_a)$。建立此类型相关图的有伊、洛河,三小间,大汶河和黄河上游。

超渗产流型:有的洪水在整个产流过程中为超渗产流,有的则以超渗为主,均应用超渗产流计算方法。黄河上常用的方法有降雨径流相关即:$R=f(P+p_a,t)$ 或 $R=f(P,P_a,t)$。下渗曲线法即:$f_t=fc+(fo-fc)e^{-\beta t}$ 或 $f_t=fc+(fo-fc)e^{-kp_a}$,式中:f_t 为下渗率;fc 为稳定下渗率;fo 为土壤干燥时最大下渗率(初损);β,k为实测资料求得的参数。此方法主要应用于黄土地区。

门坎型:此种亦为蓄满产流方式,但不受前期影响雨量的影响,有一个门坎作控制,降雨超过此坎后才能产流,并为单一的降雨径流关系,如沁河分区降雨量大于50毫米为产流区。

(2)出流过程预报

主要有三种方法:50年代中期广泛应用的峰量关系和概化过程线法;50年代末至70年代常用的流域单位线法(主要有L·K谢尔曼单位线,纳希瞬时单位线);70年代末至80年代初广为应用的是单元单位线汇流法。

4.流域模型

1976年开始引进国外的水文预报模型,1978年俞文俊等结合黄河实际情况,在伊河上建立了陆浑降雨径流预报模型;1983年以后又在同区试用美国萨克拉门托模型和中国新安江模型;在三小间,大汶河和黄河上游用了新安江模型;在三花间还编制了混合模型;沁河和黄甫川应用了日本水箱(Tank)模型;汾河应用了汾河流域模型;在大汶河编制了临汾以上流域模型。

5.水库预报

自1960年三门峡水库建成并投入运用以来,包括其他大中型水库,水库调洪演算均采用蓄率中线法。对于多沙河流的黄河干流水库,库容曲线常受冲淤影响,随时发生变化,所以在实际作业预报中根据实测输沙率及时进行修正,以保证库水位及下泄流量预报精度。

(二)方案编制

1.发展过程

黄河流域的洪水预报方案的编制,大致分为三个阶段。第一阶段是50年代较全面地系统地编制方案;第二阶段是60年代至70年代不断地补充、修订方案;第三阶段是70年代末至80年代向现代化迈进。随着电子计算机的广泛应用和国内外先进预报方法的引进给黄河洪水预报的发展提供了条件。40多年来,较集中的系统的方案编制有六次:

1955年汛前黄委会组织有关部门30多人在陈赞廷主持下第一次系统地编制了黄河中下游洪水预报方案。主要有洪峰流量相关图、暴雨径流相关图、洪水推演图等,为黄河水文预报工作的全面开展奠定了良好的基础。1958年在水电部"全面服务、加强研究、洪水与枯水并重,大中小河结合,普及与提高并重,洋办法与土办法结合的水文预报方针"指导下,又积极开展了单站洪水与单站天气订正预报,并编制了相应的预报方案。

1962 年第二次由黄委会水文处水情科补充编制了黄河中下游的洪水预报曲线,主要有洪峰流量相关和受生产堤影响的洪水推演图。此后每年都对原有预报方案进行补充、修订。从 1955 年至 1965 年,黄委会共编制黄河流域干支流主要控制站预报方案 300 多个,其中优级占 40%,良级占 42%,合格占 7%,不合格占 11%。

1972 年 4 月集中吴堡、三门峡、郑州水文总站,黄委会设计院水文组、河南黄河河务局测量队参加,并与水电部十一工程局勘设大队、陕西省三门峡库区管理局、黄河水利学校协作,由陈赞廷主持第三次对黄河中下游原有洪水预报方案进行了全面地审查补充、修订,而且着重研究了龙门至潼关段受滞沙影响的入库流量预报,编制了入库洪峰流量相关图和洪水演算诺模图。按照洪水的不同来源、地域、分区,结合防洪要求划分 8 个预报区(见图 6—2)。即黄河上游区(A),晋陕区(B),泾、渭、北洛、汾河区(C),三门峡库区(D),三花干流区间(E),伊、洛、沁河区(F),黄河下游干流区(G),东平湖、大汶河、滞洪区(H)等分区的预报方案。除(A)、(H)两分区外,其他六个分区共编制和系统整理方案 74 个,总计 117 张图。1974 年将预报图按分区蓝晒、装订成册,供作业预报使用。该套方案除伊、洛河于 1977 年再次进行补充、修订,重新绘制成图 36 张和陆浑水库调洪演算方案外,其他各分区方案一直沿用至今。

1976 年汛前,为吸取淮河"75.8"特大洪水的严重教训,第四次组织三花间洪水预报调度会战。除黄委会外,还有水电部水利调度研究所(简称水调所),第六、第十一、第十二工程局,长办,陕西、河南、山东、湖北、广东、贵州、云南省水文总站等单位参加,在谢家泽、陈赞廷指导下,补充编制了伊河降雨径流和单元汇流预报方案,洛河降雨径流关系,伊、洛河夹滩洪水漫决后洪水演算方案,黄河下游洪水演算方案等。同年汛后又组织了下游部分水文站参加的河道查勘,进行资料分析,研制了特大洪水预报方案。

第五次是黄河"82.8"大洪水以后,又以三花间为重点,黄委会水文局建立了黄河流域实时水情信息接收与处理系统、实时数据处理系统、三花间洪水预报系统。1987 年汛前又将以上三个子系统进行联机成为"黄河三花间实时洪水联机预报系统",经初步试验,20 分钟左右即可完成一次实时预报作业,较过去手算时间缩短 3～4 小时,故可增长有效预见期 3～4 小时。若降雨区偏上游,预见期还可加长,如 1988 年 8 月三花间发生了两次洪水,"联机系统"投入预报,预报精度及峰现时间均满足部颁《水文情报预报规范》要求。而该次洪水预见期达到 28～30 小时。同期黄委会防汛自动化测

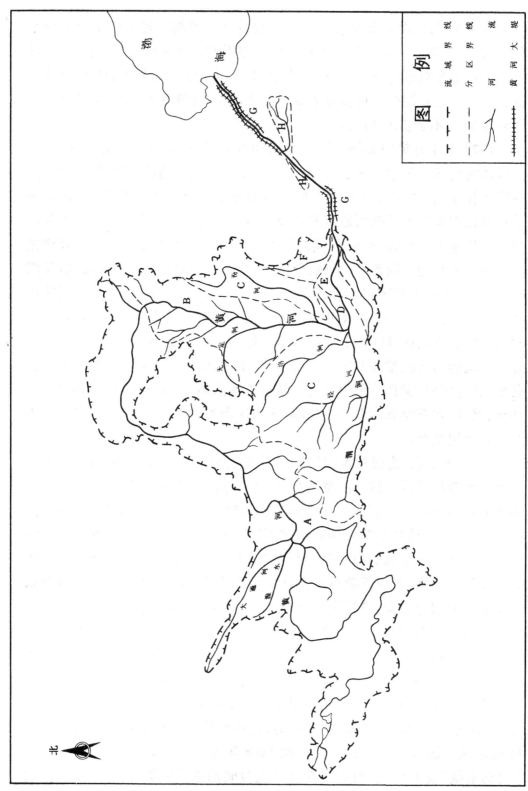

图 6—2 黄河流域洪水预报分区图

报计算中心也建立"黄河雨情水情实时数据收集处理系统"及"黄河实时遥测洪水预报系统"。基本实现情报、预报电算化。

第六次是黄河流域实用水文预报方案的研究编制,这项工作是根据1985年水电部水文水利调度中心的要求,自1986年1月开始,由黄委会水文局牵头,青海、甘肃、宁夏、内蒙古、山西、陕西、山东等省(区)水文总站,龙羊峡,天桥水电厂,汾河水库,三门峡枢纽管理局,故县水库管理处,水电部十一工程局,黄委会兰州、榆次、三门峡水文总站,河南、山东黄河河务局等18个单位,111名水情预报人员参加,对黄河流域30多年来的洪水、冰情预报方案分为上、中、下游进行系统地分析整理改进编制。按照《水文情报预报规范》要求对多年来编制的方案进行了审查、补充、修订,于1989年12月全部完成并刊印成册。共有预报方案168个,其中洪水预报方案110个;冰情预报方案58个。根据《水文情报预报规范》规定标准评定,洪水预报方案中,甲级81个占74%,乙级29个占26%;冰情预报方案中,甲级32个占55%,乙级26个占45%。经作业预报实践检验,多数具有良好的精度和较高的实用价值。本实用水文预报方案,主要有以下五个特点:

第一,各预报方案均能适应本地区本河段的特征。如黄河下游的洪水过程预报是根据变动河床和大量滩区生产堤的情况下研制的一套洪水演算方法,大汶河流域降雨径流预报是根据半湿润地区特点编制的,既有超渗又有蓄满产流方式的降雨径流复合模型,预报精度较高。

第二,以物理成因为依据,又有大量的实测资料为基础。

第三,大部分方案经过作业预报的考验和反复修订,逐步完善。

第四,计算简便,运用灵活。部分方案编制了计算机程序,可用电子计算机快速计算,其余方案也都编制了简便图表,一般可作到收到水情后,几分钟最多不超过1小时作出预报。

第五,干支流结合,全面配套。整个黄河流域已编制成一个较完整的预报系统,有的地区还编有几套方案配合使用,可以全面地控制各区水情。

2. 方案概况

(1)黄河上游段

头道拐以上为上游段(见图6—3)。洪水预报始于1959年,主要采用洪峰流量相关和洪水演算。预报河段1959年为1300公里,到1988年发展为2800公里,预报精度由80%提高到90%以上,预见期龙羊峡以上为1~3天,龙羊峡至兰州区间的干支流站为0.5~2天,兰州以下为5~7天。该段包括黄河干流、支流洮河、大夏河、湟水、大通河等水系。60年代多次与地方

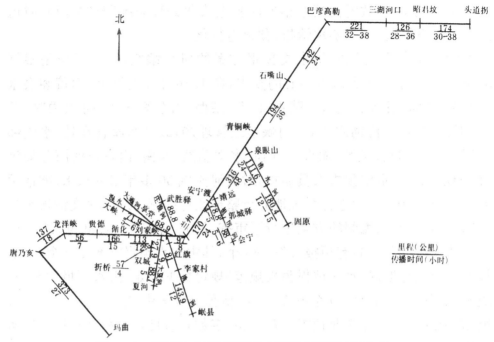

图6—3　黄河上游预报河系主要站间距及传播时间

有关单位协作,组织编制干支流预报方案。1983年兰州水文总站为提高预报精度,增长预见期,与华东水利学院水文系协作,应用新安江三水源流域水文模型与实时校正模型,用于黄河上游高寒湿润地区,方案经过作业预报验证,达到《水文情报预报规范》标准。1986年又将此法用于洮河上游地区,其效果较好。

流域内各省(区)于50年代和60年代也都相继编制了洪水预报方案,如内蒙古自治区于1952年就编制了黄河的洪水传播时间和洪峰流量预报方案,此后又逐步发展完善。

(2)黄河中游段

头道拐至花园口为中游段。该段包括三个预报系统。即晋陕区间、龙三间(龙门至三门峡)、三花间,见图6—4。

晋陕区间:

该区洪水预报始于1955年,根据雨、水情基本特征,分两段建立预报方案,一是头道拐至吴堡段,编制了区间降雨径流相关图,支流限于资料短缺,多未单独绘制预报图。二是吴堡至龙门段,采用洪峰流量相关,暴雨径流相关及退水曲线等。对龙门洪峰流量的预报主要是根据吴堡至龙门起涨流量相关曲线及吴堡洪峰流量与支流的相应流量和龙门洪峰流量相关图。1957年后,又绘制了各主要支流的暴雨径流相关图。1974年重新编制了头道拐

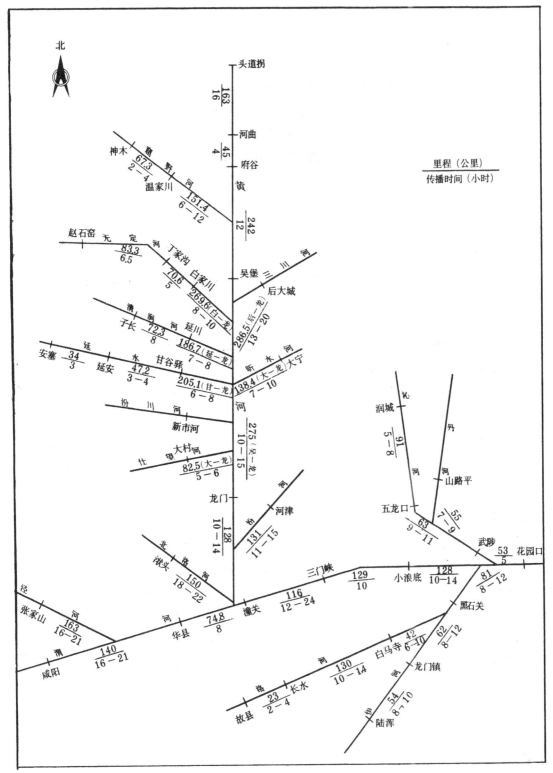

图 6—4 黄河中游预报河段至主要站间距及传播时间图

至吴堡及吴堡到龙门两大区间的降雨径流相关图。但这些降雨径流相关图受水土保持发展的影响,一般都有较大的误差。1974年为了搞好服务地方,由吴堡水文总站编制了延安、甘谷驿、延川等站的洪峰流量相关图。1975年后,除对已建预报方案进行修订外,又对吴堡到龙门区间建立了马斯京根洪水演算方案。80年代初,华东水利学院赵人俊根据黄土高原超渗产流的特点,分析研制了陕北模型,对研究建立晋陕区间产汇流预报方法提出了新的途径。1985年由于天桥水电站的需要,黄委会水文局分析研究了黄甫川流域的产汇流特点,建立了三箱分单元和一箱不分单元两种水箱模型。1986~1989年在实用水文预报方案汇编中又补充了新的洪水预报方案,建立了干流来水为主和支流来水为主,以支流和干流相应流量及上站洪峰形状系数为参数的两种洪峰流量相关图;对区间支流也补充了洪峰流量预报方案;对于府谷至吴堡和吴堡到龙门两个河段则建立了汇流系数和马斯京根单一河道洪水演算方案。

龙三间:

在50年代已分区编制了上下游站洪峰流量相关图和部分区段的降雨径流相关图。但由于资料所限,对产流分析研究不够,降雨径流方案精度一般较差,多未用于作业预报。1957年后随着三门峡水库的兴建和防洪调度运用的需要,进一步分析研究编制了该区的预报方案,并着重研究了张(家山)咸(阳)华(县)区间的加水问题,编制了该区段以区间平均降雨为参数的洪峰流量相关图和暴雨径流相关图,对于龙(门)华(县)河(津)洑(头)至潼关区间,以平滩流量反映河槽冲淤变化,建立了洪峰流量相关图和洪水过程演算方案。在1986~1989年实用水文预报方案汇编中,补充了以反映区间水文和河道变化情况的参数,建立了各种洪峰流量相关图并新建了部分降雨径流相关图和部分河段变系数的马斯京根分段洪水演算方案。山西省水文总站还研制了汾河水库以上的流域水文模型。对三门峡库区,施工期预报采用河道洪水预报方法,截流后,对三门峡坝前水位和出库流量均采用水库调洪演算方法。为了取得足够的预见期还应用降水预报来预报洪水。三门峡水库建成后的洪水预报与施工截流后的预报方法基本相同,但由于水库淤积,需要经常修正库容曲线和预报曲线。

三花间:

本区分为三小、小花两个干流区和洛、沁河两个支流。这一地区的洪水预报早在50年代就已开始,根据各区和支流的自然地理特点建立了各种类型的预报方案。一是洪峰流量相关:主要是预报花园口及洛河黑石关、沁河五龙口、武陟等站的洪峰流量相关图,有的以支流相应流量作参数,有的干支流最大流量合成为上站洪峰,有的则加入上站洪峰形状系数或峰前平均流量为参数,还有的加入区间平均雨量为参数。二是降雨径流相关:建立这种方案的有三小区间、伊河陆浑到龙门镇区间、洛河长水到白马寺区间及沁河润城以上。三小间和沁河润城以上均以产流区的权雨量作为预报的根据因素,并且三小间加入了前期影响雨量和降雨历时为参数,润城以上则不加参数。其余两区均以平均雨量为预报根据因素并以前期影响雨量为参数。各区的洪峰预报有的应用峰量相关图和概化过程线,有的采用了经验单位线。三是流域模型:三花间流域面积较大,自然地理复杂,降雨的空间分布很不均匀,产流方式又不尽相同,因此建立了分散式综合模型,即将全区分成 18 块,每块若干个单元,共计 116 个单元,平均每个单元面积约 360 平方公里,各块中选有水文资料的单元作为代表单元,建立单元流域模型作为该块中各单元的通用模型。

产流模型有五种:第一,降雨径流相关模型。建立此模型的分块有伊河陆浑至龙门镇区间、洛河白马寺以上流域及白马寺、龙门镇至黑石关区间。相关图有两种,一种是在单元代表流域上建立的 $R = f(P, Pa)$ 相关图,一是在分块面积上建立的 $R = f(P, Pa)$ 相关图,但都是用于单元面积的产流计算。上述陆浑至龙门镇、洛河长水至白马寺、沁河润城至五龙口三区间,已改用受中小水库影响的流域模型。第二,R、E 霍顿下渗模型。由于流域下垫面十分复杂,单元的入渗强度有大有小,为避免把点上求得的入渗曲线用于流域上而产生的较大的误差,选用南京水文研究所研制的下渗曲线与下渗分配曲线相结合的流域模型。但下渗曲线仍采用霍顿型,流域蒸发及土壤蓄水量按双层模型计算,采用该模型的有伊河东湾以上流域及东湾至陆浑区间。第三,包夫顿下渗模型。采用本模型的有沁河飞岭以上流域、飞岭至润城区间、润城至五龙口区间及丹河山路平以上流域。第四,新安江模型。由于区域内地下径流壤中流所占比重较小,因此,模型中略去了划分水源部分。采用该模型的有三小间、三花间。流域蒸发计算采用三层模型。第五,水箱模型。采用该模型的有沁河五龙口、山路平至武陟区间,选用两级水箱串连型。

汇流模型有两种。第一种坡面汇流,各分块的单元汇流模型,均采用纳希瞬时单位线,用直接积分法,将原式转换为时段单位线。第二种河道汇流均采用马斯京根法,分段连续流量演算模型。水库调洪演算,采用蓄率中线法;滞洪区调洪演算及"小花干流",洛、伊河的白马寺、龙门镇至黑石关(夹滩地区),沁河五龙口、山路平至武陟和黑石关、武陟至花园口等段的河道洪水演算均采用马斯京根法。上述方案已均在作业预报中应用。

（3）黄河下游段

下游段洪水预报系统见图6—5。分为干流河道，分、滞洪区和支流三部分。

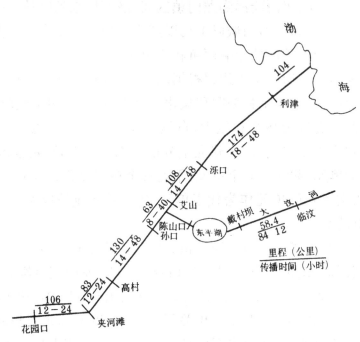

图6—5　黄河下游预报河系主要站间距及传播时间

干流河道：

洪水预报始于1951年，初建有洪峰水位相关图，但因河床冲淤变化大，此种相关图很不稳定，1953年便由水位相关图改为洪峰流量相关图。在天然情况下，相邻站的洪峰流量相关尚好，所建方案有花园口～夹河滩、夹河滩～高村、高村～孙口和孙口～艾山、艾山～泺口、泺口～利津等段，该方案用于非漫滩洪水精度较高，若遇漫滩洪水，则不适用。1974年改建以峰型系数为参数的复相关，精度有所提高。河道洪水演变采用马斯京根法。1959年以前采用列表计算和半图解法演算，之后改用诺谟图进行演算，时效显著提高。1961年以后，对原预报方案进行全面修订补充，分别绘制了花园口站与夹河滩、高村、孙口三站及夹河滩与高村、孙口和高村与孙口等站分级流量演算诺谟图。对于受生产堤影响的漫滩洪水的预报方案，60年代初，建立了一套按滩区各块生产堤包围面积逐块演算的方案。1976年改用滩区分洪试算法进行滞洪演算，经验性地处理漫滩洪水预报方法。黄河下游洪水演进还受含沙量大小和沿河引水的影响，因此曾研究过泥沙淤积和沿河引水的修正。1978年对漫滩洪水,分段集中处理,采用的方法有滩区水库型演算法,滩区汇流系数法,滩区流量过程滞后叠加法三种。这些方法都受生产堤溃决程度和来水大小所制约,溃决程度和来水大小不同,进滩流量过程亦不同,故溃决系数为0.5~0.9,溃决程度越小,系数越小,此系数根据当时情况估计,经验证明,只要溃决系数估计正确,三种方法均能得到较好的预报效果。

分滞洪区:

分滞洪预报方案有三个。一是东平湖水库。根据1954年洪水自然分洪资料分析,1957年首次建立了进出湖流量预报方案。1958年又做了改进。1959年又在1958年大水自然分洪后地形测量资料的基础上,建立了一套东平湖进出湖泄洪工作曲线。随着进出湖闸门的建立,于1963年黄委会水文处会同山东黄河河务局、位山工程局联合编制了东平湖水库调洪工作曲线,水量平衡查算图。由于作业预报工作量大,1971年后重新简化了预报方案,并于每年汛前修改预报图。经1976年和1982年8月两次洪水分洪运用,方案基本满足预报要求。二是北金堤滞洪区。该滞洪区是防御黄河下游超标洪水的重要分洪措施。1951年在长垣县石头庄修建了溢洪堰,设计分洪流量5100立方米每秒。黄委会工务处和河南黄河河务局曾采用普尔斯法编制了滞洪区内洪水推演工作曲线。1978年濮阳渠村分洪闸建成,废除石头庄溢洪堰,改建了北金堤滞洪区,设计最大分洪流量10000立方米每秒,分洪总量20亿立方米。根据模型试验资料,编制了调洪工作曲线;1987年黄委会水文局采用马斯京根法编制了一套滞洪区洪水演算方案;1990年黄委会工务处与北京水科院水力学研究所协作研制了有限元法(二维非恒定流)洪水演算方案。三是伊、洛河夹滩自然分洪区。该区位于伊、洛河交汇处杨庄以上约20公里范围内两河间的夹滩地区,北依洛河南堤,南靠伊河北堤及西横堤和东横堤所包围的区域,面积约70平方公里,为自然滞洪区。现东横堤防御流量7000立方米每秒,超标时开始倒灌;堤防防御标准,伊河为5000立方米每秒,洛河为5500立方米每秒,超标即可能决堤分滞,并起到较大的削峰作用。参考1954年、1958年、1982年决堤滞洪资料,采用马斯京根法建立了漫滩洪水演算方案。

大汶河流域:

大汶河的洪水预报,因限于资料短缺,50年代中期曾建立过简单的上下游洪峰流量相关图。1965年开始由山东省水文总站泰安分站负责编制该流域的洪水预报方案,共编制了三种预报方案:第一洪峰相关。建有北望加谷里合成流量与临汶洪峰流量相关图;以南支平均雨量为参数的北望与临汶洪峰流量相关图;以区间平均雨量为参数的临汶与戴村坝洪峰流量相关图、洪水总量相关图及洪水过程预报图。其过程预报采用标准径流分配法。第二降雨径流相关。产流预报采用降雨径流相关图,或汇流采用峰量相关图,经验单位线及标准过程线法,对于受水库影响作了改正。第三临汶以上流域模型。系山东省水文总站泰安分站与泰安水利学校协作研制的。该流域属于半湿润地区,产流方式以蓄满为主,间有超渗产流,模型是把蓄满产流与超渗产流结合的复合产流模型,汇流计算分地面与地下径流两部分,分别采用单元面积经验单位线及线性水库型马斯京根法,河槽汇流采用马斯京根分段连续演算法。

四、作业预报

(一)概况

1955 年以前的作业预报,主要根据洪水预报曲线结合实况分析发布。自 1955 年起系统地编制了中下游洪水预报方案后,作业预报才逐步走上正规。根据黄河防汛的具体要求,健全了汛期作业预报组织,制定了预报步骤和发布标准。经过"58.7"大洪水的实践和经验总结,不仅进一步补充修订了原有的预报方案,而且改进完善了作业预报组织和发布预报的标准。历年来先后采用过按洪水预报河段分工负责和按次洪水分预报班负责的办法交替使用,实践表明,各有利弊。80 年代以来,主要采用按次洪水,由主班负责预报,并吸取天气预报会商的经验,避免机械使用方案和主观臆断,使作业预报更加符合客观实际,进而提高预报精度。预报手段也不断改进,已由 50 和 60 年代的手工计算和查图作业,发展到 80 年代电子计算机作业。作业预报时间大大缩短,使预报预见期有所增长。

(二)预报作业规定

1. 预报步骤

自 1955 年开始根据不同的预报精度分步提供预报,按照防汛的要求,作业预报分三步进行。第一步根据降水预报,由降雨径流预报方案(或流域模型),推估可能产生的洪水,作为警报。此步预报对花园口的预见期一般在24 个小时左右,但精度较低,只能供领导和防汛部门参考;第二步根据流域内已出现降雨实况,由降雨径流(或流域模型)预报方案推求洪水,一般精度80%左右,对花园口预报预见期 12～18 小时,供防汛部门提早考虑防汛部署;第三步依据干支流站已出现的洪峰流量,由洪峰流量相关和流量演算方法,推算下游各站的洪水,再加经验修正后正式发布,一般精度90%以上。对花园口预报,预见期8～10小时,供作防汛决策的依据。

2.预报程序

50至70年代,预报工作由水情组(科)负责,预报由技术负责人审核发布,80年代起改由作业预报组按次洪水轮流负责,以主班预报为主,在潼关或花园口站流量超过6000立方米每秒以上,10000立方米每秒以下时,其余各班亦同时作出预报,集体会商讨论,由技术负责人审核,处领导签发;超过10000立方米每秒以上的洪水预报,由水文局和防办领导审批发布。

3.发布形式

洪水预报对外一律采用预报电码形式发布;对内规定漫滩流量以下,3000立方米每秒以上的洪水预报,先告知"防办"并在水情日报上公布;漫滩流量以上洪水预报或修正预报,一律用"代电"形式发布,并在"代电"中阐明预报依据,以便外单位分析使用。

4.发布标准

多数年份当黄河花园口流量超过3000立方米每秒开始发布,1985年根据防汛要求,明确制定了流量(水位)预报发布标准如表6-11。

表6-11　　　　　1985年洪水预报发布标准表

河名	站名	流量(立方米每秒)	发布单位
渭河	华县	2000以上	三门峡水文总站
黄河	龙门	5000以上	三门峡水文总站
黄河	潼关	3000以上	三门峡水文总站
黄河	三门峡	3000以上	三门峡水文总站
黄河	史家滩	相应流量的水位	三门峡水文总站
洛河	黑石关	3000以上	黄委会、河南黄河河务局
沁河	武陟	2000以上	黄委会、河南黄河河务局
黄河	花园口以下	3000以上(变幅500)	黄委会、河南黄河河务局、山东黄河河务局

5.预报分工

洪水预报50和60年代没有明确分工,主要由黄委会负责发布。同时兰州水文总站和三门峡水库水文实验总站也相应作预报,主要适应当地需要。自1977年建立黄河下游预报网以后,黄河下游各站的预报分别由河南、山东黄河河务局向下属单位发布,黄委会所作预报只向国家(中央)防总及河南、山东黄河河务局发布。黄河上游的预报,由兰州水文总站负责发布;沿黄各省(区)水文总站负责发布所辖区段的洪水预报。1985年规定华县、龙门、潼关、三门峡四站流量及史家滩水位预报主要由三门峡水库水文实验总站负责。若龙门、潼关、华县三站流量分别达到10000、8000、4000立方米每秒以上时,黄委会亦应作出预报与总站会商发布。

(三)预报误差评定

1. 评定方法

关于预报方案与作业预报误差的评定,1985年以前,未有统一的预报规范和评定方法。黄河洪水预报的评定是根据防汛的需要,曾采用过三种方法,一是相对误差(%)法,自开展预报以来一直采用;二是60年代初,采用苏联《规范》的评定方法,取预报要素的或然误差作为许可误差,即 $\delta_{许} = 0.674\sigma\Delta$ 对预报方案进行评定;三是按预报预见期内实测变幅的20%作为许可误差进行评定的标准。1985年以后改按水电部颁布的《水文情报预报规范》规定标准进行评定。

对于作业预报,除按《水文情报预报规范》要求评定外,考虑历史的习惯和根据黄河防汛要求,多按相对误差法评定,为与《水文情报预报规范》评定方法相比较,1988年将其误差3%以下定为优级,3%~5%定为良级,5%~10%定为合格,大于10%为不合格四种标准。预报方案误差评定,一律按《规范》规定标准评定。

2. 预报精度

1952年,由上站预报下站,水位误差0.2米左右;流量误差一般10%左右,最大达14%;传播时间累积误差最大达10小时,一般1小时左右。同年还分析过伊、洛河的单位线,并用4月10日的一次降雨过程进行验证,峰值误差仅4%,其过程推算与实际流量比较,基本接近。

黄河下游河床冲淤不定,上下站水位关系复杂,往往预报误差较大。1953年为了提高预报精度,开始绘制洪峰流量相关及传播时间关系曲线,当年汛期发布8次预报,流量预报精度一般在90%以上,根据水位流量关系曲线由预报流量推求水位误差最大0.4米左右,一般0.2米,陕县至利津传播时间累积误差达10小时,自1955年汛期作业预报采用三步进行,其预报结果如表6—12。

50年代是丰水年代,出现9次大于10000立方米每秒的洪水,其中最大一次1958年7月17日花园口站洪峰流量22300立方米每秒,其预报流量仅差300立方米每秒,精度达98.7%,水位预报仅差2厘米。

表 6—12　　　　　　　1955 年汛期洪水预报精度统计表

预报步骤	预报项目	误差	所占总次数的比值(%)	预报站次
第一步	洪峰流量	±50％以下	16	31
		±(50％～100％)	10	
		＞100％	74	
第二步	洪峰流量	±30％以下	44	18
		±(30％～100％)	11	
		＞100％	45	
第三步	洪峰流量	支流±15％以下 干流±10％以下	65	125
		支流±10％～30％ 干流±10％～20％	26.6	
		支流±30％以上 干流±20％以上	8.4	
	洪峰水位	支流±0.20 米以下 干流±0.10 米以下	40.8	
		支流±(0.20～0.30)米 干流±(0.10～0.20)	25.8	
		支流±0.30 米以上 干流±0.20 米以上	33.4	

60 年代作业预报误差,据部分年份统计,流量误差小于 10％的占 76％,10％～20％的占 12％,大于 20％的占 12％。如 1964 年 7 月根据降雨预报花园口站可能出现 8000～10000 立方米每秒洪峰流量,实际出现 9430 立方米每秒,预见期达 24 小时。

70 年代作业预报误差据部分年份统计,发布预报 150 站次,流量预报误差小于 10％的占 70％,10％～20％的占 18％,大于 20％的占 12％;总平均误差为 10.2％,各站最大误差平均为 32.7％,最小误差平均为 1.15％;平均水位预报误差为 0.18 米,各站最大误差平均为 0.63 米,各站最小误差平均为 0.02 米;传播时间误差,平均 6.3 小时,各站最大误差平均为 51 小时,各站最小误差平均为 1 小时。

80 年代作业预报误差,据部分年统计,发布预报 139 站次,流量预报误差小于 10％的占 82％,10％～20％的占 14％,大于 20％的占 4％,总平均误差为 6.4％,各站最大误差平均为 20.0％,各站最小误差平均为 0.78％;水位预报误差,平均 0.16 米,最大 0.35 米,最小 0.05 米;传播时间误差平均为 7.2 小时,各站最大平均为 18.4 小时,各站最小平均为 2.4 小时。

据上述预报误差统计比较,70 年代误差略高于 60 年代,80 年代的预报精度又较 70 年代有所提高。

70 年代误差大的原因,主要是 1976 年 8 月和 1977 年 8 月两次异常洪水的预报误差所造成。1976年8月2日窟野河发生一次大洪水由于受神木桥壅水和汇入黄河倒灌又遇其上游洪水加入等影响形成该日22时吴堡站极为尖瘦的洪峰流量24000立方米每秒,而当时根据雨水实况预报吴堡洪峰流量只有9000立方米每秒,较实际偏小15000立方米每秒,预报误差高达62.9%;根据吴堡洪峰流量预报龙门8月3日10时洪峰流量16000立方米每秒,实际8月3日11时为10600立方米每秒,较实际偏大5400立方米每秒,误差竟达50.9%;预报潼关8月3日22时洪峰流量10000立方米每秒,实际8月3日23时为7030立方米每秒,较实际偏大2970立方米每秒,误差亦达42.2%,上述三站预报误差均是该站历史最大误差。黄河下游的预报,也常因洪水漫滩生产堤的影响,使传播时间预报发生较大误差,如1976年8月洪水利津站误差竟达124.8小时。

1977年8月由于高含沙水流的影响,使花园口以下各站预报产生较大误差,流量预报误差12%~28.3%,水位误差0.07~0.63米。

历年部分年份洪水预报精度评定结果如表6—13。花园口站历年最大流量预报误差统计结果最大为12%,一般均在7%以下,如表6—14。

表6—13 历年(代表年)洪水预报精度表

年份	预报站次	流量预报精度(%)			误差<10%	
		平均	最高	最低	站次	占总次数(%)
1955	46				29	63.0
1956	45				38	84.4
1957	98				59	60.5
1974	13				10	76.9
1975	14	92.7	99.1	88.1	7	50.0
1976	37				30	81.1
1977	12				4	33.3
1978	4	91.4	94.9	88.4	3	75.0
1979	8				5	62.5
1980	11	89.1	100	60	7	83.6
1981	54	93.3	100	80.5	28	51.9
1983	50	90.0	100	79	45	90.0
1984	45	96.0			38	84.4
1985	21	88.6	100	52	17	81.0
1986	8	95.3	99.3	88.2	7	87.5
1987	3	94.1	100	82.5	2	66.7
1988	47	95.0	99.6	64.2	43	91.5
1989	20	89.3	99.0	59.6	13	65.0
1990	6	95.2	99.4	84.5	5	83.3

表6—14　　　　花园口(寨厂)站历年最大流量预报精度表

项目		1951	1953	1954	1957	1958	1964	1976	1977	1982	1987	1989	1990
流量 立方米每秒	实际	9240	11200	15000	13000	22300	9430	9210	10800	15300	4600	6000	4050
	预报	9000	12300		12300	22000	8000~10000		9000	9500	15000	4300	5800	4000
	误差%	2.6	6.0		6.0	1.3	0	2.3	12.0	2.0	6.5	3.3	1.2
时差(时)			0			2.0			1.2			0.5	2
水位差(米)			0.02			0.02			0.11				

五、大洪水预报纪实

(一)"58.7"大洪水

1958年7月上旬晋陕区间,渭河下游和洛、沁河流域相继降雨50毫米以上,自7月14日开始,晋陕区间和三花区间干支流又连续降雨,出现了三小区间的垣曲、洛河的盐镇及漭河的瑞村三个暴雨中心。14～18日五天累计雨量分别为492.3、377.0和390.8毫米,最大日雨量分别为366.5、342.3和303.1毫米(7月16日),三花间平均五天雨量155毫米。据调查渑池县仁村最大24小时雨量650毫米。暴雨笼罩面积8.6万平方公里。其中三花区间2.2万平方公里,占25.6%,占三花间面积的52.8%,雨量148.7毫米。

7月17日24时花园口出现洪峰22300立方米每秒,是黄河有水文观测以来的最大洪水。19日到达高村,洪峰流量17900立方米每秒;22日到达艾山,洪峰流量12600立方米每秒;23日到达泺口,洪峰流量11900立方米每秒;25日到达利津,洪峰流量10400立方米每秒。

在此次暴雨洪水期间,16日下午黄委会水情科根据当日降雨和水情实况预报17日午前花园口洪峰流量可达13000立方米每秒。晚上水情科的工作人员都到办公室等待雨水情信息,至夜12时未收到加报雨水情电报,与河南省气象台联系,天气亦无异常变化,便留吴学勤值班。17日零点以后,三小区间和洛河的雨水情电报频频传来。凌晨四五点钟,干流八里胡同水势迅猛上涨。根据已收到的雨水情粗略算出区域雨量。由预报图查得八里胡同可能产生15000～16000立方米每秒的洪峰(实际9时为16700立方米每秒)。同时伊河龙门镇、洛河白马寺、沁河五龙口相继涨水,情况十分严峻。当即向住在办公室的张林枫副处长汇报,张林枫立即向黄委会主任王化云汇报,王化云立即示"密切注意雨、水情的发展变化,及时分析报告"。水情科科长陈赞廷立即组织张优礼、吴学勤、唐君璧、高善柱、范广义等预报人员,进行花园口及其以下各站的洪水预报。在未正式作出花园口洪水预报前,陈赞廷即在黄河防总办公室召开的紧急防汛会议上汇报了水情,预估花园口洪峰流量可能超过 20000 立方米每秒。9 点钟正式作出预报,花园口 18 日 2时洪峰流量 22000 立方米每秒,水位 94.40 米,高村洪峰流量 18500 立方米每秒,水位 63.30 米。洪峰到达花园口后,继续作出高村以下各站的洪峰预报,东平湖最高水位 44.80 米;艾山洪峰流量 11500 立方米每秒。这次预报是在超过预报方案范围作出的,与实测比较,花园口洪峰流量只偏小 300 立方米每秒(1.3%),水位只差 0.02 米;高村洪峰流量只偏大 600 立方米每秒(3.4%),水位偏高 0.34 米;东平湖最高水位只差 0.01 米;艾山洪峰流量差1100 立方米每秒(8.7%)。在这场大洪水期间,水文处全力以赴并派出三名工程师加强花园口、夹河滩、高村等站的测验,全体有关洪水测报人员日夜奋战,及时测报,预报人员发出预报后进一步严密监视洪水发展变化,随时分析报告。7 月 21 日 8 点多钟,按分析预报,艾山水文站正在涨水过程,突然报来水位下降 0.17 米,是否发生了问题,心情极为紧张,当即电话询问艾山站,原来是该站对岸滩区生产堤被冲垮造成的,一个半小时后,又回涨。

在战胜这次大水中准确及时的洪水情报和预报,发挥了重大作用。7 月18 日晨作出花园口洪峰预报后,王化云立即带领张林枫、陈赞廷到河南省委汇报水情。与此同时,河南黄河河务局也作出了洪峰流量 22000～25000立方米每秒的预报,并向河南省政府作了汇报。按当时黄河下游防洪方案"当花园口上游秦厂发生 20000 立方米每秒以上的洪水时,即应相机在长垣石头庄溢洪堰分洪,以控制孙口水位不超过 48.79 米,相应流量 12000 立方米每秒。"但由于洪峰到花园口后,雨情转缓,部分雨区已经停止,预报后续洪水不大。王化云提出不分洪加强防守战胜洪水的意见,征得河南,山东两省同意后,上报国务院。周总理 18 日下午飞抵郑州,听取了汇报又详细询问了雨水情及洪水到达下游沿程的水位后,批准了不分洪方案。当洪水向下游推进中,沿河堤防情况异常严重。多处出险,河南 200 多次,山东 1290 多次,在山东窄河段有的险工漫水。东平湖有的堤段水位超出堤顶,采取加高子埝,挡住了漫溢。由于洪水情报预报准确及时提供了可靠的依据,给防总领导制定了正确有力的防御措施,沿河作了充分防守准备,经过 200 万军民严密防守,终于战胜了这次大洪水。并且不分洪不滞洪,使北金堤滞洪区 100多万人,200 多万亩的耕地免遭淹没损失,取得约 4 亿元的经济效益和重大的社会效益的伟大抗洪胜利。

（二）"81.9"洪水

1981年9月中旬黄河上游发生了有实测记录以来的大洪水。8月13日至9月13日阴雨连绵，雨强渐增，雨区中心久治站降水量318毫米，日最大雨量43毫米，面平均降雨量184.7毫米，较历年平均雨量偏大52％，致使龙羊峡水库入库站唐乃亥9月13日出现洪峰流量5450立方米每秒，仅次于1904年调查洪水6300立方米每秒。当时对龙羊峡水库施工造成严重威胁，兰州水文总站对水情变化和区间降雨情况进行了细致分析，作出了超过方案范围的洪水预报，从9月7日先作出9月14日入库洪峰流量5900立方米每秒经验性估报，接着9月12日根据雨水情实况，正式作出5700至5900立方米每秒修正预报，预报龙羊峡入库水量100亿立方米，实为94亿立方米，峰和量预报精度均达94％，使龙羊峡水库及时开启非常溢洪道加大泄量，迅速完成围堰顶部新筑4米高子埝临时工程；刘家峡水库亦很快完成坝顶新筑862米长3米高的子埝，龙羊峡和刘家峡水库得以安全渡汛，受到中央防总嘉奖，预报员孔祥钧被甘肃省授予先进个人，黄委会授予劳动模范。

本次洪水到达内蒙古镫口扬水站之前，为避免淹没损失（防洪能力为5000立方米每秒），曾要求上级拨款3万元，用于拆迁机械，由于内蒙古水文总站预报洪水到达镫口不会大于5000立方米每秒，因此只加固防洪措施，没有拆迁，洪水到达后与预报完全一致。

（三）"82.8"大洪水

1982年7月29日至8月2日，黄河三花区间发生了建国以来的最大暴雨，大于100毫米的暴雨面积笼罩着整个三花区间，五天平均降水量268毫米，比"58.7"五天降水还大113毫米，最大暴雨中心在伊河石碣镇，五天降水量905毫米，最大24小时降水量734毫米。由于雨区分布较分散和小水库群以及伊、洛河夹滩决堤等影响，花园口水文站8月2日19时实际洪峰流量15300立方米每秒，七天洪水总量50.2亿立方米，分别较"58.7"小31％和18％。

2日上午，因前峰预报误差较大，及时修正了预报方案，根据上游水情，推算花园口流量为14000立方米每秒，但考虑小花干流区间降水，经分析可产生1000立方米每秒区间入流，于当日12时发布预报花园口水文站洪峰流量15000立方米每秒，当日20时预报孙口水文站洪峰流量10000立方米每秒，预报精度分别达98％和99％，对下游防洪起到了重要作用。但由于滩区大量进水影响，洪峰推迟，孙口水文站洪峰出现时间预报误差达38小时。

在发生这次洪水的同时,沁河发生了超标准洪水。8月2日20时武陟水文站洪峰流量4130立方米每秒,为有实测资料以来最大值,当时由于作出比较准确的洪水预报,对沁河采取了抢修子埝的措施。洪水到达五龙口一段,水位超过堤顶0.1~0.21米,由于修了子埝,避免了洪水漫溢,战胜了这次大洪水。

(四)"51.8"龙门洪水

1951年8月15日,黄河府谷到龙门区间普降暴雨,主要雨区在无定河上游,以及窟野河、县川河、岚漪河、湫水河等支流,雨区面积约45000平方公里,榆林、佳县一带为暴雨中心,笼罩面积约9000平方公里,以14日夜晚到15日正午降水最为集中。榆林162.2毫米,佳县130毫米,方山59.1毫米,偏关57.2毫米,横山52.4毫米,区域平均60毫米,最大雨强每小时20毫米以上。黄河干流龙门一带洪水暴涨,8月15日12时至19时龙门峡口水位7个小时猛涨6米,当日下午龙门水文站报涨流量15000立方米每秒,19时零7分又估报流量为25000立方米每秒(1953年整编为13700立方米每秒)。下游三省领导接到龙门水情通知后,亲临防汛第一线,兰封、开封、孟津等地群众闻讯,急忙抢收滩区尚未成熟的庄稼,造成不必要的紧张和损失。

黄河防总办公室15日接到榆林降水124.2毫米的电报后,初估龙门会发生10000立方米每秒以上洪水,立即电告龙门、潼关、陕县等水文站,预示某时各站将有洪水发生,抓紧准备,实测洪峰。15日午夜接到龙门水文站报涨25000立方米每秒的电报后,当时,根据雨情估算最大不过15000~16000立方米每秒,认为站报流量偏大,囿于未有充分资料根据,又无预报方案,故无十分把握,加之对龙门至潼关河段洪水演算规律缺乏研究和掌握,究竟能削减多少,难以肯定。为策万一计,宁可"有备无患",免得临时失措,决定一面通知各地注意,一面等次日水到潼关,再作分析定夺。

16日6时潼关水文站电报流量7700立方米每秒,下午又电报流量涨至12800立方米每秒,经分析判断此值偏大,经复核推算为9000(后整编为10000)立方米每秒左右,据此估计到陕县流量8500立方米每秒以上,到花园口水文站流量可达9000立方米每秒,水位92.65米,而正式发布预报流量为10000立方米每秒,水位92.80米。实际出现,8月16日陕县水文站洪峰流量为8620(后整编为10500)立方米每秒,8月17日花园口水文站洪峰流量为9240立方米每秒。预报精度分别为98.6%和91.8%。

对于此次洪水,向下传递水情时说:"这次洪水可能与1949年7月洪水相似。"但误传为与 1949 年 9 月洪水相似,使山东河段少数地区也抢收了滩区未成熟的庄稼,造成了局部损失。

(五)支流大洪水

1."64·9"大汶河洪水

1964 年 9 月 12~13 日,大汶河普降暴雨,临汶以上流域平均雨量 126 毫米,暴雨中心纸房站最大雨量 186 毫米,山东省泰安水文分站根据谷里、北望站洪峰流量预报临汶、戴村坝站洪峰流量分别为 6800、7000 立方米每秒。当时,大汶河防御标准为 7000 立方米每秒。若超过标准,则在东平县马口村破堤利用稻屯洼滞洪区滞洪,一旦分滞洪,将有 66.2 平方公里内 9 个村庄被淹,7 万人口迁安。为此,泰安地委作出:"加强防守,暂不分洪"的决定。结果临汶、戴村坝站实测最大洪峰流量分别为 6780 和 6930 立方米每秒,预报精度达到 99.7% 和 99%,保证了洪水安全下泄,减少直接经济损失 1 亿元。

2."66·7"渭河洪水

1966 年 7 月 26~27 日,黄河及泾、渭、北洛河都出现了大洪水,其中渭河华县站洪峰流量 5180 立方米每秒。陕西省水文总站及时发布了洪水预报,省防汛办公室迅速布署指挥,渭南专署动员三门峡库区干部及群众 10 余万人,在洪水到来之前全部撤离,转移牲畜 1000 余头,抢运粮食 225 多万公斤,减少了损失。

第二节　长期径流预报

一、概况

1957 年为适应三门峡水库施工需要,黄委会水情科根据河道径流退水规律和降水预报,试发了中长期枯季径流预报,逐渐扩大服务于灌溉、航运及其它有关部门。1959 年曾应用月径流前后期相关法和杨鉴初《历史演变分析法》以及降水预报作了长期径流趋势和最大流量预报,1960 年正式发布了黄河流域全年各月长期径流预报。1964 年以来在学习引进气象部门中长期降水预报方法基础上,应用周期分析、回归分析、判别分析以及相似年法,使长期径流预报跨入了数理统计方法的范畴。1976 年以后随着电子计算机的广泛应用,复杂的中长期径流预报方法得到采用,预报精度亦由初期的 50％提高到 70％以上。70 年代中期还分析研究过超长期径流预报,具体发布了黄河陕县 1976～2000 年的最大流量预报。

二、预报任务与方式

黄河的中长期径流预报在 50 年代中期,主要是为三门峡水库施工服务。以后逐步扩大为水电部水文局,水电建设总局,北京勘测设计院,北京水科院河渠研究所,三门峡工程局,中原电业管理局调度所,河南、山东黄河河务局,三门峡、位山库区水文实验总站,兰州、吴堡(榆次)、郑州水文总站等 14 个单位提供预报。

预报项目:有月、汛期、年径流量及月最大、最小流量等五项长期预报;在水利工程施工期和枯季水库调度运用期还增发候(5 天)或旬平均流量预报。

预报范围:黄河干流有上、中游河段,支流有渭、洛、沁河。具体预报站点,50～60 年代有上诠、兰州、青铜峡入库、昭君坟、龙门、华县、三门峡入库、黑石关、小董(武陟)、花园口等水文站;70 年代有刘家峡入库、兰州、头道拐、龙门、三门峡入库、花园口等水文站;进入 80 年代根据需要,对原发布站进行适当调整,实发长期径流预报的站有刘家峡入库、兰州、龙门、华县、潼关、黑石关、花园口等水文站。

发布形式:主要采用报表,一般于年底前或翌年初发布全年各月径流总量(月平均流量)和年最大流量预报,逐月于月初发布修正预报。自 60 年代后期改为发布汛期(7～10 月)各月平均流量及月最大流量。80 年代以来为满足水库调度运用和防汛需要,改为发布非汛期(11～6 月)各月平均流量及汛期最大流量。

三、预报方法、方案与分析

1957 年开始了枯季径流预报研究,编制了枯季月平均流量预报方案。三门峡工程局为了三门峡水库技术设计的需要,研究了三门峡汛期各月径流总量及枯季径流总量长期预报。

1959～1961 年较系统地编制了上中游干支流及下游主要站的枯季(11～6 月)月径流和年(季)平均流量,月最大、最小流量预报方案,黄河上游有贵德、循化、上诠、西柳沟(兰州)、安宁渡、青铜峡、石嘴山、三湖河口、包头、头道拐等水文站;中游有吴堡、龙门、河津、交口河、洑头、南河川、华县、陕县等水文站;下游有大汶河戴村坝水文站,为黄河中长期径流预报的开展打下良好的基础。当时对各类预报所采用的预报方法主要有:

枯季径流预报:有退水趋势法,降雨径流相关法,上下游站相关法(包括同期平均流量与后期流量相关法、上下游站月或旬平均流量相关法),河槽蓄水量法。

年(季)平均流量预报:有相关图法即年径流总量相关图(以前一年平均流量或前一年汛期总雨量作参数的相关图),和分析法,建立年降水量与年平均流量的关系式进行计算平均流量。

月最大流量预报:以预见期内的降水为参数建立前后期或上下站月径流总量相关图。

最小流量预报:枯季径流主要受前期河槽蓄水和地下径流补给,对于有封冻现象的河段,则受封冻与解冻流量变化的影响。夏季,降水量是其主要根据因素。根据不同情况建立上述影响因素与预报因素的相关图。

1963~1964年为了上游水库调度需要,曾由黄委会水文处、兰州水文总站、盐锅峡水电厂、甘肃省水文总站、宁夏回族自治区水文总站、青铜峡水利工程局、西北勘测设计院、内蒙古包头水文分站8个单位联合组织,采用前后期月径流相关法或以当月平均雨量为参数的前后期月径流量相关法编制了黄河上游干流循化、上诠、兰州等水文站和支流洮河沟门村水文站,湟水、大通河享堂水文站月平均流量预报方案。

1967~1968年由黄委会水文处主持,兰州水文总站、黄委会设计院、黄委会水科所、中央气象科学研究所、中国科学院地理研究所(简称中科院地理所)、北京大学地球物理系、北京天文台、南京紫金山天文台、上海徐家汇天文台等9个单位参加,进行黄河长期径流和洪水预报的研究。综合各家意见发布了1968年上诠、兰州、青铜峡入库、昭君坟、龙门、三门峡入库、黑石关、小董、花园口等水文站汛期各月平均流量和年最大流量以及晋陕区间、泾渭河流域的暴雨预报,制定了黄河流域暴雨、洪水、时段流量相对应的分级标准。

洪峰流量和时段流量分级标准有兰州、黑石关、小董3个水文站分为5级,三门峡入库分为7级,见表6—15。

表 6—15　　　　　　　　　洪峰流量时段流量分级标准表　　　　　单位:立方米每秒

项目	级别	兰州	三门峡入库	黑石关	小董
洪峰流量	1	＞4930	＞20000	＞6000	＞2000
	2	4170～4930	13000～20000	4000～6000	1500～2000
	3	3400～4170	10000～13000	2000～4000	900～1500
	4	2650～3400	8000～10000	1000～2000	500～900
	5	＜2650	6000～8000	＜1000	＜500
	6		4000～6000		
	7		＜4000		
时段		7～10月	7～10月	7～8月	7～9月
时段平均流量	1	＞2370	＞3500	＞1000	＞650
	2	2000～2370	2900～3500	600～1000	350～650
	3	1640～2000	2300～2900	350～600	200～350
	4	1270～1640	1950～2300	230～350	130～200
	5	＜1270	1600～1950	＜230	＜130
	6		1200～1600		
	7		＜1200		

中央气象科学研究所暴雨分级相应洪峰流量级别标准,见表 6—16。

表 6—16　　　　　　　暴雨分级相应洪峰流量分级标准表　　　　　单位:立方米每秒

站名	暴　　　雨			
	1 级	2 级	3 级	4 级
龙　门	＞15000	10000～15000	7000～10000	＜7000
华　县	＞5000	4000～5000	3000～4000	＜3000
黑石关	＞9000	3000～9000	1100～3000	＜1000
小　董	＞2000	1000～2000	300～800	＜700

　　根据黄河治理的要求,还进行过超长期径流预报研究和分析。如 1963
～1964 年期间,黄委会水文处陈诚坤曾应用滑动平均法对兰州、包头至龙
门间及陕县等站的 42 处径流资料进行分析得到不同波长的周期变化规律,
同时根据历史记载分析黄河中游的旱涝周期变化与太阳活动度的强弱对
照,发现本世纪前 50 年为百年旱涝灾比率最大时期,后 50 年旱涝灾比率减
少,即涝灾增多,此趋势将延长至下世纪中叶。本世纪后 50 年的前 20 年
(1980 年前后)水量还可能略有下降,此间丰水年在 1964 年和 1976 年前
后,小水年在 1968 年、1980 年前后,1980 年可能为 20 年中水量最枯的年

份。上述预报与实际相比,总的趋势基本一致。1973年兰州水文总站亦应用滑动平均及大气环流、太阳黑子与兰州年水量关系作了分析研究并发布了黄河上游水量展望。

又如1975年黄委会水文处与新乡师范学院数学系教改分队协作对黄河陕县水文站年最大流量1976～2000年趋势预报初步进行探讨,从两方面进行分析:一是年最大流量自身的演变规律,如对年最大流量的长序列周期分析,和短序列周期分析;二是寻找洪水与天文气象因子关系的分析,如年最大流量与太阳黑子相对数关系和欧亚环流型(W、E、C)出现日数与各级洪水间关系的分析。

洪水大小取决于降水多少和时间空间的分布。降水多少和分布受大气环流制约,故洪水与大气环流间有一定关系。分析表明,纬向环流(W型)强盛时,易出现偏小和小洪水;经向环流(C型)强盛时,黄河陕县易出现大洪水或偏大洪水;在经向纬向环流C+W型控制下易出现异常水情(大或偏小洪水)。

此外,还对太阳活动中心位置与陕县各级洪水的关系进行了分析。根据北京大学王绍武提供的10年平均1月份大气活动中心位置的资料与陕县各级洪水进行了对比分析,发现西伯利亚高压、冰岛和阿留申低压中心位置偏北时,陕县洪水偏小,反之偏大。

综上几种方法的预报结果大同小异,比较认为太阳黑子环流型及大气活动中心位置与各级洪水之间关系,属统计相关并具有一定的成因分析,比单纯周期叠加外推要好一些。综合得出未来25年陕县站年最大流量的趋势是:1976～1982年以正常偏小洪水为主(正常为7200～10800立方米每秒,偏小为4500～7200立方米每秒);1983～1988年以偏大洪水为主(偏大为10800～13500立方米每秒);1989～1995年以正常偏小洪水为主;1996～2000年以正常偏大洪水为主。据分析1976～2000年处于黑子距平积分曲线减弱期,W型环流占优势,陕县洪水将以正常偏小洪水为主,但不等于说未来25年内不会出现大或偏大洪水。历史上太阳黑子两个减弱期的102年中,虽没有出现30000立方米每秒以上的特大洪水,但出现过12个大洪水年,8个偏大洪水年,其中有1933年陕县22000立方米每秒的大洪水。根据实测资料检验如下:1976～1990年潼关水文站实测最大流量依次为9220、15400、7300、11100、3180、6450、4760、6200、6430、5540、4620、5450、8260、7280、4430。对照洪水标准,其中两年偏大,4年正常,8年偏小,1年小洪水,属正常偏小洪水的12次占80%。检验结果表明,预报趋势基本准确。《对黄河陕县水文站年最大流量1976~2000年趋势预报初步探讨》于1978年获得河南省重大科技奖。

70年代末,随着电子计算机的广泛应用,黄河的长期径流预报已多采用概率统计预报方法,大体分为两类:一是时间序列分析法,如历史演变法,周期平稳时间序列法,谱分析法等;二是多要素分析,分析水文要素与前期大气环流、海温、太阳活动等因素的关系建立统计预报模型,如多元回归分析,逐步回归分析,非线性逐步回归分析等。使水文与气象密切结合起来,从而提高了预报精度增长了预见期。

四、作业预报

(一)预报实录

1960~1968年的月平均流量和月最大流量预报,主要应用前后期径流总量相关和降雨径流相关,参照东亚环流指数法、欧亚环流型法、前期气温预报法、跨流域相关法,年变形降水法,水文历史演变综合分析作出。如1968年汛期月年径流量和最大流量预报与实际比较见表6—17。

1969~1975年长期径流预报,主要根据降水预报,应用降雨径流相关和水文历史演变规律以及前期气象要素指标与汛期径流总量和最大流量相关进行综合分析作出。预报与实际比较见表6—18。

1976年的长期径流预报,除应用水文历史演变、降雨径流方法外,还运用了回归分析、方差分析、多因子图解以及天气形势分析等方法作出。预报结果与实际比较如表6—19。

表6—17　　1968年径流总量最大流量预报与实际比较表

站　名	最大流量(立方米每秒)			径流总量(亿立方米)					
	预报	实际	误差(%)	汛期(7~10月)			全　年		
				预报	实际	误差(%)	预报	实际	误差(%)
上　诠	3000	4200	28.6	197.9	194	2.0	356.4	362.4	1.7
兰　州	3800	3840	1.0	233.8	206	13.5	416.3	383.1	8.7
青铜峡入库	3600	4060	11.3	220	186	23.6	——	335	
昭君坟	2900	3800	23.7	186	197	5.6	335.9	351.8	4.5
龙　门	8000	6580	21.6	222	223	0.4	397.4	401.2	0.9
三门峡入库	7000	6750	3.7	270	289	6.5	499.8	517.3	3.4
花园口	7000~10000	7340	0	305	332	8.0	551.9	585.2	5.7

表 6—18　　　　　　　　1975 年长期径流预报与实际比较表

站名	项目	月平均流量(立方米每秒)					最大流量	
		6	7	8	9	10	立方米每秒	出现时间
刘家峡入库	预报值	750	1450	1250				
	实际值	1272	2529	2223				
	差　值	−522	−1079	−973				
	(%)	41.0	42.7	43.8				
兰州	预报值	900	1230	1200	1500	950		
	实际值	1170	2450	2370	2080	2530		
	差　值	−270	−1000	−1170	−580	−1580		
	(%)	23.1	49.8	49.4	27.9	62.4		
头道拐	预报值	170	580	800	1250	650		
	实际值	414	1420	2140	1700	2330		
	差　值	−244	−840	−1340	−450	−1580		
	(%)	58.9	59.2	62.6	26.5	70.8		
龙门	预报值	300	950	1200	1600	800	9000 ～11000	7月上旬 8月下旬
	实际值	372	1480	2260	1990	2370	5940	9月1日
	差　值	−72	−530	−1060	−390	−1570	3060	
	(%)	19.4	35.8	46.9	19.6	66.2	51.5	
三门峡入库	预报值	430	1550	1830	2270	1140	7000 ～9000	7月下旬 8月上旬
	实际值	346	1950	2480	3040	3910	5910	10月4日
	差　值	66	−400	−650	−770	−2770	1090	
	(%)	18.1	20.5	26.2	25.3	70.8	18.4	
花园口	预报值	470	1890	2250	2410	1260	5000 ～7000	7月下旬 8月上旬
	实际值	743	1800	1260	2700	2230	5890	9月3日
	差　值	−273	90	990	−290	−970		
	(%)	36.7	5.0	78.5	10.7	43.5	0	

表 6—19　　　　　　1976 年长期径流预报与实际比较表

站名	平均流量	月平均流量（立方米每秒）					最大流量	
		6	7	8	9	10	立方米每秒	出现时间
刘家峡入库	预报值	1300	2800	1300	1500	1100		
	实际值	1524	1807	2885	2747	1396		
	差值	−224	993	−1585	1247	−296		
	%	14.7	51.1	54.9	45.4	21.2		
兰州（调节后）	预报值	1500	2650	1240	1430	870		
	实际值	1570	2040	3030	2910	1280		
	差值	−70	610	−1790	−1480	−410		
	（%）	4.4	29.9	59.1	50.9	32.0		
头道拐	预报值	770	2000	840	1180	570		
	实际值	598	1570	2380	2940	1450		
	差值	172	430	−1540	−1760	−880		
	（%）	28.8	27.4	64.7	59.9	60.7		
龙门	预报值	800	2080	1170	1480	650	7000～10000	8 月
	实际值	548	1730	2900	3270	1570	10600	8 月 3 日
	差值	252	350	−1730	−1790	−920	−600	
	（%）	46.0	20.2	59.7	54.8	58.6	5.7	
三门峡入库	预报值	1120	2640	2030	2440	1430	8000～10000	8 月
	实际值	537	1790	3900	4370	2000	9220	8 月 30 日
	差值	538	850	−1870	−1930	−570		
	（%）	108	47.5	47.9	44.2	28.5	0	
花园口	预报值	1190	2890	2590	2730	1800	6000～9000	8 月
	实际值	769	1880	4120	4930	2310	9210	8 月 27 日
	差值	421	1010	−1530	−2200	−510	−210	
	（%）	54.7	53.7	37.1	44.6	22.1	2.3	

注　差值为预报值−实际值

1977～1982 年及 1983～1987 年的汛期最大流量预报，前者主要根据冬季北半球 500 毫巴环流，北半球海平面气压场分析、西太平洋海温场分析、副热带高压分析、相关回归点聚图和水文历史演变规律以及降雨径流回归分析、周期分析、相似分析等方法。后者主要根据刘家峡水库运用计划、干支流枯季退水规律、水文历史演变规律、水文要素与前期大气环流因素的关系,参考降水预报综合分析作出。预报与实际比较见表6—20。

　　此外,黄委会兰州水文总站曾于1955年根据太阳活动周期结合前冬上游雪灾,以及汛前黄河基流水位偏高现象,综合分析作出当年汛期洪水偏大的趋势预报,兰州站实际汛期最大流量为4760立方米每秒,属正常偏大洪水,预报基本准确。该站正式开展长期径流预报始于1960年,每年3月发布4～10月月径流预报,10月发布11月～翌年6月月径流预报,汛期进行逐月修正预报。从1978年起逐步采用数理统计方法建立回归方程进行长期径流预报,选用的因子有海洋、地面、高空三因素,高空由单项发展为多项,由单层发展为多层,预见期由1个月发展到1年,长期径流预报的精度已达70%左右。

表6—20　　　　　　　汛期最大流量预报与实际比较表　　　流量:立方米每秒

年份	项　目	龙　门		华　县		潼　关		花园口	
		流量	时间	流量	时间	流量	时间	流量	时间
1977	预报值	12000 ～14000	7月下旬 8月上旬			8000 ～10000	7月下旬 8月上旬	6000 ～8000	7月下旬 8月上旬
	实际值	14500	7月6日			15400	8月6日	10800	8月8日
	差　值	—500				—5400		—2800	
	(%)	3.4				35.1		25.9	
1978	预报值	11000 ～13000	8月			13000 ～15000	8月	9000 ～10000	8月～ 9月
	实际值	6920	9月			7300	8月9日	5640	9月20日
	差　值	4080				5700		3360	
	(%)	59.0				78.1		59.6	
1979	预报值	11000 ～10000	7月, 8月	3500 ～4500	9月	8000 ～10000	8月, 9月	7000 ～9000	8月
	实际值	13000	8月12日	866	9月23日	11100	8月12日	6600	8月14日
	差　值	—3000		2634		1100		400	
	(%)	23.1		304		9.9		6.1	

续表 6—20

年份	项 目	龙 门		华 县		潼 关		花园口	
		流量	时间	流量	时间	流量	时间	流量	时间
1981	预报值	偏大	8月			正常偏大	7月8月	正常偏大	7月,8月
	实际值	6400	7月8日			6540	9月8日	8060	9月10日
	差 值								
	(%)								
1982	预报值	9000~12000	7月8月			7000~10000	7月8月	8000~10000	7月、8月
	实际值	5050	7月31日			4760	8月1日	15300	8月2日
	差 值	3950				2240		—5300	
	(%)	78.2				47.0		34.6	
1983	预报值							8000	8月
	实际值							8180	8月2日
	差 值							—180	
	(%)							2.2	
1984	预报值	7000~10000	7月下旬8月上旬	5000	7月上旬8月上旬	7000~11000	7月下旬8月上旬	8000~12000	7月8日
	实际值	5860	8月1日	3900	9月10日	6430	8月5日	6990	8月6日
	差 值	1140		1100		570		1010	
	(%)	19.4		28.2		8.9		14.4	
1985	预报值	11500	7月底	4000	9月中旬	9000	7月底	10000	8月初
	实际值	6650	8月5日	2650	9月16日	5620	9月24日	8100	9月16日
	差 值	4850		1350		3380		1900	
	(%)	72.9		50.9		60.1		23.4	
1986	预报值							8000~10000	
	实际值							4130	
	差 值							3870	
	(%)							93.8	

续表 6—20

年份	项 目	龙 门		华 县		潼 关		花园口	
		流量	时间	流量	时间	流量	时间	流量	时间
1987	预报值							7000~9000	
	实际值							4600	
	差 值							2400	
	(%)							52.7	

注 差值为报极值减实际值

(二)预报误差评定

根据《水文情报预报规范》规定,长期预报不作正式评定,"只提供领导掌握参考,不作为采取具体措施的依据"。但为了检验预报成果,对历年来发布的长期径流预报按相对误差评定如下:

1.年最大流量预报误差的评定。见表 6—21。

表 6—21 年最大流量预报误差表

站 名	年 数	平 均	误差(%)	
			最 大	最 小
兰 州	6	26.5	55.4(1969 年)	1.0(1968 年)
龙 门	15	32.2	78.2(1982 年)	5.7(1976 年)
三门峡入库	15	25.7	78.1(1978 年)	4.7(1972 年)
花园口	20	32.2	122(1969 年)	2.2(1983 年)

2.月径流量预报误差评定。见表 6—22。

表 6—22 月径流量预报误差

站 名	年 数	平 均	误差(%)	
			最 大	最 小
兰 州	13	43.7	177(1970 年)	2.3(1968 年)
龙 门	13	56.1	122(1971 年)	2.8(1968 年)
三门峡入库	13	55.1	161(1971 年)	4.2(1970 年)
花园口	13	60.4	257(1970 年)	5.0(1975 年)

五、流域内省（区）长期径流预报

黄河流域内不少省（区）都先后开展了长期径流预报。

青海省水文总站于 60 年代开展了长期径流预报，所建预报方案主要有影响因子加参数的相关图和周期分析、趋势分析等，向中央防总，黄河防总，黄河上中游水量调度办公室，黄委会兰州水文总站，享堂、民和水文站，甘肃连城水文站，八盘峡电厂，窑街矿务局，西宁市和青海省防指等十几个单位发布预报，为水库和电站正常运转以及水资源合理利用起到重要作用。

宁夏回族自治区水文总站于 1960 年后陆续开展了汛期和枯季月径流黄河兰州和贺兰山沟道最大流量及旱情预报，应用水文历史演变法、太阳黑子年段法、前期气象要素指数等经验统计法，以及方差分析周期法、数理统计法等，编制了各种长期径流预报方案，作业预报合格率 60%～70%。

内蒙古自治区水文总站于 1958 年已应用"历史演变分析法"作长期径流预报。

山西省水文总站于 1959 年开始摸索长期径流预报方法，当时主要参照气象部门常用的客观降水预报方法、历史趋势分析法、相应要素相关法等，同时也采用过高空气象因子、环流指数、太阳黑子等要素寻找相关关系，为编制汾河、文峪河、浍河、漳泽水库控制运用计划，提供了预报数据。此项研究工作因受"文化大革命"影响，1966～1978 年暂时停顿，1979 年开始恢复研究。曾利用北半球高空 500 毫巴环流、海温、高原温度、副高特征等多种气象要素进行相关普查建立多元回归预报方程，还利用前期环流特征建立旱涝模式图，进行旱涝趋势分析预报，开展了墒情观测和墒情预报工作，取得一定效果。

陕西省水文总站于 1960 年开始应用历史演变、最低水温及降雨径流相关，开展了长期径流预报。1976 年又应用方差分析周期法、平稳时间序列方差分析法及平稳时间序列迭加法、太阳黑子相对数周期分析法、大气环流回归分析等多种方法，每年发布黄河干流龙门、潼关，支流魏家堡、咸阳、张家山、洑头等水文站汛期最大流量和年径流预报。1978 年开始在中长期预报方案的编制和作业预报中使用电子计算机，提高了效率，促进预报发展。

河南省水文总站于 50 年代后期亦开始进行历史旱涝周期变化规律的研究。70 年代以后多用方差分析周期迭加法进行本省内主要站（包括黑石关、花园口站）年最高水位、最大流量，各地（市）汛期总雨量和汛期水文情势的预报。

六、预报效益

黄河的中长期径流和年最大流量预报,对于黄河防汛抗旱、水利工程施工、水库调度运用及其他有关部门需要起到很大作用,取得一定经济和社会效益。如1958年三门峡枢纽截流工程设计流量1000立方米每秒。据陕县历年资料统计,一般11月下旬流量在1000立方米每秒以下,故截流期定于11月下旬。但1958年汛末水量偏丰,一直保持在2000立方米每秒以上,当时预报黄河流量不可能在原定截流日降至1000立方米每秒以下,若等1000立方米每秒流量出现,截流日期必然延迟而影响施工进度。为此,根据水情预报全面分析比较利弊,采用积极的措施,充分发挥人的主观能动性,决定仍按原定日期进行截流(流量1730～753立方米每秒)取得圆满成功,为工程提前完成争取了主动。从此每年汛前为三门峡水库适时调度提供了长期径流预报。又如1959年刘家峡水库截流工程设计流量为1000立方米每秒,原已开挖的泄流隧洞承受不了,故决定另开挖溢洪道承受泄量,但根据水情预报,截流时的流量不会超过1000立方米每秒,原隧洞可以满足下泄要求,而实际流量小于1000立方米每秒,完全由隧洞下泄确保截流胜利完成,为国家节约了开支。

1987年宁夏水文总站对固原地区水库汛期安全蓄水抗旱的可能性进行研究。8月正是大汛期,汛期蓄水存在很大风险,经深入对比分析,研究了前期水文气象情势,提出了八、九月的修正预报,结果与实况相符合,发挥了较大的社会效益和经济效益。

第三节　泥沙预报

一、概况

黄河的泥沙预报始于1960年,主要为三门峡水库服务,发布年、汛期、月、次洪水输沙总量预报,预报方法采用简单的水沙相关法,精度不高。为此,1962年开始从分析泥沙形成规律,研究水沙关系,进而使泥沙理论与经验相关结合起来,探讨提高泥沙预报精度的途径。

根据泥沙形成规律,建立了两种预报方案:一是年、汛期输沙总量预报方案,采用水沙量地区分配百分比和月平均最大流量等因素做参数建立相关图;二是月输沙总量预报,建立与前者相同的水沙相关图。随着三门峡水库的运用,泥沙淤积严重。为解决生产需要,1964 年进行了水库泥沙淤积和预报方法的研究,提出了水库淤积预报的经验相关方法。60 年代中期至 70年代,为研究黄河下游变动河床水位预报的需要,进一步探讨了泥沙预报方法。

二、河道输沙预报

(一)次洪水输沙总量预报

1960 年根据三门峡水库蓄水运用的需要,编制了黄河中游泥沙预报方案,计有龙门、河津、洑头、张家山、咸阳、华县、潼关、小浪底、花园口、夹河滩、高村等水文站次洪水输沙量预报图。主要有以下几类:

1.次洪水净峰总量与净峰输沙总量相关图。

2.以来水地区为参数的次洪水总量与输沙总量相关图。

3.以降水量或降水强度为参数的次洪水总量与输沙总量相关图。

(二)年、汛期(7～10 月)、月输沙总量预报

1963 年随着三门峡水库蓄水运用方式的改变,编制了上中游地区的输沙总量预报方案。

1.单一水沙关系。建立年、汛期、月平均流量与同期输沙总量相关图。

2.非单一水沙关系。建立以不同来水量为参数或以最大洪峰流量为参数的相关图。

(三)河道含沙量预报

主要采用上下游站相应来沙系数相关图推求洪水平均和最大含沙量。对于泥沙过程预报,试图采用洪水演算方法,探讨泥沙过程预报。但这些预报方法只适应于一般含沙量的洪水,高含沙水流具有不同的特点,因高含沙水流输沙能力大于低含沙输沙能力,使河槽发生剧烈冲刷,可携带高浓度泥沙长距离输送,并且改变了一般的洪水演进规律,这种情况的含沙量预报方法,有待研究解决。

1975 年陕西省水利科学研究所曾提出一套泥沙预报方法,包括含沙量过程短期预报、泥沙传播历时预报、含沙量超限历时预报等。青海省水文总站 1975 年通过对湟水水沙关系分析,提出以沙量上下游直接相关或以降水

量直接预报泥沙的经验。

三、流域产沙预报

1986 年黄委会水文局水文水资源保护研究所曾提出《黄土地区流域产沙数学模型》,该模型由两部分组成:一是面蚀产沙,来自沟间地和沟坡面的缓坡;二是沟道产沙,来自重力侵蚀和沟床冲刷。

1.面蚀产沙。采用恩格隆(Engelund)的推移质计算经验公式计算坡面上单位宽度的输沙率。在 Δt 时段内的坡面总产沙量 G_b 按下式计算:

$$G_b = g_b \times \Delta t \times 2L$$

式中 L 为流域内河网总长度,可根据随机河网的河长律和面积求得:$L = \sqrt{\dfrac{S(2Ni-1)}{K}}$(式中:S 为流域面积,Ni 为河网源个数,K 为无量纲系数按麦尔顿 1975 年统计结果 K=0.96)、g_b 为坡面单宽输沙率,Δt 为日段。

2.沟道产沙。时段内流域总的沟蚀产沙量 G_c 按下式计算:

$$G_c = g_c \frac{2H}{J} N \cdot \Delta t$$

式中:N 为河网连级个数,H 为平均水深,J 为河道比降,g_c 为沟蚀单宽输沙率。

按:

$$g_c = Ac \frac{r_s \tau_0 u^2}{(r_s - r)\omega} \qquad 公式求得:$$

式中 $Ac = ae_c$ 由优选而定,u 为水流速度,ω 为泥沙沉降速度,τ_0 为起动切应力,r_s 为土壤比重取 2.65 吨每立方米,r 为水的比重。

1991 年黄委会水文局水情处提出《黄甫川沙圪堵以上流域产沙回归模型》对各因子进行相关普查建立产沙量和沙峰回归方程。

输沙量过程计算采用奥基耶夫斯基的概化过程线法推求。目前这项预报没有成熟的方法,还在进一步探讨。

四、水库淤积预报

1960 年三门峡库区水文实验总站,针对水库严重淤积状况进行了泥沙预报的探讨,提出《泥沙预报方法研究》一文,介绍了流域泥沙分布概况和泥沙预报的方法,如年、月输沙量预报及次洪水过程输沙总量预报,建立以区间支流来水量或包头来水量占龙门水量的比重为参数的水沙相关图。1964年为提高库水位和泄流量预报精度,黄委会水文处提出了三门峡水库淤积预报方法,即根据一次输沙过程的相应坝前水位、平均含沙量、泥沙粒径、进出库流量比值、输沙历时与出库泥沙占入库泥沙百分比等因素建立多变数相关图,对提高库水位和泄流量预报精度起到一定作用。

第四节　冰情预报

一、概况

黄河冰情记载历史悠久。早在商朝《易经·坤卦》中就有"初六履霜坚冰至"的记载。东汉(公元25～220年)《礼记·月仓》中记有冰情的演变过程,即"孟冬之月水始冰,地始冻,仲冬之月冰益壮,地始坼,季冬之月冰方盛水泽腹坚。"宋朝(公元960～1279年)《谈苑收冰之法》记有冰质随季节的变化规律,即"冬至前所收者坚而耐久,冬至后所收者多不坚也,黄河亦必以冬至前冻合,冬至后虽冻不复合矣。"明朝(1386～1644年)《金台记闻》中记有天文与河冰的关系,"天明三星入地,为河冻之候。"《戒庵漫笔》中记有开河的规律,即"北地冰冻虽极连底者,遇大雾倾刻可解。"历史上人们为了生产的需要,积累了不少冰情生消方面的规律,如内蒙古有"小雪流凌,大雪封河","惊蛰河自凹,春分河自烂,清明凌自净",以及黄河下游流传的"天冷水小北风托,弯多流暖易封河","三九不封河,就怕西风戳","一九封河三九开,三九不开等春来"等颇有预报意义的谚语,都是劳动人民长期实践经验的总结。1921年泺口水文站最早开始冰情观测。1956年黄委会水情科正式开展了黄河的冰情预报工作,对上游稳定封河的宁蒙河段,及下游不稳定封河的豫鲁河段,均开展了冰情预报。经过长期的预报实践,不断地总结经验,改进预报方法,现已由物理统计法,逐渐代替经验相关法。预报项目已达十多项,对于冰塞冰坝等特殊的冰情预报仍在进一步探索,电子计算机已开始应用于方案编制和作业预报,黄河下游已开展预报模型的研制。

二、预报任务

黄河的凌汛灾害主要发生在上游宁夏、内蒙古和下游河南、山东河段,自 60 年代以来在盐锅峡、青铜峡、天桥等大型水库回水末端以上发生冰塞灾害,为减少冰害,加强防守,争取防凌工作的主动权,需要冰情预报。除防凌部门外,航运、交通、水力发电、给水排水等部门亦迫切需要。自 50 年代中期每年 11 月初对上游、12 月初对下游发布流凌、封河预报。预报河段长达 1327 公里,其中上游宁蒙河段 663 公里,下游豫鲁河段 664 公里。

预报项目已由 1959 年以前的流凌日期、封冻日期、开河日期三项发展到 1986 年的流凌日期、封冻趋势、封冻日期、封冻长度、开始解冻日期、最终解冻日期、解冻形势、解冻最高水位、解冻最大流量、总冰量、桃汛水量以及正在探索中的冰塞冰坝等 12 项。

发布形式:主要采用报表或辅以话传电报拍发,凌汛期间多在凌情日报上公布。并根据中央和沿黄省(区)气象部门及 1977 年以后黄委会所作的中期和短期气温预报进行冰情修正预报,以满足各有关单位的要求。同时按黄河冰情预报的分区,明确分工负责。上游预报,主要由黄委会兰州水文总站和内蒙古、宁夏水文总站负责;黄河下游预报,由黄委会和山东黄河河务局负责。

三、预报方法与方案

50 年代中期,在学习苏联冰情预报方法的基础上,结合黄河的具体情况,采用两种方法进行方案编制。

(一)指标法

依据历年冰情资料统计分析总结了黄河下游流凌、封冻日期预报条件。

1.流凌条件。寒潮过境后最低气温(T_n)<−5℃,日平均气温(T_{cp})≤0℃,最高气温(T_m)<0℃,出现上述条件之一者,均可能流凌。

2.封冻条件。流凌后,遇到寒潮侵袭,流凌密度达 80% 以上,水温 $T_水$=0℃,T_m<0℃,T_n<−10℃,且维持两天以上;当流凌密度达 80% 以上,T_m<−5℃,T_n<−15℃;出现上述条件之一即可能封冻。如果 T_n>−10℃ 或寒潮到达时河内无凌,则只能流凌或增多流凌,而不能封冻。对于泺口至利津河段又根据实测资料统计分析总结出封冻条件如下:

(1)封冻当日利津站流量小于 350 立方米每秒,平均流速在 0.6 米每秒以下;

(2)济南气象站日平均气温稳定转负 6 天以上;

(3)累计日平均负气温达 35℃ 以上;

(4)封冻当日或前一日日平均气温低于-7℃,日最低气温在-11℃以下。

(二)经验相关法

有上下游站预报要素相关和前期要素指标与预报要素相关等方法。

1958年在全国水文预报经验交流会的促进下,以及1959年学习了水电部水文局编写的《河道冰情预报方法》的基础上,系统地全面地整理和编制了黄河干支流的冰情预报方案,干流计有龙门、潼关、陕县、三门峡、八里胡同、秦厂(花园口)、高村、孙口、艾山、泺口、利津11个水文站;支流计有双城、冯家台、龙王台、李家村、享堂、赵石窑、延川、甘谷驿、泾川、雨落坪、亭口、丘家峡、南河川、林家村、华县、河津16个水文站。预报项目有流凌开始日期及终止日期、流凌密度、封冻开始日期、开河日期等。总计编制冰情预报相关图105张。

1960年9月三门峡水库开始蓄水运用,黄河下游的冰情规律发生一定的变化,对三门峡以下冰情预报方案进行了全面地补充修订。

1964年全国水文预报经验交流会前后,对黄河的冰情预报进行了系统地分析研究。北京水电勘测设计院、西北水电勘测设计院和水电部第四工程局联合组织冰情研究组,对刘家峡至盐锅峡河段冰塞进行了观测研究,提出了冰塞壅水预报方法。

1974年全面整理和补充编制了黄河下游封冻、开河、冰量、封冻长度、历时、及日平均气温转正日期等项预报图53张。其中封冻趋势预报图31张,开河日期预报图11张,总冰量预报图6张,封冻长度预报图2张,封冻历时预报图1张,平均气温转正日期预报图1张。这些图一直是作业预报的主要预报方案。1986～1989年在编制黄河流域实用水文预报方案工作中对黄河流域历年编制的冰情预报方案进行筛选、补充、修订,编入了冰情预报方案58个共6类:

1. 流凌开始日期预报。本项预报方案主要考虑热力作用,河水温度达到并略低于0℃时,即开始流凌,选用反映气温、水温下降趋势的各种指标,与流凌开始日期建立相关图。方案的合格率为80%～95%。

2. 封河开始日期预报。本项预报方案考虑了热力和水力作用,当开始流凌后气温继续下降或持续在0℃以下,水体不断失热,流凌疏密度不断增加,当流凌疏密度、流速下降和负气温达到一定程度时即开始封河,由于流凌后水温均接近0℃,不能反映热力变化,均应用气温为热力指标,并用流量反映流速作为预报依据,与封冻开始日期建立相关图。方案合格率为

$78\%\sim91.1\%$。

3.开河日期预报。本项预报方案考虑了热力和水力作用,热力因素有前期气温或累积气温,水力因素主要有开河前一定时段平均流量、河槽蓄水量和封冻厚度,作为预报依据与开河日期建立相关图。方案的合格率为$78\%$$\sim100\%$。

4.开河最高水位预报。本项预报方案主要考虑了水力作用,有的也考虑了热力的影响,采用的主要因素有前期水位、气温、河槽蓄水量、封河开始日期、封河冰厚和河段的开河情况等作为预报依据与开河最高水位建立相关图。方案的合格率为$76\%\sim94\%$。

5.开河最大流量预报。水力因素是影响开河最大流量的主要因素,选用前期水位、流量和河槽蓄量等作为预报依据与开河最大流量建立相关图。方案的合格率为$72\%\sim79\%$。

6.封开河趋势预报。黄河下游封河趋势预报是以泺口站的平均流量与北镇月平均气温建立的判别图和判别式。

孙口至泺口和泺口至利津河段开河形势图,均以济南开河前三天平均气温之和分别与孙口和泺口开河前6天流量之和建立的判别图和判别式。

此处还编制了桃汛水量预报:黄河桃汛主要是随着春季气温回升,宁蒙封冻河段逐渐解冻河槽蓄水下泄形成凌峰。为了三门峡水库春灌蓄水运用,开展了10日入库水量预报,建有以封河流量和平均气温为参数的上游来水量(12～3月平均流量)与头道拐站桃汛水量相关图;以内蒙古河段封河流量,12月最低气温为参数的上游来水量与头道拐站桃汛水量相关图;以华县站3月平均流量为参数的头道拐站桃汛水量与三门峡入库(潼关站)桃汛水量相关图及其相应的回归方程。

(三)冰情预报模型

为进一步提高冰情预报,1978年由黄委会牵头的全国冰情研究工作协调组成立之后,根据冰情预报的需要开展了内蒙古、山东两省(区)重点河段的冰情观测研究和昭君坟、利津两个水文站的冰情实验,经过几年的工作,已为冰情预报的深入研究,取得了不少宝贵资料。1982年的全国冰情研究工作协调组召开了全国冰情研究经验交流会,吸取了国内各单位的冰情预报经验,同时为做好黄河下游冰情预报,组织翻译了大量国外冰情预报方面的论文。3月水利部还组织了代表团到美国、加拿大进行冰情研究和预报情况的考察。逐步引进国外先进的预报方法,开展冰情预报模型的研究,促进黄河冰情预报的发展。1990年10月黄委会水文局与芬兰Atri-Reiter工程

有限公司合作研究建立黄河下游的冰情预报模型。1994年陈赞廷等又建立了黄河下游实用冰情模型。

四、作业预报

50年代中期开始发布流凌、封冻日期预报,60年代增发了开河日期与开河最高水位预报,70年代后又增发了封河历时、开河最大流量以及封开河形势预报等。

冰情预报主要根据气温预报和水力条件作出。在1977年以前,主要应用中央气象台、总参气象局气象室及河南、山东两省气象台的冬春气温预报;1977年黄委会建立气象组织以后,依据黄委会的气温预报同时参照中央和省(区)气象台气温长期预报,于每年11月上旬发布上游石嘴山、巴彦高勒、三湖河口、昭君坟、头道拐等站的流凌日期、封河日期预报,2月上旬至下旬发布以上各站的解冻日期、解冻最高水位、解冻最大流量预报。12月发布黄河下游封河日期预报,1月底至2月中旬发布下游开河日期预报。

黄河的冰情预报,以往未建立评定方法,故亦无正式作过误差评定,自1985年《水文情报预报规范》正式颁布后,冰情预报才开始按此《规范》规定标准进行评定。预见期在10天以上时,取预报要素值在预见期内实测变幅的30%作为许可误差。如表6—23。

表6—23　　　　　　　　冰情预报误差评定标准表

预见期(天)	1~3	4~5	6~9	10~13	14~15
许可误差(天)	1	2	3	4	5

根据不完全资料统计黄河下游冰情预报与实际比较结果误差统计如表6—24。

表6—24　　　　　　　黄河下游冰情预报误差表

年代	封河日期误差(天)			开河日期误差(天)		
	最长	最短	平均	最长	最短	平均
60	42	0	17	17	1	9
70	25	0	11	18	7	12
80	28	0	11	11	0	4

依据黄河的冰情预报合理地进行水库调节,对防凌起到了很好的作用。

如 1966～1967 年度凌汛期间,下游河道封河长度 616 公里,总冰量 1.4 亿立方米,是建国以来冰量最多的一年。在三门峡水库控制运用前(1 月 20日),花园口至利津河段槽蓄水量很大,按槽蓄水量与凌峰关系推估开河时必将形成较大凌峰。然而由于该年封河期插塞的冰凌较少,河道泄流较为畅通,且开河期气温回升平稳,据当时预报开河日期为 2 月 2 日,三门峡水库于 1 月 20 日全关闸门断流运用,因而大大削减了河槽蓄水量的补给,开河流量陡减(由夹河滩 696 立方米每秒减少至利津 103 立方米每秒)。致使这一年度凌汛期仅在局部河段有卡凌现象,未造成严重的凌汛威胁。又如1977 年 3 月,黄河中上游水量调度委员会召开会议,会商发布黄河开河预报,石嘴山 3 月 9 日前后,巴彦高勒 3 月 16 日前后开河,据此预报决定刘家峡水库从 3 月 5 日控制兰州平均流量不大于 500 立方米每秒,待巴彦高勒段实际开河后,上游水库再逐步增大泄水量。这一适时控制运用的结果,使内蒙古河段安全渡汛。再如 1979 年春黄河下游冰坝严重,当时预报 2 月 10日前开河,三门峡适时关门控泄,从而使下游河道水位迅速下降,虽然气温回升较快,但仍然较顺利地战胜了这一严重的凌汛。

但也有因气温预报欠准确的情况,在下游已有开河象征时,三门峡水库才开始控制运用,由于控制偏晚,在封河期形成的槽蓄水量未能在充分消退以前就开河,因此,仍会造成下游凌汛十分紧张局面。如 1968～1969 年度凌汛期,据当时开河预报,三门峡水库于 2 月 5 日夜关闸断流运用,而下游于2 月 10 日提前开河,此时河道槽蓄水量尚未大量减退,因而孙口、艾山两水文站开河凌峰仍达 2500 立方米每秒,造成冰坝壅水,局部河段水位接近1958 年的洪水位,致使防凌工作十分紧张。

第二十四章　气象情报预报

　　黄河气象工作始于 50 年代,在 1958 年前,主要是应用地方气象台的预报。如,1953 年起,山东省黄河河务局应用山东省气象台提供的气象预报,直接为黄河三角洲的开发工程和防凌工作服务;1955 年,汛期开始,黄委会应用河南省气象台的专线电话,由沿黄各省(区)提供的 24 小时降水预报直接为黄河防汛和水文预报服务。

　　1958 年至 60 年代初,气象工作在"图、资、群结合,以群为主"①"大、中、小结合,以小为主"②等口号的影响下,黄河水文工作贯彻执行"保证治黄重点,开展全面服务"的方针,积极推进水文气象情报预报为工农业生产服务,并且有组织地在全河有条件的水文站,开展了单站天气预报的工作。

　　1962～1967 年期间,黄委会气象人员参加河南省气象台的预报值班与会商,并在河南省气象台的配合下,汛期发布未来 1～3 天流域各区的降水预报,凌汛期发布郑州、菏泽、济南和北镇四站的 3 天气温预报。

　　70 年代初,"文化大革命"期间精简机构,下放人员,黄委会的气象预报工作中断。1973 年汛期在河南省气象台配合下恢复开展黄河流域气象预报工作。

　　1977 年黄委会气象人员增至 9 人,其中预报员 4 人,通讯填图员 5 人。配备了部分设备,并接通了黄委会至河南省气象台之间的气象通讯专用线路。7 月 18 日黄委会分析出第一张用于流域气象预报的天气图,并制作发布了气象预报。

　　1978 年,又增加 3 名预报人员,在增设了电传打字机和气象图片传真接收机等设备条件下,汛期定时用电话、黑板报和水情日报三种方式提供流域各区未来 48 小时的降水预报,凌汛期郑州、菏泽、济南、北镇四站未来 3 天的平均、最高、最低气温的预报,而且每年汛前还发布流域各区降水趋势预报,每月初提供分区月降水量预报,以及凌汛前发布郑州、菏泽、济南、北

---

　　① 此处图、资、群分别指"天气图"、"气象资料"和"群众看天经验"
　　② 此处"大"代表中央和省(区)气象台,"中"代表地、市气象台,"小"代表县气象站和公社气象哨

镇四站气温趋势预报,每月初发布月气温预报。1980～1985 年期间,总人数基本维持在 14～16 人之间。并在 1982 年开展了中期天气预报工作。

1983 年 7 月成立气象科,下设四个专业组,即通讯填图组、短期预报组、中期预报组和长期预报组。

至 1986 年,预报人员达到 14 人,通讯填图员 5 人,气象科总人数增至 19 人,同期购置了平板工自动填图仪、测雨雷达终端和卫星云图接收机等设备,进一步加强了气象预报工作。

第一节　气象情报

一、情报收集

自 60 年代起,黄委会有了自己的气象专业人员,从此也有了专门为黄河防汛防凌服务的气象情报工作。不过,当时的气象情报,仅限于根据河南省气象台所收集的气象信息和天气图表,结合黄河的水情和下游的凌情及时描绘、复制与黄河流域天气有关的天气形势图表及部分经过分析加工的资料。

黄委会比较正规的气象情报工作开始于 1977 年夏季。随着水文处水情科气象组的成立,当年汛前通过郑州市电信局,开设了由河南省气象台至黄委会的气象通讯专用线路。同期委托河南省气象台代培了两名气象通讯、填图人员。7 月中旬开始了气象情报的正式值班工作。7 月 18 日填绘出黄委会用于实时天气预报的第一张天气图。当时,由于值班人员少,技术尚不够全面,每天只收填 20 时的欧亚地面天气图,东亚 850、700 和 500 百帕三张等压面图。

至 1982 年初,填图人员基本保持为 6 人,并先后到山东省气象台和陕西省气象台进行两次技术培训。随着情报人员的增加,技术水平的提高,不仅天气图表收填的数量逐年增加,质量也明显提高。

1986 年,黄委会气象科在利用气象部门情报为黄河防汛、防凌服务方面做了大量工作。如在汛期,黄河流域气象部门除向黄委会及时提供气象预报外,还及时提供气象情报,主要内容有月、旬、日降水实况及变化情况,当河南、山西、陕西、山东省气象台及中央气象台遇重大天气过程时,及时提供前几小时的天气实况,雷达回波和卫星云图等方面的情报。黄委会气象人员及时进行综合分析与汇总,并向黄河防汛部门和有关领导汇报。同时,还会同水文、雨量站的雨情资料,分析流域雨区的移动和发展趋势,为暴雨和洪水预报提供依据。

凌汛期,根据山东、河南省气象台提供的北镇(或惠民)、济南、菏泽和郑州等站的气温实况或遇强冷空气过程和回暖天气,中央气象台提供的全国范围内的天气情报,黄委会气象人员及时进行分析和汇总,并向有关部门汇报。同时,制作气温变化图表,结合天气形势和凌情趋势,为气温和冰情预报提供依据。

另外,月初(或上月末)发布当月降水(汛期)或气温(凌汛期)长期预报时,还对所收集到的降水(或气温)实况,以及天气图资料进行综合分析,及时向有关部门提供天气气候特点和大气环流背景的再加工情报。

二、仪器设备

1977年初,从郑州市电信局租用了两台555型电传打字机。1978年购置配备了两台长江555型电传打字机,同时,对情报人员进行了电传操作和维修技术的培训。1979年和1980年相继增设了两台T1000S型电子式电传打字机和两台上海产电子式电传打字机,提高了气象信息传输打印的速度,减少了噪声,改善了工作条件。1981年又增设了两台ZSQ—1A气象传真收片机,为天气分析和预报工作增添了大量信息和资料。1986年汛前,增设了自动填图仪,实现了天气图填制自动化。不仅减轻了填图员的劳动强度,节省了人力,而且缩短了填图时间。1987年又增设了雷达终端,通过与河南气象台713型气象雷达的专线传输,可及时获得以郑州为中心半径500公里范围内云或雨的显示图象。

三、常规资料

气象常规资料,是天气预报及分析工作最基本的实时气象资料。自1977年开始,经河南省气象台至黄委会的通信专线传输和电传打印后,由人工或自动填图仪填制成天气图。主要如下:

(一)地面气象报

根据黄河流域的地理位置和北京气象中心发布地面气象报的情况,在欧亚大陆和太平洋西海域共选取345个地面和海洋气象站。地面气象报包括天气报、重要天气报和雨量报等。主要内容有云高、云量、云状、能见度、风向风速、气温、露点温度、本站气压、海平面气压、过去三小时变压、降水量、天气现象、24 小时变温、变压,以及最高和最低气温等。

地面报全天有 6 次,即 02、05、08、14、17 和 20 时。由于填图人员少,1977 年开始只填 08 和 20 时两次,绘制地面天气图。遇复杂天气,临时加 05 时或 14 时小区地面天气图。

(二)高空报和测风报

根据资料情况,在欧亚大陆,太平洋西海域和印度洋北海域共选取 380 个发布高空报或测风报的台、站。主要内容有 850、700、500 百帕等压面的高度、温度、露点温度、风向风速等。每日 08 时和 20 时两次,根据高空报填制等压面天气图(简称高空图)。遇有复杂天气时,增加填绘 02 时和 05 时两次高空风图。

(三)台风报

台风报的主要内容有台风编号、中心位置、中心气压、最大风速以及未来 12、24、36、48 小时台风中心移动路线。一般由预报值班员点绘在相应时刻的地面和高空天气图上。

(四)月、旬、候格点报

每逢月、旬、候结束的次 1～2 日,应填北半球 500 百帕平均高度的格点报。报文内容除区别月、旬、候三种报的指示码外,内容与形式基本一致。

每份报共获得 576 个格点的高度值。根据格点报填制成北半球的月、旬、候平均高度图,从而绘成平均环流形势图,供天气气候分析和中长期天气预报使用。

四、传真资料

传真资料是通过有线或无线传真发送,利用传真收片机接收到的气象资料,通常接收由北京气象中心广播发送的图、表资料有:

(一)实时资料

主要包括东亚、850、700、500 百帕高度,500～1000 百帕厚度,700、500 百帕 24 小时变高,北半球 24 小时地面变压。

(二)客观分析资料

主要包括亚欧地面、850、700 百帕分析图,700 百帕垂直速度分析,500 百帕涡度分析,热带地面和 200 百帕的分析,东亚、地面分析,北半球 100、

200、300、500 百帕客观分析。

（三）物理量及其分析资料

主要包括 500 百帕 θse 与 850 百帕 θse 的差，700 百帕 θse、T－Td、水汽通量、水汽通量散度和垂直速度，北半球 500 百帕涡度及其距平，850 百帕水汽通量。

（四）预报资料

主要包括 700 百帕形势和 T－Td36 小时预报，500 百帕 12～36 小时变高预报，500～1000 百帕 36 小时厚度预报，850 百帕 36 小时温度预报，旬天气预报，36、48 小时地面形势预报，中国范围 24、48 小时降水量，月平均气温距平和月降水量距平百分率预报，欧洲数值预报中心的 24、48、72、96、120 和 124 小时北半球 500 百帕预报，12～36 小时网格降水量预报，欧亚500 百帕月平均高度预报，台风路经客观预报，500 百帕 36、48 小时涡度预报，700 百帕 36、48 小时垂直速度，水汽通量、水汽通量散度，36 小时 θse，全风速预报，850 百帕 36 小时水汽通量和全风速预报，500 百帕 θse～850百帕 θse 的 36 小时差值预报。

（五）其他资料

主要有台风警报，北半球 500 毫巴超长波合成，月平均高度、高度距平及其球展系数；500 百帕欧亚和东亚区环流指数，西太平洋副热带高压、东亚槽、极涡等特征量，以及河南省区域天气图等。

五、卫星云图、测雨雷达和探空资料

（一）卫星云图

1981 年 7 月开始，由河南省气象台提供日本 GMS－1 同步气象卫星拍制的云图资料。7 月上旬至 9 月上旬的红外云图，主要为 A 图和 H 图。A 图的覆盖范围为北纬 10°～60°，东经 100°～170°。每天 8 个时次，即世界时 00点为第一次图，然后每隔 3 小时一次图。

1982 年开始，启用日本 GMS－2 同步卫星云图，并考虑到实际应用的需要，改用 B 图（覆盖范围为北纬 10°～60°，东经 135°～西经 150°），与 A 图衔接，覆盖整个欧亚大陆太平洋海域。

（二）测雨雷达资料

1987 年设置雷达终端，与河南省气象台的 713 型气象雷达相连，并商定：遇一般天气过程，每天开机 3～4 次，可分别获得云或雨的 3～4 张平面位置和高度显示图象。当天气形势复杂,已经或可能出现强降水过程时,每隔 1～2 小时开一次机。

(三)探空资料

配合黄河"三花"间的短期天气预报,1978 年开始,由河南省气象台投资提供郑州站探空资料。6～9 月每天 08 时和 20 时两次,包括高空温、压、湿、风,在天气分析和预报中应用。

另外,1985～1986 年期间,还由栾川县驻军二炮某部气象台提供栾川站的探空资料。

第二节　短期预报

一、汛期降水预报

(一)基本任务

汛期,每天提供未来 1～3 天(1987 年前为 1～2 天)流域各区降水量级预报,是降水短期预报的主要任务。

一般情况下,每年 6 月上旬为天气监视阶段(遇有重大天气过程即时转入天气预报阶段),开始全面接收气象信息和点绘分析有关资料,并对天气变化特点和发展趋势进行监视,遇有情况及时向领导和黄河防总办公室反映。

6 月中旬开始进入预报值班阶段,即除全面接收分析气象信息、资料外,还安排预报人员昼夜值班。每天上午或中午会商天气,根据会商结果向有关领导提供未来 1～3 天内黄河流域分区的降水量预报。文字预报同时公布在每天的《黄河水情日报》上。每当有重要雨、水情,且天气形势呈现复杂情况时,还需及时向黄委会、水文局有关领导和黄河防汛办公室值班人员汇报,必要时发布修正预报。当中游大部分可能有强降雨过程时,还得向防办和黄委会、水文局有关领导提供降水量等值线预报图。

一般情况,进入 10 月份就不再在夜间值预报班,只是每天派预报员到河南省气象台查看天气形势,参加天气会商,监视天气变化情况。是否继续发布降水预报,则视雨、水情和天气形势而定。但遇有洪水过程,或出现强降雨或连阴雨天气,则继续接收气象信息和发布降水预报。

(二)资料与图表

日常用于短期降水预报的资料和图表有：

1. 08、20 时的 850、700、500 百帕高空等压面图,必要时增加 02 时和 05 时的高空风图。

2. 02、05、08、14 时的东亚地面天气图。

3. 1984 年汛期开始,增加河南省区域(72 站)天气图。

4. 24 小时全国降水量分布图。

5. 郑州站温度对数压力图和高空风时间垂直剖面图。

6. 国内部分 K 指数、θse、能量的沙土指数等物理量图。

7. 卫星云图:日本 GMS－1 和 GMS－2 同步气象卫星图片由河南省气象台提供。

8. 雷达回波:1987 年 8 月开始通过雷达终端可以定时(遇有复杂天气可随时)由河南省气象台提供 713 型气象雷达回波图象(包括目标平面位置和高度的两种显示图象)。

二、凌汛期气温预报

每年冬季,黄河下游凌汛期一般为 2～3 个月。根据凌情预报的需要,必须作好黄河下游逐日气温的预报。

(一)山东气象台的预报

1962 年,山东黄河河务局与山东省气象局商定,每年下游凌汛期由山东省气象台定时用电话向河务局水情科提供未来 3 天内郑州、济南、开封、菏泽和北镇的逐日气温预报。预报项目有最高、最低和平均气温。当时山东省气象台应用常规的天气图资料,由天气学方法制作逐日气温预报。

在确定济南站气温预报值时,要注意到济南周围特殊地形对该站气温的影响。即该站气温往往较其它站偏高,尤其是在回暖阶段,持续刮偏南风的情况下,这种偏高更为显著。因此,必须进行经验订正。

70 年代开始,为了充分发挥三门峡水库在下游防凌中的作用。开展了三门峡水库优化调度的试验研究。于是做好逐日气温预报就显得更为重要。针对这一情况,山东省气象台与黄委会水情科及山东大学数学系协作,开展了气温预报的数理统计方法研究。同时,从 1974 年开始将气温预报预见期由原来的 3 天延长为 5 天。预报方法也由单一的天气学方法改进为天气学和统计学相结合的综合预报方法。

在此期间,山东黄河河务局水情科每天及时通过电话向黄委会传递山东省气象台的逐日气温预报,以便在凌情预报和防凌调度中充分发挥其作用。

(二)黄委会和有关省气象台的气温预报

在山东省气象台向山东黄河河务局提供逐日气温预报的同时,黄委会也于1962年凌汛期开始,与河南省气象台合作,开展了气温短期预报。1964～1965年凌汛期黄委会防凌工作组到济南,与山东省气象台一起制作气温预报,随时将预报结果传递给黄委会水情科。

1966年"文化大革命"开始,气象工作也受到一定程度的影响,但气温预报基本上没有中断。1970～1972年,黄委会的气象人员下放,气温预报工作改由河南省气象台制作与发布,水情科派联络员了解情况。

1972年开始,因防凌工作的要求,每天由水情科气象人员利用气象台的气象资料,在气象台专业人员的配合下,每天定时试作郑州、济南二站未来3天的日平均气温预报。经对1972～1973年和1973～1974年两个凌汛期逐日平均气温预报按允许误差24小时为±1.5℃;48～72小时为±2℃进行统计,后第一天至第三天的预报准确率分别是:郑州为64%、58%和46%;济南为56%、47%和38%。

1975～1976年期间,由于人员原因暂停了逐日气温预报工作。

1977年开始,正式成立了气象组,并增设了气象情报工作。从此黄委会,气象组的预报员应用自己的天气图和气象资料,用天气学方法试作郑州、济南、北镇三站未来三天的逐日气温预报。

1983年成立气象科之后,黄河下游三天气温预报的工作走向正规化,并明确由短期预报组承担,每年12月份开始,进入凌汛期气象预报值班,通常在12月15日后正式发布预报,遇特殊情况提前进入凌汛值班或提前发布逐日气温预报。

一般情况下,值班工作持续到2月底。遇有3月份开河的年份则延长至全河开通,即凌汛期结束。

三、预报实例

1982年7月末到8月初,三门峡至花园口区间普降暴雨,局部地区达到大暴雨或特大暴雨的标准。区间平均雨量五日达268毫米,接近常年7、8月份的降水量(278毫米),为建国以来最大的一次暴雨,伊河的陆浑站5日雨量达782毫米,沁河出现1895年以来的最大洪水,沁河武陟站洪峰流量达 4280 立方米每秒,干流花园口站洪峰流量达 15300 立方米每秒,为建国以来的第二大洪水。

对于这次大暴雨过程,气象组发挥群众智慧,依靠集体力量,战胜种种困难,在预报意见内外均有分歧的情况下,提前 12 小时作出了持续性大面积强降水的预报,并建议领导采取防洪措施。由于预报准确及时,为指挥抗洪斗争赢得了主动,受到领导和群众的赞扬,年终气象组获得水电部和黄委会先进集体称号,全组有 6 位同志立了功。

由于入汛前,长期预报提出了"三花区 7 月份降水量较前年偏多 2~4 成",7 月中旬末中期预报"7 月底到 8 月初黄河中游有一次较大降雨过程",从而引起了全组人员的高度警惕。根据以往经验,凡是持续性的暴雨,影响系统比较复杂,也不易报准。这次降雨过程能否出现暴雨?什么时候出现暴雨?暴雨落区在哪里?持续时间多长?这一系列问题,要在持续干旱少雨的情况下作出准确的回答,难度很大。但这是一项关系到黄河两岸千百万人民生命财产和国家经济建设安危的责任重大的任务。于是,根据黄委会领导的指示,全体气象人员以临战姿态,集中全部精力,搜集各种资料,首先根据历史上三花间产生暴雨的规律、形势和条件,严密监视天气形势的变化。7 月 27 日上午,发现太平洋副热带高压脊线北移到北纬 30°附近,蒙古东部维持一强高压,东北冷涡减弱,9 号台风接近台湾,某些特征类似"58.7"和"75.8"暴雨形势,就更加警觉起来,当时西风槽已移至酒泉、昌都一线,从四川上空伸向黄河中游的湿舌已到渭河中下游,结合其它条件综合分析,预计 27~28 日渭河中下游、三花间南部的伊、洛河有中到大雨,局部暴雨。当即向有关领导进行了汇报。

天气形势千变万化,依靠原有的每隔 6 小时一张地面天气图,不能满足监视天气形势的需要,必须增加许多辅助天气图。气象组全体职工鼓足干劲,一个人顶两个人用,充分发挥现有设备的能力,传真机来不及安装天线,就用简易天线来代替,没有桌子就在木箱上开始工作,并想法利用兄弟单位设备,做好这次暴雨的预报。7 月 27 日晚又增加了两个夜班,每天增加十三种辅助图,在此期间加强同河南省气象台的联系。

7 月 29 日,主班预报员李一寰根据形势分析,预报近期在三花间将产生经向型暴雨,从环流特征到影响系统将逐渐具备,首先提出起报三花间暴雨的见解。但是,对影响三花间的主要系统,西风槽和台风的预报上,内外均有分歧,这就值得慎重考虑。为准确地预报这次暴雨,又对资料进行了前后对比分析,并进行了补充计算。从当时看,华北经向型高压没有形成,但是,东部海上高压西侧,青岛到大连出现正50位势米的变高中心,预示着大陆蒙古东部高压东移与副高迭加增强,将建立起经向型阻塞高压坝,以阻挡西风槽在三花间以西减速停滞,用经验法,预报西风槽动态,计算结果:西风槽也在河套减速停滞。于是,在掌握依据的情况下,大胆排除了西风槽过三花间的可能。关于台风预报,经分析,东部海上高压正在调整加强,而且位置偏北,所以向东北移和西进入川的可能性较小。而因受500百帕强东南风急流的引导,向西北伸向黄淮的可能性较大。另外,西风槽逐渐东移,三花间处于大尺度动力上升区,此间台风在福建沿海登陆,台风外围的强东南风低空急流已到上海~郑州一线,预示将打开东部海上水汽通道,并与三花间南部上空的湿舌汇合,使三花间有源源不断的足够水汽。经充分讨论研究,认为这一判断是正确的,毅然决定起报大面积的大到暴雨,并可能持续。该预报结果黄委会、水文局和防办领导表示同意。当天下午,又向黄委会领导写了暴雨预报分析材料,加大了预报量级,并建议领导采取防洪措施。黄河防总当即发布紧急通知(代电),要求各级领导进入防汛指挥岗位,集中精力领导防汛工作,以临战姿态做好各项准备。水文局领导也向各有关水文站发出紧急代电,要求各水文站立即投入战斗,迎测大洪水。

　　29日晚,三花间开始普降暴雨,陆浑站出现特大暴雨,日降雨量544毫米,31日花园口站出现首次洪峰6400立方米每秒。8月1日下午,暴雨暂时减弱,这又提出一个问题:这次暴雨是否算过去了?后面还有没有暴雨?值班预报员立即到河南省气象台收集资料,经分析认为形势无大变化,暴雨仍要持续,当晚三花间果然降了暴雨,仓头站日降雨量107毫米。第二天(8月2日)18时花园口站出现了15300立方米每秒的大洪水。主峰出现后,三花间暴雨是否还将持续下去,是沿黄人民和各级领导共同关心的大问题。经认真分析有关资料,发现影响系统已开始北移减弱,于是主班预报员大胆果断地提出三花间暴雨即将结束的意见,经充分讨论,取得一致看法,即向领导进行了汇报,发布了预报,赢得黄河三花间"82.8"大暴雨整个过程预报的成功,为战胜这次洪水起到了重要作用。

第三节　中长期预报

一、中期预报

黄委会自 50 年代以来就开始应用地方气象台的中期预报——旬天气预报。不过,当时的应用只起到了解天气变化情况的作用。

1962 年凌汛期开始,由山东黄河河务局委托山东省气象台提供下游 5 站 3 天逐日气温预报;1974 年开始,将气温预报的期限由原来 3 天延长为 5 天。

同期,黄委会也与河南省气象台合作,试作下游三站的 3 天气温预报。

1979 年初,在北京大学仇永炎教授的建议和支持下,由国家气象局气象科学院姜达雍、张杰英作技术指导,黄委会与河南省气象台合作,应用黄委会水科所 TQ—16 电子计算机,开展了一层原始方程的中期数值预报试验。至 1980 年,共进行两年预报试验。计算成果结合天气学方法,应用于流域汛期降水预报和凌汛期下游气温预报。

同年秋季,由国家气象局主持在苏州召开了"全国中期预报学术交流会"。黄委会代表在会上就黄河流域开展中期预报的方法和试验成果作了报告。会后根据会议交流的主要内容,国家气象局以及有关专家发起关于"加强中期预报方法研究和积极开展中期预报业务"的呼吁。针对黄河防洪防凌工作的实际,对开展黄河气象中期预报作了初步设想。逐步开展中期预报工作。

经过对 1981 年黄河上游大洪水的分析总结,进一步认识到开展气象中期预报的重要性和必要性,于 1982 年汛期开始,抽专人开展中期预报业务。至 1984 年汛期的两年时间里,由于中期预报的业务工作处于初期,既缺乏资料和方法,又缺实际预报经验,因而对中期预报工作的要求,主要是以口头形式向防汛部门和主管领导提供预报。随着资料和经验的积累,建立了基本的预报方法,从 1984 年凌汛期开始,中期预报改为以文字形式发布。并且规定:中期预报的期限为第 3 天至第 7 天;预报内容以过程为主,即凌汛期发布未来 3～7 天黄河下游的气温预报;汛期发布未来 3～7 天流域的降水过程预报。

为了配合黄河防汛总指挥部办公室每周举行的防汛例会,中期预报在一般情况下一周发布一次,发布时间原则上在防汛例会的前一天,当遇到特殊情况,必须对原预报进行修正时,以文字或口头形式增发一次。

二、长期预报

通常称预见期在 10 天以上为长期预报。

1959 年黄委会开始应用地方气象台的长期(即月、季)天气预报掌握流域各区降水趋势,并制作流域干支流主要站的径流预报。这一情况一直延续到 1967 年。

1968 年开始,黄委会组织了黄河流域水文气象长期预报的科研大协作。当年汛前,根据科研成果作出了黄河干支流主要控制水文站的径流量、分区降水量、大到暴雨次数、等级以及出现时间等数十项预报。同时,参考黄河流域各省(区)气象台根据协议提供的月、季长期天气预报,试验性地开展黄河流域分区(全流域分为:兰州以上、兰州~包头区间、包头~龙门区间、汾河流域,北洛河流域,泾渭河流域,伊、洛河流域和沁河流域,共 8 个区)的汛期和分月降水量长期预报。这是第一份降水长期预报。

1968 和 1969 两年的长期预报都收到较好的效果。

1970~1971 年期间,气象人员下放;降水长期预报工作暂停。当时由水文人员将中央气象台和沿黄各省(区)的降水长期预报按流域水系进行综合,并作为径流长期预报的主要依据。

1972 年,下放人员调回,流域分区的降水长期预报工作再次开展,并将流域分区进行了调整,把兰州至龙门区间的包头站改为托克托站,即兰包区间改为兰托区间,同时改包龙区间为托龙区间。

1974 年,在山东省气象台的协助下,与山东大学数学系合作开展了黄河下游凌汛期气温长期预报方法的研究。

当年 11 月下旬,发布了 1974 年 12 月至 1975 年 3 月黄河下游 5 站(郑州、菏泽、聊城、济南、惠民)的气温预报。这是黄委会的第一份气温长期预报。预报项目为 12 月至次年 2 月的月、旬平均气温和距平值,以及 3 月份的气温趋势。

1975 年,汛期降水长期预报增加下游汶河流域,同时将原泾渭河分开,从而成为 10 个预报分区。凌汛气温预报也考虑到资料的困难,不再包括聊城站。即改为下游 4 站气温预报。

1975~1978 年期间,结合郑州大学数学系、新乡师范学院数学系和南京气象学院毕业生来黄河实习之机,开展应用电子计算机制作径流量、流域分区降水量和黄河下游凌汛期气温的长期预报工作。

自 1980 年凌汛期开始,考虑到气温资料和凌情预报的实际情况,将菏泽站删去。从此,气温预报改为郑州、济南、北镇 3 站。

自 1980 年汛期开始,对黄河流域的降水分区作了较大调整,主要依据对全流域 69 个雨量代表站 27 年(1953～1979 年)降水量资料聚类分析的结果,同时参考流域特征和预报应用的实际情况,把流域降水的预报区统一为六个大区,即:兰州以上地区;兰州至托克托区间;将托克托至龙门区间和汾河流域合并为一个大区,统称为晋陕区;泾、北洛、渭河为一区;将伊、洛河和沁河统一于三门峡至花园口区间;将金堤河大汶河统一于花园口以下地区为下游区。

同时,长期预报业务也作了相应调整。明确规定:每年 3 月下旬前准备一份当年汛期降水长期预报的讨论稿,参加由中央气象台主持召开的全国汛期降水预报会商会及其他有关会议;5 月份黄河防汛会议前为主管领导提供一份当年黄河流域汛期降水趋势的综合意见;5 月下旬正式发布当年汛期 6～9 月流域分区的降水量长期预报;并在每月的 2 日或 3 日发布分月降水量预报,同时提供上月的流域降水实况及分析。

1981～1983 年,为了对黄河流域旱涝规律和长期预报进行研究,与杭州大学地理系气象专业开展协作,经过三年共同工作,不仅基本弄清了黄河流域旱涝的变化规律及其主要成因,而且建立一套用于业务预报的长期预报方案,从而使长期预报工作向前推进了一大步。

三、服务效果与预报准确率

(一)中期预报

中期预报业务起步晚,人员较少,资料和方法也比较缺乏,但预报人员克服种种困难,扬长避短,边开展预报服务,边改善工作条件,使预报服务的质量稳步提高,取得了良好预报结果。

例如,1982 年汛期,中期预报业务才建立不久,7 月上中旬黄河中游大部分地区持续干旱少雨。朱学良利用当时资料和方法,结合长期预报进行综合分析,在中旬末提供了 7 月 29 日～8 月 3 日三花区间将有持续性降水和大到暴雨的中期预报。预报与实况基本符合。

又如,1985～1986 年凌汛期是下游历史上封河较早的年份,中期预报及时提出了封河期的强降温过程,给下游防凌争取了时间。凌汛后防办在总结上报水利部的文件中特别提出了中期气温预报的积极作用。

据1984～1987年中期预报,参照河南省气象局规定的中期降水预报时段、范围和强度三方面评定标准和中期气温预报评定规定1～3日误差±2℃,4～10日误差±2.5℃进行检查,平均预报准确率:汛期降水过程为74%左右,凌汛期气温过程为82%左右。

(二)长期预报

长期预报业务虽然开展得比较早,由于人员少、资料不足,预报理论和方法不够成熟,准确率不高。多年来不断努力改进预报方法和预报方案,降水预报准确率超过60%的占总次数的80%,最高年份达79%,气温预报准确率超过60%的年份占总次数的40%,最高的达100%。取得一定的社会和经济效益。

预报实例:1981年汛期降水长期预报在上年上中游持续干旱少雨的情况下,对前期的大气环流、气候和天文背景,西北太平洋海温场的变化,以及流域水文气象要素的历史演变规律等进行了综合分析,及时发布了月降水量"8月份兰州以上地区偏多1～2成"和"9月份上游地区偏多1～3成"的长期预报,与这一年黄河上游八九月降雨历时长、雨量大产生了"81.9"大洪水实况基本相符。

又如,1981年黄河上游发生大洪水后,1982年黄河流域旱涝情况如何?1982年初开展了天文背景、地球物理因子、大气环流特征、冬季青藏高原热状况和国内大范围前期气候特点等方面的综合分析,预估1982年汛期,全流域降水较常年偏少,但三门峡库区和"三花"区间较常年明显偏多,有可能出现局部的洪涝。并在3月中旬向黄河防汛办公室和有关领导作了汇报。三月下旬又在"汛期全国长期预报会商会"上作了介绍和论证,引起了有关方面的重视。

1982年汛前,又对春季环流、气候特征等资料进行了进一步的分析,并于5月中旬邀请中央和沿黄各省(区)气象台,各省(区)水文总站,以及有关科研部门、大专院校等单位有关专家和预报人员参加的"黄河流域水文气象长期预报会商会",经再次深入分析进一步肯定了7月份三门峡库区和"三花区的降水量有可能较常年偏多2～4成",提出了要密切注意这一地区有可能产生较大洪水的问题,并及时发布了月预报,取得较好的效果。

预报准确率:依据中央气象局1979年4月颁布的关于《灾害性天气和降水预报质量考核办法》(试行本)中三级百分制评分标准(表5-37,5-

38)对 1968～1987 年期间,黄河流域分区降水量长期预报的准确率进行了评定,评定时取表 6－25 和表 6－26 得分的平均值,并将 6～9 月各月和汛期(6～9 月)总量的五项预报所得分数求算术平均。结果如表 6－27。准确率超过 60％和 70％的年份分别占总预报年数的 80％和 35％。

对于 1978～1988 年凌汛期郑州、济南、北镇气温长期预报的准确率,也依据中央气象局关于《灾害性天气和降水预报质量考核办法》进行了评定。其中月平均气温预报准确率按五级(即特低、偏低、正常、偏高、特高,见表 6－28)百分制(见表 6－29)评定。结果如表 6－30 所列。超过 60％和 70％的站年分别占总预报站年的 27％和 14％。

对于凌汛期(12～2 月)郑州、济南、北镇三站逐旬平均气温长期预报的准确率,参考上述评分办法和预报应用的实际情况,按允许误差±2.0℃为标准进行评定。结果如表 6－31 所列。超过 60％和 70％的分别占总站数的40％和 14％。

表 6－25　　　　　　三级百分制评分标准＊(一)表　　　　　单位:分

预报	偏　少		正　常		偏　多	
	<－60％	－30％ ～－60％	0％～ －30％	0％～ 30％	30％ ～60％	>60％
偏　少	100	100	40	0	0	0
正　常	0	40	100	100	40	0
偏　多	0	0	0	60	100	100

＊取自《灾害性天气和降水预报质量考核办法》中表 3a

表 6－26　　　　　　三级百分制评分标准＊(二)表　　　　　单位:分

预　报	<－60％	<－30％ ～－60％	－30％ ～0％	0％～ 30％	>30％ ～60％	>60％
偏　少	100	100	100	60	0	0
正　常	0	40	100	100	40	0
偏　多	0	0	60	100	100	100

＊取自《灾害性天气和降水预报质量考核办法》中表 3b

表 6—27　　　　　1968～1987 年汛期降水长期预报准确率统计表

年　份	1968	1969	1970	1971	1972	1973		1974	1975
准确率（分）	75	64	71	61	64			58	69
年　份	1976	1977	1978	1979	1980	1981		1982	1983
准确率（分）	69	51	77	55	60	70		79	70
年　份	1984	1985	1986	1987		1968～1987			
准确率（分）	68	78	53	67		66			

注　预报准确率,按百分别统计,满分为 100 分

表 6—28　　　　　　　　由距平值划分五级的标准表

级　别	特低	偏低	正常	偏高	特高
临界值	<−2.0℃	−2.0～−0.6℃	−0.5～0.5℃	0.6～2.0℃	>2.0℃

表 2—29　　　　　　　　百分制五级评定得分表　　　　　　单位:分

预　报	特低	偏低	正常	偏高	特高
特　低	100	60	40	0	0
偏　低	60	100	40	0	0
正　常	0	40	100	40	0
偏　高	0	0	40	100	60
特　高	0	0	40	60	100

表 6—30　　　　冬季(12～2 月)月平均气温预报准确率统计表　　　　单位:分

站名	1978～1979	1979～1980	1980～1981	1981～1982	1982～1983	1983～1984	1984～1985	1985～1986	1986～1987	1987～1988	平均
郑州	13	47	27	27	60	60	100	40	80	47	50
济南	33	47	47	60	27	47	80	80	47	53	52
北镇	13	27	47	47	47	60	100	67	47	47	50
平均	20	40	40	45	45	56	93	62	58	49	51

表6－31　　　冬季(12～2月)旬平均气温预报准确率评定表　　　单位:分

站名	1978～1979	1979～1980	1980～1981	1981～1982	1982～1983	1983～1984	1984～1985	1985～1986	1986～1987	1987～1988	平均
郑州	44	33	56	67	89	89	67	44	67	44	60
济南	33	33	67	44	56	56	67	44	67	56	52
北镇	44	56	67	44	78	44	56	56	78	67	59
平均	40	41	63	52	74	63	63	48	71	56	57

第四节　组织管理

为了提高降水预报的准确率,作好气象服务工作,建立了暴雨联防和预报会商会制度,制定了预报值班与发布办法。

一、暴雨联防与会商会

(一)暴雨联防

为了及时掌握流域主要洪水来源区的雨情和未来降水预报,从1955年开始,经与河南、甘肃、山西、陕西和内蒙古五省(区)气象局联系,确定每年6～10月由省(区)气象台为黄委会提供短期降水预报。

根据当时的通讯条件,河南省气象台通过与黄委会的专线电话提供未来24小时的降水预报,其余四个气象台用电报提供未来24小时本省(区)黄河流域境内的降水预报。

限于当时的水平,各台提供的降水预报,只分无雨、中雨以下和中雨以上的三个量级,1955年和1956年各气象台提供预报的平均准确率分别为:河南省气象台63%和55%;甘肃省气象台74%和76%;山西省气象台73%和81%;陕西省气象台67%和80%;内蒙古自治区气象台68%和75%。

1964年3月18日中央气象局给山西、河南省气象局下发了《加强汛期黄河下游暴雨预报工作》的通知。通知指出:三门峡水库建成以来,对于黄河流域的防汛工作起到了很大的作用。但该水库下游花园口地区,特别是山西沁河流域和河南洛河流域,每到汛期常有暴雨发生,仍然威胁黄河下游地区的安全。所以防汛部门迫切需要掌握这些地区的暴雨预报,以便及时采取有效措施。为此要求:河南和山西省气象台在汛期加强这一地区的暴雨预报工作。主要是12小时和24小时的暴雨预报,预计可能发生暴雨时,及时通知黄委会。

根据这一精神,山西、河南省气象局就汛期为黄河防汛加强暴雨预报服务作了部署。山西省气象局4月16日发文要求省气象台和晋南、晋东南气象台在汛期中都应加强沁河流域暴雨预报服务工作。河南省气象局根据黄委会的具体要求,除仍要求省气象台继续使用专线向黄委会提供短期降水预报外,还就地区气象台和县气象站的气象服务作了部署。

1969年5月,根据黄委会革委会生产指挥部提出的要求,自当年汛期开始,沿黄各省(区)气象台用电码形式供给所属站(区)的降水过程预报。预报地区或范围的规定是:

甘肃省:全省、中部(渭河上游)、东南部(泾河上游)。

宁夏回族自治区:全区、中部(同心地区)、南部(固原地区)。

陕西省:全省、陕北、渭北、关中、关中东部、关中西部。

山西省:全省、南部、北部、东部、西部、中部、晋东南、西南部、东北部、西北部。

经1969年汛期试行,1970年经协商,作了以下调整:

山西省:不再分部位预报,而改为:全省、沁源、安泽、阳城、晋城、垣曲、侯马共6站(区)。

内蒙古自治区:新增和林格尔、清水河共2站。

河南省用电话提供伊、洛、沁河,三门峡至花园口干流区间的降水过程预报。

1971年经与河南省气象局协商,由洛阳地区气象台和卢氏、洛宁、宜阳、栾川、嵩县、伊川、新安、三门峡、济源气象站(台)用电报提供三天内日降水量超过25毫米的降水量预报。

同年5月黄委会再次发文要求沿黄各省(区)气象台汛期继续使用电码形式向黄河防总提供过程降水量预报,内容与1970年基本一致,仅就降水过程预报作了两处改动,即陕西省增加宜川站,山西省增加吉县乡宁站。

1975年3月25~27日在郑州市召开了"黄河防汛气象服务联防协作座谈会"。会议由中央气象局业务处主持。参加会议的有沿河各省(区)气象局(四川省气象局因故未到)的业务处和气象台的负责人,以及黄委会主管防汛领导和水情处有关人员。会议共同研究讨论了《加强黄河防汛等气象服务的意见》。4月,中央气象局将该意见以[1975]中气业字第067号文下发青海、四川、甘肃、宁夏、内蒙古、陕西、山西、河南、山东省（区）气象局。要求各省（区）气象局尽快组织有关台站学习，做好准备，并于 6 月 1 日零时（北京时）起开始执行。《加强黄河防汛气象服务的意见》指出，黄河安危，事关大局。气象部门要有针对性地进一步做好气象服务工作，为保证下游亿万人民的安全，保卫社会主义建设，加速工农业生产的发展作出贡献。具体意见分四部分：第一，以下游为重点的防汛服务；第二，内蒙古河套和下游防凌服务；第三，以水量调度为重点的中长期预报；第四，情报服务。

1976 年 12 月，中央气象局在山西省运城市召开"北方灾害性天气预报科研协作会议"，会议期间商定成立黄河中游暴雨预报科研协作组，负责开展黄河中游地区暴雨预报方法的研究和推进暴雨联防等工作。

1977 年 1 月，在郑州召开第一次暴雨联防会议，成立了黄河中游暴雨预报科研协作小组，会议期间除主要商讨有关成立协作领导小组，确定暴雨预报科研计划及协作方式外，还就如何加强汛期暴雨联防事宜进行了研究部署。

1979 年 5 月 15～19 日在郑州召开了第二次暴雨联防会议。参加会议的陕西、山西、河南、山东省气象局所属气象台站和科研所，中科院大气所，北京大学和黄委会等单位，吉林气象局科研所、华北农大、长办、淮委等单位也应邀派代表参加了会议，中央气象局、中央防汛抗旱总指挥部办公室派代表到会指导。

会议除交流各单位暴雨预报科研成果，商讨 1979～1980 年的科研计划和下一次经验交流会的有关事项外，还对进一步作好暴雨预报会商，向黄河防总提供暴雨预报及作好拍报雨情等办法交换了意见。

1980 年 6 月 16～20 日在郑州召开了第三次暴雨联防会议。会议由河南省气象局和黄委会主持，参加会议的有中央气象局业务处，气象科学院和中央气象台，陕西、山西、河南、山东、甘肃省气象局业务处和省气象台；中科院大气所、地理所、兰州高原所、杭州大学、兰州大学和北京大学，以及河南省洛阳、新乡地区气象台，陕西省渭南地区气象台和山东省泰安、菏泽地区气象台也参加了会议。会议总结了上一年联防工作的成绩和经验，并就存在的具体问题进行了磋商。

1981 年 5 月 15～20 日在郑州召开了第四次暴雨预报联防会议，参加会议的单位与 1980 年基本相同。会议在总结经验的基础上，共同协商，并拟定了 1981 年黄河流域暴雨联防意见，具体要求为：

1. 及时进行预报会商

中央台,甘、陕、晋、豫、鲁五省台及有关地区台要密切注意"三花间"干支流、山陕区间、泾、北洛、渭河及大汶河流域的天气变化,当发现有暴雨,尤其大暴雨,特大暴雨的征兆时,要及时与黄委会水文局及有关台进行电话预报会商;黄委会水文局也要主动与有关气象台联系。

2．及时提供暴雨预报

各联防气象台、站,当黄河中、下游未来三天内有可能出现大雨以上降水时,要用电话或电报向黄委会水文局提供降水过程预报。

3．经费问题

经与各联防单位协商,向黄委会水文局提供预报的电话、电报费用由黄委会水文局支付。一般可视实际需要采用预付或事后报销的办法。但无论那种方法都必须将单据寄黄委会水文局,然后汇款。

4．交换汛期有关降水资料

1982年5月5～10日和1983年4月25～29日在郑州先后召开了第五和第六次暴雨联防座谈会,参加会议单位和内容与上几次基本相同。

(二)会商会

会商会是水文气象长期预报会商会的简称。根据黄河防汛和防凌工作的需要,自1974年秋季开始每年召开一次黄河下游凌汛期气温长期预报会商会。自1980年开始,每年汛前召开一次黄河流域汛期水文气象长期预报会商会。

1．汛期水文气象长期预报会商会

(1)1980年6月16～20日,由黄委会和河南省气象局牵头,以黄河中游暴雨预报科研协作组的名义,召开了第一届黄河流域汛期降水长期预报和暴雨联防会,即第一届黄河流域汛期降水长期预报会商会。参加会议的有中央气象局气科院、中央气象台、北京大学、杭州大学、南京大学、华东水利学院、中科院地理所、河南省气象局业务处和省气象台及新乡、洛阳气象台、山东省气象局业务处和省气象台及菏泽、泰安气象台,陕西省气象局业务处和省气象台及渭南气象台,山西省气象局业务处和省气象台及晋东南、运城气象台、山西省水文总站、甘肃省气象局,以及黄委会水文局,黄委会水科所等25个单位的28位代表。

会议就1980年黄河流域汛期降水趋势进行了分析讨论,同时交流了长期预报的经验和有关方法研究的成果,最后还请有关专家作了长期预报的专题报告。

(2)1981年5月,召开了第二届黄河流域汛期降水长期预报和暴雨联防会议（即第二届降水长期预报会商会）。参加会议的除 1980 年邀请单位外，还邀请了中央防汛抗旱办公室、中科院兰州高原大气所、云南天文台、河南师范大学、郑州水利学校、水利部第一工程局等单位，会议共有代表 41人，会议内容与上年基本一致。

（3）1982 年 5 月 5～10 日，在郑州召开了第三届会商会。由于 1981 年黄河上游发生了特大洪水，为了从水文气象方面进行分析总结，并考虑到上游龙羊峡水库的施工和刘家峡水库调度需要，将参加会议的单位扩展到黄河上游。

因此，这次会议除邀请前两次会议的有关单位外，还邀请青海、宁夏、内蒙古等省（区）的水文部门，北京天文台、南京气象学院、山东海洋学院、长办水文局、水电部第四工程局等单位，共有 54 个单位，57 位代表。这是黄委会规模最大的一次会商会。

会议会商了 1982 年汛期旱涝趋势和雨、水情展望，对 1981 年水文气象特点及其成因进行了分析讨论，在回顾检查 1981 年汛期水文气象长期预报的基础上，会商提出了 1982 年黄河流域汛期降水趋势和中下游干流主要控制水文站最大流量预报。

（4）1983 年 4 月 25～29 日，在郑州召开了第四届会商会。参加会议的单位与 1982 年大体一致，代表人数略有减少。

会议除对 1983 年汛期水文气象长期预报进行会商外，还就 1982 年黄河流域水文气象特征，尤其是就花园口发生"82.8"大洪水的气象成因进行了分析讨论。

1984～1987 年，根据中央气象台和黄委会气象科的初步分析，这几年汛期黄河流域降水偏少，又考虑到经费等因素故会商会停开。

2. 下游凌汛气温长期预报会商会

1974 年 11 月 11～12 日，在济南市由山东省气象局、山东黄河河务局和黄委会联合召开了黄河下游凌汛期气温长期预报和冰情估计座谈会，即第一届气温预报会商会。参加会议的有黄委会、山东省气象台、菏泽、聊城、惠民地区气象局、山东黄河河务局和济南、泰安、德州、惠民修防处、河南省新乡师范学院数学系教改小分队等单位共 20 余人。

会议交流了冬季气温长期预报的经验和方法，分析探讨了黄河下游凌汛气温和冰情变化的历史规律，会商并作出了 1974～1975 年冬季黄河下游气温趋势预报和冰情估计。

会议还商定了以下事宜：

（1）凌汛期由山东省气象台向山东黄河河务局提供中短期气温预报（在临近开河的关键时期将提供未来十天内气温趋势预报）。沿黄各有关气象台（站）向当地（县）防凌部门提供未来3天气温预报。并按期提供月、旬气温预报。

（2）为加强气象台（站）与防凌部门的联系，不断总结经验，提高预报质量，确定以后每年于11月上旬由山东省气象局和黄河防凌部门联合召开有沿黄各有关气象台（站）和防凌部门参加的黄河凌汛期气温预报和冰情估计座谈会。

此后，基本上按上述商定意见执行，每年11月中、下旬在济南召开一次凌汛期气温预报会商会，自1976年开始，参加会商会的单位增加了鄄城、阳谷、平阴、济阳和利津县五个气象站。并且，每隔2～3年进行一次预报方法和经验的交流。至1983年凌汛，共召开九次气温预报会商会，后因经费等原因停止召开。

二、预报值班与发布

（一）短期预报

1. 1977年以前

60年代初至1974年，由于气象人员少，预报工作不存在值班问题，一般情况，在汛期或凌汛期，每天上午有1～2名气象人员以到河南气象台工作为主，每天参加值班或参加预报会商。然后将预报意见及时向黄委会有关领导作汇报，遇复杂天气，下午4～5时还去参加一次补充预报的讨论会。

1975年，气象预报人员增至4人，自6月26日开始，对汛期黄河流域各区的降雨预报和凌汛期黄河下游郑州、济南、北镇的逐日气温预报均由黄委会气象预报员自行会商确定。并每天按"前次预报检查"、"未来预报分析"、参照"沿黄气象台、站的预报意见"作出"预报会商结论"并对"重要事项作出处理"等程序进行工作，各项工作都要作好记录，备查考。

当时由于预报工作不正规，预报管理缺乏经验，又因气象人员尚需承担其他工作，所以预报主持人原则上轮流承担，但承担的时间长短不一，无确切的值班制度。预报结论随时向防办和有关领导作口头汇报，无发布预报制度。

2. 1977～1984年

1977年汛期，黄委会成立气象情报组，并具备了气象预报常用的信息和资料。于是,短期预报的制作和预报发布的办法都有了较大的改进。

在此期间,明确由短期组负责短期天气预报的制作和发布。短期预报员基本保持5~6人,日常预报工作实行值班制。

在一般情况下,汛期每天安排主班预报员1名、副班预报员2名、正常班1名,并有1~2名值夜班的预报员轮流休息。通常主班预报员连续值班3天。由主班预报员主持召集值班预报员和有关人员,进行天气预报会商。并按会商结论以水情日报、黑板报和口头三种形式向领导和有关部门提供,或发布黄河流域各区的降雨天气预报。

凌汛期,安排2~3名预报员负责制作和发布黄河下游郑州、济南、北镇未来3天逐日气温预报。一般情况下,不值夜班,对前一天20点天气图的分析工作在当日上午完成,同时作出气温预报。预报结论在凌情日报上以文字形式发布。

3. 1985~1987年期间

1985年汛期开始,短期预报实行领班制,确定由一位工程师和两位有经验的助理工程师担任领班预报员,负责审核预报结论。与此同时,根据防汛和水情工作的实际情况,参考气象台有关的规章制度,制订了短期预报值班制度,规定了总领班预报员,正、副班领班预报员,主、副班预报员,正常班预报员和夜间值班员的岗位职责与分工。同时还制订了预报的审核和发布制度。当年汛期开始执行,从而加强了预报管理,健全了原有的制度,使短期预报工作有较大的改进。

(二)中期预报

1986年在原有值班制度的基础上进行修改与完善,当年汛期开始执行以下制度:

1. 总则

中期预报是提供三天以上的降水过程和凌汛期5天以上降(升)温过程预报,作防汛和防凌工作的耳目和参谋。中期预报是整个气象预报服务工作中的一个重要环节,气象工作为社会服务中,只有每个环节都作好了,才能最大限度地产生社会经济效益,因此,要求从事此项工作的同志必须树立全心全意为人民服务的正确思想和具有良好的职业道德,做好本职工作,为四化建设作出自己的贡献。

2. 日常业务

除了在两汛期内另行规定值班预报员和辅助班预报员应做工作外,每个预报员都要按时完成分配的日常业务工作。主要内容有:500百帕候平均

图,西风指数,500 百帕候平均高度的东径 60°、90°和 120°剖面,北纬 55°和
30°的候平均高度和亚欧区 500 百帕相对距平图等资料的收集与绘制,为提
高预报技术水平而安排的业务基本建设和技术总结、服务工作总结等。

3.预报服务

(1)中期预报的发布,应根据防汛和防凌的要求,至少每周发布一次文
字预报,但若遇有重要过程发生在中期预报预见期内,则须及时预报,不受
此限。

(2)汛期和防凌期间中期预报由值班预报员负责发布,为使值班预报员
有充分时间进行分析和预报考虑,必要时配辅助预报员协助工作,并定时轮
换。

(3)值班预报员根据具体情况组织组内预报员进行必要的讨论,讨论前
必须提前告知参加讨论的有关人员,以便作好准备,讨论的主要内容应记录
在案。

(4)参加讨论的有关人员,应根据现有条件事先作好分析和准备,提倡
没有调查研究,就没有发言权的作风。

(5)凡是遇有在中游某一区可能出现整区性的大暴雨时,值班预报员应
及时向处、局有关领导汇报,并请他们参加讨论和作指示。

(6)经讨论后的预报由主管科长(或处长)签发,对于较重大的预报应由
处、局主管领导签发。

(7)为使预报能及时传递,按领导要求预报内容在打印发出前,先由专
线电话告知防办,必要时向主管防汛的主任汇报。

(8)除了正常的防汛例会汇报外,凡有可能出现较重大的情况时,应及
时向防办等有关领导汇报,无论口头、电话等汇报内容均须记录在案,以便
查考。

(三)长期预报

1986 年汛期开始执行的长期预报值班制度规定:

1.各项工作完成期限

(1)5 月下旬和 12 月下旬分别发布黄河流域汛期降水和次年凌汛期气
温趋势预报。

(2)每月 2 日(遇有特殊情况在 3 日)提供上月流域降水实况(或下游气
温概况),并发布本月降水(或气温)预报。

(3)汛期(6～10 月)与凌汛期(12～次年 2 月)业务总结由主班预报员
完成(副班预报员要协助主班预报员完成基本资料和图表的整理工作),并

分别在 12 月底和次年 4 月底完成交稿。

（4）每月 5 日、15 日、25 日分别完成月旬 500 百帕平均图的分析。

（5）每月 10 日前完成基本资料的整理和存盘工作，并统计和计算出环流特征量，同时存入磁盘。

2.各班主要工作内容

（1）春、夏季班（3～9 月）

制作、发布黄河流域汛期降水趋势预报，参加全国汛期预报讨论会，负责黄河流域长期预报会商会的技术工作；提供汛期降水概况，并负责汛期业务小结和异常天气分析总结。

（2）秋冬季班（10～次年 2 月）

制作、发布黄河下游凌汛期及各月气温趋势预报；提供凌汛期气温概况；并负责凌汛期业务小结和异常天气分析总结。

3.业务小结和异常天气分析主要内容

（1）一般年份的业务小结内容是预报服务和预报质量评定；天气概况和环流背景小结。

（2）异常年份（指大旱、大涝或严重冷、暖冬年）的天气分析总结内容是预报服务和预报质量评定；对异常天气、气候做认真仔细的分析总结，找出造成异常天气的影响系统、环流背景及其成因；找出预报异常天气发生指标，进一步改进今后的工作。

4.长期预报员职责

（1）主要预报员职责：主持预报会商，拟写预报文稿，及时准确地发布预报；安排班内各项工作，仔细检查预报工具和方法，确立预报方案，并认真做好会商会前的一切准备；负责处理外单位的有关业务事项，参加业务会议；遇有重要情况，组织临时会商（包括与有关气象台的预报会商），主动向有关领导请示汇报，并做好记录。

（2）副班预报员职责：协助主班做好班内工作；收集、整理中央气象台及沿黄省（区）气象台（站）的长期预报和气候分析材料；主班不在时，主动处理上级及各单位的有关业务事项，并做好记录；在完成本班工作前提下，积极作好下一班的接班准备。

5.长期预报发布制度

（1）发布预报要严肃认真，对外一律按会商意见发布；

（2）长期预报一般由主任工程师签发，季度预报还需经处长和主管局长审查后方可发布；

(3)若遇有异常天气需更改原预报时,主班预报员应向主管领导详细汇报更改理由,经领导同意后,可发布修正预报。

第五节　气象分析与预报研究

黄河流域气象分析和预报方法研究的主要成果是 60 年代以来完成的。下面就气候分析与研究,暴雨预报研究、气温预报研究,长期预报研究四方面,进行记述。

一、气候分析与研究

建国前,对黄河气候介绍较全面的为 1936 年 10 月胡焕庸编写的《黄河志·气象篇》,该书共六章,第一章总论;第二章雨量;第三章温度;第四章湿度、云量、蒸发、晴阴;第五章风、霜、冰、雪;第六章气象水文。

涉及黄河流域气候问题研究的还有:1931 年 1 月竺可桢在当时《气象研究所集刊》上发表的《中国气候区域》;1935 年涂长望在《气象研究所集刊》第 5 号上发表的《中国雨量区域》;1935 年竺可桢在《气象研究所集刊》第 7 号上发表的《中国气候概论》;1947 年卢鋈编著的《中国气候总论》;1957 年陈世训编著的《中国的气候》等著作中的黄河部分。

这些研究大多着眼于全国范围,对黄河流域的区域特点涉及不多,且所取资料站点较少,年代也较短。

另外,还有日伪时期 1944 年,日本东亚研究所第二调查委员会编制的综合报告第五篇《关于黄河流域气象之调查》的第一章气象关系,分概况、黄河流域之气象、黄河流域之雨量、黄河流域之大雨、气候与洪水之时期,含沙量与黄河之洪水共六节,概述了黄河流域气候特征,气候与洪水,洪水与含沙量的关系。杉山之一撰写的《黄河气象调查报告书》等。1946 年由国民政府黄委会水文总站编印的《黄河之水文》,其中第一章气象概况,按气温、风向及风力、温度、蒸发量四节分述了黄河流域主要气候特征;第二章雨量,用六节篇幅分述了黄河流域雨量的时空分布特点。这六节分别为,第一节影响雨量之因素;第二节雨量在地域之分布;第三节雨量在季节之分配;第四节雨量之变率;第五节雨日;第六节暴雨。

建国后,首先系统地全面地研究黄河降水的是 1955～1956 年,中科院地球物理研究所叶笃正等会同黄委会 20 余人,在广泛调查系统整理黄河流域近 700 个观测站降水量资料的基础上,全面论述了黄河流域降水的基本特点,并对暴雨和干旱进行了分析,于 1956 年 8 月由科学出版社出版了《黄河流域的降水》专著。其次是 1958 年黄委会水文处张文彬利用流域内 700 个测站,4172 站年及 139 个外围站的降水量资料,并在对部分站降水资料进行插补延长并在此基础上,着重就多年平均降水量的分布规律,年降水量的 Cv 值和年降水量年内分配三个方面对黄河流域年降水量的特性进行了分析研究,并编写了《黄河流域年降水量的分析》,发表于 1958 年 7 月的《黄河建设》上。1957 年陈世训编著由新知识出版社和 1959 年由商务印书馆出版的《中国的气候》中,对黄河流域气候也有论述。

1959 年韩成浚对黄河上中游流域的气温和季节及降水进行了分析研究,并在《黄河建设》上介绍了其分析成果。1962 年朱炳海在研究全国气候情况时,在《中国气候》的地方气候分论中,也以一章的篇幅论述了黄河流域气候的基本特点。

1979 年 4 月,黄委会设计院为认识黄河中游大面积日暴雨发生规律,为设计洪水和可能最大洪水计算提供依据,对黄河中游大面积日暴雨特性及成因进行了分析,从暴雨标准,暴雨分型、暴雨发生期、暴雨出现频次及特点、持续时间、暴雨的形成与移动等方面进行了分析。并从环流背景、暴雨天气系统分型、暴雨量级与天气系统分型关系、暴雨的水汽条件等暴雨成因进行了探讨。

1981～1987 年黄委会水文局与杭州大学地理系协作进行黄河流域旱涝规律和降水气象成因等方面的分析研究,杭州大学地理系刘为伦和杜敏等和黄委会水文局王云璋共作了 7 项分析研究。第一,泾渭、北洛河的雨季气候特征分析,主要对基本气候特点、雨季划分和雨季气候特征三个方面进行了分析研究;第二,1980 年黄河流域大旱的大气环流特征分析,得出造成这年大旱的原因主要是欧亚高纬环流维持两槽一脊型,尤其东西伯利亚阻高和乌拉尔山以东低槽持续稳定,锋区明显分支,北支弱南支强且位置偏南,同时西太平洋副高呈带状脊线偏南,不利于暖湿气流抵达黄河流域;并对 1951～1980 年七八月份雨带和黄河流域汛期降水的气候特征进行了研究,对雨量的空间分布,月雨量的季节变化和流域内雨带移动三个方面进行分析,并着重就流域降水的丰枯段的降水分布型的历史演变和环流特征以及降水量振动周期性等进行了研究;第三,对 1981 年汛期黄河流域降水概况及大气环流背景进行分析研究;该年黄河流域降水量较常年显著偏多,中上游出现强连阴雨形成黄河上游特大洪水的成因进行分析;第四,对黄河中游三花区间雨季划分及气候特征进行了研究,从候降水量资料进行分析得出了这一地区的暴雨有季节变化并常发生大暴雨的特点,将雨量的年内变化划分为三种类型,即以郑州站为代表的无秋雨双峰型,以济南站为代表的三峰型和以三门峡站为代表的有秋雨双峰型;并按降水指数 C(C=候雨量×72(候)多年平均年雨量)确定雨季起迄时间。雨季的起迄与大气环流变化,尤其与西太平洋副高季节性进退有直接的关系,并指出汛期雨季的多年变化特点是:50 年代雨季强、时间长、雨量多,多为大到暴雨形式,1959～1980 年雨季明显偏弱;第五,对黄河上游大水年的气象水文特征进行了分析,得出大水年的阶段性,年最大洪峰的出现时间多在 7 月和 9 月,与上游降水量的双峰型相一致,高原秋雨是影响上游大水的重要因素。上游大水的条件是底水充足,长历时大面积降水,并有一次较强的降水过程。在大水年的环流形势为欧亚同期 500 百帕环流为乌拉尔山地区盛行阻塞高压,在其东部又为宽广槽区,黄河上游处于槽底。副高呈带状,脊线适中,明显西伸,在对流层则经向环流发展,夏季风强,大水与枯水年的前期环流有显著差异,尤其元月份的差异最大;第六,对黄河汛期降水的气候特征进行了研究,着重分析了黄河流域雨量的空间分布,月雨量的季节变化和流域内雨带的移动。同时还分析了降水的丰枯阶段,历史演变,环流特征及降水量振动的周期性等;第七,对黄河上中游多雨年和少雨年汛期环流特征作了初步分析,认为影响黄河上中游旱涝的前期 500 百帕环流关键区都是大气活动中心及长波槽脊频繁活动区域。在旱涝与前期环流的关系中,还存在一二月和10 月关系密切的关键月。因此,由关键区和关键月选取环流因子,与黄河流域的汛期降水、旱涝建立预报关系,效果较好,获河南省科技成果三等奖。上述各项分析成果多在《人民黄河》、《河南气象》、《青海气象》等刊物上发表。

在此期间黄委会水文局对晋陕区间雨量划分,1986 和 1987 年水枯沙少的气象成因进行分析。

对小浪底水库建成后,库区的气候变化,以及 1985～1986 年度凌汛期的天气特点和成因等进行过分析。1986～1987 年为了配合黄河流域综合治理规划工作的需要,黄委会水文局气象科邀请中科院地理所徐淑英研究员和黄委会水文局陈赞廷高级工程师为技术顾问,利用流域内近 300 个气象站的 1951～1980 年气候资料,统计分析编写成《黄河流域气候》一书。全书共分七章,第一章黄河流域气候概述;第二章黄河流域的气候形成;第三章气温;第四章降水;第五章湿度、蒸发和风;第六章几种灾害性天气;第七章黄河流域气候分区综述。

二、暴雨预报研究

(一)会战

1. 1973 年 5～6 月，为贯彻执行气象工作"既为国防建设服务，同时又要为经济建设服务"的方针，努力为黄河防汛作好暴雨预报。根据黄委会和河南省气象局协商意见，由洛阳、新乡地区气象台、站和黄委会水文组(处)气象人员组成"黄河三门峡至花园口区间夏季暴雨预报分析"协作组。开展了有关三花区间暴雨分析预报研究的第一次会战。主要对历史暴雨资料和有关指标站的高空、地面气象要素进行了较系统地分析，并以各台、站原有预报方法为基础，对"三花区间和伊、洛河中上游的暴雨过程选取了预报指标"，制作了部分预报方案。

2. 1975 年 4～6 月，黄委会和河南省气象局联合组织了"黄河三花区暴雨预报研究"的第二次会战，会战初步成果有：(1)普查了河南省自有历史天气图到 1974 年的三花间所有暴雨过程；(2)对应每次暴雨过程都描绘了过程前三天到后一天的 500 百帕环流形势图以及实况摘录，相应 700 百帕天气系统与国内站的记录，以及相对应的 850 百帕形势图；(3)将三花间暴雨过程划分为低槽冷锋型、切变线型、低涡型。

3. 为吸取淮河"75.8"特大暴雨成灾的惨痛教训，1976 年 12 月中央气象局在山西运城召开了北方灾害性天气预报、科研协作会议，成立了黄河中游暴雨预报科研协作组。参加科研协作组的有河南、山西、山东、陕西省气象局及所属气象科研所和气象台、站，中科院大气物理研究所(简称中科院大气所)，北京大学气象专业、兰州大学气象专业、水电部水调所、黄委会水文处。其中河南省气象局和黄委会为领导小组的组长单位，中科院大气所为技术负责单位。中科院大气所陶诗言为技术顾问。协作组在 1977 年 3～4 月间组织协作小组成员单位近 30 人进行了一次为期一个月的《黄河中游"58.7"大暴雨分析研究》大会战。即为黄河"三花"区间暴雨预报研究的第三次会战。

(二)天气分析与预报方法研究

1. 天气分析

典型暴雨分析：1958 年 7 月 15 日 24 时黄河花园口站出现 22300 立方米每秒的大洪水，这次洪水是由中游，尤其是三门峡至花园口区间大暴雨造

成,故简称"58.7"三花间大暴雨。对这次大暴雨过程的天气成因,1962~
1967 年黄委会设计院规划处作过分析,70 年代该处开始采用水文气象法研
究可能最大暴雨和洪水。并与黄委会水文处、华东水利学院水文系和河南省
气象台等单位合作,又进行了较深入的分析。1977~1978 年期间,黄委会水
文处、河南、陕西、山西、山东省气象局,中科院大气所,兰州大学,北京大学
等单位联合组成黄河中游暴雨预报科研协作组,对这场暴雨进一步作了较
全面的研究,并将研究成果汇编成"58.7"暴雨的大尺度环流条件,"58.7"暴
雨时期的一些主要天气尺度系统,区域地面流场和气压场图分析和单站资
料分析与预报。于 1977 年 4 月油印成《黄河中游"58.7"大暴雨的分析研
究》一书。

　　1977 年 7 月 4~6 日,黄河中游陕北地区出现一次大暴雨过程。其雨量
大、来势猛、范围大、时间长为历史所罕见。因而造成山洪暴发,水位猛涨、小
水库垮坝,形成延河近百年一遇的特大洪水。致使洪水漫溢冲进延安市,造
成 134 人死亡,倒塌房屋 4132 间,冲毁农田 6.5 万亩,冲垮库坝 200 多座,
给延安人民造成重大损失。1977 年秋末,由陕西省气象局主持,有陕西省气
象局所属气象台、站,兰州大学地质地理系、西北农学院水利系,宁夏自治区
气象台、黄委会水文处、中国人民解放军 630 所气象台等 17 个单位 29 人参
加,分别就行星尺度、天气尺度、次天气尺度、小尺度、服务和预报等方面组
织专题对这场大暴雨进行了分析。完成了 1977 年 7 月 4~6 日延河流域大
暴雨个例分析,"77.7"延河大暴雨的次天气尺度系统分析,"77.7"延河大暴
雨单站要素分析。

　　1977 年 8 月 1 日晚至 2 日晨,陕西和内蒙古交界的毛乌素沙漠地区发
生一场国内外罕见的短历时特大暴雨。1977 年秋冬季,由黄委会设计院,中
央气象局北京气象中心,陕西省水文总站,榆林地、县水电局、气象局,内蒙
古水利局、气象局,内蒙古伊盟水利局,乌审旗水利局、气象站等 15 个单位,
先后进行 5 次实地调查,编写了《黄河中游"77.8"乌审旗特大暴雨调查与初
步分析》。1978 年初由内蒙古气象局主持,黄委会设计院、中央气象局北京
气象中心,内蒙古气象台、水利局及包头、伊盟、巴盟气象台、乌审旗气象站、
陕西省气象局气象科学研究所及榆林气象台、陕西省水文总站、水电部东北
水利勘测设计院、成都水利勘测设计院、华东水利学院等单位 22 人,对这场
暴雨的天气成因进行了分析研究,并写出《"77.8"乌审旗特大暴雨的个例研
究》报告,报告分三篇,第一篇"77.8"乌审旗特大暴雨雨情的调查;第二篇
"77.8"乌审旗特大暴雨成因分析;第三篇"77.8"乌审旗特大暴雨移置于西

北部分地区的可能性分析。

1981 年 8 月 14～21 日，黄河中游的泾、渭河流域连降大暴雨，致使渭河出现 1954 年以来的大洪水，8 月 22 日咸阳洪峰流量达 6000 立方米每秒。暴雨洪水造成交通中断、农田淹没，城乡居民财物受到严重损失。黄委会水文局对该次暴雨从降雨概况、环流特征、降雨天气系统、历史暴雨对比几个方面进行了分析；同时又从动力因素（天气尺度为主）、水汽辐合和水汽输送、温度平流和湿度平流、稳定度四个方面进行了分析。并撰写出《1981 年 8 月渭河大暴雨初步分析》和《81.8 渭河大暴雨若干物理量》两份报告。

1981 年 8 月 13 日～9 月 13 日，黄河上游出现长达一个月的阴雨天气，9 月 13 日龙羊峡入库（唐乃亥站）最大流量达 5570 立方米每秒，30 天的洪水总量为 92.8 亿立方米，相当于 150 年一遇的洪水，到达兰州的天然洪峰流量为 6900 立方米每秒，成为 1904 年以来的大洪水。在 1981～1983 年期间，有关单位对该次降雨洪水做了许多分析研究。1981 年 11 月黄河上中游水量调度办公室的"1981 年 9 月黄河上游（龙羊峡以上）洪水的水文气象成因初步分析"，黄委会兰州水文总站的"黄河上游 1981 年 9 月洪水的初步分析"，兰州中心气象台，从同期环流特点、枯水年与多水年同期环流特征的差异及前期环流特征三个方面进行了分析，并写出"1981 年秋季黄河上游的特大洪水"报告。1983 年黄委会水文局又对该次降水形成过程，从卫星云图特征分析其三次暴雨过程的共同性，不同条件下的暴雨强度，西风带低值系统重复介入与暴雨强度，以及高低空急流与暴雨强度各方面进行了深入探讨。

1982 年 7 月末至 8 月初，黄河中下游连降大雨和暴雨，其中三门峡至花园口持续降雨达 5 天，致使花园口 8 月 2 日 18 时洪峰流量达 15300 立方米每秒。1983～1984 年期间黄委会水文局对这场暴雨天气形势和主要天气系统特征进行了分析，并从能量铅直稳定度和不稳定能量积累及其释放两个方面的能量场特征进行了分析。1985 年 5 月黄委会设计院，再次对该场暴雨的降雨过程、雨量地区分布、暴雨强度特征和暴雨移动路径进行了论述，并着重就该场暴雨的成因从环流形势、暴雨天气系统、水汽输送和地形影响的各个方面进行了较系统的分析。

区域暴雨分析：1978 年黄委会水文局李一寰等对"三花间"1954～1977 年出现的 42 个暴雨个例作了环流特征与影响系统的普查和初步分析，着重对其中几类主要影响系统的若干物理特征，空间结构等作了分析，并根据暴雨近期和发生期环流特征及暴雨影响系统的不同，将其中 37 个暴雨个例归纳为六类暴雨天气过程,绘出各类暴雨天气系统配置示意图。1981年5月又对1954年以来"三花间"五次台风暴雨过程的环流特征,影响天气系统的活动方式,物理特征及其与暴雨的关系,以天气学方法为主,结合部分动力计算资料作了分析研究。上述成果1982年获国家气象局科技论文二等奖。1985年10月着重从暴雨天气型特征及相应洪水型进行了分析。将暴雨天气形势分为纬向、经向、弱经向和转折四种类型,根据其特征归纳出形成洪水的天气成因的5点基本看法:第一,暴雨洪水的季节性和时间的集中性与西太平洋副高7月上旬和下旬的两次北跳活动的加强及热带季风深入黄河中游的盛夏期有密切联系;第二,在盛夏黄河中游近于副热带锋与西风带天气系统的相互作用显著和频繁地带,同时又是高原低涡主要移经的部位,以及台风、西南涡等低纬天气系统可以深入的地区,故黄河流域为高强度、大面积暴雨相对集中的地带;第三,黄河下游的中等洪水多产生于纬向型暴雨中,而较大洪水则以经向型暴雨为主;第四,无论是从环流条件或暴雨影响系统看,中、低纬区的相互作用,对黄河暴雨都是最基本的重要因素;第五,同一场洪水过程在大形势稳定下,由于天气系统的时、空演变相互结合方式和上下配置形式发生变化而导致降雨过程的阶段性,当有新的系统加入时,则又可接连产生降雨过程,而产生复杂的连续洪水。1987年9月,又根据1949~1980年期间在闽、浙、苏登陆台风的记载,将其分为转向、北上、西北和西行四大类,对影响黄河流域的西北类台风的受力和移动、环流特征、维持时间、地形作用进行了分析研究,概括出黄河中游台风暴雨落区的天气模式,供台风暴雨预报的应用和参考。

　　2.预报方法研究

　　1976年秋,根据黄河防汛工作的要求,考虑黄河中下游大洪水多发生于七八月份的特点,中科院大气所和黄委会水文处共同就黄河三门峡至花园口区间盛夏七八月的暴雨和连续三天以上的中到大雨、暴雨的过程进行了研究。依据暴雨前2~3天500百帕的环流特点,将1954~1975年期间的30次暴雨过程概括为稳定纬向型、经向型和过渡型。并分析了形成暴雨的天气系统,给出每一暴雨型的天气模式。然后,将暴雨产生前一日和当日的一些气象参数场分布进行综合,概括出气象参数场分布模式。对连续两天以上的暴雨过程也提出了一些预报着眼点。1978年又将等压面能量应用于黄河流域的暴雨分析和预报业务上。其基本点是,在盛夏能量场的基本特征及其与环流关系的基础上,将能量场分经向偏西型,经向型和纬向型,研究其对黄河中下游强降水的影响,并分析指出利用等压面能量场作黄河中下游强降水预报的具体条件。

1979年春黄河"三花间"暴雨预报会战小组对黄河"三花间"暴雨预报进行了探讨,研究中对12次切变线造成的暴雨过程,从大气环流角度划归为纬向型和经向型。其中纬向型又分为稳定纬向型和非稳定纬向型。着重分析了各类型的环流特征,主要天气系统,区域天气特点和预报着眼点。同时,列出了暴雨期物理量计算和分析结果,以及寻找了单站大暴雨过程的预报指标。同年黄委会水文局李一寰等又对黄河"三花间"经向型暴雨进行了分析研究,其成果主要包括以下两部分:第一环流特征、影响系统和要素场的分析与模式建立。第二通过相关普查从500、700和850百帕等压面位势高度、温度和露点等要素中选取因子建立预报关系式。

1979～1980年期间,黄委会水文处(局)与河南省气象台合作,根据简化的平均水平动量方程和平均倾向方程所组成的闭合方程组,利用北半球位势高度资料,进行了半球范围500百帕等压面三天平均形势场的中期预报和短期500百帕有限区形势预报的试验研究,经两年预报试用,效果较好。

1986年9月针对黄河下游汶河流域泰安地区的气旋暴雨。山东省泰安市气象局进行了研究,将气旋暴雨分为低槽冷锋型、北槽南涡和切变低涡型三种类型,然后按型建立三个预报方程,并进行了5年资料的检验,其检验准确率达75％～90％。

三、气温预报研究

1978年11月,根据黄河下游防凌工作的要求,黄委会水文处对凌汛开河期郑州地区气温中期过程的特性和趋势预报方法进行了研究。首先对开河期日平均气温的十天累积变化过程分相互交叉的三个时段(即1月26日～2月15日,2月6日～2月25日和2月16日～3月7日)。通过聚类分析方法进行计算,获得持续上升、持续下降、先降后升和先升后降四种基本类型。然后,依据各类型前期欧亚500百帕旬平均环流特征和关键区高度值的大小分别取因子,并建立了预报方程。

1980年2月,黄委会水文局朱学良对黄河下游冰情发展的气象成因进行了分析研究,统计了黄河下游冰情与气温特征的关系,着重分析讨论了黄河下游冷、暖冬季的东亚大气环流特征。指出:冷冬年东亚沿岸气候槽偏强、偏南、偏西,部分以横槽形式伸向华北,尤其槽线在中国东北沿大陆沿岸南伸,极涡位置偏于欧亚大陆中间偏南,或在东亚西伯利亚广大地区上建立横槽,则对黄河下游低温有利;暖冬年的情况相反。还指出,黄河下游重大冰情发展过程往往属于东路冷空气的袭击,或者是中路冷空气转成东路的较强降温过程,并且常在冷空气影响的同时,伴有大范围降雪,对冰情的急剧发展起到重要作用。1980年10月又分析了1968～1969年冬季严重的低温、冷害与黄河下游冰情特征的气象成因。并写出报告,指出1968～1969年冬季黄淮海地区出现的严重低温、冷害以及黄河下游的严重冰情是由北半球大气环流的某些异常现象所造成。特别是1969年1～2月份北半球500百帕月平均图上极涡主体偏于东亚大陆中纬度地区;而相应100百帕月平均图上,极涡主体偏于东亚高纬地区,其高度距平分布属历史罕见。从逐日高空图连续演变情况看,多次出现极涡主体从高纬度堕入东亚大陆中纬度地区。而每次极涡此类活动,则往往发生超长波的调整。这不仅具有明显的规律性,而且中期过程特点颇为显著。即在超长波调整后的3～5天,往往发生一次强冷空气或寒潮的爆发。而在极涡主体南堕到东亚大陆中纬度地区时,又必将导致该地区长达十余天的持续低温。

1981年6月山东省气象台在分析冬季气温气候特点的基础上,对其进行分型,对比分析了冷冬和暖冬的主要环流特征,并统计计算了冬季气温与前期环流的相关关系,进而建立预报方案。

1983年9月,山东省聊城地区气象局对黄河凌汛期鲁西平原旬平均气温进行了分析,对该地区所属8站旬平均气温从时空分布特征、旬平均气温的持续性、旬平均气温的突变性三个方面进行了统计分析,其结论对于建立旬平均气温的预报方案具有实际意义。

1982～1987年期间,经山东省科委批准,在山东省气象台主持下,会同该省各地、市气象台、山东大学等单位进行了《山东省旱涝规律和灾害性天气中长期预报研究》。黄河凌汛气温预报的研究被列为主要内容之一。至1987年该项目完成,有关凌汛气温预报的研究成果有二:一为山东省气象台和聊城地区气象局的《黄河下游凌汛开河期的分析及预报》,主要从黄河下游凌汛开河的气候条件、资料的选取与候平均气温异常的确立、候平均气温异常的同期环流特征和环流指数特征、候平均气温异常预报方程的建立和检验四个方面进行分析研究。二为山东省菏泽气象局的《黄河下游凌汛期的气温预报》。共分八部分,即:引言、黄河下游凌汛、应用的资料和主要工作步骤、同期相关的统计事实分析、前期相关的若干统计事实分析、主要计算方法——线性单输出系统的模型及预报、预报效果分析和一点改进措施、讨论。

1986～1988年期间,由黄委会治黄开发基金资助的《黄河下游凌汛期气温预报方法的研究》课题组,对黄河下游凌汛气温中长期预报方法,从天气学、统计学相结合的不同途径进行了研究,并利用代表站气温、高空环流、谱分析特征量和海温场等资料建立了五个预报方案,主要研究成果有:《应用相似分析方法试作黄河下游凌汛期15天气温预报》、《黄河下游凌汛期10天气温过程的类型分析及其预报方法探讨》、《黄河下游凌汛中期气温预报方法的研究》和《黄河下游凌汛期冷空气过程的分析和预报》、《黄河下游凌汛期中长期气温预报方法的研究(天气学部分)》。

四、长期预报研究

1978年黄委会水文处开始对黄河中游降雨趋势预报进行研究,在黄河中游地区盛夏旱涝历史变化统计分析基础上,对比分析旱涝同期和前期500百帕环流的特征,并与其部分因子建立区域旱涝趋势和降水量的预报方程,经试报与实况基本相符。

1981～1985年黄委会水文局先后与河南省气象台、河南省新乡地区气象台、北京天文馆等单位协作对黄河流域旱涝、降水量及逐日晴雨量级的长期预报进行了分析研究,其成果有四项:一是《河南省黄河三花区夏季旱涝和降水量长期预报方法》,该文对预报因子相关稳定性进行了探讨,分析了100百帕北半球月平均图在夏季旱涝趋势预报中的应用及500百帕北半球候平均图在夏季降水长期预报中的应用,并获河南省1986年科技成果三等奖。二是《秋季旱涝趋势预报》一文,从多雨年和干旱年的环流特点与秋季降水和旱涝趋势建立预报关系。三是《黄河流域旱涝与太阳活动关系的初步探讨》,该文认为旱涝的出现概率在太阳活动高低潮的单双周有明显的差别,单周以涝为多,双周以旱为主。太阳活动与黄河流域旱涝的关系主要表现为延时效应,并以延后7～8年的关系最显著。太阳活动的影响还具有阶段性,阶段长度以40年左右和80～90年最显著。四是《逐日晴雨量级的长期预报》,该文是以各月逐日降水量的大小分成正5级,以日照时数的多少分成负5级,采用余波周期分析方法,预报逐日降水量级。

1986年1月,黄委会水文局王云璋利用南极积冰特征值与西太平洋副热带高压(简称副高)特征值和太阳黑子相对数的计算分析对副高变化成因及其趋势预报进行了探讨。1987年秋彭梅香等又应用自然正交函数对盛夏西太平洋副高区 500 百帕高度场进行分解,取其方差贡献较大的几项时间分量作为预报量,并采用相关普查方法,分别从前期 500 百帕、100 百帕高度场上和自然正交分解的秋冬季高度场,西太平洋海温场及全国大范围气温、降水场的主要特征值中选取预报因子,预报副高的主要时间分量,进而预报副高区 500 百帕高度场和副高特征。

此外,还有不少专家、学者和长期预报的爱好者,十分关心黄河的安危,对于黄河流域水旱变化的趋势,以及长期预报的方法进行了较多的研究,并取得了一定成果。例如:1926 年竺可桢研究了中国降水与太阳黑子的关系,得出黄河流域雨量与黑子数呈反相关,即在黑子多时雨量少,黑子少时雨量多;60 年代开始黄委会水科所王涌泉探讨黄河流域大旱、大涝与太阳黑子活动强弱的关系,得到"谷峰大水"、"强湿弱干"的结论;1980 年长江水利委员会水文局吴贤坂和北京天文台范岳华绘制了黄河陕县站年最大流量和太阳黑子相对数年均值的距平累积曲线,结果是两者的升降趋势基本吻合,尤其是 1840 年以后的 100 年左右的世纪周期吻合程度比较明显;河南省水利科学研究所赵得秀等 1990 年开始对于应用"日食效应"原理作长期预报进行了研究,提出了对黄河流域汛期旱涝趋势预报的研究成果,这些对于改进黄河流域汛期旱涝和降水趋势的长期预报工作,起到了一定作用。

第 七 篇

黄河水沙特性研究

　　黄河水沙,古书早有记述,公元前3世纪以前《战国策·燕策》中,及西汉末年张戎均指出过黄河沙多的特征。《尚书·尧典》中,还记载有"汤汤洪水方割,荡荡怀山襄陵,浩浩滔天,下民其咨"的黄河洪水情况,还有历代河渠志,《行水金鉴》及沿黄地方志,也有许多关于黄河水沙情况的记述,但这些记载都是感性认识。

　　用现代科学方法分析研究黄河水沙特性,是从20世纪30年代初期开始,如1934年李仪祉的《黄河水文之研究》及张含英的《黄河之冲积》,均以实测资料分析黄河水沙变化,初步树立一些概念。又如《黄河水文之研究》中,叙述了黄河流量变化的规律为:"冬月最小,春令时有涨发,五六月间低水重现,但不如冬季低,盛夏暴涨,含沙特重。"洪水特性为:"黄河洪水不仅涨发凶猛,而涨水时含沙之多实为病患之源。"进入40年代,由于资料渐增,对黄河水沙认识,由定性发展到定量。1944年国民政府黄委会所编《黄河水文》中,对黄河水量分析,陕县年水量527.0亿立方米,兰州以上来水占陕县水量70.4％～71.8％。1947年国民政府最高经济委员会编印的《黄河研究资料汇编》中,分析黄河陕县多年平均输沙量18.9亿吨。但由于水文测站稀少及资料系列太短,分析中多采用以点代面,以少代多的方法,虽然定了量,但未能精确反映黄河水沙特点。

　　建国后,对黄河水沙分析研究大致分为三个阶段:

　　第一,1949～1959年。这一时期,由于黄河治理与规划的需要,对黄河水沙特性进行了全面分析研究。如1955年黄规会编制的《黄河技经报告》中的水文和泥沙特性部分,1956年中科院地球物理研究所叶笃正等编著的《黄河流域的降水》,1957～1958年黄委会水文处与北京水科院水文研究所共同合作研究的《黄河流域年径流的研究》,还有黄委会设计院周鸿石1956年研究的《黄河下游洪水来源的三个地区》及1957年黄科所麦乔威研究的《黄河泥沙的一般特性》等,基本反映了黄河水沙的主要特征。

　　第二,1960～1979年。前一阶段研究成果虽多,但由于各家采用资料不同,研究角度不同,成果的具体数字也不同。因而,在黄河水文基本数据引用中,比较混乱。1960 年根据水电部指示,以黄委会为主会同有关单位,对黄河流域干支流主要断面水、沙量,进行了比较系统地分析。

在这一时期对黄河水沙研究中的一些疑难问题,进行了专题研究,主要成果有:《黄河天然径流量的研究》、《影响黄河下游河道淤积的粗沙来源的调查分析》、《黄河上中游 1922～1932 年连续枯水段的调查研究》、《黄河泥沙的输移研究》、《三门峡至花园口可能最大洪水的研究》、《历史洪水 1843 年洪水来源及 1761 年洪水定量的分析研究》、《三门峡水库调节对减轻黄河下游凌洪作用的研究》等。这些研究成果,对黄河水沙特征提出了一些新观念,认识进一步深化。

第三,1980 年以来。黄河水沙经过多年研究,80 年代黄河水沙特征有了比较明确的结论,在此时期内,有关总结评价成果较多。主要有 1983 年黄委会设计院汇编的《黄河流域洪水调查资料》,1984 年水电部水文水利调度中心编印的《黄河冰情》,1986 年黄委会水文局编写刊印的《黄河流域片水资源评价》,黄委会设计院编印的《黄河水资源利用》和黄科所编写的《黄河泥沙运行基本规律》,1987 年黄委会水文局编写的《黄河流域气候》及 1989 年黄委会设计院编写的《黄河流域暴雨洪水特性分析报告》等。总结了黄河水少沙多,时空分布不均,水沙异源及洪水涨落迅速,含沙量高的特点,并对黄河水沙资源进行了评价。

第二十五章 降 水

　　黄河流域的降水在历史上有很多定性的记述。到了民国时期才有定量分析,但由于资料系列短,分析方法简单,成果比较粗略,建国以来根据治黄规划等需要,随着资料系列不断增多,技术水平不断提高,又进行了多次分析研究,对黄河流域的降水有了比较深入的认识。

　　黄河流域年降水量多年平均为476毫米(1956～1979年系列不含闭流区)。其分布情况,贵德以上,由南向北降水量从700毫米逐渐减至200毫米,贵德至兰州区间,年降水量以黄河河谷为低轴,从200毫米分别向南、向北渐增至500毫米左右,成马鞍状分布;兰州至黄河口广大区域,年降水量分布总趋势,东南多,西北少,变化于1000～200毫米之间,400毫米等值线,自河口镇经榆林、靖边、环县北、定西至兰州,将流域分为400毫米线以南为湿润、半湿润地区,以北为干旱、半干旱地区。上游的太子山区,中游的秦岭山地及下游的泰沂山地,均为降水高值区,年降水量达1000毫米左右。

　　黄河降水量的年际变化悬殊,年降水量的最大与最小比值约在1.7～7.5之间,变差系数Cv变化在0.15～0.4之间。降水多集中在夏季,冬季降水量最少,春秋季介于冬夏之间,一般秋雨大于春雨,连续最大4个月降水量占全年降水量的68.3%,多集中在6～9月。盛夏多暴雨,最大暴雨为1977年8月内蒙古乌审旗的木多才当,10小时降雨达1400毫米(调查值),其次是1982年8月河南宜阳石碢镇24小时降雨也达734.3毫米。

第一节 年降水量

一、年降水量区域分布

　　黄河流域降水量分布的系统研究,始见于1936年胡焕庸编著的《黄河志》气象篇第二章。1944年国民政府黄委会在编写《黄河水文》时,又选用三年以上的40个站资料,对黄河流域降水量的分布进行了粗略的分析,认为黄河流域降水分布,下游多于上游,潼关以下大部在400～800毫米左右,潼关以上自500毫米等值线向北递减,在此线以南自500毫米等值线向东南递增。1944年日本东亚研究所第二调查委员会,对黄河流域降水也进行了研究,这次研究分区较细,但限于资料系列短,具体数值仍较粗,其成果列入其编写的《综合报告》第五篇"关于黄河流域气象之调查"中,对黄河流域降水分布分九个区域:第一,华北平原,以北京为中心,北止山海关,南沿太行山脉至陕县,此一带山岳地区年降水量达500毫米以上,山东泰山达800毫米。第二,山西省、陕西省及其周边地区,开封以西,伏牛、秦岭两山脉北侧以南为500毫米,六盘山脉附近达600毫米。第三,兰州附近,年平均350毫米左右。第四,宁夏地区,在200毫米以下。第五,五原地区,1935年降水量192毫米。第六,晋陕地带,东有山西省诸山脉,西有陕西省之山岳地带,地形复杂,降水变化大,吴堡、离石等处降水约300毫米,榆林、延安等地为500毫米以上。第七,六盘山山脉,以六盘山为中心,年降水500毫米,其南侧达600毫米。第八,关中盆地,降水量稀少,年仅超过300毫米,越秦岭而南至汉中平原,则达700毫米以上。第九,洛河及沁河流域。洛宁年降水量在500毫米左右,洛阳在600～700毫米之间,嵩县则在700毫米以上。沁河流域以其介于太行、太岳两山脉之间,属于少雨地带,年降水量400毫米。

　　建国后,黄委会为编制黄河水利事业计划,对黄河基本情况做了大量工作,1952年编写了《黄河水利建设基本情况》,对黄河流域降水分布,分5区进行概略叙述,但对于降水高值区和低值区的分布作了较详细的分析,具体分布是:兰州以上的年降水200～350毫米,兰州至内蒙古河套一带为降水量最少地区110～200毫米左右,晋陕区间多在450毫米左右。北纬36°以南广大地区一般在450～800毫米之间,洛河、沁河流域一般为400～500毫米。并指出全流域有五个降水高值区和两个降水低值区。其高值区在:陕北镇羌堡、晋北五寨为700毫米;甘肃六盘山区以东,陇县约750毫米;晋南中条山区,曲沃年降水量1000毫米;秦岭西北地区,天水、清水约达750～880毫米;下游山东泰岱山区西北,陶城铺为800毫米。其低值区在马莲河的宁县、泾河的泾阳,以及邰阳地区,年降水量仅250毫米左右。

　　1953年中科院受黄规会委托,由地球物理研究所所长赵九章为总领导,叶笃正、杨鉴初、高由禧负责,并由黄委会和中央燃料工业部水力发电建设总局抽调20人专门研究黄河流域降水,成果《黄河流域的降水》于1956年8月由科学出版社出版,本次研究成果除对黄河流域的降水分布作了概述外,又分为三个大区进行叙述,虽分区较粗,但对各区的降雨分布情况分

析较细,一般来说,年降水量是自南向北减少,并自东向西减少,平均皆在
1000 毫米以下。山东泰沂山地为黄河流域降水量最多的地方,博山站达
965.8 毫米(1930~1937 年平均值),黄河河套以上,自磴口到中宁沿河一带
降水量最少,约在 150~250 毫米之间,如石嘴山站全年降水量只有 178.8
毫米,至河西走廊降水量更少,在张掖以西,全年在 100 毫米以下。各个区域
降水情况,兰州以上,山地复杂,各地年降水量差别很大,一般自南向北减
少,北部约在 200 毫米左右,南部则达 500 毫米以上,如岷县年降水量 570
毫米,临夏也在 542.7 毫米;自兰州到西宁一线以南,大都在 300 毫米以上;
循化以上,以至河曲一带,由于资料不足,降水情况不大清楚;兰州到潼关广
大区域年降水量一般自东南向西北减少;东南部大都在 400~600 毫米之
间;西北部在 200~400 毫米。以渭河流域及秦岭山地为中游降水量最多的
地区,尤以秦岭山地及华山山顶降水量最多,年降水量 800 毫米以上。渭河
流域降水量在 500~700 毫米,而西北多于东部。潼关以下及山西高原以东
绝大部分地区年降水量在 400 毫米以上,在泰沂山地 700 毫米等值线包括
地区范围相当大,其中有些测站达 900 毫米。

　　1956 年黄委会水文处、黄委会水科所与北京水科院水文研究所合作,
在苏联专家指导下,对黄河年降水量又进行了研究,于 1958 年完成《黄河流
域年降水量的研究》报告。报告中对黄河流域多年平均降水量的分布总趋势
与中科院地球物理研究所分析相近,东南多、西北少,不同的是多雨区在秦
岭一带。年降水量约在 700~1000 毫米之间,将黄河流域分七个区:即贵德
以上,属于青海高原,由于资料稀少,详细分布情况不明,结合邻区资料判
断,大抵西北河源处约在 250 毫米左右,向东南逐渐增加至 600 毫米,积石
山(阿尼玛卿山)及西倾山上的降水量应比黄河河谷大;贵德至兰州,以黄河
为低轴向南、向北渐增,成马鞍状分布,降水量约在 200~500 毫米左右。黄
河以北湟水、大通、桥头、乌鞘岭一带约在 500 毫米以上,黄河以南西倾山一
带、降水量在 500 毫米以上。贵德至循化的河谷区为一少雨区;兰州以下宁
蒙河套区,降水量由西北部的 200 毫米,向东南渐增至 400 毫米,是黄河流
域的少雨区;晋陕峡谷区及山西高原,年降水量约在 400~500 毫米之间,分
布均匀,梯度小,但区域中的吕梁山,地势较高,受抬升作用影响,为一个
500 毫米的多雨区;泾、渭、北洛河及秦岭山地,年降水量约在 400~900 毫
米,秦岭山地 700~1000 毫米,由南向北渐减至泾河上游降水量仅 300~
400 毫米左右;六盘山区,海拔在 2500 米以上,静宁、秦安以东降水量有逐
渐增加趋势,年降水量约 500 毫米以上;潼关至秦厂段及洛、沁河区,年降水

量约在 500～800 毫米之间,其变化趋势由南向北递减。

为进一步认识黄河水文特性,1962 年黄委会水文处韩学进、董坚峰等,对黄河流域降水情况进行了分析,其分析特点是将 550 毫米等值线以南地区划分为多雨区,其中降水量最多地区为渭河流域的秦岭山地和黄河上游的黑河、白河流域,秦岭山区的仙人岔、南五台雨量站年降水量分别为919.0毫米与 1044.5 毫米,白河上游的龙日坝雨量站年降水量为 919.0 毫米。对350 毫米等值线以北所包围的区域划为少雨区,气候干燥,雨量稀少,尤以靖远至包头段最甚,年降水量仅 150～300 毫米。其余地区为一般地区。

黄委会水文局 1982～1986 年编制刊印的《黄河流域片水资源评价》中,对黄河流域年降水量的分析多年平均(1956～1979 年)降水量为 475.9 毫米。对地区分布,亦分为三个大区但与中科院地球物理研究所著《黄河流域的降水》的三个分区不同,对每区都进一步作了更深入的分析,尤其是对以上各次分析中,关于贵德以上降水情况不清的地方进行了填补。全流域分三个区域:即黄河贵德以上,降水量由南向北,从 700 毫米逐渐递减至 200 毫米;贵德至兰州区间,地形变化复杂,祁连山、大板山、拉脊山、太子山、西秦岭、马衔山受地形及局部气候影响,均有相对高值闭合圈,太子山高值区年降水量可达 900 毫米以上,新发站 1033 毫米为上游最高记录;兰州至黄河口广大区域,年降水量等值线,自东南部的 800 毫米递减至西北部的 150 毫米,大致为西南东北向均匀分布。400 毫米年降水量等值线,自河口镇经榆林、靖边、环县北、定西至兰州。该等值线以南为湿润、半湿润地区,以北为干旱、半干旱地区。因受地形影响,贺兰山、黄龙山、吕梁山、秦岭、六盘山、子午岭、中条山、泰山等地,形成相对高值区,其中秦岭局部地区降水量 900 毫米以上,泰山山顶雨量站达 1108 毫米,为流域内最高值。但内蒙古杭锦后旗、临河一带,年降水量在 150 毫米以下,陕坝站 138.4 毫米,为流域内的最低值。

二、年降水量的年际变化及旱涝周期

黄河年降水量的年际变化分析,1944 年国民政府黄委会所编《黄河水文》中,采用雨量变率表达其变化情况,变率小表示风调雨顺,变率大表示旱涝不均,各地降水量变率如表 7—1。表 7—1 中最大年降水量与最小年降水量之比,有近 4 倍者,如陕北榆林比值为 3.96。涝旱年变率之大亦属罕见,如内蒙古呼和浩特涝年变率为 70.9%,旱年变率为 −49%。

表 7—1　　　　　　　　黄河流域各地年降水量变率表

河系	省别	站名	资料系列	年平均降水量(毫米)	历年最大降水量(毫米)	历年最小降水量(毫米)	最大/最小	涝年变率(%)	旱年变率(%)
黄河	甘	兰州	1934～1943	303.7	452.9	210.8	2.15	49.1	—30.5
黄河	绥(内蒙)	归绥(呼和浩特)	1934～1937	429.9	733.9	218.9	3.35	70.9	—49.0
黄河	晋	龙门	1934～1943	480.7	590.6	372.0	1.59	22.9	—22.7
黄河	豫	陕县	1934～1943	544.0	902.8	321.7	2.81	66.0	—40.9
黄河	豫	开封	1934～1937	668.8	911.3	314.8	2.89	36.1	—52.9
黄河	鲁	泺口	1934～1937	589.0	609.1	527.0	1.16	3.3	—10.4
清水河(榆溪河)	陕	榆林	1934～1936	449.7	638.7	161.1	3.96	40.2	—64.1
泾河	甘	白水镇	1935～1942	631.1	836.0	367.0	2.28	32.2	—41.9
渭河	陕	西安	1932～1933	538.6	817.2	285.2	2.87	51.9	—46.9
汾河	晋	太原	1934～1937	280.0	408.5	166.0	2.46	45.9	—40.7

　　建国后,1956 年中科院地球物理研究所叶笃正等所著《黄河流域的降水》中,进一步从四个方面研究黄河流域降水的年际变化。第一,各级年降水量的频数变化如表 7—2。表中兰州年降水量多出现在 300～399 毫米之间,20 年中出现 12 年,占总年数的 60%,降水量最多年与最少年比值为 2.24。但潼关不同,出现在 300～399 毫米之间,19 年中仅 6 年,占总数的 31%,降水量最多年与最少年比值为 7.56,潼关年降水量的年际变化比兰州大;第二,降水量最大变化范围,黄河流域各地降水量最大变化范围以图 7—1 表

示,图中上部连线 A 表示各站在纪录年代中,降水量最多一年所达到的数值,中间的连线 B 表示各站平均降水量,下部的连线 C 则为各站降水量最少一年的数值。比较各站 AB 和 BC 的长短就可知道最多年和最少年在距离平均值方面的数量差别。青岛 AB>BC,岷县 BC>AB,潼关 AB≒BC;第三,降水量的相对变率(即历年降水量与多年平均降水量差值的平均数除以多年平均降水量的百分比)。最小的地区在渭河上游的天水与岷县一带,小于 15%;下游东部也是相对变率比较小的区域,约在 15%～20%之间。相对变率最大的地区在山西省南部及潼关到开封一线以北,皆在 30%左右;第四,逐年间降水量变化特点:降水量多的年份和降水量少的年份是交替出现的,而且可以连续数年多雨或者连续数年少雨;前后衔接的年份中降水量多少的改变是比较复杂的,前后两年降水量比较接近的可能性一般比较少;青岛站年降水量前后两年对平均降水量出现相反情况的约占总年数的 2/5,前后两年同在平均值以上或同在平均值以下的约占 3/5。

表 7—2　　　　　　　黄河流域各地年降水量频数(年)表

降水量(毫米)	兰州站	潼关站	西安站	太原站	陕县站
100～199		1		2	1
200～299	5	1	1	2	1
300～399	12	6	1	10	4
400～499	3	2	4	8	9
500～599		4	8	5	8
600～699		1	7		3
700～799		3	2	1	1
800～899		1	2		
900～999					
1000～1099					
共计年数	20	19	25	28	27
平均年降水量	336.2	488.6	577.4	410.5	473.7
最多年降水量	471.9	869.4	817.2	591.0	730.8
出现年份	1951	1938	1938	1933	1940
最少年降水量	210.8	114.9	285.2	180.4	197.4
出现年份	1941	1933	1932	1941	1922

注　资料下限为 1953 年

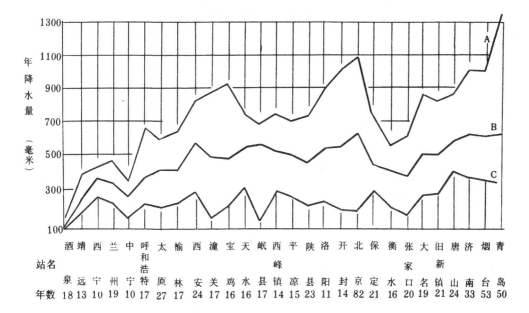

图 7—1　黄河流域各地年降水量变化范围图

1958 年黄委会与北京水科院合作对黄河流域年降水量进行研究时,对年降水量的年际变化除按以上历次研究以多雨年降水量与少雨年降水量比值表达变化外,进一步以年降水量的变差系数 Cv 来表达年降水量的年际变化,Cv 大则变化大,Cv 小则变化小。流域内变差系数 Cv 的分布:贵德至兰州间包括大通河、庄浪河 Cv 在 0.20 左右;宁蒙河套区 Cv 在 0.30 左右;晋陕间 Cv 在 0.25～0.30 之间;泾、渭、北洛河及秦岭一带 Cv 变化,以渭河为轴心,渭河以北泾、北洛河中下游为 0.40 的闭合高值区,渭河以南秦岭山地为 0.20 的闭合低值区;六盘山区 Cv 为 0.40;吕梁山区 Cv 为 0.30～0.40 之间;太岳及汾河下游涑水河一带 Cv 为 0.25。

1962 年黄委会水文处韩学进、董坚峰等,利用兰州、榆林、西安、陕县等站的历年降水量过程线和三年平均降水量滑动线,分析研究了黄河流域降水量的年际变化,特别提出其变化有周期性,周期一般为 15～20 年之间。

1982～1986 年黄委会水文局在编制《黄河流域片水资源评价》时,对降水量的年际变化进行了综合分析,认为变化悬殊,降水量最大年与最小年的比值约在 1.7～7.5 之间,大多数在 3 以上。年降水量的变差系数 Cv 在 0.15～0.4 之间。分布趋势,由南向北逐渐增大,上游唐乃亥以上,祁连山区及秦岭山区 Cv 值较小,在 0.2 以下,接近内陆河的宁蒙灌区一带,Cv 值最大达 0.40 以上。并提出降水量的年际变化,有丰枯交替现象,如 1958 年的大水之后,出现了 1960 年的大旱。1964 年的大水之后,出现了 1965 年的大旱。1967 年大水之后,又出现了 1969～1970、1978～1981 年两个连续干旱期。

三、降水量的年内分配

黄河流域降水量的年内分配,1935 年涂长望在其所著《中国雨量区域》中,认为黄河流域降水量主要集中于夏季,夏季降水占年降水量的 70%,其次秋季占 17%,春季占 10%,冬季最少仅占 3%。1944 年国民政府黄委会所编《黄河水文》中,选有 3 年以上的资料统计,结果各地季节分配不同如表 7—3。

表 7—3　　　　　各地各季降水量占年降水量百分比表

省名	地名	春季(3～5月)		夏季(6～8月)		秋季(9～11月)		冬季(12～2月)		年降水量(毫米)	资料系列
		降水量(毫米)	占全年(%)	降水量(毫米)	占全年(%)	降水量(毫米)	占全年(%)	降水量(毫米)	占全年(%)		
甘	兰州	48.1	15	192.2	62	62.9	20	9.6	3	312.8	1932～1941
甘	白水镇	91.2	15	337.0	53	181.0	29	22.0	3	631.2	1935～1942
绥(内蒙古)	包头	34.9	9	277.6	67	82.8	20	14.5	4	409.8	1935～1937
晋	龙门	78.6	16	269.6	56	106.1	22	26.8	6	480.7	1935～1943
陕	西安	116.5	22	232.9	43	172.9	32	16.4	3	538.6	1932～1943
豫	陕县	72.4	14	311.6	57	143.9	26	16.1	3	544.0	1934～1943
豫	开封	119.3	18	386.1	58	125.7	19	37.7	5	568.8	1934～1937
鲁	陶城铺	98.6	12	574.2	72	101.7	13	25.5	3	800.0	1934～1937
鲁	泺口	68.1	12	373.7	63	120.1	20	27.1	5	589.0	1934～1937

1956 年中科院地球物理研究所叶笃正等对黄河降水年内分配及其区域分布进行了逐月分析:1月,为黄河流域降水最少的月份,中上游大部分地区降水量不足 2 毫米,在渭河流域以及晋陕间黄河干流以东大都在 2 毫

米以上,秦岭山地达到5～10毫米,黄河下游也大都在5～10毫米之间,个别地区可达10～15毫米;2月,降水量分布与1月相仿,中上游都在2毫米以上,渭河流域与秦岭山地大致在10～20毫米之间,下游北部都在5毫米左右,南部约在5～10毫米之间,个别地点超过15毫米;3月,降水量已比前两个月稍见增加,上游在5～15毫米间,中游北部一般在10毫米以下,南部泾、渭、北洛河流域在10～25毫米间,秦岭山地则达25～35毫米,下游北部较少,大都不足10毫米;河南、山东沿黄河干流地带大致皆在10～20毫米;4月,除西北部及山西高原以东,渤海以西的少雨区降水量不足10毫米外,其余绝大部分地区皆已超过10毫米,上游兰州以南30～40毫米,渭河流域在25～50毫米间,秦岭山地达到40～60毫米,下游大致在10～25毫米;5月,降水量皆在10毫米以上,秦岭山地一般50～70毫米之间,但个别地方出现100毫米,上游南部约在25～60毫米之间,中游西北部也在10～25毫米之间,渭河流域在50毫米左右,下游大部地方在25～50毫米之间;6月,降水量除西北部在20毫米左右外,其余皆在25毫米以上,上游在25～75毫米之间,中游北部在25～50毫米之间,渭河流域及秦岭山地在50～75毫米间,下游地区大部在50～100毫米间;7月,是多雨月份,尤其在中游南部的部分地区及下游大部地区,为一年中降水最多的月份,全流域除西北部在50毫米以下外,其余广大地区皆在50毫米以上。上游北部50～75毫米,南部50～125毫米,中游西北部40～100毫米,东南部在100毫米左右,秦岭山地在100～150毫米。但秦岭北侧从河南陕县到陕西宝鸡,有一个东西向少雨区,降水量在80～100毫米间,同样在山西省清源到新绛也有一个100毫米以下的相对少雨区,这两个少雨区降水量皆以9月或8月为一年中降水量的最多月。下游绝大部分地区降水量皆在100毫米以上,山东泰沂山地降水量达到200～300毫米,为多雨区;8月,降水量分布大致与7月相仿,中上游大都超过50毫米,渭河流域在100～150毫米间,其他地区在100毫米以下,下游降水量在100～200毫米;9月,除渭河流域与秦岭山地降水量最多(100～150毫米)以外,其余大部分地区皆比7、8月显著减少,都在100毫米以下;上游北部只有25～50毫米,南部50～100毫米,中游自北向南增加明显,北部不足50毫米,向南增加到150毫米左右,下游皆在100毫米以下;10月,降水量普遍比上月减少,除渭河流域及秦岭山地达到50毫米左右外,其余地区皆在50毫米以下,中上游南部在25～50毫米之间,比下游大部地区降水量多,山西高原以东的少雨区范围较大,降水量在10毫米以下,甚至有不足5毫米的;11月,降水量继续比上月减少,上游及中游北部皆在 10 毫米以下,甚至有些地区仅 2 毫米左右,中游南部渭河流域及秦岭山地达到 10～35 毫米,下游大都在 10 毫米左右;12 月,降水量与 1 月相接近,上游和中游北部已在 2 毫米以下,中游南部及下游黄河干流以北皆在 2～10 毫米之间,下游干流以南在 10～25 毫米之间,泰沂地区超出 25 毫米。

　　1962 年黄委会水文处韩学进、董坚峰等对黄河流域降水的年内分配,归纳为三个特点:第一,雨季到来的早晚,大致由南往北推移,在纬度 34°以南,5 月就开始进入雨季,38°以北 6 月下旬或 7 月才开始进入雨季;第二,雨量一般集中于 6～9 月,尤以 7、8 月更为集中,6～9 月降水量占全年的百分比,由秦岭山地一带的 65%逐步往北增加至 80%。7～8 月的降水量占全年的百分比,在巴颜喀喇山和秦岭山地为 35%～40%,而内蒙古后套地区则为 60%;第三,最大一个月降水量,纬度 33°以南为 6 月,纬度 33°～36°即包括渭河、泾河、北洛河流域以及黄河上游贵德以上和中游吴堡以下至垣曲等地区,7 月为最大,纬度 36°以北和洮河流域、沁河流域以及渭河上游地区,均为 8 月最大。

　　1986 年黄委会水文局编写的《黄河流域片水资源评价》中,对降水量年内分配进行了全面评价,认为流域内夏季降水量最多,冬季降水量最少,春秋介于冬夏之间,一般秋雨大于春雨,全年降水量主要集中在汛期,连续最大四个月降水量占年降水量的 68.3%,其出现时间:大部分地区出现在 6～9 月;青海的兴海、贵德一带出现在 5～8 月,且 5 月降水量与 9 月降水量基本接近;泾河中游、渭河中下游的平原区出现在 7～10 月,黄河流域多年平均降水量分配如表 7—4。

表 7—4　　　　　黄河流域多年平均降水量各月分配表

月份	一	二	三	四	五	六	七	八	九	十	十一	十二	全年
降水量（毫米）	5.2	6.4	13.2	30.4	44.9	60.3	102.9	89.3	65.8	32.4	12.0	2.9	465.7
占年降水（%）	1.1	1.4	2.8	6.5	9.7	12.9	22.1	19.2	14.1	7.0	2.6	0.6	100

四、降水日数

　　黄河流域各地降水日数不均。1944 年国民政府黄委会所编《黄河水文》

中,记载黄河降水日,东南部较多,西北部较少,平均年降水日数包头为 35 日,兰州为 28 日,龙门为 64 日,开封为 77 日。洮河流域地形较高,岷县降水日数较多达 93 日,渭河平原也是一个降水日较多地区,如咸阳为 86 日。汾河流域较少,太原尚不及 30 日。降水日的各月分配是 7、8、9 月最多,占全年降水日的 38.8%~55.6%。1 月最少,占全年降水日的 1.9%~3.9%。

1952 年黄委会在《黄河水利建设基本情况》中分析,黄河降水日数以 6、7、8 月或 7、8、9 月为最多,冬季最少,各地区以洮河流域的岷县最多,平均年降水日超过 90 日,其次渭河流域亦较多,一般在 80~90 日之间,宁蒙河套、晋陕北部较少,最少仅 15~20 日,但此种情况并不一致,如包头也有 30 余日,陕北部分地区亦有 50~60 日者,晋北多数地区则为 20~30 日,潼陕以下,除开封等少数地区外,一般均在 50~60 日左右。

叶笃正等在《黄河流域的降水》一书中,对黄河流域降水日和分布进行了较细的分析。降水日最多的地区是上游兰州的东南方,即岷县至天水一带,岷县平均年降水日达 112 日,最少是山西省的寿阳,只有 31 日。黄河上游大都在 50~90 日,个别地点可达 100 以上,从兰州至西宁一带,也有 75 日左右;中游西北部在 30~60 日之间。陕北榆林、米脂附近也较多,达 50~60 日;下游泰沂地区较多在 60~80 日之间。关于各月降水日的情况是:1 月,极少,全流域大都不足 2 日;2 月,仍少,中上游北部 1~2 日,南部 2~5 日,下游 1~4 日,最多地区在渭河及秦岭山地达 5~6 日;3 月,略有增加,2 日以上地区比 2 日以下地区要广,最多地区仍为渭河以南 5~7 日,中游北部只有 1~2 日;4 月,渐增,上游 3~10 日,中游北部 1~4 日,南部 3~8 日,下游 2~5 日;5 月,中上游北部降水日较少 3~5 日,南部较多 5~10 日以岷县最多达 13.1 日,下游 2~4 日;6 月,上游降水日皆在 5 日以上,西宁至兰州一带 9~12 日,岷县最多 14.2 日,中游西北部较少只有 3~5 日,东南较多 4~10 日,下游在 5 日以上,但不超过 10 日;7 月,上游降水日在 10~15 日,中游较少 6~10 日,下游山东 10~14 日;8 月,上游降水日 7~13 日,西宁至天水一带,在 10 日以上,中游大都在 6~10 日,渭河流域西部及秦岭山地则在 10 日左右,下游山东 10~13 日;9 月,中游渭河以南及上游西宁至兰州、兰州至岷县一带,降水日仍在 10 日以上,岷县最多 15.8 日,中游西北部少至 4~5 日,东南部 5~10 日,下游均在 10 日以下;10 月,上游许多地方及渭河流域,降水日超出 5 日,个别地区 10 日左右,下游绝大部分地区在 5 日以下;11 月,除渭河以南及洛河流域降水日尚有 5~7 日外,其余地区皆在 5 日以下,西北部少到 1 日左右。12 月,全流域降水日不足 5

日。

第二节　暴　雨①

一、暴雨特征

暴雨洪水是黄河的主要灾害,历史文献中有大量的暴雨定性记载,民国时期对暴雨已有一些定量分析,建国后有关部门组织过多次研究。黄河流域的暴雨主要因季风影响。在盛夏七八月份是西太平洋副热带高压及热带季风在中国北方活动的盛期。同时由于台风、低空急流等低纬区暴雨影响系统,深入黄河中游与中纬度天气系统相互作用,易造成黄河大面积暴雨。其天气系统,地面多冷锋或气旋。高空多切变、低槽、低涡等。暴雨路径,冷锋主要是自西北向东南走,气旋主要是自西南向东北走。

黄河暴雨历时短,强度大,持续时间一般是 1～3 天,最长可达 6 天。黄河最大暴雨是 1977 年 8 月 1 日 22 时～2 日 8 时共 10 小时内蒙古乌审旗的木多才当特大暴雨 1400 毫米(调查值),为世界最大暴雨。其次是 1982 年 7 月 29 日～8 月 2 日一次降雨,伊河石碣镇五日总雨量 904 毫米,其中最大 24 小时降水量达 734.3 毫米,超过当地年降水量,仅次于北方最大的海河"63.8"暴雨,最大三小时降雨量达 229.5 毫米,超过海河"63.8"同时段暴雨。

暴雨笼罩面积,各个区域不同,渭河流域一般 3000 平方公里左右,最大为 1.0～2.0 万平方公里,河套及其以下的干流一般为 2000 平方公里以上,最大为 1.0 万平方公里左右。洛河流域一般为 5000 平方公里左右,最大达 6～10 万平方公里,如 1958 年 7 月暴雨,笼罩面积达 8.68 万平方公里。

暴雨遭遇情况:兰州以上地区属于西藏高原季风区,黄河中游则属于副热带季风区,形成两个地区暴雨的天气条件不同,难以同时出现较大暴雨;黄河中游三门峡以上与三花区间,两个区域的大暴雨,是由两种不同天气系统所形成,三门峡以上多为西南东北向切变线,三花区间则多为南北向切变线,两种不同天气系统同时出现在以上两地的机遇极少,所以遭遇的机会也不多。但当黄河中游出现东西向切变线暴雨时,雨区常常同时笼罩泾、渭河

---

① 日雨量大于 50 毫米的称暴雨

中下游和三花间地区,使三门峡上下洪水相遭遇,如1957年7月的暴雨;河口镇至龙门区间与泾、渭河及三门峡以上暴雨多为西南东北向切变线形成。雨区常常同时笼罩河口镇至龙门区间和泾、渭、北洛河中上游地区,所以两区大暴雨常易遭遇。如1933年8月大暴雨,造成陕县洪峰流量22000立方米每秒。

二、暴雨地区分布

建国前,资料短缺,对暴雨地区分布研究甚少,1944年国民政府黄委会编写的《黄河水文》中记载:"目前所搜集之雨量记载,地域不广,为期又短,多属数年者。且流域过大,地势及气象变化之影响至为复杂,况降雨之'时间''范围'及'深度'在流域内一部分所得者,未必能适用于其他部分。故必将全流域划分为若干降雨地带,以观测雨量,惟斯举亦必俟记载较多时为之。"故对暴雨地区分布未做分析。同年日本东亚研究所编写的《综合报告》第五篇关于黄河气象之调查的第四节对黄河流域之大雨(暴雨)虽进行了分析,但仅限于华北地区及黄河中游地区,其结论为:中心在日本海或日本东方洋上之高气压,其势力及于渤海,另有低气压与之在河北平原及山西地方相接之时,逐使夏季华北发生大雨。据调查1919～1936年的17年间,日降水量在50毫米以上日数,张家口8日,石门29日;在黄河中游概属地形性降水,陕县日降水量大于50毫米,18年中有8次;黄河上游降水量观测资料极少,有关该地区降水量文献也很少见到,其情况不清。

建国后,1956年叶笃正等在研究《黄河流域的降水》时,对黄河流域暴雨分布,作了进一步分析:从暴雨次数看,从沿海向内陆递减,从高纬向低纬增加。平均年暴雨次数以山东半岛沿海部分为最多,平均每年每站都有1～2次。其他各地大部分在1次以上,渭河流域次之,平均在0.5次以上,甘肃盆地最少,平均只有0.1～0.2次,往西至西宁为零次。另外,从暴雨最多一年的次数分布看,一般是下游最多,中游次之,上游最少。但由于地理位置不同,受地形影响很大,虽同是中游或下游差别亦很明显。在中游除太行山的西面暴雨次数较少外,其他地方绝大多数是在4次(一年)以上。渭河流域的一般测站,最多一年是2～3次,但有个别地方如华县最多一年达7次(1946年),宝鸡达5次(1943年),黄河上游最少,仅1次。

1967年黄委会规划办公室在研究黄河中游洪水特性时,则对黄河流域日降水量大于50毫米,年平均出现次数的地区分布作了分析:总趋势与叶笃正等分析一致,对一些具体区域分析较细,三花区间暴雨出现次数最多,年平均 1.5~2.0 次;渭河中下游地区次之,年平均出现 1.0~1.5 次;黄河中游其他地区出现次数多在 0.5~1.0 次之间。唯在大青山之南呼和浩特附近、延安附近、泾河下游左岸旬邑一带和六盘山等局部地区的年平均出现次数也超过 1 次;黄河上游和渭河上游的暴雨最少,年平均出现次数多在 0.5 次以下。

1987 年黄委会水文局在《黄河流域气候》一书中,对黄河暴雨日数分布分析,分为四个区,即:较多暴雨区,在黄河下游和三花区间,年暴雨日数 1~3 天;次多暴雨区,在黄河中游的晋陕区间,泾、渭、北洛河,汾河和内蒙古东部沿黄地区,年暴雨日数 0.5~1.0 天;稀有暴雨区,在河套灌区以上及东经 102°以东的黄河上游大部地区,年暴雨日数小于 0.2 天;无暴雨区,在青海的同德~军功~达日一线以西的河段,历年基本无暴雨发生。

1988 年黄委会设计院高治定等,以黄河流域最大 24 小时点暴雨量的大小分析其分布情况是:青藏高原区,即河源至循化区间,24 小时点暴雨极值在 100 毫米以下,暴雨稀少,是黄河流域暴雨量级和频数最低的地区,主要是强度不大的连阴雨天气;黄土高原区,西起拉脊山,东至吕梁山、崤山,南达秦岭,北抵阴山,最大 24 小时点暴雨记录在 100~300 毫米之间,其北侧达 100~600 毫米;吕梁山、崤山以东暴雨区,包括汾河流域,三花区间和黄河下游,24 小时点暴雨在 200 毫米以上。

三、暴雨季节

黄河流域暴雨发生季节,在 1944 年《黄河水文》中,认为黄河暴雨多发生在夏季,一二日内降水达数百毫米,其量有时超过夏季之降水量,如包头 1935 年 7 月 27 日,一日间最大降水量为 127 毫米,几乎等于其 7 月份全月降水量,并相当全年降水量三分之一以上。陶城铺 1934 年 7 月 25 日,日降水量 379 毫米,达其全年降水量之半,为夏季降水量的 66.1%。

1956 年叶笃正等在《黄河流域的降水》中,对黄河暴雨季节进行了较全面地分析,黄河暴雨发生最早是在 3 月,最迟可到 11 月。各月暴雨次数为:5 月,只有沿海、渭河及洛河有少数零星暴雨区,平均次数很少,只有 0.1 次,个别测站达 0.2 次。其中渭河流域平均次数较沿海多;6 月,暴雨次数普遍增加,绝大多数由 0 增加到 0.1 次,最多暴雨区域出现在太行山东侧,平均最高可达 0.3 次。同时,从该月起,上游兰州附近也有暴雨出现;7 月,全流域各站暴雨次数很快增加,下游大部分地区都在 0.5 次以上。中游虽不如下游多,但平均亦在 0.3 次以上,最高可达 0.6 次;8 月,各地区的暴雨次数都不如 7 月高。但渭河流域的次数 8 月比 7 月高,说明该区域的雨季较其他各地推后一个月;九十月,各地暴雨复又减少,情况与五六月相近。黄河流域七八月暴雨占全年 50% 以上,尤其是甘肃和山西北部的暴雨几乎 100% 集中在七八月,其次河北省和山东省大部地区的暴雨也是 80% 以上集中于七八月。渭河流域的暴雨,虽不是那么集中,但七八月也占全年的一半。

1987 年黄委会水文局在《黄河流域气候》一书中,对黄河暴雨季节分析与叶笃正所写《黄河流域的降水》分析相近。暴雨最早出现于 3 月,最迟 11 月。4～6 月是暴雨自东南向西北缓慢推移期,七八月是全年暴雨最多的月份,9 月暴雨自流域的西北部向东南部迅速减少,10 月全河大部地区暴雨结束。黄河流域各地区不同季节暴雨日数如表 7—5。

表 7—5　　　　　　黄河流域各地区不同季节暴雨日数表

区　　域	年暴雨日数（日）	各季占全年百分比（%）			
		春季(3～5月)	夏季(6～8月)	秋季(9～10月)	盛夏(7～8月)
黄河下游	2.3	4	78	17	65
三花区间	1.5	6	80	12	71
泾、北洛、渭河	0.75	5	77	16	70.6
河龙区间、汾河	0.79	3	83	14	80
宁蒙河段	0.4	5	90	5	87
兰州以上	<0.2	0	94	6	94
全河(平均)	0.64	3	86	10.3	82

第二十六章　年径流

　　黄河年径流分析计算是开发利用黄河水资源的依据,在民国时期就进行过两次研究,建国后根据黄河治理规划等需要又作过 6 次分析,各次所用资料系列不同,计算成果也不相同,总的来说,资料逐渐增多,分析的内容和计算数据逐步完善。

　　黄河年平均径流量,花园口实测 466 亿立方米(1919～1979 年系列),加上工农业用水量,还原后天然年径流量 563 亿立方米。花园口以下为"地上河"仅有大汶河等支流汇入,加入天然年径流量约 19 亿立方米,全河总天然年径流量 582 亿立方米按全国水资源调查评价规定的系列 1956～1979 年全河年径流量为 659 亿立方米。仅占全国河川径流总量的 2.43%,人均占有水量 812 立方米,亩均(指农耕地)占有水量 342 立方米,分别为全国平均占有水量的 29% 和 18%,故黄河年径流量是比较少的。其分布很不均匀,兰州以上径流量是全河最多地区,天然年径流量 326 亿立方米,占全河天然年径流量的 56%;兰州至河口镇区间来水很少,加上河道渗漏、蒸发损失,河口镇天然年径流量略有减少。河口镇至龙门天然年径流量约 71 亿立方米,龙门到三门峡天然年径流量约 114 亿立方米,分别占全河天然年径流总量的 12% 和 20%;三门峡至花园口天然年径流量 60 亿立方米,占全河总量的 10%。天然年径流量在时程上的分配,多集中在汛期(7～10 月),占全年径流总量的 60%。

第一节　年径流总量

　　1919 年黄河干流陕县建站后,黄河年径流有了定量条件。1944 年国民政府黄委会,根据 1934～1939 年 6 年资料,对黄河径流量进行了分析,陕县年径流量 527.6 亿立方米,1947 年国民政府最高经济委员会公共工程委员会黄河顾问团谢家泽等编写的《黄河水文》(英文本)中,根据 1919～1932 年、1943 年,共 15 年资料计算陕县年径流量 436.7 亿立方米。

　　1949 年黄委会顾问张含英在《黄河治本论》中,根据 1919～1945 年资料分析,陕县年径流量 429.9 亿立方米。

　　1955 年黄规会在编制黄河综合利用规划时,在黄委会、燃料部水电总局及水利部水文局 1952～1953 年在对黄河历史资料整理的基础上,进行了复查、插补,采用 1919～1953 年系列资料,计算陕县实测年径流量 412.0 亿立方米。

　　1960 年根据水电部指示,以黄委会为主,有关单位参加,对黄河流域各主要断面水、沙情况进行一次全面统一地分析。1962 年刊印《黄河干支流各主要断面 1919～1960 年水量、沙量计算成果》。成果中实测年径流量陕县站 423.5 亿立方米,秦厂 472.0 亿立方米,此后,以此成果为准(详见水文资料整编及水文分析计算)。

　　1975 年黄委会规划办公室为编制治黄规划的需要,在《黄河干支流各主要断面 1919～1960 年沙量、水量计算成果》的基础上,增加 1961～1974 年资料,对实测径流量资料,除考虑沿黄灌溉用水外,还考虑了干流刘家峡水库、三门峡水库及支流汾河水库对径流量的影响,进行还原计算,计算结果 1919～1974 年系列,天然年径流量陕县 500.0 亿立方米,花园口 560.0 亿立方米。

　　80年代初,全国开展水资源综合评价和合理利用水资源研究工作,黄委会水文局会同沿河各省(区)所属水文总站,遵照水电部颁发的《全国水资源调查和评价工作要点》、《水资源调查和统计分析提纲》及水电部水文局颁发的《地表水资源调查和统计分析技术细则》的要求,分析采用全国统一系列 1956～1979 年。分二个阶段进行。第一阶段1981年12月首先完成《黄河流域片水资源调查和评价初步成果报告》,以满足国民经济规划和农业区划等方面的急需。第二阶段,在上阶段的基础上进一步分析研究,于1985年完成《黄河流域片水资源评价》,1986年6月刊印出版。成果主要以反映天然情况为原则,其天然年径流量兰州站 340.0 亿立方米,三门峡(或陕县)站 544.0 亿立方米,花园口站 606.0 亿立方米,成果参加了全国水资源评价汇总。

　　1982 年 7 月水电部在兰州召开全国各省市自治区的水利部门及流域机构会议,对如何开展 1979 年国家农委和国家科委下达的《农业自然资源调查和农业区划》研究工作,进行了统一部署,明确由黄委会与黄河流域各省(区)共同承担黄河流域水资源利用的研究工作。1985 年 8 月完成《黄河水资源利用》初稿的编写,1986 年 3 月全部完成刊印出版。在《黄河水资源利用》中,首先分析了黄河年径流量,其成果采用 1919～1979 年系列(水文年)。实测年径流量兰州站 318.15 亿立方米;三门峡站 417.20 亿立方米;花园口站 466.39 亿立方米。天然年径流量兰州站 326.07 亿立方米;三门峡站 503.76 亿立方米;花园口站 563.39 亿立方米。黄河流域各省(区)用水量,经国务院批准以此成果进行用水量分配。

第二节　年径流区域分布

建国前,国民政府黄委会于 1944 年根据残缺不全的资料,做了部分分析工作,结论是低水流量大部来自甘肃省以上。如 1937 年 1 月包头平均流量 430 立方米每秒(《水文年鉴》为 311 立方米每秒),龙门 340 立方米每秒(《水文年鉴》为 374 立方米每秒),陕县 535 立方米每秒(《水文年鉴》为 485 立方米每秒)。晋陕虽有多数支流,但所增甚微。可见黄河低水流量,主要来自包头以上。并列部分年份黄河各地年径流量及占陕县年径流量百分比如表 7—6。

表 7—6　　　　黄河主要控制站年径流量及占陕县百分比表

年份 (年)	兰州		包头		龙门		陕县	
	径流量 (亿立方米)	占陕县 (%)	径流量 (亿立方米)	占陕县 (%)	径流量 (亿立方米)	占陕县 (%)	径流量 (亿立方米)	占陕县 (%)
1935			436.3	75.2	444.2	76.6	580.0	100
1936					292.2	70.8	412.4	100
1937					504.2	69.7	723.1	100
1938	439.1	70.4					623.1	100
1939	275.5	71.0					383.7	100

建国后,50 年代前半期,对黄河年径流量区域分布的研究,仍采用径流沿程变化的方法,来说明年径流的区域分布。1952 年黄委会编写的《黄河水利建设基本情况》中,分析了黄河年径流的沿程变化如表 7—7。

表 7—7　　　黄河主要控制站年径流量及占泺口百分比表

站名	兰州	包头	龙门	华县	洑头	陕县	泺口
年径流量 (亿立方米)	340	270	320	97	10	430	490
占泺口(%)	69.3	55.1	65.3	19.8	2.0	87.8	100

注　资料系列不明

从表中看兰州以上水量占全河水量的 2/3 强,兰州至包头间,不仅没有增加水量,而耗去水量 70 亿立方米,占全河水量的 14.2%,其他区域水量占全河水量约 1/3。1954 年黄规会在编制黄河流域综合规划时,增加了近期资料,采用 1919～1953 年系列计算黄河年径流沿程分布情况与黄委会 1952 年分析成果相近似如表 7—8。

表 7—8 黄河干流主要控制站年径流量及占泺口百分比表

站　　名	兰州	包头	龙门	陕县	泺口
年径流量 (亿立方米)	322	260	300	412	470
占泺口(%)	68.3	55.7	63.8	87.7	100

1957 年黄委会与北京水科院共同协作研究黄河流域年径流特性,改用径流深形式研究黄河年径流在各个区域的分布,如图 7—2。径流分布总趋势是东南多而西北少,最大径流深在秦岭一带,一般在 500 毫米以上,而西北区域仅 4 毫米,甚至更少。流域内径流深的分布与地形关系极为密切,径流高值区有四处,低值区有三处。高值区为:渭河以南,秦岭以北,六盘山南部这一地区,最大径流深达 780 毫米;大通河和湟水北川一带,该区位于祁连山、大板山东部,地势较高,如祁连山海拔高程达 4000～5000 米,降水量超过 500 毫米,由于地势高,温度低,蒸发损失小,为径流高值区;洮河、大夏河和黄河上游西倾山、积石山(阿尼玛卿山)一带,径流深较大;山西省吕梁山一带,也是一个相对高值区。低值区为:泾河支流马莲河、东川,北洛河上游,庄浪河下游,兰州至渡口堂间,黄河诸小支流,年径流深均小于 25 毫米;内蒙古自治区,黄河诸小支流,年径流深在 25 毫米左右,西北部及一些小支流的下游小于 25 毫米;汾河河谷和涑水河下游,年降水量虽有 400～500 毫米,但地势平坦,蒸发量大,故径流深小于 25 毫米。

1962 年黄委会水文处在《黄河流域降水、径流、泥沙情况的分析》中,采用 1919～1960 年系列资料将径流分布情况分为五个区域:第一,兰州以上地区,径流深呈南北大,东西小的马鞍型分布。南边以若尔盖地区的 400 毫米为最大,北边以祁连山脚下大通河的 200 毫米为最大,向相对方向递减至黄河河谷地带为 100 毫米。西面从黄河兴海一线的 50 毫米,东面从武胜驿、兰州、沟门村一线的 50 毫米向中部递增至 100 毫米。兰州以上地区大部分属于高山和草原区,植被良好,雨量充沛,年径流量为 312.0 亿立方米,约占花园口年径流量的 58.8%,占陕县年径流量的 65%,是黄河径流量主要来

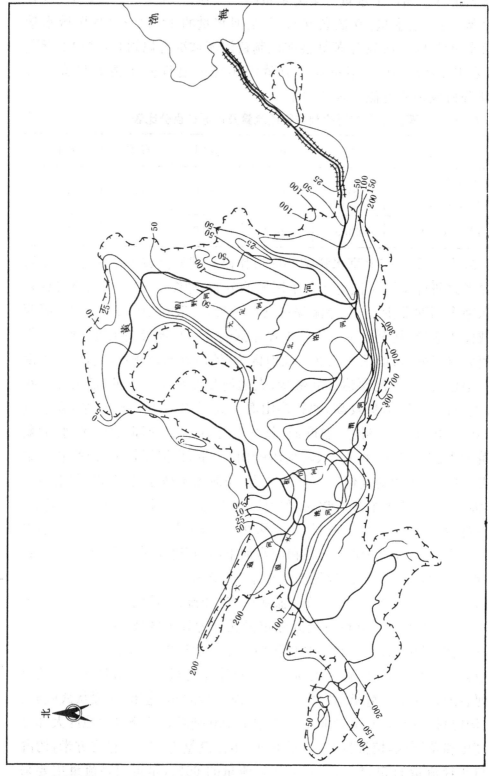

图 7—2 黄河流域径流深等值线图

源地区。第二,兰州至河口镇区间,径流深在5～25毫米之间,该区域对黄河不是增加水量,而是耗失水量。天然径流量减少16.7亿立方米,占全流域的3.0%。兰州与河口镇两断面实测径流量减少61.8亿立方米,主要是灌溉耗水,其次是河面、渠面、湖泊的蒸发、河道渗漏等。第三,河口镇至龙门区间,径流深的变化与其他区域相比是比较小的,产生径流量75.3亿立方米,占花园口站径流量的14.5%,占陕县站径流量的15.7%。第四,龙门至陕县区间,泾、渭、汾、北洛河等大支流在这里汇入黄河,径流深分布趋势南多北少,秦岭一带径流深500毫米,向北迅速减少为50毫米,至散渡河等地减少至25毫米左右。但六盘山的南麓及汾河上游地区为相对高值区,径流深100毫米。这个区域总径流量107.2亿立方米,占花园口站径流量的20.3%,占陕县站径流量的22.3%。第五,陕县至花园口区间,洛河及沁河在这里汇入黄河,为黄河流域降水及径流深较大的区域之一,径流量60亿立方米,占花园口站径流量的11.3%。

　　1982～1986年黄委会水文局在《黄河流域片水资源评价》中,对径流的地区分布,按径流深的大小将全流域划分为多水、过渡、少水、干涸四个地带:第一,多水带,年径流深300～1000毫米,分布于秦岭山区,四川白河、青海久治一带,以及祁连山、太子山、六盘山、伏牛山等小区域,面积3.5万平方公里,占全流域面积的4.7%。径流量120亿立方米,占流域径流量的18.2%。第二,过渡区,年径流深50～300毫米。分布于兰州以上绝大部分地区,渭河以南、六盘山区、吕梁山区、大青山局部地区、黄龙山潼关以下及陕北黄甫川以南至无定河以北地区。区域内面积34.3万平方公里,占全流域面积的45.6%,径流量455亿立方米,占流域径流量的69.1%。第三,少水带,年径流深10～50毫米。分布于黄河河源区北部,龙羊峡以北沙漠区,湟水河谷,洮河下游,祖厉河、清水河上游,贺兰山区、大青山、乌拉山以及河口镇至潼关区间部分地区。面积24.7万平方公里,占全流域面积的32.8%。径流量80亿立方米,占流域径流量的12.1%。第四,干涸带,年径流深在10毫米以下,分布于与内陆河片腾格里沙漠交界的兰州附近黄河以北,祖厉河、清水河中下游,以及闭流区的西部,宁蒙河套区。面积12.7万平方公里,占全流域面积的16.9%,径流量仅4亿立方米,占流域径流量的0.6%,此区域有相当大的面积径流深小于5毫米。

第三节　径流的年际变化及年内分配

　　建国前,由于资料短缺,对于径流的年际变化缺乏研究。1944 年国民政府黄委会,在所作《黄河水文》分析中对径流年内分配,有如下的定性记述:"黄河之流量,自 11 月中即现低水,而以 12 月或 1 月流量为最小,天气严寒,沿河封冻,支流干涸,流量低微,变化甚小。至 3 月末 4 月初,上游解冻,雪融之水下注,流量突增(即所称之桃汛)。但不久又复降落,降后之水,虽较冬日微高,然亦平缓,无甚变化。干旱之年,则 5 月之水常有低于各季者。由于黄河流域之降雨时期,均集中于夏季,因此,夏季中全河之水位流量,每呈极大变化,遇雨即涨,雨止即落,故水暴而变。普遍洪水时期,多在 7、8、9、10 诸月,最高洪水期,则多在 7、8 月。"

　　建国后,1949 年 11 月张含英在《黄河治本论》中,根据陕县 27 年(1919~1945 年)水文记载按月进行统计,月分配情况如表 7—9。

表 7—9　　　　　　　　　　陕县站年径流量月分配表

月份	一	二	三	四	五	六	七	八	九	十	十一	十二
占年径流(%)	2.99	3.30	5.02	5.02	5.28	6.69	13.95	18.95	15.20	13.13	7.11	3.36

　　注　系列 1919~1945 年

　　1954 年黄规会,对径流的年际与年内变化作了全面分析,径流量的多年变化很大。黄河流域以陕县站记录最长,从 1919 年到 1953 年,多年平均径流量 412 亿立方米,最多年 672 亿立方米,最少年 197 亿立方米,最多与最少之比为 3.41。但上游兰州站径流量最多年 437 亿立方米,最少年 170 亿立方米,最多与最小之比仅 2.57,较陕县站小。从变差系数 Cv 看,也是上游小,下游逐渐增大,如兰州 Cv 是 0.19,而陕县 Cv 增大为 0.25。除此之外,黄河径流的多年变化还有另一个特征,即存在着连续多年枯水期和连续多年丰水期现象。从陕县资料中可以看出,自 1922~1932 年连续 11 年的径流量都低于多年平均径流量,构成一个很长的枯水期。但自 1933~1940 年又有连续 8 年的径流量都大于多年平均径流量,出现一个很长的丰水期。关于黄河径流的年内变化,根据陕县站 1919~1953 年水文记载分析,各月分配如表 7—10。从表 7—10 看,陕县每年从 11 月至次年 6 月底的 8 个月,为低水时期,占全年 40%,平均每月占全年 5%。7~10 月的 4 个月,为洪水时期,占全年 60%,由此可见,黄河在洪水时期以全年 1/3 的时间,输送 2/3 的水量。低水时期以全年 2/3 时间,输送 1/3 的水量。最大月与最小月的流量比为 5.8。

表 7—10　　　　　黄河陕县站径流量月分配表

月份	一	二	三	四	五	六	七	八	九	十	十一	十二
流量(立方米每秒)	476	568	777	816	843	1042	2157	2781	2435	2058	1177	532
占全年(%)	3.0	3.6	5.0	5.2	5.3	6.7	13.6	17.7	15.6	13.2	7.6	3.5

注　系列为 1919～1953 年

1955 年后,黄规会等单位对黄河的连续枯水期进行过多次研究(详见水文分析计算)。

1957 年为了黄河治理开发的需要,黄委会与北京水科院对黄河径流多年变化,采用数理统计法,研究黄河不同地区年径流变差系数的变化如表 7—11。从表中看,各地区年径流的变化是很不均匀的。年内分配,有 5 个特征:一是最大月流量发生的月份,最早为 7 月,最迟为 9 月,各地区不同。黄河湟水、大通河的上游出现在 7 月,大通河下游干旱地区出现在八九月,内蒙古自治区的包头附近诸小支流及洛、沁河出现在 8 月,黄土高原为七八月,其中泾河的马莲河东川,蒲河及陕北小支流出现在 7 月,汾河、秦岭以北

表 7—11　　　　　黄河各地区年径流 Cv 值表

地区名称	变差系数 Cv	计算系列(年)
兰州以上	0.16～0.28	21
晋陕区间	0.11～0.37	12
汾　　河	0.38～0.49	32
渭河上游	0.26～0.44	22
泾　　河	0.30～0.51	24
渭河北小支流	0.46～0.53	9
北洛河	0.41～0.51	23
洛、沁河	0.33～0.48	14
渭河南小支流	0.29～0.37	23

小支流及洮河、大夏河等弧形地带为 9 月;二是最小月流量出现的月份,大部分地区均受结冰影响,出现在 1～2 月,个别出现在 12 月,在汾河中下游、沁河及渭河以北诸小支流、内蒙古小支流,因灌溉取水及蒸发损失等而出现在 4～6 月;三是汛期出现的月份,采用汛期的标准以大于年平均的连续月份为汛期,最长的达 6 个月,最短的有 1～2 个月。各地汛期,黄河渭河上游及其支流、洮河出现在 5～10 月共 5、6 个月,湟水、大通河、泾河西部支流、秦岭一带及洛河等出现在 7～10 月,共 4 个月,泾河支流马莲河东川、北洛河、沁河出现在 7～9 月或 8～10 月,共 3 个月,晋陕间黄河诸支流出现在 6、7～9 月,共三四个月,干旱地区及内蒙古自治区出现在 8～9 月,共一二个月,但黄河流域实际以 7～10 月为汛期;四是流量连续最大四个月出现时间,在西北部为 6～9 月,东南部为 7～10 月。占年水量的百分比,无定河及内蒙古自治区诸小支流占 40%～50%,有的占 40%～60%,渭河上游、洮河、六盘山以东泾河诸小支流占 50%～60%,黄河上游各支流、秦岭一带、黄土高原、洛、沁河、汾河上游占 60%～70%,陕北地区、大通河上游及汾河中下游、沁河上游占 70% 以上,干旱地区占 80% 以上,有的为 60%～70%;五是径流年内分配有两种形式,一为单峰型如图 7—3,其特点是 6～10 月有一个明显的汛期,一年的径流变化像凸字形,如华县、兰州等站,另一为双峰型如图 7—4,分配形式的主要特点有两个明显的峰,其第一个峰由于地区不同,形成原因也不同,如无定河绥德站,主要是由于冬季河道结冰,春季冰冻融解而产生,峰出现在 3 月份。但也有由于灌溉取水及蒸发损失大的地方,6 月份常形成一个低谷,成为径流最小的月份,而四五月份相对成为高峰,如沣河的秦渡镇站。第二个峰多出现在汛期,由于降水多而产生的。

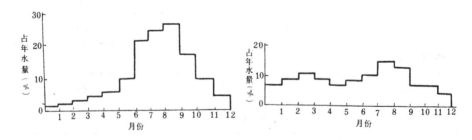

图 7—3 华县站径流年内分配(单峰型) 图 7—4 绥德站径流年内分配(双峰型)

1962 年黄委会水文处在《黄河流域降水、径流、泥沙情况的分析》报告中,对径流的多年变化认为有三个不同时期,1919～1932 年为枯水期,1933～1949 年基本为丰水期,1950～1960 年为平水期,对这种现象,总结为黄河径流的多年周期变化。

1982～1986 年黄委会水文局在《黄河流域片水资源评价》中,对黄河径流多年变化规律,从以下三方面进行分析:第一,从年径流变差系数 Cv 值的变化看,有三个特点:一是湿润地区较干旱地区 Cv 值小,如渭河以南,青海久治一带 Cv 值小于 0.5,兰州至河口镇区间 Cv 增大到 0.8 左右,后套一带 Cv 值高达 1.0 以上;二是以降水补给为主地区较以降水、融雪混合补给的地区 Cv 值大,如黄河上游贵德至玛曲区间是以降水补给为主 Cv 值 0.4,黄河上游玛曲以上为降水、融雪混合补给区 Cv 值小于 0.2;三是黄河干流控制站及主要支流把口站年径流 Cv 值小于中小支流的 Cv 值。第二,从年径流极值变化幅度看其变化,天然年径流最大最小比值,干流 2.5～3.5,而干涸区的鸣沙洲站比值高达 40.8 倍。第三,从花园口站 1919～1979 年资料看,明显地存在着两个连续枯水期,即 1922～1932 年及 1969～1974 年,前者 11 年,后者 6 年,这种周期变化的趋势是明显存在的。因受季风影响,径流的年内变化,水量多集中于汛期(7～10 月)占全年水量的 60% 左右,丰水年可达 70% 以上,枯水年为 40%～50%。冬季雨雪稀少,径流甚微,主要由地下水补给。12 月至 2 月径流量约占年径流的 10% 左右,全年最小流量兰州站常出现在 1 月,历年最小实测流量 98 立方米每秒(1962 年 1 月 24 日)。陕县站一般出现在 1、12 月,最小流量为 145 立方米每秒(1928 年 12 月 22 日)。花园口站一般出现在 1、12 月,因受三门峡水库及灌溉影响,有时五六月份下游可能断流。

第四节　人类活动对径流的影响

早在战国初期,黄河流域就开始出现大型水利工程,魏文侯二十五年(公元前 422 年)西门豹为邺令,在当时黄河支流漳河上引水灌田。秦王政元年(公元前 246 年)郑国在陕西泾阳境内兴建了郑国渠,引泾河水灌溉 4 万多顷。秦以后,黄河流域在宁夏、内蒙古后套一带,修有秦渠、汉渠、汉延渠、唐徕渠、光禄渠、尚书渠、惠农渠、昌润渠等灌溉农田。1930 年以后李仪祉又利用现代技术倡建了泾惠渠、梅惠渠、黑惠渠、沣惠渠、涝惠渠、织女渠等新型灌溉工程。建国后,黄河流域的灌溉事业迅速发展,截至 1985 年花园口以上引用黄河水灌溉面积发展到 4672.5 万亩,随着治黄事业的发展,黄河上中游地区水利、水土保持工作大规模的开展,改变了黄河的自然面貌,相应地影响着黄河径流的变化。

　　人类活动对径流的影响逐渐增加。1958年开始有些单位对支流无定河、三川河做了一些研究,1959年黄委会水文处与沿河各省有关机构协作,对全流域进行了全面的观测调查研究。初步成果表明,1958年水利、水土保持对三门峡以上径流的影响为101.76亿立方米,占年径流量的15.8%。其中水土保持减少水量10.50亿立方米,灌溉引水减少水量89.61亿立方米,水库调蓄影响水量1.65亿立方米。

　　1976年黄委会规划办公室在《黄河流域天然径流及1985年水平黄河上中游来水量估算》中,着重分析了灌溉用水及干流大型水库调蓄对径流总量的影响,其沿程影响情况见表7—12。人类活动除对径流总量的影响外,在年内分配上也有所调整,一般非汛期水量比重略有增大如表7—13。

表7—12　　　黄河主要站灌溉用水及水库调蓄对径流影响表　单位:亿立方米

站　　名	天然年径流	实测年径流	影　响　水　量		
			灌溉耗水	水库调蓄	合　　计
兰　　州	324.6	317.0	7.2	0.4	7.6
河口镇	312.4	247.0	65.0	0.4	65.4
三门峡	500.0	420.0	79.0	1.0	80.0
花园口	560.0	470.0	89.0	1.0	90.0

　　注　为1919~1979年系列

表7—13　　　　黄河主要站人类活动对径流年内分配影响表

站　　名	汛期占全年　（%）		非汛期占全年　（%）	
	天　　然	实　　测	天　　然	实　　测
兰　　州	59.3	59.0	40.7	41.0
河口镇	61.1	60.3	38.9	39.6
三门峡	59.0	58.6	41.0	41.4
花园口	59.3	59.6	40.7	40.4

　　注　为1919~1974年系列

　　1982~1986年黄委会设计院所编写的《黄河水资源利用》报告中,分析了人类活动对年径流的影响。在分析中着重考虑引黄灌溉耗水量及干流刘家峡水库、三门峡水库、支流汾河水库的调蓄影响,按1919~1979年61年系列,平均影响水量,花园口以上97亿立方米。其中兰州~河口镇区间

60.6 亿立方米,龙门～三门峡区间 16.9 亿立方米,其他河段影响较小,见表 7—14。但近年来引黄灌溉实际耗水量,远远大于多年平均数,花园口以上 1979 年引黄灌溉实际耗水量 167.97 亿立方米,为多年平均数的 1.73 倍,1980 年实际耗水量 177.95 亿立方米,为多年平均数的 1.83 倍,沿程各河段影响情况见表 7—15。

表 7—14　　　　　黄河各河段人类活动对径流量影响表

河　段	多年平均影响水量（亿立方米）	占花园口总影响水量　（%）
兰州以上	7.9	8.1
兰州～河口镇	60.6	62.5
河口镇～龙门	1.2	1.2
龙门～三门峡	16.9	17.5
三门峡～花园口	10.4	10.7
花园口以上	97.0	100.0

表 7—15　　　　黄河各河段 1979 年、1980 年实际耗水量表

河　段	省（区）	1979 年		1980 年	
		耗水(亿立方米)	占花园口以上(%)	耗水(亿立方米)	占花园口以上(%)
大柳树以上	青、甘	18.93	11.3	23.21	13.1
大柳树～河口镇	宁、内蒙	85.83	51.1	95.10	53.6
河口镇～龙门	陕、晋	4.17	2.5	4.34	2.4
龙门～三门峡	陕、晋、甘、豫	47.66	28.4	45.68	25.7
三门峡～花园口	晋、豫	11.38	6.8	9.12	5.1
花园口以上		167.97	100.0	177.45	100.0

第二十七章 洪　　水

　　黄河洪水的记述已有 4000 多年的历史,历代均有大量的黄河洪水泛滥灾害的记载,但都是对现象的描述。到了民国时期已开始有科学的分析,但仍比较粗略。建国以来根据防洪防凌和治黄规划设计等要求,对于黄河洪水的特性和洪水变化的规律,开展了多次研究,已获得了比较全面深入的认识。

　　黄河洪水,主要分暴雨洪水和冰凌洪水。暴雨洪水,主要来源于四个区域:兰州以上;河口镇至龙门区间;泾、渭、北洛河;三门峡至花园口区间。洪水常发生在 6～10 月,兰州以上大洪水多在 7 月和 9 月,河口镇至花园口多发生在七八月。干流主要控制站实测最大洪水,兰州 7090 立方米每秒(1981年,考虑刘家峡水库和龙羊峡围堰影响还原后数据),龙门 21000 立方米每秒(1967 年),陕县 22000 立方米每秒(1933 年),花园口 22300 立方米每秒(1958 年)。调查历史最大洪水,兰州 1904 年洪水 8500 立方米每秒,陕县1843 年洪水 36000 立方米每秒,黑岗口 1761 年洪水 30000 立方米每秒。

　　冰凌洪水,因受东亚季风影响,冬季流域内最低气温一般在摄氏零度以下,纬度越高,气温越低,上游 −25℃至 −48℃,中游 −20℃至 −40℃,下游 −15℃至 −20℃。气温 0℃以下的持续时间,上中游达四五个月,下游也有 1～2.5 个月。故黄河干支流在冬季都有不同程度的冰情出现。但能形成冰凌洪水,造成灾害的河段,主要为上游宁蒙河段与下游豫鲁河段。但一些大型水库的回水末端,也常形成冰塞,壅高水位,造成灾害,如盐锅峡水库、天桥电站、青铜峡水库等回水末端都曾发生过冰塞,造成灾害。

第一节　暴雨洪水

一、洪水分析

（一）实测洪水

对黄河洪水特性，1934年李仪祉在《黄河水文之研究》中，根据实测洪水资料分析，提出"其性悍非其量大"。"既入平旷，受阔河床平缓作用及渗漏影响，凶猛之势已杀，抵山东时已较汴时为驯多矣。"1944年国民政府黄委会在编写《黄河水文》时，又着重分析了上游洪水对下游影响及陕县洪水组成情况。认为兰州最大洪水发生于1937年为5100立方米每秒，至包头为3060立方米每秒，仅为兰州的60%，可见绥宁长槽，有平缓上游涨水之功，故上游涨水不能认为下游泛滥的原因。对陕县洪水组成情况，以四次实测较大洪水为例，分四种组成情况：第一，1942年洪水，陕县洪峰29000立方米每秒（注：原测水位有误，经修改后为17700立方米每秒），主要来自包头至龙门间各支流，其流量达21800立方米每秒；第二，1933年洪水，陕县洪峰22600立方米每秒，主要来自泾河，泾河洪峰12000立方米每秒（注：1954年修改为9200立方米每秒）；第三，1935年洪水，陕县洪峰18260立方米每秒，该次洪水，包头至龙门区间、龙门至潼关区间及潼关至陕县区间，来水各占三分之一；第四，1937年洪水，陕县洪峰16500立方米每秒，洪水大半来自中条山与崤山山谷中。四次洪水组成详细情况如表7—16。另外，特别指出陕县至花园口尚有洛、沁河加入，其洪水亦能酿成下游溃决之灾祸，不应忽视。如1935年7月8日4时陕县流量为7060立方米每秒，而中牟于7月8日24时流量则为16000立方米每秒，其所增加流量均来自洛、沁河。洛河巩县7月8日18时30分流量约为7000立方米每秒，沁河木栾店7月8日20时流量为1080立方米每秒，两者之和，约为陕县至中牟所增加的流量，造成下游鄄城董庄决口。

1954年黄规会在编制《黄河技经报告》时，对黄河洪水特征进行了全面系统的分析，结论是：兰州以上洪水，洪峰不高，涨落亦较平缓，实测各年洪峰流量一般在4000～5000立方米每秒，一次洪水延续时间自10余天至1个月；青铜峡以下到包头，由于河槽宽阔，上游来的洪水，经过槽蓄作用后，洪峰流量降低，洪水过程增长；包头至龙门区间洪水，因暴雨多，支流也多，

表 7—16　　　　　黄河陕县较大洪水流量来源组成表　　　　单位：立方米每秒

时　间			来自包头以上	来自包头~龙门	来自龙门~潼关					来自潼关~陕县	陕县洪水流量
年	月	日			汾河	渭河	泾河	北洛河	其他		
1933	8	10	2200		1800	4000	12000	300	2300		22600
1935	8	7	1820	4600	83	560	1420	125	3892	5760	18260
1937	8	1	2650	3345	30	490	20	290	1075	8600	16500
1942	8	4	1200	21800		130	290	100	5180	750	29000

龙门常常发生较大洪水，洪峰流量超过 10000 立方米每秒的不在少数。其峰型涨落迅速，历时较短，持续时间不过几天；龙门至潼关区间，有泾、渭、北洛河等支流汇入，这一区域暴雨也很大，所以也常发生较大洪水，若包头~龙门间与龙门~潼关间同时发生洪水就会造成陕县的大洪水；陕县至花园口区间，有洛、沁河加入，也时常发生较大洪水，威胁下游堤防安全。黄河洪水，中下游多发生于七八月份，但九十月份也可能有大洪水，较大洪水多发生在 7 月中旬到 8 月底一个半月中，在该期内发生大洪水的频次达 74％。并认为陕县上下游洪水遭遇有三种类型：陕县以上洪水很大与洛、沁河中小洪水遭遇，如 1933 年、1942 年型洪水；陕县洪水不大与洛、沁河大洪水遭遇，如 1931 年、1953 年、1954 年型洪水；两地区同时发生较大洪水相遭遇，如 1935 年、1937 年型洪水。1956 年黄委会勘测设计院周鸿石又专门对黄河下游洪水来源及遭遇进行了研究。认为黄河下游洪水主要来源于三个区域；一是晋、陕间黄河干支流区，这个区域以从北向南走的暴雨最严重，如 1942 年以窟野河为中心，降了大暴雨，形成禹门口最大流量 22000 立方米每秒（注：1963 年黄河流域洪水调查资料刊印为 24000 立方米每秒）；二是泾、渭、北洛河流域，1933 年洪水就是以泾河为主的大洪水，泾河张家山洪峰流量 9200 立方米每秒；三是陕县至秦厂（花园口）间的干支流区，初步调查，历史上伊河龙门镇曾出现过 7000 多立方米每秒的洪水，洛河洛阳也出现过 7000 多立方米每秒的洪水，沁河曾出现过 5000 立方米每秒的洪水。下游大洪水，多半是在两个以上区域里同时发生洪水遭遇到一起造成的。其遭遇情况分四种类型：泾、渭、北洛河流域和晋陕区间干支流洪水相遇，其遭遇概率为 58％；泾、渭、北洛河流域与陕县至秦厂间干支流洪水相遇，其遭遇概率为 21％；上述三个来源区的洪水同时相遇，其遭遇概率 12％；晋陕区间与陕

县至秦厂区间洪水相遇,其遭遇概率很小仅 9%。1956 年叶永毅在《黄河的洪水》中,对黄河各种洪水特性说明了地理因素,分析了季节性,并指出中游各支流发生特大洪水的年份不同,这是由于黄土高原多局部特大暴雨的原因。

1965 年黄委会规划办公室,为黄河中游规划的需要,组织人力专门进行了黄河中游洪水特性全面系统的分析,1966 年完成《黄河中游洪水特性初步分析报告》。报告中对洪水特性分四个方面阐述:第一,洪水季节,黄河洪水多发生在 6～10 月,而大洪水又多发生在 7～8 月。三门峡至秦厂间(简称三秦间)流量大于 10000 立方米每秒的洪水,也都发生在 7～8 月,三门峡的大洪水多发生在 8 月。较大洪水发生时间,三秦间早于三门峡,三秦间多发生在 7 月中旬至 8 月中旬,9 月没有一次,而三门峡洪水多发生在 8 月上旬至 9 月上旬,7 月没有一次。若三门峡与三秦间同年都发生了较大洪水,其洪峰出现时间,三秦间一般早于三门峡约一个月。另外,渭河中下游地区,年最大洪水约 40% 发生在 9～10 月。第二,洪水频次,根据有关志书的水情记述,陕县万锦滩水志桩记载和水文实测资料统计,从 1500～1964 年共 464 年中的较大洪水,其频次有三种情况:第一种自 1500 年以来的 460 余年中,三门峡和三秦间发生大洪水的频次,平均约五六十年一次。第二种自万锦滩有水志桩记载起(1760 年)至现在 200 余年中,三门峡和三秦间发生较大洪水次数,平均一二十年一次。其中三门峡 1843 年和三秦间 1761 年洪水为近 200 年来特大洪水,1843 年三门峡最大流量 36000 立方米每秒,1761 年洪水只有文献记载雨水情及灾害情况,可惜分析中未能推算出洪峰流量来。第三种自 1930 年以来,三门峡和三秦间 30 余年的同步测验资料中统计,较大洪水各发生五次,平均约六七年一次。另外,三门峡连续三年(1841～1843 年)发生较大洪水和几十年(1851～1932 年)内都不发生较大洪水的机会也是存在的。第三,洪水历时,三秦间的洪水历时约 5 天左右,历时最长者达 12 天之久(1954 年);三门峡以上的中游地区,黄河干流站一次洪水历时平均约 10 天,长者达 15 天;泾、渭河、无定河、汾河、北洛河洪水历时一般约 5 天,长者亦达 15 天;泾、渭河的支流洪水历时一般为 1～3 天。第四,洪水组成和遭遇,秦厂洪水组成有洪峰组成和洪量组成之分。洪峰组成有三种情况:第一种是以三秦间来水为主的,三秦间流量占秦厂流量 70%～71%,如 1954 年、1958 年洪水;第二种是以三门峡以上来水为主的三门峡以上流量占秦厂流量 90% 以上,如 1933 年、1942 年洪水;第三种是三门峡以上与三秦间同时涨水遭遇而成的,三门峡以上与三秦间占秦厂流量各半,如 1957 年洪水。以上洪峰组成分析与 1954 年黄规会的分析相近。洪量组成,根据历年洪水资料看,秦厂最大 12 天洪量,主要由三门峡以上来水组成的约占 50%～90%。当三秦间洪水较大时,三门峡相应洪量占秦厂洪量约 50%～70%;当三门峡以上洪水较大时,其洪量占秦厂洪量约 70%～90%。关于三门峡以上与三秦间洪水遭遇问题,从已有材料看,三门峡同三秦间发生较大洪水的年份多不相同,虽有个别年份两地同年皆发生较大洪水,但两地洪水发生的具体时间不同,前后相差约 30 天,因此三门峡与三秦间同时发生较大洪水而遭遇的机会是不存在的。龙门与华县洪水遭遇有两个特点,特点之一是三门峡的大洪水,常因龙门与渭河华县两地同时涨水遭遇而造成,但很少出现两地最大峰尖相碰的情况,一般是一地的峰尖与另一地峰腰相遭遇;特点之二是龙门以上地区单独发生大洪水也可能造成三门峡的较大洪水。但泾、渭河单独发生大洪水,多不能形成三门峡较大洪水。河口镇以上与河龙区间的较大洪水多不遭遇,河口镇以上来水多为河龙区间洪水的基流。1979 年黄委会设计院在研究黄河三门峡至花园口区间可能最大洪水时,对三花间洪水特性进行了补充分析,认为三花间暴雨频繁,强度大,面积广,区域内产汇流条件又好,因而产生洪水的机遇较多。其洪水过程线陡峻,单独一次洪水持续时间不超过 5 天,两次洪峰相隔时间最短的为 2天。洪水主要来自洛河和干流区间,这两区域经常同时涨水,有时洪峰遭遇形成三花间的大洪水。

1982 年王国安撰写的《黄河洪水》中,对暴雨洪水特性进行了七方面的分析:即暴雨成因、洪水发生时间、洪水历时及洪峰形状、洪水传播、洪水来源及组成、洪峰和洪量的变化、洪峰水位的变化,其中洪水传播和洪峰水位的变化,已往分析中较少涉及。黄河洪水传播时间一般洪水从兰州到三门峡为 13 天,三门峡到花园口为 1 天,花园口到孙口为 2 天,孙口到泺口为 1天,泺口到利津为 0.9 天。下游洪水由于河道调蓄作用,洪峰流量沿程递减,峰型愈瘦,递减也愈显著。洪峰水位的变化,主要是指下游水位的变化,由于河道淤积,同流量的洪水位是逐年抬高的,高村至泺口河段 1981 年流量3000 立方米每秒的水位较 1950 年同流量水位抬高 2 米以上。1973 年 8 月30 日洪水,花园口洪峰流量 5020 立方米每秒,花园口至东坝头河段水位较1958 年 22300 立方米每秒的洪水位还高 0.2～0.4 米。

1989 年黄委会勘测规划设计院,在总结建国后历次黄河暴雨洪水特性研究的基础上,进行了系统的分析,并编写出《黄河流域暴雨洪水特性分析报告》,着重对黄河流域暴雨特性和洪水特性进行了阐述。认为黄河上游洪水主要来自贵德以上,其次是贵德至上诠区间。洪水主要由降雨所产生,阿尼玛卿山虽常年积雪,汛期有时部分融雪汇入,但占唐乃亥站一次洪水总量的10%以下。由于上游地区降雨历时长,面积大,雨强小,及流域的调蓄作用,其洪水特点,涨落平缓,历时长,洪水过程矮胖,兰州站一次洪水平均历时约30～40天,自1934年兰州建站到1989年,最大流量为1981年9月15日的7090立方米每秒;中下游洪水主要来自河口镇至龙门(简称河龙区间)、龙门至潼关(简称龙潼区间)和三门峡至花园口三个区域。河龙区间,由于暴雨强度大,历时短,黄土丘陵区土壤侵蚀严重,常形成涨落迅猛,峰高量小和含沙量高的洪水过程。洪水历时一般为一天,连续洪水可达3～5天。龙门站实测最大洪峰流量为1967年8月11日的21000立方米每秒;龙潼区间,有泾、渭、北洛河等较大支流汇入,渭河南岸为秦岭,植被较好。区域内暴雨强度较小,历时较长,洪水过程较北干流矮胖,华县洪水历时一般3～4天,实测最大洪水7660立方米每秒(1954年);三花区间,暴雨强度大,汇流条件好,当洛、沁河及干流区间洪水遭遇时,常可形成花园口较大洪水。建国后,花园口发生大于15000立方米每秒的三次大洪水,都是以三花间来洪为主,其中1958年洪峰达22300立方米每秒;花园口以下,由于河道宽阔,比降平缓,滞洪削峰作用显著,大于10000立方米每秒的洪水,花园口至利津的洪峰削减率为30%～60%(包括东平湖分洪),花园口以上的大洪水与下游金堤河、大汶河的大洪水不相遭遇。报告中还对黄河洪水泥沙特征进行了分析,认为黄河泥沙主要集中在洪水期,如1933年8月陕县洪水,12天洪水输沙量占全年输沙量的50%,另一个特点沙峰滞后于洪峰,在中游削峰率越大的河段,沙峰滞后洪峰的时间越长。

(二)调查洪水

黄河历史洪水记载较多,自50年代初,黄委会就多次组织人员进行黄河干支流历史洪水调查,获得了大量的历史洪水资料。如:1843年陕县36000立方米每秒的洪水、1761年花园口32000立方米每秒的洪水、公元223年伊河龙门镇20000立方米每秒的洪水,都是罕见的特大洪水。并对历史洪水资料进行了深入细致的分析研究(详见水文测验篇水文调查章和水文分析计算篇洪水分析计算章)。

二、典型洪水

(一)实测

1.1981 年黄河上游大洪水

1981 年 9 月洪水是 1904 年以来,黄河上游发生的最大洪水,从 8 月 13 日至 9 月 12 日,兰州以上连续降雨达 31 天,其中有三次较强降水过程,以 9 月 9 日为最大,雨区主要在阿尼玛卿山一带,久治为中心,最大日降水量达 43 毫米。降水量向东北方向递减,至湟水、大通河又有增大。雨区由北向南移动,各地降水量为同期多年平均降水量的 1.7～2.6 倍,久治站总降水量 318 毫米,降水量在 100 毫米以上的面积约 12 万平方公里,200 毫米以上面积约 5.3 万平方公里,300 毫米以上面积约 0.2 万平方公里。主要雨区多为草原沼泽地带,产流特点类似长江中下游的蓄满产流。

洪水具有洪峰高、洪量大、历时长与沿途洪水不相遭遇的特点。唐乃亥站 8 月 14 日开始涨水,起涨流量 701 立方米每秒,至 9 月 1 日流量达 1650 立方米每秒,9 月 13 日洪峰达 5570 立方米每秒,至 9 月 30 日流量降至 2100 立方米每秒,整个过程长达 45 天,其中流量持续在 3000 立方米每秒以上达 18 天,4000 立方米每秒以上达 12 天,5000 立方米每秒以上达 7 天。唐乃亥是龙羊峡水库的入库站,当时枢纽正处于施工阶段,临时围堰按 20 年一遇洪水设计,50 年一遇洪水校核,堰顶高程 2497 米,相应库容 11.2 亿立方米,最大泄量 4700 立方米每秒,9 月初库水位开始上涨,至 18 日出现最高水位 2494.78 米,与堰顶高仅差 2.22 米,相应蓄水量 9.75 亿立方米,最大出库流量 4570 立方米每秒,削减洪峰 1000 立方米每秒。龙羊峡至刘家峡区间无大水增加,但刘家峡水库 9 月 13 日已蓄水 43.4 亿立方米,超过防洪限制水位近 3 米,除考虑兰州以下黄河河道排洪安全外,还需要考虑龙羊峡围堰万一发生不测,为确保刘家峡水库安全,迅速腾出一部分库容,因此下泄流量较大,最大泄量 4870 立方米每秒,加上湟水、大通河来水,兰州 9 月 15 日洪峰流量 5610 立方米每秒,水位 1516.85 米,较历年最高水位高 0.25 米。若无龙、刘两库滞洪调蓄,洪峰将高达 7090 立方米每秒。21 日洪水到达宁夏石嘴山站,加上区间来水,洪峰为 5880 立方米每秒。为了确保包兰铁路及包钢的安全,洪水至内蒙古河段,三盛公水利枢纽总干渠开闸引水分洪 300～350 立方米每秒,洪量 2.39 亿立方米,使巴彦高勒以下洪峰削减至 5500 立方米每秒以下,25 日洪水到达昭君坟,最大流量 5450 立方米每秒,较历年最大值大 100 立方米每秒。洪水进入中下游,沿途区间,加水较少,10 月 2 日龙门站洪峰流量 5820 立方米每秒,3 日至潼关站洪峰 6500 立方米每秒,4 日到达下游花园口站洪峰流量 7020 立方米每秒,10 月中旬初入海。

2.1933 年 8 月黄河中游大洪水

陕县 1933 年 8 月 10 日大洪水,是黄河中游陕县站实测最大洪水。8 月 5 日黄河中游广大地区开始普降暴雨,五天暴雨主要集中在 6 日和 9 日两天以 6 日为最大,9 日次之。雨区呈西南—东北向,带状分布,长轴约 900 公里,短轴约 200 公里,五天降水总量 240 亿立方米,降水 100 毫米的笼罩面积 11 万平方公里,200 毫米的笼罩面积 8000 多平方公里。最大暴雨中心在泾河的马莲河上游环县附近,中心雨量达 300 毫米以上,其次是渭河上游的散渡河、泾河上游的泾源附近,延河上游的安塞附近及清涧河附近,中心雨量 200～300 毫米。

8 月 7 日晨陕县站流量由 2500 立方米每秒起涨,水位急遽上升,中间略有减低,至 8 日夜复又上升,水尺即遭没顶,9 日晨观测时,水势平稳,临时设置水尺观测水位为 297.08 米,计算流量 14300 立方米每秒。当日夜水复上涨,至午夜达最高峰,10 日晨水位下降。这年 11 月,国民政府黄委会派工程师前往陕县,施测洪水遗痕,得最高水位 298.23 米,推算出洪峰流量 23000 立方米每秒。1939 年该会测绘组主任工程师安立森(挪威人)对该次洪水进行了分析论证,定为 22600 立方米每秒。建国后,1952 年黄委会水文科又对 1933 年陕县最大洪水进行了研究,提出陕县水位为 298.23 米,是事后由洪水痕迹抄平而得。由于在洪水时波涛荡漾,且土壤临水有毛细管作用,将水上引,洪水痕迹易于偏高,所推流量也易偏大。同时该次洪水主要来自泾河,对泾河流量原估算也偏高,若按檀香山大坝上下游水位,用堰流方法计算,则流量为 8978 立方米每秒,较原估算的 12000 立方米每秒小四分之一,故黄委会水文科将陕县洪峰修改为 19000 立方米每秒。1953 年张昌龄用回水曲线算得 19100 立方米每秒,同年黄委会泥沙研究所作模型试验求得 18000～20000 立方米每秒。1954 年黄委会确定为 22000 立方米每秒。1955 年黄规会水文组叶永毅等在进行黄河综合利用规划时,对黄河水文资料又重新统一审查整理,认为 1933 年陕县洪峰流量应为 17000～22000 立方米每秒。该次洪水主要来自泾河,根据当时泾惠渠工程处记载的 1933 年水位,推算张家山洪峰流量 9200 立方米每秒,其次是包头至龙门区间,根据洪痕推算龙门流量大于 10000 立方米每秒,洪水传至花园口洪峰流量

20600 立方米每秒,由于沿途决口漫溢至泺口洪峰流量为 9000～10000 立方米每秒。

3. 1958 年 7 月三花间大洪水

1958 年 7 月大洪水是三门峡以下有实测资料以来最大的一次洪水,花园口洪峰流量 22300 立方米每秒。暴雨从 7 月 14 日至 19 日历时 5 天,暴雨中心的总降水量 499.6 毫米,最大日降水量 366.6 毫米。暴雨笼罩面积 8.6 万平方公里,五天降水量 200 毫米以上的面积 1.6 万平方公里,300 毫米以上的面积 6500 平方公里,400 毫米以上面积 2000 平方公里。暴雨分布不匀。300 毫米以上大暴雨中心有三个(垣曲、瑞村、盐镇),200 毫米以上的暴雨中心有八个。

洪水主要来自三花区间,三花间洪峰 21500 立方米每秒,其次三门峡以上来水 6000 立方米每秒。三花间的洪峰又主要来自三门峡至小浪底区间 11000 立方米每秒,加上三门峡以上来水为 17000 立方米每秒与洛河 9450 立方米每秒相遇,沁河只加入 1000 立方米每秒,经河槽调蓄后,造成花园口洪峰流量 22300 立方米每秒。7 天洪量 61.11 亿立方米,其中三门峡以上来水 33.17 亿立方米,三花间来水 27.94 亿立方米。三花间的水量又主要来自洛河 18.52 亿立方米。其次是干流区间 6.74 亿立方米,最小为沁河 2.68 亿立方米。洪水传播至孙口,洪峰 15900 立方米每秒,经东平湖滞洪后至利津洪峰 10400 立方米每秒。

(二)调查

1. 1843 年(清道光二十三年)中游特大洪水

1952 年水利部水文局局长谢家泽和黄委会陈本善等对 1933 年、1942 年洪水野外调查时,发现清道光二十三年(1843 年)洪水比 1933 年、1942 年洪水大得多,并在陕县、三门峡、八里胡同一带进行了洪痕调查,1953 年张昌龄根据 1843 年洪痕水位采用控制断面法推算三门峡河段洪峰流量为 34200～36200 立方米每秒,用回水曲线法算出八里胡同洪峰流量为 32700 立方米每秒,1954 年和 1955 年黄科所先后做了两次模型试验,求得洪峰流量分别为 36000、30000 立方米每秒,1955 年龙于江等又到陕县、三门峡等处,对 1843 年洪水进行了复查,1982 年黄委会设计院又对 1843 年洪水的来源及其重现期进行了分析。

1843 年洪水在陕县、三门峡一带,群众广泛流传着"道光二十三,黄河涨上天,冲了太阳渡,捎走万锦滩"的民谣,故宫历史档案中也记载着 1843 年洪水情况,据河东河道总督慧成七月二十六日奏文:"万锦滩黄河于七月十三日巳时报长水七尺五寸,后续据陕州呈报十四日辰时至十五日寅时复长水一丈三尺三寸,前水未见消,后水踵至,计一日十时之间,长水至二丈八寸之多,浪若排山,历考成案未有涨水如此猛骤。"河南巡抚鄂顺安七月三十日奏文:"万锦滩于七月十三日至十五日,共长水二丈八寸,询之久于河工弁兵金云,从未见过长水如此之大。"潼关以下之灵宝、陕县、平陆、垣曲等县县志也多有记述,平陆县志载:"道光二十三年七月十四日,洪水暴涨,溢五里余,太阳渡居民半溺水中,沿河地亩尽为沙盖,河干庐舍,塌毁无算。"又据故宫档案资料知,沿河的阌乡、新安、渑池、武陟、荥泽、郑州等县沿河民房田禾被冲毁损。该年大洪水前,六月二十七日(阴历),在中牟九堡决口,至七月十四日大水到后,又将口门刷宽,大溜由中牟向东南经尉氏、扶沟、西华等县入淮。旁溜绕过开封,由通许、太康、鹿邑各县入淮。据统计该年被黄水浸淹者23州县,被雨水淹浸者共17县,淹及城垣者共7县,淹没面积约4万平方公里。

　　根据调查洪痕,推算1843年陕县洪峰流量36000立方米每秒,该次洪水在三门峡以下的淤沙,颗粒较粗,粒径大于0.1毫米的占80%以上,中值粒径0.25毫米。淤沙的矿物成分,石榴石含量最高达26%~41%,其次为角闪石。由此推断,1843年洪水主要来源于陕北黄甫川、窟野河、无定河一带及泾河的马莲河、北洛河上游的粗沙区,这些地区是黄河粗沙来源区,其矿物成分,以石榴石为主,其次是角闪石。与该次洪水淤沙颗粒组成及其矿物成分是相符的。另外根据历史文献及淤积层古代遗物考证,1843的洪水是千年稀遇洪水。

　　2.1761年(清乾隆二十六年)三花间特大洪水

　　1964年黄委会设计院对1761年洪水,开始调查分析,发现1761年三花间干支流均出现罕见的洪水,沁、丹、伊、洛、瀍、涧、漭河及三门峡至孟津间诸支流同时并涨,洪水大而灾害重,至1975年黄科所胡汝南等根据历史文献记载及黑岗口志桩材料,采用"在变动河床上以水位最大涨差推求历史洪水"的方法,对洪峰、洪量进行了定量分析和估算,此后设计院水文组高秀山等又作了一些调查研究。

　　1761年洪水,是近几百年以来三门峡至花园口区间的一次罕见大洪水,据地方志资料,其雨区范围很广,南起淮河流域,北至汾、沁河和海河流域的西南部,西起陕西关中一带,东至郑州花园口,其中以三花区间雨量最大,暴雨中心在干流的垣曲、洛河的新安、沁河的沁阳一带,降雨总历时约10天左右,其中强度较大的暴雨约四五天。该次洪水洛、沁河下游的沿河城镇偃师、巩县、沁阳、博爱、武陟等县,都是大水灌城,水深四五尺至丈余不等。黄河下游约有 26 处决口,水患涉及河南省 33 个州县,山东省 12 个州县,安徽省 4 个州县。由于水势过大,灾情严重,所以当时乾隆皇帝对此极为重视,曾亲笔题诗以志当时水情灾情,诗中有:"……七月十八,霖霖日夜继,黄水处处涨,葵楗难为备,遥堤不能容,子堰徒成弃,初漫黑岗口,复漾时和驿,……吁嗟此大灾,切切吾忧系。"当时在开封黑岗口设有志桩观测水势,河南巡抚常钧给皇帝奏折中称:"……祥符县属之黑岗口河水,十五日测量原存长水二尺九寸,十六日午时起至十八日巳时陆续共长水五尺,连前共长水七尺九寸,十八日午时至酉时又长水四寸,除落水一尺外,净长水七尺三寸,堤顶与水面平。间有过水之处。"据此推估黑岗口洪峰流量 30000 立方米每秒,上推至花园口为 32000 立方米每秒。五天洪量 85 亿立方米。

第二节　冰凌洪水

一、上游宁蒙段

历史上内蒙古河段的封河、开河时间就有民谚:"小雪流凌,大雪叉河,惊蛰河自凹,春分河自乱(严重融冰现象),清明河自清(凌尽)。"1942 年日本黄河上游调查委员会在《包头～中卫黄河结冰与融冰分析资料》中记载:"宁蒙至包头 11 月 12 日～11 月 30 日开始流凌,11 月 15 日～12 月 19 日封冻,3 月 13 日～3 月 26 日解冻开河。"1944 年国民政府黄委会编写的《黄河水文》中,对上游各地封、开河时间及冰期的长短,进行了阐述:"兰州附近约11 月下旬始见流冰,12 月中结冰,3 月初解冻,冰凌期约两个半月,绥远二十四顷地约在 11 月 25 日至 12 月 5 日之间封河,约在 3 月 18 日至 24 日开冻,冰冻期约三个半月。"

建国后,1954 年黄规会编制的《黄河技经报告》中,对黄河上游冰情进行了一般分析,兰州以上河段,所在纬度较低,而水流又较急,故循化上诠一带多数河段一般年份冬季皆不封冻。兰州则因河槽较宽,流速较小,多数年份河面均行封冻,封冻时间一年可达 30 天。青铜峡至包头一带,纬度皆在 38°以上,水流又平缓,所以封冻时间很长,包头一年可达 4 个月之久。包头以下河道改向南流,沿河各地封冻日数逐渐减少。

刘家峡建库后,黄委会兰州水文总站于 1978 年对刘家峡水库蓄水运用前后黄河宁蒙河段冰情变化进行了探讨,并着重分析开河形势的变化。黄河自兰州以下的流向,大体呈西南～东北方向,到达内蒙古五原后又折向东略偏南,兰州至包头纬度相差 4°37′,经度相差 6°13′。上下游气温相差较大,11月至次年 3 月,月平均气温包头比兰州低 4.2～5.8℃。宁蒙段开河时期常常形成一个较大凌洪,水位、流量上涨,凌洪过程一般七天,凌峰流量石嘴山、渡口堂平均为 800、900 立方米每秒,三湖河口、昭君坟、头道拐平均为1500、1840、2000 立方米每秒,迫使河道强行开河,往往形成水鼓冰开,卡冰结坝的武开河局面。刘家峡水库蓄水运用后,凌汛期控制下泄流量,宁蒙段卡冰结坝次数大为减少,文开河增多,改变了过去多为武开河局面。

1984 年水电部水文水利调度中心,又组织人力编写《黄河冰情》,全面系统地分析了黄河冰凌情况及规律,宁蒙河段的特点是中宁枣园以上为不稳定封冻段,枣园以下为稳定封冻段。内蒙古一般于 11 月中旬流凌,12 月上、中旬封冻,封冻天数一般为 100 天左右,最长可达 130 余天。槽蓄水增量6.32 亿立方米,稳定封冻后,水位变幅 1 米以上,最大达 2 米多,冰量约 3亿立方米。宁夏石嘴山平均 11 月下旬流凌,12 月下旬封冻,封冻天数 71天。水位一般上升 1.5～2.0 米左右。3 月上旬开河,开河时冰水齐下,沿程水位上涨 0.5～2.0 米左右,流量增大,最大增加 1000 多立方米每秒,开至内蒙古为 3 月中下旬,最迟 4 月上旬。由于凌洪影响内蒙古河段水位平均上涨 0.5 米以上,若遇卡冰结坝,最大涨水可达 6 米以上。凌峰历时一般 9 天左右,峰高量小,峰型尖瘦,最大凌峰流量石嘴山 1700 立方米每秒,渡口堂1890 立方米每秒,三湖河口 2220 立方米每秒,昭君坟 2920 立方米每秒,头道拐 3500 立方米每秒。

二、下游豫鲁段

1944 年国民政府黄委会所编《黄河水文》中,对黄河下游凌汛记载是:"时至春初,温度渐升,河冰流动,如遇河身之狭处,桥孔或其他阻水之处,冰块壅聚,有阻水流下泻,甚或水流为之堵塞,结果使上游水位高涨不已,而起盛洪,堤防如不足御,即成水灾。黄河下游,当冬末时豫境已开冻,冰块顺流而下,近海口处,则天气严寒,朔风紧吹,冰尚难融,而所来之冰块,势必拥挤不下,且或重新冻结,因之阻水,水位逼高,时有漫溢之患。全河之受凌汛影响最著者,莫如山东境内,而尤以西段之患为甚。据十六年之记录,泺口凌汛发生时期,最早为 1 月 12 日,最晚为 2 月 29 日,而多在 2 月上旬。凌汛最高水位为1933年28米,较该年伏汛最高水位低1米,较低水位时约高2米。凌汛积冰阻水,流量甚小,其溜亦缓,虽冰块有时亦能冲坏埽坝,然其最险者为逼高水位,漫溢堤外,造成溃决。"

1952年黄委会在《黄河水利建设基本情况》中,对下游凌汛有如下记述:"黄河下游自兰封以下,河流改向东北流,至海口一带纬度相差3度以上,因之开河日期先后不同,如冬春之交,上段已先期开冻,淌凌至海口一带,天气尚寒,冰犹未融,势必壅塞不下,甚或再行冻结逼水上涨,因而造成水灾,如1951年下游利津王庄的凌汛决口,即为一例。"

黄委会工务处、清华大学水利工程系,经过实地调查,对黄河下游凌汛全面系统地分析研究,于1979年编写出《黄河下游凌汛》一书,对黄河下游冰凌特征,从自然条件上分三个特点:第一,气温上暖下寒,冬季气温越向下游越冷,冷的时间也越长。最低旬气温多出现在1月中旬,1月份气温变化幅度最小,是一年中相对稳定的寒冷时期。冬季一般3~8天出现一次寒潮,强冷寒潮一月出现两次,寒潮侵袭往往导致下游封河。如1973年12月中旬,北镇地区气温较多年平均偏高1℃左右,这时水面几乎没有冰凌,12月23日上午,带有七八级偏北大风的寒潮入境,气温急剧下降,傍晚河道普遍淌凌,密度20%~30%,24日平均气温下降至-8.2℃,较寒潮来临的前一天(20日)平均气温骤降9.2℃,淌凌密度升到60%,25日凌晨淌凌密度更大,当最低气温降至-12.2℃时,利津河段封了河。所以封河时往往是下段河道早于上段河道,开河时往往是下段河道迟于上段河道。冰盖厚度,一般是下段河道大于上段河道;第二,上游来水忽大忽小,易在小流量时封河,增大槽蓄水量,由于上游宁蒙河段的影响,潼关历年11月至次年3月流量变化是由大到小,又由小到大的马鞍形过程,其中1月份最小,多年平均流量526立方米每秒,12月份和2月份稍大,分别为616和634立方米每秒,而瞬时最小流量多出现在12月,与气温的变化趋势相一致,极易形成在小流量下早封河的不利形势。如1956年11月28日内蒙古河段封河后,潼关和利津河段日平均流量相继下降,当利津河段日平均流量下降到300立方米每秒左右时,正好遭遇冷空气的侵袭,12月29日从利津河段的一号坝开始封冻;第三,河道上宽下窄,易在下段窄河道卡冰壅水,容易发生卡冰壅水的地方是弯曲狭窄河段,黄河下游陶城铺以下,河道弯曲,险工坝头对峙,河槽的弯窄,流向的顶冲,流势的紊乱,以及主流带的流凌密集等,都是构成弯道容易卡冰壅水的条件。初冬一旦冰凌在坐弯顶冲的地方发生卡塞,就会导致插凌封河,另外滨海段,河势散乱,一片漫流入海,冬季河道淌凌以后,大量冰凌不能畅行下泄,容易在气温不算很低的情况下,首先插凌封河,形成节节上封的早封河现象。黄河下游封河日期多数在12月中下旬,个别年份可能晚至1月下旬,封河有两种类型,一为"立封"即当流速大或逆流向的风力较强时,冰块倾斜地堆迭,而互相冻结,其冰面极不平整,冰层也较厚。另一为"平封"即冰块是顺序平列地互相冻结的封河现象,冰面较平整,冰层也较薄,初封的冰盖厚度决定于流冰的厚度。开河日期一般在2月中下旬,有的年份早至1月中旬,或晚至3月中旬。开河以热力作用为主的称"文开河",以水力作用为主的称"武开河"。冰期中的水位,在没有冰塞、冰坝和冰桥的情况下,由于封冻后水流阻力增加,水位沿程上升,上升速度较缓,上升幅度较畅流期同流量抬高1.2~2.0米。若出现冰塞,冰块或冰桥时,局部河段将产生严重壅水,水位要急剧上涨。如1970年1月27日山东济南老徐庄河段在开河时形成冰坝,半天内上游水位骤涨3米,两天升高4米多,较畅流期水位增高5米以上。又如1955年利津水文站凌峰流量还不到2000立方米每秒,水位高达15.31米。比1958年伏汛最大流量10400立方米每秒的水位还高1.55米。从淌凌到封河,河道流量除排泄下游一部分外,另一部分转化为冰凌,滞蓄于河槽中。槽蓄水增量花园口至利津多年平均3.47亿立方米,最大为8.85亿立方米。这部分水在开河时释放出来,形成凌洪和凌峰。槽蓄量大,则凌洪也大。1957年黄河下游封冻期花园口至利津河段槽蓄水增量7.7亿立方米,开河时利津凌峰流量3430立方米每秒,为历年最大凌峰流量。

三门峡水库防凌运用后,黄委会陈赞廷、合肥工业大学孙肇初等于1980年研究了《三门峡水库调节对黄河下游防凌的作用》,着重分析流量对下游冬季封冻的影响。1965~1966年冬暖水枯封冻,1967~1968年冬寒水丰也封冻,1971~1972年亦属冬寒水丰,但流量达700~1000立方米每秒,较前更丰,后期在严寒的情况下,却未封冻。说明气温和流量对凌汛的影响,同是属于冬暖或冬寒的年份,水枯时能封冻,水丰时却不能封冻。三门峡水库防凌运用后,调整了河道冬季流量变化过程,基本控制下游凌情变化,减免了下游凌汛灾害。1981年王文才、李振喜又在《黄河下游冰情分析及封冻解冻预报》中,对下游封冻解冻作了分析,从1951~1981年的31年中,河南段有13年封河,占总年数的42%,山东段有26年封河,占总年数的84%,均属不稳定封河区。因河面较宽,流量较大,入冬后很少是一二次降温就能封河,往往是经过多次降温,气温具有相当冻结能力时,才能形成封河,常年封河最早的为利津河段。由于是不稳定封河段,在冬季和春季都可能形成开河,几封几开的情况是屡见不鲜,如 1968～1969 年在泺口断面以上就有三封三开的情况。

1984 年水电部水文水利调度中心所编《黄河冰情》中,对黄河下游冰情记述了其封冻范围、冰量大小及凌峰沿程变化情况。黄河下游在封冻年度中封冻最上首达荥阳县汜水河口,短的仅封至垦利十八户,封冻长度,最长 703 公里,最短 40 公里,平均 345 公里。冰量最多达 1.42 亿立方米,最少仅 0.015 亿立方米,平均 0.417 亿立方米。冰盖厚度,滨海河段一般为 0.3～0.5 米,兰考以上一般为 0.1～0.2 米。其凌峰流量的演进,往往是一个自上向下递增的过程,如 1955 年花园口凌峰为 1040 立方米每秒,高村 2180 立方米每秒,至泺口 2900 立方米每秒。1957 年 2 月 27 日开河时,泺口以下,因沟头马札子等处卡塞严重,形成较高水头,利津凌峰流量高达 3430 立方米每秒。

第二十八章 泥　　沙

　　黄河多沙为世界河流之冠。自古以来就有不少记载,到了民国时期已有水文和泥沙专家进行过一些科学的分析论述,大量的研究工作是在建国后进行的,对于黄河泥沙的数量,产生输移变化和河道冲刷淤积规律等都逐步提高了认识,为治黄工作提供了宝贵的科学依据。

　　黄河泥沙主要为悬移质,推移质仅为悬移质的 0.9‰～3.4‰(花园口 1958～1966 年资料)。陕县站多年平均输沙量 16 亿吨,年平均含沙量 37.8 公斤每立方米,支流窟野河温家川站最高含沙量达 1700 公斤每立方米(1958 年)。泥沙主要来源地区,一是河口镇至龙门区间,区域内为黄土高原丘陵沟壑区,水土流失严重,年产沙量 9.08 亿吨,占陕县年输沙量的 57%;另一是泾、渭、北洛河的上中游地区,水土流失也很严重,年产沙量 5.18 亿吨,占陕县输沙量 32%。泥沙多集中在汛期(7～10 月),汛期输沙量占年输沙量 80% 以上,最大月输沙量多出现在 8 月份,占年输沙量的 40%～50%,最小月多出现在 1 月份,占年输沙量的 0.7%～1.2%。泥沙年际变化巨大,陕县最大年输沙量 39.1 亿吨(1933 年),最小年输沙量仅 4.88 亿吨(1928 年)。黄河泥沙颗粒较细,其中河口镇至龙门区间来沙颗粒较粗,渭河来沙较细,夏秋季泥沙主要来自黄土塬面,颗粒较细,冬春季泥沙来自河床冲刷,颗粒较粗。黄河泥沙的输移,中游大部分地区支流输移比接近于 1。上中游干流河道,一般是峡谷河段冲刷,平原宽阔河段淤积,下游河道是逐年淤积,平均每年淤积泥沙约 3.27 亿吨,成为有名的悬河。黄河泥沙含肥丰富,每吨泥沙含氮 0.8～1.5 公斤,磷 1.5 公斤,钾 20 公斤,有利于改良土壤,增加农业生产。

第一节　年输沙量

　　黄河泥沙量大,古时只有粗略的记述。清朝末年,现代科学传入,1902 年在黄河下游津浦铁路的泺口开始用现代方法测量含沙量,至 1919 年黄河

在陕县、泺口水文站正式测量含沙量。但对黄河年输沙总量的研究,始见于
1934 年张含英的《黄河之冲积》中,根据 1919～1921 年和 1929 年资料,计
算陕县年输沙量 8.66 亿吨。1944 年国民政府黄委会编《黄河水文》中,又根
据 1934～1942 年 9 年资料计算陕县年平均含沙量以重量百分比计 2.09％
(折算含沙量为 21.2 公斤每立方米)。1947 年国民政府最高经济委员会公
共工程委员会编印的《黄河研究资料汇编》中,根据 1934～1942 年资料计算
陕县多年平均输沙量 18.9 亿吨。

1952 年为黄河流域规划的需要,黄委会泥沙研究所根据 1919～1951
年资料计算,陕县多年平均输沙量为 12.6 亿吨。

1954 年黄规会编制《黄河技经报告》时,将陕县资料插补延长为 31 年
系列(即 1919～1943 年、1946 年、1949～1953 年),分析计算陕县多年平均
输沙量 13.8 亿吨。1955 年为提供三门峡枢纽初步设计资料,黄规会在苏联
专家盖尔什曼的指导下,对陕县水文资料又作了进一步的审查和修正,根据
审查修正后的 1919～1954 年资料计算出陕县多年平均输沙量 13.6 亿吨,
与 1954 年计算相近。

1960 年黄委会在《黄河径流和泥沙分析计算报告》中,对陕县输沙量又
作了一次全面地分析计算,其计算系列为 1919～1959 年 41 年系列,较
1954 年黄规会计算,增加了 1954～1959 年 6 年资料,同时插补了黄规会计
算时所缺的 1944、1945、1947、1948 年 4 年资料。增加的十年资料中除 1955
年和 1957 年外,其余都是丰沙年,计算结果多年平均输沙量 17.2 亿吨,较
黄规会计算数字大 3.4 亿吨。

黄委会于 1962 年刊印的《黄河干支流各主要断面 1919～1960 年水量、
沙量计算成果》,陕县多年平均输沙量为 16.0 亿吨。1982 年黄委会水文局
在开展黄河水资源评价时,对黄河年输沙量又进行了核算,采用 1956～
1979 年全国统一系列计算,龙门、华县、河津、洑头四站多年平均输沙量之
和 16.1 亿吨,与 1962 年刊印的陕县数据相同。黄河陕县总输沙量历次研究
成果如表 7—17。

表 7—17　　　黄河陕县年输沙总量历次研究成果表

年份	研究单位或人员及成果名称	资　料　系　列	输沙总量(亿吨)
1934	张含英《黄河之冲积》	1919～1921 年,1929 年	8.66
1947	国民政府公共工程委员会	1934～1942 年	18.9
1952	黄委会泥沙研究所	1919～1951 年	12.6

续表 7—17

年份	研究单位或人员及成果名称	资　料　系　列	输沙总量(亿吨)
1954	黄河规划委员会	1919～1943年、1946年、1949～1953年	13.8
1960	黄河水利委员会	1919～1959年	17.2
1962	黄委会水文处	1919～1960年	16.0
1982	黄委会水文局	1950～1979年	16.1

第二节　泥沙来源

　　黄河泥沙主要来源于黄河中游地区,1936年张含英所编写的《黄河志·水文工程》中就有记述:"黄河含沙,大半来自晋、陕、甘三省,少数则由青、绥、宁、豫供给之,泰岱山区亦供给些微之量,与上游无关。"1944年国民政府黄委会所编写的《黄河水文》中,又进一步阐明黄河泥沙来源于中游及其产沙多的原因,同时对各个区域产沙有了量的概念。具体阐述是:"黄河上游,荒地辽阔,蔓草丛生,抗冲刷力强,所含沙量甚微。包头以下,黄河流经晋陕边界,两岸支流众多,且大多为黄土高原,土质疏松,暴雨骤急,大量泥沙随急流直泻,含沙之多,实为意中事。故黄河至晋陕之间,沙量陡增,龙门之最高含沙量42.16%(571.7公斤每立方米),平均含沙量为1.45%(14.6公斤每立方米),龙门以下,泾、渭、北洛诸河之沙量影响最大,汾河较小,泾河之最高含沙量为54.70%(830.0公斤每立方米),而北洛河之最高含沙量竟达62.30%(1018.0公斤每立方米),较泾河之含沙量尤高。渭河太寅之最高含沙量为42.89%(585.2公斤每立方米),咸阳最高含沙量为37.0%(480.0公斤每立方米)较泾河稍小。汾河因其泥沙大部来自太原以上,由于沿途拦贮,故河津最高含沙量为16.07%(179.3公斤每立方米)较泾、渭、北洛诸河相差甚远。"

　　1952年黄委会泥沙研究所在《黄河泥沙的数量与来源》分析中,对黄河泥沙来源,从贵德至陕县间划分六个区域,其产沙情况:贵德至兰州间年产沙0.9706亿吨,占陕县沙量的7.7%;兰州至青铜峡间产沙1.8780亿吨,占陕县沙量的14.9%;包头至龙门间,年产沙5.4580亿吨,为黄河重点来沙区,占陕县沙量的43.3%;渭河咸阳以上年产沙1.4496亿吨,占陕县沙量的11.5%;泾河张家山以上年产沙1.6134亿吨,占陕县沙量的12.8%;

北洛河、汾河以及潼关至陕县间，年产沙 1.7647 亿吨，占陕县沙量的 14.0％。青铜峡至包头间因灌溉减少泥沙 0.5020 亿吨，占陕县沙量的 4.2％。

1954 年黄规会在编制《黄河技经报告》中，又将黄河泥沙来源划分三个区域：包头以上来沙只占陕县沙量的 1/10 左右；包头至龙门区间来沙占陕县沙量最多，约达一半；泾、渭、北洛河来沙占陕县沙量约 1/3。

1957 年黄委会麦乔威在《黄河泥沙的一般特性》分析中，进一步说明包头至陕县间是黄河沙量的主要来源区，其来沙量占陕县 90.9％，包头以上仅占 9.1％；在包头至陕县地区内，干流包头至龙门间及支流的泾、渭河则为主要来源地区占 88.3％，北洛河及汾河的来沙量不大，仅占 8.6％。在干流与泾、渭河之间，则干流来沙较多占 63％，泾、渭河来沙较少占 25.3％。

1961～1962 年黄委会水文处在统一黄河水沙基本数据时，对黄河泥沙来源情况除分区进行分析外，并对产沙较多的支流进行了分析，其成果是：河口镇以上年来沙 1.42 亿吨，占陕县年沙量的 8.9％；河口镇至龙门区间平均年来沙量 9.08 亿吨，占陕县年沙量的 57.0％，是黄河泥沙主要来源区；龙门至陕县区间来年沙量 5.56 亿吨，占陕县年沙量的 34.9％，亦是黄河泥沙主要来源区之一。各区域支流来沙情况，在河龙区间，吴堡以上汇入黄河的窟野河、黄甫川、红河（浑河）、孤山川、岚漪河、秃尾河、湫水河、朱家川等支流年输沙量均在千万吨以上。其中窟野河的温家川站年输沙量达 1.35 亿吨，黄甫川年输沙量 0.733 亿吨，而输沙模数每平方公里达 24800 吨，为全流域水土流失最严重地区。吴堡以下，汇入黄河的无定河、三川河、清涧河、延河、昕水河等支流，年输沙量亦在千万吨以上，水土流失程度略低于吴堡以上各支流；龙门至陕县区间，渭河华县以上年来沙 4.20 亿吨，占陕县年沙量的 26.4％，北洛河洑头以上每年来沙 0.833 亿吨，占陕县沙量的 5.2％，汾河来沙较少，河津年沙量 0.523 亿吨，占陕县年沙量的 3.3％。

1964～1966 年钱宁等发现淤积在黄河下游河床上的泥沙，绝大部分是颗粒大于 0.05 毫米的粗泥沙，开始对粗泥沙的研究，并于 1965 年同南京大学地理系的 20 多位师生，到黄河中游地区进行粗泥沙来源现场调查，调查结果，粗泥沙来源集中于晋陕间支流和广义的白于山河源区。至 1980 年黄委会水科所李化群等又对黄河粗泥沙来源进行了分析，在《黄河泥沙来源及组成的初步研究》中，对泥沙粒径大于 0.05 毫米的粗泥沙来源，主要来自粗沙年输沙模数大于 3000 吨年每平方公里的地区的 19 条支流上，如表 7—18；面积 6.3 万平方公里，占头道拐至潼关区间面积的 20.1％，年粗泥沙来量 3.9 亿吨,占年粗泥沙总量(5.76 亿吨)的 67.7％。

表 7—18　　　黄河中游多粗沙支流的流域面积及相应粗沙量表

河　名	控制区域	流域面积 （平方公里）	粗沙量 （万吨）	占粗沙总量 （％）
黄甫川	全流域	3246	4149	10.6
孤山川	全流域	1272	1574	4.0
佳芦河	全流域	1134	1380	3.5
窟野河	全流域	8706	8751	22.4
红柳河	新桥以上	1332	983	2.5
湫水河	全流域	1989	1296	3.3
秃尾河	全流域	3294	2040	5.2
大理河	全流域	3906	2342	6.0
清涧河	全流域	4080	2344	6.0
芦　河	全流域	2486	1266	3.2
偏关河	全流域	2089	1045	2.6
蔚汾河	全流域	1478	690	1.7
屈产河	全流域	1220	567	1.4
延　河	全流域	7687	3535	9.0
北洛河	刘家河以上	7325	3131	8.0
蒲　河	姚新庄以上	2264	851	2.2
朱家川	全流域	2922	1064	2.6
环　江	洪德以上	4640	1636	4.2
岚漪河	全流域	2167	659	1.6
合　计		63237	39126	100

第三节　沙量的季节变化

　　建国前,由于资料短缺,对黄河沙量的季节变化研究较少,1944 年国民政府黄委会在编写《黄河水文》中,对沙量的季节变化做了定性分析。认为霜降以后,黄河即现低水,沙量极少。至第二年 3 月末或 4 月初,天气渐暖,上游融雪之水下注,流量突增,水流冲刷力加强,沙量渐高。但不久流量又复降低,沙量较冬日微高。时至夏秋,雨季降临,流量自 7 月渐涨,恒于 8 月达最高峰,9、10月间涨落渐减,然仍不时猛涨,含沙量变化情形,亦大率相似,最大含沙量,多在洪水之时,7、8、9、10四个月输沙量,约占全年沙量的80%。

建国后,1949年张含英在《黄河治本论》中,根据陕县25年(1920～1944年)观测资料对沙量的季节变化做了定量分析,认为7、8、9三个月的泥沙占全年74.68%,7、8、9、10四个月占全年84.32%,即全年1/3的时间,输5/6的泥沙。8月份泥沙量最多,占全年39.86%,各月沙量占年沙量的百分数如表7—19。

表7—19　　　　　　　陕县沙量月分配百分比表

月　份	一	二	三	四	五	六	七	八	九	十	十一	十二
占全年沙量(%)	0.82	0.98	1.74	1.65	1.93	4.56	18.66	39.86	16.16	9.64	3.03	0.97

1954年黄规会编制《黄河技经报告》中,根据插补延长后的陕县1919～1953年31年系列资料,计算7、8、9、10四个月的输沙量11.6亿吨,占全年输沙量的84.05%,其中8月份为最多,占全年沙量的1/3,与1949年张含英25年系列研究情况相近。各月沙量分配情况如表7—20。

表7—20　　　　　　　陕县沙量月分配表

月　份	一	二	三	四	五	六	七	八	九	十	十一	十二
输沙量(亿吨)	0.10	0.12	0.23	0.24	0.30	0.67	3.06	5.32	2.03	1.19	0.41	0.13
占年沙量(%)	0.72	0.70	1.67	1.74	2.17	4.85	22.17	38.55	14.71	8.62	3.00	0.94

1957年黄委会麦乔威在《黄河泥沙的一般特性》分析中,明确黄河沙量的集中程度各地不同,青铜峡以上各站及龙门夏季(6、7、8月)沙量一般可占全年沙量的60%～70%,但包头、陕县以下各站夏季沙量占年沙量的40%～60%。位于山谷地区的河段,其沙量在夏季的集中程度比较大,而位于平原地区的河段,则集中程度较小。年内沙量最多的月份,一般视洪水发生的月份而异,其中8月份沙量占全年最大的比例,在干流可达67.4%(龙门站1953年),在支流站可达76.5%(黑石关站1954年)。

1962年黄委会水文处在《黄河干支流主要断面1919～1960年水量、沙量计算成果》中,分析黄河输沙量在一年内各月分配极为悬殊。干流各站最大四个月的输沙量占年输沙的 80%～90%之间,各大支流最大四个月输沙量占年输沙量的 90%以上,而不少支流达到 98%,最大月多出现在 8 月,占年输沙量的 40%～50%。

1986 年黄委会水文局进行《黄河流域片水资源评价》时,认为黄河连续最大四个月输沙量并不完全集中在 7～10 月,上游干流站多出现在 6～9 月,中下游干流站均出现在 7～10 月,连续最大四个月输沙量占全年输沙量的 80%以上。各支流站,多年平均连续最大四个月,基本出现在 6～9 月,四个月输沙量占全年输沙量的 90%以上。年内最大月输沙量在七八月,与年内最大降雨量出现月份相同,较降雨量更为集中。七八月份黄河流域降雨量占年降雨量的 40%,而输沙量干流站占年输沙量的 60%左右,支流站占年输沙量的 70%以上,陕北各河均在 80%～90%之间。月平均输沙量最小出现在 1 月,特别是中小支流,不少站枯水季节输沙量为零。

第四节　沙量的年际变化

黄河泥沙年际变化巨大。1954 年黄规会编制的《黄河技经报告》中,对陕县站插补延长后的 1919～1953 年 35 年系列资料分析,输沙量最多的一年为 1933 年的 44.3 亿吨(实测),最小的一年为 1928 年的 3.2 亿吨(插补),两者相差在 10 倍以上,其变差系数 Cv 值为 0.586。

1960 年华东水利学院高维真等在《黄河流域泥沙的地区分布和时间变化规律》研究中,认为黄河最大输沙年与最小输沙年的变率陕县为 10.1,泾河张家山为 8.8。年输沙量的变差系数 Cv,兰州以上多小于 0.4,鄂尔多斯东缘沙丘区也小于 0.4,汾、渭流域大部及几个林区为 0.4～0.6,洛河、沁河、大青山及陕北为高值区在 0.8 以上,灵石以上,汾河流域及泾河、北洛河为 0.7～0.8,其余广大地区多在 0.5～0.6 之间。

1982～1986 年黄委会水文局在《黄河流域片水资源评价》中对黄河输沙量的年际变化,进行了全面分析,黄河干流站最大最小年输沙量比值变幅在 5～9 倍之间,变差系数 Cv 值在 0.4～0.55 之间,如陕县站最大年输沙量 1933 年 39.1 亿吨(1962 年修改后数字),最小年输沙量 1928 年 4.88 亿吨(插补),最大为最小的 8 倍。兰州站最大年输沙量 2.67 亿吨(1967 年实测),最小年输沙量为 0.308 亿吨(1941 年实测),最大与最小亦为 8 倍。支流站输沙量年际变化悬殊更大,多数站最大最小年输沙量在十几倍或几十倍之间。输沙量变差系数 Cv 值均在 0.8 左右,如汾河静乐站最大年输沙量为 3620 万吨(1967 年),最小年输沙量为 40.6 万吨(1965 年),最大为最小的 89 倍,Cv 值为 0.85 又如沙量高值区的窟野河温家川站最大年输沙量为 3.03 亿吨(1959 年),最小年输沙量为 0.0526 亿吨(1965 年),最大为最小的 58 倍,Cv 值为 0.80。个别站 Cv 值达 1.0 以上,如浍河河沄站最大年输沙量为 1200 万吨(1958 年),最小年输沙量为 21.0 万吨(1975 年),最大为最小的 57 倍。

第五节　泥沙输移及河道冲淤

关于黄河泥沙输移及河道冲淤,1934 年张含英在其所著《黄河之冲积》中就指出:"陕县每年输沙量 7.87 亿公吨,泺口每年输沙量 4.93 亿公吨,二者之差 2.94 亿公吨,皆沉淀于陕泺之间河道每年可填高二公寸。"1944 年国民政府黄委会编写的《黄河水文》中,也曾简要的记述:"黄河上游沙量甚少,晋陕之间为沙量来源之地,陕县以下则为淤积区,而陕县至高村之间尤为甚。"

1956 年黄规会在编制《三门峡水电站初步设计水文说明书》时,对黄河干流河道冲淤情况进行了分析。从总的情况来说,黄河上中游河道是逐年冲刷的,下游河道是逐年淤积的。但仔细考查,则在上、中、下游河道冲刷河段和淤积河段,常常交替出现,一般是峡谷河段冲刷,平原宽阔河段淤积。如兰州至青铜峡河段冲刷,青铜峡至河口镇河段淤积,河口镇至龙门河段冲刷,龙门至潼关河段淤积,潼关至东河清(小浪底附近)河段冲刷,东河清至下游河段淤积。1957 年黄委会麦乔威又对黄河三个淤积段作了量的分析:青铜峡至包头段,由于宁蒙灌区引水及该河道宽广平缓部分泥沙在河道上的淤积,平均每年沙量减少 0.76 亿吨;龙门至潼关段,由于河道宽广平缓,平均每年约落淤泥沙 0.8 亿吨;陕县以下至泺口段,沙量沿河长落淤,平均每年淤沙 3.27 亿吨。1978 年黄委会水科所麦乔威等又在《黄河下游来水来沙特性及河道冲淤规律的研究》中,分析黄河下游河道,从 1950～1977 年共淤积 66 亿吨,平均每年淤积 2.44 亿吨,其中 53％淤积在滩地上,47％淤积在主槽内。

1986 年黄委会水科所在《黄河泥沙运行基本规律》中,对黄河中游龙门至潼关段河道冲淤专门进行了分析。该河段是黄河、北洛河、汾河、渭河的汇流区,河道宽浅散乱,河段长 132.5 公里,平均宽约 8.5 公里,总面积 1130 平方公里,河床变化非常复杂,随来水来沙条件的变化而进行调整。一般表现为 6、7、8 月为淤积,9 月至次年 5 月为冲刷。1950～1982 年北干流淤积泥沙约 32 亿吨,平均每年淤积泥沙 1.0 亿吨。其中 1950～1960 年为三门峡建库前的自然情况,北干流平均每年淤积泥沙约 1.15 亿吨。当前期河床淤积高到一定程度,遇到高含沙量大洪水时,河床往往发生揭底冲刷,即有名的小北干流揭河底冲刷。

关于支流泥沙输移问题,1980 年黄委会龚时旸、熊贵枢首次提出黄河中游大部分地区,地壳处于上升运动,长期强烈形成的沟壑,都是坡陡流急而流程短,河口镇至龙门区间,一级支流的比降一般都在 5‰以上,河床组成大都为沙卵石或上部覆盖有薄沙层,在临近入黄的下游大多切入基岩,形成跌水或碛滩,坡面冲下来的泥沙,都可以通过各级支流进入干流,其泥沙输移比接近于 1 。

第六节　人类活动对泥沙的影响

人类活动对泥沙的影响在黄河上有两重性,滥垦滥伐,破坏自然面貌,加重水土流失,黄河泥沙增多。流域治理,又可改变自然面貌,防止水土流失,减少黄河泥沙。

黄河流域,随着人口的增加,土地利用的不合理,地面林草植被的破坏,水土流失逐年加重,黄河泥沙也逐年增多。民国时期,已用现代科学方法防止水土流失,在天水、西安等地建立了水土保持实验站,但在群众中推广缓慢。建国后,保持水土,防止水土流失工作,才真正得到大力发展。但研究人类活动对泥沙的影响,开始于 1958 年,当时有些单位对无定河、三川河做了些工作。至 1959 年黄委会和沿河各省(区)有关机构共同协作,对全流域进行了观测、调查、研究。取得初步成果,说明 1958 年与 1959 年水利、水土保持对三门峡以上年输沙量平均减少 9%。

随着资料的增多,进入 80 年代下半期,研究人类活动对黄河水沙影响的成果较多。1986 年黄委会水科所张胜利、黄委会设计院曹太身等分析的《近十几年来黄河上中游来沙减少的原因分析》中,指出龙门、华县、河津、洑头四站以上 1974～1984 年水土保持与水利工程共拦减泥沙 34.75 亿吨,平均每年减少 3.15 亿吨。其中水土保持年减沙 0.72 亿吨,水利工程年拦沙

1.8 亿吨,引黄灌溉减沙 0.63 亿吨。1986 年黄委会水文局熊贵枢等分析的《黄河中上游水利、水土保持措施对减少黄河泥沙的作用》中,认为 1970～1984 年,较 1950～1969 年的年沙量减少 33.6%,其中由降雨原因减少 16.3%,由水利、水土保持原因减少 17.3%,平均每年减沙 2.97 亿吨。

1988 年水电部水利水电规划设计院顾文书在《黄河中游水沙变化的宏观分析》中,又着重指出河口镇至龙门区间的中水丰沙和丰水丰沙年份,能产生较大和特大沙量,是由于 24 小时降雨超过 100 毫米所造成。70 年代暴雨不少,强度也较大,但由于 70 年代以后水保措施起到明显的减沙作用,因此,70 年代河流年平均输沙量仅 6.94 亿吨。比五六十年代年平均输沙量 10.08 亿吨,减少 31%。80 年代,由于日暴雨量一般多在 100 毫米左右,又多分布在水土保持较好地区,大量的水沙被截留,所以 80 年代输沙量锐减,年平均输沙量仅 3.17 亿吨。

由于开荒和其他工程建设又会造成新的水土流失,如陕西省延安地区仅 1977～1979 年就开荒 180 万亩。据西峰水土保持试验站分析,林地破坏后,每平方公里约增加 1900 吨泥沙。因此,黄土高原的治理及对黄河泥沙影响的研究将是长期的。

第 八 篇

水文分析计算

　　水文分析计算成果是流域规划,水利水电工程规划、设计、施工和运行管理的主要依据。黄河流域历代都有不少有关洪水、泥沙、冰情等方面的定性记述。到了民国时期开始有了水文计算。建国后,水文分析计算有了长足进展。首先根据黄河防洪的需要,进行了洪水分析计算。同时为了治黄规划、工程设计等开展了泥沙分析研究。随后,因河口治理的需要,开展了河口水文泥沙变化规律的探讨。在流域面上又绘制了各种水文图册。治黄工作的发展对水文分析计算提出越来越高的要求,观测和调查资料也不断积累增多。在各项治黄规划中,分析计算的内容,分析研究的范围都不断扩大,在实践中尤其在三门峡等大型水库的修建运行中不断深入,已形成了一套黄河水文分析计算系统,创建了各种适应黄河特点的技术方法,并在 80 年代末以后,又得到进一步提高。40 多年来,已为各项治黄工作提供了大量的、科学的、可靠的水文分析计算成果。

第二十九章　洪水分析计算

　　在历史上,黄河洪水分析均为定性描述。30年代初期,对黄河下游及陕县洪水进行过初步分析计算。到了40年代引进了频率计算方法,对陕县洪水进行了频率分析。

　　建国后,根据黄河下游防洪的需要,进一步对陕县及主要支流的洪水进行了频率计算。1954年在编制《黄河技经报告》时,对黄河干流及主要支流的洪水进行了全面的分析计算。此后,在黄河干支流补充规划及一些水库的初步设计时,又都进行了洪水分析计算。到了60年代对黄河防洪重点地区及主要洪水来源区的洪水又进行了深入分析,由单纯频率计算发展到物理成因分析。自70年代开始应用成因法计算可能最大暴雨和可能最大洪水,对黄河下游则采用频率计算、成因分析和历史洪水加成三种方法,求得可能最大洪水。80年代末,对黄河流域暴雨洪水的成因及干支流洪水遭遇进行了深入全面的分析研究并写成专著。

　　为了弥补洪水观测资料之不足,自1952年起,对黄河干流及主要支流进行了大量的洪水调查。特别重要的洪水如陕县1843年特大洪水进行了反复调查,并对其重现期作了大量的考证。1983年将全河183个河段调查成果进行了汇编刊印。

　　冰凌洪水的定性记述历史悠久。自50年代开始,为防凌及冰凌预报的需要,对黄河干流宁夏、内蒙古及下游河段的冰凌洪水形成变化规律作了逐步深入的分析。对有的水库上游形成的严重冰塞组织了专门观测研究。90年代初在黄河下游开始建立系统的冰情模型,使冰凌洪水分析计算提高到国际水平。

第一节　历史洪水调查考证

　　黄河流域是中国文明的发祥地,历史上长期以来就是中国政治、经济、军事、文化的中心,对频繁的黄河洪水灾害有大量的文献、碑文、民谣等记录和描述,为了解黄河历史洪水情况提供了得天独厚的条件。

黄河历史洪水的调查分析研究工作基本是建国后开始的,本志第十二章第一节已记述了对黄河干支流的历次历史洪水调查情况,大部分是在50年代进行的,以后又进行了复查、补充和专项调查。

本节主要记述了对历史洪水的考证情况,分为文献考证、文物考证和河谷地层考证。

一、文献考证

黄河流域文献记载的历史洪水,最早的一次是轩辕黄帝时期(公元前2697～前2597年),这就是《水经注释》记载的:"昔黄帝之时天大雾三日,帝游洛水之上,……天乃甚雨,七日七夜……"自该次洪水到清朝末年(1911年)四千多年里,黄河各地文献对历史洪水的记载,多如繁星,不胜枚举。但记载最多的是黄河中下游(龙门以下)。

为发掘利用这些宝贵的历史文献资料,从50年代初期起,在对历史洪水进行野外实地调查的同时,也开始查阅地方志、史书和有关专著,以了解有关历史洪水的情况。如:

(一)1843年黄河洪水

1952年10月谢家泽、陈本善等调查清道光二十三年(1843年)特大洪水时曾查阅了潼关至陕县河段一些地方志。如:山西《平陆县志》记述:"道光二十三年七月十四日洪水暴涨,溢五里余,太阳渡居民半溺河中,沿河地亩尽为沙盖,河干田舍塌毁无算。"《豫河志》称:"……禹庙高于三门一丈有余,居民人称向年盛涨,三门出水尚有丈许,本年七月十四日河水陡发,直漫三门山顶而过,禹庙亦被冲刷。"这些文献都说明1843年黄河确实发生了一次异常洪水。

关于1843年洪水的情况,清朝宫廷档案中存有大量的记载如:河道总督慧成奏:"陕州呈报万锦滩黄河于七月初三,初五,初七,十三等日,四次共涨水二丈二尺四寸。"河南巡抚鄂顺安七月二十日奏:"万锦滩于七月十三至十五等日,共涨水二丈八寸。询之久于河工弁兵金云:从未见过长水如此之大,所幸水来虽猛,消落亦速。"慧成七月二十六日奏:"万锦滩黄河于七月十三日巳时报长水七尺五寸。后续据陕州呈报,十四日辰时至十五日寅时复长水一丈三尺三寸。前水尚未见消,后水踵至,计一日七时之间长水至二丈八寸之多,浪若排山,历考成案,未有如此猛骤。"按这些记述确定了万锦滩洪峰出现时间为七月十五日寅时,即阳历 8 月 10 日 3～5 时之间。1953 年黄委会编制邙山、芝川水库设计任务书,1954 年黄规会和 1981～1982 年黄委会设计院韩曼华、史辅成等都利用了这些资料估绘出 1843 年洪水在陕县断面的水位过程线,进而求得洪峰流量和洪水总量,这三次估算结果洪峰流量均为 36000 立方米每秒,但洪量略有出入,最后一次成果,最大 5 天洪量为 84 亿立方米,最大 12 天洪量为 119 亿立方米。

(二)三秦间历史洪水

1961～1963 年期间,黄委会设计院吴致尧等为满足黄河下游防洪规划的需要,查阅了河南、山西两省 40 种地方志和《汉书》、《行水金鉴》、《水经注释》、《豫河志》等 20 种史籍。摘录了三门峡至秦厂区间(简称三秦间)自公元前 672 年以来的历史洪水情况,编写了《三门峡至秦厂区间历史洪水文献记载摘记》。这项工作的主要贡献有 4 点:

一是首次揭示了三秦间近 2600 多年来的历史洪水概况。

二是进一步肯定了 1761 年在三门峡至花园口(秦厂)区间,确实发生了一场特大洪水。1955 年 3～8 月,黄委会组织 30 多人参加洛、沁河和三门峡至孟津河段的洪水调查队,发现有 20 余块石碑,记录有 1761 年洪水情况。洛阳、偃师、新安、阳城、沁阳、济源、垣曲、孟县、中牟等县均有石碑记述了这次洪水灾害的情况如表 8—1。这次查阅文献获得了大量资料,如《河南府志》记有:“七月洛阳等县淫雨浃旬,伊洛诸水泛溢,冲塌坛庙,城廓,村庄,田禾殆尽。”《新县志》记有:“七月十五至十九日暴雨五日夜不止,涧水溢,坏民田坟墓无数。”偃师、嵩县、垣曲、沁阳、修武等县县志亦均记有这次暴雨洪水灾害。

1975～1977 年为分析黄河下游特大洪水的需要,胡汝南等对 1761 年历史洪水在以往野外调查和查阅文献资料基础上,又补充搜集故宫档案和地方志资料。据此分析这次暴雨遍布三花间,并推算出黑岗口洪峰流量 30000 立方米每秒,最大 5 天洪量为 85 亿立方米,推算到花园口洪峰流量 32000 立方米每秒(详见本志第十二章第一节)。1982 年黄委会设计院高治定等根据 1761 年的暴雨呈南北向带状分布,查阅故宫档案台风资料,推断这次的暴雨成因与 1958 年黄河下游大洪水相似,为盛夏经向型环流形势和南北向切变线的天气系统。

三是发现了《水经注释》中记载的伊河龙门镇公元 223 年特大洪水(详见本志第十二章第一节)。

1964 年王国安据此资料推算出洪峰流量为 20000 立方米每秒。这次洪水是中国迄今发现能够定量的最早的一次特大洪水。这次洪水在《三国志·魏书》、《晋·五行志》、《河南府志》、《偃师县志》和曹植的《赠白马王彪》的诗中都有记载和记述。

四是发现三秦间 1553 年也有一次特大洪水，主要雨区在伊、洛河。如《偃师县志》记有："夏六月大霖雨，伊洛涨入城内，水深丈余，漂没民舍公廨殆尽，人畜死者无数，民不得食者凡七日，惟取生枣咽之。"洛阳、巩县等县志也都有这次洪水灾害的记载。

表 8—1   黄河 1761 年洪水碑文

序号	河名	地名	碑名	碑文
1	伊河	偃师宁庄	重修菩萨庙神像碑	七月十六发，十八日又大发，黄河漫溢，伊洛河无处归，遂伊洛交流，平地水深丈余
2	伊河	偃师宁庄	碑记	七月十六日河水发，十八日洛水又至
3	洛河	洛阳	重修洛渡桥碑	七月十六洛涧水溢，南至望城岗，北至华藏寺，庙前水深丈余，将桥木一水冲去，水至十八日方落
4	涧河	新安	涧河碑记	七月十五天降暴雨，昼夜不止，至十八日涧水泛涨，横流出岸，沿河房舍尽被冲塌
5	洛河	偃师西石桥	重修观音堂碑	乾隆辛巳秋，洛水泛涨，堂之前后左右水深丈余，虽旧址犹存，而神像倾圮殆尽
6	洛河	偃师二里头寨	重修牛王庙碑	牛王庙由来久矣，自乾隆二十六年秋七月伊洛水涨，庙颓神压，荒凉凄惨不堪
7	洛河	偃师谷堆头	重修菩萨庙神像碑	七月十八日，伊、洛同涨
8	洛河	偃师谷堆头	金装大帝真君神像碑	自乾隆二十六年大雨施行，忽伊、洛两河溢发水涨十余丈，村庄、房屋淹塌无遗
9	洛河	偃师老城	重修大堤碑	是年黄河漫溢，伊洛水无处归，遂泛溢肆出，竟入县城，官厅民庐淹没无算，水势猖狂
10	洛河	偃师许村	金装神像重修大殿碑	七月望九日，伊洛交涨，水势浩瀚
11	沁河	阳城上伏村	补修官津桥碑	七月既望淫雨连绵十余日，河水涨发，土崩石解
12	沁河	阳城润城镇	龙王庙指水碑	大清乾隆二十六年七月十八日辰时，大水发至此

续表 8—1

序号	河名	地名	碑名	碑文
13	沁河	阳城沿河村	龙王庙大王庙重修碑	七月十六日子时沁河大发,十八日其水渐高,长至庙基,庙遂倒坏
14	沁河	沁阳回龙庙	重建古阳堤回龙庙碑记	大清乾隆二十六年辛巳夏秋连雨如注
15	沁河	济源北金村	龙王庙重修碑	七月十六日沁丹两河一时汇发,拜殿崩塌
16	广济河	济源广济	河渠碑	七月曾涨大水,河渠正动工,因大雨而中止,后被水冲坏
17	西阳河	垣曲下马后湾	关帝庙前修水渠碑	兹村旧有水田二百余亩,乾隆二十六年河水冲淤过半
18	东阳河	济源逢石村	修桥碑	乾隆二十六年,大雨极乎五日,洪水溢于两岸,氾滥衍溢,剥损滋蔓,道路倾绝,往来甚难
19	谷水	新安西沃镇	重修怯山桥碑	乾隆辛巳岁,孟秋中旬、暴雨滂沱者数日,大河(黄河)泛涨,山水迅发,而斯桥遂倾
20	大峪河	济源白圪塔村	水渠碑	旧有通渠二道,乾隆二十六年大水漂没
21	廖坞涧河	济源枣树村	水渠碑	清初寺(龙泉寺)前,曾有渠田,乾隆年间被水淹没
22	漭河	孟县谷旦镇	重建谷旦镇石桥碑	乾隆辛巳孟秋,淫霖数日不止,山水暴涨,巨浪滔天,梁乃大坏,行者裹足不前,唯望洋嗟叹而已
23	溴水	孟县孟港	重修孟港石桥碑	乾隆辛巳秋,大雨如注,溴水北徙,桥遂淤没
24	涧水	孟县文水	创建水桥碑	自乾隆二十六年,涧水涨激,文水桥碑,竟成重垫
25	黄河	中牟黄河修防处	乾隆皇帝御笔题诗志事碑	……七月十七八,霔霖日夜继。黄水处处涨,菱楗难为备。遥堤不能容,子堰徒成弃。初漫黑岗口,复漾时和驿。侵寻及省城,五门填土闭。乘障如戒严,为保庐舍计。吁嗟此大灾,切切吾忧系……

注 乾隆皇帝御笔题诗志事碑为1976年在中牟修防段办公室院内发现,现存黄河博物馆

(三)黄河中游 1843 年前的历史大洪水

1964~1966 年,为编制《黄河中游洪水特性分析报告》,王甲斌等查阅了中游地区大量地方志,得到三门峡以上 1500 年以来的大水年份除 1843 年外,还有 1534、1570、1613、1632、1662 和 1785 等年。其中以 1662 年降雨历时最长雨区范围最广。如《咸阳县志》:"五月大雨,平地水深数尺。八月又霖雨四十余日,诸水皆溢。"《泾阳县志》:"八月大雨五旬、民居倾圮、泾河水涨,漂没人畜绝渡十日。"渭南、永济等县县志也有这次洪水情况和灾害的记述。

(四)由故宫清代历史档案考查黄河历史大洪水

清康熙四十八年(1709 年),为了黄河下游防汛的需要,清朝陆续在黄河干流的青铜峡和万锦滩(位置在陕县水文站基本断面上游约 800 米处)和支流洛河的巩县、沁河的木栾店等地设立报汛水尺、观读涨水尺寸,直至清宣统三年(1911 年)为止。1955~1965 年,北京水科院水文研究所陈雪贞等,根据故宫博物院收藏的清代治河大臣的水情奏折和与黄河水情有关的各种志书,对万锦滩、青铜峡、巩县和木栾店以及黄河下游有关地区洪水的水情,以万锦滩为主体,进行了详细而系统的卡片摘录。摘录的年份为 1736~1911 年的 176 年中的 159 年(因其中缺 17 年),共计约 30 万字。为满足黄河洪水长期预报和设计洪水计算的需要,1968 年,黄委会设计院王国安和吴月英将上述卡片全部抄录成册,并和北京水科院水文研究所的韩曼华等对这些资料进行了初步整理分析。结果表明:万锦滩 1841~1843 年和 1849~1851 年即 1841~1851 年的 11 年的两头各 3 年,均为大水年。

(五)黄河 1662 年大洪水

1975~1977 年,王涌泉在前人工作的基础上又作了大量文献资料考证,提出清康熙元年(1662 年)黄河洪水是一场特大洪水,从大量地方志资料来看,这场洪水的暴雨主要发生在泾、渭、北洛、汾河中下游及黄河北干流南部部分支流,时间为公历 9 月 20 日到 10 月 9 日,历时 20 天,但沿河没有这年大水的水位记载和遗迹,说明其洪峰流量小于 1761 年和 1843 年洪水,是一场大面积长历时降雨、胖形洪量大、洪峰不太大的洪水(详见第十二章第一节)。

二、文物考证

黄河洪水的文物考证工作,主要是围绕解决历史洪水的一些重要指标如:洪水的发生年份、大小、来源和重现期等进行的。利用的文物,主要为碑文壁字、古建筑物、历史遗迹等。

(一)发现历史洪水

自 1952 年发现 1843 年黄河特大洪水后,为了查明三秦间是否有与 1843 年量级相当的洪水,黄委会组织了洛河、沁河和三门峡至孟津河段三个洪水调查队,进行特大洪水的调查,如前所述由 20 多块石碑上发现了 1761 年的特大洪水。

(二)考证历史洪水年份

根据 1955 年王仲凯等调查,清道光二十二年(1842 年)吴堡曾发生过一次特大洪水,但从其下游龙门洪水调查来看,只了解到道光年间有大洪水,具体年份不详,而陕县的特大洪水又在 1843 年,不能证实在吴堡发生的这场大洪水。1978 年史辅成、易元俊等到吴堡复查,从河滩上发现一块石碑记述了这次大水,使吴堡 1842 年的大洪水得到落实(详见第十二章第一节)。

根据 1955 年陕西省水利局调查泾河张家山河段,在道光年间曾经发生过一次特大洪水,具体年份不详。1991 年陕西省水利电力土木建筑勘测设计院为泾河东庄水库设计的需要,在进行历史洪水复核调查时,于长武县胡家河村发现有一重修菩萨庙碑,碑文为:"兹因道光二十一年六月十四日,泾水浩浩,大损田园,折伐树林,以致水入庙内倾颓神像。"由此,断定张家山道光年间特大洪水的年份当为道光二十一年,即 1841 年。

(三)确定洪峰水位

1955 年为确定沁河 1482 年洪水位,高秀山等人发现在九女台庙大门口迎面石壁上刻字:"明成化十八年洪水发至此",据此测得 1482 年洪水位为 464.78 米(大沽)(详见第十二章第一节)。

1976 年,为了解 1843 年洪水在三门峡至小浪底河段沿程水位变化情况,史辅成、韩曼华等人在渑池县东柳沃村发现两块石碑,根据这两块石碑的记载测得东柳沃 1843 年洪水位为 231.0 米(大沽)(详见本志第十二章第一节)。

(四)推算洪峰流量

根据 1955 年王仲凯等的调查,龙门河段在清道光年间曾发生过一次特大洪水,洪水涨至禹王庙内禹王塑像的下颏上,但水未进入嘴内。按此水位推算洪峰流量为 19500 立方米每秒。但是龙门河段冲淤变化剧烈,欲正确推算这年洪水的洪峰流量,必须考证 100 多年来该河段的冲淤高度,以便将断面还原到当年洪水时的状况。1976年易元俊、史辅成等为解决这一问题,前往当地考察从龙门峡谷出口左岸现尚残存两孔砖石拱洞,由拱顶距水面高的变化推算出现在的河床约淤高7.8米。考虑淤积后推算出的道光年洪水洪峰流量为31000立方米每秒(详见第十二章第一节)。

(五)估计洪水重现期

关于黄河1843年洪水的重现期,1979～1981年韩曼华等根据《三门峡漕运遗迹》一书中的记述考查了人门岛上有唐宋时代遗留的黄土灰烬及砖瓦碎片和三门峡以下约8公里处唐代漕运码头的集津仓遗迹上的1843年洪水淤沙,确定了1843年洪水系千年以来的最大洪水(详见第十二章第一节)。

(六)推断洪水来源

1843年洪水在潼关以下河段反映材料很多,但在潼关以上虽经多次调查和查阅豫、冀、陕、甘4省共230县590种版本的地方志,所得雨情水情等信息很少,不足以判断该年洪水来源。幸而1843年洪水留下了很厚的淤沙层。1979～1980年史辅成、韩曼华等经多次调查,从三门峡至小浪底河段1843年洪水沿程淤沙,经取样分析,推断1843年洪水主要来源于陕北黄甫川、窟野河、无定河一带及泾河的马莲河,北洛河上游(详见第十二章第一节)。

三、河谷地层考证

黄河洪水的河谷地层考证,在解决1843年洪水的重现期和小浪底河段洪峰流量的定量上首次运用。

(一)估计洪水重现期

1981年,韩曼华、史辅成等为研究1843年洪水重现期,根据黄河三门峡和小浪底工程设计的地质勘探资料,分析发现潼关至小浪底河段,沿河两岸有不对称的一级阶地零星分布。1843年洪水位的高程与一级阶地的前缘高程接近。根据地质地貌考古推断,一级阶地的形成,约12000年左右。据此推估,1843年洪水的重现期,要远大于1000年。

(二)分析断面的稳定性

黄河小浪底河段有40～50米厚的卵石及粗沙覆盖层,从1955年以来的实测断面资料来看,在一次洪水过程中有冲淤变化,但年际间变化不大,基本稳定。

　　1980年，黄委会设计院地质队，在小浪底三坝线附近黄河南岸漫滩面下的卵石层内，挖出一个碳化树根，经分析是从上游冲下来停滞于此而碳化了的，用碳14同位素测定，其年代距今8610±115年。树根高程为132.5米，高于河床3.5米。表明小浪底河段，8000多年以来，河道断面是基本稳定的。

第二节　大面积暴雨洪水

　　黄河流域大面积暴雨洪水分析计算，从分析计算方法和对洪水特性的认识上看，可以分为6个阶段：即经验估算、频率计算、参照苏联规范、结合中国经验、引进美国方法、使用中国规范。

一、经验估算

　　1919～1945年，由于实测资料很少，而且限于当时的科学技术水平，在此期间对黄河洪水的认识，仅凭少量资料推断或用某些外国公式估算。

　　1931年德国人方修斯在《黄河及其治理》一文中，谈到对黄河洪水估算时说："费礼门（美国人）氏……介绍魏家山及蒋口于1919年洪水时观测所得之实况……为7664秒立方公尺。"因而"费礼门假定黄河洪水流量为8000秒立方公尺。""为审慎起见，余主张将洪水流量扩大至10000秒立方公尺，未来河槽应依此标准而设计。"

　　1934年国民政府黄委会主任工程师安立森（挪威人）在《民国22年黄河之洪水量》中称："昔日研究黄河洪水量者，有费礼门君及平汉铁路局。费礼门君依据前运河工程局山东省境内之水位记载，及前顺直水利委员会在泺口黄河铁桥之水位记载，估计洪水流量为八千至一万秒立方公尺。……平汉铁路局根据其自1902年以来所保持之水位记录证明黄河洪水量必远超过一万秒立方公尺，故民国10年计划重建黄河铁桥时，估计为一万八千秒立方公尺。作者则以陕州水位记载为准，曾估计为一万五千秒立方公尺。去岁（民国22年）洪水实为非常洪水……河南河务局于该站（陕州）施测流量，绘成流量曲线表，用以推算最高洪水流量为二万二千至二万三千秒立方公尺之间。"同年，安立森又在《平汉路黄河铁桥桥身与洪水之关系》一文中称：1933年洪水时，"通过铁桥流量，约为23000秒立方公尺，……水经桥孔桥基，恒现不顺，……今设最大洪水水量为29000秒立方公尺，铁桥壅水高度为 1.0 公尺"。

1934 年张含英在《黄河最大流量之试估》中指出："我国对于水位及流量向无确切之记载,自有科学记载以来,十余年间,相率以八千秒立方公尺为依据;即外来客卿专家之著述,亦多根据此数,以故皆视此为黄河流量之最高峰矣。"因此,张氏参酌《美国土木工程学会会刊》1924 年发表的哲费斯(C. s. Jarvis)的《洪流之特性》(Flood Flow Characteristics)一文中,以世界978 条河流为张本,所拟定出用于非多雨地区估算最大洪水流量之公式:

$$q = \frac{5450}{2.1 + M^{2/3}} + 2.5$$

式中,q 为每平方英里之最大流量,以每秒立方英尺计;M 为流域面积,以平方英里计。按黄河流域面积 756700 平方公里(约 29 万平方英里)代入上式,求出黄河最大洪水流量为 30000 秒立方公尺。为黄河开始以公式推求最大洪水,并引进流域面积因素。

1934李仪祉在《黄河水文之研究》一文中,关于黄河洪水的最大流量,在概述了1933年陕州洪峰流量为23000秒立方公尺后,应考虑洪水遭遇而推估黄河最大流量,他说:"黄河能否发生更巨洪水,当视各支流洪水峰能否同时相遇为断。二十二年各峰先后抵潼,相差实均数小时耳。设竟不幸同时互遇于潼,将发生30000秒立方公尺之洪涨。机会虽稀,然终非不能之事也。"

二、频率计算

1946～1953年,随着水文观测资料的增加,开始运用欧美流行的频率计算方法来推黄河各频率的洪水,同时粗略估计黄河的最大流量,并初步分析黄河洪水的来源及遭遇问题。

1946年5月国民政府黄委会水文总站(由沈晋主编的)《黄河之水文》中,对洪流估算开始采用频率分析方法,将陕县1919～1930年、1932～1943年的24年洪水资料,用皮尔逊Ⅰ型曲线,进行频率分析,求得陕县站50年一遇洪峰为28000秒立方公尺,100年一遇为32000秒立方公尺。并对黄河最大洪水流量,用了两种方法进行估算:

一种方法是,假定晋陕间诸支流洪峰为26400秒立方公尺,与来自泾、北洛、渭之普通洪水流量8000秒立方公尺(约合1933年最大流量之二分之一)及包头以上黄河流量 2200 秒立方公尺相遇,合计得 36600 秒立方公尺。

另一种方法是,假定泾北洛渭三河同时暴涨。盖此三河流域面积比较集中,且性质亦甚近似,同时发生洪水的机会也较多。按历年流量记载,泾河之最大为12000秒立方公尺(1943年8月)。设在性质相似河流,最大流量与面积之平方根成比例,并以泾河之最大流量为根据,推算北洛河之最大流量约为8500秒立方公尺,泾河口以上渭河之最大流量为10500秒立方公尺。倘此项估计之三河最大流量相遇,并与来自包头潼关间之寻常洪水流量约4000秒立方公尺及包头以上之黄河流量约2000秒立方公尺相汇合,则即造成陕县约37000秒立方公尺之洪水流量。

按以上二法假设求得之陕县站最大洪水流量约37000秒立方公尺,查上述频率曲线,其发生之频率约为230年一遇。认为"其发生之机会自属极小,然并非不可能也。"但在黄河下游治理计划中,若以37000秒立方公尺作为设计依据,认为殊不经济。为求经济与安全兼顾,采用50年一遇洪峰流量28000秒立方公尺,并推算下游各站洪峰流量是:孟津25700秒立方公尺,中牟24600秒立方公尺,董庄19700秒立方公尺,陶城铺16200秒立方公尺,泺口15300秒立方公尺,利津15000秒立方公尺。

另外,还就黄河洪水来源及遭遇作了初步分析。根据1933、1935、1937、1942年4个大水年资料,认为陕县大洪水,多来自包头至龙门区间的诸支流,如1942年;而1933年洪水主要来自泾河;1935年洪水包头、龙门、潼关、陕县四站间之流域面积约各供给三分之一;1937年洪水大半来自中条山与崤山山谷中。分析结论,还认为:陕县以下,入黄较大支流为洛河与沁河,其洪水涨发以地区关系,似难与上游支流同时,故其影响不及晋陕山谷间各支流之巨。然亦可酿成下游溃决之灾祸,是为吾人所不应忽视者。

1947年6月陈椿庭在《中国五大河洪水量频率曲线之研究》一文中,根据黄委会水文总站《黄河之水文》所列陕县1919～1930、1932～1943的24年洪峰流量资料,采用格拉斯保格(Grassberger)法,海森(Hazen)法和福斯特(Foster)法进行频率分析。该文列出了二十年、百年和千年一遇的洪峰流量(表8-2)。

表8-2 1947年陕县站洪水频率计算成果表

方　　法		格拉斯保格法	海森法	福斯特法
各重现期的洪峰流量(秒立方公尺)	二十年	23200	23200	22800
	百　年	24460	34300	32000
	千　年	53810	53600	45000

对于超过千年一遇的洪峰流量,未予列出。并在分析中说:"《黄河之洪

水》一文中规定黄河陕县站之最大洪水流量为 37000 秒立方公尺,按 Grass-berger 及 Hazen 两氏,其频率约为 0.7%,按 Foster 氏曲线则其频率约为 0.4%。"

建国后 1950 年 10 月,黄委会召开治黄工作会议,提出黄河下游防洪标准,以实测洪水为依据,防御比花园口 1949 年洪水(洪峰流量 12300 立方米每秒)更大的洪水为目标。

1951 年 3 月,黄委会在黄河下游防洪规划报告——《防御黄河 23000~29000 立方米每秒洪水初步意见》中,所提出的防御标准,是按陕县站 1919 年设站以来的实测最大洪水 1942 年洪峰 29000 立方米每秒(1952 年整编时修改为 17700 立方米每秒)和次大洪水 1933 年洪峰 23000 立方米每秒(1952 年整编时修改为 22000 立方米每秒)确定的。

1953 年,黄委会为解决黄河下游防洪问题,在编制《邙山、芝川水库设计任务书》时,对这两个水库的设计洪水,麦乔威、陶光允等采用频率分析方法进行了三次计算:

第一次,对于邙山水库,根据陕县 1919~1952 年(缺 1944、1945、1948 年)的 31 年洪峰流量资料,采用格拉斯保格、福斯特和海森三种方法进行洪峰频率计算,成果为表 8-3。

表 8-3　　　　　　1953 年陕县站洪峰流量频率计算成果表

方　　法	洪峰洪量(立方米每秒)	
	千年一遇	万年一遇
格拉斯保格	31963	44000
福　斯　特	31452	42000
海　　森	38561	55000
采用设计洪峰	32000	43000

该成果比陈椿庭计算的成果要小得多,主要原因是采用经过整编改正后的 1942 年洪水流量资料。

关于陕县设计洪水过程线的推求,按陕县 1933 年典型放大。邙山水库的两个坝址,孟津花园镇和洛河口的设计洪水洪峰和洪量,系将陕县 1933 年型设计洪水的洪峰和洪量,按洪水演进结果,用陕县设计洪峰、历时和距离比例推出,结果如表 8-4。

表 8—4　　　　　　　陕县、花园镇、洛河口设计洪峰洪量表

重现期（年）	陕　　县			花　园　镇			洛　河　口		
	洪　峰（立方米每秒）	洪量（亿立方米）		洪　峰（立方米每秒）	洪量（亿立方米）		洪　峰（立方米每秒）	洪量（亿立方米）	
		2000（立方米每秒）以上	7000（立方米每秒）以上		2000（立方米每秒）以上	7000（立方米每秒）以上		2000（立方米每秒）以上	7000（立方米每秒）以上
千年	32000	155.9	63.4	29700	157.0	60.8	26200	155.4	57.4
万年	43000	213.0	109.0	39800	212.5	109.0	34400	212.0	105.2

第二次计算测站有陕县、龙门和华县三站，计算系列，陕县为 1919～1952 的 34 年资料（其中缺测的 1944、1945、1948 年用历年均值插补），华县和龙门均为 1933～1952 年的 20 年资料，其中华县 1933、1934、1944～1949 年 8 年是根据张家山、咸阳实测资料插补。龙门 1933、1938～1943 年、1944～1949 年 13 年是根据陕县、华县、洑头资料插补。计算项目有洪峰流量、年最大 2 天（华县）、3 天、5 天、10 天、20 天、30 天洪量。频率计算仍用格拉斯保格、福斯特和海森三种方法。对于统计参数即均值 C_v 和 C_s 用矩法计算，但对 C_s 按记录年份长短用下式进行校正：

$$C_s' = C_s(1 + \frac{8.5}{n})$$

对频率计算成果的采用值，在洪峰流量上是采用上述三种方法求得结果中比较接近的两值的平均值，在洪量上是采用上述三种方法求得结果的平均值。

第三次，按谢家泽的意见，频率分析一律采用福斯特法（即皮尔逊Ⅲ型曲线）进行计算。统计参数直接用矩法计算值。但龙门、华县的 C_s 因实测资料短，插补资料误差大，对其影响较大，故未用矩法计算值，而用陕县 C_s/C_v 的比值求得。经验频率公式用数学期望公式：

$$P = \frac{m}{n+1}$$

式中，P 为经验频率，n 为系列项数，m 为按大小顺序排的序位数。

该次计算，对计算系列考虑了两个方案：一是不考虑 1843 年和 1953 年资料；二是考虑这两年资料。考虑 1843 年的方案，洪水系列成了不连续系列。为此，对 1844 到 1918 年这 75 年空缺资料，采用循环插补的办法解决，即把 1919～1953 年共 35 年的资料在 1843～1919 年间循环二次，尚余的 5

年则采用循环后总数加 1843 年的总和的平均值。最后方案，考虑 1843 年洪水的洪量是按《行水金鉴》所载万锦滩报汛资料估算，1844～1918 年资料是按循环插补，精度较差，没有采用该方案。而是采用不考虑 1843 年和 1953 年资料的方案，成果见表 8—5。邙山、芝川两水库的防洪标准，采用千年一遇洪水。

表 8—5　陕县、龙门、华县洪水频率计算成果表

站名	项目	统 计 参 数			各频率 P(%)的数值		
		均值	C_v	C_s	0.01	0.1	1.0
陕县	Q_m		0.4671	1.5695	36542	29263	21581
	W_3		0.4160	1.4808	58.18	47.160	35.440
	W_5		0.3890	1.3542	77.46	63.506	48.540
	W_{10}		0.3652	0.8947	112.39	95.036	76.018
	W_{20}		0.3436	0.7776	182.91	154.090	126.100
	W_{30}		0.3380	0.5760	237.83	203.080	169.390
龙门	Q_m		0.5078	1.7055	44072	34811	25160
	W_3		0.3670	1.3068	39.76	32.795	25.317
	W_5		0.3178	1.1066	48.68	40.990	32.640
	W_{10}		0.2841	0.6963	69.01	60.117	50.119
	W_{20}		0.2737	0.6194	115.09	100.670	84.790
	W_{30}		0.2857	0.4865	161.90	141.580	120.030
华县	Q_m		0.4824	1.6201	22533	17954	13142
	W_3		0.3782	1.3465	20.02	16.440	12.620
	W_5		0.4279	1.4901	45.34	36.670	27.460
	W_{10}		0.4272	1.0470	60.46	50.198	39.010
	W_{20}		0.4508	1.0203	88.14	73.090	56.650
	W_{30}		0.4734	0.8062	107.66	90.195	71.014

注　Q_m 为洪峰流量（立方米每秒），W 为洪水总量（亿立方米），下标为天数

设计洪水过程线，采用 1933 年典型，按同频率峰量控制放大。

芝川水库的设计洪水地区组成，考虑两种情况：一是陕县千年一遇洪水由龙门千年一遇洪水所造成，此时陕县、龙门的设计洪水即各为其千年一遇洪水，华县设计洪水则为二者之差；二是陕县千年一遇洪水由华县千年一遇洪水所组成，此时陕县、华县的设计洪水即各为其千年一遇洪水，龙门设计洪水则为二者之差。这种做法是根据以下两点：

一是从陕县、华县、㳇头、龙门、河津的实测资料来看，在一般情况下，陕

县洪峰流量愈大时,则龙门来水所组成的百分数亦愈大,而华县所组成的百分数愈小如表8—6。

表8—6   陕县实测洪水的平均组成表

陕县洪峰流量	各站占陕县洪量(%)			
（立方米每秒）	龙 门	湅 头	华 县	河 津
5000 以上	64.0	3.5	30.5	3.4
7000 以上	64.5	3.1	25.9	3.6
8000 以上	69.2	3.8	24.4	4.0
10000 以上	74.7	3.0	18.8	3.4
12000 以上	70.4	5.1	23.5	7.8
16000 以上	75.9	5.2	24.3	8.8

注 表中各级流量的组成百分数相加有的不等于100%,是因各站实测资料长短不同所致

二是从陕县、龙门、华县30天洪量的频率计算结果来看,龙门千年一遇洪水为陕县千年一遇的69.8%,华县千年一遇洪水为陕县千年一遇的44.41%。所以,陕县千年一遇洪水,可能由龙门千年一遇洪水所组成,亦可能由华县千年一遇洪水所组成。

邙山水库的设计洪水过程线,假定由陕县1933年型的千年一遇洪水过程线演进至邙山坝址再遇上1953年8月上旬陕县至秦厂干流区间的洪水得出。此项假定的根据:从实测资料分析来看,黄河发生洪水时,洛河发生洪水的机会为三分之一,但洛河发生洪水时则常造成干流洪水。

三、参照苏联规范

1954～1960年,黄河的设计洪水分析计算工作是参照苏联1948年的固定标准执行。其特点是侧重数学计算,分析论证较少。

1954年黄规会编制《黄河技经报告》时,在苏联水文专家维·安·巴赫卡洛夫的指导下,按苏联的经验,对黄河干支流主要水文站和坝址进行了设计洪水计算。在计算中,设计洪峰、洪量对于有资料的测站按频率计算方法求得;对于无资料的坝址按经验公式估算。设计洪量时段,采用3天、5天、10天、20天、30天。由于黄河七八月洪水与九十月洪水特性不同,分别进行统计。

关于洪水频率计算,统计参数均值和变差系数 C_v 按矩法计算;偏态系数 C_s 按适线法确定。C_s 与 C_v 的倍比按苏联经验取 2～4 倍。经验频率计算采用数学期望公式。有特大洪水加入计算时,均值和 C_v 的计算按 ГОСТ3999—48 的规定采用克里茨基—明克理公式。频率曲线线型采用皮尔逊Ⅲ型曲线。由此所得的千年一遇洪峰流量如表 8—7。

表 8—7 **黄河干支流主要站千年一遇洪峰流量表**

各地点及支流	兰州	包头	龙门	陕县	无定河	汾河	渭河	洛河	沁河
洪峰流量(立方米每秒)	8330	6400	36800	37000	16600	10700	18900	20200	6450

无资料地区(各支流坝址),设计洪峰 Q 按经验公式为:

$$Q = A_1 F^{0.5} \delta$$

式中 Q 为洪峰流量,F 为流域面积,A 为系数,δ 为流域形状系数,$\delta = \frac{1}{2} \frac{B_{最大}}{B_{平均}}$,其中 B 是流域宽度。

设计洪量按经验公式为:

$$W = A_2 F^{0.75}$$

式中 W 为洪量,A 值采用与坝址邻近水文站的同频率系数值。

设计洪水过程线,对有实测资料的地区,采用实测典型洪水按同频率峰量控制放大;对无实测资料的地区,按德·尔·索柯洛夫斯基提出的经验概化公式估算。

对三门峡至秦厂间洪水的频率计算,提出两种方法:一是根据每年实测秦厂过程线减去陕县过程线,求得峰和量,来计算频率;二是根据洛河＋沁河＋干流区间得出各年的洪量,计算频率。

设计洪水地区组成,采用一区与设计断面洪水同频率,另一区为相应的办法解决。

对三门峡水库设计洪水中的泥沙,采用流量与输沙率的关系和沙量频率计算两种方法进行估算。

黄规会叶永毅、冯焱、吴庆雪、郑梧生等,在这次工作中,运用了邙山芝川水库设计任务中所应用的设计洪水过程的峰量同频率仿典型放大和设计洪水的地区组成等方法,并首次提出分期设计洪水,这些方法都总结在 1955 年黄规会编制的《编制黄河综合利用规划经济报告的方法与步骤》一书中。后来为各流域和各省(区)所采用,并列入设计洪水规范中。

1955～1956年三门峡水库初步设计时,关于洪水计算,黄规会在苏联专家盖尔斯曼的指导下,对陕县水文站历年水文整编资料,作了审查修改(1933年洪峰由22000立方米每秒改为18500立方米每秒),按皮尔逊Ⅲ型曲线求得三门峡(陕县)千年一遇洪峰为30000立方米每秒,最大45天洪量为290亿立方米;万年一遇洪峰为37000立方米每秒,最大45天洪量为340亿立方米。

1955～1956年黄委会为论证《黄河技经报告》,选出伊河陆浑水库、洛河故县水库和沁河润城水库为第一期工程的合理性和必要性分析研究,组织编制《伊、洛、沁河技术经济报告》。水文分析计算工作是参照《黄河技经报告》的模式,对伊、洛、沁河的主要站龙门镇、洛阳、黑石关、小董和三门峡至秦厂区间洪水,进行了频率计算,洪峰成果如表8-8。

表8-8 　　　三秦间和伊、洛、沁河洪峰流量频率计算成果表

河名	站　名	资料年数	均值 $\overline{Q}$ (立方米每秒)	Cv	Cs/Cv	千年一遇洪峰 (立方米每秒)
黄河	三秦间	19	4610	0.77	2	23400
洛河	黑石关	19	3600	0.78	2	18500
洛河	洛 阳	15	2010	0.71	2	9300
伊河	龙门镇	15	2400	0.97	2	16100
沁河	小 董	10	1517	0.77	2	7700

洪量时段采用5天和12天,后者是根据1954年洪水连续多峰的情况而定的。

各支流水库坝址设计洪水,按参证站的设计洪水成果,采用《黄河技经报告》中的经验公式推估。

孙广钧等用组合频率方法进行分析推求,伊河与洛河的洪水遭遇与组成。

1956～1958年期间,黄委会和有关省(区),根据《黄河技经报告》的要求,对黄河主要支流无定河、三川河、延河、汾河、泾河、北洛河、渭河和大汶河等编制了综合利用规划。这些规划中的水文分析计算工作,都是参照《黄河技经报告》的模式进行。

1958～1960年北京设计院和西北设计院为实施1954年《黄河技经报告》安排的黄河干流梯级工程,而进行的刘家峡、盐锅峡、青铜峡、八盘峡和黑山峡水电站的初步设计中的水文分析计算工作,基本参照三门峡初步设

计模式进行。

1958 年全国出现水利化高潮，为考虑人类活动对水文情况的影响，1959 年 3 月水电部水文局、北京水科院和黄委会共同主持在西安召开《黄河流域水利、水土保持观测研究协作会议》，会议提出分析研究方法，供各地应用。同年 5 月 17 日上述 3 个单位又联合主持并邀请黄河流域各省（区）水利厅、流域机构、高等院校、科研部门等共 40 余单位的代表 140 余人，在太原召开了《黄河流域水利、水土保持观测研究现场会议》，经讨论得出"水利化和水土保持措施对河川洪水的影响，一般是洪峰降低、洪量减少、过程拉长"的定性结论。但是由于水利、水土保持措施对特大洪水的作用，有正（减少洪量、削峰、滞洪）有负（中小型水库垮坝，加大洪水），故在大型水库的设计洪水计算上，很少考虑中、小型水库和水土保持措施的影响。

四、结合中国经验

1961～1971 年，在学习苏联经验的基础上，融汇国内的实践经验，使设计洪水推求方法，由单纯的计算变为分析计算，所得成果较为合理。

1961～1964 年期间，水电部在总结前 10 年全国洪水计算经验的基础上，编写了《水工建筑物设计洪水计算规范》（草案），规定全国以频率分析作为大中型水利水电工程设计洪水计算的主要方法。并强调了历史洪水资料的调查、考证和应用，对计算过程的主要环节还提出了一些统一的技术要求，其精神是要注意分析，这个规范草案虽未正式颁布，但在全国大中小型水利水电工程的规划设计中，大多数得到贯彻应用。1961～1964 年伊河陆浑水库洪水设计，基本上是执行这个规范。

1963～1964 年，为满足黄河下游防洪规划需要，搞清三门峡至秦厂区间（简称三秦间）洪水情况，黄委会设计院编制了《黄河三门峡至秦厂区间洪水分析报告》。报告在野外调查及文献考证的基础上，首次对三秦间的流域自然特性、产流汇流特性和暴雨洪水特性进行了较为全面的分析。在计算设计洪水时，先将受伊、洛、沁河中下游地形和堤防决溢影响的洪水还原成天然情况后，再作频率计算，得出理想的设计洪水，然后再考虑地形和堤防决溢以及桥梁、水库工程的影响，以得出实际洪水。报告对频率计算成果从多方面进行了合理性分析。设计洪水过程线选择对三秦间特大洪水有代表性的 1954 年和 1958 年两次洪水作为典型。由于洪水典型、洪水组成及洪水过程线的放大方法不同，计算结果有所差异。三秦间千年一遇的洪峰流量变化在 23300～30000 立方米每秒之间。综合考虑，黄河下游防洪设计洪水，建议考虑千年一遇标准，用同频率峰量控制放大，并以伊、洛河来水为主的洪水组合，考虑陆浑水库的作用得出三秦间洪峰流量为 25170 立方米每秒，加上三门峡一般洪水下泄 4100 立方米每秒得出秦厂 29270 立方米每秒，取整数为 30000 立方米每秒。1964 年 5 月水电部在北京对这个报告组织了审查会，审查会由水电部技术委员孙辅世主持。参加的专家有须恺、何孝俅、顾文书、华士乾等。结论认为这个报告，使设计洪水计算第一次摆脱单纯统计计算，而加上物理成因和统计规律的分析，使成果较为令人信服。

1964～1967 年黄委会设计院为进一步认识黄河洪水的规律，编制了《黄河中游洪水特性分析报告》(初稿)，报告对河口镇到花园口，整个中游干支流的 73 个主要站进行了频率分析，并综合出洪峰、洪量的经验公式：

$$洪峰 \ Q = AF^m$$

$$洪量 \ W = BF^n$$

式中：F 为流域面积，B 为流域宽度，A 为系数，m、n 为指数，流域面积大于 3000 平方公里的河流 m 为 0.5，n 为 0.75；流域面积小于 3000 平方公里的河流 m 为 0.67，n 接近于 1.0。

报告明确提出，黄河中游各区域大暴雨类型不同，花园口大洪水有三大类型：一是以河口镇至三门峡区间来水为主，如 1933 年型洪水，系由西南东北向切变线带低涡暴雨所形成；二是以三门峡至花园口区间来水为主，如 1958 年型洪水，系由南北向切变线加上低涡或台风暴雨所形成；三是龙门至三门峡区间和三门峡至花园口区间共同来水所造成，如 1957 年型洪水，系由东西向切变线带低涡暴雨所形成，并指出三门峡以上大洪水与三花间大洪水不遭遇，河口镇以上大洪水与黄河中游洪水也不遭遇。

在 60 年代中后期，由于受极"左"思潮的影响，水文界有少数人提出"打倒频率"主张用历史洪水加成法(即直接采用某一历史洪水或将其适当加大)，来确定水利水电工程的设计洪水。黄河流域有些工程也受到影响。1966 年西北设计院对黑山峡和八盘峡电站的设计洪水及 1969 年北京设计院对龙羊峡水库的设计洪水，均采用黄河上游 1904 年历史最大洪水加成作为设计的依据；1969 年黄委会设计院在天桥水电站设计洪水时，亦采用 1945 年历史洪水加成，作为设计依据。

五、引进美国方法

1972 年～1979 年,先是学习使用美国方法,然后结合中国经验分析研究采用。

1972 年 2 月 22 日黄委会综合组王国安鉴于频率方法计算设计洪水,只是统计推算,成果受资料长短的限制,很不稳定,且不能从物理成因上来分析解释成果的合理性。而国外科技较发达的国家,如美、英等国已倾向于用成因分析法(水文、气象法)来推求设计洪水,即从气象上来研究暴雨洪水的形成条件及在一定的流域里出现的可能最大暴雨,从而得出设计洪水。国内有些单位如长江规划办公室(长江水利委员会)也在进行研究,因而,向黄委会领导写书面报告,拟请华东水利学院(河海大学)协助用成因分析法推求黄河设计洪水。2 月 26 日黄委会领导批准报告。10 月由黄委会、华东水利学院和河南省气象局共同协作,由王国安负责,开始对黄河三门峡至花园口区间用成因分析法,开展可能最大暴雨(PMP)和可能最大洪水(PMF)的分析研究工作。于 1973 年 11 月提出《黄河三门峡到花园口区间可能最大洪水分析技术总结(初稿)》,1979 年 10 月正式提出《黄河三门峡至花园口区间可能最大洪水分析报告》。

黄河三花间 PMP 分析研究工作的特点:

1. 求 PMP 的思路。国内外对 PMP 分析工作,都是按气象学的思路来进行研究的,而该次研究中王国安提出以水文学的思路进行研究,即依照数理统计法推求设计洪水的基本思路:

选择典型洪水 ⟶ 放大(洪峰、洪量) ⟶ 设计洪水

用来理解水文气象法推求 PMP 基本思路:

拟定暴雨模式 ⟶ 极大化(水汽、动力因子) ⟶ PMP

根据上述思路,拟定推求 PMP 和 PMF 的流程图如图 8—1

2. 暴雨模式的拟定。先对暴雨模式的定性特征作出估计。此种特征包括三个方面:一是暴雨的发生季节;二是暴雨的雨型,包括暴雨历时、时面分布形式、中心位置等;三是暴雨的天气成因,包括环流形势和暴雨天气系统。

黄河三花间 PMP 暴雨模式的定性特征如表 8—9。

具体采用的暴雨模式有 3 种:一是当地模式,即以当地出现过的最大典型暴雨为模式,三花间选用"58.7"暴雨为模式。二是组合模式,即以当地两

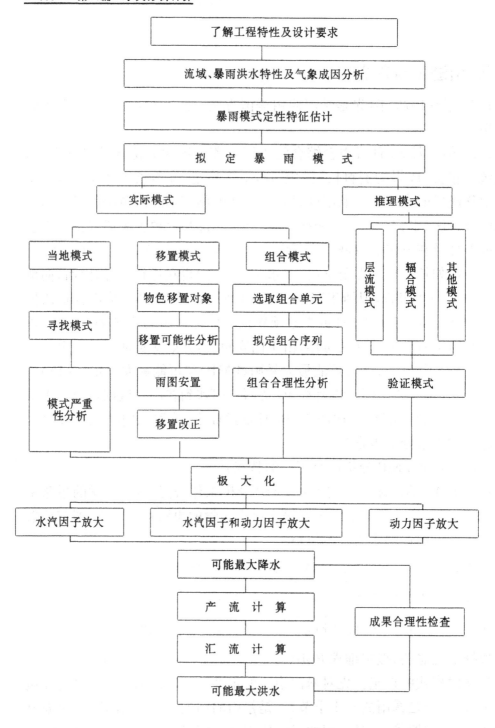

图 8－1 推求 PMP 和 PMF 方法步骤示意图

表 8－9　　　　黄河三花间 PMP 暴雨模式定性特征估计表

项　　　目		特　　　征
暴雨出现季节		盛夏（7～8 月）
大气环流形势		盛夏经向型
暴雨天气系统		以南北向切变线为主
雨区分布形式		南北向带状分布
雨区范围		三花间流域内普遍降雨
暴雨中心位置	伊　　河	嵩县、陆浑一带
	洛　　河	宜阳、新安一带
	沁　　河	润城、五龙口一带
	干流区间	垣曲、皋落一带
降雨历时	连续降雨	10 天左右
	其中暴雨	5 天
暴雨时程分配形式		双峰、主峰在后
前期降雨情况		多雨

个或两个以上典型暴雨组合成为暴雨模式，三花间的组合模式选用"54.8"＋"58.7"暴雨组合而成。三是移置模式，即移置邻近流域的最大暴雨作为模式，三花间曾移置海河"63.8"暴雨和淮河"75.8"暴雨。

3.暴雨模式的极大化。国外常采用水汽放大，该次研究增加了动力因子放大。

4.PMP 成果 。从多方面进行合理性分析确定。

黄河三花间 PMP 分析工作的经验，在全国引起了重视，据不完全统计，仅在 1973 年初到 1975 年 7 月以前这两年多的时间里，全国先后就有 18 个省市自治区的 43 个有关单位，派人前来黄委会了解学习三花间 PMP 分析工作的经验。

1973～1978 年水电部组织编制《水利水电工程设计洪水计算规范》，指定黄委会设计院主编该规范附录四《用水文气象法计算可能最大暴雨》，使三花间 PMP 分析工作的主要经验纳入了设计洪水规范之中。

在 1978 年河南省科学大会上，黄河三花间可能最大暴雨分析工作，受到表彰，获先进集体奖。

1975年8月,淮河发生特大暴雨,导致板桥、石漫滩等大中型水库垮坝,在全国引起极大震动。黄委会当即责成规划办公室对黄河下游可能发生的特大洪水进行了估算。项目负责人叶永毅、陈赞廷,主要成员为史辅成、王国安、吴庆雪等。分析工作采用三种方法,即水文气象法、频率分析法和历史性洪水加成法,分别进行,经综合分析,确定采用数值。

第一,水文气象法。采用当地模式,组合模式和移置模式分别进行计算,其成果如表8—10

第二,频率分析法。采用花园口(秦厂)、三门峡(陕县)等站的实测、调查和插补资料,进行计划。根据《水利水电工程设计洪水计算规范 SDJ$_{(22-79)}$(试行)》第32条的规定:"根据频率计算成果分析可能最大洪水时,采用值不得小于万年一遇洪水的数值。"考虑黄河下游主要站的洪水频率分析成果尚属可靠,故采用万年一遇作为可能最大洪水,成果如表8—11。

第三,历史洪水加成法。主要是采用1761年洪水加大一个百分数作为可能最大洪水,成果如表8—12。

表8—10　　　　黄河三花间成因分析法推求可能最大洪水

方　　　案	可能最大暴雨(毫米)			可能最大洪水		
	1天	5天	12天	Q_m(立方米每秒)	W_5(亿立方米)	$\overline{W}_{12}$(亿立方米)
当地"58.7"	155	359	559	52000	102	136
当地"54.8"+"58.7"组合	133	405	500	47700	95.5	134
移置海河"63.8"	140	472	500	57000	111	
移置淮河"75.8"	157	360		43000	85	

表8—11　　　　黄河三花间频率分析法 PMF 成果表

站(区)名	Q_m(立方米每秒)	W_5(亿立方米)	$\overline{W}_{12}$(亿立方米)
三门峡	52300	(104)	168
花园口	55000	(125)	201
三花间	46700	87.0	122
无控制区	27400	69.3	69.3

注　1.无控制区,指小浪底、故县、陆浑到花园口区间
　　2.带(　)号者为1980年成果
　　3.Q_m为洪峰,W为洪量

表 8－12　黄河三花间历史洪水加成法 PMF 成果表　单位：Q_m 立方米每秒，$\overline{W}$ 亿立方米

站 区	项 目	1761 年洪水	1761 年洪水加成		
			30%	40%	50%
花园口	Q_m	37000	48000	52000	55000
	$\overline{W}_{12}$	142.6	185	200	214
三花间	Q_m	29000	38000	40000	43000
	$\overline{W}_{12}$	75	98	105	113

　　根据以上三种方法计算结果，可能出现最大洪水的洪峰流量，三花间为43000～57000 立方米每秒，花园口为 50000～60000 立方米每秒。经综合分析，选定可能发生的最大洪水，三花间洪峰流量为 45000 立方米每秒，12 天洪量为 120 亿立方米；花园口洪峰流量为 55000 立方米每秒，12 天洪量 200亿立方米。该成果已编制为《黄河下游特大洪水估算》报告，经水电部规划设计院组织召开的"黄河下游防洪座谈会"讨论审查，基本同意估算报告推荐的数字。并提出对 1569、1632、1662、1781 年等历史洪水进一步考证；对成因分析法的可能最大暴雨计算中的一些环节问题做进一步分析论证。

　　1976 年 6 月黄委会规划办公室根据审查意见，并配合桃花峪、小浪底两个工程的选点，对三花间洪水和淮河"75.8"暴雨移置工作进行修正，并补充小浪底至花园口特大洪水估算，提出《黄河下游特大洪水估算的补充工作》报告。

　　1976 年 8 月水电部规划设计院组织的黄河小浪底、桃花峪工程规划技术审查会议，又对上述成果进行了讨论审查。同意计算成果，并补充审定小浪底、花园口间洪峰流量为 36700 立方米每秒，5 天洪量为 75 亿立方米，无控制区洪峰流量为 30000 立方米每秒，5 天洪量为 65 亿立方米。会议还建议，对历史洪水和"75.8"暴雨移置再做些补充工作。

六、使用中国规范

　　这一阶段是自 1980 年开始。1979 年 8 月，水利部和电力工业部联合颁布《水利水电工程设计洪水计算规范 SDJ$_{(22-79)}$（试行）》，该规范总结了中国近 30 年来的设计洪水经验。

　　这一阶段的洪水分析工作，主要是围绕对黄河下游特大洪水的补充分析和小浪底、碛口、龙门等大型工程的规划设计以及修订黄河规划的要求进行的。

　　1980 年 3 月黄委会设计院为落实 1976 年水电部规划设计院审查时所提出的建议,按洪水规范编制了《黄河下游设计洪水分析计算补充报告》,报告中成果较 1976 年计算成果略为偏小,但总的变化不大。经综合分析认为 1976 年审定的黄河下游特大洪水数据是适当的,可作为黄河下游防洪规划的依据。并于同年 4 月 12 日以黄设规字[1980]第 9 号文报送水利部规划设计管理局审定。5 月 29 日水利部以[1980]水规设字 022 号文批复:"同意黄河下游特大洪水仍采用 1976 年审定的数值。"

　　1985 年为满足小浪底水利枢纽初步设计的需要,黄委会设计院又对下游防洪设计洪水和小浪底大坝防洪设计洪水按现行规范的规定进行了分析计算,于 1985 年 6 月提出《黄河小浪底水利枢纽设计洪水报告》,以及基本资料复核、历史洪水、洪水频率计算和三花间可能最大洪水等四个附件。

　　频率分析与 1976 年方法相同,只是将实测资料延长到 1982 年,并修正了部分插补资料。计算结果较 1976 年成果偏小 10% 左右。成因分析法及历史洪水加成法计算均较 1976 年成果偏小,如表 8—13、表 8—14、表 8—15。

　　为考虑人们对洪水发生规律的认识还不够,以及小浪底工程的重要性,黄河下游设计洪水,仍采用 1976 年审定的成果。同时为满足小浪底工程设计需要,频率分析法又补充了一部分内容,成果如表 8—16。该报告由水电部规划院组织水电部西北设计院、北京水科院水资源所、河南省水利厅设计院等单位进行开会审查。会后以[1985]水规字第 56 号文发了会议纪要,基本同意报告中推荐的设计洪水数据。1986 年 5～7 月又经中国国际工程咨询公司组织陈家琦、刘善建、陈志恺、沈淦生、廖松等专家进行审查认可。

表 8—13　　　　　　黄河三花间频率分析法 PMF 成果表

站 （区） 名	Q_m（立方米每秒）	W_5（亿立方米）	W_{12}（亿立方米）
三门峡	46000	96.5	154
花园口	49000	115	197
三花间	42200	83.6	117
无控制区	23600		

表 8—14　　　　　黄河三花间水文气象法 PMF 成果表

方　案	可能最大暴雨（毫米）			可能最大洪水		
	1 天	5 天	12 天	Q_m（立方米每秒）	W_5（亿立方米）	W_{12}（亿立方米）
当地"82.8"	132	386		31100	79.9	102
移置"82.8"	132	386.5		36700	75.1	96.0

表 8—15　　　　　黄河三花间历史洪水加成法 PMF 成果表

站　区	项　目	1761 年洪水	1761 年洪水加成 40%
花园口	Q_m（立方米每秒）	32000	44800
	W_5（亿立方米）	85	119
	W_{12}（亿立方米）	120	168
三花间	Q_m（立方米每秒）	26000	36400
	W_5（亿立方米）	59	82.6
	$\overline{W}_{12}$（亿立方米）	70	98

表 8—16　　　　　黄河小浪底初设采用频率洪水成果表

单位：洪峰 Q_m-立方米每秒；洪量 W-亿立方米

站区名	F（平方公里）	项目	计算年份	均值	C_v	C_s/C_v	万年	千年	百年
三门峡	688421	Q_m	1976	8880	0.56	4	52300	40000	27500
		W_5	1980	21.6	0.50	3.5	104	81.8	59.1
		W_{12}	1976	43.5	0.43	3	168	136	104
		W_{45}	1976	126	0.35	2	360	308	251
小浪底	694155	Q_m					52300	40000	27500
		W_5	1980	22.3	0.51	3.5	111	870	62.4
		W_{12}	1980	44.1	0.44	3	172	139	106
		W_{45}	1985	128	0.35	2	366	312	256
花园口	730036	Q_m	1976	9780	0.54	4	55000	42300	29200
		W_5	1980	26.5	0.49	3.5	125	98.4	71.3
		W_{12}	1976	53.5	0.42	3	201	164	125
		W_{45}	1976	153	0.33	2	417	358	294

续表 8—16

站区名	F（平方公里）	项目	计算年份	均值	C_v	C_s/C_v	万年	千年	百年
三花间	41615	Q_m	1976	5100	0.92	2.5	46700	34600	22700
		W_5	1976	9.80	0.90	2.5	87.0	64.7	42.8
		W_{12}	1976	15.0	0.84	2.5	122	91.1	61.0
		W_{45}	1976	31.6	0.56	2.5	165	132	96.5
小花间	35881	Q_m	1976	4230	0.86	2.5	35400	26500	17600
		W_5	1976	8.65	0.84	2.5	70.0	52.6	35.3
		W_{12}	1976	13.2	0.80	2.5	99.5	75.3	51.2
无控制区	27018	Q_m	1976	2910	0.88	3	27400	20100	12900
		W_5	1976	5.06	1.04	2.5	55.0	10.1	25.4
		W_{12}	1980	7.14	0.95	2.5	69.3	51.0	33.1
三小间	5734	Q_m	1980				28000	20400	12900
		W_5	1980				26.6	19.7	12.8
		W_{12}	1980				33.3	25.1	16.7

注 W 的下标为天，即 5 天，12 天，45 天

　　80 年代，黄委会设计院根据上级要求还对龙门、军渡、天桥、碛口、陆浑、故县和河口村等工程进行可行性研究、初步设计、设计洪水复核，做了大量的洪水分析计算工作。水电部西北勘测设计院和天津勘测设计院也分别对李家峡、大峡、黑山峡（大柳树）、万家寨等工程进行了可行性研究和初步设计等阶段的设计洪水分析工作。

　　1985～1988 年为修订黄河规划的需要，黄委会设计院在以往工作基础上，又补充搜集了大量资料，对黄河流域的洪水进行了较全面深入的分析，于 1989 年 12 月提出《黄河流域暴雨洪水特性分析报告》，其主要内容有：

　　暴雨方面，通过大量资料分析，认识到黄河上游汛期降雨多以强连阴雨形式出现，特点是强度小、历时长、面积大。而中游暴雨强度大、历时短、面积一般比上游小得多。在中游的干旱半干旱地区也曾发生过日雨量达 1400 毫米的特大暴雨。在三门峡至花园口区间，暴雨中心经常发生在地形急剧抬升的伊、洛河中游和三花干流区间所形成的弧形地带，说明暴雨机制与地形关系密切。

　　洪水来源方面，上游洪水主要来自贵德以上。吴堡和龙门的洪水，年最

大洪峰主要来自河口镇以下,而长时段年最大洪量主要是来自河口镇以上。三门峡和花园口的年最大洪峰和年最大洪量均主要来自河口镇以下,但年最大洪量,随着时段长度的增加,河口镇以上来水比重也逐渐加大。

洪水遭遇方面,刘家峡以上的大洪水与湟水、大通河的大洪水不遭遇。兰州以上来的大洪水与黄河中游的大洪水不遭遇。三门峡以上来的大洪水与三花间大洪水不遭遇。花园口以上来的大洪水与金堤河和大汶河的大洪水也不遭遇。

洪水发生时期龙门以上年最大洪峰多发生在七八月份,且由当地暴雨产生,其洪水特点是峰高量小,历时短,含沙量大。5天以上年最大洪量相当一部分发生在九十月,且来自兰州以上,其洪水特点是峰低量大,历时长,含沙量少,故这一地区的设计洪水宜分期进行计算。

由于黄河中游,最大日暴雨面积只有30000～60000平方公里,仅能笼罩中游一部分地区,再加之河段上下暴雨强度、历时和洪水峰型的差别以及龙门到潼关和铁谢到花园口两个宽河段的削峰作用,致使自吴堡至花园口虽流域面积增加约30万平方公里,但干流吴堡、龙门、三门峡和花园口等站实测最大洪峰流量都在21000～24000立方米每秒之间,调查最大洪峰流量也都在31000～36000立方米每秒之间。但一次洪水总量的差别却很大。如吴堡站1976年洪峰流量24000立方米每秒,一次洪水总量为5.44亿立方米。花园口1958年洪峰流量22300立方米每秒,一次洪水总量为62.8亿立方米,后者洪量是前者的11.5倍。

黄河河道的滞洪削峰作用方面,通过龙门至潼关小北干流滩区,潼关至花园口的温孟滩区及伊、洛河下游洛阳、龙门镇至黑石关的夹滩地区实测和调查洪峰资料的分析,对这些河段的滞洪削峰能力有了较为全面的认识。一般在大洪水或特大洪水情况下,小北干流滩区可削减龙门以上洪峰的20%～30%,温孟滩区可削减三门峡(或八里胡同)以上洪峰的10%左右,伊、洛河下游夹滩地区可削减洛阳、龙门镇以上洪峰的20%～30%。这些河道天然滞洪作用,起到天然调节洪水作用,是吴堡、龙门、三门峡及花园口四站实测、调查最大洪峰流量以及各级稀遇频率洪水的数值能保持在同一数量级上的原因之一。

设计洪水计算方面,针对黄河上、中游地区洪水特性不同,在以年最大洪水峰、量取样频率计算法的基础上,又进行了汛期分期(前期七八月和后期九十月)洪水频率分析计算。

洪水泥沙方面,通过对黄河泥沙特性的分析,进一步证实黄河泥沙具有比洪水更为集中的特点,即泥沙约 90% 集中来自河口镇至三门峡区间。泥沙的时程分配约 80% 集中在汛期,而汛期又主要集中在几次洪水期。同时进一步说明中游河口镇至三门峡间泥沙粒径呈现有西北部粗和向东南逐渐变细的地区分布特点。并通过对黄河中下游干流站较大洪水及输沙过程的演变分析,从理论上揭示了黄河中下游干流河道常见的沙峰滞后于洪峰的规律。这次成果已用于《黄河治理开发规划报告(1990 年修订)》中。规划报告所采用的黄河干流主要站洪水频率成果如表 8—17,该成果 1991 年获水利部科技进步三等奖。

表 8—17 黄河干流主要站洪水频率成果表

单位:洪峰 Q_m 为立方米每秒 洪量 W_t 为亿立方米

站名	控制面积（平方公里）	项 目	均 值	C_v	C_s/C_v	频率为 P% 的设计值		
						0.01	0.1	1.0
贵德	133650	Q_m	2470	0.36	4	8650	7040	5410
		W_{15}	26.2	0.34	4	86.5	71.0	55.0
		W_{45}	62.0	0.33	4	199	164	128
兰州	222551	Q_m	3900	0.35	4	12700	10400	8110
		W_{15}	40.8	0.33	4	131	108	84.0
		W_{45}	97.8	0.31	3	274	232	188
河口镇	385966	Q_m	2882	0.40	3	10300	8420	6510
		W_1	2.38	0.38	3	8.04	6.66	5.21
		W_5	11.5	0.39	3	39.9	32.9	25.5
		W_{12}	25.9	0.40	3	92.2	75.6	58.3
		W_{45}	73.4	0.40	3	261	214	166
吴堡	433414	Q_m	9010	0.64	2.5	51200	40000	28600
		W_1	3.56	0.50	3.5	17.2	13.5	9.80
		W_5	13.1	0.41	3	47.9	39.2	30.1
		W_{12}	28.9	0.38	3	95.7	79.2	62.0
		W_{45}	86.1	0.37	2.5	270	22.7	181
龙门	497552	Q_m	10100	0.58	3	54000	42600	30400
		W_1	4.75	0.50	3	21.6	17.2	12.7
		W_5	16.4	0.40	3	57.3	47.0	36.4
		W_{12}	32.2	0.36	3	103	86.0	68.0
		W_{45}	96.1	0.33	3	281	239	191

续表 8—17

站名	控制面积（平方公里）	项目	均值	C_v	C_s/C_v	频率为 P% 的设计值 0.01	0.1	1.0
三门峡	688421	Q_m	8880	0.56	4	52300	40000	27500
		W_5	21.6	0.50	3.5	104	81.4	59.1
		W_{12}	43.5	0.43	3	168	136	104
		W_{45}	126	0.35	2	360	308	251
小浪底	694155	Q_m	3880	0.56	4	52300	40000	27500
		W_5	22.3	0.51	3.5	111	87	62.4
		W_{12}	44.1	0.44	3	172	139	106
花园口	730036	Q_m	9770	0.54	4	55000	42300	29200
		W_5	26.5	0.49	3.5	125	98.4	71.3
		W_{12}	53.5	0.42	3	201	164	125
		W_{45}	153	0.33	2	417	358	294
三花间	41615	Q_m	5100	0.92	2.5	46700	34600	22700
		W_5	9.8	0.90	2.5	87.0	64.7	42.6
		W_{12}	15.0	0.84	2.5	122	91.0	61.0
		W_{45}	31.6	0.64	2	161	132	96.5

注 资料系列截至年份，贵德为1974年，兰州至龙门4站为1972年，三门峡至花园口各站及区间为1969年，其中三门峡 W_5，小浪底 W_5 和 W_{12}，花园口 W_5 为1976年

　　建国以来，黄河上修建和即将修建的一些大型水利水电工程，其设计洪水成果如表8—18。这些成果都是经过水利水电主管部门审查批准的，并刊印于《全国大中型水利水电工程水文成果汇编》第一集和第二集中。

表8—18　　黄河干支流大型工程设计洪水成果表

洪峰:立方米每秒　洪量:亿立方米

设计单位	设计阶段或文件简称	设计时间(年,月)	洪水项目	N/相应年份(年)	n/起止年份(年)	$\bar{X}$	Cv	Cs/Cv	Xp(%)			校核洪水	设计洪水	备注
									0.01	0.1	1			
黄河三门峡														
黄规会	技经报告	1954	Q_m	110/1843	31/1919~1953	8900	0.523	4	48000	37000	25900		37000	
			W_{30}			83	0.354	2	257	219	179		219	
苏联列宁格勒水电院	初步设计	1956	Q_m		32/1919~1954	8740	0.43	4	37000	30000	22000	45000	30000	
			W_{45}		"	121	0.34	2	340	290	240	410	290	
三门峡工程局	技术设计	1958.4	Q_m		35/1919~1957	8580	0.42	4	35500	28300	21000	40540	31840	
			W_{45}		"	120	0.33	2	326	281	230	364	311	
黄委设计院	下游防洪规划	1976	Q_m	210/1843	47/1919~1969	8880	0.56	4	52300	40000	27500	52300	40000	
			W_{12}		"	43.5	0.43	3	168	136	104	168	136	
			W_{45}		"	126	0.35	2	360	308	251	360	308	

注　①缺1944,1945,1947,1948年洪水资料。②1956年初设,以万年一遇洪水加安全保证值校核。1958年技设,以千年一遇洪水加安全保证值设计,万年一遇洪水加安全保证值校核

设计单位	设计阶段或文件简称	设计时间(年,月)	洪水项目	N/相应年份(年)	n/起止年份(年)	$\bar{X}$	Cv	Cs/Cv	0.01	0.1	1	校核洪水	设计洪水	备注
黄河小浪底														
黄委设计院	初步设计	1985.6	Q_m	210/1843	47/1919~1969	8880	0.56	4.0	52300	40000	27500	52300	40000	
			W_5		54/1919~1976	22.3	0.51	3.5	111	87	62.4	111	87	
			W_{12}		"	44.1	0.44	3.0	172	139	106	172	139	
			W_{45}		60/1919~1982	127.5	0.35	2.0	364.5	311	254.9	364.5	311	

注　①1944,1945,1947,1948年洪峰系调查资料,未采用,洪量资料缺。②设计洪峰采用,洪量采用陕县站资料。采用可能最大洪水(与万年一遇洪水相同)校核

设计单位	设计阶段或文件简称	设计时间(年,月)	洪水项目	N/相应年份(年)	n/起止年份(年)	$\bar{X}$	Cv	Cs/Cv	0.01	0.1	1	校核洪水	设计洪水	备注
黄河万家寨														
天津勘设院	初步设计	1987.12	Q_m	86—153/1969	19/1954~1981	3900	0.58	3.0	21200	16500	11700	21200	16500	
			W_1		30/1952~1981	2.55	0.41	3.0	9.33	7.62	5.87	9.33	7.62	
			W_3		"	7.32	0.41	3.0	26.79	21.89	16.84	26.79	21.89	
			W_5		"	11.8	0.42	3.0	44.25	36.11	27.61	44.25	36.11	
			W_{15}		"	32.1	0.46	2.5	125.51	102.08	78.32	125.51	102.08	

注　洪峰系列缺1952,1953,1956,1967,1968,1970~1975年资料

续表 8—18

设计单位	设计阶段或文件简称	设计时间(年、月)	洪水项目	N/相应年份(年)	n/起止年份(年)	$\bar{X}$	Cv	Cs/Cv	Xp(%) 0.01	0.1	1	校核洪水	设计洪水	备注
黄河 李 家 峡														
四局设计院	补充初设	1977	Qm	170/1904	29/1946~1974	2470	0.36	4.0	8650	7040	5410			贵德站成果
			W15	"	"	26.2	0.34	4.0	86.5	71.0	55.0			
			W45	"	"	62.0	0.33	4.0	199	164	128			
西北勘设院	初步设计	1984	Qm	170/1904	36/1946~1981	2520	0.36	4.0	8820	7180	5520			循化站成果
			W15	"	"	27.3	0.34	4.0	90.1	74.0	57.3			
			W45	"	"	65.1	0.33	4.0	209	172	134			
			Qm	"	"	2480	0.36	4.0	8680	7070	5430	6300	4100	坝址成果
			W15	"	"	26.5	0.34	4.0	87.5	71.8	55.7	72.0	52.7	
			W45	"	"	62.8	0.33	4.0	202	166	129	167	142	
注 ①设计、校核洪水已考虑龙羊峡水库的削峰作用。按千年一遇洪水设计,万年一遇洪水校核。②坝址洪水统计参数由贵德、循化两站内插。														
黄河 公 伯 峡														
西北勘设院	可行性	1988.5	Qm	170/1904	36/1946~1981	2520	0.36	4.0	8820	7180	5520	7600	5050	
			W15	"	"	27.3	0.34	4.0	90.1	74.0	57.3			
			W45	"	"	65.1	0.33	4.0	209	172	134			
注 设计、校核洪水为考虑龙羊峡调蓄作用后的公伯峡调蓄入库流量。按千年一遇洪水设计,校核洪水可能最大洪水(本阶段按万年一遇洪水加20%)校核。														
黄 河 大 峡														
西北勘设院	重编初设	1988.6	Qm	130~170/1904	47/1934~1981	3900	0.335	4.0	12700	10400	8110	8350	6500	
			W15	"	"	40.8	0.33	4.0	131	108	84.0	108	84.0	
			W45	"	"	97.8	0.31	4.0	274	232	188	232	188	
注 按百年一遇洪水设计,千年一遇洪水校核。设计、校核洪水已考虑龙羊峡、刘家峡两库调蓄两库调蓄的影响														

续表 8-18

设计单位	设计阶段或文件简称	设计时间(年,月)	洪水项目	N/相应年份(年)	n/起止年份(年)	$\overline{X}$	Cv	Cs/Cv	Xp(%) 0.01	Xp(%) 0.1	Xp(%) 1	校核洪水	设计洪水	备注
黄河龙羊峡														
北京勘设院	初步设计	1968.12	Qm	160~320/1904	32/1934~1965	2570	0.36	4	9050	7380	5650	9050	7380	
			W15	〃	31/1934~1964	26.2	0.34	4	86.5	71.0	55.3	86.5	71.0	
			W45	〃	〃	63.6	0.32	3	183	155	125	183	155	
北京勘设院	初步设计	1969.9	Qm	〃								8000	6300	
			W45									169	136	
四局勘设院	初设补充	1977.8	Qm	160/1904	29/1946~1974	2470	0.36	4	8650	7040	5410	10500	7040	
			W15	〃	〃	26.2	0.34	4	86.0	71.0	55.0	105	71.0	
			W45	〃	〃	62.0	0.33	4	199	164	128	240	164	
黄河刘家峡														
北京勘设院	初步设计	1958	Qm	108/1904	22/1934~1955	3230	0.31	4	9710	8070	6390	9710	8070	
			W45	〃	〃	82.8	0.29	2	203.8	177.4	149.2	203.8	177.4	
北京勘设院	技术设计	1965	Qm	160~320/1904	30/1934~1963	3220	0.34	4	10600	8720	6800	10600	8720	
			W15	〃	〃	33.6	0.34	4	111.0	91.0	71.0	111.0	91.0	
			W45	〃	〃	79.3	0.32	3	229.0	192.0	155.0	229.0	192.0	
四局勘设院	竣工报告	1977	Qm	120~160/1904	39/1934~1972	3270	0.34	4	10800	8860	6860	10800	8860	
			W15	〃	〃	35.1	0.34	4	116	95.1	73.6	116	95.1	
			W45	〃	〃	82.8	0.32	3	238	201	162	238	201	
黄河盐锅峡														
西北勘设院	初设要点	1958	Qm	108/1904	24/1934~1957	3140	0.32	4	9800	8070	6340	8070	6910	
			W45	〃	〃				222	177	149	177	154	
西北勘设院	技施设计	1961	Qm	111/1904	25/1934~1958	3160	0.36	4	11100	9000	6950	7500	7020	
			W45	〃	〃	80.5	0.31	3	225	190	155	190	167	

注 1969年初设,以1904年历史洪水设计,加大20%校核。1977年初设补充,以可能最大洪水校核。

注 ①1958年初设要点,以二百年一遇洪水设计,以二百年一遇洪水设计。②1961年初设要点,以二百年一遇洪水设计,千年一遇洪水校核,并考虑刘家峡水库调蓄的影响

续表 8—18

设计单位	设计阶段或文件简称	设计时间(年、月)	洪水项目	N/相应年份(年)	n/起止年份(年)	$\overline{X}$	Cv	Cs/Cv	Xp(%) 0.01	Xp(%) 0.1	Xp(%) 1	校核洪水	设计洪水	备注
黄河八盘峡														
西北勘设院	初步设计	1960.5	Qm	111/1904	25/1934~1958	3960	0.35	4	13500	11000	8470	11000	8470	
			W45			98.4	0.30	3	268	228	186	228	186	
西北勘设院	初步设计	1965.12	Qm	160/1904	31/1934~1964	3940	0.32	4	12300	10200	8000	10200	8000	
			W15	"	"	41.0	0.32	4	128	106	83.2			
			W45	"	"	98.3	0.29	3	260	222	182	222	182	
西北勘设院	设计审查	1966.12	Qm										8500	
西北勘设院	设计审查	1971.3	Qm										7500	
四局勘设院	部审定	1974	Qm										8400	

注　1966,1971 年设计审查,以 1904 年历史洪水设计

设计单位	设计阶段或文件简称	设计时间(年、月)	洪水项目	N/相应年份(年)	n/起止年份(年)	$\overline{X}$	Cv	Cs/Cv	Xp(%) 0.01	Xp(%) 0.1	Xp(%) 1	校核洪水	设计洪水	备注
黄河黑山峡														
北京勘设院	初步设计	1960.4	Qm	111/1904	25/1934~1958	3960	0.35	4	13500	11000	8470	13500	11000	
			W45			98.4	0.30	3	268	228	186	268	228	
西北勘设院	初步设计	1966.5	Qm	160/1904	31/1934~1964	4050	0.31	4	12200	10200	8020	12200	10200	
			W15	"	"	42.0	0.31	4	127	105	83.2			
			W45	"	"	99.5	0.29	3	262	225	184	262	225	
西北勘设院	初步设计	1966.11	Qm	"									9000	
			W45										202	
四局勘设院		1973.12	Qm	120~160/1904	39/1934~1972	4070	0.33	4	13000	10700	8400		8400	
			W15	"	"	41.8	0.33	4	134	110	86.0		86.0	
			W45	"	"	99.7	0.31	3	279	236	191		191	

注　①1960 年初设,采用兰州站洪水。②1966 年 11 月初设,以 1904 年历史洪水加成设计。

设计单位	设计阶段或文件简称	设计时间(年、月)	洪水项目	N/相应年份(年)	n/起止年份(年)	$\overline{X}$	Cv	Cs/Cv	Xp(%) 0.01	Xp(%) 0.1	Xp(%) 1	校核洪水	设计洪水	备注
黄河青铜峡														
西北勘设院	初步设计	1958	Qm	110/1904	17/1939~1956	3470	0.30	4	10150	8460	6740	8460	6740	
			W45	"	"	90.2	0.30	2	228	198	165	198	165	

续表 8—18

设计单位	设计阶段或文件简称	设计时间(年,月)	洪水项目	N/相应年份(年)	n/起止年份(年)	$\bar{X}$	Cv	Cs/Cv	Xp(%) 0.01	0.1	1	校核洪水	设计洪水	备注
黄河青铜峡														
西北勘设院	技施设计	1959	Qm W45	111/1904	25/1934~1958	3610 92.9	0.32 0.30	4 4	11200 253	9280 216	7300 176	9280 216	7300 176	
四局勘设院	防洪复核	1978	Qm W15 W45	120~160/1904 34/1939~1972 "	"	3790 39.9 96.0	0.33 0.33 0.31	4 4 3	12300 128 268	10000 106 228	7810 82.1 184	10000 106 228	7810 82.1 184	

注 1958年计算,缺1949年洪水资料

设计单位	设计阶段或文件简称	设计时间(年,月)	洪水项目	N/相应年份(年)	n/起止年份(年)	$\bar{X}$	Cv	Cs/Cv	Xp(%) 0.01	0.1	1	校核洪水	设计洪水	备注
蒲河巴家嘴														
黄委设计院	初步设计	1958.9	Qm Wα	57/1947	7/1951~1957	707 0.127	1.25 1.10	3 3	11200 1.66	7750 1.18	4450 0.701	5480 0.85	3640 0.58	
甘肃水利厅	续建技设	1962.4	Qm Wα W3	60/1947	9/1901~1960 " "	1350 0.246 0.290	1.00 1.00 1.00	3 3 3	15300 2.79 3.29	11000 2.01 2.36	6800 1.24 1.46	11000 2.01 2.36	6800 1.24 1.46	
黄委设计院	加固设计	1976	Qm W3	180/1841	24/1901~1975	1443 0.237	1.34 1.10	3 3	25400 3.09	17400 2.19	9850 1.32			

注 ①1958年初设,以五十年一遇洪水设计,二百年一遇洪水校核 ②1962年计算,缺1902~1951,1958年洪峰资料,缺1902~1951,1959年洪量资料。1976年计算,缺1902~1951,1961年洪水资料

设计单位	设计阶段或文件简称	设计时间(年,月)	洪水项目	N/相应年份(年)	n/起止年份(年)	$\bar{X}$	Cv	Cs/Cv	Xp(%) 0.01	0.1	1	校核洪水	设计洪水	备注
洛河故县														
黄委设计院	初步设计	1970	Qm W5	30/1898	29/1936~1969	1428 2.28	0.95 0.90	2 2	12300 18.2	9290 13.9	6240 9.46	12300 18.2	9290 13.9	
黄委设计院	扩大初设	1978	Qm W5	30/1898	29/1936~1969	1496 2.396	1.08 1.05	2 2	15300 23.6	11400 17.5	7450 11.6	18200 24.8	11400 17.5	

注 ①缺1944,1945,1948-1950年洪水资料 ②1978年扩大初设,以可能最大洪水校核

续表 8-18

设计单位	设计阶段或文件简称	设计时间(年,月)	洪水项目	N/相应年份(年)	n/起止年份(年)	$\overline{X}$	Cv	Cs/Cv	Xp(%) 0.01	Xp(%) 0.1	Xp(%) 1	校核洪水	设计洪水	备注
			伊河陆浑											
黄委设计院	加固设计	1984.5	Qm	880~1760/223	32/1951~1982	1483	1.08	2.5	17100	12400	7710	20500	12400	
			W_1	1760/223	"	0.70	1.07	2.5	7.95	5.77	3.63	9.54	5.77	
			W_3	"	"	1.30	1.06	2.5	14.56	10.58	6.70	17.5	10.58	
			W_5	880~1760/223	"	1.70	1.02	2.5	18.02	13.18	8.42	21.6	13.18	
			W_{12}	1760/223	"	2.30	0.92	2.5	21.07	15.64	10.26	25.3	15.64	

注　校核洪水是 PMF,按万年一遇洪水加安全保证值(20%)计算

设计单位	设计阶段或文件简称	设计时间(年,月)	洪水项目	N/相应年份(年)	n/起止年份(年)	$\overline{X}$	Cv	Cs/Cv	Xp(%) 0.01	Xp(%) 0.1	Xp(%) 1	校核洪水	设计洪水	备注
			汾河汾河											
山西勘设院	加固设计	1982	Qm	100/1892	30/1951~1980	900	1.10	3.0	11800	8320	5010	8320	5010	
			W_{24h}	"	"	0.27	1.05	3.0	3.30	2.34	1.44	2.34	1.44	
			W_3	"	"	0.45	1.00	3.0	5.11	3.67	2.27	3.67	2.27	
			W_5	"	"	0.61	1.00	3.0	6.92	4.97	3.08	4.97	3.08	

注　N 为历史洪水重现期,n 为连序序列年数,$\overline{X}$ 为均值,Xp(%)为频率,其余符号意义同前

第三节 中小面积暴雨洪水

黄河流域中小面积暴雨洪水的分析计算,始于 20 世纪 50 年代后期。

中小面积暴雨的特点是:一般都短缺水文资料,因此其设计洪水的计算,需视工程所在地区的具体资料条件,而采用不同的方法。

一、有资料地区

对于有较多水文资料地区中小面积暴雨洪水与大面积一样,采用洪水频率分析法。如 1987～1993 年期间,黄委会设计院为满足小浪底工程施工的需要,对畛水仓头、东洋河八里胡同、亳清河垣曲站都进行了洪水频率分析。

二、短缺资料地区

对于短缺水文资料地区,一般是采用多种方法分别进行计算,然后再综合分析,选定设计洪水。

采用方法一般有下列四种:

(一)历史洪水调查法

通过实地调查,一般都可获得近百年来一到二三次历史大洪水,其中的最大值,一般可大致看作是百年一遇的洪水。因为这种洪水一般都是当地60～80 岁的老人一生中所仅见的最大洪水。

(二)推理公式法

50 年代后期,陈家琦等建立了小面积推理公式,经过一些地区的实践,发展成现行推理公式,并纳入了设计洪水计算规范。黄河流域各省(区)基本上都采用此法。

为配合此法的运用,流域内各省(区)在 70 年代初和 70 年代末到 80 年代初,都分别编制了水文图集、暴雨径流量查算图表等技术文件,对公式中的暴雨、产流和汇流等参数,作了具体规定。

(三)地区综合法

根据相似地区实测洪水资料综合分析,得出设计洪峰(Q_p)洪量(W_p)与

流域面积(F)的经验公式

$$Q_p = A_p F^m$$

$$W_p = B_p F^n$$

移用于设计一般地区,在黄河流域小面积的 m 值,一般接近 2/3,n 值接近于 1.0。

(四)单位线法

在黄河流域,60 年代以前,多用经验单位线;70 年代以来,有些省(区)(如陕西、甘肃、青海、宁夏等) 多采用瞬时单位线;而河南省自 50 年代中期以来,则多采用综合单位线。对各种单位线使用中的一些具体技术问题(如非线性校正等),各省(区)都有一些具体处理办法,并在相应的水文计算技术文件中有明确的规定。

第四节　冰凌洪水

一、冰凌洪水特性分析

黄河冰凌洪水主要发生在上游的宁蒙河段和下游的豫鲁河段,前一河段年年封河,后一河段 80% 的年份封河。

对黄河冰凌洪水的特性,从商代以来已逐渐有所认识。1946 年沈晋主编的《黄河之水文》一书中,根据当时的实测资料,对黄河冰凌洪水首次进行了粗略的分析。书中认为:"凌汛与伏汛时河流之性质,绝不相同。伏汛溜急,顶冲而来,易生溃决之患。凌汛则积冰阻水,流量甚小,其溜亦缓,虽冰块有时亦能冲坏埽坝,然其最险者为逼高水位,漫溢堤外。设堤不坚固,经此漫溢,或即再生溃决之险。再者伏汛溜急,含沙量为全年中最大者。凌汛多在二月,其含沙量为全年中最小者。伏汛之日期颇长,而凌汛之日期则短,潼关以下紧要期仅约半月耳。"

建国后,随着治黄事业的发展,对冰凌洪水的观测研究也逐渐深入。在 50 年代,黄河干支流广泛开展了冰情观测和预报工作。60 年代进行了刘家峡、盐锅峡河段冰塞观测研究,建立了数学模型,并对青铜峡冰塞进行过分析。1982 年,王国安在《黄河洪水》一文中,对黄河上游兰州至河口镇段和下游花园口至利津段的冰凌洪水特性作了简要的分析,认为该两河段的共同特点是:河道比降小,流速缓慢,流向都是从低纬度流向高纬度(由西南流向东北),两端纬度相差大,气温上游暖下游寒,冰层上薄下厚,封河溯源而上,开河自上而下。当开河时大量冰水沿程积聚拥向下游,形成明显的冰凌洪峰,在浅滩、急弯或窄槽处易于卡冰结坝,导致水位剧烈上升,威胁堤防安全,甚至造成凌害;该两个河段凌汛的主要区别是上游河段比下游河段封河要早(平均早 23 天),开河晚(平均晚 36 天),封冻时间长(平均长 60～70天),冰层厚(平均厚 30～40 厘米),主要因为上游河段地理位置偏北,气温更低,且低温时间维持长。

黄河冰凌洪水的突出特点,还表现在:一是流量虽小,水位却高。因为河道中存在的冰凌使水流阻力增大,流速减小,特别是卡冰结坝壅水,过水面积减少,从而使得河道水位在相同流量时比畅流期高得多,有时超过伏汛期的历年最高水位;二是凌峰流量一般是沿程递增。因为开河时河道冰量及槽蓄量沿程释放,沿途冰水越集越多,以致形成越来越大的凌峰。冰凌洪水的大小与河道中的槽蓄量和冰量有关,由于槽蓄量和冰量都有限,故形成的洪水历时短(下游河段一般为 3～5 天,上游河段一般为 6～9 天),峰高量小,过程线形状一般为尖瘦的三角形。凌峰流量历年最大值,下游利津站为3430 立方米每秒(1957 年),上游头道拐站 3500 立方米每秒(1968 年)。

二、冰凌洪水计算

黄河冰情研究古代虽已开始,但对冰凌洪水计算研究则未涉及。

60 年代在进行刘家峡、盐锅峡河段冰塞观测研究时,提出了计算水库回水末端冰塞高水位三种方法。

(一)经验相关法(图 8—2)

(二)水力学计算法

根据水力学流速公式推得

$$R = \left[\frac{n_{综} Q}{2 B i^{1/2}} \right]^{3/5}$$

式中:R——水力半径,$n_{综}$——综合糙率,Q——流量,B——断面宽度,i——水面比降。

用上式试算即可求得水位。

(三)断面流速法

$$V = 0.71 B^{-0.34} Q^{0.35}$$

应用此式和 H～R～B 曲线即可求得水位。

1975 年黄委会工务处与清华大学水利工程系合编的《黄河下游凌汛》中，对冰下过流能力、槽蓄水量、开河期最高水位等提出计算方法：

1.冰下过流能力计算。分河段冰下过流能力与断面冰下过流能力。由于河道封冻后，受冰凌影响，水流阻力增大，除河床糙率外，还应考虑冰底糙率；又因封冻后冰下水流为一管

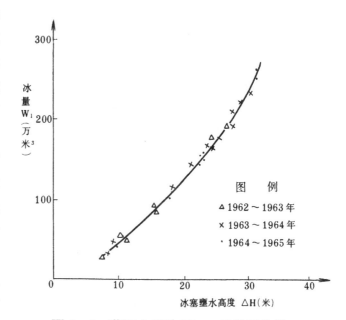

图 8—2　黄河小川站 W_1～ΔH 关系曲线

流，过流断面减小，湿周增大，水力半径亦相应减小，计算时均应加以考虑。1973 年 12 月 25 日黄河下游利津河段封冻后，清华大学水利工程系在计算利津断面冰下过流能力时，按下式计算。

$$Q_1 = k_w Q_2$$

式中：Q_2——同水位下畅流期流量

K_w——冰期流量改正系数，按下式计算

$$K_w = 0.63 \frac{n_2}{n_1} \left(\frac{1 - 0.9h + t}{H_{cp}} \right)^{5/3}$$

式中：n_1——封冻后综合糙率（包括河床糙率与冰底糙率）

n_2——畅流期河床糙率，

h——冰盖厚度，

t——冰花厚度，

H_{cp}——平均水深。

通过计算利津断面冰下过流能力 295 立方米每秒，而实测为 269 立方米每秒，计算误差仅 10%。

2.槽蓄水量计算。河道槽蓄水量是由槽蓄基量和槽蓄增量两部分所组成，槽蓄基量可用断面法计算即：

$$W_0 = \sum \overline{W} \cdot \Delta l$$

式中：$\overline{W}$——河段平均断面面积（平方米）

　　　Δl——河段长度（米）

槽蓄增量亦可用断面法计算

$$\Delta W = \sum \overline{\Delta W} \cdot \Delta l$$

式中：$\overline{\Delta W}$——河段平均断面面积增量（平方米）

另外，也可用流量法计算冰期槽蓄增量，即用相应日期上、下断面的过流量和所经历的时间来计算槽蓄增量，即：

$$\Delta W = \sum (Q_{上} - Q_{下}) t$$

式中：$Q_{上}$、$Q_{下}$——分别为上、下断面的过流量（立方米每秒）

　　　t——计算历时（秒）

3. 开河期最高水位估算。开河期最高水位，决定于开河前河槽蓄水量的多少和开河速度快慢。黄河下游建立了以上游站开河流量为参数的开河期最高水位与槽蓄量的相关关系，推求最高水位。

1982～1988 年对黄河干流河曲河段的冰塞观测研究工作得出 1982 年初严重冰塞的主要原因，是上游敞流河段较常年增长 215 公里造成冰量较一般年份多 75%，在此次研究中又发现输冰率与输沙率相似是有同样的规律，并得到冰塞运动方程。

$$\frac{h}{H} = \int \left(\frac{\mu}{\sqrt{g\frac{h}{2}}} \cdot Q_i \right)$$

式中：H 和 h——断面平均总水深和有效水深，

　　　μ——冰塞下断面平均流速，

　　　Q_i——单位水体中含水内冰的体积。

g 为重力加速度。

1983 年水电部水文水利调度中心组织编写《黄河冰情》时，黄委会水文局对黄河下游冰情与气温、流量之间的关系作了探讨。根据黄河下游济南以下河段历年凌汛期气温、流量与封冻之间点绘以下关系如图 8－3。从图中可以看出左侧属于封冻区，右侧属于未封冻区，二者之间有一个明显的过渡区。依此关系图可以推估凌汛期是否封冻。

同时，黄委会兰州水文总站，对刘家峡、盐锅峡河段冰塞壅水水位计算综合成四种计算方法，除前述的经验相关法，水力学法和断面流速法外还有阿尔图宁河相关法：主要假定冰塞形成基本符合阿尔图宁的河相关系式 $B = A \dfrac{Q^{0.5}}{i^{0.2}}$，结合曼宁公式推导出下式：

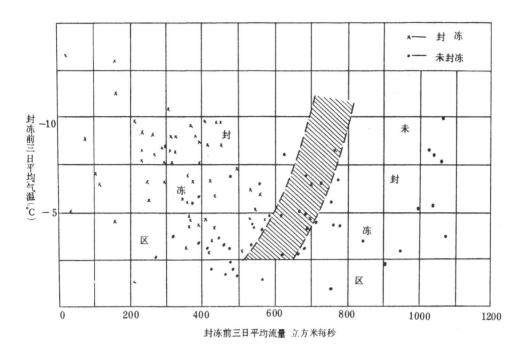

图 8—3 黄河下游济南以下河段历年凌汛期气温、流量与封冻关系图

$$V = \frac{1.358}{A^{1.67}} \cdot \frac{n^{0.66}Q^{0.83}}{H_{CP}^{2.11}}$$

式中：V——稳定流速，A——河相系数，H_{cp}——断面平均水深，n——综合糙率，Q——平均流量。

根据实测资料点绘 $V \sim Q^{0.5}/H_{cp}$ 关系得下式：

$$V = 1.215 - 0.063 \frac{Q^{0.5}}{H_{cp}}$$

根据以上两式可以进行冰塞壅水计算。

1984 年黄委会水文局水资源保护研究所王国安等在《黄河桃汛》研究中对黄河桃汛洪水进行了频率分析计算。主要是河口镇、陕县、花园口 3 站桃汛期间的洪峰流量、最大 5 天和最大 12 天洪量进行了频率计算，所求得的统计参数、均值、变差系数 C_v 和偏态系数 C_s 都比伏、秋汛雨洪要小，如表 8—19。

表 8—19　　　黄河桃汛洪水和伏秋汛洪水统计特征值比较

单位:洪峰流量　立方米每秒　洪量:亿立方米

项目	汛别	洪峰流量			最大5天洪量			最大12天洪量		
		河口镇(头道拐)	陕县(三门峡)	花园口	河口镇(头道拐)	陕县(三门峡)	花园口	河口镇(头道拐)	陕县(三门峡)	花园口
均值	(1)桃汛	1694	2137	2096	4.59	6.45	6.43	7.87	12.3	12.5
	(2)伏秋汛	2790	8880	9770	11.4	21.6	26.5	22.5	43.5	53.7
	(1)/(2)	0.61	0.24	0.21	0.40	0.30	0.24	0.35	0.28	0.23
C_v	桃汛	0.31	0.31	0.33	0.30	0.28	0.28	0.26	0.24	0.25
	伏秋汛	0.56	0.56	0.54	0.39	0.50	0.49	0.41	0.43	0.42
C_s/C_v	桃汛	2	2	2	2	2	2	3	2	2
	伏秋汛	3	4	4	3	3.5	3.5	3.5	3	3
百年一遇	(1)桃汛	3540	3970	4060	8.40	11.4	10.9	13.4	20.2	20.9
	(2)伏秋汛	6300	27500	28300	25.3	59.1	71.3	57.4	104	125
	(1)/(2)	0.56	0.14	0.14	0.33	0.19	0.15	0.23	0.20	0.17

第三十章 径流分析计算

黄河径流包括河川径流和地下水两部分。在民国时期,对黄河的河川年径流就进行过粗略的分析计算。建国后,自 50 年代开始,根据治黄规划和水利枢纽工程初步设计等需要,对年径流量和特性进行了逐步深入的分析研究,70 年代后,对灌溉耗水、水库蓄水、水保减水等进行还原,求出自然流量。对黄河径流特性的研究,也得到了比较全面的认识。并对黄河枯水段作了多次调查分析,肯定了 1922～1932 年 11 年枯水段的存在,都为治黄规划等提供了重要的依据。

黄河流域地下水观测,50 年代就在大灌区和三门峡水库回水区展开,到了 80 年代对平原区、山丘区地下水资源和可开采量进行全面分析计算,也取得了可贵的成果。

第一节 河川径流

一、年径流正常值计算

1946 年国民政府黄委会水文总站在编印《黄河之水文》时,曾用实测资料以算术平均值推求年径流正常值。根据陕县站 1934～1939 年 6 年资料,推求黄河年径流量为 527.6 亿立方米。1949 年张含英在《黄河治本论》中,根据陕县 1919～1945 年的 27 年资料以算术平均值,求得黄河年径流量为 429.9 亿立方米。

建国后 1954 年黄规会在编制《黄河技经报告》时,对黄河年径流计算,将资料插补延长到 35 年即从 1919～1953 年系列,计算了兰州、包头、龙门、陕县等站多年均值和变差系数 C_v,成果如表 8—20。

1956 年黄规会编制《三门峡水利枢纽初步设计》水文计算时。在苏联专家盖尔斯曼的指导下,计算之前,首先对水文资料进行审查修正,陕县站资料审查时专家建议同一断面水位～流量关系采用历年一条线。为了水沙量

表 8—20　黄河干流主要站及主要支流河口处多年平均径流量及 C_v 表

干流站名	多年平均径流（亿立方米）	C_v	支流河口	多年平均径流（亿立方米）	C_v
兰　州	322	0.19		无定河	9
包　头	262	0.22	汾　河	12	
龙　门	300		渭　河	93	
陕　县	412	0.25	洛　河	35	
泺　口	470		沁　河	10	

　　注　渭河包括泾河、北洛河。C_v 值:泾河为 0.49,北洛河为 0.37,渭河(泾河口以上)为 0.31

平衡,又将陕县以上的龙门、华县等站整编资料进行了修正。

　　同年电力工业部北京水力发电勘测设计院进行刘家峡水利枢纽初步设计时,在苏联专家叶尼塞耶夫的指导下,对黄河干流兰州、循化、上诠,支流洮河的李家村、沟门村,大通河的享堂,湟水的享堂等 7 站水文资料进行了审查和修改。

　　1957 年电力工业部北京水力发电勘测设计院进行万家寨水利枢纽初步设计及水利部北京勘测设计院进行青铜峡水利枢纽初步设计时,两院在叶尼塞耶夫专家的指导下,共同对青铜峡、渡口堂、包头、头道拐和河曲 5 站水文资料进行了审查和修改。但是在实际应用上,只用了青铜峡、渡口堂 2 站的修改后资料,其余 3 站因修改后与原成果差别不大,仍采用原整编成果。

　　由于各单位之间在使用径流资料时采用的数据不同,常引起意见分歧,给工作带来一定困难。1959 年底,水电部指示:黄委会勘测设计院、北京勘测设计院和西北勘测设计院,在黄委会的统一领导下,以黄委会勘测设计院为主,共同对黄河流域水文分析数据,作统一平衡工作,以求各单位在使用水文资料时,在主要数据上能取得一致。1960 年 1~3 月三院在郑州进行统一汇编,统一了三院成果,但未和黄委会水文处整编刊印的资料进行统一。主要原因是:第一,这个问题比较复杂,需要做很多深入细致的工作,因此,需要的时间较长,不能满足规划设计工作的迫切需要。第二,各设计单位修改后基本数据与黄委会水文处整编刊印成果差别不大,只有个别年份稍较突出。但这些差别,对设计工作的影响远远小于灌溉引水及水土保持对径流的影响。该次统一是在三院各片汇编的《黄河水文分析资料汇编》的基础上进行的,主要对黄河干流各站及少数大支流控制站进行统一。统一原则是三院相比较,谁的工作较深入,而又是主要使用者,即采用其成果。具体说,包头以上采用西北设计院成果,包头以下采用北京设计院和黄委会设计院成果。统一内容包括年月径流(实测及灌溉耗水)、洪水(洪峰和洪量)和泥沙。统一系列以陕县站为参证站延长至1919年,统一的《黄河水文资料汇编》报告于1960年5月完成。

1960年9月水电部正式指示:黄河水文基本数据要统一,以黄委会为主,北京设计院、西北设计院、北京水科院水文所、山西、甘肃省水利厅参加,共40余人,对黄河流域干支流主要控制站的水量、沙量进行一次全面统一的审查分析。根据发现的问题,对水文年鉴作了一些必要的修正,对部分测站缺测年份进行了插补。在水量方面,要求计算黄河干支流56个主要站的1919～1960年历年逐月平均流量。1961年4月分析计算工作完成,11月水电部在北京组织有关单位对成果进行了审查通过。黄委会于1962年刊印《黄河干支流各主要断面1919～1960年水量、沙量计算成果》,成果中实测年径流量多年平均值陕县站为432.5亿立方米,秦厂(花园口)站为472.0亿立方米。此后,以此成果为准。

1960～1962年,黄委会水文处张文彬、干文澜等为研究灌溉用水对黄河径流的影响提供基本资料,对宁夏、内蒙古灌区和泾、北洛、渭灌区,1919年以来的逐年灌溉面积及耗水定额、月分配进行了大量的调查和分析工作。

1972年黄委会规划大队三分队为小浪底水库规划的需要,对三门峡以上各灌区的历年用水量均考虑还原计算。

1975年黄委会规划办公室为编制治黄规划的需要,在《黄河干支流各主要断面1919～1960年水量、沙量计算成果》的基础上,增加1961～1975年资料,并考虑引黄灌溉及大型水库的调蓄影响,进行了天然径流量的计算。

历年引黄灌溉面积,1960年以前采用水文处调查资料,1960年以后又进行了补充调查。灌溉耗水量,有实测引退水资料的大型灌区,采用引退法计算,缺乏实测引退水资料的灌区,用邻近相似地区灌溉定额法计算。

干支流大型水库调蓄影响,还原了干流上的刘家峡、三门峡两座大型水库水量,支流上因实测资料限制,仅还原了汾河水库水量。

1976年2月上述工作全部完成,提出《黄河流域天然年径流》成果。见表8-21。

表8—21 黄河干流及主要支流控制站56年系列天然径流成果表（单位:亿立方米）

河 名	站 名	实测年径流	灌溉耗水量	水库调蓄	天然径流量		
					全 年	汛 期	非汛期
黄 河	贵 德	202.00	0.81	0	202.81	121.84	80.97
黄 河	上 诠	267.18	2.50	0.02	269.70	160.01	109.69
黄 河	兰 州	315.33	7.23	0.02	322.58	191.14	131.44
黄 河	安宁渡	316.78	8.19	0.02	324.99	195.75	129.24
黄 河	河口镇	247.38	65.22	0.02	312.60	196.60	122.00
黄 河	龙 门	319.06	66.04	0.02	385.12	229.40	155.72
黄 河	三门峡	418.50	79.33	0.57	498.40	294.17	204.23
黄 河	花园口	469.81	88.81	0.57	559.19	331.71	227.48
汾 河	河 津	15.63	4.56	—0.07	20.12	11.53	8.59
北洛河	洑 头	7.00	0.55		7.55	4.22	3.33
泾 河	张家山	15.06	1.80		16.86	11.20	5.66
渭 河	咸 阳	49.86	3.78		53.64	30.84	22.80
渭 河	华 县	80.06	7.30		87.36	51.65	35.71
洛 河	黑石关	33.66	2.25		35.91	21.68	14.23
沁 河	小 董	13.37	1.74		15.11	9.81	5.30

注 1. 1919.7~1975.6水文年系列

2. 汛期为7~10月,非汛期11~6月

1980年以来,因小浪底枢纽工程设计的需要,黄委会设计院在1976年所作《黄河流域天然年径流》的基础上,将系列延长到1980年6月,并对1975~1980年的工农业耗水及水库调蓄影响进行了补充工作,于1982年12月提出1919年7月~1980年6月共61年系列《黄河流域天然年径流》成果。其成果与56年系列成果差别不大。见表8—22。

表8—22 黄河干流及主要支流控制站61年系列天然年径流量成果表

河 名	站 名	实测径流(亿立方米)			天然径流(亿立方米)		
		全 年	汛 期	非汛期	全 年	汛 期	非汛期
黄 河	贵 德	203.99	123.28	80.71	204.97	123.47	81.50
黄 河	兰 州	318.15	186.09	132.06	326.07	193.76	132.31
黄 河	河口镇	249.23	150.10	99.13	317.77	194.66	123.11
黄 河	龙 门	319.69	188.16	131.53	389.44	232.97	156.47
黄 河	三门峡	417.20	245.01	172.19	503.76	298.17	205.59
黄 河	花园口	466.39	278.02	188.37	563.39	335.10	228.29
汾 河	河 津	15.20	9.52	5.68	20.41	11.57	8.84

续表 8—22

河　名	站　名	实测径流（亿立方米）			天然径流（亿立方米）		
		全　年	汛　期	非汛期	全　年	汛　期	非汛期
北洛河	洑　头	7.02	4.17	2.85	7.80	4.41	3.39
渭　河	华　县	78.53	48.21	30.32	87.74	51.83	35.91
洛　河	黑石关	32.66	20.13	12.53	35.08	21.18	13.90
沁　河	小　董	12.78	8.74	4.04	14.91	9.65	5.26

1979～1984 年期间，黄委会设计院，根据水电部指示，编制了《黄河水资源开发利用预测》，对黄河水资源量采用 56 年系列（1919 年 7 月～1975 年 6 月）成果，即花园口天然年径流为 560 亿立方米。重点论述两部分内容：第一是对黄河水资源开发利用的预测。开发利用黄河水资源的原则是：上下游兼顾，统筹考虑，首先保证人民生活用水和国家重点建设的工业用水，同时要保证下游河道最少 200 亿立方米的排沙用水量。预测 2000 年黄河流域各省（区）用水量分配方案如表 8—23。

表 8—23　　　　　　2000 年黄河可供水量分配方案

省（区）	年耗水 （亿立方米）	省（区）	年耗水 （亿立方米）	省（区）	年耗水 （亿立方米）	省（区）	年耗水 （亿立方米）
青　海	14.1	宁　夏	40.0	山　西	43.1	河北、天津	20.0
四　川	0.4	内蒙古	58.6	河　南	55.4		
甘　肃	30.4	陕　西	33.0	山　东	70.0	合　计	370.0

1984 年 8 月，国家计划委员会约请与黄河水量分配关系密切的 12 个省（市、区）计委和水电、石油、建设、农业等部门，协商在南水北调工程生效前，按黄河可供水 370 亿立方米的分配方案（表 8—23）向各地区及部门供水。该分配方案经国务院原则同意，并于 1987 年 9 月 11 日以国办发〔1987〕61 号文发送有关省（区、市）和部门，并"希望各有关省、自治区、直辖市从全局出发，大力推广节水措施，以黄河可供水量分配方案为依据，制定各自的用水规划，并把这项规划与各地国民经济发展计划紧密联系起来，以取得更好的综合经济效益。"

1979 年国家农委和国家科委下达《1978～1985 年科学技术发展规划纲要（草案）》，"水资源综合评价和合理利用研究"是该纲要中《全国农业自然资源调查和农业区划》的组成部分。根据水电部的统一部署，黄委会水文局负责黄河流域片（包括鄂尔多斯内流区）各省（区）水资源调查评价的协调、审查、拼接、汇总，提供黄河流域片水资源评价成果，并参加全国汇总。最后编写出《黄河流域片水资源评价》报告,并于 1986 年 6 月刊印出版。该报告包括地表水、地下水、泥沙、水质、水资源评价等项内容。

地表水资源评价工作,按全国统一布置,采用 1956～1979 年的 24 年同步系列,对各控制站年径流作了人类活动影响的还原,黄河流域片水资源总量分析计算成果如表 8—24(详见第四篇第十七章第一节)。

表 8—24 　　　　黄河流域片多年平均水资源量成果表

流 域 分 区	面 积 (平方公里)	水资源量(亿立方米)				
		还原水量	天然径流	地下水量	重复计算量	水资源总量
洮 河	25527		53.1	21.0	21.0	53.1
湟 水	32863		50.2	22.7	22.7	50.2
兰州以上干流区间	164161		244	108.5	108.5	244
兰州以上		11.7	347.3	152.2	152.2	347.3
兰州至河口镇	163415		14.9	48.7	26.7	36.9
河口镇以上		100.9	362.2	200.9	178.9	384.2
河口镇至龙门	111595		59.7	40.3	29.6	70.4
龙门以上		102.5	421.9	241.2	208.5	454.6
汾 河	39471		26.6	25.2	17.1	34.7
泾 河	45421		20.7	10.0	8.9	21.8
北洛河	26905		9.9	6.1	5.1	10.9
渭 河	62441		73.1	46.1	33.6	85.6
龙门至三门峡干流区间	16623		12.1	10.2	5.9	16.4
三门峡以上		137.9	564.3	338.8	279.1	624.0
洛 河	18881		34.7	15.3	13.6	36.4
沁 河	13532		18.4	13.1	10.5	21.0
三门峡至花园口干流区间	9202		12.2	6.7	5.1	13.8
花园口以上		159.4	629.6	373.9	308.3	695.2
花园口至河口	22407	51.6	29.2	25.3	15.0	39.5
全流域	752443	211.0	658.8	399.2	323.3	734.7
内流区	42269		3.3	6.5	0.3	9.5
黄河流域片	794712		662.1	405.7	323.6	744.2

注 　1.渭河不含泾河及北洛河

　　　2.地下水可开采量为 118.57 亿立方米

　　　3.本表水资源量系分区计算之和,未考虑沿程损失同期,黄委会设计院根据《1978～1985 年全国科学技术发展规划纲要(草案)》要求,按照 1982 年 7 月水电部兰州会议精神,与黄河流域各省(区)共同承担黄河流域水资源利用的研究工作。历时 3 年,1986 年 3 月定稿,提出《黄河水资源利用》正式报告。报告中采用的径流资料为 1919 年 7 月～1980 年 6 月,61 个水文年系列计算。花园口断面天然年径流量为 563 亿立方米,花园口以下天然年径流量为 21 亿立方米,全河天然年径流量为 584 亿立方米。黄河干支流主要站天然径流特征值如表 8—25。

表 8—25　黄河流域天然径流特征值表　(1919 年 7 月～1980 年 6 月系列)

河名	站名	控制面积(平方公里)	多年平均径流量(亿立方米)	C_v	最大年径流(亿立方米)		最小年径流(亿立方米)		最大与最小年径流比值
					径流量	年份	径流量	年份	
黄河	贵德	133650	204.97	0.22	326.24	1967.7～1968.6	101.73	1928.7～1929.6	3.2
黄河	兰州	222551	326.07	0.22	515.11	1967.7～1968.6	165.54	1928.7～1929.6	3.1
黄河	河口镇	385966	317.77	0.23	541.73	1967.7～1968.6	160.18	1928.7～1929.6	3.4
黄河	龙门	497552	389.44	0.21	652.64	1967.7～1968.6	196.57	1928.7～1929.6	3.3
黄河	三门峡	688421	503.76	0.23	770.18	1964.7～1965.6	239.73	1928.7～1929.6	3.2
黄河	花园口	730036	563.39	0.24	938.66	1964.7～1965.6	275.52	1928.7～1929.6	3.4
汾河	河津	38728	20.41	0.40	41.84	1964.7～1965.6	7.76	1936.7～1937.6	5.4
北洛河	洑头	25154	7.80	0.43	18.46	1964.7～1965.6	3.68	1957.7～1958.6	5.0
渭河	华县	106498	87.74	0.39	194.15	1937.7～1938.6	30.09	1928.7～1929.6	6.5
洛河	黑石关	18563	35.08	0.42	88.03	1964.7～1965.6	7.31	1936.7～1937.6	12.0
沁河	小董	12880	14.91	0.48	31.80	1963.7～1964.6	4.60	1936.7～1937.6	6.9

历次计算黄河多年平均径流量如表 8—26。

表 8—26　黄河多年平均径流量历次计算成果表

计算年份	计算单位或人员	资料系列	年径流量(亿立方米)							
			兰州		陕县(三门峡)		花园口		利津	
			实测	天然	实测	天然	实测	天然	实测	天然
1944	国民政府黄委会	1934～1939			527.0					
1947	国民政府顾问团谢家泽等	1919～1932,1943			436.7					
1947	张含英	1919～1945			429.9					
1954	黄规会	1919～1953	322		412.0				470	
1960	黄委、北京、西北三院汇编	1920～1958	313.8		422.6					
1962	黄委会水文处	1919～1960			423.5		472.0			

续表 8—26

计算年份	计算单位或人员		资料系列	年径流量(亿立方米)							
				兰 州		陕县(三门峡)		花园口		利 津	
				实测	天然	实测	天然	实测	天然	实测	天然
1975	黄委会规划办公室		1919.7~1975.6	351.3	322.6	418.5	498.4	469.8	559.2		580.0
1982	黄委会设计院		1919.7~1980.6	318.2	326.1	417.2	503.8	466.4	563.4		584.0
1984	黄委会设计院		1919.7~1975.6	315.3	322.6	418.5	498.4	469.8	559.2		580.0
1986	黄委会水文局	断面法	1956.7~1980.6				340.0		544.0		606.0	621.0
		产水量法					347.3		564.3		629.6	658.0
1986	黄委会设计院		1919.7~1980.6	318.2	326.1	417.2	503.8	466.4	563.4		

二、连续枯水年的研究

黄河干流陕县(三门峡)站,自 1919 年建站以来的实测资料中,1922~1932 是连续 11 年枯水年,其实测年平均水量仅相当于多年平均水量的 75%。显然,这个连续枯水期的存在,对黄河流域水资源与电能的开发利用是很不利的。因此,在 50 年代初期,人们就提出这样三个问题:一是陕县这 11 年资料的可靠性如何?二是黄河上游是否也同步存在这一枯水期?三是这个枯水期如果确实存在,其重现期是多少?

为了回答以上问题,从 1954 年以来,有关部门曾先后分别做过一些工作。

1954 年黄规会叶永毅等,曾对陕县站 1922~1932 年连续枯水期的水文资料进行过认真的审查,其成果为《黄河陕县水文站 1922~1932 年连续枯水年水文资料的审查》,审查方法一是用陕县站的历年水位过程线进行对照,以及陕县这些年份水位过程线与黄河下游泺口站水位过程线进行对照检查,结果证明陕县站 1922~1932 年水位观测记录是可靠的。同时这几年所采用的水位流量关系曲线的位置都在历年曲线的中间,所以推流成果也是可用的。二是用黄河流域陕县、西安、太原、泾阳、平遥、萨拉齐 6 站的年雨量与陕县年水量比较,用陕县与长江汉口及淮河蚌埠的年水量比较,其结论是陕县 1922~1932 年连续枯水期也是存在的。

同年黄规会沈溢生和林业部韩寿堂等,从树木年轮研究黄河 1922~1932 年连续枯水期的存在,他们从北京、西安、兰州、榆中和岷县所采集的 30 株古树的树木年轮与这些地点的年雨量对照,结果说明"在 1922~1932

年间存在着一个干旱期。"各树之中以榆中县兴隆山的两株云杉最为明显，兰州的 4 株榆树和 1 株臭椿也很一致。其研究成果为《从树木年轮了解黄河历年水量变化》。

　　1968 年为满足黄河上游龙羊峡大型水利水电工程规划设计的需要，由水电部水利水电建设总局组织领导，部属北京和西北勘测设计院、黄委会、北京水科院以及中科院所属北京地理研究所、冰川冻土沙漠研究所等 6 单位的 16 名科技成员组成调查组，对黄河上中游是否存在 1922～1932 年枯水期的问题，进行了为期 3 个月（6～8 月）的调查。主要调查人员为胡明思、杨淼松、白焰西等。调查范围上起玛曲，下至龙门、华县，行程近万公里，访问了约 450 位年长的农牧民，并结合黄河流域大量的水旱历史文献资料分析，编写出《黄河上中游 1922～1932 年连续枯水段调查分析报告》。报告提出以下三点认识：第一，黄河上中游 1922～1932 年连续枯水段确实存在如表 8—27；第二，从历年雨情和水情对照陕县水文资料分析，认为黄河上中游的水情变化与陕县的水情变化基本上是一致的。但是，由于受支流泾、渭、北干流区间的影响，也有些特殊情况；第三，利用历史文献记载的水旱灾情，模

表 8—27　黄河上中游各主要河段 1922～1932 年年径流丰、枯定性成果表

年份	玛曲河段	贵德河段	兰州河段	青铜峡河　段	龙门河段	泾渭北洛河段	陕县河段
1922	枯	偏枯	偏枯	偏枯	偏枯	偏枯	偏枯
1923	—	偏枯	偏枯	偏枯	偏枯	偏枯	偏枯（平）
1924	偏枯	偏枯	偏枯	偏枯	枯	偏枯	枯
1925	偏枯	偏枯	偏枯	偏枯	偏枯	平	偏枯（平）
1926	枯	枯	枯	枯	枯	枯	枯
1927	偏枯	偏枯	偏枯	偏枯	偏枯	偏枯	偏枯
1928	枯	枯	枯	枯	枯	枯	枯
1929	枯	偏枯	偏枯	偏枯	偏枯	偏枯	偏枯（枯）
1930	偏枯	偏枯	偏枯	偏枯	偏枯	偏枯	枯
1931	—	偏枯	偏枯	偏枯	偏枯	偏枯	枯
1932	枯	偏枯	偏枯	偏枯	偏枯	偏枯	枯

拟陕县站各年水量丰、平、枯情况,从 1736～1909 年共 174 年,划分为丰、偏丰、平、偏枯、枯五级,与实测资料连续起来至 1967 年共 232 年系列,绘制成年水量变化差积曲线,得出在整个系列中,共有四个包括有丰水期、平水期、枯水期所组成的周期规律。第一周期 1736～1806 年共 71 年,第二周期 1807～1882 年共 76 年,第三周期 1883～1932 年共 50 年,第四周期 1933～1967 年(未完)。在每个周期的尾部,均出现一个或二个较长的连续枯水年,组成枯水段。如第一周期中 1785～1796 年连续 12 年枯水;第二周期中 1872～1882 年连续 11 年枯水;第三周期中 1922～1932 年连续 11 年枯水;第四周期若将资料延至 1980 年,则 1969～1980 年连续 12 年枯水。根据上述周期分析报告认为:黄河上、中游一个比较完整的水文周期大概为 50～80 年平均为 60 年。

　　1981 年水利部天津勘测设计院,根据中央气象局、气象科学院等单位编制的《中国近五百年旱涝分布图集》资料研究,从 1470～1980 年间连续 10 年以上的枯水段共出现 7 次,最后一次为 1969～1980 年,平均约 70 年出现一次,并编写出《黄河中游 1470～1980 年间连续枯水段的研究》。

　　1985 年 9 月,甘肃省电力工业局杨可非在《水电能源科学》上发表了《黄河 1922～1932 年 11 年连续枯水段的探讨》一文,提出黄河上游一系列梯级水电站的水能规划设计中的水文资料,都采用了以陕县站插补延长出的 1922～1932 年的枯水资料,因而使各水电站的设计保证出力和年发电量比按实测资料设计显著减少,效益降低。并指出从自然地理概况、气候特征、降水变率、大气环流诸方面结合实测资料记录,陕县流量与黄河上游流量不同步的观点。主要依据是 1969～1974 年陕县(三门峡)站出现的又一次连续 6 年枯水段与上游龙羊峡并不同步如表 8－28,故认为陕县站 1922～1932 年连续枯水段,在黄河上游不一定存在。

　　为适应黄河水资源开发利用规划的需要,黄委会设计院的史辅成、王国安等,从 1987 年起对黄河 1922～1932 年连续枯水段进一步研究,经过两年工作,于 1989 年 1 月提出了《黄河 1922～1932 年连续枯水段研究报告》。报告在以往各单位研究成果的基础上,针对存在的一些问题归纳为五个问题进行研究。其研究情况及结果如下:

表 8—28　　　　1969～1974 年陕县与龙羊峡丰枯水情况对照表

年　份	陕县(三门峡)			龙　羊　峡		
	年平均流量 (立方米每秒)	距　平 (%)	丰、平、枯	年平均流量 (立方米每秒)	距　平 (%)	丰、平、枯
1969	856	−35	枯	516	−20	偏枯
1970	1100	−17	偏枯	470	−27	偏枯
1971	1000	−25	偏枯	715	11	偏丰
1972	894	−33	枯	631	−2	平
1973	1040	−22	偏枯	585	−9	平
1974	858	−35	枯	651	1	平
均值	958	−28		595	−8	
多年平均	1327			646		

　　第一,陕县站是否存在连续 11 年枯水段。1955 年黄规会的研究成果虽作了肯定回答。但有人提出:陕县站的实测径流资料是受上游灌溉影响的,过去宁蒙灌区属无坝引水,一般采用大水漫灌方式,浪费水量很大,还原水量所采用的二三十年代的灌溉耗水量是否有可能偏小,从而使陕县站还原后的天然径流量相应偏小,人为地加剧了 1922～1932 年连续枯水段严重性。针对这个问题,《报告》根据建国前兰州站和包头站实测年、月水量与该河段相应年、月的灌溉用水量(基本上是宁蒙灌区用水量)进行对比。其结果过去调查的建国前灌溉面积、灌溉定额可能存在一定错误,但兰州～包头实测水量差值与该区间灌溉用水量基本上是合理的,也就是说陕县站经灌溉用水还原后的天然径流量基本上是正确的,不会导致 1922～1932 年枯水段性质的变化。

　　第二,黄河上游是否存在此枯水段。1968 年 6 个单位调查报告,虽然肯定黄河上游存在此枯水段,但 1985 年杨可非提出疑议。本报告以兰州、贵德、陕县、河口镇～陕县区间的天然年径流资料为基础,分析了它们之间的相关关系,上下游丰枯对应情况,并结合水文调查和树木年轮分析,说明黄河上游兰州、贵德河段也存在此枯水段。

　　第三,从大范围来看黄河这个枯水段的出现的背景。这次研究从长江、淮河的水情,东南沿海地区的雨情及青藏高原西端克什米尔的降水和南极积雪量的对照来看,黄河 1922～1932 年这个连续 11 年枯水段,是大范围的气候异常造成的。其主要原因为西太平洋副热带高压中心位置偏向平均位置的东南。

　　第四,黄河 1922～1932 年连续枯水段出现的机率。本次研究通过对清代 1736 年以来青铜峡和万锦滩的大量水情记载,河防大臣奏折和《中国近五百年旱涝分布图》等资料的分析,及随机模拟计算,并参考国内外的河湖干旱周期等多方面考虑,综合选定黄河连续 11 年枯水段的重现期(W)约为 200 年。认为以往生产上按实测系列处理,定其重现期为 70 年,显然偏短。

第五,黄河年径流代表系列选择。按均值和 C_v 与长系列相近的原则考虑,经不同系列计算,初步认为 1951~1975 年的 25 年系列(见表 8-29)可作为黄河水资源分析及水利计算的代表系列。

表 8—29　　　　黄河主要站天然年径流代表系列比较表

站　　名	67 年系列			25 年系列				20 年系列			
	1919~1985			1956~1980		1951~1975		1965~1984		1955~1974	
	N (年)	均值 (亿立方米)	C_v	均值 (亿立方米)	C_v	均值 (亿立方米)	C_v	均值 (亿立方米)	C_v	均值 (亿立方米)	C_v
陕　县	200	529.5	0.20	532.5	0.22	539.0	0.22	538.4	0.21	538.2	0.23
兰　州	200	342.8	0.19	339.3	0.23	340.9	0.22	352.2	0.23	337.2	0.23
贵　德	200	217.5	0.22	210.4	0.25	212.2	0.24	230.8	0.26	207.7	0.24

1991 年 12 月能源部水利部西北勘测设计院的王维第、孙汉贤、施嘉斌等,根据实测、调查、历史和模拟生成 4 种水文资料,对黄河上游年径流的干旱持续现象,进行了综合分析论证。并在《水科学进展》上发表了《黄河上游连续枯水段分析与设计检验》论文。文章根据以下三点,肯定 1922~1932 年连续枯水段的存在。第一,1968 年 6 单位的调查结果;第二,从兰州与陕县实测年径流系列过程线的同步资料来看,二者的相关系数为 0.88,特别是枯水年的对应性更好。实测期间,发生 1969~1974 年连续 6 年枯水段,兰州站均为偏枯,陕县站除 1970 年为平偏枯外,其余亦为偏枯;第三,从《中国近500 年旱涝分布图》中,取西安、兰州、西宁、银川 4 站 1922~1932 年各年的旱涝等级,逐年求其平均值绘出过程线,与龙羊峡 1922~1932 年的年平均流量(由陕县插补而得)过程线对照,二者干旱程度基本对应。

关于枯水段的重现期,文章利用水文模拟技术生成了 10150 年的径流系列,对各种不同干旱持续长度和年径流,进行了频率分析。认为 1922~1932 年连续干旱程度特别严重,其重现期远较过去估计的高,就龙羊峡而言,该连续 11 年枯水段的平均流量为 478 立方米每秒,重现期约为 1000 年。

三、水资源经济模型研究

随着工农业生产的发展,黄河流域及邻近的西北、华北地区水资源紧缺,供需矛盾突出,成为发展该区域工农业生产和提高人民生活水平的重要制约因素。要求水文计算不仅研究水运动的自然规律,重要的是研究如何更有效地服务于社会的发展。因此,黄河水资源的合理开发利用,以有限的水量,最大限度地满足国民经济发展的需要,取得最佳效益,是当前经济建设中急需研究的重要课题。同时,世界银行自80年代以来,在黄河流域援助了一些农业项目,对黄河水资源的开发利用也十分关心。故黄委会于1989年3月向水利部提出《黄河水资源利用专题研究建议书》,并与世界银行共同主持,在北京召开了由中外专家参加的"黄河水资源研讨会",会议对课题研究的必要性和研究范围等原则,统一了认识。12月水利部以水外字[1989]57号文《关于利用世行特别信贷开展黄河流域水资源研究》上报国务院。1990年1月国家计委和财政部联合以计综合[1990]第20号文《关于申请利用世界银行特别信贷开展黄河水资源研究的复函》,批准水利部[1989]57号文,同意利用世行特别信贷100万美元开展黄河水资源经济模型研究项目,同时,水利部计划司为项目落实了国内资金的安排。

为了协调各方关系,保证项目的顺利进行,水利部成立了项目领导小组,部总工程师何璟任组长,国家计委、水利部有关司局和黄委会为领导小组成员单位。项目由黄委会主持,委总工程师吴致尧负责指导,具体由黄委会设计院组织实施,项目主管为副院长席家治。1990年10月与美国水资源管理公司签订协作合同,计划从1990年10月~1992年底完成研究任务。

《黄河流域水资源经济模型研究》课题,主要是运用系统工程等最新科学方法,建立一套适用于黄河流域水资源规划的计算机数学模型系统。并以此为工具,计算现状和规划水平年不同分水政策情况算例,为研究水资源利用和分配打下基础。模型系统有以下四个主要组成部分:

第一个组成部分是模拟模型。是模型系统的核心,是研究的重点,可详细评价建议水资源系统的运行规则,分水政策及规划方案,提供包括经济指标在内的多种评价指标,其具体计算内容有:节点水量平衡计算;灌溉需水量计算;分水政策与供水优先序研究;水库运行规则模拟;地表水、地下水联合运用模拟计算;经济分析等。

第二个是优化模型。主要用于方案筛选,指导系统运行规则的制订。模型的基本构思:一是以农业灌溉净效益和发电效益之和最大为目标,在保证防凌、发电、生活、工业用水与河道最小流量要求的前提下,考虑地表水与地下水联合运用,寻求对全流域最优的水分配方案,以获得最大的经济效益;二是对实际问题进行简化,建立线性规划模型,便于利用成熟通用的线性规划软件,更重要的是可以得到相应于不同约束条件的各类影子价格,表明将水用在何处具有最大的经济效益;三是优化模型采用与模拟模型同一的节点图和基本相同的数据文件,便于应用优化模型的结果,来指导模拟模型中运行规则和方案的形成;四是优化模型还与模拟模型相似,也是一个通用的数据驱动模型。通过改变节点图和数据文件,即可应用于其他流域。

第三个是图形显示系统。应用先进的地理信息系统(GIS)软件,能够将反映流域特征的基本数据及模型运算结果,以直观形象的图形等方式显示输出,使计算结果易于理解,有利于进行方案选择。

第四个组成部分是水资源数据库。由于黄河流域水资源经济模型是一个大规模、多学科的研究项目,涉及大量的黄河流域社会、经济、环境数据和模型专用数据。人工处理耗时长、效率低,为了高效迅速地处理大量数据信息,故开发黄河水资源数据库。根据黄河特点数据库有以下特点:一是紧密结合黄河流域的实际情况和水资源模型研究的需要,是一个运行可靠、实用性较强的关系型微机数据库。二是通过路径管理和文件管理,可对任意级目录的大量文件分层,分类管理,标志、定位和操作,使数据库文件层次化、系统化。三是数据库采用多次屏幕信息保存和恢复方法,实现了多层菜单。运行速度快,操作简明直观。四是数据库可对取出的数据库文件进行各种数据操作,如计算、编辑、查询、制表和输出等。

该项目研究成果于1993年5月和9月,分别通过世界银行和水利部的验收。认为"项目执行单位吸收了国外先进技术经验,结合黄河的实际情况,成功地开发建立了《黄河流域水资源经济模型》,在我国大江大河中还是第一次。""模型采用了比较先进的网络技术,结构合理,规模大,具有流域分区、分河段水量平衡分析;梯级水库电站补偿调节;地表水地下水联合调度;利用单产——水反应函数进行作物灌溉产量和变动灌溉定额计算以及水资源利用的经济效益等多项功能,可以用于政策性调整和水分配方案的比选,也可以从水资源利用角度评价水利工程的效益和开发程序。""模型程序采用数据驱动","利用最小费用最大流量原理和供水优先序反映各用水部门的相互制约关系"。因此,"模型有良好的通用性、灵活性和可操作性"。该模型系统在规模、功能、技术水平和复杂程度等方面,均居国内领先地位,在国外也是不多见的,其中"模拟模型"在国际上是先进的。

该模型系统的总体项目的组织结构如图8—4所示。

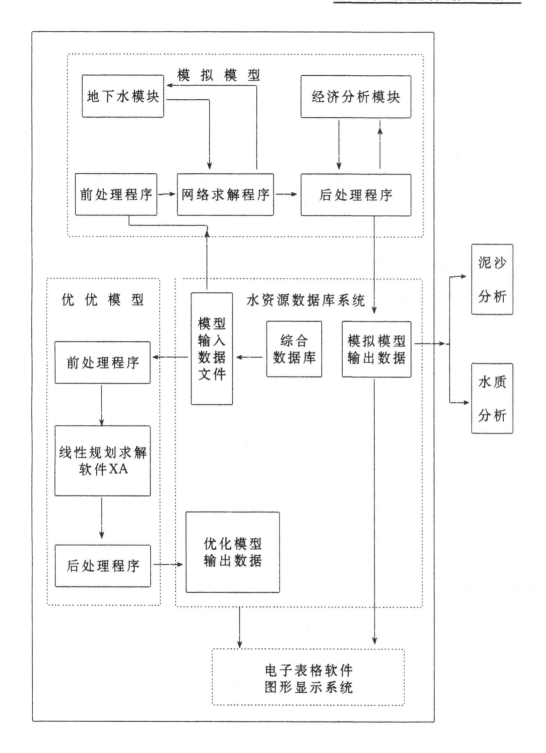

图 8—4　黄河流域水资源经济模型系统总体结构图

第二节　地下水

　　黄河流域地下水的观测研究,开始较晚,建国后,随着工农业发展的需要,陕西、山西等省地质部门,首先从水文地质的角度对本省地下水进行研究。全流域性的研究成果,首次反映在1985年黄委会水文局编制的《黄河流域片水资源评价》中。这次工作对黄河地下水资源量分两大类型区计算。

一、平原区地下水资源量的计算

　　根据水量循环原理:

　　地下水资源量＝总补给量－井灌回归补给量

　　总补给量＝降雨入渗补给量＋地表水体渗漏补给量(包括河道渗漏,渠系渗漏,渠灌田间入渗,水库、湖泊、闸坝蓄水渗漏)＋井灌回归补给量＋山前侧渗补给量＋越流补给量

　　各项补给量计算是:

　　1.降水入渗补给量——采用降水入渗补给系数法计算。

　　即　　　　$Q_{降补}＝\alpha \cdot P \cdot F$

式中:α—降水入渗补给系数;P—年降雨量;F—计算区的流域面积。

　　2.河道渗漏补给量——可用水文分析法或地下水动力学法计算。

　　水文分析法:采用水文测站资料按下式计算。

$$Q_{河补}＝(Q_{上}－Q_{下})(1－\lambda)L/L'$$

式中:$Q_{上}$ $Q_{下}$——分别为上、下游水文站实测水量(扣除区间加入水量);L'——两测站间河道长度;L——计算河道长度;λ——修正系数(根据两测站间水面蒸发量及两岸浸润带蒸发量之和占$Q_{上}－Q_{下}$的比率确定)。

　　地下水动力学法:沿河道岸边切剖面,通过剖面的水量即为河水对地下水的补给量。可根据平水年地下水位观测资料确定的水力坡度I,含水层渗透系数K及剖面面积F,采用达西公式计算。

　　3.渠系渗漏补给量——采用下式计算

　　　　$Q_{渠系}＝m \cdot Q_{渠首引}$

式中:m——渠系渗漏系数;$Q_{渠首引}$——渠首引水量。

　　4.渠灌田间入渗补给量——按下式计算

$$Q_{渠灌} = \beta_{渠} \cdot Q_{渠田}$$

式中:$\beta_{渠}$——渠灌田间入渗补给系数;$Q_{渠田}$——田间灌溉水(多数根据渠首引水量乘以渠系有效利用系数求得)。

5.水库、闸坝蓄水渗漏补给量——用下式计算。

$$Q_{库补} = \alpha' \cdot Q_{库蓄}$$

式中:$Q_{库蓄}$——库、塘蓄水量;α'——库、塘渗漏补给系数。

6.井灌回归补给量——按下式计算

$$Q_{井灌} = \beta_{井} \cdot Q_{井田}$$

式中:$Q_{井田}$地下水实际开采量;$\beta_{井}$——井灌回归补给系数。

7.山前侧渗补给量——一般是在山前地带,山区与平原的分界处切水文地质剖面,采用达西公式计算。

经计算平原区矿化度小于 2 克每升,淡水区多年平均总补给量 144.39 亿立方米每年(包括闭流区 6.35 亿立方米每年),扣除井灌回归补给量5.86亿立方米每年,得地下水资源量 138.53 亿立方米每年。其分布情况是:银川平原 21.57 亿立方米每年;内蒙古河套平原 34.78 亿立方米每年;关中平原30.24 亿立方米每年;太行山冲积平原 3.93 亿立方米每年;黄淮海平原22.11亿立方米每年;鄂尔多斯高原 1.72 亿立方米每年;库布齐沙漠 1.64亿立方米每年;毛乌素沙漠 22.54 亿立方米每年。

二、山丘区地下水资源量的计算

山丘区由于地形、地貌、地层岩性、地质构造都比较复杂,资料缺乏,不具备计算各项补给量的条件,故以总排泄量作为地下水资源量计算。

总排泄量=河川基流量+河床潜流量+山前侧向流出量+未计入河川基流的山前泉水出露总量。

各项排泄量计算如下:

1.河川基流量——河川基流量是山丘区地下水的主要排泄项,多年平均河川基流量采用分割流量过程线的方法求得。

2.河床潜流量——一般利用钻孔试验资料,采用达西公式计算。

3.山前侧向流出量——指山丘区地下水通过裂隙、断层或溶洞以地下潜流形式直接补给平原区第四系沉积层的水量。计算方法与平原区山前侧渗补给量相同,只是对一般山丘区、岩溶山区、黄土高原丘陵沟壑区而言是一项排泄量。

4.未计入河川基流的山前泉水出露总量——山前泉水出露有两种形式:一是泉水出露后泄入河道,这部分泉水出露量及其相应的泉域范围均被下游水文站所控制;二是泉水出露后不泄入河道,当地自行消耗或泄入未被本泉域下游河道水文站所控制的河道,称未计入河川基流的山前泉水出露总量。

经计算山丘区地下水资源量为291.92亿立方米每年。其中一般山丘区为215.86亿立方米每年;岩溶山区为24.10亿立方米每年;黄土高原丘陵沟壑区为51.96亿立方米每年。

三、地下水可开采量

地下水可开采量,指在经济合理、技术可能和不造成水质恶化、水位持续下降及其他不良后果条件下可以被开采的地下水量。由于受补给和开采条件的限制,地下水总补给量不能全部开采利用,《黄河流域片水资源评价》仅对平原区地下水可开采量 $Q_{可开}$ 进行了估算。其计算方法采用开采系数法,计算公式为:

$$Q_{可开} = \rho \cdot Q_{总}$$

式中:ρ——可开采系数;$Q_{总}$——地下水总补给量。

黄河流域片平原区可开采系数 ρ 一般在 0.6～0.95 之间。含水层岩性颗粒粗、厚度大,单井出水量大者,ρ 值取 0.85～0.95;含水层岩性颗粒细、厚度小,单井出水量小以及补给条件差时,ρ 值取 0.60～0.75;居于二者之间,ρ 值取 0.75～0.85。

经计算,黄河流域平原区矿化度小于 2 克每升,淡水区的多年平均地下水可开采量为 118.57 亿立方米每年。其分布情况,关中平原西安市以西渭河两侧,地下水可开采模数为 39.33 万立方米每年平方公里;宁夏卫宁、银南灌区为 30 万立方米每年平方公里;洛河谷地及黄淮海平原的大部分地区为 15～20 万立方米每年平方公里;其余地区均小于 10 万立方米每年平方公里;鄂尔多斯高原最低,小于 1 万立方米每年平方公里。

1986 年黄委会设计院在研究《黄河水资源利用》时,对黄河流域地下水可开采量在《黄河流域(片)水资源评价》的基础上,又进行了分析估算。对《评价》有关地下水部分作了修改,《评价》估算的地下水可开采量为 118.57 亿立方米,每年中所包括地表水补给量因与河川径流量重复而予以扣除,得黄河流域浅层地下水净可开采量为 8 亿立方米每年。

　　1990 年黄委会修订《黄河治理开发规划报告》中,对地下水可采量采用 1986 年黄委会设计院分析成果 82.2 亿立方米。其分布兰州至河口镇区间为 22 亿立方米;河口镇至龙门区间为 10.7 亿立方米;渭、泾、北洛河和汾河流域为 22.6 亿立方米;龙门至花园口干流区间为 5.9 亿立方米;洛河和沁河为 4.4 亿立方米;花园口以下为 10.4 亿立方米;内流区为 6.2 亿立方米。

第三十一章 泥沙分析计算

　　制定黄河治理与开发的战略部署和决策,在黄河上兴建水利水电工程和河道整治工程,都要进行泥沙分析计算和预测。民国时期,对泥沙分析计算研究甚少,方法亦较简单。

　　1934 年,李仪祉首先对水库和河道泥沙进行分析研究,在国民政府黄委会出版的《黄河水利月刊》第一卷第七期发表研究成果《黄河治本之探讨》,主张"下游治导与上游水库,要同时并举。"认为"河滩涨高之日,即为各水库完全成功之时。"其主要内容为:第一,固定河床。修固滩坝,使滩地淤高,河槽刷深,河水功于一槽;第二,节制洪水。在中上游设水库停蓄洪水,下游河槽只容纳 6500 立方米每秒的流量;第三,裁弯塞岐。裁削陡弯,修柳坝堵塞岐流,利用洪水漫过进行淤填;第四,研究泥沙。研究泥沙来源,解决孟津以下河道为患的粗沙,而让细沙随水入海,并放淤灌田。

　　建国后,黄河治理与开发事业迅速发展,推动泥沙分析计算工作不断前进。从建国初期开始学习外国的分析计算方法和委托外国设计为主,很快转变到自力更生,依靠自己的努力解决黄河泥沙问题。在不长时间内,就在水库泥沙、河道泥沙、河口泥沙等方面,逐步形成比较完整的泥沙分析计算技术。随着三门峡水库的修建、改建和运用的实践,积累了丰富的资料,深化了对泥沙的认识,使泥沙分析计算又得到进一步的发展。在建国后的 40 多年内,在泥沙分析计算的科学技术领域,已经创造出适合黄河特点、符合黄河规律、实用性强的计算方法与计算技术,并使黄河泥沙分析计算工作进入世界先进行列。

第一节 水库泥沙计算

　　黄河治理开发规划研究了黄河干、支流很多水库,其中主要对已修建和正在修建的三门峡、小浪底、天桥、三盛公、青铜峡、盐锅峡、刘家峡、万家寨、巴家嘴等水库和建成运用后又破除的花园口、位山枢纽水库,以及规划的西霞院、桃花峪、龙门、军渡、碛口、任家堆、黑山峡、大柳树、东庄等水库,进行了大量的泥沙分析计算工作。择其代表性水库说明于下。

一、三门峡水库泥沙分析计算

1947年张瑞瑾首先对三门峡水库淤积计算进行研究,并在中国水利学会发行的《水利》第十五卷第一期泥沙专号上,发表了研究成果《关于三门峡建筑拦洪水库淤积问题之初步研讨》,其主要内容概述如下:

1. 关于水库库容变化。水库最高水位325米(大沽基点以上)回水上漾潼关,原始库容60亿立方米,为拦洪水库。入库流量大于6000立方米每秒开始拦洪,最大出库流量限为8000立方米每秒,洪水过后泄空。估算水库淤积38年内足以调节百年一遇(28000立方米每秒)以下之洪水;迨至60年,水库因淤积而达新平衡状态,仅剩库容10.74亿立方米;此后水库拦洪作用衰减,库容不再逐年递减。

2. 洪水输沙量计算。假定各次洪水历时为4天,大水季节基流为3000立方米每秒。计算各种洪水4天输沙量。当频率1%的洪水,洪峰流量28000立方米每秒时,输沙量为13.3亿吨;频率4%的洪水,洪峰流量18000立方米每秒时,输沙量为6.52亿吨;频率15%的洪水,洪峰流量12000立方米每秒时,输沙量为2.71亿吨;频率50%的洪水,洪峰流量6000立方米每秒时,输沙量为0.43亿吨。

3. 水库淤积和冲刷计算。控制水库冲刷与淤积的主要因素有二:一为粒径限度,在某种水流条件下,可能挟运的泥沙,其粒径有一最大限度;另一为饱和限度,水流挟运未超过粒径限度之泥沙,其最大限量亦有一定限度,此限度为饱和限度,其数值随水流条件而异。在平衡状态中,河水挟运泥沙之大小及数量可能低于上述两种限度,水流真正挟运泥沙之大小及数量能否达到此种限度,须视泥沙来源及河床组成而定,并非河水挟沙经常保持极限状态。

4. 淤积数量之分析。以粒径限度与饱和限度为基本出发点,对三门峡水库淤积数量进行如下分析。

关于粒径限度:以$\dfrac{\omega}{\sqrt{ghs}}$为分析颗粒悬浮的指标。

式中,ω为泥沙沉速(米每秒);g为重力加速度(平方米每秒);h为平均水深(米);s为能坡。以陕县水文站悬移质中的90%皆小于2毫米,在水温20℃

时，2毫米之泥沙沉速为3厘米每秒，水流能坡为1/2000，平均水深3米，代表平均水流情况，按此条件计算$\frac{\omega}{\sqrt{\mathrm{ghs}}}=0.25$，为悬移质之上限。因黄河推移质泥沙数量极少，故悬移质上限即可视为整个挟沙的上限，凡$\frac{\omega}{\sqrt{\mathrm{ghs}}}$值大于0.25者，遂认为将沉淀库内。

关于饱和限度：根据陕县水文站1936、1937、1939年资料，制成含沙量与雷诺数关系图，作为含沙量饱和限度曲线。

拦洪水库中，不易有异重流发生。将水库开始运用时期平均每年淤积与开始淤废时期平均每年淤积二者平均计，得平均每年淤积0.811亿立方米（假定淤积物干容重为1.2吨每立方米）。据此计算，自水库开始运用迄开始淤废需时约38年。自水库开始淤废时起至新平衡时期止，平均每年淤积0.568亿立方米，此一阶段需时为32年。故自水库开始运用起至新平衡初临之时，共需时为70年。

上述张瑞瑾的研究，主张三门峡水库拦蓄洪水，最高洪水位为325米，限于回水至潼关，控制泥沙淤积，有其独到这处。

1954年底提出《黄河技经报告》，将三门峡水利枢纽列为黄河综合利用的第一期工程。水库的正常高水位350米，总库容360亿立方米，担负着防洪、拦沙、蓄水灌溉、发电及航运等综合利用的任务。

1954年4月黄河研究组提出《三门峡水库计算方法和步骤》，麦乔威于1955年在《水力发电》第8期发表《三门峡水库的淤积计算》一文，其要点如下：

第一，计算原理。计算原理有二：即水流不淤原理和逐步平衡原理。

水流不淤原理是指水流在一定水力条件下具有一定的输沙能力。如实际含沙量大于此输沙能力，则必引起淤积。

采用苏联学者 E·A·扎马林输沙能力公式：

$$\rho=0.022\frac{V}{\omega_0}\sqrt{\frac{RiV}{\omega}}$$

式中：ρ——水流输沙能力（公斤每立方米），V——平均流速（米每秒），R——水力半径（米），i——水面比降，ω——泥沙平均沉速（米每秒）。

逐段平衡原理是指某一河段在一定时距内的入段沙量与出段沙量之差，必等于段内冲淤量：

$$(\rho_1 Q_1-\rho_2 Q)\Delta t=\Delta s$$

式中：ρ_1——入段含沙量（公斤每立方米），Q_1——入段流量（立方米每秒），

ρ_2——出段含沙量(公斤每立方米),Q_2——出段流量(立方米每秒),Δt——时距(秒),Δs——段内冲淤量(公斤)。

根据黄委会泥沙研究所的意见,对 E. A. 扎马林公式要乘以校正系数,才能适应黄河情况。故三门峡水库淤积计算所使用的输沙能力公式为

$$\rho = 11 \frac{V^{5/2}n}{\sqrt{\omega}\, R^{1/6}}$$

为了把泥沙冲淤量变为体积,按淤积物干容重 r=1.5 吨每立方米进行换算。

第二,泥沙淤积计算。在三门峡水库淤积计算中,不进行回水计算。

假定水面为水平面,水平面与河道天然水面线相交点为回水末端,末端以上不冲不淤,末端以下开始淤积。

淤积体形状计算是从回水末端起,第一段淤积为角锥体,以下各库段每两个断面间淤积为棱柱体。至最后一段因淤积量太少,则假定淤成角锥体,其下断面淤积为零,上断面淤积成一厚度,其淤积厚为上下两段所得的平均值。

坍岸计算是在某一阶段最高水位为 H,考虑风浪冲刷影响,在(H+2米)高程以下的黄土水下稳定坡度为 1∶10,在(H+2 米)高程以上的黄土保持直立,计算坍方数量。关于塌岸的泥沙量的去向,假定塌方体积等于填方体积。

1956 年苏联列宁格勒水电设计院,对三门峡水电站初步设计,采用 H·H·列维教授的水库淤积计算方法,其主要特点:

第一,在分析水库淤积过程时,需要考虑水库平面上具有复杂的外形特点。将水库分为三个部分即:黄河干流库区,渭河汇入黄河处以上渭河范围内库区;渭河及黄河汇合的下部库区。

第二,对三门峡水库提出异重流问题。考虑黄河泥沙颗粒细,含沙量高,粒径小于 0.01 毫米占悬沙总量的 35%,认为这部分泥沙在水库内,容易形成底部浑水异重流,沿库底流动直达坝前,其中大部随着水库泄水排出库外。计算中对三门峡水库底部异重流的细颗粒泥沙的最小含沙量,汛期采用 8～10 公斤每立方米,非汛期采用 4～5 公斤每立方米。

第三,关于淤积形态。粒径大于 0.04～0.05 毫米较粗的泥沙沉积于水库上部,淤积成三角洲及淤填于回流区;粒径为 0.01～0.05 毫米的泥沙沿程淤积;粒径小于 0.01 毫米的泥沙,形成异重流运动至坝前,大部排至坝下游河道,部分沉积在坝前库底。水库淤积的最后阶段,淤积三角洲将直抵大

坝,同时渭河河谷将继续被泥沙所淤积。

第四,淤积量及年限问题。黄河泥沙粒径大于 0.01 毫米占总沙量的 65%,全部淤在库内,粒径小于 0.01 毫米占总沙量的 35%,其中有 20% 排出库外,进入下游河道,另 15% 沉积在坝前,水库淤积量占总沙量的 80%。计算中考虑水土保持效果,预计到 1967 年减少入库沙量为 20%,水库相应淤积量为 67 亿吨,其中粗沙 54 亿吨,细沙 13 亿吨,水库运用 50 年,水保减沙效益按 50% 计,则水库总淤积量为 372 亿吨,其中粗沙 299 亿吨,细沙 73 亿吨。因此水库运用 50 年之后,堆积泥沙约 340 亿立方米,死库容 98 亿立方米全部淤满,而在有效库容部分则要淤积约 250 亿立方米。

三门峡水库于 1960 年 9 月至 1962 年 3 月蓄水运用,最高蓄水位达 332.58 米。蓄水运用后淤积严重,92% 的来沙量淤积在库内,淤积向上游延伸也显著。若继续蓄水运用,将很快淤废水库,严重影响渭河下游平原,威胁西安市安全,由于水库失效不能防洪运用,也威胁黄河下游防洪安全。

鉴于上述严重情况,三门峡水库于 1962 年 3 月后改为敞开闸门泄流,滞洪排沙运用。并抓紧进行水库工程改建,提高泄流能力。为了研究三门峡水库工程改建方案,水电部指示,黄河三门峡工程局、黄委会、水电部北京勘测设计院和北京水科院等单位派员组成三门峡工程改建规划设计组,由黄河三门峡工程局领导。关于改建中三门峡水库淤积计算问题,规划设计组张启舜等根据三门峡水库实测资料与三门峡水库改建后,水库可能产生的几种冲淤情况,壅水淤积,沿程冲淤,溯源冲刷及在特殊情况下,还可能发生异重排沙等情况,提出了《三门峡水库的冲淤计算方法》,其基本要点如下:

第一,不同冲淤形式的排沙关系。

壅水淤积排沙关系为:

$$(Q_{s出}/Q_{s入}) = f\left(\frac{V}{Q_{出}}/J^{\frac{1}{2}}\right)$$

式中,$Q_{s出}$、$Q_{s入}$ 为出库、入库输沙率,V 为库容,$Q_{出}$ 为出库流量,J 为潼关至坝前的平均比降。

沿程冲淤排沙关系:

$$Q_s = CQ^2i^2[(\rho/Q)+k]^n$$

溯源冲刷挟沙力关系:

$$Q_s = 250Q^2i^2$$

式中,Q_s 为河段出口断面输沙率;Q 为河段出口断面流量;i 为河段比降;$\rho/$

Q 为来沙系数。C、K、n 值由实测资料而定。

第二，水库淤积形态。

冲淤基面高程计算：根据坝前史家滩观测资料，建立正常流量水深的经验关系 $h=aQ^x$，以坝前水位减去正常水深，则得冲淤基面高程。

冲刷形态：冲刷宽度在计算中采用坝前 15 公里以下为 300 米，15 公里以上为 640 米。冲刷比降系根据实测资料分析推求，分沿程冲刷比降和溯源冲刷比降，使本时段的冲刷比降与本时段的冲刷量相适应。

壅水淤积形态：以三角洲形式计算。三角洲顶坡比降采用 1.7‰，前坡比降则以三角洲的顶点与坝前的河底相连求得。

滩地淤积形态：当库水位高于滩面时，如有泥沙上滩滩面发生淤积，采用三门峡水库滞洪淤积资料，建立潼关以下库区滩地淤积量关系如下：

$$\frac{W_{st}}{W_s} \sim f\left[\left(\frac{A_t}{A_p}\right)(H-Z)\right]$$

式中，W_{st} 为时段滩地淤积量，W_s 为时段总淤积量，A_t 为时段滩地平面面积，A_p 为时段河槽平面面积，H 为时段坝前最高水位，Z 为距坝 1.9 公里处的坝前滩面高程。其淤积形态，在回水淤积末端以下，按最高水位以下滩地淤积量控制形态；在回水淤积末端以上，按前期滩面比降平铺。

黄河三门峡工程改建规划设计组张启舜、涂启华、赵文林、庾维德等研究三门峡水库工程改建的泄流规模，采取两种水沙条件进行水库和下游河道的泥沙分析计算，以求得不同改建的泄流规模方案及其结果。一是选择 1933 年实测洪水的水沙条件，另一是选择 1954～1958 年加 1957、1956、1955 年为顺序的 8 年实测系列水沙条件，计算水库工程改建的泄流规模方案如表 8—30 所示：

表 8—30　　　三门峡水库改建泄流规模表　　　单位：立方米每秒

方　案	315 米	300 米	附　注
第一方案	6050	730	泄流量考虑了两台
第二方案	8050	2190	机组引水
第三方案	10140	3760	

对上述泄流规模方案进行水库和下游河道泥沙冲淤计算，以比较水库减少淤积和下游河道增大排沙能力的效果。由计算结果得到两点认识：

一是要水库回水不影响潼关。则水库淤积部位控制在潼关以下库区，不致造成渭河、北洛河、黄河的连锁反应；而淤积在潼关以下库区的泥沙，还有被冲去的可能。水位标准是在洪水流量10000立方米每秒的情况下,要求回水不影响潼关,坝前水位为315米。

二是要水库汛期排沙。汛期库水位降至305米,以利大水冲刷排沙;遇多沙年份,水位降至300米排沙。水位300米的泄量,应满足黄河下游河道3000～4000立方米每秒输沙入海的条件,即300米水位的泄量应为3000～4000立方米每秒,避免水库下泄小流量冲刷时使下游河道淤积。

因此,三门峡水库工程改建的泄流规模以第三方案为宜。改建工程实施后,三门峡枢纽两洞、四管、七深孔、三底孔、五双层孔、两台机组的总泄流能力为:水位300米泄量3644立方米每秒;水位305米泄量5389立方米每秒;水位315米泄量9787立方米每秒,(资料来自水电部第十一工程局勘测设计大队1972年12月《三门峡水库运用方案初步研究》表一),基本达到第三方案的泄流规模要求。

1990～1993年黄委会成立了《三门峡水库运用经验总结项目组》对三门峡水库的运用进行全面总结。由清华大学的王士强、北京水科院的张启舜、武汉水利电力大学的韦直林、黄委会水科院的曲少军、黄委会设计院的涂启华等研究的水库泥沙数学模型,对水库运用方案进行了泥沙冲淤计算,结果各家方法成果,大致相近。

模型有四个特点:一是能适合库水位变幅大,以及冲淤交替发生的调水调沙运用方式;二是适合黄河的来水来沙特点,能较好地模拟水库的造床过程;三是充分考虑了影响河床调整的主要因素,如床沙组成、断面形态等;四是采用非均匀悬沙的不平衡输沙模式,反映不同粒径组的泥沙对河床的冲淤作用。

三门峡水库运用经验总结项目组,在分析实测资料基础上,研究拟定了若干运用方案,利用泥沙数学模型计算运用方案的水库淤积,论证在新的水沙条件下三门峡水库合理运用方式的运用水位指标。

二、小浪底水库泥沙分析计算

1969～1993年对小浪底水库进行大量的泥沙分析计算工作,重点有以下几项。

(一)水库冲淤平衡比降计算

为了研究三门峡至小浪底峡谷河段开发方案和小浪底能否修建高坝。从解决黄河下游河道泥沙淤积问题来讲,小浪底修建高坝获得尽可能大的库容是十分需要的。

小浪底水库天然河道平均比降11‰,水库淤积平衡新河道比降的大小问题,关系到小浪底能否修建高坝,在三门峡至小浪底河段能否一级开发的重大问题,必须慎重研究。

1969～1970年,涂启华等根据水沙条件和阻力条件,计算分析认为小浪底水库主要为悬移质泥沙淤积,水库淤积平衡比降较天然河道砂卵石河床比降有很大的减小;尾部段砂卵石推移质淤积段短,淤积比降亦较天然河道砂卵石河床比降有较大的减小。悬移质泥沙淤积段平均平衡比降为3.0‰,尾部段推移质淤积比降为6‰。小浪底坝址天然河道1000立方米每秒流量水位约135米,修建水库后,选择死水位230米,在新的侵蚀基准面作用下,水库形成新的河道平衡纵剖面,淤积末端不影响三门峡水库坝下天然河道水位。据此认为小浪底可以修建高坝,在三门峡到小浪底峡谷河段应搞小浪底一级开发。

1974年10月北京水科院方宗岱在《任家堆水库的平衡比降》报告中,提出三门峡至小浪底为峡谷河段,对分析狭窄河谷水库平衡比降时,应考虑边壁糙率、局部阻力损失和碛的影响等三个因素。计算分析认为在三门峡小浪底峡谷水库平均平衡比降至少为8‰,比天然河道比降不会有较大的减小。因此,为了不影响三门峡水库坝下天然河道水位,小浪底水位只能选择为170米。据此认为小浪底不能修建高坝,在三门峡到小浪底峡谷河段应搞任家堆和小浪底两级开发。

1976～1979年涂启华等对小浪底水库平衡比降又进行了深入的分析,提出水库平衡比降,采用下面方法计算。

一是考虑来水来沙条件和河床边界条件的综合计算方法,即采用水流连续公式、水流阻力公式及水流挟沙力公式联解的方法,求得平衡比降计算式为:

$$i = K' \frac{Q_s^{0.5} \omega^{0.5} n^2}{B^{0.5} h^{1.33}}$$

式中:Q_s为河段出口输沙率;ω为泥沙沉速;n为糙率系数;B、h分别为水面宽和平均水深;K为系数,其值与来沙系数$\left(\dfrac{\rho}{Q}\right)$成反比关系,由实测资料确定,$\rho$为含沙量,$Q$为流量。

二是考虑砂卵石推移质影响和泥沙水力分选作用的比降计算方法,采用下式:

$$i = i_0 e^{(-a)(-b)} \quad a = 0.022 L_1$$

$$b = 0.0109 L_n$$

式中：i 为计算比降；i_0 为水库上游河道比降；L_1 为水库尾部砂卵石推移质淤积段长度；L_n 为距水库尾部段起始断面的距离。a、b 值与水库尾部段和库区河床淤积物组成有关。分别按上述计算方法计算水库冲淤平衡比降，结果相接近。综合两种方法计算的结果，设计采用小浪底水库各段平衡比降，由下而上各段比降为：第一段长度 33 公里，比降 2.0‰；第二段长度 33 公里，比降 2.9‰；第三段长度 46.8 公里，比降 3.5‰；第四段为推移质淤积段，长度 15 公里，比降 6.0‰。水库淤积长度 127.8 公里平均比降为 3.3‰。

(二)小浪底水库淤积计算

1983 年黄委会设计院，对小浪底水库泥沙冲淤及有效库容进行了分析计算，其主要内容为：

水库壅水排沙关系：

$$\frac{\rho_{出}}{\rho_{入}} = a \lg \left(\frac{\gamma'}{\gamma_s - \gamma} \cdot \frac{Q}{V} \cdot \frac{1}{\omega_s} \right) + b$$

式中：$\rho_入$、$\rho_出$ 分别为进出库含沙量，Q 为出库流量，V 为蓄水量，γ' 为浑水容重，γ_s 为泥沙容重，ω_s 泥沙群体沉速，a、b 为系数及常数，根据水库不同库容形态，其值不同。

水库敞泄排沙关系

$$Q_{s出} = a \frac{\rho_入^{0.79} (Q \cdot i)^{1.24}}{\omega_s^{0.45}}$$

式中：系数 a 值与计算时段坝前河床淤积面升降幅度和坝前冲淤基面以上库区累计淤积量大小有关。其他符号意义同前。

利用上述计算关系式，对水库运用过程进行排沙和淤积计算，得出水库冲淤过程和出库水沙过程。

1988 年 3 月黄委会设计院在《黄河小浪底水利枢纽初步设计报告》的工程规划篇中，进行了水库排沙和淤积过程计算，对淤积形态、坝前淤积高程、泄水建筑物孔口前冲刷漏斗形态、含沙量和浑水容重垂向分布、泄水建筑物分流分沙、过水轮机的过机泥沙特性、泄水孔口防淤堵等分析计算。

水库淤积平衡形态为锥形体从坝前至库尾，分为四段，根据各库段淤积比降和淤积长度的计算，得到在水库死水位 230 米运用下，淤积末端距三门峡坝下 3.2 公里，对三门峡坝下尾水位无影响。

库区支流水沙甚少，只是短时间有暴雨洪水，所以支流的淤积为水库干流水沙倒灌淤积所致。干流倒灌支流淤积形态为河口段倒锥体淤积，倒坡比降一般为 2.6‰,河口处形成拦门沙坎。由于水库为逐步抬高主汛期(7~9 月)水位拦沙,可以比较充分地淤积支流拦沙库容,所以支流河口拦门沙坎较低,坎高约为 4~5 米不等。

水库万年一遇洪水回水末端:考虑 254 米高程以下调水调沙库容不参与蓄洪,防洪起调水位为 254 米,当最大入库洪峰流量为 17000 立方米每秒坝前水位 275 米,回水末端与三门峡坝下自然洪水位基本衔接,回水水位高程为 290.81 米,与三门峡坝下尾水自然洪水位为 291.0 米相衔接。

水库淤积过程及坝前淤积高程变化:水库运用为逐步抬高主汛期水位拦粗沙排细沙和调水调沙,对下游河道减淤效益要好。初始运用起调水位 205 米,蓄水拦沙三年,淤积 23.9 亿吨。逐步抬高主汛期水位拦沙 15 年,淤积 76.2 亿吨;形成高滩深槽 10 年,库区冲刷 1.13 亿吨。正常运用 22 年,淤积 0.93 亿吨,总计运用 50 年,淤积 99.9 亿吨,淤积物干容重 1.3 吨每立方米,淤积泥沙体积为 76.8 亿立方米。可长期保持有效库容 51 亿立方米,供综合利用。

坝前淤积高程变化,以调水为主要方式,第 5 年为 211.5 米,第 10 年为 233.0 米,第 15 年为 240.0 米,第 20 年为 245.0 米,第 28 年坝前滩面高程 254.0 米,河底高程 226.3 米。

坝前冲刷漏斗:泄水孔口前冲刷漏斗形态,孔口前为平底冲深段,底部高程约低于排沙洞进口底坎高程 2 米左右,平底段长度约 40~70 米,平底段上游为冲刷漏斗纵坡段,分为三段,第一段长约 290~530 米,坡度 0.1~0.06,第二段长度约 710~1290 米,坡度 0.032~0.017,第三段长度约 980~1780 米,坡度 0.007~0.004,全漏斗长度 2030~3670 米,随水流大小而异。在死水位 230 米以下,漏斗容积约 0.1~0.3 亿立方米。

泄水建筑物前浑水容重垂向分布:按水流流态,计算分两种情况。一是坝前冲刷漏斗区为异重流,另一为浑水明流。水沙情况在设计条件时洪水流量 10200 立方米每秒、含沙量 400 公斤每立方米、水位 254 米;在校核条件时洪水流量 9870 立方米每秒、含沙量 941 公斤每立方米、水位 251 米。计算结果浑水容重垂向分布如表 8—31 所示。设计时采用高含沙浑水明流流态的浑水容重垂向分布成果。

表 8—31　　　　　水浪底水库泄水建筑物前含沙量垂向分布表

流态	计算条件		垂　　向　　分　　布				
异重流	设计	高程（米）	254.00	230.75	218.15	168.00	130.00
		浑水容重（吨每立方米）	1.08	1.08	1.25	1.25	1.25
	校核	高程（米）	251.00	228.42	216.12	168.00	130.00
		浑水容重（吨每立方米）	1.13	1.13	1.59	1.59	1.59
浑水明流	设计	高程（米）	254.00	230.00	215.00	168.00	130.00
		浑水容重（吨每立方米）	1.168	1.203	1.229	1.331	1.331
	校核	高程（米）	251.00	230.00	215.00	168.00	130.00
		浑水容重（吨每立方米）	1.499	1.538	1.568	1.673	1.673

泄水建筑物孔口防淤堵分析：泄水建筑物是分层布置的，排沙洞和孔板泄洪洞位置最低，进口高程 175 米，发电引水洞位置居中，进口高程 195 米，明流泄洪洞位置高。在来水小时主要由发电洞引水发电，要关闭孔板泄洪洞，排沙洞也要大部分关闭或完全关闭，在关闭的孔口前要发生泥沙淤积，在开启时若不能及时泄出水流便形成淤堵，不能发挥泄流作用。因此，研究泄水孔口防淤堵是很重要的问题。一方面进行泥沙淤积分析计算，同时要进行泄水建筑物孔口防淤堵泥沙模型试验，分析计算按汛期最不利情况考虑。当来水流量为 300～500 立方米每秒时，水库为调蓄壅水状态，坝前含沙量一般为 11～14 公斤每立方米。按排沙洞全部关闭 15 天，只发电引水泄流，在这种不利情况下，排沙洞和孔板泄洪洞前淤积高程可能达到 185 米，洞口前淤积厚度达 10 米。由于泥沙淤积物颗粒较细，沉积时间不很长，淤积土干容重较小，无固结现象，开启底孔口时，能及时冲开淤积物泄出水流，不发生淤堵。泥沙模型试验也表明，当孔口前淤积高程在 190 米时，开启后能及时出流，当孔口前淤积高程超过 190 米后，则开启底孔口不能及时出流。所以要在泄水建筑物调度运用中控制孔口前淤积高程不超过 190 米，可以避免孔口淤堵发生。

1989～1993 年，小浪底工程进行招标设计，世界银行对小浪底工程进行贷款立项审查、评估，黄委会设计院对小浪底水库泥沙分析计算又进行了如下补充工作：第一，小浪底水库对下游减淤运用方式及作用，检验不同丰、平、枯水段开头的 6 个 50 年系列，不同水沙条件、对水库淤积和下游减淤的影响；第二，小浪底水库长期有效库容分析，用不同的计算方法，论证分析小浪底水库淤积形态和有效库容；第三，小浪底水库泄水建筑物布置和泄流规模分析,从预防孔口淤堵和万一发生淤堵有替代性泄水建筑物,从优化出发,泄水建筑物要分层布置,并适应调水调沙不同运用方式及其对防洪、减淤作用的适应性;第四,小浪底水库初期防洪运用和后期防洪运用泥沙分析,考虑水库初期防洪运用泥沙淤积对水库淤积过程的影响,后期防洪运用泥沙淤积对兴利调节库容的影响;第五,小浪底水电站过机泥沙分析,研究不同水沙条件下,水库各运用阶段的库区冲淤变化及坝前水沙特性,分析水电站和泄洪排沙系统的调度方式,分流分沙特点分析计算,过机泥沙特性;第六,坝区漏斗域的河床演变,利用小浪底坝区泥沙动床模型研究成果和黄河三门峡、刘家峡等水库的工程泥沙观测资料,分析研究小浪底坝区冲刷漏斗形态和冲刷漏斗域水沙运动特性;第七,小浪底工程施工期洪水泥沙淤积和利用三门峡水库控制运用对三门峡水库淤积的影响等。

(三)水库对下游河道减淤计算

1983年黄委会设计院在《小浪底工程库区泥沙冲淤及有效库容分析计算》中,对下游河道的减淤分析,认为水库初期拦沙运用时,20年入库沙量283.9亿吨,平均每年入库沙量14.2亿吨。出库沙量为183亿吨,平均每年排出库外沙量9.15亿吨,其中细沙占6.07亿吨,中、粗沙占3.08亿吨。经小浪底水库拦粗排细,使下游河道20年可以减淤72.5亿吨。

1988年3月黄委会设计院在《黄河小浪底水利枢纽初步设计报告》中,对下游河道减淤计算,分两部分,即水库拦沙及调水调沙的减淤作用;人造洪峰的减淤作用。

1.水库拦沙及调水调沙的减淤作用。经分析计算小浪底水库拦沙1.24~1.32亿吨,可使下游河道减淤1亿吨,使下游河道20~21年不淤积。50年后,小浪底水库"蓄清排浑、调水调沙"运用,对下游河道平均每年减淤0.4~0.5亿吨。

2.非汛期水库人造洪峰的减淤作用。计算采用1919年7月~1975年6月系列,56年中可造峰45次,一次造峰水量可达30.5亿立方米。若年平均造峰水量24.5亿立方米时,年平均减淤量0.31亿吨,50年总减淤量15.5亿吨,相当于使下游河道4年不淤积。

综合上述两项,小浪底水库50年运用,包括非汛期人造洪峰的减淤在内,可使下游河道24~25年不淤积。

1993年涂启华、张俊华等又对小浪底水库淤积及下游减淤进行了计算,为了扩大灌溉,不考虑非汛期人造洪峰,其成果如表8—32。

表 8—32 小浪底水库 50 年淤积及下游减淤计算成果表(不考虑非汛期人造洪峰)

代表系列	小浪底入库		洛、沁河		小浪底水库淤积量(亿吨)	下游河道淤积量(亿吨)		有小浪底时下游河道减淤量(亿吨)		下游河道不淤年数(年)	下游河道累计最大冲刷量	
	年水量(亿立方米)	年沙量(亿吨)	年水量(亿立方米)	年沙量(亿吨)		无小浪底	有小浪底	全下游	其中艾山~利津		累计冲刷量(亿吨)	运用年数(年)
1919~1969 年	289.32	12.83	34.69	0.253	101.0	198.0	123.1	74.9	9.0	18.9	3.5	2
1933~1975+1919~1927 年	298.60	13.06	34.71	0.253	103.4	193.3	121.2	72.1	8.7	18.6	15.4	12
1941~1975+1919~1935 年	274.10	12.30	30.83	0.199	104.3	208.4	128.7	79.7	9.6	19.1	17.9	12
1950~1975+1919~1944 年	276.50	12.33	32.99	0.244	101.3	198.6	121.9	76.7	9.2	19.3	17.7	14
1950~1975+1950~1975 年	315.00	13.35	34.20	0.258	99.9	189.6	105.0	84.6	10.2	22.3	17.7	14
1958,1977,1960~1975+1919~1952 年	280.85	12.60	31.66	0.212	100.3	221.7	140.6	81.1	9.7	18.3	14.3	11
平　　均	289.10	12.75	33.20	0.240	101.7	201.6	123.4	78.2	9.4	19.4	14.4	13

　　1992 年 11 月黄科院吴保生、张启卫等应用黄河下游泥沙数学模型,计算小浪底水库对下游河道冲淤影响,计算结果,小浪底运用 50 年(不考虑非汛期人造峰)下游河道减淤 70 亿吨,基本可维持 20 年不淤,与黄委会设计院计算结果相近。

(四)水库浑水调洪计算

　　1978 年 7 月黄委会设计院涂启华、陈枝霖等提出多沙河流水库考虑泥沙冲淤影响的浑水调洪计算方法。其特点是联解水库浑水平衡方程,水库输沙方程,水库冲淤分布方程。水库浑水平衡方程较清水平衡方程多一项 $\dfrac{\Delta V_{sc}}{\Delta t}$,其方程如下:

$$\left(\frac{V_2}{\Delta t}+\frac{q_2}{2}\right)=(\overline{Q}-q_1)+\left(\frac{V_1}{\Delta t}+\frac{q_1}{2}\right)-\frac{\Delta V_{sc}}{\Delta t}$$

式中:V_1、V_2 分别为时段初和时段末的总蓄量(包括浑水容积和泥沙淤积体积),$\overline{Q}$ 为时段平均入库流量,q_1、q_2 分别为时段初和时段末出库流量,Δt 为时段,ΔV_{sc} 为库水位水平回水线以上的泥沙淤积体积。

　　水库输沙方程和水库冲淤分布方程,选择符合水库实际情况的计算公式。曾用 1964 年三门峡水库滞洪运用的洪水资料进行了验证,验证结果,浑水调洪计算成果与实测资料接近,清水调洪计算成果与实测资料偏离较大。

该计算方法编入水电部水利水电规划设计院主编的《水利动能设计手册防洪分册》(水利电力出版社 1988 年 4 月出版)。

三、桃花峪水库淤积计算

1976 年 6 月黄委会设计院在编制《黄河桃花峪水库工程规划》时,对桃花峪水库淤积及对下游河道影响,陈枝霖、涂启华等进行了分析计算,计算重点是水库寿命及对洛阳影响问题。由于水库运用方式不同其淤积情况也不同,计算分单纯防洪与综合利用两种方案。

(一)单纯防洪方案的水库淤积计算

单纯防洪方案即非汛期与一般洪水,水库敞泄,且不滞洪,只有当花园口站出现大于 22000 立方米每秒洪水时,桃花峪水库与三门峡水库、东平湖水库联合运用,确保下游河防安全。所以水库淤积为常年自然淤积与防洪运用淤积两部分。常年自然淤积以实测资料为依据,年平均淤积约 0.4 亿立方米。防洪运用淤积其水库排沙关系采用下式:

$$\frac{\rho_{出}}{\rho_{入}} = \beta(\frac{Q_{出} \cdot \Delta H}{V \cdot \omega})^n$$

式中:$\rho_{出}$、$\rho_{入}$ 分别为出入库含沙量,$Q_{出}$ 为出库流量,ΔH 为坝前壅水高度,V 为蓄水容积,ω 为泥沙沉速,β、n 为系数及指数,当 $(\frac{Q_{出} \cdot \Delta H}{V \cdot \omega}) = 0.03 \sim 0.05$ 时,$\beta = 0.851$,$n = 0.351$;当 $(\frac{Q_{出} \cdot \Delta H}{V \cdot \omega}) = 0.05 \sim 0.4$ 时,$\beta = 1.71$,$n = 0.582$。经计算 1933 年洪水,45 天库区淤积为 12.6 亿吨,淤积末端位于距坝址 67.5 公里处,洛河淤积末端位于白马寺以下 10.5 公里处。

(二)综合运用方案水库淤积计算:

运用方式除汛期运用与单纯防洪方案相同外,非汛期需配合三门峡水库担负防凌、灌溉任务,并进行人造洪峰,冲刷下游河道。防凌、灌溉使水库增加一些淤积,但人造洪峰时,桃花峪水库需先放空,然后三门峡水库集中泄水 25.2 亿立方米造峰,桃花峪水库库区受到洪峰冲刷,整个非汛期桃花峪水库未增加淤积。

1993 年 10 月黄委会设计院研究"南水北调"中线穿黄河时,考虑穿黄工程与桃花峪水库结合方案,对桃花峪水库淤积进行了计算,其成果为当小浪底水库初期拦沙,铁谢至花园口段,年平均冲刷 0.216 亿立方米;小浪底水库正常运用期,铁谢至花园口每年平均淤积 0.264~0.118 亿立方米。水库防洪运用时发生淤积,对花园口超过 22000 立方米每秒的洪水,桃花峪水库滞蓄洪水,库区滩地和河槽都发生淤积,滩地淤积要损失滩库容,而河槽淤积物在洪水后逐渐冲刷出去。但由于河道有自然淤积,库容将逐渐损失。为了使桃花峪水库在 22000 立方米每秒以下洪水不滞洪淤积延长水库寿命,水库的泄流能力应足够大,使 22000 立方米每秒以下洪水保持库区为自然河道漫滩洪水的淤滩刷槽的泄洪状态。

四、刘家峡水库泥沙分析计算

刘家峡水库泥沙问题自 1956 年开始研究,电力工业部北京水电勘测设计院与中科院水工研究室提出了所存在的泥沙问题及各种可能的解决办法,并作了一定的计算工作。1958 年初步设计阶段,水电部北京勘测设计院等单位又进行了水库淤积计算,提出了解决泥沙问题的初步意见,1964 年以后进行了技术设计阶段的水库泥沙淤积计算。

刘家峡水库泥沙淤积,主要是悬移质泥沙淤积,根据库区地形、入库水沙特点和水库不完全年调节的调度运用方式,估计淤积形态将具有比较典型的三角洲外形,计算方法为三角洲淤积计算方法,考虑了水库运用对于淤积部位的影响,并且水库未计入推移质泥沙淤积。

(一)三角洲淤积形态的计算

根据盐锅峡、官厅、三门峡水库实测资料分析,确定库区黄河干流三角洲洲面比降为 1.3‰,洮河为 4‰,大夏河为 2‰,三角洲前坡比降均采用 5‰;洮河口将形成沙坎,其高程按冲刷流速 1 米每秒控制,沙坎的迎面坡度采用 1%,顺水坡坡度采用 5‰;三角洲洲面水深,黄河干流采用 3.0 米,洮河用 1.4 米,大夏河 2.0 米。

悬移质淤积物干容重采用 1.4 吨每立方米,异重流淤积物干容重采用 0.9 吨每立方米,推移质淤积物干容重采用 1.5 吨每立方米。

(二)水库泥沙淤积过程计算

水库为了不完全年调节运用。每年汛期从死水位高程 1694 米开始蓄水,汛期按防洪限制水位 1726 米运行,汛末(10 月底)蓄至 1735 米,此后水位逐渐降低,供水发电及工农业用水,至下年汛前 6 月又降至死水位上下。按此运用方式,将每年的淤积过程大致分为 7~9 月、10~1 月、2~5 月和 6 月 4 个时段。第一时段是悬移质泥沙淤积、异重流形成和淤积、推移质淤积,形成三角洲淤积阶段;第二时段是在三角洲上淤积形成非汛期三角洲;第

三、四时段是溯源冲刷,冲刷下来的泥沙在库区干流形成次生三角洲。在洮河,当坝前淤积达到一定高程后,将会以浑水或异重流形式排到水库下游。计算中,假定溯源冲刷到达推移质淤积体即停止。

设计中未进行长系列淤积计算,只作了近期15年的淤积计算。近期干支流淤积和冲刷部位均在峡谷内,横向形态按水平冲淤考虑,不会形成明显的滩槽。淤积15年,有效库容由原始的41.5亿立方米减小为38.9亿立方米,死库容由原始的15.5亿立方米减小为10.9亿立方米。15年库区淤积7.2亿立方米,总库容损失12.6%,有效库容损失6.3%。

1987年,水电部西北勘测设计院吴孝仁编写《黄河刘家峡水电站水库泥沙设计与现状》报告,对刘家峡水库运用以来的实测资料进行分析。水库蓄水运用以来的实践证明,设计的水库泥沙冲淤模式是基本合适的。截至1985年蓄水运用17年来,库区淤积9.91亿立方米,总库容损失17.4%,有效库容损失7.2%,与设计计算的15年淤积过程基本相近似。

水库运用后的淤积表明,距坝1.5公里的洮河口沙坎是影响水电站正常运行的主要因素。刘家峡水电厂多年来采取汛期异重流排沙和汛前低水位冲沙等措施,对减轻洮河泥沙对电站运行的威胁取得了效果。吴孝仁根据实测资料,求得机组过水轮机的沙量关系式,说明过机沙量与洮河的来沙量,洮河库区及坝前河段的剩余库容,机组引水流量、泄水道的泄流量等因素有关。要减少过机沙量除采取减少洮河输沙量外,应尽量恢复洮河库容,降低坝前淤积高程,经常开启泄水道排沙。因此要采用汛期异重流排沙,汛前降低水位冲沙等措施,这些措施应纳入刘家峡水库的正常调度中。北京水科院杜国翰、张振秋研究刘家峡水库坝前洮河沙坎对发电的影响及水力冲刷对降低沙坎高度的作用,建议将水力冲刷保持沙坎安全水深(即降低沙坎高程)列入水电站正常调度计划。

五、天桥水库泥沙分析计算

黄委会设计院进行天桥水库工程的技术设计时,对水库泥沙的淤积进行计算,主要解决两个问题,一是确定水库的正常蓄水位,二是研究水库运用方式。

关于水库正常蓄水位的选定:用已建水库资料建立水库淤积延伸长度与建库后河道比降比值之间的关系 $J/J_0 \sim \triangle L/\triangle L_0$,预测水库正常蓄水位的淤积长度。天然河道比降为6.55‰,水库新河道比降采用2.3‰。选择水位 833、834、835 米 3 个方案,计算各正常蓄水位的水库淤积长度。对于正常蓄水位 834 米,算得水库淤积长度为 22.31 公里,淤积上延至黄甫川口以上约 1.41 公里。设计考虑在桃汛期和大汛初期降低水位冲刷 1 次,可以将淤积的泥沙冲走,因此采用水库正常蓄水位为 834 米的方案。

关于水库运用方式是通过水库泥沙淤积计算来论证的,采用的计算方法是:

水库壅水排沙关系为:$\dfrac{Q_{s出}}{Q_{s入}}=f\left(\dfrac{V}{Q_{出}}\cdot\dfrac{Q_{入}}{Q_{出}}\right)$

式中:$Q_{s入}$、$Q_{s出}$ 为进出库输沙率,$Q_{入}$、$Q_{出}$ 为进出库流量,V 为水库蓄水容积。

水库敞泄排沙关系为 $Q=K(Q_{出}i)^m$

式中:i 为水库水面比降,K 为系数,m 为指数,以三门峡等水库实测资料而定。

选择 1965~1969 年义门站实测水沙资料计算水库非汛期不同正常蓄水位和汛期不同限制水位、不同降水冲刷方式的运用方案下的库区冲淤情况,比较结果,以非汛期正常蓄水位 834 米,汛期限制水位 830 米,桃汛和大汛初降水冲刷,冲刷水位不低于 826 米的运用方案为优。可以控制水库淤积发展,坝前淤积面高程维持在 828 米左右,淤积末端上延能得到控制。

1982 年,黄委会设计院张实、涂启华等,分析研究天桥水库 1977~1981 年运用实测资料,提出《黄河天桥水电站运用情况分析和调度运用方式研究》报告,选择丰、平、枯三种年份的水沙条件,对水库分阶段运用进行水库泥沙冲淤计算。根据计算结果,推荐天桥水库采取分阶段运用的运用方式即:汛期 7~8 月运用水位 830 米,9~10 月运用水位 832 米,调节运用水位可上下浮动 0.5~1.0 米;非汛期按水位 834 米发电运行,浮动 0.5 米,最高不超过 834.5 米;不需要每年停机降水冲刷,但结合凌汛排冰,可进行一次降水冲刷,冲刷水位不低于 824 米或 826 米,依排冰情况而定。

按上述运用方式,保持库区冲淤平衡,控制淤积末端不超过黄甫川口,可以保持调节库容 0.28 亿立方米左右,提高发电效益,将设计 100 年一遇洪水的防洪标准提高为近 200 年一遇洪水(在同样的设计洪水位 835.1 米条件下),增大了水库的防洪安全性。该项研究成果被天桥水电厂应用,获 1982 年度黄委会重大科技成果四等奖。

六、巴家嘴水库泥沙分析计算

黄委会兰州水文总站、巴家嘴水文实验站、黄委会规划设计大队、黄科所等单位于 1975 年 11 月提出《巴家嘴水库冲淤规律分析》报告,据 59 次洪峰分析,将水库排沙分为三种类型:

第一,自然滞洪排沙。水库排沙比变化在 26%～69% 之间,平均为 52%。

第二,蓄水运用异重流排沙。水库排沙比变化在 0.6%～33% 之间,平均为 14.9%。

第三,小河槽排沙。当水库泄空或坝前水位很低时,上游来小洪峰而不出河槽形成小河槽排沙。水库排沙比在 77%～145% 之间变化,平均为 91.5%。

其排沙关系如下:

自然滞洪排沙:$\triangle W_s = \bar{\rho} \cdot \triangle V$　　式中:$\triangle W_s$ 为水库拦沙量,$\triangle V$ 为水库滞洪量,$\bar{\rho}$ 为洪峰时段平均含沙量。

蓄水运用异重流排沙:$\triangle W_s = a W_{s入}^n$　　式中:$W_{s入}$ 为入库沙量,a 为系数 n 为指数,其余符号同前。由于巴家嘴水库泄流能力小,水流上滩水面宽阔,水深大,水库排沙能力小,故运用异重流排沙。水库拦沙量基本上决定于入库沙量。a 和 n 接近 1.0。

小河槽排沙关系:$W_{s出} = K W_{s入}^m$ 式中:$W_{s出}$ 为出库沙量,K 为系数,m 为指数,其余符号同前。巴家嘴水库水流不出槽时小河槽排沙能力大,小河槽输沙接近平衡。巴家嘴水库来沙颗粒比较细,水流含沙量高,泥沙沉速小,使得水库淤积平衡比降小,为 2.0‰。

巴家嘴水库淤积翘尾巴不严重,其原因主要有:天然河道比降陡,达 23‰;来沙颗粒组成比较细;水库运用水位变幅大,水库冲淤变化交替进行。

黄委会设计院,1983 年研究巴家嘴水库增建一条泄洪洞,增大水库泄洪能力以减小水库严重的滞洪淤积。于 1983 年 9 月提出《巴家嘴水库增建泄洪建筑物初步设计报告》。

1993 年 6 月,黄委会设计院进一步分析巴家嘴水库的淤积发展问题,提出巴家嘴水库增建泄洪洞的复核报告。为了分析论证新增泄洪洞建成运用后的水库排沙能力和库容变化情况,提出了《巴家嘴水库泥沙淤积分析计算报告》。对新增泄洪洞后的水库泄流能力经过泥沙分析计算表明:增建前死水位1100米的泄量为60.4立方米每秒;最高水位1125米的泄量为104.7立方米每秒;增建后相应水位的泄量分别为340.7立方米每秒和612.6立方米每秒,水库泄流能力增大了5.64～5.85倍。假定新增泄洪洞于1996年投入运用,进行30年的库区冲淤计算。在30年内,假定第一年经过一次1958年洪水,在10年后经过一次1958年型百年一遇洪水。在这30年中按一般水沙条件的水库"蓄清排浑"运用和两次大洪水的滞洪淤积计算,水库总淤积量为3431万立方米,主要是滩地淤积抬高,而河槽还有少量冲刷,使得巴家嘴水库30年后形成高滩深槽。大量淤积主要为两次大洪水滞洪淤积,而常水年的淤积较少,30年常水淤积,滩地为361万立方米,而河槽还冲刷128万立方米。如果30年内不发生上述两次大洪水滞洪淤积,则水库增建泄洪洞后常水年淤积是不大的,增建泄洪洞方案对于减少水库淤积是有效的。水库运用于7月1日至9月15日为控制低水位泄流排沙,在9月15日至次年6月底进行蓄水拦沙运用。

巴家嘴水库泥沙计算方法是根据巴家嘴等水库资料建立的壅水排沙关系:

$$\rho_{出}/\rho_{入}=f\left(\frac{V}{Q_{出}}\right) \text{和敞泄排沙关系:} Q_{s出}=K\left(\frac{\rho}{Q_{入}}\right)^{m}(Q_{出}i)^{n}$$

式中:$\rho_{出}$、$\rho_{入}$为进出库含沙量,$Q_{入}$、$Q_{出}$为进出库流量,V为蓄水容积,i为水面比降。

第二节 河道冲淤计算

建国前,对黄河河道冲淤计算很少,有些亦是概念性的定性分析,缺乏具体计算方法。

建国后,1954年黄规会编制的《黄河技经报告》中,对黄河下游河道冲淤进行了定性分析。认为"上游下来的泥沙,为三门峡水库所拦截,水库下泄清水,将使下游河道逐渐刷深,经过一个时期以后,两岸堤防不需要,而代之以护岸工程。"

1955年,黄规会的杨洪润在《黄河三门峡水库建成后下游河道冲刷计算方法》中,采用扎马林的悬移质挟沙能力公式和河床变形方程式进行计算。分析计算中与桃花峪水库下游冲刷联系起来。

1959年,黄科所提出《三门峡水库建成后黄河下游水流含沙量预估》方法,预估黄河三门峡水库建成后下游河道水流含沙量的变化,认为永定河官厅以下河道与黄河三门峡以下河道相近似,假定永定河的金门闸站相当于黄河的高村站或孙口站。点绘官厅及三门峡水库建成前,永定河金门闸站和黄河高村站或孙口站流量和含沙量关系。应用永定河官厅水库建成前后下游金门闸站的流量与含沙量关系,预估黄河三门峡建库后下游高村、孙口站含沙量减少情况。依据金门闸的资料,经推算高村、孙口站水流含沙量可能减少 90%,即三门峡水库建成后,黄河下游的含沙量只相当于建库前的十分之一。

1959 年,黄委会提出另一种《三门峡水库建成后黄河下游河道演变预估》方法,以实测资料点绘高村、艾山、泺口、利津等站的流量与悬移质输沙率关系和流量与造床质输沙率关系,以前者代表三门峡建库前的流量输沙率关系。考虑三门峡建库后,水库下泄清水,下游水流含沙量主要由河道冲刷而补给,所以,点绘流量与造床质输沙率关系,代表三门峡建库后的流量输沙关系。同时,还选用下游 1954 年 9 月 5 日含沙量较高资料与 1954 年 8 月 5 日和 1957 年 7 月 15 日含沙量较低资料,分别建立含沙量比值(恢复率)沿程变化图,以反应三门峡水库建成后含沙量沿程恢复率的预估。

1963 年 6 月,黄河下游研究组对三门峡水库改建后黄河下游河道演变趋势进行预估。钱宁、麦乔威根据黄河下游河床随来水来沙条件自动调整的特点,编写出《三门峡水库低水位运用后黄河下游河床演变预报》报告,考虑黄河下游河道输沙多来多排的特点,点绘下游各站的以上站含沙量为参数、输沙率与流量关系,计算各河段冲淤量。计算结果:三门峡水库低水位运用,如不进行改建,下游河道仍然发生淤积,但淤积量较建库前减少一半;若大改建,考虑改建后五年内水库排沙量,除天然来沙外,还要冲刷部分原来淤积在水库的沙量排到下游。下游河道淤积量比建库前要严重得多,甚至达到建库前的两倍。

1968 年 10 月至 1969 年 6 月,三门峡改建规划设计组涂启华等,根据黄河下游河道实测资料,研究提出黄河下游河道冲淤计算方法,其方法进一步区分汛期和非汛期,汛期中又区分漫滩洪水与非漫滩水流,分别建立下游河道各河段来沙系数与排沙比关系。采用 1954～1958 年并重复加上 1957、1956、1955 年组成 8 年水沙系列进行计算。计算结果,三门峡大改建方案低水位运用,下游河道淤积将恢复建库前水平。

1975～1977 年,黄委会规划办公室在进行黄河规划时,根据规划要求,就各种方案对黄河龙门以下各河段冲淤影响作出了粗估。龙门以下河道,除

潼关至三门峡为库区外,分三个河段:即龙(门)、华(县)、河(津)、洑(头)4
站至潼关;三门峡至艾山及艾山至利津,各河段冲淤量采用下式计算:

$$\Delta W_s = W_{s上} - W_{s下} - W_{s引}$$

式中:ΔW_s 为计算河段冲淤量,$W_{s上}$ 为上站来沙量,$W_{s下}$ 为下站输沙量,$W_{s引}$
为灌溉引走的沙量。

有关各控制站输沙量及灌溉引沙量估算方法如下:

一、控制站输沙量估算方法

潼关站,分非汛期和汛期:

汛期逐月及洪峰时段输沙率采用下式:

$$Q_{s潼} = KQ_{潼}^m \cdot (\rho/Q)_四^n$$

式中:$Q_{s潼}$ 为潼关站输沙率,$Q_潼$ 为潼关站流量,$(\rho/Q)_四$ 为龙、华、河、洑 4 站
来沙系数,其中 $\rho_四$、$Q_四$ 分别为 4 站平均含沙量及平均流量,K 为系数,m、n
为指数,依龙门及华县水沙来源不同及月关系和洪峰关系不同而异。

非汛期采用下式

$$Q_{s潼} = K_0 Q_潼^{m_0}$$

式中:Q_s、Q 为输沙率和流量,K_0、m_0 为系数和指数。

艾山站根据 1965~1975 年汛期资料,不漫滩时输沙量关系式为:

$$W_{s艾} = K_1 W_艾^{a_1} \cdot \rho_{三黑小}^{b_1}$$

漫滩时输沙量关系式为:

$$W_{s艾} = K_2 W_艾^{a_2} \cdot \rho_{三黑小}^{b_2}$$

式中:$W_{s艾}$ 为艾山站汛期输沙量,$W_艾$ 为艾山站汛期水量,$\rho_{三黑小}$ 为三门峡、黑
石关、小董三站的汛期平均含沙量,K_1、K_2 分别为系数,a_1、a_2 及 b_1、b_2 分别
为指数。

非汛期输沙量关系式,主要利用三门峡下泄清水时的资料求得,其关系
式为

$$W_{s艾} = K' W_艾^{a'}$$

式中:$W_{s艾}$ 为艾山站非汛期输沙量,$W_艾$ 为艾山站非汛期水量,K'、a' 分别为
系数与指数。

利津站亦用 1965~1975 年汛期资料,求得汛期输沙量关系式为

$$W_{s利} = K_3 W_利^{a_3} \cdot \rho_艾^{b_3}$$

式中:$W_{s利}$ 为利津站汛期输沙量,$W_利$ 为利津站汛期水量,$\rho_艾$ 艾山站汛期平

均含沙量，K_3、a_3、b_3 分别为系数和指数。

非汛期输沙量关系式为

$$W_{s利}=K_4W_{利}^{a_4}$$

式中：$W_{s利}$ 为利津非汛期输沙量，$W_{利}$ 为利津非汛期水量，K_4、a_4 为系数和指数。

二、下游灌区引沙量估算方法

三门峡至艾山段：

汛期　　　$W_{s\cdot10\cdot引}=a_1e^{m_1\rho_{艾}}$

式中：$W_{s\cdot10\cdot引}$ 为三～艾段引水 10 亿立方米所引沙量，以 $W_{s\cdot10\cdot引}$ 乘以实际引水量的 1/10 即为总引沙量，$\rho_{艾}$ 为艾山汛期平均含沙量，a_1、m_1 为系数和指数。

非汛期　　　$W_{s\cdot10\cdot引}=a_2e^{m_2\rho_{艾}}$

式中符号定义同上。

艾山至利津段

汛期，当 $1/2(\rho_{艾}+\rho_{利})<40$ 公斤每立方米时

$$W_{s\cdot10\cdot引}=a_3e^{m_3(\rho_{艾}+\rho_{利})}$$

当 $1/2(\rho_{艾}+\rho_{利})\geqslant40$ 公斤每立方米时

$$W_{s\cdot10\cdot引}=a_4e^{m_4(\rho_{艾}+\rho_{利})}$$

式中：$W_{s\cdot10\cdot引}$ 为艾～利段引水 10 亿立方米所引沙量，以 $W_{s\cdot10\cdot引}$ 乘以实际引水量的 1/10 即为总引沙量，$\rho_{艾}$、$\rho_{利}$ 分别为艾山、利津汛期平均含沙量。

非汛期　　　$W_{s\cdot10\cdot引}=a_5e^{m_5\rho_{利}}$

式中符号定义同上。

1978 年，黄委会治黄规划办公室、黄科所和清华大学水利系共同对 1975～1977 年治黄规划中，关于黄河中下游干流河道冲淤计算方法进行了总结，重点以细算方法为主，计算项目有全沙河道冲淤计算，粗细沙冲淤计算及放淤对河道冲淤影响计算。计算方法分述于下。

(一)黄河下游河道冲淤计算方法

下游河道主槽、滩地冲淤规律不同，计算时分开计算。

1. 主槽冲淤计算方法

汛期计算公式

$$Q_s=KQ^{\alpha}\rho_{上}^{\beta}X_d^{\gamma}n$$

式中：Q_s 为河段下断面输沙率，Q 为河段下断面流量，$\rho_上$ 为河段上断面含沙量，X_d 为河段上断面悬移质来沙中，粒径小于 0.05 毫米所占比值，n 为考虑本河段主槽前期冲淤量对下断面输沙率影响系数，K、α、β、r 为系数及指数，各断面系数及指数不同。

非汛期计算公式

当非汛期来水含沙量大于 10 公斤每立方米时，计算公式如下：

$$W_s = KW^\alpha \rho_上^\beta$$

式中：W_s 为河段下断面月总沙量，W 为河道下断面月总水量，$\rho_上$ 为河段上断面月平均含沙量，K、α、β 为系数及指数，各断面的系数、指数不同。

当非汛期来水含沙量小于 10 公斤每立方米时，花园口断面输沙率采用下式计算：

$$Q_s = KQ^2$$

式中：Q_s 为输沙率，Q 为流量，K 为系数，与各河段累计冲刷量 $\Sigma \Delta W_s$ 有关。花园口以下河道由于上段冲刷后，来水已挟带沙量，故仍用上述含沙量大于 10 公斤每立方米的公式计算。

2.漫滩冲淤计算方法

考虑水流漫滩后，滩槽水沙交换，其交换长度河南段河道约 30 公里，山东段河道约 30～40 公里，据此把各计算河段划分为若干小段：花园口以上 1 小段，花园口至高村 5 小段，高村至艾山 6 小段，艾山至利津 7 小段，每小段进口处滩槽含沙量分布不均匀系数 $K = \rho_槽 / \rho_滩$，高村以上 $K = 1.5$，以下 $K = 2.0$。

滩槽流量计算，采用下式：

$$Q_总 = K_p(H_p + \Delta z)^{5/3} + K_n H_n^{5/3}$$

$$Q_n = K_n H_n^{5/3}$$

$$Q_p = Q_总 - Q_n$$

式中：$Q_总$、Q_p、Q_n 为全断面、主槽、滩地的流量，Δz 为滩槽高差，$K_p = \dfrac{B_p \cdot i_p^{1/2}}{n_p}$，$K_n = \dfrac{B_n \cdot i_n^{1/2}}{n_n}$，$B_p$、$B_n$ 为主槽、滩地宽度，H_p、H_n 为主槽、滩地水深，i_p、i_n 为主槽、滩地比降，n_p、n_n 为主槽、滩地糙率。

滩槽输沙率计算，采用下式：

$$Q_{sp} = \frac{Q_{s总}}{C}$$

$$Q_{sn} = Q_{s总}\left(\frac{C-1}{C}\right)$$

式中：$Q_{s总}$、Q_{sp}、Q_{sn} 为全断面、主槽、滩地输沙率；$C=1+\dfrac{Q_n}{kQ_p}$，$k=\dfrac{\rho_p}{\rho_n}$，ρ_p、ρ_n 为主槽、滩地含沙量。

滩地挟沙能力计算，采用下式。

$$\rho_{n*}=k\left(\frac{V_n}{gH_n\omega_n}\right)^m$$

式中：ρ_{n*} 为滩地挟沙能力，V_n 为滩地平均流速，H_n 为滩地水深，ω_n 为滩地上悬沙平均沉速，K 为系数，m 为指数。

滩槽冲淤量计算，采用下列各式：

花园口以上：　　$\Delta W_{sn}=\left(Q_{s总}\dfrac{C-1}{C}-Q_n\rho_{n*}\right)T$

花园口至高村：　　$\Delta W_{sn}=\left[(5Q_{s总}-2\Delta Q_{s总})\dfrac{C-1}{C}-5Q_n\rho_{n*}\right]T$

高村至艾山：　　$\Delta W_{sn}=\left[(6Q_{s总}-2.5\Delta Q_{s总})\dfrac{C-1}{C}-6Q_n\rho_{n*}\right]T$

艾山至利津：　　$\Delta W_{sn}=\left[(7Q_{s总}-3\Delta Q_{s总})\dfrac{C-1}{C}-7Q_n\rho_{n*}\right]T$

式中：$Q_{s总}$ 为计算河段进口断面总输沙率，$\Delta Q_{s总}$ 为进出口断面总输沙率差值，ΔW_{sn} 为计算河段滩地淤积量，T 为计算时段。

主槽冲淤量计算，采用下式：

$$\Delta W_{sp}=\Delta W_s-\Delta W_{sn}$$

式中：ΔW_{sp} 为计算河段主槽冲淤量，ΔW_s 为计算河段全断面冲淤量，ΔW_{sn} 为计算河段滩地淤积量。

(二)粗细沙冲淤计算方法

在进行小浪底、龙门水库规划时，考虑水库拦沙后，出库泥沙组成发生变化，原计算方法不适应泥沙组成变化后的情况，故需要进行分组泥沙冲淤计算。泥沙粒径大于 0.05 毫米为粗沙，粒径 0.025～0.05 毫米为中沙，粒径小于 0.025 毫米为细沙。黄河下游划分艾山以上及艾山以下两个河段计算，依据 1965～1975 年汛期水沙资料，推求出艾山、利津站汛期输沙量关系式如下：

$$W_s=KW^\alpha\rho_上{}^\beta$$

式中 W_s 为计算断面输沙量，W 为计算断面水量，$\rho_上$ 为上断面汛期平均含沙量，K、α、β 为系数及指数，根据不同河段和泥沙粒径不同，其数值不同。

非汛期根据 1962～1964、1967～1975 年资料，建立粗沙和中沙输沙量关系式如下：

$$W_s=KW^\alpha$$

式中：W_s 为计算断面月沙量，W 为计算断面月水量，K 为系数，与前期累计冲刷量 $\sum \Delta W_s$ 有关，α 为指数，对于全沙、粗沙、中沙，分别有不同的指数值。

非汛期细沙的推求，采用上下断面沙量相关的方法，但艾山断面还考虑该断面的月水量。

（三）放淤对河道冲淤影响的计算方法

规划中放淤方案：有北干流（指禹门口至潼关河段）及黄河下游温孟滩、原阳封丘、东明和台前共五大放淤区。放淤后对河道减淤影响计算分：

北干流放淤减淤计算：北干流放淤量与河道减淤量的比值为 η。

$$\eta_{北干流} = 北干流放淤量 / 北干流放淤后北干流河道减淤量$$

$$\eta_{黄河下游} = 北干流放淤量 / 北干流放淤后黄河下游河道减淤量$$

式中北干流放淤量要扣除天然情况北干流洪水漫滩时的滩地淤积量

黄河下游放淤减淤计算：放淤区放淤量与河道减淤量的比值 η

$$\eta = 放淤区放淤量 / 放淤后放淤口以下河道减淤量$$

在 1975～1977 年黄委会治黄规划办公室在编制治理黄河规划过程中，为了研究各种规划方案对黄河下游的减淤作用，曾经使用上述各项河道及水库冲淤计算方法，进行大量的计算工作，为规划工作提供依据。1978 年由麦乔威、李保如等整理编写的分析研究成果《龙门以下干流河道冲淤计算方法》，获 1981 年度黄委会重大科技成果三等奖。

1990～1993 年，黄委会为对三门峡水库运用进行总结，三门峡水库运用总结项目组，曾用两套黄河下游河道泥沙数学模型，进行下游河道冲淤计算：一为黄委会水科院张启卫等研究的《黄河下游河道水动力学数学模型》，主要是联解水流连续方程、水流运动方程、泥沙连续方程及河床变形方程。并选取 1974～1987 年实测系列，进行验证，各河段计算冲淤量与实测资料基本符合。另一为黄委会水科院刘月兰等研究的《黄河下游河道冲淤计算方法》，并以 1950 年 7 月～1989 年 6 月实测系列进行验证，各河段计算冲淤量与实测系列比较，除个别年份误差较大外，其他年份比较符合实测资料。

第三节　河口泥沙计算

黄河河口是多沙、弱潮，变化频繁的陆相堆积性河口。多年平均进入河口的泥沙量近 11 亿吨，使河口不断淤积、延伸、摆动、改道。对河口演变规律曾做了许多研究，但对河口泥沙计算工作做得较少，起步也较晚。

1978 年黄科所在研究《黄河口演变规律及其对下游河道的影响》时,首先提出河口摆动的判别式:

$$K=f(L_{沙}/B_{沙} \cdot G_{槽}/G_{滩} \cdot Q_{最大}/Q_{平槽})$$

式中:K 为可能出现摆动的不稳定系数,$L_{沙}/B_{沙}$ 为沙嘴的长宽比,其中 $L_{沙}$ 为沙嘴突出两侧低潮线的长度(公里),$B_{沙}$ 为低潮线时沙嘴平均宽度(公里);$G_{槽}/G_{滩}$ 为相对滩槽差,其中 $G_{槽}$ 为突出沙嘴根部附近主槽平均高程,$G_{滩}$ 沙嘴根部附近滩面高程,$Q_{最大}/Q_{平槽}$ 为流量比,其中 $Q_{最大}$ 为多年最大流量平均值(6110 立方米每秒),$Q_{平槽}$ 为沙嘴主槽平槽流量。

若 K 值愈小,尾闾河口愈稳定而不易摆动,K 值愈大,尾闾河口愈易摆动。根据 1960 年及 1972 年两次资料推算,K 值介于 7~9 之间,初步认为 K=8 时,洪水与风潮相遇时,则将发生出汊摆动。

1984 年黄委会水科所王恺忱等提出《小浪底水库修建后 50 年河口影响预估计算》报告,以黄河口近期流路规划安排为依据,即尽量使用清水沟流路,当达到改道标准时,改走十八户,再走小岛河,然后返回原钓口河流路。对各流路适时改道与不改道 50 年水位升降趋势进行了计算,共计算五个方案。并提出如下关系式进行计算:

$$\Delta H=f(J_H \cdot \Delta L \cdot M \cdot A)$$

式中:ΔH 为水位升降值,J_H 为河口段比降,M 为水沙条件系数,$M=\dfrac{\overline{Q}}{Q} \cdot \dfrac{K}{\overline{K}}$,其中 $\overline{Q}$ 为多年平均流量,Q 为年流量,$\overline{K}$ 为多年平均来沙系数,K 为年来沙系数,即 $K=\dfrac{\rho}{Q}$ 其中 ρ 为含沙量,A 为边界条件系数,与三角洲河床形态和海域动力状况有关,其值一般介于 $-2.0 \sim 1.05$ 之间,ΔL 为河口岸线延伸和改道缩短长度,采用下式计算。

$$\Delta L=\frac{-(HB\gamma_{s1}/2)+\sqrt{(HB\gamma_{s1}/2)^2+2J_aB\gamma_{s2}W_{sb}}}{J_aB\gamma_{s2}}$$

式中:H 为海域区水深,B 为淤积影响宽度,J_a 为淤积比降,W_{sb} 为滨海淤积量,γ_{s1}、γ_{s2} 分别为滨海区淤积物干容重和三角洲淤积土干容重。

计算结果,在允许对各流路适时改道的情况下,预估利津站当 3000 立方米每秒流量时,50 年平均水位升高介于 1.57~3.48 米之间。

1989 年,黄委会设计院在进行黄河入海流路规划时,对现行清水沟流路行河年限进行了预估计算,计算时,采用各家提出的计算方法进行比较。

方法一,北京水科院尹学良方法

其方法特点是将河道冲淤与海域淤沙分布对比降的调整,综合反映到计算关系式中,其关系式为:

$$\Delta Z = f(q \cdot s \cdot p \cdot \Delta t)$$

式中:ΔZ 为河段河槽平均高程,q 为时段流量 Q 与 1800 立方米每秒流量的比值,s 为河段比降,p 为河段前期累计冲淤量,Δt 为时段时间。

方法二,黄科所刘月兰等方法

主要是建立河段输沙关系式及其延伸长度关系式:

输沙关系式是汛期 $Q_s = f(Q \cdot \rho \cdot J)$

非汛期 $W_s = f(W \cdot \rho \cdot J)$

式中:Q_s 为分河段输沙率,Q 为流量,ρ 为分河段进口含沙量,W_s 为河段输沙量,W 为水量,J 为利津至河口比降。

延伸长度关系式是 $\Delta L = f(\sum \Delta W_s)$

式中:$\Delta L =$ 为自改道之年起累计延伸长度;$\sum \Delta W_s$ 为自改道之年起逐年累计滨海淤积量。

计算中还采用了山东黄河河务局焦益龄等及黄委会水科所王恺忱等提出的计算方法。

各家计算方法结果,清水沟流路行河年限,当西河口控制水位 12 米时,行河年限可在 20～30 年之间;当西河口控制水位 13 米时,行河年限可在 30～40 年之间。

第三十二章　水文图集、手册

建国前,黄河流域水文测站很少,流域内各省(区)未编制过水文图集和手册。建国后,水文站网逐步建立,至50年代末已积累了一些资料。由于1958年群众性水利建设事业蓬勃开展,为了适应新形势对水文工作的要求,有的地区迅速地编制了各种形式的水文手册,为当时的水利化运动和其他国民经济部门的建设服务。为此,水电部于1959年3月部署了《中国水文图集》的编制工作。为了配合国家水文图集编制的需要,黄河流域各省(区)都开展了水文图集的编制,并于60年代初先后付印出版。1963年北京水科院在综合各省(区)图集的基础上,正式编印出版《中国水文图集》。随着水文资料的增多,在水利部门的统一领导下,黄河流域各省(区)在70年代初和70年代末至80年代初又进行过两次水文图集和手册的编制工作。黄委会于1989年刊印出版黄河流域地图集,该图集收集黄河流域的水文测站分布、降水、洪水、径流深、输沙模数、城市用水、气温、陆面蒸发、水面蒸发等19幅图,并配以文字说明。

水文图集和手册,根据编制出版时间,大体可分为以下三次。

第一节　50年代末至60年代初

1959年3月水电部部署了《中国水文图集》的编制工作。为此,黄河流域各省(区)开展了图集的编制。在北京水科院谢家泽、叶永毅等组织指导下,分区组织了各省(区)设计暴雨参数的拼图工作,基本保证了各省(区)间雨量资料的衔接和平衡。资料采用一般至50年代末。

各省(区)所编制的水文图集,有以下共同特点:

一是项目较全,有降水、径流、蒸发、暴雨、洪水、泥沙、冰情和水化学等项目。

二是采用资料系列大部分较短。各省(区)测站绝大多数均系1949年以后陆续建立的,系列较长的老测站甚少。雨量站完整的年雨量系列(或汛期雨量记录)在 15 年以上的,只有 64 站,其中系列在 30 年以上的有 3 站、20～30 年间的有 24 站、15～20 年间的 37 站(其中年雨量系列不足 15 年,但汛期雨量记录大于 15 年的有 15 站)。以上 64 个系列较长的测站,分布极不均匀,57.8％的测站集中在陕西省,其次为甘肃占 14.1％,最少的为青海仅西宁 1 站。流量观测资料也是如此。流域内系列较长的测站有陕县、兰州、咸阳、张家山、洑头、河津、黑石关、小董、洛阳、龙门镇等都为主要干流和大支流控制站,而中小流域长系列测站几乎为空白。蒸发、泥沙、冰情和水化学等项资料更少。

为了弥补资料系列普遍较短的缺陷,在编图过程中,充分发挥系列较长测站的骨干作用,运用各种可行途径对系列较短测站的资料进行延长,雨量、蒸发量和径流量延长方法分别采用:邻站搬用法、邻站相关法、降雨径流关系、水位流量关系和延长系数法等途径。在暴雨和年降水量参数等值线的勾绘时,除根据单站的计算参数外,还运用站年法计算分区参数,来弥补系列短的缺陷,为勾绘等值线提供参考。

当时因雨量资料系列一般均较短,自记雨量站就更为稀少,为此,只编制 24 小时或日暴雨参数等值线图,其他短历时设计暴雨,系根据暴雨计算公式采用暴雨递减指数间接计算。河南省曾分别编绘了 $t < 1$ 小时递减指数 n_1 和 $t = 1 \sim 24$ 小时递减指数 n_2 的等值线图;同样按长历时设计暴雨公式参数,编制了 $T = 1 \sim 7$ 天参数 m_1 和 $7 \sim 30$ 天参数 m_2 的等值线图,用以间接推求长历时雨量值。

洪峰流量 Q_p 一般采用经验公式、频率计算和分区综合等途径,其经验公式采用

$$Q_p = C_p H_{24p} F^n$$
$$Q_p = C_p F^n$$

式中:H_{24p} 为 24 小时降雨深,F 为集水面积,C_p 为系数,n 为指数。

分区综合采用 $Q_p \sim F^n$ 关系,n 接近 2/3。

泥沙均采用分区输沙模数。

水化学,因资料太少,一般都只编制个别项目,如河南省仅编制汛期、枯水期矿化度及水的类型,河流水硬度分区图。

第二节　70 年代初

第一次图集各省（区）普遍存在资料基础较差的缺陷。随着时间的推移，各省（区）比 50 年代末又积累了大量新的资料，为了将这些资料反映到水文计算中去，60 年代末至 70 年代初，各省（区）普遍对水文图集进行了一次补充修订，于 70 年代初先后完成了各省（区）新的手册或图集，使用名称各省（区）不尽一致。如河南省称之为《河南省水利工程水文计算常用图》。

该次图集内容包括降水、年径流、洪水、蒸发、泥沙和水化学等方面与原图集内容基本一致，主要差异为：

一是资料系列得到了延长，大都增至 1969 年。

二是长历时设计暴雨，有些省份如河南省补充了 3、7、15、30 日设计雨量参数等值线图，可直接计算，改变了原图集采用日雨量，按 1～7 天、7～30 天长历时暴雨公式参数 m_1、m_2 间接推求。

三是设计洪峰流量计算途径比原来多，河南省对小流域面积增加了推理公式，补充了平原排涝模数，经验公式影响因素比 50 年代考虑也更为全面些。

四是水化学方面 50 年代各省（区）资料极其缺乏。如河南省原图集水化学仅有水矿化度和硬度两项，成果也仅仅依据 1958、1959 两年部分资料分析的。此次增加了河水 PH、HCO_3'，两种离子最小值分区图和 Mg、Cl'、SO_4'' 三种离子最大值分区图。

第三节　70 年代末至 80 年代初

1975 年 11 月，水电部在郑州召开了全国防汛和水库安全会议，为了吸取该年 8 月淮河上游遭受特大暴雨洪水袭击的经验教训，确保水库安全，提出编制《全国可能最大暴雨等值线图》，供水库加固和新建水库推算坝堤洪水使用。为此，水电部和中央气象局于 1976 年 2 月 9 日发出[1976]水电技字第 5 号及[1976]中气业字第 11 号开展编图工作的联合通知。

随着暴雨洪水资料的增多和对暴雨洪水规律认识的不断提高，特别是 1975 年 8 月淮河上游特大暴雨洪水发生后，水电部颁发了《水利水电工程设计洪水计算规范〈试行〉》原有《水文手册》和《水文图集》已不能完全适应新的要求,同时,为了与《全国可能最大暴雨等值线图》配套,1978年8月水电部以水电规字第138号文通知,请各省(市、区)组织安排暴雨洪水图集的编制工作。

为了便于编图工作的组织和协调,组成了编制《全国可能最大暴雨等值线图》组织协调小组和办公室,在暴雨洪水图集编制时改为暴雨洪水分析协调小组办公室(简称全国雨洪办),均由胡明思组织领导。全国划分为8个协作片,黄河中游片片长单位为黄委会,1978年以前负责人为叶永毅,1979~1980年改为郑梧森,1981~1987年又改为易维中。

(一)全国可能最大暴雨等值线图

根据水电部和中央气象局联合通知精神,黄河流域各省(区)于1976年上半年在有关单位领导下,先后成立了编图小组,在水利、气象有关部门和有关大专院校的协作下,着手编图工作。

在全面开展编图工作前,组织了华东水利学院、淮委、南京大学和河南省等有关单位首先对淮河进行了编图的试点。全国雨洪办在总结试点和阶段工作经验的基础上,于1977年在桂林召开的经验交流会上,提出了一些统一技术标准如《关于编制〈全国可能最大暴雨等值线图〉的几点意见》初稿及附件一《暴雨普查及暴雨档案的内容和格式》,附件二《暴雨时面深关系的综合分析》(初稿)和附件三《年最大24小时点雨量均值线、变差系数的分析和等值线图的拼图要求》。

各省(区)根据全国防汛水库安全会议精神,结合全国可能最大暴雨等值线图编图经验交流会的有关规定要求,进行了大量暴雨及天气资料分析整理。

可能最大24小时点雨量,各省(区)都是在各片暴雨分区的基础上,选出部分资料条件较好的测站作为基本站,通过水文气象法(如水汽效率、水汽风速、入流指数)暴雨移置,个别省(区)还有暴雨加成等多种途径,分析确定各基本站的可能最大暴雨(PMP)值。各省(区)根据各自分区基本站的PMP值,分别采用计算法与基本站24小时暴雨均值比($\frac{\overline{H}_{24计}}{\overline{H}_{24基}}$),均值与变差系数乘积比$\frac{(\overline{H}_{24}C_v)_计}{(\overline{H}_{24}C_v)_基}$或50年一遇24小时设计暴雨$\frac{H_{2\%计}}{H_{2\%基}}$比值关系,推求各分区各年计算点的PMP值。

黄河流域各省(区)于1977年10月前,均先后完成了暴雨普查、暴雨档案、可能最大 24 小时点雨量等值线图和年最大 24 小时点雨量均值,变差系数等值线图,以及实测和调查最大 24 小时点雨量分布图等各项工作,于 1977 年 11 月在西安全国拼图会议上通过了审查拼接。

根据 1979 年水利部和电力工业部联合签发的[1979]水规字第 70 号、[1979]电水字第 51 号函关于《编制暴雨径流查算图表》的经验交流会纪要,文件指出前两年编制的《全国可能最大暴雨等值线图》着重于 24 小时暴雨统计分析,对短历时暴雨和暴雨时、面、深在设计条件下外延规律研究不够,还不能满足这次暴雨径流查算图表编制的要求,必须认真地加以补充。因此,各省(区)补充了年最大 60 分钟,6 小时点暴雨参数等值线图。其中青海、甘肃和宁夏等省(区),根据本省(区)暴雨特性还分析编制了 30 分钟点暴雨参数等值线图。

1983 年 3 月在青岛召开的全国《暴雨径流查算图表》编制工作总结及技术经验交流会纪要指出,今后攻关项目所提及的为满足特小流域雨洪计算的需要,组织各省(市、区)暴雨编图组进行研究,已计划进行这项工作的单位,在今年提出初步成果,以便组织协调,逐步绘制出全国 10 分钟暴雨等值线图的要求。黄河流域各省(区)再次补充了年最大 10 分钟点雨量参数等值线图,并通过了各级审查和拼接。

在完成以上各时段点雨量统计参数等值线图的编制工作之后,又组织了年最大 3 天点雨量统计参数等值线图的编制工作。

1986 年 4 月 25 日水电部水文局、水利水电规划设计院,根据 1984 年 5 月珠江协作片,对该片及邻省区进行的 3 天暴雨统计参数图初拼及 1986 年 3 月下旬,在福建省同安县召开的暴雨洪水工作协调会上多数省区提出了 3 天暴雨分析成果,初步拼接了参数等值线。并讨论了《中国年最大 3 天点雨量统计参数等值线图拼图工作意见(草稿)》,联合发文安排 3 天暴雨统计参数等值线图的编制工作及暴雨时面雨型的研究工作,请各省(区)水利(水电)厅局对 3 天暴雨统计参数等值线图编制工作进行安排。《中国年最大 3 天点暴雨统计参数等值线图拼图工作意见》作为附件随文发送各省水利(水电)厅(局)、协作片负责单位。黄河流域西部主要为短历时暴雨,为此,少数省(区)原不拟编制 3 天暴雨统计参数等值线图,为了保证中国年最大 3 天点暴雨统计参数等值线图的完整,都开展了工作,提出了成果图,于 1987 年 3 月 31 至 4 月 8 日在无锡市召开了 3 天暴雨统计参数等值线图拼图工作会议,得到了确认,整个暴雨图集的编制工作才算基本完成。从此,也宣告结束了单纯依赖 24 小时(日)设计暴雨,按暴雨递减指数间接推求不同时段设计暴雨值的历史。

各省(区)按照暴雨特性,分区综合了各自的暴雨面深关系。

从 1976 年开始至 1987 年初前后历时 10 余年,而且各时段暴雨参数等值线图的编制又是分次进行的。所以,各时段设计暴雨参数等值线图的采用系列也不一致,各时段系列一般采用截至年份如表 8—33。

表 8—33　　　　　　　　　各时段系列采用截至年份

时　段 (日、时、分)	24 时	6 时	60 分钟	30 分钟	10 分钟	3 日
系列截至年份	1975	1978 或 1980	1978 或 1980	1978	1982	1985 (个别 1987)

各省(区)可能最大暴雨图集,都获得了各省(区)有关部门的奖励。根据各片成果所编制的《中国可能最大暴雨图集》获 1978 年全国科技大会奖。《中国短历时暴雨》获水电部科技进步和国家科技进步三等奖。

(二)暴雨洪水图集

根据水电部关于组织安排图集编制工作通知的精神,1979 年元月全国雨洪办在蚌埠召开了部有关司、局、研究单位、各委、部属设计院及少数省局参加的座谈会,提出了开展编图工作的原则性意见,并确定由山东、广东两省进行编图试点,为全面开展编图积累经验。

1979 年 11 月暴雨洪水分析协调小组,在济南主持召开了编制《暴雨径流查算图表》经验交流会,总结了前阶段试点工作经验,制订了《关于编制〈暴雨径流查算图表〉的意见》,《编制提纲》及《若干技术问题的注意事项》等 8 个技术性文件。

在资料应用年限上,要求至少用到 1979 年,有的省(区)实际还要长些,河南用到 1980 年。

图集内容与原有水文手册和图集不同,只有暴雨洪水未涉及径流、泥沙、蒸发、冰情和水化学等方面。黄河流域各省(区)该次产、汇流计算途径如下:

1. 产流计算

根据各省(区)各分区产流特性,分别采用不同的计算途径,陕西省南部、河南、山东和山西晋东南等基本属于蓄满产流地区,均采用降雨径流经验相关图。对于以雨强为主要控制条件和超渗产流地区,甘肃、宁夏和青海东部诸省(区)结合当地短历时高强度暴雨特点,建立了产流期(t_c)内,平均损失率(即后损)f 和产流历时 t_c，产流期降雨量 H_{tc} 三者之间的相关关系，并选配了数学模型，陕北等地区采用下渗曲线扣损法，建立下渗率 f 与土壤含水量 S 关系线，山西省半干旱的黄土丘陵沟壑区、土石山区则采用双曲正切损失模型。

2.汇流计算

黄河流域青海、甘肃、宁夏、陕西、山东等省(区)，根据流域面积的大小，分别采用瞬时单位线和北京水科院推理公式两种计算方法。河南省采用淮河颍上综合单位线和北京水科院推理公式，内蒙古、山西只采用北京水科院推理公式。

该次编图有以下三个特点：

一是目标明确，突出为设计服务目的，因此在资料处理及产、汇流分析中，尽可能考虑设计条件。

二是各省(区)间边界成果得到了协调，此次编图基本避免了历次手册、图集、省(区)边界成果协调不够所带来的问题，充分注意并进行了边界地点对口数据协调，不仅基本消除了确定边界地区工程设计洪水数据可能产生的矛盾，而且通过对比协调也提高了各省(区)内部成果质量。

三是对成果合理性进行了多方面的对比论证，从而提高了图表成果的质量和可信度。

黄河流域各省(区)提出的编图成果，分别经省(区)水利水电领导部门组织的审查和暴雨洪水分析工作协调小组办公室分片验收认为："各省(区)提出的编图成果，相对过去而言，资料基础是较好的，技术途径是合理的，成果质量较以往水文手册有较明显的提高，达到了 1979 年部颁验收标准的要求，可以满足中、小流域水利水电建设设计洪水分析计算的需要。"

责任编辑　张素秋
责任校对　刘　迎
封面设计　孙宪勇
版式设计　胡颖珺

黄河志

（共十一卷）

河南人民出版社

ISBN 978-7-215-10559-1

9 787215 105591 >

本卷定价：296.00元